计算机科学丛书

原书第4版

计算机组成与体系结构

[美] 琳达·纳尔（Linda Null） 朱莉娅·洛博（Julia Lobur） 著
宾夕法尼亚州立大学
张钢 魏继增 李雪威 李春阁 何颖 译
天津大学

The Essentials of Computer Organization and Architecture

Fourth Edition

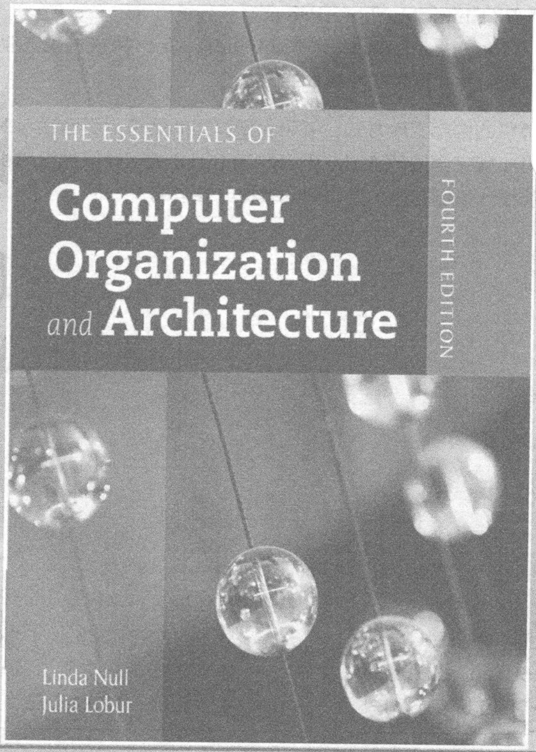

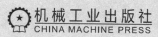

机械工业出版社
CHINA MACHINE PRESS

图书在版编目（CIP）数据

计算机组成与体系结构（原书第4版）/（美）琳达·纳尔（Linda Null）等著；张钢等译．—北京：机械工业出版社，2019.1（2025.1重印）
（计算机科学丛书）
书名原文：The Essentials of Computer Organization and Architecture, Fourth Edition

ISBN 978-7-111-61636-8

I. 计… II. ①琳… ②张… III. 计算机体系结构－高等学校－教材 IV. TP303

中国版本图书馆CIP数据核字（2018）第291625号

北京市版权局著作权合同登记　图字：01-2016-1880号。

Linda Null, Julia Lobur: The Essentials of Computer Organization and Architecture, Fourth Edition (ISBN 978-1-284-04561-1).

本书揭示了现代计算机的内部工作方式，采用大量真实的例子，引导读者由浅入深地学习计算机体系结构的概念和理论。第4版完全遵循ACM/IEEE CS 2013关于计算机组成和体系结构本科课程的要求编写，适合作为高等院校计算机专业相关课程的教材或参考书。

出版发行：机械工业出版社（北京市西城区百万庄大街22号　邮政编码：100037）

责任编辑：蒋　越	责任校对：李秋荣
印　　刷：北京建宏印刷有限公司	版　　次：2025年1月第1版第5次印刷
开　　本：185mm×260mm　1/16	印　　张：34.25
书　　号：ISBN 978-7-111-61636-8	定　　价：129.00元

客服电话：（010）88361066　68326294

译者序

本书第2版、第3版和第4版分别于2007年、2013年和2015年获得美国教材和学术著作者协会颁发的“优秀教材奖”，被许多大学选为教材和主要参考书。在翻译过程中，书中的几个主要特点让我们印象深刻。首先，书中提供了很多现实世界的例子，这能帮助学生理解基本概念如何应用于计算领域，使理论与应用达到很好的平衡；其次，书的内容符合ACM/IEEE CS2013建议的主题，并增加了有助于学生继续学习的一些主题；最后，书中的讲解、例子、练习和MARIE仿真器等为学生提供了很好的学习体验。

本书包括13章和一个附录。第1章是一般性的历史概述。第2章介绍数字和字符信息的表示方法。第3章介绍数字逻辑的经典表示及其与布尔代数的关系。第4章介绍计算机组成和体系结构的基本概念。第5章深入讲解指令集架构。第6章是基本存储器系统的概念。第7章介绍I/O原理、总线和外部存储设备。第8章介绍编译器、程序与体系结构的关系。第9章概述近年来出现的其他体系结构。第10章介绍嵌入式系统。第11章介绍各种性能分析和管理问题。第12章介绍网络的组成和体系结构。第13章介绍I/O架构。附录介绍数据结构的基本概念。

本书第1章、第12章、第13章、前言、附录A、精选习题答案与提示由天津大学计算机科学与技术学院张钢翻译，第2章和第3章由天津大学仁爱学院何颖翻译，第4章和第7章由天津大学仁爱学院李春阁翻译，第5章、第6章和第11章由天津大学计算机科学与技术学院李雪威翻译，第8～10章由天津大学计算机科学与技术学院魏继增翻译。天津大学仁爱学院杨志奇审阅修改了第3章，天津大学计算机科学与技术学院魏继增审阅修改了第2～4章和第7章。天津大学计算机科学与技术学院张钢审阅修改了全书。

尽管我们从事计算机组成原理和计算机体系结构教学和科研工作多年，而且在翻译过程中始终本着认真负责的态度，对一些章节的翻译也颇费心思，在尊重原著的前提下，谨慎修改了原著出现的一些错误，力求翻译准确，但是翻译中的错误之处在所难免，敬请广大读者不吝赐教和批评指正。

译　者

2018年12月

致学生

这是一本关于计算机组成与体系结构的书。它重点研究处理数字信息所需要的各种组件的功能和设计。我们把计算系统分成一系列的层次，从低层的硬件到更高层的软件，包括汇编程序和操作系统。这些层构成了虚拟机的层次结构。关于计算机组成的研究主要集中在这种层次结构上，包括如何划分所涉及的层次和如何实现每个层次。关于计算机体系结构的研究主要集中在硬件和软件之间的接口上，强调系统的结构和行为。本书中包含的主要信息涉及计算机硬件、计算机组成和体系结构以及它们与软件性能的关系。

学生总是问，“如果我是一名计算机科学专业的学生，我必须学习计算机硬件吗？那不是计算机工程师要学的吗？为什么我要关心计算机内部是什么样子呢?”作为计算机的使用者，我们可能不必关心计算机内部是什么样子的，就像开车时我们不需要知道汽车发动机下面是什么样子一样。在不理解高级语言程序如何执行的情况下，我们当然能写高级语言程序；在不理解各种应用程序包实际如何工作的情况下，我们也可以使用各种应用程序包。但是，当需要使写出来的程序变得更快和更有效，或者正在使用的应用程序没有达到要求时，我们该怎么办？作为计算机科学家，为了解决这些问题我们需要对计算机系统本身有基本的理解。

在计算机系统中，计算机硬件与程序和软件组件的许多方面之间有一种基本的关系。为了写出好软件，理解整个计算机系统是非常重要的。理解硬件能够帮助你解释有时潜入程序中的神秘错误，如分段错误和总线错误。高级程序员必须具备的计算机组成和计算机体系结构的知识水平，取决于所要完成的任务。

例如，在写编译器程序时，你必须理解运行所编译的程序的特定硬件。一些在硬件中使用的思想(如流水线)可能适合于编译技术，从而使编译器更快和更高效。对大型复杂的实时系统建模时，你必须理解浮点运算是如何实现和如何工作的(它们不一定是同一回事)。在为视频设备、磁盘或其他 I/O 设备写驱动程序时，一般来说，你需要很好地理解 I/O 接口和计算机体系结构。如果你想做嵌入式系统方面的工作，由于嵌入式系统通常是非常受资源约束的，你必须理解所有的时间、空间和价格的权衡。在进行硬件、网络或特殊算法方面的研究和提出硬件、网络或特殊算法方面的建议时，你必须理解基准测试并且学习如何表示性能结果。在买硬件之前，你需要理解基准测试和其他可以巧妙处理性能结果以“证明”一个系统比另一个系统更好的所有方法。不管我们擅长的专业领域是什么，作为计算机科学家，理解硬件如何与软件交互是非常重要的。

你可能会奇怪，为什么英文书名中写着 essentials 的书会这么厚。原因有两个方面。首先，计算机组成的主题是宽泛和日益发展的。其次，在这个迅速发展的信息海洋中哪些主题是真正的基础，哪些主题只是有助于了解这个领域，几乎没有共识。这本书的一个目的是符合由 ACM 和 IEEE 联合发布的关于计算机体系结构课程指南的要求。这个指南包含了专家认可的关于计算机组成和体系结构主题的基础核心知识。

我们已经扩大了 ACM/IEEE 建议的主题，增加了我们认为对继续研究计算机科学和提高专业水平有用的(未必是基础的)主题。我们认为这些主题将有助于你继续在操作系统、编译程序、数据库管理和数据通信等计算机科学领域的学习。本书中包含的其他主题将有助于理解实际系统在现实生活中是如何工作的。

我们希望你阅读本书是一次愉快的经历，并且花时间深入钻研我们提供的一些材料。我们的目的是在你正式完成课程后，这本书仍将是有用的参考书。虽然我们给了你大量的信息，但这仅是你学习和职业生涯的基础。成功的计算机专业人员会不断深入了解计算机工作原理。

致教师

本书是在宾夕法尼亚州立大学哈里斯堡校区教两个班的计算机组成和体系结构课程的基础上形成的。随着计算机科学课程的发展，我们发现不仅需要修改课程中所教的材料，而且需要把课程从连续开设两个学期压缩为一个学期(三学分)。许多其他学校也已经认识到需要压缩教材，以便为新出现的主题腾出空间。这门新课程以及这本教材主要是针对计算机科学专业的，旨在讨论计算机科学专业学生必须熟悉的计算机组成和体系结构中的主题。本书整合了这些领域的基本原理，为计算机科学专业的学生提供了必要的广度，同时为在计算机科学领域继续学习的学生提供了必要的深度。

在写本书时，我们的主要目标是改变讲授计算机组成和体系结构课程的典型方式。计算机科学专业的学生在学完计算机组成和体系结构课程之后，不仅要了解构建数字计算机的重要基本概念，而且还要理解这些概念如何应用于现实世界。这些概念应该超越特定厂家的术语和设计。事实上，学生应该能够理解给定的特定概念并且能将其翻译成一般概念，反之亦然。此外，学生必须为进一步的专业学习打下坚实的基础。

本书介绍的主题是每个计算机科学专业的学生都应该接触、熟悉或精通的。我们并没有期望学生能完全掌握所有主题。然而，我们坚信有些主题必须要掌握，有些主题必须有一定程度的了解，有些主题接触一下就足够了。

我们不认为孤立地研究一般性的原理就可以把这些主题学到足够深入。因此，我们提出的主题是一套完整的解决方案，而不是一个个信息的简单集合。我们认为书中的解释、例子、练习、教程和仿真器全部结合起来，为学生提供了整体的学习体验，这种学习体验在一定程度上揭示了现代数字计算机的内部工作方式。

我们以一种非正式的风格写了这本书，省略了不必要的术语，语言简洁，并且避免了不必要的抽象，希望能提高学生的学习热情。我们也扩大了在主流体系结构书中能够找到的经典主题的范围，包括系统软件、操作系统的简要介绍、性能问题、其他体系结构和对网络的简明介绍，因为这些主题与计算机硬件密切相关。像大多数书一样，我们选择了一种体系结构模型，但它是一个我们在头脑中简单设计的模型。

与 CS2013 的关系

2013 年 10 月，ACM/IEEE 联合工作组公布了计算机科学课程计划 2013(CS2013)。虽然我们主要关注计算机体系结构知识域，但是新指南建议通过这门课程整合核心知识。因此，我们也要关注本书所讲的体系结构之外的更多知识域。

CS2013 是对 CS2008 的全面修订，主要聚焦于计算机科学课程计划中的基础概念，同时为了满足个别机构的需求而仍然保留了足够的灵活性。指南中采用了核心一级和核心二级主题的概念，并加入了选修主题。核心一级主题是每个计算机科学课程计划中都应该包含的主题。核心二级主题是计算机科学课程计划中应该包含 90% ~100% 的主题。选修主题是课程计划向广度和深度扩展的主题。指南中以课时方式列出了对每个主题建议的范围。

从 CS2008 到 CS2013，在体系结构和组成(AR)知识域方面的主要变化是课时数从 36 降到 16，然而引入了一个新的系统基础(SF)知识域，它包括以前在 AR 模块中给出的一些概念(包括硬件组成和体系结构)。若想了解每个知识域所包括内容的更多信息，读者可以参考 CS2013 指南(http://www.acm.org/education/curricula-recommendations)。

本书(原书第4版)除了整合来自其他知识单元的材料外，与ACM/IEEE CS2013指南中关于计算机组成和体系结构的部分是直接相关的。表P-1列出了本教材与AR知识域中的8个主题的对应关系。对于其他知识域，仅列出本教材所覆盖的主题。

表P-1 本书覆盖的ACM/IEEE CS2013主题

AR——体系结构	核心一级学时	核心二级学时	是否包括选修	章号
数字逻辑和数字系统		3	否	1, 3, 4
数据的机器级表示		3	否	1, 2
汇编级机器组成		6	否	1, 4, 5, 7, 8, 9
存储系统组成和体系结构		3	否	2, 6, 7, 13
接口与通信		1	否	4, 7, 12
功能组成			是	4, 5
多处理和其他体系结构			是	9
性能优化			是	9, 11
NC——网络和通信	**核心一级学时**	**核心二级学时**	**是否包括选修**	**章号**
介绍	1.5		否	12
网络应用	1.5		否	12
可靠数据传输		2	否	12
路由和转发		1.5	否	12
OS——操作系统	**核心一级学时**	**核心二级学时**	**是否包括选修**	**章号**
操作系统概述	2		否	8
存储管理		3	否	6
虚拟机			是	8
文件系统			是	7
实时和嵌入式系统			是	10
系统性能评价			是	6, 11
PD——并行和分布式计算	**核心一级学时**	**核心二级学时**	**是否包括选修**	**章号**
并行体系结构	1	1	否	9
分布式系统			是	9
云计算			是	1, 9, 13
SF——系统基础	**核心一级学时**	**核心二级学时**	**是否包括选修**	**章号**
计算范式	3		否	3, 4, 9
状态和状态机	6		否	3
并行性	3		否	9
评价	3		否	11
接近		3	否	6
SP——社会问题和专业实践	**核心一级学时**	**核心二级学时**	**是否包括选修**	**章号**
历史			是	1

编写本书的目的

市场上已经有很多关于计算机组成和体系结构方面的教材。在讲授这门课程超过35年的时间里，我们已经使用过许多非常好的教材。然而，在每次讲授这门课程时，内容都变化了，最终我们发现要写大量的课程讲义来补充课堂上必须讲授的素材。课程素材正在从用计算机工程方法讨论组成和体系结构，变成用计算机科学方法对这些主题进行讨论。当决定把计算机组成课程和计算机体系结构课程合并为一门课程时，我们根本找不到覆盖专业所必需的、从计算机科学角度编写的、不使用特定机器术语的并且在讲授这些主题之前可以激发学生积极性的教材。

在本教材中，我们希望传达现代计算系统开发中使用的设计思想，以及这种设计思想对计算机科学专业学生的影响。然而，学生在理解和领会有关设计的方方面面之前，必须掌握基本概念。大多数计算机组成和体系结构的教材都有相似的技术信息。然而，我们对这些信息的覆盖水平以及与计算机科学专业学生相关的背景给予了特别的关注。例如，在本书中，当介绍具体例子时，我们会给出与个人计算机、企业系统和大型机相关的例子，因为这些系统类型都是最有可能遇到的。我们避免类似的书中存在的“个人计算机偏见”，希望学生理解各种平台在当今的自动化基础设施中的不同之处、相似之处和所发挥的作用。很多时候，教材忘记了动机也许是学习中一个最重要的因素。为此，我们包括了许多实际的例子，同时试图保持理论与应用之间的平衡。

本书特色

本书的很多特色都是为了强调计算机组成和体系结构中的各种概念，并使学生更容易理解相关材料。这些特色包括：

- 补充材料。穿插在正文中的补充材料包括有趣的信息，这些信息超出了相应章的重点内容，方便读者进一步探究这些材料。
- 实际的例子。教材中整合了来自现实生活的例子，使学生更好地理解技术是如何与实际问题相结合的。
- 小结。这个部分对每章的要点进行了简明扼要的总结。
- 扩展阅读。这个部分为希望更详细研究相关主题的读者列出了额外的资源，并且包含了与该章主题相关的权威论文和书籍的引用。
- 复习题。每章都包含一套复习题，方便读者巩固所学的知识。
- 习题。每章都有可供选择的练习，以强化所介绍的概念。
- 精选习题答案与提示。习题中用菱形标示的问题都有答案。
- 特别关注。这个部分为教师提供了额外的信息，例如卡诺图和数据压缩等。
- 附录。附录提供了数据结构的简要介绍，包括堆栈、链表和树等主题。

作者简介

这本教材不仅融合了我们超过 35 年的教学经验，而且还有 30 多年的行业经验。因此，我们不仅强调计算机组成和体系结构的基本原理，而且把这些主题与实践相结合。我们使用了现实生活中的例子，用于帮助学生理解这些基本概念如何应用于计算领域。

Linda Null 从艾奥瓦州立大学获得了计算机科学硕士和博士学位，从西北密苏里州立大学获得了计算机科学教育硕士学位、数学教育硕士学位、数学和英语学士学位。她已经从事数学和计算机科学教学工作超过了 35 年，目前是宾夕法尼亚州立大学哈里斯堡校区计算机科学研究生课程协调员和课程副主席，从 1995 年开始她一直是那里的教师。她已经获得了很多教学奖，包括宾夕法尼亚州立大学杰出教师奖和优秀教学奖。她感兴趣的领域包括计算机组成和体系结构、操作系统、计算机科学教育和计算机安全。

Julia Lobur 是一名在计算机行业工作超过 30 年的从业者。她除了兼职教学工作外，还担任过系统顾问、高级程序员/分析师、系统和网络设计师、软件开发经理和项目经理等职位。Julia 获得了计算机科学硕士学位，并且是一名 IEEE 认证的软件开发专业人员。

预备知识

学生使用本教材前需要具有一年使用高级过程语言编写程序的经验，也应该学过一年的大学数学(微积分或离散数学)。本教材假定之前学生不了解计算机硬件。

计算机组成和体系结构课程通常是本科生学习操作系统(学生必须知道存储器层次结构、并发、异常和中断)、编译器(学生必须知道指令集、存储器地址和链接)、网络(学生必须理解系统的硬件,然后才能理解将这些部件连接在一起的网络)以及任何高级计算机体系结构课程之前的选修课。

本书的组织结构

在本教材中对概念的介绍方式是一次尝试,即简明而全面地覆盖我们认为对于计算机科学专业学生必要的主题。我们不认为最好的方式是“划分”各种主题,因此,我们选择了一种结构化的整合方式,使每个主题都包含在整个计算机系统的背景中。

与许多流行的教材一样,我们采用了自底向上的方法,即从数字逻辑层开始构建到应用层,应用层是学生在开始学习这门课程之前就应该熟悉的。当读者到达应用层时,计算机组成和体系结构中必要的概念都已经呈现了。我们的目标是让学生把本书中涵盖的硬件知识与在程序设计导论课程中学到的概念联系到一起,形成一个完整而全面的硬件和软件如何组织在一起的画面。最终,硬件理解程度对软件设计和性能有重大的影响。如果学生能够掌握硬件基本知识,将有助于成为更好的计算机科学家。

计算机组成和体系结构中的概念对于计算机专业人员的许多日常工作是必需的。为了处理计算机专业人员应该了解的许多领域内的问题,我们采用从更高层次看计算机体系结构的方法,仅当理解一个特定概念需要低层信息时才给出这些信息。例如,当讨论 ISA 时,在不同的案例研究背景中引入了许多与硬件相关的问题,这不仅区分而且也加强了与 ISA 设计相关的问题。

本书包括 13 章和 1 个附录,列举如下:

- 第 1 章对计算提供了一般性的历史概述,指出了计算系统开发中的许多里程碑,让读者了解我们是如何达到当前的计算状态的。本章介绍了必要的术语、计算机系统中的基本部件、计算机系统的各种逻辑层和冯·诺依曼计算机模型,提供了计算机系统的高层视图,以及进一步研究的动机和必要的概念。
- 第 2 章对计算机使用的表示数字和字符信息的各种方法提供了全面讨论。一旦读者接触到进制和典型的数字表示技术(包括 1 的补码、2 的补码和 BCD 码等),就可以学习加、减、乘和除运算了。此外,也介绍了 EBCDIC、ASCII 和 Unicode 字符表示法,以及定点和浮点表示法。对于错误检测与纠错进行了简要介绍。在“特别关注”中描述了数据记录和传输的编码。
- 第 3 章是数字逻辑的经典表示及其与布尔代数的关系。本章详细介绍了组合逻辑和时序逻辑,以使读者能够理解更复杂的 MSI(中等规模集成)电路(如译码器)的逻辑组成。更复杂的电路(如总线和存储器)也包括在内。优化和卡诺图包含在“特别关注”中。
- 第 4 章解释了基本的计算机组成并且介绍了许多基本概念,包括取指 - 译码 - 执行周期、数据通路、时钟和总线、寄存器传输表示和 CPU。介绍了一种非常简单的 MARIE 体系结构及其 ISA,使读者对基本体系结构(包括程序执行)有了全面理解。MARIE 展示了经典的冯·诺依曼设计,包括一个程序计数器、一个累加器、一个指令寄存器、4096 字节的存储器和两种寻址方式。为了强化早些时候提出的指令格式、指令模式、数据格式和控制等概念,还介绍了汇编语言程序设计。本书不是一本汇编语言教材,也不是为汇编语言程序设计而设计的实践课程。介绍汇编的主要目的是进一步从总体上理解计算机体系结构。我们为 MARIE 提供了一个仿真器,这样就可以在 MARIE 体系结构上编写、编译和运行汇编语言程序了。本章介绍和比较了控制的两种方法:硬连线和微程序。

最后，比较了 Intel 和 MIPS 体系结构，以强化本章介绍的概念。

- 第 5 章对指令集架构进行了更深入的考察，包括指令格式、指令类型和寻址方式，还介绍了指令级流水线。给出了实际的 ISA（包括 Intel 和 MIPS 技术、ARM、Java），以强化本章中的概念。
- 第 6 章讨论了存储器的基本概念，如 RAM 和各种存储设备，也讨论了更高级的存储器层次结构的概念，包括高速缓存和虚拟存储器。本章对高速缓存的直接映射、全相联映射和组相联映射技术进行了全面介绍，还详细介绍了分页和分段、TLB 以及与每种技术相关的各种算法和设备。
- 第 7 章介绍了 I/O 原理、总线通信协议、典型的外部存储设备（如磁盘和光盘），以及每种设备可用的各种格式，也涉及 DMA、编程控制 I/O 和中断。另外介绍了在设备之间交换信息的各种技术，详细介绍了 RAID 体系结构。在"特别关注"中介绍了各种数据压缩格式。
- 第 8 章讨论了各种可用的编程工具（如编译器和汇编程序）以及它们与程序所运行的机器体系结构之间的关系。本章的目标是把计算机系统程序员的观点与底层机器的实际硬件和体系结构联系在一起。另外，介绍了操作系统，但是仅涵盖应用到一个系统中的体系结构和组成方面的更多细节（如资源使用和保护、陷阱和中断以及各种其他服务）。
- 第 9 章对近年来出现的其他体系结构进行了概述，涵盖 RISC、Flynn 分类法、并行处理器、指令级并行、多处理器、互连网络、共享存储系统、高速缓存一致性、存储模型、超标量机、神经网络、数据流计算机、量子计算和分布式体系结构。本章的主要目的是帮助读者认识到我们不局限于冯·诺依曼体系结构，并引导读者考虑性能问题，为下一章做好准备。
- 第 10 章讨论了前面章节中没有涵盖的嵌入式系统中的概念和主题。具体来说，本章关注嵌入式硬件和组件、嵌入式系统设计主题、嵌入式软件构建基础和嵌入式操作系统特征。
- 第 11 章涉及各种性能分析和管理问题，介绍了必要的数学知识，随后讨论了 MIPS、FLOPS、基准测试和各种优化问题。计算机科学家应该熟悉这些优化问题，包括分支预测、推测执行和循环优化。
- 第 12 章关注网络的组成和体系结构，包括网络组件和协议，在因特网背景中介绍了 OSI 模型和 TCP/IP。本章的目的绝不是全面介绍网络，而是将计算机体系结构置于相对于网络体系结构的正确环境中。
- 第 13 章介绍了一些流行的适合于大型和小型系统的 I/O 架构，包括 SCSI、ATA、IDE、SATA、PCI、USB 和 IEEE 1394。本章也概述了存储区域网络和云计算。
- 附录 A 是关于数据结构的简短介绍，因为在一些情况下学生可能需要复习堆栈、队列和链表等主题。

教学时可以按照书中的先后顺序进行。然而，如果有需要，教师可以修改这个顺序以便更好地适合于给定的课程。图 P-1 给出了各章节之间的关系。

第 4 版中的新内容

自本书第 3 版出版以来，计算机体系结构领域在不断发展。在第 4 版中，除了前面三版中已经介绍的主题外，我们纳入了许多新变化。在第 4 版中，我们的目标是更新内容和参考文献、增加新的材料、基于读者的评论扩展当前的讨论并且增加核心章节中练习的数量。虽然不能列出这一版中所有的变化，但是下面的列表突出了读者可能感兴趣的主要变化。

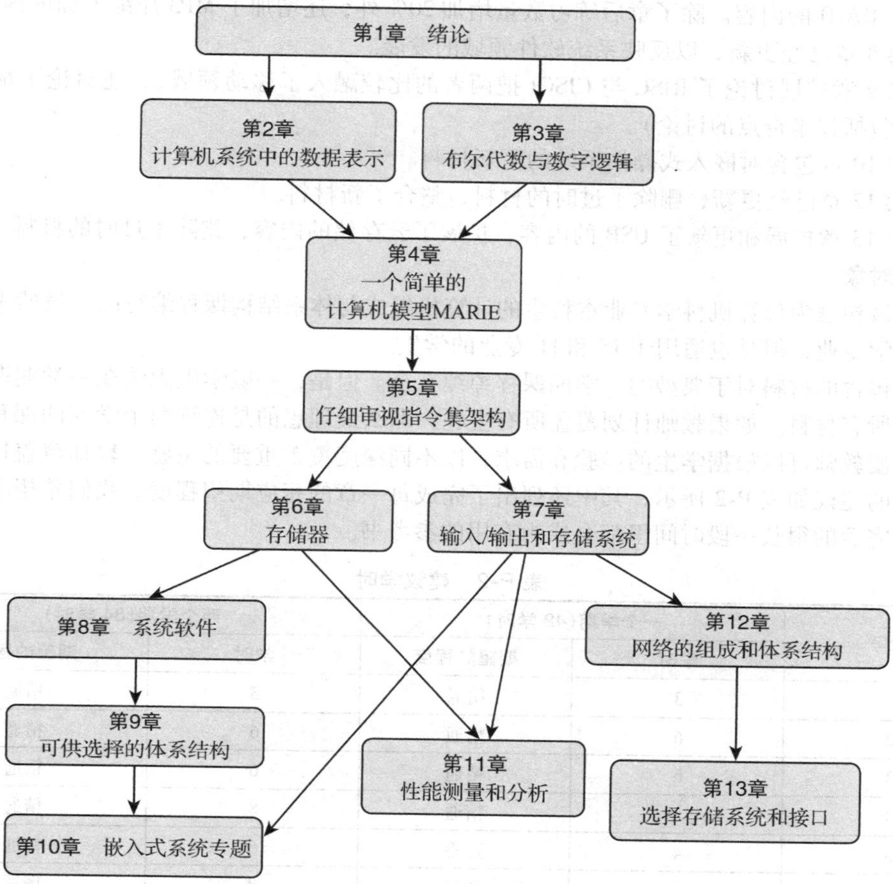

图 P-1　各章之间的关系

- 第 1 章已经更新，包括新的例子和解释、平板电脑、计算即服务（云计算）和认知计算。硬件概述已经扩展和更新（值得注意的是，删除了对 CRT 的讨论，增加了对图形卡的讨论）并且增加了补充材料。更新了非冯·诺依曼模型，并且新增了并行性部分。章后练习的数量增加了 26%。
- 第 2 章包含移码表示法。之前的简单模型已经修改为使用标准格式，并且增加了更多的例子。本章练习的数量增加了 44%。
- 第 3 章已经改用“′”号代替上划线（¯）表示非运算符。添加了时序图，以帮助解释时序电路的操作。扩展了 FSM 部分的内容，包括附加练习。
- 第 4 章扩展了存储器组织（包括存储器交叉存取）内容，包括附加的例子和练习。我们现在使用“0x”符号表示十六进制。在硬连线和微程序控制方面增加了更多细节的讨论，并更新了 MARIE 硬连线控制单元的逻辑图和 MARIE 微程序时序图。
- 第 5 章除了新的 ARM 处理器部分外，还扩展了大端和小端内容，包括附加例子和练习。
- 第 6 章更新了图，扩展了全相联存储器的讨论，包括附加的例子，更明确讨论了高速缓存。所有例子都更新了，用十六进制地址取代了十进制地址。本章现在包含的例子比第 3 版多 20%。
- 第 7 章扩展了固态硬盘和新兴的数据存储设备（如碳纳米管和忆阻器）的讨论，还增加了 RAID 的内容。除了章后练习数量增加 20% 外，还增加了 MP3 压缩方面的内容。

- 第 8 章已经更新，以反映系统软件领域的发展。
- 第 9 章扩展讨论了 RISC 与 CISC（把两者的比较融入了移动领域），还讨论了量子计算（包括技术奇点的讨论）。
- 第 10 章包含对嵌入式操作系统的更新材料。
- 第 12 章已经更新，删除了过时的材料，整合了新材料。
- 第 13 章扩展和更新了 USB 的内容，扩展了云存储的内容，删除了过时的材料。

读者对象

本书最初是为计算机科学专业本科生的计算机组成与体系结构课程编写的。虽然本书面向计算机科学专业，但是也适用于 IS 和 IT 专业的学生。

本书包含的材料对于典型的一学期课程绰绰有余。但是，一般学生无法在一学期课程中掌握本书的所有材料。如果教师计划覆盖所有主题，那么最理想的是连续两个学期的课程。这种组织方式使教师可以根据学生的经验和需求，以不同深度覆盖重要的主题。教师覆盖这些主题所需时间的建议如表 P-2 所示，其中还列出了完成每一章的相应期望程度。我们希望本书在正式课程学完后的很长一段时间里都会成为有用的参考书。

表 P-2　建议学时

章号	一个学期(42 学时)		两个学期(84 学时)	
	学时	期望的程度	学时	期望的程度
1	3	精通	3	精通
2	6	精通	6	精通
3	6	精通	6	精通
4	8	精通	8	精通
5	4	熟悉	6	精通
6	3	熟悉	8	精通
7	2	熟悉	6	精通
8	2	了解	7	精通
9	2	熟悉	7	精通
10	1	了解	5	熟悉
11	2	了解	9	精通
12	2	了解	7	精通
13	1	了解	6	精通

教学模型：MARIE

在关于计算机组成与体系结构的书中，体系结构模型的选择既会影响教师，也会影响学生。如果模型太复杂，那么教师和学生都会陷入与课堂所讲概念无关的细节中。虽然真实的体系结构令人感兴趣，但是把这些体系结构用于入门课程中往往会有太多的独特之处。真实的体系结构每天都在变，这使得事情变得更加复杂。另外，很难找到一本书，其所包含的模型与某个学院中的本地计算平台相匹配，值得注意的是，这个平台也可能每年都会变化。

为了缓解这些问题，我们设计了专门用于教学的简单体系结构 MARIE。利用 MARIE，学生学习计算机组成与体系结构的基本概念（包括汇编语言）时，不会陷入存在于真实体系结构中的不必要和混乱的细节中。尽管 MARIE 很简单，但是它却仿真了一个功能系统。MarieSim 是 MARIE 机的仿真器，具有用户友好的图形用户界面，利用它，学生可以创建和编辑源代码，将源代码转换为机器码，运行机器码，调试程序。

具体而言，MarieSim 具有以下特点：

- 对第 4 章中引入的 MARIE 汇编语言的支持
- 用于程序创建和修改的集成文本编辑器
- 十六进制机器语言目标代码
- 带有单步模式、断点、暂停、恢复以及寄存器与存储器跟踪的集成调试器
- 显示 MARIE 存储器中 4096 个地址的图形存储器监控器
- MARIE 寄存器的图形显示
- 在程序执行期间加亮指令
- 用户控制的执行速度
- 状态消息
- 用户可见的符号表
- 让用户改正任何错误和自动重新汇编而不改变环境的交互式汇编器
- 在线帮助
- 可选的内核转储，用户可以指定存储器范围
- 用户可以修改的帧大小
- 平缓的学习曲线，学生可以快速学会使用这个系统

由于 MarieSim 是使用 Java 语言编写的，所以这个系统可以移植到任何使用 Java 虚拟机(JVM)的平台上。学过 Java 的学生可以查看这个仿真器的源代码，甚至可以对仿真器的简单功能进行改进和强化。

图 P-2 是 MarieSim 的图形化环境，图中展示了 MARIE 机仿真器的图形化环境。该截图包含 4 个部分：菜单栏、中央监控区、存储器监控器和消息区。

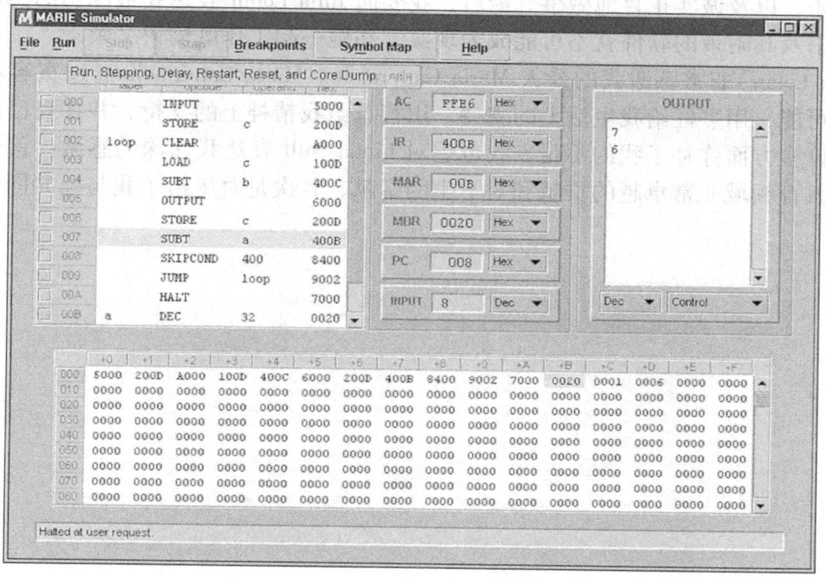

图 P-2　MarieSim 的图形化环境

菜单选项允许用户控制 MARIE 仿真器系统的活动和行为。这些选项包括加载、启动、停止、设置断点和暂停已经用 MARIE 汇编语言编写好的程序。

MARIE 仿真器在一个简单环境中展示了汇编过程、加载和执行。用户能够直接看到程序

的汇编语言状态，以及相应的机器码(十六进制)。这些指令的地址也可显示出来，用户能够在任何时间看到存储器的任何部分。加亮用于指示程序的初始加载地址，以及当程序运行时所执行的当前指令。寄存器和存储器的图形显示使学生可以看到指令是如何引起寄存器和存储器的值变化的。

如果发现了错误

我们试图使本书准确，但是即使已经进行了多次检查，也还是会有错误。我们非常感谢发现任何错误的读者，意见和建议请发送电子邮件到 ECOA@ jblearning. com。

致谢

一本书的完成不可能是一两个人努力的结果，本书也不例外。我们意识到编写一本教材是一项艰巨的任务，只有共同努力才可能完成，而且我们发现逐一感谢帮助本书的每个人是不可能的。在下面的感谢中，如果无意中遗漏了任何人，那么我们非常抱歉。

很多人对本书做出了贡献。我们首先感谢所有审校者对以前版本仔细的评价和深思熟虑的书面评论。另外，我们对许多通过电子邮件发送有用想法和建议的读者表示感谢。虽然在这里我们不可能提到所有人，但是我们特别感谢 John MacCormick(Dickinson 学院)和 Jacqueline Jones(Brooklyn 学院)细致入微的审阅和大量的建议。我们特别感谢 Karishma Rao 和 Sean Willeford 在制作高质量存储器软件模块中投入的时间和精力。

我们也要感谢 Jones & Bartlett Learning，与他们的密切合作使得本书得以出版。我们非常感谢 Tiffany Silter、Laura Pagluica 和 Amy Rose 的敬业精神、奉献和努力工作。

我(Linda Null)非常感谢丈夫 Tim Wahls，他对于我第四次写书而不能料理家务继续保持耐心，对本书的内容坦率地提出了修改意见。他承担了所有做饭的工作，忍受了由于我写本书所做的妥协，包括错过了每年的飞钓假期，以及使我们的马长期处于无人喂养的状态。我觉得嫁给这么好的男人真是太幸运了。我衷心感谢我的恩师 Merry McDonald，他教会了我学习和教学的价值和快乐，以及诚实正直地做事。最后，我要向 Julia Lobur 表达我最深切的感谢，因为没有她，这本书及其附带的软件就不可能成为现实。和她一起工作既愉快又荣幸。

我(Julia Lobur)非常感谢我的爱人 Marla Cattermole。Marla Cattermole 通过宽容和尽责使这项工作成为可能，用烹饪给我生活上的支持，用智慧给我精神上的支持，并在自己的事业上努力工作，在许多方面弥补了我的不足。我也想对 Linda Null 表达我深深的感激：首先是对她在计算机科学教育领域非常卓越的贡献和对学生的奉献，其次是对她给了我与她共同编写教材的机会。

译者序

前言

第1章 绪论 …… 1

1.1 引言 …… 1
1.2 计算机的主要部件 …… 2
1.3 一个实例系统：吃力地读专业词汇 …… 3
1.4 标准组织 …… 12
1.5 发展历史 …… 13
1.5.1 第零代：机械计算机（1642～1945年） …… 13
1.5.2 第一代：电子管计算机（1945～1953年） …… 15
1.5.3 第二代：晶体管计算机（1954～1965年） …… 18
1.5.4 第三代：集成电路计算机（1965～1980年） …… 20
1.5.5 第四代：超大规模集成电路计算机(1980～) …… 20
1.5.6 摩尔定律 …… 22
1.6 计算机层次结构 …… 23
1.7 云计算：计算即服务 …… 24
1.8 冯·诺依曼模型 …… 26
1.9 非冯·诺依曼模型 …… 28
1.10 并行处理器和并行计算 …… 29
1.11 并行性：机器智能的推动者——深蓝和沃森 …… 30
本章小结 …… 32
扩展阅读 …… 32
参考文献 …… 33
复习题 …… 34
习题 …… 35

第2章 计算机系统中的数据表示 …… 37

2.1 引言 …… 37
2.2 按位计数系统 …… 37
2.3 不同进制之间的转换 …… 38
2.3.1 无符号整数的转换 …… 38
2.3.2 小数的转换 …… 40
2.3.3 2的幂次作为基数的计数系统之间的转换 …… 41
2.4 有符号整数表示 …… 42
2.4.1 原码 …… 42
2.4.2 补码系统 …… 45
2.4.3 有符号数的移码表示 …… 49
2.4.4 无符号数与有符号数 …… 50
2.4.5 计算机、算术和布斯算法 …… 50
2.4.6 进位和溢出 …… 53
2.4.7 使用移位进行二进制乘法和除法 …… 54
2.5 浮点数表示 …… 55
2.5.1 一个简单的模型 …… 55
2.5.2 浮点运算 …… 57
2.5.3 浮点误差 …… 58
2.5.4 IEEE-754浮点标准 …… 59
2.5.5 表数范围、精度和准确度 …… 60
2.5.6 有关浮点数的其他问题 …… 61
2.6 字符编码 …… 62
2.6.1 二进制编码的十进制 …… 63
2.6.2 EBCDIC …… 64
2.6.3 ASCII …… 64
2.6.4 Unicode …… 65
2.7 错误检测与纠错 …… 67
2.7.1 循环冗余校验 …… 67
2.7.2 汉明码 …… 69
2.7.3 里德－所罗门纠错码 …… 74
本章小结 …… 74
扩展阅读 …… 75

参考文献 …… 75
复习题 …… 76
习题 …… 76
特别关注：数据记录和传输的编码 …… 82

第3章 布尔代数与数字逻辑 …… 88

3.1 引言 …… 88
3.2 布尔代数 …… 89
3.2.1 布尔表达式 …… 89
3.2.2 布尔代数的基本定律 …… 90
3.2.3 化简布尔表达式 …… 91
3.2.4 求反 …… 92
3.2.5 表示布尔函数 …… 93
3.3 逻辑门 …… 94
3.3.1 逻辑门符号 …… 94
3.3.2 通用逻辑门 …… 95
3.3.3 多输入逻辑门 …… 96
3.4 数字组件 …… 96
3.4.1 数字电路及其与布尔代数的关系 …… 96
3.4.2 集成电路 …… 97
3.4.3 汇总：从问题描述到电路 …… 99
3.5 组合逻辑电路 …… 100
3.5.1 基本概念 …… 100
3.5.2 典型的组合逻辑电路示例 …… 100
3.6 时序电路 …… 105
3.6.1 基本概念 …… 105
3.6.2 时钟 …… 105
3.6.3 触发器 …… 105
3.6.4 有限状态机 …… 108
3.6.5 时序电路示例 …… 112
3.6.6 时序逻辑的应用：卷积编码和维特比检测 …… 115
3.7 电路设计 …… 119
本章小结 …… 119
扩展阅读 …… 120
参考文献 …… 120
复习题 …… 121
习题 …… 122
特别关注：卡诺图 …… 128

第4章 一个简单的计算机模型 MARIE …… 139

4.1 引言 …… 139
4.2 CPU 基本知识和组织结构 …… 139
4.2.1 寄存器 …… 139
4.2.2 ALU …… 140
4.2.3 控制单元 …… 140
4.3 总线 …… 140
4.4 时钟 …… 143
4.5 输入/输出子系统 …… 144
4.6 存储器的组成和寻址方式 …… 145
4.7 中断 …… 148
4.8 MARIE …… 149
4.8.1 组织结构 …… 149
4.8.2 寄存器和总线 …… 150
4.8.3 指令集架构 …… 151
4.8.4 寄存器传输表示 …… 153
4.9 指令的执行过程 …… 155
4.9.1 取指-译码-执行周期 …… 155
4.9.2 中断和指令周期 …… 155
4.9.3 MARIE 的 I/O …… 157
4.10 一个简单的程序 …… 157
4.11 关于编译程序的讨论 …… 159
4.11.1 编译程序的作用 …… 159
4.11.2 使用汇编语言的原因 …… 160
4.12 指令集的扩展 …… 161
4.13 关于译码的讨论：硬连线和微程序控制 …… 166
4.13.1 机器控制 …… 166
4.13.2 硬连线控制 …… 169
4.13.3 微程序控制 …… 171
4.14 实际的计算机体系结构 …… 174
4.14.1 Intel 体系结构 …… 175
4.14.2 MIPS 体系结构 …… 179
本章小结 …… 181
扩展阅读 …… 182
参考文献 …… 183
复习题 …… 184
习题 …… 185

第5章 仔细审视指令集架构 ········ 192

5.1 引言 ········ 192
5.2 指令格式 ········ 192
5.2.1 指令集设计决策 ········ 192
5.2.2 小端和大端方式 ········ 193
5.2.3 CPU内部的存储：堆栈和寄存器 ········ 195
5.2.4 操作数个数和指令长度 ········ 196
5.2.5 扩展操作码 ········ 199
5.3 指令类型 ········ 202
5.3.1 数据传送 ········ 202
5.3.2 算术运算 ········ 202
5.3.3 布尔逻辑运算指令 ········ 203
5.3.4 位操作指令 ········ 203
5.3.5 输入/输出指令 ········ 203
5.3.6 传送控制指令 ········ 204
5.3.7 专用指令 ········ 204
5.3.8 正交指令集 ········ 204
5.4 寻址 ········ 204
5.4.1 数据类型 ········ 204
5.4.2 寻址方式 ········ 205
5.5 指令流水线 ········ 207
5.6 指令集架构实例 ········ 210
5.6.1 Intel ········ 211
5.6.2 MIPS ········ 211
5.6.3 Java虚拟机 ········ 212
5.6.4 ARM ········ 215
本章小结 ········ 216
扩展阅读 ········ 217
参考文献 ········ 218
复习题 ········ 218
习题 ········ 219

第6章 存储器 ········ 224

6.1 引言 ········ 224
6.2 存储器类型 ········ 224
6.3 存储器的层次结构 ········ 225
6.4 高速缓存 ········ 227
6.4.1 缓存映射策略 ········ 229
6.4.2 替换策略 ········ 240
6.4.3 有效访问时间和命中率 ········ 240
6.4.4 发生缓存失效的时间 ········ 241
6.4.5 缓存写策略 ········ 241
6.4.6 指令和数据缓存 ········ 243
6.4.7 缓存的级别 ········ 244
6.5 虚拟存储器 ········ 244
6.5.1 分页 ········ 245
6.5.2 使用分页管理的有效访问时间 ········ 250
6.5.3 汇总：使用缓存、TLB和分页技术 ········ 252
6.5.4 分页和虚拟存储器的优缺点 ········ 253
6.5.5 分段 ········ 253
6.5.6 分段和分页的组合 ········ 254
6.6 存储器管理实例 ········ 254
本章小结 ········ 255
扩展阅读 ········ 255
参考文献 ········ 256
复习题 ········ 256
习题 ········ 257

第7章 输入/输出和存储系统 ········ 263

7.1 引言 ········ 263
7.2 I/O及其性能 ········ 263
7.3 阿姆达尔定律 ········ 263
7.4 I/O体系结构 ········ 266
7.4.1 I/O控制方法 ········ 267
7.4.2 字符I/O与块I/O ········ 271
7.4.3 I/O总线操作 ········ 272
7.5 数据传输模式 ········ 274
7.5.1 并行数据传输 ········ 275
7.5.2 串行数据传输 ········ 276
7.6 磁盘技术 ········ 277
7.6.1 硬盘驱动器 ········ 278
7.6.2 固态硬盘 ········ 280
7.7 光盘 ········ 282
7.7.1 CD-ROM ········ 282
7.7.2 DVD ········ 285
7.7.3 蓝光光盘 ········ 286
7.7.4 光盘记录方式 ········ 286
7.8 磁带 ········ 287

7.9 RAID …… 290
7.9.1 RAID-0 …… 290
7.9.2 RAID-1 …… 291
7.9.3 RAID-2 …… 291
7.9.4 RAID-3 …… 292
7.9.5 RAID-4 …… 293
7.9.6 RAID-5 …… 293
7.9.7 RAID-6 …… 294
7.9.8 RAID DP …… 295
7.9.9 混合 RAID 系统 …… 297
7.10 数据存储的未来 …… 298
本章小结 …… 300
扩展阅读 …… 300
参考文献 …… 301
复习题 …… 302
习题 …… 303
特别关注：数据压缩 …… 308

第 8 章 系统软件 …… 327

8.1 引言 …… 327
8.2 操作系统 …… 327
8.2.1 操作系统的历史 …… 328
8.2.2 操作系统的设计 …… 332
8.2.3 操作系统的服务 …… 332
8.3 保护环境 …… 335
8.3.1 虚拟机 …… 336
8.3.2 子系统和分区 …… 337
8.3.3 保护环境和系统结构的演变 …… 339
8.4 编程工具 …… 340
8.4.1 汇编程序和汇编 …… 340
8.4.2 链接器 …… 342
8.4.3 动态链接库 …… 342
8.4.4 编译器 …… 344
8.4.5 解释器 …… 346
8.5 Java：以上全部 …… 346
8.6 数据库软件 …… 351
8.7 事务管理器 …… 354
本章小结 …… 356
扩展阅读 …… 356
参考文献 …… 357
复习题 …… 357
习题 …… 358

第 9 章 可供选择的体系结构 …… 360

9.1 引言 …… 360
9.2 RISC 设备 …… 361
9.3 Flynn 分类法 …… 365
9.4 并行和多处理器体系结构 …… 367
9.4.1 超标量和超长指令字 …… 368
9.4.2 向量处理器 …… 369
9.4.3 互连网络 …… 370
9.4.4 共享存储器的多处理器 …… 373
9.4.5 分布式计算 …… 375
9.5 其他的并行处理方法 …… 377
9.5.1 数据流计算 …… 377
9.5.2 神经网络 …… 379
9.5.3 脉动阵列 …… 381
9.6 量子计算 …… 382
本章小结 …… 384
扩展阅读 …… 385
参考文献 …… 385
复习题 …… 387
习题 …… 388

第 10 章 嵌入式系统专题 …… 390

10.1 引言 …… 390
10.2 嵌入式硬件概述 …… 391
10.2.1 标准的嵌入式系统硬件 …… 391
10.2.2 可重构硬件 …… 394
10.2.3 定制设计的嵌入式硬件 …… 398
10.3 嵌入式软件概述 …… 403
10.3.1 嵌入式系统的存储器组织 …… 403
10.3.2 嵌入式操作系统 …… 404
10.3.3 嵌入式系统的软件开发 …… 406
本章小结 …… 407
扩展阅读 …… 408
参考文献 …… 409
复习题 …… 410
习题 …… 410

第 11 章　性能测量和分析 …… 412
11.1　引言 …… 412
11.2　计算机性能公式 …… 412
11.3　数学准备工作 …… 413
11.3.1　均值的含义 …… 413
11.3.2　统计学和语义 …… 417
11.4　基准测试 …… 418
11.4.1　时钟频率、MIPS 和 FLOPS …… 419
11.4.2　综合测试基准：Whetstone、Linpack 和 Dhrystone …… 420
11.4.3　SPEC 基准 …… 421
11.4.4　事务处理性能委员会基准 …… 424
11.4.5　系统仿真 …… 428
11.5　CPU 性能优化 …… 428
11.5.1　分支优化 …… 429
11.5.2　使用好的算法和简单代码 …… 431
11.6　磁盘性能 …… 433
11.6.1　理解问题 …… 433
11.6.2　物理因素 …… 434
11.6.3　逻辑因素 …… 434
本章小结 …… 438
扩展阅读 …… 438
参考文献 …… 439
复习题 …… 440
习题 …… 440
第 12 章　网络的组成和体系结构 …… 444
12.1　引言 …… 444
12.2　早期的商用计算机网络 …… 444
12.3　早期的学术和科研网络：因特网的根源和体系结构 …… 444
12.4　网络协议 I：ISO/OSI 统一协议 …… 447
12.4.1　一个小故事 …… 447
12.4.2　OSI 参考模型 …… 448
12.5　网络协议 II：TCP/IP 网络体系结构 …… 451
12.5.1　IPv4 …… 452
12.5.2　IPv4 的麻烦 …… 453
12.5.3　传输控制协议 …… 456
12.5.4　TCP 的工作过程 …… 457
12.5.5　IPv6 …… 460
12.6　网络组成 …… 464
12.6.1　物理传输介质 …… 465
12.6.2　接口卡 …… 469
12.6.3　中继器 …… 469
12.6.4　集线器 …… 469
12.6.5　交换机 …… 470
12.6.6　网桥和网关 …… 470
12.6.7　路由器和路由 …… 471
12.7　因特网的脆弱性 …… 478
本章小结 …… 479
扩展阅读 …… 479
参考文献 …… 480
复习题 …… 480
习题 …… 481
第 13 章　选择存储系统和接口 …… 483
13.1　引言 …… 483
13.2　SCSI 架构 …… 483
13.2.1　“经典”并行 SCSI …… 484
13.2.2　SCSI 架构模型 3 …… 486
13.3　因特网 SCSI …… 492
13.4　存储区域网络 …… 494
13.5　其他 I/O 连接 …… 494
13.5.1　并行总线：XT 到 ATA …… 495
13.5.2　串行 ATA 和串行连接的 SCSI …… 496
13.5.3　外围设备互连 …… 496
13.5.4　串行接口 USB …… 496
13.6　云存储 …… 497
本章小结 …… 498
扩展阅读 …… 499
参考文献 …… 500
复习题 …… 500
习题 …… 500
附录 A　数据结构和计算机 …… 502
精选习题答案与提示 …… 516

第 1 章

The Essentials of Computer Organization and Architecture, Fourth Edition

绪 论

1.1 引言

有许多人把计算机革命看作一种自然力量，Negroponte 博士是其中的一个。这种力量潜在地把人类带入了数字社会，使我们可以攻克已经逃避了几个世纪的问题，以及在解决问题时出现的所有新问题。计算机已经把我们从单调的常规任务中解放出来，释放出了我们的创造潜力，所以我们能建造更大和更好的计算机。

当观察计算机带来的科学和社会的深刻变革时，我们很容易感到由于计算机的复杂性带来的压力。这种复杂性是由一些非常简单的基础性概念构成的。这些简单的概念已经把我们带到了今天，并且它们是未来计算机的基础。将来这些概念是否能继续存在，不得而知。但是今天，它们是所有计算机科学的基础。

计算机科学家通常更关心编写复杂的程序算法，而不是设计计算机硬件。当然，如果想让算法有用，还是要让计算机运行这些算法的。一些算法非常复杂，以至于在今天的计算机系统上运行它们要花费很长的时间。这些算法被认为是**不可计算**的算法。当然，以目前的创新速度来看，一些今天不可能的事情，明天将是可能的事情。但是，无论计算机变得多大或者多快，人们还是会想出超出计算机合理极限的问题。

若想理解一个算法为什么是不可行的，或者理解一个可行的算法为什么运行得太慢，你必须能够从计算机的观点来看这个程序。在试图优化正在运行的程序之前，你必须理解是什么让计算机系统做出这样的反应的。不先理解计算机系统就试图优化它，就像不懂汽车却试图修理汽车一样，只能是碰运气了。

优化程序和维护系统或许是学习计算机如何工作的最重要动机。实际上，还有许多其他原因。例如，如果你想编写一个编译器，那么你必须理解在硬件环境中编译器所发挥的作用。最好的编译器会利用特别的硬件特性(比如流水线)来获得更高的速度和效率。

如果你需要对一个大的、复杂的真实系统建模，那么你需要知道如何处理浮点算法，以及实际上它是如何工作的。如果你希望设计外围设备或者驱动外围设备的软件，那么你必须知道计算机如何处理输入/输出(I/O)的每一个细节。如果你的工作包含嵌入式系统，那么你需要知道这些系统通常都是资源受限的。对时间、空间、价格折中以及 I/O 架构的理解，对你的职业来说是必不可少的。

所有计算机专业人士都应该熟悉基准测试的概念，能够解释和说明基准测试系统的结果。在研究工作中涉及硬件系统、网络或算法的人会发现基准测试技术对他们的日常工作很重要。负责购买硬件的技术经理也使用基准测试技术，以便用给定的经费买到最好的系统。记住，性能基准测试方法可能会被操纵以使结果有利于特定系统。

前面的例子解释了这样的思想，即计算机硬件与程序和软件部件的许多方面存在着基本的联系。因此，不管我们的专业领域是什么(比如计算机科学家)，都需要理解硬件和软件的相互作用。我们必须熟悉如何使各种电路和部件相配合以创建出计算机系统。通过学习**计算机组织**(computer organization，或计算机组成)可以了解如何创建计算机系统。计算机组织处理控制信号(如何控制计算机)、信号方法和存储类型等问题。计算机组织包括计算机系统的所有物理方面，它能帮助我们回答计算机如何工作的问题。

另一方面，**计算机体系结构**(computer architecture，或计算机系统结构)集中于计算机体系结构和行为的研究，是从程序员的角度看到的系统实现的逻辑和抽象。计算机体系结构包括许多元素，比如指令集和指令格式、操作码、数据类型、寄存器的数值和类型、寻址方式、主存访问方法和各种 I/O 机制。系统的体系结构直接反映了程序的逻辑执行。学习计算机体系结构可以帮助我们解决如何设计计算机的问题。

给定机器的计算机体系结构是硬件部件与**指令集架构**(Instruction Set Architecture，ISA)的集合。ISA 是机器上运行的软件与执行软件的硬件之间共同认可的接口，ISA 允许你与机器对话。

计算机组织与计算机体系结构之间的区别并不明显。对于如何准确地区分哪些概念属于计算机组织和哪些概念属于计算机体系结构，计算机科学领域的人们和计算机工程领域的人们持有不同的观点。事实上，不论是计算机组织还是计算机体系结构都不是孤立的，它们相互关联、相互依赖。只有在理解了两者之后，我们才能够真正理解它们中的每一个。对计算机组成和体系结构的理解必然能够引导我们更深入地理解计算机，以及更深入地理解被认为是计算机科学核心和灵魂的计算。

1.2　计算机的主要部件

区分哪些概念属于计算机组织和哪些概念属于计算机体系结构有些困难，并且不可能说清楚哪里是硬件问题的结束以及哪里是软件问题的开始。计算机科学家设计算法，这些算法通常是用计算机语言(比如 Java 或者 C++)写成的程序实现的。但是，算法怎么才能运行？当然是使用其他算法运行这个算法，如此这般直到降到机器层，在这里可以认为是用一个电子设备实现了一个算法。因此，现代计算机实际上是执行其他算法的算法实现。这个嵌套算法链使我们得到下列原理：

硬件和软件等价原理：任何由软件完成的任务也能使用硬件完成，并且任何直接由硬件完成的操作也可以使用软件完成。⊖

一台专用计算机能够设计用来执行任何任务，比如字处理、预算分析或者玩俄罗斯方块游戏。相应地，也可以编写程序来执行专用计算机的功能，比如装在汽车或微波炉中的嵌入式系统。有些时候，一个简单的嵌入式系统比一个复杂的计算机程序有更好的性能；有些时候，程序是优先选择的方法。硬件和软件等价原理告诉我们：需要做出选择。计算机组成和体系结构的知识有助于我们做出最好的选择。

我们从构成计算系统的主要部件开始讨论计算机硬件。在最基本的层面，计算机由三部分组成：

1. 一个用于解释和执行程序的处理器。
2. 一个用于存储数据和程序的存储器。
3. 一种用于与外部世界传输数据的机制。

在接下来的章节中，我们详细讨论与计算机硬件相关的这三种部件。

一旦根据计算机的部件理解了计算机，你就能够理解一个系统在所有时刻所做的事情，并且如果需要的话，你能够知道如何改变它的行为。你甚至可能会感到你有一些地方与计算机有共同点，这种想法并非不着边际。想想一个坐在教室的学生如何展示计算机的三种部件：学生的大脑是处理器，笔记本代表存储器，记笔记的铅笔或钢笔就是 I/O 机制。但是记住，你的能

⊖ 这个原理并不能解决等价任务的执行速度的问题，硬件实现总是更快一些。

力远超过今天或可预期未来的任何一台计算机的能力。

1.3　一个实例系统：吃力地读专业词汇

下面将介绍一些计算机的特殊词汇。这些专业词汇可能是混淆、不精确和令人生畏的。我们相信，只要解释一下就能消除迷雾。

为了方便讨论，我们找了一个计算机广告(见图 1-1)。这是一个典型的计算机广告，广告中出现了一大堆像“32GB DDR3 SDRAM”“PCIe 声卡”和“128KB L1 高速缓存”等短语，这就像是对用户进行了一番短语轰炸。如果不能理解这样的专业词汇，那么就难以知道这个系统是不是你想购买的，甚至难以知道这个系统是不是能够满足需求。随着内容的展开，你将学习到这些词汇背后的概念。

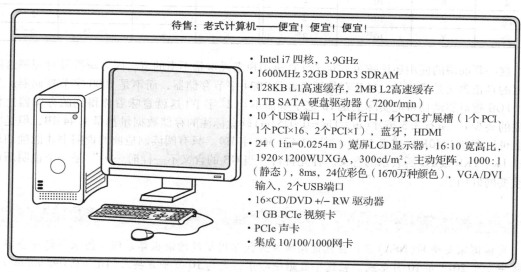

待售：老式计算机——便宜！便宜！便宜！

- Intel i7 四核，3.9GHz
- 1600MHz 32GB DDR3 SDRAM
- 128KB L1高速缓存，2MB L2高速缓存
- 1TB SATA 硬盘驱动器（7200r/min）
- 10个USB端口，1个串行口，4个PCI扩展槽（1个PCI、1个PCI×16、2个PCI×1），蓝牙，HDMI
- 24（1in=0.0254m）宽屏LCD显示器，16:10 宽高比，1920×1200WUXGA，300cd/m²，主动矩阵，1000:1（静态），8ms，24位彩色（1670万种颜色），VGA/DVI 输入，2个USB端口
- 16×CD/DVD +/– RW 驱动器
- 1 GB PCIe 视频卡
- PCIe 声卡
- 集成 10/100/1000网卡

图 1-1　一则典型的计算机广告

在解释这个广告之前，需要讨论一些很基本的概念：在学习计算机的过程中将碰到的测量专业术语。

好像每个领域都有自己的测量方法。计算机领域也不例外。人们在相互谈论计算机的容量多大、速度多快时，必须使用相同的测量单位。表 1-1 中给出了计算机中常用的前缀。20 世纪 60 年代，因为 2 的某个幂值接近 10 的某个幂值，所以就赋予它们相同的前缀名。例如，2^{10} 接近 10^3，所以就用“千”表示它。这样做造成了混淆：给定一个前缀是表示 10 的幂值，还是表示 2 的幂值呢？一千的意思是 10^3 还是 2^{10}？虽然对于这个问题没有明确的答案，但是有大家接受的“使用标准”。10 的幂次方前缀通常用于表示功率、电压、频率(比如计算机的时钟速度)和位的倍数(比如用 bit/s 表示数据传输速度)。如果你的老式调制解调器以 28.8kbit/s 的速率传输，那么它每秒传输 28 800 位(即 28.8×10^3)。这里使用小写字母“k”代表 10^3，使用小写字母“bit”代表位。大写字母“K”用于 2 的幂次方前缀，表示 1024。如果一个文件的大小是 2KB，那么它就是 2×2^{10} 字节(即 2048 字节)。这里大写字母“B”代表字节。如果一个磁盘容量为 1MB，那么它可以容纳 2^{20} 字节信息。

不了解特定前缀是用于 2 的幂次方还是 10 的幂次方就会非常容易混淆。基于这个原因，国际电工委员会(IEC)在美国国家标准和技术局(NIST)的帮助下，对二进制前缀给出了标准的名字和符号，以区别于十进制前缀。每一个前缀是在表 1-1 所示给定的符号后增加一个“i”。例如，2^{10} 重新命名为“kibi”(即 kilobinary)并且用符号 Ki 表示。与此类似，2^{20} 是 mebi 或 Mi，随后是 gibi(Gi)、tebi(Ti)、pebi(Pi)、exbi(Ei)等。所以，单词 mebibyte 表示 2^{20}字节，代替了传统意义上的 megabyte。

表 1-1　与计算机组成和体系结构相关的通用前缀

前缀	符号	10 的幂次	2 的幂次	前缀	符号	10 的幂次	2 的幂次
千	K	10^3	$2^{10}=1024$	毫	m	10^{-3}	2^{-10}
兆	M	10^6	2^{20}	微	μ	10^{-6}	2^{-20}
吉	G	10^9	2^{30}	纳	n	10^{-9}	2^{-30}
太	T	10^{12}	2^{40}	皮	p	10^{-12}	2^{-40}
拍	P	10^{15}	2^{50}	飞	f	10^{-15}	2^{-50}
艾	E	10^{18}	2^{60}	阿	a	10^{-18}	2^{-60}
泽	Z	10^{21}	2^{70}	仄	z	10^{-21}	2^{-70}
尧	Y	10^{24}	2^{80}	幺	y	10^{-24}	2^{-80}

这些新前缀的使用还比较少。对于计算机用户来说这是不幸的事，因为新符号对理解这些前缀的真正含义是重要的。1KB 存储器通常是 1024 字节存储器，而不是 1000 字节存储器。然而，1GB 磁盘驱动器可能实际上是 10 亿字节而不是 2^{30}字节(这就意味着你得到的存储器比你想象的要少)。所有 3.5 英寸(in，1in = 0.0254m)软盘标注的存储数据量都是 1.44MB，但是实际上可以存储 1440KB(或者 $1440\times2^{10}=1\,474\,560$ 字节)。只有阅读制造商的说明书才能确切地知道 1K、1KB 或 1G 所表示的含义。补充材料“当 GB 的含义不一样时……”是一个说明新前缀重要的好例子。

谁使用以 ZB 和 YB 为单位的容量?

美国国家安全局(NSA)宣布在犹他州布拉夫代尔镇新建的情报体系综合国家网络安全启动数据中心于 2013 年 10 月落成。在这个数据中心中，大约 10 万平方英尺($1ft^2=0.092\,903m^2$)的面积用于数据中心，其余 90 多万平方英尺的面积用于技术支持和管理。这个新数据中心将帮助 NSA 监视因特网上巨大的数据传输业务。

据估计，NSA 大约每小时收集 200 万 GB 的数据，每天 24 小时、每周 7 天不停工作。所收集的数据包括国外和国内的电子邮件、移动电话通话、因特网搜索、各种商品的交易和其他形式的数字数据。新数据中心使用泰坦超级计算机(Titan supercomputer)来分析数据，这是一种用水制冷的机器，它每秒可以执行 10^{17}次指令运算。PRISM(一种用于资源集成、同步和管理的规划工具)监控程序处理和跟踪所有收集到的数据。

虽然我们为个人计算机和其他设备购买存储器时常以 GB 和 TB 为单位，但是 NSA 数据中心的存储容量需要以 ZB 为单位(据猜测，NSA 的存储器容量将达到数千 ZB，或者达到 YB)。加州大学伯克利分校在 2003 年所做的一项研究中，估计了 2002 年产生的新数据量大约是 5EB。在 1999 年年底所做的研究中，估计了人类创建的各种信息(包括音频、视频和文本)大约是 12EB。2006 年，全世界所有计算机硬盘驱动器的存储空间估计达到 160EB。2009 年，整个因特网估计包含大约 500EB 的数据。美国网络硬件制造商思科(Cisco)公司估计 2016 年全球因特网上的数据总量将达到 1.3ZB。美国硬盘驱动器制造商希捷(Seagate)公司估计到 2020 年总存储容量需求将达到 7ZB。

NSA 不是唯一一个处理信息量超过 GB 和 TB 的组织。据估计，Facebook 每天收集 500TB 的新资料；YouTube 每 4min 观看大约 1TB 的新视频信息；CERN 大型强子对撞机每秒产生 1PB 的数据；安装在新波音喷气发动机上的传感器每小时产生 20TB 的数据。虽然上述例子不是都要求永久存储它们产生或处理的所有数据，但是这些例子给我们提供了每天处理的数据量。正是由于有这么巨大的信息量，所以2011年IBM公司开发并发布了新的120PB硬盘驱动器，由200 000个传统硬盘驱动器组成的存储集群就像一个部件一样协同工作。如果把你的MP3播放器插到这个驱动器上，你就能听到大约20亿小时的音乐！

在这个智能手机、平板电脑、云计算和其他电子设备盛行的时代，我们将会继续听到人们谈论PB、EB和ZB(在NSA那里甚至是YB)。然而，如果超过了YB以后会怎样？为了努力跟上信息的快速增长，表示更大量的数据，下一代前缀很可能包括brontobyte(10^{27})和gegobyte(10^{30})(对于后者，一些建议使用geobyte和geopbyte作为前缀)。虽然这些还不是被普遍接受的国际前缀单位，但是以史为鉴，我们不久就会需要这些前缀。

当GB的含义不一样时……

一旦确定了磁盘的技术要求(例如，磁盘传输率、接口类型，等等)，那么购买新磁盘阵列应该是一个相对简单的过程。你可以基于简单的价格容量比(比如美元/GB)做出决定，然后就可以购买了。哦！没有那么快。

第一个障碍是必须清楚磁盘驱动器所表示的容量是格式化容量还是非格式化容量。在格式化过程中差不多会消耗16%的磁盘容量。(一些商家称这个数字为“可用容量”。)自然，当使用非格式化容量时价格容量比看起来会更好些，虽然你最感兴趣的是磁盘的可用空间。

下一个障碍是，要想比较磁盘容量的大小就要确保使用相同的基数。磁盘给出的容量是用基数10来计算的，而不是用基数2来计算的，这种情况越来越普遍。因此，1GB磁盘驱动器有$10^9=1\,000\,000\,000$字节，而不是$2^{30}=1\,073\,741\,824$字节，这大约减少了7%。当购买大容量的企业级存储系统时，这可能会导致巨大的差异。

看一个具体的例子，假设你正在考虑购买磁盘阵列，需要从两个主要制造商中选择一个。制造商X提供的12×250GB磁盘阵列的价格为20 000美元。制造商Y提供的12×212.5GB磁盘阵列的价格为21 000美元。这两种磁盘阵列的其他方面都是相同的，制造商X在成本率上占了绝对优势：

制造商X：20 000美元÷(12×250GB)≈6.67美元/GB

制造商Y：21 000美元÷(12×212.5GB)≈8.24美元/GB

由于有些怀疑，你打了几个电话，了解到制造商X所说的容量是用基数10计算的非格式化容量，而制造商Y所说的容量是用基数2计算的格式化容量。由于不同的制造商使用完全不同的计算方法和表示方法，所以造成了这个问题：制造商X的磁盘容量实际上不是我们通常认为的250GB，如果用基数2计算，它的容量大约是232.8GB。格式化之后，容量甚至减少到大约197.9GB。事实上，真实的成本率是：

制造商X：20 000美元÷(12×197.9GB)≈8.42美元/GB

制造商Y：21 000美元÷(12×212.5GB)≈8.24美元/GB

确实，一些供应商在说明设备容量时恪守诚信。不幸的是，一些供应商仅在被问到时才会说出真相。作为受过教育的专业人员，你的工作是向供应商提出正确的问题。

当我们想表达快的意思时，用的词是多少分之一秒，一般有千分之一秒(10^{-3})、百万分之一秒(10^{-6})、十亿分之一秒(10^{-9})或万亿分之一秒(10^{-12})等。这些度量单位的前缀已列在表1-1中。通常负指数用10的幂次表示，不用2的幂次表示。基于这个原因，新的二进制前缀标准不包括任何负指数的新名称。需要说明的是，以分数作为前缀的指数表示，就是表中左侧前缀的倒数。因此，如果有人说一个操作需要1ms完成，那么应该理解为在1s内会发生100

万个这种操作。当需要说在1s内发生多少事情时，应该使用兆这样的前缀。当需要说这个操作执行有多快时，应该使用微这样的前缀。

现在解释广告。广告中的微处理器是一个 Intel i7 四核处理器，它属于多核处理器(在1.10节中有关于多核处理器的更多信息)。这种处理器运行的频率是3.9GHz。每个计算机系统包含一个保持系统同步的时钟。这个时钟给所有的主部件同时发送电子脉冲，以确保数据和指令在指定的时刻到达指定的地方。这个时钟每秒发出的脉冲数量就是时钟频率。时钟频率用每秒周期数(或**赫兹**)测量。如果计算机系统的时钟每秒产生100万个脉冲，那么就说计算机操作次数在百万赫兹(MHz)范围内。现在大多数计算机每秒可以产生10亿个脉冲，即操作次数在十亿赫兹(GHz)范围内。因为在计算机系统中若没有微处理器的参与几乎什么事都做不了，所以微处理器的额定频率是整个系统速度的关键。广告中这个微处理器的时钟为每秒39亿个周期，所以销售者说计算机以3.9GHz运行。

不过，这个微处理器以3.9GHz运行的事实不一定意味着这个微处理器每秒能够执行39亿条指令，也不意味着执行每条指令需要0.039ns。稍后你将会看到执行每个计算机指令需要固定的周期数。一些指令需要1个周期，而绝大多数指令需要多个周期。一个微处理器每秒能够执行的指令数与它的时钟速度成比例关系。执行一条特定的机器指令所需要的时钟周期数取决于这个机器的组织和体系结构。

接下来要看的是广告中的“1600MHz 32GB DDR3 SDRAM”。这里1600MHz是指系统**总线**的速度，总线是传输数据和指令到计算机内各个地方的一组线。总线速度也是用MHz或者GHz表示的。许多计算机有一个特别的局部总线用于支持非常快速的数据传输(如速度要求很高的视频传输)。这个局部总线是存储器直接连接到处理器的高速通路。总线速度基本上设定了系统的信息传输能力的上限。

在广告中系统有一个容量为32GB的存储器，它大约能存储320亿字符。存储器容量不仅仅决定能运行的程序大小，而且也决定在不使系统陷入停滞状态能同时运行多少个程序。你的应用或者操作系统制造者通常会建议运行其产品需要多大的存储器。(有时这些建议非常保守，所以要当心你相信的人!)

除了存储器大小之外，广告中还提供了一种存储器类型 **SDRAM**，这是**同步动态随机存取存储器**的英文缩写。SDRAM比传统(非同步)存储器更快，因为它能使自己与微处理器的总线同步。在广告中系统配置的是 **DDR3 SDRAM**，它的意思是第3类**双倍数据速率**同步动态随机存取存储器(有关不同类型存储器的更多信息，见第6章)。

看一看计算机内部

你有没有想过计算机里面是什么样子的呢？在本节介绍的计算机例子中给出了一个现代计算机部件的很好介绍。然而，即使你熟悉这些部件和它们的功能，打开计算机并试图找到和识别各种部件也不容易。

打开计算机的盖子，你肯定会首先注意到一个带有风扇的大金属盒子，这是给计算机供电的电源。你也会看到各种驱动器，包括一个硬盘驱动器和一个DVD驱动器(或许是老式的软盘驱动器或CD驱动器)。计算机内有许多集成电路，就是那些小的、黑色的、带“腿”的长方形盒子。你也会注意到系统中电的通路或总线。计算机内有插在主板插槽中的印制电路板(扩展卡)，主板是放在标准台式机底部的大电路板，如果是塔式计算机或小塔式计算机，则主板是放在侧面的大电路板。主板连接计算机中的所有部件，包括CPU、RAM和ROM，以及各种其他基本部件。主板上的这些部件往往是最难识别的。下面的Acer E360主板带有比较权威的部件标记。

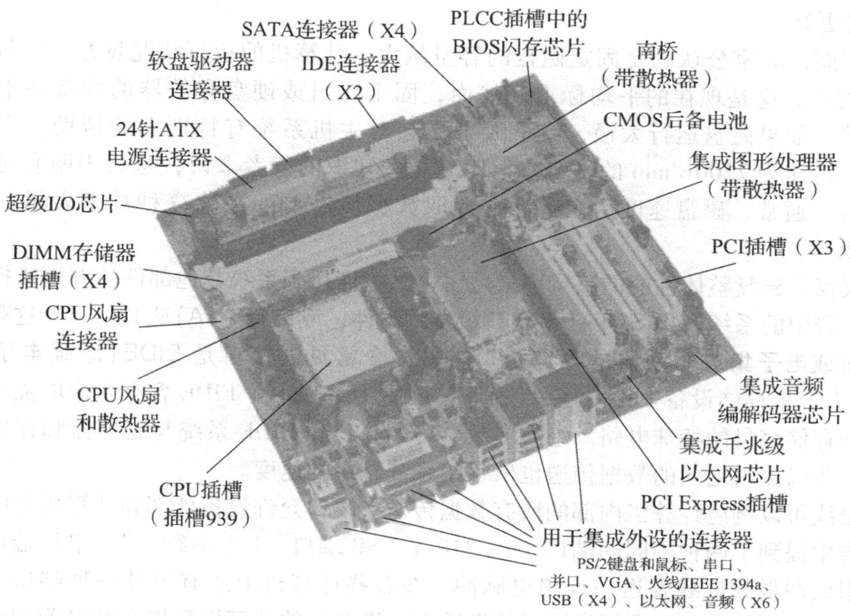

来源：英文维基百科的 Moxfyre(http://commons.wikimedia.org/wiki/File: Acer_E360_Socket_939_motherboard_by_Foxconn.svg)

南桥是一种控制硬盘和输入/输出的集成电路(包括音频和视频卡)，它是一个把低速 I/O 设备连接到系统总线的集线器。这些设备通过 I/O 端口连接到板子底部。PCI 插槽能够插各种 PCI 设备的扩展板。这个主板也有 PS/2 和火线连接器。它有串口和并口，还有 4 个 USB 端口。这个主板有 2 个 IDE 连接器插槽、4 个 SATA 连接器插槽核 1 个软盘控制器。超级 I/O 芯片是控制软盘、串并口、键盘和鼠标等设备的 I/O 控制器。这个主板还有 1 个集成的音频芯片、1 个集成以太网芯片和 1 个集成图形处理器。有 4 个 RAM 存储体。主板上没有插处理器，但是可以看到插 CPU 的插槽。所有计算机都有内部电池，在照片顶部中间可以看到它。这个供电电源插在电源连接器中。当第一次上电时，BIOS 闪存芯片保存着计算机 ROM 中所使用的指令。

看机箱内部时一定要注意：打开机箱盖会有许多与你和计算机相关的安全问题。你要做好以下事情以使风险最小化：首先也是最重要的，确保计算机已关机。通常要先拔下电源插头，因为电源线为静电提供了通路。在打开计算机机箱和触碰任何内部器件之前，你要确保已正确接地，这样静电就不会损坏任何部件。机箱盖的边缘和电路板的边缘等处可能是锋利的，所以拿这些东西时要当心。试图把没有对准的卡插入插槽可能会损坏卡和主板，所以在插卡和拔卡时都要小心。

这个广告的下一行“128KB L1 高速缓存，2MB L2 高速缓存”说的也是一种存储器。在第 6 章中，你将会学习无论总线的传输速度多快，从存储器传送数据到处理器仍然要用“一段时间”。为了更快地存取数据，许多系统都有一个叫作**高速缓冲存储器**(cache)的特殊存储器。广告中的系统有两种高速缓冲存储器。第一级高速缓冲存储器(L1)是一个小的、快速的、放在微处理器芯片内部的高速缓冲存储器，作用是提高常用数据的存取速度。第二级高速缓冲存储器(L2)是一种放在存储器芯片中的快速存储器，位于微处理器和主存储器之间。请注意，在我们的系统中高速缓冲存储器的容量是数千字节(KB)，这和主存储器相比容量很小。在第 6 章中，你将学到高速缓冲存储器的工作原理，并且可以了解到容量更大的高速缓冲存储器其效果并不一定更好。

另一方面，大家公认的是固定磁盘的容量越大，计算机的运行状况越好。广告中的系统有1TB的硬盘，这是现在的平均标准。然而，固定磁盘或硬盘存储器的容量并不是唯一要考虑的事情。如果磁盘运行太慢，容量大也不会对主机系统有特别大的帮助。广告中的计算机有一个转速为7200r/min的硬盘。对于有相关知识的读者来说，这就表明它是一个相当快的驱动器。通常，磁盘速度用在磁盘上存取数据所需要的平均毫秒数来表示，而不用磁盘转速来表示。

转速仅仅是磁盘整体性能的决定因素之一。磁盘连接到系统其他部件的方式或**接口**也是很重要的。广告中的系统使用**SATA(串行高级技术附件，或串行ATA)**磁盘接口。这是一个改进的替代IDE或**电子集成驱动器**的存储接口。另一个常见的接口是**EIDE(增强电子集成驱动器)**，对于大容量存储设备来说它是一种划算的硬件接口选择。EIDE含有允许增强计算机连接性、速度和存储容量的特殊电路。绝大多数ATA、IDE和EIDE系统与处理器和存储器共享主系统总线，所以磁盘之间的数据传送也依赖于系统总线的速度。

系统总线可以响应计算机内部的所有数据传送，**端口**允许设备外部和计算机之间进行数据传输。广告中提到了两种不同的端口——“10个USB端口，1个串行口”。串行端口在传输数据时用一根或两根数据线发送一连串电脉冲。在有些计算机上还有另外一种端口——并行端口。并行端口使用至少8根数据线同时传送数据。许多新的计算机只带有USB端口，不再有串行或并行端口。**USB(通用串行总线)**是一个流行的外部总线，支持**即插即用**安装(自动配置设备的能力)以及**热插拔**(在计算机运行状态下添加和去掉设备的能力)。

扩展槽是主板上的开口，给计算机增加新功能的各种扩展板可以插到扩展槽中。这些插槽用于增加存储器、视频卡、声卡、网卡和调制解调器等。一些系统把专用I/O总线插在扩展槽中以增强主总线的能力。**外围部件互连(PIC)**是一种支持多个外围设备连接的I/O总线标准。由Intel公司开发的PCI操作速度快而且支持即插即用。

PCI是一种比较老的标准(在1993年前后颁布的)，2004年它被PCI-x取代。PCI-x基本上是常规PCI带宽的两倍。PCI和PCI-x都是并行操作。2004年，PCIe替代PCI-x。PCIe以串行方式进行操作，是当今计算机的标准。在这个广告中，我们看到这个计算机有1个PCI插槽、1个PCI×16插槽和2个PCI×1插槽。(译者注：PCI×16的准确写法应该是PCIe×16；PCI×1的准确写法应该是PCIe×1。)这个计算机也有蓝牙(一种允许短距离信息传输的无线技术)和HDMI端口(用于传输音频和视频的高清晰多媒体接口)。

PCIe不仅替代了PCI和PCI-x，而且在图形领域已经逐步取代了由Intel特别为3D图形设计的**AGP(加速图形接口)**。广告中的计算机有1个带有1GB存储器的PCIe视频卡。卡上的一种特殊**图形处理单元**会使用这个存储器。图形处理单元负责为图形执行必要的计算，所以计算机的主处理器就不再需要做这些工作了。这个计算机也有1个PCIe声卡，声卡由系统的立体声扬声器和传声器所需要的部件构成。

在这个广告中除了告诉我们端口和扩展槽之外，还给我们提供了一个**LCD(液晶显示)**的信息。显示器对计算机系统的速度或效率几乎没有任何影响，但是与使用者的舒适感有很大的关系。LCD显示器的规格如下：24in、1920×1200 WUXGA、300cd/m^2、有源矩阵、1000：1(静态)、8ms、24位彩色(1670万种颜色)、VGA/DVI输入和2个USB端口。LCD是使用液晶材料夹在两片偏振玻璃中间形成的。电流引起液晶旋转移动，从而允许不同程度的背光通过，使文本、颜色和图片出现在屏幕上。这是由打开或关闭不同的像素来实现的，**像素**是小的“图片元素”或屏幕上的点。显示器通常有数百万个按照行和列排列的像素。这个显示器有1920×1200(超过100万)个像素。

当今制造的绝大多数 LCD 利用主动矩阵技术，而被动矩阵技术只用在较小的设备上，如计算器和时钟等。**主动矩阵**技术对于每个像素使用一个晶体管；**被动矩阵**技术用晶体管激活整行和整列像素。虽然被动技术成本较低，但是主动技术呈现的图像更好，因为主动技术能独立地驱动每个像素。

广告中的 LCD 显示器是 24in 的，即测量 LCD 显示器对角线得到的尺寸。这种测量影响显示器的**宽高比**，即显示器能够显示的水平像素与垂直像素的比值。传统显示器的宽高比是 4:3，但是较新的宽屏显示器使用 16:10 或 16:9 的比值。超宽显示器使用更高的宽高比，大约 3:1 或 2:1。

当讨论分辨率和 LCD 时，一定要注意 LCD 有**原生分辨率**，这意味着 LCD 是为一个特定分辨率而设计的（通常用水平像素乘以垂直像素给出）。虽然你能改变分辨率，但是图像质量通常也会受影响。分辨率和宽高比通常是配对的。当给出 LCD 的分辨率时，制造商经常使用下列缩写：XGA（扩展图形阵列）、XGA +（扩展图形阵列 +）、SXGA（高级 XGA）、UXGA（极速 XGA）、W 前缀（宽）、WVA（宽视角）。视角是用度表示的角度，在这个角度内使用者能够看到屏幕上的图像，一般的视角范围为 120° ~ 170°。标准 4:3 原生分辨率的例子包括：XGA（1024 × 768）、SXGA（1280 × 1024）、SXGA +（1400 × 1050）和 UXGA（1600 × 1200）。一般 16:9 和 16:10 分辨率包括：WXGA（1280 × 800）、WXGA +（1440 × 900）、WSXGA +（1680 × 1050）和 WUXGA（1920 × 1200）。

LCD 显示器的规格说明书通常会列出**响应时间**，它是指像素变换颜色的速率。如果这个速率太慢，就会出现重影和模糊。广告中 LCD 显示器的响应时间是 8ms。开始时响应速率是用像素从黑色变成白色再变回黑色所需要的时间来测量的。现在许多厂商列出的响应时间是灰阶到灰阶的转换时间（这个时间一般会更快）。比较显示器是件非常困难的事，因为厂商一般不会说明测量的是什么颜色的转换时间。一个厂商说其显示器的响应时间是 2ms（测量的是灰阶到灰阶的转换时间），而另一个厂商可能说其显示器的响应时间是 5ms（测量的是黑色到白色再到黑色的转换时间）。现实中，响应时间为 5ms 的显示器可能更快。

继续看这个广告，我们看到 LCD 显示器有一个参数说明是 300cd/m²，这是显示器的**发光度**。发光度（或图像亮度）是对 LCD 显示器发出光的量的测量，一般用每平方米坎德拉（cd/m²）表示。当购买显示器时，亮度等级应该至少达到 250（越高越好），计算机显示器的平均亮度是 200 ~ 300cd/m²。发光度会影响阅读的难易程度，特别是在光线较暗的情况下。

发光度测量亮度，**对比度**测量在亮白和暗黑之间的强度差值。对比度可能是**静态**的（在显示器上，在一个给定的时刻最亮点与最暗点的比值）或**动态**的（在不同时间点，一个图像中最暗点与另一个图像中最亮点的比值）。一般情况下首选静态参数。低静态对比度（比如 300:1）使辨别深浅更困难；好的静态对比度是 500:1（范围为 400:1 ~ 3000:1）。广告中显示器的静态对比度是 1000:1。LCD 显示器可能有动态对比度 12 000 000:1 及更高，但是具有较高动态对比度的显示器并不一定意味着比具有较低静态对比度的显示器更好。

在广告中对 LCD 显示器给出的下一个参数是**色彩深度**。这个数值反映的是在屏幕上可以同时显示的色彩数量。一般深度是 8 位、16 位、24 位和 32 位。广告中的 LCD 显示器能显示 2^{24} 种颜色。

LCD 显示器也有许多可选的特点。一些有集成的 USB 端口（就像广告中的一样），一些可能有扬声器。许多都与 HDCP（高带宽数字内容保护）兼容（这意味着你可以观看 HDCP 加密的影视资料，比如蓝光光盘）。LCD 显示器可能也提供 VGA（视频图形阵列）和 DVI（数字视频接口）连接。因为 VGA 给显示器发送的是模拟信号，所以需要进行数 - 模转换；DVI 已经是数字格式了，所以不需要转换，它可以获得更干净的信号和更清晰的图像。虽然 LCD 显示器使用 DVI 连接通常会有更好的图像，但是用现有的系统部件的两种连接器也可以连到 LCD 显示器上。

既然我们已经讨论了 LCD 显示器是如何工作的，也明白了像素概念，那么就返回再更详细地讨论图形卡(也叫视频卡)。在屏幕上有数百万像素，决定哪个像素关哪个像素开(并且显示什么颜色)是相当具有挑战性的。图形卡的工作是从计算机上输入二进制数据，再转换为控制显示器上所有像素的信号，因此图形卡在处理器和显示器之间起“中间人”的作用。就像以前提到的，一些计算机已经集成了图形卡，这意味着计算机的处理器负责图形的控制信号的转换工作，在处理器上会有大量负载，因此很多计算机都有图形卡插槽，允许图形卡上的处理器(称为**图形处理单元**，或 **GPU**)处理转换工作。

GPU 不是普通的处理器。它被设计成最有效处理绘制图像所需要的复杂计算，并且带有特殊的程序使它能够更有效地执行这类任务。图形卡通常带有自己专用的 RAM，它用于保存临时结果和信息，包括屏幕上每个像素的位置和颜色等。**帧缓冲区**(这是 RAM 的一部分)用于存储所绘制的图像直到这些图像被显示。图形卡上的存储器连接到**数－模转换器**(DAC)，数－模转换器把二值图像转换为显示器可以理解的并且可以通过电缆发送到显示器的模拟信号。现在绝大多数图形卡都有两类显示器连接：用于 LCD 屏幕的 DVI 和用于老式 CRT(阴极射线管)屏幕的 VGA。

绝大多数图形卡都插在计算机主板的插槽中，所以由计算机供电。然而，有些图形卡功率很大，因此实际上需要直接连接到计算机的电源上。这些高端图形卡通常可以在处理图像密集应用(如视频编辑和高端游戏)的计算机中找到。

继续这个广告，我们看到这个系统有一个 16×CD/DVD +/－RW 驱动器。这就是说我们可以对 DVD 和 CD 进行读和写。“16×”是驱动器速度的度量，它度量的是驱动器能够以多快的速度读和写。DVD 和 CD 在第 7 章中有更详细的讨论。

如果计算机能够与外界通信，那么它们就会更有用。一种通信方式是使用因特网服务提供商和调制解调器。在广告中没有提到这个计算机有调制解调器，许多台式计算机的机主使用由因特网服务提供商提供的外接调制解调器(电话调制解调器、有线电视调制解调器、卫星调制解调器等)。无论如何，USB 和 PCI 调制解调器都可以使计算机通过电话线连接到因特网，许多连接到因特网上的计算机也可以当作一台传真机来使用。在第 7 章会全面地讨论 I/O 和 I/O 总线。

计算机也能直接连接到网络上。网络允许计算机共享文件和外围设备。计算机能通过有线或无线技术连接到一个网络。有线计算机使用**以太网**技术，它是一种有线网络的国际标准网络技术，有两个连接选择。第一个是使用经 PCI 插槽连接到主板上的**网络接口卡**(**NIC**)。NIC 一般支持 10/100 以太网(以太网的网速是 10Mbit/s，快速以太网的网速是 100Mbit/s)或 10/100/1000 以太网(这是增加了网速 1000Mbit/s 的以太网)。另一个选择是使用集成的以太网，即主板自身包含所有必备的部件以支持 10/100 以太网，所以不需要 PCI 插槽。无线网络同样有两个连接选择。无线 NIC 可以从许多的供应商那里买到，台式计算机和笔记本电脑都可以使用。为了在台式计算机上安装它，你需要一个内部卡，卡上极有可能有一个小天线。通常笔记本电脑的无线网卡要使用一个扩展(PCMCIA)槽，并且供应商已经开始把天线集成到屏幕后面的盒子背面了。集成无线(就像在 Intel 迅驰无线技术中看到的)消除了网线和网卡的麻烦。广告中的系统使用的是集成以太网。注意，许多新的计算机除了集成以太网外，可能还有集成图形和集成声音。

虽然我们不能深入研究所有具体品牌的各种部件，但在学习以上内容后，你应该能理解绝大多数计算机系统操作的概念了。这对于普通的使用者以及有经验的程序员都很重要。作为一个使用者，你需要了解计算机系统的优势和局限，以便能够做出明智的应用决策，更有效地使用你的系统。作为一个程序员，你需要确切地理解系统硬件的功能，以便写出有效和高效的程序。例如，像使用映射主存到高速缓冲存储器的硬件算法这样的简单事情，以及把这种方法用在交叉存取存储器上，对你确定是以行主序方式还是以列主序方式访问矩阵元素有巨大的影响。

在本书中我们考察了大型和小型计算机。大型计算机包括大型机、企业级服务器和超级计算机。小型计算机包括个人系统、工作站和手持设备。我们将展示无论从事日常工作，还是执行复杂的科学任务，这些系统的部件都非常相似。除了关注什么是现在的主流计算之外，我们也会看一些系统架构。希望你从本书中获得的知识帮助你继续深入研究计算机组成和体系结构领域。

平板电脑

数字设备公司的创始人肯·奥尔森曾说："对任何个人来说在家里放一台计算机是不需要理由的。"他因此受到不公正的嘲笑。他是在1977年说这句话的，当时一说到计算机这个词，想到的就是他的公司制造的那种机器：像冰箱那么大的庞然大物，要花一大笔钱购买而且需要高技能的人来操作。毫不夸张地说，或许除了计算机工程师之外，没有人曾经在家里放过这样一台计算机。

正如已经讨论过的，"个人计算"势头开始于20世纪80年代，爆发于万维网建立的20世纪90年代。到2010年，每十年进行一次的人口财产调查数据显示，68%的美国家庭都声称有一台个人计算机。然而，有证据表明这种趋势已经达到高峰，现在是下降期，主要原因是智能手机和平板电脑的广泛使用。据估计，美国65%的因特网用户只通过移动平台来连接。这种趋势的关键是增强这些设备的可用性。

对于浏览网页、阅读邮件或听音乐，我们几乎不需要台式计算机的性能。装在一个易于使用的包中的平板电脑提供给我们的恰恰是我们所需要的，平板电脑更经济、更轻。平板电脑像书一样的外观诱导人们认为平板电脑就是完美的"便携式计算机"。

这里有一个拆开的Pandigital Novel平板电脑的照片。我们标注了常见于平板电脑的各种部件。迷你USB端口提供了对内部存储器和可拆卸SD卡的访问。几乎所有的平板电脑都提供连接因特网的Wi-Fi，一些平板电脑也支持2G、3G和4G蜂窝电话协议。对于绝大多数高效的高端平板电脑来说，电池续航能力能够达到14h。不像这个Pandigital平板电脑，绝大多数平板电脑至少有一个用来拍摄静止照片和活动视频的摄像头。

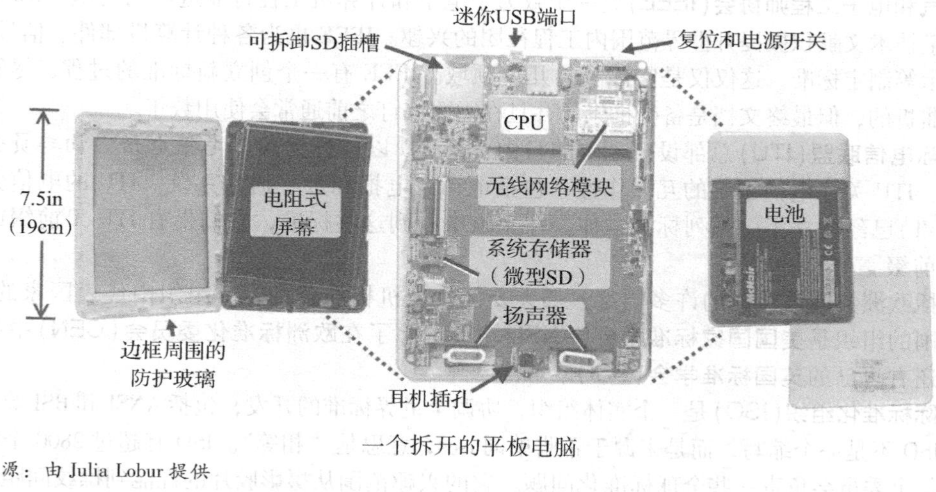

一个拆开的平板电脑

来源：由Julia Lobur提供

触摸屏在所有便携式设备中占有绝对优势。对于消费类的平板电脑和电话而言，触摸屏有两种类型：电阻式和电容式。**电阻式**触摸屏响应一个手指或手写笔的压力。**电容式**触摸屏对人皮肤的电特性做出反应。电阻式屏幕不如电容式屏幕敏感，但是电阻式屏幕可以提供更高的分辨率。不像电阻式屏幕，电容式屏幕支持多点触摸，这是检测两个或多个手指同时按下的能力。

军事和医疗计算机的触摸屏要比用于消费市场的触摸屏更加耐用。**表面声波触感**和**红外线触感**两种不同的技术分别发送超声波和红外线波以穿过加固的触摸屏表面。当一个手指接触到屏幕表面时，波的阵列会被破坏。

由于高效，移动电话 CPU 技术已经被改变以适应平板电脑的平台。虽然 Intel 和 AMD 一直在扩大市场份额，但移动计算领域已经被 ARM 芯片所控制。这些设备所使用的操作系统包括谷歌公司的 Android 的变种和苹果公司的 iOS。微软公司的 Surface 平板电脑运行 Windows 8，提供对微软 Office 软件产品套件的访问。

正如平板电脑不断代替台式机一样，它们也将在那些传统计算机甚至笔记本电脑等不适合的领域中找到用武之地。所有平台都可以获得数以千计的免费和便宜的应用，因此需求进一步增加。教育应用数不胜数。平板电脑的大小、形状、质量与平装书类似，在美国一些学区中，平板电脑正在取代纸质教材。因此，难以实现的“每个学生一台计算机”的梦想终于要实现了。直到 1985 年，人们还在嘲笑奥尔森的“家用计算机”的断言。如果他当时预测的是在每个背包中都有一台计算机是不是更会受到人们的嘲笑呢？

1.4 标准组织

假设你想有一台漂亮的新型 LCD 宽屏显示器，并且认为稍微转转商场就可以找到最好的价格。你开始打电话、上网搜索、开车在城里转，直到你发现性价比最高的显示器。根据经验，你知道可以在任何地方购买显示器并且都能在你的系统上很好地工作。你能做出这样的假设，是因为计算机设备制造商已经同意遵守由政府和行业组织建立的连接性和操作规范。

在制定标准的组织中，有一些是特设贸易协会或由工业领袖组成的联盟。制造商知道与提出不同或不兼容的规范相比，为一个特定类型设备建立通用指南可以把产品销售给更广泛的受众。

一些标准组织有正式的章程并且在某些电子和计算机领域的权威性已得到国际公认。当你继续在计算机组成和体系结构方面从事研究工作时，你将会遇到由这些组织制定的规范，所以应该了解一些关于这些组织的事情。

电气和电子工程师协会(IEEE)是一个致力于电子和计算机工程行业进步的组织。IEEE 通过出版大量技术文献积极提升世界范围内工程社团的兴趣。IEEE 也为各种计算机部件、信号协议、数据表示等制定标准，这仅仅是它涉及的几个领域。IEEE 有一个创立新标准的过程，尽管这个过程是曲折的，但最终文档是备受推崇的并且在需要修订之前通常会使用数年。

国际电信联盟(ITU)总部设于瑞士的日内瓦。ITU 以前称为国际电报电话咨询委员会。顾名思义，ITU 关注电信系统的互操作性，包括电话、电报和数字通信系统。ITU 的电信分支机构(ITU-T)已经建立了一系列标准，你会在文献中看到这些标准，它们带有 ITU-T 前缀或者有 CCITT 前缀。

包括欧洲共同体在内的许多国家，都会委托代表机构在各种国际组织中代表国家的利益。代表美国的组织是**美国国家标准学会(ANSI)**。英国除了在**欧洲标准化委员会(CEN)**中有发言权外，还有自己的**英国标准学会(BSI)**。

国际标准化组织(ISO)是一个实体组织，协调全世界标准的开发，包括 ANSI 和 BSI 等机构的活动。ISO 不是一个缩写，而是来源于希腊单词 isos，意思是“相等”。ISO 有超过 2800 个技术委员会，每个委员会负责一些全球标准化问题。它的兴趣范围从摄影胶片的性能到螺纹间距再到复杂的计算机工程领域。ISO 已经促进了全球贸易增长。如今，ISO 几乎触及我们生活的每个方面。

在本书中，我们会在适当的地方提及官方标准符号。有关许多标准的很详细的权威信息可以在负责建立相关标准的组织的网站上找到。许多标准包含“规范性”和知识性参考文献，这些参考文献为与这个标准相关的领域提供了背景信息。

1.5 发展历史

在计算机的60年历程中，它已经变成了现代化设备的完美案例。将记忆拉回到速记室、复写纸和油印机的时代，这些神奇的机器有时看起来好像是瞬间就成了我们现在所看到的形式。但是计算机的发展道路是由偶然发现、商业推动和异想天开所铺就的。有时候计算机甚至通过扎实的工程应用实践得到改进！尽管面临着曲折、改变和技术死胡同，但计算机还是以无法理解的速度发展。只有回顾历史时，我们才能够完全理解今天的成就。

本节我们把计算机的演化划分为代，每一代由建造计算机的技术所定义。我们为每一代提供的大概日期仅仅作为参考。你会发现专家对于每一个技术时代准确的开始和结束时间的意见很少一致。

每个发明都会反映它所处的时代，所以如果计算机发明于20世纪90年代后期，那么人们可能不知道它是否应该称为计算机。事实上，我们见到过多少从放在桌子上或桌边的神秘盒子里流出的计算？直到最近，计算机才通过执行令人费解的数学运算服务于我们。不再局限于穿白大褂的科学家，今天的计算机帮助我们写文档，与世界各地喜欢的人保持联系，进行网上购物。现代商用计算机仅仅用很小一部分时间执行会计计算。它们的主要目的是给用户提供大量关于竞争优势的战略信息。计算机这个词已经变成一个使用不当的名称了吗？一个不合时代的名称？然而，如果不叫计算机，那么我们应该叫它们什么呢？

我们无法呈现完整的计算历史。已经有一些关于这个主题的完整文章，甚至这些文章可以让读者了解更多的细节。如果我们已经激起你的兴趣，那么建议你去查阅本章末尾参考文献中列出的书籍。

1.5.1 第零代：机械计算机(1642～1945年)

在16世纪之前，典型的欧洲商人使用算盘以罗马数字来计算和记录算术结果。在十进制数字系统最终代替了罗马数字之后，许多人发明了执行十进制运算更快和更准确的设备。威廉·施卡德(1592—1635)被认为发明了第一个机械计算器，即计算时钟(准确的日期不详)。这个设备可以进行6位数以内的加减运算。1642年，布莱士·帕斯卡(1623—1662)开发了一个名为Pascaline的机械计算器、以帮助他父亲做税务工作。Pascaline能够执行带进位的加法和减法运算。它可能是第一个用于实用目的的机械加法设备。事实上，Pascaline的设计非常好，以至于它的基本设计在20世纪初仍然在使用，这可以由1908年的闪电便携加法器和1920年的加算器得到证明。戈特弗里德·威廉·莱布尼茨(1646—1716)是著名的数学家，他发明了一种能做加减乘除运算的计算器，称为Stepped Reckoner。这些设备都不能编写程序也没有存储器，计算的每一步都需要人工干预。

虽然像Pascaline这样的机器一直使用到20世纪，但是19世纪新的计算器设计就开始出现了。在这些新设计中最具潜力的是由查尔斯·巴贝奇(1791—1871)设计的差分机。一些人称巴贝奇为“计算之父”。据记载，他是一个古怪的天才，带给我们的除了其他东西之外，还有万能钥匙和“奶牛捕手”(一种把奶牛和其他可移动障碍物推到火车道外的设备)。

巴贝奇在1822年建造了差分机。差分机因为使用了一种叫作**差分法**的计算技术而得名。这个机器被设计为可机械化地解多项式函数，实际上是一种计算器，不是计算机。巴贝奇在1833年也设计了一个名为分析机的通用机器。虽然巴贝奇生前未能完成分析机的建造，但是所设计的分析机与以前的差分机相比有更多用途。分析机具有执行任何数学运算的能力，包括许多与现代计算机相关的部件：一个执行计算的算术处理单元(巴贝奇称其为**工厂**)、一个存储器(巴贝奇称其为仓库）和输入/输出设备。在巴贝奇的设计中还包括一个条件分支运算，即下一个指令的执行由前面的运算结果来决定。艾达是洛夫莱斯伯爵夫人和诗人拜伦勋爵的女儿，她建议巴贝奇写一个这个机器如何计算数字的计划。这被视为第一个计算机程序，而且艾达被认为是第一个计算机程序员。据说她建议使用二进制系统而不是十进制系统存储数据。

机器设计者面临的一个困扰是如何使数据进入机器中。为了输入和编程，巴贝奇设计的分析机使用了一种穿孔卡片。使用穿孔卡片控制机器的行为并不是巴贝奇的原创，而是源于他的一个朋友——约瑟夫·玛丽·雅卡尔（1752—1834）。1801年，雅卡尔发明了一种可编程的织机，这种织机可以在布上织出复杂的图样。雅卡尔给了巴贝奇一个挂毯，这个挂毯就是在织机上使用1万多个穿孔卡片织成的。在巴贝奇看来，如果织机可以由卡片来控制，那么他的分析机也可以，这看起来很自然。艾达对此想法表达了她的喜悦："分析机编排代数的模式就像雅卡尔的织机编织花和叶一样。"

穿孔卡片是为计算机系统提供输入的最持久的方式。键控数据输入直到计算机器的构造发生根本改变后才得以实现。19世纪后半叶，绝大多数机器使用轮式机构，这种机构难以与早期的键盘集成，因为它们是杠杆装置。杠杆装置容易在卡片上穿孔，轮式设备容易阅读。所以一些设备被发明出来，用于编码并把穿孔卡片上的数据制成表格。19世纪末最重要的制表机器由赫尔曼·霍尔瑞斯（1860—1929）发明。霍尔瑞斯的机器用于编码并编制了1890年的人口普查数据。这次人口普查以创纪录的时间完成，因此给霍尔瑞斯增加了经费，也提升了他的发明的声誉。霍尔瑞斯后来创建的公司就是IBM。他的80列穿孔卡片名为霍尔瑞斯卡片，其作为自动数据处理的主要产品使用了50多年。

一种前现代"计算机"骗局

16世纪后半叶已经能看到第一次工业革命的雏形。珍妮纺纱机可以让一个纺织工人完成20个人的工作，蒸汽机有几百匹马的力量。因此人们开始对各种机械着迷。把正确的技巧应用于所面临的问题，似乎人类能够用机器做任何事情！

精巧的钟表在17世纪初开始出现。复杂和华丽的款式点缀着教堂和市政厅。这些钟表机构最终变成了名为**自动机**的机械机器人。典型的自动机可以演奏长笛和键盘等乐器。17世纪中叶，最好的自动机可以用来招待欧洲的王室。一些人依靠诡计娱乐观众，而揭开骗局就成了一种乐趣。奥匈帝国的玛丽-泰蕾兹（Marie-Therese）皇后依靠一个富有的朝臣和名为沃尔夫冈·冯·肯佩伦的工匠，替她揭穿这些可笑的事情。一天，在一个令人印象特别深刻的表演之后，玛丽-泰蕾兹让冯·肯佩伦做一个自动机，这台机器要超越所有她见到过的自动机。

冯·肯佩伦接受了挑战，经过几个月的工作之后，他带来一个戴头巾、抽烟斗的下棋自动机。对于所有人，包括当时最好的棋手，这个"土耳其人"都是一个难以对付的对手。作为额外的装饰，这个机器包含一组隔板，当需要的时候，它能够发出"将军"的声音。这个机器令人如此印象深刻，在84年间吸引了大量欧洲和美国

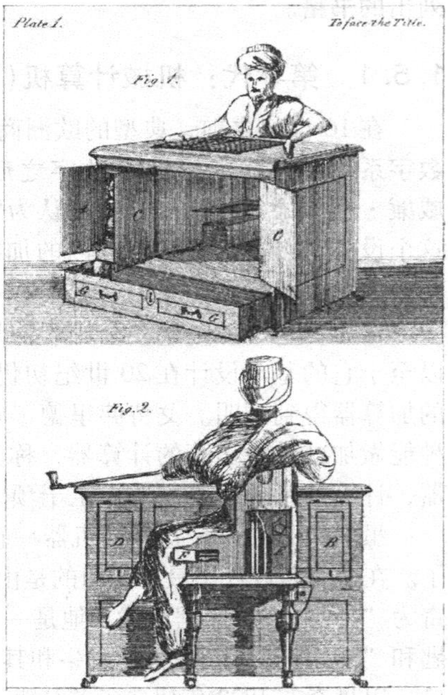

"土耳其人"机器

来源：Robert Willis, *An attempt to Analyse the Automaton Chess Player of Mr. de Kempelen*. JK Booth, London. 1824.

观众。

当然，和所有类似的自动机一样，冯·肯佩伦的“土耳其人”也是靠欺骗实现惊人之举的。尽管一些聪明的反对者猜出了它是如何操作的，但是“土耳其人”的秘密从未被泄露：一个象棋棋手被巧妙地藏在了柜子里。“土耳其人”因此成了科学史上最早并且最令人印象深刻的“计算机”骗局之一。还需要200年才会有不靠欺骗的、真实的、可以比赛的“土耳其人”机器。

1.5.2 第一代：电子管计算机(1945~1953年)

虽然巴贝奇经常被称为“计算之父”，但他的机器是机械的，不是电或电子的。20世纪30年代，康拉德·楚泽(1910—1995)在巴贝奇的基础上增加了电的技术，并对巴贝奇的设计进行了其他改进。楚泽的计算机Z1使用机电式继电器代替了巴贝奇机器的手摇齿轮。Z1可编程并有一个存储器、一个算术单元和一个控制单元。由于战争时期的德国缺乏资金和资源，所以楚泽使用废弃的电影胶片替代穿孔卡片作为输入。按照设计，他的机器应该使用电子管，但是当时楚泽买不起电子管。因此，虽然没有使用电子管，但Z1确实属于第一代计算机。

Z1是楚泽在柏林父母家的客厅里建造的，当时德国正在与欧洲绝大多数国家打仗。幸运的是，他没能说服纳粹购买他的机器。他们没有意识到这样一个设备会给他们带来的战术优势。盟军的炸弹炸毁了楚泽所有最早的3个系统Z1、Z2和Z3。直到战争结束楚泽的令人印象深刻的机器都不能得到细化，而且最终成为计算机史上另一个“进化的死胡同”。

正如我们今天所知道的，数字计算机是在20世纪30年代到40年代许多人的工作成果。帕斯卡的基本机械计算器由很多人同时设计和修改，现代电子计算机也同样如此。尽管关于谁建造了第一台计算机的争论不断，但下面3个人作为现代计算机的发明者脱颖而出：约翰·阿塔纳索夫、约翰·莫克利和J. 普瑞斯伯·艾克特。

第一个完整的电子计算机的建造归功于约翰·阿塔纳索夫(1904—1995)。阿塔纳索夫-贝瑞计算机(Atanasoff Berry Computer，ABC)是一个用电子管建造的二进制计算机。因为这个系统专为解决线性方程组的问题而建造，所以我们不能称它为通用计算机。然而，ABC有一些特征与几年后发明的通用ENIAC(电子数字积分计算机)相同。这些共同特征引起了关于电子数字计算机的发明(和专利权)应该归功于谁的相当大的争议。(有兴趣的读者可以在涉及阿塔纳索夫和ABC的相当冗长的法律诉讼中找到更详细的内容，见参考文献Mollenhoff[1988]。)

约翰·莫克利(1907—1980)和J. 普瑞斯伯·艾克特(1929—1995)是1946年发明的ENIAC的两个主要发明人。ENIAC被公认为是第一个全电子的通用数字计算机。这个机器使用了17 468个电子管，占地1800ft^2，重达30t，耗电174kW。ENIAC有1000个信息位(大约20个10位十进制数)的存储容量，使用穿孔卡片存储数据。

约翰·莫克利对于电子计算机器的想象力，源于他以数学方式预报天气的终身兴趣。在费城附近的伍西努斯学院担任物理学教授期间，莫克利发明了几十个加法机器，学生操作员处理成堆的数据，因为他认为这会揭示数学关系背后的天气模式。他认为，如果计算能力能够再强一点，那么他就可以达到这个似乎超出他能力的目标。根据盟军战争的结果，为了学习电子计算，莫克利自愿参加了宾夕法尼亚大学摩尔工程学院的电子工程速成班。学习完这个课程之后，莫克利在摩尔工程学院得到了一个教职，在那里他教了一个名叫J. 普瑞斯伯·艾克特的聪明学生。莫克利和艾克特有一个共同的兴趣，即建造一台电子计算设备。为了确保建造机器需要的资金，他们写了一个正式的建议交由学校审查。他们尽可能保守地描绘这台机器，把它称为“自动计算器”。虽然他们可能知道使用二进制编码系统的计算机能够最有效地工作，但是为了适应大型电子加法机器的建造，莫克利和艾克特设计的系统使用的是十进制数。学校拒绝了莫克利和艾克特的建议。幸运的是，美国军方对此很感兴趣。

1946 年美军的征兵海报

在第二次世界大战期间，军队对于计算新弹道武器的轨迹的需求无法满足。他们雇用了数千人充当“计算机”，为了计算射击表，这些人旋转着仪器曲柄进行所要求的计算。当意识到一台电子设备可以把弹道表计算时间从几天缩短到几分钟后，军队资助了 ENIAC。而 ENIAC

确实把计算一个弹道表的时间从20h缩短到30s。不幸的是，这台机器直到战争结束都没有准备好。但是ENIAC已经展示出电子管计算机的快速和可用性。在之后的十年间，电子管系统不断改进，并在商业上取得了成功。

什么是电子管？

今天我们所知道的有线世界都诞生于一个名为电子管的电子装置。美国人称电子管为**真空管**，而英国人称电子管为**阀**，这种叫法更准确。电子管应该称为阀，因为它们控制着电子系统中的电流，就像阀控制着管道系统中的水流一样。事实上，20世纪中期的一些电子管产品并不是真空的，而是填充了导电气体，比如汞蒸气，它可以提供理想的电气性能。

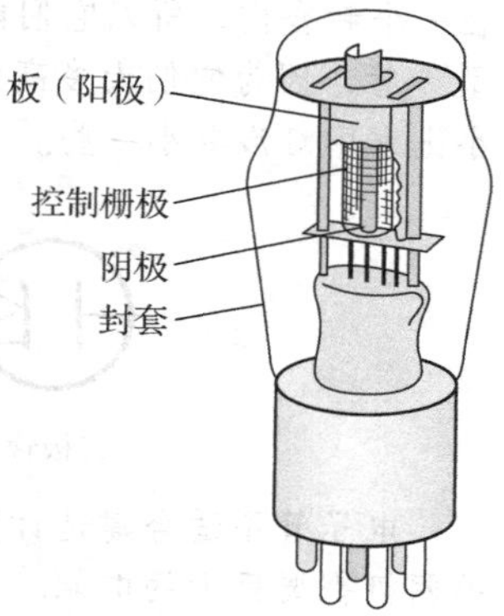

这种使管子工作的电现象是爱迪生在1883年发现的，当时他试图找到灯泡通电后使灯丝保持燃烧（或氧化）几分钟的方法。爱迪生认为将灯丝放入真空中可以防止氧化。爱迪生并不知道空气不仅助燃，而且也是很好的绝缘体。当他给新连接的钨丝电极通电时，就像以前一样，灯丝不久就变热并烧毁了。然而，这次爱迪生注意到虽然灯丝烧断了，但是电仍持续地从灯泡内暖的负端流向冷的正端。1911年，欧文·威兰斯·理查森分析了这种现象。他得出的结论是，当带负电荷的灯丝被加热时，电子就会“沸腾”，就像可以煮沸水分子产生蒸汽一样。他形象地将这种现象称为**热电子发射**。

正如爱迪生所记录的那样，热电子发射被许多人认为只是电的一种奇特的特性。但是1905年，爱迪生的前助理英国人约翰·A. 弗莱明（John A. Fleming）看出爱迪生的发现不仅仅是新奇。他知道热电子发射仅支持电子在一个方向流动：从带负电荷的**阴极**到带正电荷的**阳极**，也称其为**板极**。他意识到这种行为可以整流交流电。也就是说，它可以将交流电变成直流电，这对电报设备的正常运行至关重要。弗莱明用他的思想发明了一个电子阀，后来称为**二极管**或**整流器**。

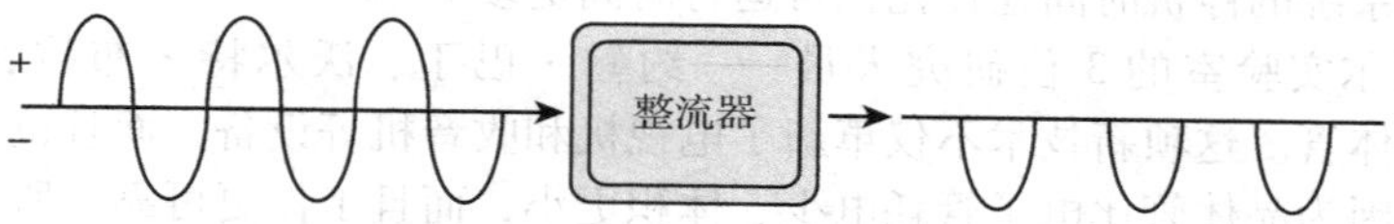

二极管非常适合将交流电变成直流电，但是电子管的最大功用还没有被发现。1907年，美国人李·德弗雷斯特在二极管基础上增加了第三个极，即**控制栅极**。当控制栅极携带负电荷时，可以减少或防止电子从二极管的阴极流向阳极。

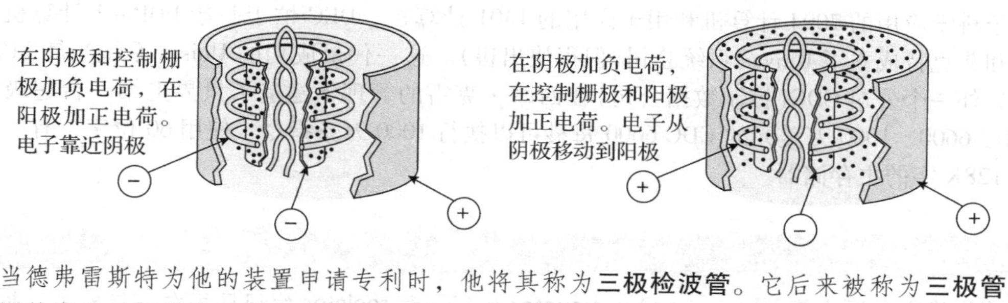

当德弗雷斯特为他的装置申请专利时，他将其称为**三极检波管**。它后来被称为**三极管**。下页右图给出了三极管的原理图符号。

三极管既可以用作开关也可以用作放大器。在控制栅极上电荷的微小变化能够引起阴极和阳极之间的电流的很大变化。因此，一个施加于栅极的弱信号产生的结果是在板极输出一个强很多的信号。若一个足够大的负电荷施加到栅极，则会阻止所有的电子离开阴极。

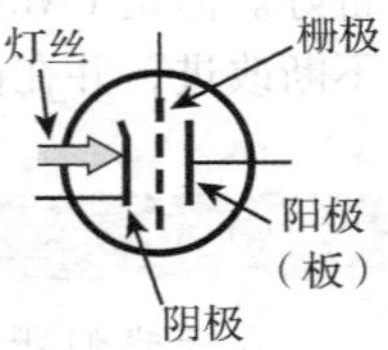

最终加到三极管中的控制栅极允许更精确地控制电流。有两个栅极的管子称为**四极管**，有三个栅极的管子称为**五极管**。三极管和五极管是最常用在通信和计算机应用中的管子。通常，两个或三个三极管或五极管组合在一个封套内，所以它们能共用一个加热器以减少特定装置的功耗。这些现代设备称为“小型”管，因为它们大多高约2in(5cm)、直径为0.5in(1.5cm)。二极管、三极管和五极管的大小比家用灯泡要小一些。

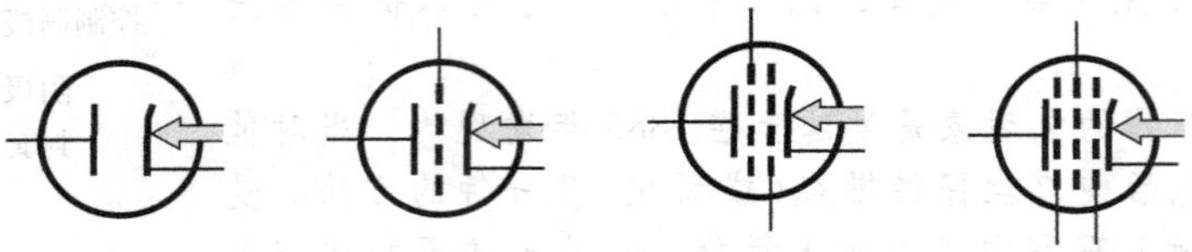

电子管不适合建造计算机。甚至最简单的电子管计算机也需要数千只管子。加热这些器件的阴极需要巨大的电能。为了防止烧坏设备，热量必须尽快从系统中排出。在较低的电压下运行阴极加热器，可以减少功耗和散热。但是，这样做会使管子的开关速度变得更慢。尽管存在局限性和功耗问题，但是由电子管建造的模拟计算机系统和数字计算机系统仍使用了很多年，是所有现代计算机系统的架构基础。

虽然制造电子管计算机已经是几十年前的事了，但是电子管仍然用在音频放大器中。这些“高端”放大器受到音乐家的青睐，他们认为电子管提供的洪亮悦耳的声音是固态器件无法达到的。

1.5.3 第二代：晶体管计算机(1954~1965年)

第一代电子管技术不是非常可靠。事实上，一些ENIAC的反对者认为该系统不可能运行，因为管子烧毁的速度比更换管子的速度还要快。虽然系统的可靠性没有预言者预测的那么糟糕，但是电子管系统的停机时间往往比正常运行时间更多。

1948年，贝尔实验室的3位研究人员——约翰·巴丁、沃尔特·布拉顿和威廉·肖克利——发明了晶体管。这项新技术不仅革新了电视机和收音机等设备，而且也推动计算机工业进入新的一代。因为晶体管比电子管耗电少、体积更小，而且工作更可靠，所以计算机中的电路变得更小也更可靠。尽管使用了晶体管，但这一代计算机体积仍然庞大且价格昂贵，通常只有大学、政府和大型企业能用得起。然而，在这一代中出现了大量计算机制造商。IBM、DEC(数字设备公司)和Univac(现在的Unisys)等在计算机工业中占据了主导地位。IBM制造、销售了用于科学应用的7094计算机和用于商用的1401计算机。DEC忙于制造PDP-1计算机。莫克利和艾克特成立了Univac系统公司(但很快出售)。这一代最成功的Unisys系统当属1100系列。另外一个公司CDC(控制数据公司)在西摩·克雷的管理下建造了世界上第一台超级计算机CDC 6600。1000万美元的CDC 6600每秒可以执行1000万条指令，使用60位字，有一个惊人的128K字的主存储器。

什么是晶体管？

晶体管这个词的英文(transistor)由transfer的词头和resistor的词尾拼在一起构成。晶体管是三极管的固态版本。没有四极管或五极管的固态版本。电子在固态介质中比在电子管的开放空隙中表现更好，所以不需要额外的控制栅极。锗或硅可以作为固态器件的基本“固体”。在纯净状态下，这些元素都不是电的良导体。但是，当它们与元素周期表中和它们相邻的微量元素相结合时，能以有效和容易控制的方式导电。

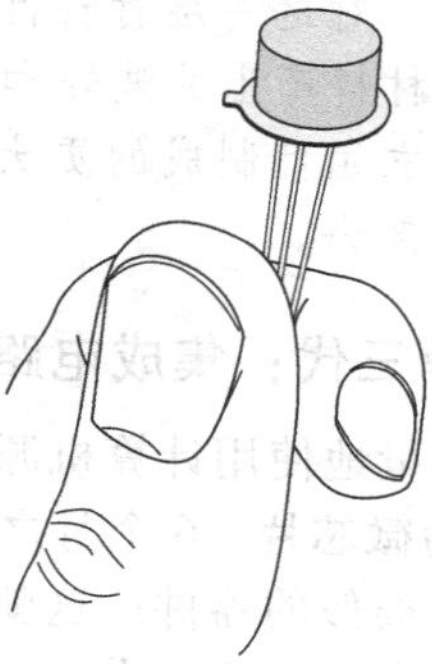

在元素周期表中，在硅和锗的左边可以找到硼、铝和镓。因为它们位于硅和锗的左边，所以它们的外层电子壳中少一个电子，或者**化合价**(valence)少1。因此，如果加少量的铝到硅中，在硅的外层电子壳中会有轻微的不平衡，所以它就会从有负电位(剩余电子)的电极上吸引电子。当用这种方式改变或**掺杂**硅或锗时，它们就变成了一种**P型**材料。

与此类似，如果加一些磷(phosphorus)、砷(arsenic)或锑(antimony)到硅中，在硅的外层电子壳中就会有剩余电子。这样我们就获得了一种**N型**材料。如果在N型材料中提供松散电子，那么就会有少量的电流流过N型材料。换句话说，如果把正电位加到N型材料上，电子将从负极流向正极。如果电极被反转，也就是说，把负电位加到N型材料上并且把正电位加到P型材料上，那么将不会有电流流过。这意味着我们能用N型材料和P型材料的简单结合制造固态二极管。

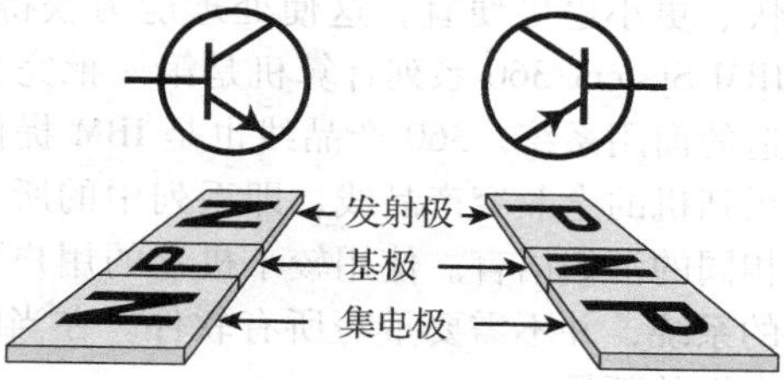

固态三极管(即晶体管)由三层半导体材料组成。一片P型材料夹在两片N型材料中间，或者一片N型材料夹在两片P型材料中间。前者称为NPN晶体管，后者称为PNP晶体管。晶体管的内层称为基极，其他两层分别称为集电极和发射极。

右侧的图标示出电流如何通过NPN和PNP晶体管。在晶体管中基极的作用就像三极电子中的控制栅极：在晶体管基极上电流的微小变化会导致从发射极到集电极产生一个大电流。

顶部的图中展示了一个封装形式为“TO-50”的**分立元件**晶体管。(译者注：TO-xxx表示晶体管的封装结构，TO是Transistor Out-line的缩写，xxx表示晶体管的外形。)只有3根导线连接晶体管的基极、发射极和集电极到电路的其余部分。晶体管不仅比电子管小，而且在运行时发热少且更可靠。电子管灯丝(就像灯泡灯丝一样)会发热和烧毁。使用晶体管元件的计算机比使用电子管的计算机体积自然更小而且发热更少。然而，最终的小型化并不是由离散晶体管取代单个三极管实现的，而是把整个电路缩小到一个硅片上。

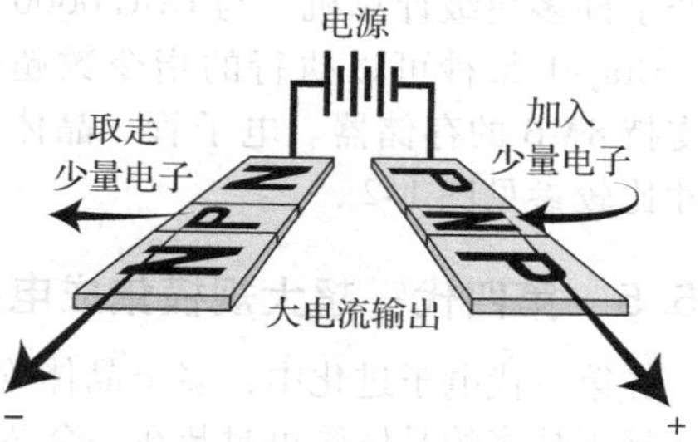

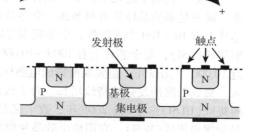

集成电路(或**芯片**)包含数百到数十亿个微小的晶体管。有几种用于制造集成电路的不同技术。最简单的方法是使用计算机辅助设计软件创建一个电路，这个软件可以打印形成芯片的几个硅层的大图。就像用底片洗照片一样，用光透过图照射硅的表面，图上有光阻物质的区域和没有光阻物质的区域会引起透射光的变化，当硅片浸入一种化学物质中时，硅的曝光区域的感光材料被冲走，在芯片表面就会产生电路的精致图案。

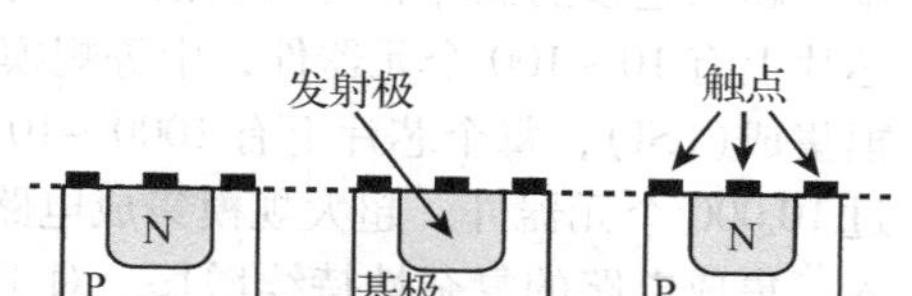

这项技术称为**微光刻**。在蚀刻完成后，就可以在芯片有凹痕的表面上沉积一层N型或P型材料。然后，对这一层材料再进行曝光、蚀刻。这个过程一直持续到所有的层都蚀刻完。由P型和N型材料产生的波峰和低谷形成了微观电子元件(包括晶体管)，这样得到的电路就像以前由分立元件制成的更大部件一样，但是这样的电路运行速度更快，消耗的电量只是原来的一小部分。

1.5.4　第三代：集成电路计算机(1965～1980年)

真正大量地使用计算机源于集成电路的产生。杰克·基尔比发明了由锗制造的集成电路(IC)或称为**微芯片**。6个月之后，一直致力于集成电路设计的罗伯特·诺伊斯使用硅替代锗创造了一个类似的器件。这就是硅芯片。计算机工业就是建立在硅芯片之上的。早期的集成电路可以在一个比"分立元件"晶体管还要小的硅片上放几十个晶体管。计算机变得更快、更小也更便宜，这使处理能力获得了巨大的提升。IBM System/360系列计算机是第一批完全由固态元件建造的商用系统。360产品线也是IBM提供的第一个所有系列机的全兼容产品线，即系列中的所有计算机都使用相同的汇编语言。使用较小机器的用户可以升级到更大的系统，并不需要重写所有软件。在当时，这是一个革命性的新概念。

在集成电路时代也看到了分时和多程序设计(多人同时使用计算机的能力)的引入。多程序设计反过来需要为这些计算机引入新的操作系统。分时小型计算机如DEC的PDP-8和PDP-11，使较小的企业和更多的大学都能付得起计算费用。利用集成电路技术也可以开发更强大的超级计算机。西摩·克雷用他在建造CDC 6600时学到的东西创办了自己的公司——克雷研究公司。从1976年的880万美元的Cray-1开始，这家公司生产了许多超级计算机。与CDC 6600形成鲜明对比的是，Cray-1每秒可以执行的指令数超过1.6亿条，可以支持8MB的存储器。电子管、晶体管和集成电路的尺寸比较参见图1-2。

图1-2　计算机元件的比较

顺时针，从顶部开始：

1) 电子管
2) 晶体管
3) 包含3200个2输入与非门的芯片
4) 集成电路封装(左下角的小正方形是一个集成电路)

来源：由琳达·纳尔(Linda Null)提供

1.5.5　第四代：超大规模集成电路计算机(1980～)

在第三代电子进化中，多个晶体管可集成到一个芯片上。随着制造技术和芯片技术的进步，越来越多的晶体管可封装在一个芯片上。现在有多种集成技术：小规模集成(SSI)，每个芯片上有10～100个元器件；中等规模集成(MSI)，每个芯片上有100～1000个元器件；大规模集成(LSI)，每个芯片上有1000～10 000个元器件；超大规模集成(VLSI)，每个芯片上有超过10 000个元器件。超大规模集成电路标志着第四代计算机的开始。随着更多的晶体管不断加入，集成电路的复杂性持续增长。对于包含超过100万个晶体管的集成电路，建议使用特大规模集成(ULSI)这个词。2005年，数十亿晶体管可放置在一个芯片上。其他有用的术语包括：晶片规模集成(WSI)，它用整个硅晶片建造超级芯片集成电路；三维集成电路(3D-IC)；片上系统(SOC)，它是包括整个计算机所需的所有元件的集成电路。

为了对表示集成水平的数字有更多的认识，考虑"片上ENIAC项目"。1997年，为了纪念

ENIAC 首次公开展示五十周年，宾夕法尼亚大学的一群学生构建了一个与 ENIIAC 等效的单片机。学生们把占地 $1800ft^2$、重 30t、开机运行时每分钟消耗 174kW 电量的庞然大物 ENIAC 复制到了一个指甲大小的芯片上。这个芯片包含大约 174 569 个晶体管，这个数量比 20 世纪 90 年代后期在同样大小的硅片上通常放置的元器件数量少一个数量级。

1971 年，Intel 公司使用超大规模集成技术创建了世界上第一个微处理器——4004，这是一个全功能的 4 位系统，主频为 108KHz。Intel 公司也推出了可在一个芯片上容纳 4kb 主存的随机存取存储器(RAM)芯片。这使得第四代计算机变得比其固态“前辈”更小并且更快。

超大规模集成技术以及令人难以置信地越做越小的电路，推动了微型计算机的发展。这些系统足够小且价格足够便宜，因此可使普通民众用得起计算机。最早的微型计算机是 Altair 8800，它由 MITS 公司于 1975 年发布。紧随其后的是 Apple I 和 Apple II，以及科莫多尔公司的 PET 和 Vic 20。最后，1981 年 IBM 推出了个人计算机(PC)。

个人计算机是 IBM 在生产“入门级”计算机系统方面的第三次尝试。IBM 的 Datamaster 和 5100 系列台式计算机在市场上彻底失败了。尽管这些早期产品失败了，但是 IBM 的约翰·奥佩尔还是说服了管理者再试一次。他建议在佛罗里达州博卡拉顿市成立一个完全有自主权的独立业务部门，远离设在纽约市阿蒙克的 IBM 公司总部。奥佩尔让既有活力又有能力的工程师唐·埃斯特奇进行代号为 Acorn 的新系统开发。由于受到 IBM 在小型机系统领域失败的影响，公司管理层严格控制该项目的时间和资金。奥佩尔只有承诺在一年内交付这个项目，公司才能让项目启动。这似乎是一件不可能完成的事情。

埃斯特奇知道唯一能够在过于乐观的 12 个月内完成项目的方法，就是要打破 IBM 的惯例，尽可能使用现成的部件。因此，从一开始，IBM 的 PC 就被设想为一种“开放”的体系结构。虽然 IBM 的一些人后来可能对让 PC 的体系结构尽可能非专利的决定感到后悔，但是正是这种开放让 IBM 建立了行业标准。克隆 PC 发展迅猛，而 IBM 的竞争对手忙于起诉复制其系统设计的公司。不久，“IBM 兼容”微型计算机的价格就降到了几乎每个小企业都可以购买的程度。也要感谢克隆市场，大量这种系统很快在人们的家中实现了真正的“个人使用”。

IBM 最终失去了微型计算机市场的统治地位。无论好与坏，IBM 的体系结构事实上一直是微型计算机的标准，每年都有更大、更快的系统出现。今天，普通台式计算机的计算能力已经是 20 世纪 60 年代大型机的许多倍了。

自 20 世纪 60 年代以来，由于超大规模集成电路技术的出现，大型计算机的性价比有了惊人的改进。虽然 IBM System/360 是一个全固态元器件的系统，但它仍然是需要用水冷却、消耗电力的庞然大物。它每秒仅能执行 50 000 条指令，仅支持 16MB 的内存(而通常只装有几 KB 的物理存储器)。这些系统太昂贵，只有最大的企业和大学可以买或租一台。大型机现在称为“企业服务器”，价格仍然是数百万美元，但是它们的处理能力已经有了数千倍的增长，在 20 世纪 90 年代后期，过了每秒 10 亿条指令的大关。这些系统通常作为网络服务器来使用，每分钟支持几十万个业务！

由 VLSI 带给超级计算机的处理能力让人不敢相信。第一台超级计算机 CDC 6600 每秒能够执行 1000 万条指令，主存的容量为 128KB。而今天的超级计算机有几千个处理器，能够寻址几 TB 的存储器，而且不久每秒就能执行千万亿条指令了。

什么技术将标志着第五代的开始？有人说第五代的标志是接受并行处理以及使用网络和单用户工作站。许多人认为我们已经跨入这一代了。而一些人认为它将是量子计算。一些人把第五代的特点描述为神经网络、DNA 或光计算系统的产生。在我们进入第六代或第七代之前，无论时代将带来什么，我们可能都无法给第五代下定义。

集成电路及其生产

在我们周围随处可以发现集成电路——从计算机、汽车到冰箱和电话。最先进的电路在指甲大小的面积上包含数亿(甚至数十亿)个元器件。在这些先进的电路中，晶体管的尺寸可以小到45nm。数千个这样的晶体管放在一起只有人的一根头发丝的截面大小。

如何制造集成电路呢？它们是在半导体生产设备中制造的。因为元件非常小，必须采取一切预防措施以确保有一个无菌、无颗粒的环境，所以生产是在“洁净室”中进行的。没有灰尘，没有皮肤细胞，没有烟甚至没有细菌。工作人员必须穿通常称为“兔子套装”的洁净服，确保即使是最微小的颗粒也不能进到空气中。

这个过程从芯片设计开始，设计的最终结果是形成一种掩模，用包含电路模式的模板或蓝图表示。然后，在硅晶片表面覆盖氧化物绝缘层，紧接着覆盖一层名为光阻材料的感光膜。这种光阻材料被紫外光照射的区域会分解，没被照射的区域不会分解。然后用紫外光通过掩模照射硅片(这一过程称为光刻)。紫外光照射光阻材料后剩下了裸露的氧化物。然后用化学“蚀刻”(etching)溶解暴露出的氧化层，并且要去除没有受到紫外光照射的剩余光阻材料。“掺杂”过程是在硅中嵌入某种杂质，改变未保护区域的电特性，这样基本上创建了晶体管。然后芯片再覆盖一层绝缘氧化物材料和一层光阻材料，并且重复整个过程几百次，每重复一次就创建了芯片的新的一层。用相似的过程使用不同的掩模可创建连接芯片上元件的导线。这个电路最后封装在保护塑料壳中，经测试后运出。

随着元件变得越来越小，用于制造它们的设备必须不断提高质量。这些年来，这导致了制造集成电路的成本急剧增加。20世纪80年代初，建立一个半导体工厂的成本大约是1000万美元。到20世纪80年代后期，这个成本已经增加到大约2亿美元。到20世纪90年代后期，建立一个集成电路制造厂的成本大约在10亿美元。2005年，Intel为了一个制造设备花了大约20亿美元，2007年为了使3个工厂能够生产一种更小的处理器投资了大约70亿美元来更换设备。2009年，AMD在纽约州北部开始建立一个投资42亿美元的芯片制造设备。

制造集成电路的生产设备并不是唯一的高成本项目。设计芯片和创建掩模的成本从100万美元到300万美元不等，越小的芯片成本越高，越大的芯片成本越低。芯片的设计成本和制造设备成本那么高，而我们却可以用大约100美元就能在计算机商店买一个Intel微处理器芯片，这确实太让人惊讶了。

1.5.6　摩尔定律

那么哪里是终点？晶体管能制造到多小？封装的芯片能够做到多密集？没人可以给出确定答案。每年科学家都不断突破预言家试图设定的集成上限。事实上，当Intel公司的创始人戈登·摩尔在1965年表示“在一个集成电路中晶体管的密度将会每年翻一番”时，就有一些人提出质疑。这个预测的当前版本通常表达为“硅芯片密度每18个月翻一番”。这个断言称为**摩尔定律**(Moore's Law)。摩尔认为这个假设仅仅能够维持10年。然而，芯片制造工艺的进步使得这个断言持续了几十年。

然而，若使用当前的技术，摩尔定律不能够永远保持。物理方面和资金方面的某些限制最终一定会起作用。按照目前的小型化速度，大约500年的时间就可以把整个太阳系放在一个芯片上了！显然，发展到一定程度就会出现极限。成本可能是首要的约束条件。由Intel早期的投资人阿瑟·罗克提出的**罗克定律**(Rock's Law)是摩尔定律的一个推论：“建立半导体工厂的主要设备的成本每四年翻一番。”罗克定律来自一个金融家的观察，他看到新的芯片制造设备的价格从1968年的12 000美元逐步增加到20世纪90年代中期的1200万美元。2005年，建设一个新的芯片工厂的成本接近30亿美元。按照这个速度，到2035年，一个存储元件的尺寸将会小于一个原子，而且将需要全世界的财富才能建造一个芯片制造厂。所以，即使我们不断使芯片变得更小、更快，最终的问题也可能是我们能否负担得起建设工厂的费用。

当然，如果维持摩尔定律，那么罗克定律所说的成本必须下降。显然，要想让这两件事发生，计算机必须转向一种完全不同的技术。在过去的5年里，一直都有关于新的计算范式的研究。围绕有机计算、超导、分子物理和量子计算提出的实验室原型已经得到证明。利用量子力学的奇特行为解决计算问题的量子计算机尤其令人激动。不仅量子系统的计算速度比任何以前使用过的方法都快，而且它们也将革命化我们定义计算问题的方式。今天认为是荒谬不可行的问题，可能对下一代学生而言却是力所能及的好问题。这些学生可能会笑话我们的“原始”系统，就像我们禁不住要笑话 ENIAC 一样。

1.6　计算机层次结构

如果一个机器有解决各种各样问题的能力，那么它必须能够执行用不同语言编写的程序，这些语言包括 Fortran、C、Lisp、Prolog 等。在第 3 章中将看到，与我们一起工作的物理元件仅有导线和门。在这些物理元件和高级语言（如 C++）之间存在着非常大的开放空间——**语义鸿沟**。对于一个实用系统来说，其绝大多数使用者必须看不到这个语义鸿沟。

程序设计经验告诉我们，当面对一个大问题时，应该把问题分解开并使用“分而治之”的方法。在程序设计中，我们把问题划分成模块，然后分别设计每一个模块。每个模块执行一个特定的任务，并且模块只需要知道如何与其他要用到的模块进行交互。

计算机系统组织可以用相似的方式进行处理。通过抽象原理，我们可以把机器的建造想象为由不同的层次结构组成，每一层都有一个特定的功能并且作为一个独立的假想机器存在。我们称每一层的假想计算机是**虚拟机**。每一层的虚拟机执行自己的特殊指令集，在需要的时候要求下层机器执行任务。通过学习计算机组织，你将看到层次结构分割方法背后的基本原理，以及如何实现层和层之间的接口。图 1-3 给出了普遍认可的描述抽象虚拟机的层次。

图 1-3　现代计算系统的抽象层次

第6层为用户层，由应用程序组成，是每个人最熟悉的层。在这一层，我们运行程序，如文字处理器、图形软件包或游戏等。从用户层几乎看不到下面的那些层。

第5层为高级语言层，包含各种语言，如C、C++、Fortran、Lisp、Pascal和Prolog。必须使用编译器或解释器将这些语言翻译成机器可以理解的语言。编译后的语言翻译成汇编语言，然后汇编成机器代码。(它们被翻译到更下一层。)在这一层，用户看到的更低层的内容非常少。即使程序员必须知道数据类型和可用于这些数据类型的指令，也不需要知道这些类型实际上是如何实现的。

第4层为汇编语言层，包含某种汇编语言。如前所述，编译过的高级语言首先翻译为汇编语言，然后汇编语言直接翻译成机器语言。这种一对一的翻译意味着一条汇编语言指令被翻译成一条机器语言指令。通过分层，减小了高级语言(例如C++)和实际机器语言(由0和1组成)之间的语义鸿沟。

第3层为系统软件层，处理操作系统的指令。这一层负责多道程序、存储器保护、进程同步，以及其他各种重要的功能。通常，将汇编语言翻译成机器语言的指令不加修改地通过这一层。

第2层为指令集架构(ISA)或机器层，由计算机系统中特定的体系结构“认识”的机器语言组成。在硬连线计算机中用真实机器语言编写的程序不需任何解释器、翻译器或编译器就能够被电路直接执行。我们将在第4章和第5章中深入学习指令集架构。

第1层为控制层，在这一层中，**控制单元**要确保指令正确解码和执行，确保数据在正确的时间移动到正确的地方。控制单元解释从上层传递给它的机器指令，一次解释一条，触发需要的活动。

设计控制单元可以用**硬连线**方式也可以用**微程序**方式。在硬连线方式中，控制信号来自数字逻辑部件模块。这些信号引导所有数据和指令传输到系统的合适位置。硬连线控制单元通常运行得非常快，因为它们实际上是物理部件。然而，由于同样的原因，硬连线控制单元修改起来非常困难。

设计控制单元的另一种选择是使用微程序执行指令。微程序是用硬件能直接执行的一种低级语言编写的程序。第2层产生的机器指令被送入微程序，然后通过激活适合执行原始指令的硬件解释指令。一条机器层指令通常翻译成多条微代码指令。这种翻译不同于汇编语言和机器语言之间的一对一关系。微程序很受欢迎，因为它修改起来相对容易。微程序设计的缺点是，增加的翻译层通常会导致指令执行速度变慢。

第0层为数字逻辑层，在这一层中，我们能够找到计算机系统的物理元件：门和导线。这是制造计算机系统模块和实现算术逻辑的基础。第3章将详细介绍数字逻辑层。

1.7 云计算：计算即服务

我们一定不会忘记，每个计算机系统的最终目的都是为用户提供功能。计算机用户通常不在乎百万兆字节的存储和千兆赫的处理器速度。事实上，许多公司和政府机构已经完全“摆脱了技术业务”，其将数据中心外包给第三方专家。这些外包协议往往高度复杂并且要规定硬件配置的每一个方面。除了详细的硬件说明外，**服务级别协议**(SLA)规定了系统性能和可用性的某些参数不符合协议要求的罚则。签约的双方都要雇人监督合同、计算账单以及在需要的时候按照服务级别协议确定惩罚措施。由于有额外的管理开销，因此对于那些想要避免技术管理问题的公司来说，外包数据中心既不廉价，也不容易。

在新兴的云计算领域，可以找到一种比较容易的方法。**云计算**是因特网提供的任何类型的虚拟计算平台的总称。云计算平台由它提供的服务而不是它的物理配置来定义。它的名字来源于象征着因特网的云图标，但是这个隐喻很好地体现了云基础设施的含义，因为这个计算机比实际更抽象。“计算机”和“存储”作为云中的实体呈现给用户，但是通常跨越多个物理服务器。存储通常定位到磁盘阵列上，而磁盘阵列并不直接连接到任何特定的服务器上。系统软件的设计使这种配置感觉是个单一系统，因此我们说它给用户提供了一个**虚拟机**。

云计算服务可以用基于计算机层次结构的多种方式定义和交付，如图 1-4 所示。在层次结构的顶部，有可执行的程序，云服务提供商可以在因特网上提供一个完整的应用，而不用在本地安装组件。这称为**软件即服务(SaaS)**。这个服务的消费者不用维护应用或不需要以任何方式关心基础设施。SaaS 应用往往集中于有限的非关键性业务应用。著名的例子包括 Gmail、Dropbox、GoToMeeting 和 Netflix。一些专门的产品可用于报税准备、工资、车队管理和案例管理等，这仅仅是几个例子。Salesforce. com 是一个开创性的、功能齐全的、用于提供客户关系管理的 SaaS。收费 SaaS 通常是根据用户数量按月计费，有时也加上每笔交易的费用。

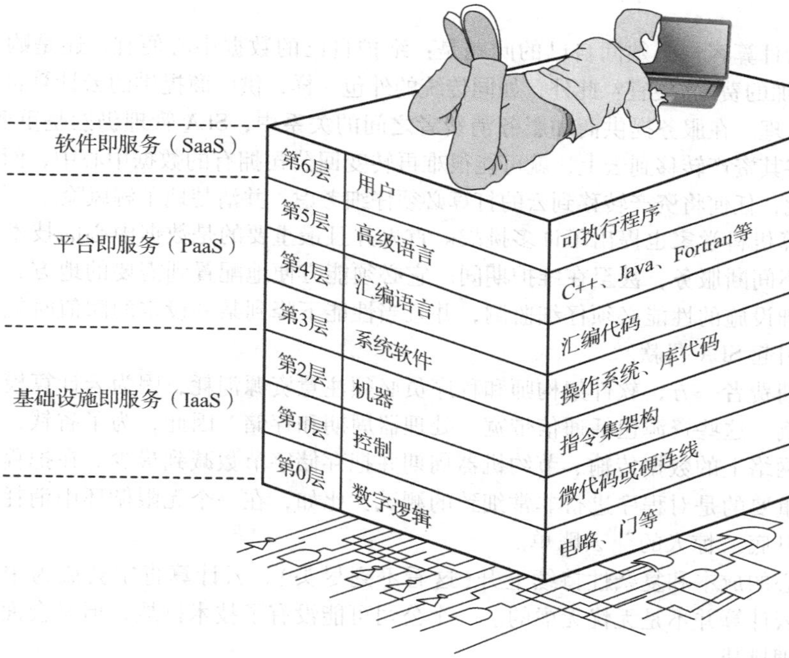

图 1-4　计算即服务的层次

SaaS 的一个最大缺点是消费者对产品的行为几乎没有控制权。如果一家公司为了使用 SaaS 产品不得不对它的处理过程或政策进行彻底改变的话，这可能是有问题的。当公司希望对其应用有更多的控制权，或者需要的应用不能使用 SaaS 时，可能会选择在名为**平台即服务(PaaS)**的云托管环境中部署自己的应用。PaaS 提供服务器硬件、操作系统、数据库服务、安全组件和备份与恢复服务。PaaS 服务提供商管理性能和环境的可用性，而客户管理在 PaaS 云上托管的应用。客户通常是每月按照兆字节存储、处理器的利用率和兆字节数据传输付费。著名的 PaaS 提供商有 Google App Engine 和 Microsoft Windows Azure Cloud Services(以及 Force. com (由 Salesforce. com 提供的 PaaS))。

PaaS 不适合于需要配置快速变化的情况。主要业务是软件开发的公司就是这种情况。要改变运营良好的 PaaS 业务，需要正式的变更过程，这阻碍了快速软件部署(迫使公司按照服务提供商的规则行事)。事实上，在员工能够管理操作系统和数据库软件的公司，选择名为**基础设施即服务**或(**IaaS**)的云模型可能是最好的。IaaS 是最基本的云服务模型，仅提供服务器硬件、服务器安全访问和备份与恢复服务。客户负责所有的系统软件，包括操作系统和数据库。IaaS通常按照使用的虚拟机数量、兆字节存储和兆字节数据传输付费，但是费率比PaaS低一些。最知名的IaaS公司包括Amazon EC2、Google Compute Engine、Microsoft Azure Services Platform、Rackspace和HP Cloud。

PaaS和IaaS不仅解决了数据中心管理的困难，而且提供了基于需求增加和删除资源的能力，这种能力称为**弹性**。客户只为需要的基础设施付费。所以，如果一家企业的业务有旺季，那么仅需要在旺季持续期间部署额外的能力。当一家公司在计算需求方面有大的变化时，这种灵活性能够给公司节省一大笔钱。

云存储是IaaS的一种受限类型。公众通过Dropbox、Google Drive和Amazon.com上的Cloud Drive(这里仅列出众多提供商中的几个)可以便宜地获得少量云存储。谷歌、亚马逊、惠普、IBM和微软是为企业提供云存储的供应商。与云计算一样，企业级云存储通常也需要仔细管理性能和可用性。

所有潜在的云计算客户必须问自己的问题是：维护自己的数据中心便宜，还是购买云服务(包括峰值期间增加的费用)便宜？此外，如同传统的外包一样，供应商提供的云计算也涉及相当多的合同谈判和管理。在服务提供商和服务消费者之间的关系中，SLA管理仍然是重要的活动。此外，一旦企业将其资产转移到云上，就可能很难再转变回公司拥有的数据中心中，而这种需求有可能出现。因此，任何将资产转移到云的打算必须仔细考虑，并清楚地了解风险。

云计算对计算机科学家也提出了许多挑战。首先并且最重要的是数据中心的技术配置。基础设施必须提供不间断服务，甚至在维护期间。它必须能方便地配置到需要的地方，而不降低或中断服务。基础设施的性能必须仔细监测，并且当性能下降到某一设定的阈值时就采取干预措施，否则可能引起SLA罚款。

在云计算的消费者一方，软件架构师和程序员必须注意资源消耗，因为云计算模式的收费与资源消耗成比例。这些资源包括通信带宽、处理器周期和存储。因此，为了省钱，应用程序应该设计成减少网络上的数据传输、节约机器周期并把存储字节数减到最少。在把程序部署到云中之前，至关重要的是对程序进行非常细致的测试：比如，在一个无限循环中消耗资源的错误模块可能导致月底“惊人的”云账单。

随着数据中心的成本和复杂性持续上升(这看不到尽头)，云计算肯定会成为中小企业的选择平台。但是云计算并不是无忧无虑的。一个公司可能没有了技术挑战，但又会面临更令人苦恼的供应商管理挑战。

1.8　冯·诺依曼模型

在最早的电子计算机器中，程序设计与把电线连接到插头是同义词。不存在分层体系结构，所以即使给计算机设计一个非常简单的程序也非常麻烦。在ENIAC的研制工作完成之前，莫克利和艾克特构思了一种改变他们的计算机器行为的更简单的方法。他们认为用水银延迟线作为存储设备可以存储程序指令。这样，在编写新程序或者调试老程序时，就可以不用做单调的系统重新连线的工作了。莫克利和艾克特记录了他们的想法，提出把这种想法作为下一个计算机EDVAC的基础。不幸的是，当时他们参与的ENIAC项目在第二次世界大战期间是绝密项目，莫克利和艾克特不能立即发表他们的见解。

然而，许多在ENIAC项目外围工作的人不受限制。其中一个人就是著名的匈牙利数学家约翰·冯·诺依曼。在阅读了莫克利和艾克特为EDVAC提出的想法后，冯·诺依曼公开发表了这个想法。他非常有效地传递了这个概念，因此历史把这项发明归功于他。所有存储程序的计算机都使用名为**冯·诺依曼架构**的**冯·诺依曼系统**。虽然我们只能按照传统说存储程序的计算机使用的是冯·诺依曼架构，但我们还是应该对莫克利和艾克特这两位真正的发明者表达应有的敬意。

今天的存储程序的计算机架构至少具有以下特点：

- 由三部分硬件系统组成：一个带有控制单元、**算术逻辑单元**(**ALU**)、**寄存器**(小的存储区)和程序计数器的**中央处理单元**(**CPU**)；一个**主存储器系统**，其中存储着控制计算机操作的程序；一个**I/O系统**。
- 执行顺序指令处理的能力。
- 在主存储器系统和CPU的控制单元之间包含一条单一路径，它既可以是物理上的也可以是逻辑上的，强制交替指令周期和执行周期。这个单一路径通常称为**冯·诺依曼瓶颈**。

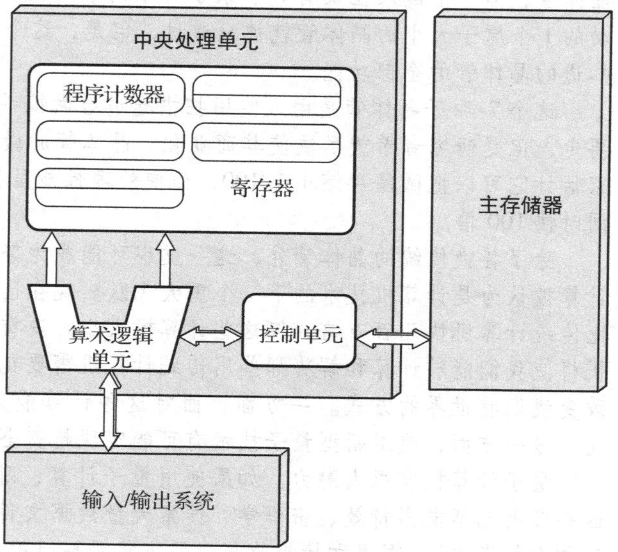

图1-5　冯·诺依曼架构

图1-5显示了这些特点如何汇集在现代计算机系统中。请注意，图中所示的系统通过算术逻辑单元传送所有I/O(实际上是通过累加器传送的，累加器是ALU的组成部分)。这种架构在冯·诺依曼执行周期中运行程序。**冯·诺依曼执行周期**(也称为**取指－译码－执行周期**)描述了机器的工作过程。一个执行周期的操作如下所示：

1. 控制单元从存储器中取下一条程序指令，使用程序计数器确定指令所在的位置。
2. 指令解码为ALU能够理解的语言。
3. 从存储器中取出执行这条指令所需要的任何操作数，并且放到CPU的寄存器中。
4. ALU执行这条指令并且把结果放到寄存器或存储器中。

冯·诺依曼架构中的一些概念已经扩展了，以便存储在访问速度慢的存储介质(如硬盘)中的程序和数据可以在程序执行之前复制到访问速度快的易失性存储介质(如RAM)中。这种架构也简化为**系统总线模型**，如图1-6所示。数据总线把数据从主存储器移动到CPU寄存器(反之亦然)。地址总线保存着数据总线正在访问的数据的地址。控制总线传送的是在信息传输时必要的控制信号。

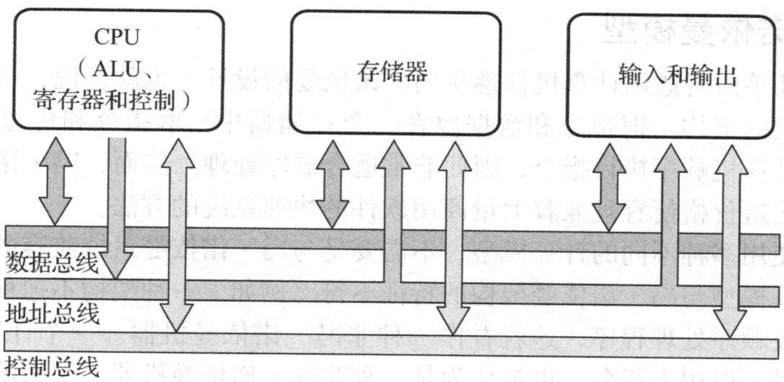

图1-6　修改后的冯·诺依曼架构，增加了系统总线

冯·诺依曼架构的其他增强方法包括使用索引寄存器寻址、增加浮点数据、使用中断和异步I/O、增加虚拟存储器以及增加通用寄存器。在后面的章节中你将学习很多增强方法。

计算机的量子飞跃：我们能做到多小？

超大规模集成电路技术已经可以在一个芯片上放置几十亿个晶体管，但是用现在的晶体管技术制造的晶体管在尺寸上有一个限度。新南威尔士大学的量子计算机技术中心和威斯康星大学麦迪逊分校的研究人员已经把“小”做到了全新的水平。2010年5月，他们宣布了7-原子晶体管，即一个嵌入在仅有7个原子大小的硅中的工作晶体管。虽然早在2002年允许电子流动的1个原子大小的晶体管就被报道过，但是，这个7-原子晶体管有所不同，它提供了今天所知道的晶体管的全部功能。

这个7-原子晶体管是由人使用扫描隧道显微镜手工创建的，距离大规模生产还有很长的路要走，但是研究者希望尽快使其商业化。晶体管的微小尺寸意味着更小但更强大的计算机。专家估计它可以把微晶片缩小1/100，而使处理性能呈指数提高。这意味着计算机将变小1/100，同时快100倍。

除了替换传统的晶体管外，这一发现可能成为努力在硅片上建造量子计算机的基础。量子计算被认为是计算机技术的下一个重大飞跃。现在已经研制出来的小的量子计算机的运算速度比传统计算机快几百万倍，但这些计算机太小，没有多大用处。一个可以工作的大型量子计算机将使我们能够计算和解决那些用传统计算机需要花费130多亿年才能解决的问题。这可能会改变我们看世界的方式。一方面，面对这种计算能力，现在使用的各种加密算法都将毫无用处。另一方面，使用新型量子技术有可能实现超安全通信。

量子计算机有很大潜力。如果使用量子计算，那么现有的应用程序会有巨大的性能提升，这些应用包括电影特效、密码学、搜索大量数据文件、大数因式分解、模拟各种系统（如核爆炸和天气模式）、军事和情报收集以及密集且耗时的计算（如天文学、物理学和化学中的发现）等，也可能演化出我们还没有发现的新应用。

除了我们已经了解的计算方面的潜能外，还有另外一个原因使新的7-原子晶体管具有重大意义。回顾摩尔定律，这个定律并不是自然法则，而是对芯片设计的创新和驱动力的期待。自1965年以来，摩尔定律一直适用，但为了做到这一点，芯片制造商已经从一个技术跳转到另一个技术。戈登·摩尔已经预测，如果仅限于CMOS硅，他的定律将在2020年左右失效。这个7-原子晶体管的发现，赋予了摩尔定律新的生命。然而，著名的物理学家史蒂芬·霍金解释说，芯片制造商在“强化”摩尔定律时受到两个基本的制约：光速和物质的原子本质。这意味着无论使用什么技术，摩尔定律终将失效。

1.9 非冯·诺依曼模型

直到现在，几乎所有通用计算机都遵从冯·诺依曼的设计。也就是说，具有由CPU、存储器和I/O设备组成的架构，把指令和数据放在一个存储器中，取指令和传送数据使用一个总线。冯·诺依曼计算机顺序执行指令，因此非常适合顺序处理。然而，冯·诺依曼瓶颈一直阻碍着工程师寻找建造价格便宜且兼容大量商用软件的快速系统的方法。

工程师可以使用多种不同的计算模型，不需要受与冯·诺依曼系统兼容的约束。非冯·诺依曼架构是指计算模型与冯·诺依曼架构的特征不符。例如，一种架构不把程序和数据存储在存储器中或者不按顺序处理程序，这就看作一种非冯·诺依曼机器。一个计算机有两根总线，一根用于数据，另一根用于指令，也被认为是一种非冯·诺依曼机器。使用**哈佛架构**设计的计算机有两根总线，允许同时传送数据和指令，而且具有数据和指令分开存储的存储器。许多现代通用计算机使用的是修改版的哈佛架构，它们有分开的数据通路和指令通路，但是数据和指令没有分开存储。纯哈佛架构通常用于微控制器（整个计算机系统在一个芯片上），比如用于家电、玩具和汽车中的嵌入式系统。

很多非冯·诺依曼机器是为特殊目的设计的。公认的第一个非冯·诺依曼处理芯片完全是为图像处理设计的。另一个例子是**归约机**（它使用图归约执行组合逻辑计算）。其他非冯·诺依曼计算机包括**数字信号处理器**（DSP）和**媒体处理器**，它们能够执行一条指令处理一组数据（而不是执行一条指令处理一个数据）。

许多不同的分支领域属于非冯·诺依曼范畴，包括：在硅上实现的**神经网络**（它使用来自于大脑模型的想法作为计算范式），**细胞自动机**，**认知计算机**（通过经验来学习而不是通过程序学习的机器，包括 IBM 的人脑模型机 SyNAPSE 计算机），**量子计算**（计算和量子物理学的结合），**数据流计算**，**并行计算机**。这些系统有共同之处——计算分布在可以并行执行的不同处理单元上。它们的不同之处在于各种组件之间连接的强弱。其中，并行计算是目前最流行的。

1.10　并行处理器和并行计算

今天，并行处理解决了许多大问题，所用的方法与美国西部移民并排使用多头牛解决大问题的方法差不多。如果他们使用一头牛移动一棵树，这头牛不够大或不够强壮，他们绝对不会尝试养一头更大的牛，而是使用两头牛。如果我们的计算机不够快或不够强，那么为什么不简单地使用多个计算机替代开发一台更快、更强的计算机呢？这正是并行计算所要做的。第一个并行处理系统建造于 20 世纪 60 年代后期，仅有两个处理器。20 世纪 70 年代已经有 32 个处理器的超级计算机的介绍，20 世纪 80 年代产生了第一个有 1000 多个处理器的系统。1999 年，IBM 宣布为开发一个名为蓝色基因系列的超级计算机架构提供资金。**蓝色基因/L** 是这个系列中的第一台计算机，是一个大规模并行计算机，包含 131 000 个双核处理器，每个处理器有自己专用的存储器。除了允许研究人员研究蛋白质折叠的行为（通过使用大量的模拟）外，这台计算机还允许研究人员在并行架构和并行架构软件方面探索新的想法。IBM 持续不断地为这个系列开发计算机。2007 年发布了**蓝色基因/P**，它有四核处理器。**蓝色基因/Q** 是这个系列中最新设计的计算机，使用 16 核处理器，每个机架有 1024 个计算节点，可扩展到 512 个机架。Nostromo（在波兰用于生物医学数据）、Sequoia（在劳伦斯利弗莫尔国家实验室用于核模拟和科学研究）和 Mira（用在阿贡国家实验室）等处安装了蓝色基因/Q 计算机。

双核和四核处理器（以及更多核的处理器，就像我们在蓝色基因/Q 中看到的）是**多核处理器**。但是，什么是多核处理器呢？从本质上讲，它是一种特殊类型的并行处理器。并行处理器通常划分为“共享存储器”处理器（其中处理器共享相同的全局存储器）或“分布式存储器”计算机（其中每个处理器都有自己私有的存储器）。第 9 章将详细介绍并行处理器。以下讨论仅限于个人计算机中使用的共享内存多核架构。

多核架构是允许多个处理单元（通常称为**核**）位于一个芯片上的并行处理器。双核（dual core）意味着有 2 个核，四核（quad core）意味着有 4 个核，等等。但是，什么是核？在集成电路中“插入”多个独立的核（就像典型的冯·诺依曼机）并且并行运行，而不是一个处理单元。每个处理单元都有自己的 ALU 和寄存器组，但所有处理器共享内存和一些其他资源。“双核”不同于“双处理器”。双处理器机器有两个处理器，但是每个处理器插在各自的主板上。要注意的重要区别是，在多核机器中所有的核都集成到同一个芯片中。这意味着你可以用一个双核处理器（条件是你的计算机有适合新芯片的插槽）芯片替换计算机中的单核（单处理器）芯片。今天许多计算机宣称为双核、四核或更多的核。双核通常被认为是当今计算机的标准。大多数台式机和笔记本电脑的核是有限的（少于 8），当然，也可以用合适的价格买到有几百个核的机器。

尽管你的计算机可以有多个核，但这并不意味着它会更快地运行你的程序。编写的应用程序（包括操作系统）必须利用多个处理单元（这一般适用于并行处理）。多核计算机对于**多任务处理**非常有用，即当用户一次做多件事情时。例如，你可能同时在阅读电子邮件、听音乐、浏览网页和刻录DVD。在操作系统能够同时处理许多任务的条件下，这些“多任务”可以被分配到不同的处理器上并且并行执行。

除了多任务处理，**多线程**也能增加任何有内在并行性的应用程序的性能。程序被划分成**线程**，可以把线程想象成微小的进程。例如，一个网页浏览器是多线程的，一个线程可以下载文本，而每个图像都由不同的线程控制和下载。如果一个应用程序是多线程的，那么不同的线程可以在不同的处理单元上并行运行。我们应该注意，即使在单处理器上，多线程也能改善性能，但是这个话题最好留到以后讨论。更多的信息见参考文献Stallings（2012）。

概括地说，并行处理涉及多种不同的架构，从多个独立的计算机一起工作，到多个处理器共享存储器，再到多个核集成到同一个芯片上。由于并行处理器不是顺序处理指令，所以在技术上没有归类为冯·诺依曼机。然而，许多人认为并行处理计算机包含CPU，使用程序计数器，并且程序和数据都存储在主存中，这使得它们更像是对冯·诺依曼架构的扩展，而不是背离它，所以这些人把并行处理计算机看作一组冯·诺依曼机通力合作。在这种观点中，也许说并行处理显示了“非冯·诺依曼特性”更恰当。无论并行处理器如何分类，并行计算都可以让我们用多任务的方式解决更大、更复杂的问题，并在各种软件工具和程序设计中驱动着新的研究。

然而，并行计算也有其局限性。随着处理器数量的增加，把任务分布到处理器上的管理开销也会随之增加。一些并行处理系统需要额外的处理器来管理其余的处理器和分配的资源。无论我们在系统中放置多少个处理器，或者分配给它们多少资源，一定都会因为某种原因在某个地方形成瓶颈。然而，我们能做的最好的事情是确保系统中最慢的部分是使用最少的部分。这是后面要介绍的**阿姆达尔定律**（Amdahl's Law）所描述的观点。这个定律描述为：如果性能的增强与一个改进的特征有关，那么性能增强的量受到这个改进特征使用量的限制。基本的前提是每个算法都有串行部分，而串行部分会限制用多处理器执行算法获得的加速。

如果并行机和其他非冯·诺依曼架构给处理速度和性能带来了如此巨大的增长，为什么不是每个人随时都使用它们呢？答案在于它们的可编程性。在操作系统中能够利用多个核的技术进步，已经使这些芯片用到了我们今天可以买到的台式机和笔记本电脑中。然而，真正的多处理器编程比单处理器和多核处理器的编程更加复杂，要求人们以不同的方式思考问题，要采用新的算法和编程工具。

这些编程工具之一是一组新的程序设计语言。我们的程序设计语言大多是为冯·诺依曼架构创建的冯·诺依曼语言。许多通用语言已经用特殊的库扩展为适用于并行程序设计，而且专门为并行编程环境设计了许多新的语言。适用于其余类型的（非并行）非冯·诺依曼平台的程序设计语言非常少，而且真正了解如何在这些环境中有效地编写程序的人很少。非冯·诺依曼语言的例子包括为数据流机使用的Lucid语言、为量子计算机使用的量子计算语言（QCL），以及用于FPGA编程的VHDL或Verilog语言。我们在下一节中会看到，即使在并行机编程中存在固有的困难，这个领域也正在取得重大进展。

1.11 并行性：机器智能的推动者——深蓝和沃森

从我们介绍过的“土耳其机械人”可以明显看到，下棋一直被认为是“会思考的机器”的最有力证明。棋盘是在基本平等的条件下人类和机器能够相遇的一个战场，当然，人类总是有优势的。自20世纪50年代末以来，已经有了真正的下国际象棋的计算机。在过去的几十年里，它的硬件和软件都在逐渐改进，最终成为技术熟练棋手的强大对手。下棋冠军的问题一直被认为太难了，很多人认为机器永远不会战胜人类大师。1997 年 5 月 11 日，一台叫作深蓝(Deep Blue)的机器战胜了人类大师。

深蓝的主设计师是 IBM 的研究人员许峰雄、托马斯·阿南塔拉曼和莫里·坎贝尔。据报道，深蓝耗资超过 600 万美元，并花了 6 年时间建造完成。深蓝是一个大规模并行系统，由 30 台基于 RS/6000 的节点辅以 480 个国际象棋专用芯片组成。深蓝有一个独立于开局和残局系统的完整棋局数据库，数据库中存储了 700 000 个完整的棋局。它平均每秒分析 2 亿个棋位，这使深蓝能向前看 12 步棋。

由于国际象棋冠军加里·卡斯帕罗夫完胜过较早版本的深蓝，所以卡斯帕罗夫被普遍看好会赢得 1997 年 5 月 3 日开始的复赛。在五场比赛结束后，卡斯帕罗夫和深蓝战成平局，2½:2½。然后，在第六场比赛中，深蓝迅速抓住了卡斯帕罗夫犯下的一个错误。卡斯帕罗夫别无选择，只好认输，深蓝从而成为第一台击败国际象棋特级大师的机器。

深蓝令人震惊地战胜卡斯帕罗夫现在已成为历史，IBM 研究院院长查尔斯·利克尔开始寻找新的挑战。2004 年，肯·詹宁斯在美国智力竞赛节目“危险边缘”中获得史无前例的 74 连胜，这让数以百万人着迷，利克尔也为之着迷。当看到詹宁斯赢得一个又一个比赛后，利克尔大胆地想：建造一台可以在“危险边缘”节目中获胜的机器也是有可能的。此外，他相信 IBM 研究院有建造这样机器的人才。他请大卫·费鲁奇博士领导这项工作。

IBM 的科学家并不急于承担利克尔提出的大胆项目。他们有充分的理由怀疑这样的机器能否建成，毕竟创造深蓝已经够难的了。玩“危险边缘”远比下国际象棋难。在国际象棋中，问题域是由固定和明确的规则以及有限(尽管非常大)的解空间清楚地定义的。另一方面，“危险边缘”中的问题几乎涵盖了无限的问题空间，其中混合着变幻莫测的人类语言、概念之间的奇怪关系、双关语和大量的非结构化事实信息。例如，一个“危险边缘”的分类可能称为“Doozy Twos”，其中涉及一个非洲领导人(Benjamin Tutu)、一件衣服(tutu skirt)、一首阿尔·乔尔森(Al Jolson)的歌(Toot Toot Tootsie)和一种弹药的尺寸(0.22 caliber)。一个人看到这种关系不难(尤其是答案被揭晓后)，而计算机就完全困惑了。

为了使游戏公平，沃森(Watson)要尽可能地模仿人类参赛者。它不允许连接到因特网或任何其他计算机上，而且要求沃森回答问题时要按下一个会发出“嗡嗡”声的按钮。由于沃森没有处理声音或图像的程序，所以在比赛中不使用视觉和完全音频的提示，例如音乐的选择。

一旦读取一个提示后，沃森会发起几个并行进程。每个进程检查这个提示的不同方面，这样可以缩小解的空间并构想出一个假设作为答案。这个假设包括正确的概率。沃森选择最有可能的假设，或者，如果正确性概率达不到预定的阈值，就根本没有假设可以选择。沃森的设计者确定，如果沃森尝试回答 70% 的问题，并且回答这些问题的正确率达到 85%，那么它将赢得比赛。没有人类参赛者曾经做到这样好。

使用沃森的算法，一台典型的台式机将需要大约两小时才能想出一个好的假设。而沃森必须在不到 3s 的时间内做完这件事。它利用一个名为 DeepQA 的大规模并行架构实现了这个任务。这个系统依靠 90 台 IBM POWER 750 服务器。每个服务器配备了 4 个 POWER7 处理器，每个 POWER7 处理器有 8 个核，共有 2880 个处理器核。在参加“危险边缘”比赛时，每个核可以访问 16TB 主存储器和 4TB 集群存储器。

不像深蓝，沃森不能使用编程的方法，也不能用蛮力来解决问题：问题空间太大了。因此，沃森的设计者采用的方法就像人类解决问题那样：沃森使用来自成千上万的新闻源、期刊和书籍的数百万兆字节的非结构化数据进行“学习”。DeepQA 算法给沃森提供了以类人类的方式从原始数据中综合信息的能力。沃森用事实和不完全信息得出推论和提出假设。沃森能够在情境中理解信息：同样的问题在不同的情境中，可能会产生不同的答案。

在比赛的第三天，即2011年2月16日，沃森打败了两位"危险边缘"的冠军肯·詹宁斯和布拉德·鲁特，一举震惊世界。它获得的奖金捐赠给了慈善机构，但沃森对人类的服务才刚刚开始。沃森从非结构化数据池中吸收知识的能力和推理能力，使它成为医学院的完美候选者。2011年年初，IBM公司、WellPoint公司和纪念斯隆－凯特琳癌症中心(Memorial Sloan-Kettering Cancer Center)让沃森吸收了600 000多件医学证明以及来自42种医学期刊和肿瘤学研究文献的200万页文本。用WellPoint公司的护士提供的14 700h的现场培训作为沃森的资料同化的补充。然后，给沃森输入了25 000个测试案例场景和1500个真实案例，从这些案例中它表现出从堆积如山的复杂医学数据中抽取有意义的信息的能力，其中一些医学数据是非正式的自然语言，如医生的笔记、病人记录、医学注释和临床反馈。继在"危险边缘"取得成功之后，沃森又在医学院取得了成功。基于沃森技术的商业产品，包括"交互式癌症医疗方案建议"和"交互式医疗评审员"，现在都是可以使用的，它们有望改进对癌症患者的医疗处理速度和准确性。

虽然沃森的应用和能力一直在增长，但是沃森占用的空间一直在缩小。在短短几年里，系统的性能提高了240%，物理资源减少了75%。沃森现在可以运行在一个POWER 750服务器上，这导致一些人声称"片上沃森"即将来临。

从沃森的事例中，我们不仅看到了一个惊人的"危险边缘"的参赛者或者一流的肿瘤学家，而且也看到了计算的未来。不再是训练人使用计算机，而是计算机用模糊和不完整的信息训练自己与人交互。明天的系统将满足人类的条件。正如费鲁奇博士所说，计算机除了变得像沃森之外，根本就没有其他未来。计算机只能朝这个方向发展。

本章小结

在本章中，我们简要介绍了计算机的组织和体系结构，并展示了它们之间的差异。我们还用一个虚构的计算机广告介绍了一些术语，其中许多术语将在以后的章节中展开讨论。

从历史上看，计算机只是计算的机器。随着计算机变得越来越复杂，它们变成了通用机器，这样的机器需要把系统看作一个层次化的结构，而不是一个巨大的机器。在这个层次结构中每一层都有特定的用途，所有层次都有助于最小化高级程序设计语言或应用程序与构成物理硬件的门和导线之间的语义鸿沟。也许在计算中影响程序员的一个最重要进展是冯·诺依曼机中存储程序概念的引入。虽然有其他架构模型，但是在当今通用的计算机中冯·诺依曼架构占主导地位。

扩展阅读

我们鼓励你阅读计算机历史的简要介绍。我们认为你会发现这个主题耐人寻味，因为其中既会涉及机器，又会涉及人。你可以读John Atanasoff写的《被遗忘的计算机之父》，见参考文献Mollenhoff(1988)。这本书记录了Atanasoff和Mollenhoff之间的奇怪的关系，叙述了Honeywell和Sperry Rand两个电脑巨头之间的官司。这次审判最终给了Atanasoff应有的认可。

为了浏览计算机的历史，可以读由Rochester和Gantz(1983)写的书。读Augarten(1985)写的有插图的计算机历史书是令人快乐的，书中包含了数百个很难找到的早期计算机和计算设备的图片。关于计算机发展历史的完整讨论，可以看看Cortada(1987)写的三卷本词典。在Ceruzzi(1998)写的书中，有对计算机历史特别深思熟虑的解释。如果你对历史上计算机的优秀案例研究感兴趣，可以看Blaauw和Brooks(1997)写的书。

读McCartney(1999)写的关于ENIAC的书，Chomsky和Leonsis(1988)写的IBM PC的发展历史以及Toole(1998)写的艾达·洛夫莱斯的传记，也会得到丰厚的回报。Polachek(1997)写的文章中给出了一幅清晰的计算弹道表复杂性的图。看完这篇文章，你就会明白为什么军队会愿意为任何使过程更快或更精确的技术支付费用。Maxfield和Brown(1997)写的书包含了有趣的对计算起源和历史的研究以及对计算机是如何工作的深入解释。

关于摩尔定律更多的信息，我们向读者介绍 Schaller(1997)写的书。关于早期计算机的详细描述以及行业先锋的简介和回忆，可以查询按季度发表的《IEEE 计算历史的编年史》。计算机博物馆历史中心的网址是 www. computerhistory. org。它包含各种展品、研究、时间表和收藏。现在许多城市都有计算机博物馆并允许参观者使用一些老式计算机。

在标准制定机构的网站上可以找到本章讨论的(以及本章没有讨论的)大量的信息。IEEE 的网址是 www. ieee. org; ANSI 的网址是 www. ansi. org; ISO 的网址是 www. iso. ch; BSI 的网址是 www. bsi- global. com; ITU-T 的网址是 www. itu. int。ISO 网站提供了大量的信息和标准参考材料。

万维网计算机体系结构主页(WWW Computer Architecture Home Page)的网址是 www. cs. wisc. edu/ ~ arch/www/,其中包含了与计算机体系结构信息相关的综合索引。许多 USENET 新闻组也专门讨论这些话题，包括 comp. arch 和 comp. arch. storage。

2000 年 5 ~6 月麻省理工学院发行的《技术评论》杂志专门讨论那些可能是未来计算机基础的体系结构。花时间阅读这本杂志是值得的。事实上，与我们讲的问题可能是一致的。

对于唯一真正的人类计算机的报告，我们邀请你阅读 Grier 的书《当计算机是人类时》。另外，他提出的令人激动的人类计算机的报告，推动了大萧条时期公共事业振兴署(Works Progress Administration, WPA)的数学表项目。这些“表工厂”做出的贡献对于美国在二战中取得胜利至关重要。这个工作更简短的报告也可以在 Grier(1998)发表在 IEEE 的《计算机历史编年史》上的文章中找到。

2012 年 5 ~6 月出版的期刊《IBM 的研究和发展》专门介绍建造沃森的内容。由 Ferrucci 和 Lewis 写的两篇文章对这个开创性机器的挑战和胜利提供了非常深刻的见解。IBM 的白皮书，《沃森——一个为了回答问题设计的系统》对沃森硬件架构提供了很好的总结。《“深蓝”揭秘：追寻人工智能圣杯之旅》是许峰雄以第一人称介绍建造深蓝的书。(译者注：这本书的中文版是许峰雄本人翻译的，《“深蓝”揭秘：追寻人工智能圣杯之旅》就是中文版的书名。)对“土耳其机械人”感兴趣的读者可以在 Tom Standage 写的书《土耳其机械人》中找到更多信息。

参考文献

Augarten, S. *Bit by Bit: An Illustrated History of Computers.* London: Unwin Paperbacks, 1985.

Blaauw, G., & Brooks, F. *Computer Architecture: Concepts and Evolution*. Reading, MA: Addison-Wesley, 1997.

Ceruzzi, P. E. *A History of Modern Computing*. Cambridge, MA: MIT Press, 1998.

Chopsky, J., & Leonsis, T. *Blue Magic: The People, Power and Politics Behind the IBM Personal Computer.* New York: Facts on File Publications, 1988.

Cortada, J. W. *Historical Dictionary of Data Processing*, Volume 1: *Biographies*; Volume 2: *Organization*; Volume 3: *Technology*. Westport, CT: Greenwood Press, 1987.

Ferrucci, D. A., “Introduction to ‘This is Watson.’” *IBM Journal of Research and Development 56*:3/4, May–June 2012, pp. 1:1–1:15.

Grier, D. A. “The Math Tables Project of the Work Projects Administration: The Reluctant Start of the Computing Era.” *IEEE Annals of the History of Computing 20*:3, July–Sept. 1998, pp. 33–50.

Grier, D. A. *When Computers Were Human.* Princeton, NJ: Princeton University Press, 2007.

Hsu, F.-h. *Behind Deep Blue: Building the Computer that Defeated the World Chess Champion.* Princeton, NJ: Princeton University Press, 2006.

IBM. “Watson—A System Designed for Answers: The future of workload optimized systems design.” February 2011. ftp://public.dhe.ibm.com/common/ssi/ecm/en/pow03061usen/POW-03061USEN.PDF. Retrieved June 4, 2013.

Lewis, B. L. “In the game: The interface between Watson and *Jeopardy*!” *IBM Journal of Research and Development* 56:3/4, May–June 2012, pp. 17:1–17:6.

Maguire, Y., Boyden III, E. S., & Gershenfeld, N. “Toward a Table-Top Quantum Computer.” *IBM Systems Journal 39*:3/4, June 2000, pp. 823–839.

Maxfield, C., & Brown, A. *Bebop BYTES Back* (*An Unconventional Guide to Computers*). Madison, AL: Doone Publications, 1997.

McCartney, S. *ENIAC: The Triumphs and Tragedies of the World's First Computer*. New York: Walker and Company, 1999.

Mollenhoff, C. R. *Atanasoff: The Forgotten Father of the Computer*. Ames, IA: Iowa State University Press, 1988.

Polachek, H. "Before the ENIAC." *IEEE Annals of the History of Computing 19*:2, June 1997, pp. 25–30.

Rochester, J. B., & Gantz, J. *The Naked Computer: A Layperson's Almanac of Computer Lore, Wizardry, Personalities, Memorabilia, World Records, Mindblowers, and Tomfoolery*. New York: William A. Morrow, 1983.

Schaller, R. "Moore's Law: Past, Present, and Future." *IEEE Spectrum*, June 1997, pp. 52–59.

Stallings, W. *Operating Systems: Internals and Design Principles,* 7th ed. Upper Saddle River, NJ: Prentice Hall, 2012.

Standage, T. *The Turk: The Life and Times of the Famous Eighteenth-Century Chess-Playing Machine*. New York: Berkley Trade, 2003.

Tanenbaum, A. *Structured Computer Organization*, 6th ed. Upper Saddle River, NJ: Prentice Hall, 2013.

Toole, B. A. *Ada, the Enchantress of Numbers: Prophet of the Computer Age*. Mill Valley, CA: Strawberry Press, 1998.

Waldrop, M. M. "Quantum Computing." *MIT Technology Review 103*:3, May/June 2000, pp. 60–66.

复习题

1. 计算机组织和计算机体系结构之间的区别是什么？
2. 什么是 ISA？
3. 硬件和软件等价原理的重要性是什么？
4. 说出每台计算机的 3 个基本组件的名字。
5. 用“吉”前缀表示的是 10 的多少次方？它近似等于 2 的多少次方？
6. 用“微”前缀表示的是 10 的多少次方？它近似等于 2 的多少次方？
7. 通常用于测量计算机时钟速度的单位是什么？
8. 平板电脑的显著特点是什么？
9. 说出两种计算机存储器的名字。
10. IEEE 的使命是什么？
11. 使用 ISO 的组织的全称是什么？ISO 是缩写词吗？
12. ANSI 是哪个组织的缩写词？
13. 致力于电话、电信和数据通信事务的瑞士组织的名称是什么？
14. 谁是计算之父？为什么？
15. 穿孔卡片的意义是什么？
16. 说出计算机发展中的两个驱动因素。
17. 是什么使晶体管比电子管有了巨大的改进？
18. 集成电路与晶体管有什么不同？
19. 解释 SSI、MSI、LSI 和 VLSI 之间的不同之处。
20. 什么技术催生了微型计算机的发展？为什么？
21. “开放架构” 的含义是什么？
22. 陈述摩尔定律。
23. 罗克定律如何与摩尔定律相关联？
24. 说出并解释被普遍认可的计算机分层架构的 7 个层次。这种安排如何帮助我们理解计算机系统？
25. 抽象这个术语如何应用于计算机组成和体系结构？

26. 是什么使冯·诺依曼架构区别于之前的系统?
27. 说出冯·诺依曼架构的特征。
28. 取指－译码－执行周期是如何工作的?
29. 什么是多核处理器?
30. 云计算的关键特征是什么?
31. 3 种类型的云计算平台分别是什么?
32. 从供应商的角度以及消费者的角度看，云计算的主要挑战是什么?
33. 面向服务的计算的优缺点是什么?
34. 并行计算的含义是什么?
35. 阿姆达尔定律的基本前提是什么?
36. 什么使得沃森不同于传统的计算机?

习题

◆ 1. 硬件和软件在哪些方面不同?它们在哪些方面相同?

2. a) 1s 等于多少 ms?
   b) 1s 等于多少 μs?
   c) 1ms 等于多少 ns?
   d) 1ms 等于多少 μs?
   e) 1μs 等于多少 ns?
   f) 1GB 等于多少 KB?
   g) 1MB 等于多少 KB?
   h) 1GB 等于多少 MB?
   i) 20MB 等于多少 B?
   j) 2GB 等于多少 KB?

◆ 3. 运行在纳秒级别的某个部件比运行在毫秒级别的某个部件快多少个数量级?

4. 假设你准备买一台新计算机供个人使用。首先，看看各种杂志和报纸上的广告，列出你不太懂的术语。查阅这些术语并简要地写出解释。确定影响购买哪种计算机的重要因素，并列出这些因素。在你选好了想购买的系统后，确定哪些术语与硬件有关，哪些术语与软件有关。

5. 平板电脑制造商在成本、功耗、重量和电池寿命等约束条件下不懈地工作。你认为完美的平板电脑应该是什么样子的?屏幕应该多大?即使重量增加，你也想要续航更持久的电池吗?重量最大不应该超过多少?你是选择低成本还是选择高性能?电池应该是消费者可更换的吗?

6. 选择你最喜欢的计算机语言编写一个小程序。编译完程序后，看看是否可以确定源代码指令与编译器生成的机器语言指令的比例。如果你增加一行源代码，机器语言程序会有什么影响?试着增加不同的源代码指令，比如一个加法指令和一个乘法指令。增加不同指令，机器代码文件的大小有什么变化?对这个结果给出你的看法。

7. 回应在 1.5 节中提出的想法：如果今天发明了计算机，你想给计算机起个什么名字?对于你的回答，至少给出一个很好的理由。

8. 简述计算历史上的两个突破性进展。

9. 现在还有可能用一个像“土耳其机械人”那样的机器人糊弄人们吗?现在，如果你想创建一个“土耳其人”，它应如何不同于 18 世纪的版本?

◆ 10. 假设集成电路芯片上的一个晶体管是 2μm 大小。根据摩尔定律，在 2 年内晶体管会是多大?摩尔定律与程序员是什么样的关系?

11. 什么环境使得 IBM PC 如此成功?

12. 列出 5 个个人计算机的应用。计算机的应用有限制吗?你有没有想象过在不久的将来会有何种完全不同和令人激动的应用?如果有，它是什么?

13. 在冯·诺依曼模型中，解释下面部件的作用：

a）处理单元

b）程序计数器

14. 在冯·诺依曼架构下，程序和数据都是存储在主存储器中的，因此，当认为主存储器的某个地方保存了一块数据，而实际上保存的是程序指令时，就有可能意外（或故意）修改了自己的程序。这种情况对作为程序员的你有什么影响？

15. 解释为什么现代计算机由多个层次的虚拟机组成。

16. 解释云计算平台的3种主要类型。

17. 希望迁移到云平台的组织所面对的挑战是什么？风险和收益是什么？

18. 云计算是否消除了一个组织对其计算基础设施的所有顾虑？

19. 解释“取”一条指令意味着什么。

20. 阅读一份当地受欢迎的报纸并搜索招聘职位。（也可以查看一些比较受欢迎的在线职业网站。）哪些工作需要特定的硬件知识？哪些工作隐含着计算机硬件知识？所需的硬件知识与公司或其职位有什么关联吗？

21. 列出并描述计算机在商业和社会其他领域中一些常见的应用和不常见的应用。

22. 摩尔定律的技术专家的观点是每个芯片上的晶体管数量大约每18个月翻一番。在20世纪90年代，摩尔定律开始描述为每18个月微处理器的处理能力翻一番。根据摩尔定律的新变化，回答如下问题：

a）在你学完计算机组成和体系结构课程之后，你会有一个非常好的新芯片设计想法，这个想法可以使处理器的速度比现在市场上最快的处理器快6倍。不幸的是，你需要花四年半的时间存钱、创建原型和开发产品。如果摩尔定律持续有效，你是花钱开发和生产芯片，还是投资在其他有风险的地方？

b）假设我们有一个需要解决的问题，使用当前的技术通常要花100 000h的计算机时间才能解决。下列哪一项能最早给我们解决方案？（1）用快两倍的算法替换当前解决方案中的算法，但仍在当前技术下运行；（2）等待3年，假设按照摩尔定律每18个月计算机的性能翻一番，在解决方案中使用当前的算法，但是在3年后的新技术下运行。

23. 摩尔定律的局限性是什么？为什么这个定律不能永远有效？请解释原因。

24. 摩尔定律的技术含义是什么？它对未来有什么影响？

25. 费鲁奇博士认为所有计算机总有一天会变得像沃森那样，你认同他的观点吗？如果你有一台像平板电脑大小的沃森，你想用它做什么？

计算机系统中的数据表示

2.1 引言

计算机的组织结构在很大程度上取决于它如何表示数字、字符和控制信息，反之亦然。多年来形成的标准和约定也在很多方面决定了计算机的组织结构。本章介绍计算机存储和操作数字和字符的各种方法。以下各节提出的想法构成了理解所有数字系统组织和功能的基础。

在数字计算机中最基本的信息单位称为**位**(bit)，bit是**二进制数字**(binary digit)的缩写。具体而言，位不过是表示计算机电路内的“开”或“关”（或“高”“低”）的状态。1964年，IBM System/360计算机的设计者确立了一个约定，这个约定将8位作为计算机最基本可寻址单位。他们称这个8位集合为一个**字节**。

计算机中的**字**由两个或两个以上相邻字节构成，通常这些字节被一起访问和处理。**字大小**表示由特定架构最有效处理的数据大小。在计算机组织环境中，字可以是16位、32位、64位或任何其他有意义的长度(包括不是8的倍数)。1个8位字节可以分为两个4位，1个4位称为**半字节**(或nybbles)。因为字节的每一位都具有1个位置编号，因此包含最小位置编号的半字节称为低半字节，另一半为高半字节。

2.2 按位计数系统

在16世纪中叶的某个时候，欧洲接受了阿拉伯人和印度教徒使用了近1000年的十进制(或基数10)编号系统。今天，我们认为数字243意味着200+40+3。尽管事实上零意味着“什么都没有”，但几乎每个人都知道1和10之间有实质性的差异。

按位计数系统背后的想法是数字值可以通过增加**基数**(或基)的幂来表示。这经常被称为**加权计数系统**，因为每个位置是通过基数的幂加权得到的。

按位计数系统中有效数字的位置与该系统的基数大小相等。例如，在十进制系统中有10个数字(0~9)，在三进制(基数3)系统中有3个数字，即0、1和2。在基数系统中最大的有效数字比基数小，因此8在任何小于9的基数系统中都不是有效的数字。为了区分不同基数的数字，我们使用基数作为下标，如33_{10}代表十进制数33。(在本文中，不带下标的数字为十进制。)任何十进制整数在任何其他整数基系统中都可以精确表示(参见例2.1)。

例2.1 把3个数字表示为基数的幂。

$$243.51_{10} = 2\times10^2 + 4\times10^1 + 3\times10^0 + 5\times10^{-1} + 1\times10^{-2}$$
$$212_3 = 2\times3^2 + 1\times3^1 + 2\times3^0 = 23_{10}$$
$$10110_2 = 1\times2^4 + 0\times2^3 + 1\times2^2 + 1\times2^1 + 0\times2^0 = 22_{10}$$ ◀

在计算机科学中两个最重要的基数是二进制(基数为2)和十六进制(基数为16)。另一个我们感兴趣的基数是八进制(基数为8)。二进制系统仅使用数字0和1；八进制使用0~7。十六进制系统允许使用数字0~9，以及A、B、C、D、E和F用于表示数字10~15。表2-1显示了一些基数。

2.3　不同进制之间的转换

戈特弗里德·莱布尼茨(1646—1716)首次将十进制系统推广到基于其他基的计数系统中。他认为任何整数都可以由一系列的1和0表示。直到20世纪40年代末建成第一个二进制数字计算机之前，这个二进制系统只是一种数学上的好奇心。今天，它几乎成为每一个依赖数字控制的电子设备的核心。

由于其简单性，所以二进制系统可以很容易地转换为电子电路，同时，也便于人们理解。经验丰富的计算机专业人员可以很轻松地识别较小的二进制数(如表2-1所示)。但是，通常在转换较大值和分数时，需要一台计算器或者铅笔和纸。幸运的是，转换技术通过一点练习就可以很容易地掌握。我们将在下面的小节中展示一些较简单的转换技术。

表2-1　一些需要记住的数字

2的幂
$2^{-2}=\frac{1}{4}=0.25$
$2^{-1}=\frac{1}{2}=0.5$
$2^0=1$
$2^1=2$
$2^2=4$
$2^3=8$
$2^4=16$
$2^5=32$
$2^6=64$
$2^7=128$
$2^8=256$
$2^9=512$
$2^{10}=1024$
$2^{15}=32\,768$
$2^{16}=65\,536$

十进制数	4位二进制数	十六进制数
0	0000	0
1	0001	1
2	0010	2
3	0011	3
4	0100	4
5	0101	5
6	0110	6
7	0111	7
8	1000	8
9	1001	9
10	1010	A
11	1011	B
12	1100	C
13	1101	D
14	1110	E
15	1111	F

2.3.1　无符号整数的转换

我们从无符号数的基本转换开始。转换有符号数(可以是正数或负数)更复杂，重要的是，在继续转换有符号数之前需要首先了解转换的基本技术。

基数系统之间的转换可以通过使用重复减法或除留余数法来完成。减法比较麻烦，并且需要熟悉所使用的基数的幂。但是由于它是两种方法中更直观的，所以我们将首先解释它。

例如，假设我们要将104_{10}转换为基数为3的数。我们知道$3^4=81$，它是小于104的3的最大幂，所以基数3的数字将会有5位数的宽度(每个基数幂一个：0~4)。我们用104减去81，差值为23。我们知道下一个幂为3，但$3^3=27$太大了，23不够减，所以注意到零“占位符”，并寻找需要多少次用$3^2=9$去分23。我们看到它可以执行两次并减去18。剩下5，从中减去3^1结果为3，留下2，$2=2\times3^0$。这些步骤显示在例2.2中。

例2.2　使用重复减法将104_{10}转换为基数为3的数。

$$\begin{array}{r} 104 \\ -\ 81 \\ \hline 23 \end{array} = 3^4 \times 1$$

$$\begin{array}{r} -\ 0 \\ \hline 23 \end{array} = 3^3 \times 0$$

$$\begin{array}{r} -\ 18 \\ \hline 5 \end{array} = 3^2 \times 2$$

$$\begin{array}{r} -\ 3 \\ \hline 2 \end{array} = 3^1 \times 1$$

$$\begin{array}{r} -\ 2 \\ \hline 0 \end{array} = 3^0 \times 2$$

$$104_{10} = 10\,212_3$$

◀

除留余数方法是比重复减法更快更容易的方法。它采用的想法是使用基数的连续除法，实际上是基数幂的连续减法。我们顺序地除以基数，然后从底部到顶部读取得到的余数。该方法见例2.3。

例2.3 转换104_{10}到基数为3的数。

除数	被除数	余数	说明
3	104	2	104除以3结果是34，余数为2
3	34	1	34除以3结果是11，余数为1
3	11	2	11除以3结果是3，余数为2
3	3	0	3除以3结果是1，余数为0
3	1	1	1除以3结果是0，余数为1
	0		

从下向上读余数部分，得到：$104_{10} = 10\,212_3$。

◀

此方法适用于任何基数，并且由于计算的简单性，所以它在从十进制到二进制的转换中特别有用。例2.4显示这样的转换过程。

例2.4 把147_{10}转换为二进制。

除数	被除数	余数	说明
2	147	1	147除以2结果是73，余数为1
2	73	1	73除以2结果是36，余数为1
2	36	0	36除以2结果是18，余数为0
2	18	0	18除以2结果是9，余数为0
2	9	1	9除以2结果是4，余数为1
2	4	0	4除以2结果是2，余数为0
2	2	0	2除以2结果是1，余数为0
2	1	1	1除以2结果是0，余数为1
	0		

从下向上读余数，得到：$147_{10} = 10\,010\,011_2$。

◀

具有N位的二进制数可以表示无符号整数的范围为$0 \sim 2^N - 1$。例如，4位可以表示十进制数0～15，而8位可以表示数0～255。当进行二进制数的算术操作时，可以由给定位数表示值的范围，这非常重要。考虑有一个4位长度的二进制数，我们希望把1111_2(15_{10})加到1111_2

上。我们知道15加15是30，但30不能仅使用4位来表示。这是一个有**溢出**的例子，其发生在无符号二进制表示中，当算术运算的结果在给定位数允许的精度范围之外出现溢出时。在2.4节讨论有符号数字时，我们会更详细地解释溢出。

2.3.2 小数的转换

任何基数系统中的小数在任何其他基数系统中可以近似为这个基数的负幂次方。**基数小数点**将一个数字的整数部分与小数部分分隔开。在十进制系统中，小数点被称为十进制小数点。二进制小数有二进制小数点。

在一个基数小数点的右边包含循环数字串的小数在另一个基上不一定有循环的数字序列。例如，2/3是一个循环的十进制小数，但在三进制系统中它的结果是0.2_3（$2\times3^{-1}=2\times1/3$）。

转换整数时使用的重复减法和除留余数法的类似方法可以在不同基数之间转换小数。例2.5显示了如何使用重复减法把十进制数字转换到五进制。

例2.5 转换十进制数字0.4304_{10}到以5为基的数字。

$$
\begin{array}{rl}
0.4304 & \\
\underline{-0.4000} & =5^{-1}\times2 \\
0.0304 & \\
\underline{-0.0000} & =5^{-2}\times0 \quad \text{（一个占位符）} \\
0.0304 & \\
\underline{-0.0240} & =5^{-3}\times3 \\
0.0064 & \\
\underline{-0.0064} & =5^{-4}\times4 \\
0.0000 &
\end{array}
$$

从上到下读，得到：$0.4304_{10}=0.2034_5$。◀

因为除留余数方法使用基数的正幂数来转换整数，所以我们将使用乘法来转换小数，因为它们以基数的负幂数表示。然而，不是像上面操作的那样找余数，我们只使用乘以基数之后得到的整数部分。答案是从上读到下而不是从下到上。例2.6说明了该过程。

例2.6 转换十进制数字0.4304_{10}到以5为基的数字。

$$
\begin{array}{rl}
0.4304 & \\
\underline{\times\quad 5} & \\
2.1520 & \text{整数部分是2，在后续的乘法中忽略该整数} \\
0.1520 & \\
\underline{\times\quad 5} & \\
0.7600 & \text{整数部分是0，我们需要使用它作为一个占位符} \\
0.7600 & \\
\underline{\times\quad 5} & \\
3.8000 & \text{整数部分是3，在后续的乘法中忽略该整数} \\
0.8000 & \\
\underline{\times\quad 5} & \\
4.0000 & \text{小数部分现在是0，所以我们做完了}
\end{array}
$$

从上到下读，得到：$0.4304_{10}=0.2034_5$。◀

这个例子被设计成在执行几步后就停止了。通常情况下，事情并不那么顺利，最终以循环小数结束。大多数计算机系统有专门的舍入算法，以提供一个可预测的准确度。然而，为了清楚起见，当所需的精度已经达到时，我们将简单地丢弃（或截断）后面的数字，如例2.7所示。

例2.7 转换十进制数字$0.343\,75_{10}$为二进制数字，保留二进制小数点后4位。

$$
\begin{array}{r}
0.34375 \\
\times \quad 2 \\
\hline
0.68750
\end{array}
\quad \text{另一个占位符}
$$

$$
\begin{array}{r}
0.68750 \\
\times \quad 2 \\
\hline
1.37500
\end{array}
$$

$$
\begin{array}{r}
0.37500 \\
\times \quad 2 \\
\hline
0.75000
\end{array}
$$

$$
\begin{array}{r}
0.75000 \\
\times \quad 2 \\
\hline
1.50000
\end{array}
\quad \text{这是第四位，在这里停止。}
$$

从上到下读，得到：$0.34375_{10} = 0.0101_2$。

刚刚描述的方法可以直接将任何基数中的数字转换到其他基数，如从基数 4 到基数 3(见例 2.8)。然而，在大多数情况下，首先转换为基数 10 然后再到所需的基数，这会更快和更准确，当在两个幂的基数之间转换时这个规则是一个例外，关于这一点会在下一节看到。

例 2.8 转换四进制数 3121_4 到以 3 为基的数。

首先，转换到十进制：

$$
\begin{aligned}
3121_4 &= 3 \times 4^3 + 1 \times 4^2 + 2 \times 4^1 + 1 \times 4^0 \\
&= 3 \times 64 + 1 \times 16 + 2 \times 4 + 1 = 217_{10}
\end{aligned}
$$

然后，转换到以 3 为基的数。

$$
\begin{array}{r|lr}
3 & 217 & 1 \\
3 & 72 & 0 \\
3 & 24 & 0 \\
3 & 8 & 2 \\
3 & 2 & 2 \\
 & 0 &
\end{array}
$$

得到：$3121_4 = 22001_3$。

2.3.3 2 的幂次作为基数的计数系统之间的转换

二进制数通常用十六进制表示(有时用八进制表示)以提高其可读性。因为 $16 = 2^4$，所以 4 位一组(称为**十六进制的**)作为一位十六进制的数字更容易被识别。同样，因为 $8 = 2^3$，所以 3 位一组(称为**八进制的**)可表示一个八进制数字。使用这些关系，我们只需看一看就可以将一个数字从二进制转换为八进制或十六进制了。

例 2.9 转换二进制数 110010011101_2 到八进制和十六进制。

$$
\begin{array}{c}
110010011101 \\
\hline
6\ \ 2\ \ 3\ \ 5
\end{array}
\quad \text{为八进制转换分为 3 位一组}
$$

$$110010011101_2 = 6235_8$$

$$
\begin{array}{c}
110010011101 \\
\hline
\text{C}\ \ 9\ \ \text{D}
\end{array}
\quad \text{为十六进制转换分为 4 位一组}
$$

$$110010011101_2 = \text{C9D}_{16}$$

如果位太少，可以在前面添加零。

2.4 有符号整数表示

我们已经讲述了如何将无符号整数从一个基转换为另一个基。对于有符号数的转换，则还需要解决一些其他问题。当在一个程序中声明一个整型变量时，许多编程语言会自动为其分配存储区，该存储区中的第一位作为符号。按照约定，最高位为“1”时表示负数。该存储区域可以小到一个8位的字节或大到几个字，这取决于编程语言和计算机系统。剩余位(符号位之后)用于表示数字本身。

有符号数的表示方式取决于所使用的方法。有3种常用的方法。最直观的方法是有符号量值，也称为原码，它使用除符号位之外的剩余位来表示数的量值。这种方法和其他两种使用**补码**概念的方法将在后面介绍。

2.4.1 原码

到目前为止，我们可能忽略了负数的二进制表示。正整数和负整数的集合称为**有符号整数**的集合。将有符号整数表示为二进制的问题是符号——我们应该如何对这个数字的实际符号进行编码呢？**原码表示**是解决这个问题的一种方法。顾名思义，对于一个原码来说，最左边的位(也称为高阶位或最高有效位)是符号位，而其余位表示数的量值(或绝对值)。例如，在8位字中，-1表示为10000001_2，$+1$表示为00000001_2。在使用原码表示的计算机系统中，用8位存储整数，7位用于表示数的量值。这意味着8位字可以表示的最大整数是2^7-1或127(最高位是一个0，后跟7个1)。最小整数是11111111_2或-127。因此，N位可以表示的范围是从$-(2^{(N-1)}-1)\sim 2^{(N-1)}-1$。

计算机必须能够对用该方法表示的整数执行算术运算。原码运算基本上与人用铅笔和纸张使用的方法相同，但这种方法可能很快会让人感到有些混乱。作为示例，考虑加法规则：(1)如果符号相同，则数值相加并使用相同的符号作为结果；(2)如果符号不同，则必须确定哪个操作数具有较大值。结果的符号与操作数中较大数值的符号相同，并且数值必须从较大操作数减去(不加)较小操作数来获得。如果你仔细考虑这些规则，就会知道这是你手算有符号数时的方法。

我们根据它们的符号以一定的方式排列操作数，在不考虑符号的情况下进行运算，然后在计算完成后根据情况补上符号。当在一个8位字中按这个想法建模时，我们必须小心因为结果中只包括7位，丢弃高阶位上发生的任何进位。

例2.10 使用原码运算，计算01001111_2加00100011_2的结果。

```
        1111   ⇐    进位
0    1001111        (79)
0 +  0100011     +  (35)
0    1110010       (114)
```

这个算术运算的过程与十进制加法一样，包括进位，直到得到从右边数七位的结果为止。如果在这里有一个进位，则我们说有溢出情况并且丢弃进位，导致不正确的和。在此示例中没有溢出。

我们发现在使用原码表示时，$01001111_2+00100011_2=01110010_2$。◀

符号位应分开考虑，因为它们仅需在加法完成后才去处理。在这种情况下，我们得到的是两个正数的和，这个和是正数。当结果符号不正确时，在有符号数中会发生**溢出**(因此产生错误的结果)。

在原码表示中，符号位仅用于表示符号，因此不能进位至此位。如果第七位发生进位，结果将被截断当成第七位溢出，并产生一个不正确的和。(例2.11说明了这种溢出情况。)只要有最微小的可能性发生，谨慎的程序员都要通过检查溢出条件避免“百万美元”的错误。如果没有丢弃溢出位，它将进入符号位，导致更无法容忍的两个正数之和变为负数的结果。(想象在程序的下一步中会发生什么，取平方根或读日志的结果!)

例 2.11 使用原码运算，计算 01001111_2 加 01100011_2 的结果。

最后的进位	1 ←	1111	⇐	进位
溢出并被丢弃	0	1001111		(79)
	0 +	1100011		+ (99)
	0	0110010		(50)

得到了错误的结果是 79 + 99 = 50。

尝试快速方法

将一个二进制数转换为十进制数的最快方法是称为**倍和法**(double-dabble 或 double-dibble)。这种方法建立的基础是，在二进制数中，2 的下一个幂次是前一个幂次的两倍。计算从最左边的位开始，并移向最右边的位。第一位被加倍并加到下一位。然后将该和加倍并加到下一位。对每一位重复该过程，直到最右边的位。

例 1

转换二进制数 10010011_2 为十进制数。

步骤 1：写下二进制数，在位与位之间留出空白

1	0	0	1	0	0	1	1

步骤 2：高阶位乘以 2 并复制该数到下一位的下方

1	0	0	1	0	0	1	1
	2						
× 2							
2							

步骤 3：加下一位并对得到的和乘以 2。复制该结果到下一位的下方

1	0	0	1	0	0	1	1
	2	4					
	+ 0						
	2						
× 2	× 2						
2	4						

步骤 4：重复步骤 3 直到完成所有位

1	0	0	1	0	0	1	1	
	2	4	8	18	36	72	146	
	+ 0	+ 0	+ 1	+ 0	+ 0	+ 1	+ 1	
	2	4	9	18	36	73	147	⇐ 结果: $10010011_2=147_{10}$
× 2	× 2	× 2	× 2	× 2	× 2	× 2		
2	4	8	18	36	72	146		

当我们将十六进制分组(反向)与倍和法结合时，发现可以轻松地将十六进制转换为十进制。

例2

将十六进制数$02CA_{16}$转换到十进制。

首先，把这个十六进制数按照十六进制分组转换成二进制数

0	2	C	A
0000	0010	1100	1010

…

然后在二进制形式上应用倍和法：

1	0	1	1	0	0	1	0	1	0
	2	4	10	22	44	88	178	356	714
	+0	+1	+1	+0	+0	+1	+0	+1	+0
	2	5	11	22	44	89	178	357	714
×2	×2	×2	×2	×2	×2	×2	×2	×2	
2	4	10	22	44	88	178	356	714	

$02CA_{16}=1011001010_2=714_{10}$

和加法一样，原码减法与用笔和纸进行的十进制算术运算很类似，它有时需要从**被减数**上借数。

例2.12　使用原码运算，计算01100011_2减去01001111_2。

	0 1 1 2	⇐	借位
0	1 ~~1 0 0 0~~ 1 1		(99)
0 −	1 0 0 1 1 1 1		− (79)
0	0 0 1 0 1 0 0		(20)

我们发现采用原码表示时，$01100011_2-01001111_2=00010100_2$。◀

例2.13　使用原码算法计算01001111_2(79)减去01100011_2(99)。

通过检查，我们看到，减数01100011_2比被减数01001111_2大，根据例2.12得到的结果我们知道，这两个数字的差是0010100_2。由于减数比被减数大，所以我们需要做的是改变差的符号。因此我们发现用原码表示的结果是$01001111_2-01100011_2=10010100_2$。◀

我们知道，减法与“加上相反数”是一样的，这相当于对减数取反然后用加法代替减法(这样做常常比执行减法需要借位更简单，特别是在处理二进制数时)。因此，我们需要看一些同时涉及正数和负数的例子。回想加法规则：(1)如果符号是相同的，两个数直接相加，结果符号是相同的；(2)如果符号不同，必须确定哪个数较大，结果的符号是大数的符号，并且结果应该是大数减去小数(不是相加)。

例2.14　使用原码算法计算10010011_2(−19)加00001101_2(+13)

第一个数是负数，因为它的符号位是1，第二个数(加数)是正数，我们实际需要做的是减法。首先，我们确定这两个数哪个较大，并使用较大的数作为被加数。它的符号将来就是结果的符号。

	0 1 2	⇐	借位
1	0 0 ~~1 0 0~~ 1 1		(−19)
0 −	0 0 0 1 1 0 1		+ (13)
1	0 0 0 0 1 1 0		(−6)

由于包含符号位，所以我们看到使用原码表示时的结果是$10010011_2-00001101_2=$

10000110_2。

例 2.15　使用原码算法计算 10101011_2(−43)减去 10011000_2(−24)。

我们可以用 −(−24)(即 24)，将减法转换为加法，然后就可以将 24 加到 −43 上了。这样就给了我们一个 −43 +24 的新问题。然而，我们从上面说的加法规则中知道，因为符号不同，所以我们实际必须用较大值减去较小值(或 43 减去 24)，使结果为负(因为 43 比 24 大)。

```
     0 2
   0 1̶ 0 1 0 1 1      (43)
 − 0 0 1 1 0 0 0   −  (24)
   ─────────────   ──────
   0 0 1 0 0 1 1      (19)
```

请注意，在我们执行完减法之前，不用关心符号问题。我们知道答案一定是负数。所以，我们最终使用原码表示为 $10101011_2 - 10011000_2 = 10010011_2$。

阅读了前面的例子后，你可能已经注意到我们不得不问自己的问题是哪个数更大？我是否减去了负数？我从被减数中借数多少次？以这种方式执行算术运算的计算机必须做出同样多的决策(尽管速度更快)。由于这个原码 0 有两种表示方式 10000000 和 00000000(从数学上讲，这根本不应该发生)，因此逻辑(和电路)更为复杂。用更简单的方法表示有符号数会使电路更简单而且更便宜。这些更简单的方法是以基数补码系统为依据的。

2.4.2　补码系统

数论学家在几百年前就已经知道从一个十进制数中减去一个数时也可以通过这个方法来获得，即被减数加上 9(位数与被减数相同)与每位减数的差并加回一个进位。这称为获得了减数 9 的补码，或者更正式的说法是，找到**基数减一的补码**。比方说，我们想求解 167 − 52 的结果。已知 999 − 52 = 947。根据 9 的补码运算，我们有 167 − 52 = 167 + 947 = 1114。来自百位的“进位”加回到数据中，就得到一个正确的结果 167 − 52 = 115。这种方法已经扩展到二进制操作中以简化计算机的运算。我们处理原码时补码系统带给的好处是，没有必要单独处理符号位，但我们仍然可以很容易地通过观察其高阶位，检查数的符号。

将补码系统的另一种方法想象成一辆自行车上的里程表。不同于汽车，当自行车倒退时，里程表也会倒退。假设里程表有 3 位数字，如果从 0 开始，并到 700mile(1mile = 1609.344m)结束，我们不能确定自行车是前进了 700mile 还是后退了 300mile！这一难题最简单的解决方法是把数的范围削减一半，并使用 001 ~ 500 为正英里，501 ~ 999 为负英里。实际上，我们减少了里程表可以测量的距离。但现在如果它的读数为 997，那么我们知道自行车是向后走了 3mile 而不是向前走了 997mile。数字 501 ~ 999 表示 001 ~ 500 的**基数补码**(下面介绍两种方法中的第二种)，并用于表示负距离的数字。

1 的补码

如上所述，在以 10 为基的数中，一个数字的基数减一的补码是从基数减 1(即十进制中的 9)中减去减数得到的。更加形式化的表述方式为：给定一个具有 d 位数字且基数为 r 的数字 N，N 的基数减一的补码定义为 $(r^d - 1) - N$。对于十进制数，$r = 10$，基数减一是 10 − 1 = 9。例如，2468 的 9 的补码为 9999 − 2468 = 7531。对于二进制的等价运算，我们从一个较小的基数 2 中减去 1，得到 1。例如，0101_2 的 1 的补码是 $1111_2 - 0101_2 = 1010_2$。如上所述我们可以乏味地借位做减法，但是一些实验会说服你产生一个二进制数的 1 的补码(译者注：二进制数的 1 的补码一般称为反码)，只需要把所有的 1 换成 0，所有的 0 换成 1。这种二进制位翻转在计算机硬件中实现起来非常简单。

在这一点上值得注意的是，虽然我们可以找到任何十进制数的 9 的补码或任何二进制数的 1 的补码，但是我们最感兴趣的是使用补码表示法来表示负数。我们知道执行一个减法时，如

10 - 7，也可以考虑像 10 + (- 7)这样“加上负数”。补码表示法允许我们把减法变为加法来简化减法，另一方面也给了我们一个表示负数的方法。因为我们不希望使用一个特殊位来表示符号(正如我们在原码表示中所做的那样)。我们需要记住，如果一个数是负数，那么应该将它转换为它的补码。结果应该在最左边的位上有一个 1，表示这个数字是负数。

虽然一个数的 1 的补码严格地说是用 2 的幂减 1 再减去那个数得到的，但是我们经常把对负数使用 1 的补码的计算机称为 1 的补码系统，或使用 1 的补码运算的计算机。这可能有点误导，因为正数不需要补码。我们只对负数求补码，所以可以把它们变成计算机能理解的格式。例 2.16 阐述了这些概念。

例 2.16 用 8 位二进制表示 23_{10} 和 -9_{10}，假设一台计算机使用 1 的补码表示。

$$23_{10} = +(00010111_2) = 00010111_2$$
$$-9_{10} = -(00001001_2) = 11110110_2$$

与原码不同，在 1 的补码加法中没有必要使符号位与其他位分离。符号由自己保管。将例 2.17 与例 2.10 进行比较。

例 2.17 使用 1 的补码加法计算 01001111_2 加 00100011_2。

```
       1111     ⇐ 进位
   01001111      (79)
 + 00100011    + (35)
   --------     -----
   01110010     (114)
```

假设我们希望从 23 中减去 9。为了执行一个 1 的补码减法，我们首先用 1 的补码表示减数(9)，然后将它加到被减数(23)上，我们现在实际上是将 -9 与 23 相加。高阶位将有一个 1 或 0 的进位，这个进位加到低阶位。(这就是所谓的**尾进位循环**和使用基数减一的补码的结果。)

例 2.18 使用 1 的补码运算，计算 23_{10} 加 -9_{10}。

```
             1 ←  11111      ⇐  进位
                 00010111       (23)
               + 11110110     + (-9)
                 --------     ------
                 00001101
最后的进位              +1
加到总和中       --------
                 00001110       14₁₀
```

例 2.19 使用 1 的补码运算，计算 9_{10} 加 -23_{10}。

```
最后的进位 0 ← 00001001      (9)
是0，所以    + 11101000 + (-23)
               --------   -----
计算结束       11110001   -14₁₀
```

我们怎么知道 11110001_2 实际上是 -14_{10}？我们只需要求这个二进制数的 1 的补码(记住它必须是负数，因为最左边的位是负的)。11110001_2 的 1 的补码是 00001110_2，它是 14。

1 的补码的主要缺点是我们仍然要有两个表示为零的数：00000000_2 和 11111111_2。由于这个原因和其他原因，计算机工程师早已不再使用 1 的补码了，而是使用更有效的 2 的补码以表示二进制数。

2 的补码

2 的补码是基数补码的一个例子。给定一个数字 N，它的基数为 r，具有 d 位数字，N 的基数补码定义为：当 $N=0$ 时为 0，$N\neq 0$ 时为 $r^d - N$。基数补码通常比基数减一的补码更直观。

使用我们的里程表的示例，前进 2mile 的 10 的补码是 $10^3-2=998$，我们已经商定了这个距离是指负（向后）距离。同样，在二进制中，4 位二进制数 0011_2 的 2 的补码为 $2^4-0011_2=10000_2-0011_2=1101_2$。

仔细观察你会发现，2 的补码仅比 1 的补码多 1。因此，求解二进制数的 2 的补码只需要将二进制数的各位取反，然后末位加 1 即可。这大大简化了加法和减法运算。因为减数（求补和加的数字）是在一开始增加的，而且没有尾进位循环的担心。我们可以简单地丢弃涉及高阶位的任何进位。和 1 的补码一样，2 的补码也是一个数的补码，而使用这种表示法来表示负数的计算机被称为 2 的补码系统，或称为使用 2 的补码运算。（译者注：二进制数的 2 的补码一般称为补码）。和以前一样，正数可以单独列出来；我们只需要对负数求补使它们变成 2 的补码形式。例 2.20 阐述了这些概念。

例 2.20 假设一台计算机使用 2 的补码表示，把 23_{10}、-23_{10} 和 -9_{10} 表示为 8 位二进制数。

$$23_{10}=+(00010111_2)=00010111_2$$

$$-23_{10}=-(00010111_2)=11101000_2+1=11101001_2$$

$$-9_{10}=-(00001001_2)=11110110_2+1=11110111_2$$

◀

因为正数在 1 的补码表示和 2 的补码表示中是相同的（以及在原码中），因此两个正的二进制数相加的过程相同。将例 2.21 与例 2.17 和例 2.10 进行比较。

例 2.21 使用 2 的补码加法，计算 01001111_2 加 00100011_2 的结果。

$$\begin{array}{rrl}
 & 1111 & \Leftarrow \text{进位} \\
 & 01001111 & \quad (79) \\
 & \underline{00100011} & \quad \underline{+\ (35)} \\
+ & 01110010 & \quad (114)
\end{array}$$

◀

假设我们给出一个以二进制表示的数字，并想知道其等价的十进制数。这对正数是很容易的。例如，要转换 2 的补码值 00010111_2 到十进制，我们只需转换这个二进制数字到十进制数，结果是 23。但是，转换负数的 2 的补码值过程与把十进制转换到二进制的逆过程类似。假设我们给出了 2 的补码值为 11110111_2，我们想知道等价的十进制数值。我们知道这是一个负数，但必须记住它是使用 2 的补码表示的。我们首先翻转这些位，然后再加 1（找到 1 的补码并加 1）。这个结果如下：$00001000_2+1=00001001_2$。这等同于十进制值 9。但是，开始的原始数字是负数，所以我们最终使用 9 作为等价于 11110111_2 的十进制数。

以下两个示例说明如何使用 2 的补码表示法执行加法（减法同理，因为减去一个数字是加上它的负数）。

例 2.22 使用 2 的补码运算，计算 9_{10} 加 -23_{10} 的结果。

$$\begin{array}{rrrr}
 & 00001001 & & (9) \\
+ & \underline{11101001} & + & \underline{(-23)} \\
 & 11110010 & & -14_{10}
\end{array}$$

◀

留给你一个练习，验证 11110010_2 实际上是使用 2 的补码表示的 -14_{10}。

例 2.23 使用 2 的补码运算，求解用二进制表示的 23_{10} 与 -9_{10} 的和。

$$\begin{array}{rrrrl}
 & 1\leftarrow & 111\ \ 111 & \Leftarrow & \text{进位} \\
 & & 00010111 & & (23) \\
\text{丢弃进位} & + & \underline{11101111} & + & \underline{(-9)} \\
 & & 00001110 & & 14_{10}
\end{array}$$

◀

在2的补码中，两个负数相加会产生一个负数结果，就像我们所期望的那样。

例 2.24 使用2的补码加法运算，求 $11101001_2(-23)$ 与 $11110111_2(-9)$ 的和。

	1← 1111111	⇐ 进位	
	11101001		(−23)
丢弃进位	+ 11110111	+	(−9)
	11100000		(−32)

注意在例2.23和例2.24中丢弃进位没有导致错误的结果。如果两个正数相加并且和是负数，或者如果两个负数相加并且结果为正，则会发生溢出。当使用2的补码表示法时，如果一个正数和一个负数相加，不可能发生溢出。

整数的乘法和除法

除非使用复杂的算法，否则乘法和除法运算在获得结果之前会消耗相当多的计算周期。在这里，我们只讨论执行这些操作最直接的方法。现实系统中，专用硬件用于优化吞吐量，有时并行执行部分计算。好奇的读者可能会想研究在本章结尾参考文献中的一些更优的方法。

计算机使用的最简单的乘法运算类似于人类使用的传统的用铅笔和纸进行运算的方法。二进制数的完全乘法表不能更简单了：0乘以任何数结果都为0，以及1乘以任何数结果还是那个数。

为了说明简单的计算机乘法，我们首先将被乘数和乘数写入两个单独的存储区域。还需要第三个放结果的存储区域。从低位开始，指针设置为乘数的每个数字。对于乘数中的每个数字，被乘数向左“移位”一位。当乘数为1时，“移位”的被乘数加到部分乘积的累加和中。因为对于乘数中的每一位，被乘数都需要移动一位，所以乘数、被乘数和结果都需要双精度的工作空间。

执行二进制除法有两种简单的方法：既可以迭代地从被除数中减去分母，也可以使用与小学学的长除法相同的试错法。与乘法一样，对于二进制除法最有效的方法超出了本书范围，读者可以在本章末尾的参考文献中找到。

不管使用的算法相对效率如何，除法总是会导致计算机崩溃的操作。当尝试除以零或当两个数值相差极大的数作为操作数时，情况更特别。当除数远远小于被除数时，我们会看到一个称为**除法下溢**的情况，即计算机将这种情况视为除数等于0，这是不可能的。

计算机可以区分整数除法和浮点数除法。整数除法的结果分为两部分：商和余数。浮点数除法产生一个用二进制表示的小数。在这两种类型的除法之间有着明显的不同，因此每种除法都需要自己的特殊电路。浮点计算是在名为**浮点单元**(FPU)的专用电路中进行的。

例 求解 00000110_2 和 00001011_2 的乘积。

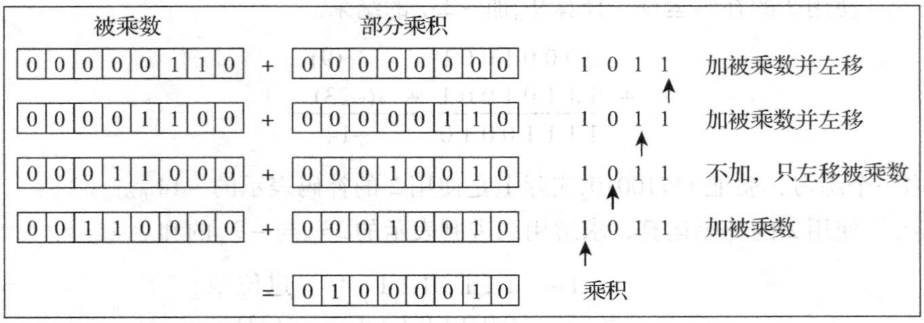

简单的计算机电路可以使用很容易记住的规则检测溢出情况。在例2.23和例2.24中你会注意到，进入符号位的进位（一个1从前一个位置进位到符号位的位置）与出符号位的进位（一

个1从符号位出并丢弃)是相同的。当这些进位相等时，不发生溢出。当它们不同时，在算术逻辑单元中的溢出指示器被置位，表示结果不正确。

检测有符号数运算是否存在溢出的简单规则：如果进符号位的进位等于出符号位的进位，则无溢出。如果两者不同，出现溢出(从而出现错误)。

最难的是让程序员(或编译器)来持续检查溢出情况。例2.25表示有溢出，因为进符号位的进位(即进来一个1)不等于出符号位的进位(即出去一个0)。

例2.25 使用2的补码运算，求解126_{10}与8_{10}的二进制之和。

	0←	1111	⇐ 进位
		01111110	(126)
丢弃最后	+	00001000	+ (8)
一个进位		10000110	(−122???)

一个1被进位到最左边的位中，但是从这一位出来的进位是一个0。因为这些进位不相等，所以发生了溢出。(我们可以很容易地看到两个正数相加，但结果却是负的。)我们回到2.4.6节的这个主题。

2的补码是表示有符号数的最普遍选择。这个算法对加法和减法都相当容易，对于0它有最好的表示(全0位)，是自反相的，并且容易扩展到更多的位。最大的缺点是在由N位表示的取值范围内可看到不对称性。例如，4位使用原码的数允许表示的值为$-7\sim+7$。但是，使用2的补码可以表示的值为$-8\sim+7$，这通常会使学习补码表示的人很混乱。要了解为什么$+7$是使用4位2的补码表示的最大数，只需要记住第一位必须是0。如果剩余的位都是1(可能的最大数值)，我们得到0111_2，这就是7。对此的立即反应是最小的负数应该是1111_2，但可以看到1111_2实际上是-1(翻转位，加1，并使数字为负)。那么我们如何用4位二进制数的2的补码表示-8呢？它应表示为1000_2。我们知道这是一个负数。如果我们翻转位(0111)，再加1(得到1000，这就是8)，并使其为负，我们得到-8。

2.4.3 有符号数的移码表示

回顾在介绍补码系统时讨论的自行车示例。我们选择一个特定的值(500)作为正英里的最大值，我们分配值从501~999表示负英里。不需要符号，因为我们使用范围来确定数字是正数还是负数。**偏移值为M的移码表示**(也称为**偏移二进制表示**)与做某些事非常相似；无符号二进制数值用于表示有符号整数。然而，与原码和补码编码不同，偏移值为M的移码表示更直观，因为具有全0的二进制数字串表示最小的数字，而具有全1的二进制数字串表示最大值。换句话说，这保留了数的顺序。

使用整数M(称为**偏移值**)的无符号二进制数值代表值0，而位模式中的全零代表整数$-M$。基本上，十进制整数"映射"(如我们的自行车示例)为无符号二进制整数，但根据它所落的范围，解释为正或负。如果我们使用n位二进制表示，那么需要用等范围的分割方式选择这个偏移值。我们通常选择$2^{n-1}-1$作为偏移值。例如，如果我们使用4位二进制表示，偏移值应该是$2^{4-1}-1=7$。和原码、1的补码和2的补码一样，n位二进制所能表示的值有一个特定的范围。

把一个有符号整数用偏移值为M的移码表示法表示为无符号二进制值，只需简单地将M加到该整数上。例如，假设我们使用偏移值为7的移码表示法，整数0_{10}将表示为$0+7=7_{10}=0111_2$；整数3_{10}将表示为$3+7=10_{10}=1010_2$；整数-7将表示为$-7+7=0_{10}=0000_2$。使用偏移值为7的移码表示法并给定二进制数1111_2，找到它表示的十进制值，我们只需简单地减去7：$1111_2=15_{10}$，并且$15-7=8$。因此，1111_2使用偏移值为7的移码表示法表示的值为$+8_{10}$。

让我们比较一下到目前为止已经看到过的编码方案，假设有8位数字：

整数		二进制字符串表示有符号整数			
十进制	二进制(绝对值)	原码	1 的补码	2 的补码	偏移值为 127 的移码
2	00000010	00000010	00000010	00000010	10000001
−2	00000010	10000010	11111101	11111110	01111101
100	01100100	01100100	01100100	01100100	11100011
−100	01100100	11100100	10011011	10011100	00011011

偏移值为 M 的移码表示允许我们使用无符号二进制值来表示有符号整数；但重要的是，必须指定两个参数：表示法中使用的位数和偏移值。此外，计算机不能使用为无符号数设计的硬件对偏移值为 M 的移码执行加法运算，这需要使用特殊的电路。偏移值为 M 的移码表示法很重要，因为在浮点数中它用于表示整数指数，我们将在 2.5 节中看到。

2.4.4 无符号数与有符号数

我们讨论了无符号的二进制整数。无符号数用于表示保证不为负数的值。它的一个很好的例子是存储器地址。如果 4 位二进制值 1101 是无符号的，那么它表示十进制值 13，但是作为一个使用 2 的补码表示的有符号数，它代表 −3。有符号数字用于表示可以为正或负的数。

计算机程序员必须能够管理有符号数和无符号数。为此，程序员必须首先识别有符号数或无符号数的数值。这是通过将值声明为特定类型来实现的。例如，C 编程语言有 `int` 和 `unsigned int` 作为可能的整数变量类型，分别定义有符号和无符号整数。除了不同类型的声明，许多语言对于有符号和无符号数字具有不同的算术运算。一种语言可能有一个用于有符号数的减法指令和一个用于无符号数的减法指令。在大多数汇编语言中，程序员可以选择有符号的比较运算符或无符号的比较运算符。

当我们试图存储对于特定位数来说太大的值时，比较无符号数和有符号数会发生什么是很有趣的。无符号数简单地循环并从零开始。例如，如果使用 4 位无符号二进制数，把 1 加到 1111 上，得到 0000。对于这种“返回零”的情况我们是很熟悉的，也许你曾经在一辆跑了很多里程的汽车上见过，它的里程表又回到了零。但是，有符号数分配一半的空间用于正数，另一半用于负数。如果我们将 1 加到最大正的 4 位 2 的补码数 0111(+7)，得到 1000(−8)。符号的意外改变对于没有经验的程序员来说是有问题的，这将导致数小时的调试时间。好的程序员明白这种情况，在发生之前会做出适当计划去处理这个情况。

2.4.5 计算机、算术和布斯算法

本章介绍的计算机算术可能看起来很简单、直接，但它在计算机体系结构中是一个主要的研究领域。主要重点是对可以在软件、固件或硬件中实现的算术函数的实现。这个领域的研究人员正在设计更高级的中央处理单元、开发高性能算术电路以及为嵌入式系统特定应用电路领域做出贡献。他们正在研究算法和新的硬件以实现快速加法、减法、乘法和除法，以及快速浮点运算。研究人员正在寻找使用非传统方法的方案，如**快速先行进位**原理、**剩余算术**和**布斯算法**。布斯算法是一个这样的好例子，在有符号的 2 的补码数情境下，它给你一个如何通过巧妙的算法增强一个简单算术运算的概念。

当乘以一个用 2 的补码表示的数时，虽然布斯算法通常会提高性能，但我们有引入该算法的另一个动机。在 2.4.2 节中，我们介绍了 2 的补码的例子并且看到这个数可以当作无符号数。我们只需执行“常规”加法，如下例所示：

```
   1001  (−7)
+  0011  (+3)
-----------
   1100  (−4)
```

对于 2 的补码执行减法操作也是如此。但是，现在考虑用铅笔和纸计算一下用 2 的补码表示的数标准的乘法过程：

```
       1011     (-5)
  ×    1100     (-4)
  ---------
       0000
      0000
     1011
    1011
  ---------
   10000100     (-124)
```

"常规"乘法明显地产生了不正确的结果。对于这个问题有许多种解决方案，如将两个值转换为正数，执行常规乘法，然后记住是一个还是两个数为负数，以确定结果是正还是负。布斯算法不仅解决了这个困境，而且还加速了乘法进程。

布斯算法的一般思路是当乘数中存在连续的 0 或 1 时，乘法的速度会加快。容易看到连续的 0 能提高性能。例如，如果我们使用经过考验的手算方法，发现计算 978 × 1001 比计算 978 × 999 更容易。这是因为在 1001 中有两个零。但是，如果重写这两个问题如下所示：

$$978 \times 1001 = 978 \times (1000 + 1) = 978 \times 1000 + 978$$

$$978 \times 999 = 978 \times (1000 - 1) = 978 \times 1000 - 978$$

就可以看到这两个问题事实上在难度上是相等的。

我们的目标是利用以二进制数表示的一串数字的优势，这与使用一串 0 的优势大致相同。我们可以使用上面的重写方法。例如，二进制数 0110 可以被重写为 1000 - 0010 = - 0010 + 1000。这两个数被替换为一个"-"（由字符串中最右边的 1 决定），后跟一个"+"（由字符串中最左边的 1 向左移动一个位置来确定）。

考虑下面的标准乘法示例：

```
        0011
     ×  0110
   ----------
   +    0000    （在乘数中0表示简单移位）
   +   0011     （在乘数中1表示加被乘数并移位）
   +  0011      （在乘数中1表示加被乘数并移位）
   + 0000       （在乘数中0表示简单移位）
   ----------
    00010010
```

布斯算法的想法是当我们看到一串 1 最右边的 1 时用减法替换乘数中的一串 1（或减去 0011），随后为一串 1 最左边的 1 之后的位加 1（或加 001100）。对于一串 1 的中间位，我们现在可以使用简单的移位：

```
        0011
     ×  0110
   ----------
   +    0000    （在乘数中0表示简单左移）
   -   0011     （在乘数中第一个1表示减被乘数并移位）
   +  0000      （两个1中间的数字串表示移位）
   + 0011       （上一步中已有一个1所以加到被乘数上）
   ----------
    00010010
```

在布斯算法中，如果被乘数和乘数都是 n 位 2 的补码数，那么结果是一个 $2n$ 位 2 的补码数。因此，当我们执行中间步骤时，必须将 n 位数字扩展到 $2n$ 位。如果需要扩展的数字是负数，那么我们必须扩展符号。例如，值 1000_2(−8)扩展到 8 位将是 11111000_2。我们连续操作乘数中的位，**完成一个步骤移位一次**。但是，我们感兴趣的是乘数中的位对，并根据以下规则进行操作：

1. 如果当前乘数位为 1 且前一位为 0，则我们处于数字串 1 的开始位置，因此从乘积中减去被乘数(或加上对应的负数)。

2. 如果当前乘数位为 0 且前一位为 1，则我们处于数字串 1 的末尾位置，因此将被乘数加到乘积中。

3. 如果它是一对 00 或一对 11，则不执行算术运算(处在数字串 0 或数字串 1 的中间)，只需移动。这个算法的优势就在这一步：我们现在可以把数字串 1 当作数字串 0 来看待，除了移位不做任何事情。

注意：第一次在乘数中选择一个位对时，我们应该假设一个虚构的 0 为“前一个”位。然后我们简单地向左移动一位作为下一对。

例 2.26 说明了使用布斯算法和带符号的 4 位 2 的补码，计算乘法 −3×5 的过程。

例 2.26 在 4 位 2 的补码中，−3 表示为 1101_2。扩展至 8 位变为 11111101_2。它的补码是 00000011_2。当我们看到在乘数中最右边的 1 时，它是一个数字串 1 的开头，所以把它看作数字串 10：

```
                  1101      (对于减法，加-3的补码或00000011₂)
              ×   0101
          + 00000011        (10 = 减 1101 = 加 00000011)
         + 11111101         (把11111101加到乘积上——注意符号扩展)
        + 00000011          (10 = 减 1101 = 加 00000011)
       + 11111101           (01 = 把被乘数11111101加到乘积上)
       100111110001         (使用最右边8位，得到-3×5 =-15)
       └─┘
忽略超出2n的扩展符号位
```
◀

例 2.27 让我们来看 53×126 这个更大的例子：

```
                  00110101    (对于减法，加53的补码或11001011)
              ×   01111110
   + 0000000000000000         (00 = 简单移位)
   + 111111111001011          (10 = 减法 = 加11001011，扩展符号)
   + 00000000000000           (11 = 简单移位)
   + 0000000000000            (11 = 简单移位)
   + 000000000000             (11 = 简单移位)
   + 00000000000              (11 = 简单移位)
   + 0000000000               (11 = 简单移位)
   + 000110101                (01 = 加法)
     10001101000010110        (53 × 126 = 6678)
```
◀

注意，我们没有显示超出需要的扩展符号位并且只使用了最右边的 16 位。在乘数中整个 1 的数字串被一个减法(加 11001011)后跟一个加法所替换。在中间要做的只是简单移位，移位对计算机来说很容易(我们将在第 3 章中看到)。如果计算机执行加法所需的时间比移位所需的时间长很多，那么布斯算法可以大大提高性能。这当然一定程度上取决于乘数。如果乘数有 0

或1的数字串，则算法会实现得很好。如果乘数由0或1交替的数字串组成(最坏的情况)，则使用布斯算法可能比标准方法需要更多的操作。

计算机通过加法和移位存储在寄存器中的值来执行布斯算法。这时需要一个名为**算术移位**的特殊类型的移位来保留符号位。许多书只是对寄存器的算术移位和加法操作阐述了布斯算法，并且看起来与前面的方法完全不同。我们介绍的布斯算法更类似于大家都熟悉的铅笔和纸的方法，但它等同于别处介绍的计算机算法。

已经有许多为快速乘法开发的算法，但是很多都不适用于有符号乘法。布斯算法不仅允许在大多数情况下能更快地执行乘法，而且它还能在应用于有符号数时带来更多的好处。

2.4.6 进位和溢出

前面所提到的"返回零"的情况都是真正的溢出。CPU 通常具有指示进位和溢出的标志。但是，溢出标志仅用于有符号数，在无符号数中没有意义，在无符号数中使用进位标志。如果进位(表示最左边的位有进位)出现在无符号数中，我们知道有溢出(新值太大而无法存储在给定的位数中)了，但溢出位并没有置位。进位同样会发生在有符号数中，然而，在有符号数中出现的这种情况，对于溢出而言既不充分也不必要。我们已经看到，如果在有符号数中进入最左边位的进位和最左边位出来的进位不同，则可以确定有溢出。然而，在无符号运算中，从最左边位出来的进位总是指示溢出。

为了说明这些概念，考虑4位无符号数和有符号数。如果将两个无符号数0111(7)和0001(1)相加，得到1000(8)。由于没有进位，因此没有错误。然而，如果将两个无符号数0111(7)和1011(11)相加，会得到0010并产生进位。这表示出现了错误(实际上，7+11不等于2)。这将会导致CPU设置进位标志。实际上，即使溢出标志未设置，无符号数中的进位意味着发生溢出。

我们说在无符号数中符号位进位对于溢出既不充分也不必要。考虑用2的补码表示的整数0101(+5)和0011(+3)相加。结果是1000(-8)，这明显不正确。问题是有一个进位进入符号位，但没有进位出符号位，这表明有一个溢出(因此，进位对溢出不是必需的)。但是，如果现在对0111(+7)和1011(-5)做加法运算，我们得到正确的结果：0010(+2)。最左边的位既有进位进入也有进位出来，所以没有错误(进位对溢出不是必需的)。进位标志将置位，但溢出标志将不会置位。因此，在有符号数中，有符号位进位并不一定表示有错误，同样没有符号位进位并不一定表示答案是正确的。

总而言之，用于确定进位何时表示错误的经验法则取决于是使用的是有符号数还是无符号数。对于无符号数，一个进位(最左边位出来的)表示位的总数不够大不足以保存结果值，并发生溢出。对于有符号数，如果进入符号位的进位和从符号位出来的进位不同，则发生溢出。溢出标志仅在有符号数溢出时置位。

进位和溢出显然彼此独立地发生。在表2-2中给出使用以有符号数2的补码表示的例子。表中没有表示进位到符号位的情况。

表2-2 在有符号数中进位和溢出的例子

表示	结果	进位？	溢出？	结果正确？
0100(+4)+0010(+2)	0110(+6)	NO	NO	Yes
0100(+4)+0110(+6)	1010(-6)	NO	Yes	NO
1100(-4)+1110(-2)	1010(-6)	Yes	NO	Yes
1100(-4)+1010(-6)	0110(+6)	Yes	Yes	NO

2.4.7 使用移位进行二进制乘法和除法

移位一个二进制数意味着左移或右移一定的位数。例如，二进制数值00001111向左移一位得到的结果是00011110(如果我们在右边填上一个零)。第一个数是十进制值15，第二个是十进制30，这恰好是第一个数的两倍。这不是巧合！

当使用有符号数的2的补码时，可以使用一个名为算术移位的特殊类型的移位，以快速且容易地执行乘以2和除以2的操作。回想在2的补码中，最左边的位决定它的符号，所以必须小心移动这些值，我们不能改变符号位，当乘以2或除以2时不应该改变该数的符号。

我们可以执行算术左移(将数字乘以2)或算术右移(将数字除以2)。假设位的编号是从右到左并从0开始编号，有以下对算术左右移位的定义。

算术左移插入一个0到b_0位，并将所有其他位向左移一个位置，使得b_{n-1}位被b_{n-2}位替代。b_{n-1}位是符号位，如果该位的值发生改变，则会引起操作溢出。在二进制数中，乘以2总是使得最右一位等于0，这是一个偶数，因此解释了为什么用一个零填充最右边。思考以下示例：

例2.28　计算11(使用8位有符号数的2的补码表示)乘以2的结果。

我们从计算11的二进制值开始：

00001011

左移一位，结果是：

00010110

这是十进制22 = 11 × 2。没有溢出发生，所以这个值正确。◀

例2.29　计算12(使用8位有符号数的2的补码表示)乘以4的结果。

我们从计算12的二进制值开始：

00001100

左移两位(每次移位相当于乘以2，所以两次移位等于乘以4)，结果是：

00110000

这是十进制的48 = 12 × 4。没有溢出发生，所以这个值正确。◀

例2.30　计算66(使用8位有符号数的2的补码表示)乘以2的结果。

我们从计算66的二进制值开始：

01000010

左移一位，结果是：

10000100

但是符号位已经改变了，所以发生了溢出(66 × 2 = 132，这个数太大，不能使用8位有符号数的2的补码表示)。◀

算术右移是将所有位向右移动，但复制符号位从b_{n-1}位到b_{n-2}位。因为我们从右到左复制符号位，所以溢出不是一个问题。然而，除以2可能有一个余数1；使用这种方法的除法运算是严格的整数除法，所以在任何情况下余数都不能被存储。思考以下示例：

例2.31　计算12(使用8位有符号数的2的补码表示)除以2的结果。

我们从计算12的二进制值开始：

00001100

右移一位，复制符号位0，结果是：

00000110

这是十进制的6 = 12 ÷ 2。◀

例 2.32 计算 12(使用 8 位有符号数的 2 的补码表示)除以 4 的结果。

我们从计算 12 的二进制值开始:

00001100

右移两位,结果是:

00000011

这是十进制的 3 = 12 ÷ 4。

例 2.33 计算 -14(使用 8 位有符号数的 2 的补码表示)除以 2 的结果。

我们从计算 -14 的 2 的补码表示开始:

11110010

右移一位(带符号位),结果是:

11111001

这是十进制的 -7 = -14 ÷ 2。

注意,如果我们将 -15 除以 2(见例 2.33),结果是将是 11110001 向左移动一位得到 11111000,这是 -8。因为我们做的是整数除法,所以 -15 除以 2 确实等于 -8。

2.5 浮点数表示

如果想要搭建一台真正的计算机,可以使用刚刚研究过的任何整数表示法。我们将选择其中一个并继续设计任务。下一步是决定系统的字大小。如果希望系统很便宜,那么应选择一个较小的字大小,比如说 16 位。若有符号位,该系统可以存储的最大整数是 32 767。所以现在我们应该做一些事情来适应潜在的客户,他们想保存某一年内观看职业体育赛事的观众统计人数。当然,这个数字大于 32 767。没问题!让我们把字大小变得更大些。32 位应该够了。我们的字现在对于任何想要计数的任何事情都足够大了。但如果这个客户还需要知道每位观众每分钟实际观看比赛花费的钱数。此数字可能是一个十进制小数。现在我们真的被卡住了。

解决这个问题最简单和最便宜的方法是继续使用 16 位系统,并说:"嘿,我们正在建立一个廉价的系统。如果你想用它做些奇特的事情,那么你自己会变成一个好的程序员。"虽然在今天的技术中这听起来非常滑稽,但在每一代计算机的早期,这是一个实际情况。在许多第一代大型机或微型计算机中根本没有像浮点单元这样的东西。多年来,聪明的编程技术使这些整数系统能够像浮点系统一样运行。

如果你熟悉科学计数法,那么你可能已经在考虑如何处理浮点数的操作了,即如何在一个整数系统中模拟**浮点数运算**。在科学计数法中,数字可以表示为两部分:小数部分和指数部分,指数部分表示将小数部分扩大 10 的若干次幂以得到所需要的值。所以要以科学计数法表示 32 767,可以写为 3.2767×10^4。科学计数法简化了非常大或非常小的数字使用铅笔和纸的计算过程。它也是当今数字计算机中浮点计算的基础。

2.5.1 一个简单的模型

在数字计算机中,浮点数由 3 部分组成:符号位、指数部分(表示 2 的幂指数)和小数部分(这引发了大量关于采用哪种术语合适的争论)。当指代小数部分时,术语**尾数**被广泛接受。然而,许多人对采用这个术语持反对意见,因为尾数也表示对数的小数部分,但它与浮点数的小数部分不同。IEEE 引入术语**有效数**并结合隐含的二进制小数点和隐含的 1(我们在本节结尾处讨论)来指代浮点数的小数部分。遗憾的是,"尾数"和"有效数"这两个术语在指代浮点数的小数部分时已经可以互换了,然而它们在技术上并不等同。在本文中,我们将小数部分称为有效数,而不管其是否包含 IEEE 提到的隐含的 1。

用于表示指数和有效数的二进制位数取决于我们是希望优化范围(在指数中有更多位)还是优化精度(在有效数中有更多位)。(我们在2.5.7节会更详细地讨论范围和精度。)对于本节的剩余部分，我们将使用一个14位模型，它包括5位指数、8位有效数和1个符号位(见图2-1)。更一般的形式在2.5.2节中描述。

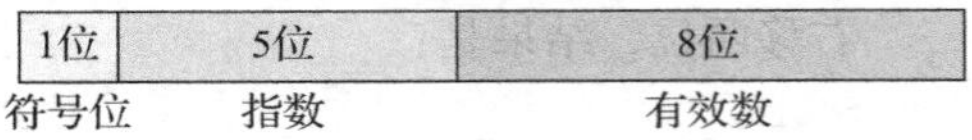

图2-1　浮点表示的简单模型

假设希望在模型中存储十进制数17。我们知道 $17 = 17.0 \times 10^0 = 1.7 \times 10^1 = 0.17 \times 10^2$。类似地，在二进制中，$17_{10} = 10001_2 \times 2^0 = 1000.1_2 \times 2^1 = 100.01_2 \times 2^2 = 10.001_2 \times 2^3 = 1.0001_2 \times 2^4 = 0.10001_2 \times 2^5$。如果使用最后一个形式，则小数部分为10001000，指数为00101，如下所示：

0	0 0 1 0 1	1 0 0 0 1 0 0 0

使用这种形式，可以存储比14位(它一共使用14个二进制数字加上一个二进制小数点)**定点**表示更大的数。如果想在这个模型中表示 $65\,536 = 0.1_2 \times 2^{17}$，则它表示为：

0	1 0 0 0 1	1 0 0 0 0 0 0 0

这个模型的一个明显问题是没有提供负的指数。这样就没有办法存储0.25，因为0.25是 $0.01_2 = 1_2 \times 2^{-2}$，指数−2不能被表示。我们可以通过向指数添加一个符号位解决这个问题，但事实证明使用移码指数更有效，因为当比较两个浮点数时，我们可以使用专门为无符号数设计的更简单的整数电路。

回想一下2.4.3节，偏移值的想法是将该范围中的每个整数转换为非负整数，然后存储为二进制数。首先将这个固定偏移值加到每个指数上，然后调整指数范围内的整数。这个偏移值是靠近可能值范围中间的一个值，是我们选择表示0的值。在这种情况下，我们将选择15，因为它在0和31中间(指数有5位，因此允许表示 2^5 或数值32)。指数字段中任何大于15的数字表示正值，小于15的值表示负值。这称为**偏移值为15的移码**表示方法，因为我们必须减去15以获得指数的真实值。注意，全0或全1的指数通常被保留以用于特殊数(如零或无穷大)。在我们的简单模型中，允许有全0和全1的指数。

回到要存储17的示例中，我们计算得到 $17_{10} = 0.10001_2 \times 2^5$。偏差指数现在为 $15 + 5 = 20$：

0	1 0 1 0 0	1 0 0 0 1 0 0 0

如果我们想存储 $0.25 = 0.1 \times 2^{-1}$，则有：

0	0 1 1 1 0	1 0 0 0 0 0 0 0

这个系统还有一个相当大的问题：每个数字都没有唯一的表示。以下所有的内容都是等效的：

0	1 0 1 0 1	1 0 0 0 1 0 0 0	=
0	1 0 1 1 0	0 1 0 0 0 1 0 0	=
0	1 0 1 1 1	0 0 1 0 0 0 1 0	=
0	1 1 0 0 0	0 0 0 1 0 0 0 1	

因为这些同义形式不太适合数字计算机，所以浮点数必须被**规范**，也就是说，有效数的最

左边的位必须总是1。这个过程称为**规格化**。这个约定的另外一个优点是，如果隐含了1，那么在有效数中，我们获得了额外的一位精度。规格化对于除0之外的不包含非零位的每个值都能正常工作。因此，表示浮点数的任何模型都必须将零视为特殊情况。我们将在下一节中看到IEEE-754浮点标准对规范化规则例外的说明。

例2.34 使用偏移值为15的移码表示的简单模型把$0.031\,25_{10}$表示为规格化浮点形式。

$$0.031\,25_{10}=0.000\,01_2\times 2^0=0.0001\times 2^{-1}=0.001\times 2^{-2}=0.01\times 2^{-3}=0.1\times 2^{-4}$$

应用这个移码，指数域是15－4＝11。

0	0 1 0 1 1	1 0 0 0 0 0 0 0

请注意，在简单模型中，没有使用隐含1的标准化方法来表示这个数，这在2.5.4节中介绍。◀

2.5.2 浮点运算

如果我们想对用科学计数法表示的两个十进制数字进行相加，如$1.5\times 10^2+3.5\times 10^3$，我们改变其中一个数字，使它们都以相同的指数来表示。在这个例子中，$1.5\times 10^2+3.5\times 10^3=0.15\times 10^3+3.5\times 10^3=3.65\times 10^3$。浮点加法和减法的工作方式相同，如下所示。

例2.35 对使用规范的14位格式和移码为15的简单模型所表示的以下二进制数做加法运算。

0	1 0 0 0 1	1 1 0 0 1 0 0 0	+
0	0 1 1 1 1	1 0 0 1 1 0 1 0	

我们看到加数扩大了二次方，而被加数扩大了零次方。在二进制小数点上对齐了这两个操作数，得出：

$$\begin{array}{r} 11.001\,000 \\ +0.100\,110\,10 \\ \hline 11.101\,110\,10 \end{array}$$

重新规格化，保留较大的指数并截断低位。因此有：

0	1 0 0 0 1	1 1 1 0 1 1 1 0

然而，因为我们的简单模型需要一个规范化的有效数，所以没有办法表示零。这可以通过允许全0数字串(零符号、零指数和零有效数)表示数值零来补救。在下一节中，我们将看到IEEE-754对于某些位模式也保留了特殊的含义。◀

乘法和除法运算使用与十进制运算相同的指数规则，例如，$2^{-3}\times 2^4=2^1$。

例2.36 假设有一个15位的移码，做乘法：

	0	1 0 0 1 0	1 1 0 0 1 0 0 0	$=0.11001000\times 2^3$
×	0	1 0 0 0 0	1 0 0 1 1 0 1 0	$=0.10011010\times 2^1$

0.110 010 00乘以0.100 110 10得到的乘积为0.011 110 000 101 000 0，然后$2^3\times 2^1=2^4$得到111.100 001 01。重新规格化和使用适当的指数，浮点数的积是：

0	1 0 0 1 0	1 1 1 1 0 0 0 0

2.5.3 浮点误差

当使用铅笔和纸来解决三角问题或计算投资的利息时，我们知道这是在实数系统中进行的计算。我们还知道这个系统是无限的，因为对于任何一对实数，总是可以找到一个更小的实数和另一个更大的实数。

与我们想象中的数学不同，计算机是带有有限存储空间的有限系统。当我们让计算机执行浮点运算时，我们是在有限的整数系统中对实数的无限系统建模。事实上，我们所得到的是实数系统的**近似值**。使用的位越多，这个近似值越精确。但是，无论使用多少位，总会有一些误差。

浮点误差可能是明显的、微小的或不易察觉的。明显的误差（如数字上溢或下溢）会导致程序崩溃。微小的误差可能导致失去控制的错误结果，但这种误差在导致真正的问题之前往往很难检测出。例如，在我们的简单模型中，可以在 $-.11111111_2 \times 2^{16}$ 到 $+.11111111_2 \times 2^{16}$ 范围内表示规格化数字。显然，我们不能存储 2^{-19} 或 2^{128}，因为它们明显不适合。我们不能准确地存储 128.5，这确实不是很明显，因为这个数在规定的范围内。将 128.5 转换为二进制数 10000000.1，它是 9 位宽。我们的有效数只能保存 8 位。通常，低阶位被丢弃或舍入到下一位。然而，无论我们如何处理它，都在系统中引入了一个误差。

可以用误差的绝对值与数的真实值之比计算表示中的相对误差。使用 128.5 的例子，我们发现：

$$\frac{128.5-128}{128.5}=0.00389105\approx 0.39\%$$

如果我们不小心，这样的误差可以通过漫长的计算过程进行传播，从而导致严重的精度损失。表 2-3 说明了当使用 14 位简单模型执行 16.24 迭代地乘以 0.91 时误差的传播情况。把这些数转换到 8 位二进制，我们看到从一开始就有严重的误差。

正如你所看到的，在 6 次迭代中，乘积中的误差增加了两倍多。连续迭代将产生 100% 的误差，因为乘积最终会变为零。虽然这个 14 位模型很小，以至于夸大了误差，但所有浮点系统的运算方式都是一样的。不管这个系统有多大，在有限系统中表示实数时总会有一定程度的误差。即使最小的误差也可能产生灾难性的结果，特别是当计算机用于控制物理事件时，例如在军事和医疗应用中。对计算机科学家的挑战是在性能和经济允许的范围内找到用于控制此类误差的有效算法。

表 2-3 在一个 14 位浮点数中误差的传播

乘数		被乘数	14 位乘积	实际的乘积	误差
10000.001 (16.125)	×	0.11101000 = (0.90625)	1110.1001 (14.5625)	14.7784	1.46%
1110.1001 (14.5625)	×	0.11101000 =	1101.0011 (13.1885)	13.4483	1.94%
1101.0011 (13.1885)	×	0.11101000 =	1011.1111 (11.9375)	12.2380	2.46%
1011.1111 (11.9375)	×	0.11101000 =	1010.1101 (10.8125)	11.1366	2.91%
1010.1101 (10.8125)	×	0.11101000 =	1001.1100 (9.75)	10.1343	3.79%
1001.1100 (9.75)	×	0.11101000 =	1000.1101 (8.8125)	8.3922	4.44%

2.5.4　IEEE-754 浮点标准

我们在本节中使用的浮点模型是为了简化和理解概念而设计的。可以扩展这个模型为任何我们想要的位数。直到 20 世纪 80 年代，这种扩展都是纯粹的任意的，导致在各个制造商的系统中有许多不兼容的表示。在 1985 年，IEEE 公布了**单精度**和**双精度**浮点数标准。该标准官方称为 IEEE-754(1985)。IEEE-754 标准不仅定义了二进制浮点表示，而且指定了基本操作、异常条件、转换和算术。另一个标准是 IEEE 854—1987，它提供了类似的十进制算术规范。2008 年，IEEE 修订了 754 标准，并成为人们所熟知的 IEEE 754—2008。它沿习了 754 的单精度和双精度，并增加了对十进制算术和格式的支持，取代了 754 和 854。我们只讨论浮点数的单精度和双精度表示。

IEEE-754 单精度标准在 8 位指数上使用偏移值为 127 的移码。有效数假定在小数点左边隐含一个 1，总共是 23 位。隐含的 1 被称为**隐藏位**或**隐藏 1**，并允许实际有效数为 24(24 = 23 + 1)位。包括符号位在内，总数字长为 32 位，如图 2-2 所示。

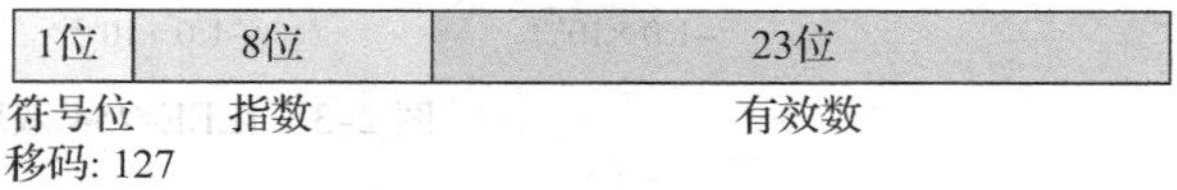

图 2-2　IEEE-754 单精度浮点表示

我们前面提到 IEEE-754 规格化规则有一个例外。因为这个标准假定在小数点的左边有 1 个隐含的 1，有效数中的首位确实可以为零。例如，数字 $5.5 = 101.1_2 = .1011_2 \times 2^3$。IEEE-754 假定在小数点左侧有 1 个隐含的 1，因此表示 5.5 为 $1.011_2 \times 2^2$。因为 1 是隐含的，有效数为 011，不是以 1 开头的。

表 2-4 显示了几个单精度浮点数表示，包括一些特殊的数。应该注意，0 不是直接用给定格式表示的，因为在有效数中要求一位隐藏位。因此，0 是使用指数全为 0 以及有效数全为 0 表示的特殊值。IEEE-754 允许 −0 和 +0，尽管它们是相等的值。因此，当比较浮点数为 0 时，程序员应该谨慎。

表 2-4　IEEE-754 单精度浮点数的一些例子

浮点数	单精度表示
1.0	0　01111111　00000000000000000000000
0.5	0　01111110　00000000000000000000000
19.5	0　10000011　00111000000000000000000
−3.75	1　10000000　11100000000000000000000
0	0　00000000　00000000000000000000000
无穷	0/1　11111111　00000000000000000000000
不是数值的特殊值	0/1　11111111　任意非零有效数
非规格化数	0/1　00000000　任意非零有效数

当指数为 255 时，表示的值为无穷大(其有一个零有效数)或“非数”(其具有一个非零有效数)。“非数”或 NaN 用于表示不是实数的值(例如，负数的平方根)或者作为错误指示符(如“除零”错误)。

根据 IEEE-754 标准，大多数数值被规格化并使其有效数有一个隐式前导 1(假定在小数点左边)。另一个重要的约定是当指数是零时，有效数不为零。这表示一个没有隐藏位的**非规格化**数字。

单精度浮点数可表示的最大值(暂时不考虑符号)是 $2^{127} \times 1.11111111111111111111111_2$(称为 MAX 值)。我们不能使用全 1 的指数，因为那是为 NaN(不是数值的特殊值)保留的。

我们可以表示的最小数字为 $2^{-127}\times.00000000000000000000001_2$(称为 MIN)。我们可以使用全0的指数(这意味着数字是非规范的),因为有效数是非零值(并且表示为 2^{-23})。由于前面的特殊值和有限的位数,单精度浮点数不能表示4个数字范围:小于 -MAX 的负数(负溢出),大于 -MIN 的负数(负下溢),小于 +MIN 的正数(正下溢),和大于 +MAX 的正数(正溢出)。

双精度数字是使用由11位指数和52位有效数组成的64位有符号数。移码是1023。数值范围可以表示为图2-3所示的IEEE双精度模型。当指数为2047时隐含为NaN。零和无穷大的表示对应于单精度模型。

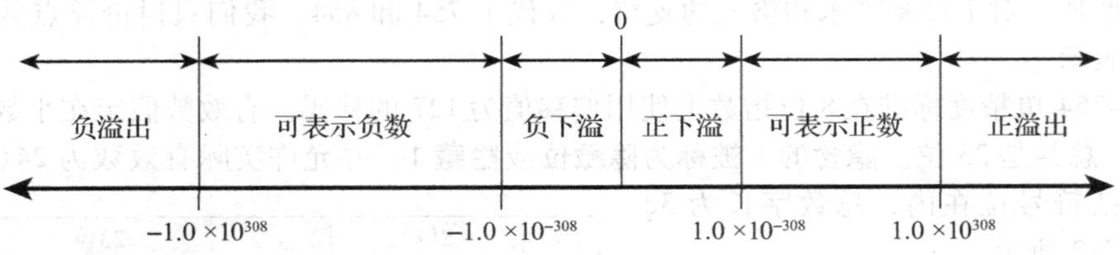

图2-3　IEEE-754双精度数的范围

由于在性能上会有一些代价,大多数浮点处理单元(FPU)只使用64位模型,因此只需要设计和实现一组专用电路。

几乎每个最近设计的计算机系统都采用了IEEE-754浮点模型。不幸的是,在这个标准颁布之前,很多大型计算机系统已经建立了自己的浮点系统。把久负盛誉的架构转变到较新的系统已经花费了几十年的时间,如IBM大型机现在支持自己的传统浮点系统和IEEE-754。然而,在1998年之前,IBM系统一直在使用源于1964年System/360使用的相同的浮点运算架构。预计这两个系统将继续得到支持,因为在这些系统上运行着大量旧的软件。

2.5.5　表数范围、精度和准确度

当讨论浮点数时,重要的是理解这些术语:*表数范围*、*精度*和*准确度*。范围非常简单,因为它表示在给定格式中从最小值到相同格式最大值的间隔。例如,16位2的补码的整数范围是 -32 768 ~ +32 767。IEEE-754双精度浮点数的范围在图2-3中已给出。即使有这么大的范围,我们知道仍有无穷多个数并不在IEEE-754规定的范围内。浮点数完全可以工作的原因是,在这个范围内总会有一个数接近你想要的数。

人们对范围理解的没有问题,但对精度和准确度经常会混淆。准确度是指数字接近其真实值的程度。例如,我们不能用浮点表示0.1,但我们可以在这个范围内找到一个相对接近0.1的数或相当准确的数。另一方面,精度涉及对一个值我们有多少信息和有多少信息量用于表示该值。1.666是一个有4位精度的十进制数字;1.6660是有5位精度的十进制数字,它们同样都是准确的数。第二个数并不比第一个数准确度高。

准确度必须放在上下文中——想知道一个值多么准确,我们必须知道它是多接近它的预期值或“真值”。当我们看两个数字时,不能仅仅因为第一个数的精度位数更多,就立即说第一个比第二个更准确。

虽然它们是分开的,但精度和准确度却是相关的。更高的精度通常使值更准确,但并不总是这样。例如,我们可以将值1表示为整数、单精度浮点数或双精度浮点数,但每种都是同样(精确)准确的。另一个示例,考虑3.133 33作为 π 的估计值。它有6位数的精度,但准确度只有两位数。增加更多的精度并不能提高准确度。

另一方面,当 0.4×0.3 时,准确度取决于精度。如果只允许有一个小数位的精度,那么

结果是0.1(它接近但不完全是结果)。如果允许有两个小数位的精度，则得到0.12，这就准确地反映了答案。

2.5.6 有关浮点数的其他问题

我们已经看到浮点数可以发生上溢和下溢。此外，我们知道浮点数可能不能准确地代表我们希望的值，就像对于十进制数0.1的二进制浮点表示发生的舍入误差一样。正如我们所看到的，这些舍入错误可以传播，并导致实质性问题。

虽然舍入是不可取的，但这是可以理解的。除了舍入问题以外，浮点运算在两个方面不同于实数运算，这两个方面相当令人不安并且不一定是直观的。第一，浮点运算不总是满足结合律。这意味着对于3个浮点数 a、b 和 c 有：

$$(a+b)+c \neq a+(b+c)$$

乘法的结合律有同样的问题。虽然在很多情况下左侧将等于右侧，但不能保证总是这样。浮点运算也不具备分配律：

$$a \times (b+c) \neq ab+ac$$

当声明 $a=0.1$、$b=0.2$ 和 $c=0.3$ 时，很好地说明了上述不等式，虽然结果可能会根据编译器(我们使用Gnu C)的不同而不同。我们建议您另外找3个浮点数来说明该浮点运算既不满足结合律也不满足分配律。

这对程序员来说意味着什么？程序员在对浮点数使用等号运算符时应该要格外小心。这意味着应该避免在`do...while`循环和`for`循环的控制循环结构中使用它们。更好的做法是声明“接近x”的epsilon(例如，`epsilon` $=1.0\times10^{-20}$)，然后测试绝对值。

例如，不要使用：

```
if x = 2 then...
```

最好使用：

```
if(abs(x - 2) < epsilon) then...\\ 如果我们正确定义了epsilon,
                                  \\ 这就足够接近!
```

浮点操作还是浮点错误?

在本章，我们已经介绍了浮点数及计算机表示它们的方法。我们已经涉及浮点舍入误差(数值分析的研究将提供这一主题的进一步讨论)和浮点数不服从标准的结合律和分配律。这些问题有多严重？为了回答这个问题，我们介绍3个重要的因粗心造成的浮点错误。

1994年，当Intel推出了Pentium微处理器时，世界各地的数字处理器注意到有一些奇怪的事情发生。双精度除法和某些位模式的计算产生了不正确的结果。虽然有缺陷的芯片对一些数字对来说略有不准确，但其他实例更极端。例如，如果 $x=4\,195\,835$、$y=3\,145\,727$，发现 $z=x-(x/y)\times y$ 应该产生一个 $z=0$ 的结果。Intel 286、386和486芯片给出了正确的结果。考虑到浮点舍入误差的概率，z 的值大约是 9.3×10^{-10}。但是新的Pentium处理器给出的结果是 $z=256$！

Intel获悉这个问题后，经研究和测试后表明此缺陷是芯片设计中的疏忽。这个处理器为快速除法使用了基为4的数字循环算法(radix-4 SRT算法)，这需要一个有1066个元素的表。在硅片中实现这个表，有5个本该是+2的表项写成了0。

虽然Pentium的缺陷使Intel的公共关系崩溃，但对那些使用这种芯片的人来说这个错误还不是一个灾难。事实上，相比浮点数的编程错误导致石油钻探、股票市场、导弹防御领域灾难，这是一件小事情。由浮点错误导致的实际灾害的列表非常长。以下两个实例是最糟糕的。

在1991年波斯湾战争期间，美国依靠爱国者导弹跟踪和拦截了巡航导弹和飞毛腿导弹。其中一个导弹没有跟踪到一个进入领空的飞毛腿导弹，让飞毛腿导弹击中了美国军队营房，死亡28人，受伤人数更多。经调查后确定爱国者导弹的失败是由于使用的精度太低而不能让导弹准确地确定来袭的飞毛腿导弹的速度。

爱国者导弹使用雷达来确定物体的位置。如果内部武器控制计算机将物体识别为应被拦截的物体，则计算预测空域，在这个空域中目标应该在特定的时间点上定位。该预测基于对象的已知速度和最后检测的时间。

问题在时钟上，它以1/10s的时间来测量。但是从系统启动以来的时间都被存储为整数秒(由经过的时间乘以1/10确定)。为了预测对象在特定时间内将在哪里，所需的时间和速度应是实数。将整数转换为实数没有问题，然而，当使用24位寄存器进行计算时，爱国者导弹限制了这种操作的精度。当用二进制表示1/10时，很容易看到潜在的问题：

```
0.0001100110011001100110011001100 . . .
```

当经历的时间较短时，该“截断误差”不明显，不会产生问题。爱国者的设计是运行一次仅仅几分钟的时间，因此24位精度的限制应该是无足轻重的。问题是在海湾战争期间，导弹系统持续运行了几天。导弹系统运行时间越长，误差就变得越大，并且预测计算的不准确性导致不成功截获的可能性越大。发生在1991年2月25日的事件就是精度问题，当时由于浮点数精度损失(精度要求)引起的失败拦截导致了28人死亡。据估计，爱国者导弹已经工作了100h，在时间转换中引入约0.34s的舍入误差，0.34s飞毛腿导弹可以飞行大约半公里的行程。

设计人员在事件发生前很早就意识到转换问题。然而，在战时条件下部署新软件并不容易。虽然新的软件会修复错误，但是现场人员可以简单地通过特定的间隔重新启动系统来保持时钟值足够小，从而使用24位精度就足够了。

浮点数灾难的最著名的例子之一是阿丽亚娜5号火箭的爆炸。1996年6月4日，欧洲航天局的无人驾驶的阿丽亚娜5号运载火箭被发射。起飞后40s，火箭爆炸，在法属圭亚那的部分地区散落着价值5亿美元的货物。调查显示这或许是由一个在计算机科学史上最具破坏性的粗心而直接生效的软件缺陷所导致的，即浮点转换错误。火箭的内部参考系统将64位浮点数(处理火箭的水平速度)转换为16位有符号整数。但是，特定的要转换的64位浮点数大于32 767(16位有符号数可表示的最大整数)，因此转换过程失败。火箭试图对从来没有发生过的错误转向进行即时的路线调整，因此制导系统关闭了。讽刺的是，当制导系统关闭时，控制恢复到安装在火箭上以防故障的备用单元上，但备用系统运行的是有相同缺陷的软件。

看起来很明显，64位浮点数可能远远大于32 767，那么火箭程序员为何出现这样一个明显的错误？他们认为速度值永远不会大到足以成为一个问题。他们的理由是以前火箭的速度从来没有太大过。不幸的是，这枚火箭比以前的所有火箭都快，从而导致速度值比程序员预期的要大。程序员犯的最严重的错误是接受了旧的格言“但是我们一直都是这样做的”。

计算机无处不在，在洗衣机、电视、微波炉甚至汽车中。我们当然希望为汽车做编程工作的程序员不做这样仓促的假设。在所有下线的新车中大约有15~60个微处理器，在商用飞机和医疗设备中有无数个处理器，对浮点异常深刻的理解可以毫不夸张地说就是在保护生命。

2.6 字符编码

我们已经看到数字计算机如何使用二进制系统来表示和操作数值。我们还没有考虑这些内部值如何转换为对人类有意义的表示。这种方式取决于计算机使用的编码系统和值如何被存储和检索。

2.6.1 二进制编码的十进制

对于许多应用程序，我们需要十进制系统的精确等效二进制数，这意味着我们需要对十进制数字的每位进行编码。在许多商业应用程序中处理钱数正是这种情况——在金融交易中，当我们将实数转换为浮点数时，我们不能承担舍入误差！

二进制编码的十进制(BCD)在电子学中非常普遍，特别是闹钟和计算器等显示数值数据的地方。BCD将十进制数的每位数字编码为4位二进制形式。每个小数数字被单独转换为等价的二进制数，如表2-5所示。例如，要编码146，则十进制数字将分别替换为0001、0100和0110。

因为大多数计算机使用字节作为最小的访问单位，因此大多数值存储在8位中，而不是4位。这给了我们存储4位BCD数的两个选择。我们可以忽略额外位的成本，并用零填充高阶半字节，或强制将每位十进制数字替换为8位。当使用这种方法时，146将存储为00000001 00000100 00000110。显然，这种做法是相当浪费的。第二种方法称为**压缩BCD**，每字节存储两位数。压缩的十进制格式允许数字有符号，不是将符号放在开始处而是把它存储在最后。这个"符号数字位"的标准值若为1100则代表+，1101代表-，1111表示值为无符号(见表2-5)。使用压缩十进制格式，+146将存储为00010100 01101100。偶数位的数字仍然需要填充。请注意，如果一个数字有一个小数点(与货币值一样)，则它在BCD表示的数字中不存储，应该由应用程序保留。

表2-5 二进制编码的十进制

数字	BCD
0	0000
1	0001
2	0010
3	0011
4	0100
5	0101
6	0110
7	0111
8	1000
9	1001
分区	
1111	无符号
1100	正数
1101	负数

BCD的另一个变换是**区位十进制格式**。区位十进制表示在每个字节的低位半字节中存储一个十进制数字，这与非压缩的十进制格式相同。但是，它不使用零的半字节填补高阶，而是使用特定的模式。称为数字**区域**的高阶半字节有两个选择。**EBCDIC区位十进制格式**要求该区域全部为1(即十六进制的F)。**ASCII区位十进制格式**要求区域为0011(十六进制为3)。(有关EBCDIC和ASCII的详细说明，请参阅接下来的两节。)两种格式都允许带有符号数字(使用表2-5中的符号数字)，通常期望符号位于最低有效字节的高位半字节(尽管标记可能是一个完整的单独字节)。例如，在EBCDIC区位十进制格式中，+146是1111000111110100 11000110(注意，最后一个字节的高位半字节是符号)。在ASCII区位十进制格式中，+146是00110001 00110100 11000110。

注意表2-5中有6个未使用的可能的二进制值——1010~1111。虽然有将近40%的值浪费了，但我们在准确性上获得了相当大的优势。例如，当以二进制存储时，数字0.3是重复的十进制数。截断到8位分数时，它转换回0.296875，约有1.05%的误差。在EBCDIC区位十进制BCD中，数字直接存储为1111 0011(我们是假设数据格式暗示了小数点)，根本不会出任何错误。

例2.37 使用压缩BCD和EBCDIC区位十进制分别表示-1265。

1265的4位BCD表示是：

0001 0010 0110 0101

在低阶位后添加符号并在高阶位填充0000，我们有：

0000	0001	0010	0110	0101	1101

EBCDIC 区位十进制表示需要4字节：

1111	0001	1111	0010	1111	0110	1101	0101

两个表示中的阴影部分为符号位。

2.6.2 EBCDIC

在 IBM System/360 开发之前，IBM 使用了6位变体的 BCD 用于表示字符和数字。此编码严重受限于它如何表示和操作数据，小写字母不是其指令的一部分。System/360 的设计人员需要更多的信息处理能力以及统一的方式存储数字和数据。为了保持与早期计算机和外围设备的兼容性，IBM 工程师决定将 BCD 从6位扩展到8位是最好的选择。因此，这个新编码称为**扩展二进制编码十进制交换码(EBCDIC，Extended Binary Coded Decimal Interchange Code)**。IBM 继续在其大型机和中型计算机系统中使用 EBCDIC。然而，IBM 的 AIX 操作系统(在 RS/6000 及其后续产品中可以找到)和 IBM PC 操作系统使用 ASCII。EBCDIC 编码以区位数字形式显示在表2-6中。字符通过将数字位附加到区域位来表示。例如，在 EBCDIC 中字符 a 是10000001，数字3是1111 0011。请注意，大写和小写字符之间的唯一区别是第二位，大写到小写(反之亦然)需要简单地翻转一位。区位也使程序员更容易测试输入数据的有效性。

2.6.3 ASCII

当 IBM 正忙于建立其特立独行的 System/360 时，其他设备制造商正试图制定更好的方法以便在系统之间传输数据。**美国信息交换标准码(ASCII)**是这些努力中的一个结果。ASCII 直接来自使用了几十年的电传打字机(电传)设备编码方案。这些设备使用从 Baudot 代码派生的5位(Murray)代码，该代码是在19世纪80年代发明的。到20世纪60年代初，5位代码的局限性变得越来越明显，国际标准化组织设计了7位编码方案，它被称为国际电报字母表5。1967年，这些字母的衍生物成为我们现在使用的 ASCII 的官方标准。

如表2-7所示，ASCII 定义了32个控制字符的代码、10位数字、52个字母(包括大写和小写)、32个特殊字符(如$和#)和空格字符。高阶(第八)位用于奇偶检验。

奇偶校验是所有错误检测方案中最基本的。它很容易在简单的设备中实现，如电传打字机。根据字节中其他位的和是偶数还是奇数，奇偶校验位被设置为“开”或“关”。例如，如果我们决定使用偶校验，并且发送了 ASCII 字符 A，则低7位是100 0001。因为位的和是偶数，奇偶校验位将被设置为关，我们将传送0100 0001。类似地，如果我们传输一个 ASCII 字符 C，则为100 0011，在我们发送8位字节之前，奇偶校验位将被设置为开，得到1100 0011。奇偶校验可以用来检测1位错误。我们将在2.7节中讨论更复杂的错误检测方法。

为了兼容电信设备，计算机制造商倾向于使用 ASCII 码。然而，随着计算机硬件变得越来越可靠，对奇偶校验位的需要变得不那么重要了。在20世纪80年代初期，微型计算机和其周边厂商开始使用奇偶校验位提供在 128_{10} ~ 255_{10} 之间的“扩展”字符集。

根据制造商的不同，较大值的字符可以是从数学符号到方框外形和外语字符(如 $\tilde{n}$)。不幸的是，没有什么聪明的办法可以使 *ASCII* 成为一个真正的国际交换代码。

2.6.4 Unicode

EBCDIC 和 ASCII 都是围绕拉丁字母构建的。这样，它们对使用非拉丁语的世界上大多数人口在数据表示方面受到限制。当所有国家都开始使用计算机时，每个国家都设计出了最有效的代表他们母语的编码，它们不一定与任何其他编码兼容，这在新兴的全球经济道路上设置了另一个障碍。

表 2-6 EBCDIC 码（在二进制区位数字格式中给出的值）

数字

Zone	0000	0001	0010	0011	0100	0101	0110	0111	1000	1001	1010	1011	1100	1101	1110	1111
0000	NUL	SOH	STX	ETX	PF	HT	LC	DEL		RLF	SMM	VT	FF	CR	SO	SI
0001	DLE	DC1	DC2	TM	RES	NL	BS	IL	CAN	EM	CC	CU1	IFS	IGS	IRS	IUS
0010	DS	SOS	FS		BYP	LF	ETB	ESC			SM	CU2		ENQ	ACK	BEL
0011			SYN		PN	RS	UC	EOT				CU3	DC4	NAK		SUB
0100	SP										[	.	<	(	+	!
0101	&										]	$	*	)	;	^
0110	–	/									|	,	%	_	>	?
0111										'	:	#	@	'	=	"
1000		a	b	c	d	e	f	g	h	i						
1001		j	k	l	m	n	o	p	q	r						
1010		~	s	t	u	v	w	x	y	z						
1011																
1100	{	A	B	C	D	E	F	G	H	I						
1101	}	J	K	L	M	N	O	P	Q	R						
1110	\		S	T	U	V	W	X	Y	Z						
1111	0	1	2	3	4	5	6	7	8	9						

缩写词

NUL	空	TM	磁带标记	ETB	传输块结束符
SOH	头部开始符	RES	恢复	ESC	退出
STX	文本开始符	NL	新行	SM	设置方式
ETX	文本结束符	BS	退格	CU2	客户使用 2
PF	穿孔结束	IL	闲置	ENQ	查询
HT	水平制表符	CAN	取消	ACK	应答
LC	小写	EM	介质结束符	BEL	振铃（嘟嘟声）
DEL	删除	CC	光标控制	SYN	同步空闲
RLF	反向换行	CU1	客户使用 1	PN	穿孔开始
SMM	开始手动消息	IFS	交换文件分隔符	RS	记录分隔符
VT	垂直制表符	IGS	交换组分隔符	UC	大写
FF	换页	IRS	交换记录分隔符	EOT	传输终结符
CR	回车	IUS	交换单元分隔符	CU3	客户使用 3
SO	移出	DS	数字选择	DC4	设备控制 4
SI	移入	SOS	有效位开始符	NAK	否定应答
DLE	转义	FS	域分隔符	SUB	替换
DC1	设备控制 1	BYP	旁路	SP	空格
DC2	设备控制 2	LF	换行		

表 2-7 ASCII 码(用十进制给出的值)

0	NUL	16	DLE	32		48	0	64	@	80	P	96	`	112	p
1	SOH	17	DC1	33	!	49	1	65	A	81	Q	97	a	113	q
2	STX	18	DC2	34	"	50	2	66	B	82	R	98	b	114	r
3	ETX	19	DC3	35	#	51	3	67	C	83	S	99	c	115	s
4	EOT	20	DC4	36	$	52	4	68	D	84	T	100	d	116	t
5	ENQ	21	NAK	37	%	53	5	69	E	85	U	101	e	117	u
6	ACK	22	SYN	38	&	54	6	70	F	86	V	102	f	118	v
7	BEL	23	ETB	39	'	55	7	71	G	87	W	103	g	119	w
8	BS	24	CAN	40	(	56	8	72	H	88	X	104	h	120	x
9	HT	25	EM	41	)	57	9	73	I	89	Y	105	i	121	y
10	LF	26	SUB	42	*	58	:	74	J	90	Z	106	j	122	z
11	VT	27	ESC	43	+	59	;	75	K	91	[	107	k	123	{
12	FF	28	FS	44	,	60	<	76	L	92	\	108	l	124	|
13	CR	29	GS	45	-	61	=	77	M	93	]	109	m	125	}
14	SO	30	RS	46	.	62	>	78	N	94	^	110	n	126	~
15	SI	31	US	47	/	63	?	79	O	95	_	111	o	127	DEL

缩写词

NUL	空	DLE	转义
SOH	头部开始符	DC1	设备控制 1
STX	文本开始符	DC2	设备控制 2
ETX	文本结束符	DC3	设备控制 3
EOT	传输结束符	DC4	设备控制 4
ENQ	查询	NAK	否定应答
ACK	应答	SYN	同步空闲
BEL	振铃(嘟嘟声)	ETB	传输块结束符
BS	退格	CAN	取消
HT	水平制表符	EM	介质结束符
LF	换行，新行	SUB	替换
VT	垂直制表符	ESC	退出
FF	换页，新页	FS	文件分隔符
CR	回车	GS	组分隔符
SO	移出	RS	记录分隔符
SI	移入	US	单元分隔符
		DEL	删除/闲置

1991 年，在事情还没有到无法控制之前，成立了一个由行业和政府领导人组成的联盟，它创建了一个名为 Unicode 的国际信息交换代码。这个组织被称为 Unicode 联盟。

Unicode 是一个 16 位字母表，向下兼容 ASCII 和拉丁文 -1 字符集。符合 ISO/IEC 10646—1 国际标准字母。因为 Unicode 的基本编码是 16 位，所以它有能力编码世界上每种语言中使用的大多数字符。如果这还不够，Unicode 也定义了一个允许编码其他百万个字符的扩展机制。这足以为人类文明史上的每一种文字提供编码。

Unicode 代码空间由 5 部分组成，如表 2-8 所示。一个完整的符合 Unicode 的系统还将允许利用单独的代码形成复合字符，如' 和 A 的组合形成 A'。这些复合字符使用的算法以及 Unicode 扩展可以在本章末尾的参考文献中找到。

虽然 Unicode 还没有成为美国计算机专用的字母表，但大多数制造商正在他们的系统中对其进行一些有限的支持。Unicode 目前是 Java 编程语言的默认字符集。最终，所有制造商对 Unicode 的接受程度将取决于他们希望将自己定位为积极的国际参与者有，以及以多低的成本生产一个磁盘驱动器以支持两倍 ASCII 或 EBCDIC 存储要求的字母表。

表 2-8 Unicode 代码空间

字符类型	字符集描述	字符数量	十六进制值
字母	拉丁语、斯拉夫语、希腊语等	8192	0000 ~ 1FFF
符号	装饰符、数学符号等	4096	2000 ~ 2FFF
CJK	汉语、日语和韩语音标和标点符号	4096	3000 ~ 3FFF
Han	统一的汉语、日语和韩语	40 960	4000 ~ DFFF
	字符集 Han 的扩展或溢出	4096	E000 ~ EFFF
用户定义		4096	F000 ~ FFFE

2.7 错误检测与纠错

没有通信信道或存储介质可以完全无错误。这在物理上是不可能的。随着传输速率的增加，位传输变得更紧密，随着每平方毫米存储空间可以保存更多位，磁通量密度也增加了。错误率与每秒传输的位数或每平方毫米磁存储器的位数成正比。

在 2.6.3 节中，我们提到可以将一个奇偶校验位添加到 ASCII 字节中以帮助检测传输过程中是否有已损坏的位。这种错误检测方法的有效性具有局限性：简单的奇偶校验只能检测到每个字节中的奇数个错误。如果发生两个错误，我们无法检测出。不正确的数据被误认为是正确的数据。如果这种错误发生在发送财务信息或程序代码中，结果可能是灾难性的。

当你阅读下面的部分时，你应该记住创建无差错介质是不可能的，100% 的检测或者纠正在介质中出现的错误也是不可能。错误检测和纠错是在设计计算机系统时必须进行的另一项研究。因此，构建良好的错误控制系统是在合理的经济范围内检测或纠正“合理”数量“合理”预期错误的系统。（注：单词“合理”是由实现决定的。）

2.7.1 循环冗余校验

校验和用于各种各样的编码系统，从条形码到国际标准图书编号。这些都是自检码，它们可以很快地显示前一个数字是否被误读了。**循环冗余校验**(CRC)是一种校验和，它主要用于确定在数据通信中在大的数据块或信息字节流内是否发生了错误。要检查的数据块越大，提供足够保护的校验和也就越大。校验和和循环冗余校验是两种类型的**系统错误检测**方案，这意味着错误检查位被附加到原始信息字节上了。该组错误检查位称为**特征位**。添加错误校验位，原始信息字节不会改变。

在循环冗余校验中，“循环”这个词是指这种错误控制系统背后的抽象的数学理论。虽然这个理论的讨论超出了本文的范围，但是我们可以演示该方法是如何工作的，以帮助理解它经济地检测传输错误的能力。

模 2 运算

你可能会熟悉超过一个模数的整数运算。每天告诉你时间的十二小时的钟表是一个模数为 12 的系统。当我们给 11:00 加上 2 小时，我们得到 1:00。模 2 运算使用两个不借位或不进位的二进制操作数，结果同样是二进制数，也是模 2 系统的一个成员。由于加法中闭包和恒等元素的存在，数学家说这个模 2 系统形成了一个**代数场**。

加法规则如下：

$$0+0=0$$

$$0+1=1$$

$$1+0=1$$

$$1+1=0$$

例 2.38 计算 1011_2和 110_2的模 2 和。

$$\begin{array}{r} 1\,0\,1\,1 \\ +\quad 1\,1\,0 \\ \hline 1\,1\,0\,1_2 \end{array} \text{（模 2）}$$

这个总和仅在模 2 运算中有意义。 ◀

模 2 除法是通过使用模 2 加法规则进行一系列部分和的运算。例 2.39 说明了该过程。

例 2.39 计算 1001011_2除以 1011_2的商和余数。

1011)1001011	1. 在被除数的第一位下直接写除数
1011	
0010	2. 使用模2加法把这些数字相加
	3. 从被除数中落下各两位，使差的第一个1可以与除数的第一个1对齐
001001	
1011	4.按照步骤1复制除数
0010	5. 按照步骤2做加法
00101	6. 落下另一位
	7. 由于101_2不能被1011_2整除，所以是余数

商为 1010_2。 ◀

模 2 域上的算术运算有等价的多项式，它们类似于整数域上的多项式。我们已经看到位置数字系统如何表示增加的基数指数。例如：

$$1011_2=1\times 2^3+0\times 2^2+1\times 2^1+1\times 2^0。$$

通过让 $X=2$，二进制数 1011_2可成为多项式的缩写：

$$1\times X^3+0\times X^2+1\times X^1+1\times X^0。$$

这样，在例 2.39 中的除法就变为多项式运算：

$$\frac{X^6+X^3+X+1}{X^3+X+1}$$

计算和使用 CRC

在进行了如上冗长的介绍后，我们下面将通过一个具体的例子来展示如何构造 CRC：

1. 假设信息字节 $I=1001011_2$。（可以使用任意数量的字节形成消息块。）

2. 发送方和接收方同意任意二进制模式，如 $P=1011_2$。（以 1 开始和结束的模式工作得最好。）

3. I 向左移动一个小于 P 中的位数，给出一个新的 $I=1001011000_2$。

4. 使用 I 作为被除数和 P 作为除数，执行模 2 除法（如例 2.39 所示）。我们忽略商，并注意余数是 100_2。这个余数就是实际的 CRC 校验和。

5. 将余数与 I 相加，给出消息 M：

$$1001011000_2+100_2=1001011100_2$$

6. 消息接收方使用相反的过程对 M 进行解码和检查。直到 M 被 P 整除：

```
          1010100
1011 ) 1001011100
       1011
       001001
         1011
         0010
         001011
           1011
           0000
```

注意：相反的过程将包括附加的余数。

非零的余数表示在 M 的传输中发生了错误。当使用大的多项式时，该方法效果最好。为此广泛使用4种标准多项式：

- lCRC－CCITT(ITU－T)：$X^{16}+X^{12}+X^5+1$
- lCRC－12：$X^{12}+X^{11}+X^3+X^2+X+1$
- lCRC－16(ANSI)：$X^{16}+X^{15}+X^2+1$
- lCRC－32：$X^{32}+X^{26}+X^{23}+X^{22}+X^{16}+X^{12}+X^{11}+X^{10}+X^8+X^7+X^5+X^4+X+1$

CRC－CCITT、CRC－12 和 CRC－16 在一对字节上操作；CRC－32 使用 4 字节，它适用于32 位字的系统操作。已经证明了使用这些多项式的 CRC 可以检测超过 99.8% 单个位的错误。

可以使用查找表有效地实现 CRC，而不是用每个字节计算余数。每个可能的输入位模式生成的余数可以直接“烧”到通信和存储电子器件中。与 16 或 32 个周期的除法操作相比，用一个周期查找表就可以找到余数。显然，这需要在速度和更复杂的控制电路的成本之间进行权衡。

2.7.2 汉明码

与磁盘系统相比，数据通信通道更容易出错，同时也更能容忍错误。在数据通信中，只要有检测错误的能力就可以。如果通信设备确定一个消息包含一个错误位，那么它要做的就是请求重传。存储系统和主存没有这么奢侈。磁盘有时可以是一个金融交易或其他不可重现的实时数据集合的唯一存储库。因此，存储设备和主存必须具备不仅可以检测还能纠正一定数量错误的能力。

错误恢复编码在过去一个世纪已被深入研究。汉明码是最有效的编码之一，也是最老的编码。**汉明码**是对奇偶校验概念的改进，可以提升错误检测和校正能力，添加到信息字中的奇偶校验位的数量会成比例地增加。在可能发生随机错误的情况下使用汉明码。对于随机错误，我们假定每位的失败具有固定的发生概率，且与其他位故障无关。计算机主存通常会遇到这样的错误，所以在下面的讨论中，我们会在主存位错误检测和纠正的环境下介绍汉明码。

汉明码使用的奇偶校验位也称为**校验位**或**冗余位**。存储器字本身由 m 位组成，但是考虑到错误检测和纠正增加了 r 位冗余位。因此，最后的字叫作**码字**，是一个包含 m 个数据位和 r 个校验位的 n 位单元。每个数据字是由 $n=m+r$ 位组成的唯一码字，如下所示：

m 位	r 位

汉明距离是指在两个码字中有多少位不同。例如，如果我们有以下的两个码字：

```
1 0 0 0 1 0 0 1
1 0 1 1 0 0 0 1
    * * *
```

我们看到它们有3个位置(由 * 标记)不同，所以这两个码字的汉明距离是3。(请注意，还没有讨论过如何创建码字，我们会尽快做这件事。)

两个码字之间的汉明距离在错误检测的环境中很重要。如果两个码字的汉明距离为 d，那么将一个码字转换到另一个码字有 d 位单位错误的情况就不会被检测到。因此，如果我们希望创建一个编码，它可以保证检测到所有位的错误(1位一个错误)，那么任何两个码字之间的汉明距离必须至少为2。如果认为一个 n 位字不是合法的码字，那么这个码字就被认为是一个错误的码字。

若给定一个计算校验位的算法，则可以构建完整合法的码字列表。在这个编码中所有两个码字之间的最小汉明距离称为编码的**最小汉明距离**。编码的最小汉明距离通常由符号 $D(\min)$ 表示，它可以决定其错误检测和纠正能力。简单来说，对于任何码字 X 若想被接收为另一个有效的码字 Y，则在 X 中必须出现至少 $D(\min)$ 个错误。因此，为了检测 k(或更少)位错误，该码的汉明距离必须为 $D(\min)=k+1$。汉明码可以始终检测 $D(\min)-1$ 个错误并纠正 $\lfloor(D(\min)-1)/2\rfloor$ 个错误[⊖]。因此，代码的汉明距离必须至少为 $2k+1$ 以能够纠正 k 个错误。

码字由使用 r 个奇偶校验位的信息字构成。在我们继续讨论错误检测和纠正之前，来看一个简单的例子。最常见的错误检测使用附加到数据上的单个奇偶校验位(回顾关于ASCII字符表示的讨论)。在这个码字的任何一位中，一位错误会产生错误的奇偶校验。

例2.40 假设存储器具有2个数据位和1个附加在码字尾部的偶校验位(因此码中1数量必须为偶数)。有2个数据位，共有4个可能的字。我们这里列出数据字、对应的奇偶校验位以及为这4个可能字中的每一个产生的码字：

数据字	校验字	码字
00	0	000
01	1	011
10	1	101
11	0	110

得到的码字有3位。3位允许有8种不同的位模式，如下所示(有效码字用 * 标记)：

000 *	100
001	101 *
010	110 *
011 *	111

如果遇到码字001，则它是无效的，因为它表示出错已经发生在码字的某个地方。例如，假设存储在存储器中的正确码字为011，但是一个错误使码字变为001。这个错误可以检测到，但无法纠正。不可能确切地确定有几位发生了翻转，即指明哪些位是错误的。纠错码需要多于1位的奇偶校验位，如下讨论所示。◀

如果有效的码字受到两位错误的影响，则上述示例会发生什么？例如，假设码字内011转换成000。这个错误不能检测到。如果检查上述示例中的代码，将看到 $D(\min)$ 是2，这意味着该代码仅能保证检测单个位的错误。

我们已经说过了一个编码的错误检测和纠正能力取决于 $D(\min)$，从错误检测的角度来看，我们在例2.40中已经看到了这种关系。纠错需要该编码包含额外的冗余位，如果编码是检测

⊖ 符号 $\lfloor\ \rfloor$ 表示向下取整的函数，是小于等于这个括起来的数的最大整数。例如，$\lfloor 8.3\rfloor=8$ 和 $\lfloor 8.9\rfloor=8$。

和纠正 k 个错误，那么应确保最小汉明距离 $D(\min)=2k+1$。这种汉明距离保证所有合法的码字都有足够远的距离，即使有 k 个变化，得出的无效码字也更接近一个唯一有效的码字。这是很重要的，因为纠错中使用的方法是将无效码字转换为不同位数最少的有效码字。在例 2.41 中说明了这个想法。

例 2.41 假设我们有以下代码（不用担心如何生成此代码，我们很快就会解决这个问题）：

00000
01011
10110
11101

首先，我们来确定 $D(\min)$。通过检查所有可能的码字对，我们发现最小汉明距离 $D(\min)=3$。因此，这段代码最多可以检测两个错误并纠正 1 位错误。如何纠正？假设我们读取的无效码字是 10000。它必须至少有一个错误，因为这与任何有效码字都不匹配。我们现在确定码字与每个合法码字之间的汉明距离：它与第一个码字有 1 位不同，与第二个是 4 位，与第三个是 2 位，与最后一个是 3 位。因此可生成一个**差异向量**[1，4，2，3]。要想对此码字进行更正，我们使用最接近的合法码字自动更正，从而修正为 00000。请注意，此“修正”不一定正确！我们假设发生了最小数量的可能错误，即 1 个可能的错误。原始码字可能为 10110，当发生两个错误时可能变为 10000。

假设确实发生了两个错误。例如，假设我们读取的无效代码字是 11000。如果我们计算的距离向量为[2，3，3，2]，我们看到没有“最近”的码字，无法进行修正。如本例所示，如果发生多个错误，最小汉明距离 3 允许只校正一个错误，并且不能保证纠正。◀

在我们的讨论中，已经简单介绍了各种各样的编码，但没有给出如何生成编码的任何细节。用于生成编码的方法有很多种，也许更直观的方法之一是用于编码设计的汉明码算法，我们现在介绍它。在解释算法的实际步骤之前，我们会介绍一些背景资料。

假设我们希望设计的代码包含 m 个数据位和 r 个校验位，它允许修正单个位错误。这意味着有 2^m 个合法的码字，每个都有唯一的校验位组合。因为我们专注于单个位错误，所以来检查一组无效码字与所有合法码字距离为 1 的字。

每个有效码字都有 n 位，并且这些位都可能会出现错误。因此，每个有效码字有 n 个距离为 1 的非法码字。因此，如果我们关心每一个合法码字和每一个由一个错误组成的无效码字，我们会得到与每个码字相关联的 $n+1$ 个位模式（1 个合法字和 n 个不合法的字）。因为每个码字由 n 位组成，其中 $n=m+r$，所以总共可能有 2^n 个位模式。得到以下不等式：

$$(n+1)\times 2^m \leqslant 2^n$$

其中 $n+1$ 是每个码字的位模式的数量，2^m 是合法码字的数量，2^n 是可能位模式的总数。因为 $n=m+r$，所以我们可以将不等式重写为：

$$(m+r+1)\times 2^m \leqslant 2^{m+r}$$

或者

$$(m+r+1)\leqslant 2^r$$

这个不等式是很重要的，因为它规定了所需检查位数量的下限（我们总是尽可能少地使用检查位）来构造一个具有 m 个数据位和 r 个校验位的代码，它可校正所有单个位错误。

假设我们有长度 $m=4$ 的数据字，然后：

$$(4+r+1)\leqslant 2^r$$

这意味着 r 必须大于或等于 3。我们选择 $r=3$。这意味着要建立一个 4 位数据字的代码，它应该能纠正单个位的错误，我们必须添加 3 个校验位。

汉明算法

汉明算法为设计编码纠正单个位错误提供了一种简单的方法。要为任何大小的内存字构造纠错代码，请按照下列步骤操作：

1. 确定编码所需的校验位数 r，然后为 n 个位(其中 $n=m+r$)编号，从右到左，以 1(不是 0)开始。

2. 位数为 2 的幂的位是奇偶校验位，其他是数据位。

3. 分配奇偶校验位以检查位的位置，如下所示：位 b 是被奇偶校验位 b_1，b_2，…，b_j 检查的，即 $b_1+b_2+\cdots+b_j=b$(其中“+”表示模 2 的和)。

我们现在举一个例子说明这些步骤和纠错的实际过程。

例 2.42 使用刚刚描述的汉明码和偶数校验位编码 8 位的 ASCII 字符 K。(高阶位将为零)，引入一个单个位错误，然后指示如何定位错误。

我们首先确定 K 的码字。

步骤 1：确定必要的校验位的位数，将这些位加到数据位中，并给所有的 n 位编号。

因为 $m=8$，所以有 $(8+r+1)\leqslant 2^r$，这意味着 r 必须大于或等于 4。我们选择 $r=4$。

步骤 2：从 1 开始从右到左编号 n 位数，结果是：

_	_	_	_	□	_	_	_	□	_	□	□
12	11	10	9	8	7	6	5	4	3	2	1

奇偶校验位用框标记。

步骤 3：分配奇偶校验位以检查不同位的位置。

为了执行这一步，我们首先将所有位的位置写成 2 的幂的和：

$1=1$	$5=1+4$	$9=1+8$
$2=2$	$6=2+4$	$10=2+8$
$3=1+2$	$7=1+2+4$	$11=1+2+8$
$4=4$	$8=8$	$12=4+8$

数字 1 包含在位置 1、3、5、7、9 和 11 中，因此，这个奇偶校验位将反映这些位置中位的奇偶性。类似地，2 包含在位置 2、3、6、7、10 和 11 中，因此，位置 2 中的奇偶位反映了这组位的奇偶性。位置 4 为位置 4、5、6、7 和 12 提供奇偶校验，位置 8 为位置 8、9、10、11 和 12 提供奇偶校验，如果在非框空白处写数据位，然后加入奇偶校验位，我们得到以下的码字结果：

0	1	0	0	[1]	1	0	1	[0]	1	[1]	[0]
12	11	10	9	8	7	6	5	4	3	2	1

因此，字符 K 的码字为 010011010110。

我们在 b_9 位置引入一个错误，生成码字 010111010110。如果我们使用奇偶校验位来检查不同位组，可以发现有以下结果。

位置 1 检查位置 1、3、5、7、9 和 11：使用偶校验位，这会产生错误。

位置 2 检查位置 2、3、6、7、10 和 11：这是正确的。

位置 4 检查位置 4、5、6、7 和 12：这是正确的。

位置 8 检查位置 8、9、10、11 和 12：这会产生一个错误。

奇偶校验位 1 和 8 显示错误。这两个奇偶校验位都检查位置 9 和 11，所以单个位错误一定在位置9或11中。但是，因为位置2也检查了位置11，并表示在其检查的位的子集中没有发生错误，所以错误必然发生在位置9。（我们知道这个错误，因为这个错误是我们造成的。但是，请注意，即使我们不知道错误在哪里，使用这个方法也能确定错误的位置并通过简单地翻转位来纠正错误。）

根据奇偶位被定位的方式，检测和纠正错误位的一个更简单的方法是把表示错误的奇偶校验位的位置相加。我们发现奇偶校验位1和8产生了一个错误，且1+8=9，这正是发生错误的地方。

例2.43 使用汉明算法查找3位存储字的所有码字，假设使用奇校验。

我们有8个可能的字：000，001，010，011，100，101，110和111。首先需要确定所需的校验位数。因为 $m=3$，所以有 $(3+r+1)\leqslant 2^r$，这意味着 r 必须大于或等于3。我们选择 $r=3$。因此，每个码字都有6位，并且校验位在位置1、2和4，如下所示：

6	5	4	3	2	1
_	_	□	_	□	□

从以前的例子中我们知道：

- 位置1检查位置1、3和5的奇偶性
- 位置2检查位置2、3和6的奇偶性
- 位置4检查位置4、5和6的奇偶性

因此，我们为每个内存字提供以下码字：

存储字	码字	6	5	4	3	2	1
000	二进制位的位置	0	0	$\boxed{1}$	0	$\boxed{1}$	$\boxed{1}$
001	二进制位的位置	0	0	$\boxed{1}$	1	$\boxed{0}$	$\boxed{0}$
010	二进制位的位置	0	1	$\boxed{0}$	0	$\boxed{1}$	$\boxed{0}$
011	二进制位的位置	0	1	$\boxed{0}$	1	$\boxed{0}$	$\boxed{1}$
100	二进制位的位置	1	0	$\boxed{0}$	0	$\boxed{0}$	$\boxed{1}$
101	二进制位的位置	1	0	$\boxed{0}$	1	$\boxed{1}$	$\boxed{0}$
110	二进制位的位置	1	1	$\boxed{1}$	0	$\boxed{0}$	$\boxed{0}$
111	二进制位的位置	1	1	$\boxed{1}$	1	$\boxed{1}$	$\boxed{1}$

我们的码字集合是001011、001100、010010、010101、100001、100110、111000、111111。如果其中任何一个字的某一位被翻转，我们可以准确地确定是哪个位翻转并改正它。例如，要发送111，我们实际发送代码字111111。如果接收到110111，则奇偶校验位1（它检查位置1、3和5）是对的，奇偶校验位2（它检查位置2、3和6）是对的，但是奇偶校验位4显示错误，因为只有位置5和6是1，这违反了奇校验。位置5不可能不正确，因为奇偶校验位1检查是正确的。位置6不可能错误，因为奇偶校验位2检查是正确的。因此，位置4是错误的，所以它

应从 0 变为 1，得到正确的码字 111111。◀

在下一章中，您将看到使用简单的二进制电路实现一个汉明码是多么容易。由于其简单性，所以可以廉价地加入汉明码保护并且对性能影响很小。

2.7.3 里德－所罗门纠错码

汉明码在期望错误很少的情况下工作得很好。固定磁盘驱动器的错误等级为亿分之一位。我们刚刚研究的 3 位汉明码很容易纠正这种类型的错误。然而，在有多个相邻位被损坏的情况下，汉明码是无用的。这种类型的错误称为**突发错误**。由于接触不当和环境压力，在可移动介质(如磁带和光盘上)突发错误是常见的。

如果我们预料错误发生在块中，那么就应该使用一个在块级别上工作的纠错代码，而不是在位级别上工作的汉明码。可以认为**里德－所罗门**(RS)纠错码是一种 CRC，它对整个字符进行操作而不是只对几个位进行操作。RS 码像 CRC 一样，具有系统性，即奇偶校验字节附加到一个信息字节块上。使用以下参数定义 RS(n, k)码：

- s 为字符(或“符号”)中的位数
- k 为 s 位字符包含的数据块数
- n 为码字中的位数

RS(n, k)能够纠正 k 个信息字节中的$(n-k)/2$ 个错误。

因此，流行的 RS(255，223)码使用 223 个 8 位信息字节和 32 个特征字节以形成有 255 字节的码字。它会纠正信息块中的 16 个错误字节。

RS 码的生成多项式是由一个定义在**伽罗华域**的抽象数学结构上的多项式给出。(对伽罗华的具体讨论超出了本书的范围。见本章结尾处的参考资料。)RS 生成多项式为：

$$g(x)=(x-a^{i})(x-a^{i+1})\cdots(x-a^{i+2t})$$

其中 $t=n-k$；x 是整个字节(或符号)；$g(x)$工作在域 GF(2^s)上。(注意：这个多项式是在伽罗华域上展开的，这与普通代数使用的整数域有很大不同)

使用以下公式计算 n 字节 RS 码字：

$$C(x)=g(x)\times i(x)$$

其中 $i(x)$是信息块。

尽管它们背后有令人生畏的代数运算，但 RS 纠错算法很适合在计算机硬件中实现。它们用在大型计算机的高性能磁盘驱动器以及存储音乐和数据的光盘上。这些实现将是在第 7 章中描述。

本章小结

我们已经提出了数字计算机中数据表示和数值运算的要点。你应该掌握用于基本转换的各种技术，并记住较小的十六进制数和二进制数。当学习本书的其余部分时，这些知识对你是有益的。如果要求你在系统崩溃后读取核心(主存)转储文件或在数据通信领域中从事重要工作，那么十六进制编码知识将非常有用。

你也已经看到，当在迭代过程中允许有小的误差时，浮点数可能会产生重大的错误。有各种数值技术可用于控制这些误差。这些技术值得详细研究，但超出了本书的范围。

你已经知道了大多数计算机使用 ASCII 或 EBCDIC 来表示字符。全部记住这些代码通常没有什么用处，但是如果你在工作中会经常用到它们，那么你会发现自己学到了一些“关键值”，从中可以计算出你所需要的其余大部分值。

Unicode 是 Java 和近期版本的 Windows 使用的默认字符集。它可能会作为计算机系统中字符表示的基本方法取代 EBCDIC 和 ASCII；然而，由于经济性和普遍性的原因，这些老的代码在一段时间内仍将会使用。

错误检测和纠正代码几乎用于计算技术的所有方面。如果有这种需要，那么对各种错误控制方法的理解将帮助你在可用的各种方法中做出明智的选择。你所选择的方法将取决于许多因素，包括计算开销、存储容量和所用的传输介质。

扩展阅读

对西方文明中早期数学的简要介绍可以在 Bunt 等人(1988)的书中找到。

Knuth(1998)在他的计算机算法系列的第 2 卷中对数字系统和计算机算术的演变进行了一个愉快和彻底的讨论。(每个计算机科学家都应该拥有一套 Knuth 著作的书籍。)

在 Goldberg(1991)的著作找到浮点算术的一个明确描述。Schwartz 等(1999)描述了 IBM System/390 如何在旧版本和 IEEE 标准中执行浮点运算。Soderquist 和 Leeser(1996)对浮点除法和平方根问题进行了详细的讨论。

关于 Unicode 的详细信息可以在 Unicode 联盟网站 www. unicode. org 以及 Unicode 标准 4. 0 版(2003)中找到。

国际标准化组织的网站可以在 www. iso. ch 找到。你会惊讶于这个群体的影响力。类似的一些信息可以在美国国家标准学会网站上找到：www. ansi. org。

在掌握了布尔代数和数字逻辑的概念之后，你会喜欢读 Arazi(1988)的书。这本写得很好的书展示了如何使用简单的数字电路实现错误检测和校正。Arazi 的附录对里德-所罗门码中使用的伽罗华域算法进行了非常清晰的讨论。

如果你希望对误差校正理论进行严格和详尽的研究，Pretzel(1992)的书是一本很好的入门书籍。这本书可访问、写得很好并且很全面。

伽罗华域的详细讨论可以在 Artin(1998)和 Warner(1990)的著作中找到(不贵!)。Warner 的厚书清晰地全面地介绍了抽象代数的概念。对抽象代数的研究将有助于你深入研究数学密码学，这是一个在计算机科学中快速增长的兴趣领域。

参考文献

Arazi, B. *A Commonsense Approach to the Theory of Error Correcting Codes.* Cambridge, MA: The MIT Press, 1988.

Artin, E. *Galois Theory.* New York: Dover Publications, 1998.

Bunt, L. N. H., Jones, P. S., & Bedient, J. D. *The Historical Roots of Elementary Mathematics.* New York: Dover Publications, 1988.

Goldberg, D. "What Every Computer Scientist Should Know about Floating-Point Arithmetic." *ACM Computing Surveys 23*:1, March 1991, pp. 5–47.

Knuth, D. E. *The Art of Computer Programming*, 3rd ed. Reading, MA: Addison-Wesley, 1998.

Pretzel, O. *Error-Correcting Codes and Finite Fields.* New York: Oxford University Press, 1992.

Schwartz, E. M., Smith, R. M., & Krygowski, C. A. "The S/390 G5 Floating-Point Unit Supporting Hex and Binary Architectures." *IEEE Proceedings from the 14th Symposium on Computer Arithmetic,* 1999, pp. 258–265.

Soderquist, P., & Leeser, M. "Area and Performance Tradeoffs in Floating-Point Divide and Square-Root Implementations." *ACM Computing Surveys 28*:3, September 1996, pp. 518–564.

The Unicode Consortium. *The Unicode Standard, Version 4.0.* Reading, MA: Addison-Wesley, 2003.

Warner, S. *Modern Algebra.* New York: Dover Publications, 1990.

复习题

1. bit这个单词是哪两个词的缩写？
2. 解释术语位、字节、半字节和字的关系。
3. 为什么二进制和十进制称为位置编号系统(positional numbering systems)？
4. 说明基数2、基数8和基数16的关系。
5. 什么是基数？
6. 你能回忆起表2-1中有多少个“记得住的数”（在所有基上）？
7. 在无符号数中溢出是什么意思？
8. 说出在数字计算机中可以表示有符号整数的4种方式，并解释它们之间的区别。
9. 对于有符号整数的4个表示中哪一个在数字计算机系统中最常用？
10. 补码系统在哪些方面与自行车上的里程表相似？
11. 你认为本章介绍的倍和法是比其他二进制到十进制转换更容易的方法吗？为什么？
12. 参考上一个问题，其他两种转换方法的缺点是什么？
13. 什么是溢出，如何检测？无符号数字中的溢出与有符号数字中的溢出有何区别？
14. 如果计算机只能操作和存储整数，那么会遇到什么困难？这些困难如何克服？
15. 布斯算法的目标是什么？
16. 进位与溢出有何区别？
17. 什么是算术移位？
18. 浮点数的3个组成部分是什么？
19. 什么是移码指数？它提供的功效是什么？
20. 什么是规格化？为什么规格化是必要的？
21. 当使用二进制数字计算机执行浮点算术时，为什么总是会有一定程度的误差？
22. 在IEEE-754浮点数标准下双精度数字有多少位？
23. 什么是EBCDIC，它与BCD有什么关系？
24. 什么是ASCII，它是如何起源的？
25. 说明ASCII和Unicode之间的区别。
26. Unicode字符需要多少位？
27. 为什么要创建Unicode？
28. 循环冗余校验如何工作？
29. 什么是系统错误检测？
30. 什么是汉明码？
31. 汉明距离是什么意思，为什么它这么重要？最小汉明距离是什么意思？
32. 对于与数据位数相关的编码，所需的冗余位数是多少？
33. 什么是突发错误？
34. 说出一个可以弥补突发错误的错误检测方法。

习题

◆1. 使用减法或除法求余执行以下基数转换：

◆ a) 458_{10} = ________$_3$　　◆ b) 677_{10} = ________$_5$

◆ c) 1518_{10} = ________$_7$　　◆ d) 4401_{10} = ________$_9$

2. 使用减法或除法求余执行以下基数转换：

a) 588_{10} = ________$_3$　　b) 2254_{10} = ________$_5$

c) 652_{10} = ________$_7$　　d) 3104_{10} = ________$_9$

3. 使用减法或除法求余执行以下基数转换：

a) 137_{10} = ________$_3$ b) 248_{10} = ________$_5$
c) 387_{10} = ________$_7$ d) 633_{10} = ________$_9$

4. 执行以下基数转换：
a) 20101_3 = ________$_{10}$ b) 2302_5 = ________$_{10}$
c) 1605_7 = ________$_{10}$ d) 687_9 = ________$_{10}$

5. 执行以下基数转换：
a) 20012_3 = ________$_{10}$ b) 4103_5 = ________$_{10}$
c) 3236_7 = ________$_{10}$ d) 1378_9 = ________$_{10}$

6. 执行以下基数转换：
a) 21200_3 = ________$_{10}$ b) 3244_5 = ________$_{10}$
c) 3402_7 = ________$_{10}$ d) 7657_9 = ________$_{10}$

7. 将下列十进制小数转换为二进制，二进制小数点的右边最多留 6 个位置：
◆ a) 26.78125 ◆ b) 194.03125
◆ c) 298.796875 ◆ d) 16.1240234375

8. 将下列十进制小数转换为二进制，二进制小数点的右边最多留 6 个位置：
a) 25.84375 b) 57.55
c) 80.90625 d) 84.874023

9. 将下列十进制小数转换为二进制，二进制小数点的右边最多留 6 个位置：
a) 27.59375 b) 105.59375
c) 241.53125 d) 327.78125

10. 转换以下二进制小数为十进制：
a) 10111.1101 b) 100011.10011
c) 1010011.10001 d) 11000010.111

11. 转换以下二进制小数为十进制：
a) 100001.111 b) 111111.10011
c) 1001100.1011 d) 10001001.0111

12. 转换以下二进制小数为十进制：
a) 110001.10101 b) 111001.001011
c) 1001001.10101 d) 11101001.110001

13. 转换十六进制数 $AC12_{16}$ 为二进制数。

14. 转换十六进制数 $7A01_{16}$ 为二进制数。

15. 转换十六进制数 DEAD $BEEF_{16}$ 为二进制数。

16. 使用 8 位原码、1 的补码(或反码)、2 的补码(或补码)、偏移值为 127 的移码表示以下十进制数。
◆ a) 77 ◆ b) −42 c) 119 d) −107

17. 使用 8 位原码、1 的补码(或反码)、2 的补码(或补码)、偏移值为 127 的移码表示以下十进制数。
a) 60 b) −60 c) 20 d) −20

18. 使用 8 位原码、1 的补码(或反码)、2 的补码(或补码)、偏移值为 127 的移码表示以下十进制数。
a) 97 b) −97 c) 44 d) −44

19. 使用 8 位原码、1 的补码(或反码)、2 的补码(或补码)、偏移值为 127 的移码表示以下十进制数。
a) 89 b) −89 c) 66 d) −66

20. 在以下情况下，8 位二进制数 10011110 的十进制值是多少：
a) 它可解释为无符号数字？
b) 它存储在使用原码表示的计算机上？
c) 它存储在使用 1 的补码(或反码)表示的计算机上？
d) 它存储在使用 2 的补码(或补码)表示的计算机上？
e) 它存储在使用偏移值为 127 的移码表示的计算机上？

21. 在以下情况下，8 位二进制数 00010001 的十进制值是多少：

a) 它可解释为无符号数字？

b) 它存储在使用原码表示的计算机上？

c) 它存储在使用 1 的补码(或反码)表示的计算机上？

d) 它存储在使用 2 的补码(或补码)表示的计算机上？

e) 它存储在使用偏移值为 127 的移码表示的计算机上？

22. 在以下情况下，8 位二进制数 10110100 的十进制值是什么？

a) 它可解释为无符号数字？

b) 它存储在使用原码表示的计算机上？

c) 它存储在使用 1 的补码(或反码)表示的计算机上？

d) 它存储在使用 2 的补码(或补码)表示的计算机上？

e) 它存储在使用偏移值为 127 的移码表示的计算机上？

23. 给定以下两个二进制数：11111100 和 01110000。

a) 若这两个数字均为无符号二进制数，那么哪一个较大？

b) 当在计算机上使用有符号 2 的补码(或补码)表示时，这两者中的哪一个较大？

c) 当在计算机上使用原码表示时，这两者中的哪一个较小？

24. 使用 3 位“字”，列出所有可能的有符号二进制数及其等价的十进制数：

a) 原码　　b) 1 的补码(或反码)　　c) 2 的补码(或补码)

25. 使用 4 位“字”，列出所有可能的有符号二进制数及其等价的十进制数：

a) 原码　　b) 1 的补码(或反码)　　c) 2 的补码(或补码)

26. 从前两个问题的结果中，归纳出可以表示的值的范围(十进制)，在任何给定 x 位数下使用如下编码：

a) 原码　　b) 1 的补码(或反码)　　c) 2 的补码(或补码)

27. 填写下表，指出使用各种格式表示的每种二进制模式。

无符号整数	4 位二进制值	原码	1 的补码(或反码)	2 的补码(或补码)	偏移值为 7 的移码
0	0000				
1	0001				
2	0010				
3	0011				
4	0100				
5	0101				
6	0110				
7	0111				
8	1000				
9	1001				
10	1010				
11	1011				
12	1100				
13	1101				
14	1110				
15	1111				

28. 假设有一个(非常)微小的计算机，其字长为 6 位。在以下表示中，这个计算机可以表示的最小负数和最大正数是多少？

◆ a) 1 的补码(或反码) b) 2 的补码(或补码)

29. 要将两个以 2 的补码表示的数相加，什么一定是真的?

30. 在大多数计算机中存储有符号整数最常用的表示法是什么，为什么?

31. 你在环游世界时偶然发现了一种未知的文明。那些称自己为斑马人的人们做数学使用 40 个独立的字符(可能是因为斑马身上有 40 条条纹)。他们非常喜欢使用计算机，所以需要一台能做斑马人数学的计算机，这意味着一台计算机要表示所有的 40 个字符。你是一个计算机设计师并决定帮助他们。你决定最好是使用二进制编码斑马语 BCZ，(这很像 BCD，但它编码斑马语而不是十进制数)。如果要使用最小的位数，你需要多少位表示一个字符?

◆ 32. 对以下无符号二进制数执行加法。

a) 01110101 + 00111011 b) 00010101 + 00011011 c) 01101111 + 00010001

33. 对以下无符号二进制数执行加法。

a) 01000100 + 10111011 b) 01011011 + 00011111 c) 10101100 + 00100100

34. 使用 2 的补码(或补码)算术执行以下有符号二进制数的减法:

a) 01110101 − 00111011 b) 00110101 − 00001011 c) 01101111 − 00010001

35. 使用 2 的补码(或补码)算术执行以下有符号二进制数的减法:

a) 11000100 − 00111011 b) 01011011 − 00011111 c) 10101100 − 00100100

36. 假设以下数为无符号整数，执行二进制乘法:

◆ a) 1100 × 101 b) 10101 × 111 c) 11010 × 1100

37. 假设以下数为无符号整数，执行二进制乘法:

◆ a) 1011 × 101 b) 10011 × 1011 c) 11010 × 1011

38. 假设以下数为无符号整数，执行二进制除法:

◆ a) 101101 ÷ 101 b) 10000001 ÷ 101 c) 1001010010 ÷ 1011

39. 假设以下数为无符号整数，执行二进制除法:

a) 11111101 ÷ 1011 b) 110010101 ÷ 1001 c) 1001111100 ÷ 1100

40. 使用倍增法转换 10212_3 为十进制数(提示：你必须改变乘数。)

◆ 41. 使用原码表示，完成以下操作:

$$+0 + (-0) =$$
$$(-0) + 0 =$$
$$0 + 0 =$$
$$(-0) + (-0) =$$

◆ 42. 假设一台计算机使用 4 位 1 的补码(或反码)表示，忽略溢出，在下面的伪代码程序终止后，什么样的值将存储在变量 j 中?

```
0 → j    // Store 0 in j.
-3 → k   // Store -3 in k.
while k ≠ 0
   j = j + 1
   k = k - 1
end while
```

43. 假设以下整数为有符号 2 的补码(或补码)，使用布斯算法执行二进制乘法。

◆ a)
$$\begin{array}{r}1011\\ \underline{\times 1011}\end{array}$$
b)
$$\begin{array}{r}0011\\ \underline{\times 1011}\end{array}$$
c)
$$\begin{array}{r}1011\\ \underline{\times 1100}\end{array}$$

44. 使用算术移位，执行以下操作：

a) 00010101_2的两倍　b) 01110111_2的四倍　c) 11001010_2的一半

45. 如果某个系统上的浮点数表示有1位符号位、3位指数和4位有效位数：

a) 如果这个系统的存储已被规格化，那么它可以存储的最大正数和最小正数是多少？(假设没有隐含位、没有移码、指数使用2的补码(或补码)表示法并且全0和全1指数都是允许的。)

b) 如果我们更喜欢所有指数都为非负数，则应该在指数中使用什么移码？你为什么选择这种移码？

◆ **46.** 使用上一个问题中的模型(包括选择的移码)，并使用与加数和被加数同样的表示方法，对以下浮点数做加法运算：

0	1	1	1	1	0	0	0
0	1	0	1	1	0	0	1

计算上一个问题答案中的相对误差(如果有的话)。

47. 假设我们正在使用本书给出的以浮点表示的简单模型(该表示使用14位格式，使用偏移值为15的5位指数、8位的标准化尾数和数字的单符号位)：

a) 显示计算机如何用这种浮点格式表示数字100.0和0.25。

b) 计算机在通过改变一个数字的 *a* 部分使它们都以相同的2的幂来表示的情况下，执行 *a* 部分中的两个浮点数相加。

c) 显示计算机如何使用给定的浮点表示法表示 *b* 部分的总和。计算机实际存储的十进制值的和是多少？请解释。

48. 什么会导致下溢，对此可以做些什么呢？

49. 为什么我们通常以规格化形式存储浮点数？使用移码而不是向指数添加符号位的优点是什么？

50. 设 $a = 1.0\times 2^9$、$b = -1.0\times 2^9$ 和 $c = 1.0\times 2^1$。使用本书中描述的简单浮点数模型(该表示使用14位格式，偏移值为15的5位指数、标准化尾数为8位和数字的单符号位)，进行以下计算，请密切关注操作顺序。关于有限模型中浮点运算的代数性质，你能说些什么？你认为这个代数异常在乘法和加法下都成立吗？

$$b + (a + c) =$$
$$(b + a) + c =$$

51. 使用IEEE-754单精度表示如何存储以下每个浮点数(一定要指示符号位、指数和有效数域)：

a) 12.5　b) −1.5　c) 0.75　d) 26.625

52. 使用IEEE-754双精度表示如何存储以下每个浮点数(一定要指示符号位，指数和有效数域)：

a) 12.5　b) −1.5　c) 0.75　d) 26.625

53. 假设我们找到了另一个浮点数表示法。使用这个表示，一个12位浮点数有1位表示符号、4位为指数、7位为尾数。和这个简单模型一样进行规范化，使小数点右边的第一个数字必须是1。指数中的数字是有符号2的补码(或补码)表示。不使用移码，并且没有隐含位。显示使用以下格式可以表示的最小正数(只需填写在提供的方格中)。它的十进制数是多少？

符号	指数				尾数						

54. 找到3个浮点值来说明浮点数加法不满足结合律(你需要在有特定编译器的特定硬件上运行一个程序。)

55. a) 假设字符A的ASCII码是1000001，那么字符J的ASCII码是什么？

b) 假设字符A的EBCDIC码是1100 0001，那么字符J的EBCDIC码是什么？

56. a) 字母A的ASCII码是1000001，字母a的ASCII码是1100001。给定字母G的ASCII码是1000111，不看表2-7，字母g的ASCII码是什么？

b) 字母 A 的 EBCDIC 码是 1100 0001，字母 a 的 EBCDIC 码是 1000 0001。给定 G 的 EBCDIC 码是 1100 0111，不看表 2-6，字母 g 的 EBCDIC 码是什么？

c) 字母 A 的 ASCII 码是 1000001，字母 a 的 ASCII 码是 1100001。给定 Q 的 ASCII 码是 1010001，不看表 2-7，字母 q 的 ASCII 码是什么？

d) 字母 J 的 EBICIC 码是 1101 0001，字母 j 的 EBCDIC 码是 1001 0001。给定 Q 的 EBCDIC 码是 1101 1000，不看表 2-6，字母 q 的 EBCDIC 码是什么？

e) 一般来说，如果要编写一个程序将大写 ASCII 字符转换为小写字符，你会怎么做？观察表 2-6，你可以使用相同的算法将大写 EBCDIC 字母转换为小写吗？

f) 如果你的任务是将使用 ASCII 或 Unicode 的计算机与基于 EBCDIC 的计算机进行接口，转换 EBCDIC 字符到 ASCII 字符的最好的方式是什么？

◆ **57.** 假设计算机上有 24 位字。在这 24 位中，我们希望表示值 295。

◆ a) 计算机如何表示十进制值 295？

◆ b) 如果我们的计算机使用 8 位 ASCII 和偶校验，那么计算机如何表示字符串 295？

◆ c) 如果我们的计算机使用带有零填充的压缩 BCD，计算机如何表示数字 +295？

58. 解码以下 ASCII 消息，假设有 7 位 ASCII 字符，无奇偶校验位：

1001010 1001111 1001000 1001110 0100000 1000100 1001111 1000101

59. 为什么系统设计师希望将 Unicode 作为新系统的默认字符集？你能给出不使用 Unicode 作为默认值的理由吗？（提示：考虑语言兼容性与存储空间。）

60. 假设我们希望创建一个使用 3 位信息位、1 位奇偶校验位（附加到信息的末尾）并使用奇校验的编码。列出此编码中所有合法的码字。编码的汉明距离是多少？

61. 假设我们给出下面的码字子集，创建带有一个奇偶校验位的 7 位存储器字：11100110、00001000、10101011 和 11111110。这个代码使用的是偶校验还是奇校验？请解释原因。

62. 纠错汉明码是否是系统错误检测码？请解释原因。

63. 计算以下代码的汉明距离：

0011010010111100
0000011110001111
0010010110101101
0001011010011110

64. 计算以下代码的汉明距离：

0000000101111111
0000001010111111
0000010011011111
0000100011101111
0001000011110111
0010000011111011
0100000011111101
1000000011111110

65. 在为一个编码定义汉明距离时，我们选择使用任何两个编码之间的最小（汉明）距离。解释为什么使用最大或平均距离不会更好。

66. 假设我们想要有一种纠错码，对于长度为 10 的存储器字，它允许纠正所有一位错。

a) 这需要多少个奇偶校验位？

b) 假设我们使用本章介绍的汉明算法设计纠错码，找到码字以表示这个 10 位信息字：

1 0 0 1 1 0 0 1 1 0。

67. 假设我们想要有一种纠错码，对于长度为 12 的存储器字，它将允许纠正所有一位错误。

a) 这需要多少个奇偶校验位？

b) 假设我们使用本章介绍的汉明算法设计纠错码，找到码字以表示这个 12 位信息字：

1 0 0 1 0 0 0 1 1 0 1 0。

◆ **68.** 假设我们正在使用一种纠错码，对长度为7的存储器字，它允许纠正所有一位错。我们已经计算出需要4个校验位，所有码字的长度都为11。码字根据本书提供的汉明算法创建。我们现在收到了以下码字：1 0 1 0 1 0 1 1 1 1 0，假设使用偶校验，这是一个合法的码字吗？如果不是，根据我们的纠错码，错误在哪里？

69. 使用以下码字重复练习题68：0 1 1 1 1 0 1 0 1 0 1

70. 假设我们正在使用一个纠错码，对长度为12的存储器字，它允许纠正所有一位错。我们已经计算出需要5个校验位，所有码字的长度为17。码字根据本书提供的汉明算法创建。我们现在收到了以下码字：0 1 1 0 0 1 0 1 0 0 1 0 0 1 0 0 1，假设使用偶校验，这是一个合法的码字吗？如果不是，根据我们的纠错码，错误在哪里？

71. 请列举两种不同于汉明编码的里德－所罗门码方式。

72. 什么时候你会在一个汉明码上面选择一个CRC？什么时候你会在一个CRC上面选择一个汉明码？

◆ **73.** 求下列模2除法的商和余数。

◆ a) $1010111_2 \div 1101_2$　　◆ b) $1011111_2 \div 11101_2$

◆ c) $1011001101_2 \div 10101_2$　　◆ d) $111010111_2 \div 10111_2$

74. 求下列模2除法的商和余数。

a) $1111010_2 \div 1011_2$　　b) $1010101_2 \div 1100_2$

c) $1101101011_2 \div 10101_2$　　d) $1111101011_2 \div 101101_2$

75. 求下列模2除法的商和余数。

a) $11001001_2 \div 1101_2$　　b) $1011000_2 \div 10011_2$

c) $11101011_2 \div 10111_2$　　d) $111110001_2 \div 1001_2$

76. 求下列模2除法问题的商和余数。

a) $1001111_2 \div 1101_2$　　b) $1011110_2 \div 1100_2$

c) $1001101110_2 \div 11001_2$　　d) $111101010_2 \div 10011_2$

◆ **77.** 使用CRC多项式1011，计算信息字1011001的CRC码字。检查在接收方执行的除法。

78. 使用CRC多项式1101，计算信息字01001101的CRC码字。检查接收方执行的除法。

79. 使用CRC多项式1101，计算信息字1100011的CRC码字。检查接收方执行的除法。

80. 使用CRC多项式1101，计算信息字01011101的CRC码字。检查在接收方执行的除法。

81. 选择一个架构(如80486、Pentium、Pentium IV、SPARC、Alpha或MIPS)。研究该架构如何处理本章所介绍的概念。例如，它用什么表示负值？它支持什么字符编码？

82. 我们已经看到，浮点算术既不满足结合律也不满足分配律。你认为为什么是这样的？

特别关注：数据记录和传输的编码

ASCII、EBCDIC和Unicode在计算机存储器中已被明确表示。(第3章介绍如何使用二进制数字设备完成此操作。)数字开关(如在存储器中使用的数字开关)的状态是“关”或者“开”。然而，当数据被写入某种记录介质(如磁带或磁盘)或长距离传输时，二进制信号可能变得模糊，特别是当涉及一长串的1和0时。这种模糊部分归因于发送方和接收方之间的时间漂移。磁介质如磁带和磁盘，也可能因为磁性材料具有的电气性能而失去同步。数字信号的“高”和“低”状态之间的信号转换有助于在数据记录和通信设备中保持同步。为此，ASCII、EBCDIC和Unicode在传输或记录之前被转换成其他编码。这个转换是由数据记录和传输设备中的控制电子设备操作的。用户和主机都不知道这种转换已经发生。

电信设备通过在传输介质(例如，铜线)中使用“高”和“低”脉冲来发送和接收字节。磁性存储设备使用名为**磁通反转**的磁极变化来记录数据。某些编码方法更适合数据通信而不是数据记录。新的编码不断被发明，以适应不断变化的记录方法和改进的传输和记录介质。我们将研究一些较流行的记录和传输编码，以显示如何克服这一领域的一些挑战。为了简洁起见，我们将使用术语**数据编码**来表示将简单字符代码(如 ASCII)转换成更适合存储或传输的其他代码的过程。**编码数据**表示被编码的字符代码。

2A.1 非归零码

最简单的数据编码方法是**非归零(NRZ)**码。我们使用这种编码意味着当我们说“高”和“低”时分别代表1和0：通常1为高电压，0为低电压。通常，高电压为+3V或+5V；低电压为-3V或-5V。(相反的情况在逻辑上是等效的。)

例如，具有偶校验的英文单词 OK 的 ASCII 编码是 11001111 01001011。在 NRZ 码中，这种模式以信号形式和磁通形式在图2A-1中显示。每位占据传输介质中一个任意时间片，或磁盘上一个任意空间点。这些片和点称为**位元**。

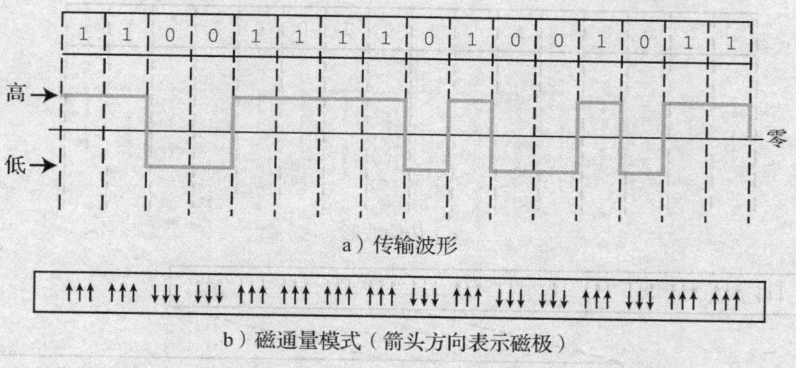

图2A-1 OK 的 NRZ 编码

正如图2A-1所示，在 ASCII 字符 O 中有连续的1。如果传送单词 OK 的更长形式 OKAY，那么我们会有一长串0，以及一长串1的字符串：11001111 01001011 01000001 01011001。除非接收方与发送方精确同步，否则无法知道每个位元信号确切的持续时间。接收方的慢定时或异相定时可能导致单词 OKAY 的位序列被接收为：10011 0100101 010001 0101001。这个位序列转换回 ASCII 码是 <ETX>()，这与发送的内容不相同。(<ETX>用于表示一个 ASCII 的文本结束字符，十进制表示为26)。

这个例子的小实验表明，在 NRZ 代码中只要丢了一位，整个消息就可能成为乱码。

2A.2 不归零反转码

不归零反转(NRZI)方法解决了同步丢失的部分问题。NRZI 中的每个二进制1都有从高到低或低到高的转换，二进制0没有转换。对于单词 OK 的 NRZI 编码(具有偶校验)如图2A-2所示。

虽然 NRZI 消除了二进制1丢失的问题，但我们仍然面临着长串0的问题，这会导致接收方或读设备偏离相位，这种方法有可能丢掉二进制位。

解决这个问题的明显方法是向传输波形注入足够的转换，以保持发送方和接收方的同步，同时保持消息的信息内容。这是今天在数据存储和传输中使用的所有编码方法背后的基本思想。

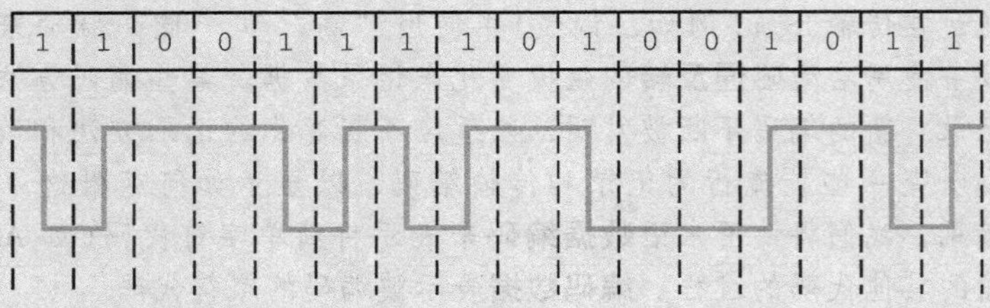

图 2A-2 单词 OK 的 NRZI 编码

2A.3 调相（曼彻斯特码）

通常称为**调相**(PM)或**曼彻斯特码**的编码方法正是解决同步问题的方法。PM 中每个位都有一次转换，无论是 1 还是 0。在 PM 中，每个二进制 1 用一个“向上”的转换表示，二进制 0 用一个“向下”的转换表示。必要时，在位元边界上提供额外的转换。OK 这个词的 PM 编码如图 2A-3 所示。

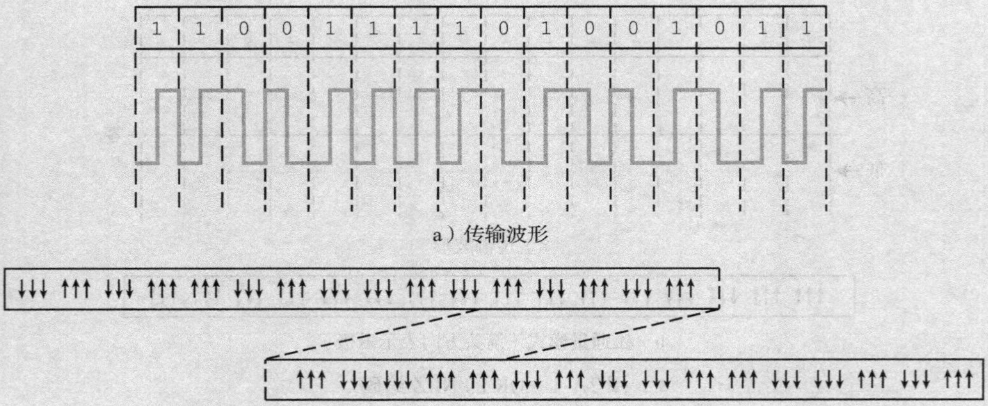

a）传输波形

b）磁通量模式

图 2A-3 单词 OK 的调相(曼彻斯特编码)

调相通常用于数据传输应用，如局域网。然而，它不适合用在数据存储中。如果在磁带和磁盘中使用 PM，则调相的位密度将是 NRZ 的两倍。(每半个位元有一次磁通变换，如图 2A-3b 所示。)然而，我们刚刚看到使用 NRZ 可能导致有无法接受的高错误率。因此，我们可以定义一种“好的”编码方案，即在“过度”存储要求与“过度”错误率之间达到平衡的最经济的方法。为了寻找这个平衡，已经创建了许多代码。

2A.4 调频

当用于数字应用时，**调频**(FM)与调相相似，其中每个位元至少有一次转换。这些同步转换发生在每个位元的开头。为了对二进制 1 进行编码，在位元的中间应有附加的转换。单词 OK 的 FM 编码如图 2A-4 所示。

从图 2A-4 中可以看出，对于其存储要求，FM 只比 PM 稍好一点。然而，有一种对 FM 本身改进的编码方法称为**改进调频**(MFM)，其中位元边界的转换只在相邻 0 之间才有。那么，在 MFM 中每一对位元至少有一次转换，而不是像在 PM 或 FM 中每个位元至少有一次转换。

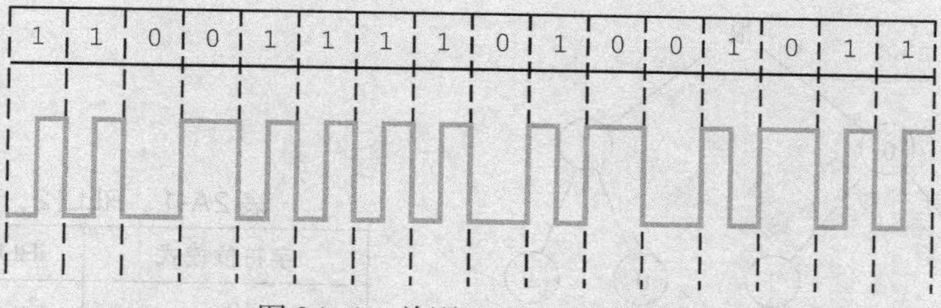

图 2A-4 单词 OK 的调频编码

MFM 比 PM 的转换次数少，比 NRZ 的转换次数多。MFM 是一种在经济性和错误控制方面高效的编码。多年来，MFM 实际上是硬盘存储的唯一编码方法。单词 OK 的 MFM 编码如图 2A-5 所示。

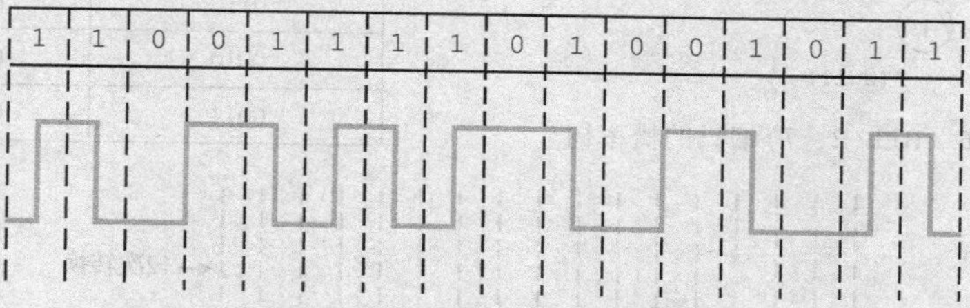

图 2A-5 单词 OK 的改进调频编码

2A.5 游程长度受限码

游程长度受限(RLL)是一种编码方式，在这种编码方法中诸如 ASCII 或 EBCDIC 之类的块字符码字转换为在限制代码中出现连续零数量的码字。一个 RLL(d, k) 编码允许最小 d 个和最大 k 个连续 0 出现在任何一对连续的 1 之间。

显然，RLL 码字必须包含比原始字符代码更多的位。然而，因为 RLL 是使用磁盘上的 NRZI 进行编码的，所以 RLL 编码的数据实际上占用较少的磁介质空间，因为它涉及更少的磁通转换。使用 RLL 码字的目的是防止硬盘出现丢失同步的情况，在使用缺少变化的二进制 NRZI 码时会出现这种情况。

虽然有许多变种，但 RLL(2, 7) 是磁盘系统使用的主要编码。在技术上它是 8 位 ASCII 或 EBCDIC 字符的 16 位映射。然而，在磁通逆转方面，它几乎比 MFM 有效 50%。(证明这个结果留给读者作为一个练习。)

理论上讲，RLL 是一种名为**赫夫曼编码**(在第 7 章中讨论)的数据压缩形式，赫夫曼编码使用最短的码字位模式对最合适的信息位模式进行编码。(在这儿，我们在谈论最少的磁通逆转。)这个理论基于这样一个假设：在任何位元中存在或不存在 1 是一个概率相等的事件。从这个假设我们可以推断模式 10 在任何一对相邻位元内发生的概率是 0.25。[$P(b_i=1)=1/2$; $P(b_j=0)=1/2$; $\Rightarrow P(b_ib_j=10)=1/2\times1/2=1/4$]。类似地，位模式 011 的发生概率为 0.125。图 2A-6显示了在 RLL(2, 7) 中使用位模式的概率树。表 2A-1 给出了 RLL(2, 7) 使用的位模式。

正如表 2A-1 中所示，不可能有超过 7 个连续的 0，至少两个 0 将出现在任何可能的位组合中。

图 2A-7 将单词 OK 的 MFM 编码与其 RLL(2, 7) NRZI 编码进行了比较。MFM 有 12 次磁通转换，而 RLL 有 8 次转换。在磁盘设计中，如果限制因素是每平方毫米的磁通转换次数，则在相同的磁性区域中单词 OK 使用 RLL 比使用 MFM 可以多压缩 50% 以上。因此，RLL 几乎全部用于高容量磁盘驱动器。

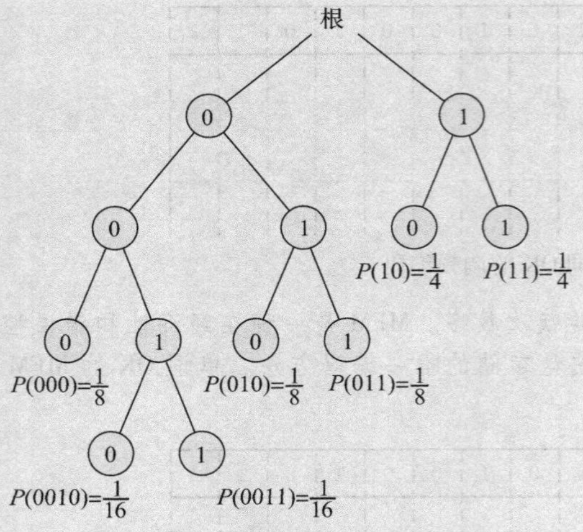

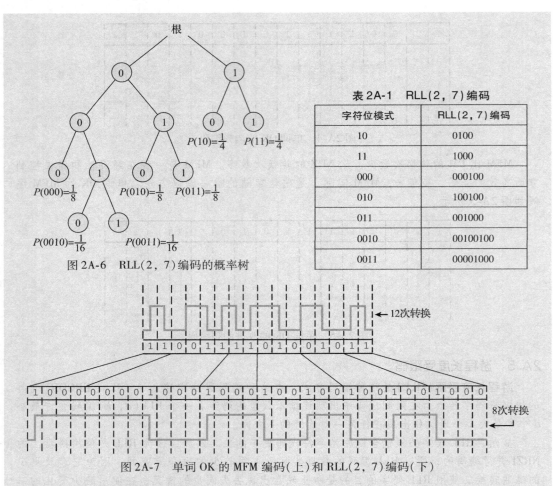

图 2A-6 RLL(2，7)编码的概率树

表 2A-1 RLL(2，7)编码

字符位模式	RLL(2，7)编码
10	0100
11	1000
000	000100
010	100100
011	001000
0010	00100100
0011	00001000

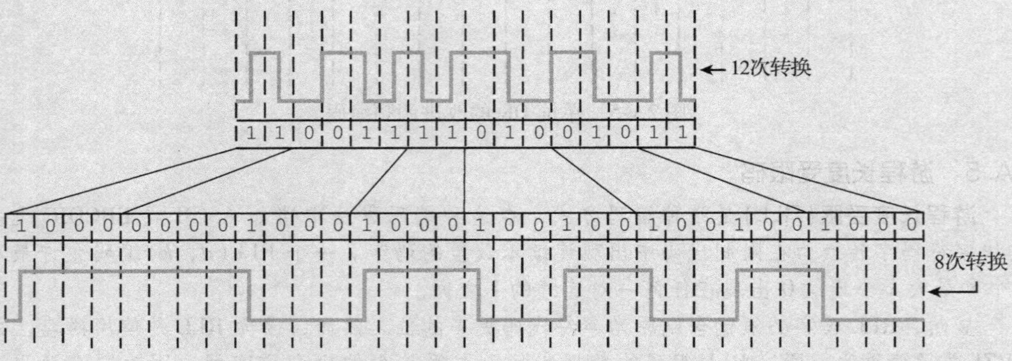

图 2A-7 单词 OK 的 MFM 编码(上)和 RLL(2，7)编码(下)

2A.6 部分响应最大似然编码

在当今超高容量的磁盘和磁带介质上，RLL 本身不是足够可靠的编码。随着数据密度的增加，编码位必须写得更靠近一些。这意味着将有较少的磁性材料颗粒参与每位的编码，这会导致磁信号的强度降低。随着信号强度的降低，相邻的磁通反转开始互相干扰。这种名为**叠加**的现象是有特点的，如图 2A-8 所示。它显示了一个漂亮、整洁、易于检测的磁正弦波，看起来像一串煮得过熟得意大利面条。

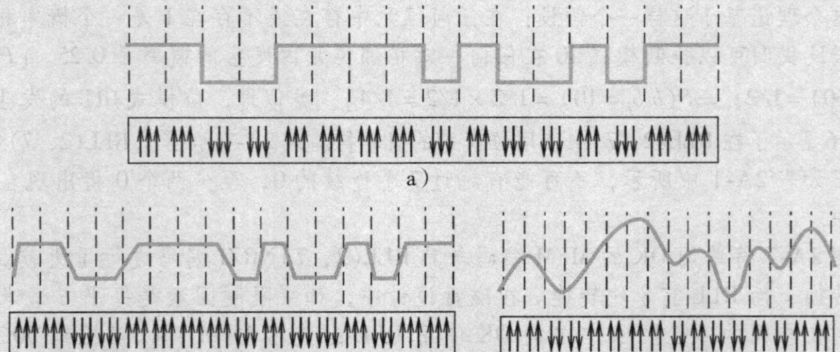

图 2A-8 随着 a)、b)和 c)中位密度的增大，磁通变化越来越紧密

尽管它有不好看的外观，但叠加的波形可以很好地被定义和理解。然而，与传统的正弦波不同，它们的特性不能被简单的峰值检测器捕获，它对每个位元执行一次测量。相反，它们在位元波形中可以多次采样，对检测器电路给出一种“部分响应”模式。然后，检测器电路（维特比检测器）将部分响应模式与相对较小的一组可能的响应模式相匹配，并将最接近的匹配（“最大似然”正确模式）传递给数字译码器。因此，这种编码方案称为**部分响应最大似然（PRML）**。（在阅读第 3 章之后，您将了解维特比检测器如何决定哪种模式是最有可能的。）

PRML 是一系列编码方法的通用名称，不同方法之间是通过每个位元采样的数目来区分的。更频繁的采样允许更大的数据密度。随着磁头技术的改进，自 2000 年以来，PRML 一直是磁盘和磁带密度增加的根本推动因素，这项技术确实有可能尚未得到充分的利用。

2A.7 总结

在磁盘和磁带上如何存储字节的理解将有助于了解许多与数据存储相关的概念和问题。熟悉错误控制方法将有助于研究数据存储和数据通信。有关磁存储数据编码的最佳信息可以在电气工程书籍中找到。它们包含一系列关于物理介质行为的引人入胜的信息，以及这种行为如何被各种编码方法所使用。在第 7 章中将学到更多的有关数据存储的内容。第 12 章介绍与数据通信有关的主题。

练习

1. 为什么避免使用非归零码作为数据写入磁盘的方法？
2. 为什么曼彻斯特编码不是将数据写入磁盘的好选择？
3. 解释游程长度受限码的工作原理。
4. 使用以下编码写出字符 4 的 7 位 ASCII 码：

a）非归零码

b）不归零反转码

c）曼彻斯特码

d）调频

e）改进调频

f）游程长度受限

（假设 1 为“高”，0 为“低”。）

第3章

The Essentials of Computer Organization and Architecture, Fourth Edition

布尔代数与数字逻辑

3.1 引言

19世纪上半叶，乔治·布尔居住在英国。作为皮匠的长子，他自学了希腊语、拉丁语、法语、德语和数学语言。就在布尔快16岁时，他接受了在一所小型卫理公会学校的教学工作，为他的家庭提供急需的收入。在19岁的时候，布尔回到家乡英格兰的林肯，创办了自己的寄宿学校，更好地为自己的家庭提供支持。他经营这所学校共15年，直到他成为爱尔兰科克皇后学院的数学教授。作为一个商人的儿子，布尔的社会地位不允许他到更有名的大学工作，尽管他发表了十几篇备受推崇的论文和专著。最著名的专著《思维规律》出版于1854年，创建了被称为**符号逻辑**或**布尔代数**的数学分支。

将近85年后，约翰·文森特·阿塔纳索夫将布尔代数应用于计算。他对本书作者 Linda Null 讲述了自己对计算机组成与体系结构的见解。在当时，阿塔纳索夫试图使用跟帕斯卡尔和巴贝奇同样的技术构建一台计算机。他的目的是使用这台计算机求解线性系统方程。经过努力但多次失败后，阿塔纳索夫非常沮丧，他决定开车出去转转。当时他住在艾奥瓦州的埃姆斯，当他突然意识到已经开出很远的时候，发现自己已经把车开到了200英里(约322公里)外的伊利诺伊州。

阿塔纳索夫本来不打算开车到那么远的地方，但是因为伊利诺伊州是一个可以在酒馆合法买酒的地方，他便坐了下来点了杯威士忌。当他意识到驾驶这样远的距离只为喝一杯酒时，他笑了起来！更具有讽刺意味的是，他以前从来不喝酒。他觉得自己需要一个清醒的头脑以记下在漫无目的的旅程中所想到的启示。根据以往的物理和数学背景以及之前研制计算机失败的教训，他在计算机的新设计上有了4个关键且必要的突破：

1. 用电代替机械运动(电子管将允许他这样做)。
2. 因为用了电，所以他将利用以2为基的数字而不是10(这直接与执行“开”或“关”的开关相关)，这台机器使用数字量，而不是模拟量。
3. 因为电容可以存储电能，所以他为内存使用电容(冷凝器)作为其再生过程，以防止漏电。
4. 计算由被阿塔纳索夫称为“直接的逻辑行动”来完成(其实质上等同于布尔代数)，而不是像以前所有的计算设备那样通过枚举来执行计算。

应当指出，在当时阿塔纳索夫没有意识到可将布尔代数应用到他的问题中，他通过试验和以前发现的错误制定了自己的逻辑操作。他不知道在1938年香农证明了二值布尔代数可以描述二值开关电路。今天，布尔代数在现代计算机系统设计中具有重要的意义。正是由于这个原因，本章将介绍布尔逻辑及其与数字计算机的关系。

本章简要介绍了逻辑电路设计的基础知识，即布尔代数的最小覆盖面，以及逻辑门和基本数字电路的代数关系。凭借以前的编程经验，你可能已经熟悉了基本的布尔运算符。毫无疑问的是，你需要知道为什么必须更详细地研究这些内容。你将在本章看到，布尔逻辑和任何计算机系统的实际物理组件之间有很强的联系。一名计算机科学家可能不用设计数字电路或其他物理组件，事实上，本章也不准备设计这样的项目。相反，它提供了足够的背景知识以便让你了解计算机设计和实施背后的基本动机。从编程的角度来看，理解布尔逻辑如何影响各种计算机系统组件的设计将让你更有效地使用任何计算机系统。如果你有兴趣钻研得更深，在本章结尾也列举了大量的资源，帮助你进一步研究这些课题。

3.2 布尔代数

布尔代数是表示对象操作的代数，它只有两个值，虽然它可以是任何一对值，但通常是真与假。因为计算机可以看成是一系列“开”或“关”的开关集合，所以布尔代数可以很自然地表示数字信息。事实上，数字电路采用低电压和高电压，但是理解为0和1就足够了。常见的解释为数字值0为假，数字值1为真。

3.2.1 布尔表达式

除了二进制对象，布尔代数也可以对一些对象或变量进行操作。将变量和运算符进行组合就产生了**布尔表达式**。依据输入值集合{0，1}，**布尔函数**通常有一个或多个输入值，并产生一个输出结果。

3种常见的布尔运算符为AND、OR和NOT。为了更好地理解这些运算符，需要一种机制来检查它们的操作。布尔运算符可以使用一个表来完全描述，这个表列出了所有可能的输入、这些输入所有可能的值，以及这些输入组成的所有可能组合对应的结果。该表被称为**真值表**。真值表以表格形式表示输入变量与通过布尔运算符或函数运算得到的输出结果的关系。下面分析一下布尔运算符AND、OR、NOT，使用布尔代数和真值表查看每个运算符代表的内容。

逻辑运算符AND通常是通过点或不用符号来表示。例如，布尔表达式 xy 等效于表达 $x \cdot y$ 并读成“x 与 y”。表达式 xy 通常被被称为**布尔积**。此操作行为的特征真值表如表3-1所示。

表3-1 AND的真值表

输入	输出
x y	xy
0 0	0
0 1	0
1 0	0
1 1	1

只有当两个输入均为1时，表达式 xy 的结果才为1，否则为0。表中的每一行代表一个不同的布尔表达式，x 和 y 的所有可能值的组合由表中的行表示。

布尔运算符OR通常是由一个加号来表示。因此，表达式 $x+y$ 读成“x 或 y”，只有当两者的输入值都是0时，$x+y$ 的结果是0。表达式 $x+y$ 通常被称为一个**布尔和**。OR运算的真值表如表3-2所示。

表3-2 OR的真值表

输入	输出
x y	$x+y$
0 0	0
0 1	1
1 0	1
1 1	1

逻辑运算符NOT通常表示为一根短线或一个撇号。因此，无论是 $\bar{x}$ 和 x' 都被读为“x 非。”NOT运算符的真值表如表3-3所示。

表3-3 NOT的真值表

输入	输出
x	x'
0	1
1	0

现在明白了，可以用布尔代数处理二进制变量和这些变量的逻辑运算。结合这两个概念，可以检查由布尔变量和多重逻辑运算符组成的布尔表达式。例如，布尔函数

$$F(x,y,z) = x + y'z$$

是由3个布尔变量 x、y、z 和逻辑运算符OR、NOT和AND表示的布尔表达式。怎么知道哪个运算符先操作？优先级规则定义为非最高，接着是与，最后是或。对于函数 F，先求 y 的非，然后执行 y' 与 z，最后将这个结果与 x 求或。

也可以用真值表来表示这种表达式。它往往对创造一个更复杂的功能很有帮助，如建立出

这个函数所有组合的真值表，一次一列，直至该表达式被计算出结果。函数 F 对应的真值表如表 3-4 所示。

表 3-4　$F(x, y, z)=x+y'z$ 的真值表

输入		输出
x　y　z	y'　$y'z$	$x+y'z=F$
0　0　0	1　0	0
0　0　1	1　1	1
0　1　0	0　0	0
0　1　1	0　0	0
1　0　0	1　0	1
1　0　1	1　1	1
1　1　0	0　0	1
1　1　1	0　0	1

在真值表的最后一列表示由 x、y 和 z 的所有可能组合得到的函数值。注意到函数 F 实际仅由真值表前三列和最后一列得到。阴影列显示得到最后答案所需的中间步骤。创建这种真值表可以更容易地评价函数对于所有输入值的可能组合的情况。

3.2.2　布尔代数的基本定律

通常，布尔表达式不会用最简的形式来表示。这就好比代数表达式 $2x+6x$ 并不是最简形式一样，它可以化简(以较简或更简的形式来表示)为 $8x$。布尔表达式也可以化简，但需要新的**定律**来应用于布尔代数中，从而代替普通代数的化简规则。这些定律适用于单布尔变量以及布尔表达式，如表 3-5 所示。请注意，每个关系(最后一个除外)同时具有一个 AND(乘积)的形式和一个 OR(求和)的形式。这被称为**对偶规则**。

表 3-5　布尔代数的基本定律

定律名	AND –	OR
同一律	$1x=x$	$0+x=x$
零律	$0x=0$	$1+x=1$
幂等律	$xx=x$	$x+x=x$
逆等律	$xx'=0$	$x+x'=1$
交换律	$xy=yx$	$x+y=y+x$
结合律	$(xy)z=x(yz)$	$(x+y)+z=x+(y+z)$
分配律	$x+(yz)=(x+y)(x+z)$	$x(y+z)=xy+xz$
吸收律	$x(x+y)=x$	$x+xy=x$
德摩根定律	$(xy)'=x'+y'$	$(x+y)'=x'y'$
双重否定律	$x''=x$	

同一律规定任何布尔变量与 1 相与或者与 0 相或都只会得到原变量(1 为 AND 的同一元素；0 为或的同一元素)。零律规定任何布尔变量与 0 相与为 0，任何一个变量与 1 相或始终为 1。幂等律指出一个变量与自己进行与运算或者或运算都得到原变量。逆等律规定与反变量进行与运算或者或运算会产生给定操作的符号。布尔变量可以重新排序(交换)和重组(结合)，而不会影响最后的结果。你应该知道普通代数中的交换律和结合律。分配律表示或运算如何变成与运算，反之亦然。

吸收律和德摩根定律就不那么明显了，但是可以通过创建各种表达式的真值表来证明这些定律：如果右侧等于左侧，那么表达式表示相同的功能和结果相同的真值表。表 3-6 表示德摩根定律对于真值表的左侧和右侧进行与运算。剩下定律有效性的证明留作练习，特别是，德摩根定律中的或和吸收律中的两种形式。

表 3-6　德摩根定律 AND 形式的真值表

x	y	(xy)	$(xy)'$	x'	y'	$x'+y'$
0	0	0	1	1	1	1
0	1	0	1	1	0	1
1	0	0	1	0	1	1
1	1	1	0	0	0	0

双重否定律对双重否定进行了形式化定义，这类似高中英语教师教的方法。双重否定律在数字电路和生活中都非常有用。例如，令 $x=1$ 表示有现金，如果没有现金用 x' 表示。当一个不值得信任的熟人想借些现金，即使刚发了薪水，你也可以说没有没钱，即 $x=(x)''$。

其中初学者常犯的错误是在学习布尔逻辑时，假设 $(xy)'=x'y'$。**请注意，这不是一个有效的等式！** 德摩根定律清楚地表明，这种说法是不正确的。而它应该是，$(xy)'=x'+y'$。这是一个很容易犯的错误，也是一个应该避免的错误。必须注意其他涉及否定的表达式。

3.2.3 化简布尔表达式

按照代数课学习的代数定律，能够将代数表达式 $10x+2y-x+3y$ 化简为它的简单形式 $9x+5y$。布尔定律可以用类似的方式简化布尔表达式。在下面的例子中应用这些定律。

例 3.1 假设有函数 $F(x,\ y)=xy+xy$。假设表达式中 x 和 y 为布尔变量，使用 OR 的幂等律简化原始表达式为 xy。因此，$F(x,\ y)=xy+xy=xy$。 ◀

例 3.2 对于给定函数 $F(x,\ y,\ z)=x'yz+x'yz'+xz$，简化如下：

$$\begin{aligned} F(x,y,z) &= x'yz + x'yz' + xz \\ &= x'y(z+z') + xz && (\text{分配律}) \\ &= x'y(1) + xz && (\text{逆等律}) \\ &= x'y + xz && (\text{同一律}) \end{aligned}$$

◀

例 3.3 对于给定函数 $F(x,\ y)=y+(xy)'$，简化如下：

$$\begin{aligned} F(x,y) &= y + (xy)' \\ &= y + (x'+y') && (\text{德摩根定律}) \\ &= y + (y'+x') && (\text{交换律}) \\ &= (y+y') + x' && (\text{结合律}) \\ &= 1 + x' && (\text{逆等律}) \\ &= 1 && (\text{零律}) \end{aligned}$$

◀

例 3.4 对于给定函数 $F(x,\ y)=(xy)'(x'+y)(y'+y)$，简化如下：

$$\begin{aligned} F(x,y) &= (xy)'(x'+y)(y'+y) \\ &= (xy)'(x'+y)(1) && (\text{逆等律}) \\ &= (xy)'(x'+y) && (\text{同一律}) \\ &= (x'+y')(x'+y) && (\text{德摩根定律}) \\ &= x' + y'y && (\text{对于与的分配律}) \\ &= x' + 0 && (\text{逆等律}) \\ &= x' && (\text{幂等律}) \end{aligned}$$

◀

有时，简化是相当简单的，如前面例子所示。但是，使用的定律可能会非常棘手，来看下面两个例子。

例 3.5 对于给定函数 $F(x,\ y)=x'(x+y)+(y+x)(x+y')$，简化如下：

$$\begin{aligned} F(x,y) &= x'(x+y) + (y+x)(x+y') \\ &= x'(x+y) + (x+y)(x+y') && (\text{交换律}) \\ &= x'(x+y) + (x+yy') && (\text{对于与的分配律}) \\ &= x'(x+y) + (x+0) && (\text{逆等律}) \\ &= x'(x+y) + x && (\text{同一律}) \\ &= x'x + x'y + x && (\text{分配律}) \\ &= 0 + x'y + x && (\text{逆等律}) \end{aligned}$$

$$
\begin{aligned}
&= x'y + x && (\text{同一律})\\
&= x + x'y && (\text{交换律})\\
&= (x + x')(x + y) && (\text{对于与的分配律})\\
&= 1(x + y) && (\text{逆等律})\\
&= x + y && (\text{同一律})
\end{aligned}
$$

◀

例 3.6 对于给定函数 $F(x, y, z) = xy + x'z + yz$，简化如下：

$$
\begin{aligned}
F(x,y,z) &= xy + x'z + yz\\
&= xy + x'z + yz(1) && (\text{同一律})\\
&= xy + x'z + yz(x + x') && (\text{逆等律})\\
&= xy + x'z + (yz)x + (yz)x' && (\text{分配律})\\
&= xy + x'z + x(yz) + x'(zy) && (\text{交换律})\\
&= xy + x'z + (xy)z + (x'z)y && (\text{两次结合律})\\
&= xy + (xy)z + x'z + (x'z)y && (\text{交换律})\\
&= xy(1 + z) + x'z(1 + y) && (\text{分配律})\\
&= xy(1) + x'z(1) && (\text{零律})\\
&= xy + x'z && (\text{同一律})
\end{aligned}
$$

◀

例 3.6 说明了什么是俗称的**共识定理**。

如何插入附加法则以简化例 3.6 中的函数？不幸的是，可以没有任何限定地使用这些定律来化简到最简布尔表达式，只是需要一些经验。后面章节会提到有一些可简化布尔表达式的其他方法。

还可以利用这些定律证明布尔等式，如例 3.7 所示。

例 3.7 证明$(x + y)(x' + y) = y$。

$$
\begin{aligned}
(x + y)(x' + y) &= xx' + xy + yx' + yy && (\text{分配律})\\
&= 0 + xy + yx' + yy && (\text{逆等律})\\
&= 0 + xy + yx' + y && (\text{幂等律})\\
&= xy + yx' + y && (\text{同一律})\\
&= yx + yx' + y && (\text{交换律})\\
&= y(x + x') + y && (\text{分配律})\\
&= y(1) + y && (\text{逆等律})\\
&= y + y && (\text{同一律})\\
&= y && (\text{幂等律})
\end{aligned}
$$

◀

为了证明两个布尔表达式相等，可以创建真值表进行比较。如果真值表相同，则表达式相等。可以把例 3.7 作为一个练习来证明真值表相等。

3.2.4 求反

正如在例 3.1 中看到的，布尔定律不仅仅可以应用到简单的布尔变量（把 x 和 y 看作布尔变量并应用幂等律），还可以应用到布尔表达式中。这同样适用于布尔运算符。应用于更复杂布尔表达式中的最常见的布尔运算符是 NOT 运算符，它表示对表达式**求反**。很多时候，更容易求出一个函数的反而不是函数本身。如果进行反运算，则必须反转最终输出以得到原来的函数。用一个简单的 NOT 运算就能完成。因此，求反运算是非常有用的。

用德摩根定律可以找到一个布尔函数的反。该定律的或形式规定$(x + y)' = x'y'$。可以很容易将其扩展到 3 个或更多的变量中：

假设函数为：

$F(x,\ y,\ z)=(x+y+z)$，于是 $F'(x,\ y,\ z)=(x+y+z)'$。设 $w=(x+y)$，则 $F'(x,\ y,\ z)=(w+z)'=w'z'$。

现在，再次应用德摩根定律得到：

$$w'z' = (x+y)'z' = x'y'z' = F'(x,y,z)$$

因此，如果 $F(x,\ y,\ z)=(x+y+z)$，则 $F'(x,\ y,\ z)=x'y'z'$。应用对偶原理，得到 $(xyz)'=x'+y'+z'$。

看来，要想找到一个布尔表达式的反，可简单地用它的反（x 用 x' 代替）并交换 AND 和 OR 运算。事实上，这正是德摩根定律所阐述的。例如 $x'+yz'$ 的反是 $x(y'+z)$，必须添加括号以确保正确的优先级。

可以验证，通过这种简单规则寻找到的布尔表达式的反是正确的，可以通过真值表检查表达式和它的反。当任何表达式的反表示为真值表时，输出为 0 时原函数值为 1，输出为 1 时原函数值为 0。表 3-7 描绘了 $F(x,\ y,\ z)=x'+yz'$ 函数和它的反 $F'(x,\ y,\ z)=x(y'+z)$ 表示，阴影部分指示 F 和 F' 的最终结果。

表 3-7　一个函数和它的反的真值表

x	y	z	yz'	$x'+yz'$	$y'+z$	$x(y'+z)$
0	0	0	0	1	1	0
0	0	1	0	1	1	0
0	1	0	1	1	0	0
0	1	1	0	1	1	0
1	0	0	0	0	1	1
1	0	1	0	0	1	1
1	1	0	1	1	0	0
1	1	1	0	0	1	1

3.2.5　表示布尔函数

在前面已经看到，可以有许多不同的方式来表示给定的布尔函数。例如，可以用一个真值表，或者使用许多不同类型的布尔表达式。事实上，有无限多个布尔表达式在**逻辑上等同**。可以由同一个真值表来表示的两个表达式被认为逻辑上是等同的（见例 3.8）。

例 3.8　假设 $F(x,\ y,\ z)=x+xy'$。可以表示 F 为 $F(x,\ y,\ z)=x+x+xy'$，因为按照幂等律这两个表达式是一样的。也可以用分配律表示 F 为 $F(x,\ y,\ z)=x(1+y')$。◀

为了消除潜在的混乱，数字逻辑设计师指定布尔函数应使用**规范**或**标准化**的格式。对于任何给定的布尔函数，存在唯一的标准格式。不过，设计者也使用不同的“标准”。两种最常见的是和的乘积和乘积的和这两种形式。

乘积的和形式要求表达式是一些项与变量（或乘积项）的集合，然后进行求和运算。函数 $F_1(x,\ y,\ z)=xy+yz'+xyz$ 就是乘积的和的形式。函数 $F_2(x,\ y,\ z)=xy'+x(y+z')$ 不是乘积的和的形式。在 F_2 函数中对于 x 应用分配律使其变成表达式 $xy'+xy+xz'$，这是乘积的和形式。

和的乘积表示的布尔表达式是或运算变量（求和项），然后进行与运算。函数 $F_1(x,\ y,\ z)=(x+y)(x+z')(y+z')(y+z)$ 为和的乘积形式，在很多情况下，当判断布尔表达式为真而不是假时，首选和的乘积形式。这是与函数 F_1 不一样的情况，乘积的和的形式适合这种情况。而且乘积的和的形式通常比较容易使用，因此，在后面的章节只使用这种形式。

任何布尔表达式都可以用乘积的和形式来表示。因为任何布尔表达式都可以表示为一个真值表，结论是任何真值表也可以表示为乘积的和形式。从例3.9中可以看到将真值表转换成乘积的和形式是很简单的。

例3.9　考虑一个简单的择多函数。对于这个函数来说，当给出3个输入时，如果输入为1的变量不到一半时，输出为0；如果输入变量至少有一半为1时，输出为1。表3-8描述了这个具有3个变量的择多函数的真值表。

表3-8　择多函数的真值表

x	y	z	F
0	0	0	0
0	0	1	0
0	1	0	0
0	1	1	1
1	0	0	0
1	0	1	1
1	1	0	1
1	1	1	1

下面将乘积和的形式转换为真值表，并通过结果来分析问题。如果希望表达式 $x+y$ 等于1，则 x 或 y（或两者）等于1。如果 $xy+yz=1$，则 $xy=1$ 或 $yz=1$ 或两者均等于1。

反向使用这个逻辑，并把它应用到择多函数，可以看到当 $x=0$、$y=1$、$z=1$ 时该函数必须输出1，满足这个条件的乘积项是 $x'yz$（显然，此项等于1时，因为 $x=0$、$y=1$、$z=1$）。当 $x=1$、$y=0$、$z=1$ 时，输出值为1第二次出现，满足这个条件的乘积项是 $xy'z$。需要的第三个乘积项是 xyz'，最后是 xyz。总之，要使用真值表产生一个乘积和的形式的布尔表达式，必须生成对应于各行的输入变量的乘积项，其中每一行输出变量的值是1。在每一个乘积项中，我们必须对那一行中每一个为0的变量进行求反。

择多函数可以表达为乘积和的形式，如 $F(x,\ y,\ z)=x'yz+xy'z+xyz'+xyz$。◀

请注意，对于例3.9所示的择多函数的表达式可能不是最简单的形式，而只是一个标准形式。该乘积的和形式以及和的乘积的形式是等价的布尔函数表示方式。通过布尔定律，一种形式可以转换为另一种形式。无论使用乘积的和形式或和的乘积形式，表达式最终必须转化成最简形式，这意味着使表达式的项减少到了最小。为什么一定要简化表达式？在表达式中不必要的项会在物理电路中产生不需要的组件，这会产生一个次优电路。我们将在下一节讲述布尔表达式与对应电路。

3.3　逻辑门

迄今为止，已经讨论过逻辑运算符AND、OR和NOT，但在抽象意义上使用的是真值表和布尔表达式。实际的物理组件或**数字电路**（如执行算术运算的组件或计算机中的选择器）是由许多称为门的基本元素构成的。前面已经讨论过门电路实现的每个基本逻辑功能，这些门电路是数字设计中的基本构造部件。在形式上，门电路是用来计算二值信号函数的小型电子设备。更简单地说，门电路实现了简单的布尔函数。物理上的实现需要一个到六个或更多个晶体管（见第1章所述），这取决于所使用的技术。总之，一台计算机的基本物理组件是晶体管，基本逻辑器件是门电路。

3.3.1　逻辑门符号

最开始先研究3个最简单的逻辑门。它们对应于逻辑运算符AND、OR和NOT。前面已经讨论了这些布尔运算符的功能行为。图3-1所示为每一个运算符对应的逻辑门的图形化表示。

注意非门输出处的圆圈。通常情况下，这个圆圈代表求反操作。

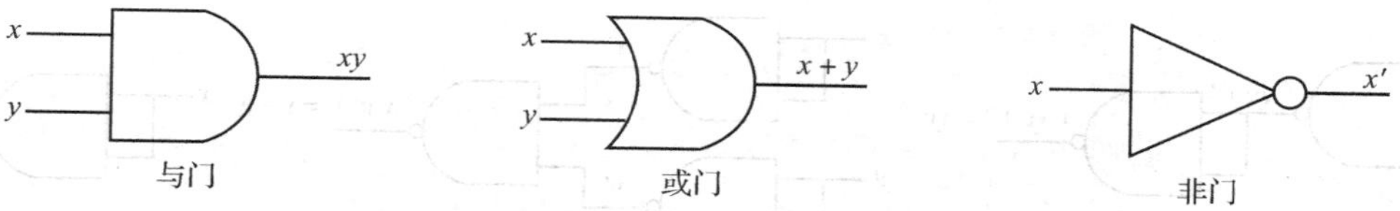

图 3-1 3 个基本的逻辑门

另一种常见的门是异或(XOR)门，其布尔表达式为 $x \oplus y$。如果两个输入值相同，那么异或的结果为假，否则为真。图 3-2 显示了 XOR 的真值表以及代表其行为的逻辑图。

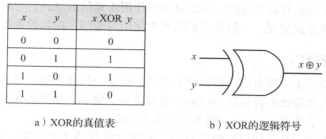

x	*y*	*x* XOR *y*
0	0	0
0	1	1
1	0	1
1	1	0

a) XOR的真值表

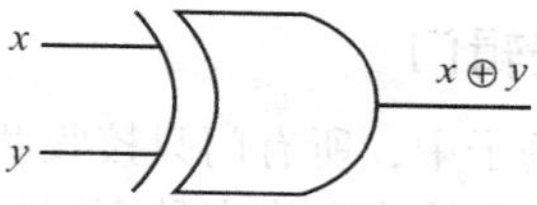

b) XOR的逻辑符号

图 3-2

3.3.2 通用逻辑门

其他两种常见的门是 NAND(与非门)和 NOR(或非门)，它们分别从 AND 和 OR 产生反向输出。每个门有两个不同的逻辑符号，这个符号是用门表示的。(作为一个练习，证明符号在逻辑上等同。提示：使用德摩根定律。)图 3-3 和图 3-4 给出了 NAND 和 NOR 的逻辑图，并使用真值表解释了每个门的功能行为。

x	*y*	*x* NAND *y*
0	0	1
0	1	1
1	0	1
1	1	0

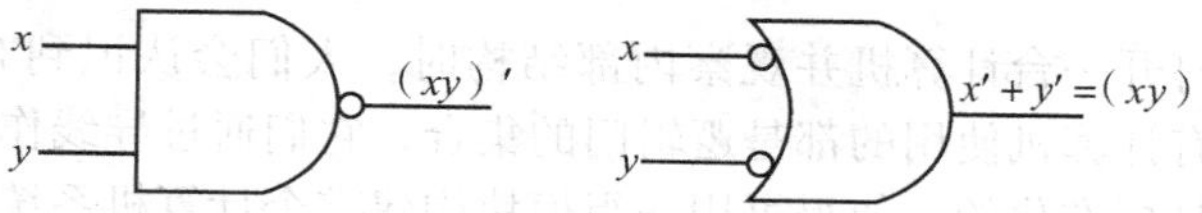

图 3-3 NAND 的真值表和逻辑符号

x	*y*	*x* NOR *y*
0	0	1
0	1	0
1	0	0
1	1	0

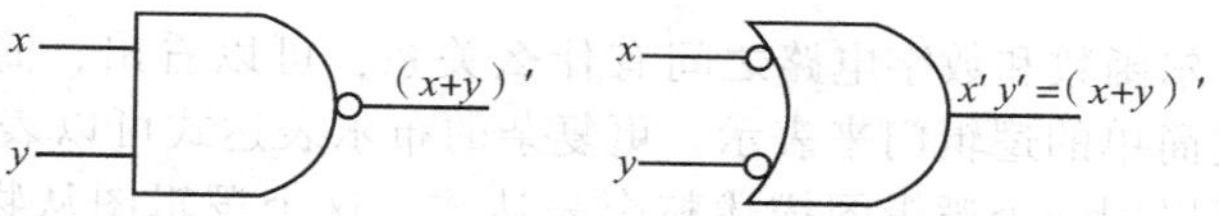

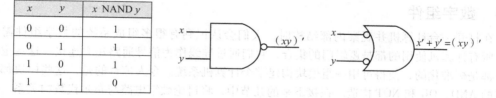

图 3-4 NOR 的真值表和逻辑符号

NAND 门通常被称为**通用逻辑门**，因为任何电子电路都可以仅使用与非门来构造。为了证明这一点，图 3-5 只使用与非门表示出了与门、或门和非门。

那么为什么不简单地使用 AND、OR 和 NOT 这些已经知道的逻辑门呢？仅使用与非门构建任何给定的电路主要有两个原因。第一，与非门比其他门成本更低。其次，相对于使用基本组件的集合(即 AND、OR 和 NOT 门的组合)，复杂的集成电路(在下面的章节中讨论)通常使用相同的组件(即若干与非门)构建更容易。

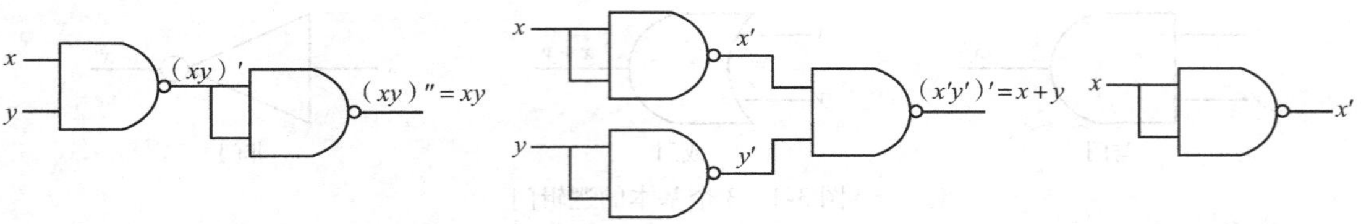

与门　　或门　　非门

图 3-5　3 个只使用与非门构建的逻辑电路

请注意，对偶原理也具有普遍性。可以建立只使用或非门的电路，与非门和或非门以和的乘积形式和乘积的和形式呈现。一般在乘积的和中使用与非门，在和的乘积中使用或非门。

3.3.3　多输入逻辑门

到目前为止的例子中，所有门只接收两个输入。但是，门并不限于只有两个输入值。在各种逻辑门中允许输入和输出有许多种不同的类型和数量。例如，如图 3-6 所示，我们可以用一个三输入的或门表示表达式 $x+y+z$。图 3-7 代表表达式 $xy'z$。

在本章后面将看到，在描述门的输出 Q 时，同时给出 Q'将十分有用。如图 3-8 所示。

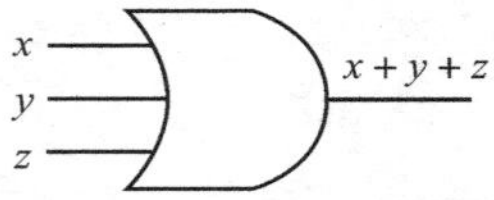

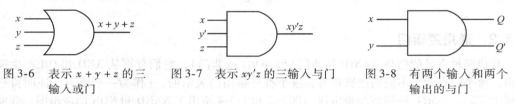

图 3-6　表示 $x+y+z$ 的三输入或门

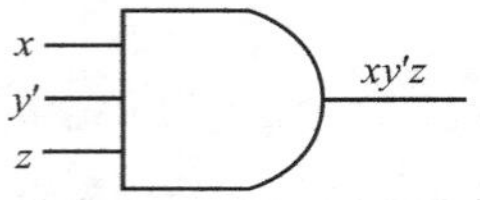

图 3-7　表示 $xy'z$ 的三输入与门

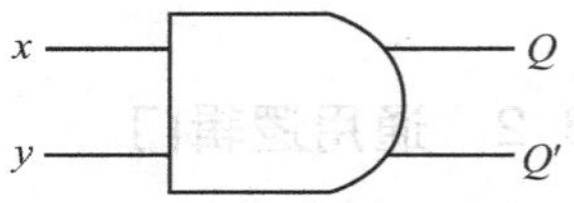

图 3-8　有两个输入和两个输出的与门

注意，Q 总表示实际输出。

3.4　数字组件

在打开一台计算机并观察内部结构时，人们会认识到有很多组成系统的数字组件需要了解。所有计算机使用的都是逻辑门的集合，它们通过导线作为信号通路建立连接。这些逻辑门往往都是标准化的，使得可用一组模块构建整个计算机系统。令人惊奇的是，这些模块都利用基本的 AND、OR 和 NOT 构造。在接下来的几节中，将讨论数字电路与布尔代数的关系、标准模块和两个不同类别的示例，以及构建这些模块需要的组合逻辑和时序逻辑。

3.4.1　数字电路及其与布尔代数的关系

布尔函数和数字电路之间有什么关系？可以看出，简单的布尔运算（如 AND 或 OR）可以通过简单的逻辑门来表示。更复杂的布尔表达式可以表示为 AND、OR 和 NOT 门的组合，这样可以用一个逻辑图描述整个表达式。这个逻辑图从物理组件上表示给定表达式，或实际的数字电路。假设函数 $F(x, y, z)=x+y'z$（前面介绍过）。图 3-9 所示为实现此函数的逻辑图。

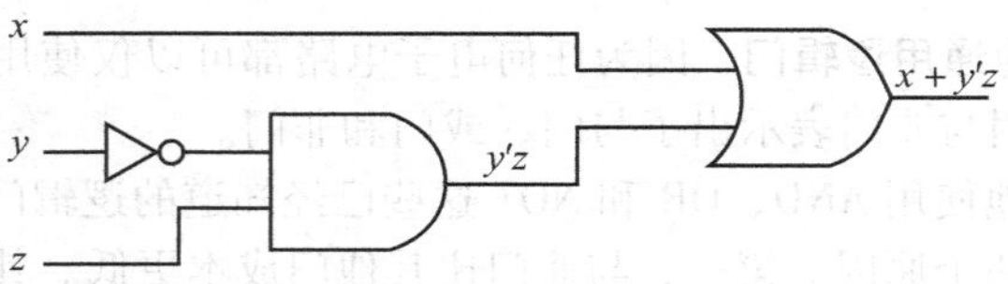

图 3-9　表示 $F(x, y, z)=x+y'z$ 的逻辑电路图

回想一下关于乘积的和形式的讨论。这种形式非常适用于数字电路。例如，假设函数为 $F(x, y, z) = xy + yz' + xyz$，其中每项对应于一个与门，其和由一个或门实现，从而产生以下电路：

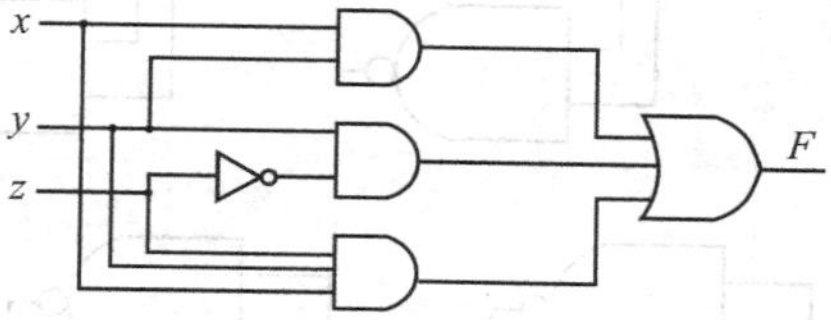

我们可以为任何布尔表达式建立逻辑图（这反过来又产生数字电路）。在一定程度上，由计算机执行的每个操作都是一个布尔表达式的实现。对于高级语言程序员，这可能不是很明显，因为高级语言和布尔逻辑存在语义鸿沟。汇编语言程序员更接近硬件，使用布尔技巧能加速程序性能。使用 XOR 运算符可以清除存储单元的值，如 A XOR A。XOR 运算符也可用于交换两个存储单元的值。同样的 XOR 语句应用于两个变量 3 次，比如说 A 和 B，交换它们的值：

$$A = A \text{ XOR } B$$
$$B = A \text{ XOR } B$$
$$A = A \text{ XOR } B$$

在高级语言中位掩码几乎是不可能实现的，即根据指定的模式把一个字节的各位剥离（设置为 0）。在处理字节的各个位时，布尔位掩码操作是必不可少的。例如，如果要找出一个字节的第四个位是否被设置，将字节和 04（十六进制）进行与运算，如果结果不为 0，则该位等于 1，掩码能屏蔽任何位。在想要保留的那个位的位置放置 1，并设置其他为 0，用 AND 运算留下所需要的位。

通过布尔代数可分析和设计数字电路。因为布尔代数和逻辑图之间存在关系，通过简化布尔表达式也就简化了电路。数字电路使用逻辑门来实现，但逻辑门和逻辑图并不是在设计阶段代表数字电路最方便的形式。布尔表达式在此阶段使用是因为它们更易于操作和简化。

由表达式表示的布尔函数的复杂性对所得到的数字电路的复杂性有直接影响：更复杂的表达式就会得到更复杂的电路。应该指出的是，通常不会使用布尔定律来简化电路。前面已经看到，有时这可能是相当困难和耗费时间的事。但是设计师可使用更自动化的方法来做到这一点。该方法涉及利用**卡诺图（Kmaps）**来进行逻辑电路的简化。阅读本章“特别关注”以了解卡诺图如何用于简化数字电路。

3.4.2 集成电路

计算机是由各种数字组件通过导线连接而构成的。类似于一个组织结构优秀的程序，计算机的硬件通过基本门电路去构造更大的硬件模块，反过来这些模块用于实现各种功能。构造这些基本模块所使用的门电路的数量取决于所使用的具体技术。电路技术已经超出了本书的范围，你可以阅读本章结尾的参考文献，以了解关于这个主题的更多信息。

通常情况下，门电路不单独出售。它们以**集成电路（IC）**为单元售出。芯片（硅半导体晶体）通常是一个小型电子设备，它由实现各种门电路的基本电子元器件（晶体管、电阻和电容）组成。如之前提到的，它们被直接蚀刻在芯片上，从而使占用的面积更小，相比分立元器件也更省电。然后，芯片再被封装在具有外部引脚的陶瓷或塑料容器中。芯片到外部引脚间的必要连接是通过焊接完成的，从而形成集成电路。第一代集成电路包含很少的晶体管。正如我们所知道的，在称为 SSI 芯片的第一代集成电路中每个芯片包含 100 个电子元器件。在现在的超大规模集成电路（ULSI）中，每个芯片能包含超过 100 万个电子元器件。图 3-10 给出了一个简单的 SSI 集成电路。

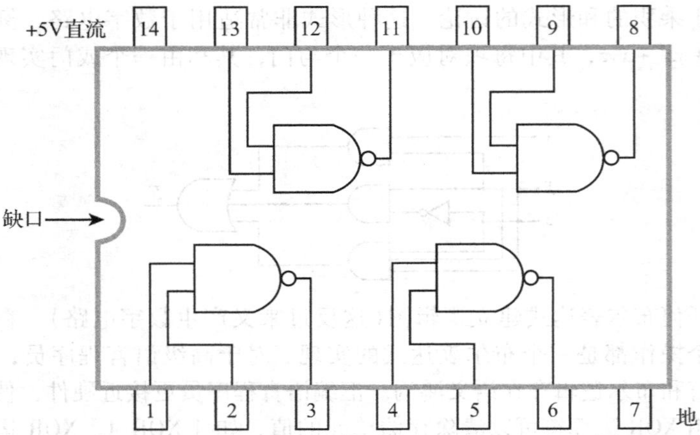

图 3-10 简单的 SSI 集成电路图

前面已经看到，可以将任何布尔函数表示为以下形式：真值表，布尔表达式(乘积的和的形式)，使用门电路符号的逻辑图。考虑由下述真值表所表示的功能：

x	y	z	F
0	0	0	0
0	0	1	0
0	1	0	1
0	1	1	1
1	0	0	0
1	0	1	0
1	1	0	0
1	1	1	0

这个函数以乘积的和的形式表示为 $F(x, y, z) = x'yz' + x'yz$。简化为 $F(x, y, z) = x'y$(简化过程留给读者进行练习)。现在可以使用如下的逻辑图表示：

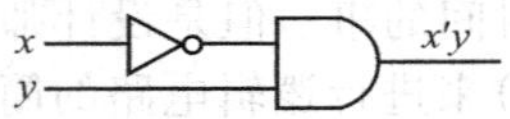

仅使用与非门，就可以重新绘制逻辑图，如下所示：

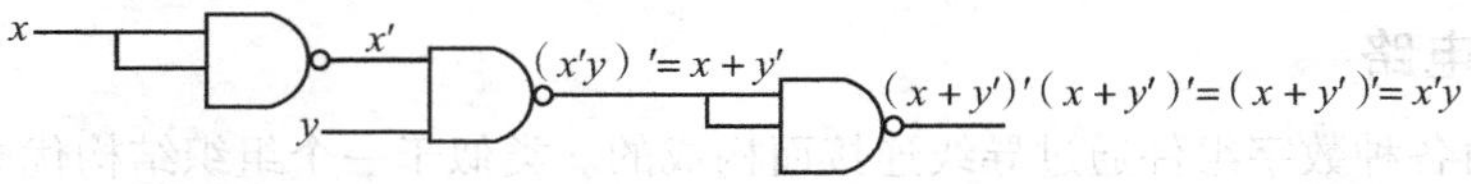

可以利用图 3-10 所示的 SSI 电路硬件来实现，如下所示：

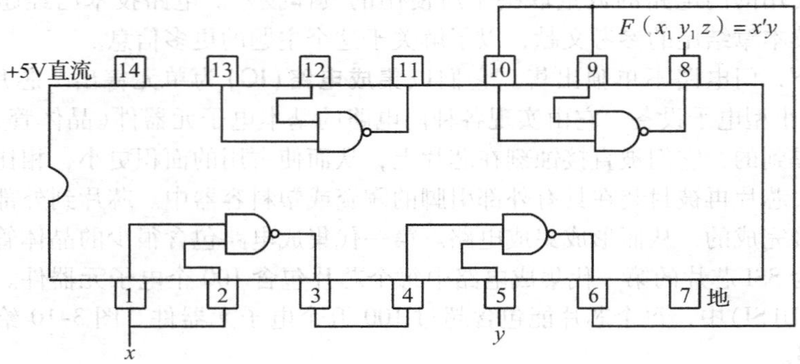

3.4.3 汇总：从问题描述到电路

现在我们理解了如何通过布尔表达式来表示函数，如何化简布尔表达式，以及如何使用逻辑图来表示布尔表达式。下面综合这些技能从头到尾来设计一个逻辑电路。

例3.10 假设任务是设计一个逻辑电路以帮助确定花园种植的最佳时机。调查3种可能因素：(1)时间，其中0表示白天、1表示晚上；(2)月相变化，其中0表示半月、1表示满月；(3)温度，其中0表示45℉(1℉＝5/9℃)及以下、1代表45℉及以上。以上3个因素代表输入。认真调研后，确定最佳的花园种植时机是满月的晚上(温度似乎无关紧要)。这将得到以下真值表：

时间(x)	月亮(y)	温度(z)	种植?
0	0	0	0
0	0	1	0
0	1	0	0
0	1	1	0
1	0	0	0
1	0	1	0
1	1	0	1
1	1	1	1

当输入为“夜间”和“满月”时，将输出列设置为1，而表中其他地方设置为0。将真值表转换为布尔函数F，得到$F(x, y, z) = xyz' + xyz$(使用例3.9中提出的类似方法：包括函数计算结果为1的项)。现在简化F并使用吸收律得到：

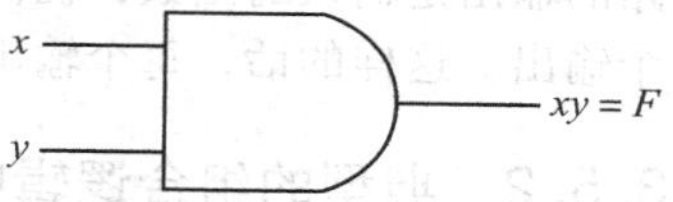

$$F(x,y,z) = xyz' + xyz = xy$$

因此，该函数是使用x和y作为输入的与门。

设计一个布尔电路的步骤如下：(1)认真阅读问题确定输入和输出值；(2)建立一个真值表以显示出对于所有可能输入的输出；(3)将真值表转换成布尔表达式；(4)简化布尔表达式。

例3.11 假设你负责设计一个电路，以便让你的大学校长根据天气状况来决定是否关闭学校。如果公路部门还没有用盐处理道路，而且道路上有冰，校园应该关闭。不管道路上是否有冰或盐，只要有大于8in(约20cm)厚的雪，校园应关闭。在其他情况下，校园应该开放。

有3个输入：冰(或无冰)、盐(或无盐)，以及道路上超过8in的雪(或没有)，从而产生以下真值表：

冰(x)	盐(y)	雪(z)	关闭?
0	0	0	0
0	0	1	1
0	1	0	0
0	1	1	1
1	0	0	1
1	0	1	1
1	1	0	0
1	1	1	1

利用真值表得到布尔表达式 $F(x, y, z) = x'y'z + x'yz + xy'z' + xy'z + xyz$。可以使用布尔定理化简表达式如下：

$$
\begin{aligned}
F(x,y,z) &= x'y'z + x'yz + xy'z' + xy'z + xyz \\
&= x'y'z + x'yz + xy'z + xyz + xy'z' && (\text{交换律}) \\
&= x'(y'z + yz) + x(y'z + yz) + xy'z' && (\text{使用两次分配律}) \\
&= (x' + x)(y'z' + yz) + xy'z' && (\text{分配律}) \\
&= (y'z' + yz) + xy'z' && (\text{逆等律 / 同一律}) \\
&= (y' + y)z + xy'z' && (\text{分配律}) \\
&= z + xy'z' && (\text{逆等律 / 同一律})
\end{aligned}
$$

◀

留给读者画出与 $z + xy'z'$ 对应的逻辑图。一旦电路已用硬件实现，所有大学校长只需要设置当前输入的条件，输出就会告诉他是否关闭校园。

3.5 组合逻辑电路

数字逻辑芯片的组合可以提供有用的电路。这些逻辑电路可分为**组合逻辑电路**和**时序逻辑电路**。本节将介绍组合逻辑电路。时序逻辑电路详见 3.6 节。

3.5.1 基本概念

组合逻辑是用来建立包含基本输入和输出的布尔运算电路。确定一个电路是否为组合电路的关键是该电路的输出始终与给定的输入相关(如例 3.10 和例 3.11 中看到的)。因此，组合电路的输出是输入的函数，任何时刻输出值都由输入值唯一确定。一个给定的组合电路可以有多个输出。这样的话，每个输出都由不同的布尔函数来表示。

3.5.2 典型的组合逻辑电路示例

首先，从一个非常简单的组合逻辑电路——**半加器**开始。

例 3.12 考虑两个二进制数相加的问题。有 3 件事情要记住：0 + 0 = 0，0 + 1 = 1 + 0 = 1，1 + 1 = 10。了解这种电路的行为后，可以用真值表形式化这种行为。需要指定两个输出，不只是一个，因为需要有一个求和和一个进位。半加器的真值表如表 3-9 所示。

表 3-9 半加器的真值表

输入		输出	
x	y	和	进位
0	0	0	0
0	1	1	0
1	0	1	0
1	1	0	1

仔细观察会发现，求和实际上是一个异或运算。进位输出相当于一个与门。可以将一个异或门和一个与门进行组合，从而生成图 3-11 所示的半加器的逻辑图。◀

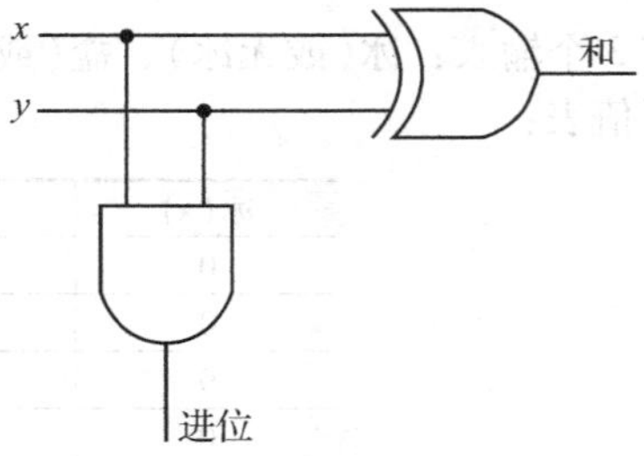

图 3-11 半加器的逻辑图

半加器电路是一个非常简单的电路，但不是很有用，因为它只能加两位。然而，可以将这样的加法器电路进行延伸以允许更大的二进制数字进行加法。想想你是如何执行十进制加法运算的：你从最右边的列开始相加并注意单位数字，然后向十位进位。再然后继续以类似方式进行到当前列。可以用相同的方式相加二进制数。需要有一个三个输入(x、y 和进位)的电路和两个输出(总和及进位)。图 3-12 显示了一个**全加器**的真值表和相应的逻辑图。请注意，全加器是由两个半加器和一个或门组成的。

输入			输出	
x	y	进位位输入	和	进位位输出
0	0	0	0	0
0	0	1	1	0
0	1	0	1	0
0	1	1	0	1
1	0	0	1	0
1	0	1	0	1
1	1	0	0	1
1	1	1	1	1

a）全加器的真值表

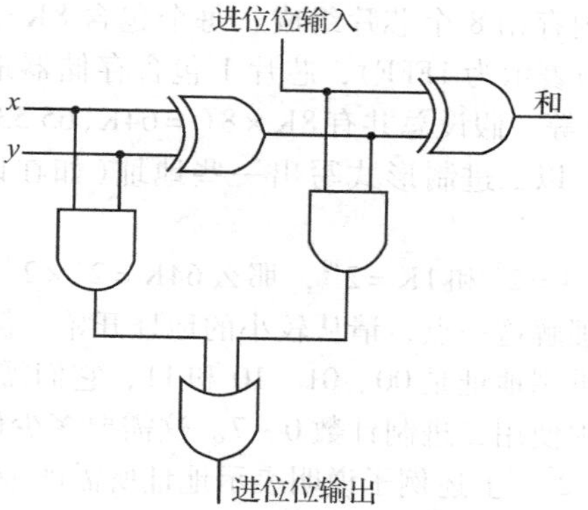

b）全加器的逻辑图

图　3-12

你可能想知道这种全加器电路是如何进行二进制数相加的？它能够执行只有三位数的加法吗？答案是，它不能。然而，可以建立能够相加两个 16 位字的加法器，通过复制 16 次上述电路，并且提供一个进位电路给电路左边的进位。图 3-13 说明了这一过程。因为在加法器中进位是以“行波”的顺序生成，这种类型的电路被称为**行波进位加法器**。注意，不用绘制所有的逻辑门来构成一个全加器，可采用**黑盒**来描绘加法器。使用黑盒的方法可以忽略实际门电路的细节，只需关注电路的输入和输出。你将很快看到这通常是与大多数电路包括译码器、多路复用器、加法器相关的。

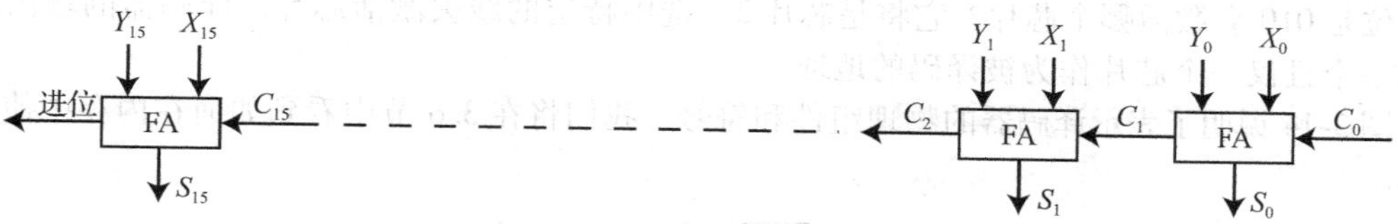

图 3-13　行波进位加法器的逻辑图

因为这个加法器动作很慢，所以不能正常实现。但是它容易理解，对于更多位数的二进制数加法的实现它也能提供给你一些想法。对于加法器设计进行修改产生了先行进位加法器、进位选择加法器和进位保存加法器以及其他一些形式。每个方法都试图缩短两个二进制数执行加法时的延迟。事实上，这些新的加法器通过并行地执行加法和减少最大进位路径，比行波进位加法器的速度要快 40% ~90%。加法器是非常重要的电路，计算机如果不能做加法将会是非常无用的。

所有计算机经常使用的一个同样重要的操作是从一组 n 个二进制输入译码为最大 2^n 个输出。**译码器**使用这些输入和它们各自的值以选择一个特定的输出行。什么是“选择输出行”呢？它只是意味着一个独有的输出行被声明或设置为 1，而其他输出行被设置为 0。译码器通常由输入的数量和输出的数量来定义。例如，具有 3 个输入和 8 个输出的译码器称为 3-8 译码器。

我们提到过译码器是计算机中最常见的组件。你也许能够叫出计算机中很多运算操作的名称，但你会发现很难找到一个译码电路的例子。这是因为，你对计算机的访存过程还不是很熟悉。

在计算机中，所有的存储器地址都是一个二进制数。当对存储器进行访问时（无论是读取还是写入），首先必须确定的是实际的地址。这就是通过译码器完成的。例 3.13 将解释译码器如何工作和它可能被用于什么地方。

例3.13 3-8译码器电路

假设内存由8个芯片组成，每个包含8K字节。假设芯片0包含存储器地址0~8191（或以十六进制表示为1FFF），芯片1包含存储器地址8192~16 383（或以十六进制表示为2000~3FFF），等等。假设总共有8K×8（=64K（65 536））地址，不必用二进制数记下所有64K个地址；然而，以二进制形式写出一些地址（如在以下段落中说明的）将说明为什么译码器是必需的。

已知$64=2^6$和$1K=2^{10}$，那么$64K=2^6\times2^{10}=2^{16}$，这表示需要16位来表示每个地址。如果读者无法理解这一点，请从较小的地址开始。例如，如果你有4个地址——地址0、1、2和3，等效的二进制地址是00、01、10和11，它们需要两位来表示，因为$2^2=4$。现在假设有8个地址，则必须使用二进制计数0~7。这需要多少位？答案是3。你可以把它们都写下来，或者直接想到$8=2^3$。上述例子说明表示地址所需的最小位数是指数。（我们将在本章后面以及第4章和第6章再阐述这个想法。）

芯片0上的所有地址格式为：000×××××××××××××。因为芯片0包含的地址为0~8191，这些地址的二进制表示范围是0000000000000000~0001111111111111。类似地，芯片1的所有地址具有格式001×××××××××××××，依此类推其余芯片。最左边的3位确定地址实际位于哪个芯片上。需要16位来表示整个地址，但是在每个芯片上，只有2^{13}个地址。因此，只需要13位来唯一地标识给定芯片上的地址。最右边的13位给出了这个信息。

给定一个地址时，计算机必须首先确定使用哪个芯片，然后必须找到该特定芯片上的实际地址。在示例中，计算机将使用最左边的3位来挑选芯片，然后使用剩余的13位在芯片上面找到地址。这3个高位实际上作为到译码器的输入，使得计算机可以确定激活哪个芯片用于读取或写入。如果前3位为000，则应激活芯片0。如果前3位是111，则应当激活芯片7。如果前3位是010会激活哪个芯片？它将是芯片2。选中特定的线去激活芯片。译码器的输出用于激活一个且仅一个芯片作为被译码的地址。◀

图3-14说明了表示译码器的物理组件和符号。我们将在3.6节中看到如何在内存中使用译码器。

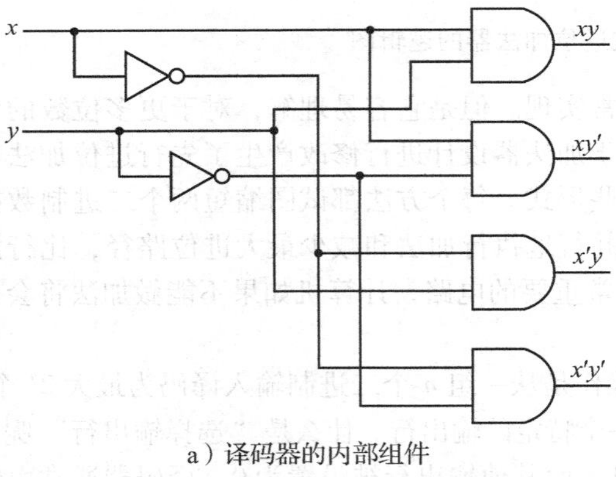

a）译码器的内部组件

b）译码器的符号

图　3-14

另一个常见的组合电路是**多路复用器**。该电路选择许多输入线中的一个二进制信息，并将其引导到单个输出线。特定输入线的选择由一组选择变量或控制线控制。在任何给定时间，从电路到输出线只有一个输入路由（被选中的）。所有其他输入均为“切断”状态。如果控制线上的值发生了改变，则输入也会改变。图3-15展示了多路复用器中的物理组件和符号。S_0和S_1是控制线，$I_0\sim I_3$是输入值。

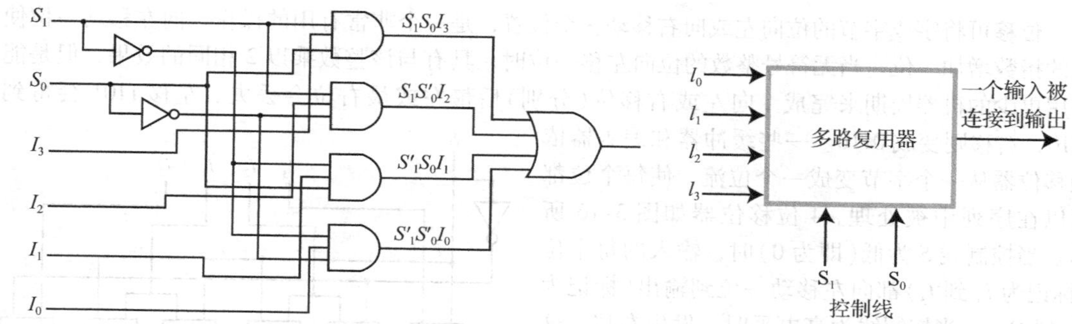

a）多路复用器的内部组件　　b）多路复用器的符号

图　3-15

另一组有用的组合电路包括奇偶校验发生器和奇偶校验检查器(在第 2 章中研究过奇偶校验)。**奇偶校验发生器**是创建必要的奇偶校验位以使一个字相加的电路；**奇偶校验检查器**确保字中存在正确的奇偶校验(奇数或偶数)，如果奇偶校验位不正确，则检测到错误。

通常，奇偶校验发生器和奇偶校验检查器使用 XOR 函数来构造。假设使用奇校验，表 3-10 给出了有 3 位数的奇偶校验发生器的真值表。具有 3 个信息位和 1 个奇偶校验位的 4 位字的奇偶校验检查器的真值表如表 3-11 所示。如果检测到错误，则奇偶校验检查器输出 1，否则输出 0。把它作为一个练习，请画出奇偶校验发生器和奇偶校验检查器相应的逻辑图。

表 3-10　奇偶校验发生器

x	y	z	奇偶校验位
0	0	0	1
0	0	1	0
0	1	0	0
0	1	1	1
1	0	0	0
1	0	1	1
1	1	0	1
1	1	1	0

表 3-11　奇偶校验检查器

x	y	z	p	检测到错误?
0	0	0	0	1
0	0	0	1	0
0	0	1	0	0
0	0	1	1	1
0	1	0	0	0
0	1	0	1	1
0	1	1	0	1
0	1	1	1	0
1	0	0	0	0
1	0	0	1	1
1	0	1	0	1
1	0	1	1	0
1	1	0	0	1
1	1	0	1	0
1	1	1	0	0
1	1	1	1	1

位移可将字或字节的位向左或向右移动一个位置，是一个非常有用的操作。向左移动一位使它的指数增加一位。当无符号整数的位向左移一位时，具有与该整数乘以 2 相同的效果，但是能使用更少的机器周期来完成。向左或右移位（分别）后最左或最右位会丢失。左移 1101 会得到 1010，右移则变成 0110。一些缓冲器和编码器依赖移位器从一个字节变成一个位流，使每个位都可以在序列中被处理。4 位移位器如图 3-16 所示。当控制线 S 为低（即为 0）时，输入的每个位（标记为 I_0 到 I_3）都向左移动一位到输出（标记为 O_0 到 O_3）。当控制线为高电平时，发生右移。这个移位器可以很容易地扩展到任意数量的位，结合存储器组件可以创建出移位寄存器。

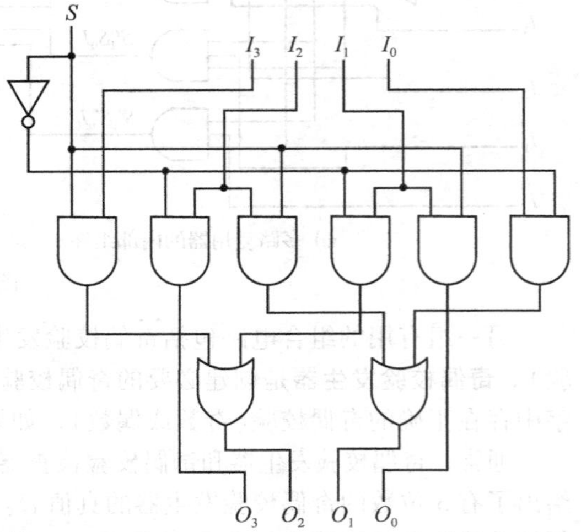

图 3-16　4 位移位器

在这个简短的小节中，不能介绍所有的组合电路。本章结尾的参考文献提供了更多关于组合电路的信息。然而，在完成组合逻辑之前，还有一个需要介绍的组合电路——ALU。前面已经介绍了构建**算术逻辑单元（ALU）**所需的所有组件。

图 3-17 给出了一个具有 4 个基本操作（AND、OR、NOT 和加法）的简单 ALU：每个运算都在 2 位字的机器上执行。控制线 f_0 和 f_1 确定 CPU 执行哪种操作。信号 00 代表加法（A + B），01 代表 NOT A，10 代表 A OR B，11 代表 A AND B。输入线 A_0 和 A_1 表示一个字的两位，B_0 和 B_1 表示第二个字。C_0 和 C_1 代表输出线。

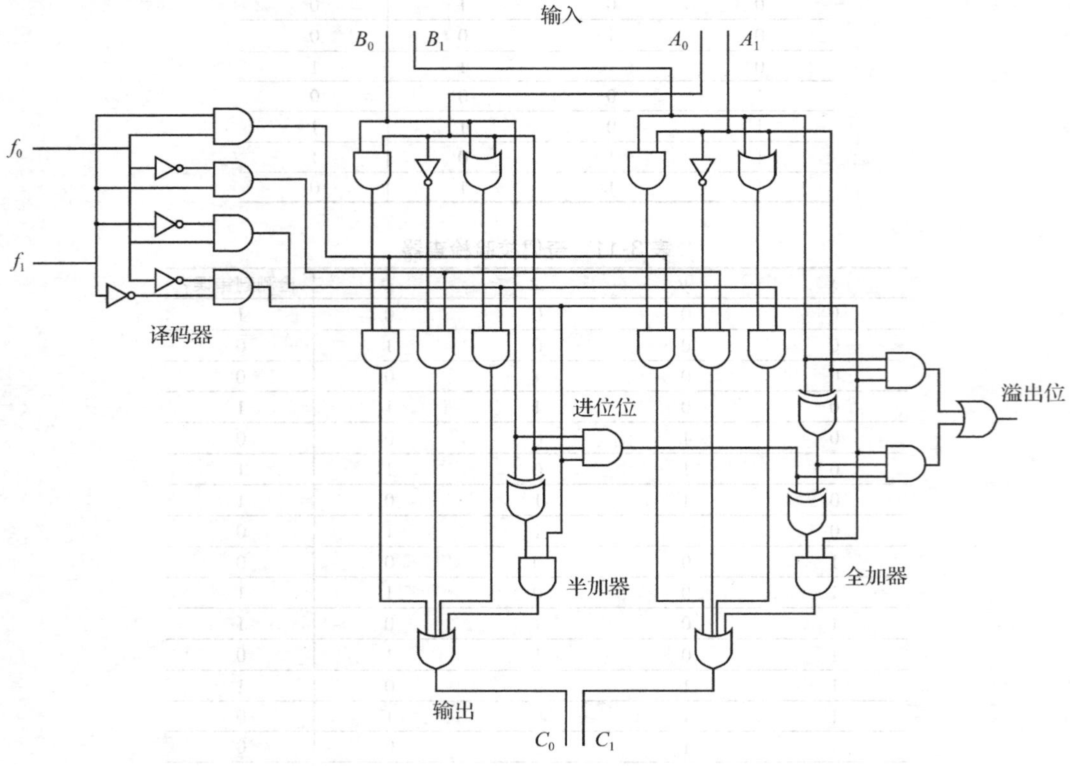

图 3-17　简单的两位 ALU

3.6 时序电路

在上一节中重点研究了组合逻辑。已经研究过通过检验变量，以及变量与变量之间的关系来输出布尔函数，以及仅依赖于输入值的输出函数。如果改变一个输入值，这会直接对输出值产生影响。组合电路的主要缺点是没有存储的概念（它们是无记忆的），这就会带来问题。计算机必须有一种记忆数值的方法。考虑一个更简单的汽水机所需的数字电路。当你把钱放进汽水机后，机器在任何给定的时刻会记得你放了多少钱。如果没有这种能力，这将是非常难以使用的。不能使用组合电路来构建汽水机。为了了解汽水机的工作原理，并最终了解计算机如何工作，必须学习时序逻辑。

3.6.1 基本概念

时序电路定义为其输出是由当前输入和先前的输入一起决定的。因此，输出取决于过去的输入。要想记住以前的输入，时序电路必须有某种形式的存储组件。通常将该存储元件称为**触发器**。这个触发器的状态是先前输入的函数。因此，输出取决于对当前输入和电路的现在状态。组合电路是由门电路生成的，时序电路是由触发器生成的。

3.6.2 时钟

在讨论时序逻辑之前，必须首先介绍一种排序事件的方法。（时序电路使用过去的输入来确定当前输出的事实表示必须有事件排序。）一些时序电路是**异步**的，这意味着当输入值发生变化时，它们就会变得活跃起来。**同步**时序电路使用时钟来对事件进行排序。**时钟**是发出一系列脉冲的电路，这个电路在连续脉冲之间具有精确脉冲宽度和精确间隔。这个间隔称为**时钟周期时间**。时钟速度通常以兆赫兹或千兆赫兹来测量。

时序电路使用时钟决定何时更新电路状态（即“现在”的输入何时变为“过去”的输入）。这意味着电路的输入只能在给定的离散时间下影响存储组件。在本章中，我们研究同步时序电路，因为它们比异步时序电路更容易理解。因此，当提到“时序电路”时，就同义于“同步时序电路”。大多数时序电路是边沿触发（与电平触发相反）的。这意味着它们可以在时钟信号的上升沿或下降沿改变状态，如图 3-18 所示。

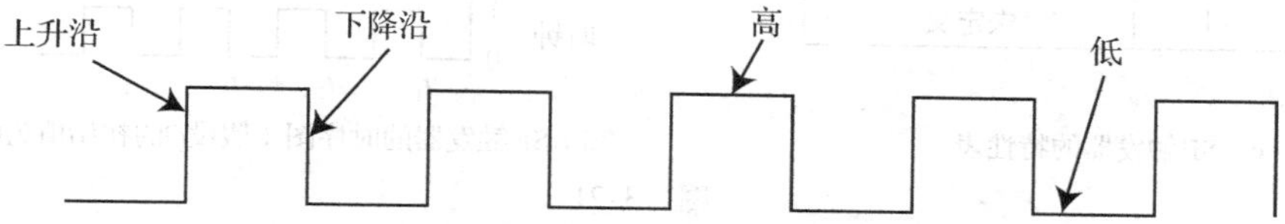

图 3-18 表示离散时间的时钟信号

3.6.3 触发器

电平触发电路不论在时钟信号为高还是低时都可以改变状态。许多人互换使用术语锁存和触发器。在技术上，锁存器是电平触发，而触发器是边沿触发。在本书中，使用术语**触发器**。威廉·埃克尔斯和 F. W. 乔丹在 1918 年发明了第一个触发器（用真空管），所以这些电路都已经使用一段时间了。然而，它们并不总是被称为触发器。像许多其他发明一样，它们最初是以发明人命名的，称为埃克尔斯 - 乔丹触发电路。那么“触发器”的名字是从哪里来的？有人说是因为触发时电路产生的声音（如同扬声器连接到原电路的一个元件时产生的声音）；其他人认为它来自于电路从一个状态翻转到另一个以及翻转回来的能力。

为了“记住”过去的状态，时序电路依赖于一个称为**反馈**的概念。简单来说，这意味着电路的输出被反馈作为这个电路的输入。一个非常简单的反馈电路使用两个非门，如图 3-19 所示。在该图中，如果 Q 为 0，则它将始终为 0。如果 Q 为 1，它将始终为 1。这不是一个非常有趣或有用的电路，但它能让你看到反馈是如何工作的。

更有用的反馈电路是由两个或非门组成的最基本的存储组件，称为 **SR 触发器**。SR 代表“设置/复位”，SR 触发器的逻辑图如图 3-20 所示。

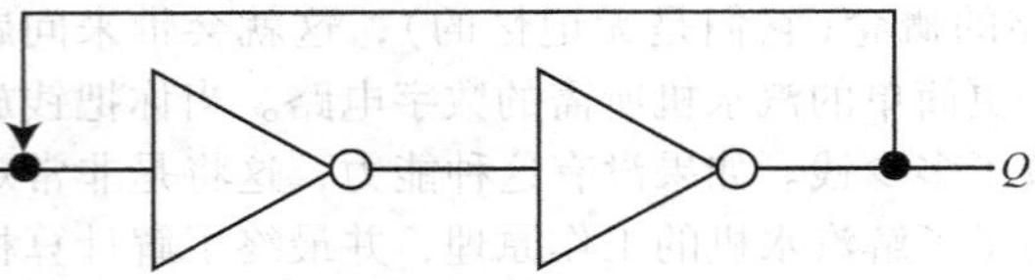

图 3-19　简单反馈电路

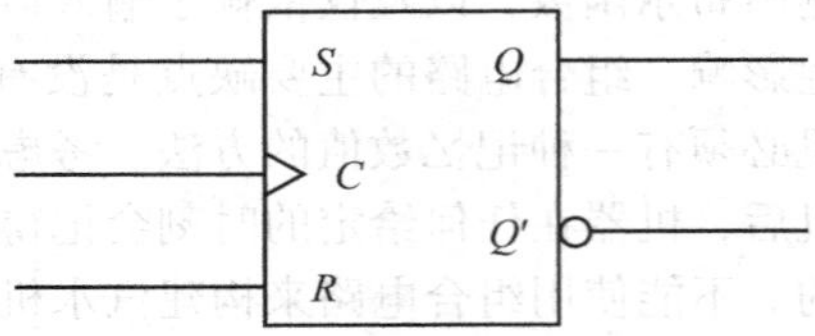

图 3-20　SR 触发器的逻辑图

可以通过特性表来描述任何触发器，它表示基于输入和当前状态 Q 下一个状态应该是什么，符号 $Q(t)$ 表示当前状态，$Q(t+1)$ 表示下一状态或者在时钟脉冲之后触发器应该进入的状态。可以用时序图指示时钟的改变与触发器输出之间的信号关系。图 3-21a 显示了 SR 时序电路的实际实现；图 3-21b 所示为向触发器添加一个时钟；图 3-21c 指定了其特性表；图 3-21d 显示了一个时序图。这里，仅介绍时钟触发器。

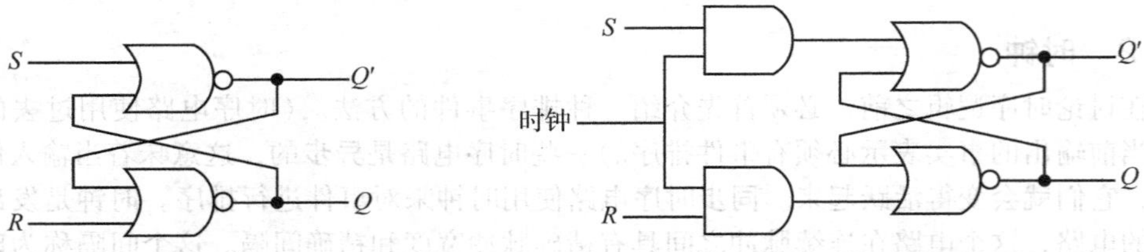

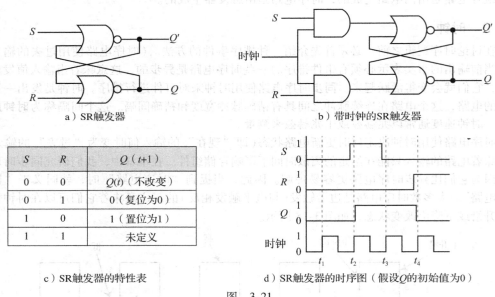

a）SR触发器　　b）带时钟的SR触发器

S	R	Q（t+1）
0	0	Q(t)（不改变）
0	1	0（复位为0）
1	0	1（置位为1）
1	1	未定义

c）SR触发器的特性表

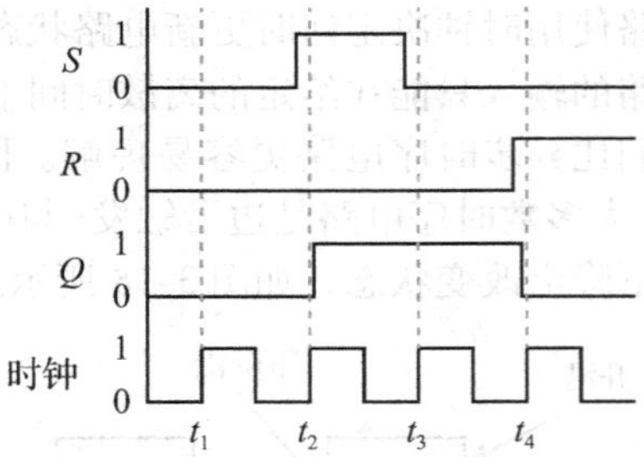

d）SR触发器的时序图（假设Q的初始值为0）

图　3-21

SR 触发器会表现出有趣的行为。它有 3 个输入：S、R 和当前输出 $Q(t)$。创建表 3-12 所示的真值表，以进一步说明此电路的工作原理。

表 3-12　SR 触发器的真值表

S	R	当前状态 Q(t)	下一个状态 Q(t+1)
0	0	0	0
0	0	1	1
0	1	0	0
0	1	1	0
1	0	0	1
1	0	1	1
1	1	0	未定义
1	1	1	未定义

例如，如果 S 为 0 且 R 为 0，并且当前状态 $Q(t)$ 为 0，则下一状态 $Q(t+1)$ 也为 0；如果 S

为0且R为0，并且$Q(t)$为1，则$Q(t+1)$被**置位**为1。实际上在时钟脉冲下当(S,R)为$(0,0)$的输入时结果不会改变。根据类似的论证，可以看到输入(S,R)为$(0,1)$时下一个状态$Q(t+1)$强制设置为0，而不管当前状态如何(即在电路输出进行强制**复位**)。当$(S,R)=(1,0)$时，电路输出**置位**为1。

看看图3-21d所示的时序图，在t_1时刻时钟脉冲到来，此时$S=R=0$，Q不变。在t_2时刻，S变为1，R仍为0，因此当时钟脉冲到来时，Q置位为1。在t_3时刻，$S=R=0$，因此Q不变。在t_4时刻，因为R变为1，所以在时钟脉冲到来时，$S=0$，$R=1$，Q复位为0。

这个特定的触发器很奇怪。如果R和S都同时置位为1会如何呢？如果检查图3-21a所示的未计时的触发器，这会得到一个最终状态，Q和Q'都为0，但是如何能使得$Q=0=Q'$？来看看图3-21b所示的已定时触发器，当$S=R=1$时会发生什么。当时钟脉冲到达时，S和R的值输入到触发器中。这使得Q和Q'都为0。当去除时钟脉冲时，不能确定触发器的最终状态，因为一旦时钟脉冲结束，S和R的输入都会消失，并且所产生的状态取决于哪一个输入首先终止(这种情况通常称为"竞争条件")。因此，在SR触发器中不允许有这种输入组合。

可以添加一些逻辑条件到SR触发器以确保非法状态永远不会出现——只需修改SR触发器，如图3-22所示。这生成了JK**触发器**。JK触发器和SR触发器基本相同，除了当两个输入为1时，该电路取消当前状态。图3-22d所示的时序图说明了此电路的工作原理。在t_1时刻，$J=K=0$，导致Q没有变化。在t_2时刻，$J=1$和$K=0$，因此Q置位为1。在t_3时刻，$K=J=1$，这会导致Q取反，将其从1变为0。在t_4时刻，$K=0$和$J=1$，强制Q置位为1。

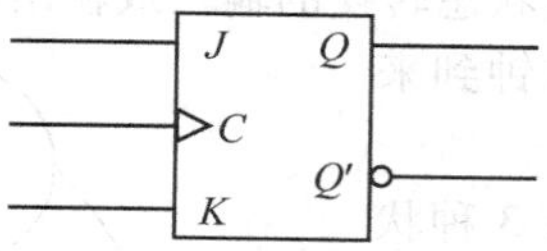

a）JK触发器

J	K	$Q(t+1)$
0	0	$Q(t)$（不改变）
0	1	0（复位为0）
1	0	1（置位为1）
1	1	$Q'(t)$

b）JK触发器的特性表

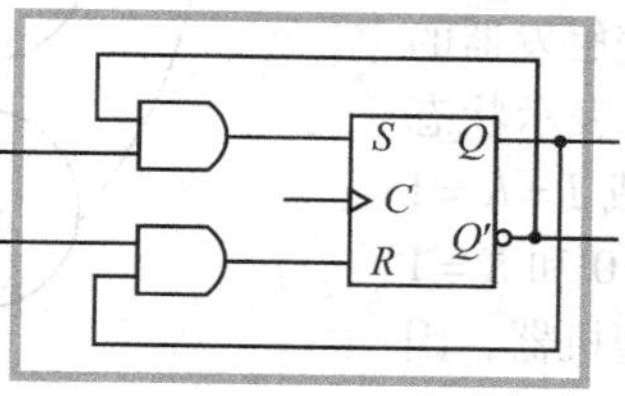

c）JK触发器作为一个改进的SR触发器

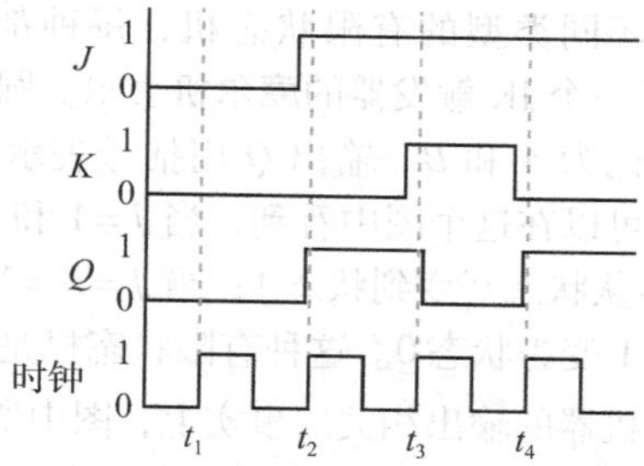

d）JK触发器的时序图（假设Q的初始值为0）

图　3-22

关于"JK"的来源似乎存在很大的分歧。有些人认为它是以集成电路的发明者杰克·基尔比(Jack Kilby)命名的。有些人认为它是以约翰·卡尔达什(John Kardash)命名的，人们经常认为他是JK触发器的发明人(如他在当前公司网站上的个人简历中所述)。还有一些人认为这是由休斯飞机公司的工人创造的，他们用输入字母标记电路输入，J和K恰好是列表中的下一个(如在1968年提交给电子杂志《EDN》的详细信件)。

SR触发器的另一种变形是D(**数据**)**触发器**。D触发器是计算机物理内存的真实表示。该时序电路可以存储一位信息。如果在输入线D上设置为1，在时钟脉冲到来时，输出线Q变为

1；如果在输入线上设置为0，在时钟脉冲到来时，输出变为0。记住输出 Q 表示电路的当前状态。因此，输出值为1表示电路当前“存储”值为1。图3-23所示为D触发器，列出了它的特性表和时序图，并且揭示了D触发器实际上是SR触发器的变形。

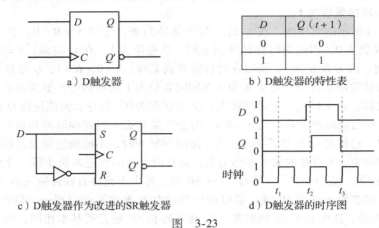

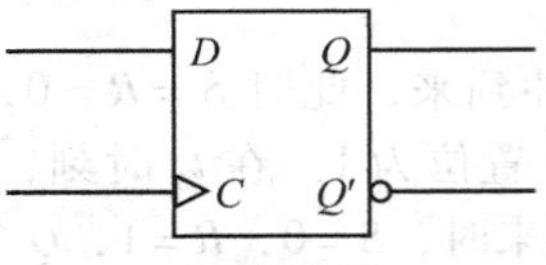

a）D触发器

D	$Q(t+1)$
0	0
1	1

b）D触发器的特性表

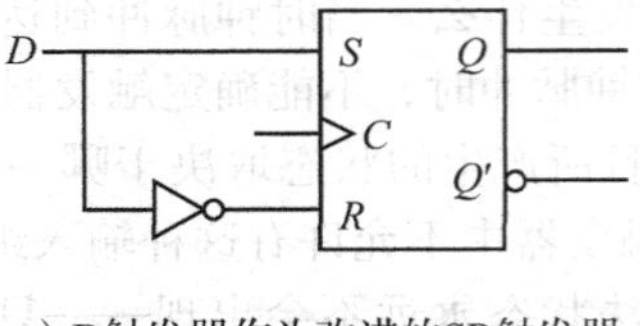

c）D触发器作为改进的SR触发器

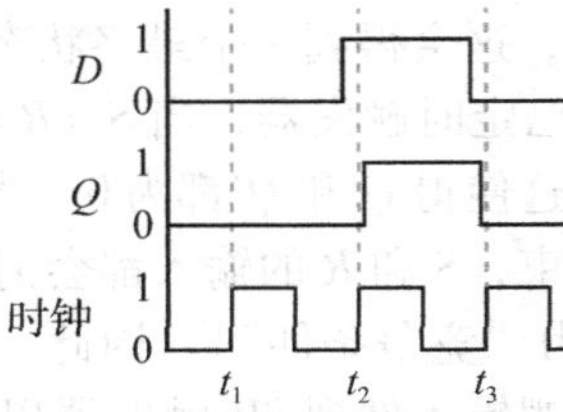

d）D触发器的时序图

图 3-23

3.6.4 有限状态机

特性表和时序图可用来描述触发器和时序电路的动作。**有限状态机**（FSM）提供了等效的图形描述。有限状态机通常使用圆圈表示机器状态，用有向弧表示从一个状态转变到另一个。每个圆圈都标有它代表的状态，每个圆弧都标记有用于该状态转换的输入或输出。FSM一次只能处于一个状态。这里只对同步FSM进行研究（只有当时钟到来时才允许转换状态）。

可以用状态机建模的真实示例是公共交通灯。它有3种状态：绿色、黄色和红色。当硬件中的计时器到达时状态发生转换。下面是交通灯的FSM。

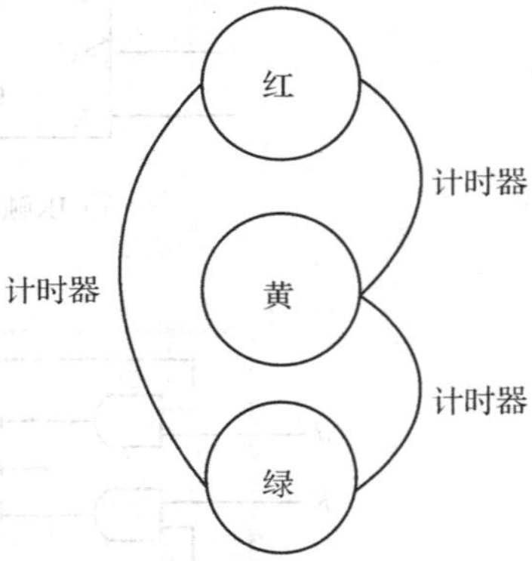

有许多种不同类型的有限状态机，每种都有不同的作用。图3-24显示了一个JK触发器的**摩尔机**表示。圆圈代表触发器的两种状态，标记为 A 和 B。输出 Q 用括号表示，圆弧表示状态之间的转换。可以在这个图中看到，当 $J=1$ 和 $K=0$ 或 $J=K=1$ 时，JK触发器从状态0变到状态1；当 $J=K=1$ 或 $J=0$ 和 $K=1$ 时，它从状态1变为状态0。这种有限状态机是摩尔型机器，因为每个状态与机器的输出相关。事实上，图中所示的反射电弧是不需要的，因为机器的输出仅在状态改变时改变，并且状态不通过反射电弧改变。据此，可以绘制一个简化的摩尔机（如图3-25所示）。摩尔机以爱德华·F. 摩尔命名，他于1956年发明了这种类型的FSM。

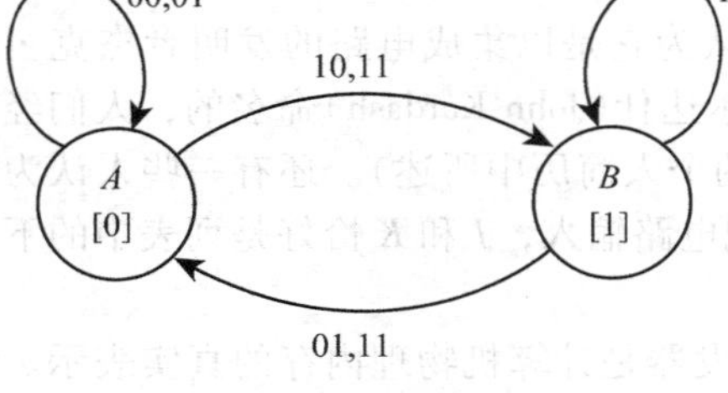

图3-24 用JK触发器表示摩尔机

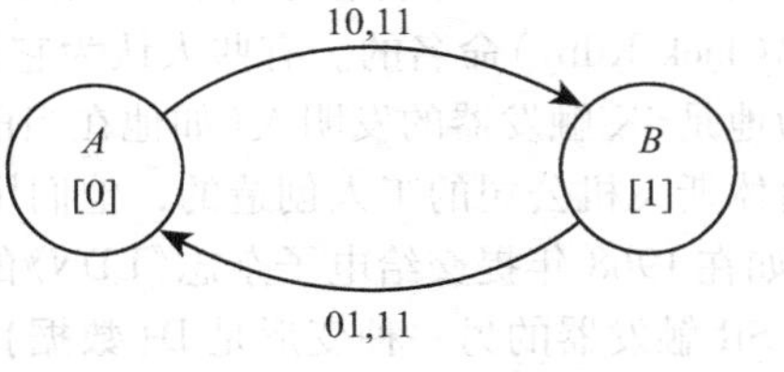

图3-25 用JK触发器表示简化的摩尔机

与爱德华·摩尔同时代的乔治 H. 米莉独立发明了另一种类型的 FSM，它也是以发明者命名的。像摩尔机一样，**米莉机**也是用圆圈表示状态，用连接弧表示每个状态过渡。与摩尔机不同的是，米莉机的输出不但与每个状态相关（在摩尔机示例中将 0 或 1 放在方括号中），还与每个转换相关。这意味着米莉机的输出函数与当前状态及其输入有关，而摩尔机的输出函数仅与当前状态有关。每个过渡弧上用其输入和输出分开标记并用斜杠隔开。反射弧不能从米莉机中删除，因为它们描绘机器的输出。图 3-26 显示了一个用于 JK 触发器的米莉机。

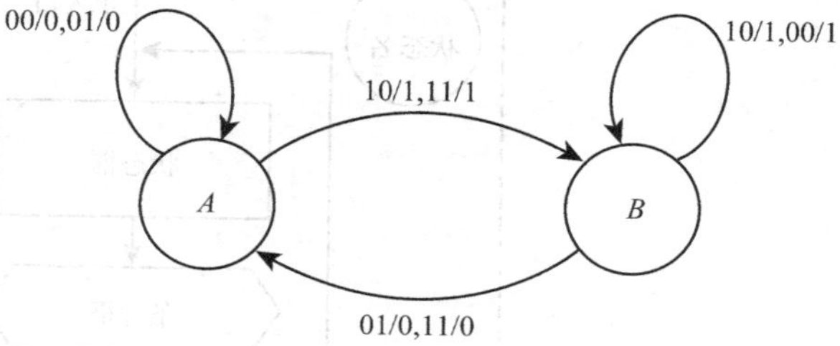

图 3-26　用 JK 触发器表示一个米莉机

在实际执行摩尔机或米莉机时，有两件事情是必须要做的：用于存储当前状态的存储器（寄存器），以及控制输出和从一个状态到另一个状态转换的组合逻辑组件。图 3-27 说明了这两个机器的逻辑。

a）摩尔机框图

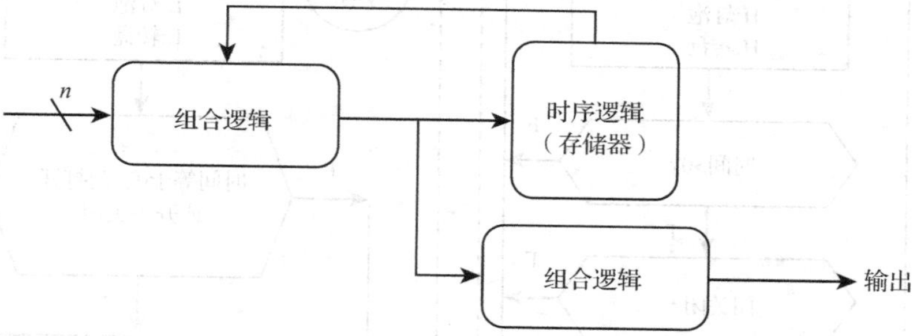

b）米莉机框图

图　3-27

这里提供的摩尔机或米莉机的图形模型和框图对于电路行为的高级概念建模是很有用的。然而，一旦电路变得很复杂时，摩尔机和米莉机会变得很麻烦，并且很难捕获到实现所需的细节。例如，考虑一个微波炉。微波炉将仅在门关闭时才处于“开”状态，控制转盘设置为“烹饪”或“除霜”，定时器开始显示时间。“开”状态意味着磁控管正在产生微波，炉室中的灯被点亮，并且转盘正在旋转。如果时间到了，打开门，或控制从“烹饪”变为“关闭”时，微波炉变为“关”状态。由定时器提供的范围连同定义一个状态的大量信号，很难在摩尔机和米莉机中捕获。因此，克里斯托弗·R. 克莱尔发明了**算法状态机（ASM）**。正如其名称所示，算法状态机表示将 FSM 从一个状态提前到另一个状态的算法。

算法状态机由包含状态框、标签、可选条件和输出框的块组成（见图 3-28）。每个 ASM 块恰好具有一个入口点和至少一个出口点。摩尔型输出（电路信号）在状态块内指示，米莉型输出在椭圆输出“盒”中指示。如果信号在“高”时置位，则前缀为 H；否则，它将以 L 为前缀。如果信号立即置位，则它也以 I 为前缀。否则，在下一个时钟周期信号有效。导致状态变化的输入条件(这是算法部分)由名为条件框的细长的六边形来表示。任何数量的条件框都可以放在ASM块内，并且它们的显示顺序并不重要。在示例中微波炉的ASM块如图3-29所示。

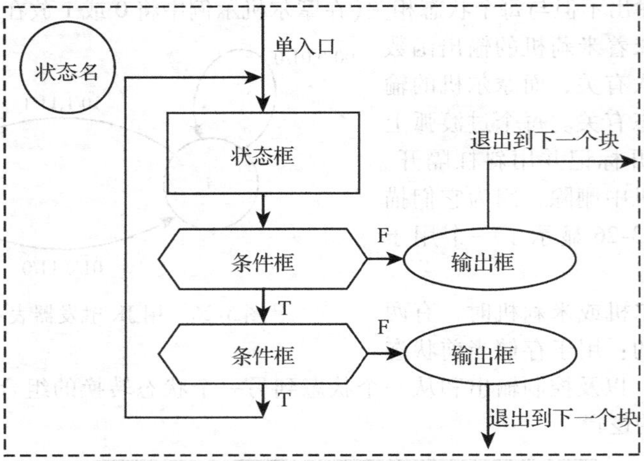

图3-28　算法状态机的组件

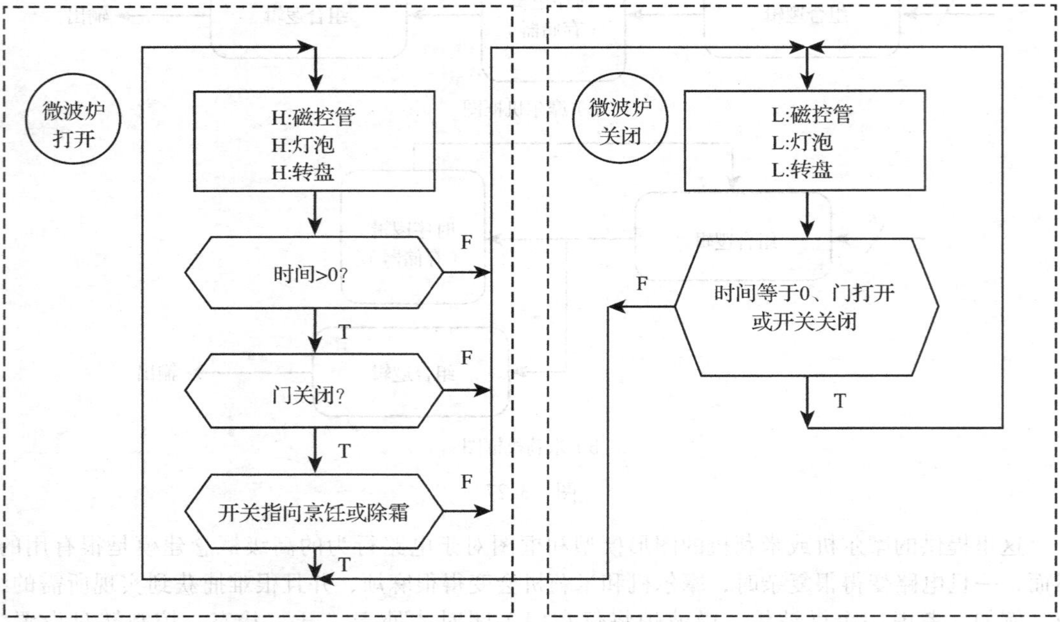

图3-29　微波炉的算法状态机

可见，ASM可以表示摩尔机和米莉机的行为。摩尔机和米莉机可能是等效的，因此可以互换使用。但是，具体使用哪一种取决于实际应用。在大多数情况下，摩尔机相比米莉机需要更多的状态(内存)，但可以得到更简单的实现，因为摩尔机的转换更少。

无硬件的机器

摩尔机和米莉机只是你在计算机科学文章中遇到的许多不同类型有限状态机中的两种。理解FSM对于研究编程语言、编译器、计算理论和自动机理论至关重要。我们将这些抽象称为机器，因为机器是一组响应刺激（事件）的设备，这些刺激是基于先前事件的历史（当前状态）生成的可预测响应（动作）。其中最重要的是**有限自动机（DFA）**计算模型。一般来说，在 DFA 中，M 完全由五元组描述，即 $M=(Q, S, \Sigma, \delta, F)$，其中：

- Q 是表示机器能承担的每一种配置的有限状态集合；
- S 是 Q 的元素，表示起始状态，它是机器接收任何输入之前的初始状态；
- Σ 是机器能识别的输入字母表或事件集；
- δ 是映射 Q 中的一个状态和输入字母表中的一个字母到 Q 中另一个（可能相同）状态的转换函数；
- F 是最终（或接受）状态的一组状态（Q 的元素）。

DFA 在编程语言的研究中特别重要，它们用于识别语法或语言。要想使用 DFA，请从初始状态开始并处理输入字符串，一次一个字符，随着输入而改变状态。在处理整个字符串时，如果你处于最终接受状态，则 DFA“接受”该合法字符串。否则，字符串被拒绝。

可以使用这个 DFA 的定义来描述一个机器，就像在编译器中从源代码文件中提取变量名（字符串）一样。假设计算机语言必须接受以字母开头的变量名，在初始字母之后可以包含无限字母或数字流，并由空格字符（制表符、空格、换行符等）终止。变量名的初始状态是空字符串，因为没有输入被读取。在右图中用夸张的箭头（还有几个其他符号）指示这个初始状态。

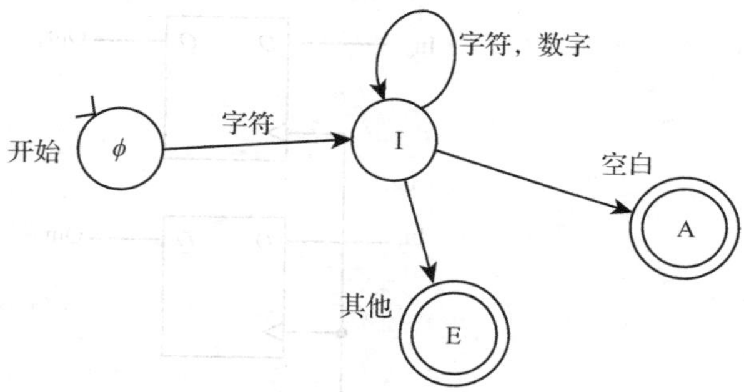

接收一个变量名的有限状态机

当机器识别字母字符时，它转换到状态 I，在那里只要输入了字母或数字，它就会保留。在接收到空格字符时，机器转换到状态 A，即它的最终接受状态，用双圈指示。如果输入了除数字、字母或空格之外的字符，则机器进入错误状态，这是拒绝字符串的最终状态。

我们更感兴趣（因为正在讨论硬件）的是具有输出状态的摩尔和米莉 FSM。这些 FSM 和 DFA 之间的基本区别是，除了从一个状态转移到另一个状态的转换函数以外，摩尔机和米莉机也能生成一个输出符号。此外，由于电路没有停止或接受字符串的概念，所以它们没有最终状态集的定义，而是直接输出。摩尔机和米莉机的 M 都可以由五元组来完全描述，即 $M=(Q, S, \Sigma, \Gamma, \delta)$，其中：

- Q 是表示机器每个配置的有限状态集合；
- S 是 Q 的元素，表示开始状态，即机器在接收任何输入之前的状态；
- Σ 是机器可以识别的输入字母表或事件集；
- Γ 是有限输出字母表；
- δ 是将状态从 Q 和输入字母表的字母映射到 Q 状态的转移函数。

注意，输入和输出字母通常是相同的，但不是必须这样。产生输出的方式是区分摩尔机和米莉机之间的元素。因此，摩尔机的输出函数嵌入了 S 的定义，米莉机的输出函数嵌入了转移函数 δ。

如果这看起来太抽象，那么只要记住一台计算机可以被认为是通用有限状态机。它描述为一台机器加上输入以及产生（通常）的预期输出。有限状态机只是关于计算机和计算的另一种思考方式。

3.6.5　时序电路示例

锁存器和触发器可以实现更复杂的时序电路。因此寄存器、计数器、存储器和移位寄存器都需要使用存储以及时序逻辑来实现。

例 3.14　时序电路的第一个例子是一个使用 4 个 D 触发器组成的简单的 4 位寄存器。(要实现存储更大字的寄存器，需要添加触发器。)它有 4 根输入线、4 根输出线和 1 根时钟信号线。从时序的角度来看，时钟是非常重要的；寄存器必须全部接受它们的新输入值并同时改变存储组件。记住，同步时序电路不能改变状态，除非在时钟脉冲到来时。相同的时钟信号绑定到所有 4 个 D 触发器上，因此它们一致变化。图 3-30 描述了 4 位寄存器的逻辑图，以及该寄存器的框图。在实际中，物理组件具有电源和接地等附加线路，还有清除线(这使得能将整个寄存器复位为全 0)。然而，在本书中将这些概念留给计算机工程师，我们关注在这些电路中存在的实际数字逻辑。

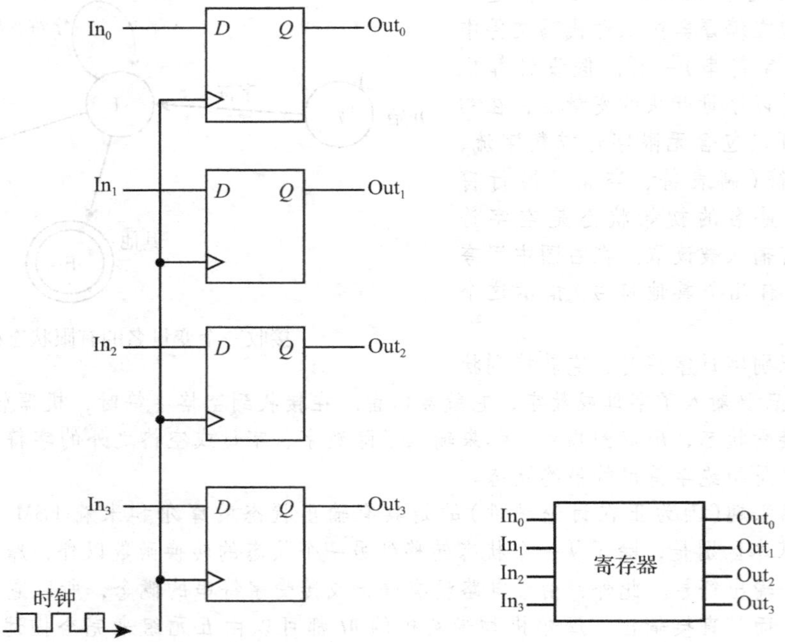

a）4位寄存器　　b）4位寄存器的框图

图　3-30

例 3.15　另一个有用的时序电路是二进制计数器，时钟脉冲到来时它会产生预定的状态序列。在一个二进制计数器中，这些状态反映了二进制数序列。如果开始以二进制 0000，0001，0010，0011，…计数，则可以看到数字的增加，并且每次对低位进行取反。每当它从 1 到 0 改变状态时，对其左边的位求反。当每个其他位从 0 到 1 改变状态时，所有右边的位等于 1。对于取反的概念，二进制计数器最好的实现是使用 JK 触发器(回想当 J 和 K 都等于 1 时，触发器取反当前状态)。为代替每个触发器的独立输入，有一个在每个触发器上运行的**计数使能线**。当时钟脉冲到达时电路只计数并且此计数使能线置位为 1。如果计数使能被设置为 0，当时钟脉冲到达时，电路不改变状态。非常仔细地检查图 3-31，用各种输入跟踪电路，以确保你理解了该电路如何输出 0000 ~ 1111 之间的二进制数。注：B_0、B_1、B_2 和 B_3 是该电路的输出，并且始终可用，而与计数使能和时钟信号的值无关。如果当前状态为1111，并且时钟脉冲到达时，则检查电路进入哪个状态。

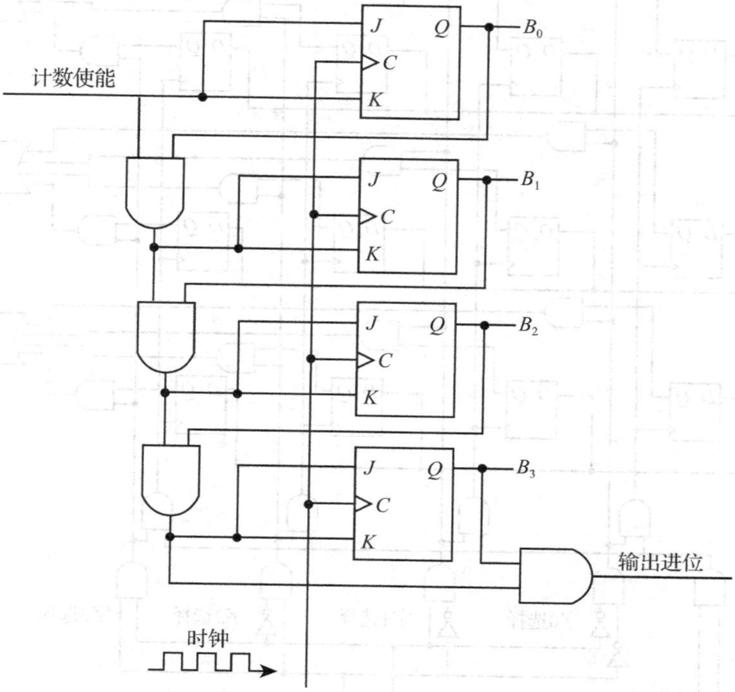

图 3-31　使用 JK 触发器的 4 位同步计数器

上面学习了一个简单的寄存器和一个二进制计数器，现在我们已准备好去学习一个非常简单的存储电路了。

例 3.16 图 3-32 所示的存储器保存 4 个 3 位字（这通常表示为 4×3 的存储器）。电路中的每一列表示一个 3 位字。注意，存储每个字的每一位的触发器是通过时钟信号同步的，因此读或写操作总是读或写一个完整的字。In_0、In_1 和 In_2 是用于将 3 位字存储或写入存储器的输入线。S_0 和 S_1 是用于选择存储器中正在引用哪个字的地址线。（注意 S_0 和 S_1 是负责选择正确存储字的 2-4 译码器的输入线。）从存储器里读取字时使用 3 条输出线（Out_0、Out_1 和 Out_2）。

应该注意到另一条控制线——写使能控制线，它表示是读还是写。注意，在这个芯片中，为了便于理解，已经分离了输入和输出线。在实际中，输入线和输出线是相同的线。

对这个存储器电路的讨论进行总结，以下是将一个字写入到存储器所需的步骤：

1. 在 S_0 和 S_1 上选中地址。
2. 写使能（WE）设置为高。
3. 使用 S_0 和 S_1 的译码器仅使能一个与门，在存储器中选择给定的字。
4. 在步骤 3 中选择的线结合时钟与写使能选择一个字。
5. 在步骤 4 中使能的写门电路驱动所选字的时钟。
6. 当时钟脉冲到来时，输入线上的字装入 D 触发器上。

可以把从这个存储器读取一个字以创建类似必要步骤的列表作为一个练习。另一个有趣的练习是分析这个电路，并确定需要什么额外的组件来扩展存储器。如将 4×3 存储器扩展到 8×3 存储器或 4×8 存储器。

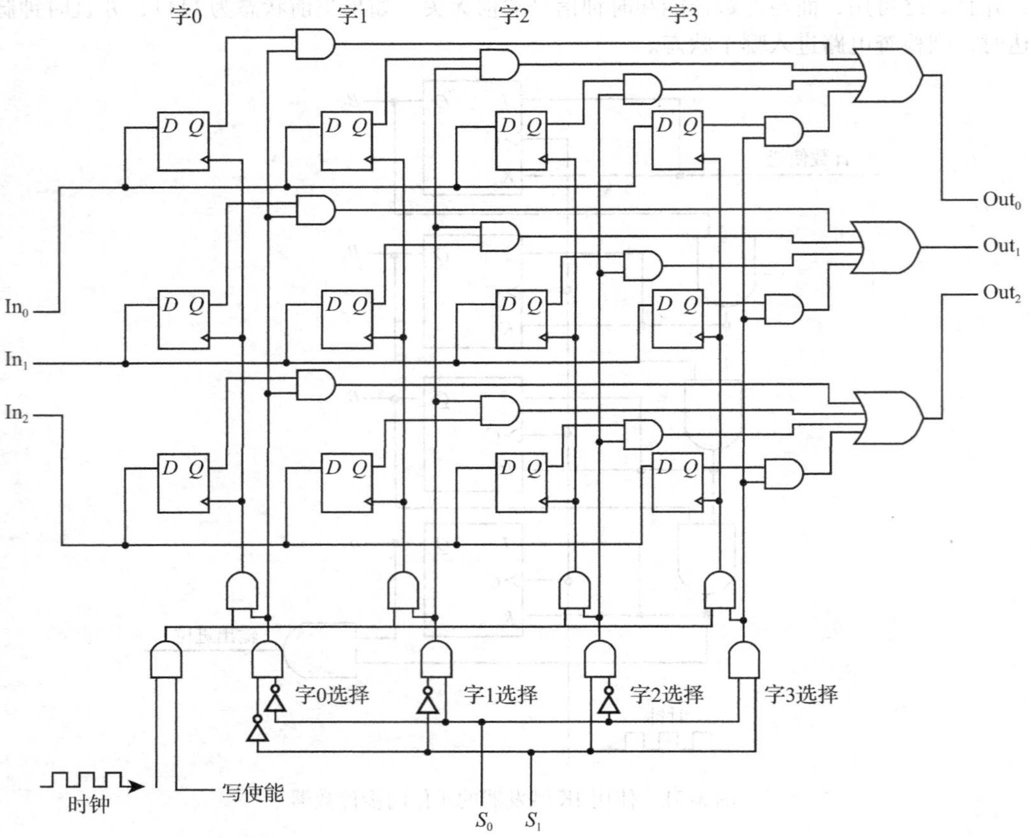

图 3-32 4×3 内存

逻辑门的实现

在本章介绍了逻辑门。但在这些门里面到底发生了什么才使它能执行逻辑功能？这些门实际是如何工作的呢？现在可以打开盖子并观察数字逻辑门的内部组成。

逻辑门的实现是使用属于不同类型不同生产技术的逻辑器件来完成的。这些设备往往用**逻辑系列**来分类。每个系列都有自己的优点和缺点，每个系列在能力和局限性方面也不尽相同。当前我们感兴趣的逻辑系列包括 TTL、NMOS/PMOS、CMOS 和 ECL。

TTL(晶体管-晶体管逻辑)用双极型晶体管代替了集成电路中最初发现的所有二极管。(从第 1 章关于晶体管的补充材料中可以了解详细信息。)TTL 以如下方式定义二进制值：0~0.8V 是逻辑 0，2~5V 是逻辑 1。几乎任何门都可以使用 TTL 实现。TTL 不仅提供最大数量的逻辑门(从标准的组合和时序逻辑门到存储器)，并且这种技术还提供了更优越的操作速度。这些相对便宜的集成电路的问题是，它们需要相当大的功率。

TTL 被用于广泛销售的第一代集成电路中。然而，在今天的集成电路中最常用的晶体管类型为 **MOSFET(金属氧化物半导体场效应晶体管)**。**场效应晶体管(FET)**简单地说就是输出场由可变电场控制的晶体管。金属氧化物半导体实际上是指用于制造芯片的工艺，现在甚至使用多晶硅代替了金属，金属这个名称仍继续使用。

NMOS(N 型金属氧化物半导体)和 **PMOS(P 型金属氧化物半导体)**是两种基本类型的 MOS 晶体管。NMOS 晶体管比 PMOS 晶体管快，但是实际上 NMOS 相对于 PMOS 的优点是具有更高的元件密度(更多个 NMOS 晶体管可以放在单个芯片上)。NMOS 电路比其双极型具有更低的功耗。NMOS 技术的主要缺点是对电气放电损坏的敏感性，此外，NMOS 不能实现与 TTL 同样多的门电路。尽管 NMOS 电路比 TTL 功率更小，但增加的 NMOS 电路密度使功耗问题变得明显了。

我们设计了 **CMOS(互补金属氧化物半导体)**芯片作为 TTL 和 NMOS 电路的低功耗替代品，除了解决电源问题外，它提供了比 NMOS 更多的 TTL 等效电路。该技术使用 FET 互补对代替双极晶体管，即 NMOS FET 和 PMOS FET(因此称为“互补”)。CMOS 与 NMOS 不同，因为当栅极处于静态时，CMOS 几乎没有功耗。只有当门开关改变时，才有功耗。较低的功耗转化为减少散热。

为此，CMOS 广泛地用于各种各样的计算机系统中。除了低功耗之外，CMOS 芯片可以在很宽的电源电压范围内工作(通常为 3～15V)，不像 TTL 需要一个 5±0.5V 的电源电压。然而，CMOS 技术对静电极其敏感，因此在处理电路时必须格外小心。虽然 CMOS 技术提供了比 NMOS 更大的门电路选择范围，但它仍然无法与双极型 TTL 技术相匹配。

ECL(射极耦合逻辑)门用于需要高速的情况。而 TTL 和 MOS 使用晶体管作为数字开关(晶体管处于饱和或截止状态)，ECL 使用晶体管来引导电流通过逻辑门，导致晶体管不能完全关断或饱和。因为它们总是处于活动状态，所以晶体管可以非常快速地改变状态。然而，这种高速的变化需要大量的电力。因此，ECL 很少使用，尤其是在很专业的应用中。

作为逻辑系列的新手，**BiCMOS(双极 CMOS)**集成电路使用双极和 CMOS 技术。尽管 BiCMOS逻辑实际比 TTL 消耗更多的功率，但它相当快。虽然目前它还没有在制造业中使用，但 BiCMOS 似乎具有巨大的潜力。

3.6.6 时序逻辑的应用：卷积编码和维特比检测

在数据存储和通信中采用几种编码方法。其中之一是部分响应最大似然(PRML)编码方法。以前的讨论(这不是理解本节的前提)主要关注 PRML 的“部分响应”部分。“最大似然”分量来自对位进行编码和解码的方式。解码过程的显著特征是只有某些位模式有效。这里使用卷积码产生这种模式。**维特比译码器**读取通过卷积解码器产生的位，并且将读取的符号流与一组“可能”符号流进行比较，选择错误最少的一个输出。提出下面讨论的原因是它汇集了一系列本章以及第 2 章中给出的概念。下面从编码过程开始讨论。

在第 2 章中引入的汉明码是一种使用数据块(或块编码)来计算必要冗余位的前向纠错类型。一些应用需要适合连续数据流的编码技术，例如来自卫星电视发射机的数据流。**卷积编码**是对输入串行位流进行操作的方法，并生成编码的串行输出流(包括冗余位)，使其能够连续校正错误。**卷积码**是一种编码过程，输出是输入和先前接收的一些位数的函数。因此，输入在自身上重叠或**卷积**以形成输出符号流。在某种意义上，卷积码构建用于输出精确解码的上下文。卷积编码与维特比解码结合成为在编码和解码存储数据或在不完全(**噪声**)介质上传输的公认的工业标准。

图 3-33 显示了在 PRML 中使用的卷积编码机制。仔细观察这个电路，它揭示了两个输出位写入到了每个输入位中。第一个输出位是输入位和第二个先前输入位的函数：A XOR C。第二位是输入位和两个先前位的函数：A XOR C XOR B。在图的右侧有两个与门，当时钟脉冲到来时交替选择这些函数中的每一个。每一个时钟脉冲的输入通过 D 触发器移位。注意，最左边的触发器仅用作缓冲器输入，但并不是绝对必需的。

乍一看，可能不容易看到编码器如何为每个输入位产生两个输出位。诀窍是位于时钟和电路其他组件之间的触发器。当该触发器的互补输出反馈到输入时，触发器交替地存储 0 和 1。因此，每隔一个时钟周期，输出变为高电平，每个周期应使能和禁止正确的与门。

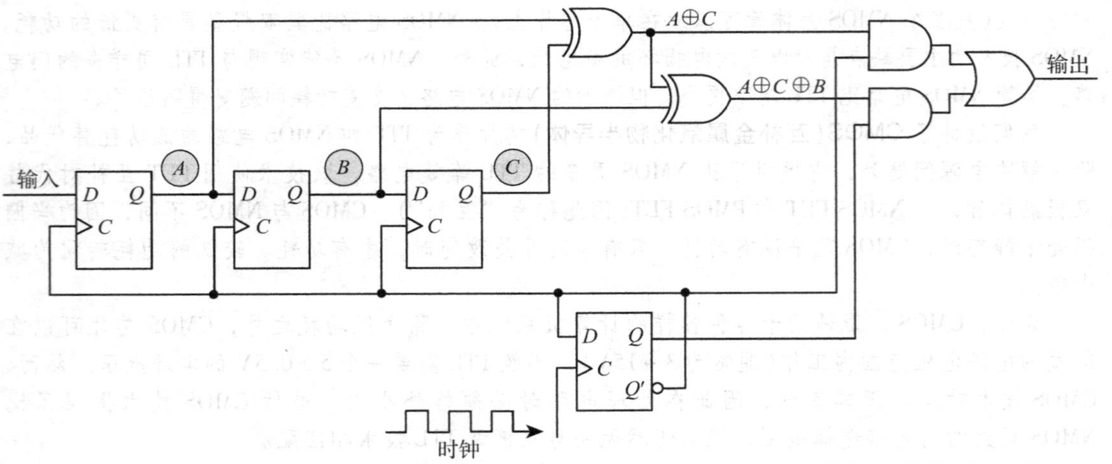

图 3-33　PRML 卷积编码器

我们逐步完成图 3-34 所示的一系列时钟周期。假定编码器初始状态是标记为 *A*、*B* 和 *C* 的触发器中包含所有 0。将第一个输入移入 *A* 触发器(缓冲器)和编码器输出两个 0 需要两个时钟周期。图 3-34a 显示了编码器传递到触发器 *A* 输出后的第一个输入(1)。看到触发器 *A*、*B* 和 *C* 上的时钟被使能，上面的与门也被使能。因此，函数 *A* XOR *C* 被路由到输出。在下一个时钟周期(见图 3-34b)，下面的与门被使能，函数 *A* XOR *C* XOR *B* 路由到输出。然而，因为触发器 *A*、*B* 和 *C* 的时钟被禁止，所以输入位不能从触发器 *A* 传播到触发器 *B*，以防止在第二个输出写入时下一个输入位被消耗。在时钟周期 3(见图 3-34c)，输入通过触发器 *A* 传播，并且触发器 *A* 中的位已经传播到触发器 *B*。输出上面的与门被使能，并且函数 *A* XOR *C* 被路由到输出。

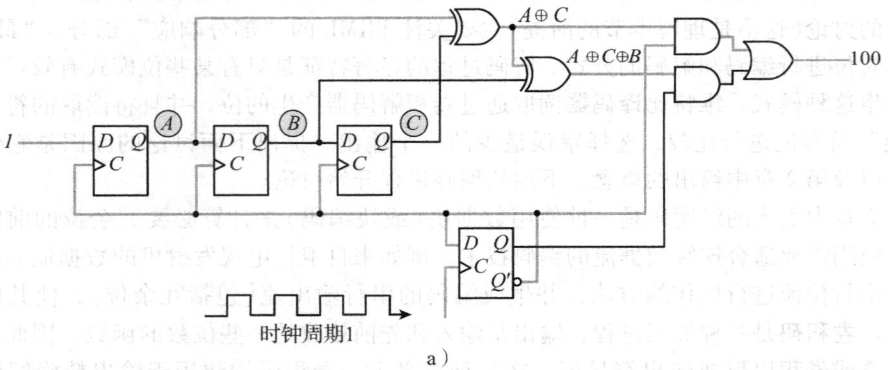

a)

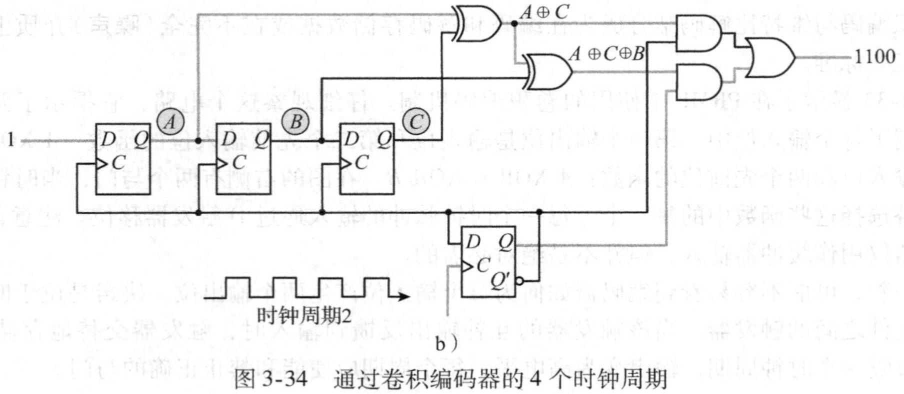

b)

图 3-34　通过卷积编码器的 4 个时钟周期

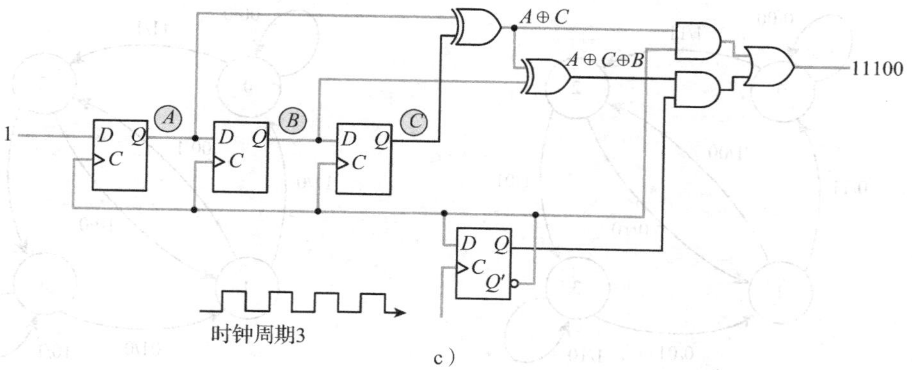

c）

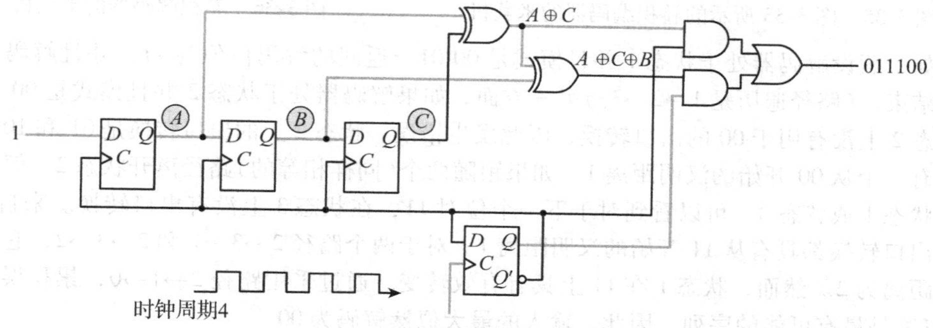

d）

图 3-34 （续）

该电路的特性表如表 3-13 所示。举个例子，考虑输入位流 11010010。编码器最初包含所有 0，所以 $B=0$ 且 $C=0$。此时编码器处于状态 0(00_2)。当输入流的第一个 1 离开缓冲器时 A、$B=0$ 且 $C=0$，给出(A XOR C XOR B) = 1 和(A XOR C) = 1。输出为 11，编码器转换到状态2(10_2)。下一个输入位为 1，有 $B=1$ 和 $C=0$(处于状态 2)，得到(A XOR C XOR B) =0 和(A XOR C) =1，输出为 01，编码器转换到状态 1(01_2)。在保留剩余的六个位之后，完成的函数是：

$$F(1101\ 0010) = 11\ 01\ 01\ 00\ 10\ 11\ 11\ 10$$

表 3-13 图 3-33 所示的卷积编码器的特性表

输入 *A*	当前状态 *BC*	下一个状态 *BC*	输出
0	00	00	00
1	00	10	11
0	01	00	11
1	01	10	00
0	10	01	10
1	10	11	01
0	11	01	01
1	11	11	10

使用米莉机会使编码过程更清楚一些(见图 3-35)。这个图一目了然地显示了哪些转换是可能的，哪些是不可能的。在图 3-35 中你可以看到特性表与机器之间的对应关系，这个表是通过读取表和跟踪弧获得的。事实上，对代码错误校正属性和维特比译码器操作至关重要的是具有有限的转换，译码器负责正确地解码位流。如图 3-36 所示，通过过渡弧上的输出反转输入，围绕该组可能的解码输入放置边界。

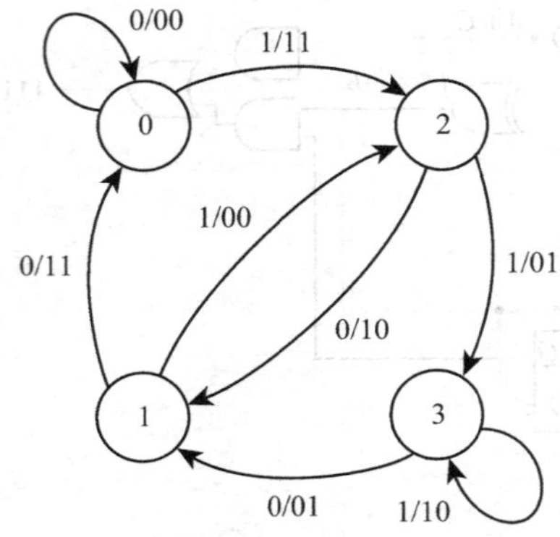

图 3-35　图 3-33 所示的卷积编码器的米莉机

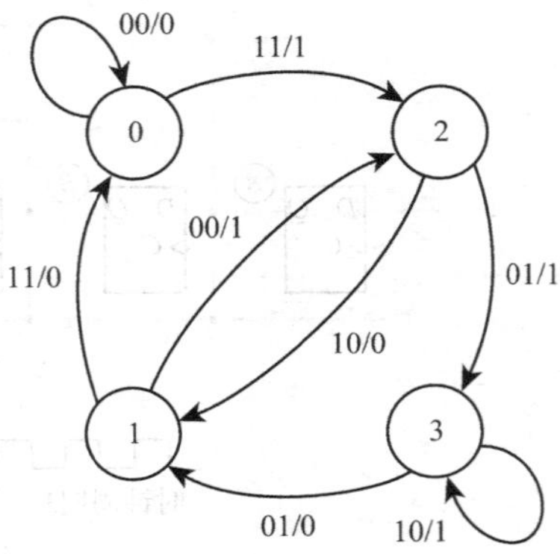

图 3-36　卷积解码器的米莉机

例如，假设解码器处于状态 1 并且模式是 00 01。返回的解码位值为 11，并且解码器在状态 3 中结束。(路径遍历是 1→2→3。)另一方面，如果解码器处于状态 2 并且模式是 00 11，由于在状态 2 上没有用于 00 的出口转换，因此发生错误。状态 2 上的出口转换是 01 和 10，它们两个都有一个从 00 开始的汉明距离 1。如果跟随两个(同样相等的)路径离开状态 2，解码器最终处于状态 1 或状态 3。可以看到对于下一个位对 11，在状态 3 上没有出口转换。来自状态 3 的每个出口转换都具有从 11 开始的汉明距离 1。对于两个路径 2→3→1 和 2→3→2，它们的累积汉明距离为 2。然而，状态 1 在 11 上具有有效转变。通过采用路径 2→1→0，累积误差只有 1，所以这是最有可能的序列。因此，输入的**最大似然**解码为 00。

表示这个思路的一种等价(也许更清楚)方式是网格图，如图 3-37 所示。4 个状态在图的左边显示。从左到右读取转换(或时间)组件。卷积码中的每个码字都与网格图中的唯一路径相关联。维特比译码器使用与此图等效的逻辑路径确定最可能的位模式。在图 3-37 中，译码器在状态 1 开始遇到输入序列 00 10 11 11 时，状态转换发生。读者可以比较网格图中的转换与图 3-36 所示的米莉图中的转换。

假设在输入的第一个位对中引入一个错误，给出错误的串是 10 10 11 11。如前所述，译码器在状态 1 中开始，图 3-38 通过网格跟踪可能的路径。累积的汉明距离显示在每个过渡圆弧上。正确的路径应是具有最小路径累积误差的字符串，假设这个字符串是 00 10 11 11，因此它被接受为正确的序列。

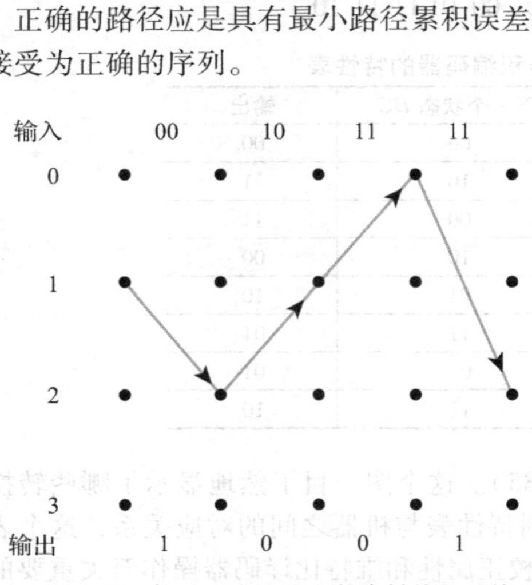

图 3-37　描述序列 00 10 11 11 状态转换的网格图

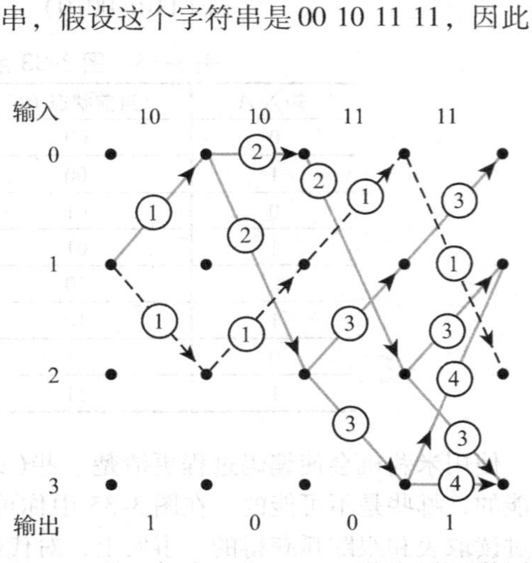

图 3-38　描述序列 10 10 11 11 汉明误差的网格图

在应用维特比译码器的大多数情况下，译码器仅提供一个电平误差校正。在维特比算法产生一个干净的符号流之后，会应用附加的纠错机制，例如循环冗余校验和里德–所罗门编码（在第2章中讨论）。使用本章中描述的数字构建块，所有这些算法通常能以最快的速度在硬件中实现。

希望本节的讨论能帮助读者了解数字化逻辑和纠错算法是如何配合在一起使用的。当然，任何算法都可以做到，只要其可以使用有限状态机来表示。实际上，刚才描述的卷积码也被称为(2，1)卷积码，因为对于每一个符号输入会输出两个符号。其他卷积码提供了更复杂的误差校正，但它们很难通过经济实惠的硬件来实现。

3.7 电路设计

在前面的章节中，介绍了许多不同的计算机系统组件。但我们无法罗列出帮助读者开始设计电路或系统的全部知识细节。数字逻辑设计要求我们不仅熟悉数字逻辑，也要精通**数字分析**（分析输入和输出之间的关系）、**数字综合**（从真值表开始并确定逻辑图以实现给定的逻辑功能）和使用计算机辅助设计（CAD）软件。回想以前的讨论可知，在设计电路时需要非常小心以确保它们最小化。电路设计者面临许多问题，包括找到有效的布尔函数，使用最少数量的逻辑门，使用廉价的逻辑门组合，使表面积最小以组织电路板的逻辑门和最小功率的要求，并尝试使用一组标准的模块来实现所有这一切。还有许多这里没有讨论的问题，如信号传播、扇出、同步问题和外部接口，你可以看到数字电路的设计相当复杂。

到目前为止，本章已经讨论了如何设计寄存器、计数器、存储器和各种其他数字构建块。给定这些组件，电路设计者可以在硬件中实现任何给定的算法（回顾第1章中的硬件和软件的等价原则）。在编写程序时，要指定一系列布尔表达式。通常，编写程序比设计硬件来实现算法要容易得多。但是，在有些情况下硬件实现更好（如在实时系统中，硬件实现速度更快，速度快一定更好）。但是，也有软件实现更好的情况。这通常是用单个编程式微计算机芯片替换大量数字组件，从而产生**嵌入式系统**。微波炉和汽车最可能包含嵌入式系统。这样做是为了替换可能会出现机械问题的硬件。对这些嵌入式系统编程需要所设计的软件能够读取输入变量和发送输出信号，以执行诸如打开或关闭灯、发出蜂鸣声、发出警报或打开门等任务。编写这种软件需要理解布尔函数的行为。

本章小结

本章的主要目的是让读者熟悉逻辑设计中涉及的基本概念，并对使用基本电路配置构建计算机系统有大致的了解。这种熟悉程度还不能使读者具备设计这些组件的能力，但是它让读者对以下章节讨论的架构有更好的了解。

本章研究了标准逻辑运算符AND、OR和NOT的行为，并查看了实现它们的逻辑门。任何布尔函数可以表示为真值表，然后可以将其转换为逻辑图，指示实现该功能的数字电路所需的组件。因此，真值表提供了一种表示布尔函数特性以及逻辑电路的手段。在实际中，这些简单的逻辑电路被组合起来以创建组件，诸如加法器、ALU、译码器、多路复用器、寄存器和存储器。

在布尔函数与其数字表示之间存在一一对应关系。布尔定律可以化简布尔表达式，从而最小化组合和时序电路。最小化在电路设计中极为重要。从芯片设计师的角度看，两个最重要的因素是速度和成本，最小化电路有助于降低成本和提高性能。

数字逻辑分为两类：组合逻辑和时序逻辑。组合逻辑器件（例如加法器、译码器和多路复用器）是严格基于电流输入产生输出的。AND、OR和NOT门是组合逻辑电路的构建模块，也可以使用通用门，例如NAND和NOR。时序逻辑设备（例如寄存器、计数器和存储器）基于当前输入的组合和电路的当前状态产生输出。这些电路使用SR、D和JK触发器构建。

从前面的内容已经看到，可以以多种不同的方式表示时序电路，这取决于要强调的特定行为。摩尔机、米莉机和算法状态机可以提供清楚的图片。网格图表示时间函数的转换。这些有限状态机与DFA的区别在于没有最终状态，因为电路产生输出而不接受字符串。

这些逻辑电路是计算机系统所需的模块。在第4章会把这些模块放在一起，并更详细地讨论计算机实际上是如何工作的。

如果读者有兴趣了解更多卡诺图的内容，在习题之后，位于本章末尾有一个特殊的部分将重点介绍卡诺图。

扩展阅读

大多数计算机组成和体系结构方面的书籍都对数字逻辑和布尔代数进行了简要的讨论。Stallings(2013)、Tanenbaum(2012)以及 Patterson 和 Hennessy(2011)的书包含了很好的数字逻辑概要。Mano(1993)对卡诺图(在本章的末尾部分讨论)简化和可编程逻辑器件进行了很好的讨论，其中还包括对各种电路技术的介绍。关于数字逻辑更深入的信息，参见 Wakerly(2000)、Katz(1994)或 Hayes(1993)的书。

Davis(2000)《通用计算机》这本书，追溯了计算机理论的历史，包括所有精神思想家的传记，读这本书是一种快乐。关于布尔代数的讨论，请看看 Gregg(1998)的书。读 Maxfield(1995)的书绝对让你感到喜悦，这本书包含布尔逻辑的信息和复杂的概念，以及有趣和有启发性的琐事(包括海鲜浓汤的美妙食谱!)。在门和触发器方面若想阅读一本简单易读的书(以及关于计算机是什么和它们如何工作的)，参考 Petzold(1989)的书。Davidson(1979)提出了一种基于与非门电路的分解方法(我们感兴趣的是与非门是通用门)。

Moore(1956)、Mealy(1955)和 Clare(1973)首先在论文中提出摩尔机、米莉机和算法状态机。Cohen(1991)的有关计算机理论书是关于这个话题的最容易理解的书籍之一。在这里，你会发现有关摩尔机、米莉机和有限状态机(包括 DFA)的很棒的表示。Forney(1973)在一篇同名论文中出色地介绍了维特比算法，解释了这种卷积译码器背后的概念和数学原理。Fisher(1996)的文章解释了 PRML 如何在磁盘驱动器中使用。

如果读者对实际设计一些电路感兴趣，那么这里有几个很好的模拟器可以免费提供。一组工具为 Chipmunk 系统。它执行各种应用，包括电子电路仿真、图形编辑和曲线绘图。它包含4个主要工具，但是对于电路模拟，Log 是你需要的程序。日志的 Diglog 部分允许你创建并测试实际的数字电路。如果你有兴趣想下载程序并在机器上运行它，Chipmunk 系统软件包可以在 www. cs. berkeley. edu/ ~lazzaro/chipmunk/找到。该分发可用于各种平台(包括 PC 和 UNIX 机器)。

另一个不错的软件包是 Softronix 的多媒体逻辑(MMLogic)，但它目前仅适用于 Windows 平台。这个功能齐全的软件包有漂亮的 GUI，包括拖放组件和全面的在线帮助。它不仅包括设备的标准组件(如 AND、OR、NAND、NOR、加法器和计数器)，还有特殊的多媒体设备(包括位图、机器人、网络和蜂鸣器设备)。可以创建逻辑电路并将其连接到真实设备(键盘、屏幕、串行端口等)或其他计算机上。该软件包宣称是为初学者开发的，但允许用户构建相当复杂的应用程序(如通过互联网运行的游戏)。MMLogic 可以在 www. softronix. com/logic. html 找到，这里不仅包括可执行包还包括源代码，以便用户可以修改或扩展其功能。

第三个数字逻辑模拟器是 Logisim(一个开源软件包)，可从 http://ozark. hendrix. edu/ ~ burch/logisim/获得。该软件紧凑、易于安装和使用，只需要安装 Java 5 或更高版本，因此可用于 Windows、Mac 和 Linux 平台。其界面是直观的，与大多数模拟器不同，Logisim 允许用户在仿真期间修改电路。该应用程序允许用户构建不同规模的电路，从较小的电路到较大的电路，用鼠标动作拉成一束电线(多位宽度)，并使用树视图查看可以组建电路的组件库。如 MMLogic，该软件包被设计为一个教育工具，以帮助初学者试验数字逻辑电路，也允许用户构建相当复杂的电路。

任何这些模拟器都可以用来构建接下来在第4章中讨论的 MARIE 架构。

参考文献

Clare, C. R. *Designing Logic Systems Using State Machines*. New York: McGraw-Hill, 1973.

Cohen, D. I. A. *Introduction to Computer Theory*, 2nd ed. New York: John Wiley & Sons, 1991.

Davidson, E. S. "An Algorithm for NAND Decomposition under Network Constraints." *IEEE Transactions on Computing C-18*, 1979, p. 1098.

Davis, M. *The Universal Computer: The Road from Leibniz to Turing*. New York: W. W. Norton, 2000.

Fisher, K. D., Abbott, W. L., Sonntag, J. L., & Nesin, R. "PRML Detection Boosts Hard-Disk Drive Capacity." *IEEE Spectrum*, November 1996, pp. 70–76.

Forney, G. D. "The Viterbi Algorithm." *Proceedings of the IEEE 61*, March 1973, pp. 268–278.

Gregg, J. *Ones and Zeros: Understanding Boolean Algebra, Digital Circuits, and the Logic of Sets*. New York: IEEE Press, 1998.

Hayes, J. P. *Digital Logic Design*. Reading, MA: Addison-Wesley, 1993.

Katz, R. H. *Contemporary Logic Design*. Redwood City, CA: Benjamin Cummings, 1994.

Mano, M. M. *Computer System Architecture*, 3rd ed. Englewood Cliffs, NJ: Prentice Hall, 1993.

Maxfield, C. *Bebop to the Boolean Boogie*. Solana Beach, CA: High Text Publications, 1995.

Mealy, G. H. "A Method for Synthesizing Sequential Circuits." *Bell System Technical Journal 34*, September 1955, pp. 1045–1079.

Moore, E. F. "Gedanken Experiments on Sequential Machines," in *Automata Studies*, edited by C. E. Shannon and John McCarthy. Princeton, NJ: Princeton University Press, 1956, pp. 129–153.

Patterson, D. A., & Hennessy, J. L. *Computer Organization and Design, The Hardware/Software Interface*, 4th ed. San Mateo, CA: Morgan Kaufmann, 2011.

Petzold, C. *Code: The Hidden Language of Computer Hardware and Software*. Redmond, WA: Microsoft Press, 1989.

Stallings, W. *Computer Organization and Architecture,* 9th ed. Upper Saddle River, MJ: Prentice Hall, 2013.

Tanenbaum, A. *Structured Computer Organization*, 6th ed. Upper Saddle River, NJ: Prentice Hall, 2012.

Wakerly, J. F. *Digital Design Principles and Practices*. Upper Saddle River, NJ: Prentice Hall, 2000.

复习题

1. 为什么理解布尔代数对计算机科学家很重要？
2. 哪种布尔运算被称为布尔乘积？
3. 哪种布尔运算被称为布尔和？
4. 请为布尔运算符 OR、AND 和 NOT 创建真值表。
5. 什么是布尔对偶原理？
6. 为什么在数字电路设计中使用最小化的布尔表达式很重要？
7. 晶体管和逻辑门之间的关系是什么？
8. 逻辑门和电路之间有什么区别？
9. 说出 4 种基本的逻辑门。
10. 本章描述的两个通用门分别是什么？这些通用门为什么很重要？
11. 描述数字逻辑芯片的基本结构。
12. 描述行波进位加法器的操作。为什么今天大多数计算机不使用行波进位加法器？
13. 可以使用哪 3 种方法来表示布尔逻辑函数的功能？
14. 在逻辑电路设计时从描述入手，必须采取的步骤是什么？
15. 半加器和全加器之间有什么区别？
16. 需要几个输入及其各自的值来选择一个特定的输出线，这样的电路是什么电路？说出这些器件的一个重要应用。
17. 什么电路是从多个输入线中选择一个二进制信息并将其连到一个输出线？
18. 时序电路与组合电路有什么不同？
19. 时序电路的基本元素是什么？
20. 当我们说时序电路是边沿触发而不是电平触发时，意思是什么？

21. 在数字电路的背景下，什么是反馈？
22. JK 触发器与 SR 触发器有什么关系？
23. 为什么 JK 触发器比 SR 触发器更好？
24. 哪个触发器给出了计算机存储器的真实表示？
25. 米莉机与摩尔机有什么不同？
26. 算法状态机可以提供而摩尔机或米莉机都不提供的是什么？

习题

◆ **1.** 为以下表达式构建真值表。
　◆ a) $yz+z(xy)'$　◆ b) $x(y'+z)+xyz$　c) $(x+y)(x'+y)$（提示：参考例 3.7）

2. 为以下表达式构建真值表。
　a) $xyz+x(yz)'+x'(y+z)+(xyz)'$　b) $(x+y')(x'+z')(y'+z')$

◆ **3.** 使用德摩根定律，写 F 反的表达式，其中 $F(x, y, z)=xy'(x+z)$

4. 使用德摩根定律，写 F 反的表达式，其中 $F(x, y, z)=(x'+y)(x+z)(y'+z)'$。

◆ **5.** 使用德摩根定律，写 F 反的表达式，其中 $F(w, x, y, z)=xz'(x'yz+x)+y(w'z+x')$。

6. 使用德摩根定律，写 F 反的表达式，$F(x, y, z)=xz'(xy+xz)+xy'(wz+y)$。

7. 证明德摩根定律的有效性。

◆ **8.** 下列分配法是否有效？证明你的答案。

$$x \text{ XOR}(y+z) = (x \text{ XOR } y) + (x \text{ XOR } z)$$

9. 以下是真是假？证明你的答案。

$$(x \text{ XOR } y)' = xy + (x+y)'$$

10. 表达 $x=xy+xy'$________。
　a) 使用真值表表示　b) 使用布尔定律表示

11. 使用前 7 个布尔定律证明吸收律。

12. 表达式 $xz=(x+y)(x+y)'(x'+z)$________。
　a) 使用真值表表示　b) 使用布尔定律表示

13. 用任何方法证明以下公式是真是假。

$$xz + x'y' + y'z' = xz + y'$$

14. 利用布尔代数及其定律简化下面的函数表达式。并列出每一步使用的定律。
　a) $F(x, y, z)=y(x'+(x+y)')$　b) $F(x, y, z)=x'yz+xz$
　c) $F(x, y, z)=(x'+y+z')'+xy'z'+yz+xyz$

◆ **15.** 利用布尔代数及其定律简化下面的函数表达式。并列出每一步使用的定律。
　a) $x(yz+y'z)+xy+x'y+xz$　b) $xyz''+(y+z)'+x'yz$
　c) $z(xy'+z)(x+y')$

16. 利用布尔代数及其定律简化下面的函数表达式。并列出每一步使用的定律。
　a) $z(w+x)'+w'xz+wxyz'+wx'yz'$　b) $y'(x'z'+xz)+z(x+y)'$
　c) $x(yz'+x)(y'+z)$

17. 利用布尔代数及其定律简化下面的函数表达式。并列出每一步使用的定律。
　◆ a) $x(y+z)(x'+z')$　b) $xy+xyz+xy'z+x'y'z$
　c) $xy'z+x(y+z')'+xy'z'$

18. 利用布尔代数及其定律简化下面的函数表达式。并列出每一步使用的定律。
　a) $y(xz'+x'z)+y'(xz'+x'z)$　b) $x(y'z+y)+x'(y+z')'$
　c) $x[y'z+(y+z')'](x'y+z)$

◆ **19.** 利用布尔代数的基本定律证明

$$x(x'+y) = xy$$

*20. 利用布尔代数的基本定律证明

$$x + x'y = x + y$$

21. 利用布尔代数的基本定律证明

$$xy + x'z + yz = xy + x'z$$

◆22. 布尔表达式的真值表如下所示。用乘积的和的形式写出布尔表达式。

x	y	z	F
0	0	0	1
0	0	1	0
0	1	0	1
0	1	1	0
1	0	0	0
1	0	1	1
1	1	0	1
1	1	1	1

23. 布尔表达式的真值表如下所示。用乘积的和的形式写出布尔表达式。

x	y	z	F
0	0	0	1
0	0	1	1
0	1	0	1
0	1	1	0
1	0	0	1
1	0	1	1
1	1	0	0
1	1	1	0

24. 下列哪个布尔表达式在逻辑上不等价于其余的表达式？

a) $wx' + wy' + wz$

b) $w + x' + y' + z$

c) $w(x' + y' + z)$

d) $wx'yz' + wx'y' + wy'z' + wz$

25. 绘制真值表，作为两个乘积项的和的补充，重写下面的表达式：

$$xy' + x'y + xz + y'z$$

26. 给出布尔函数 $F(x, y, z) = x'y + xyz'$：

a) 推导 F 反的代数表达式，并以乘积的和的形式表示。

b) 证明 $FF' = 0$。

c) 证明 $F + F' = 1$。

27. 给定公式 $F(x, y, z) = y(x'z + xz') + x(yz + yz')$：

a) 列出 F 的真值表。

b) 使用原始布尔表达式绘制逻辑图。

c) 使用布尔代数及其定律简化表达式。

d) 对于 c 中答案列出真值表。

e) 为 c 中的简化表达式绘制逻辑图。

28. 只使用 AND、OR 和 NOT 门构造 XOR 运算符。

29. 仅使用与非门构造 XOR 运算符。提示：x XOR $y = ((x'y)'(xy')')'$。

30. 仅使用与非门来绘制半加器。

31. 仅使用与非门来绘制全加器。

32. 设计具有3个二进制输入数位 x、y 和 z 的电路，并且3个输出(a、b 和 c)同样也表示为二进制数位。当输入为0、1、6或7的时候，二进制输出将是输入的反。当二进制输入为2、3、4或5的时候，输出为输入的循环左移。(例如，输入为 $3=011_2$ 时输出为110；输入为 $4=100_2$ 时输出为001。)画出真值表，对所有计算进行简化，画出最后的电路。

33. 直接绘制组合电路实现布尔表达式：

$$F(x,y,z) = xyz + (y' + z)$$

34. 直接绘制组合电路实现布尔表达式：

$$F(x,y,z) = x + xy + y'z$$

35. 直接绘制组合电路实现布尔表达式：

$$F(x,y,z) = (x(y \text{ XOR } z)) + (xz)'$$

36. 找到描述以下电路的真值表：

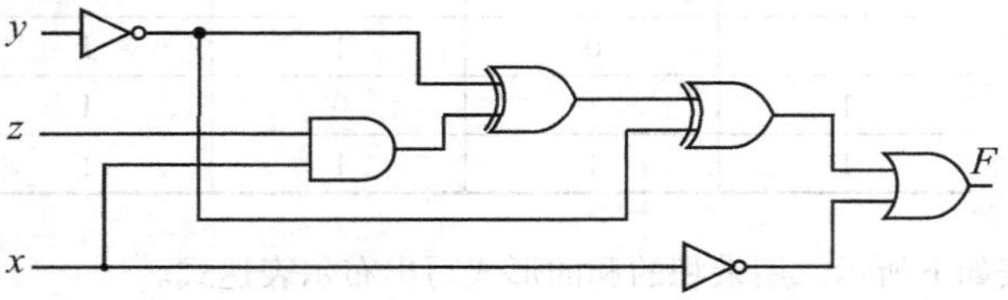

37. 找到描述以下电路的真值表：

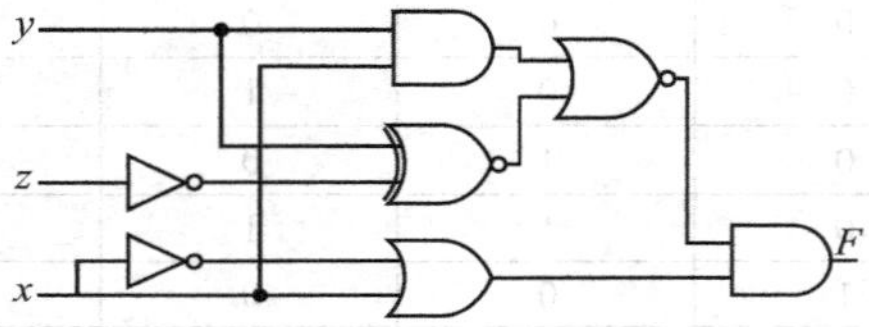

38. 找到描述以下电路的真值表：

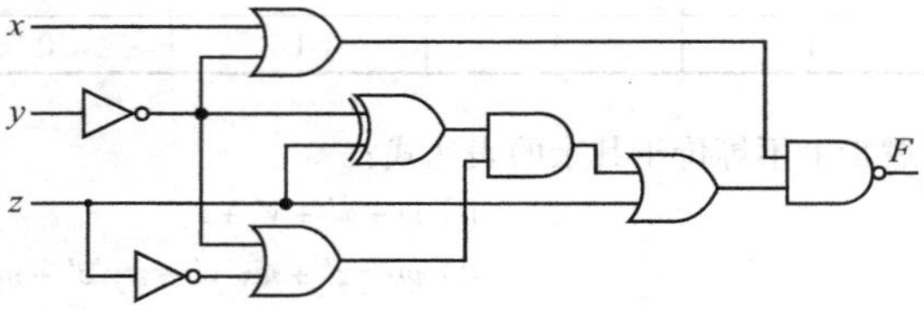

39. 如果译码器有64个输出，那么请问有多少个输入？

40. 如果一个多路复用器有32个输入，请问有多少条控制线？

41. 分别绘制电路以实现表3-10和表3-11所示的奇偶校验发生器和奇偶校验检查器。

42. 假设你有函数 $F_1(x, y, z)$ 和 $F_2(x, y, z)$ 的真值表：

x	y	z	F_1	F_2
0	0	0	1	0
0	0	1	1	0
0	1	0	1	1
0	1	1	0	1
1	0	0	0	0
1	0	1	0	0
1	1	0	0	1
1	1	1	0	1

a) 以乘积和的形式表示 F_1 和 F_2。

b) 简化每个函数。

c）绘制一个逻辑电路以实现上述两个函数。

43. 假设你有函数 $F_1(w, x, y, z)$ 和 $F_2(w, x, y, z)$ 的真值表：

w	x	y	z	F_1	F_2
0	0	0	0	0	0
0	0	0	1	1	1
0	0	1	0	0	0
0	0	1	1	1	1
0	1	0	0	0	0
0	1	0	1	0	0
0	1	1	0	0	0
0	1	1	1	0	0
1	0	0	0	0	0
1	0	0	1	1	0
1	0	1	0	0	0
1	0	1	1	1	0
1	1	0	0	1	1
1	1	0	1	1	1
1	1	1	0	1	1
1	1	1	1	1	1

a）以乘积和的形式表示 F_1 和 F_2。　　b）简化每个函数。

c）绘制一个逻辑电路以实现上述两个函数。

44. 设计组合电路的真值表，用于检测 BCD 编码的十进制数字表示的误差。（当输入为 6 个未使用的 BCD 码组合之一时，此电路输出应为 1。）

45. 简化习题 44 中的函数并绘制逻辑电路。

46. 描述以下每个电路的工作原理，并指出典型的输入和输出。同时为每个电路提供仔细标记的“黑盒”图。

a）译码器　　b）多路复用器

47. 小苏珊正试图训练新买的小狗。她试图搞清楚什么时候小狗应该得到一块狗饼干作为奖励。她总结如下：

1. 如果小狗坐和摇摆，但不叫，给一块饼干。
2. 如果小狗叫和摇摆，但不坐，给一块饼干。
3. 如果小狗坐，但不摇摆或叫，给一块饼干。
4. 如果小狗坐、摇摆和叫，给一块饼干。
5. 否则不要给小狗饼干。

使用以下内容：

S 代表坐（0 为不坐、1 为坐）

W 代表摇摆（0 表示不摇摆、1 表示摇摆）

B 代表叫（0 为不叫、1 为叫）

F 代表饼干函数（0 表示不给饼干、1 表示给饼干）

构造一个真值表，并找到最简的布尔函数来实现逻辑，该函数可以告诉苏珊什么时候给小狗饼干。

48. 蒂龙·休雷斯在股票市场投入了大量资金，但不相信任何人给他的买卖信息。他买某只股票之前，必须从 3 个来源获得消息。他的第一个来源是佩恩·韦伯斯特，他是一个著名的股票经纪人。他的第二个来源是麦格·A. 卡什，他是一个在股市上白手起家的百万富翁。他的第三个来源是世界著名的心理学家拉萨拉夫人。经过从这三个人那里接受几个月的建议后，他得到以下结论：

a）如果佩恩和麦格都说买并且心理学家说不买，那么就买。

b）如果心理学家说买，那么就买。

c）其他情况都不买。

构造一个真值表，并找到最简的布尔函数来实现逻辑，告诉蒂龙什么时候应该买。

◆*49. 假设一家很小的公司聘请你安装一个安全系统。你安装的系统的品牌价格是由允许访问设施中某些位置感应卡上编码的位数决定的。当然，这家小公司想要使用尽可能少的编码位数（花尽可能少的钱），但是能满足所有的安全需求。你需要做的第一件事是确定每张卡需要多少位。接下来，你必须在每个安全位置对读卡器编程，以便它们对扫描卡做出适当的响应。

该公司有 4 种类型的员工和 5 个他们希望限制权限的区域。员工及其权限如下：

a）老板需要使用行政休息室和行政洗手间。

b）老板的秘书需要访问供应柜、员工休息室和行政酒廊。

c）计算机室员工需要访问服务器机房和员工休息室。

d）看门人需要进入工作场所的所有区域。

确定每类员工将在卡上如何编码，并为读卡器在五个权限区域上构造逻辑图。

◆50. 完成以下时序电路的真值表：

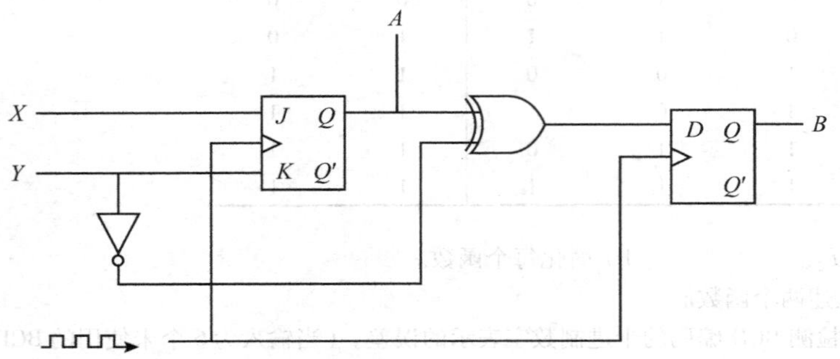

			下一个状态	
X	Y	A	A	B
0	0	0		
0	0	1		
0	1	0		
0	1	1		
1	0	0		
1	0	1		
1	1	0		
1	1	1		

51. 完成以下时序电路的真值表：

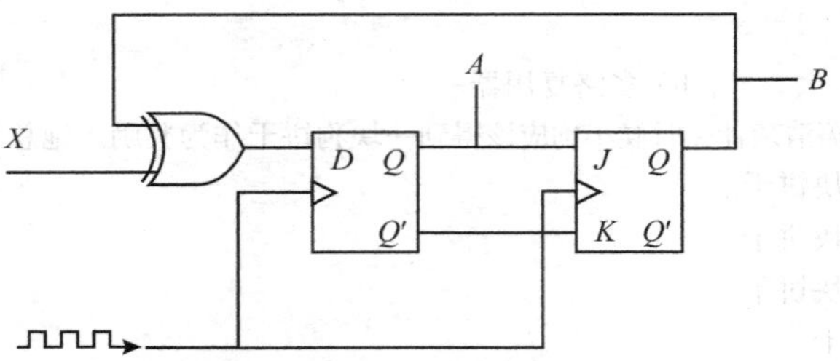

			下一个状态	
A	B	X	A	B
0	0	0		
0	0	1		
0	1	0		
0	1	1		
1	0	0		
1	0	1		
1	1	0		
1	1	1		

52. 完成以下时序电路的真值表：

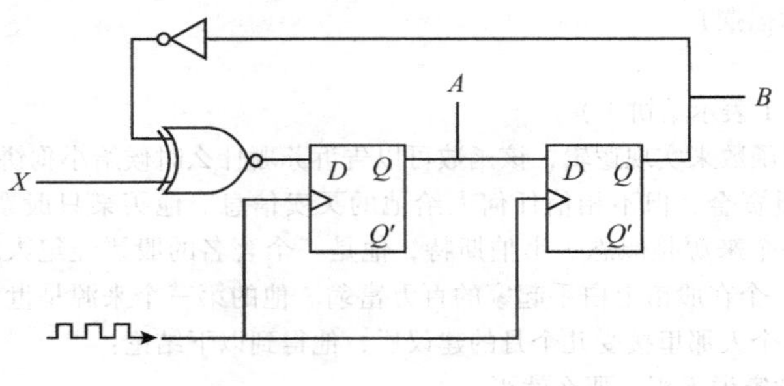

			下一个状态	
A	B	X	A	B
0	0	0		
0	0	1		
0	1	0		
0	1	1		
1	0	0		
1	0	1		
1	1	0		
1	1	1		

53. 完成以下时序电路的真值表：

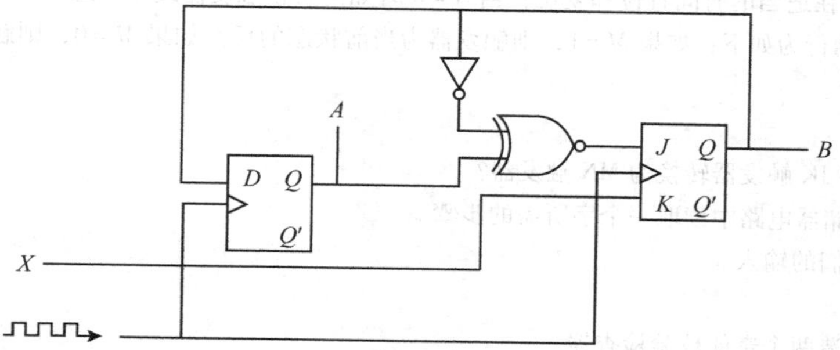

			下一个状态	
A	*B*	*X*	*A*	*B*
0	0	0		
0	0	1		
0	1	0		
0	1	1		
1	0	0		
1	0	1		
1	1	0		
1	1	1		

◆ **54.** 完成以下时序电路的真值表：

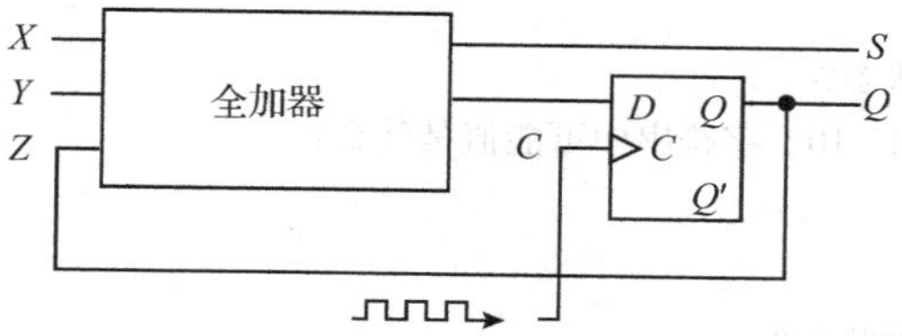

			下一个状态	
X	*Y*	*Z*	*S*	*Q*
0	0	0		
0	0	1		
0	1	0		
0	1	1		
1	0	0		
1	0	1		
1	1	0		
1	1	1		

55. 时序电路具有一个触发器、两个输入 *X* 和 *Y*、一个输出 *S*。它包括一个连接到 JK 触发器的全加器电路，如下图所示。通过填写下一状态和输出列，完成该时序电路的真值表。

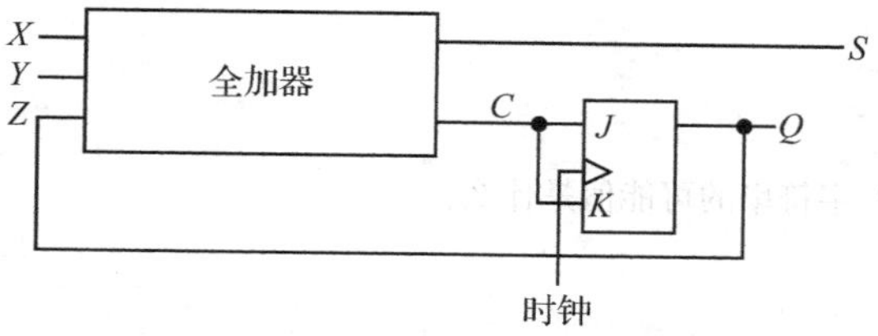

当前状态*Q*（*t*）	输入		下一个状态	输出S
	X	*Y*	*Q*（*t*+*1*）	
0	0	0		
0	0	1		
0	1	0		
0	1	1		
1	0	0		
1	0	1		
1	1	0		
1	1	1		

56. 真或假：当 JK 触发器由 SR 触发器构成时，$S = JQ'$，$R = KQ$。

◆*__57.__ 调查以下电路的操作。假设初始状态为 0000。跟踪输出（*Q*）作为时钟记号，确定该电路的目的。必须显示轨迹才能完成答案。

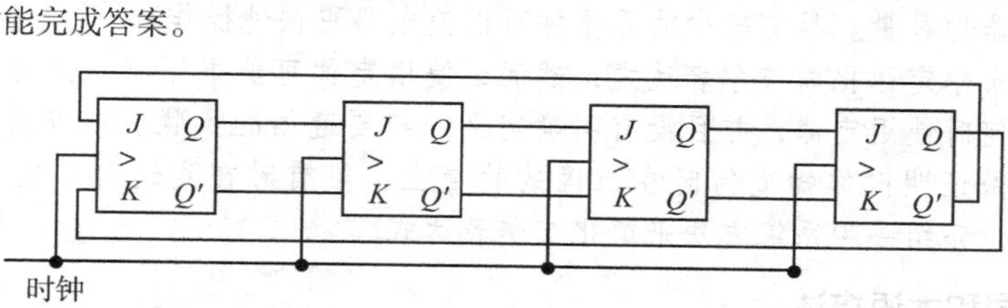

58. Null-Lobour 触发器（NL 触发器）的行为如下：如果 $N=0$，则触发器不改变状态。如果 $N=1$，则触发器的下一状态等于 *L* 的值。

a）推导 NL 触发器的特性表。

b）通过添加逻辑门和反相器，显示 SR 触发器如何转换为 NL 触发器。（提示：当 $N=1$ 时，*S* 和 *R* 的值必须是多少，将使触发器在适当的时间置位和复位？当 $N=0$ 时如何防止触发器改变状态？）

59. Mux-Not 触发器（MN 触发器）的行为如下：如果 $M=1$，则触发器为当前状态的反。如果 $M=0$，则触发器的下一状态等于 N 的值。

a）推导触发器的特性表。

b）如何通过添加门和反相器将 JK 触发器转换为 MN 触发器？

60. 列出在图 3-32 所示的 4×3 存储器电路中读取一个字所需的步骤。

61. 构建摩尔机和米莉机，补充它们的输入。

62. 构造一个计数模为 5 的摩尔机。

63. 分别使用摩尔机和米莉机，构造两个奇偶校验检查器。

64. 使用两个 FSM 相等的定理，当且仅当它们从相同的输入字符串产生相同的输出，证明摩尔机和米莉机相等。

65. 使用本章中描述的卷积编码和维特比算法，假设编码器和译码器总是在状态 0 开始，确定如下问题：

a）从输入字符串 10010110 生成输出字符串。

b）在问题 a 的序列之后，编码器处于哪种状态？

c）哪个位在字符串中出错，11 01 10 11 11 11 10？字符串中可能值是什么？

66. 重复问题 65 以确定以下内容：

a）输入字符串 00101101 生成输出字符串。

b）在 a 中写入的序列之后，编码器处于哪种状态？

c）哪个位在字符串中出错，00 01 10 11 00 11 00？字符串的可能值是什么？

67. 重复问题 65 以确定以下内容：

a）输入字符串 10101010 生成输出字符串。

b）在 a 中写入的序列之后，编码器处于哪种状态？

c）哪个位在字符串中出错，11 10 01 00 00 11 01？字符串的可能值是什么？

68. 重复问题 65 以确定以下内容：

a）输入字符串 01000111 生成输出字符串。

b）在 a 中写入的序列之后，编码器处于哪种状态？

c）哪个位在字符串中出错，11 01 10 11 01 00 01？字符串的可能值是什么？

特别关注：卡诺图

3A.1　引言

本章主要关注布尔表达式及其与数字电路的关系。简化这些电路有助于减少在实际物理实现中的元器件数量。具有较少的元器件可以使电路更快地操作。

可以使用布尔定律化简布尔表达式，然而，使用定律可能很困难，因为没有给出如何使用定律或者何时使用定律，并且没有明确定义一组要遵循的步骤。一方面，简化布尔表达式非常像在做证明：你知道何时在正确的轨道上，但有时在到达时可能令人沮丧和费时。在本部分，介绍一种系统方法来简化布尔表达式。

3A.2　卡诺图和术语描述

卡诺图或 K 图（Kmaps）是表示布尔函数的图形方式。映射只是一个表，这个表用于列举不同输入值对应的布尔函数值。行和列对应于函数可能的输入值。每个单元格代表那些可能的输入值的函数输出。

如果乘积项正好包括所有变量一次，即原变量或反变量，则该乘积项称为**最小项**。例如，如果存在两个输入 x 和 y，则存在 4 个最小项 $x'y'$、$x'y$、xy' 和 xy，它们表示函数所有可能的输入组合。如果输入变量是 x、y 和 z，则存在 8 个最小项：$x'y'z'$、$x'y'z$、$x'yz'$、$x'yz$、$xy'z'$、$xy'z$、xyz' 和 xyz。

作为示例，假设布尔函数 $F(x, y) = xy + x'y$。x 和 y 的可能输入如图 3A-1 所示。最小项 $x'y'$ 表示输入对(0, 0)。同理，最小项 $x'y$ 表示(0, 1)，最小项 xy' 表示(1, 0)，最小项 xy 表示(1, 1)。

三个变量的最小项以及它们表示的输入值如图 3A-2 所示。

最小项	x	y
$x'y'$	0	0
$x'y$	0	1
xy'	1	0
xy	1	1

图 3A-1　两个变量的最小项

最小项	x	y	z
$x'y'z'$	0	0	0
$x'y'z$	0	0	1
$x'yz'$	0	1	0
$x'yz$	0	1	1
$xy'z'$	1	0	0
$xy'z$	1	0	1
xyz'	1	1	0
xyz	1	1	1

图 3A-2　3 个变量的最小项

卡诺图是一个表，其中每个单元格对应最小项。这意味着函数真值表的每行对应一个单元格。考虑函数 $F(x, y) = xy$ 和它的真值表，如例 3A.1 所示。

例 3A.1 $F(x, y) = xy$

x	y	xy
0	0	0
0	1	0
1	0	0
1	1	1

对应的卡诺图是：

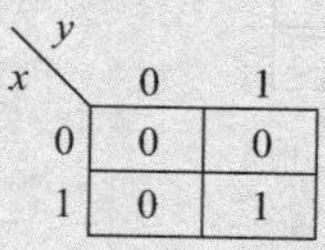

请注意，卡诺图中唯一为 1 的单元格出现在 $x = 1$ 和 $y = 1$ 时，相同的值在真值表中是 $xy = 1$ 时。下面请看另一个例子，$F(x, y) = x + y$。

例 3A.2 $F(x, y) = x + y$

x	y	x+y
0	0	0
0	1	1
1	0	1
1	1	1

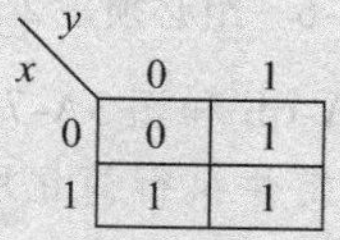

例3A.2中有3个最小项的值为1，正好是函数的输入和输出至少有一个为1的最小项。要在卡诺图中设置1，只需要在真值表中找到相应1的地方放置1。可以将函数 $F(x, y)=x+y$ 表示为所有最小项的逻辑或，其中最小项的值为1。然后 $F(x, y)$ 可以表示为表达式 $x'y+xy'+xy$。显然，这个表达式不是最小化的（我们已经知道这个函数的最简形式是 $x+y$）。可以使用布尔定律化简。

$$\begin{aligned}F(x,y) &= x'y + xy' + xy\\ &= x'y + xy + xy' + xy \quad (\text{记住}, xy + xy = xy)\\ &= y(x' + x) + x(y' + y)\\ &= y + x\\ &= x + y\end{aligned}$$

我们如何知道添加一个额外的 xy 项呢？使用布尔定律化简可能是很棘手的。这时卡诺图可以帮助我们。

3A.3　用卡诺图化简两个变量

先前对函数 $F(x, y)$ 的化简的目标是对各项进行分组，使得变量因子可以分解出来。添加了 xy 项来组合 $x'y$，这使得能够计算出 y，留下 $x'+x$，它可以化简为1，如果使用卡诺图化简，不必担心要添加哪些项或哪些项要使用布尔定律。卡诺图能够帮助化简。

请再看看图3A-3所示的 $F(x, y)=x+y$ 的卡诺图。

要想使用卡诺图来化简布尔函数，只需要对1进行分组。这种分组类似于在使用布尔定律化简时对项进行的分组，除了必须遵循的特定规则。第一，只对1分组。第二，如果1在同一行或者同一列，但它们不在对角线上（即它们必须是相邻单元），那么可以在卡诺图中对1进行分组。第三，如果组中的总数是2的幂，则可以对1进行分组。第四，必须使组尽可能大。第五，所有1必须在一个组中（即使一些在一组中）。如图3A-4～图3A-7所示，可以检查一些正确和不正确的分组。

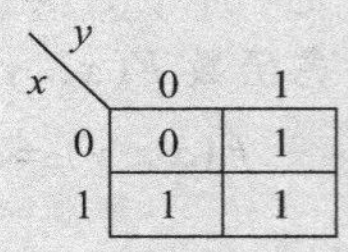

图3A-3　$F(x, y)=x+y$ 的卡诺图

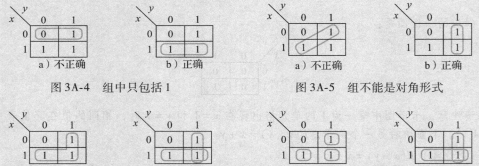

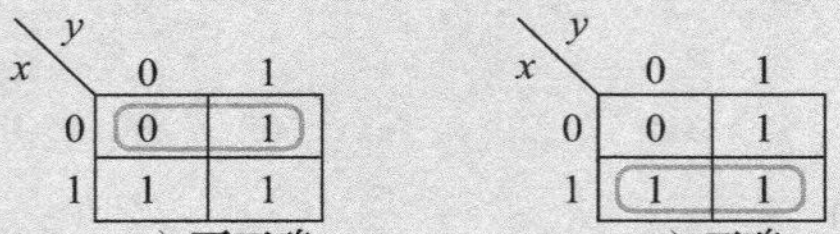

a）不正确　b）正确

图3A-4　组中只包括1

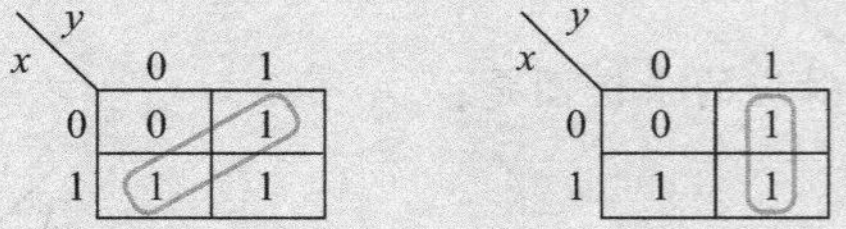

a）不正确　b）正确

图3A-5　组不能是对角形式

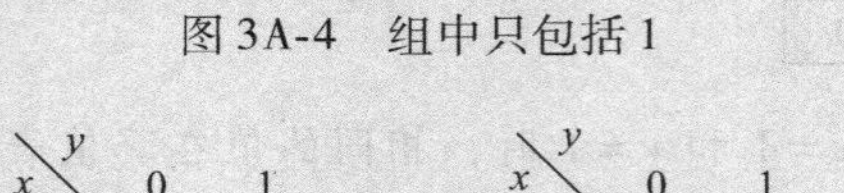

a）不正确　b）正确

图3A-6　组必须是2的幂

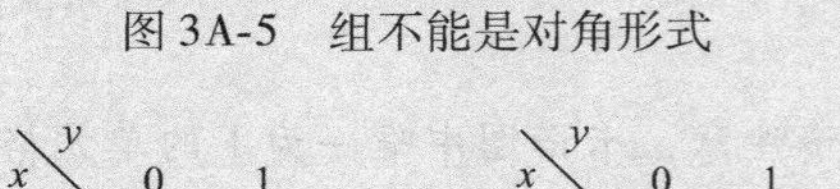

a）不正确　b）正确

图3A-7　组必须尽可能大

注意在图3A-6b和图3A-7b中，有一个1属于两个组。这等价于将 xy 项添加到布尔函数中，就像使用定律执行简化所做的那样。卡诺图中的 xy 在简化过程中使用两次。

为了使用卡诺图化简，首先创建由上述规则指定的组。找到所有组后，检查每个组并丢弃每个组内不同的变量。例如，图3A-7b给出了 $F(x, y)=x+y$ 的正确分组。从第二行表示的组开始(其中 $x=1$)，两个最小项是 xy' 和 xy。此组表示这两个项的逻辑或，即 $xy'+xy$。这些项在 y 上不同，因此 y 被丢弃，只留下 x。(可以看到，如果使用布尔定律，将会得到相同值。卡诺图允许采取一个捷径，帮助我们自动丢弃正确的变量。)第二组表示 $x'y+xy$。这些项在 x 上不同，所以 x 被丢弃，留下 y。将第一组和第二组的结果组进行OR运算，得到 $x+y$，这是原始函数 F 的正确简化形式。

3A.4 用卡诺图化简三个变量

卡诺图可以应用于两个以上变量的表达式中。在本部分，我们显示了三变量和四变量卡诺图。这些可以扩展为有五个或更多个变量的情况。在本节的扩展阅读部分中，Maxfield(1995)的书将会使你彻底和愉快地理解卡诺图。

你已经知道如何为有两个变量的表达式设置卡诺图。这里只是将这个想法扩展到3个变量，如图3A-8所示。

你应该注意到的第一个区别是，在表中两个变量 y 和 z 被组合起来了。第二个区别是列编号不是按顺序的。这里将列标记为00、01、11、10(正常二进制)，而不是00、01、10、11。卡诺图的输入值必须按顺序排列，以使每个最小项只有一个变量不同于相邻单元。通过使用此顺序(例如，01后跟11)，对应的最小项 $x'y'z$ 和 $x'yz$ 仅在 y 变量上不同。记住，要化简就需要丢弃不同的变量。因此，必须确保每组的两个最小项中只有一个变量不同。

x \ yz	00	01	11	10
0	$x'y'z'$	$x'y'z$	$x'yz$	$x'yz'$
1	$xy'z'$	$xy'z$	xyz	xyz'

图3A-8　3个变量的最小项和卡诺图

在两个变量的实例中找到的最大组是由两个1构成的。这个组也可能具有四个甚至八个1，这取决于函数。下面来看看化简3个变量的表达式的例子。

例3A.3　$F(x, y, z)=x'y'z+x'yz+xy'z+xyz$

x \ yz	00	01	11	10
0	0	1	1	0
1	0	1	1	0

再次遵循分组规则，你能够看到可以以不同的方式分两个组。然而，规则规定必须创建大小为2的幂的最大组。四个1可以为一组，所以分组如下：

x \ yz	00	01	11	10
0	0	1	1	0
1	0	1	1	0

没有必要创建两个额外的组。组越少将会有更少的项。记住，要想化简表达式，所要做的就是保证每一个1都在一些组中。

当某一组有四个1时，如何化简？组中有两个1时允许丢弃一个变量。若组中有四个1，则允许丢弃两个变量：这四项中不同的两个变量。前面的例子中，组中的四项有以下最小项：$x'y'z$、$x'yz$、$xy'z$ 和 xyz。这些项都有 z，但 x 和 y 变量不同。所以丢弃 x 和 y，$F(x, y, z)=z$ 作为最终化简结果。要想了解它与使用布尔定律的简化有何相似之处，请考虑使用定律来简化。注意，该函数最初表示为值1与最小项的逻辑或。

$$
\begin{aligned}
F(x,y,z) &= x'y'z + x'yz + xy'z + xyz \\
&= x'(y'z + yz) + x(y'z + yz) \\
&= (x' + x)(y'z + yz) \\
&= y'z + yz \\
&= (y' + y)z \\
&= z
\end{aligned}
$$

使用布尔定律的最终结果与使用卡诺图化简的结果完全相同。

有时，分组过程可能有点棘手。下面来看一个需要更仔细观察的例子。

例 3A.4 $F(x, y, z) = x'y'z' + x'y'z + x'yz + x'yz' + xy'z' + xyz'$

x \ yz	00	01	11	10
0	1	1	1	1
1	1	0	0	1

这是一个棘手的问题，原因有两个：有重叠的组和“环绕”的组。第一列最左边的1可以与最后一列最右边的1分为一组，因为第一列和最后一列在逻辑上相邻（设想卡诺图是在圆柱体上绘制的）。卡诺图的第一行和最后一行在逻辑上也相邻，在下一节讨论四变量卡诺图时这会变得很明显。

正确的分组如下：

x \ yz	00	01	11	10
0	1	1	1	1
1	1	0	0	1

第一组化简为 x，（这是四项中唯一共同的项），第二组化简为 z'，所以最终的最简函数是 $F(x, y, z) = x' + z'$。◀

例 3A.5 假设有一个卡诺图的内容都是1。

x \ yz	00	01	11	10
0	1	1	1	1
1	1	1	1	1

可以找到的含有1的最大组有八项，其中所有的1在同一组。如何简化？遵循一直以来的规则。记住，两组允许丢弃一个变量，而四组允许丢弃两个变量，因此，八组应该允许丢弃三个变量。但这是所有的变量！如果丢弃所有变量，会留下 $F(x, y, z) = 1$。如果用真值表来检查此函数，你会看到这确实是正确的简化。◀

3A.5 用卡诺图化简四个变量

现在将卡诺图化简扩展到4个变量。4个变量给出了16个项，如图3A-9所示。注意特殊的顺序11后跟10，这适用于所有行和列。

wx \ yz	00	01	11	10
00	$w'x'y'z'$	$w'x'y'z$	$w'x'yz$	$w'x'yz'$
01	$w'xy'z'$	$w'xy'z$	$w'xyz$	$w'xyz'$
11	$wxy'z'$	$wxy'z$	$wxyz$	$wxyz'$
10	$wx'y'z'$	$wx'y'z'$	$wx'yz$	$wx'yz'$

图3A-9　4个变量的最小项和卡诺图

例3A.6说明了有4个变量的函数表示和化简。我们只关心1的情况，所以在卡诺图中省略了0。

例 3A.6 $F(w, x, y, z) = w'x'y'z' + w'x'y'z + w'x'yz' + w'xyz' + wx'y'z' + wx'y'z + wx'yz'$

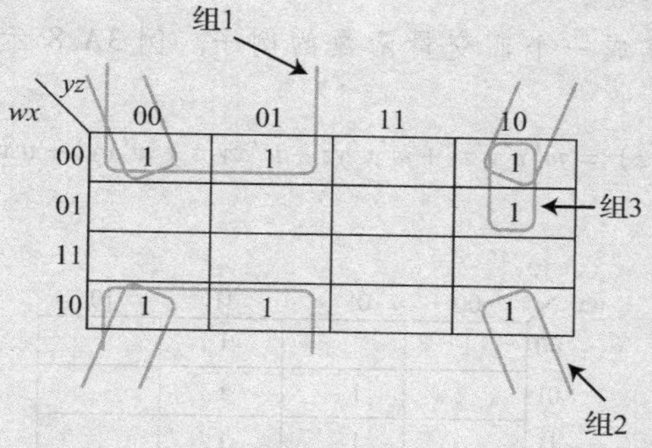

如前面所见，第一组是一个“环绕”组。第三组很容易找到。第二组代表最终的环绕组：它由四个角落的1组成。记住，这些角在逻辑上相邻。最后的结果是 F 减少到三项，每组中有一个：$x'y'$（来自组1），$x'z'$（来自组2），$w'yz'$（来自组3）。F 的最终化简形式为 $F(w, x, y, z) = x'y' + x'z' + w'yz'$。◀

偶尔，在执行化简时可以使用一些选择。考虑例3A.7。

例 3A.7 5选择组

wx \ yz	00	01	11	10
00	1		1	
01	1		1	1
11	1			
10	1			

第一列可清楚地分组。此外，$w'x'yz$ 和 $w'xyz$ 项应分为一组。然而需要选择如何分组 $w'xyz'$ 项，它可以与 $w'xyz$ 或 $w'xy'z'$（作为环绕）分组。这两种解决方案如下。

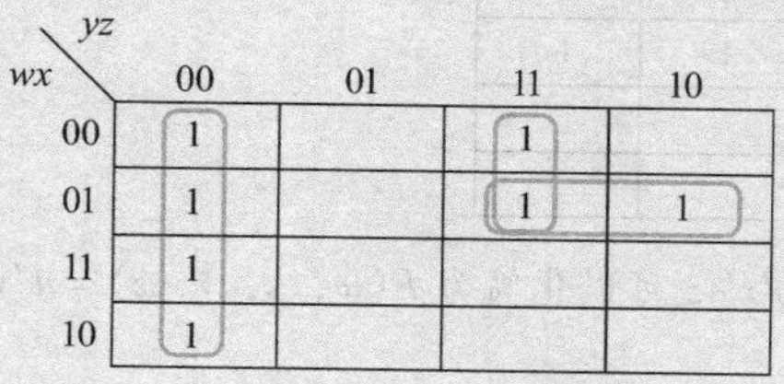

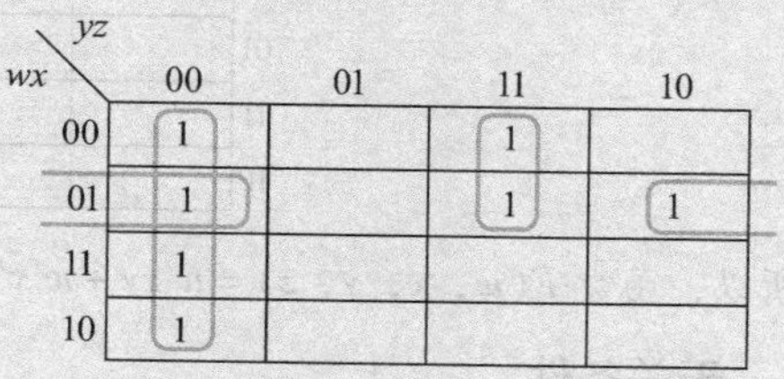

第一个图化简为 $F(w, x, y, z) = F_1 = y'z' + w'yz + w'xy$。第二个图化简为 $F(w, x, y, z) = F_2 = y'z' + w'yz + w'xz'$。最后的项是不同的。然而 F_1 和 F_2 是等效的。把它交给 F_1 和 F_2 的真值表来检查是否相等。它们都有相同数量的项和变量。如果遵循规则，卡诺图最小化会导致有最小化函数（因此电路最小），但这些最小化函数在表示中不需要是唯一的。◀

在继续下一节之前，总结一下卡诺图化简的规则。

1. 组中只能包含1，不能包含0。
2. 只有相邻的1可以分为一组，不允许对角分组。
3. 组中1的数量必须是2的幂。
4. 组必须尽可能大，同时仍遵循所有规则。
5. 所有1必须属于一个组，即使是单个元素的组。

6. 允许重叠组。

7. 允许环绕。

8. 使用尽可能少的组数。

使用这些规则，再完成一个四变量函数的例子。例 3A.8 示给出了各种规则的若干应用。

例 3A.8 $F(w,x,y,z) = w'x'y'z' + w'x'yz + w'xy'z + w'xyz + wxy'z + wxyz + wx'yz + wx'yz'$

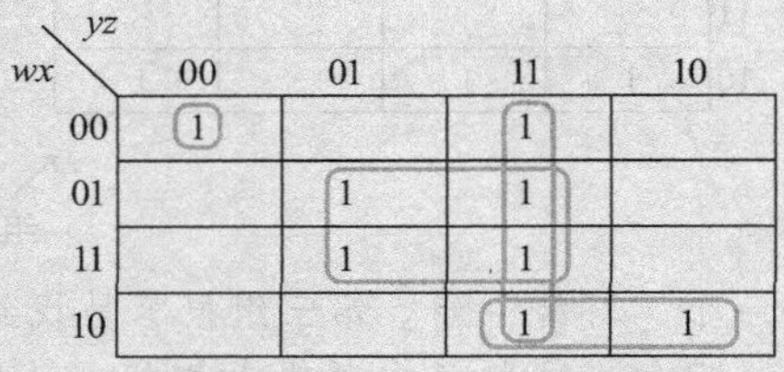

在这个例子中，有一个单元素的组。注意，如果遵守规则，则没有办法将这个项与任何其他项分为1组。由这个卡诺图表示的函数简化为 $F(w, x, y, z) = yz + xz + w'x'y'z' + wx'y$。◀

如果给出的函数没有写为最小项的和，仍然可以使用卡诺图来实现最小化函数。但是，在化简之前你不得不使用一个与设置卡诺图有些相反的过程。例 3A.9 说明了该过程。

例 3A.9 函数没有表示为最小项之和

假设给定函数 $F(w, x, y, z) = w'xy + w'x'yz + w'x'yz'$。最后两项是最小项，我们可以很容易地把1放在卡诺图的适当位置。然而，$w'xy$ 不是最小项。假设这项是你在卡诺图上执行分组的结果。被丢弃的是 z 项，这意味着这个项相当于 $w'xyz' + w'xyz$ 两项。你现在可以在卡诺图中使用这两项，因为它们都是最小项。现在得到以下卡诺图：

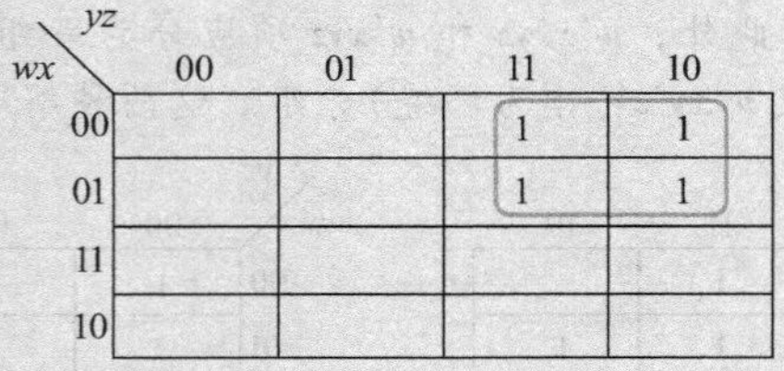

所以，函数 $F(w, x, y, z) = w'xy + w'x'yz + w'x'yz'$ 可以化简为 $F(w, x, y, z) = w'y$。◀

3A.6 无关条件

在某些情况下，可能不能完全指定函数。这意味着函数可能有一些未定义的输入。例如，假设有一个函数有4个输入，0～10(十进制)作为二进制计数位。使用位组合0000、0001、0010、0011、0100、0101、0110、0111、1000、1001和1010。但是不使用组合1011、1100、1101、1110和1111。后面的这些输入将是无效的，这意味着如果查看真值表，这些值不会是0或1。它们不应该在真值表中。

化简卡诺图时，可以使用这些**无关输入**的优势。因为它们是不重要的输入值(并且是不应该发生的)，所以可以让它们有0或1的值，这取决于哪个对我们帮助最多。基本思想是设置这些无关值，使它们要么有助于构成一个更大的组，要么它们根本不贡献。例 3A.10 阐释了该概念。

例 3A.10 无关条件

无关值通常在适当的单元格中用“×”表示。下面的卡诺图展示了如何使用这些值来帮助最小化。将第一行中的值视为 1，以形成四个 1 一组。行 01 和 11 中的无关值被视为 0。因此化简为 $F_1(w, x, y, z) = w'x' + yz$。

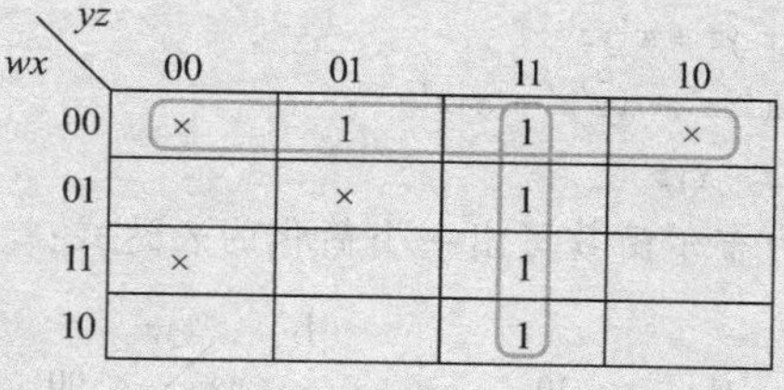

还有一种方法可以将这些值分组：

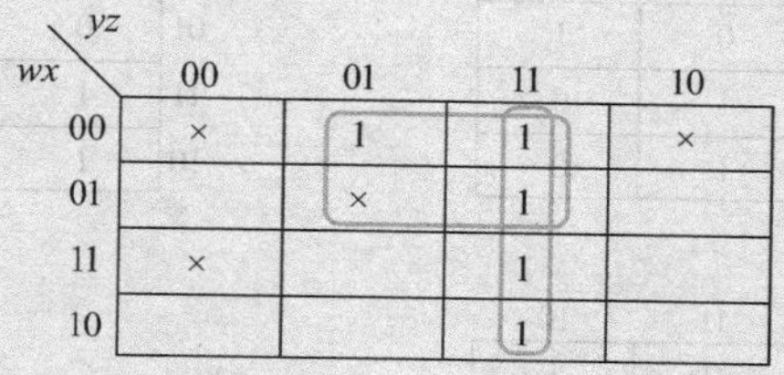

使用这些分组，最终得到 $F_2(w, x, y, z) = w'z + yz$ 的简化形式。注意，在这种情况下，F_1 和 F_2 不相等。但是，如果你为两个函数创建真值表，则应该看到它们仅在“无关”的那些值上不相等。◀

3A.7 总结

本部分简要介绍了卡诺图和卡诺图化简。使用布尔定律来化简很笨拙，甚至可能是非常困难的。从另一方面来说，卡诺图提供了一组精确的步骤来寻找函数的最小化表示，从而得到函数所表示的最小化电路。

练习

1. 使用以下卡诺图为定义的布尔函数写出一个简化的表达式：

◆ a)

x \ yz	00	01	11	10
0	0	1	1	0
1	1	0	0	1

◆ b)

x \ yz	00	01	11	10
0	0	1	1	1
1	1	0	0	0

◆ c)

x \ yz	00	01	11	10
0	1	1	1	0
1	1	1	1	1

2. 使用以下卡诺图为定义的布尔函数写出一个简化的表达式：

◆ a)

x \ yz	00	01	11	10
0	1	1	1	1
1	1	0	0	0

◆ b)

x \ yz	00	01	11	10
0	1	0	0	1
1	1	0	0	0

◆c)

x \ yz	00	01	11	10
0	1	0	0	1
1	1	0	1	1

3. 创建卡诺图，然后化简以下函数：

a) $F(x, y, z) = x'y'z' + x'yz + x'yz'$

b) $F(x, y, z) = x'y'z' + x'yz' + xy'z' + xyz'$

c) $F(x, y, z) = y'z' + y'z + xyz'$

4. 使用以下卡诺图为定义的布尔函数写出一个简化的表达式：

◆a)

wx \ yz	00	01	11	10
00	1	0	0	1
01	1	0	0	1
11	0	0	1	0
10	1	0	1	0

◆b)

wx \ yz	00	01	11	10
00	1	1	1	1
01	0	0	1	1
11	1	1	1	1
10	1	0	0	1

◆c)

wx \ yz	00	01	11	10
00	0	1	0	1
01	0	1	1	1
11	1	1	0	0
10	1	1	0	1

5. 使用以下卡诺图为定义的布尔函数写出一个简化的表达式(使用乘积和的形式)：

◆a)

wx \ yz	00	01	11	10
00	1	1	0	1
01	1	1	0	1
11	0	0	0	0
10	1	1	1	1

◆b)

wx \ yz	00	01	11	10
00	0	1	1	0
01	1	1	1	1
11	0	0	1	1
10	0	1	1	0

◆c)

wx \ yz	00	01	11	10
00	0	1	0	0
01	1	1	1	1
11	1	1	1	1
10	0	1	0	1

6. 创建卡诺图，然后化简以下函数(保留乘积和的形式)：

◆a) $F(w, x, y, z) = w'x'y'z' + w'x'yz' + w'xy'z + w'xyz + w'xyz' + wx'y'z' + wx'yz'$

◆b) $F(w, x, y, z) = w'x'y'z' + w'x'y'z + wx'y'z + wx'yz' + wx'y'z'$

c) $F(w, x, y, z) = y'z + wy' + w'xy + w'x'yz' + wx'yz'$

7. 创建卡诺图，然后化简以下函数(保留乘积和的形式)：

a) $F(w, x, y, z) = w'x'y'z + w'x'yz' + w'xy'z + w'xyz + w'xyz' + wxy'z + wxyz + wx'y'z$

b) $F(w, x, y, z) = w'x'y'z' + w'z + w'x'yz' + w'xy'z' + wx'y$

c) $F(w, x, y, z) = w'x'y' + w'xz + wxz + wx'y'z'$

8. 给定下面的卡诺图，(使用布尔定律)说明四个项如何化简为一个项。

x \ yz	00	01	11	10
0	0	1	1	0
1	0	1	1	0

◆**9.** 为由以下卡诺图定义的布尔函数编写一个简化表达式：

◆a)

x \ yz	00	01	11	10
0	1	1	0	×
1	1	1	1	1

◆b)

wx \ yz	00	01	11	10
00	1	1	1	1
01	0	×	1	×
11	0	0	×	0
10	1	0	×	1

10. 为由以下卡诺图定义的布尔函数编写一个简化表达式：

◆a)

x \ yz	00	01	11	10
0	×	0	0	1
1	1	1	×	1

◆b)

wx \ yz	00	01	11	10
00	1	1	1	1
01	×	0	1	×
11	0	0	0	0
10	0	1	×	0

11. 为由以下卡诺图定义的布尔函数编写一个简化表达式：

◆a)

x \ yz	00	01	11	10
0	1	×	0	1
1	0	0	1	1

◆b)

wx \ yz	00	01	11	10
00	0	0	1	0
01	×	0	0	×
11	×	1	0	0
10	1	×	0	0

12. 为以下每个真值表定义的函数找到最小化的布尔表达式：

a)

x	y	z	F
0	0	0	×
0	0	1	×
0	1	0	1
0	1	1	0
1	0	0	0
1	0	1	1
1	1	0	0
1	1	1	1

b)

w	x	y	z	F
0	0	0	0	0
0	0	0	1	1
0	0	1	0	0
0	0	1	1	0
0	1	0	0	×
0	1	0	1	0
0	1	1	0	×
0	1	1	1	0
1	0	0	0	1
1	0	0	1	×
1	0	1	0	×
1	0	1	1	×
1	1	0	0	×
1	1	0	1	1
1	1	1	0	×
1	1	1	1	×

一个简单的计算机模型 MARIE

4.1 引言

现在，设计一台计算机是一个经过大量专业训练的工程师才能胜任的工作。根据本书这样介绍性的书籍(和一门计算机组成与体系结构的入门课程)，设计出一台像我们今天可以买到的计算机是不可能的。然而，在本章中，我们首先来介绍一个非常简单的名为 MARIE(Machine Architecture that is Really Intuitive and Easy)的计算机。然后我们对 Intel 和 MIP 处理器作进行概述，这两个主流的处理器架构体现了 CISC 与 RISC 的设计理念。本章的目的是让你了解计算机的功能。我们按照 Leonardo da Vinci 在开篇给的建议，保持体系结构尽可能简单。

4.2 CPU 基本知识和组织结构

从第 2 章的学习中，我们知道计算机必须能对二进制数据进行操作。我们也从第 3 章知道内存用于存储二进制形式的数据和程序指令。按照某种方式，程序必须执行，数据必须正确处理。**中央处理单元**(CPU)负责读取程序指令，并对读取的指令进行译码，然后在正确的数据上执行规定的操作序列。要想了解计算机是如何工作的，你必须首先熟悉它们的各个组成部分和这些组件之间是如何交互的。为了方便了解下一节介绍的简单结构，我们先来了解一下现代计算机控制级的微体系结构。

每个计算机都有一个 CPU，它可以分为两部分。第一部分是**数据通路**(datapath)，它是一种由存储单元(寄存器)和算术逻辑单元(对数据执行各种操作)组成的网络。这些组件通过总线(总线是传递数据的电子线路)连接起来，并利用时钟来控制时序。第二部分是**控制单元**，该模块负责对各种操作进行排序并保证各种正确的数据适时地出现在所需的地方。这些组件一起执行 CPU 的任务：读取指令、译码指令和按规定的顺序执行各种操作。数据通路与控制单元的设计直接影响一台计算机的性能。因此，我们在下面的部分中详细介绍了 CPU 的这些组成部分。

4.2.1 寄存器

寄存器是计算机系统中用作存储各种数据的器件，这些数据包括地址、程序计数值和执行程序所必需的数据。简单地说，**寄存器**是一种存储二进制数据的硬件设备。寄存器位于处理器内部，所以处理器可以非常快地访问寄存器中存储的各种信息。从第 3 章中我们知道，可以使用 D 触发器来实现寄存器。一个 D 触发器相当于一位寄存器，所以 D 触发器的集合可以存储多位值。例如，要想建立一个 16 位寄存器，我们需要把 16 个 D 触发器连接在一起。通过第 3 章中的二进制计数器示意图，我们知道这些触发器的工作时钟必须一致。在时钟的每个脉冲到来时，输入数据进入寄存器，并在下一个时钟脉冲到来之前不能改变(也就是所谓的存储)。

计算机上的数据处理通常是在寄存器中存储的固定大小的二进制字上完成的。因此，大多数计算机都有各种大小的寄存器。常见的大小包括 16 位、32 位和 64 位。不同架构计算机的寄存器的数量不同，但通常是 2 的倍数，16、32 还有 64 是最常见的。寄存器包含数据、地址或控制信息。有些寄存器被指定为“专用”寄存器，它可能只包含数据、只有地址或仅有控制信息。其他寄存器更通用，可以在不同的时间保存数据、地址和控制信息。

可以向寄存器写入或从其中读取信息，信息也可以在不同的寄存器之间传递。寄存器的编址方式与存储器不同（每一个存储器字都有一个唯一的二进制地址，这些地址从0开始进行编码）。寄存器是由CPU内部的控制单元进行编址和处理的。

在现代计算机系统中有各种不同类型的专用寄存器：存储信息的寄存器、数值移位的寄存器、数值比较的寄存器和计数寄存器，还有用来存储临时数据值的“中间结果”寄存器用来控制程序循环操作的索引寄存器，用于管理所处理信息堆栈的堆栈指针寄存器，用于保持各种工作状态或操作模式（比如溢出、进位或一些零条件等）的状态寄存器和给程序员用的通用寄存器。大多数计算机都有寄存器集，每个集合都有特定的使用方式。例如，Pentium体系结构有一个数据寄存器集和一个地址寄存器集。某些体系结构有非常大的寄存器集，这些寄存器可以用相当新奇的方法来加快指令的执行速度。（我们在第9章会讨论这个主题。）

4.2.2 ALU

算术逻辑单元（ALU）在程序执行过程中用于执行逻辑运算（如比较运算）和算术运算（如加法和乘法运算）。在第3章我们看到了一个简单的有关ALU的例子。一般情况下，ALU有两个数据输入和一个数据输出。在ALU中执行的各种操作常常会影响**状态寄存器**的某些数据位（设置这些数据位是为了指示某些动作，如是否有溢出发生）。通过控制单元发出的信号，ALU可以执行各种规定的运算。

4.2.3 控制单元

控制单元是CPU中的“警察”或“交通管理员”。它负责监视所有指令的执行和各种信息的传输过程。控制单元负责从存储器中提取指令，对这些指令进行译码，确保数据适时地出现在正确的地方。控制单元还负责通知ALU应该使用哪一个寄存器，执行哪些中断服务程序，以及对在ALU中执行各种操作接通正确的电路。控制单元使用一个名为**程序计数器**的寄存器来寻找下一条要执行的指令，并使用一个状态寄存器来存放某些特殊的操作状态，比如溢出、进位、借位等。4.13节会更详细地介绍控制单元。

4.3 总线

CPU通过总线与其他组件进行通信。**总线**就是一组连线的集合，它作为一种共享的而又常见的数据通路连接系统内的多个子系统。它由多条线路组成，允许多位数据并行传递。虽然总线成本低，但是非常灵活，而且它们很容易把新设备和系统连接到一起。在任何时候，只有一个设备（可能是一个寄存器、ALU、存储器或其他组件）可以使用总线。不过，这种共享往往会导致通信瓶颈。总线的速度受其长度以及共享设备的数量影响。通常，设备分为**主设备**和**从设备**；主设备是最初启动操作的设备，从设备是响应主设备请求的设备。

总线可以以**点对点**的方式连接两个特定的设备（如图4-1a所示），或者将总线用作一条**公用通道**来连接多个设备，这要求多个设备共享总线（简称**多点总线**，如图4-1b所示）。

由于需要共享总线，所以**总线协议**（使用规则）非常重要。图4-2给出了一个典型的总线，它包括：数据线、地址线、控制线和电源线。通常用于数据传递的总线称为**数据总线**。这些数据线必须包含从一个位置移动到另一个位置的实际信息。**控制线**指示哪些设备有使用总线的权限，以及使用目的是什么（例如，从存储器还是从I/O设备中读取数据或写入数据）。控制线也传输总线请求的应答，确认中断和时钟同步信号。**地址线**表示数据的位置（例如，在存储器中），该数据应该被读取或写入。**电源线**提供必要的电力。典型的总线事务包括发送地址（用于读或写)，将数据从存储器传输到寄存器(存储器读)，还有将数据从寄存器传送到存储器(存储器写)。此外，用于I/O的总线可从外围设备读取和写入。每个类型的传输发生在一个总线周期内，**总线周期**是完成总线信息传送所需的时钟脉冲间隔。

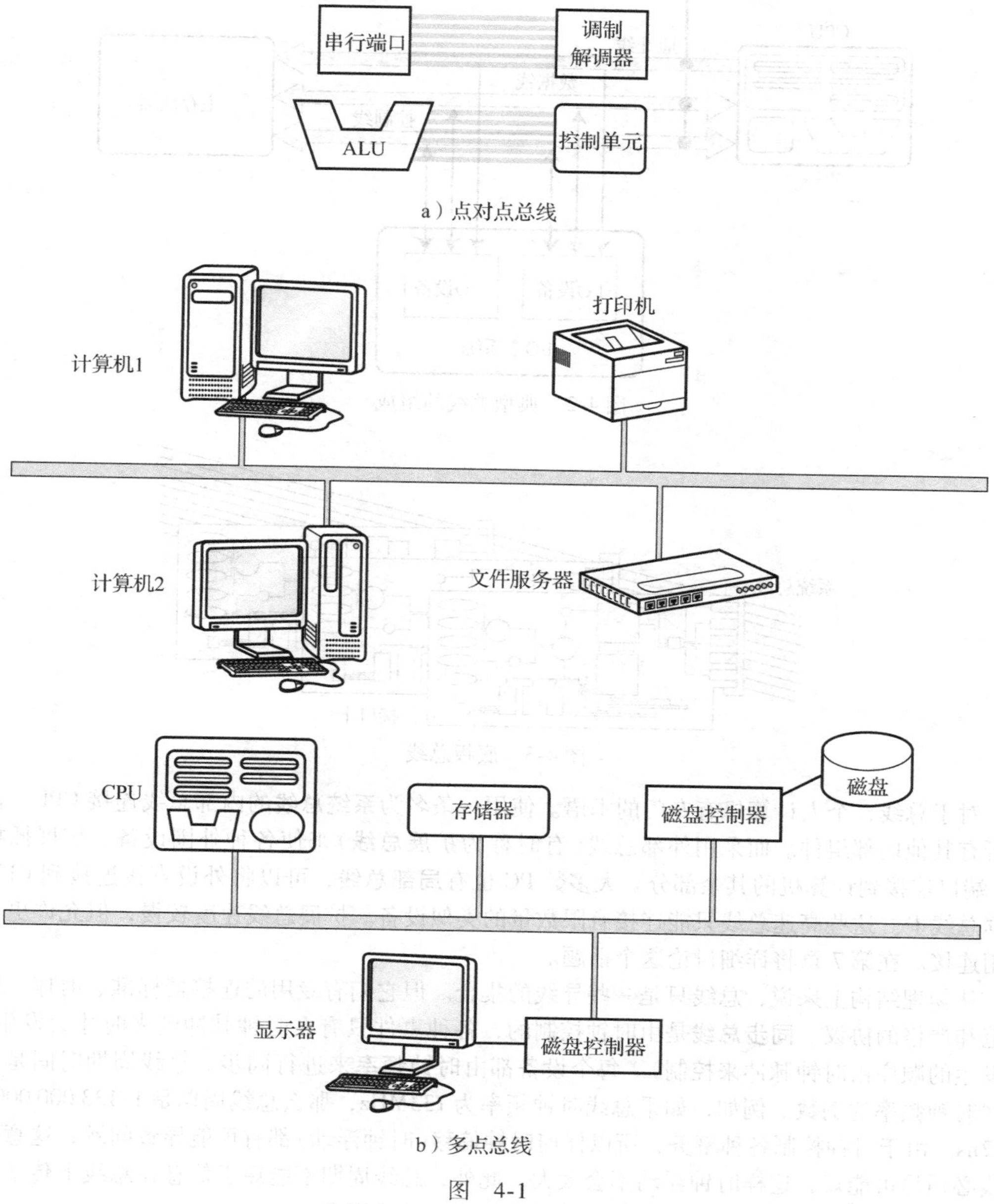

图 4-1

由于总线传输的信息种类和使用的设备不同，所以总线本身也分为不同的类型。**处理器-内存总线**比较短，是高速总线，它与机器的存储系统完全匹配，以最大限度地提高带宽(数据传输)，通常是专门设计的。**I/O 总线**通常比处理器-内存总线长，并允许多种类型的设备具有不同的带宽，这些总线兼容许多不同的体系结构。**底板总线**(见图4-3)实际上是构建在机器主板上的总线，它的连接处理器、I/O 设备和存储器(所有设备共享一根总线)。许多计算机有总线的层次结构，所以在同一系统中有两个总线(例如，一个处理器-内存总线和一个I/O 总线)或更多的情况是不常见的。高性能系统通常使用所有3种类型的总线。

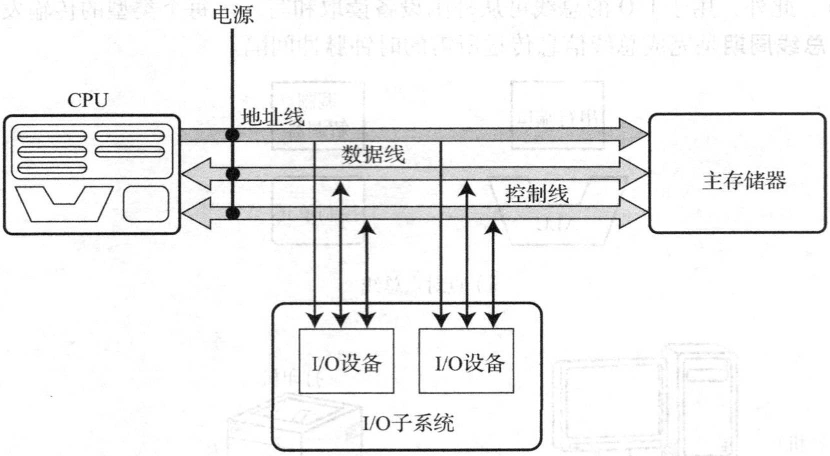

图4-2　典型总线的组成

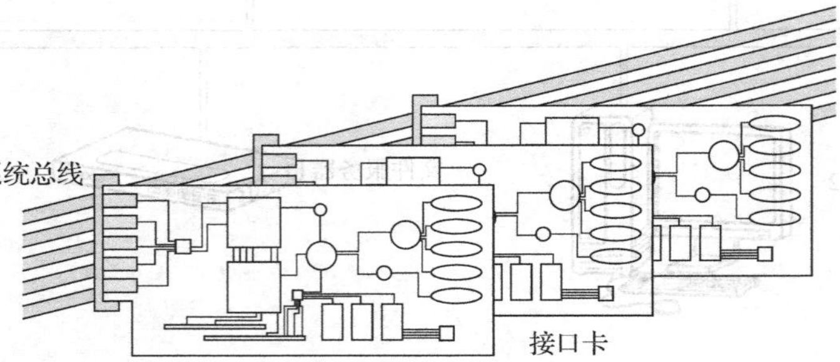

图4-3　底板总线

对于总线，个人计算机有专门的术语。使用一条名为**系统总线**的内部总线连接CPU、内存和所有其他内部组件。而采用外部总线(有时称为**扩展总线**)来使各种外围设备、扩展插槽和I/O端口连接到计算机的其余部分。大多数PC也有**局部总线**，可以将外设直接连接到CPU的数据总线上。这些高速总线只能连接有限数量的类似设备。扩展总线速度较慢，但允许更多的通用连接。在第7章将详细讨论这个话题。

从物理结构上来说，总线只是一些导线的集合。但它们有专用的连接器标准、时序、信令规范和严格的协议。**同步总线**是由时钟控制的，各种事件只有在时钟脉冲到来时才会发生(事件发生的顺序由时钟脉冲来控制)。每个设备都由**时钟频率**来进行同步。总线周期时间是上述总线时钟频率的倒数。例如，如果总线时钟频率为133MHz，那么总线周期是1/133 000 000s或7.52ns。由于时钟控制各种事务，所以任何**时钟偏移**(时钟浮动)都有可能导致问题，这意味着总线必须尽可能短，这样时钟浮动不会太大。此外，总线周期不能短于信息在总线上传送所需要的时间。因此，总线的长度限制了总线时钟频率和总线周期。

各种控制线都是使用**异步总线**来负责协调计算机的各种操作的，这种异步总线必须采用一种较为复杂的**握手协议**来强制其与计算机其他操作的同步。要想从内存中读取数据，协议将需要如下步骤：

1. `ReqREAD`：激活这个总线上的控制线，同时存储数据的地址被放在对应的总线上。
2. `ReadyDATA`：当存储系统已经把需要的数据放在数据总线上时，控制线被置位。
3. `ACK`：该控制线是用来表示已经接收到了`ReqREAD`或`ReadyDATA`信号的应答。

使用协议而不是时钟协调事物意味着异步总线技术更加灵活，可以支持更广泛的设备。

要想使用总线，设备必须保留它，因为任意时刻总线只能被一个设备使用。如上所述，总线主控设备是允许最初传递信息(控制总线)的设备，而总线受控(从)设备是由主控设备激活的模块，由于各种从设备是通过响应主控设备的请求来读写数据的，(所以只有主控设备可以保留总线)。使用总线的设备都遵循相同的通信协议，在特定的时序下工作。在一个非常简单的系统(如我们在下一节中提出的)中只允许处理器成为总线主控设备。这在避免混乱方面是很好的，但缺点是，处理器要处理涉及使用总线的每一个事务。

对于有多个主控设备的系统，则需要**总线仲裁**机制，它必须为某些主控设备设定一种优先级别，同时又保证各个主控设备都有机会使用总线。总线仲裁分为4种方式：

1. **菊花链仲裁方式**：该设计使用一个“总线允许”控制线，该总线是从最高优先级设备传给最低优先级设备的。(公平性没有得到保证，低优先级的设备可能被“饿死”，并且永远不允许使用总线。)该方案简单但不公平。

2. **集中式并行仲裁方式**：每个设备都有一个到总线的请求控制线和一个选择谁可以使用总线的仲裁控制器。使用这种类型的仲裁可能会导致瓶颈。

3. **采用自选择的分配式仲裁方式**：该设计类似于集中仲裁，但不是通过中央控制器选择谁得到总线，而是设备本身决定谁具有最高优先级和谁应该得到总线使用权。

4. **采用冲突检测的分配式仲裁方式**：允许每个设备对总线发送请求。如果总线检测到任何冲突(多个同时请求)，则设备必须发出另一个请求。(以太网使用这种类型的仲裁。)

第7章有更多关于总线和相关协议的信息。

4.4　时钟

每台计算机都有一个控制指令执行速度的内部时钟。时钟也对系统中各个部件的操作进行协调和同步。当时钟脉冲到来时，它设置一切在系统中发生的事物的步调，就像一个节拍器或交响乐队的指挥。CPU使用这个时钟信号来调控系统的各个进程，检测系统中的各种数字逻辑门电路是否会出现其他不可预测的速度。执行CPU的每条指令都是使用固定的时钟脉冲数目的。因此，指令的性能通常是通过**时钟周期**(时钟脉冲的时间间隔)的数目(而不是秒)来测量的。**时钟频率**(有时称为时钟速率或时钟速度)是以兆赫(MHz)或千兆赫兹(GHz)为单位的，正如我们在第1章中看到的，时钟周期时间(或时钟周期)就是时钟频率的倒数。例如，一台标示800MHz的计算机，其时钟周期时间为1/800 000 000s或1.25ns。如果机器的时钟周期时间为2ns，则表示它是一台500MHz的机器。

大多数计算机系统都是同步的：计算机只有一个主控时钟信号，主控时钟按照规定的时间间隔发送脉冲(从0变成1再变成0，等等)。计算机中的各个寄存器都必须等待时钟脉冲发生跃变时才能输入新的数据。这样看起来，似乎只要提高时钟速度，计算机就可以运行得更快。但实际上，在设计时钟周期时存在许多限制。当时钟脉冲发生跃变时，各个寄存器会装入新数据，同时寄存器的输出结果也可能发生改变。这些发生变化的输出值必须通过系统中的电路进行传递，直到到达下一组寄存器的输入端，然后存储于输入端。因此，时钟周期必须足够长，以保证这些改变可以传递到下一组寄存器中。如果时钟周期太短，则可能会有某些变化的数值还未来得及到达下一组寄存器，就中止了传递过程的情况。这样将导致系统出现前后矛盾的状态，必须避免这种情况。因此，最小的时钟周期时间至少应该大于数据从一组寄存器的输出到下一组寄存器的输入所需要的传递时间，即电路的最大传输延迟时间。事实上，可以通过在输出寄存器和对应的输入寄存器之间增加寄存器的方法来减小传输延迟。注意，由于没有时钟脉冲的跃变寄存器不会改变输出值，所以增加额外的寄存器，事实上等于增加了时钟周期的数目。例如，原来需要2个时钟周期执行一条指令，现在可能会需要3个或4个时钟周期（也可能需要更多的时钟周期，这取决于额外寄存器的具体放置位置）。

执行大多数机器指令需要一个或两个时钟周期，但某些指令则可能需要35个时钟周期或更多。下面的公式表示的是CPU的时钟周期和时间之间的关系。

CPU时间 = 时间(s)/程序 = (指令/程序) × (平均周期/指令) × (时间(s)/周期)

注意，计算机的体系结构对其性能有很大影响。两台具有相同时钟速度的计算机在执行相同的指令时所花费的时钟周期数可能不一样。例如，在一个早期的Intel 286计算机执行乘法运算需要20个时钟周期，但一个新款的Pentium可以在1个时钟周期内完成乘法运算，这意味着即使它们有相同的内部系统时钟，新机器的速度是旧机器的20倍。在一般情况下，乘法操作比加法操作需要更多的时钟周期，浮点运算比整数运算需要更多的时钟周期，而访问存储器要比访问寄存器需要更多的时钟周期。

一般来说，当我们提到**时钟**时，指的是**系统时钟**，即控制CPU和其他部件的主控时钟。然而，某些总线也配有自己的时钟。**总线时钟**通常比CPU时钟慢，这样就造成了系统的瓶颈问题。

系统的各个部件都有明确的性能界定范围，这些界定会标示出这些部件实现功能所需要的最长时间。计算机制造商都可以保证他们生产的部件可以在给定技术范围内的最极端条件下正常工作。如果把计算机的各个部件按某种设计顺序连接起来，则这种顺序安排会要求某个部件必须在另一个部件动作前完成其操作，这样整个计算机才能正常工作。因此，各个部件本身的性能界定对于计算机各部件的同步工作是非常重要的。但是，许多人常常会超过这些技术限制，以增强系统的性能。例如，**超频**运行就是人们为达到某种目的经常采用的一种方法。

虽然许多部件都可以超频运行，但是CPU是最流行的超频组件之一。CPU超频的基本思想是让CPU运行在制造商给出的时钟频率或总线速度上限之外。尽管这样可以增强系统的工作性能，但是操作时需要特别小心，以避免系统的时序故障，或者更糟糕的是使CPU过热。系统总线同样也可以超频，在系统的各部件之间通过总线进行通信时可以超频运行。系统总线的超频运行可以大幅度改善系统的性能，但是同样也可能损害与总线相连的各种部件，或者会造成这些部件的工作不稳定。

4.5 输入/输出子系统

人们通过**输入/输出**(I/O)设备与计算机进行通信，输入/输出是指各种外围设备和主存储器之间的数据交换。输入设备（如键盘、鼠标、读卡器、扫描仪、语音识别系统和触摸屏）允许我们将数据输入计算机。输出设备（如显示器、打印机、绘图仪和扬声器）允许我们从计算机获取信息。

输入/输出设备通常并不与CPU直接相连，而是采用某种**接口**来处理数据交换。接口负责系统总线和各外围设备之间的信号转换，将信号变成总线和外设都可以接受的形式。CPU通过I/O寄存器和外设进行通信，这种数据交换通常有两种工作方式。在**存储器映射I/O**方式中，接口中的寄存器地址就在内存地址的分配表（或称为映射图）中，而且在访问存储器和I/O设备之间没有真正的区别。显然，从速度的角度来看这是有利的，但是它占用了系统中的存储器空间。使用**基于指令的I/O**方式，CPU有执行输入和输出的专用指令。虽然这不使用内存空间，但它需要特定的I/O指令，这意味着它只能由可以执行这些特定指令的CPU来使用。中断在I/O中扮演了非常重要的角色，因为中断可以通知CPU输入或输出是否已经准备就绪，所以它是一种非常有效的方法。我们在第7章详细探讨这些I/O方法。

4.6 存储器的组成和寻址方式

我们在第3章中看到了一个小的内存示例。在本章中，我们继续以非常小的内存为例（小到我们认为将它放在现代计算设备上都是可笑的）。但是，较小的存储器使得数字易于管理，我们在本章讨论的原则适用于小型和大型存储器。这些原则包括如何设计存储器和如何编址。我们需要先充分了解下面这些概念。

可以将存储器设想成一个数据位的矩阵，矩阵的每一行都由寄存器来实现，其长度通常等于机器可寻址单元的大小。每个寄存器（通常称为**存储位置**）都具有一个唯一的地址编号，存储器的地址通常是从0开始编号的，并按顺序递增。图4-4说明了这个概念。

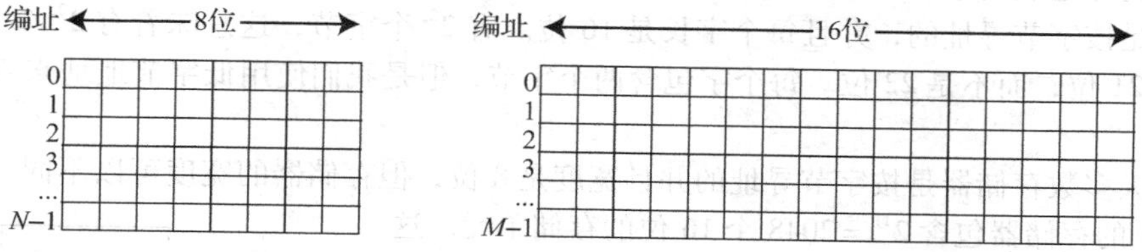

a）N个8位存储器单元　　b）N个16位存储器单元

图 4-4

存储器地址几乎都是采用无符号整数来表示的。在第2章中提到，4位是半字节，而8位是一个字节。通常，存储器是按**字节编址**的，这意味着每个单独的字节具有一个唯一的地址。一些机器的字大小是大于单个字节的。例如，计算机可以处理32位字，（这意味着它可以通过各种指令一次处理32位，并且使用32位寄存器。）但是它仍然按字节编址。在这种情况下，当一个字使用多个字节时，最低地址的字节确定整个字的地址。当然计算机也可以是**按字编址**的，这意味着每个字（不是每个字节）都具有唯一地址，但是现在大多数机器是按字节编址的（即使它们具有32位或更大的字）。存储器地址通常存储在单一机器字中。

计算机通过字节寻址可以寻址到不同大小的字，如果你对这种说法还不明白的话，那么以下类比可能对你有帮助。内存类似于一个布满建筑物的街道。每栋建筑（字）有多个公寓（字节），每个公寓都有自己的地址。所有公寓都按顺序编号（编址），从0到所有公寓总数减去1。建筑本身将公寓分组。在计算机中，字做同样的事情。字是各种指令使用的基本单位。例如，即使在字节寻址的机器上，也可以从存储器读取字或向存储器写入字。

如果计算机采用按字节编址的体系结构，并且指令系统的结构字长大于1字节，则必须解决**对齐**的问题。例如，如果我们希望在按字节编址的计算机上读取32位长的字，我们必须确保字存储在自然对齐边界上，并且访问从该边界开始。在字长32位的情况下，这是通过使地址为4的倍数来实现的。一些结构允许某些指令执行未对齐访问，它的期望地址不必在自然边界上开始。

存储器由随机存取存储器（RAM）芯片构成。（我们将在第6章详细讨论存储器。）存储器通常使用符号$L \times W$（长×宽）来表示。例如，$4M \times 8$表示存储器是4M长（它具有$4M = 2^2 \times 2^{20} = 2^{22}$个单元），每个单元是8位宽（也就是每个单元是一个字节）。为了寻址这个存储器（假设使用字节寻址），我们需要能够唯一地识别2^{22}个不同的单元，这意味着我们需要2^{22}个不同的地址。因为地址是无符号二进制数，所以用二进制计数$0 \sim (2^{22}-1)$。这需要多少位？用二进制计数从0~3（共4个单元），需要2位。为了以二进制计数从0~7（总共8个单元），我们需要3位。要用二进制计数从0~15（总共16个单元），需要4位。根据以上的规律，我们是否可以填写表4-1标注“？”的地方？

表 4-1　计算所需的寻址位

总数	2	4	8	16	32
2 的幂次总数	2^1	2^2	2^3	2^4	2^5
地址位数	1	2	3	4	??

缺少表项的正确答案是 5 位。当计算存储器地址必须使用多少位时，重要的不是可寻址单元的长度，而是可寻址单元的数量。4M 内存需要 22 位存储器地址，因为大多数存储器是按字节寻址的，所以我们需要 N 位来唯一地寻址每个字节。通常，如果计算机具有 2^N 个可寻址存储器单元，则它需要 N 位来唯一寻址每个单元。

为了更好地说明字和字节之间的差别，假设在前面例子中提到的 4M × 8 存储器是按字寻址的而不是按字节寻址的，并且每个字长是 16 位。有 2^{22} 个字节，这意味着有 $2^{22}/2 = 2^{21}$ 个字，这将需要 21 位，而不是 22 位。每个字包含两个字节，但是我们使用低字节地址来表示整个字的地址。

虽然大多数存储器是按字节寻址的并且宽度是 8 位，但存储器的宽度可以不同。例如，一个 2K × 16 的存储器包含 $2^{11} = 2048$ 个 16 位的存储单元。这种类型的存储器通常用于具有 16 位字长的按字寻址的体系结构中。

主存储器通常会用多个 RAM 芯片。因此，需要将这些芯片组合成所需容量的单个存储器。例如，假设你需要构建一个 32K × 8 按字节寻址的存储器，但你只有 2K × 8 的 RAM 芯片。我们可以将芯片的 16 行连接在一起，如图 4-5 所示。

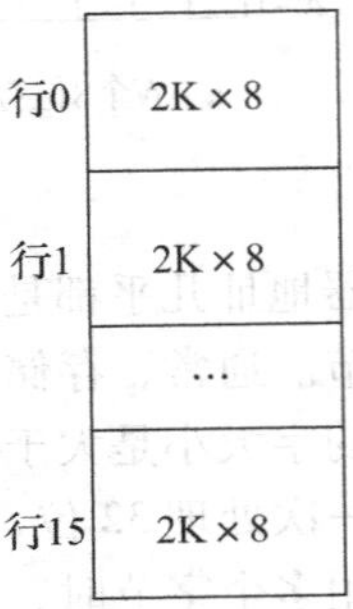

图 4-5　组合 RAM 芯片作为存储器

每个芯片寻址 2K 字节。此存储器的地址必须有 15 位（要访问 $32K = 2^5 \times 2^{10}$ 字节）。但每个芯片只需要 11 个地址线（每个芯片只有 2^{11} 字节）。在这种情况下，需要译码器来解码地址的最左边或最右边的 4 位以确定哪个芯片保存请求的数据。一旦定位了适当的芯片后，剩余的 11 位用于确定该芯片上的偏移。我们使用最左边的 4 位还是最右边的 4 位取决于内存是如何交叉存取的。（注意：如果这个存储器是按字编址的，假设字长为 16 位，那么这台机器的地址只有 14 位，我们也可以使用 8 行 2 个 RAM 芯片来构建一个 16K × 16 的内存）。

单个存储器模块只能串行访问（每次只能执行一次存储器访问）。**交叉存储器**可以缓解这个问题，它把存储器分成多个存储模块（**或存储体**），其中多个模块可以同时访问。模块的数量取决于有多少个可寻址单元，而不是每个可寻址单元的大小。在访问每个模块时将返回一个字，它表示了该架构可寻址单元的长度，如果存储器是 **8 路交叉**，则可使用 8 个模块实现存储器，编号为 0 ~ 7。在**低位交叉**时，地址的低位用于选择模块；在**高位交叉**时，使用地址的高位选择模块。

假设我们有一个由 8 个模块组成的按字节寻址的存储器，每个模块有 4 字节，这个存储器总共有 32 字节的。我们需要 5 位来唯一地标识每个字节。其中 3 位用于确定模块（因为有 $2^3 = 8$ 个模块），剩下的两位用于确定该模块内的偏移。最直观的组织高位交叉编址用于分配地址，使每个模块包含连续的地址，如图 4-6a 所示的 32 个地址。模块 0 包含存储在地址 0、1、2 和 3 中的数据；模块 1 包含存储在地址 4、5、6 和 7 中的数据，等等。图 4-6b 表示了使用高位交叉编址时该存储器的地址结构。即地址的前三位用于确定存储器模块，而剩余的两位用于确定模块内的偏移。图 4-6c 给出了第一个和第二个模块高位交叉编址的更详细的视图。考虑地址 3，它在二进制（用 5 位表示）中是 00011。高位交叉编址使用最左边的 3 位（000）来确定模块（因此地址 3 的数据在模块 0 中）。剩余的两位（11）告诉我们所需数据的偏移量是 3（11_2 是十进制值 3），即模块 0 的最后一个地址。

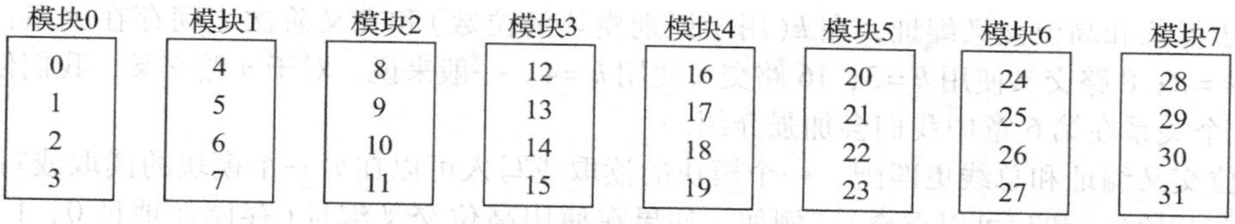

a）高位交叉编址存储器

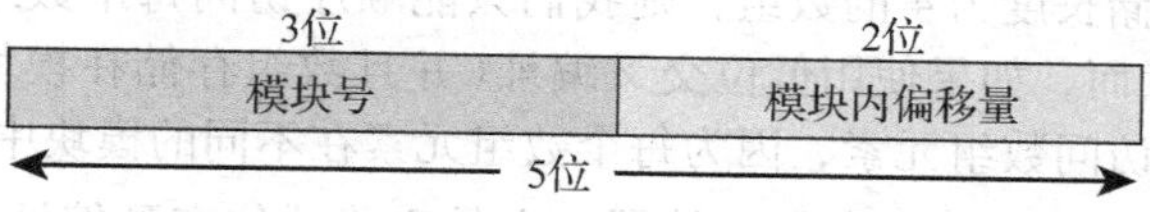

b）地址结构

模块	十进制字地址	二进制地址	给定结构的地址分割	模块号	模块内偏移量
模块0	0	00000	000 00	0	0
	1	00001	000 01	0	1
	2	00010	000 10	0	2
	3	00011	000 11	0	3
模块1	4	00100	001 00	1	0
	5	00101	001 01	1	1
	6	00110	001 10	1	2
	7	00111	001 11	1	3

c）前两个模块

图 4-6

低位交叉编址存储器在不同的存储器模块中放置连续的存储器地址。图4-7显示了32个地址的低位交叉编址。我们在图4-7b中看到在存储器中一个地址采用低位交叉编址的地址结构。该存储器的前两个模块如图4-7c所示。在该图中，我们看到模块0现在包含存储在地址0、8、16和24中的数据。为了定位地址3(00011)，低位交叉编址法使用最右边的3位来确定模块(指向模块3)，剩下的两个位00表示该模块内的偏移。可以在图4-7所示的模块3中找到地址3。

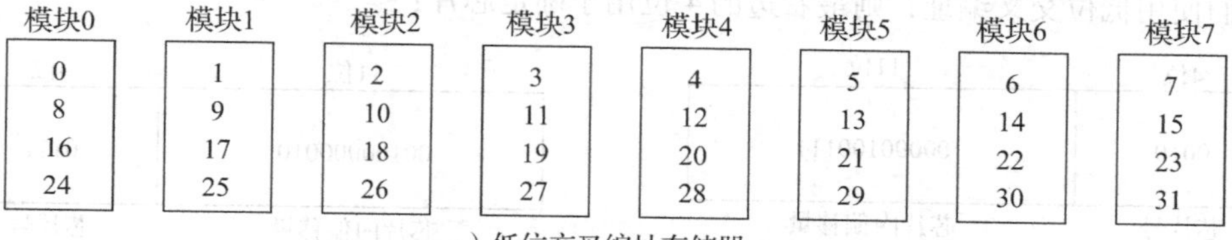

a）低位交叉编址存储器

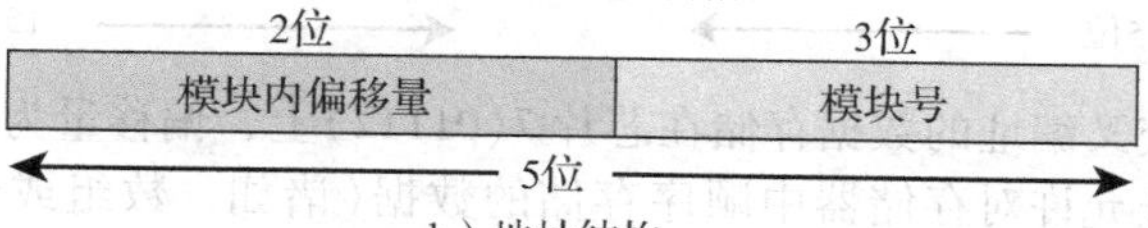

b）地址结构

模块	十进制字地址	二进制地址	给定结构的地址分割	模块内偏移量	模块号
模块0	0	00000	00 000	0	0
	8	01000	01 000	1	0
	16	10000	10 000	2	0
	24	11000	11 000	3	0
模块1	1	00001	00 001	0	1
	9	01001	01 001	1	1
	17	10001	10 001	2	1
	25	11001	11 001	3	1

c）前两个模块

图 4-7

对于低位和高位交叉编址，在 k(用于识别模块的位数)和交叉阶次之间存在关系：4 路交叉使用 $k=2$；8 路交叉使用 $k=3$；16 路交叉使用 $k=4$。一般来说，对于 n 路交叉，我们使用 $n=2^k$。(这个关系在第 6 章中我们会加强介绍。)

低位交叉编址和总线更匹配，一个模块的读取或写入可以在另一个模块的读取或写入实际完成之前开始(读和写可以重叠)。例如，如果在使用高位交叉编址(存储在地址 0、1、2 和 3 中)的存储器示例中存储长度为 4 的数组，则我们只能顺序访问每个数组元素，因为整个数组存储在一个模块中。然而，如果使用低位交叉编址(并且数组存储在模块 0、1、2 和 3 中的偏移 0 处)，则可以并行访问数组元素，因为每个数组元素在不同的模块中。

例 4.1 假设我们有一个 128 字的存储器，它是 8 路低位交叉编址(请注意，字的大小在本例中不重要)，这意味着它使用 8 个存储体。因为 $8=2^3$，所以我们使用低阶 3 位来标识模块。因为有 128 个字，所以每个地址需要 7 位($128=2^7$)。该存储器中的地址具有以下结构：

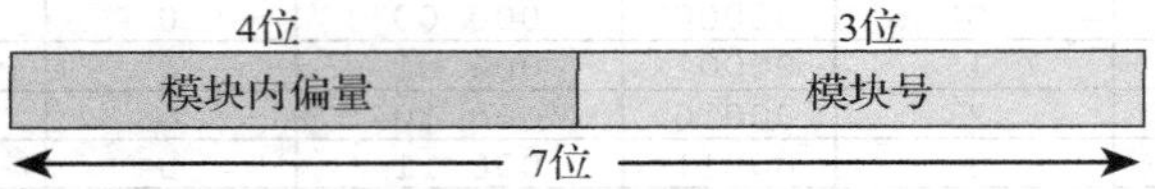

请注意，每个模块的大小必须为 2^4。我们可以用两种方法得出这个结论。首先，如果存储器有 128 个字，并且我们有 8 个模块，则 $128/8=2^7/2^3=2^4$(因此每个模块保存 16 个字)。我们还可以从地址结构中看到模块的偏移量需要 4 位，因此每个模块允许有 $2^4=16$ 个字。

如果例 4.1 使用高位交叉编址，会有什么变化？我们把这作为一个练习。◀

让我们回到图 4-5 所示的存储器，它是一个 32K×8 的存储器，包含 16 个大小为 2K×8 的芯片(模块)。存储器有 $32\text{K}=2^5\times2^{10}=2^{15}$ 个可寻址单元(这里一个单元代表一个字节)，这意味每个地址需要用 15 位来表示。每个芯片保存 $2\text{K}=2^{11}$ 字节，因此 11 位用于确定芯片上的偏移。有 $16=2^4$ 个芯片，所以需要 4 位来确定芯片。假设地址 001000000100111 使用高位交叉编址，我们使用最左边的 4 位来确定芯片，剩下的 11 位作为偏移：

地址 001000000100111 上的数据在存储在芯片 2(0010_2)上，偏移量为 39(00000100111_2)。如果我们使用低位交叉编址，则最右边的 4 位用于确定芯片：

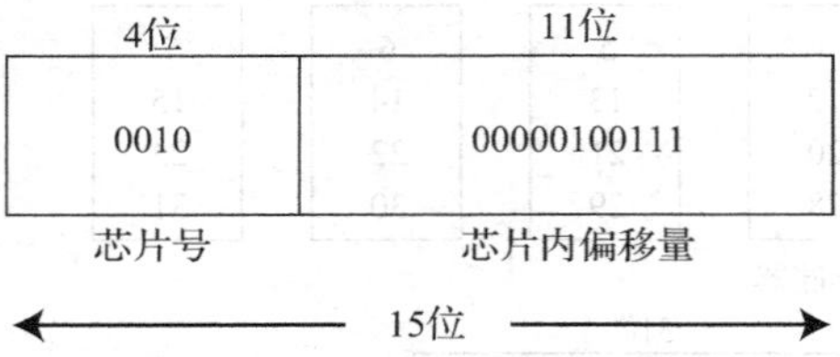

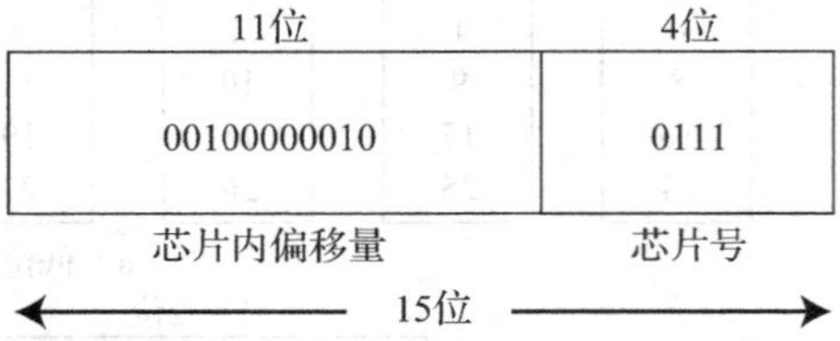

因此，使用低位交叉编址的数据存储在芯片 7(01112)上，偏移量为 258(00100000010_2)。

虽然低位交叉编址允许对存储器中顺序存储的数据(诸如，数组或者程序中的指令)进行并发访问，但是高位交叉编址更直观。因此，对于本书的其余部分，我们假设使用的都是高位交叉编址。

我们所讨论的存储器概念非常重要，并且出现在其余章节的各个地方，特别是在详细讨论存储器的第 6 章中。要关注的关键概念是：(1) 存储器地址是无符号二进制值(虽然为了简化表达我们经常将它们视为十六进制值)。(2) 要寻址的是存储器单元数，**而不是**存储单元的大小，它决定地址的位数。虽然我们可以用更多的位数来表示地址，但很少这么做，因为最小化是计算机设计的一个重要思想。

4.7 中断

我们已经介绍了深入理解计算机架构所需的基本硬件信息：CPU、总线、控制单元、寄存器、时钟、I/O 和存储器。然而，还有一个负责处理计算机的各个部件与处理器之间交互的概念：**中断**。中断是改变(或中断)系统中流程正常执行的各种事件。多种原因可以触发中断：

- I/O 请求
- 出现算术错误(例如，被 0 除)
- 算术下溢或上溢
- 硬件故障(例如，存储器奇偶校验错误)
- 用户定义的中断点(比如，程序调试过程)
- 页面错误
- 非法指令(通常由于指针问题引起)
- 其他原因

为这些类型的中断(称为**中断处理**)执行的操作通常是不同的。告诉 CPU 已经完成的 I/O 请求与由于除以 0 而终止的程序有很大不同。但是这些动作都由中断来处理，因为它们需要改变程序执行的正常流程。

由用户或系统发出(启动)的中断请求可以是**可屏蔽**中断(可以被禁止或忽略)或**不可屏蔽**中断(高优先级的中断不能被禁止并且必须响应)，它可以在指令内或指令之间发生，可以是同步的(每次执行程序时发生在同一位置)也可以是异步的(意外发生)，一旦中断被执行可能导致程序终止或继续执行。中断在 4.9.2 节和第 7 章中有更详细的介绍。

现在我们给出了计算机系统所需部件的一般性概述，我们继续介绍一个简单的但有多重功能的架构来说明这些概念。

4.8 MARIE

MARIE 表示一个真正直观和简单的计算机体系结构，它包括存储器(用于存储程序和数据)和 CPU(由一个 ALU 和几个寄存器组成)。它具有真正工作的计算机所有必需的功能部件。我们下面描述的 MARIE 体系结构将有助于说明本章和前三章的概念。

4.8.1 组织结构

MARIE 具有下列特点：

- 使用二进制数和补码表示法
- 存储程序和采用固定的字长度
- 按字(不是按字节的)编址
- 主存储器的容量为 4K 字(即每个地址需要使用 12 位二进制数)
- 16 位数据(16 位字)
- 16 位指令：4 位操作码和 12 位地址
- 一个 16 位的累加器(AC)
- 一个 16 位的指令寄存器(IR)
- 一个 16 位的存储器缓冲寄存器(MBR)
- 一个 12 位的程序计数器(PC)
- 一个 12 位的存储器地址寄存器(MAR)
- 一个 8 位的输入寄存器
- 一个 8 位的输出寄存器

图 4-8 是 MARIE 体系结构的示意图。

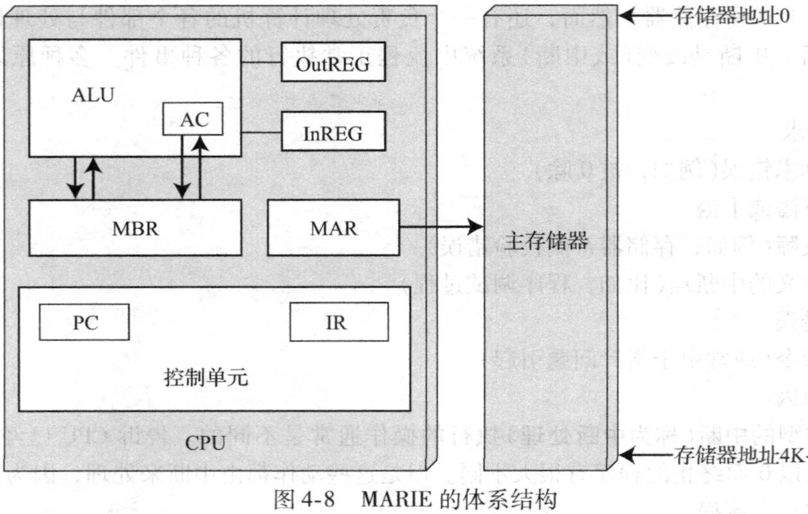

图 4-8　MARIE 的体系结构

我们要再次强调一个关于存储器的重要问题。在第 3 章中，我们介绍了一个使用 D 触发器构建的简单存储器。再次强调，存储器中的每个存储单元都有一个唯一的地址(用二进制表示)，并且每个存储单元可以存放一个值。表示存储单元地址的二进制数常常很容易与存储单元中存放的内容混淆。为了避免混乱，假设有一个邮局，它的里面有各种“地址”或数字的邮箱。邮箱里面有邮件。要想获得邮件，必须知道邮箱的号码。对于需要从存储器中取回的数据或指令也是如此。任何存储器地址中的内容都是通过指定该存储器位置的地址来控制的。我们可以看到有很多不同的方法来指定这个地址。

4.8.2　寄存器和总线

寄存器是 CPU 内的存储位置(如图 4-8 所示)。CPU 的 ALU 部分执行所有处理(算术运算、逻辑判定等)。当执行程序时，寄存器用于特定的目的：它们保存临时存储的值、以某种方式操作的数据或简单计算的结果。很多时候，寄存器隐含地引用在指令中，我们在 4.8.3 节描述的 MARIE 指令集中，可以看到这种情况。

在 MARIE 中，有下列 7 种寄存器：

- AC：**累加器**用来保存数据值。它是一个**通用寄存器**，作用是保存 CPU 需要处理的数据。现在大部分的计算机都有多个通用寄存器。
- MAR：**存储器地址寄存器**用来保存所引用数据的存储器地址。
- MBR：**存储器缓冲寄存器**用来保存刚从存储器中读取或者将要写入存储器中的数据。
- PC：**程序计数器**用来保存程序将要执行的下一条指令的地址。
- IR：**指令寄存器**用来保存将要执行的下一条指令。
- InREG：**输入寄存器**用来保存来自输入设备的数据。
- OutREG：**输出寄存器**用来保存要输出到输出设备的数据。

MAR、MBR、PC 和 IR 用来保存一些专用信息，并且不能用作上述规定之外的其他目的。例如，我们不能在 PC 中存储来自存储器的任意数据。我们必须使用 MBR 或 AC 来存储这个任意值。另外，还有保存各种指示信息的**状态**或**标志寄存器**，比如 ALU 中的溢出、算术或逻辑运算的结果是否为零、在计算中是否使用进位位、结果是否为负等。但是为了清楚起见，我们不在任何图中明确地包括该寄存器。

MARIE 是一个非常简单的计算机，在它的寄存器组中寄存器数目有限。现代 CPU 具有多个通用寄存器，通常称为**用户可见寄存器**，其执行类似于 AC 的功能。现在计算机还有额外的寄存器，例如，一些计算机具有可将数据移位的寄存器和其他一些寄存器，如果把这些寄存器组合到一起，可以将其视为各种数据值的列表。

MARIE 不能在没有总线的情况下将数据或指令传入或传出寄存器。我们假设 MARIE 有一个公共总线。连接到总线上的每个设备都有一个编号，在设备可以使用总线之前，必须将其设置为该编号。我们还可以通过一些路径来加快执行速度。在 MAR 和存储器之间具有通信路径（MAR 用于提供存储器地址线的输入，使 CPU 知道在存储器中读取或写入的位置）以及从 MBR 到 AC 有单独路径。还有从 MBR 到 ALU 的特殊路径，它允许在算术运算中使用 MBR 中的数据。信息还可以从 AC 通过 ALU 返回到 AC 中，而不用通过公共总线。使用这些附加路径的好处在于，在同一个时钟周期内数据被放置在这些附加路径上的同时会将另外一些信息放在公共总线上，从而允许这些事件并行发生。图 4-9 显示了 MARIE 中的数据路径（信息流过的路径）。

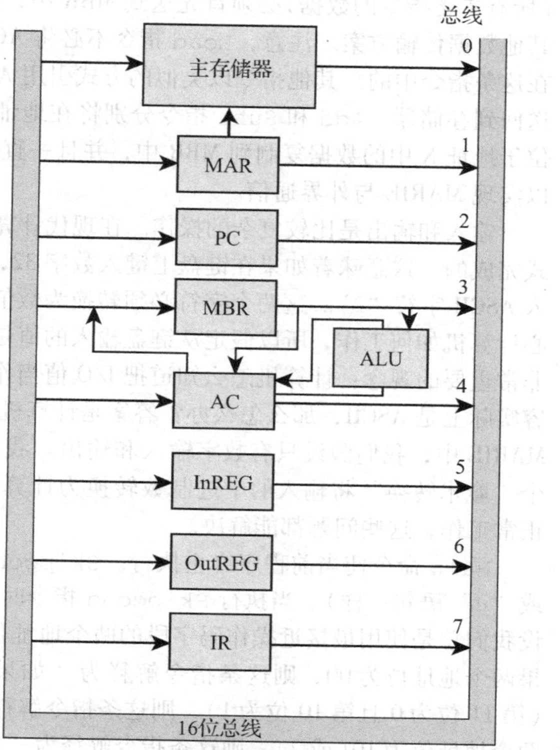

图 4-9 MARIE 中的数据通路

4.8.3 指令集架构

MARIE 有一个非常简单但功能强大的指令集。机器的**指令集架构**（ISA）指定了计算机可以执行的指令及其格式。ISA 本质上是软件和硬件之间的接口有些机器的指令集架构包括几百个指令。我们前面提到，MARIE 的每条指令由 16 位组成。最高的 4 位（12～15 位）构成要执行指令的**操作码**（其允许一共有 16 个指令）。低 12 位（0～11 位）形成一个地址，这个地址允许的最大存储器地址为 $2^{12}-1$。MARIE 的指令格式如图 4-10 所示。

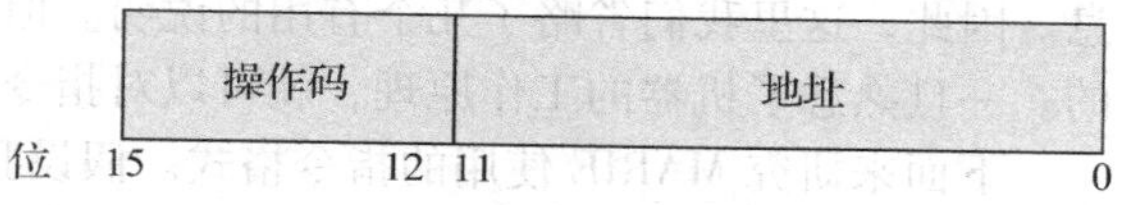

图 4-10 MARIE 的指令格式

大多数 ISA 包含的指令有：处理数据的指令、移动数据的指令和控制程序执行顺序的指令。MARIE 的指令集由表 4-2 所示的指令组成。

表 4-2 MARIE 的指令集

指令编码		指令	含义
二进制	十六进制		
0001	1	Load X	将地址为 X 的存储单元中的内容装入 AC
0010	2	Store X	将 AC 中的内容存储到地址为 X 的存储单元中
0011	3	Add X	将地址 X 中的内容和 AC 中的内容相加，然后将结果存入 AC 中
0100	4	Subt X	将 AC 中的内容减去地址 X 中的内容，然后将结果存入 AC 中
0101	5	Input	从键盘输入一个数值到 AC 中
0110	6	Output	将 AC 中的数值输出到显示器
0111	7	Halt	终止程序的执行
1000	8	Skipcond	有条件地跳过下一条指令
1001	9	Jump X	将 X 的值装入到 PC 中

Load 指令的作用是将数据从存储器送到 CPU(通过 MBR 和 AC)。来自存储器的所有数据(所有不是指令的数据)必须首先送到 MBR 中，然后再送到 AC 或 ALU 中；在这个架构中没有其他数据传输方案。注意，Load 指令不必将 AC 命名为目的操作数；这个寄存器(AC)是隐含在这条指令中的。其他指令以类似的方式引用 AC 寄存器。Store 指令的作用是将数据从 CPU 送回到存储器。Add 和 Subt 指令分别将在地址 X 处找到的数据值与 AC 中的值相加或相减。位于地址 X 中的数据复制到 MBR 中，并且一直保持到算术运算执行完。Input 和 Output 可以实现 MARIE 与外界通信。

输入和输出是比较复杂的操作。在现代计算机中，输入和输出是通过 ASCII 编码字符的方式完成的。这意味着如果在键盘上键入数字 32，它实际上是先读入 ASCII 字符“3”然后再读入 ASCII 字符“2”。这两个字符必须转换为数值 32，才能放到寄存器 AC 中。因为我们主要关心计算机如何工作，所以假定从键盘输入的值是自动正确转换的。这种假定实际上掩饰了一个非常重要的观念：计算机怎么知道把 I/O 值当作数字还是 ASCII 来处理？如果输入或输出的内容实际上是 ASCII，那么怎么办？答案是计算机是通过该值的上下文如何使用它来识别的。在 MARIE 中，我们假设只有数字输入和输出。我们还允许输入的数值是十进制数，并假设有一个“魔术转换”将输入的十进制数转换为计算机实际存储的二进制值。实际上，如果计算机正常工作，这些问题都能解决。

Halt 命令使当前程序终止执行。Skipcond 指令允许执行**条件分支**(就像“while”循环或“if”语句一样)。当执行 Skipcond 指令时，必须检查存储在 AC 中的值。两个地址位(假设我们总是使用最接近操作码字段的两个地址位，即第 10 和第 11 位)指定要测试的条件。如果两个地址位为 00，则这条指令解释为“如果 AC 为负则执行跳转”。如果两个地址位为 01(第 11 位为 0 且第 10 位为 1)，则这条指令解释为“如果 AC 等于 0 则执行跳转”。最后，如果两个地址位为 10(或 2)，则这条指令解释为“如果 AC 大于 0 则执行跳转”。“Skip”只是跳过下一条指令。这是通过将 PC 增加 1 来实现的，实际上就是忽略了接下来的指令，不再对这条指令执行取指操作。Jump 指令是**无条件分支指令**，它也影响 PC。该指令使 PC 的内容被替换为 X 的值，作为下一个指令要取的地址。

我们希望保持体系结构和指令集尽可能简单，但是还要传达理解计算机工作原理所需的信息。因此，这里我们省略了几个有用的说明。但是，很快你会发现，这个指令集还是相当强大的。一旦熟悉了机器的工作原理，就可以对指令集进行扩展，这样可以使编程更简单。

下面来研究 MARIE 使用的指令格式。假设我们有以下形式的 16 位指令：

	操作码				地址											
	0	0	0	1	0	0	0	0	0	0	0	0	0	0	1	1
位	15	14	13	12	11	10	9	8	7	6	5	4	3	2	1	0

最左边的 4 位表示操作码，也就是要执行的指令。0001 是 1 的二进制表示，表示 Load 指令。剩余的 12 位表示正在加载的值的地址，这里是主存储器的第三个地址。这个指令将主存储器中地址为 3 的存储单元的数据复制到 AC 中。下面讨论另一个指令。

	操作码				地址											
	0	0	1	1	0	0	0	0	0	0	0	0	1	1	0	1
位	15	14	13	12	11	10	9	8	7	6	5	4	3	2	1	0

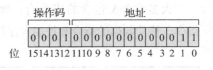

最左边的 4 位为 0011 也就是十进制数 3，表示 Add 指令。地址位是十六进制地址 00D(或十进制数 13)。这条指令的意义是在主存储器地址为 00D 的存储单元中获取数据，并将这个值与 AC 中的值相加。和再放回到 AC 中，替代 AC 中原来的数值。再看下面一个例子：

	操作码				地址											
	1	0	0	0	1	0	0	0	0	0	0	0	0	0	0	0
位	15	14	13	12	11	10	9	8	7	6	5	4	3	2	1	0

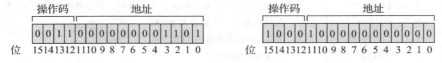

该指令的操作码表示 Skipcond 指令。第 10 位和第 11 位(从左到右读取，或者说第 11 位跟随第 10 位)为 10，表示数值 2。这意味着“如果 AC 大于 0 则执行跳转”。如果 AC 中的值小

于或等于0，则该指令被忽略，程序继续执行下一条指令。如果AC中的值大于0，则此指令会使PC中的值加1，从而导致程序中紧跟这条指令的下一条指令被忽略(在阅读后面有关指令周期时必须注意这一点)。

这些例子中最令人感兴趣的是，我们将使用这些有限的指令集编写程序。你是喜欢使用`Load`、`Add`和`Halt`命令还是与它们等效的二进制0001、0011和0111编写一个程序呢？大多数人喜欢使用指令名称或**助记符**，而不是指令的二进制数。二进制指令称为**机器指令**。相应的助记符指令则称为**汇编语言指令**。在汇编语言和机器指令之间有一一对应的关系。当我们键入汇编语言程序(即使用表4-2所列出的指令)时，我们需要一个汇编器将其转换为对应的二进制命令。我们会在4.11节讨论汇编器。

4.8.4 寄存器传输表示

我们已经看到，数字计算机系统包括许多组件，其中有算术逻辑单元、寄存器、存储器、译码器和控制单元。这些单元通过总线互相连接，各种信息可以通过总线在系统中传递。在前面部分MARIE呈现的指令集实际上就是用这些部件来执行程序的一组机器级指令。每个指令看起来很简单，但是，如果仔细研究这些指令在部件级别上的实际执行过程，就会发现每个指令都涉及多个操作。例如，`Load`指令将给定存储器位置中的内容加载到AC寄存器中。但是，如果我们观察在部件级发生了什么，那么我们会看到正在执行多个“**微指令**”。首先，来自指令的地址必须加载到MAR中。然后，该内存位置中的数据必须加载到MBR中。然后MBR必须加载到AC中。这些微指令称为**微操作**。微指令规定了对寄存器中存储的数据执行的基本操作。

描述微操作行为的符号表示法称为**寄存器传输表示法(RTN)**或称为**寄存器传输语言**(RTL)。我们使用符号M[X]来表示存储在存储器位置X中的实际数据，而符号←表示信息的传送。实际上，从一个寄存器传送到另一个寄存器总是涉及从源寄存器传送到总线，然后从总线传送到目的寄存器。然而，为了清楚起见，我们不包括这些总线传送过程，假设您已经了解了数据传送必须涉及总线周期。

下面介绍在MARIE的指令集架构中每个指令提供的寄存器传输表示法。

Load X

该指令将存储单元X中的内容加载到AC中。然而，地址X必须首先放入MAR。然后将位置M[MAR](或地址X)处的数据移动到MBR中。最后，这个数据转移到AC寄存器中。

```
MAR ← X
MBR ← M[MAR]
AC ← MBR
```

在地址X处数据被装入MBR之前，指令寄存器(IR)需要使用总线来将X的值复制到MAR，所以该操作需要两个总线周期。很明显，这两个操作分别属于不同的操作线路，这表示它们不能在同一总线周期内发生。然而，因为我们在MBR和AC之间设置了专门的连接通路，所以从MBR到AC的数据传输可以在数据放入MBR之后立刻进行，不必等待总线周期。

Store X

该指令将AC中的内容存储到存储单元X中：

```
MAR ← X, MBR ← AC
M[MAR] ← MBR
```

Add X

存储在地址X中的数据值加到AC累加器中。指令的执行过程如下所示：

```
MAR ← X
MBR ← M[MAR]
AC ← AC + MBR
```

Subt X

与 Add 指令相似，该指令从累加器中减去存储在地址 X 处的数值，并将结果放回 AC 中：

```
MAR ← X
MBR ← M[MAR]
AC ← AC - MBR
```

Input

这条指令的功能是将来自输入设备的任何输入先放到 InREG 寄存器中。然后再将数据转移到 AC 中。

```
AC ← InREG
```

Output

这条指令将 AC 的内容先放到 OutREG 寄存器中，然后将其发送到输出设备。

```
OutREG ← AC
```

Halt

不对寄存器执行任何操作，该机器只是停止程序的执行。

Skipcond

回想一下可知，该指令使用地址字段中第 10 位和第 11 位来确定在 AC 上执行何种比较运算。根据这个位组合，检查 AC 以查看其是否小于 0、等于 0 或大于 0。如果给定条件为真，则跳过下一指令。这是通过将 PC 寄存器增加 1 来实现的。

```
If IR[11-10] = 00 then      {if bits 10 and 11 in the IR are both 0}
   If AC < 0 then PC ← PC + 1
else If IR[11-10] = 01 then  {if bit 11 = 0 and bit 10 = 1}
   If AC = 0 then PC ← PC + 1
else If IR[11-10] = 10 then  {if bit 11 = 1 and bit 10 = 0}
   If AC > 0 then PC ← PC + 1
```

如果第 10 位和第 11 位都是 1，则会产生一个错误条件。当然，也可以使用这两位都是 1 来定义另外一个条件跳转。

Jump X

该指令执行一个转向给定地址 X 的无条件分支转移。因此，为了执行该指令，地址 X 必须加载到 PC 中。

```
PC ← X
```

实际上，指令寄存器(或 IR[11-0])的低 12 位或最右边的 12 位反映了 X 的值。因此，这种传输可以更准确地描述为：

```
PC ← IR[11-0]
```

但是，也许读者会觉得认为表示法 PC←X 更容易理解，并与实际指令相关联，所以一般使用这种表示方法。

寄存器传输表示法(RNT)属于一种符号表示法。它所表示的是在执行特定的指令时计算机系统内部所发生的各种操作。寄存器传输表示法和数据通路有关，如果多个微操作必须共享总线的话，则它们必须以顺序方式，一个接一个地执行。

4.9 指令的执行过程

我们已经介绍了一种基本的计算机语言，利用这种语言可以进行人机对话，现在我们需要确切地了解一个特定程序是怎么执行的。所有计算机都遵循基本的循环过程：取指、译码和执行周期。

4.9.1 取指-译码-执行周期

取指-译码-执行周期表示计算机运行程序所遵循的步骤。CPU读取指令（从主存储器传送到指令寄存器），对其进行译码（确定操作码并获取执行指令所需的所有数据）并执行（执行指令所指示的操作）。注意，在这个周期中很大一部分工作是将数据从一个位置复制到另一个位置。当程序初始加载时，必须将第一条指令的地址放在PC中。下面列出了计算机系统工作周期的各个步骤，即特定时钟周期内发生的各种操作。注意，步骤1和步骤2构成了取指过程，步骤3为译码过程，步骤4是执行过程。

1. 将PC的内容复制到MAR：MAR←PC。

2. CPU转到主存储器并获取由MAR给出的地址中的指令，将该指令置于IR中，将PC增加1（PC现在指向程序的下一条指令）：IR←M[MAR]，PC←PC+1。（注意：由于MARIE是按字编址的，所以PC加1所产生的实际效果是下一个字的地址将占据PC寄存器，如果MARIE是按字节编址的，则需要将PC增加2，以指向下一条指令的地址，因为每个指令将占用2字节的宽度。在有32位字的按字节编址的机器上，则PC需要增加4。）

3. 将IR的最右边12位复制到MAR中，并对IR最左边的4位译码以确定操作码，MAR←IR[11-0]和译码IR[15-12]。

4. 如有必要，将使用MAR中的地址进行存储器访问以获取数据，将数据放入MBR（也可能是AC）中，然后执行指令MBR←M[MAR]并执行实际指令。

计算机执行程序的循环过程可以采用流程图的形式来表示，如图4-11所示。

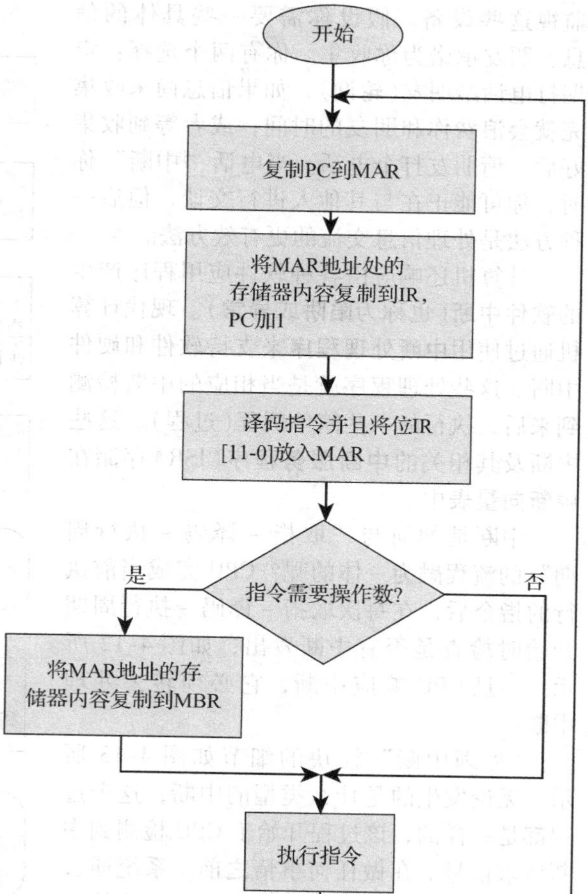

图4-11 取指-译码-执行周期

请注意，现在的计算机即使有庞大的指令集，超长的指令和巨大的存储器系统，也可以在眨眼之间执行数百万次这些取指-译码-执行的循环过程。

4.9.2 中断和指令周期

所有计算机都提供了一种正常取指-译码-执行周期被中断的方法。由于许多原因必须要发生中断，其中包括程序错误（如除以0、算术溢出、堆栈溢出或尝试访问存储器的保护区域）；硬件错误（如内存奇偶校验错误或电源故障)；I/O 完成(当磁盘读取请求和数据传输完成时发生的)；用户中断(如按 Ctrl-C 或 Ctrl-Break 来停止程序)；由操作系统设置的定时器中断(如在分配虚拟存储器或执行某些记账功能时这是必需的)。所有这些中断都有一些共同之处：它们中断取指 - 译码 - 执行周期的正常流程，并告诉计算机停止正在执行的操作，然后转去执行其他操作。这种操作称为**中断**。

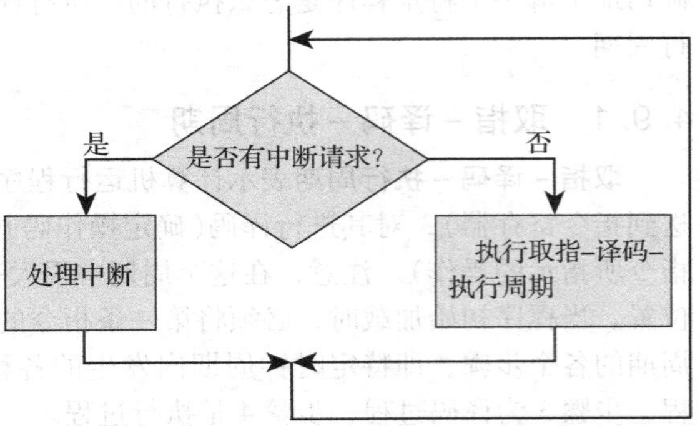

图 4-12　执行取指 - 译码 - 执行周期与中断检查

计算机处理中断的速度在确定计算机整体性能方面发挥关键的作用。**硬件中断**可以由系统上的任何外设产生，包括内存、硬盘驱动器、键盘、鼠标，甚至调制解调器。如果处理器不使用中断，而是定期轮询硬件设备，看是否有需要完成的任务，这会很浪费 CPU 时间，因为更多时候是没有需要完成的任务。中断很好，因为它让 CPU 知道在特定时刻需要注意相应设备，而不需要 CPU 不断监视这些设备。假设你需要一些具体的信息，朋友承诺为你收集。你有两个选择：定期打电话给朋友(轮询)，如果信息尚未收集完就会浪费你和朋友的时间；或者等到收集好后，请朋友打个电话。当电话“中断”你时，你可能正在与其他人进行交谈，但后一种方法是处理信息交流的更有效方法。

计算机还响应由各种软件应用程序产生的**软件中断**(也称为**陷阱**或**异常**)。现代计算机通过使用**中断处理程序**来支持软件和硬件中断。这些处理程序就是当相应的中断检测到来后，执行的一些简单例程(过程)。这些中断及其相关的**中断服务程序**(ISR)存储在**中断向量表**中。

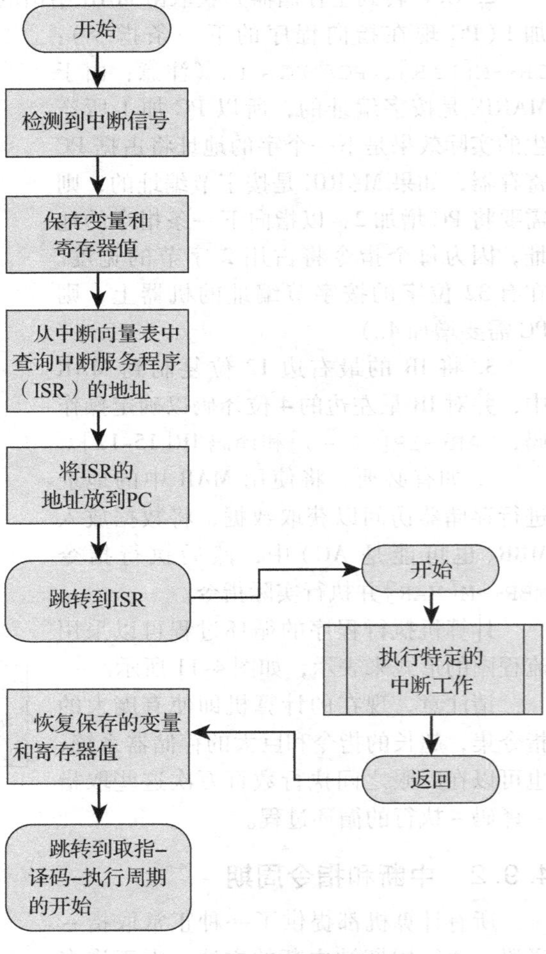

图 4-13　处理一个中断

中断是如何与“取指 - 译码 - 执行周期”的流程融为一体的呢？CPU 完成当前执行的指令后，在每次取指 - 译码 - 执行周期开始时检查是否有中断发出，如图 4-12 所示。一旦 CPU 响应中断，它必须转去处理中断。

“处理中断”模块的细节如图 4-13 所示。无论发生的是什么类型的中断，这个过程都是一样的，该过程开始于 CPU 检测到中断请求信号。在做任何事情之前，系统通过保存程序的状态和变量信息来挂起正在执行的进程。然后，把触发中断的设备 ID 或中断请求号作为索引去查询中断向量表，该中断向量表通常保存在存储空间的低地址区域内。接着，查询中断服务程序的入口地址(称为**地址向量**)，并将其放入程序计数器中，从而开始服务程序的执行(即再次恢复取指 - 译码 - 执行的循环)。中断服务完成后，系统将恢复中断发生前所保存的正在运行的程序信息，然后继续执行，除非检测到另一个中断，这样又会如前所述转去执行中断。

可以使用标志寄存器中的特殊中断屏蔽位来暂停非关键中断的处理。这称为**中断屏蔽**，被挂起的中断称为**可屏蔽**中断。**不可屏蔽**中断不能暂停，因为这样做，系统可能会进入不稳定或不可预测的状态。

汇编语言提供了使用硬件和软件中断的具体指令。在编写汇编语言程序时，最常见的任务之一是通过软件中断处理 I/O(有关中断驱动 I/O 的更多信息，请参见第 7 章)。实际上，对于编写汇编语言的新手来说，比较复杂的功能之一是获得输入和编写输出，主要是因为这些必须使用中断来完成。MARIE 通过避免使用 I/O 中断来简化程序员对 I/O 的编程。

4.9.3 MARIE 的 I/O

I/O 处理是计算机系统设计和编程中最具挑战性的任务之一。我们的模型必然是简化的，我们在此提供它只是为了完成 MARIE 的功能。

MARIE 有两个寄存器来处理输入和输出。一个是输入寄存器，它保存从输入设备传送到计算机中的数据；另一个是输出寄存器，它保存准备发送到输出设备的信息。这两个寄存器使用的时序非常重要。例如，如果你从键盘输入，并且输入速度非常快，则计算机必须能够读取输入到输入寄存器中的每个字符。如果计算机在处理完当前字符之前有机会将另一个字符输入该寄存器，则当前字符将丢失。更可能的是，由于处理器的速度非常快，键盘输入非常慢，处理器可能会多次从输入寄存器中读取相同的字符。这是我们必须避免的两种情况。

为了解决这些问题，MARIE 采用了一种改进的程序控制 I/O(在第 7 章中讨论)，它将所有 I/O 置于程序员的直接控制之下。MARIE 的输出动作只是将一个值放在输出寄存器(OutREG)中。该寄存器可以由输出控制器读取，然后该输出控制器将其发送到适当的输出设备，如终端显示器、打印机或磁盘。对于输入，作为简单系统中最简单的 MARIE，它将 CPU 置于等待状态，直到一个字符输入到输入寄存器(InREG)。然后将输入寄存器(InREG)复制到累加器，以便随后由程序员进行处理。大家应该发现，该模型不提供并发处理。机器在等待输入时基本上是空闲的。第 7 章介绍了更有效利用机器资源的其他 I/O 方法。

4.10 一个简单的程序

我们现在提供一个为 MARIE 编写的简单程序。在 4.12 节中，我们提供了另外几个例子来说明这个微型架构的优势。它甚至可以运行带有过程，各种循环结构和不同的选项程序。

第一个程序是实现两个数的相加(这两个数字都位于主存储器中)，将结果存入存储器中。(暂不考虑输入/输出)。

表 4-3 列出了实现上述功能的一个汇编语言程序，以及相应的机器语言程序。指令栏中的指令构成了实际的汇编语言程序。我们知道，程序的运行是通过获取第一条程序指令开始进入取指 - 译码 - 执行周期的，因此，当加载程序开始执行时，它首先要将第一条指令的地址装入到 PC 中。为了简单起见，我们假设在 MARIE 的程序中总是从地址 100(十六进制)开始加载。

表 4-3 实现两个数相加的一个程序

十六进制地址	地址	内存地址中的二进制内容	内存中的十六进制内容
100	Load 104	0001000100000100	1104
101	Add 105	0011000100000101	3105
102	Store 106	0010000100000110	2106

（续）

十六进制地址	地址	内存地址中的二进制内容	内存中的十六进制内容
103	Halt	0111000000000000	7000
104	0023	0000000000100011	0023
105	FFE9	1111111111101001	FFE9
106	0000	0000000000000000	0000

在内存地址列中的二进制内容下指令列表构成了实际的机器语言程序。十六进制程序比二进制程序更易于阅读，所以存储器中的实际内容是以十六进制格式显示的。**为了避免使用下标16，我们使用标准的“0x”符号来表示十六进制数。**例如，我们写 0x123，而不是写 123_{16}。

该程序将 0x0023（或十进制值 35）装入到 AC 中。然后加上地址 0x105 上的数 0xFFE9（十进制值为 −23）。求和的计算结果为 0x000C 或 12，并且放回到 AC 中。Store 指令将这个求和结果存储到地址为 0x106 的存储单元中。当程序运行完成后，存储地址 0x106 中的二进制内容变为 0000000000001100，即十六进制 000C 或十进制 12。图 4-14 表示程序在执行时各寄存器中的内容。

步骤	RTN	PC	IR	MAR	MBR	AC
(initial values)		100	------	------	------	------
Fetch	MAR ← PC	100	------	100	------	------
	IR ← M[MAR]	100	1104	100	------	------
	PC ← PC+1	101	1104	100	------	------
Decode	MAR ← IR[11-0]	101	1104	104	------	------
	(Decode IR[15-12])	101	1104	104	------	------
Get operand	MBR ← M[MAR]	101	1104	104	0023	------
Execute	AC ← MBR	101	1104	104	0023	0023

a）Load 104

步骤	RTN	PC	IR	MAR	MBR	AC
(initial values)		101	1104	104	0023	0023
Fetch	MAR ← PC	101	1104	101	0023	0023
	IR ← M[MAR]	101	3105	101	0023	0023
	PC ← PC+1	102	3105	101	0023	0023
Decode	MAR ← IR[11-0]	102	3105	105	0023	0023
	(Decode IR[15-12])	102	3105	105	0023	0023
Get operand	MBR ← M[MAR]	102	3105	105	FFE9	0023
Execute	AC ← AC+MBR	102	3105	105	FFE9	000C

b）Add 105

步骤	RTN	PC	IR	MAR	MBR	AC
(initial values)		102	3105	105	FFE9	000C
Fetch	MAR ← PC	102	3105	102	FFE9	000C
	IR ← M[MAR]	102	2106	102	FFE9	000C
	PC ← PC + 1	103	2106	102	FFE9	000C
Decode	MAR ← IR[11-0]	103	2106	106	FFE9	000C
	(Decode IR[15-12])	103	2106	106	FFE9	000C
Get operand	(not necessary)	103	2106	106	FFE9	000C
Execute	MBR ← AC	103	2106	106	000C	000C
	M[MAR] ← MBR	103	2106	106	000C	000C

c）Store 106

图 4-14　两个数相加的程序踪迹

图4-14c所示的最后一个RTN指令是将求和结果放到合适的存储单元中。"decode IR[15–12]"语句表示必须对指令进行译码，才能决定计算机所要执行的操作。该译码可以在软件(使用微程序)或硬件(使用硬连线电路)中完成。这两个概念在4.13节中有更详细的介绍。

请注意，汇编语言和机器语言指令之间存在一对一的关系。利用这种对应关系可以很方便地进行汇编语言和机器代码之间的转换。利用本章中给出的指令列表，读者可以对本章列举的各个程序进行编译处理。基于这种理由，我们在以后的介绍中只讨论汇编语言。但是，在介绍更多编程示例之前，我们先来讨论程序的编译过程。

4.11　关于编译程序的讨论

在表4-3所示的程序中，将汇编语言指令 `Load 104` 转换为机器语言指令0x1104是一件很简单的事情。但是为什么要这样做呢？为什么不直接写机器代码？虽然计算机将这些指令看作二进制数字是非常有效的，但人类难以理解和编写由0和1组成的序列。我们更喜欢使用单词和符号，所以要设计一个程序来完成这种简单的转换工作，似乎这是一种自然的解决方案。这个程序叫作**编译程序**。

4.11.1　编译程序的作用

编译程序的任务就是将使用助记符的汇编语言转换为机器语言，这种机器语言是完全由二进制值0和1组成的字符串构成的。编译程序首先阅读程序员编写的汇编语言程序，这些汇编语言程序实际上是一些二进制数的符号表示形式，然后，将其转换为二进制指令或等效的机器代码。在这里编译程序读取的是**源文件(汇编语言程序)**并生成一个由机器代码组成的**目标文件**。

利用简单的字母来替代操作码会使编程变得更容易。我们还可以用**标记符号**(简单的名称)来标识或命名一些特定的存储器地址，从而使编写汇编程序的工作更加简单。例如，在上面介绍的两个数字相加的程序中，就可以使用标记符号来代表存储器地址，这样在编程时我们无须直接知道指令中各操作数的具体的存储器地址。表4-4说明的就是这样一种概念。

如果指令的地址字段放置的是一个标记符号，而不是真实的物理地址，编译程序仍然必须将其翻译成主存储器中的真实物理地址。大多数汇编语言都允许使用标记符号。通常编译程序会规定各种指令所遵从的格式，其中包括有关标记符号的各种规定。例如，可以规定标记符号应限制为3个字符，同样也可以要求标记符号出现在指令的第一个字段。MARIE则要求标记符号后面必须要加一个","的标点符号。

表4-4　使用标识符号的例子

十六进制地址	指令
100	Load X
101	Add Y
102	Store Z
103	Halt
104 X,	0023
105 Y,	FFE9
106 Z,	0000

标记符号对编程人员来说非常方便。但是，对编译程序而言，标记符号的翻译却需要花费更多的步骤。对于采用标记符号编写的汇编程序，编译程序必须进行两次转换。这就意味着编译程序需要通读程序两次，每次阅读都是按从上至下的顺序进行的。在第一次通读时，编译程序会建立一组名为**符号表**的对应关系。例如，在上面的例子中，编译程序就建立了一个包含3个符号(X、Y和Z)的对应表。因为当编译程序从上至下阅读程序代码时，它不可能一次就将全部的汇编语言指令转换成机器代码。原因是对于只使用标记符号的指令，编译程序还不知道指令的数据部分存放在存储器中的具体位置。但是，在符号表建立之后，编译程序可以进行第二次通读，并且会"填充原来的空白位置"。

在上述例子中，编译程序的第一次通读生成一个符号表，如下所示：

X	0x104
Y	0x105
Z	0x106

同时，编译程序也开始翻译程序指令。在进行第一次通读后，翻译出来的指令并不完整，如下表所示：

1			X
3			Y
2			Z
7	0	0	0

在第二次通读时，编译程序使用符号表来填充空白地址，并且生成相应的机器语言指令。这样，在第二次通读时，编译程序就知道了 X 是地址 0x104 的存储单元，并且会使用 0x104 来替代标记符号 X。同样，也使用类似的过程来替代 Y 和 Z，结果如下：

1	1	0	4
3	1	0	5
2	1	0	6
7	0	0	0

因为大多数人都不喜欢读十六进制数，所以大多数汇编语言允许指定存储在存储器中的数据值是二进制数、十六进制数或十进制数。通常，编译程序会使用某种类型的**汇编指令**提供给编译程序，以专门解释这些数值所采用的基数，（是一种专门为编译程序设计的指令，它本身不会翻译成机器代码）。在 MARIE 汇编语言中我们用 DEC 表示十进制数，HEX 表示十六进制数。例如，我们可以使用这些汇编指令重新编写表 4-4 所示的程序，如表 4-5 所示。

如果并不希望阅读实际的二进制数据值（书写形式为十六进制数），可以使用汇编指令 DEC 来指定十进制数值。编译程序能够识别该汇编指令，并且会在数据存放到存储器之前转换成相应的二进制数值。另外，该汇编指令不会转换成机器语言，只是指示编译程序以某种方式来工作。

表 4-5 使用汇编指令的常数表示法

十六进制地址	指令
100	Load X
101	Add Y
102	Store Z
103	Halt
104 X,	DEC 35
105 Y,	DEC -23
106 Z,	HEX 0000

另外**注释分隔符**是一种几乎对每一种编程语言都通用的汇编指令。它是一些特殊的字符，用来告诉编译程序（或编译器）在进行编译转换时，忽略跟随在这个特殊符号后面的所有文本内容。MARIE 的注释分隔符是一个前斜杠“/”符号，其作用是忽略位于这个分隔符和该行行末之间的所有文本内容。

4.11.2 使用汇编语言的原因

介绍 MARIE 汇编语言的主要目的是为了使读者了解这种语言和计算机体系结构之间的相互关系。了解怎样利用汇编语言编程有助于很好地理解计算机的体系结构，反之亦然。学习汇编语言不但可以了解计算机的基本体系结构，而且可以真正认识处理器的工作原理并深刻理解所编程的特定计算机系统的具体内部构造。学习汇编语言编程还会有其他的一些益处。

大多数的程序员都通常认为在一个程序中10%的代码可能会占用90%的CPU时间。对于一些时间因素非常关键的应用，常常需要对这10%的代码进行优化处理。一般情况下，编译器可以处理这种优化过程。它首先处理高级语言(如C++)，将其转换成汇编语言，然后再转换成机器代码。编译器的应用已经有相当长的一段时间，而且在大多数情况下它能够高效工作。但是，在某些情况下，程序员需要避开高级语言的某些限制，而直接使用汇编代码。通过这种方法，程序员可以使程序在时间和空间上都具有更高的效率。通常，利用混合编程的方法(即一个程序的大部分内容使用高级语言，但某些部分直接使用汇编语言)可以让程序员充分发挥这两种语言的各自优势。

现在的问题是，在何种情况下程序应该采用汇编语言来编写？如果一个程序的大小或响应时间是程序设计考虑的关键因素，那么汇编语言通常是首选。这是因为编译器会屏蔽掉各种操作的耗时信息。这样，程序员常常很难判断由编译器编译的程序的实际运行过程。而汇编语言可以让程序员更贴近机器的体系结构，并且更准确地控制程序的执行。如果程序员需要实现某些高级语言所不具备的操作，那么使用汇编语言是必不可少的。

如果响应特性和空间(即程序大小)是程序设计的关键因素，则可以在**嵌入式系统**中找到一个理想的例子。在实际应用的嵌入式系统中，计算机通常被集成为某个系统的一个部件，而不是纯粹的计算机。嵌入式系统的应用非常广泛，经常在时间约束的环境下使用。这些嵌入式系统常常被设计为只能执行一个单一指令或是专用的指令集。也许我们每天都在使用某种类型的嵌入式系统。例如，消费者使用的电子产品(如照相机、摄录机、移动电话、PDA和交互式游戏设备等)，家用电器(如洗碗机、微波炉和洗衣机等)，汽车(特别是其中的发动机控制和防抱死刹车系统)，医疗仪器(如CAT扫描仪和心脏监视器)，以及工业设备(如生产过程的控制设备和航空设备)等，这些都只是嵌入式系统应用的一小部分例子。

对于一个嵌入式系统而言，软件是非常关键的。嵌入式软件需要在某些非常特殊的响应参数之中执行，并且它能占用的空间是非常有限的。这些是汇编编程语言的完美应用。我们会在第10章深入研究它。

4.12 指令集的扩展

尽管使用MARIE的指令集足以编写任何所需的程序，但我们可以再增加几条指令使MARIE的编程任务变得更加简单。MARIE的操作码是4位二进制数，这意味着一共可以生成16条不同的指令，而我们只使用了其中的9条。我们可以通过在指令集中添加一些精心挑选的指令，使许多编程任务更容易。表4-6中列出了新扩充的指令。

表4-6 MARIE的扩充指令集

指令编号(十六进制)	指令	含义
0	JnS X	将PC内容存储到地址X处，然后跳转到地址X+1
A	Clear	AC中的所有位清0
B	AddI X	间接相加：进入地址X，使用X单元中的数值作为数据操作的实际地址，取出操作数加到累加器AC中
C	JumpI X	间接转移：进入地址X，使用X单元中的数值作为存储单元的实际地址，然后跳转至该存储单元
D	LoadI X	间接加载：转到地址X，使用X单元的值作为操作数的实际地址，加载到AC中
E	StoreI X	间接存储：转到地址X，使用X单元的值作为累加器中存储值的目标地址

JnS(跳转和存储)指令可以对某个返回指令存储地址指针，然后继续对不同的指令设置PC值。利用这条指令可以进行过程调用和其他子程序的调用，而当子程序执行完成后系统又会返回到原程序代码中的调用点。Clear 指令会将累加器中的二进制位全部设置为0。利用这条指令可以缩短机器周期，否则完成相同的清零操作需要从内存中装入0操作数，这会花费更多的时间。

使用 AddI、JumpI、LoadI 和 StoreI 指令，我们引入了不同的**寻址模式**。前面介绍的所有指令都假设指令数据部分的值是指令所需操作数的**直接地址**。这些指令使用**间接寻址模式**。而不是使用位置 X 找到的值作为实际地址，我们使用 X 中找到的值作为指向新内存位置的指针，它包含要在指令中使用的数据。例如，要执行 AddI 400 指令，我们首先进入位置 0x400。如果我们找到存储在 0x400 位置的值是 0x240，则将转到位置 0x240 来获取指令的实际操作数。我们基本上允许使用指针，这给我们创造高级数据结构和操作字符串提供了巨大力量。(我们第5章深入研究寻址模式。)

以下采用寄存器传输表示法说明了6条新的指令：

JnS
```
MBR ← PC
MAR ← X
M[MAR] ← MBR
MBR ← X
AC ← 1
AC ← AC + MBR
PC ← AC
```

Clear
```
AC ← 0
```

AddI *X*
```
MAR ← X
MBR ← M[MAR]
MAR ← MBR
MBR ← M[MAR]
AC ← AC + MBR
```

JumpI *X*
```
MAR ← X
MBR ← M[MAR]
PC ← MBR
```

LoadI *X*
```
MBR ← X
MBR ← M[MAR]
MAR ← MBR
MBR ← M[MAR]
AC ← MBR
```

StoreI *X*
```
MBR ← X
MBR ← M[MAR]
MAR ← MBR
MBR ← AC
M[MAR] ← MBR
```

表4-7为 MARIE 整个指令集的总结。

表4-7　MARIE 的完整指令集

操作码	指令	RTN
0000	JnS X	MBR←PC MAR←X M[MAR]←MBR MBR←X AC←1 AC←AC + MBR PC←AC
0001	Load X	MAR←X MBR←M[MAR] AC←MBR
0010	Store X	MAR←X，MBR←AC M[MAR]←MBR

（续）

操作码	指令	RTN
0011	Add X	MAR←X MBR←M[MAR] AC←AC + MBR
0100	Subt X	MAR←X MBR←M[MAR] AC←AC-MBR
0101	Input	AC←InREG
0110	Output	OutREG←AC
0111	Halt	
1000	Skip-cond	If IR[11-10] = 00 then If AC < 0 then PC PC + 1 Else If IR[11-10] = 01 then If AC = 0 then PC PC + 1 Else If IR[11-10] = 10 then If AC > 0 then PC PC + 1
1001	Jump X	PC←IR[11-0]
1010	Clear	AC←0
1011	AddI X	MAR←X MBR←M[MAR] MAR←MBR MBR←M[MAR] AC←AC + MBR
1100	JumpI X	MAR←X MBR←M[MAR] PC←MBR
1101	LoadI X	MAR←X MBR←M[MAR] MAR←MBR MBR←M[MAR] AC←MBR
1110	StoreI X	MAR←X MBR←M[MAR] MAR←MBR MBR←AC M[MAR]←MBR

我们来看一些使用完整指令集的例子。

例 4.2 以下是使用循环来添加 5 个数字的示例：

```
Hex
Address          Instruction
100              Load    Addr   /Load address of first number to be added
101              Store   Next   /Store this address as our Next pointer
102              Load    Num    /Load the number of items to be added
103              Subt    One    /Decrement
104              Store   Ctr    /Store this value in Ctr to control looping
105      Loop,   Load    Sum    /Load the Sum into AC
```

```
106              AddI     Next    /Add the value pointed to by location Next
107              Store    Sum     /Store this sum
108              Load     Next    /Load Next
109              Add      One     /Increment by one to point to next address
10A              Store    Next    /Store in our pointer Next
10B              Load     Ctr     /Load the loop control variable
10C              Subt     One     /Subtract one from the loop control variable
10D              Store    Ctr     /Store this new value in loop control variable
10E              Skipcond 000     /If control variable < 0, skip next
                                  /instruction
10F              Jump     Loop    /Otherwise, go to Loop
110              Halt             /Terminate program
111       Addr,  Hex      117     /Numbers to be summed start at location 117
112       Next,  Hex      0       /A pointer to the next number to add
113       Num,   Dec      5       /The number of values to add
114       Sum,   Dec      0       /The sum
115       Ctr,   Hex      0       /The loop control variable
116       One,   Dec      1       /Used to increment and decrement by 1
117              Dec      10      /The values to be added together
118              Dec      15
119              Dec      20
11A              Dec      25
11B              Dec      30
```

注意：程序中的行号仅供参考，不能在MarieSim环境中使用。◀

程序中使用注释来对各条程序语句进行了合理的解释。现在，我们还要针对例4.2进行一些讨论。读者可以回顾一下符号表存储[标号，存储单元]对的情形。指令 Load Addr 现在变成了 Load 111，因为 Addr 指定为物理存储器中的地址 0x111。然后将存放在 Addr 中的数值 0x117 存放到 Next 处。Next 是一个地址指针，允许把要进行相加的 5 个数值(分别位于十六进制地址 117、118、119、11A 和 11B 的单元内)“逐次装入”。变量 Ctr 跟踪记录程序所执行的循环迭代次数。Ctr sum(初始值为0)载入 AC 中，每次循环都从 Ctr sum 减去 1 开始，然后检查 Ctr 是否为负值，如果为负值，则终止循环。循环开始后，使用 Next 作为要加到 AC 中各个数据的地址。当 Ctr 为负值时，Skipcond 语句就会终止循环，跳过接下来的一条无条件跳转指令到循环体的顶部。CPU 执行到 Halt 指令时，整个程序的运行就终止了。

例4.3显示了如何使用 Skipcond 和 Jump 指令实现不同的选择。虽然本程序展示的是一个 if/else 结构，但我们也可以很容易地修改它，来实现一个 if/then 结构，或者 case(或 switch)结构。

例4.3 本例说明了如何使用 if/else 结构来实现多种选择。具体说，程序执行了如下的操作：

```
if X = Y then
   X = X × 2
else
   Y = Y − X;
```

```
Hex
Address          Instruction
100        If,   Load      X      /Load the first value
101              Subt      Y      /Subtract the value of Y, store result in AC
102              Skipcond  400    /If AC = 0, skip the next instruction
103              Jump      Else   /Jump to Else part if AC is not equal to 0
104        Then, Load      X      /Reload X so it can be doubled
105              Add       X      /Double X
106              Store     X      /Store the new value
107              Jump      Endif  /Skip over the false, or else, part to end of
                                  /if
```

```
108      Else,  Load    Y     /Start the else part by loading Y
109             Subt    X     /Subtract X from Y
10A             Store   Y     /Store Y - X in Y
10B      Endif, Halt          /Terminate program (it doesn't do much!)
10C      X,     Dec     12    /Load the loop control variable
10D      Y,     Dec     20    /Subtract one from the loop control variable
```

例 4.4 该程序演示了使用间接寻址来遍历和输出字符串，此字符串以 null 结尾。

```
Hex
Address  Instruction
100      Getch,   LoadI     Chptr       /Load the character found at address Chptr.
101               Skipcond  400         /If AC = 0, skip next instruction.
102               Jump      Outp        /Otherwise, proceed with operation.
103               Halt
104      Outp,    Output                /Output the character.
105               Load      Chptr       /Move pointer to next character.
106               Add       One
107               Store     Chptr
108               Jump      Getch       /Process next character.
109      One,     Hex       0001
10A      Chptr,   Hex       10B         /Pointer to "current" character.
10B      String,  Dec       072  /H     /String definition starts here.
10C               Dec       101  /e
10D               Dec       108  /l
10E               Dec       108  /l
10F               Dec       111  /o
110               Dec       032  /[space]
111               Dec       119  /w
112               Dec       111  /o
113               Dec       114  /r
114               Dec       108  /l
115               Dec       100  /d
116               Dec       033  /!
117               Dec       000  /[null]
END
```

例 4.4 演示了如何使用 LoadI 和 StoreI 指令打印字符串。了解 C 和 C++ 编程语言的读者将会了解这样的方式：我们首先声明字符串中第一个字符的内存位置并依次读取它，直到找到一个 null 字符。一旦 LoadI 指令在累加器中放置一个空值，Skipcond 400 的计算结果会为 true，并且执行 Halt 指令。我们注意到，要想处理字符串的每个字符，需要增加"当前字符"指针 Chptr，以便它指向要打印的下一个字符。

例 4.5 演示了如何 JNS 和 JumpI 调用子程序。该程序包括一个 END 语句，它是编译器指令的另一个例子。该语句告诉汇编程序程序结束的地方。其他没有指明的指令包括让汇编程序知道在哪里可以找到第一个程序的指令，如何设置内存的指令以及代码块是否为程序的语句。

例 4.5 本例说明了使用简单的子程序使存储在 X 上的值加倍。

```
Hex
Address  Instruction
100      Load    X       /Load the first number to be doubled
101      Store   Temp    /Use Temp as a parameter to pass value to Subr
102      JnS     Subr    /Store return address, jump to procedure
103      Store   X       /Store first number, doubled
104      Load    Y       /Load the second number to be doubled
105      Store   Temp    /Use Temp as a parameter to pass value to Subr
106      JnS     Subr    /Store return address, jump to procedure
```

```
107              Store      Y        /Store second number, doubled
108              Halt                /End program
109      X,      Dec        20
10A      Y,      Dec        48
10B      Temp,   Dec        0
10C      Subr,   Hex        0        /Store return address here
10D              Load       Temp     /Subroutine to double numbers
10E              Add        Temp
10F              JumpI      Subr
                 END
```

注意：程序中的行号仅供参考，不能在MarieSim环境中使用。

使用 MARIE 的简单指令集，应该能够实现任何高级编程语言的结构，如循环语句和 while 语句。这些在本章末尾作为练习。

4.13 关于译码的讨论：硬连线和微程序控制

控制单元实际上是如何工作的呢？前面我们已经实施了一些人为控制过程，并且简单地假设每个事件都会按照我们所描述的方式进行。这种做法的基本理解是，对于每条指令，控制单元都能够控制 CPU 按正确的步骤执行操作。事实上，在 CPU 中必须有一些控制信号连线到各个数字部件，这样才能使 CPU 可以按照上述方式正确工作(读者可以回顾第 3 章描述的各个数字部件)。例如，在 MARIE 使用汇编语言执行 `Add` 指令时，实际上我们就已经假设了加法运算可以发生。因为控制信号将 ALU 设置为加法运算，并将结果存放到 AC 中。ALU 具有不同的控制线，它们可以决定执行哪一种操作。现在要解决的问题是，这些控制线实际上是如何被选中的。

控制单元由处理器的时钟驱动，负责译码指令寄存器中的二进制值并创建所有必要的控制信号。基本上，控制单元使 CPU 为每个程序指令执行一系列的“控制”步骤。每个控制步骤都会使控制单元创建一组执行适当微操作的信号(称为**控制字**)。

可以采用两种方法来正确设置各条控制线。第一种方法是**硬连线控制**，它从物理上将各条控制线与实际的机器指令连接起来。一般来说，指令被划分成不同的字段。字段中不同的位连接到输入线上，用来驱动不同的数字逻辑部件。第二种方法是**微程序控制**，使用由微指令组成的软件，它们执行指令的微操作。在我们描述完一般的机器控制之后，我们会更详细地看这两种控制方法。

4.13.1 机器控制

在 4.8 节和 4.12 节中，我们为 MARIE 指令提供了寄存器转换语言。由寄存器转换语言描述的微操作实际上定义了控制单元的操作。每个微操作都与独特的信号模式相关联。信号送到控制单元的组合电路内，其执行适合该指令的逻辑运算。

图 4-9 显示了 MARIE 的数据通路。我们看到每个寄存器和主存储器沿着数据通路都有一个地址(0 ~ 7)。这些地址是以数字信号的形式表示的，控制单元使用这些地址来控制字节流在系统中的流动。为了举例说明，我们定义了两组信号：P_2、P_1、P_0，它们从存储器或寄存器读取数据，对寄存器或存储器进行写入使用信号 P_5、P_4、P_3。传送这些信号的控制线通过组合逻辑电路连接到寄存器。

关于 MARIE 的 MBR(地址 3)与数据通路的连接特写图如图 4-15 所示。因为每个寄存器都以类似的方式连接到数据通路，所以我们必须确保它们不竞争总线。这是通过引入**三态**装置来完成的。该电路具有 3 个输入，使用一个输入来充当电路的开关。如果输入为 1，则装置关闭，值可以“流过”。如果输入为0，则装置打开，不允许任何值流过。用于控制这些设备的输入来自以 P_0、P_1 和 P_2 为输入的译码器的与门。

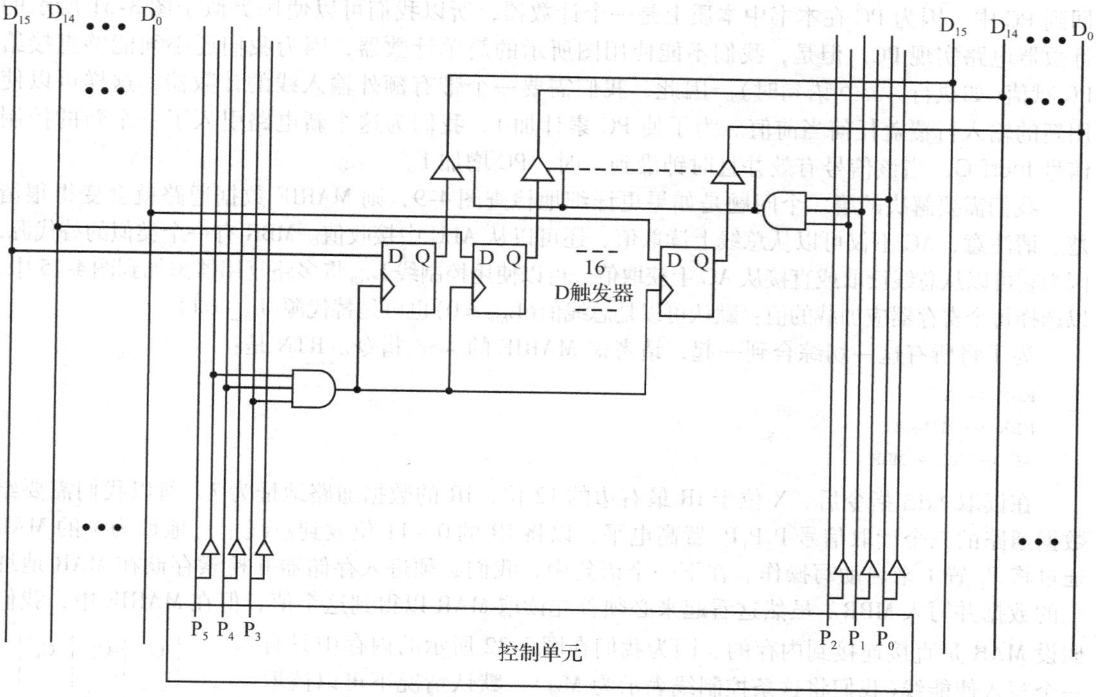

图 4-15　将 MARIE 的 MBR 连接到数据通路

在图 4-15 中，我们看到如果 P_1 和 P_0 为高电平，则该与门计算 $P_2'P_1P_0$，当选择 MBR 读取数据时(这意味着 MBR 正在写入总线，或 $D_{15} \sim D_0$)输出为 1。其他寄存器都与总线断开，因为它们的三态设备从该译码器与门接收到了 0 值。我们还可以在图 4-15 中看到如何将值写入 MBR(从总线上读取)。当 P_4 和 P_3 为高电平时，P_3、P_4 和 P_5 的译码器与门输出为 1，这导致 D 触发器开始计时，并将来自总线的值存储在 MBR 中。(数据通路上其他实体的组合逻辑可以作为一个练习。)

如果我们学习 MARIE 的指令集，将看到 ALU 只有 3 个操作：加、减和清零。我们还需要考虑 ALU 不涉及指令的情况，因此我们定义“无”作为第四个 ALU 状态。因此，4 个操作可以用两个控制信号来控制 MARIE 的 ALU，我们称为 A_0 和 A_1。这些控制信号和对应的 ALU 响应已经在表 4-8 中给出。

表 4-8　ALU 控制信号和响应

ALU 控制信号		ALU 响应
A_1	A_0	
0	0	无
0	1	AC←AC + MBR
1	0	AC←AC − MBR
1	1	AC←0(Clear)

计算机的时钟通过在恰当的时间生产恰当的信号来执行微操作。在 MARIE 中不同指令需要的时钟周期是不同的。来自周期计数器的信号协调在每个时钟周期内发生的活动。一种方法是将时钟连接到同步计数器，并将计数器连接到译码器。假设指令所需的时钟周期数最多为 8，那么我们需要一个 3 位计数器和一个 3-8 译码器。译码器的输出信号 $T_0 \sim T_7$ 与组合部件和寄存器进行“与”运算以产生指令所需要的行为。如果指令需要的时钟周期少于 8 个，则循环计数器的信号 C_r 置位，准备下一个机器指令。

我们需要先讨论两个附加概念，从 RTN 指令开始：`PC←PC +1`。我们已经在 `Skipcond`

指令以及取指－译码－执行周期的取指部分看到了这一点。这是一个比看起来更复杂的指令，常数1必须存储在某个位置，这个常数和PC中的内容必须输入到ALU中，所得到的值必须写回到PC中。因为PC在本书中本质上是一个计数器，所以我们可以使用类似于图3-31所示的计数器电路实现PC。但是，我们不能使用图所示的简单计数器，因为我们还必须能够直接给PC赋值(如执行 `JUMP` 语句时)。因此，我们需要一个带有额外输入线的计数器，这样可以使用新的输入行覆盖任何当前值。为了使PC累计加1，我们为这个新电路引入了一个新的控制信号 IncrPC；当该信号有效并且时钟沿到来时，PC增加1。

我们需要解决的第二个问题是如果更详细地检查图4-9，则MARIE数据通路就会变得很清楚。请注意，AC不仅可以从总线上读取值，还可以从ALU中接收值。MBR有一个类似的替代源，因为它可以从总线读取或直接从AC上获取值。可以使用控制线 L_{ALT} 将多路复用器添加到图4-15中，以选择每个寄存器应加载的值：默认可以是总线值($L_{ALT}=0$)也可是替代源($L_{ALT}=1$)。

为了将所有这一切综合到一起，请考虑MARIE的 `Add` 指令。RTN是：

```
MAR ← X
MBR ← M[MAR]
AC ← AC + MBR
```

在读取 `Add` 指令后，X位于IR最右边的12位，IR的数据通路地址为7，所以我们需要给数据通路的三个读取信号 $P_2P_1P_0$ 置高电平，以将IR的0～11位放到总线上。地址为1的MAR通过将 P_3 置1来启动写操作。在下一个语句中，我们必须进入存储器并检索存储在MAR地址上的数据并写入MBR。虽然这看起来必须首先读取MAR以得到这个值，但在MARIE中，我们假设MAR是直接连接到内存的。因为我们在图3-32所示的内存中只有一个写入使能线(我们将这条控制线表示为 M_W)，默认情况下可以读取存储器，而无须设置任何其他控制线。现在让我们修改该存储器以包括读使能线(M_R)。这允许MARIE处理由存储器引入数据总线而引起的任何竞争，这类似于我们添加三态设备到图4-15中的原因。要想获取从内存中读取的值，我们使 P_4 和 P_3 有效以写入MBR。最后，我们将MBR中的值传递给AC，并将结果写入AC。因为MBR和AC直接连接到ALU，所以唯一的控制是：(1)置位 A_0 以执行加法。(2)置位 P_5 以允许AC改变。(3)置位 L_{ALT} 以强制AC从ALU中而不是总线上读取值。使用我们刚刚定义的信号，我们可以将信号模式添加到RTN中，如下所示：

$P_3P_2P_1P_0T_3$:　　MAR ← X
$P_4P_3T_4M_R$:　　MBR ← M[MAR]
$C_rA_0P_5T_5L_{ALT}$:　　AC ← AC + MBR [reset the clock cycle counter]

请注意，我们是在 T_3 周期开始的，因为取值使用了 T_0、T_1 和 T_2(将PC的值复制到MAR，将指定的内存值复制到IR，并使PC增加1)。上面列出的第一行实际上是“获取操作数”操作(因为它将IR[12-0]中的值复制到MAR)。最后一行包含控制信号 C_r，它可以复位时钟周期计数器。

除了数据信号(D_0……D_{15})以外的所有信号都假定为低，除非已在RTN中指定。图4-16所示为刚刚描述的信号模式序列的时序图。可以看出，在时钟周期 C_3 内，除 P_0、P_1、P_2、P_3 和 T_3 之外的所有信号都为低电平。使能 P_0、P_1 和 P_2 以允许读取IR，并且置位 P_3 以允许写入MAR。只有当 T_3 被置位时，才会发生此操作。在时钟周期 C_4 内，除

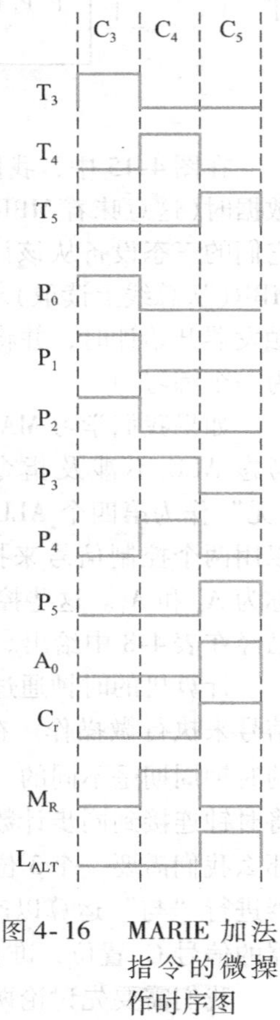

图4-16　MARIE加法指令的微操作时序图

P_3、P_4、M_R 和 T_4 之外的所有信号都为低电平。在时间 T_4 产生的机器状态将从主存储器中读取的字节(地址为零)输入到 MBR 上。Add 序列的最后一个微指令发生在时钟周期 T_5，和放入 AC(因此 L_{ALT}为高)并且时钟周期计数器被复位。

4.13.2 硬连线控制

硬连线控制使用指令寄存器中的位，并通过将这些位输入至基本逻辑门来产生控制信号。所有硬连线件控制单元都有 3 个基本组件：指令译码器、循环计数器和控制矩阵。根据系统的复杂性，也可以提供专门的寄存器和状态标志集。图 4-17 说明了一个简化的控制单元。下面让我们详细地看一看它。

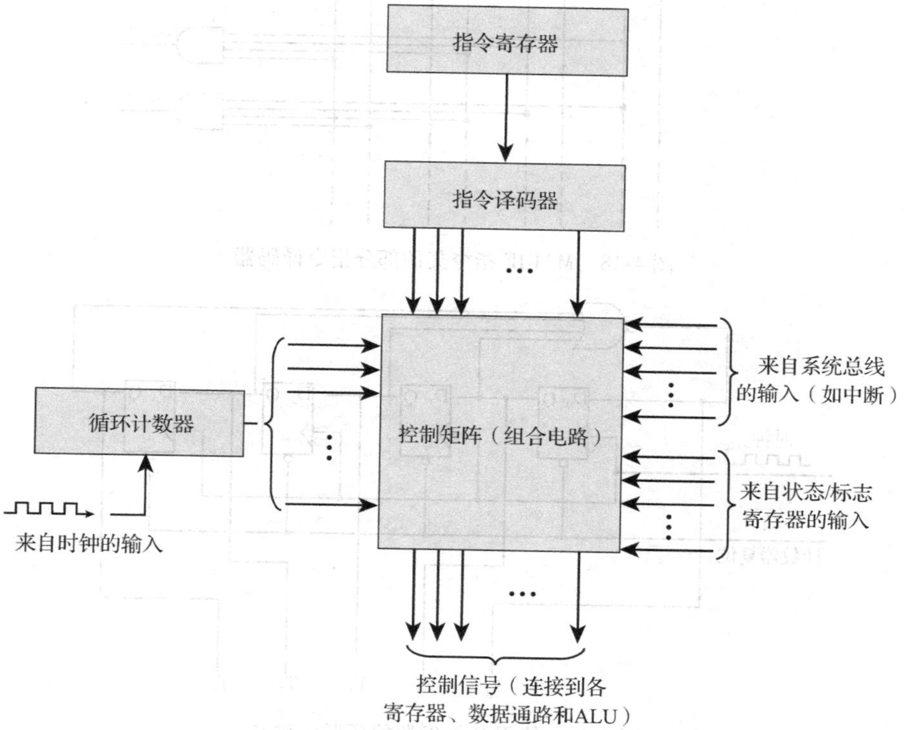

图 4-17 硬连线控制单元示意图

第一个基本组件是**指令译码器**。其作用是产生与指令寄存器中的操作码对应的唯一输出信号。如果我们有一个四位操作码，则指令译码器可以有多达 16 个输出信号线。(为什么?) MARIE指令集的部分译码器如图 4-18 所示。

下一个重要组件是控制单元的**循环计数器**。它为系统时钟的每个刻度产生单个不同的时序信号 T_0，T_1，T_2，…，T_n。达到 T_n 后，计数器循环回 T_0。执行指令集中的任何指令所需的最大微操作数可以确定不同信号的数量(即 T_n 中的 n 值)。MARIE 的计时器最多计数 7 个(T_0 ~ T_6)，以适应 JnS 指令。(你可以通过仔细检查表 4-7 来验证此声明。)

可以提供一系列重复时序信号的时序逻辑电路称为环形计数器。图 4-19 给出了使用 D 触发器构成的环形计数器。开始时，触发器的所有输入都是低电平，除了输入到 D_0 的信号(因为该信号是对其他触发器求或运算并取反之后得到的值)。因此，在计数器的初始状态下，输出 T_0 被置 1。在下一个时钟周期，D_0 的输出变为高电平，从而导致 D_0 的输入变为低电平(由图中的或门取反所导致)。T_0 关闭，T_1 打开。可以很容易看到，我们有效地把“时序位”从 D_0

移到了 D_1。该位通过触发器的环循环达到 D_n，除非环首先通过时钟复位信号 Cr 来复位。

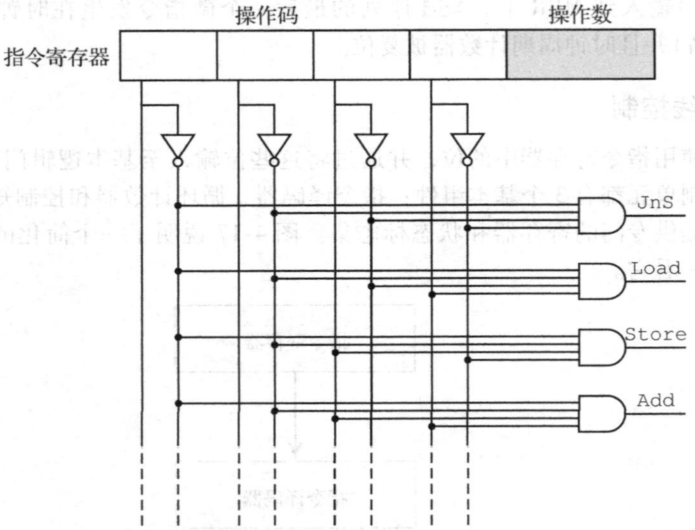

图 4-18　MARIE 指令集的部分指令译码器

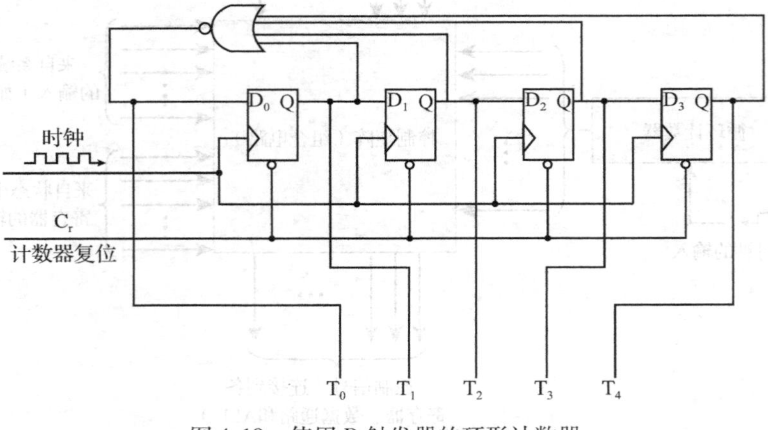

图 4-19　使用 D 触发器的环形计数器

来自计数器和指令译码器的信号在**控制矩阵**内组合以产生涉及 ALU、寄存器和数据路径的微操作执行的一系列信号。

无论我们采用硬连线控制还是微程序控制，MARIE `Add` 指令的控制信号序列是一样的。如果我们使用硬连线控制，则机器指令（`Add = 0011`）中的位模式直接馈送到控制单元内的组合逻辑。控制单元启动我们刚刚描述的信号事件序列。考虑图 4-17 所示的控制单元。该图中最有趣的部分是指令译码器与控制单元内部逻辑的连接。时序就好像开启系统中所有动作的钥匙，时序信号伴随着指令字中的位信息产生所需要的操作。`Add` 指令的硬连线逻辑如图 4-20 所示。你可以看到每个时钟周期如何同指令位进行“与”操作，以产生合适的信号。使用每个时钟脉冲，可以激活不同的组合逻辑电路。

硬连线控制的优点是它的速度非常快。缺点是指令集和控制逻辑是通过难以设计和修改的复杂电路直接连接在一起实现的。如果一台计算机是由硬连线控制的，那么要想进行指令集的扩充（就像我们用 MARIE 一样），就必须改变计算机的物理组件。这是非常昂贵的，因为不仅需要制造新的芯片，而且还必须重新定位和更换。

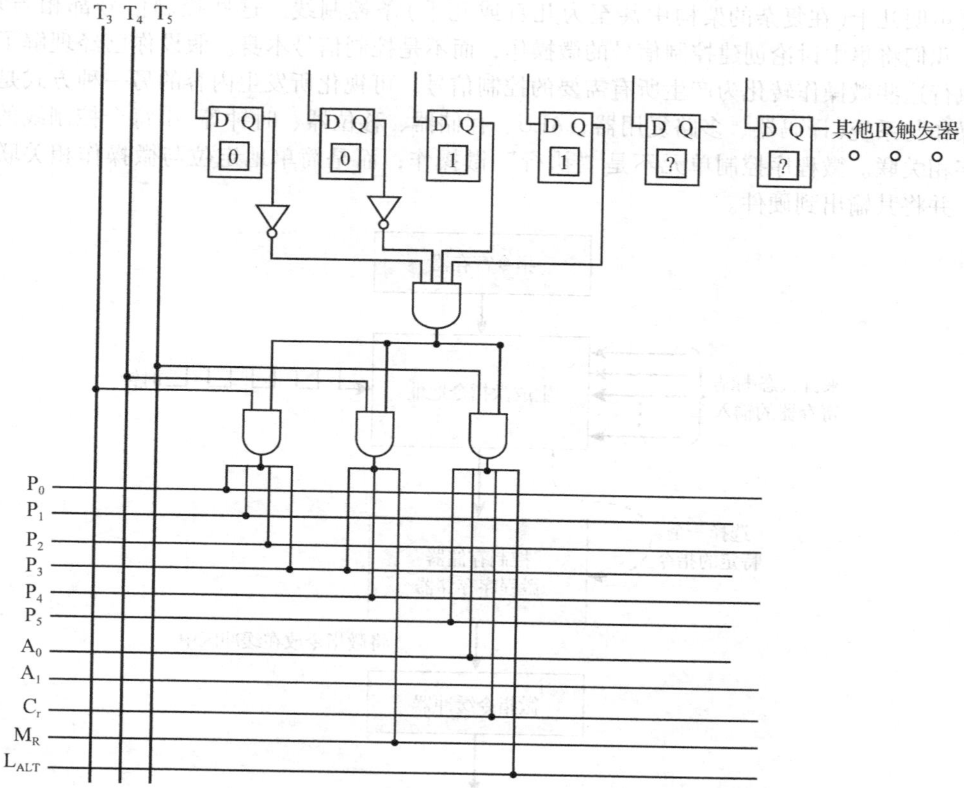

图 4-20 MARIE 加法指令的信号控制组合逻辑

4.13.3 微程序控制

信号控制计算机系统中数据通路的字节(它实际上是我们解释为字节的信号模式)的移动。产生这些控制信号的方式是将硬连线控制与微程序控制区别开来。在硬连线控制中，来自时钟的时序信号使用组合逻辑电路进行“与”运算，以提升和降低信号。硬连线控制会导致非常复杂的逻辑，其中基本逻辑门负责生成所有控制字。对于具有大指令集的计算机而言，几乎不可能实现硬连线控制。在微程序控制中，指令**微码**产生必要的控制信号。微程序控制单元的一般框图如图 4-21 所示。

所有机器指令都输入到名为**微程序**的特殊程序中，它将由 0 和 1 组成的机器指令转换为控制信号。微程序本质上是一个用微码编写的解释器，存储在通常称为**控制存储器**的**固件**(ROM、PROM 或 EPROM)中。在每个时钟周期内检索微代码中的微指令。检索的特定指令是机器的当前状态和**微序列器**值的函数，这有点类似于从控制存储器中选择下一条指令的程序计数器。如果 MARIE 被微程序化，则微指令格式可能如图 4-22 所示。

每个微操作对应于特定控制线可以是活动的也可以是不活动的。例如，微操作 MAR←PC 必须声明控制信号，并将 PC 的内容放在数据通路上，然后将其传送到 MAR(其中包括提高 MAR 的时钟信号以接受新值)。微操作 AC←AC + MBR 产生用于加法运算的 ALU 控制信号，同时也使 AC 的时钟接收新值。微操作 MBR←M[MAR]产生控制信号，以使能存储在 MAR 地址中的正确存储器芯片(这包括用于适当译码器的多个控制信号)，将存储器设置为 READ，将存储器数据放置在数据总线上，并将数据放入 MBR(这再次要求时序电路要计时)。一个微指令可能需要声明几十(在复杂的架构中甚至为几百或几千)条控制线。这些控制信号都相当复杂，因此，我们将集中讨论创建控制信号的微操作，而不是控制信号本身。假设你已经理解了在实际中执行这些微操作转化为产生所有需要的控制信号。可视化所发生内容的另一种方式是将每个微操作与系统(译码器、多路复用器、ALU、存储器、移位器、时钟等)中每个控制线的一位控制字相关联。微程序控制单元不是“执行”微操作，而是简单地定位与微操作相关联的控制字，并将其输出到硬件。

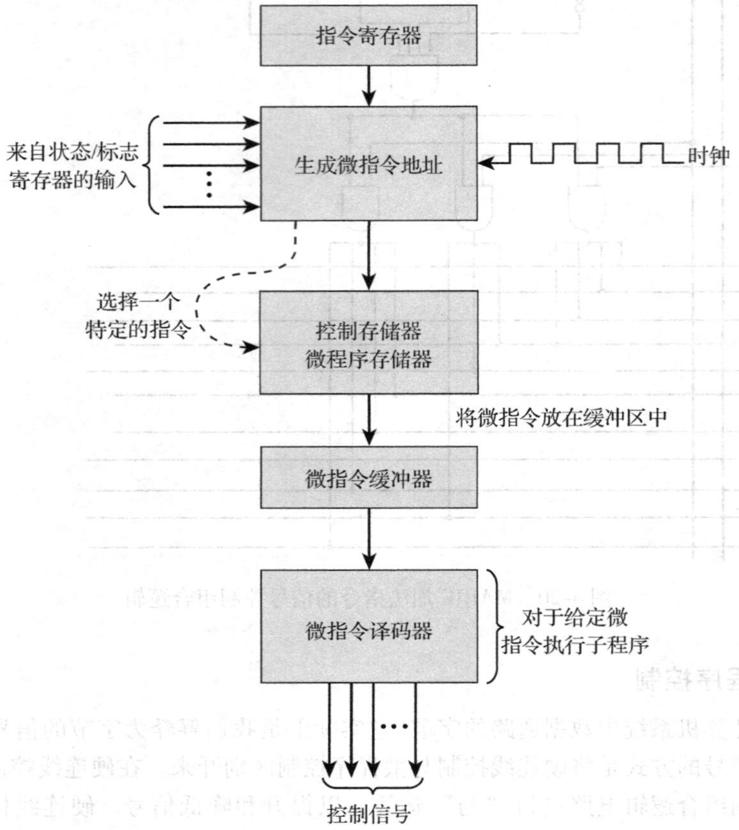

图4-21　微程序控制单元

文件名	MicroOp1	MicroOp2	Jump	Dest
含义	第一个微操作	第二个微操作	布尔值：设置为指示跳转	跳转的目的地址
位	17　13	12　8	7	6　0

图4-22　MARIE的微指令格式

MicroOp1 和 MicroOp2 是在 MARIE 指令集的 RTN 中指定的唯一微操作的二进制代码。这个 RTN 的全部列表(如表4-7所示)以及对于提取－解码－执行周期的 RTN 显示了实现 MARIE 整个指令集只需要22个独特的微操作，还需要两个额外的微操作。其中一个代码 NOP 表示“无操作”。当系统必须等待一组信号稳定，等待从内存中获取值，或者需要占位符时，NOP 是有用的。第二也是最重要的，我们需要一个微操作，它可将指令寄存器(IR[15-12])的前4位中的位模式与 MicroOp2 字段的前4位中的字面值进行比较。该指令对 MARIE 微程序的执行控制至关重要。每个 MARIE 微操作都分配了一个二进制代码，如表 4-9 所示。

表 4-9 微操作代码和相应的 MARIE RTL

微操作代码	微操作	微操作代码	微操作
00000	NOP	01101	MBR←M[MAR]
00001	AC←0	01110	OutREG←AC
00010	AC←MBR	01111	PC←IR[11-0]
00011	AC←AC - MBR	10000	PC←MBR
00100	AC←AC + MBR	10001	PC←PC + 1
00101	AC←InREG	10010	If←AC = 00
00110	IR←M[MAR]	10011	If←AC > 0
00111	M[MAR]←MBR	10100	If←AC < 0
01000	MAR←IR[11-0]	10101	If←IR[11-10] = 00
01001	MAR←MBR	10110	If←IR[11-10] = 01
01010	MAR←PC	10111	If←IR[11-10] = 10
01011	MAR←X	11000	If←IR[15-12] = MicroOp2[4-1]
01100	MBR←AC		

MARIE 的整个微程序是由不到 128 个语句组成的，因此每个语句可以由 7 位唯一标识。这意味着每个微指令都有一个 7 位地址。当 Jump 位置 1 时，表示 Dest 字段包含一个有效的地址。然后将该地址移动到微序列器。控制然后分支到 Dest 字段中找到所需的地址。

MARIE 的控制存储器将整个微程序保存在连续的空间中。该程序包括与 MARIE 的每个操作相对应的跳转表和代码块。MARIE 微程序的前九个语句（以 RTL 格式表示）如图 4-23 所示（为了清晰起见我们使用 RTL，微程序实际上是存储在二进制文件中的）。当 MARIE 启动时，

地址	MicroOp1	MicroOp2	转移	目标
0000000	MAR ← PC	NOP	0	0000000
0000001	IR ← M[MAR]	NOP	0	0000000
0000010	PC ← PC + 1	NOP	0	0000000
0000011	MAR ← IR[11-0]	NOP	0	0000000
0000100	If IR[15-12] = MicroOP2[4-1]	00000	1	0100000
0000101	If IR[15-12] = MicroOP2[4-1]	00010	1	0100111
0000110	If IR[15-12] = MicroOP2[4-1]	00100	1	0101010
0000111	If IR[15-12] = MicroOP2[4-1]	00110	1	0101100
0001000	If IR[15-12] = MicroOP2[4-1]	01000	1	0101111
…	…	…	…	…
…	…	…	…	…
0101010	MAR ← X	MBR ← AC	0	0000000
0101011	M[MAR] ← MBR	NOP	1	0000000
0101100	MAR ← X	NOP	0	0000000
0101101	MBR ← M[MAR]	NOP	0	0000000
0101110	AC ← AC + MBR	NOP	1	0000000
0101111	MAR ← MAR	NOP	0	0000000
…	…	…	…	…

图 4-23 MARIE 微程序中的选择语句

硬件将微序列器设置为指向微程序的地址0000000处。从这个切入点开始执行。我们看到微程序的前四个语句是取指-译码-执行周期的前四个语句。从地址0000100开始包含“ifs”语句，它包含执行机器指令的语句地址的跳转表。它们有效地通过将代码块分支来译码指令，这个代码块设置控制信号以执行机器指令。

在行编号0000111中，语句`If IR[15-12]=MicroOp2[4-1]`将第二个微操作字段最左边4位的值与微程序前三行获取的指令操作码字段中的值进行比较。在这个特定的语句中，我们将操作码与执行Add操作的MARIE二进制代码0011进行比较。如果我们匹配成功，则`Jump`位设置为真，控制分支到地址0101100。

在地址0101100处，我们看到`Add`指令的微操作(RTN)。由于执行了这些微操作，所以控制线的设置与4.13.1节所述完全相同。在0101110处对于`Add`的最后一条指令，再次设置`Jump`位。该位的设置将使所有0(跳转`Dest`)移动到微序列器。这有效地在程序顶部回到循环开始。

我们必须强调，微程序控制单元的工作原理像一个微型系统。要想从控制存储器中读取指令，必须给出一些的信号。微序列器指向当前指令并随后递增。微程序控制往往比硬件控制慢，因为所有指令必须经过一个额外的解释。但微程序设计灵活，设计简单，有助于设计非常强大的指令集。微程序控制的最大优点是，如果指令集需要修改，则仅需要更新微程序以匹配所提出的要求：不需要更改硬件。因此，微程序控制单元的制造和维护成本较低。由于成本因素在消费产品中至关重要，所以微程序控制主导着个人计算机的市场。

4.14　实际的计算机体系结构

本章介绍的MARIE体系结构是非常简单的，其目的是为了便于读者理解计算机体系结构的基本概念，这样不会让读者觉得计算机是一个深不可测的复杂系统。虽然MARIE体系结构和汇编语言功能十分强大，足以解决使用各种高级语言(如C++、Ada或Java语言)在现代计算机体系结构上实现的所有问题。但是，读者会发现MARIE体系结构在工作效率、编写程序的复杂性和程序调试等方面都存在局限性。例如，如果通过在MARIE的CPU中多增加一些寄存器，以提高存储能力，那么MARIE的性能就会获得显著提高。而对于程序员来说，使得编程变得更加容易是MARIE体系结构中另一项需要改进的工作。例如，MARIE程序员非常希望使用一些带有参数的过程子程序。虽然MARIE可以执行某些子程序(程序可以分支转移到不同的代码段，执行分支任务，然后返回等)，但是MARIE还没有一种机制来支持子程序中参数的传递过程。尽管可以不使用参数来编写程序，但是很明显，使用参数不仅可以提高程序的工作效率(特别是涉及重用的地方)，而且更易于编写和调试用使程序。

为了允许使用参数，MARIE需要增加一个**堆找**结构。堆栈是一种数据结构类型，它可以保持一系列的数据项，这些项只能从堆栈的某一端来访问。放在橱柜中的一叠盘子类似于一个堆栈：正常情况下，只能往盘子堆的上面逐一堆放盘子，也只能从盘子堆的顶部逐次取走盘子。因为这个理由，堆栈常常称为**后进先出**结构。(在本书的附录给出了各种不同数据结构的简要介绍。)

如果我们对数据访问方式加以限制，则可以利用主存储器中的某些存储单元来模仿一个堆栈结构。例如，假定把从0000~00FF的存储器单元用作一个堆栈，并且将0000单元当作堆栈顶。若想将数据加入(简称**压入**)堆栈必须从堆栈顶部开始，而将数据移出(简称**弹出**)堆栈也必须从堆栈顶部开始。例如，如果要把数值2压入堆栈，则数值2将首先放到0000单元中。如果要继续压入数值6，则它会放到0001单元。如果堆栈执行弹出操作，则首先会移出数值6。

计算机使用一个**堆栈指针**来记录应该压入或弹出项的存放位置。

MARIE 具备现代计算机体系结构的许多特性。但是，由于 MARIE 过于简单，所以还不能对现代计算机系统的这些特性进行非常精确的描述。在接下来的两节内容中，我们将介绍两种现代计算机体系结构，以便更好地阐明现代计算机体系结构的各种特性。当然，这里不再讨论按照 Leonardo da Vinci 思想设计的简单的 MARIE。首先要介绍 Intel 体系结构(包括 x86 系列和 Pentium 系列)，然后再讨论 MIPS 体系结构。之所以选择介绍这两种体系结构，是因为尽管它们在某些方面有相似之处，但是从本质上来说，这两种体系结构是建立在不同设计思想之上的。Intel 体系结构中的 x86 系列 CPU 称为 **CISC(复杂指令集计算机)**，而 Intel 的 Pentium 系列 CPU 和 MIPS 体系结构则是 **RISC(精简指令集计算机)**的范例。

CISC 机器具有数目庞大、长度各异和设计复杂的指令系统。其中大多数指令非常复杂，执行单一指令常常需要多个操作才能完成(例如，可以使用单个汇编语言指令执行循环)。CISC 机器所遇到的基本问题是，这些复杂的 CISC 指令中的一个小子集就可能显著减慢 CPU 的运行速度。于是，设计人员又决定重新采用不那么复杂的体系结构，并且对一些小但是完整的指令集实行硬连线，使指令执行的速度变得非常快。这意味着计算机是利用编译器来为指令系统(ISA)生成高效代码的。采用这种设计思想的机器称为 RISC 机器。

RISC 在某种程度上是用词不当的。RISC 结构的指令数目的确是减少了。但是，RISC 机器的主要目的是简化指令，使指令的执行速度更快。在 RISC 系统中，每条指令只执行一个操作，所有指令的长度相同，它们只有少数几种指令格式。并且所有的算术运算都在寄存器之间执行，存储器中的数据不能用作操作数。自从 1982 年以来，所有新设计的指令系统基本上都属于 RISC 结构，一些是 CISC 和 RISC 的某种组合。第 9 章将详细讨论 CISC 和 RISC。

4.14.1 Intel 体系结构

Intel 公司生产了多种不同体系结构的 CPU 产品，你可能比较熟悉其中的某些。Intel 公司第一个流行的芯片是 8086 芯片，它于 1979 年推出，并且成功地应用在 IBM 的个人计算机上。8086 可以处理 16 位数据、寻址 20 位地址，并且可以寻址 1M 字节的内存。(8086 还有一个近亲产品就是 8 位的 8088 芯片，它应用在许多个人计算机上以降低成本。)8086 CPU 从功能上分为两部分：**执行单元**，它包含通用寄存器和 ALU；**总线接口单元**，它包含指令队列、段寄存器和指令指针。

8086 配有 4 个 16 位的通用寄存器，分别称为 AX(主累加器)、BX(用于扩展寻址的基址寄存器)、CX(计数寄存器)和 DX(数据寄存器)。这些寄存器中的每一个都分成两个区域：左边的 8 位被指定为高位字节(分别用 AH、BH、CH 和 DH 表示)而右边的 8 位被指定为低位字节(分别用 AL、BL、CL 和 DL 表示)。各种 8086 的指令都使用特定的寄存器，但这个指令寄存器也可以用作其他用途。8086 有 3 个指针寄存器：堆栈指针(SP)，用来存放指示堆栈地址的偏移量；基址指针(BP)，用作压入堆栈的参考地址参数；指令指针(IP)，用于保存下一条指令的地址(类似于 MARIE 中的程序计数器 PC)。8086 还有 2 个变址寄存器：SI(源变址)寄存器，在字符串操作时用作源地址指针；DI(目的变址)寄存器，用作字符串操作的目的地址指针。8086 还配置了一个**状态标志寄存器**，其中的不同位分别指示不同的状态，如溢出、奇偶校验、进位和中断等。

8086 的汇编语言程序被划分成不同的**段**，即一些特殊的程序块或区域。它们用来保留某些特定类型的信息，其中包括：代码段(存放程序)、数据段(存放程序中的数据)和堆栈段(存放程序中的堆栈)。如果要访问任意段内的信息，需要指定相对于该段段首的地址偏移量。因此，需要段指针来存放这些段地址。这些寄存器包括代码段(CS)寄存器、数据段(DS)寄存器和堆栈段(SS)寄存器。8086还有第四个段寄存器，称为附加段(ES)寄存器，某些字符串操作时它用于存储器寻址。存储器地址是采用段地址/地址偏移量的寻址方式给出的，具体形式为xxx：yyy。其中，xxx是段寄存器中的数值，而yyy是偏移量。

20世纪80年代，Intel公司推出了8087，它在8086机器指令集的基础上增加了浮点指令，还有一个80位宽的堆栈。在随后的时间里，Intel公司又发布了许多新的芯片。但是从本质上来说，这些新的芯片与8086芯片具有相同的指令集体系结构(ISA)。这些芯片包括：1982年推出的80286(可以寻址16M字节)和1985年推出的80386(寻址多达4G字节)。80386是一个32位芯片，也是8086系列中的第一个32位芯片，通常称为**IA-32**(面向32位的Intel体系结构)。在Intel公司从16位的80286过渡到32位的80386后，设计人员希望这些结构能够做到**向后兼容**，即在老式的功能较差的处理器上编写的程序可以在新型的较快的处理器上运行。例如，在80286上运行的程序同样也可以在80386上运行。所以，Intel在不断改进中还保留了相同的基本体系结构和寄存器组。(由于在后续的产品中增加了许多新的特性，所以并不能保证芯片可以向前兼容。)

依据命名惯例，80386芯片在寄存器从16位变为32位后，对寄存器组的命名又增加了一个前缀“E”(E代表“扩展”)。这样，原来的16位寄存器AX、BX、CX和DX，现在分别命名为EAX、EBX、ECX和EDX。这种命名惯例同样适用于其他的寄存器组。但是，对于程序员来说，仍然可以使用原来的名称(例如AX、AL和AH等)来访问原来的寄存器。图4-24以AX寄存器为例给出了这种工作方式的示意图。

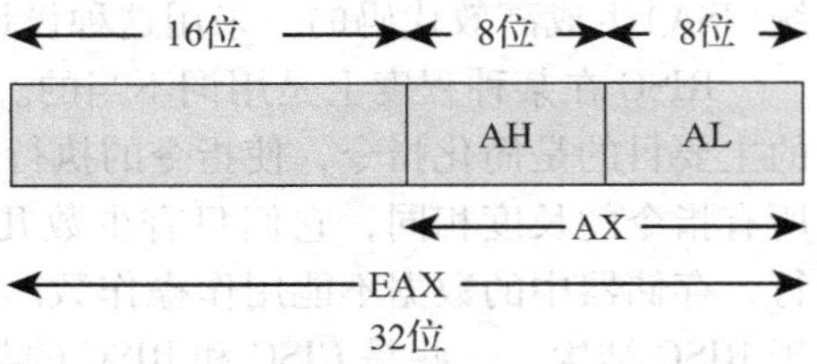

图4-24　分解为几部分的EAX寄存器

80386和80486都是32位计算机，具有32位数据总线。80486增加了一个**高速缓冲存储器**，这大大提高了CPU的性能。(详见第6章有关高速缓冲存储器和存储器的讨论。)

Intel公司从**奔腾(Pentium)**系列(请参阅补充材料“Intel处理器命名的含义是什么?”以了解为什么Intel(公司停止使用数字并切换到“Pentium”来命名))开始推出Pentium系列处理器。Pentium处理器具有32位寄存器、64位数据总线，并采用了**超标量**设计。这就是说，超标量的CPU可以有多个ALU，并且每个时钟周期可以发出多条指令(即多条指令可以并行执行)。Pentium Pro CPU增加了分支预测功能，而Pentium II又增加了MMX技术来处理多媒体事件，尽管大多数人都认为这种技术算不上是一个巨大成功。Pentium III增加了对3D图形处理的支持(使用浮点指令)。从历史上来说，Intel处理器采用的都是传统的CISC方法。直到最近，Pentium II和Pentium III开始采用一种组合方法，即运用具有RISC内核的CISC体系结构。这种结构可以将CISC指令转换成RISC指令。Intel公司也在顺应计算机的发展趋势，将CPU的设计从CISC转到RISC。

Intel公司推出的第七代处理器是Intel的**Pentium IV**(也称为**Pentium 4**)处理器。IV处理器和Intel以前的处理器有很多的不同，其中许多内容超出了本书的范围。下面简单介绍几点：Pentium IV CPU的时钟频率为1.4GHz和1.7GHz，CPV使用了超过4200万个晶体管，并且实现了**并发(NetBurst)微体系结构**。(在此之前，Pentium系列的处理器都是基于相同的**微体系结构**设计的，这里使用微体系结构来描述指令集下面的体系结构。)Pentium IV处理器的这种新结构由下面几个创新技术组成：超流水线(有关流水线的内容将在第5章讨论)，可以并发处理多条指令；一个快速执行引擎(Pentium IV有两个算术逻辑单元)；一个执行跟踪的高速缓冲存储器，它保存译码后的指令，这样如果指令再次执行时不需要重新译码，一个频率为400MHz的系统总线。这些技术使IV处理器在多媒体信息应用方面的效果非常好。

Pentium IV处理器还引入了超线程(HT)。**线程**是可以在相同进程的上下文中彼此独立运行的任务。线程与父进程共享代码和数据，但具有自己的资源，包括堆栈和指令指针。由于多个子线程与其父进程共享资源，所以线程需要的系统资源要比每个进程单独运行需要的资源少。具有多个处理器的系统通过拆分指令来利用线程处理，以便多个线程可并行地在处理器上执行。然而，Intel的超线程使单个物理处理器能够模拟两个逻辑(或虚拟)处理器——操作系统实际上会看到两个处理器，但其中只有一个存在。(为了利用HT，操作系统必须能识别线程处理。)HT通过对芯片资源(包括寄存器、数学单元、计数器和高速缓冲存储器)进行共享、复制和分区来综合实现。

HT复制处理器的架构状态，但允许线程共享主执行资源。这种共享允许线程利用可能空闲的资源(例如，在高速缓存未命中)，使资源利用率提高40%，潜在的性能提升高达25%。性能提升取决于应用程序，计算密集型应用程序可以获得最大的提升。常用的程序(如文字处理程序和电子表格)大都不受HT技术的影响。

Intel处理器命名的含义是什么？

在当今的微型计算机中，大约80%使用了Intel公司的CPU。这一切都是从4位4004开始的，在1971年它是第一个可商购的微处理器，或者是“芯片上的CPU”。4年后，Intel的带有6000个晶体管的8位8080被放入第一台个人计算机Altair 8800中。由于技术允许每个芯片有更多的晶体管，Intel在1978年推出了16位的8086，在1979年推出了8088(两者都有大约29 000个晶体管)。这两台处理器真正开启了个人计算机的革命，因为它们在IBM个人计算机(后来称为XT)中使用，并成为行业标准。

80186于1980年推出，虽然买家可以选择8位或16位版本，但80186从未在个人计算机中使用。1982年，Intel推出了80286，它是一个16位处理器，具有134 000个晶体管。在不到5年的时间里，1400多万台个人计算机正在使用80286(大多数人简称其为“286”)。1985年，Intel推出了第一款32位微处理器80386。386的多任务芯片立即取得了成功，其具有275 000个晶体管和每秒执行500万条指令的运行速度。4年后，Intel推出了80486，它的每个芯片上拥有惊人的120万个晶体管，每秒运行1690万条指令！486内置数学协处理器，是第一款真正与大型计算机相抗衡的微处理器。

有了如此巨大的成功和名字的认可，为什么Intel突然停止使用80x86的命名规则，并在1993年切换到Pentium？那时候，许多公司正在复制Intel的设计并使用相同的编号方案。其中最成功的一个是Advanced Micro Device(AMD)。AMD486处理器已经进入了许多便携式计算机和台式计算机中。另一个是Cyrix与其486SLC芯片。在推出下一个处理器之前，Intel询问美国专利商标局，该公司是否可以将其命名为“586”。在美国，不能注册数字。(其他国家允许使用数字作为商标，例如Peugeot的商标是3位数型号，中位数为零)。Intel被拒绝其商标要求，所以将其名称改为Pentium。[精明的读者会看到，Pent就是五的意思，如五角形(pentagon)。]

有趣的是，所有这一切发生在Intel开始使用其普遍存在的“Intel inside”商标的同一时间。更有趣的是，AMD推出了所谓的PR评级系统，这是一种将x86处理器与Intel处理器进行比较的方法。PR代表“性能评级”(而不是许多人认为的“Pentium评级”)，并且旨在指导消费者了解与Pentium相比特定处理器的性能。

Intel继续使用Pentium命名方案制造芯片。第一款Pentium芯片拥有300万个晶体管，每秒可执行2500万条指令，时钟速度从60～200MHz。Intel生产了许多不同名称的Pentium处理器，包括1997年的Pentium MMX，其使用MMX指令集改进了多媒体的性能。

其他厂商也纷纷设计芯片与Pentium产品竞争。为了与Pentium MMX技术竞争，AMD推出了AMD5x86以及后来的K5和K6。AMD将5x86处理器的评级提升为“PR75”，这意味着在75MHz时该处理器的运行速度与Pentium的速度一样快。为了与Pentium MMX竞争Cyrix推出了6x86芯片（或M1）和MediaGX，其次是Cyrix 6x86MX（M2）。

Intel在1995年推出了Pentium Pro。该处理器拥有550万个晶体管，但是比25年前推出的4004芯片还要小一些。Pentium II（1997）是Pentium MMX和Pentium Pro的结合，包含750万个晶体管。AMD继续保持开发速度，1998年推出K6-2，然后是K6-3。为了捕获更多的低端市场，Intel推出了Celeron，这是Pentium II的入门级版本，具有较少的高速缓存。

Intel在1999年发布了Pentium III。该芯片拥有950万个晶体管，使用SSE指令集（这是MMX的扩展）。Intel通过将高速缓存直接放在内核上来继续改进处理器，这样使高速缓存更快。为了与Pentium III竞争，AMD于1999年发布了Athlon芯片。（到目前为止AMD继续制造Athlon系列。）在2000年，Intel发布了Pentium IV，根据具体的内核不同，该芯片具有4200万~5500万个晶体管。在2002年发布的Itanium 2拥有2.2亿个晶体管，而2004年发布的新Itanium则有5.92亿个晶体管。到2008年，Intel已经有了Core i7，它拥有7.31亿个晶体管。到2010年，Core i7上的晶体管数量已经超过了10亿！2011年，又发布Xeon，它包括超过20亿个晶体管，其次是在2012年，Itanium拥有超过30亿个晶体管，xeon有超过50亿个晶体管！

显然，将处理器的名称从x86更改为基于Pentium的系列，对Intel的成功并没有产生负面影响。然而，由于Pentium是处理器世界中最受认可的商标之一，因此当Intel推出64位Itanium处理器（不包括Pentium）时，行业观察者感到惊讶。有些人认为这个芯片的命名和这个处理器的预期是相违背的，他们将这款芯片与沉没的船只进行比较，从而有人把它称为Itanic（Intel的泰坦尼克）。

虽然这个讨论已经给出了Intel处理器的时间表，但也表明在过去30年中，摩尔定律一直非常准确。这里我们只看了Intel和Intel克隆处理器。还有许多其他未提及的微处理器，包括摩托罗拉、Zilog、TI和RCA制造的微处理器，这里仅举几例。随着功率不断增加和成本降低，毫无疑问，微处理器已成为计算机市场中最流行的处理器类型。更令人惊奇的是，在不久的将来，这种趋势都没有变化的迹象。

2001年Intel公司发布的Itanium处理器标志着Intel的第一个64位芯片（IA-64）的诞生。Itanium处理器包含基于寄存器的编程语言和非常丰富的指令集。Itanium处理器还使用硬件仿真器来保持其与IA-32/x86系列指令集的向后兼容性。Itanium处理器有4个整数处理单元、2个浮点运算单元。Itanium的高速缓存容量也有了大幅度提高，并且将高速缓存划分为4个不同的级别。（在第6章中将详细介绍有关高速缓存的内容。）Itanium处理器配备128位的浮点寄存器和128位的整数寄存器，还有其他一些寄存器用于在分支情况下处理指令的有效载入。Itanium处理器可以对高达16GB的主存储器进行编址。Intel在2006年推出了流行的“核”微架构。

体系结构的汇编语言实际上反映了体系结构的许多重要信息。为了对MARIE的体系结构与Intel的体系结构进行比较，我们再回到例4.2所示的MARIE程序，即使用一个循环程序实现5个数字的相加。现在，使用x86系列处理器的汇编语言来对例4.2所示的程序重写，如例4.6所示。这里要特别注意的是，一个`Data`段指令和一个`Code`段指令。

例4.6 在Pentium机器上运行的程序，该例使用一个循环结构来执行5个数值的加法运算。

```
        .DATA
Num1    DD   10              ; Num1 is initialized to 10
        DD   15              ; Each word following Num1 is initialized
        DD   20
        DD   25
        DD   30
Num     DB   5               ; Initialize the loop counter
Sum     DB   0               ; Initialize the Sum
        .CODE
        LEA  EBX, Num1       ; Load the address of Num1 into EBX
        MOV  ECX, Num        ; Set the loop counter
        MOV  EAX, 0          ; Initialize the sum
        MOV  EDI, 0          ; Initialize the offset (of which number to add)
Start:  ADD  EAX, [EBX+EDI*4] ; Add the EBXth number to EAX
        INC  EDI             ; Increment the offset by 1
        DEC  ECX             ; Decrement the loop counter by 1
        JG   Start           ; If counter is greater than 0, return to Start
        MOV  Sum, EAX        ; Store the result in Sum
```

同样也可以使用一个循环语句使上面的程序更易于阅读(但是这样做会使程序看起来不太像 MARIE 的汇编语言程序)。从语法上来说，循环指令类似于跳转指令，需要一个标记符号。将上述程序中的循环过程重写如下：

```
        MOV  ECX, Num           ; Set the counter
Start:  ADD  EAX, [EBX + EDI * 4]
        INC  EDI
        LOOP Start
        MOV  Sum, EAX
```

在 x86 系列处理器的汇编语言中循环语句类似于 C、C++ 或 Java 语言中的 `do…while` 语句结构。所不同的是，这种汇编语言中的循环语句并没有显式的循环变量——ECX 寄存器用来保存循环的计数值。每执行一次循环指令，处理器就将 ECX 中的数值减 1。然后 CPU 会测试 ECX 中的数值是否等于 0。如果 ECX 中的数值不等于 0，就会控制程序跳转到 `Start` 处，再次执行循环操作。如果 ECX 中的数值等于 0，则终止循环。循环语句是一种可以使程序员的编程变得更为方便的指令类型，但是这类指令并不是计算机操作所必需的指令。

4.14.2 MIPS 体系结构

CPU 的 MIPS 系列是目前最成功和最灵活的设计之一。MIPS R3000、R4000、R5000、R8000 和 R10000 就是其中一些属于 MIPS 科技公司的注册商标。除了应用于计算机系统(例如，Silicon 图形计算机系统)外，MIPS 芯片还广泛应用于嵌入式系统和计算机控制的玩具中(例如，Nintendo 和 Sony 公司在它们的许多产品中都使用 MIPS 的 CPU)。另外，思科公司是一个非常成功的因特网路由器制造商，同样在它们的产品中也使用了 MIPS 的 CPU。

第一代 MIPS 指令系统体系结构(ISA)是 MIPS I，接下来是 MIPS II，然后发展到 MIPS V。当前的 MIPS ISA 称为 MIPS 32(针对 32 位体系结构)和 MIPS 64(针对 64 位体系结构)。本节内容主要讨论 MIPS 32 结构。值得注意的是，MIPS 技术公司的决定也类似于 Intel 公司，这就是在 ISA 不断发展的过程中，始终保持体系结构的向后兼容性。与 Intel 系列产品一样，每种新 ISA 版本的 MISP 产品都会对包括操作性能和处理指令系统在内的诸多方面做出有效改进，并且能够有效地处理浮点数值。新型的 MIPS 32 和 MIPS 64 体系结构在 VLSI 技术和 CPU 组成方面都有了重大进步。相对于传统的体系结构来说，这些进步在提高 CPU 性能和降低制造成本上带来了非常显著的好处。

就像 Intel 的 IA-32 和 IA-64 一样，MIPS 的 ISA 具有丰富的内置指令系统，包括算术运算指令、逻辑指令、比较指令、数据转移指令、分支指令、跳转指令、移位指令和多媒体指令等。MIPS 是一种**装载/存储体系结构**，这就是说所有的指令(不仅仅是装载和存储指令)都必须使用寄存器作为指令的操作数(不允许使用存储器作为操作数)。MIPS32 结构有 168 条 32 位的指令，但是许多指令的功能都很类似。例如，MIPS 有 6 条不同的加法指令。这 6 条加法指令都执行数值相加的运算，其区别只是所使用的操作数和寄存器各不相同。在汇编语言的指令集中，同一个操作具有多条指令的设计思想是非常普遍的。另外一条通用的指令是 MIPS 中的 NOP 指令。NOP 指令并不执行任何具体的操作，只是消耗时间而已。(在第 5 章中，读者将会看到 NOP 指令应用于流水线操作中的情形。)

采用 MIPS 32 体系结构的 CPU 具有 32 个 32 位的通用寄存器，编号从 r0 ~ r31。(其中两个寄存器有着特殊的用途：r0 通过硬线连接到数值 0，而 r31 是某些特定指令的默认寄存器。也就是说，在指令中并不需要专门指定它。)在 MIPS 的汇编语言中，这 32 个通用寄存器被分别指定为$0，$1，…，$31。寄存器 1 保留，寄存器 26 和 27 用于操作系统的内核。寄存器 28、29 和 30 为指针寄存器。剩下的寄存器可以通过编号来加以引用，这些寄存器的命名约定如表 4-10 所示。例如，可以使用编号$8 或$t0 来引用寄存器 8。

表 4-10　MIPS32 寄存器的命名约定

命名约定	寄存器编号	放入寄存器中的值
$v0 - $v1	2-3	结果、表达式
$a0 - $a3	4-7	依据
$t0 - $t7	8-15	临时值
$s0 - $s7	16-23	保存值
$t8 - $t9	24-25	更多的临时值

MIPS 32 的两个专用寄存器是 HI 和 LO，它们用来保存某些整数运算的结果。当然，MIPS 也有一个 PC(程序计数器)寄存器，所以总共有 3 个专用寄存器。

MIPS 32 有 32 个 32 位的浮点寄存器，它们用于单精度浮点运算(双精度浮点数值则按照奇 - 偶数对的方式存储这些寄存器中)。还有为浮点单元使用的 4 个专用浮点控制寄存器。

下面，我们通过使用 MIPS 的汇编语言来重新编写例 4.2 和例 4.6 所示的程序，从而比较它们。

例 4.7

```
         . . .
                     .data
                     # $t0 = sum
                     # $t1 = loop counter Ctr
Value:               .word 10,15,20,25,30
                     Sum = 0
                     Ctr = 5
         .text
         .global main                  # Declaration of main as a global variable
main:    lw $t0, Sum                   # Initialize register containing sum to zero
         lw $t1, Ctr                   # Copy Ctr value to register
         la $t2, value                 # $t2 is a pointer to current value
```

```
while:  blez $t1, end_while        # Done with loop if counter <= 0
        lw $t3, 0($t2)             # Load value offset of 0 from pointer
        add $t0, $t0, $t3          # Add value to sum
        addi $t2, $t2, 4           # Go to next data value
        sub $t1, $t1, 1            # Decrement Ctr
        b while                    # Return to top of loop
        la $t4, sum                # Load the address of sum into register
        sw $t0, 0($t4)             # Write the sum into memory location sum
        . . .
```

这种程序类似于 Intel 中使用的程序代码，在程序中循环计数器的数值复制到一个寄存器中，每次循环迭代时寄存器中的数值自动减 1。同时，CPU 会检查寄存器中的数值是否小于或等于 0。在 MIPS 体系结构中，寄存器的命名看起来有些复杂。但是，如果你理解了这种命名约定，实际使用起来也很方便。

如果你喜欢使用 MARIE 模拟器，并准备在更复杂的机器上试一下身手，那么你一定能根据自己的喜好找到 **MIPS 编译程序运行时模拟器(MARS)**。MARS 是一个基于 Java 的可以运行 R2000 和 R3000 的 MIPS 模拟器，它是由肯尼思·沃尔玛和皮特·桑德森专为本科教育设计的。它在一个方便使用和引人入胜的图形界面中提供了所有必需的 MIPS 机器功能。**SPIM** 是学生和专业人士广泛使用的另一种受欢迎的 MIPS 模拟器。这两个模拟器都可以免费下载，可以在 Windows XP 和 Windows Vista、Mac OS X、UNIX 和 Linux 上运行。更多信息请参阅本章末尾的参考文献。

如果仔细研究例 4.2、例 4.6 和例 4.7，不难发现这些程序中的指令非常相似。除了调用寄存器的方式不同和命名不同外，包括的各种操作基本上都是相同的。有些汇编程序语言具有比较大的指令集，较大的指令集可以使程序员在对不同算法进行编码时有更多的选择。但是，正如我们在 MARIE 例子中所见到的，一个大的指令集并不是完成计算机各种操作所必需的。

本章小结

本章阐述了一个简单的计算机体系结构 MARIE。学习简单的 MARIE 非常有助于理解计算机的取指－译码－执行周期和计算机的实际工作原理。这个简单的体系结构具备一套 ISA 和汇编语言。本章详细介绍了指令集和汇编语言之间的关系，并且可以利用这些指令集和汇编语言为 MARIE 编写各种应用程序。

CPU 是计算机的核心部件。CPU 由数据通路和控制单元组成。数据通路包括若干个寄存器和一个由总线连接起来的 ALU。控制单元负责对各种操作和数据移动进行排序，并产生相应的时序信号。计算机中的所有部件都要利用时序信号来实现同步工作。而 I/O 子系统则负责为计算机获取各种数据信息或将数据返回给用户。

MARIE 是一个专门设计的非常简单的计算机体系结构。利用 MARIE 模型可以清晰地阐明本章中引入的各种基本概念，而又不会陷入太多的技术细节中。MARIE 机器采用 16 位的指令，并有 4K 字长 16 位的主存储器和 7 个寄存器。其中只有一个通用寄存器，即累加器(AC)。MARIE 指令使用其中的 4 位作为操作码，而剩下的 12 位则表示地址。本章还引入了寄存器传输表示法作为一种符号表示方法，可以在寄存器层次上检查每条指令所执行的具体操作细节。

计算机运行程序所遵从的基本步骤是：取指－译码－执行周期。首先要进行提取指令的操作，然后对指令译码，获取指令所需要的各种操作数，最后执行指令。中断需要在这种循环过程的开始处进行处理，中断处理完毕后，计算机会返回正常的取指－译码－执行周期。

机器语言由一系列二进制数字组成，这些二进制数字所代表的就是可执行的各种机器指令。而汇编语言使用助记符号指令，这些助记符号指令代表的是对应机器语言中的数字数据。汇编语言是一种编程语言，但是它并不能为程序员提供大量的数据类型或指令。汇编语言程序所代表的是一种低级(面向机器)的编程方法。

从某种意义上来说，利用MARIE的汇编语言进行编程是件非常乏味的事情。不难看出，大多数的分支程序都必须由程序员利用跳转语句和分支转移语句来显式地实现。从汇编语言到高级语言(如C++或Ada)还有相当大的一段距离。因此，编译程序(编译器)就成为一个很好的中间步骤，利用编译程序可以将源代码转换成机器能够识别和理解的指令。这里的重点不是介绍汇编语言，本书的目的也不是为了让读者更快地掌握汇编语言，并成为使用汇编语言的程序员。相反，这里引入汇编指令是为了帮助读者更好地理解计算机的体系结构，以及指令系统和体系结构之间的相互关系。汇编语言的知识也有助于理解使用各种高级语言(如C++、Java或Ada等)编写程序在执行过程中，在机器层上所发生的各种具体操作过程。编写x86系列和MIPS系列的汇编语言程序要比编写MARIE汇编语言程序容易一些。但是，相对于高级语言来说，编写和调试汇编语言程序还是要困难得多。

本章介绍了Intel和MIPS的汇编语言和体系结构(但没有涉及任何细节)。引入这两种体系结构有两个原因：第一，对不同的体系结构进行比较分析是一件令人感兴趣的事情。我们先从非常简单的体系结构出发，进而介绍一些更加复杂和棘手的体系结构。通过比较研究，可以更加清晰地了解这些体系结构之间的异同。第二，虽然从形式上看起来，Intel和MIPS的汇编语言与MARIE的汇编语言有很大的不同，但是在实际的功能上它们却是完全等效的。它们都包含一些访问存储器和寄存器的指令、移动数据的指令、执行算术运算和逻辑运算的指令，以及一些分支转移指令。MARIE的指令集非常简单，而且缺少许多Intel和MIPS指令集中的所谓“编程用户友好”的指令。Intel和MIPS的体系结构还比MARIE结构拥有更多的寄存器。除了在指令的数目和寄存器的数目方面存在着较大的差别外，这三种体系结构的语言功能几乎是一样的。

扩展阅读

在本书的主页可以下载一个MARIE的汇编语言仿真器。利用仿真器可以编译和运行MARIE的程序。

有关CPU组成原理和指令体系结构的细节可以参阅Tanenbaum(2013)和Stallings(2013)的著作。而Mano和Ciletti(2006)的著作中包含大量有关微程序体系结构的示例。Wilkes、Renwick和Wheeler(1958)的文章也是一篇很好的有关微程序设计的参考资料。

关于Intel汇编语言编程的更多资料可以查阅Abel(2001)、Dandamudi(1998)和Jones(2001)的书籍。Jones的著作采用的是一种直接和简单的方法来介绍汇编语言编程。这三本书籍的内容都十分详尽和深入。如果读者对其他汇编语言感兴趣的话，则可参考Struble(1975)的关于IBM汇编语言所著著作；Gill、Corwin和Logar(1987)的关于摩托罗拉汇编语言所著著作；SPARC International(1994)的关于SPARC汇编语言所著著作。而要想了解嵌入式系统的汇编语言可以尝试阅读Williams(2000)的书籍。

如果你对MIPS编程感兴趣，Patterson和Hennessy(2008)的著作是一本很好的参考书，书中的单独附录提供了许多有价值的信息。Donovan(1972)、Goodman和Miller(1993)的著作同样也很好地介绍了MIPS的编程环境。Kane和Heinrich(1992)的著作无疑是一本有关MIPS计算机指令集和汇编语言程序的经典教科书。读者也可在MIPS公司的主页找到大量的有用信息。

要想了解有关Intel体系结构的更多信息，请参阅Alpert和Avnon(1993)、Brey(2003)、Dulon(1998)和Samaras(2001)的书籍和文章。Shanley(1998)的著作也许是有关Pentium体系结构最好的书之一。而有关Motorola体系结构、UltraSparc体系结构和Alpha体系结构，在Circello及其同事(1995)、Horel和Lauterbach(1999)和McLellan(1995)的文章中有相关的讨论。对于高级计算机体系结构的一般性介绍，请参见Tabak(1994)的著作。

要想学习更多有关MIPS体系结构中SPIM仿真器知识，可参考Patterson和Hennessy(2008)的著作，或直接浏览SPIM的主页，其中包含文档、手册和各种其他下载资源。可以从密苏里州立大学的Vollmar页面：http://courses.missouristate.edu/KenVollmar/MARS/下载一个很好用的MARS MIPS模拟器。Waldron(1999)的书籍是一本很好的有关RISC汇编语言编程和MIPS的导论。

参考文献

Abel, P. *IBM PC Assembly Language and Programming,* 5th ed. Upper Saddle River, NJ: Prentice Hall, 2001.

Alpert, D., & Avnon, D. "Architecture of the Pentium Microprocessor." *IEEE Micro 13,* April 1993, pp. 11–21.

Brey, B. *Intel Microprocessors 8086/8088, 80186/80188, 80286, 80386, 80486 Pentium, and Pentium Pro Processor, Pentium II, Pentium III, and Pentium IV: Architecture, Programming, and Interfacing*, 6th ed. Englewood Cliffs, NJ: Prentice Hall, 2003.

Circello, J., Edgington, G., McCarthy, D., Gay, J., Schimke, D., Sullivan, S., Duerden, R., Hinds, C., Marquette, D., Sood, L., Crouch, A., & Chow, D. "The Superscalar Architecture of the MC68060." *IEEE Micro 15,* April 1995, pp. 10–21.

Dandamudi, S. P. *Introduction to Assembly Language Programming—From 8086 to Pentium Processors*. New York: Springer Verlag, 1998.

Donovan. J. J. *Systems Programming*. New York: McGraw-Hill, 1972.

Dulon, C. "The IA-64 Architecture at Work." *COMPUTER 31,* July 1998, pp. 24–32.

Gill, A., Corwin, E., & Logar, A. *Assembly Language Programming for the 68000*. Upper Saddle River, NJ: Prentice Hall, 1987.

Goodman, J., & Miller, K. *A Programmer's View of Computer Architecture*. Philadelphia: Saunders College Publishing, 1993.

Horel, T., & Lauterbach, G. "UltraSPARC III: Designing Third Generation 64-Bit Performance." *IEEE Micro 19,* May/June 1999, pp. 73–85.

Jones, W. *Assembly Language for the IBM PC Family*, 3rd ed. El Granada, CA: Scott Jones, Inc., 2001.

Kane, G., & Heinrich, J. *MIPS RISC Architecture,* 2nd ed. Englewood Cliffs, NJ: Prentice Hall, 1992.

Mano, M., & Ciletti, M. *Digital Design*, 3rd ed. Upper Saddle River, NJ: Prentice Hall, 2006.

McLellan, E. "The Alpha AXP Architecture and 21164 Alpha Microprocessor." *IEEE Micro 15,* April 1995, pp. 33–43.

MIPS home page: *www.mips.com.*

Patterson, D. A., & Hennessy, J. L. *Computer Organization and Design: The Hardware/Software Interface*, 4th ed. San Mateo, CA: Morgan Kaufmann, 2008.

Samaras, W. A., Cherukuri, N., & Venkataraman, S. "The IA-64 Itanium Processor Cartridge." *IEEE Micro 21*, Jan/Feb 2001, pp. 82–89.

Shanley, T. *Pentium Pro and Pentium II System Architecture.* Reading, MA: Addison-Wesley, 1998.

SPARC International, Inc. *The SPARC Architecture Manual: Version 9*. Upper Saddle River, NJ: Prentice Hall, 1994.

SPIM home page: *www.cs.wisc.edu/~larus/spim.html.*

Stallings, W. *Computer Organization and Architecture*, 9th ed. Upper Saddle River, NJ: Prentice Hall, 2013.

Struble, G. W. *Assembler Language Programming: The IBM System/360 and 370*, 2nd ed. Reading, MA: Addison Wesley, 1975.

Tabak, D. *Advanced Microprocessors*. 2nd ed. New York: McGraw-Hill, 1994.

Tanenbaum, A. *Structured Computer Organization*, 6th ed. Upper Saddle River, NJ: Prentice Hall, 2013.

Waldron, J. *Introduction to RISC Assembly Language*. Reading, MA: Addison Wesley, 1999.

Wilkes, M. V., Renwick, W., & Wheeler, D. J. "The Design of the Control Unit of an Electronic Digital Computer." *Proceedings of IEEE 105,* 1958, pp. 121–128.

Williams, A. *Microcontroller Projects with Basic Stamps*. Gilroy, CA: R&D Books, 2000.

复习题

1. CPU 的功能是什么?
2. 数据通路所服务的目的是什么?
3. 控制单元的任务是什么?
4. 寄存器位于何处，有哪些不同类型的寄存器?
5. ALU 如何知道将执行哪些功能?
6. 为什么总线通常是计算机通信的瓶颈?
7. 点对点总线和多点总线有什么区别?
8. 为什么总线协议很重要?
9. 简述数据总线、地址总线和控制总线之间的区别。
10. 什么是总线周期?
11. 列出 3 种不同类型的总线并说明它们在计算机中的位置。
12. 同步总线和异步总线有什么区别?
13. 总线仲裁的 4 种方式是什么?
14. 简述时钟周期和时钟频率之间的差异。
15. 系统时钟和总线时钟有何不同?
16. I/O 接口的主要功能是什么?
17. 简述存储器映射 I/O 和基于指令的 I/O 之间的区别。
18. 字节和字之间有什么区别，如何区分它们?
19. 简述按字编址和按字节编址之间的区别。
20. 为什么地址对齐非常重要?
21. 列出并阐述两种类型的交叉存储器，并说明它们之间的差异。
22. 简述中断的工作原理，并列出 4 种不同的中断方式。
23. 如何区分可屏蔽中断与不可屏蔽中断?
24. 若 MARIE 有 4K 字的主存储器，则地址为什么必须有 12 位?
25. 阐述 MARIE 寄存器的所有功能。
26. 什么是操作码?
27. 阐述在 MARIE 中每个指令的工作原理。
28. 机器语言与汇编语言有什么不同? 它们之间是否存在一一对应的关系(一个汇编指令等于一个机器语言指令)?
29. RTN 有什么重要性?
30. 一个微操作和一条机器指令是同一回事吗?
31. 微操作与常规汇编语言指令有什么不同?
32. 阐述取指 - 译码 - 执行周期的各个步骤。
33. 简述由中断驱动 I/O 是如何工作的。
34. 阐述汇编程序的工作原理，包括它如何生成符号表，如何使用源代码和目标代码以及如何处理标记符号。
35. 什么是嵌入式系统? 它与常规计算机系统有什么不同?
36. 描述例 4.1 所示程序的详细执行过程(类似于图 4-14 所示的内容)。
37. 阐述硬线控制和微程序控制之间的区别。
38. 什么是堆栈? 为什么堆栈对编程很重要?
39. 试比较 CISC 机器和 RISC 机器有何不同。
40. Intel 的体系结构与 MIPS 有什么不同?
41. 分别列出 4 种 Intel 处理器和 4 种 MIPS 处理器。

习题

1. CPU 的主要功能是什么？
2. ALU 与 CPU 之间有什么关系，它们的主要功能是什么？
3. 当中断发生时，阐述 CPU 应该做什么？包括 CPU 应如何检测中断、继而如何处理以及如何为中断服务？
◆4. 需要多少位来寻址 2M×32 主存，当
   a）主存是按字节编址的？
   b）主存是按字编址的？
5. 需要多少位来寻址 4M×16 主存，当
   a）主存是按字节编址的？
   b）主存是按字编址的？
6. 寻址 1M×8 主存需要多少位，当
   a）主存是按字节编址的？
   b）主存是按字编址的？
7. 不使用低位交叉编址而是使用高位交叉编址，重做例 4.1。
8. 假设我们有 4 个主存模块，而不是如图 4-6 和图 4-7 所示的 8 个，请绘制主存模块及其地址：
   a）高位交叉编址
   b）低位交叉编址
9. 要想提供 4096 字节的存储容量，则需要多少片 256×8 RAM 芯片？
   a）每个地址包含多少位？
   b）每个芯片需要多少根连接线？
   c）为了选择芯片的输入，译码器需要多少行输入？请指定译码器的大小。
◆10. 假设使用 256K×8 RAM 芯片构建一个 2M×16 主存，其中存储器是按字编址的。
   a）需要多少片 RAM 芯片？
   b）访问一个完整的字，将涉及多少片芯片？
   c）每个 RAM 芯片需要多少个地址位？
   d）这个存储器有多少个存储体？
   e）所有存储器需要多少个地址位？
   f）如果使用高位交叉编址，地址 14(十六进制为 E)的存储单元位于什么位置？
11. 假设使用 512KB×8 RAM 芯片构建一个 16MB×16 的存储器，重做习题 10。
12. 假设我们使用高位交叉编址使用 1G×16 RAM 芯片组成一个 32G×64 的存储器。(注意：这意味着每个字的大小为 64 位，并且有 32G 个字。)
   a）需要多少片 RAM 芯片？
   b）假设每个存储体中有 4 个芯片，则需要多少个存储体？
   c）每个芯片需要多少根连接线？
   d）假设存储器地址是按字寻址的，则需要多少根地址线？
   e）根据 d)中的答案，画出示意图，并指出需要多少位和哪些位用于片选，以及使用多少位和哪些字用于芯片地址。
   f）假设使用低位交叉编址，重做此题。
13. 假设在设数字计算机的存储单元中每个字有 24 位，指令集由 150 个不同的指令组成。所有指令都有一个操作代码部分(操作码)和一个地址部分(只有一个地址)。每条指令存储在一个存储字中，请问：
   a）操作码需要多少位？
   b）指令的地址部分还有多少位？
   c）允许的最大存储容量是多少？
   d）在一个存储字中可容纳的最大无符号二进制数是多少？
14. 假设在数字计算机的存储单元中每个字有 32 位，指令集由 110 个不同的指令组成。所有指令都有一个操作码部分(操作码)和两个地址字段：一个是存储器地址，一个是寄存器地址。该特定系统包括 8 个通用的、用户可寻址的寄存器。寄存器可以直接从存储器加载数据，并且存储器可以直接利用寄

存器更新。不支持存储器到存储器的数据移动操作。每条指令存储在一个字长的存储单元中。

a）操作码需要多少位？

b）需要多少位来指定寄存器？

c）指令的存储地址部分剩余多少位？

d）存储器所允许的最大容量是多少？

e）在一个存储字中可容纳的最大无符号二进制数是多少？

15. 假设有一个 2^{20} 字节的存储器。

a）如果存储器是按字节编址的，那么最低和最高地址是什么？

b）如果存储器是按字编址的，设字长为 16 位，那么最低和最高地址分别是什么？

c）如果存储器是按字编址的，设字长为 32 位，那么最低和最高地址分别是什么？

16. 假设某个计算机的 RAM 具有 256M 字，其中每个字的长度是 16 位。

a）这个内存单元以字节表示的容量为多少？

b）如果该 RAM 是按字节编址的，则地址必须包含多少位？

c）如果该 RAM 是按字编址的，则地址必须包含多少位？

17. 你和同事正在设计一个全新的微处理器架构，你的同事希望处理器可以支持 509 种不同的指令，但你不这么认为，你希望有更少的指令。向最终可以决定的管理团队概述你的论点并尝试写出反对观点的论据。

18. 给定一个由 64×8 RAM 芯片组成的 2048 字节的存储器，并假定存储器是按字节编址的，下列 7 幅图中哪一个是使用地址位的正确方式？为什么？

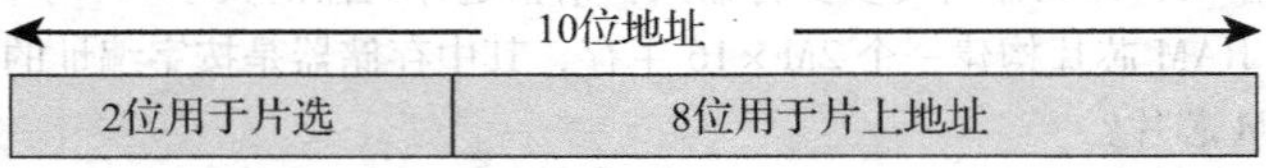

a）

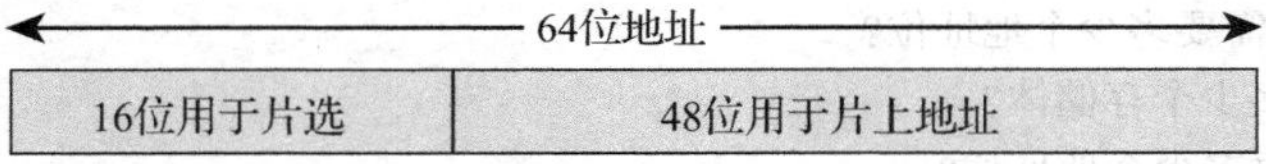

b）

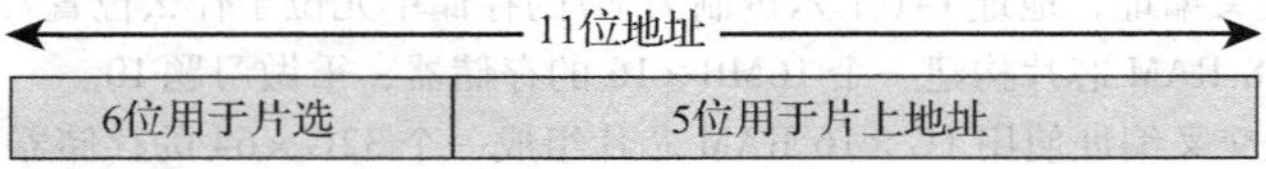

c）

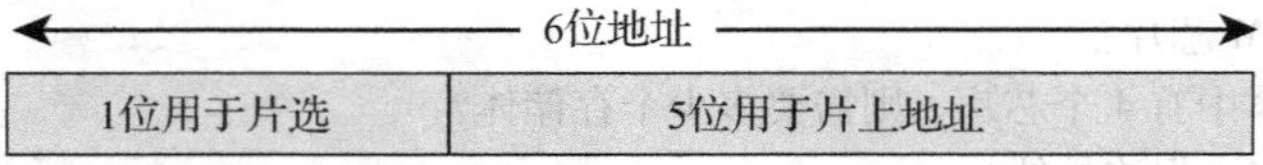

d）

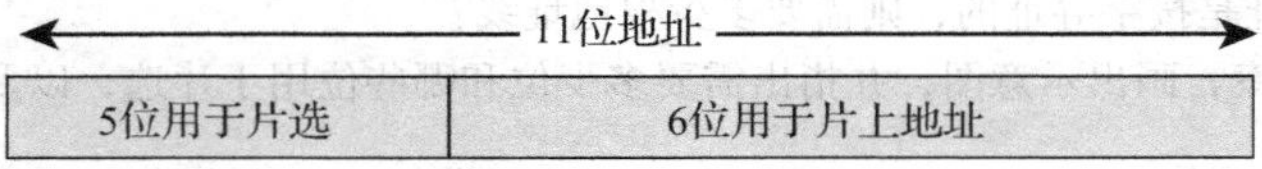

e）

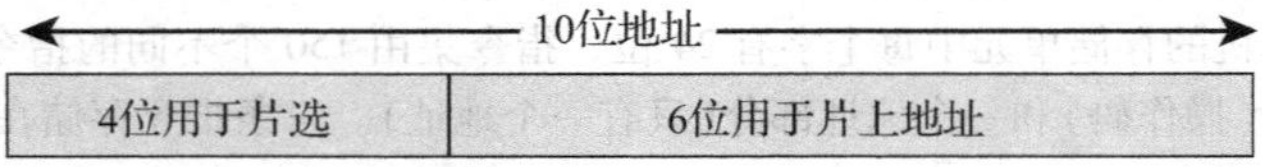

f）

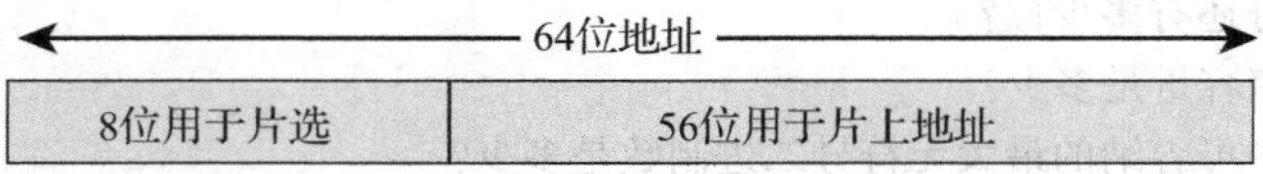

g）

19. 阐述 CPU 的取指 – 译码 – 执行周期的各个步骤，请详细说明各个寄存器的变化过程。

20. 结合在图 4-11 和图 4-12 中出现的流程图，使中断检查出现在合适的位置。

21. 解释在 MARIE 中，为什么 MAR 寄存器是 12 位，而 AC 寄存器的宽度是 16 位。(提示：考虑数据和地址之间的差异。)

22. 列出以下程序对应的十六进制代码(并对程序进行编译)。

```
十六进制地址    标号      指令
100                      LOAD A
101                      ADD ONE
102                      JUMP S1
103             S2,      ADD ONE
104                      STORE A
105                      HALT
106             S1,      ADD A
107                      JUMP S2
108             A,       HEX 0023
109             One,     HEX 0001
```

◆ **23.** 对于上述程序写出符号表中的内容。

24. 根据下面的 MARIE 程序：

a) 列出每条指令的十六进制代码。

b) 绘制符号表。

c) 在程序终止时，存储在 AC 中的值是多少?

```
十六进制地址    标号      指令
100             Start,   LOAD A
101                      ADD B
102                      STORE D
103                      CLEAR
104                      OUTPUT
105                      ADDI D
106                      STORE B
107                      HALT
108             A,       HEX 00FC
109             B,       DEC 14
10A             C,       HEX 0108
10B             D,       HEX 0000
```

25. 根据下面的 MARIE 程序：

a) 列出每条指令的十六进制代码。

b) 绘制符号表。

c) 在程序终止时，存储在 AC 中的值是多少?

```
十六进制地址    标号      指令
200             Begin,   LOAD Base
201                      ADD Offs
202             Loop,    SUBT One
203                      STORE Addr
204                      SKIPCOND 800
205                      JUMP Done
206                      JUMPI Addr
207                      CLEAR
208             Done,    HALT
209             Base,    HEX 200
20A             Offs,    DEC 9
20B             One,     HEX 0001
20C             Addr,    HEX 0000
```

26. 假设已知本章介绍的 MARIE 指令集，解密以下 MARIE 机器语言指令(写出等效的汇编语言指令)：

◆ a) 0010000000000111　　b) 1001000000001011　　c) 0011000000001001

27. 编写以下 MARIE 机器语言指令的汇编语言：

a) 0111000000000000　　b) 1011001100110000　　c) 0100111101001111

28. 编写以下 MARIE 机器语言指令的汇编语言：

a) 0000010111000000　　b) 0001101110010010　　c) 1100100101101011

29. 用 MARIE 的汇编语言编写以下代码段：

```
if X > 1 then
   Y = X + X;
   X = 0;
endif;
Y = Y + 1;
```

30. 用 MARIE 的汇编语言编写以下代码段：

```
if x <= y then
   y = y + 1;
else if x != z
   then y = y - 1;
else z = z + 1;
```

31. 判断一下：如果有如下代码片段（执行某个子程序）在 MARIE 机器上运行，可能会出现什么潜在问题（可能多于一个问题）？这个子程序假设要传递的参数存放在 AC 中，并且应该将该参数值加倍。程序的主体部分包括一个调用子程序的例子。可以假定这个程序片段是某个大程序的一部分。

```
Main,  Load   X
       Jump   Sub1
Sret,         Store X
       . . .
Sub1,  Add    X
       Jump   Sret
```

32. 写一个 MARIE 程序来计算表达式 $A \times B + C \times D$。

33. 用 MARIE 汇编语言编写以下代码段：

```
X = 1;
while X < 10 do
   X = X + 1;
endwhile;
```

34. 用 MARIE 汇编语言编写以下代码段。（提示：把 for 循环转换成 while 循环。）

```
Sum = 0;
for X = 1 to 10 do
   Sum = Sum + X;
```

35. 使用循环编写 MARIE 程序，通过重复相加将两个正数相乘。例如，乘法 3×6，程序将执行 6 次加法，或 $3 + 3 + 3 + 3 + 3 + 3$。

36. 写一个 MARIE 子程序实现两个数字相减。

37. 链表是由一组节点构成的线性数据结构，除最后一个节点以外，每一个节点都指向列表中的下一个节点。（附录提供了有关链表的更多信息。）假设我们有如下图所示的 5 个节点的集合。这些节点已经被创建并放置在 MARIE 程序中，编写一个 MARIE 程序以遍历列表并按每个节点的存储顺序打印数据。

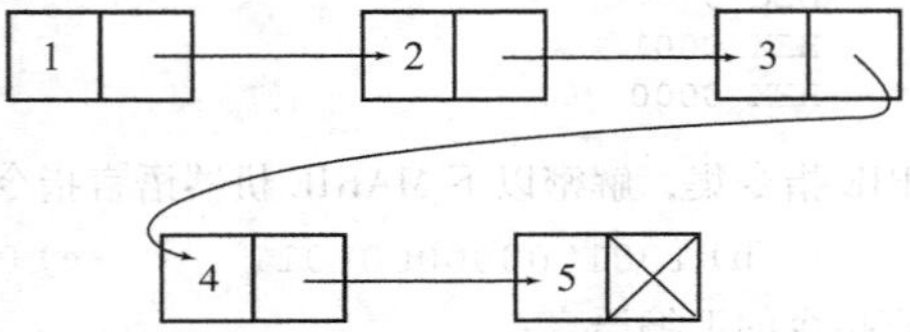

MARIE 程序的片段：

```
（地址）    标号
十六进制
00D        Addr,  Hex ????   / Top of list pointer:
                             / You fill in the address of Node1
00E        Node2, Hex 0032   / Node's data is the character "2"
00F               Hex ????   / Address of Node3
010        Node4, Hex 0034   / Character "4"
011               Hex ????
012        Node1, Hex 0031   / Character "1"
013               Hex ????
014        Node3, Hex 0033   / Character "3"
015               Hex ????
016        Node5, Hex 0035   / Character "5"
017               Hex 0000   / Indicates terminal node
```

38. 使用更多寄存器有利于提高 CPU 的工作速度，因为增加寄存器的数目可以减少程序访问存储器的总次数。列举一个算法例子来证明上述观点。首先，使用 MARIE 确定需要访问存储器的次数，并且利用两个寄存器来保存来自存储器的数据值(AC 和 MBR)。然后，对于一个处理器执行与上面相同的算法计算，这个处理器多于 3 个寄存器来保存存储器数据。

39. MARIE 将一个子程序的返回地址保存在存储器中，存储单元的位置由 `JnS` 指令来指定。在一些体系结构中，这个返回地址存储在寄存器中，大多数情况下它存储在堆栈中。哪种方法最适合处理循环递归？并解释理由。(提示：递归意味着有许多子程序的调用。)

40. 编写一个执行 3 个基本堆栈操作的 MARIE 程序：压入、查看和弹出(按顺序)。在查看操作中，输出堆栈顶部的值。(如果你不熟悉堆栈，请参阅附录以了解更多信息。)

41. 跟踪描述例 4.3 所示程序的详细执行过程(类似于图 4-14 所示的跟踪)。

42. 跟踪描述例 4.4 所示程序的详细执行过程(类似于图 4-14 所示的跟踪)

43. 假设我们给 MARIE 指令集添加下面的指令：

```
IncSZ Operand
```

该指令的作用对有效地址的“操作数”进行增量操作，如果最新的增量值等于 0，则程序计数器加 1。基本上，我们对操作数进行增量处理，如果这个新值等于 0，则跳过下一条指令。说明如何使用 RTN 编写这条指令。

44. 假设我们给 MARIE 的指令集添加下面的指令：

```
JumpOffset X
```

该指令将跳转到的地址是通过将给定地址 X 和累加器中的内容相加得到的地址。说明如何使用 RTN 编写这条指令。

45. 假设我们添加下面的指令给 MARIE 的指令集：

```
JumpIOffset X
```

该指令将跳转到地址 X，然后将在那里找到的值加到 AC 中。说明如何使用 RTN 编写这条指令。

46. 使用图 4-15 所示的格式绘制 MARIE 的 PC 与数据通路之间的连接。

47. 下表提供了 MARIE 数据通路的控制信号的摘要。使用此信息，参照表 4-9 和图 4-20，绘制 MARIE 中 `Load` 指令的控制逻辑。

寄存器 / 信号	存储器	MAR	PC	MBR	AC	IN	OUT	IR
$P_2P_1P_0$ (Read) $P_5P_4P_3$ (Write)	000	001	010	011	100	101	110	111

48. 习题 47 中的表提供了 MARIE 数据通路的控制信号的摘要。使用此信息，参照表 4-9 和图 4-20，绘制

MARIE 中 JumpI 指令的控制逻辑。

49. 习题 47 中的表提供了 MARIE 中数据通路的控制信号的摘要。使用此信息，参照表 4-9 和图 4-20，绘制 MARIE 的 StoreI 指令的控制逻辑。

50. 假设一些系统控制单元具有由一定数目的 D 触发器组成的一个环（循环）计数器。该系统运行在 1GHz，最多有 10 个微操作/指令。

a）每个触发器输出的最大输出频率（信号脉冲数）是多少？

b）执行只需要 4 个微操作的指令需要多长时间？

51. 假设你正在为一个小型计算设备设计硬线控制单元。这个系统是创新性的，系统设计人员为它设计了一个全新的指令系统架构。因为一切都是新的，所以你正在考虑在周期计数器中包括一个还是两个额外的触发器和信号输出。讨论一下你想如何设计？说明理由。

52. 基于习题 51 中提出的想法，假设 MARIE 具有硬线控制单元，并且我们决定添加一个需要 8 个时钟周期来执行的新指令。（这是一个比执行时间最长的指令 jns 的周期更长的指令。）为了适应这种新指令，简要讨论我们需要进行哪些修改。

53. 使用图 4-16 所示的格式绘制 MARIE 中 Load 指令的时序图。

54. 使用图 4-16 所示的格式绘制 MARIE 中 Subt 指令的时序图。

55. 使用图 4-16 所示的格式绘制 MARIE 中 AddI 指令的时序图。

56. 使用表 4-9 给出的编码，将图 4-23 所示的助记符微操作码指令转换为二进制微代码（表中的前九行）。

57. 继续习题 56，为 Jump X、Clear 和 AddI X 指令写出 MARIE 的微代码跳转表（对目标值使用全 1）。

58. 参考图 4-23，为 MARIE 中的 Load 指令编写二进制微代码。假设微代码开始的指令行号为 0110000_2。

59. 参考图 4-23，为 MARIE 中的 Add 指令编写二进制微代码。假设微代码开始的指令行号为 0110100_2。

60. 在 CPU 和存储器之间你会推荐使用一个同步总线还是异步总线？为什么？

***61.** 选择一个体系结构（本章所述的体系结构除外）进行研究，以了解该体系结构如何处理本章中介绍的概念，就像 Intel 和 MIPS 一样。

62. 在执行 JumpI 指令的每个步骤时，下列哪些控制信号应该包含一个 1？

步骤	RTN	时间	P_5	P_4	P_3	P_2	P_1	P_0	C_r	IncrPC	M_r	M_w	L_{ALT}
取指令	MAR←PC	T_0											
	IR←M[MAR]	T_1											
译码 IR[15-12]	PC←PC +1	T_2											
取操作数	MAR←IR[11-0]	T_3											
执行	MBR←M[MAR]	T_4											
	PC←MBR	T_5											

63. 在执行 StoreI 指令的每个步骤时，下列哪些控制信号应该包含一个 1？

步骤	RTN	时间	P_5	P_4	P_3	P_2	P_1	P_0	C_r	IncrPC	M_r	M_w	L_{ALT}
取指令	MAR←PC	T_0											
	IR←M[MAR]	T_1											
	PC←PC +1	T_2											
译码 IR[15-12]	MAR←IR[11-0]	T_3											
取操作数	MBR←M[MAR]	T_4											
执行	MAR←MBR	T_5											
	MBR←AC	T_6											
	M[MAR]←MBR	T_7											
		T_8											

64. 在每个读取周期结束时(为下一条指令进行准备)执行 PC←PC +1 微操作。然而，如果我们执行一个 Jump 或者一个 JumpI 指令，则会用一个新的值来覆盖 PC 中的值，从而替换 PC + 1 的微操作。说明如何修改 MARIE 的微程序使得它在这方面效率更高。

是非题

1. 如果计算机使用硬线控制，则微程序决定机器的指令集。除非重新设计体系结构，否则永远不能更改此指令集。
2. 一个分支指令是通过改变 PC 来改变信息流的。
3. 寄存器是 CPU 本身的存储单元。
4. 一个两次通读(two-pass)的编译程序，一般是在第一次通读源程序时生成一个符号表，并且在第二次通读时完成从汇编语言到机器语言的全部转换。
5. MARIE 中的 MAR、MBR、PC 和 IR 寄存器可用于保存任意数据值。
6. MARIE 有一个共同的总线配置，这意味着许多实体共享这条总线。
7. 一个编译器是一个程序，这个程序接受符号语言程序，并生成一个等效的二进制机器语言程序，在汇编语言的源程序和机器语言的目标程序之间会产生一一对应的关系。
8. 如果计算机使用微程序控制，则微程序决定机器的指令集。
9. 一个字的长度决定了存储器地址需要的位数。
10. 如果存储器是 16 路交叉，则意味着可以使用 4 个存储区来实现存储(因为 $2^4 = 16$)。

第 5 章
The Essentials of Computer Organization and Architecture, Fourth Edition

仔细审视指令集架构

5.1 引言

在第 4 章中我们已经知道机器指令由操作码和操作数组成。操作码指明机器指令要执行的操作，而操作数指出指令执行所需要的数据是存放在寄存器中还是内存中。为什么当我们使用诸如 C ++、Java、Ada 等高级语言的时候，我们还要关注机器指令呢？在使用高级语言编程的时候，我们几乎不会注意本章或第 4 章讨论的这些问题，这是由于高级语言对程序员隐藏了指令集架构的实现细节。雇主之所以倾向于雇佣有汇编语言背景的工程师，并不是因为他们需要汇编语言程序员，而是他们需要有理解计算机体系结构的人来写出更高效的程序。

在本章，我们将对上一章的内容进行扩展，以使你对指令集架构有更深入的了解。我们会讨论不同的指令类型和操作数类型，以及指令如何访问内存中的数据。你将看到指令集的多样性被累积起来用以区分不同的计算机体系结构。理解指令集的设计和运行有助于理解计算机体系结构中更错综复杂的细节。

5.2 指令格式

我们知道一条机器指令由一个操作码以及零个或多个操作数组成。在第 4 章，我们看到 MARIE 有的指令长度为 16 位并且最多有一个操作数。指令集编码有多种方法可以选择。我们可以通过每条指令允许的字长(16 位、32 位、64 位或更长)、每条指令包含的操作数的个数、指令类型以及每条指令能够处理的数据来区分指令集架构。更确切地说，不同的指令集可以通过以下特征进行区分：

- 操作数的存储位置(数据可以存放在堆栈或寄存器中，或者两者都有)；
- 每条指令包含的显式操作数的个数(一般都是 0、1、2 以及 3 个)；
- 操作数的位置(指令分为寄存器 - 寄存器型、寄存器 - 存储器型，或者存储器 - 存储器型，这简单指明了每条指令中允许的操作数的位置组合)；
- 操作(不仅包含操作类型，也规定了哪些指令可以访问内存以及哪些不能)；
- 操作数的类型和大小(操作数可以是地址、数值，甚至字符)。

5.2.1 指令集设计决策

当计算机体系结构处于设计阶段时，必须首先确定指令集的格式。选择一种格式经常是很困难的一个决定，因为指令集必须和计算机体系结构相匹配，并且一个好的体系结构往往会持续使用数十年。故设计阶段的决策会产生持久的影响。

指令集架构是由以下几个因素来衡量的：(1)程序占用空间的大小；(2)指令集的复杂程度，它根据执行指令所需译码的数量和由指令实现功能的复杂程度；(3)指令的长度；(4)指令的总条数。在设计指令集时，需要考虑以下几个方面：

- 通常，短指令更好一点，因为它们占用更少的内存空间并且可以快速地从内存中读取出来。但这也限制了指令的数量，原因就是指令中应该有足够多的位数来指定我们需要的指令数。较短的指令对操作数的个数和大小有更严格的要求。

- 定长指令的译码相对容易但浪费存储空间。
- 内存组织影响指令格式。如果内存是16位字或32位字的并且不是按字节编址的，则很难存取单个字符。也正因为这个原因，所以尽管计算机有16位、32位或64位字，但通常都是使用字节编址方式，这意味着尽管存储字长大于1字节，但每一个字节都会有一个唯一的地址。
- 在定长指令中操作数的个数并非固定不变的。我们可以设计一个有足够长度且长度固定的指令集架构，但允许操作数字段的位数是可变的。（这称为**扩展操作码**，我们将在5.2.5中进行详细介绍。）
- 寻址方式有多种类型。在第4章中，MARIE系统使用了两种寻址方式：直接寻址和间接寻址；本章我们会看到更多不同种类的寻址方式。
- 如果字包含多个字节，那么在字节编址的机器中按照什么样的顺序来存放这些字节？低字节是存放在低字节地址中还是高字节地址中？接下来的章节中将会分析大端方式和小端方式的优缺点。
- 架构中包含多少个寄存器，并且这些寄存器该如何组织？操作数如何存放在CPU中？

下面的部分将深入讨论大端方式和小端方式、扩展操作码和CPU中寄存器的组织问题。在讨论这些问题的过程中，我们也会接触到其他的设计问题。

5.2.2 小端和大端方式

术语**端**引用的是计算机体系结构中的“字节顺序”或者计算机存储多字节数据的方法。实际上，所有的现代计算机都是而且也必须是字节编址的，因此，对存储多个单字节的信息制定了标准。有些计算机存储双字节整数，比如，先存储最低有效字节（放在低地址），接着再存储最高有效字节。因此低地址中的字节具有较低的显著性。这种机器就叫作**小端**计算机。另一种机器则相反，先存储最高有效字节（放在低地址），然后再存储最低有效字节。这种将最高有效字节存放在最低地址的方式称为**大端方式**。大多数UNIX采取的都是大端方式，而个人计算机则大多采用小端方式。大多数RISC架构的计算机采用大端方式。

大端和小端这两个术语出自《格列佛游记》一书。你可能还记得这个故事，利立浦特（小人国中的人）根据吃鸡蛋时从大的一头还是小的一头打破，将人分成了两个阵营：大端派和小端派。而CPU制造商在如何存储数据上也分成了两个派系。比如说，Intel总是使用小端方式存放数据，而Motorola总是使用大端方式。（值得注意的是，有些CPU既能处理大端方式也能处理小端方式。）

下面通过举例来说明大端和小端方式。假设一个整型数据需要4字节：

字节3	字节2	字节1	字节0

在小端机器上，内存单元会按照如下方式排列：

基地址 +0 = 字节0
基地址 +1 = 字节1
基地址 +2 = 字节2
基地址 +3 = 字节3

而在大端机器上，内存单元会按照如下方式排列：

基地址 +0 = 字节3
基地址 +1 = 字节2
基地址 +2 = 字节1
基地址 +3 = 字节0

假设某台计算机采用字节编址方式，已知一个32位的十六进制数12345678存储在地址从0开始的内存单元中。每一位十六进制数字都需要半个字节来表示，因此一个字节可以表示两位十六进制数。图5-1所示为这个十六进制数在内存中的存储情形，其中，带阴影的小方格代表内存中的实际内容。例5.1给出了在内存中多个连续数据分别以大端和小端方式存储的示意图。

地址（向右增加）→	00	01	10	11
大端方式	12	34	56	78
小端方式	78	56	34	12

图5-1　十六进制数12345678的大端和小端存储方式

例5.1 假设某台计算机可表示32位整数。让我们看一下整数0xABCD1234、0x00FE4321、0x10在内存中是如何依次存储的，假设在内存中存放第一个整数的起始地址为0x200，每一个地址存放一个字节。

字节顺序

地址	大端方式	小端方式	地址	大端方式	小端方式
0x200	AB	34	0x206	43	FE
0x201	CD	12	0x207	21	00
0x202	12	CD	0x208	00	10
0x203	34	AB	0x209	00	00
0x204	00	21	0x20A	00	00
0x205	FE	43	0x20B	10	00

我们注意到当使用大端存储方式时，十六进制整数0xABCD1234从起始地址0x200开始按照从左到右的顺序很自然地就读出来了；“AB”是这个整数的高位字节，紧接着是CD、12、最后是34。但是对小端方式来说，对同一个整数0xABCD1234，在地址0x200中存放的是最低有效字节(即34)。注意，我们在小端方式中没有将这个数存储为43、21、DC、BA的形式；因为这仅仅是数字位的颠倒，而非字节。再次强调，小端方式和大端方式是指字节的顺序不同，而不是数字位顺序的不同。还要注意到，最后一个数0x10在存储时，我们将它填充为0x00000010。这是因为这个整数是32位的，故不足32位时需要在高位补0。◀

每种方法都有优点和缺点，因此一种方法并不一定比另一种方法好。大端方式更符合大多数人的习惯，更易于读取十六进制数。首先读出高位字节，在偏移量为0时，通过观察这个字节可以判断出它是正数还是负数。(与之相比，小端方式首先需要知道数据的字节数，然后通过偏移量定位到最高地址，才能获取数字的符号)。大端机器用相同的顺序存放整型数据和字符串，在操作某些字符串时，速度会更快一些。大多数位映像图形采用“最高有效位在左边”的方案进行映射，这就意味着对大于1字节的图形元素进行操作时可以由计算机体系结构本身来处理。对于小端模式的计算机来说这是一种性能限制，因为当处理大的图形对象时，需要连续不断地反转字节顺序。当对采用压缩编码的数据进行译码时[比如赫夫曼编码和LZW编码(在第7章中讨论)]，如果采用大端方式(实际情况也大多如此)时，实际码字可以当作查找表的索引来使用。

然而，大端方式也有缺点。当从32位整型地址转换为16位整型地址时，需要大端计算机实现加法。小端计算机实现高精度的算术运算更快速且更容易。大多数使用大端存储方式的体系结构不允许字被写到不是按字编址的边界上(比如，如果一个字包含2字节或4字节，则它的地址就必须从偶数字节开始)。这显然会浪费存储空间。小端架构(比如Intel)允许奇地址的读写，这样就会使编程很简单。如果程序员写了一条指令来读取错误字地址上存储的非零值，在大端机器上会读到一个不正确的值；而在小端机器上，有时候则会读出正确的结果。(注意Intel 最终增加了一条指令来反转寄存器中的字节顺序。)

计算机网络采用大端方式，这意味着当小端计算机通过网络传输整数时(比如说网络设备的地址)，需要将整数转换为网络字节顺序。同样地，当计算机接收到网络上传输过来的整型数据时，需要将这些数据转换回原有的表示形式。

尽管你可能还不熟悉大端和小端方式的区别，但是它对于当前的很多软件应用程序来说却是很重要的。任何需要读写文件的程序都必须清楚特定计算机的字节顺序。比如说，Windows BMP 图像格式是在小端机器上开发的，因此若想在大端机器上查看 BMP 图像，浏览图像的应用程序就必须先反转字节顺序。常用软件的设计人员必须熟知字节顺序的问题。比如，Adobe Photoshop 使用大端方式、GIF 采用小端存储、JPEG 采用大端存储方式、MacPaint 是大端方式、PC Paintbrush 是小端方式、微软的 RTF 软件是小端方式的，而 Sun 栅格文件是大端方式。有些应用程序既支持大端方式也支持小端方式。比如，微软的 WAV 和 AVI 文件、TIF 文件和 XWD (X Windows Dump)，就是通过将标识符编码到文件中的方法来支持上述两种存储顺序的。

5.2.3 CPU 内部的存储：堆栈和寄存器

一旦数据在内存中的存储顺序确定了，硬件设计者就必须决定 CPU 如何存储数据。这是区分 ISA 最基本的方法。通常有以下 3 个选择：

- 堆栈型架构
- 累加器型架构
- 通用寄存器(GPR)型架构

堆栈型架构使用一个堆栈来执行指令，操作数隐式地存放在栈顶。尽管基于堆栈结构的机器有良好的代码密度和简单的表达式求值模型，但不能随机访问一个堆栈，故难以产生高效的代码。另外，在执行指令时，堆栈结构成为了一个瓶颈。**累加器型架构**比如 MARIE 系统，有一个操作数隐式地存放在累加器中，这可以最小化机器的内部复杂度，并且允许设计非常短的指令。但是由于累加器仅供暂时存储数据，故使得内存通信量非常高。使用寄存器集合的**通用寄存器型架构**广泛地被现代计算机体系结构所采纳。寄存器的工作速度比内存快很多，编译器也易于处理，因此可有效且高效地使用。另外，硬件价格已经明显下降，使得以极低成本增加大量的寄存器成为可能。如果内存访问速度快，基于堆栈的设计将会是一个很好的想法；反之，还是使用寄存器更好一些。这也是在过去的十年当中，大多数计算机采用基于通用寄存器型架构的原因。然而，由于所有的操作数都必须被命名，所以在长指令中使用寄存器会引起较长的取指和译码时间。(ISA 设计者的一个非常重要的目标是设计短指令)。设计者在选择某种 ISA 后必须判断其能否在特定环境下工作良好，并且应进行仔细权衡。

根据操作数存放的位置，可以将通用架构分为 3 类。**存储器 - 存储器**型架构可能有 2 个或 3 个位于内存中的操作数，允许指令实现任何操作数都不存放在寄存器中的操作。**寄存器 - 存储器**型架构需要混合存储，其中至少一个操作数在寄存器中，另一个操作数位于存储器中。取 - 存架构在实现对数据进行操作之前，需要将数据传送到寄存器中。Intel 和 Motorola 采用寄存器 - 存储器型架构；Digital Equipment 的 VAX 架构采用存储器 - 存储器型操作；SPARC、MIPS、Alpha 和 POWER PC 则完全采用取 - 存架构。

考虑到当今大多数的计算机体系结构都采用基于通用寄存器的方法，所以我们现在考察能够划分通用寄存器架构的两种指令集的特性。这两种特性分别是操作数的个数和操作数的寻址方式。在 5.2.4 节中，我们讨论指令长度和指令中包含的操作数个数。(2 个或 3 个操作数是

GPR架构中常用的，我们将它们和零操作数及单操作数的架构进行比较。）接下来我们将讨论指令类型。最后，在5.4节，我们将讨论多种寻址方式。

5.2.4　操作数个数和指令长度

描述计算机体系结构的传统方法是指定每条指令中操作数或地址的最大个数。这对指令本身的长度有着直接影响。MARIE系统使用定长指令，它包括4位操作码和12位操作数。当前的体系结构使用的指令可以分为两种格式：

- **定长指令**——浪费空间但是速度快，当使用指令集流水线时，它具有更优的性能，在5.5节将会对此进行介绍。
- **变长指令**——译码更复杂但是节省存储空间。

一般情况下，实际的折中方案是使用两种或三种指令长度，它们通过位组合模式来区分并可使译码简化。指令长度必须和机器字长相对应。如果指令长度完全等于机器字长，那么指令存放在主存中就可以完全对齐。基于寻址的原因，指令往往需要按照存储字来对齐。因此，那些半字、四分之一字、双字或者三倍字长的指令会浪费存储空间。变长指令的字长明显不同，它们也需要进行字对齐，当然也会导致存储空间的浪费。

最常用的指令格式有零地址、单地址、双地址或三地址指令。在第4章中，我们看到MARIE架构中的一些指令没有操作数，而其他指令有一个操作数。算术和逻辑运算指令通常有两个操作数，但如果其中一个隐式地存放在累加器时，单操作数指令也可以执行（见MARIE）。如果将目的操作数视为第三个操作数时，这一思想可以扩展到三地址指令。我们可以对零地址指令使用堆栈。下面是几种常用的指令格式：

- **仅有操作码**（零地址指令）
- **操作码+一个地址**（通常使用一个内存地址）
- **操作码+两个地址**（通常使用两个寄存器地址，或者一个寄存器地址和一个内存地址）
- **操作码+三个地址**（使用三个寄存器地址，或者寄存器地址和内存地址的组合）

所有的指令集架构都会限制指令中允许操作数的最大个数。例如，在MARIE中，操作数的最大个数是1，而有些指令没有操作数（`Halt`指令和`Skipcond`指令）。我们注意到，零操作数、单操作数，双操作数和三操作数指令是最常见的类型。后三种类型易于理解，而完全基于零操作数指令创建的指令集架构会令人感到困惑。

没有操作数的机器指令必须使用堆栈（堆栈是一种后进先出的数据结构，所有的插入和删除都必须针对栈顶进行。堆栈的内容在第4章中介绍过，在附录中也有详细的描述）来在逻辑上实现需要一个或两个操作数的运算（比如`Add`）。一个基于堆栈的指令集架构不使用通用寄存器，它在栈顶存储操作数，栈顶是CPU可以访问的。（值得注意的是，堆栈是计算机体系结构中一个非常重要的数据结构。它不仅能够在复杂的运算时方便地存取立即数，还为在过程调用中传递参数提供了一种简便方法，当然也为保存局部块结构以及定义变量和子程序的作用域提供了一种方法。）

在基于堆栈的架构中，大多数指令仅包含操作码。但也有一些特殊指令（那些需要在栈顶加上一个值然后再删掉栈顶元素的指令）包含一个操作数。栈架构需要`push`和`pop`指令，这两条指令都允许带一个操作数。`Push X`将内存单元中的地址为X内容读出放到栈顶，`Pop X`将栈顶元素写到内存地址为X的存储单元中。仅特定指令可以访问内存，其他所有指令在执行时如果需要操作数必须使用堆栈。

对需要两个操作数的运算指令来说，它会取出栈顶的两个元素。举例说明，如果执行`Add`指令，则CPU会把栈顶的两个元素相加，首先把它们都弹出然后将相加所得的和压入到栈顶。

对于减法这种不可交换的指令来说，用次栈顶元素减去栈顶元素，也是将这两个元素都弹出，然后将相减所得的差值压入到栈顶。

堆栈架构对于求解用**逆波兰式(RPN)**书写的长算术表达式是很有效的，逆波兰式是波兰数学家鲁卡谢维奇(Jan Lukasiewicz)在1924年发明的。这种表达式将操作符放在操作数之后，又名**后缀表达式**；与此对应，还有**中缀表达式**(即将操作符放在操作数之间)；以及**前缀表达式(波兰式)**(即将操作符放在操作数之前)。下面举例说明。

$X+Y$ 是中缀表达式

$+XY$ 是前缀表达式

$XY+$ 是后缀表达式

当使用后缀表达式(即逆波兰式)时，在任意表达式中，每一个操作符都紧跟在它所属的操作数后面。如果当表达式中多于一种运算时，操作符紧跟在第二个操作数之后。中缀表达式“3 +4”等价于后缀表达式“3 4 +”；操作符“+”是针对操作数3和4进行操作的。当表达式更加复杂时，这一思想同样也可以用于前缀表达式到后缀表达式的转换当中。我们只需简单地检查表达式并决定操作符优先级即可。

例5.2 假设有中缀表达式12/(4+2)，我们要将其转换为后缀表达式，如下所示：

表达式	说　明
12/4 2 +	圆括号里的4+2优先级高；用4 2 +代替
12 4 2 +/	两个新的操作数为分别12和4加2的和；我们先放置第一个操作数，紧接着放第二个，然后才是除法运算符

因此，后缀表达式12 4 2 +/等价于前缀表达式12/(4+2)。注意这里没有必要交换操作数的位置，并且保证加法优先级的圆括号也不需要。◀

例5.3 考虑接下来的中缀表达式(2+3)−6/3。我们要将其转换为后缀表达式，如下所示：

表达式	说　明
2 3 + −6/3	圆括号里的2+3优先级高；用2 3 +代替
2 3 + −6 3 /	除法运算符优先级高，故用6 3/代替6/3
2 3 +6 3/ −	我们希望用2+3的和减去6除以3的商，故将减法运算符移到最后

由此可见，后缀表达式2 3 +6 3/ −等价于中缀表达式(2+3)−6/3。◀

所有的算术表达式都可以写成上述任何一种表达式的形式。但与寄存器堆栈结合的后缀表达式是求解算术表达式最有效的方法。实际上，一些电子计算器(比如惠普的计算器)就需要使用逆波兰式输入表达式。通过在这些计算器上的少量练习，就有可能快速地对一个包含多层括号的长表达式进行求值，而不用对各项进行分组。

使用堆栈来对逆波兰式求值的方法很简单：从左到右扫描表达式，将每一个操作数(变量或常量)压栈，当遇到双目操作符时，弹出栈顶的两个操作数，并执行由该操作符指定的运算，然后再将结果压入栈顶。

例5.4 考虑逆波兰式10 2 3 +/。使用堆栈对其求值且从左到右扫描，我们首先将10压栈，紧接着将2和3压栈，这样就得到如下情形：

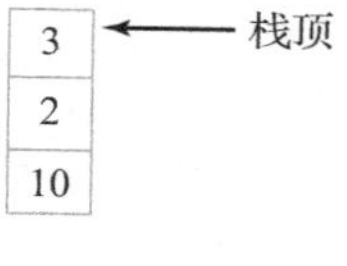

接下来，当扫描到“+”运算符时，从栈顶依次弹出3和2，实现(3+2)的操作，并把相加的结果5压栈，如下所示：

5	←栈顶
10	

当扫描到“/”运算符时，从栈顶分别弹出5和10，用5去除10，将结果2压入堆栈。(注意：对不满足交换律的运算(比如减法和除法)栈顶元素通常作为第二个操作数。) ◀

例5.5 假设有如下的中缀表达式：

$$(X+Y)\times(W-Z)+2$$

写成逆波兰式，如下所示：

$$XY+WZ-\times2+$$

为了用堆栈对上述表达式进行求值，我们首先将 X 和 Y 压栈，并对它们进行相加(依次弹出后再相加)，并将所得的和 $(X+Y)$ 压栈。然后，将 W 和 Z 压栈，并相减(也是先从堆栈中依次弹出)，将所得的差 $(W-Z)$ 压入堆栈。接下来的乘法运算符实现 $(X+Y)$ 和 $(W-Z)$ 的相乘(也是先从堆栈中依次弹出)，从堆栈中删除这两个表达式并将它们的乘积压入堆栈。我们将2压入堆栈，就会得到如下结果：

2	←栈顶
$(X+Y)\times(W-Z)$	

最后扫描到的是加法运算符，首先弹出当前栈顶的两个元素，然后对它们进行相加，将所得的和再压栈，最终，栈顶存放的就是 $(X+Y)\times(W-Z)+2$ 的值。 ◀

例5.6 假设有逆波兰表达式：

$$8\ 6+4\ 2-/$$

将其转换为中缀表达式。

记住每一个运算符都紧跟着它的操作数。“+”运算符的操作数为8和6，“-”运算符的操作数为4和2。而“/”运算符的第一个操作数是8加上6的和，第二个操作数是4减去2的差。在中缀表达式中，我们必须使用圆括号(保证加法和减法运算在乘法之前实现)，结果为：

$$(8+6)/(4-2)$$ ◀

为了描述零操作数、单操作数、双操作数和三操作数的概念，我们写了一段简单的程序，在这个程序中分别使用每一种格式来对算术表达式进行求值。

例5.7 假设我们希望计算如下表达式的值：

$$Z=(X\times Y)+(W\times U)$$

一般情况下，当允许有3个操作数时，至少有一个操作数要放在寄存器中，并且第一个操作数往往是目的操作数。使用三地址指令时，求解 Z 值的代码如下：

```
Mult    R1, X, Y
Mult    R2, W, U
Add     Z,  R2, R1
```

当使用双地址指令时，通常有一个地址会指明某个寄存器(双地址指令通常不允许两个操作数都存放在内存中)。另一个操作数可以放在寄存器中也可以放在内存单元中。使用双地址指令写成的代码如下：

```
Load    R1, X
Mult    R1, Y
Load    R2, W
```

```
Mult    R2, U
Add     R1, R2
Store   Z, R1
```

值得注意的是，确定第一个操作数是源操作数还是目的操作数是非常重要的。在上面的指令中，我们假定第一个操作数是目的操作数。（这往往会对那些需要在 Intel 汇编语言和 Motorola 汇编语言之间切换的程序员造成混淆——Intel 汇编语言指定第一个操作数为目的操作数，而 Motorola 汇编语言中第一个操作数为源操作数。）

使用单地址指令（比如 MARIE 中），我们必须假定将指令的运行结果作为目的操作数隐式地存放在一个寄存器（通常是累加器）中。为了计算 Z 的值，就有了如下的代码：

```
Load    X
Mult    Y
Store   Temp
Load    W
Mult    U
Add     Temp
Store   Z
```

注意当我们减少每条指令允许的操作数个数时，执行指定代码的指令条数就会增加。在系统结构设计中这也是典型的一种空间/时间的权衡——指令短了但程序长了。

那么这个程序在基于堆栈的机器上用零地址指令实现会是什么样呢？基于堆栈的架构使用不带操作数的指令，如 `Add`、`Subt`、`Mult` 或者 `Divide`。我们需要一个堆栈及对堆栈的两种操作（即 `Pop` 和 `Push`）。跟堆栈沟通的操作必须要有指定操作数的地址字段以便将操作数压入或弹出堆栈（所有其他操作都是零地址指令）。`Push` 将操作数压入栈顶，`Pop` 将栈顶数据移出并将其移动到操作数的位置。这种架构对于等式的求值产生的程序最长。假设算术运算使用栈顶的两个操作数，弹出它们，并将运算结果压入堆栈，则对应代码如下：

```
Push    X
Push    Y
Mult
Push    W
Push    U
Mult
Add
Pop     Z
```

指令长度肯定会受指令允许的操作码长度和操作数个数的影响。若操作码长度固定，则译码更容易。然而，为了提供向后兼容和灵活性，操作码的长度通常都是可变的。变长操作码同样会遇到指令是定长还是变长的问题。很多设计者都采用了扩展操作码这一折中方案。

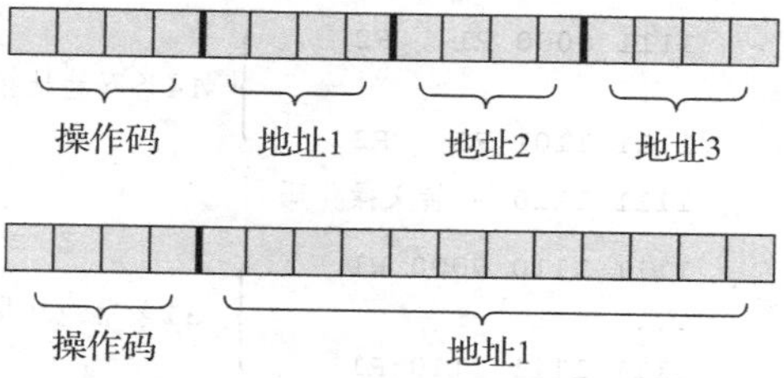

图 5-2　16 位指令格式对应的两种可能格式

5.2.5　扩展操作码

我们已经看到在指令中操作数的个数取决于指令的长度，因此我们必须要有足够多的位数来表示操作码和操作数的地址。然而，并不是所有的指令都需要同样多的操作数。

在需要一套丰富操作码的需求和希望获得短指令的愿望之间，**扩展操作码**给出了一个折中方案。它的思想是有一些短操作码，但在需要时也可以提供更长的操作码。当操作码很短时，剩余的大量二进制位可以用来保存操作数（这就意味着在一条指令中我们可以有两个或三个操作数)。当不需要任何操作数时(比如 Halt 指令，或者机器使用堆栈时)，指令中所有的二进制位都可以用来表示操作码，这一点考虑到了很多特殊的指令。在这里，更长的操作码有更少的操作数，而更短的操作码则有更多的操作数。

考虑某台计算机的指令字长为16位，有16个寄存器。现在我们用一个寄存器组取代简单的累加器(就像在 MARIE 中一样)，我们需要用4位来指定某一个寄存器。当每条指令有3个寄存器操作数时(假设数据在处理之前都要被读入寄存器中)，我们可以编写16条指令，或者使用4位表示操作码，其余12位表示内存地址(比如 MARIE，假设其内存容量为4K)。但是，如果在寄存器集中所有数据都需要事先读入到某一个寄存器中，则这条指令仅使用4位(假设共有16个寄存器)就能够选择指定的数据元素。这两种选择方案如图5-2所示。

但是为什么要限定操作码的位数仅有4位呢？如果允许操作码的长度可变，则剩余的可变位数可以用来表示操作数地址。使用扩展操作码，我们可以允许操作码的长度为8位，而它需要两个寄存器操作数；或者操作码长12位而只操作一个寄存器；或者操作码长16位，没有操作数。这些指令格式见图5-3。

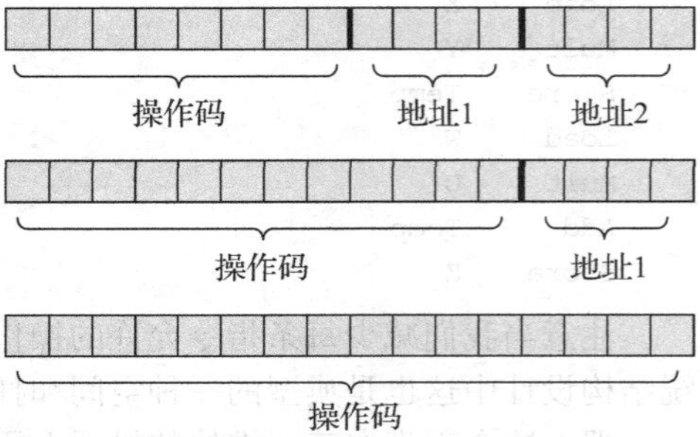

图5-3　16位指令格式对应的3种可能格式

仅有的问题是我们需要一种方法来决定什么时候指令应该有4位、8位、12位或16位的操作码。技巧就是使用一个“转义操作码”来表示到底使用哪一种格式。这一思想可以用下面的例子来进行完美的描述。

例5.8 假设我们希望对下列指令进行编码：

- 15条三地址指令
- 14条双地址指令
- 31条单地址指令
- 16条零地址指令

我们能够用16位来对上述指令系统进行编码吗？答案是可以，只要我们使用扩展操作码。编码过程如下：

```
0000 R1   R2   R3
...                    } 15条三地址指令
1110 R1   R2   R3
1111 - 转义操作码
1111 0000 R1   R2
...                    } 14条双地址指令
1111 1101 R1   R2
1111 1110 - 转义操作码
1111 1110 0000 R1
...                    } 31条单地址指令
1111 1111 1110 R1
1111 1111 1111- 转义操作码
1111 1111 1111 0000
...                    } 16条零地址指令
1111 1111 1111 1111
```

我们可以看到在第一组三地址指令中转义操作码的使用方式。当前四位是1111时，这就意味着当前指令不是有 3 个操作数，而是两个、一个，或者没有(这取决于接下来的 4 位)。对第二组指令双地址指令来说，其转义操作码是 11111110(有此操作码或高于此操作码的任意指令不可能有多于一个的操作数)。对第三组单地址指令来讲，转义操作码是 111111111111(有此 12 位的指令序列没有操作数)。◀

尽管这种扩展操作码技术允许有更多种类的指令，但也使译码变得更加复杂。代替原有的通过查看位组合模式从而决定是哪一条指令的方式，我们需要像下面这样来对指令进行译码：

```
if(最左边 4 位!=1111){
    执行相应的三地址指令}
else if (最左边 7 位!=1111 111){
    执行相应的双地址指令}
else if (最左边 12 位!=1111 1111 1111){
    执行相应的单地址指令}
else{
    执行相应的零地址指令
}
```

在每一个阶段，一个备用码——转义操作码——用来指出我们应该查看更多的二进制位。这里还有另外一个硬件设计者需要面临折中的例子：我们用操作码的空间来换取操作数的空间。

当使用扩展操作码时我们如何知道需要的指令集是可能实现的？我们必须首先决定是否有足够的二进制位来产生需要的位模式。一旦确定这是可能的，我们就可以为指令集产生适当的转义操作码。

例 5.9 回顾例 5.8 中给出的指令集。为了表明有足够的位模式，我们需要计算每一种指令格式需要的位模式数量。

- 前 15 条指令占据了 $15*2^4*2^4*2^4=15*2^{12}=61\,440$ 个位模式。(每个寄存器的地址可以是 16 种不同的位模式之一。)
- 接下来的 14 条指令占据了 $14*2^4*2^4=14*2^8=3584$ 个位模式。
- 再接下来的 31 条指令占据了 $31*2^4=496$ 个位模式。
- 最后的 16 条指令占据了 16 个位模式。

如果把上述不同的位组合模式加起来，总共得到 $61\,440+3584+496+16=65\,536$。而指令总共有 16 位，这也就意味着我们能够产生 $2^{16}=65\,536$ 种位组合模式(一个精确的没有浪费的匹配)。◀

例 5.10 是否可以设计一种扩展操作码来满足有下述编码要求的 12 位指令？假设操作数存放在寄存器中，寄存器地址需要 3 位，指令系统不允许直接访问内存地址。

- 三地址指令 4 条；
- 单地址指令 255 条；
- 零地址指令 16 条。

前 4 条指令需要 $4*2^3*2^3*2^3=2^{11}=2048$ 种位模式。接下来的 255 条指令需要 $255*2^3=2040$ 种位模式。最后 16 条指令需要 16 种位模式。

而 12 位能表示 $2^{12}=4096$ 种位模式。如果我们将上述 3 种位模式加起来，将会得到 $2048+2040+16=4104$。因此我们需要 4104 种位模式来产生这个指令系统，但是 12 位指令最多只能产生 4096 种位模式。因此，我们无法设计出满足指定要求的扩展操作码指令集。◀

最后让我们从头到尾看一个例子。

例 5.11 假设指令字长为 8 位，是否可以使用扩展操作码来实现满足下列要求的编码？

如果可以，给出编码。

- 3条3位操作数的双地址指令；
- 2条4位操作数的单地址指令；
- 4条3位操作数的单地址指令。

首先，我们必须计算可能需要的编码数目。

- $3*2^3*2^3=3*2^6=192$
- $2*2^4=32$
- $4*2^3=32$

如果我们将需要的位模式数相加，则得到$192+32+32=256$。当指令字长8位时，一共有$2^8=256$种位模式，因此我们可以精确地匹配每一条指令（这意味着编码是合理的，但每一种位模式在创建时都会被使用）。

我们可以使用的编码如下：

```
00 xxx xxx  }
01 xxx xxx  } 3条3位操作数的双地址指令
10 xxx xxx  }
11 - 转义操作码

1100 xxxx  } 2条4位操作数的单地址指令
1101 xxxx  }
1110 - 转义操作码
1111 - 转义操作码
11100 xxx  }
11101 xxx  } 4条3位操作数的单地址指令
11110 xxx  }
11111 xxx  }
```

5.3 指令类型

大多数计算机指令都是对数据进行运算操作的；但是，也有一些指令不是。计算机制造商通常将指令分为以下几类：数据传送、算术运算、布尔运算、位操作（移位和循环移位）、输入/输出、传送控制以及特殊用途的指令。

下面我们就来讨论上述各种指令类型。

5.3.1 数据传送

数据传送指令是使用最频繁的指令类型。数据从内存传送到寄存器，从寄存器传送到寄存器，以及从寄存器传送到内存，并且一些计算机根据源操作数和目的操作数的位置提供了不同的指令。例如，对于两个存放在寄存器中的操作数传输来说，可以使用 MOVER 指令，而 MOVE 指令则允许两个操作数一个在寄存器中另一个在内存中。一些指令集体系结构（比如 RISC）为了加快指令的运行，限制了对内存读写数据。一些计算机针对数据字节的不同大小，有多种读、写、传送指令。比如，读取字节可以用 LOADB 指令，而读取字可用 LOADW 指令。数据传送类指令包括 MOVE、LOAD、STORE、PUSH、POP、EXCHANGES 和它们的多个变种。

5.3.2 算术运算

算术运算指令包括使用整数和浮点数执行运算的指令。一些指令集对不同的数据大小提供了不同的算术指令。当和数据传送指令一起使用时，在不同寻址方式中，有一些不同的指令用来提供寄存器和内存访问的可变组合形式。算术指令可以处理带符号数和无符号数，也可以处理不同进制的操作数。很多时候，操作数是在算术指令中隐含的。比如说，乘法指令可以假设被乘数常驻于某个专用寄存器中，故不用在指令中显式给出。这类指令也影响标志寄存器的值，如设置零标志位、进位标志位、溢出标志位等(仅举几个例子)。算术运算指令包括 ADD、SUBTRACT、MULTIPLY、DIVIDE、INCREMENT、DECREMENT 和 NEGATE(改变符号位)。

5.3.3 布尔逻辑运算指令

布尔逻辑指令实现布尔运算，很大程度上它和算术运算的工作方式一样。这些指令允许二进制位的置位、清零和求反。逻辑运算通常用来控制输入/输出设备。像算术运算一样，逻辑指令也影响标志寄存器的值，包括进位标志位和溢出标志位。典型的逻辑指令有 AND、NOT、OR、XOR、TEST 和 COMPARE。

5.3.4 位操作指令

位操作指令用于在给定的数据字内对某一位(有时候是一组二进制位)进行置位或复位。这包括算术和逻辑移位指令 SHIFT 和循环移位指令 ROTATE，每一位可以左移或者右移。逻辑移位指令将数位简单地向左或者向右移动指定的位数，在相反的一端补以相同位数的 0。比如，如果我们有一个 8 位寄存器，其存储值为 11110000，若执行逻辑左移 1 位的话，结果就是 11100000。针对初值 11110000，如果右移一位，则结果为 01111000。

算术移位指令一般用于执行乘以 2 或者除以 2 的操作，它将数据作为有符号二进制补码形式来看待，最左边一位不移位，因为它代表符号位。对于算术右移，复制符号位到其右边：如果数值是正数，则最左边的位用零填充；如果数值为负，则最左边一位用 1 填充。算术右移等价于除以 2。举例说明，如果给定值为 00001110(+14)，并且我们要执行算术右移 1 位的操作，其结果是 00000111(+7)。如果给定值为负数，比如 11111110(-2)，右移 1 位的结果就是 11111111(-1)。对于算术左移，数位向左移，空位补 0，但是符号位不参与移位。算术左移等价于乘以 2。比如，如果寄存器的初值为 00000011(+3)，则算术左移 1 位的结果就是 00000110(+6)。如果寄存器初值为负数，比如 11111111(-1)，则算术左移 1 位得到 11111110(-2)。如果移掉的最后 1 位(除了符号位)跟符号位不匹配，就会发生上溢或者下溢。比如，如果对数值 10111111(-65)进行算术左移 1 位的操作，则结果为 11111110(-2)，但此时移出位是 0，跟符号位不同，故结果发生上溢。

循环移位指令是一个简单的移位指令，它会把移出的位从另一个方向移入——其根本就是循环移位。比如，循环左移 1 位，最左边的位被移出，循环移位后它成了最右边一位。如果要移位的值是 00001111，循环左移 1 位就得到 00011110。如果 00001111 循环右移 1 位，则结果就是 10000111。循环移位时，我们不用担心符号位的问题。

另外，对于逻辑移位和循环移位来说，有些计算机的指令集架构可以对指定位清零、置位和切换。

5.3.5 输入/输出指令

输入/输出指令在不同的指令集架构上区别很大。输入(或读)指令将数据从一台设备或端口传送到内存或指定的寄存器中。输出(或写)指令将数据从内存或寄存器中传送到指定的端口或设备。对字符或者数值数据可以设计单独的输入/输出指令。一般来说，字符和字符串数据使用某些类型的块输入/输出指令，将输入自动变为字符串形式。处理输入/输出的基本方案是编程控制 I/O、由中断驱动 I/O 和 DMA 设备。这些内容将会在第 7 章中进行详细讨论。

5.3.6 传送控制指令

传送指令用于改变程序执行的正常顺序。这些指令包括分支、跳转、过程调用、返回和程序终止。分支可能是无条件的(比如跳转)也可能是有条件的(比如条件转移)。跳转指令(可能是有条件的或无条件的)是基于分支指令的，但地址是隐含的。因为跳转指令不需要操作数，所以它经常使用地址字段的位来指定不同情况(MARIE 中调用 `Skipcond` 指令)。一些语言包含循环指令，它可以自动组合条件和非条件转移。

过程调用是专门的分支指令，它能自动保存返回地址。不同机器保存地址的方法不同。一些机器将地址保存在内存的指定位置，另外一些则将地址保存在寄存器中，还有一些机器将返回地址压入堆栈中。

5.3.7 专用指令

专用指令包括用于字符串处理、高级语言支持、保护、标志控制、字/字节转换、高速缓存管理、寄存器访问、地址计算、no-ops 和其他未纳入先前分类的指令。大多数指令集架构为字符串处理提供了指令，包含字符串处理和搜索。No-op 指令虽然占用了时间和空间，却不引用任何数据，基本上什么也不做。为了延迟一段时间插入有用的指令它经常用作位置符号，或者用于流水线中(见5.5节)。

5.3.8 正交指令集

不管机器的体系结构是硬线方式还是微程序方式，拥有一个完整的指令集都是非常重要的。然而，由于每一条指令都需转换为一个电路或者一个过程，所以设计者必须当心不能加入冗余指令。因此，每条指令应该实现一个唯一的功能，并且没有复制任何其他指令。有些人将这一特性称为**正交**。实际上，正交的定义更严格。它不仅要求指令必须独立，而且指令集必须也是一致的。比如说，正交涉及操作数和寻址方式通过不同运算的一致的可用程度。这就意味着操作数的寻址方式必须独立于操作数(寻址方式将在5.4.2节中讨论)。在正交性的要求之下，操作数/操作码的关系不能被限定(对特殊指令没有使用专用寄存器)。另外，对于一个有乘法命令而无除法命令的指令集，它不会是正交的。因此，正交性包含指令集中的独立性和一致性两个问题。正交指令集使得写一个语言的编译器更容易了。然而，典型的正交指令集有非常长的指令字(由于要求具有一致性，所以操作数字段长)，从而转换的程序较长并占用更多空间。

5.4 寻址

尽管寻址是一个指令设计问题并且也是指令格式中的技术部分，但寻址也包含很多的主题，值得我们单独用一节来介绍它。现在我们给出寻址中最重要的两个问题：能寻址的数据类型和可变的寻址方式。我们仅仅涵盖基本的寻址方式，更专业的寻址方式可以通过本节的基本方式来构成。

5.4.1 数据类型

在研究如何寻址数据之前，我们先简要地介绍一下指令能够访问的多种数据类型。如果指令要访问一个专门的数据类型，则必须有硬件的支持。在第2章，我们讨论了数据类型，包括数值数据和字符型数据。数值数据包括整数和浮点数。整数可以是符号也可以是无符号，而且可以声明为多种长度。比如说，在C++语言中，整数可以是短整型(short，16位)，整型(int，已知体系结构的字长），或者长整型(long，32 位)。浮点数的长度可以是 32 位、64 位或者 128 位。对 ISA 来说，拥有能处理变长数值数据的特殊指令，这并不罕见，就像之前我们看到的一样。比如说，指令集中可能分别有针对 16 位整数的 32 位整数的不同的 MOVE 指令。

非数值数据类型包括字符串、布尔类型和指针。字符串指令通常包括复制、移动、搜索或者修改等操作。布尔运算包括 AND、OR、XOR 和 NOT。指针是内存中的真实地址。尽管事实上，它们是自然数，但会将它们和整数及浮点数区别对待。MARIE 允许在间接寻址模式中使用此数据类型。在指令中使用这种方式的操作数实际是指针。在使用指针的指令中，操作数本质上是一个地址并且也必须是一个地址。

5.4.2 寻址方式

在第 4 章讲到，在 MARIE 指令中操作数字段的 12 位能用两种方式进行解释：它们可以表示操作数的内存地址，也可以是指向物理内存地址的指针。这 12 位可以有很多不同的理解，这样就给我们提供了多种**寻址方式**。寻址方式允许我们指定在指令中操作数所处的位置。一种寻址方式能够指定一个常数、一个寄存器或内存中的一个位置。某些方式允许使用短地址，有些寻址方式允许我们决定实际操作数的位置，它通常也称为操作数的**有效地址**。现在我们就来看一下几种最基本的寻址方式。

立即寻址，顾名思义，指操作数就是指令中紧跟操作码之后的值，而且立即就能被访问到。也就是说，操作数是指令的一部分。比如说，如果操作数的寻址方式是立即寻址，且指令是 LOAD 008，那么数值 8 就会装入到 AC 中。操作数字段的 12 位不指定地址，而是指定指令需要的实际操作数。立即寻址速度快，因为要读入的数值就包含在指令中。然而，由于在编译时要装入的值是固定的，因此不是很灵活。

直接寻址，是指在指令中通过直接内存地址给出了操作数。比如说，如果操作数的寻址方式是直接寻址并且指令为 LOAD 008，那么在内存地址为 008 的单元中存放的数据就会装入到 AC 中。虽然指令中没有包含操作数本身，但直接寻址是典型的快速寻址，原因就是它可以快速访问到操作数。直接寻址也比立即寻址灵活，因为给定地址中的数值是可以改变的。

在**寄存器寻址**中，用来指定操作数的内存地址被寄存器编号所取代。除了用寄存器引用地址字段取代内存寻址之外，寄存器寻址和直接寻址是很相似的。给定编号的寄存器中存放的是操作数。

间接寻址是一种强大的寻址方式，它提供了非常高的灵活性。在这种寻址方式中，地址字段的位数指定了一个内存地址，而该地址当作一个指针来使用。通过此内存地址可以找到操作数的有效地址。比如说，操作数的寻址方式采用间接寻址并且指令为 LOAD 008，那么在内存地址为 0x008 的单元中存放的数值实际上是所请求操作数的有效地址。假设我们发现在 0x008 单元中存放的值是 0x2A0。则 0x2A0 是我们请求操作数的真正地址。在地址 0x2A0 中存放的数值才会装入到 AC 中。

在间接寻址的变种中，操作数字段给出的不是内存地址，而且是寄存器地址。这种方式称为**寄存器间接寻址**，除了使用一个寄存器来存放操作数的地址，而不使用内存单元之外，它和间接寻址的工作方式相同。比如说，如果指令为 LOAD R1，并且它使用寄存器间接寻址方式，那么我们将会在 R1 中找到所请求操作数的有效地址。

在**变址寻址**方式中，一个变址寄存器(显式或隐式设计)用来存储偏移量(或位移量)，偏移量加上指令的操作数，就得到了所请求操作数的有效地址。比如，如果要访问指令 Load X 中的操作数 X 使用变址寻址，并且 R1 是变址寄存器，并且存放的值是 1，那么操作数的有效地址就是 X + 1。**基址寻址**也是相似的，只是给定的是基址寄存器，而非变址寄存器。理论上，这两种寻址方式的区别是如何使用它们，而不是如何计算出操作数。一个变址寄存器存储变址值，这个值通常用作偏移量，并且跟指令中地址码字段给出的地址有关。一个基址寄存器存放一个基地址，而地址码字段表示相对于此基地址的偏移量。这两种寻址方式在对数组元素和字符串中的字符进行访问时，是非常有用的。实际上，在字符串操作中大多数汇编语言提供了隐含的专用变址寄存器。在这种寻址方式中，也经常使用通用寄存器，而这依赖于指令集的设计。

如果使用**堆栈寻址**，那么操作数应假设存放在堆栈中。我们在5.2.4节中已经讲过这种方式。

上述寻址方式存在很多变化形式。举例说明，一些机器设置了**间接变址寻址**，也就是同时使用间接寻址和变址寻址。也有的机器设计了**基址/偏移寻址**，它将一个偏移量和基址寄存器中的值进行相加，然后将和加到指定操作数上，从而产生实际指令中所用操作数的有效地址。还有的用**自动递增**和**自动递减**模式。这些模式对寄存器中的值进行自动递增或者自动递减，从而减少代码量，这在嵌入式系统中是极其重要的。**自相关寻址**是根据当前指令地址的一个偏移量来计算操作数的地址。除此之外，还存在一些寻址方式；然而，在理解你遇到的任意寻址方式时，熟悉立即寻址、直接寻址、寄存器寻址、间接寻址、变址寻址和堆栈寻址等会对你大有帮助。

下面通过一个例子来描述这些变形的寻址方式。假设要执行指令 `Load 800`，内存和寄存器 R1 中的内容如图5-4所示。操作数字段为0x800，对其应用这些变形的寻址方式，并且假设 R1 在变址寻址中是隐含的，实际加载到 AC 中的值见表5-1。指令 `Load R1` 使用寄存器寻址方式，将0x800读入到累加器，并且使用寄存器间接寻址将0x900读入到累加器。

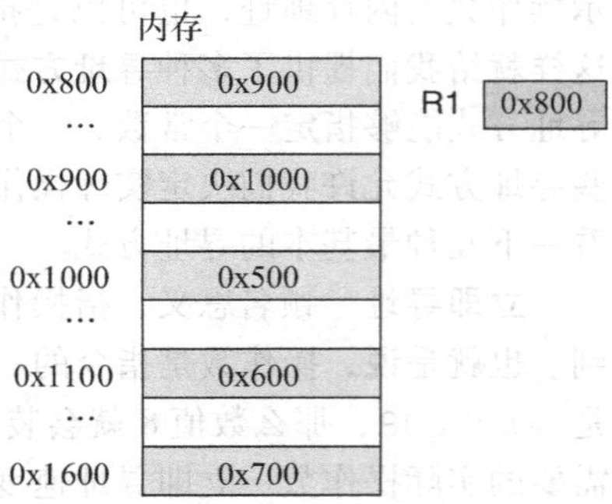

图5-4　当执行指令 `Load 800` 时，内存中的内容

我们在表5-2中总结了这些寻址方式。

表5-1　使用图5-4所示的变形寻址方式时内存中的结果

寻址方式	装入 AC 中的值	寻址方式	装入 AC 中的值
立即寻址	0x800	间接寻址	0x1000
直接寻址	0x900	变址寻址	0x700

表5-2　基本寻址方式的总结

寻址方式	查找操作数
立即寻址	操作数在指令中
直接寻址	在地址码字段中有操作数的有效地址
寄存器寻址	操作数的值存储在寄存器中
间接寻址	地址码字段指向实际操作数的地址
寄存器间接寻址	寄存器存储实际操作数的地址
变址寻址或基址寻址	地址码地段的内容加上寄存器中的内容得到操作数的有效地址
堆栈寻址	操作数在堆栈中

对特定操作数计算机如何知道究竟使用哪种寻址方式呢？我们已经看到了一种解决问题的方法。在 MARIE 系统中，有两种 `Jump` 指令——`Jump` 和 `Jumpi`。也有两种加法指令——ADD 和 ADDI。指令本身包含了计算机用于确定适当寻址方式的信息。一些语言对同一条指令有多

个版本，每一种版本表示一种不同的寻址方式和不同的数据大小。

如果只有少量的寻址方式，那么在操作码中编码寻址方式就可以了。但是，如果有很多种寻址方式，那么最好就要使用一个单独的地址说明符，地址说明符是指令中的一个字段，用这个字段中的位表示指令中的操作数应采用哪种寻址方式。

多种寻址方式比局限于一种或两种寻址方式允许我们指定更大更多的位置范围。当然，这也是一种折中的方案。我们为提高灵活性和增大地址范围，牺牲了地址计算和有限内存引用的简单性。

5.5 指令流水线

到现在为止，你应该很熟悉第4章中讲过的取指－译码－执行周期了。理论上，计算机时钟的每一个脉冲都被用来控制序列中的一步操作，但有时用额外的脉冲来控制某步操作中的微小细节。有些CPU将上述取指－译码－执行周期划分成更小的步骤，而这些小步骤能通过并行来实现。这种重叠加快了指令的执行。这种当前所有CPU都采用的方法，就是众所周知的**流水线技术**。指令流水线是一种用来实现**指令级并行(ILP)**的方法。[其他方法包括超标量和超长指令字(VLIW)。]我们将指令流水线放在本章来介绍，因为一台机器的ISA影响着指令流水线到底有多成功。

假设取指－译码－执行周期能够分解为以下的“小步骤”：

- 取指令
- 译码
- 计算操作数的有效地址
- 取操作数
- 执行指令
- 保存结果

指令流水线和工厂的自动装配线很相似。在计算机流水线中每一步完成指令的一部分。就好像自动装配线，不同步骤并行完成不同指令的不同部分。每一个步骤叫作一个**流水线阶段**。这些阶段连接起来形成一条流水线。指令从一端进入，贯穿多个阶段，最后从流水线的另一端出去。目标是均衡经过每一个流水线阶段的时间(也就是说，它基本上和其他流水线阶段花费的时间是相同的)。如果这些阶段在时间上没有达到均衡，则不久之后，快的阶段就会等待慢的阶段。来看一个现实生活中的这种不均衡，考虑洗衣服的各个阶段。如果只有一台洗衣机和一台烘干机，你会经常等待烘干机。如果你把洗衣作为第一个阶段，而把干衣作为下一个阶段，你就能看到花费时间更长的干衣阶段会导致衣服在两个阶段之间堆成了山。如果将叠衣服作为第三个阶段，你很快就会意识到这个阶段会持续等待其他速度慢的阶段。

图5-5所示为采用重叠技术的计算机流水线示意图。我们能看到每一个时钟周期和每一条指令的每一个阶段(S1表示取指、S2表示译码、S3表示计算、S4表示取操作数、S5是执行、而S6是保存结果。)

从图5-5可以看出，一旦指令1被取出并进入译码阶段，我们就可以开始取指令2。当指令1取操作数时，且指令2被译码时，我们可以开始取指令3。注意这些操作都能并行进行，这种工作方式和工厂里的自动装配线非常相似。

假设有一条k阶段流水线，时钟周期为t_p，也就是说，每个流水阶段花费时间为t_p。接着假设有n条指令(通常也称为**任务**)要处理。完成任务1(T_1)的时间为$k \times t_p$。余下的$n-1$个任务依次从接下来的每一个时钟周期中涌出，这也就意味着执行这些任务所花费的总时间为$(n-1) \times t_p$。因此，使用k段流水线完成n个任务需要的时间为：

$$(k \times t_p) + (n-1)t_p = (k+n-1)t_p$$

或者是 $k+(n-1)$ 个时钟周期。

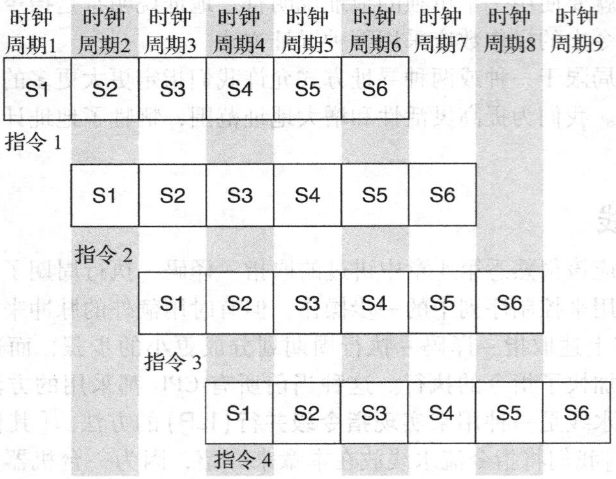

图 5-5　贯穿流水线 6 个阶段的 4 条指令

我们来计算一下使用流水线之后产生的加速比。不用流水线时，需要花费 nt_n 个时钟周期，其中 $t_n = k \times t_p$。因此，加速比(用使用了流水线的时间去除以未采用流水线的时间)就是：

$$\text{Speedup } S = \frac{nt_n}{(k+n-1)t_p}$$

如果 n 趋于无穷，那么 $(k+n-1)$ 就接近于 n，这就形成了理论上的加速比：

$$\text{Speedup } S = \frac{k \times t_p}{t_p} = k$$

理论加速比 k 就是流水线的段数。

接下来，我们看一道例题。

例 5.12　假设有一个 4 阶段流水线，其中：

- S1 = 取指
- S2 = 译码并计算有效地址
- S3 = 取操作数
- S4 = 执行指令并保存结果

我们必须假设计算机的体系结构提供了一种可以并行取数据和指令的方法。这可以通过独立的指令和数据通路来完成，然而，大多数的存储系统都不允许这么做。作为代替方式，它们在高速缓冲存储器中提供了操作数，在大多数情况下，它允许指令和操作数被同时取出。假设指令 I3 是条件转移语句，能够改变执行顺序(因此，接下来不是运行 I4，而是转去控制指令 I8)。这导致了流水线的运行如图 5-6 所示。

注意 I4、I5 和 I6 被取出并且按照通过每一个阶段，但是在 I3(分支指令)执行之后，I4、I5 和 I6 就不再需要了。仅仅在 6 个时间段之后，当执行分支指令时，可以取指将要执行的指令 I8，从这之后，流水线就又被占满了。从时间段 6～9，仅有 1 条指令被执行。理想的状况是，在流水线被填满后的每一个时间段，都应该有 1 条指令从流水线流出。但是，我们通过上述例子可以看出并不是一定会如此。◀

时钟周期→	1	2	3	4	5	6	7	8	9	10	11	12	13
指令：1	S1	S2	S3	S4									
2		S1	S2	S3	S4								
（分支）3			S1	S2	S3	S4							
4				S1	S2	S3							
5					S1	S2							
6						S1							
8							S1	S2	S3	S4			
9								S1	S2	S3	S4		
10									S1	S2	S3	S4	

图 5-6　带有条件转移的指令流水线示例

请注意并不是所有的指令都需要通过流水线的每一个阶段。如果一条指令没有操作数，那么就没有必要进入阶段 3。为了简化流水线的硬件和时序，规定所有的指令都通过所有的阶段，而不管是否需要进入某个阶段。

从我们之前讨论的加速比来看，可能会出现如下情况：如果流水线包含更多的阶段，那么每一个段的时间都可以更短。这是对的。在将数据从存储器传送到寄存器时，负载是固定的。流水线控制逻辑的数量会随着功能段的增长而按比例增长，从而减缓整个执行时间。另外，下面几种情况会引起“流水线冲突”，这也阻碍了每个时钟周期产出一条指令的目标。这包括：

- 资源冲突
- 数据依赖
- 条件转移语句

资源冲突（也叫**结构冒险**）在指令级并行中是主要关注的一个问题。举例说明，如果一条指令正在将某值存储到内存中，而另一条指令正在从内存中取指令，那么这两条指令都需要访问内存。通常的解决方法是允许正在执行的指令继续执行，而强迫取指指令等待。这种冲突也可以通过提供两条独立的数据通路来解决：一条用于从内存中读取数据，而另一条用于从内存中读出指令。

数据依赖发生在当一条指令执行的结果还没产生时，就将其作为下一条指令的操作数来使用。

比如说，考虑两个顺序执行的语句 $X = Y + 3$ 和 $Z = 2 * X$。这个问题发生在第四个时间段。第二条指令需要取操作数 X，但是第一条指令直到指令执行结束才能保存结果，因此 X 在时间段 4 的起始位置是不可访问的。

时间段→	1	2	3	4	5
X = Y + 3	取指令	译码	取 Y	执行并存储 X	
Z = 2 * X		取指令	译码	取 X	

有几种方法可以处理这些类型的流水线冲突。可以增加专用硬件来检测指令，这些指令的源操作数是由流水线上距离这些指令较远的指令产生的。这个硬件能够在流水线中插入一个简单的延迟（通常是一条什么也不做的 no-op 指令），允许有足够的时间来解决冲突。专用硬件也可以用来检测这些冲突并沿着存在于流水线不同阶段之间的专门通路传递数据。对于需要访问操作数的指令来说，这种方法减少了需要的时间。一些体系结构解决这个问题的方法是让编译器解决这种冲突。编译器已经被设计用来重新排序指令，从而推迟了加载冲突数据的时间，但是这对程序逻辑或输出没有影响。

分支指令让我们能够交换程序中的执行流，就流水线而言，它会引起一些主要问题。如果每一个时钟周期取一条指令，那么在后续指令到来之前会有好几条指令被取出甚至被译码。这意味着分支被执行了。条件分支尤其难以处理。很多的体系结构都提供了**分支预测**功能，使用逻辑电路来预测接下来需要执行哪条指令(本质上，它们是预测条件分支的结果)。编译器尝试通过重新安排机器代码引起**延迟转移**来解决分支问题。一种尝试是重新排序并插入有用的指令，但如果这是不可能的，就插入 no-op 指令占满流水线。一些机器为条件分支使用的其他方法是在每一个分支的两个路径上都取指令并保存这些指令，直到分支被实际执行，此时将会知道“真正”的执行路径。

为了从芯片中挤出更多的性能，现代 CPU 采用了超标量设计(第 4 章中介绍的)，超标量比流水线前进了一步。超标量芯片有多个 ALU，在每一个时钟周期访问多条指令。而每条指令的时钟周期实际上可以低于一个周期。但是跟踪冒险的逻辑更加复杂，需要更多的逻辑来调度操作而不是执行操作。即使有复杂的逻辑，也很难动态地调度并行操作。

动态调度的局限性使得计算机器设计者想到了一种非常不同的架构，**显式并行指令计算机**(**EPIC**)，第 4 章讨论的 Itanium 架构就是其最好的例证。EPIC 计算机有庞大的指令(Itanium 的指令是 128 位)，可以指定并行实现的几个操作。在这种设计中由于固有的并行性，因此 EPIC 指令集严重依赖于编译器(这意味着用户需要一个复杂的编译器来利用并行性，从而得到显著的性能优势)。调度操作的负担从处理器转移到了编译器上，从而可以花更多的时间来开发一个好的调度并分析潜在的流水线冲突。

为了减少由条件分支引起的流水线问题，IA-64 引入了**推测**指令。比较指令集推测各个位，就像是在 x86 机器上设置的条件码(除了这里是 64 个推测位外)。每一个操作指定一个推测位，仅当推测位等于 1 时，才会执行操作。实际上，所有的指令都被执行了，但是只有推测位等于 1 时，结果才会存放到寄存器文件里。结果就是执行更多的指令，但是我们不用让流水线停下来等待一个条件。

并行性有几个层次，从简单到复杂。所有的计算机都在某种程度上采用了并行性。指令使用字作为操作数(字的长度通常是 16 位、32 位、64 位)，而不是每次对一位进行操作。更高级的并行需要更专业和更复杂的硬件以及操作系统的支持。

尽管对并行的深入讨论超过了本书的范围，但在这里我们也对并行的两个极端情况进行一个简单回顾：程序级并行(PLP)和指令级并行(ILP)。PLP 实际上允许程序的一部分运行在多台计算机上。这听上去很简单，但是它需要对算法进行准确编码以使并行成为可能，并要提供不同模块间的同步。

ILP 包含了允许重叠指令执行的技术。本质上，我们想让单个程序中的多条指令并发地执行。有两种类型的 ILP。第一种类型的 ILP 将一条指令分解为不同的阶段并将这些阶段重叠执行。这正是流水线所做的。第二种类型的 ILP 允许单个指令重叠执行(也就是说，指令可以在同一时刻由处理器本身来执行)。

除了流水线架构之外，超标量、超流水线和超长指令字(VLIW)架构都呈现了 ILP 的特征。超标量架构(如第 4 章所讲)通过使用并行流水线在同一时刻实现了多个运算操作。实际使用超标量架构的机器有 IBM 的 PowerPC，Sun 公司的 UltraSparc 和 DEC 的 Alpha。**超流水线**架构通过将流水线阶段细分成更小的片段，从而使超标量的概念和流水线结合在了一起。IA-64 展示了一种 **VLIW** 架构，这意味着每一条指令能够指定多个标量运算(编译器将多个运算放进一条单指令中)。超标量和 VLIW 机器在每一个周期取出并执行多于一条的指令。

5.6 指令集架构实例

我们看一下第 4 章中讨论过的两种架构 Intel 和 MIPS。进而看一下这些处理器的设计者是如何选择以处理本章我们介绍的这些问题的：指令格式、指令类型、操作数的个数、寻址方式和流水线。我们也会介绍Java虚拟机来描述软件如何产生ISA抽象从而完全隐藏机器真实的ISA。最后，我们介绍ARM架构，它是一种你可能没有听说过但现在使用很广泛的架构。

5.6.1 Intel

Intel使用小端存储，双地址结构和变长指令格式。Intel处理器使用寄存器－存储器型结构，这就使所有的指令都能够在存储器上进行操作，但其他操作数必须得存放在寄存器中。这种ISA允许对变长数据进行运算，包括1、2或4字节的数据。

从8086到80486都是单阶段流水线结构。设计人员认为如果一条流水线产生的效果好，那么两条会更好。Pentium系列有两条平行的5阶段流水线，分别为U指令流水线和V指令流水线。上述流水线的阶段中包括预取指令、指令译码、地址生成、执行和写回。为了更有效，这些流水线必须保持满状态，这就需要能够并行处理指令。保证这种并行性的能够发生则是编译器的任务。PentiumⅡ将流水线的阶段数提高到了12，它包含预取指令、指令长度译码、指令译码、重命名/资源定位、UOP调度/分派、执行、写回和退出。增加的大多数新阶段用来参与Intel的MMX技术，这一技术是对架构的一种扩展，用来处理多媒体数据。PentiumⅢ将阶段数又提高到了14，PentiumⅣ更是到了24。增加的功能段(本章中没有介绍过的)包括用来决定指令的长度、产生微运算和“保证”指令(确保指令执行并且结果是永久性的)。Itanium仅包含10阶段的指令流水线：指令指针生成、取指、循环、扩展、重命名、字－线译码、寄存器读、执行、异常检测和写回。

Intel处理器允许使用本章讲过的基本的寻址方式，此外它还包含很多其他组合形式。8086提供了17种不同的访问内存的方法，它们中大多都是这些基本寻址方式的变种。Intel中更流行的Pentium架构包含与以前产品一样的寻址方式，但也引入了新的寻址方式，这更多是为了维持向后兼容。IA-64出人意外地缺少了存储器寻址方式。它仅有一种访问存储器的方式：寄存器间接寻址(算后增量是可选的)。这看上去不同往常的限制，但却遵循了RISC思想。地址在通用寄存器中计算和存储。更复杂的寻址方式需要专用硬件；通过限制寻址方式的种类，IA-64架构减少了对这种专用硬件的需求。

5.6.2 MIPS

MIPS架构(最开始是没有互锁流水线阶段的微处理器的缩写)，它采用小端存储方式、按字寻址、三地址结构和定长ISA。它是一个取－存架构，即只有装载和存储指令才能够访问存储器。所有其他的指令必须使用寄存器来存储操作数，这就意味着这一指令集架构需要大量的寄存器集合。MIPS也受定长运算操作的限制(对有相同字节数的数据进行运算)。

有些MIPS处理器(比如R2000和R3000)有5段流水线(取指、指令译码、执行、存储器访问和写回)。R4000和R5000有8段超流水线(取指前半段、取指后半段、寄存器读取、执行、取数据前半段、取数据后半段、标签检查和写回)。R10000非常有意思，因为它在流水线内的段数取决于指令经过的功能单元：整数指令有5个阶段，load/store指令有6个阶段，而浮点指令有7个阶段。MIPS 5000和10 000都设计超标量。

MIPS有一个明确的指令集，这个指令集包含5种基本的指令类型：简单的算术指令(add、XOR、NAND、shift)，数据传送指令(load、store、move)，控制指令(branch、jump)，多周期指令(multiply、divide)和其他指令(保存PC，保存条件寄存器)。MIPS程序员可以使用立即寻址、寄存器寻址、直接寻址、寄存器间接寻址、基址寻址和变址寻址等方式。然而，ISA本身仅提供一种寻址方式(基址寻址)。其余的寻址方式是由编译器提供的。MIPS64增加了两种寻址方式用于嵌入式系统的优化。

第4章中介绍的MIPS指令包含4个字段：一个操作码字段，两个操作数地址，一个结果地址。本质上它有3种指令格式可用：I类型(立即数)、R类型(寄存器)和J类型(跳转)。

R类型指令有6位操作码、5位源寄存器、第二个5位源寄存器、5位目的寄存器、5位移位位数和6位功能位。I类型指令有6位操作数、5位源寄存器、5位目的寄存器或分支条件和16位立即数分支偏移量或者地址偏移量。J类型指令有6位操作码和26位目的地址。

MIPS的指令集架构和Intel的架构不同，部分在于它们的设计理念不同。Intel为8086设计指令集架构之时，内存还是非常昂贵的，这就意味着设计一个指令集时需要尽量地压缩编码。这也是Intel使用变长指令的主要原因。8086使用的小寄存器集合不允许有非常多的数据保存在寄存器中，因此才有双地址指令(与此相对应的是MIPS中的三地址指令)。当Intel发展到IA32指令集架构时，大多数用户需要考虑向后兼容的需求。

5.6.3　Java虚拟机

Java是一种日益流行的语言，在平台独立性方面是非常令人感兴趣的。这意味着如果你想在一种架构上编译代码(比如Pentium)并且希望在另一种架构上运行它(比如Sun工作站)，你可以不用修改甚至不用重新编译代码。

当第一次编译你的代码时，Java编译器不会做任何关于程序运行在哪个架构的假设，比如说寄存器的数目、内存大小或者I/O端口。然而编译之后，要执行程序时，你将需要一个对应程序运行架构的**Java虚拟机(JVM)**。(**虚拟机**是真实机器的软件仿真。)JVM本质上是一个“封装”，它在硬件架构上运行而且是非常依赖于平台的。Pentium的JVM不同于Sun工作站的JVM，后者不同于Macintosh的JVM，依次类推。但是一旦JVM存在于一个专用架构上，JVM就能够执行在任意指令集平台上编译的Java程序。在运行时，加载、检查、查找和执行字节码都是JVM的任务。尽管JVM是虚拟的，但它也是一个设计良好的ISA的完美示例。

一个专用架构的JVM是用此架构的初始指令集写成的。它扮演着解释器的角色，获取Java的字节码并将它们解释成为显式的底层机器指令。**字节码**是在编译Java程序时产生的。接下来这些字节码就会成为JVM的输入。JVM可以比作一个巨大的`switch`(或者`case`)语句，一次分析一条字节码指令。每一条字节码指令会引起一个到具体代码模块的跳转，这个模块可以实现给定的字节码指令。

这和你熟悉的高级语言有显著的不同。比如，当你编译一个C++程序时，产生的目标代码是针对特定架构的。(编译一个C++程序会产生一个汇编语言程序，然后再将其翻译为机器码。)如果你想让你的C++程序在不同的平台上运行，你就必须在目标架构上重新编译它。编译器编译的语言翻译成可执行文件的二进制机器码。一旦产生了二进制码，它就只能运行在目标架构上了。编译型语言通常都呈现出良好的性能并且会对操作系统提供友好的访问。编译型语言包括C、C++、Ada、FORTRAN和COBOL。

某些语言(比如LISP、PhP、Perl、Python、Tcl和大多的Basic语言)是解释型语言。每次程序运行时，源代码都必须重新解释一次。解释型语言为平台独立性付出的代价是具有了更慢的性能——经常是慢100倍。(我们将在第8章中更多的讨论这个话题)

那种两者兼而有之(编译型语言和解释型语言)的语言也有。它们经常被称为**P-code语言**。用这些语言编写的源代码会被编译成一种叫作P-code的中间形式，接下来P-code就会被解释。P-code语言通常比编译型语言慢5~10倍。Python、Perl和Java事实上是P-code语言，尽管通常认为它们是解释型语言。

图5-7给出了Java语言编程环境的一个概述。

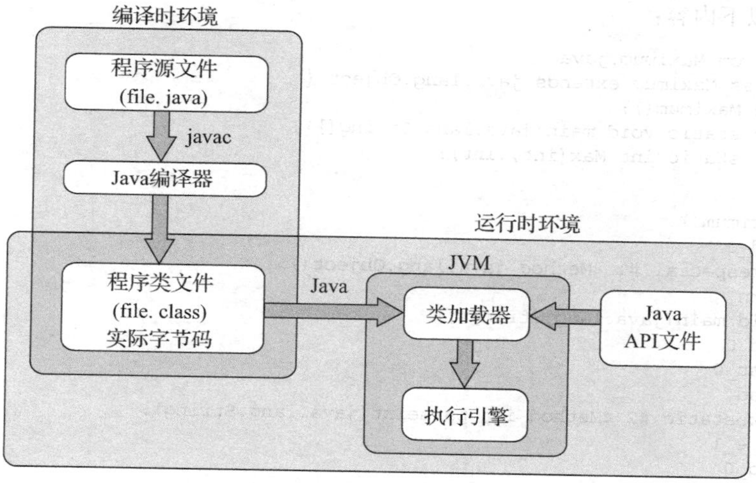

图 5-7 Java 编程环境

也许比 Java 的平台独立性更有趣(尤其是跟本章内容相关的)是 Java 字节码是基于堆栈语言的这一事实，其部分指令是由零地址指令组成的。每一条指令包含一个字节的操作码，紧接着是零或多个操作数。操作码本身表示了其后边是否有操作数和操作数的形式(如果有操作数)。这些指令当中的很多都不需要操作数。

Java 使用 2 的补码来表示有符号整数，同时不允许使用无符号整数。字符是用 16 位 Unicode 编码的。Java 有 4 个寄存器，它们对 5 个不同主存储器区域进行访问。所有对存储器的引用都是基于寄存器中存储的偏移量的；它从不使用指针或绝对存储器地址。由于 JVM 是堆栈型机器所以没有通用寄存器。缺少通用寄存器对性能是不利的，因为这会产生更多的存储器引用。我们用性能换来了可移植性。

接下来我们看一个短的 Java 程序和它相应的字节码。例 5.13 给出了一个查找两数之中最大值的 Java 程序。

例 5.13 这是一个求两数中最大值的 Java 程序。

```
public class Maximum {

  public static void main (String[] Args)
  { int X,Y,Z;
    X = Integer.parseInt(Args[0]);
    Y = Integer.parseInt(Args[1]);
    Z = Max(X,Y);
    System.out.println(Z);
  }

  public static int Max (int A, int B)
  { int C;
    if (A > B) C = A;
    else C = B;
    return C;
  }
}
```

然后编译这个程序(用 javac)，我们可以将它反汇编来检查一下字节码，使用如下的命令即可：

```
javap -c Maximum
```

你将看到以下内容：

```
Compiled from Maximum.java
public class Maximum extends java.lang.Object {
    public Maximum();
    public static void main(java.lang.String[]);
    public static int Max(int, int);
}

Method Maximum()
   0 aload_0
   1 invokespecial #1 <Method java.lang.Object()>
   4 return
Method void main(java.lang.String[])
   0 aload_0
   1 iconst_0
   2 aaload
   3 invokestatic #2 <Method int parseInt(java.lang.String)>
   6 istore_1
   7 aload_0
   8 iconst_1
   9 aaload
  10 invokestatic #2 <Method int parseInt(java.lang.String)>
  13 istore_2
  14 iload_1
  15 iload_2
  16 invokestatic #3 <Method int Max(int, int)>
  19 istore_3
  20 getstatic #4 <Field java.io.PrintStream out>
  23 iload_3
  24 invokevirtual #5 <Method void println(int)>
  27 return
Method int Max(int, int)
   0 iload_0
   1 iload_1
   2 if_icmple 10
   5 iload_0
   6 istore_2
   7 goto 12
  10 iload_1
  11 istore_2
  12 iload_2
  13 ireturn
```

每一行数值代表一个偏移量(或从当前方法开始，一条指令所占的字节数)。注意

```
Z = Max (X,Y);
```

得到编译成如下的字节码：

```
14 iload_1
15 iload_2
16 invokestatic #3 <Method int Max(int, int)>
19 istore_3
```

Java 字节码是基于堆栈的，这应该很明显了。比如，iadd 指令从堆栈中弹出两个整数，它们相加，然后将结果压入栈顶。这里没有类似“add r0, r1, f2”或者“add AC, X”的指令。iload_1(整数加载)指令同样通过压入 slot 1 到栈顶(slot 1 中存放 X，因此 X 被压入堆栈)来完成操作的。Y 是由指令 15 来压入堆栈的。invokestatic 指令实际上实现 Max 方法的调用。当此方法执行完毕后，istore_3 指令将栈顶元素弹出并存放在 Z 中。

我们将在第 8 章中对 Java 语言和 JVM 进行更深入的探讨。

5.6.4 ARM

在今天众多的便携设备中 ARM 是类 RISC(精简指令集计算机)处理器内核的一个家族。实际上，它是一种使用最为广泛的 32 位指令集架构。超过 95% 的智能电话、80% 的数码相机和大于 40% 的全数字电视中都在使用它。ARM(Advanced RISC Machine)最初是由苹果、Acorn 公司和 VLSI 建立的，它成立于 1990 年，现在是由英国的 ARM Holdings 公司发放授权。ARM Holdings 公司不生产处理器，它出售授权，处理器内核是由从 ARM 公司取得架构授权的各个公司独立研发的。这就使得研发人员可以从最切合他们需求的角度来任意扩展芯片。

ARM 种类有很多，包括 ARM1、ARM2，直到 ARM11，而 ARM7、ARM9、ARM10 已成为当前获取授权的最主要家族。ARM 处理器有 3 种架构系列：Cortex-A(在第三方应用为全操作系统设计的)，Cortex-R(为嵌入式和实时应用程序设计的)，以及 Cortex-M(为微控制器设计的)。ARM 处理器的实现多种多样。比如，大多数处理器采用标准的冯·诺依曼架构，比如 ARM7，还有一些使用哈佛架构，比如 ARM9。尽管最新的 ARM 架构支持 64 位计算，但我们接下来的讨论还是针对最常见的 32 位处理器展开的。

ARM 是一种装载/存储架构，故所有的数据处理都必须通过寄存器中的值来处理，而不是存储器。它采用长三操作数指令和简单的寻址方式，尽管它的变址(基址加上偏移量)寻址方式非常强大。这些特征再辅以 16 个 32 位通用寄存器中的大寄存器文件，使得流水线很容易实现。所有的 ARM 处理器都至少有一个 3 阶段流水线(包括取指、译码和执行)；更新的处理器则有更深的流水线(更多的阶段)。比如，常用的 ARM9 通常有一个 5 阶段流水线(和 MIPS 类似)；ARM8 的某些实现有一个 13 阶段的流水线(其中取指分解为 2 个阶段，译码分解为 5 个阶段，执行分解为 6 个阶段)。

实际上，在 ARM 架构中有 37 个寄存器。然而，由于它们是在不同处理器模式间共享的，所以当处理器处于某一特定模式时，仅有部分是可见的(可以使用的)。处理器模式对其能够实现的运算类型和能访问的数据范围设置规则和限制。处理器的运行模式从根本上决定了它的运算环境。使用特权模式可以直接访问硬件和存储器，对非特权模式限制了能访问的寄存器和能使用的其他硬件。ARM 处理器支持很多种处理器模式，这取决于架构的版本。这些模式通常包含：(1)管理模式，一种对操作系统的保护模式；(2)FIQ 模式，一种支持高速数据传输的特权模式，用来处理高优先级中断；(3)IRQ 模式，一种用来处理通用中断的特权模式；(4)Abort，一种用于处理存储器访问越界的特权模式；(5)Undefined，当遇到未定义或非法指令使用的特权模式；(6)System，运行在特权操作系统任务上的特权模式；(7)User，一种非特权模式和大多数应用程序中运行的模式。

与不同模式有关的几种限制决定了如何使用寄存器。寄存器 0 ~ 7 在所有的处理器模式中都是一样的。但是，某些寄存器的多种副本称作 banks，而实际使用的副本是由当前模式决定的。比如，寄存器 13 和 14 在大多数特权模式中是 banked 寄存器；这表示每一种模式都有各自的寄存器 13 和寄存器 14 副本。这些寄存器再加上寄存器 15，都有双重用途；当寄存器 13、14 和 15 能够被直接访问时，在相应的模式中，寄存器 13 用作堆栈指针，寄存器 14 作为链接寄存器，而 15 作为程序计数器。

所有的 ARM 处理器都执行位逻辑和比较运算，也能够执行加法、减法和乘法运算；仅有一部分能够实现除法。ARM 处理器提供标准的数据传送指令，包括从存储器到寄存器，寄存器到存储器，以及寄存器到寄存器的传送数据指令。除了平常的单寄存器传送，ARM 也提供多寄存器传送指令。ARM 能同时对 16 个通用寄存器的任意子集和连续存储器地址之间进行读或写。控制流指令包括条件转移、非条件转移和过程调用(使用分支和链接指令来实现，并在寄存器14中保存返回地址)。

如果没有流水线冲突以及必须要访问的指令，大多数ARM指令可以在单周期内执行完毕。为了最小化时钟周期的数目，ARM采用了多种技术。比如，当遇到分支语句时，通常都是有条件地执行分支。ARM也提供自动变址寻址方式，当执行装载/存储指令时，它允许变址寄存器中的值发生改变。另外，ARM有几种专用指令和寄存器。例如，如果指令指定寄存器15作为目的寄存器，则ALU的运算结果就会被自动地作为下一条指令的地址。如果PC用在存储器访问指令中，则下一条指令就会自动从存储器中取出。

下面是一个ARM的程序，它实现在寄存器1中保存两个整数当中的最大值。比较指令(cmp)实现寄存器2减去寄存器1的操作，但是它不保存结果，而是使用差值来在状态寄存器中设置标志位，接下来分支指令就会用到此标志位。分支语句(bge)仅当寄存器2中的值大于或等于寄存器1中的值时才进行跳转。注意，这里的汇编语言和MARIE，Intel和MIPS(参加第4章)是如何相似的。

```
      ldr  r1,Num1  ; load the first number into register 1
      ldr  r2,Num2  ; load the second number into register 2
      cmp  r1,r2    ; compare the two numbers
      bge  end      ; if r1 has the larger value we are finished
      mov  r1, r2   ; if not, r2 has the larger value so copy it
                    ; into register 1
      end
Num1  dcd  &13579246
Num2  dcd  &13578246
      end
```

大多数ARM架构可实现两种不同的指令集：常见的32位ARM指令集和16位的Thumb指令集。支持Thumb指令集的芯片在名字中都带有字母T。[一些内核安装有Java加速器(Jazelle)，这使得它们可以执行Java字节码。这些处理器在CPU名字上都带有字母J]。尽管ARM中的一些指令能够在单周期中执行，但这些短指令会使程序变长，因此就需要更大的内存。当速度不是关键因素时，相对于处理器的执行速度，内存的成本就变得很重要了。对很多ARM芯片来说，Thumb是一个可选项，它可以压缩代码密度进而减少所占用的存储空间。我们应该注意到，ARM处理器事实上仅包含一个指令集。当处理器运行在Thumb模式下时，处理器(通过芯片上的专用硬件)将一条Thumb指令扩展成一条等价的ARM 32位指令。在Thumb模式中，不再包含16个可访问的通用寄存器，这个数量缩减到8个(除了PC，栈指针和链接指针寄存器之外)。

Thumb指令集至少有两个变种：Thumb(包含16位定长指令)和Thumb-2(在最新的处理器核中出现的)，它向后兼容Thumb，但是允许使用32位指令。虽然Thumb是一种压缩的浓缩式语言(它比ARM指令集所占空间缩小了40%)，并允许更短的操作码和更优的代码密度，但是其性能却和ARM指令集不匹配。Thumb-2的性能比Thumb提升了25%，而且也能提供良好的代码密度和能效。

ARM很小，因此需要的晶体管很少，这也相应地意味着它需要很小的功率。这使得它有一个良好的性能-功率比，因此可以用作便携设备的处理器。当前，ARM处理器用在了智能电话、数码相机、GPS设备、健身器材、图书阅读器、MP3播放器、智能玩具、家电、自动售货机、打印机、游戏控制台、平板电脑、无线局域网的盒子、USB控制器、蓝牙控制器、医用扫描仪、路由器和汽车等很多设备上。虽然其他一些公司也设计了正在用于便携设备上的移动处理器(最著名的就是Intel的Atom x86处理器)，但是我们预测ARM还将会在相当长的一段时间内统治移动设备的市场。

本章小结

指令集架构的核心内容包括存储器模型(字大小以及地址空间的分割)、寄存器、数据类型、指令格式、寻址方式以及指令类型。尽管现在的大多数计算机都有通用寄存器集合，并且通过存储器和寄存器位置的组合来指定操作数，但指令在大小、类型、格式和操作数的个数上都有变化。指令也对操作数的位置也有着严格的限制。操作数可以存放在堆栈、寄存器、存储器或者上述 3 种位置的组合中。

在设计 ISA 时需要做很多决策。大的指令集往往要求有更长的指令，这也表示会有更长的取指和译码时间。定长指令译码容易但是浪费存储空间。扩展操作码是对大指令集的需求和短指令的渴望之间的一个折中方案。也许最有趣的争论就是大端和小端字节顺序了。

CPU 内部的存储方式有 3 种选择：堆栈、累加器或通用寄存器。每一种都有优缺点，这必须根据已有架构的应用环境来做决定。内部存储方案对指令格式有着直接的影响，尤其是对指令允许引用的操作数数目有影响。堆栈架构使用零操作数，这非常适合 RPN 表达式。

指令可以分为如下几类：数据传送、算术运算、布尔运算、位运算、I/O、控制传输以及专用指令。有些 ISA 在每一类指令中都包含很多指令，而有些 ISA 则包含很少的指令，还有些 ISA 将各类指令进行了混合。正交指令集是一致的，在操作数/操作码之间的关系上没有限制。

存储技术上的进步带来了更大的存储器，也导致了其他寻址方式的出现。变化多样的寻址方式包括立即寻址、直接寻址、间接寻址、寄存器寻址、变址寻址和堆栈寻址。在不用改变 CPU 基本操作的前提下，这些不同的寻址方式对程序员提供了很大的灵活性和便利性。

指令级流水线是指令级并行的一个例子。流水线是一个普通但复杂的技术，它能够加速取指 - 译码 - 执行周期的速度。通过流水线，我们可以重叠指令的执行过程，从而可以并行地执行多条指令。然而，我们也经常看到并行数量受到流水线冲突的限制。不同于流水线同时执行多条指令的不同阶段，超标量架构允许我们同时执行多种操作。除了 VLIW 外，结合了超标量和流水线技术的超流水线技术也简要介绍了一下。有很多类型的并行，但是在计算机组织和结构级，我们实际上主要关注 ILP。

Intel 和 MIPS 的 ISA 都很有意思，这在本章和第 4 章我们都讲过。但是，Java 虚拟机是一种特殊的 ISA，因为 ISA 是内置到软件中的，从而 Java 程序在任何支持 JVM 的计算机上都能够运行。第 8 章会对 JVM 进行大量详尽的介绍。ARM 是一种支持多 ISA 的架构。

扩展阅读

指令集、寻址方式和指令格式的内容在几乎每一本计算机体系结构的书中都有详细的介绍。Patterson 和 Hennessy(2009)的书籍、Stallings(2013)和 Tanenbaum(2013)的书籍都对这些内容进行了非常好的描述。如 Brey(2003)，Messmer(2001)，Abel(2001)和 Jones(2001)等编写的书籍都是基于 Intel x86 架构的。对 Motorola 68000 系列感兴趣的读者，我们建议你读 Wray、Greenfield 和 Bannatyne(1999)或者 Miller(1992)编写的书。

Sohi(1990)编写的书对指令级流水线给出了一个完美的讲解。Kaeli 和 Emma(1991)编写的书对分支如何影响流水线性能给出了一个有趣的总结。如果要了解流水线的历史，可以看 Rau 和 Fisher(1993)编写的书。要想对流水线的问题和局限性有更多的了解，请看 Wall(1993)编写的书。

我们研究探讨了第 4 章中的几种专门架构，但是还有很多重要的指令集架构值得我们关注。比如，Atanasoff 的 ABC 计算机(Burks 和 Burks(1988))，Von Neumann 的 EDVAC，Mauchly 和 Eckert 的 UNIVAC (Stern(1981)对两者都进行了介绍)都有非常简单的指令集架构，但是需要用机器语言编程来实现。Intel 8080(一种单地址计算机)是第 4 章中介绍的 80x86 系列机的先驱。Brey(2003)编写的书对 Intel 系列机的处理器有详尽易懂的介绍。Hauck 和 Dent(1968)编写的书给出了关于 Burroughs 零地址计算机的全面讲解。Struble(1984)编写的书很好地描述了 IBM 360 系列机。Brunner(1991)则详细介绍了 DEC 的 VAX 系统，这个系统将双地址架构和更复杂的指令集结合到了一起。SPARC(1994)对 SPARC 架构提供了一个全面的总结。Meyer 和 Downing(1991)、Lindholm 和 Yellin(1999)，以及 Venners(2000)编写的书都对 JVM 给出了非常有趣的讲解。

如果想看从 32 位到 64 位的有意思的发展史，可以看 Mashey(2009)编写的书。作者给出了架构决策如何产生非预期并持久的后果。

参考文献

Abel, P. *IBM PC Assembly Language and Programming*, 5th ed. Upper Saddle River, NJ: Prentice Hall, 2001.

Brey, B. *Intel Microprocessors 8086/8088, 80186/80188, 80286, 80386, 80486 Pentium, and Pentium Pro Processor, Pentium II, Pentium III, and Pentium IV: Architecture, Programming, and Interfacing*, 6th ed. Englewood Cliffs, NJ: Prentice Hall, 2003.

Brunner, R. A. *VAX Architecture Reference Manual*, 2nd ed. Herndon, VA: Digital Press, 1991.

Burks, A., & Burks, A. *The First Electronic Computer: The Atanasoff Story.* Ann Arbor, MI: University of Michigan Press, 1988.

Hauck, E. A., & Dent, B. A. "Burroughs B6500/B7500 Stack Mechanism." *Proceedings of AFIPS SJCC 32*, 1968, pp. 245–251.

Jones, W. *Assembly Language Programming for the IBM PC Family*, 3rd ed. El Granada, CA: Scott/Jones Publishing, 2001.

Kaeli, D., & Emma, P. "Branch History Table Prediction of Moving Target Branches Due to Subroutine Returns." *Proceedings of the 18th Annual International Symposium on Computer Architecture*, May 1991.

Lindholm, T., & Yellin, F. *The Java Virtual Machine Specification*, 2nd ed., 1999. Online at java.sun.com/docs/books/jvms/index.html.

Mashey, J. "The Long Road to 64 Bits." *CACM 52*:1, January 2009, pp. 45–53.

Messmer, H. *The Indispensable PC Hardware Book*. 4th ed. Reading, MA: Addison-Wesley, 2001.

Meyer, J., & Downing, T. *Java Virtual Machine*. Sebastopol, CA: O'Reilly & Associates, 1991.

Miller, M. A. *The 6800 Microprocessor Family: Architecture, Programming, and Applications*, 2nd ed. Columbus, OH: Charles E. Merrill, 1992.

Patterson, D. A., & Hennessy, J. L. *Computer Organization and Design, The Hardware/Software Interface*, 4th ed. San Mateo, CA: Morgan Kaufmann, 2009.

Rau, B. R., & Fisher, J. A. "Instruction-Level Parallel Processing: History, Overview and Perspective." *Journal of Supercomputing 7*:1, January 1993, pp. 9–50.

Sohi, G. "Instruction Issue Logic for High-Performance Interruptible, Multiple Functional Unit, Pipelined Computers." *IEEE Transactions on Computers*, March 1990.

SPARC International, Inc. *The SPARC Architecture Manual: Version 9*. Upper Saddle River, NJ: Prentice Hall, 1994.

Stallings, W. *Computer Organization and Architecture*, 9th ed. Upper Saddle River, NJ: Prentice Hall, 2013.

Stern, N. *From ENIAC to UNIVAC: An Appraisal of the Eckert-Mauchly Computers.* Herndon, VA: Digital Press, 1981.

Struble, G. W. *Assembler Language Programming: The IBM System/360 and 370*, 3rd ed. Reading, MA: Addison-Wesley, 1984.

Tanenbaum, A. *Structured Computer Organization*, 6th ed. Upper Saddle River, NJ: Prentice Hall, 2013.

Venners, B. *Inside the Java 2 Virtual Machine*, 2000. Online at www.artima.com.

Wall, D. W. *Limits of Instruction-Level Parallelism*. DEC-WRL Research Report 93/6, November 1993.

Wray, W. C., Greenfield, J. D., & Bannatyne, R. *Using Microprocessors and Microcomputers, the Motorola Family*, 4th ed. Englewood Cliffs, NJ: Prentice Hall, 1999.

复习题

1. 解释寄存器 - 寄存器、寄存器 - 存储器、存储器 - 存储器指令的区别。
2. 关于指令集存在着不同的设计方案。请给出 4 种并解释之。

3. 什么是扩展操作码？
4. 如果某台计算机采用字节寻址，字长为 32 位，某内存单元存放的十六进制数为 98765432，说明这个值在小端机器和大端机器上分别是如何被存储的。为什么字节顺序很重要？
5. 我们可以设计堆栈、累加器和通用寄存器型架构。解释这 3 种方案之间的区别，并给出一种方案会优于其他方案的情况。
6. 存储器－存储器、寄存器－存储器和 load-store3 种架构有何不同？它们的相同之处是什么？
7. 定长和变长指令的优缺点是什么？哪种是当今最常用的？
8. 基于零操作数的指令架构如何从内存中读取数据？
9. 用零地址指令架构编写的程序、用单地址指令架构编写的程序和基于双地址架构编写的程序，它们哪个更长(有更多的指令)？为什么？
10. 为什么堆栈结构可以用逆波兰式来表示算术表达式？
11. 说出数据指令的 7 种类型并逐一解释。
12. 算术移位和逻辑移位的区别是什么？
13. 解释指令集正交意味着什么。
14. 什么是寻址方式？
15. 举例说明立即寻址、直接寻址、寄存器寻址、间接寻址、寄存器间接寻址和变址寻址。
16. 如何区别变址寻址和基址寻址？
17. 为什么我们需要那么多种不同的寻址方式？
18. 解释指令流水线背后的概念。
19. 对于一个时钟周期为 20ns 的 4 阶段流水线来说，如果处理 100 个任务，它的理论加速比是多大？
20. 在流水线中，引起速度变缓的流水线冲突是什么？
21. ILP 的两种类型是什么？如何区分它们？
22. 解释超标量、超流水线和 VLIW 体系结构。
23. 列出几种方法，在这些方法中 Intel 和 MIPS ISA 是不同的。再列出几种方法，在这些方法中它们是相同的。
24. 请解释 Java 字节码。
25. 举例说明基于堆栈的架构和基于通用寄存器的架构。它们有何不同？

习题

1. 假设某台计算机采用字节寻址，使用 32 位整数，要从地址 0 开始存储十六进制数 1234，则：
   - ◆ a) 给出大端方式是如何存储的。
   - ◆ b) 给出小端方式是如何存储的。
   - c) 如果将这个数值增大到 123456，则大端和小端方式中，在字节对齐的情况下哪种存储方式更高效？给出你的理由。
2. 已知某台计算机字长 32 位，采用字节寻址，试给出下列各值分别采用小端和大端方式时的存储情况。假设每个值的起始地址都是 10_{16}。画出每种存储方式的存储器示意图，并标出每个地址存储的内容。

   a) 0x456789A1　　b) 0x0000058A　　c) 0x14148888
3. 填充下面的表格以展示出在 2 的补码表示的机器中，给定整数是如何表示的，假设每个数值都用 16 位来表示。

整数	二进制	十六进制	4 字节大端存储方式（内存中以十六进制表示）	4 字节小端存储方式（内存中以十六进制表示）
28				
2216				
−18 675				
−12				
31 456				

4. 假设某台计算机的整数字长为 32 位，写出以下各值在内存中是如何按照顺序存储的。假设起始地址为 0x100，每个地址中存放一个字节。确保每个值都被扩展到合适的位数。需要增加行(地址)来存储给定值。

字节顺序

地址	大端方式	小端方式	地址	大端方式	小端方式
0x100			0x104		
0x101			0x105		
0x102			0x106		
0x103			0x107		

a) 0xAB123456　　b) 0x2BF876　　c) 0x8B0A1
d) 0x1　　e) 0xFEDC1234

5. 假设一个 32 位的十六进制数在内存中按如下方式存储：

地址	数值	地址	数值
100	2A	102	08
101	C2	103	1B

a) 假设机器采用大端存储方式，且用 2 的补码形式表示整数，写出在地址 100 中存储的这个 32 位整数的值(可以用十六进制表示)。
b) 若机器为大端方式，且这个数字表示一个 IEEE 单精度浮点数，那么此浮点数是正数还是负数？
c) 若机器为大端方式，且这个数字表示一个 IEEE 单精度浮点数，请给出地址 100 中存放的等价十进制数(可以将答案用科学计数法表示，写成 2 的幂的形式)。
d) 假设机器采用小端存储方式，且用 2 的补码形式表示整数，写出在地址 100 中存储的这个 32 位整数的值(可以用十六进制表示)。
e) 若机器为小端方式，且这个数字表示一个 IEEE 单精度浮点数，那么此浮点数是正数还是负数？
f) 若机器为小端方式，且这个数字表示一个 IEEE 单精度浮点数，请给出地址 100 中存放的等价十进制数(可以将答案用科学计数法表示，写成 2 的幂的形式)。

6. 已知一个 2M × 16 的存储器，前两个字节存放的十六进制值如下所示：

- 字节 0 中为 FE
- 字节 1 中为 01

如果这些字节表示一个十六位的以 2 的补码形式表示的整数，那么当存储器按如下存储形式时，其实际存储的十进制值是多少？

a) 按大端方式存储　　b) 按小端方式存储

7. 如果你希望将一个数据从大端计算机传输到小端计算机，那么你能想到的字节顺序不同会引起哪类问题？请解释。

8. 人口研究所监控着美国的人口情况。2008 年，研究所编写了一个程序来创建表示各州人口数量的文件，也包括美国总人口的文件。这一程序运行在 Motorola 的处理器上，基于不同的规则，比如每年平均出生和死亡的人数来呈现人口的数量。研究所运行此程序并将输出文件传送到州立机构，因此这些数值可作为输入传递给不同的应用程序。然而，一个宾夕法尼亚的代理机构是在 Intel 机器上运行这个程序的，它遇到了如下问题：当 32 位无符号整数 $1D2F37E8_{16}$(代表对整个美国 2013 年的人口预测)当作输入时，这个机构的程序简单地输出了这个输入值，对 2014 年的美国人口数量的预测值太大了。你能帮助这个代理机构分析一下是哪里可能出错了吗？(提示：程序运行在不同的处理器上。)

9. 有些原因使机器设计者想让所有指令具有相同的长度。但为什么对一个堆栈计算机来说，这并不是一个好方案？

◆ **10.** 某台计算机的指令字长为 32 位，地址码长 12 位。假设有 250 条双地址指令，问还能设计多少条单地址指令？请解释你的答案。

11. 将下述中缀表达式转换为后缀表达式(逆波兰式)：

a) $(8-6)/2$ b) $(2+3)\times 8/10$ c) $[5\times(4+3)\times 2-6]$

12. 将下述中缀表达式转换为后缀表达式(逆波兰式)：

◆ a) $X\times Y+W\times Z+V\times U$

b) $W\times X+W\times(U\times V+Z)$

c) $\{W\times[X+Y\times(U\times V)]\}/[U\times(X+Y)]$

13. 将下述逆波兰式转换为中缀表达式：

a) 1 2 8 3 1 + − /

b) 5 2 + 2 × 1 + 2 ×

c) 3 5 7 + 2 1 − × 1 + +

14. 将下述逆波兰式转换为中缀表达式：

a) $W\ X\ Y\ Z - + \times$

b) $U\ V\ W\ X\ Y\ Z + \times + \times +$

c) $X\ Y\ Z + V\ W - X\ Z + +$

15. 解释在习题 13 中如何利用堆栈对逆波兰表达式求值。

16. a) 将下述表达式写成逆波兰式。记住算术运算符的优先级。

$$X=\frac{A-B+C\times(D\times E-F)}{G+H\times K}$$

b) 编写一个程序对上述算术表达式进行求值，要求使用基于堆栈的计算机和零地址指令(仅 `Pop` 和 `Push` 指令能够访问内存)。

17. a) 已知在某计算机的指令格式中，指令字长是 11 位，每个地址字段长 4 位。那么如下的指定格式是否是可能的？解释你的答案。

- 5 条双地址指令
- 45 条单地址指令
- 32 条零地址指令

b) 假设在某计算机的指令集架构中使用上述的指令格式已经设计了 6 条双地址指令和 24 条零地址指令。那么最多还能设计多少条单地址指令？

18. 假设某计算机有如下指令格式：一个操作码和三个寄存器值或是一个寄存器值和一个地址。那么在这台机器上的 ADD 指令可以使用哪些可变的指令格式？

19. 对于给定的 16 位指令，假设共有 32 个寄存器，可以设计如下的扩展操作码吗？如果可以，给出具体编码。如果不能，请解释原因。

- 60 条双地址指令，操作数存放在寄存器中；
- 30 条单地址指令，操作数存放在寄存器中；
- 3 条单地址指令，地址码 10 位；
- 26 条零地址指令。

20. 直接寻址和间接寻址的区别是什么？请举例说明。

◆ **21.** 假设已知指令 `Load 1000`。下图给出了在存储器中存储的部分值和在寄存器 R1 中存放的值：

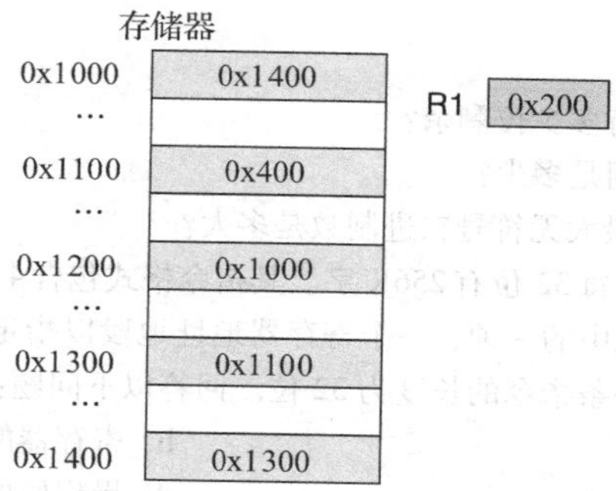

并且假设 R1 在变址寻址方式中是隐含的寄存器，给出读入累加器的实际值并填充下表：

寻址方式	装入 AC 中的值	寻址方式	装入 AC 中的值
立即寻址		间接寻址	
直接寻址		变址寻址	

22. 假设已知指令 `Load 500`。下图给出了在存储器中存储的部分值和在寄存器 R1 中存放的值：

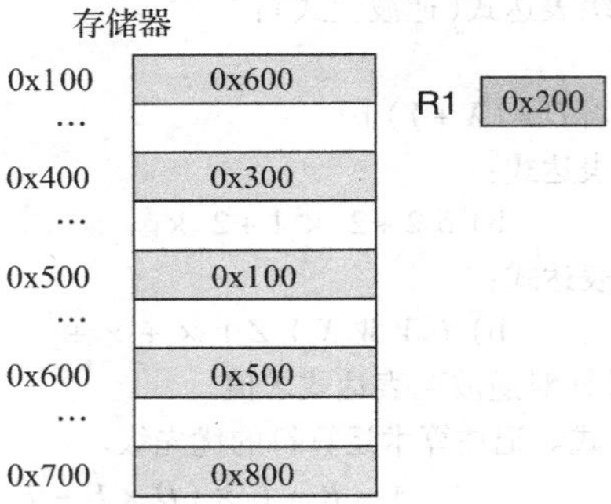

并且假设 R1 在变址寻址方式中是隐含的寄存器，给出读入累加器的实际值并填充下表：

寻址方式	装入 AC 中的值	寻址方式	装入 AC 中的值
立即寻址		间接寻址	
直接寻址		变址寻址	

23. 一个非流水线系统处理一个任务需要 200ns。同样的任务可以在一个 5 阶段流水线上进行处理，其时钟周期为 40ns。请给出流水线实现 200 个任务的加速比。流水线和非流水线单元相比，最大加速比可以达到多大？

24. 一个非流水线系统处理一个任务需要 100ns。同样的任务可以在一个 5 阶段流水线上进行处理，其时钟周期为 20ns。请给出流水线实现 100 个任务的加速比。流水线和非流水线单元相比，理论上的最大加速比可以达到多大？

25. 假设和例 5.12 中有相同的阶段，解释以下每一个代码段里潜在的流水线冒险（如果有）。

a) X = R2 + Y
   R4 = R2 + X

b) R1 = R2 + X
   X = R3 + Y
   Z = R1 + X

26. 在三地址、双地址、单地址和零地址机器上分别编写代码来实现表达式 $A=(B+C)\times(D+E)$。与程序设计语言练习的要求一致，求解表达式时不应改变操作数的值。

◆ **27.** 已知一台数字计算机的存储器单元中每一个字的大小为 24 位。指令集包含 150 种不同的操作。所有指令都有一个操作码字段（操作码）和一个地址码地段（只允许有一个地址）。每条指令都存储在一个存储字中。

a) 操作码字段需要多少位？

b) 指令中的地址码部分还有多少位剩余？

c) 存储器可允许的最大空间是多少？

d) 一个存储字中可表示的最大无符号二进制数是多大？

28. 某计算机存储单元的容量是每 32 位有 256K 字。其指令格式包含 4 个字段：一个操作码字段，一个方式字段以指定 7 种寻址方式中的一种，一个寄存器地址地段以指定 60 个寄存器中的某一个，以及一个存储器地址字段。假设一条指令的长度为 32 位。回答以下问题：

a) 寻址方式的字段多大？

b) 寄存器的字段多大？

c) 存储器地址的字段多大？

d) 操作码的字段多大？

29. 假定在一个非流水线 CPU 中，执行一条指令需要 4 个时钟周期：一个时钟周期取指令，一个时钟周期对指令译码，一个时钟周期实现 ALU 操作，最后一个时钟周期存储结果。对一个有 4 阶段流水线的 CPU 来说，指令仍然需要 4 个时钟周期来执行，因此，怎样才能说流水线加速了程序的执行呢？

***30.** 挑选一种指令集架构（不同于本章介绍的）。研究一下，找出这种架构是如何运用本章讲过的这些概念的，就像我们对 Intel、MIPS 和 Java 分析的一样。

是非题

1. 大多数计算机都属于以下 3 种 CPU 组织中的一种：(1)通用寄存器型；(2)单累加器型；(3)堆栈型。
2. 零地址指令计算机的优点是能有更短的程序，缺点是指令需要的位数很多，从而使指令很长。
3. 一条指令在使用了指令流水线的处理器上执行比在非流水线处理器上执行花费的时间少。
4. 术语“端”指的是一种体系结构的字节顺序。
5. 堆栈结构有良好的代码密度和计算表达式的简单模型，但不允许随机访问，这会引起高效代码的生成问题。
6. 当今的大多数指令集架构都是基于累加器的。
7. 定长指令格式通常比变长指令格式有着更好的性能。
8. 相对于不使用扩展操作码，扩展操作码会使指令译码更简单。
9. 指令集正交指的是在指令集架构中每一条指令都有一条实现相同操作的“备用”指令的特性。
10. 操作数的有效地址是存储器中实际的地址值。
11. 在指令流水线中当多条指令需要相同的资源时会发生资源冲突。
12. 在流水线中当多条指令需要 CPU 时会发生数据依赖。

第6章

The Essentials of Computer Organization and Architecture, Fourth Edition

存 储 器

6.1 引言

大多数计算机都遵循冯·诺依曼结构，这一结构以存储器为中心。实现处理功能的程序要存放在存储器中。在第3章，我们讨论了一个小的4×3位的存储器，并且在第4章和第5章我们知道了如何访问存储器。众所周知，存储器在逻辑上是一个地址线性数组的结构，从0地址开始一直到处理器能访问的最大内存地址。本章我们会研究各种各样的存储器，以及存储器结构中每一个部分的层次结构。接着，我们会剖析高速缓存(一种专门的高速存储器)，以及一种通过页式虚拟存储器来最大限度利用存储器的方法。

6.2 存储器类型

"计算机存储器为什么会有那么多种类型?"这是人们常问的一个问题。答案就是不断出现的新技术试图匹配CPU的改进——存储器的速度在某种程度上不得不跟上CPU的脚步，或者说存储器已成为一个瓶颈。尽管我们已经看到在过去的几十年里CPU有了很大的进步，但提升主存性能来跟上CPU的步伐其实并不是很关键，因为我们采用了**高速缓存**。高速缓存是一个小的高速(高成本)存储器，作为经常访问数据的缓冲区。对于存储器来说，使用快速存储技术的额外代价通常是不好判断的，因为慢速存储器的真实性能往往被高性能高速缓存系统给隐藏了。但是，在讨论高速缓存之前，我们将解释不同的存储技术。

尽管存在大量的存储技术，但存储器类型仅有两种：**随机存取存储器(RAM)**和**只读存储器(ROM)**。某种程度上，RAM是一种误称，一个更合适的名字是可读写存储器。RAM是计算机说明书中所指的存储器，如果你买了一台存储容量为128MB的计算机，则它就有128MB的RAM。RAM也是"主存"的一种叫法，这和我们在本书中不断提到的一样。RAM常被称为主存储器，用来存储在计算机执行程序时需要用到的程序和数据。但RAM具有易失性，一旦断电，里面存储的信息就会消失。现代计算机中有两种通用芯片来构造大容量的RAM：SRAM(静态随机存取存储器)和DRAM(动态随机存取存储器)。

动态RAM是由会漏电的微小电容组成的。为了维持其中存储的数据，DRAM每隔几毫秒就需要充电一次。相反，**静态RAM**在通电时可以长时间保持内容不变。SRAM是由类似于第3章中学过的D触发器电路组成的。SRAM比DRAM速度快，但是也更昂贵。然而，设计者之所以使用DRAM，是因为其更密集(每个芯片上可以存储更多的二进制位)，耗电量更小，并且比SRAM散热少。由于这些原因，这两种技术经常混合使用：DRAM用作主存而SRAM用作高速缓存。所有DRAM存储器的基本操作都是相同的，但是有很多不同的种类，包括**多体DRAM(MDRAM)**、**快速页模式(FPM)DRAM**、**扩展数据输出(EDO)DRAM**、**突发式EDO DRAM(BEDO DRAM)**、**同步动态随机存取存储器(SDRAM)**、**同步链接(SL)DRAM**、**双倍速(DDR)SDRAM**、**Rambus DRAM(RDRAM)**和**直接Rambus(DR)DRAM**。不同类型的SRAM包括异步SRAM、同步SRAM和流水线突发式SRAM。关于这些存储器的更多信息，请参阅本章末尾的参考文献。

除了RAM之外，大多数计算机还有一个小容量的ROM，它存放操控系统需要的一些关键信息，比如启动计算机所必需的程序。ROM 是非易失性的，可以长久保存数据。这种类型的存储器也经常用于嵌入式系统或者任何不需要改变程序的系统。很多家用电器、玩具和大多数汽车在断电时都使用 ROM 芯片来保存信息。ROM 也经常广泛应用于计算器和外设中，比如激光打印机就用 ROM 来存储字体。ROM 有 5 种基本类型：ROM、PROM、EPROM、EEPROM 和闪存。**PROM（可编程只读存储器）**是 ROM 的一种变体。用户能够利用合适的设备来对 PROM 进行编程。由于 ROM 是硬连线的，所以 PROM 通过熔丝将程序烧写到芯片上。一旦编写好程序，PROM 上的数据和指令就不能改变了。**EPROM（可擦写 PROM）**是可编程的，它的优点就是可以重新编程（擦除 EPROM 需要一个能发出紫外线的专门工具）。为了对 EPROM 进行重新编程，必须先擦除整个芯片。**EEPROM（电可擦除 PROM）**克服了 EPROM 的很多缺点：不需要专门工具来擦除信息（通过施加电场来实现），并且可以擦除芯片上任意部分的信息，一次一个字节。**闪存**是一种特殊的 EEPROM，它的优点是信息可以成块地写入或擦除，而不受一次擦除一个字节的限制。这使得闪存比 EEPROM 的速度快。闪存已经成为一种非常流行的存储设备，而且用在很多不同的设备中，包括手机、数码相机以及音乐播放器。它也已经用在了固态磁盘存储器中。（关于闪存的更多内容见第 7 章。）

6.3 存储器的层次结构

在理解现代处理器性能方面，存储器的层次结构是最重要的因素之一。但是，就像我们所看到的一样，并非所有的存储器都是相同的，有些存储器效率很低，因此价格就比其他类型的存储器要低。为了解决存储器之间的差异，现代计算机系统采用多类型存储器的组合，从而以最优的价格提供最好的性能。这种方法称为**分层存储器**。经验法则是，更快的存储器，每位的存储价格就更昂贵。使用分层的存储结构可使每一层的访问速度和存储容量都不同，这种计算机系统可以比那些不采用多类型分层存储结构的系统获得更高的性能。组成分层存储结构的基本存储器类型包括寄存器、高速缓存、主存、辅存和离线大容量存储器。

处理器是可以直接访问寄存器的。**高速缓存**是一个有着极高速度的存储器，里面存放的内容经常被主存访问。高速缓存连接着一个大容量的**主存**，而主存是典型的中速存储器。主存的后备存储是超大容量的**辅存**，辅存通常由硬盘组成，而硬盘不能被 CPU 直接访问；取而代之的是，当 CPU 需要辅存中的数据时它必须将内容传给主存。硬盘可以是磁盘或者**固态**硬盘（基于闪存的硬盘存储器，其速度比旋转的磁盘存储器快且更耐用）。**离线大容量存储器**（包含**第三级存储器**和**离线存储器**）中的数据在被访问之前需要人工或者机器干预，数据必须传送到辅存的存储体上。第三级存储器包含光盘和磁带等存储设备，它们通常处于机械控制之下（由机械臂安装和拆卸磁带和磁盘）。第三级存储器用于企业中的大型系统和网络的存储，这是一般的计算机用户看不到的。这些设备通常有着不均匀的访问时间，检索数据的时间取决于这台设备是否被装载了。脱机存储器包括那些已连接、已装载数据，并且随后就会与系统断开连接的设备，比如软盘、闪存设备、光盘和可拆卸的硬盘。通过使用存储器层次结构，仅仅使用一个小容量快速（昂贵）的芯片，我们就可以提高存储器的访问效率。这使得设计者可以用合理的成本来搭建一台成本可接受的计算机。

我们根据与处理器的距离来划分存储器的类型，距离是通过访问所需要的机器周期个数来测量的。与处理器越近的存储器，速度就应该越快。如果存储器距离处理器较远，就需要花费更长的存取时间。因而，速度较慢的技术用在离处理器较远的存储器中，而更快的技术则用在离 CPU 更近的存储器上。技术水平越高，存储器就会变得越快，但也越贵。由于成本原因，快速存储器比慢速存储器的容量更小。

当提到存储器层次结构时，以下是一些会用到的术语：

- **命中**：要访问的信息存在于给定层次的存储器中（典型地，我们仅关心较高层次存储器的命中率）。
- **失效**：要访问的信息在给定层次的存储器中没有找到。
- **命中率**：在给定层次的存储器中找到所需信息的比率。
- **失效率**：在给定层次的存储器中没有找到所需信息的比率。注：失效率 = 1 − 命中率。
- **命中时间**：在给定层次的存储器中访问所需信息需要的时间。
- **失效惩罚**：处理一次失效所需要的时间，包括在较高层次存储器中替换一个块的时间和将所需数据传给处理器所需要的额外开销。（处理一次失效需要的时间比处理一次命中所需要的时间明显长很多。）

存储器的层次结构可以用图 6-1 来描述。金字塔型结构有助于揭示各种存储器类型的相对空间的大小。越接近金字塔顶端的存储器，其空间越小。然而，越小的存储器具有的性能越高，因此就导致了它比金字塔底端存储器的每位价格要高。金字塔左边的数字表示传统的访问时间，它通常都是自顶向下逐渐增加的。一般来说，寄存器访问需要一个时钟周期。

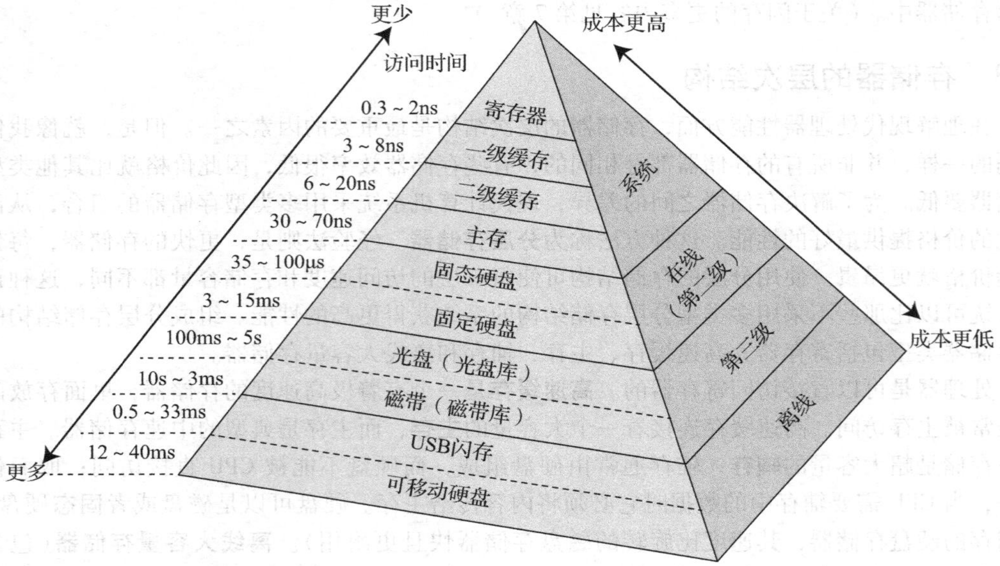

图 6-1 存储器的层次结构

由于新技术的出现，当我们沿着金字塔结构向下看访问时间时，有一个例外。脱机存储器的访问速度要比大多数的第三级存储设备快。其中很有趣的就是 USB 闪存。固态硬盘和 USB 闪存使用相同的技术，因此就访问设备上的数据而言，它们有着非常相似的访问速度。然而，USB 闪存的访存时间却比固态硬盘慢，原因就在于 USB 接口。即便如此，USB 闪存也比其他非固态类型离线存储器的访问速度快。可移动硬盘的访问时间在 12 ~ 40ms，而 USB 闪存的访问时间在 0.5 ~ 33ms。若只考虑访问时间，后面的存储器并不属于金字塔的底部。

图 6-1 不仅表示存储器的层次结构，也表示存储的层次结构。我们往往对存储器层次结构更感兴趣，它包括寄存器、高速缓存、主存和**虚拟存储器**（非系统存储器，它的行为类似于对主存的扩充——本章后面会讨论）。虚拟存储器通常用硬盘来实现，它给人如下印象：一个程序可以有很大的连续工作的主存，而事实上程序在主存或磁盘中可能是分片存放的。虚拟存储器通过扩充从 RAM 到硬盘的地址空间，提高了计算机存储器的空间利用率。一般来说，存储

器的层次结构会停止在硬盘这一层。但是，随着固态存储技术的到来，虚拟存储器的定义也发生了改变。我们之前提到了USB闪存有着非常快的访问速度。事实上，它们的速度非常快，以至于某些操作系统(包括一些版本的UNIX和Windows XP以及后来版本)都允许用户将USB闪存作为虚拟存储器来使用。上面提到的Windows操作系统带有一个叫作ReadyBoost的软件，它使得各种各样的可移动固态外设(比如USB闪存和SD卡)能够以磁盘缓存的形式扩充虚拟存储器。这些固态设备的速度比传统的硬盘快了100倍，虽然它们没有取代硬盘，但也迅速成为一种令人感兴趣的扩充存储空间的设备。

对任意给定的数据，处理器发送数据请求到存储器中最快、最小的部分(通常是高速缓存，因为寄存器越来越趋于专用)。如果在缓存中找到数据，那么它很快就会传进CPU。如果数据没有在缓存中，则请求将会进一步传到下一个更低一级的层次，重新开始查找过程。如果数据在这一层次中找到，那么这个数据所在的整个数据块都将传给缓存。如果在这一层次存储器中仍然没有发现数据，那么数据请求将会发送到更低级的层次，依次类推。这种机制的关键思想是当低层次的存储器(速度慢、容量大、价格低)响应由高层次存储器位置X中的数据发过来的请求时，它通常会把位置X周围($\cdots$, $X-2$, $X-1$, X, $X+1$, $X+2$, $\cdots$)的数据也发送过来，这样就会给高层次的存储器返回一整块数据。这一思想基于额外传送的数据在不远的将来也会被访问，并且在大多数情况下事实也是如此。存储器的层次结构是很有用的，因为程序有一种叫作**局部性**的特点，即处理器总是趋于去访问$X-2$、$X-1$、$X+1$、$X+2$等地址中的数据。因此，尽管这里有一次对缓存位置X中的数据访问未命中，但接下来当整个数据块传到缓存后，根据局部性原理，将会有连续几次的命中。

存储器的访问局部性

实际上，处理器试图以某种特定方式来访问存储器。比如说，当没有分支语句时，MARIE系统中的程序计数器(PC)中的值就会在取完一条指令时自动增1。因此，如果在t时刻访问内存地址X，那么在不远的将来就有很大的概率访问地址$X+1$。对内存的某块连续地址组团访问就是**访问局部性**的一个示例。通过将存储器设计成层次结构可以实现对局部性的开发利用。当处理失效时，它会将失效地址所在的整个块都传给上一级存储器，而不是仅简单地传送失效地址这个存储单元中的内容。由于访问的局部性，看上去就像整个数据块中的其他数据在不远的将来也会访问到，如果事实上也是如此的话，那么这些数据会从快速存储器中取出。

下面是访问局部性的3种基本形式：

- **时间局部性**——最近访问的数据在不远的将来会再次被访问。
- **空间局部性**——访问趋向于在地址空间中聚集(比如，访问数组或者循环操作)。
- **顺序局部性**——指令趋向于按顺序访问。

访问的局部性原则使得计算机系统可以使用少量的快速存储器来加速对主存的高效访问。典型地，在任意给定时刻，仅仅有少量的存储空间被访问，而这些空间中的值又是重复访问的。因此，我们可以将这些数值从慢速存储器中取出并传给一个容量更小但速度更快的上一级存储器。这就使得一个存储系统可以用容量大的低成本存储器存放大量信息，但提供了与使用快速且昂贵的存储器几乎相同的访问速度。

6.4 高速缓存

计算机处理器的运行速度很快并且经常需要从存储器中读取信息，这也就意味着处理器需要经常等待信息的到来，因为存储器的访问速度比处理器的运行速度慢。高速缓存容量小，适合临时性存储，但是速度快，用于存放处理器很快就会再次访问的信息。

我们周围到处都是缓存的例子。脑海中想着这些例子有助于你理解计算机存储器的缓存技术。假设某位业主在自家仓库里有一个非常大的工具箱。你就是这位业主，并且你需要在原有基础上进行家装工程。家装工程需要钻头、扳手、锤子、卷尺、几种锯子以及不同类型和尺寸的螺丝刀。首先你要做的就是测量木材并切断它。你跑回仓库，从大工具箱里拿出量尺，下到地下室测量木材，再跑回仓库，放下量尺，匆匆抓起锯子回到地下室切割木头。现在你决定用螺丝钉将几块木板钉在一起。为此你又跑回仓库，拿着钻头回到地下室，钻孔以便能使螺丝钉通过。然后你又回到仓库，放下钻头，拿起扳手返回地下室，结果发现拿错了尺寸，于是又回到仓库翻工具箱，拿起另一把扳手下楼梯……你真的就这样工作吗？不！作为一个有条理的人会想，“如果我需要一个扳手，那接下来我可能很快就会需要另一个不同尺寸的扳手，那我何不将所有扳手都拿着呢?”更进一步你会推理，“一旦我用完了某种工具，就有很大概率会用到其他工具，因此我为什么不拿一个小工具箱并将它放在地下室呢?”这样的话，你就把需要的工具放在手边了，从而可以快速拿到工具。为了快速找到并使用工具，你已经完成了工具的缓存！那些不需要的工具会继续存放在远处的某个特定位置，等待使用。这就是高速缓存所做的全部工作：它将那些已经访问并且还要访问的数据存放在靠近 CPU 的快速存储器里。

另一个与缓存类似的例子是买杂货。假设你偶尔需要去杂货店买一种东西，你买了一些马上就需要的以及一些不久也会需要的东西。杂货店就像主存，你家就是高速缓存。另一个例子是，考虑我们当中有多少人会随身携带整本电话本。大多数人只会带一个通讯录，上面写着我们经常联系的人的名字和号码，这样，在小通讯录上查找号码比在大电话本上快很多。我们总是随身带着通讯录，而一般将大电话本放在家里边桌或书柜的某处。大电话本是我们不经常使用的东西，所以可以将其束之高阁。比较电话本和通讯录的大小，会发现通讯录的“主存”比电话本的小多了，但当打电话时在通讯录上能查到号码的概率却很高。

做科研的人提供了另一个缓存的例子。假设你正在写一篇关于量子计算的文章，你会去图书馆借一本书，回家，找到那本书上的必要信息，回到图书馆，又借另一本书，又回家，如此往复循环吗？不，你会去图书馆把所有可能用到的书都借出来并带回家，图书馆就像主存，而你家就是缓存。

最后一个例子，考虑是如何使用办公室的。任何用不到的东西(或6个月以上都用不上的)都放在一个大文件柜里。但是，经常用到的东西要放在桌面上，离手边近，容易取用。如果需要从文件中查找资料，她总是将整本文件都拿出来，而不是从文件夹中抽出一份或两份文件，于是这一本文件就放在桌上了。这时候，文件柜就是她的“主存”，而她的办公桌(包括那些未整理的一摞资料)就是缓存。

高速缓存的工作原理就和上面的这些例子一样，它把经常使用的数据拷贝到缓存里，而不是去访问主存以获取这些数据。缓存可以是那乱糟糟的桌面也可以是那工整的通讯录，但不管怎么样，缓存中的数据都必须是可以访问到的(可定位的)。高速缓存和日常生活中的真实例子有一点显著不同：计算机确实无法事先得知最有可能访问的是哪些数据，因此，需要使用局部性原理，并且在需要访问主存时将整块数据从主存传送到缓存中。如果用到块中其他数据的概率很高，那么传送一整块数据就会节省访存时间。新块存放在缓存中的位置取决于两个因素：缓存映射策略(下一节会讨论)和缓存大小(影响到是否有空间存放新块)。

缓存容量的变化可以非常大。一个典型的 L2 缓存容量为 256K 或 512K。L1 缓存小一点，容量通常是 8K ~ 64K。L1 缓存驻留在处理器中，L2 在 CPU 和主存之间，因此 L1 比 L2 更快。L1 和 L2 之间的关系可以用上面讲过的杂货店的例子来描述：假设杂货店是主存，可以将你的冰箱视为 L2，而将餐桌视为 L1。需要注意的是，在更新的处理器中，某些 CPU 实际上将 L2 与 L1 同样对待，而不是将 L2 集成在主板上。另外，在一些系统中还设置了 L3 缓存，L3 是和

L1、L2 协同工作的。

设置缓存的目的就是将最近经常使用的数据存放在离 CPU 近的位置来加快访存速度，而不是将数据存储在主存中。尽管缓存的容量没有主存那么大，但是它速度快。主存通常是由 DRAM 组成的，也就是说它的访问时间是 50ns。缓存通常是由 SRAM 组成的，存取周期比 DRAM 短，因而有更快的访问速度。（典型缓存的访存时间为 10ns。）缓存不需要用太大的容量来表现其优异的性能，一个基本原则就是缓存的容量要足够小，以使其每位的平均成本趋近于主存，但又要大到满足系统要求。因为这种快速存储器价格昂贵，所以不能用缓存的技术来构建主存。

什么使得缓存“很特殊”？缓存不通过地址来访问，而是通过内容。基于这一原因，缓存有时也被称为**按内容寻址的存储器（CAM）**。在大多数缓存映射方案中，会搜索整个缓存来确认所需数据是否存放在缓存中。为了简化定位所需数据的过程，有多种缓存映射算法。

6.4.1 缓存映射策略

缓存要想真正起到作用，必须要存储有用的数据。但是，如果 CPU 找不到这些数据，那么它们就是没用的。当 CPU 访问数据或指令时，它会首先生成一个主存地址，如果数据已经拷贝到缓存中了，那么数据在缓存中的地址和在主存中的地址是不同的。比如说，数据在主存中位于地址 0x2E3 处，但可能放入缓存中非常靠前的位置。接下来 CPU 如何定位已经拷贝到缓存中的数据呢？CPU 使用专门的映射方案将主存地址“转换”为缓存位置。

地址转换是通过给主存地址位赋予特殊意义来完成的。首先，我们将地址中的各位划分成不同的组，每一组称为一个**字段**。根据映射方案，可以将其分成两个或三个字段。如何使用这些字段取决于所采用的映射方案。映射方案也决定了当数据初次拷贝到缓存时应该放在哪里，并且也为 CPU 提供了一种在缓存中查找已拷贝数据的方法。映射方案包括直接映射、全相联映射和组相联映射。

在讨论这些映射方案之前，理解数据如何复制到缓存中是非常重要的。主存和缓存都分成大小相同的块（块数不同），当生成一个主存地址后，先查找缓存以查看所需数据是否已经拷贝到缓存了。如果在缓存中没找到，则将数据所在内存块的全部内容都装入缓存中。就像之前所提到的，这一方案之所以奏效是因为局部性原理——如果一个地址刚被访问过，那么接下来很可能会以相同模式访问它的相邻地址。因此，一个失效的地址经常会导致几次地址查找。比如，当你在地下室并且是第一次需要工具时，你有一次未命中，必须返回仓库，如果你一下子拿了一堆你认为可能会用到的工具并回到地下室，你肯定希望在接下来的过程中会有几次“命中”（即正好需要这些工具），这样你就不用浪费时间去仓库里取了。因为访问缓存中的数据（已经放到地下室的工具）比到主存中去取（再次跑到仓库里）要快，所以缓存节省了整个访问时间。

那么，如何使用主存地址中的字段呢？其中一个字段指明了该数据存储在缓存中的位置，当然前提是数据已经拷贝到缓存中（这种情况叫**缓存命中**），或者当数据不在缓存中时，指明其存放的位置（此时叫**缓存失效**）。（这和相联映射有些不同，后面很快会讲到。）被指明的缓存块接下来将会检查其是否有效，这通过给每个块配备的一个**有效位**来实现。有效位为 0 表示当前缓存块的内容是无效的（缓存失效），接下来必须访问主存。有效位为 1 表示当前块有效（可能是命中了，但还要完成多步才能确认）。接下来，我们需要比较给定地址中的标记字段和缓存块中的标记字段（**标记字段**是从主存地址中提取出来的一个位组，它也存储在缓存的相应块中）。如果标记位相同，就意味着找到了最终的缓存块（即命中）。这时，需要定位到缓存块中的数据，这可以通过主存地址中另一个名为**偏移字段**的部分来完成。所有的缓存映射方案都需要一个偏移字段，但是，其他字段是否需要取决于所采用的映射方案。我们会讨论3种主要的缓存映射方案。在接下来的例子中，我们假设缓存块为空时表示无效，如果块中有数据则有效。因此，后续讨论中不包含有效位。

在讨论映射方案之前，有一点非常重要。某些计算机是采用字节寻址的，还有一些是字寻址的。决定某个映射方案是否有效的关键就是需要知道主存、缓存以及缓存块中包含了多少个地址位。如果是用字节寻址的机器，那么我们关注字节数；如果是用字寻址的机器，那么我们关注字数，而不管字的大小。

直接映射

直接映射通过模的方式来进行主存和缓存之间的块分配。因为主存的块数比缓存的块数多，因此主存块需要竞争使用缓存块。直接映射将主存块X映射到缓存块Y，模为N，其中N是缓存中包含的总块数。例如，如果缓存包含4个块，则主存块0映射到缓存块0，主存块1映射到缓存块1，主存块2映射到缓存块2，主存块3映射到缓存块3，主存块4映射到缓存块0，依次类推，如图6-2所示。在图6-2a中，主存共有8个块，而缓存共有4个块，因此每两个主存块需要映射到缓存中的同一块。在图6-2b中，主存的16个块映射到缓存的4个块。若将主存块数加倍，则映射到同一块缓存的主存块数也需要加倍。（很快我们会看到这种方式是直接映射的一个主要缺点。）

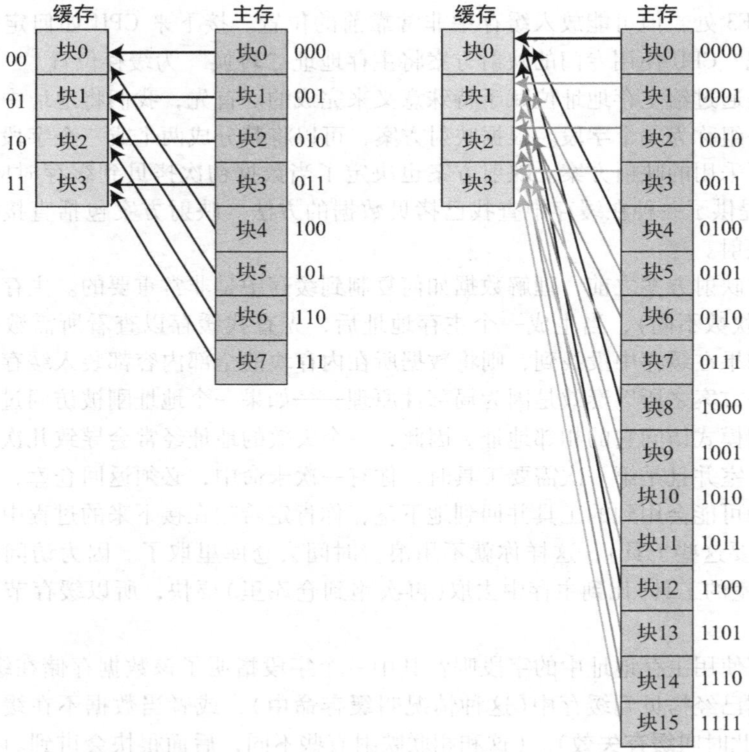

a）8个主存块映射到4个缓存块　　b）16个主存块映射到4个缓存块

图6-2　主存块和缓存块之间的直接映射

你可能会疑惑，如果主存块0和块4同时映射到了缓存块0，那么在任意给定时刻CPU怎么才能知道缓存中的块0到底是主存块0还是块4呢？答案就是每一个主存块存储到缓存中时，都会用标记字段进行标识。这就意味着，每一个块的标记都必须和主存块一样存放在缓存中，就像接下来我们会看到的一样。

为了实现直接映射，二进制主存地址划分为多个字段，如图 6-3 所示。每一个字段的大小取决于主存和缓存的物理属性。**偏移**字段识别块内的字/字节地址，因此，它必须要包含合适的位数。每一个块中的字节数（针对字节寻址的计算机）或字数（针对字寻址的计算机）决定了偏移字段的位数。对**块**字段也是如此——必须能够选出缓存中的每一个唯一块。（缓存的总块数决定了块字段的位数。）**标记**字段就是剩下的位数。当主存中的一个块拷贝到缓存中时，标记字段也存储在了缓存块中，并唯一地标识该块。当然，这三块的位数加起来应该等于主存地址的位数。接下来我们看几个例子。

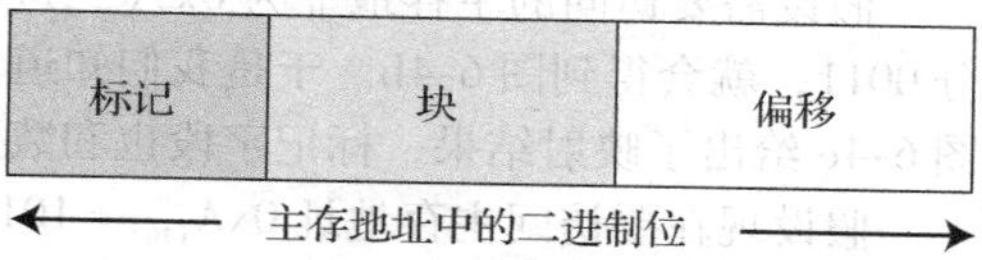

图 6-3 使用直接映射时的主存地址格式

例 6.1 假设某按字节寻址的主存共有 4 块，缓存有 2 块，每块是 4 字节。因此主存的块 0 和块 2 映射到缓存的块 0，主存的块 1 和块 3 映射到缓存的块 1。（使用模运算很容易得出结果，因为 0 mod 2 = 0，1 mod 2 = 1，2 mod 2 = 0，3 mod 2 = 1。但是计算机必须用其主存地址来进行模运算。）使用标记、块和偏移字段，我们可以看出主存块如何映射到缓存块上，见图 6-4。

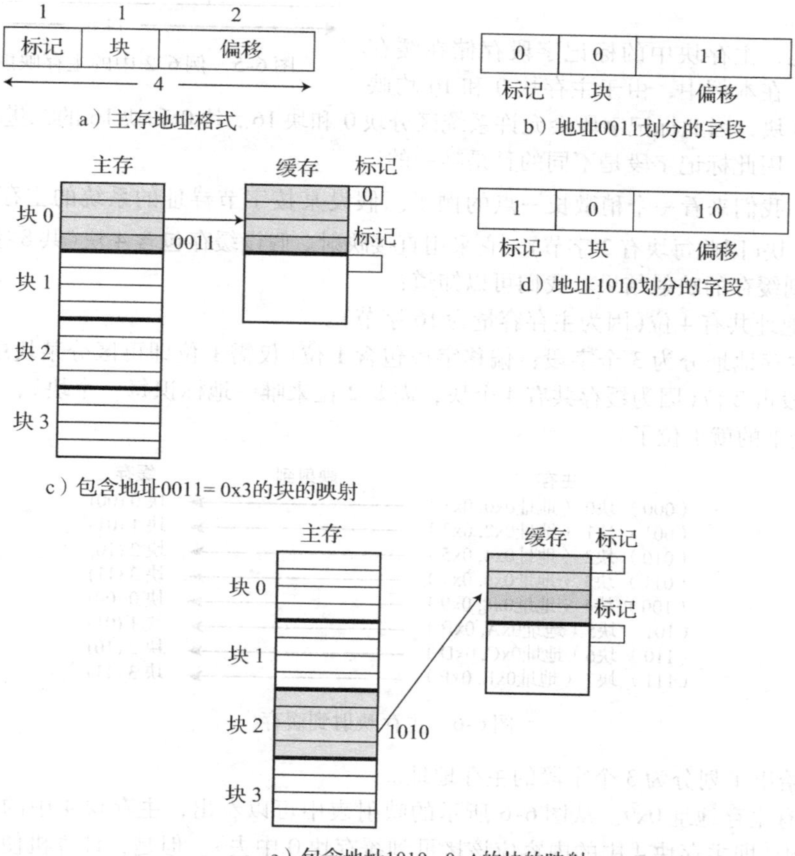

a）主存地址格式

b）地址0011划分的字段

c）包含地址0011= 0x3的块的映射

d）地址1010划分的字段

e）包含地址1010= 0xA的块的映射

图 6-4 例 6.1 的示意图

首先，我们需要确定用于映射的地址格式，由于每块大小为 4 字节，因此偏移字段必须包含 2 位。在缓存中共有 2 块，故块字段是 1 位，还剩 1 位就是标记字段。（因为主存共有 2^4 =

16 字节，故主存地址有 4 位。) 格式见图 6-4a。

假设需要访问的主存地址为 0x3(二进制为 0011)。如果使用图 6-4a 所示的地址格式来划分 0011，就会得到图 6-4b。于是我们知道主存地址 0011 映射到缓存块 0 中(因为块字段为 0)。图 6-4c 给出了映射结果，标记字段也和数据一样存储到了缓存块中。

假设现在要访问主存地址 $0xA_{(16)} = 1010_{(2)}$，使用相同的地址格式，我们可以看出它映射到了缓存块 0 中(见图 6-4d)。但是，如果将主存地址 1010(标记为 1)的标记字段和当前缓存块 0(标记为 0)中的标记字段进行比较，会发现它们并不匹配。因此，缓存块 0 中的数据会被删除，主存块 3 将取代缓存块 0 的内容，并改变标记字段的内容，结果如图 6-4e 所示。◀

接下来，考虑一个主存容量更大的例子。

例 6.2 假设某个采用字节寻址方式的存储器容量为 2^{14} 字节，缓存有 16 个块，每块包含 8 字节。由此可以推导出主存共有 $2^{14}/2^3 = 2^{11}$ 块。而我们又知道每个主存地址都需要 14 位，这 14 位地址当中，最右边(即最低)3 位表示偏移字段(需要 3 位来唯一地指定块内 8 个字节中的一个)。接下来，需要 4 位来选择缓存中的某个块，因此块字段需要占用地址的中间 4 位。余下的高 7 位地址组成了标记字段。各字段组成及其大小见图 6-5。

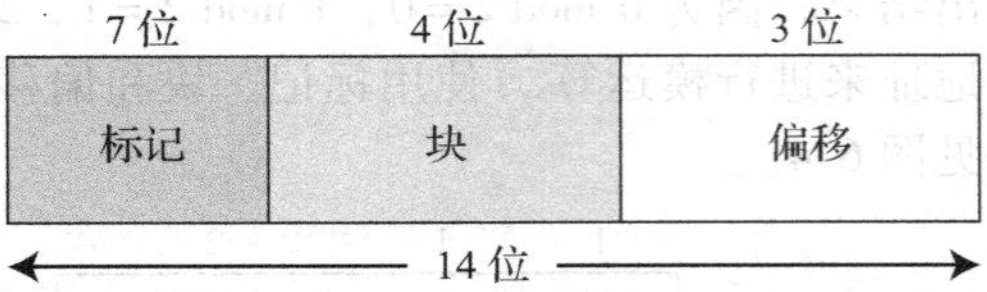

图 6-5 例 6.2 中的主存映射地址格式

如前所述，主存块中的标记字段存储在缓存的相应块中。在本例中，由于主存块 0 和 16 均映射到缓存的 0 块，因此标记字段会允许系统区分块 0 和块 16。块 0 和块 16 的二进制地址在高 7 位是不同的，因此标记字段是不同的且是唯一的。◀

例 6.3 我们来看一个稍微长一点的例子。假设某按字节寻址的系统的主存容量为 16 字节，且分成 8 块(因此每块有 2 字节)，它采用直接映射。假设缓存包含 4 块(共 8 字节)。图 6-6 给出了主存到缓存的映射结果。我们可以知道：

- 主存地址共有 4 位(因为主存容量为 16 字节)。
- 4 位主存地址分为 3 个字段：偏移字段包含 1 位(仅需 1 位即可区分某块中的两个字)；块字段占 2 位(因为缓存共有 4 个块，需要 2 位来唯一地标识每一个块)；标记字段占 1 位(余下的就 1 位了)。

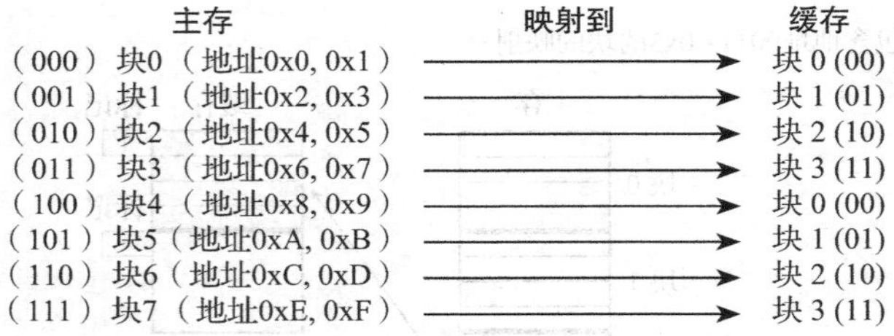

图 6-6 主存映射到缓存

图 6-7 给出了划分为 3 个字段的主存地址。

假设现有主存地址 0x9。从图 6-6 所示的映射表中可以看出，主存块 4 中的 0x9 应该映射到缓存块 0 中(即主存块 4 中的内容应该拷贝到缓存块 0 中去)。但是，计算机使用实际的主存地址来决定映射到缓存的哪个块。主存的二进制地址见图 6-8。

当 CPU 产生主存地址时，它首先会用块字段的二进制位 00 直接映射到缓存的相应块。00 表示应该去检查缓存的块 0，如果缓存块有效，那么接下来 CPU 会比较标记字段的值(主存地址中)与缓存块 0 中标记字段的值。如果缓存块 0 中的标记也为 1，则主存的块 4 已经位于缓存块 0 了。

如果缓存块 0 中的标记值为 0，则表示缓存的块 0 中存放的是主存的块 0。（为此，可将主存地址 0x9 = 1001_2（即块 4）和 0x1 = 0001_2（块 0）进行比较。这两个地址仅有最高位不同，而这一位就是缓存中标记字段的值。）假设标记字段是匹配的，这就意味着主存中的块 4（主存地址为 0x8 和 0x9）存储在缓存的块 0 中，而偏移字段中的 1 就用来选择块中的两个字节之一。因为此位值为 1，所以会选择偏移为 1 的字节，即访问从主存地址 0x9 拷贝过来的数据。

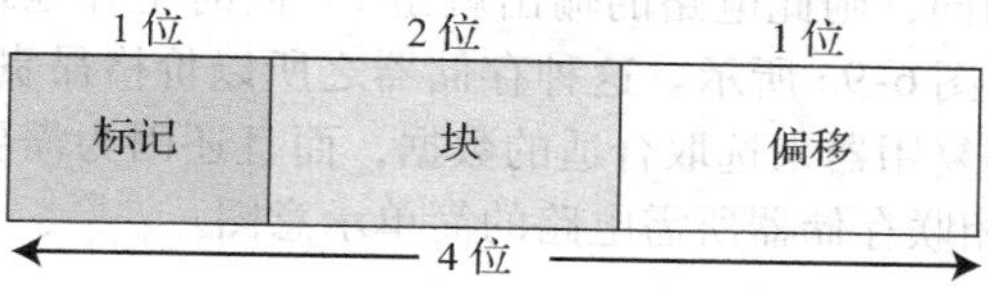

图 6-7 例 6.3 中的主存地址格式

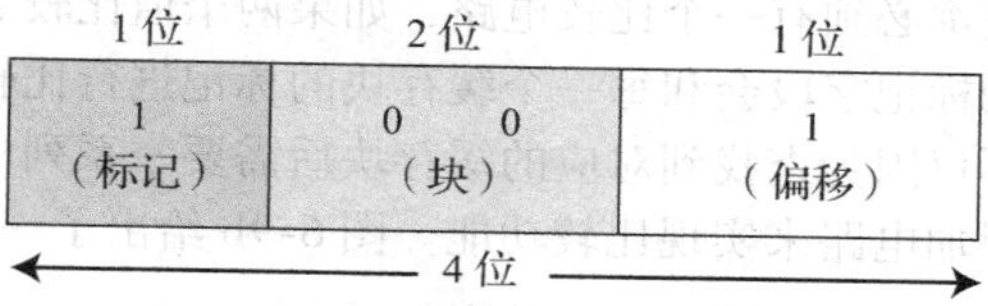

图 6-8 主存地址 9 = 1001_2 划分的字段

假设 CPU 又生成了一个主存地址 0x4 = 0100_2，地址的中间两位（10）直接映射到缓存的块 2。如果块 2 有效，则最左边的标记位（0）将会和缓存的块 2 中的标记值进行比较。如果相同，则缓存块中的第一个字节（偏移为 0）就会返回给 CPU。为了确认你能理解此过程，请用主存地址 0xC = 1100_2 来进行一下简单的练习。

让我们继续看一个更大的例子。

例 6.4 假设某字节寻址系统使用一个 16 位的主存地址，并且缓存有 64 个块，如果每块包含 8 字节，则我们知道主存的 16 位地址会按如下方式进行划分：偏移字段占 3 位，块字段占 6 位，标记字段占 7 位。如果 CPU 生成如下主存地址：

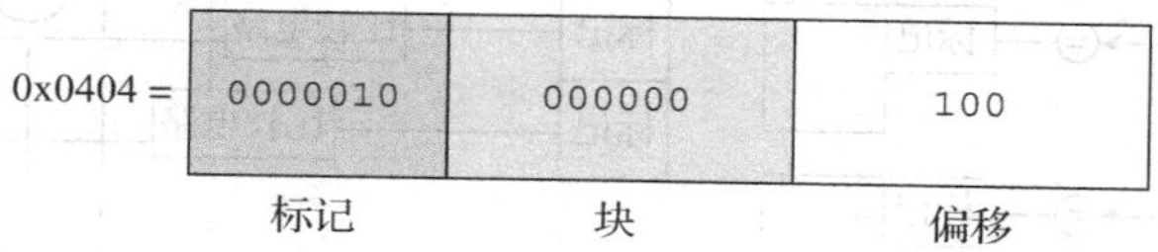

那么 CPU 将会去查找缓存块 0。如果缓存块 0 的标记字段为 0000010，则该块中偏移为 4 的字节内容将会传送给 CPU。

综上所述，直接映射实现的就是将主存块按照模运算的方式映射到缓存，为了确认此种映射方式能够成功运行，你需要了解以下几项内容：

- 主存地址共有多少位（由主存有多少个地址来决定）
- 缓存中共有多少个块（这决定了块字段的大小）
- 一个块中共有多少个地址（这决定了偏移字段的位数）

一旦知道了这几个值，就可以使用直接映射地址格式来定位主存中的某个块存储到缓存中的哪个块了。一旦找到缓存块，就可以通过标记字段来判断当前缓存块中的内容存储的是不是你要找的主存块中的内容。如果标记字段能够匹配（主存地址中的标记值和对应缓存块中的标记值相同），就可以使用偏移字段中的值去缓存块中找到所需数据。

全相联映射

因为直接映射缓存不需要任何查找策略，所以采用这种方式的缓存不像其他缓存那么昂贵。每一个主存块在映射到缓存时都有一个特定的位置。在将主存地址变换为缓存地址时，CPU 通过简单地检查块字段的二进制值就可以精确地知道主存块对应的是缓存的哪一块。这和通讯录相似：页面上通常会有字母索引。如果要查找 “Joe Smith”，在 “S” 标签下查找即可。

我们可以看一个相反的方案，它不再给每个主存块指定唯一的地址：允许每一个主存块存放在缓存的任意一块中。那么查找块映射的唯一途径就是搜索整个缓存。（这和你的书桌的例子相似！）这一方案需要整个缓存都由**相联存储器**构成，这样才能实现并行查找。也就是说，单次查找也必须将请求块的标记和缓存中所有块的标记进行比较才能确定主存块到底存储在哪一个缓存块中。相联存储器需要专门的硬件来进行相联查找，故价格很昂贵。

让我们来详细地了解一个相联存储器，以更好地理解为什么它的价格那么昂贵。前面我们讲过，全相联映射允许每一个主存块存在缓存中的任意位置，这就意味着我们不得不搜索缓存来找到它。为了使搜索更高效，我们并行查找，但在硬件上如何实现？首先，缓存中的每一个块都必须有一个比较电路，如果两个值比较之后相同，则此电路的输出就是1。同时主存地址的标记字段会和每一个缓存块的标记进行比较，如图6-9a所示。这种存储器之所以价格昂贵，不仅因为查找到对应的缓存块后需要一系列的多路复用器来选取合适的数据，而且还因为需要附加电路来实现比较功能。图6-9b给出了一个全相联存储器所需电路的简单示意图。

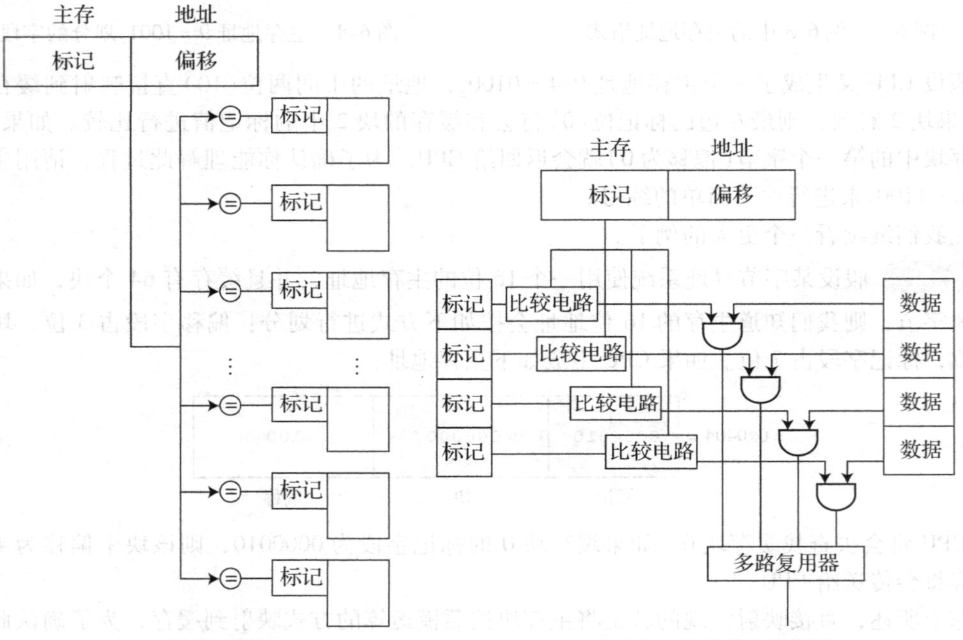

图6-9　相联映射缓存

在使用相联映射时，主存地址划分为两个部分：标记字段和偏移字段。回顾例6.2可知，主存容量为2^{14}字节，缓存共有16个块，并且每块有8字节。若使用全相联映射而非直接映射的话，从图6-10可以看出偏移字段仍然是3位，但是现在标记字段是11位。这里的标记字段必须存储在缓存的每一个块中。当在缓存中查找某指定主存块时，该主存地址的标记字段就会和缓存中所有有效的标记字段进行比较。如果找到匹配项，则表示找到了对应的缓存块。（注意，这里的标记可以唯一地区分主存块。）如果都不匹配，则意味着缓存失效并且所需的块必须从主存中访问并传给CPU。

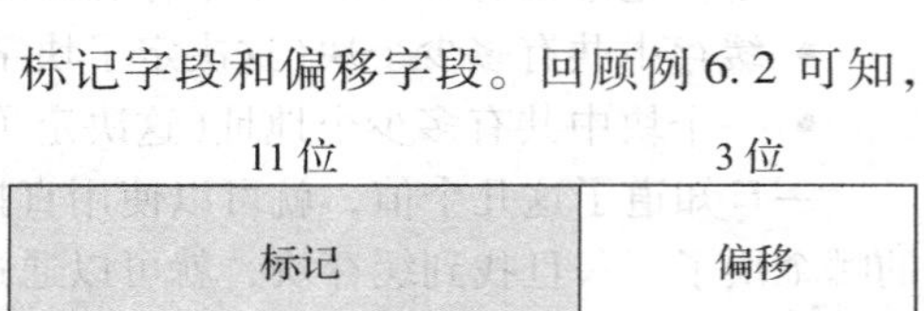

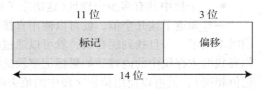

图6-10　相联映射时的主存地址格式

采用直接映射时，如果某个块已经占用了新块欲使用的缓存位置，则缓存中的当前块将会移出（如果有改动则会写回主存，若是未修改也简单地重写回主存）。在采用全相联映射时，当缓存被占满时，我们需要一个替换算法来决定到底将缓存中的哪一个块抛弃（这个块叫作**淘汰块**）。可以使用简单的先进先出算法，也可以用最近最少使用算法。替换算法有很多，这部分内容将在6.4.2节中讨论。

因此概括地说，全相联映射允许主存的每一个块映射到缓存的任意一个块中。一旦主存块存放到了缓存中，为了找到某一指定字节中的内容，计算机需要将主存地址的标记字段和缓存中所有的标记字段同时进行比较(一次完成比较)，一旦找到对应的缓存块，就用偏移字段来定位该块内的所需数据。如果主存地址的标记字段在缓存块中找不到能与之匹配的标记字段，那么包含所需数据的主存块就会传送给缓存。这可能需要从缓存中淘汰掉一个块。

组相联映射

由于相联存储器的速度和复杂性，它的成本非常高。虽然直接映射成本不高，但它过于死板。为了说明直接映射的局限性，假设在例6.3给定的体系结构上运行一个程序。假设该程序在执行指令时依次调用块0、4、0、4，重复循环。由于块0和块4会映射到缓存的相同位置上，这就意味着需要重复地调出块0以便调入块4，紧接着又调出块4以便把块0调入，即使在缓存中还有空余块未被使用。全相联映射弥补了这个不足，因为它允许主存块放入缓存中的任意位置。但是，这种方式需要在缓存中存储一个长度非常大的标记字段(需要很大的缓存)，并需要额外的专门硬件来同时查找缓存中的所有块(这意味着更贵的缓存)，故需要一种折中方案。

我们介绍的第三种方案就是**N路组相联映射**，它是前两种方法的一种组合形式。这种方案中，使用地址将主存块映射到特定的缓存块上，这一点和直接映射相似。最重要的区别在于它不是让主存地址映射到单一的缓存块上，而是映射到由几个缓存块组成的一组上。在缓存中所有组的大小都是相同的。不同缓存的组的大小可以不同。比如，在2路组相联映射缓存中，每一组有2个缓存块，见图6-11。在逻辑视图上极易将其看作一个二维缓存。在图6-11a中，我们看到了2路组相联映射，每一组有2个块，因此此缓存既有行又有列。但是，高速缓存实际上是线性的。从图6-11b中可以看到组相联映射的缓存就是由线性存储器实现的。4路组相联映射缓存的每组有4个块，8路组相联映射缓存的每组有8个块，依次类推。一旦定位到所需的组以后，缓存就可以被看作组相联存储器了，主存地址的标记字段就可以用来和缓存组内的各个标记字段进行比较。组相联映射仅需要对每一组有一个比较器，而不是对缓存中的每一个块用一个比较电路。例如，如果总共有64个缓存块，且使用4路组相联映射，则仅需要4个比较器，而不是64个。当N路组相联映射的组大小为1时，就变为直接映射。(直接映射是组相联映射在组大小为1时的特例。)当缓存有 n 块时，全相联映射就是组相联映射在组大小为 n 时的特例。

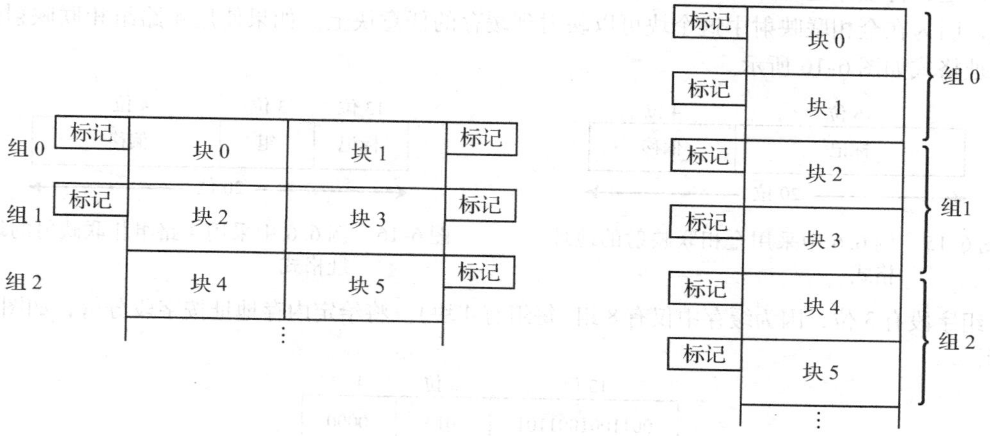

a）2路组相联映射的逻辑视图

b）2路组相联映射的线性视图

图6-11　一个2路组相联映射

在组相联映射中，主存地址分成3部分：标记字段、组字段、偏移字段。标记字段和偏移字段与前面讨论的相同，组字段表示主存块映射到了缓存的哪个组，下面例子中有说明。

例6.5 假设某主存采用字节寻址方式，容量为2^{14}字节，它采用2路组相联映射，缓存共有16个块，每块有8字节。如果缓存总共包含16个块，并且每组有2个块，则共有8组。因此，组字段为3位，偏移字段为3位，标记字段为8位。如图6-12所示。◀

8位	3位	3位
标记	组	偏移

←——— 14位 ———→

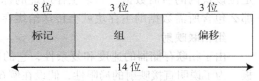

图6-12　例6.5所示的组相联映射的格式

主存地址的组字段对于给定主存块在缓存中指定了唯一的一组，会对该组中所有的块进行搜索来确认是否和给定主存块的标记字段相匹配。这就必须要实现组相联搜索，但搜索会严格限制在特定组而非整个缓存，这大幅降低了专有硬件的成本。比如，在2路组相联映射中，只需要并行搜索2个块即可。

接下来我们看一个例子，它描述了各种映射方案之间的区别。

例6.6 某主存采用字节寻址方式，容量为1MB。缓存共有32个块，每块有16字节。当分别采用直接映射、全相联映射和4路组相联映射时，试分析主存地址0x326A0映射到缓存的哪一块或哪一组。

首先，我们注意主存地址共有20位。当采用直接映射时，主存地址格式如图6-13所示。

如果采用二进制表示主存地址0x326A0并且也分解为上述地址格式，则将会得到图6-14所示的字段。

11位	5位	4位
标记	块	偏移

←——— 20位 ———→

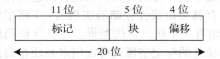

图6-13　例6.6中采用直接映射的地址格式

11位	5位	4位
00110010011	01010	0000

←——— 20位 ———→

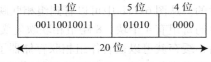

图6-14　例6.6中的地址0x326A0在直接映射中划分的字段

从图中可以看出，主存地址0x326A0将会映射到缓存的01010块(或十进制的块10)。

如果采用全相联映射，主存地址格式如图6-15所示。

但是，将主存地址分解为字段格式并不能帮助我们理解该主存块到底映射到缓存的哪一个块上，因为在全相联映射中这个块可以映射到缓存的任意块上。如果使用4路组相联映射，主存地址格式如图6-16所示。

16位	4位
标记	偏移

←——— 20位 ———→

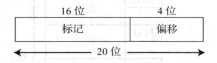

图6-15　例6.6中采用全相联映射的地址格式

13位	3位	4位
标记	组	偏移

←——— 20位 ———→

图6-16　例6.6中采用4路组相联映射的地址格式

组字段有3位，因为缓存中仅有8组(每组有4块)。将给定内存地址按字段分解，如图6-17所示。

13位	3位	4位
0011001001101	010	0000

←——— 20位 ———→

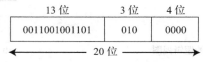

图6-17　例6.6中的地址0x326A0在组相联映射中划分的字段

也就是说，主存地址 0x326A0 会映射到缓存组 $010_2=2$ 中。但是还要继续查找这一组的内容（通过比较给定地址和缓存组 2 中的所有标记字段），才有可能找到所需数据。

我们再看例子来加强对缓存映射概念的理解。

例 6.7 假设某字节寻址计算机的缓存共有 8 个块，每块有 4 字节。若每个主存地址均为 8 位，缓存初始为空，那么针对每一种缓存映射方案（即直接映射、全相联映射和 2 路组相联映射），当程序依次访问内存地址 0x01、0x04、0x09、0x05、0x14、0x21 和 0x01 时，试跟踪缓存的占用情况。

我们先从直接映射开始。首先，要确定地址格式。由于每块包含 4 字节，因此偏移字段需要 2 位。缓存总共有 8 个块，因此块字段需要 3 位。内存地址共 8 位，因此剩下的 3 位为标记字段。结果如下：

3 位	3 位	2 位
标记	块	偏移

← 8 位 →

现在地址格式已知，那么我们就可以跟踪程序了。

访问地址	二进制地址（分解为 3 个字段）	命中或失效	说明
0x01	000 000 01	失效	当标记字段为 000 时，检查缓存块 000，发现缺失，因此将地址 0x00、0x01、0x02 和 0x03 中的数据拷贝到缓存块 0，并在该块存储标记 000
0x04	000 001 00	失效	当标记字段为 000 时，检查缓存块 001，发现缺失，因此将地址 0x04、0x05、0x06 和 0x07 中的数据拷贝到缓存块 1，并将标记 000 存储在该缓存块内
0x09	000 010 01	失效	当标记字段为 000 时，检查缓存块 010(2)，发现缺失，因此将地址 0x08、0x09、0x0A 和 0x0B 中的数据拷贝到缓存块 2，并在该块存储标记 000
0x05	000 001 01	命中	当标记字段为 000 时，检查缓存块 001，结果匹配。接下来偏移地址 01 中的数据即为需要的值
0x14	000 101 00	失效	当标记字段为 000 时，检查缓存块 101(5)，但结果不匹配。因此将地址 0x14、0x15、0x16 和 0x17 中的数据拷贝到缓存块 5，并将标记 000 存储在该块中
0x21	001 000 01	失效	当标记字段为 001 时，检查缓存块 000，继而发现该块的标记字段为 000（表示该块内容不是要查找的块），因此通过把地址 0x20、0x21、0x22、0x23 中的数据拷贝到缓存块 0 来重写该缓存的内容，并将标记 001 存储在该块中
0x01	000 000 01	失效	尽管先前我们已将包含地址 0x01 的主存块调入缓存块 0，但它已经被包含地址 0x21 的主存块所覆盖或者说重写。（如果检查缓存块 0，则会发现其标记字段为 001，而非 000。）因此，必须用地址 0x00、0x01、0x02 及 0x03 中的数据再次重写缓存块 0 的内容，并将标记 000 存储在该块中

有几点需要注意：当发生缓存失效时，我们总是将整个主存块拷贝到缓存中，并不是从缺失地址开始拷贝 4 字节，而是用包括缺失地址在内的 4 字节内存块来重写缓存。例如，当内存从地址 0x09 访问失效时，将传送从地址 0x08 开始的 4 字节数据。因为 0x09 在该块内的偏移地址为 1，所以该块的起始地址为 0x08。还需要注意缓存块 0 中的内容，对直接映射来说，这是一个典型的问题。缓存的最终内容是：

块号	缓存内容(用地址表示)	标记字段
0	0x00, 0x01, 0x02, 0x03	000
1	0x04, 0x05, 0x06, 0x07	000
2	0x08, 0x09, 0x0A, 0x0B	000
3		
4		
5	0x14, 0x15, 0x16, 0x17	000
6		
7		

当采用全相联映射时，情况会如何变化呢？首先，地址格式会变为：

6 位	4 位
标记	偏移

8 位

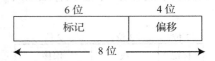

在采用全相联映射时，主存块将存储到缓存的任意位置。假设我们将主存块存入缓存中的第一个可用位置；若所有位置都满了，则“滚动”到初始位置并重新开始。

访问地址	二进制地址(分解为 2 个字段)	命中或失效	说明
0x01	000000 01	失效	当标记字段为 000000 时，检查所有的缓存块，均未找到。因此将地址 0x00、0x01、0x02 和 0x03 中的数据拷贝到缓存块 0，并在该块内存储标记 000000
0x04	000001 00	失效	当标记字段为 000001 时，检查所有缓存块，发现缺失。因此将地址 0x04、0x05、0x06 和 0x07 中的数据拷贝到缓存块 1，并将标记 000001 存储在该缓存块内
0x09	000010 01	失效	在缓存中未找到标记字段为 000010 的块，因此将地址 0x08、0x09、0x0A 和 0x0B 中的数据拷贝到缓存块 2，并在该块存储标记 000010
0x05	000001 01	命中	当标记字段为 000001 时，检查所有缓存块，发现它存储在缓存块 1 中，接着用偏移地址 01 找到所需要的数据
0x14	000101 00	失效	当标记字段为 000101 时，检查所有的缓存块，均未找到。因此将地址 0x14、0x15、0x16 和 0x17 中的数据拷贝到缓存块 3，并将标记 000101 存储在该块中
0x21	001000 01	失效	当标记字段为 001000 时，检查所有的缓存块，均未找到。因此将地址 0x20、0x21、0x22、0x23 中的数据拷贝到缓存块 4，并将标记 001000 存储在该缓存块内
0x01	000000 01	命中	当标记字段为 000000 时，检查所有缓存块，发现它存储在缓存块 0，接着用偏移地址 01 找到所需要的数据

最终，缓存中的内容为：

块号	缓存内容(用地址表示)	标记字段
0	0x00, 0x01, 0x02, 0x03	000000
1	0x04, 0x05, 0x06, 0x07	000001
2	0x08, 0x09, 0x0A, 0x0B	000010
3	0x14, 0x15, 0x16, 0x17	000101
4	0x20, 0x21, 0x22, 0x23	001000
5		
6		
7		

现在我们看一下使用 2 路组相联的情形。因为缓存中有 8 个块，并且每组包含 2 个块，故缓存共有 4 组。2 路组相联的地址格式为：

4 位	2 位	2 位
标记	块	偏移

← 8 位 →

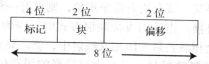

如果根据对内存的访问顺序来跟踪，将得到如下结果：

访问地址	二进制地址（分解为 3 个字段）	命中或失效	说明
0x01	0000 00 01	失效	查找缓存的 0 组，看哪块的标记字段为 0000，但未找到。因此将地址 0x00、0x01、0x02 和 0x03 中的数据拷贝到缓存组 0（现在组 0 有一块被占用，另一块为空），并将标记 0000 存储在该缓存块内。使用哪组无所谓，但为了一致性，我们将数据存放到第一组中
0x04	0000 01 00	失效	检查缓存组 1 内的各块，看是否有标记字段为 0000，发现缺失。因此将地址 0x04、0x05、0x06 和 0x07 中的数据拷贝到缓存组 1 的第一块，并将标记 0000 存储在该缓存块内
0x09	0000 10 01	失效	检查缓存组 2 内的各块，看是否有标记字段为 0000，发现缺失。因此将地址 0x08、0x09、0x0A、0x0B 中的数据拷贝到缓存组 2 的第一块，并将标记 0000 存储在该缓存块内
0x05	0000 01 01	命中	检查缓存组 1 内的各块，看是否有标记字段为 0000，发现有，接着用偏移地址 01 定位到准确的字节
0x14	0001 01 00	失效	检查缓存组 1 内的各块，看是否有标记字段为 0001，发现缺失。因此将地址 0x14、0x15、0x16 和 0x17 中的数据拷贝到缓存组 1 的第一块，并将标记 0001 存储在该块内。注意：组 1 现在是满的
0x21	0010 00 01	失效	检查缓存组 0 内的各块，看是否有标记字段为 0010，发现缺失。因此将地址 0x20、0x21、0x22、0x23 中的数据拷贝到组 0 的第二块，并将标记 0010 存储在该缓存块内。注意：组 0 现在是满的
0x01	0000 00 01	命中	检查缓存组 0 中的各块，看是否有标记字段为 0000，发现有，接着用偏移地址 01 找到需要的数据

缓存中的最终结果为：

组号	块号	缓存内容（用地址表示）	标记字段
0	第一个	0x00，0x01，0x02，0x03	0000
	第二个	0x20，0x21，0x22，0x23	0001
1	第一个	0x04，0x05，0x06，0x07	0000
	第二个	0x14，0x15，0x16，0x17	0001
2	第一个	0x08，0x09，0x0A，0x0B	0000
	第二个		
3	第一个		
	第二个		

组相联映射是直接映射和全相联映射之间的一个好的折中方案。研究发现它性能优良，而且 2 路到 16 路缓存的性能接近于全相联映射，但成本却只有全相联映射的一小部分。因此，大多数现代计算机系统都使用某种形式的组相联映射方案，最常见的是 4 路组相联映射。

6.4.2　替换策略

在直接映射方案中，如果某一缓存块有竞争现象，则仅有一种可能：当前块淘汰出缓存给新块让地方，这个过程叫作**替换**。当采用直接映射方式时，因为新块的位置是预先设定好的，因此无须替换策略。但是在全相联映射和组相联映射中，就需要有替换算法来决定从缓存中移出的“淘汰”块。当使用全相联映射时，有 K 个可选择的缓存位置（K 为缓存中块的总个数）来让某主存块进行映射。当采用 N 路组相联映射时，一个主存块可以选择的映射位置可以是给定组内的 N 个不同块。那么如何决定到底哪一个块应该被替换出去呢？决定替换的算法就叫作**替换策略**。

有几种常用的替换策略。一种虽不实用但能用作基准来衡量其他算法的好坏，即**最优化**算法。人们总是喜欢把将来就用到的数值继续保留在缓存中，并扔掉那些再也不需要的块，或短时不需要的块。基于上述两个标准，能够预见未来并能正确决定某个块去留的算法就是最好的算法，这也正是最优化算法所能做到的。我们想替换掉的是在将来最长时间内不使用的块。比如说，在块 0 和块 1 中选择淘汰块，块 0 在 5s 内会再次使用，而块 1 在未来的 10s 内都不会使用，那么我们就会把块 1 淘汰出去。从实用角度来看，我们无法洞穿将来——但是我们运行一个程序并且再次运行它，事实上这样就可以知晓未来。在第二次执行程序时，就可以应用最优算法。最优化算法能保证有最低的失效率。因为不可能对每个运行的程序都能看到未来发生的情况，所以最优化算法仅能作为判断其他算法优劣的一个标准，越接近此算法的算法，就越好。

我们需要最接近最优化算法的方法，这里有几种选择。例如，我们可以考虑时间局限性。我们可以猜测任何最近未使用的值在将来也不太可能会被调用。我们可以跟踪每一个块最后一次被访问的时间（给该块打一个时间戳）并选择淘汰最近最少使用的块，这就叫**最近最少使用（LRU）**算法。但不幸的是，LRU 需要系统记录每一个缓存块的访问历史，这需要占用大量的空间并降低了缓存的处理速度。有一些方法接近于 LRU，但超出了本书的讨论范围（请看本书末尾的参考文献来获取更多信息）。

先进先出（FIFO）是另一种常见的算法，在使用这种算法时，在缓存中存在时间最长的块（忽略最近它是使用的）将会作为淘汰块从缓存中移除。

还有另一种方法，就是**随机**选择淘汰块。LRU 和 FIFO 的问题是存在一些可能会导致**颠簸**的恶化访问情形（经常是刚移出某块，紧接着又调入该块，然后又移出，又再次调入，如此往复）。一些人认为随机替换算法虽然有时移出了那些将要很快被访问的数据，但它永远不会使系统颠簸。不幸的是，很难实现真正的随机替换，而且它会降低平均性能。

选择哪种替换算法往往取决于如何使用系统，没有一种（实用）算法可以适用于所有场合。鉴于此，设计者使用的是那些在大多数情况下都表现良好的算法。

6.4.3　有效访问时间和命中率

分层存储器的性能可用**有效访问时间（EAT）**或每次访问的平均时间来衡量。EAT 是一种加权平均，它是用命中率以及连续分层存储器的相关访问时间来得出的，每一级的实际访问时间取决于访问时所用的技术及方法。

在计算平均访问时间之前，我们需要了解一些缓存和内存如何协同工作的知识。当需要从缓存中读取数据时，有两种方法可以获取数据。我们可以启动对缓存的访问，同时也启动对主存的访问（并行）。如果数据在缓存中找到了，那么就终止对主存的访问，此时并没有产生对主存的实际开销，因为访问在时间上是重叠的。如果数据不在缓存中，则继续对主存的访问。

当缓存失效时，这种重叠访问有助于减小开销(时间上)。另一种方法是按顺序执行。首先，查找缓存，如果找到了所需数据，那么就结束访问过程；如果缓存中未找到它，则开始访问主存来查找数据。这种方法会影响平均访问时间，如下文所述。

例如，假设缓存访问时间为10ns，主存访问时间为200ns，缓存的命中率为99%。使用重叠(并行)访问方法，处理器在这个两级存储器中的平均访问时间为：

$$\text{EAT} = \underbrace{0.99 \times 10\text{ns}}_{\text{缓存命中}} + \underbrace{0.01 \times 200\text{ns}}_{\text{缓存失效}} = 9.9\text{ns} + 2\text{ns} = 11.9\text{ns}$$

使用非重叠(顺序)访问，平均访问时间变为：

$$\text{EAT} = \underbrace{0.99 \times 10\text{ns}}_{\text{缓存命中}} + \underbrace{0.01 \times (\overbrace{10\text{ns}}^{\text{检查缓存}} + \overbrace{200\text{ns}}^{\text{到主存去取}})}_{\text{缓存失效}} = 9.9\text{ns} + 2.1\text{ns} = 12\text{ns}$$

这究竟意味着什么？如果长时间观察访问时间，则系统好像有了一个访问时间为11.9ns或者12ns的大容量存储器一样。99%的缓存命中率使系统性能优异，尽管在此系统中很多大容量的存储器是由访问时间为200ns的慢速技术构成的。

对一个包含缓存和主存的两级存储器来说，计算有效访问时间的公式如下所示：

$$\text{EAT} = H \times \text{Access}_C + (1 - H) \times \text{Access}_{MM}$$

其中，H为缓存命中率，Access_C为缓存访问时间，Access_{MM}为主存访问时间。

这个公式可推广到三级或四级存储结构中，这在后面很快就会看到。

6.4.4 发生缓存失效的时间

当程序展现出良好的局部性时，缓存技术也运行得十分好。但是当程序出现糟糕的局部性时，缓存过程就会失效，并且存储器层次结构的性能也表现很差。尤其是面向对象的编程会使程序的局部性达不到最佳状态。另一个局部性很差的例子是二维数组的访问。数组一般都是使用行优先存储的。假设为了达到本例的目的，数组的一行正好占用缓存的一块，除了一行之外，其余行都能装进缓存中。再假设缓存采用先进先出替换算法，如果在某一时刻，程序访问数组的一行，访问第一行时会产生失效，但是一旦第一行所在的块被传送到缓存，接下来对该行数据的所有访问都会命中。因此对于一个5×4的数组，在20次访问中(假设每次访问数组的一个元素)，会有5次失效和15次命中。如果程序是以列优先方式访问数组的，则首次访问位于(1，1)处的列元素，就会产生失效，在此之后，整行都会被调入缓存中。但是在对列的位置(2，1)进行第二次访问时，也会导致一次失效，对位置(3，1)的访问也产生失效，同理，对于位置(4，1)的访问也失效。读取位置(5，1)上的元素时，同样也会产生失效，但这时会将第一行数据从缓存中移出，而把第五行数据读入到该块的位置。由于刚刚把第一行数据移出缓存，所以对于元素(1，2)的访问也会引起失效。这种失效会发生在访问数组的整个过程中，调入到缓存的每一行数据接下来都不会用到，原因就是数组是按列访问的。因为缓存空间不够大，所以会产生20次访问20次失效的情况。第三个例子是程序对一个在缓存中装不下的线性数组进行循环，当以这种方式使用存储器时，局部性会显著降低。

6.4.5 缓存写策略

除了决定选择哪一块作为淘汰块以外，设计者还必须对缓存中所谓的**脏块**，或者修改过的块进行处理。当处理器写主存时，也要写到缓存，这是假设处理器会很快再次访问它。如果修改了某一个缓存块中的内容，当实际主存块更新时，缓存的**写策略**就要保证缓存块中的内容一致。有两种基本的写策略：

写直通——对每一次写操作，写直通都同时更新缓存和主存。虽然速度比写回策略慢，但它可以保证缓存中的内容和对应主存中的内容是一致的。明显的缺点是每一次写操作都要访问主存。使用这种方法意味着每一次写缓存都不得不写一次主存，因此系统速度慢(如果所有访存都是写操作，则系统会降到和主存一个速度)。但是，在实际应用中，大部分都是读操作，故这种减速可忽略不计。

写回——写回策略(也称**回拷**)是仅当某个缓存块被替换出去时才更新其对应的主存块。它的速度通常都比写直通快，因为它不是在每一次写缓存时都要写主存，也减少了主存传输。缺点是某一时刻主存和缓存的对应值可能不同，而且如果程序在写回主存之前终止(崩溃)了，缓存中更新过的数据会丢失。

为了提高缓存性能，一是必须提高命中率，这可以使用性能好的映射算法(能提升大约20%的命中率)、好的写策略(大约提高15%)、好的替换算法(提升大约10%)以及良好的编码习惯，就像在先前例子中提到的行优先或列优先访问(大约提高30%的命中率)。如果仅简单地增加缓存容量，那么仅可能将命中率提高1% ~4%，而且还不能保证达到这个数值。

缓存、散列以及二进制位，天哪！

假设你有很大的一组数据，而且你想写一段程序以实现查找数据集。数据可以存放在数组中，在这一点上你可以有两种选择，如果数据是无序的，那么可以用线性查找来定位专门信息；若数据是有序的，则将使用二分查找。但是这两种类型的查找时间都取决于所用数组的大小。

散列是一个允许我们用平均时间来存储并查找数据的过程，不依赖于所查找数组的大小。散列是通过将一个键值传送到一个地址来将某项插入到结构中的过程。通常的**散列表**用来存储散列值，**散列函数**实现键值到地址的转换。当想查找某一个数值时，应将对应的键值放入散列函数，输出就是表中存放数值的地址。20世纪60年代，编译器的编写者发明了散列表来保存符号表(如第4章所述)。

假设你疲于在一个超长的电话本中查找人名，尽管人名已经排序了，但页码太多，因此找到某个号码也会花费不少时间。这时你可以创建一个散列函数来将这些名字和号码存储在计算机的一个散列表里。当你想找一个号码时，所有你需要做的就是将人名插入到散列函数中，继而，散列函数就会返回散列表中正确对应电话号码的位置。因为查找时间远小于二分查找，所以在电子词典中常常使用散列表来存储单词和释义。

散列之所以成功就是因为其具有出色的散列函数——出色的散列函数呈现均匀分布，即使键值分布不那么好。一个完美的散列函数是一个值到表的一对一映射。但完美散列函数很难构建。散列函数将大多数值映射到特定位置是可以让人接受的，**冲突**(两个值映射到同一位置)的数目最小化了。有几种方法可以处理冲突，最简单的就是链接。**链接**是简单创建链表的过程，将项映射到特定位置。当一个键值映射到链表时，需要更多时间来找到项，原因是我们不得不查找整个链表。

散列函数可简单可复杂。带数值型键值的简单散列函数包括：(1)模运算。模运算会估计表中项的数目，这个数目作为除数，键值为被除数，余数就是散列值。(2)基值转换。在这个过程中十进制键值的基值是变化的，这样会产生一个不同的数字序列，这些数字的特定“子串”作为散列值。(3)键值换位。一部分键值中的数字被简单地划去，并且新划去的值用作散列值。(4)折叠。这个方法的关键在于分成几个部分，这些部分加在一起，并且将结果的一部分作为散列值。对于以上通讯录的例子，我们可以用一个字符的ASCII值替换人名中的每个字母，并通过选择基数来采用基值转换，将每个ASCII码值乘以该基值的幂，并使结果相加以产生散列值。例如，如果人名为“Tim”，而基值为8，则散列值将为$(84\times8^2)+(105\times8^1)+(109\times8^0)=6325$，这意味着我们可以在散列表的位置6325处找到Tim。

散列法在许多计算机中都有应用。例如，网络浏览器使用散列缓存来存储最近浏览的网页。散列用于存储和检索索引数据库系统中的项。在密码学、消息认证和错误检查中使用了著名的散列函数。在大型文件系统中，使用缓存技术和散列(确定文件位置)来提高性能。

你应该已经注意到了散列和本章讨论的缓存映射方案之间有相似之处。用于缓存映射的“键”是地址的中间字段，即直接映射中的块字段和组相联映射中的组字段。直接映射和组相联映射所使用的散列函数是简单的模运算(全相联映射不使用散列函数，它需要对缓存进行完整的搜索以找到所需数据)。在直接映射中，如果有冲突，则当前缓存中的值会由传入值替换。在使用组相联缓存时，如果发生冲突，组类似于链接中的列表，这取决于集合的大小，以及散列到的同一位置有多个值可以共存。若要在组相联缓存中检索一个值，那么一旦中间位确定了缓存中的位置(或组)，就必须搜索该组以获得所查找的值。回想一下，每个值都存储一个标记，用于标识正确的项。

不同的项可以用作散列的键。我们在缓存映射中使用所需值物理地址的中间位作为键。但是为什么要使用中间位呢？较低的位(右边的字段)用来确定块的偏移量。然而，较高的位(左边的字段)可以用作键代替中间位(并且相应地，中间位也可以作为标记)。但设计人员为什么选择中间位？

主存交叉有两种选择：高位交叉和低位交叉。高位交叉使用高位来确定存储器模块的位置，并在同一模块中存放连续的主存地址。如果我们使用主存地址的高位来决定缓存位置——来自连续主存地址的值会映射到缓存的相同位置，这会非常精确。空间局部性告诉我们，彼此接近的主存位置往往在聚类中被引用。如果相邻主存位置的值映射到相同的缓存块或组中，则空间局部性意味着将发生冲突(较大的组有更少的冲突)。但是，如果中间位用作键，则相邻的主存位置会映射到不同的缓存位置，从而减少冲突，并最终获得更好的命中率。

6.4.6 指令和数据缓存

在对缓存的讨论中，我们聚焦于所谓的**统一**或**集成缓存**，即保存很多最近访问过的指令和数据的缓存。但是，大多现代计算机采用**哈佛缓存**，它是指令和数据存放在单独的缓存中。

数据缓存仅用来存放数据，当对主存请求数据时，首先要查找数据缓存。如果在此缓存中找到了所需数据，那么将会把数据取出并且继续执行。如果请求的数据不在数据缓存中，则会从主存中请求数据并同时将数据传到数据缓存。具有良好局部性的数据会有较高的命中率。比如说，数组中的数据就比链表中的数据有更好的局部性，因此，编程使用的方法会影响数据缓存的命中率。

只有当数据缓存的命中率很高时，**指令缓存**的命中率才能对高性能有重要的推动作用。大多数的程序指令都是顺序执行的，仅当遇到过程调用、循环以及条件语句时，才会发生分支。因此，程序指令倾向于有更高的局部性，甚至当调用一个过程或执行一个循环时，这些模块也足够小以至于能放到指令缓存的一个块中(这也是鼓励编写小过程语句的一个动机)，因此它可以提升性能。

在缓存中将指令从数据中分离出来使得访问的随机性大为降低并且更为紧凑。但是，某些设计者倾向于选用集成缓存。为了达到与分离的指令和数据缓存具有相同的性能，集成缓存的容量更大，从而在检索数据时会引入更多的延迟。另外，集成缓存对数据和指令仅有一个端口，从而会在两者之间造成冲突。

有一些处理器还有一个**受害者缓存**，用一个小容量相联存储器来存放那些发生冲突时从CPU缓存中淘汰出来的块。设置受害者缓存的思想是淘汰块在不久还会用到，那么到时就可以用比访问主存还低的代价从受害者缓存中查找到数据，这就给了淘汰掉的数据在送回主存之前的第二次使用机会。另一种专门的缓存是**跟踪缓存**，它是指令缓存的一个变种。它用于存储译码后的指令序列，从而当指令再次需要时，就不用译码了。另外，处理器能够处理指令块并且不用担心程序流程图中的分支。这种缓存的得名是因为它存储了动态指令流，使不连续的指令看上去就像连续的一样。Intel 的 PentiumⅣ就使用了跟踪缓存来提高性能。

6.4.7　缓存的级别

很明显，缓存技术可以使计算机系统的性能得以提升，当然前提是命中率应令人满意。你首先想到的可能就是通过增加缓存容量来获得更高的命中率，然而越大容量的缓存速度越慢(访问时间更长)。多年来，制造商一直在尝试选择合适大小的缓存来平衡大容量缓存的高延迟和提升命中率之间的关系。很多设计者正在将存储器层次结构的概念应用到缓存中来，当前，他们正在大多数系统中应用**多级缓存层次架构**——多个缓存使用缓冲技术来提高性能。

正如我们所看到的，L1 缓存是描述驻留在芯片本身中的缓存的术语，它是最快、最小的缓存。L1 缓存通常称为“内部缓存”，典型大小从 8 ~64KB。当请求一个主存地址时，先检查 L1 缓存，访问时间一般约 4ns。如果在 L1 中找不到数据，则检查第 L2 缓存。L2 缓存通常位于处理器外部，访问时间为 15 ~20ns。L2 缓存可以位于系统主板的单独芯片上，也可以位于扩展板上。L2 缓存容量更大，但比 L1 缓存速度慢。通常 L2 缓存的大小从 64KB ~2MB。如果在 L1 中丢失了数据，但在 L2 中找到，则它会加载到 L1 缓存(在某些体系结构中，在 L1 中被替换的数据与 L2 中被请求的数据进行交换)。越来越多的制造商已经开始在其体系结构中包含 L2 缓存，将 L2 缓存与 CPU 放在同一个芯片上，从而使 L2 缓存以 CPU 速度运行(但与 CPU 不在相同的电路上，就像 L1 缓存那样)。这使得 L2 缓存的存取时间变为了大约 10ns。**L3 缓存**现在指的是描述处理器和内存之间的额外缓存(过去称为 L2 缓存)，因为在处理器中已包含 L2 缓存作为其体系结构的一部分。L3 缓存的大小从 8 ~256MB 不等。

包容缓存是允许数据同时出现在多级的缓存。例如，在 Intel Pentium 系列机中，在 L1 中发现的数据也可能存在于 L2 中。一个**严格的包容缓存**会保证一个级别上的所有数据也在下一个较低的级别上找到。**独占缓存**保证数据最多在某一级缓存中。

我们在前一节讨论了单独的数据和指令缓存。通常，体系结构使用 L2 和 L3 集成缓存。然而，许多架构在 L1 上有单独的指令和数据缓存。例如，Intel Celeron 采用两个独立的 L1 缓存，一个存放指令，一个存放数据。除了这一非常好的设计之外，Intel 采用了**非阻塞**的 L2 级缓存。大多数缓存只能一次处理一个请求(因此在缓存失效时，缓存必须等待内存提供请求的数据并将其加载到缓存中)。非阻塞高速缓存可以并发处理多达 4 个用户请求。

6.5　虚拟存储器

现在我们了解了缓冲技术使得计算机可以在一个小容量但快速的缓存中访问到那些经常用到的数据。高速缓存位于存储层次结构的顶端。在存储器层次结构中，另一个很重要的概念是**虚拟存储器**。虚拟存储器的目的是将硬盘作为 RAM 的扩展，因此增加了程序所能访问的地址空间。大多数个人计算机都有一个小容量(通常 4GB 左右)的主存，这个容量不足以确保多个程序并发运行，比如，一个字处理程序、一个邮件处理程序和一个图形应用程序，另外还有操作系统本身。使用虚拟存储器可以获得比主存实际空间更大的可寻址空间，使用硬盘来容纳多余的地址空间。硬盘上的这部分叫**页面文件**，因为在硬盘上存储了大块主存区域的内容。理解虚拟存储器的最简单方法是将其看作主存位置的镜像，而所有的寻址事务都是由操作系统来解决的。

实现虚拟存储最常见的方法就是**分页**，即将主存划分成固定大小的块，并将程序也划分成同样大小的块。通常，程序块在需要时才被调入主存，且没有必要将连续的程序块存到主存的连续块当中。由于程序块可以无序存放，所以一旦 CPU 生成了要访问的程序地址，就必须将其转换为主存地址。记住，在缓存技术中，主存地址需要转换为缓存地址。在使用虚拟存储器时也是如此，每一个虚拟地址都需要转换为物理地址。那么如何完成这个转换呢？在深入探究虚拟存储器的概念之前，让我们先来对通过分页实现虚拟存储时经常使用的一些术语来进行定义。

- **虚拟地址**——进程所使用的逻辑或程序地址。不管 CPU 何时生成一个地址，它总是根据虚拟地址空间得来的。
- **物理地址**——物理主存中的实际地址。
- **映射**——将虚拟地址转换为物理地址的机制（和缓存的映射非常相似）。
- **页面**——由主存（物理存储器）分成的相同大小的块。
- **页**——由虚拟存储器（逻辑地址空间）分成的块，其大小与页面相同，虚页在调用时才存储到磁盘上。
- **分页**——将虚页从磁盘调入主存页面的过程。
- **碎片**——主存中不能使用的部分。
- **缺页故障**——当请求页没在主存中且需要从磁盘拷贝到主存时发生的事件。

由于主存和虚页都分成了相同大小的页，所以进程地址空间片在需要调入主存时无须连续存放。如前所述，我们并不是同时需要主存中的全部进程，仅当指定片在内存时虚拟存储器才允许程序运行。当前用不到的部分会存放在磁盘的页面文件中。

虚拟存储器可用不同的技术来实现，包括分页、分段或者两者结合的方式，但分页是最普遍的。（这部分内容在操作系统中有详细介绍。）就像缓存一样，分页是否成功，也取决于局部性原理。当数据没有在主存中保存时，它所在的整块内容就会从磁盘拷贝进主存，希望这一页中的其他数据会在接下来的程序执行中用到。

6.5.1　分页

分页背后的思想非常简单：把物理内存用固定大小的块（页面）分配给各个进程，并且通过**页表**中的记录信息来跟踪进程中大量页面的驻留情况。每个进程都有自己的页表，页表通常驻留在主存中，页表存储了进程中每一个虚页所存入的物理位置。页表有 N 行，其中 N 是进程中所包含的虚页数。如果进程的某些页现在不在主存中，则页表通过设置**有效位**为 0 来说明这一情况；如果该页在主存中，则有效位置为 1。因此，页表的每一个入口都有两个字段：有效位和页面编号。

也经常用附加字段来传达更多信息。比如，一个**脏位**（或**修改位**）可用于表示虚页是否被改变。这使某页传回磁盘的过程更高效，因为如果这一页没有被修改过，那么就无须重写磁盘。可添加另一个附加位（**使用位**）来表示页的使用情况。一旦这一页被访问，则此位就会置为 1。过一段时间后，此位会变为 0，当这个页再次被引用时，此位又会变为 1。但是，如果这位保持 0 的状态，这就意味着这一页已经有段时间未被访问过了，那么系统就会将该页存回磁盘，并从中受益。通过这种方式，系统可以将这一页的位置释放给进程最终会用到的其他页（在讲替换方法时，我们会详细介绍）。

虚页的大小和主存页面一样。进程存储器被分成了固定大小的页，当最后一页调入主存时有可能产生**内部碎片**。一个进程可能并不需要整个页面，但别的进程也不能使用页面内的剩余部分。因此，在最后一个页面中未使用的存储空间就浪费了。这可能发生在进程本身需要的空间小于一个完整页，但它又必须要将整个页面拷贝进主存时。内部碎片是指在给定的存储器区域中(这里指一页)不能使用的空间。

现在你理解了什么是分页，接下来我们讨论它的工作原理。当一个进程生成一个虚拟地址时，操作系统必须动态地将其转换为主存物理地址，即数据驻留的实际位置。(为了简化问题，假设此时没有用到缓存)。比如，从程序角度来讲，我们已知一个10字节程序的最后一个字节的存放地址为0x09。假设指令和地址都占一个字节，且起始地址为0x00。但是，当实际读入主存时，逻辑地址0x09(可能引用的是汇编语言程序中的标签X)中的内容可能实际存放在主存地址0x39处，这意味着此程序加载到主存的位置从物理地址0x30开始。这要求必须有一种简单方法来将逻辑或虚拟地址0x09转换为物理地址0x39。

为了完成地址转换，应将虚拟地址分成两个字段：**页号字段**和**偏移字段**(指的是请求数据在这一页内的偏移)。这一地址转换过程与之前我们用过的将主存地址分段来完成缓存映射算法是相似的。并且与缓存块类似，页的大小通常也是2的整数次幂，这就简化了页号和页内偏移从虚拟地址中的抽取过程。

为了访问给定虚拟地址中的数据，系统执行以下步骤：

- 从虚拟地址中抽取出页号；
- 从虚拟地址中抽取出页内偏移；
- 通过访问页表，将页号翻译为物理页面号：
  1. 在页表中查找页号(使用虚拟页号作为索引)
  2. 检查该页的有效位
     1) 如果有效位为0，则系统产生页面故障，且操作系统必须要介入以便：
        a) 在磁盘上找到所请求的页；
        b) 在主存中找到一个空闲页面(当主存已满时，可能需要从主存中删除一个淘汰页，并将其拷贝到磁盘中)；
        c) 将请求页拷贝到主存的空闲页面中；
        d) 更新页表(刚调入的虚页必须有对应的页面编号，页表中的有效位也需要修改。如果有淘汰页，则它的有效位必须置为0)；
        e) 继续执行引起页面故障的进程，直至步骤B2。
     2) 如果有效位为1，则表示请求页在主存中。
        a) 用实际页面号取代虚拟页号；
        b) 通过将页内偏移地址附加到虚拟页号对应的页面上来访问物理页面上指定偏移地址处的数据。

请注意，当发生页面故障时，如果一个进程在主存中有空闲页面，则最近被检索的页能够存放在任意一个空闲页面上。但是如果分配给此进程的主存都被占满了，则必须选择一页淘汰出主存。选择淘汰块的替换算法和缓存中用到的非常相似。FIFO、随机算法以及LRU都可以用来选择一个淘汰块。(关于替换算法的更多信息，请参阅本章最后的参考文献。)

下面我们来看一道例题。

例6.8 假设某进程的虚拟地址空间大小为2^8字节。(这意味着程序可生成的地址范围为0x00~0xFF，即十进制的0~255)，物理内存包含4个页面(没有缓存)。假设页的长度为32字节，则虚拟地址有8位，而物理地址包含7位(每32字节有4个页面，共128字节，即2^7)。还假设进程中的某些页已经被调入到主存中，图6-18给出了系统的当前状态。

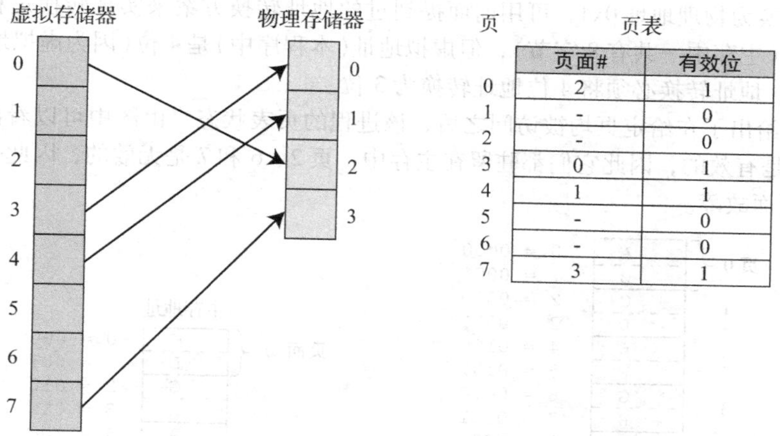

图 6-18　使用分页和相联存储器页表的当前状态

每一个虚拟地址有 8 位，并且划分成两个字段：页号字段包含 3 位，表示虚拟存储器中共有 2^3 页，$(2^8/2^5)=2^3$。每一页的长度是 $2^5=32$ 字节，因此页内偏移字段有 5 位(假设采用字节寻址)。因此，一个 8 位虚拟地址的格式如图 6-19 所示。

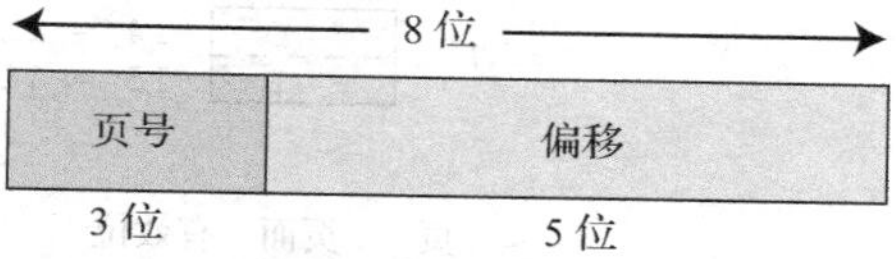

图 6-19　页大小为 32 字节时 8 位虚拟地址的格式

假设系统当前生成了一个虚拟地址 0x0D = 00001101_2，将此二进制地址划分为页号和偏移两个字段(见图 6-20)，可知页号字段 P = 000_2，并且偏移字段等于 01101_2。为了继续执行地址转换过程，我们将页号字段的值 000 作为索引来查询页表，定位到页表的第 0 行，可知，虚拟页号 0 映射到物理页面 2 = 10_2。因此转换得到的物理地址就变为页面 2 中偏移量为 13 的单元。注意，一个物理地址仅有 7 位(页面占 2 位，因为共有 4 个页面，而偏移占 5 位)。写成二进制形式并用两个字段表示，即为 1001101_2，或地址 = 0x4D。如图 6-21 所示。

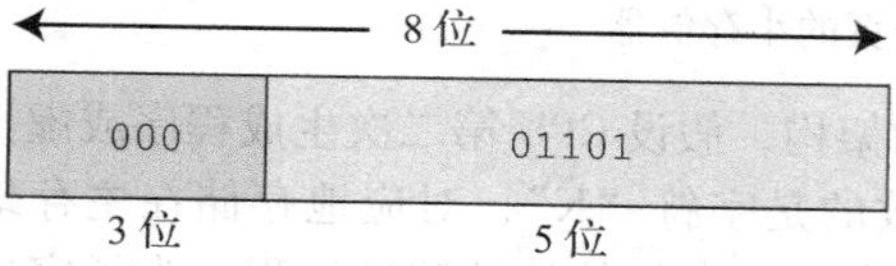

图 6-20　虚拟地址 00001101_2 = 0x0D 的格式

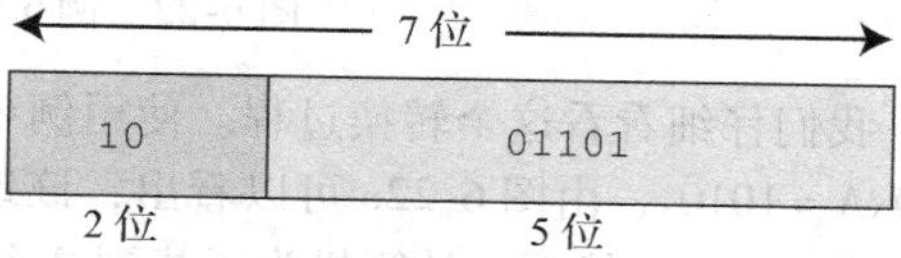

图 6-21　物理地址 1001101_2 = $4D_{16}$ 的格式

我们接着看一个真实(但小)系统(也没有缓存)中的完整例子。

例 6.9 假设某程序长 16 字节。需要访问一个采用字节寻址的容量为 8 字节的主存，假设每一页大小为 2 字节。当程序运行时，生成以下地址串：0x0、0x1、0x2、0x3、0x6、0x7、0xA、0xB。(这一地址引用字符串表示的原因是地址 0x0 是首先被引用的，接着是 0x1，然后 0x2，依次类推)。初始时，主存没有存放该程序的任何页。当请求地址 0x0 时，0x0 和 0x1(都在页 0 中)一起被拷贝到主存的页面 2 中。(可能主存的页面 0 以及页面 1 均被其他程序占用因而不可用)。由于请求页必须从磁盘调入主存，因此这是关于页面故障的一个示例。当引用地址 0x1 时，其中的数据已经存在于主存中了(因此会产生页命中)。当引用地址 0x2 时，会引起另一个页面故障，随后将程序的页号 1 拷贝到主存的页面 0 中。继续这个过程，在这些给定地址都被引用后，并且所需页都调入到内存页面后，系统状态如图 6-22a 所示。从图中可以看出，程序地址 0x0 中存放的是“A”，当前存储在主存地址 0x4 = 100_2 中。因此，CPU 必须将虚拟地址 0x0 转换为物理地址 0x4，可用前面提到过的地址转换方案来实现转换过程。注意主存地址共有 3 位(主存中一共有 8 字节)，但虚拟地址(本程序中)是 4 位(因为虚拟地址共包含 16 字节)。因此，地址转换必须将 4 位地址转换为 3 位。

图 6-22b 给出了在给定页均被访问之后，该进程的页表状态。由图中可以看出，进程的页 0、1、3 和 5 是有效的，因此它们都驻留在主存中。页 2、6 和 7 是无效的，因此一旦访问这些页就会发生页面故障。

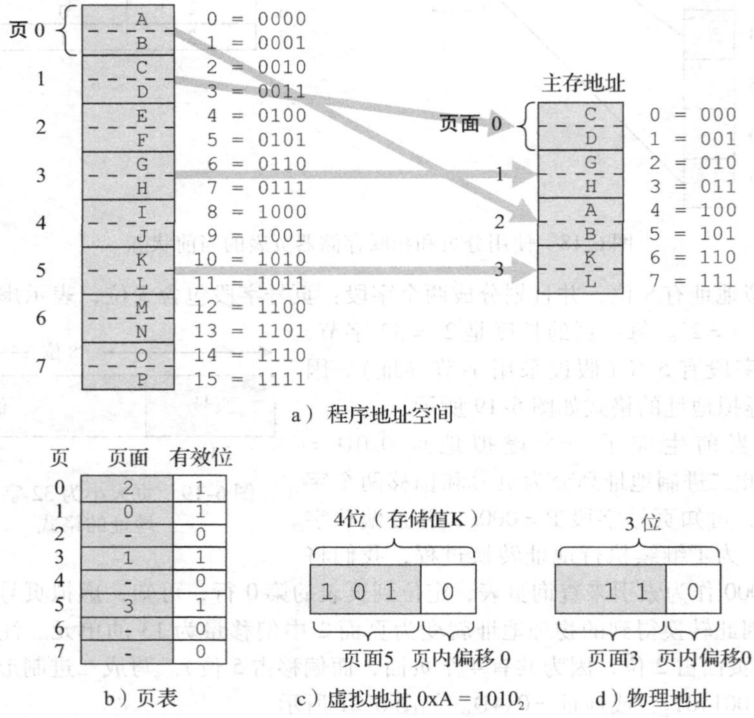

图 6-22 例 6.9 中使用分页的小存储器

我们仔细看看这个转换过程。使用例 6.9 所示的架构，假设 CPU 第二次生成程序或虚拟地址 $0xA = 1010_2$，由图 6-22a 可以看出，该地址中存放的是字符“K”，对应地存储在主存地址 $0x6 = 0110_2$ 上。然而，计算机为了找到这个数据必须有一个专门的地址转换过程。为了完成这一目标，虚拟地址 1010_2 被划分为一个页号字段和一个偏移字段。因为程序中共有 8 页，故页号字段长 3 位。还剩 1 位，分给偏移字段，由于每页只有 2 个存储字，故这个位数正好能满足。字段划分见图 6-22c。

一旦计算机获取了这些字段，那么接下来转换为物理地址的过程就很简单了。页号字段的值 101_2 用来作为查找页表的索引。因为 $101_2 = 5$，所以使用 5 作为偏移量定位到页表中(见图 6-22b)，并可以看到虚拟页号 5 映射到了物理页面 3。现在可以用 $3 = 11_2$ 来替换 $5 = 101_2$，但是页内偏移相同。则新生成的物理地址是 110_2，见图 6-22d。这一过程成功将虚拟地址转换到物理地址并将所需位数从 4 位降到 3 位。

现在知道了一个小例子的工作原理，我们已经做好准备来看一个更大的更实际的例子。

例 6.10 假设我们有一个 8K 字节的虚拟地址空间，采用字节寻址的物理内存大小为 4K 字节，页大小为 1K 字节。(这个系统也没有缓存，但我们能更好地理解存储器的工作原理，并且在这个例子中最终会使用缓存和分页。)虚拟地址共有 13 位($8K = 2^{13}$)，其中 3 位用来表示页号(共有 $2^{13}/2^{10}=2^3$ 个虚页)，10 位用来表示页内偏移(每一页有 2^{10} 字节)。物理地址仅有 12 位($4K=2^{12}$)，最高 2 位表示页号字段(主存中共有 2^2 个页面)，剩下的 10 位表示页内偏移。虚拟地址和物理地址的格式见图 6-23a。

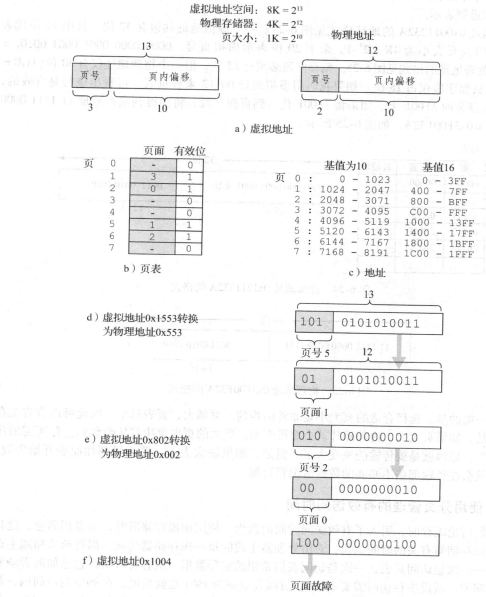

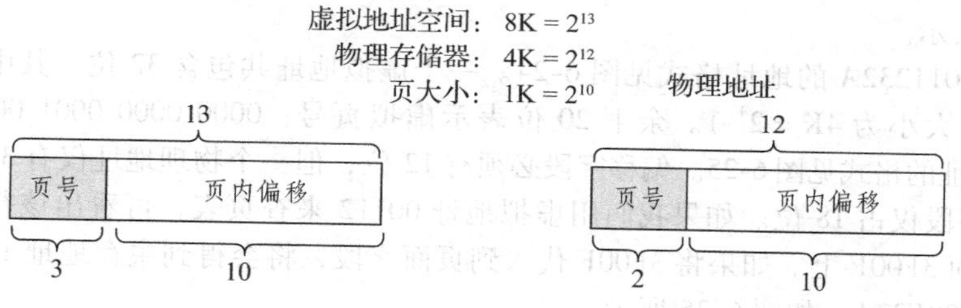

a）虚拟地址

页	页面	有效位
0	-	0
1	3	1
2	0	1
3	-	0
4	-	0
5	1	1
6	2	1
7	-	0

b）页表

页	基值为10	基值16
0	0 - 1023	0 - 3FF
1	1024 - 2047	400 - 7FF
2	2048 - 3071	800 - BFF
3	3072 - 4095	C00 - FFF
4	4096 - 5119	1000 - 13FF
5	5120 - 6143	1400 - 17FF
6	6144 - 7167	1800 - 1BFF
7	7168 - 8191	1C00 - 1FFF

c）地址

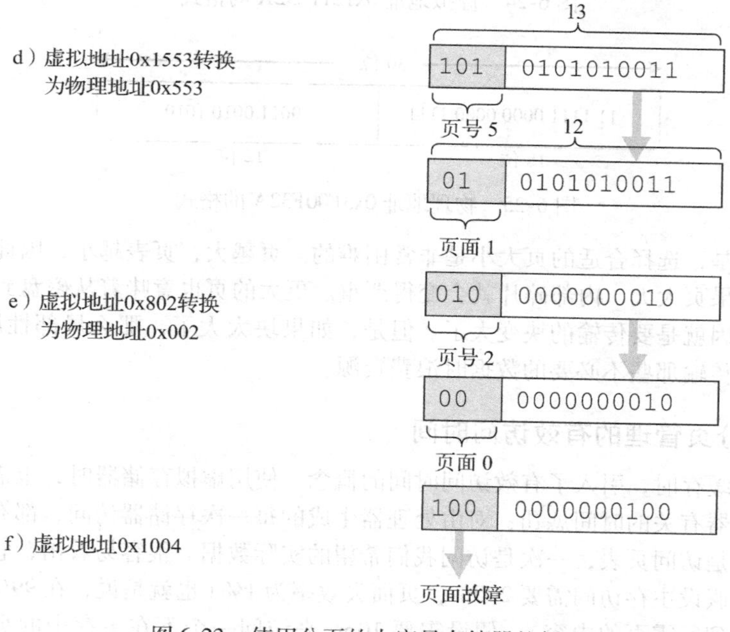

图 6-23 使用分页的大容量存储器的例子

我们假设页表如图 6-23b 所示。图 6-23C 所示的表给出了对于描述地址转换过程有用的主存的不同地址。

假设 CPU 当前产生虚拟地址 $0x1553=1010101010011_2$。图 6-23d 描述了这个地址是如何被分解为页号和页内偏移字段的，以及它如何被转换为物理地址 $0x553=010101010011_2$。本质上来说，虚拟地址的页号字段 101 由主存页面号 01 取代了，因为页号 5 映射到了主存页面 1(如页表中所示)。图 6-23e 给出了虚地址 0x802 是如何转换成物理地址 0x002 的。图 6-23f 给出虚地址 0x1004 会产生页面故障，页面 4 = 100_2 在页表中是无效的。

例 6.11 假设一台计算机有 32 位虚拟地址，页大小为 4K，主存采用字节寻址且容量为 1GB。已知部分页表，要求将虚拟地址 0x0011232A 转换为物理地址。在本例中，页号和页面编号用十六进制表示。

虚拟地址 0x0011232A 的地址格式见图 6-24。一个虚拟地址共包含 32 位，其中 12 位代表页内偏移(因为页大小为 4K = 2^{12})。余下 20 位表示虚拟页号：$0000\ 0000\ 0001\ 0001\ 0010_2$ = 0x00112。物理地址的格式见图 6-25。偏移字段必须有 12 位，但一个物理地址仅有 30 位(1GB = 2^{30})，因此页面字段仅占 18 位。如果我们用虚拟地址 00112 来查页表，可看出该行是有效的，并映射到主存页面 3F00F 上。如果将 3F00F 代入到页面字段，将会得到主存地址 $11\ 1111\ 0000\ 0000\ 1111_2$ = 0x3F00F32A，如图 6-25 所示。

页表

页	页面	有效位
0000	00000	1
…	…	…
00111	0A121	1
00112	3F00F	1
00113	2AC11	1
…	…	…

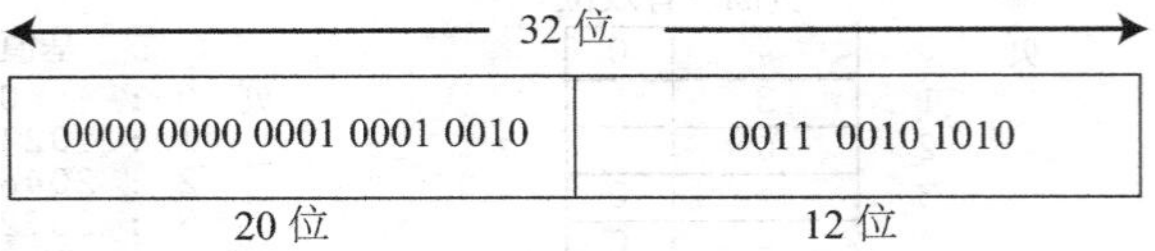

图 6-24　虚拟地址 0x1211232A 的格式

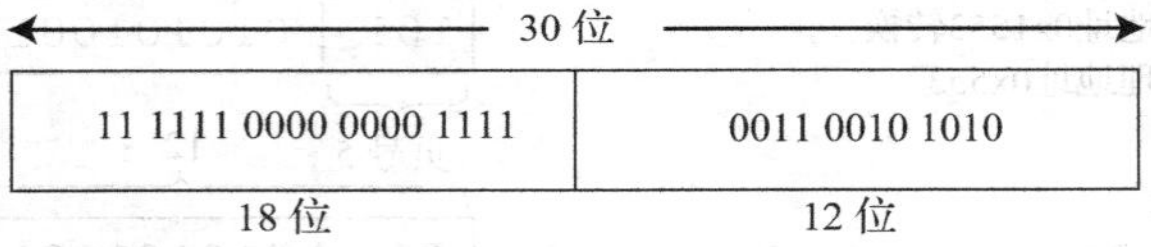

图 6-25　物理地址 0x3F00F32A 的格式

值得一提的是，选择合适的页大小是非常困难的。页越大，页表越小，因此可以节省主存空间。但是，如果页太大，内部碎片就会变得严重。更大的页也意味着从磁盘到主存所需的传输次数更少，原因就是要传输的块变大了。但是，如果块太大了，那么局部性原理开始失效，于是我们就会在传输那些不必要的数据时浪费资源。

6.5.2　使用分页管理的有效访问时间

当我们讨论缓存时，引入了有效访问时间的概念。使用虚拟存储器时，也需用到它。这是一个与虚拟存储器有关的时间惩罚：对由处理器生成的每一次存储器访问，都有两次物理主存的访问——一次是访问页表，一次是访问我们希望的实际数据。很容易看出，它是如何影响有效访问时间的。假设主存访问需要 200ns，页面失效率为 1%(也就是说，在 99% 的时间内，都可以在主存中找到所需页的内容)。假设需要 10ms 来访问一个不在主存中的页。(这 10ms 包含必须将虚拟页传输到主存的时间，更新页表的时间，以及访问数据的时间)。一次存储器的有效访问时间为：

$$EAT = 0.99 \times (200ns + 200ns) + 0.01 \times (10ms) = 100.396ns$$

如果 100% 的页都存放于主存中，则有效访问时间将变为：

$$EAT = 1.00 \times (200ns + 200ns) = 400ns$$

这也会导致存储器访问时间加倍。访问页表花费了额外的一次存储器访问时间，因为页表本身是存放在主存中的。

通过在页表缓存中存储最近访问过的叫作**转换后援缓冲器**(TLB)的页表查找值来加速页表查找过程。每一条 TLB 记录都包含一个虚拟页号和对应的主存页面号。在例 6.10 中页表可能有的 TLB 状态见图 6-26。

虚拟页号	物理页号
-	-
5	1
2	0
-	-
-	-
1	3
6	2

图 6-26 图 6-23 中 TLB 的当前状态

通常，TLB 由相联缓存来实现，并且虚拟页/物理页面对可被映射到任意位置。下面是使用 TLB 完成地址查找所需的必要步骤(见图 6-27)。

1. 从虚拟地址中提取出页号；
2. 从虚拟地址中提取出页内偏移；
3. 在 TLB 中使用并行查找技术来搜索虚拟页号；
4. 如果(虚拟页号#，物理页面号#)对在 TLB 中找到了，则将偏移字段放在物理页面号后边，并访问主存地址。
5. 如果产生了 TLB 失效，则转去访问页表以取出对应的页面号。如果该页在主存中，则使用对应的页面编号和页内偏移组合来产生物理地址。
6. 如果该页不在主存中，则会产生缺页故障/页面失效，并会在处理完缺页故障后，重新启动此次访问。

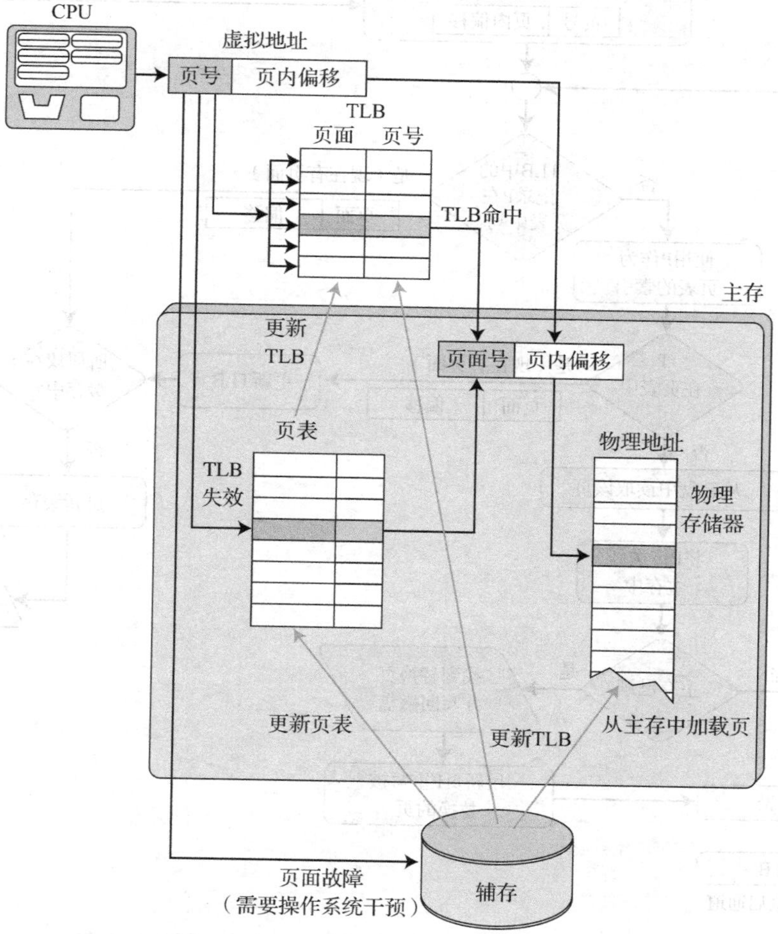

图 6-27 使用 TLB

在6.4节中，我们提出了缓存存储器。在对分页的讨论中，我们也引入了另一种类型的缓存——TLB，它缓存了页表记录。TLB使用相联映射。在使用L1缓存的情况下，计算机通常有两个独立的TLB——一个用于指令而另一个用于数据。

6.5.3　汇总：使用缓存、TLB和分页技术

由于TLB本质上就是一个缓存，所以将标题中的这些概念放到一起会令人迷惑。整个过程的演练会帮助你掌握整体思想。当CPU生成一个地址时，这是一个与程序相关的地址，或一个虚拟地址。在数据查找能继续执行之前，需要将虚拟地址转换为物理地址。这有两种方法可以实现：(1)通过定位到最近缓存的(页号/页面)对来使用TLB查找页面；(2)在TLB失效事件中，使用页表在主存中查找相对应的页面(通常也会在此时更新TLB)。这个页面号和在虚拟地址中给出的偏移量组合可以创建物理地址。

此时，虚拟地址已经转换成物理地址，但是该地址中的数据还未访问到。查找数据也有两种可能性：(1)搜索缓存看数据是否存在其中；(2)在缓存失效时，转去实际主存位置以检索数据(通常，缓存会在此时更新)。

图6-28描述了同时使用TLB、分页和缓存时的过程。

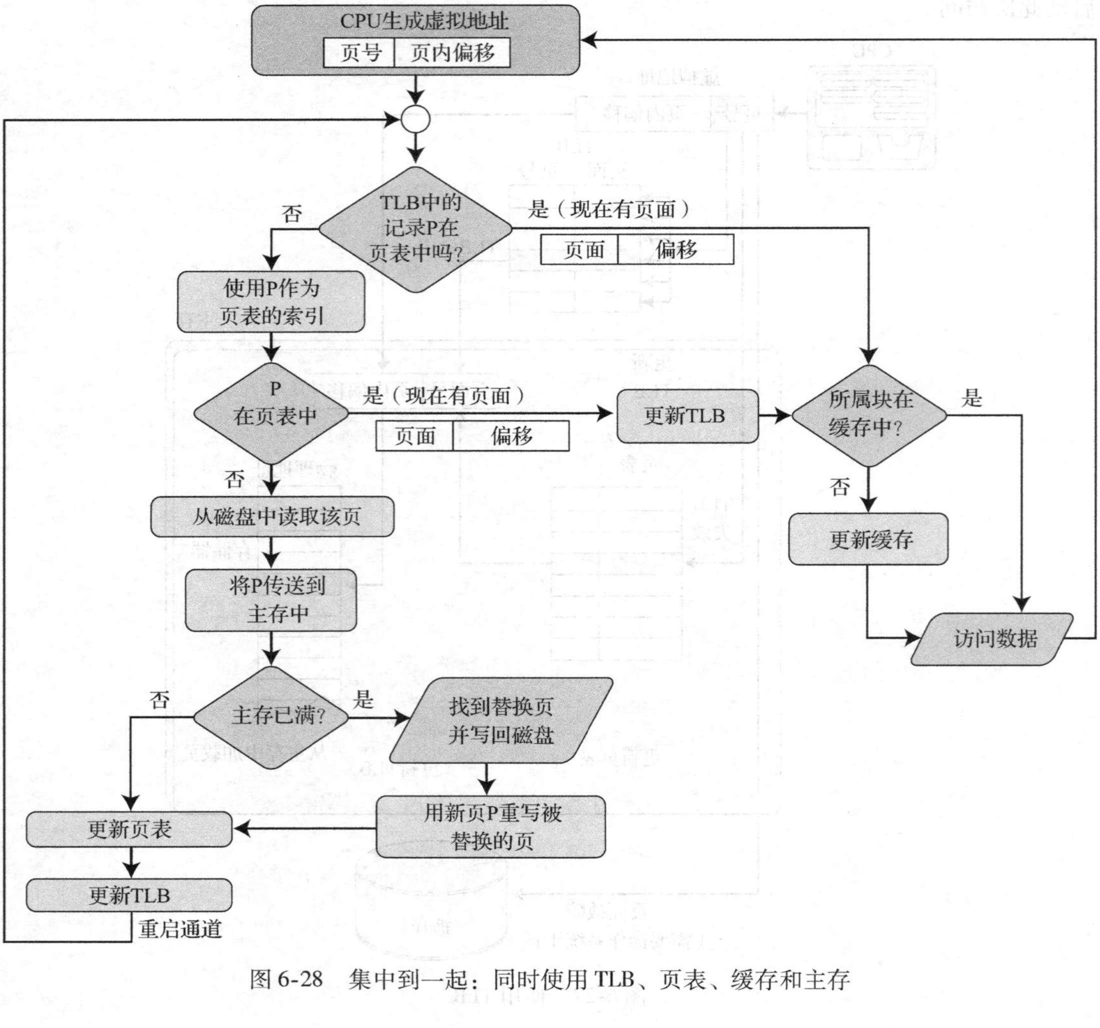

图6-28　集中到一起：同时使用TLB、页表、缓存和主存

6.5.4 分页和虚拟存储器的优缺点

在6.5.2节中，我们已讨论了当访问数据时如何通过分页加上外部存储器引用来实现虚拟存储器的。通过使用TLB来缓存页表记录的时间惩罚被部分缓解了。然而，即使在TLB中命中率很高，这个过程仍旧会引起地址转换开销。虚拟存储器和分页的另一个缺点是消耗了外部资源(存储页表的存储器开销)。在极端情况(非常大的程序)下，页表会占用物理内存中相当大一部分空间。后一个问题的解决方案是对页表进行分页。这会让事情变得非常混乱！虚拟存储器和分页也需要专门硬件和操作系统的支持。

使用虚拟存储器的好处肯定胜过上述这些缺点，因此它在计算机系统中很有用。但虚拟存储器和分页的好处是什么呢？非常简单：程序不用受可访问的物理主存空间的限制。虚拟存储器使得我们可以运行一个虚拟地址空间比物理存储器空间还要大的程序。(实际上，这使得一个进程可以和其本身分享物理主存)。这使得编写程序更容易，因为程序员不用再担心物理地址空间大小的限制了。由于每个程序需要很少的物理主存，因此虚拟存储器允许我们同时运行多个程序。这使得我们在各个进程间共享计算机，这些进程总的地址空间超过了物理存储的空间，从而导致计算机的CPU利用率和系统吞吐量的提高。

从操作系统的角度来讲，页面和页大小的固定简化了分配和替换过程。分页也使操作系统能在每一个页上指定保护(“这一页属于用户X并且你不能访问它”)和共享(“这一页属于用户X但你可以读取它的内容”)。

6.5.5 分段

尽管分页是最常见的方法，但它不是实现虚拟存储器的唯一方法。一些系统采用了第二种方法，它是**分段**。在这种方式中，虚拟地址空间被分成逻辑可变长度的单元或**段**，而不是在分页方式中将虚拟地址分成相等大小固定的页，并且物理地址空间也被分成相同大小的页面。物理存储器实际上不进行任何形式的划分。当一个段需要占用物理主存时，操作系统会在主存中寻找足够大的空闲块来存储整个段。每一个段都有一个基地址来表示它存储到了主存的哪个位置和范围限制，从而表明段的大小。由多个段组成的程序都有一个相连的**段表**来代替页表。段表就是每一段的基址/范围对的集合。

存储器访问地址由段号和段内偏移转换而成。错误检查用来确保这个偏移量处在允许的范围内。如果在范围以内，则段基值(在段表中可找到)加上偏移量就会生成实际物理地址。因为分页管理基于固定大小的块而分段基于逻辑块，故使用分段更容易执行保护和共享。比如，虚拟地址空间可以被分成一个代码段、一个数据段、一个堆栈段以及一个符号表段，每一个段的大小都不同。如果说“我想共享数据，因此我将数据段对每个人都开放”，比起说“好，我的数据存放在一些页，现在我已经找到这4页了，让我们将其中的3页对每个人开放，但是第四页中仅有一半开放”更容易。

如同分页管理方式，分段也会产出碎片。由于某个页面可能被分配给一个并不需要整个页面的进程，因此分页会产生内部碎片。另一方面，分段会产生**外部碎片**。由于段是可以不断再分配的，因此主存中的空闲块会变得破碎。最终，主存里会有很多小块，但是没有一块能够存放下整个段。外部碎片和内部碎片的区别是，在外部碎片中，有足够的主存总空闲块分配给一个进程使用，但这个空间是不连续的——它是大量的小的、没用的孔洞。发生内部碎片时，主存只是不可用，因为系统给一个进程过度分配了它并不需要的主存。为了防止外部碎片的产生，系统使用某种**垃圾回收**的方式。进程简单地通过对主存小块洗牌的方式来将这些小的碎块合并成大的、可用的块。如果你曾经整理过磁盘碎片，那么你就见证了一个相似的过程，即收集磁盘上大量小的空闲空间，然后创建少量的大块。

6.5.6 分段和分页的组合

分页和分段是不同的。分页基于单纯的物理值：程序和主存都被分成物理大小相同的块。另一方面，分段根据程序的逻辑部分分成大小不同的分区。当采用分段方式时，用户知道段的大小以及范围；当采用分页时，用户不知道是如何分区的。分页易于管理：当所有块大小一样时，空间的分配、释放、交换以及再定位都很容易。然而，页的大小通常比段小，这就意味着有更多的开销(就跟踪和传输页所需资源的角度而言)。分页消除了外部碎片，而分段消灭了内部碎片。分段可以支持共享和保护，而分页很难做到这些。

分页和分段都有各自的优点。一个系统不是只能用其中一个——这两种方式可以组合使用，以努力实现两全其美。在组合方式中，虚拟地址空间被分成可变长度的段，段再被分成固定大小的页，主存被分成大小相同的页面。

每一个段都有一个页表，这样每个程序都有多个页表。物理地址被划分成3个字段。第一个字段是段号，它指向相应的页表。第二个字段是页号，它作为页表内的偏移量来使用。第三个字段是页内偏移字段。

段页组合方式优点明显，原因在于它允许从用户的角度来对程序进行分段，又允许从系统的角度来对主存进行分页。

6.6 存储器管理实例

由于Pentium系列机在现代存储器管理方面表现优异，因此我们简要介绍这种处理器是如何处理存储器的。

Pentium架构有32位虚拟地址和32位物理地址。当采用分页管理时，页的大小可以是4KB或4MB。分页和分段有不同的组合形式，包括不分段不分页存储器、不分段但分页存储器、分段不分页存储器，以及分段分页存储器。

Pentium有L1和L2两级缓存，块大小都是32字节。L1靠近处理器，L2位于处理器和存储器之间。L1实际包含两个缓存：Pentium将L1分成存放指令的缓存(叫作I-Cache)和存放数据的缓存(叫作D-Cache)。两个L1缓存都采用LRU位算法来处理块的替换，每个L1有一个TLB。D-Cache的TLB有64行记录，而I-Cache的TLB只有32行。两个TLB都采用4路组相联映射并使用伪LRU替换算法。L1的D-Cache和I-Cache都使用2路组相联映射。L2缓存的容量从512KB(早期模型)增加到1MB(晚期模型)。L2和L1一样，也采用2路组相联映射。

为了管理对存储器的访问，Pentium的I-Cache和L2缓存采用MESI高速缓存一致性协议。每一缓存行有2位，存储如下MESI状态中的一个：(1)M：修改过(表示缓存和主存的内容不同)；(2)E：独占的(缓存未被修改过，和主存中的内容一样)；(3)S：共享的(此行/块可以和其他缓存的行/块共享)；(4)I：无效的(此行/块不在缓存中)。图6-29给出了Pentium架构的存储器层次结构。

以上仅对Pentium系列机及其存储管理方式给出了一个简要且基本的概述，如果您对细节感兴趣，请查看“扩展阅读”部分。

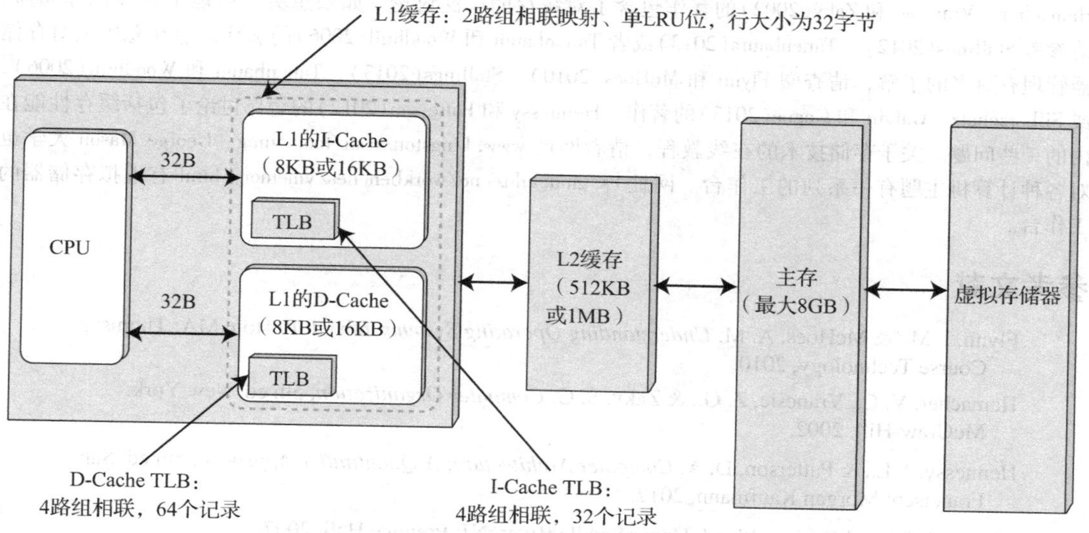

图 6-29 Pentium 存储器的层次结构

本章小结

存储器是按照层次结构进行组织的，容量大的存储器便宜但速度慢，而小容量的存储器速度更快但价格也更贵。在一个典型的存储器层次结构里，我们可以看到它包括缓存、主存以及辅存（通常是磁盘）。局部性原理有助于缩小这个层次中相邻存储器之间的速度差异，并且程序员感觉好像在使用一个非常快速且大容量，而不用管在不同层次之间传输信息的细节。

缓存起着缓冲区的作用，存放主存中使用最频繁的数据块，并且它离 CPU 很近。存储器层次结构的一个目标就是使处理器的有效访问时间接近于缓存的访问时间。达到这一目标取决于正在执行程序的特性、缓存的大小和组织，以及缓存替换策略。在缓存中找到的处理器引用叫作缓存命中；如果没有找到，则被称为缓存失效。在发生失效时，缓存中没有的数据会从主存中取出来，并且包含此数据的整个块会装入到缓存中。统一缓存中包含数据和指令，而哈佛缓存则会将数据和指令分别存入到不同的缓存中。为了提高缓存性能，会使用多级缓存结构。

缓存的组织决定了 CPU 请求不同存储器地址时查找缓存的方法。可以用不同的方法来组织缓存：直接映射、全相联映射或者组相联映射。直接映射缓存不需要替换算法；但是，全相联映射和组相联映射必须使用 FIFO、LRU 或者其他替换算法来决定当缓存已满时，需要将缓存中的哪一个块移出以便给新块让出地方。LRU 有最优的性能，但是很难实现。

存储器层次结构的另一个目标是通过使用硬盘来扩展主存空间，也称其为虚拟存储器。虚拟存储器使我们可以在比物理空间大的虚拟地址空间上运行程序。它允许同时运行多个程序。如果不使用 TLB 来缓存最近经常使用的虚拟/物理地址对，则虚拟存储器的缺点包括额外资源消耗（存储页表）和额外的访存时间（为了访问页表）。虚拟存储器在将虚拟地址转换为物理地址时经常会引起转换惩罚，而当所请求页面位于磁盘上而非主存时，需要处理页面失效，这也会引起惩罚。虚拟存储器和主存之间的关系和主存与缓存之间的关系是非常相似的。由于这种相似性，缓存的概念和 TLB 经常混淆。事实上，TLB 是一个缓存。了解在做其他任何事情之前要首先将虚拟地址转换成物理地址是很有必要的，而这正是由 TLB 所实现的。尽管缓存和分页存储器看上去很相似，但它们的目的不同：缓存改善了主存的有效访问时间，而分页扩展了主存的容量。

扩展阅读

Mano（2007）的著作 RAM 进行了完美的解释。Stallings（2013）的著作也对 RAM 进行了个很好的描述。

Hamacher、Vranesic 和 Zaky(2002)的著作包含了对缓存的广泛讨论。如果想更全面地了解虚拟存储器，请参考 Stallings(2012)、Tanenbaum(2013)或者 Tanenbaum 和 Woodhull(2006)的著作。想在总体上对存储器管理有更多的了解，请查阅 Flynn 和 McHoes(2010)、Stallings(2013)、Tanenbaum 和 Woodhull(2006)，或 Silberschatz、Galvin 和 Gagne(2013)的著作。Hennessy 和 Patterson(2012)的著作讨论了包括缓存性能在内的一些问题。关于存储技术的在线教程，请看网址 www. kingston. com/tools/umg。George Mason 大学也对各种计算机主题有一系列的工作台。网址 cs. gmu. edu/cne/workbenches/vmemory. html 有虚拟存储器的工作台。

参考文献

Flynn, I. M., & McHoes, A. M. *Understanding Operating Systems*, 6th ed. Boston, MA: Thomson Course Technology, 2010.

Hamacher, V. C., Vranesic, Z. G., & Zaky, S. G. *Computer Organization*, 5th ed. New York: McGraw-Hill, 2002.

Hennessy, J. L., & Patterson, D. A. *Computer Architecture: A Quantitative Approach*, 5th ed. San Francisco: Morgan Kaufmann, 2012.

Mano, M. *Digital Design*, 4th ed. Upper Saddle River, NJ: Prentice Hall, 2007.

Silberschatz, A., Galvin, P., & Gagne, G. *Operating System Concepts*, 9th ed. New York, NY: John Wiley & Sons, 2013.

Stallings, W. *Computer Organization and Architecture*, 9th ed. Upper Saddle River, NJ: Prentice Hall, 2013.

Stallings, W. *Operating Systems*, 7th ed. Upper Saddle River, NJ: Prentice Hall, 2012.

Tanenbaum, A. *Structured Computer Organization*, 6th ed. Englewood Cliffs, NJ: Prentice Hall, 2013.

Tanenbaum, A., & Woodhull, S. *Operating Systems, Design and Implementation*, 3rd ed. Englewood Cliffs, NJ: Prentice Hall, 2006.

复习题

1. SRAM 和 DRAM 哪一个速度更快？

2. 用 DRAM 构成主存有哪些优点？

3. 举例给出经常使用 ROM 的 3 个不同应用场合。

4. 解释存储器层次结构的概念，为什么作者选择用金字塔结构来描述它？

5. 解释引用局部性的概念，并陈述其对存储系统的重要性。

6. 局部性的 3 种形式是什么？

7. 给出两个不是在计算机上使用缓存的例子。

8. L1 和 L2 缓存哪个速度快？哪个容量小？为什么小？

9. 缓存由它的________访问，而主存由它的________访问。

10. 在直接映射方式中，地址分为哪 3 个字段？如何使用它们来访问位于缓存中的字？

11. 相联存储器和普通存储器有什么不同？哪种更昂贵以及为什么？

12. 解释全相联映射和直接映射有什么不同。

13. 解释一下组相联映射是如何结合全相联映射和直接映射思想的。

14. 直接映射是组相联映射当组大小为 1 时的一个特例。因此，全相联映射是组相联映射当组大小为______时的一个特例。

15. 组相联映射中的地址格式包含哪 3 个字段，如何用它们来访问缓存中的某个位置？

16. 解释本章中介绍的 4 种缓存替换策略。

17. 为什么最优替换算法重要？

18. 使用 LRU 和 FIFO 替换算法时，缓存的什么行为会导致最坏的情况？
19. 准确解释什么是有效访问时间(EAT)。
20. 解释如何推导 EAT 公式。
21. 什么时候缓存的表现不好？
22. 什么是脏块？
23. 描述两种缓存写策略的优缺点。
24. 解释统一缓存和哈佛缓存之间的区别。
25. 哈佛缓存的优点是什么？
26. 为什么系统要包含一个受害者缓存、一个跟踪缓存？
27. 解释 L1、L2 和 L3 cache 之间的区别。
28. 解释包容缓存和独占缓存之间的区别。
29. 非阻塞缓存的优点是什么？
30. 虚拟地址和物理地址的区别是什么？哪个寻址空间大？为什么？
31. 分页的目的是什么？
32. 讨论分页的优缺点。
33. 什么是页面故障？
34. 什么引起了内部碎片？
35. 虚拟地址由哪些字段组成？
36. 什么是 TLB，以及它是如何改善 EAT 的？
37. 虚拟存储器的优缺点是什么？
38. 一个系统什么时候需要分页它的页表？
39. 什么引起了外部碎片，如何才能修复它？

习题

◆ 1. 假设某台计算机的缓存采用直接映射方式，主存采用字节寻址，容量为 2^{20} 字节，缓存共有 32 个块，每块有 16 字节。
   a）主存中共有多少块？
   b）通过缓存可推导出主存的地址格式是什么形式的，也就是说，标记、块和偏移的位数各是多少？
   c）主存地址 0x0DB63 映射到缓存的哪一块？
2. 假设某台计算机的缓存采用直接映射方式，主存采用字节寻址，容量为 2^{32} 字节，缓存共有 1024 个块，每块有 32 个字节。
   a）主存中共有多少块？
   b）通过缓存可推导出主存的地址格式是什么形式的，也就是说，标记、块和偏移的位数各是多少？
   c）主存地址 0x000063FA 映射到缓存的哪一块？
3. 假设某台计算机的缓存采用直接映射方式，主存采用字节寻址，容量为 2^{32} 字节，缓存共有 512 块，每块包含 64 字节。
   a）主存中共有多少块？
   b）通过缓存可推导出主存的地址格式是什么形式的，也就是说，标记、块和偏移的位数各是多少？
   c）主存地址 0x13A4498A 映射到缓存的哪一块？
◆ 4. 假设某台计算机的缓存采用全相联映射方式，主存采用字节寻址，容量为 2^{16} 字节，缓存共有 64 个块，每块有 32 字节。
   a）主存中共有多少块？
   b）通过缓存可推导出主存的地址格式是什么形式的，也就是说，标记字段和偏移地址的位数各是多少？
   c）主存地址 0xF8C9 映射到缓存的哪一块？

5. 假设某台计算机的缓存采用全相联映射方式，主存采用字节寻址，容量为 2^{24} 字节，缓存共有 128 个块，每块有 64 字节。
   a）主存中共有多少块？
   b）通过缓存可推导出主存的地址格式是什么形式的，也就是说，标记和偏移的位数各是多少？
   c）主存地址 0x01D872 映射到缓存的哪一块？
6. 假设某台计算机的缓存采用全相联映射方式，主存采用字节寻址，容量为 2^{24} 字节，缓存共有 128 块，每块有 64 字节。
   a）主存中共有多少块？
   b）通过缓存可推导出主存的地址格式是什么样的，也就是说，标记和偏移的位数各是多少？
   c）主存地址 0x01D872 映射到缓存的哪一块？
   （译者注：原书第 6 题与第 5 题完全相同，为了不影响正文的引用，故保留原题。）
◆7. 假设某系统的主存容量为 128M 字节，每块大小为 64 字节，并且缓存包含 32K 个块。在 2 路组相联映射方式下给出采用字节寻址时主存地址的格式。注意要给出各个字段的名称和大小。
8. 某个 2 路组相联映射缓存包含 4 个组，主存共有 2k 个块，每块有 8 字节，并且主存采用字节寻址。
   a）给出主存的地址格式，要求它能将主存地址映射到缓存。确保包含各字段的名称和大小。
   b）某程序存放在主存地址 0x8～0x33 中，循环执行 3 次时，计算命中率。此时，你可以认为命中率基于一小片时间段。
9. 假设某台使用字节寻址的计算机采用组相联映射缓存，主存共有 2^{16} 字节，缓存共有 32 个块，每块 8 字节。
   a）若缓存采用 2 路组相联映射，则主存的地址格式是什么样的？请给出标记、组和偏移字段的位数。
   b）若缓存采用 4 路组相联映射，则主存的地址格式是什么样的？请给出标记、组和偏移字段的位数。
10. 假设某台使用字节寻址的计算机采用组相联映射缓存，主存共有 2^{21} 字节，缓存共有 64 个块，每块 4 字节。
   a）若缓存采用 2 路组相联映射，则主存的地址格式是什么样的？请给出标记、组和偏移字段的位数。
   b）若缓存采用 4 路组相联映射，则主存的地址格式是什么样的？请给出标记、组和偏移字段的位数。
*11. 假设某台计算机的主存地址共有 8 位，缓存共有 16 个块，每个缓存块包含 4 字节，计算机在执行程序时，访问了多个主存地址。假设此计算机采用直接映射方式，缓存看到的主存地址格式如下：

标记4位	块2位	偏移2位

系统以下列顺序访问主存：0x6E、0xB9、0x17、0xE0、0x4E、0x4F、0x50、0x91、0xA8、0xA9、0xAB、0xAD、0x93 和 0x94。前 4 次访问主存地址的内容已经调入到缓存，如下图所示。（标记中的内容以二进制格式显示，缓存“内容”简单地以存储在该位置的主存地址来显示。）

	标记内容	缓存内容（用地址表示）		标记内容	缓存内容（用地址表示）
块 0	1110	0xE0	块 1	0001	0x14
		0xE1			0x15
		0xE2			0x16
		0xE3			0x17
块 2	1011	0xB8	块 3	0110	0x6C
		0xB9			0x6D
		0xBA			0x6E
		0xBB			0x6F

a）当按上述地址序列访问主存时，命中率是多少？假设前 4 次访问都为失效。

b）在完成最后一次访问后，缓存中存放的是哪些主存块？

12. 某给定的存储器容量为256字节，采用字节寻址，假设一次内存转储输出的结果如下表所示。每一个存储单元的地址由其所在行、列决定。比如说，内存地址0x97在第9行7列，并且其中存储的是十六进制值43，地址0xA3存储的是十六进制值58。在这次转储系统中，产生的缓存容量是4个块，每块包含8字节。假设对如下序列的内存地址进行访问：0x2C、0x6D、0x86、0x29、0xA5、0x82、0xA7、0x68、0x80和0x2B。

	0	1	2	3	4	5	6	7	8	9	A	B	C	D	E	F
0	DC	D5	9C	77	C1	99	90	AC	33	D1	37	74	B5	82	38	E0
1	49	E2	23	FD	D0	A6	98	BB	DE	9A	9E	EB	04	AA	86	E5
2	3A	14	F3	59	5C	41	B2	6D	18	3C	9D	1F	2F	78	44	1E
3	4E	B7	29	E7	87	3D	B8	E1	EF	C5	CE	BF	93	CB	39	7F
4	6B	69	02	56	7E	DA	2A	76	89	20	85	88	72	92	E9	5B
5	B9	16	A8	FA	AE	68	21	25	34	24	B6	48	17	83	75	0A
6	40	2B	C4	1D	08	03	0E	0B	B4	C2	53	FB	E3	8C	0C	9B
7	31	AF	30	9F	A4	FE	09	60	4F	D7	D9	97	2E	6C	94	BC
8	CD	80	64	B3	8D	81	A7	DB	F1	BA	66	BE	11	1A	A1	D2
9	61	28	5D	D4	4A	10	A2	43	CC	07	7D	5A	C0	D3	CF	67
A	52	57	A3	58	55	0F	E8	F6	91	F0	C3	19	F9	BD	8B	47
B	26	51	1C	C6	3B	ED	7B	EE	95	12	7C	DF	B1	4D	EC	42
C	22	0D	F5	2C	62	B0	5E	DD	8E	96	A0	C8	27	3E	EA	01
D	50	35	A9	4C	6A	00	8A	D6	5F	7A	FF	71	13	F4	F8	46
E	1B	4B	70	84	6E	F7	63	3F	CA	45	65	73	79	C9	FC	A5
F	AB	E6	2D	54	E4	8F	36	6F	C7	05	D8	F2	AD	15	32	06

a）主存中共有多少个块？

b）假设缓存采用直接映射方式：

①给出主存地址格式，指定字段名称和大小。

②在访问主存10次后，缓存的存储情况如何？画出缓存，并显示内容和标记字段。

③对于给定的地址序列，缓存的命中率是多少？

c）假设缓存采用全相联映射方式：

①给出主存地址格式，指定字段名称和大小。

②假设缓存块初始为空，首先调入第一个可用的空块，并使用FIFO替换策略，那么在完成对内存地址的10次访问后，缓存的存储情况如何？

③对给定的地址序列，缓存的命中率是多少？

d）假设缓存采用2路组相联映射方式：

①给出主存地址格式，指定字段名称和大小。

②对内存地址进行10次访问后，缓存的存储情况如何？

③对于给定的地址序列，缓存的命中率是多少？

④假设在缓存命中时访问数据需要5ns，从主存中获取数据所需时间为25ns，则缓存的平均有效访问时间是多少？假设所有的内存访问对给定的10个地址均有相同的命中率，并且假设系统使用顺序访问策略。

13. 某直接映射缓存包含8个块。主存采用字节寻址，共包含4K个块，每块有8字节。缓存的访问时间为22ns，从内存填充缓存槽需要用时300ns。（这个时间段，可以确定块的失效并将其传送到缓存中。）假设数据请求对缓存和主存总是并行开始的(因此，如果在缓存中未找到，也不用将缓存的查找时间累加到对主存的访问上）。如果某块不在缓存中，则整个块会调入主存并重启访问过程。缓存初始时为空。

a）给出能够将主存地址映射到缓存的主存地址格式，确保包含字段名称和大小。

b）当一个程序 4 次循环访问从 0x0 ~ 0x43 的主存地址时，计算程序的命中率。

c）计算这个程序的有效访问时间。

14. 假设某台字节寻址计算机共有 24 位地址，缓存能存储总共 64KB 的数据，每块有 32 字节。给出采用以下映射方案时的主存地址格式：

a）直接映射

b）全相联映射

c）4 路组相联映射

*** 15.** 假设某台使用字节寻址的计算机采用 4 路组相联映射，并且主存有 2^{16} 个字（每一个字 32 位），缓存有 32 个块，每块 4 个字。给出该机的主存地址格式。（提示：由于此架构采用字节寻址，所以地址个数对地址格式很关键，你必须将每一项都转换为字节。）

16. 假设某直接映射的缓存容量为 4096 字节，每一块 16 字节。假设地址 32 位，缓存初始为空，请填充下表。（所有空白处均可用十六进制表示）。如果一个接一个地访问这些地址，那么请指出如果有的话，则哪个地址会引起冲突（迫使刚调入缓存的块重写）。

地址	标记	缓存位置（块）	偏移
0x0FF0FABA			
0x00000011			
0x0FFFFFFE			
0x23456719			
0xCAFEBABE			

17. 假设缓存采用 16 路组相联映射，请重做习题 16。

地址	标记	缓存位置（块）	偏移
0x0FF0FABA			
0x00000011			
0x0FFFFFFE			
0x23456719			
0xCAFEBABE			

18. 假设某进程的页表记录如下表。使用图 6-22a 所示的格式，请问进程页存放在主存的什么位置？

页面	有效位
1	1
-	0
0	1
3	1
-	0
-	0
2	1
-	0

◆ **19.** 假设某进程的页表记录如下表。使用图 6-22a 所示的格式，请问进程页存放在主存的什么位置？

页面	有效位
-	0
3	1
-	0
-	0
2	1
0	1
-	0
1	1

20. 假设某虚拟存储系统采用字节寻址方式，共有 8 个虚拟页，每页 64 字节，并有 4 个页面，假设页表如下，请回答下列问题：

页号 #	页面 #	有效位
0	1	1
1	3	0
2	-	0
3	0	1
4	2	1
5	-	0
6	-	0
7	-	0

a）虚拟地址有多少位？

b）物理地址有多少位？

c）以下的虚拟地址对应的物理地址是多少？（如果地址引起了页面失效，只要说明这种情况即可。）

①0x0

②0x44

③0xC2

④0x80

21. 假设有一个容量为 2^{10} 字节的虚拟存储器和一个容量为 2^8 字节的物理主存。假设页大小为 2^4 字节。

a）虚拟存储器中有多少页？

b）物理内存中有多少个页面？

c）如果一个进程占满了虚拟存储器，则在它的页表中共有多少行记录？

***22.** 已知有一个字节寻址的虚拟存储器系统，使用有两条记录的 TLB，2 路组相联映射的高速缓存，以及对应进程 P 的页表。假设缓存的每一块都是 8 字节，页大小为 16 字节。在如下系统里，主存被分成若干块，每一个块都用一个字母表示。两个块的大小等于一帧。

页	页面
0	3
4	1

TLB

	标记	数据	标记	数据
组 0	00	C	01	I
组 1	00	D	10	H

缓存

	页面	有效位
0	3	1
1	0	1
2	-	0
3	2	1
4	1	1
5	-	0
6	-	0
7	-	0

页表

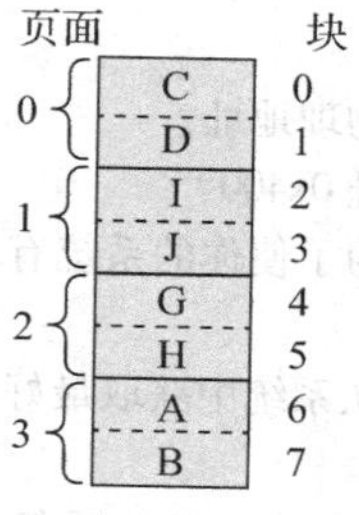

主存

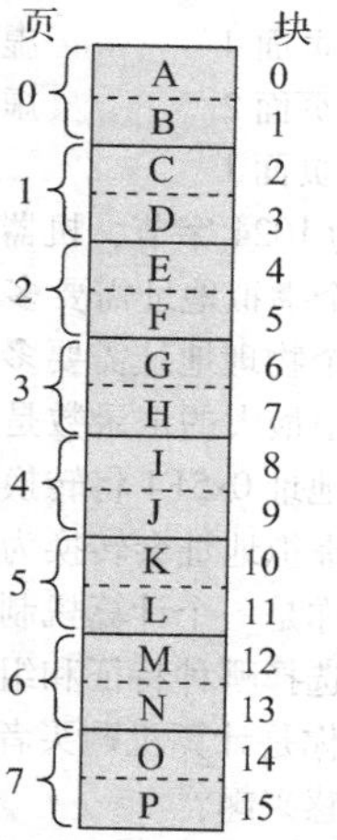

进程P的虚拟存储器

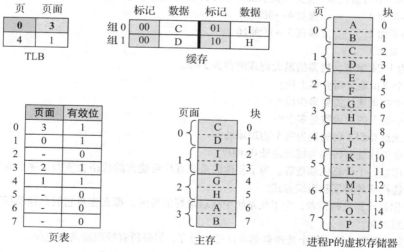

若给定系统的状态如上图所示，试回答以下问题：

a）进程 P 的虚拟地址共有多少位？请解释。

b）物理地址有多少位？请解释。

c）给出虚拟地址 0x12 的地址格式（指出字段名称和大小），系统将这个地址转换为物理地址。（提示：将虚拟地址转换为二进制形式并将其分解为相应字段。）解释这些字段是如何转换到对应物理地址的。

d）给定虚拟地址 0x06，它可转换为物理地址 0x36。给出物理地址的格式（指明字段名称和大小），根据这个物理地址可以决定该地址对应存放的缓存位置。解释如何使用这个地址格式来决定物理地址 0x36 存放在缓存中的位置。（提示：将 0x36 转换为二进制格式并分解为相应字段。）

e）给定的虚拟地址 0x19 位于虚页 1，偏移量为 9。准确说明这个地址如何转换为对应的物理地址，以及如何访问数据。在你的解释中，要包含TLB、页表、缓存和内存是如何使用的。

23. 一个虚拟存储系统带TLB、缓存和一个页表，有如下假设：

- 一次TLB命中需要5ns。
- 一次缓存命中需要12ns。
- 一次存储器引用需要25ns。
- 一次磁盘引用需要200ms（包括更新页表，缓存和TLB的时间）。
- TLB的命中率为90%。
- 缓存的命中率为98%。
- 页面失效率为0.001%。
- 在一次TLB或缓存失效时，访问时间包括一次TLB和缓存更新时间，但是无须重启访问。
- 对于一次页面失效，需要从磁盘中取出页，并实现所有更新，但是无须重启访问。
- 所有的访问都是顺序进行（没有重叠，没有并行完成情况）的。

对以下每一种情况，指出它是可能还是不可能发生的。如果可能的话，给出访问到请求数据所需要的时间。

a）TLB命中，缓存命中

b）TLB失效，页表命中，缓存命中

c）TLB失效，页表命中，缓存失效

d）TLB失效，页表失效，缓存命中

e）TLB失效，页表失效

写出计算有效访问时间的公式。

24. TLB失效总是意味着某一页不在主存中吗？解释原因。

25. 一个系统对使用一级页表的进程实现了分页虚拟地址空间。虚拟空间最大为16MB。正在执行进程的页表包括以下有效记录（箭头→表示某一个虚页映射到给定的页面，也就是说，位于那个页面）：

虚页2→页面4　　虚页4→页面9

虚页1→页面2　　虚页3→页面16

虚页0→页面1

页大小为1024字节，机器的最大物理内存为2MB。

a）每一个虚拟地址需要多少位？

b）每一个物理地址需要多少位？

c）页表中最大的记录数是多少？

d）虚拟地址0x5F4将转换为哪个物理地址？

e）哪个虚拟地址会转换为物理地址0x400？

26. a）如果你是一个计算机制造者，为了使你的系统有尽可能大的价格竞争力，你会为它的存储器层次结构选择哪种特征和组织方式？

b）如果你是计算机购买者，为了从系统中获取最好的性能，那么你对它的存储器层次结构中哪些特征最感兴趣？

***27.** 考虑某多处理器系统，每个处理器都有自己的缓存，但是所有处理器共享主存。

a）你将使用何种缓存写策略？

b）**缓存一致性问题**。对于上述系统，如果一个处理器在缓存中有内存块A的备份，并且第二个处理器也在缓存中有内存块A的备份，则在主存中更新块A会引起什么问题？你能想一种办法（或者更多）来阻止这种情况的发生或减轻它的后果吗？

***28.** 给出一个特定的结构（不是本章中介绍过的）。研究它并找出此结构是如何实现本章所介绍的这些概念的，就像Intel的Pentium处理器一样。

29. 作为一个程序员，说出两种你能改进缓存性能的方法。

30. 查看某一供应商的存储器说明书，并给出存储器访问时间、缓存访问时间以及缓存命中率（以及供应商提供的其他数据）。

输入/输出和存储系统

7.1 引言

很容易看出，把计算机当作一种存储和检索信息的设备比把它们作为计算工具更加有用。实际上，如果没有从计算机中获取和输入数据的方法，那么 CPU 和内存的用途也会很小。只有通过 I/O 设备将它们连接起来，才能使各部件进行交互。

以个人计算机系统为例，鼠标和键盘是用户的主要输入设备。标准显示器是一种只向用户呈现结果的输出设备。尽管大多数的打印机将设备状态信息提供给所连接的主机系统，但它们仍被认为是一种输出设备。磁盘驱动器因为其数据可以写入和读取，所以被称为输入/输出设备。输入/输出(I/O)设备还与主机系统交换控制和状态信息。我们发现 I/O 这个术语既可作为形容词也可作为名词来使用：计算机与 I/O 设备相连接，为了达到良好的性能，需要使对磁盘的读写率达到最小。

读完本章后，你会了解输入、输出及 I/O 设备与主机系统进行交互的更多细节，以及各种 I/O 的控制方式。我们还会讨论海量存储设备的内部细节和它们在大型计算机系统上的工作原理和方式。尽管企业级存储系统的很多想法也包含在本章中，但它们还依赖于数据网络基础设施。因此，我们将存储系统的讨论放到第 13 章。

7.2 I/O 及其性能

每个人都希望计算机系统能够有效地存储和检索数据，并迅速执行我们的命令。当这一过程的时间超过了用户的“思考时间”时，我们会抱怨计算机“慢”。有时这种缓慢可能会对生产力产生巨大的影响，这种影响的程度可以用金钱来衡量。通常来说，这种问题的根源不是处理器或内存，而是系统如何处理它的输入和输出(I/O)。

I/O 不只是用来存储文件和信息检索的。一个性能不佳的输入/输出系统可能会导致连锁反应，并拖累整个计算机系统。在前面的章节中，我们介绍了虚拟存储器，也就是解释了系统如何利用磁盘对存储器中的数据块进行分页，以便在主存中为更多的用户进程腾出空间。如果磁盘系统的速度很慢，那么进程执行的速度也会减慢，由此导致在 CPU 和磁盘队列中积压很多未执行的任务。解决这个问题最简单的办法是增加更多的系统资源。例如，购买更大的主存设备，更快的处理器。如果在增加系统资源方面受到限制，则可以简单地限制计算机中并发执行的进程数量。

采用这些简单的解决方案难免会造成系统资源的浪费。当我们真正地理解了计算机系统的工作过程后，就可以最有效地利用现有的系统资源，并且只是在真正需要的时候才会添加昂贵的资源。我们可以用一些工具来找到提高性能最有效的方法。阿姆达尔定律就是其中之一。

7.3 阿姆达尔定律

每次(特殊情况除外)微处理器公司宣布其最新最好的 CPU 时，全球各地的头条都会聚焦这次最新的技术跨越。世界各地的计算机权威人士也认为这样的进步是值得称赞和炫耀的。然而，当 I/O 领域取得相同的技术进步时，这些新闻通常会出现在某些不知名科技期刊的某页上。在媒体的炒作下，计算机系统的整体特性很容易被忽视。很明显，在计算机中一个部件的速度提升40%，肯定不会使整个系统的速度提高40%，然而，媒体的宣传效果却常常会给读者造成一种相反的错觉。

1967年，阿姆达尔发现了计算机的组成部件与计算机系统整体效率之间的联系。他把这个观察量化成一个公式，也就是如今我们熟知的阿姆达尔定律。在本质上，阿姆达尔定律指出了计算机系统整体性能的速度提升(称为**加速比**)取决于某个特定部件的加速比和该部件在系统中的使用率。相关公式如下：

$$S = \frac{1}{(1-f)+f/k}$$

式中，S代表系统整体性能的加速比；f表示由较快部件完成的部分；k是新部件的加速比。

假设在你的大部分日常处理工作中计算机需要花费70%的时间来执行CPU操作，30%的时间花费在磁盘等待服务上。假设现在有人试图向你出售一个比现有处理器快50%的处理器阵列，价格是10 000美元。而就在前一天，有人打电话向你推销一组价值7000美元的磁盘驱动器。他承诺这个新式磁盘系统比你现有的磁盘速度快150%。由于你很清楚自己的计算机性能开始下降，因此需要进行一些尝试。你会选择哪一种作为改善性能的最好方式并且花费资金最少?

如果选择升级处理器，则计算得出：

$$f = 0.70, k = 1.5, \text{所以 } S = \frac{1}{(1-0.7)+0.7/5} = 1.30$$

我们最终能够使整体加速比达到之前的1.3倍，也就是说新处理器花费了10 000美元提高了30%的整体速度。

如果选择升级磁盘，则计算得出：

$$f = 0.30, k = 2.5, \text{所以 } S = \frac{1}{(1-0.3)+0.3/2.5} \approx 1.22$$

升级磁盘驱动器使整体速度达到之前的1.22倍，也就是说花费7000美元提高了22%的整体速度。

这两种选择方案的效果几乎是一样的，这是一个严谨的结论。处理器每提升1%的性能，成本约为333美元；磁盘每提升1%的性能，成本约为318美元。仅基于提升每个百分点性能的花费上看，提升磁盘性能看起来是一个稍微好一点的选择。当然，其他因素也会影响你的决定。例如，如果你的磁盘已经接近其预期寿命，或者磁盘运行空间不足，即使它的成本超过处理器升级成本，你也可能会选择磁盘升级。

在决定升级磁盘之前，你最好了解清楚其他选择方案。后续的章节将有助于我们了解通用的输入输出(I/O)系统架构，并特别强调有关磁盘的I/O系统架构。磁盘的I/O系统紧随在CPU和内存之后决定着整个计算机系统的效率。

我们如何真正定义“加速比”的含义?

阿姆达尔定律使用变量k代表一个特定部件的加速比。但是，我们对于“加速比”真正的定义是什么?

有许多不同的方式来讨论“加速比”的概念。例如，一个人可能说A的速度是B的两倍；另一个人可能会说A的速度比B快一倍。如果想使用阿姆达尔定律，理解这两种说法间的差异是非常重要的。

一种常见的误解是认为A的速度是B的两倍等同于A的速度比B的快200%，然而这样是不准确的。很容易看出，如果A的速度是B的两倍，那么指的是倍数为2。又例如，如果鲍勃跑一圈用15s，但苏珊需要30s，显然鲍勃的速度是苏珊的两倍。如果鲍勃的平均速度为每

4mile/h，那么苏珊的平均速度必定是2mile/h。在把它转化成百分比时就会发生错误。鲍勃的速度并不是在苏珊的速度上增加了200%，只是增加了100%。这会使得我们在定义快百分之多少的时候更加清晰。

$$\text{A 比 B 快 } N\%\text{，意味着}\frac{\text{B 所用时间}}{\text{A 所用时间}} = 1 + \frac{N}{100}$$

因此，鲍勃比苏珊的速度快100%，这是因为30/15 = 1 + 100/100（N必须是100）。鲍勃与苏珊所用时间比(30/15)表示加速比(鲍勃比苏珊快两倍)。加速比这个概念，在阿姆达尔方程中用k来表示；这一概念也是由于应用阿姆达尔定律而产生的。

我们希望使用阿姆达尔定律来找到对系统全面提速的方法。假设更换CPU，我们知道现有的CPU使用了80%的时间，而我们正在考虑的新处理器比现有CPU在当前系统中的运行速度快50%。阿姆达尔定律要求我们知道新组件的加速比。在这种情况下，变量k不是50或0.5，而是1.5(因为新处理器比旧处理器快1.5倍)：

$$\frac{\text{旧 CPU 使用的时间}}{\text{新 CPU 使用的时间}} = 1 + \frac{50}{100} = 1.5$$

所以，根据阿姆达尔定律，我们得到：

$$S = \frac{1}{(1-0.8)+8/1.5} = 1.36$$

这意味着整体上有一个1.36的加速比；更换新CPU的系统是原来速度的1.36倍，即比旧系统快36%。

除了用于硬件加速以外，阿姆达尔定律还可用于编程。众所周知，平均说来每个程序经常会将大部分时间都花费在一段很小的代码中。程序员通常会把重点放在提高那一小段代码的性能上。他们可以使用阿姆达尔定律来确定程序在运行时间上的整体效果。

假设你已经编写了一个程序，并且确定有80%的时间花费在某一代码段中。你检查代码并确定可以减少这段代码一半(即加速比为2)的运行时间。如果我们使用阿姆达尔定律，会看到它对于整体程序的影响：

$$S = \frac{1}{(1-0.8)+0.8/2} = 1.67$$

这意味着由于使用了新代码，整个程序的运行速度将提高1.67倍。

最后一个例子。作为一个程序员，你可以选择占运行时间10%的代码段提高100倍的速度。估计这会消耗一个月(时间和工资)的成本来重写代码。你也可以让它快100万倍，但估计这会花费你6个月的时间。你应该怎么做？如果使用阿姆达尔定律，我们可以看到加速100倍会产生：

$$S = \frac{1}{(1-0.1)+0.1/100} = 1.1098$$

因此，整个程序的加速比为1.1(大约为11%)。如果我们花费6个月的时间来提高性能的100万倍，则整个程序的执行加速比是：

$$S = \frac{1}{(1-0.1)+1/1\,000\,000} = 1.1111$$

增加的速度非常小，所以能够看出花额外的时间和工资来提高这段代码的性能是不可取的。从事并行编程的程序员经常运用阿姆达尔定律来确定代码并行化的好处。

阿姆达尔定律应用于计算机硬件和软件的许多领域，包括通用编程、存储器层次结构设计、硬件更换、处理器集设计、指令集设计和并行编程。然而，阿姆达尔定律对于服从收益递减概念的任何活动都是非常重要的；甚至企业管理者在开发或比较各种业务流程时也会用到阿姆达尔定律。

在你做出购买磁盘的决定之前，无论如何都需要知道自己的选择。下面的章节将帮助你理解通用的 I/O 体系结构，特别是磁盘 I/O 问题。在确定计算机系统的整体有效性时，磁盘 I/O 的影响仅次于 CPU 和存储器。

7.4　I/O 体系结构

我们将输入/输出(I/O)定义为一个子系统部件，它在由 CPU 和主存储器组成的主机系统与外围设备之间移动编码数据。输入/输出子系统包括但不限于以下部分：

- 用于 I/O 功能的主存储器模块
- 提供将数据从系统中移入或移出所需要的总线通道
- 主机和外围设备中的控制模块
- 连接外部组件的接口，如键盘和磁盘
- 连接主机系统及其外围设备之间的电缆或其他通信链路

图 7-1 描述了所有这些部件是如何组合在一起以构成集成 I/O 子系统的。I/O 模块负责主存储器和某个特定设备接口之间的数据传递。接口是专门设计的电路，用来与某些特殊类型的设备(如键盘、磁盘或打印机)进行通信。接口用来处理通信方面的某些细节问题，从而确保设备已准备好处理下一批数据，或确认主机已经准备好接收来自外围设备的下一批数据。

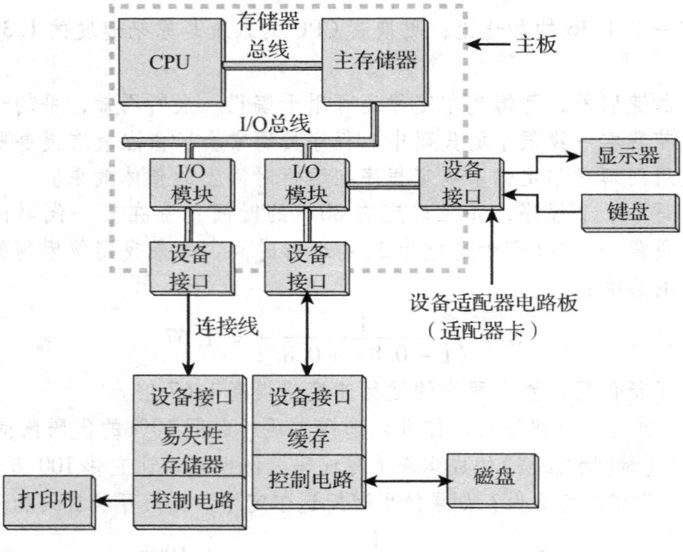

图 7-1　I/O 配置模型

发送设备和接受设备之间交换信号的具体形式和信号所代表意义被称为**协议**。协议包括：命令信号，如“打印机复位”；状态信号，如“磁带就绪”；数据传递的信号，如“这里是您要求的字节”。在大多数数据交换协议中，接收设备必须确认发送给它的命令和数据，或表明它已经准备好接收数据。这种类型的协议交换称为**握手**。

用来处理大量数据块的外围设备(如打印机、磁盘和磁带驱动器)通常配备有缓冲存储器。缓冲器允许主机系统以最快的方式将大量数据发送到外围设备，而无须等待缓慢的机械设备实际写入数据。磁盘驱动器上的专用内存通常属于高速缓存，而通常提供较慢的 RAM 给打印机。

设备控制电路将数据从板载缓冲区取出或放入，并确保它到达目的地。在写入磁盘的情况下，这涉及确保磁盘被正确地放置以便将数据写入特定位置。对于打印机而言，这些电路将打印头或激光束移动到下一个字符位置，启动打印头、弹出打印纸等。

磁盘和磁带属于**持久性存储**的形式，之所以这样说，是因为数据在它们上面存储的时间比在易失性的主存储器要长。然而，没有哪种存储方法是永久的。在磁性介质上存储数据的预期寿命为5~30年，而光学介质的预期寿命则长达100年。

7.4.1 I/O控制方法

由于在各种各样的I/O设备之间控制方式和传输模式存在巨大差异，尝试直接把它们连接到系统总线上是不可行的。取而代之的是，用专用的I/O模块作为CPU和外围设备之间的接口。这些模块能够执行许多功能，包括控制设备的操作、数据缓冲、执行错误检测，并与CPU进行通信。在本节中，我们着重关注的是那些与CPU连接的I/O模块的通信方法，从而控制I/O。计算机系统通常采用五种I/O控制方法中的任何一种，包括**程序控制I/O**、**中断驱动I/O**、**存储器映射I/O**、**直接存储器存取**和**通道控制I/O**。某种方法并不一定比其他方法好，这些方法都是为了让计算机能够更好地控制I/O从而影响整个系统的设计与性能。客观来讲，当一种I/O方式应用于一个特定的计算机体系结构时，我们需要看该系统怎样使用它，才能判断其是否适用。

程序控制I/O

CPU与I/O设备进行通信的最简单的方式就是通过**程序控制I/O**，有时称为**轮询I/O**(或**端口I/O**)。CPU不断地监视(**轮询**)与每个I/O端口相关联的控制寄存器。当一个字节到达端口时，控制寄存器中的一位也被置位。CPU最终轮询端口，并注意到"数据就绪"控制位被置为1。CPU置位控制位，检索字节，并根据为该特定端口编写的指令进行处理。处理完成后，CPU将像以前一样继续轮询控制寄存器。

这种方法的好处是可以通过编程来控制每个设备的行为。通过修改几行代码，我们可以调整系统中的设备数量和类型，以及轮询的优先级和时间间隔。但是频繁地轮询寄存器会带来一个比较麻烦的问题。CPU在一个连续的"忙等待"中循环，直到它开始服务某个I/O请求。如果没有I/O任务要处理，那么CPU也无法从事任何有用的工作。另一个问题是决定轮询的频率，一些设备可能需要比别的设备更频繁地进行轮询。由于这些限制，程序控制I/O最适合用在某些专用系统上，如自动取款机和控制或监测环境事件的嵌入式系统。

中断驱动I/O

中断驱动I/O是一种更通用和有效的控制方法，可以将其看作和程序控制I/O相反，不是CPU不断询问与它连接的设备是否有输入，而是设备告诉CPU何时有要发送的数据。CPU继续执行其他任务，直到请求服务的设备向CPU发送一个中断为止。这些中断通常是由传输的信息字产生的。在大多数中断驱动I/O的实现中，这种通信通过一个中间中断控制器进行通信。该电路处理系统中所有I/O设备的中断信号。一旦该电路从连接的任何设备中识别出中断请求信号，它就会产生一个中断信号，该信号激活系统总线上的控制线。控制线通常直接连接到CPU芯片的一个引脚上。配置示例如图7-2所示。系统中的每一个外围设备都可以访问中断请求线。中断控制芯片对于每条中断控制线都有输入。每当一个中断线被置位时，控制器解码中断并向CPU输入该中断(INT)。当CPU准备好处理中断时，它会置位中断应答(INTA)信号。一旦中断控制器得到该应答，它可以降低其INT信号。当两个或多个I/O中断同时发生时，中断控制器将根据请求I/O设备的时间关键性决定哪一个应该优先。键盘和鼠标的优先级是最低的。

当多个设备同时引发中断时，系统设计人员将确定哪些设备应优先于其他设备，然后将中断优先级固化到I/O控制器中，使其几乎不可能改变。使用同一个操作系统和中断控制器的计算机将低优先级设备(如键盘)连接到同一个中断请求线上。中断请求线的数量是有限的，在某些情况下，中断可以共享，共享的中断不会导致任何问题，因为我们知道没有两个设备会在同一时间请求相同的中断。例如，一台扫描仪和一台打印机可以使用相同的中断并能和平共处。串行鼠标和调制解调器并不总是这样，它们往往是尝试共享相同的中断，导致双方在这种情况下会产生奇怪的行为。

在第4章中，我们描述了中断处理是如何改变取指－译码－执行周期的。我们在图7-3中重现了图4-12在每次取指－译码－执行周期开始时，如何完成当前指令的执行并检查中断引脚(不仅仅是I/O)的状态。一旦处理器应答了中断，它将保存当前状态并处理中断(如图7-4所示，也取自第4章)。

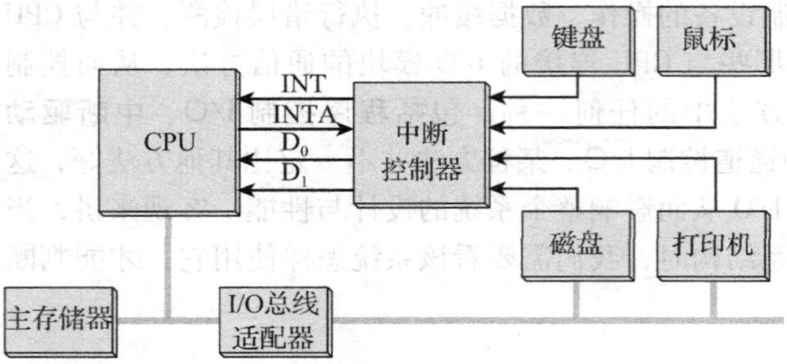

图7-2　一个使用中断的I/O子系统

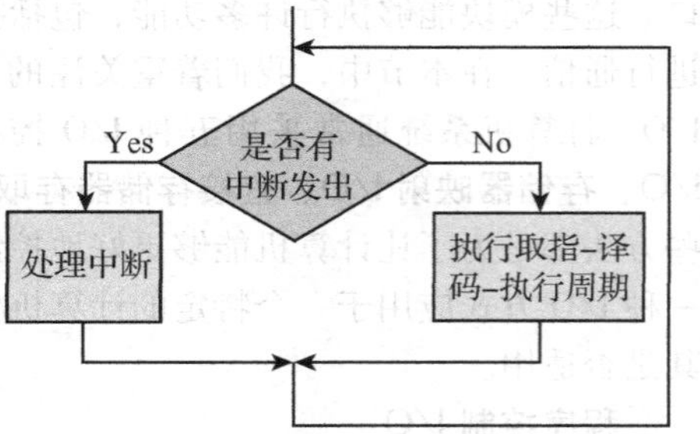

图7-3　具有中断检查的取指－译码－中断周期

中断驱动I/O是一种类似于程序控制的I/O，它可以修改服务程序以便适应硬件的变化。若计算机运行在相同类型和级别的操作系统上，则属于不同硬件类型的地址向量通常会保存在系统的相同位置中。因此，我们很容易改变这些地址向量，以使其指向专用设备的代码。例如，如果有人需要使用一种新的磁盘驱动器，但目前流行的操作系统并不支持这个磁盘驱动器。那么，该磁盘的制造商可以提供专门的**设备驱动**程序，以便与标准设备的代码一起保存在内存中。设备驱动代码的安装涉及更新磁盘I/O向量以指向应用于特定磁盘驱动器的代码。

我们在第4章中提到I/O中断是可屏蔽的，如果I/O设备遇到不能处理的错误，则产生不可屏蔽中断，如一个I/O介质的移除或销毁破坏。我们将在第10章中回到这个主题。

存储器映射I/O

系统I/O控制方法的设计决策在确定系统的整体架构中是非常有影响力的。如果决定使用程序控制I/O,我们可以为内存流量和I/O流量建立独立的总线，以便继续轮询不会干扰内存访问。在这种情况下，该系统对于I/O控制需要一组不同的指令。具体而言，就是系统需要知道如何检查设备的状态，从设备中输入和输出字节，并能验证传输已正确执行。这种方法有一些严重的局限性。例如，若向系统添加新的设备类型则可能需要改变处理器的控制存储或硬连线控制矩阵。

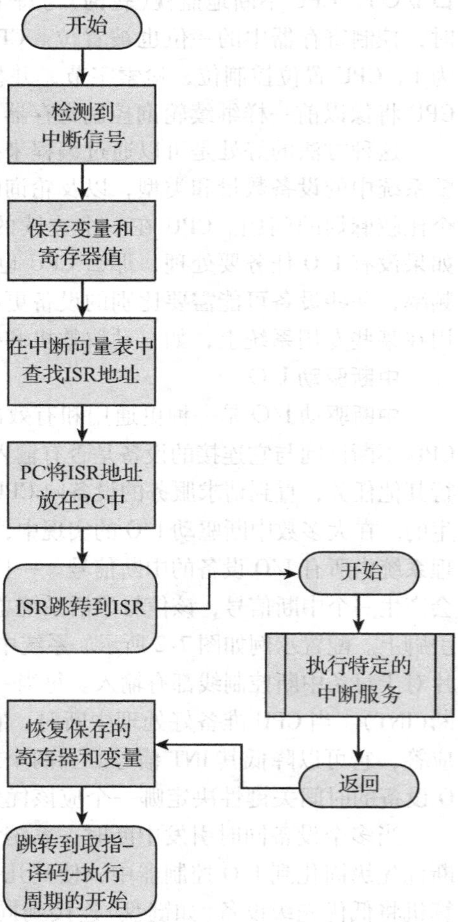

图7-4　处理中断

一个更简单、更优雅的方法是**存储器映射 I/O**，其中 I/O 设备和主存储器共享相同的地址空间。因此，每一个 I/O 设备都有自己保留的存储块。I/O 设备间的数据传输涉及向主存地址中移动，这个地址是映射到设备上的。因此存储器映射 I/O 看起来就像从 CPU 角度来看存储器访问。这意味着我们可以使用相同的指令将数据移入移出 I/O 和内存，这大大简化了系统设计。

在小型系统中，数据传输的低级细节被下放到由 I/O 设备本身构建的 I/O 控制器中，如图 7-1所示。CPU 不需要关注以下内容：该设备是否准备就绪，计算传输中的字节数，计算纠错码。

直接存储器存取

不管是采用程序控制 I/O 还是中断驱动 I/O，CPU 都要从 I/O 设备移入或移出数据。在I/O 过程中，CPU 会运行一些如下所示的伪代码指令：

```
WHILE More-input AND NOT (Error or Timeout)
       ADD 1 TO Byte-count
       IF Byte-count > Total-bytes-to-be-transferred THEN
         EXIT
       ENDIF
       Place byte in destination buffer
       Raise byte-ready signal
       Initialize timer
       REPEAT
         WAIT
       UNTIL Byte-acknowledged, Timeout, OR Error
ENDWHILE
```

显然，这些指令非常简单，完全可以使用专用芯片来编程。这就是**直接存储器存取（DMA）**背后的思想。当一个系统使用 DMA 时，CPU 就不需要再执行冗长的 I/O 指令。为了有效地传送数据，CPU 必须为 DMA 控制器提供要传输数据的字节地址、字节数，以及目标设备或存储器地址。这种通信联系通常要利用 CPU 上的专用 I/O 寄存器来完成。典型的 DMA 结构示意如图 7-5 所示。在这个示意图中，I/O 和内存共享相同的地址空间，所以它是一种内存映射型 I/O。

一旦在存储器中装入了所需数值，CPU 将向 DMA 子系统发出信号并继续执行下一个任务，而 DMA 负责处理 I/O 的细节。在 I/O 完成（或错误结束）之后，DMA 子系统通过发送另一个中断来通知 CPU。

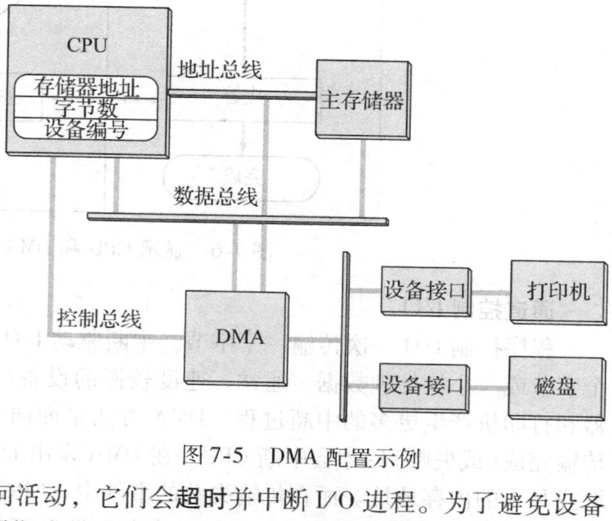

图 7-5　DMA 配置示例

在图 7-5 中可以看到，DMA 控制器和 CPU 共享总线。同一时间只有一个设备可以控制总线，即这个设备是**总线主控设备**。一般来说，I/O 操作要优先于 CPU 从内存中读取程序指令和数据，因为许多 I/O 设备按照严格的时序参数执行操作。如果在指定的时间内检测不到任何活动，它们会**超时**并中断 I/O 进程。为了避免设备超时，DMA 会利用由 CPU 使用的存储器周期来完成 I/O 操作，这称为**周期窃取**。幸运的是，I/O 往往在总线上创建**突发式**传输：即成块或成组地发送数据。在这种突发式传输的间隙，将会授权 CPU 访问总线。由于这种总线的访问过程不会持续很长时间，因此人们不会抱怨系统是在“I/O 过程中爬行”。

图 7-6 显示了 CPU 和 DMA 交互的泳道图，强调了 DMA 如何在 CPU 中代替 I/O 处理。

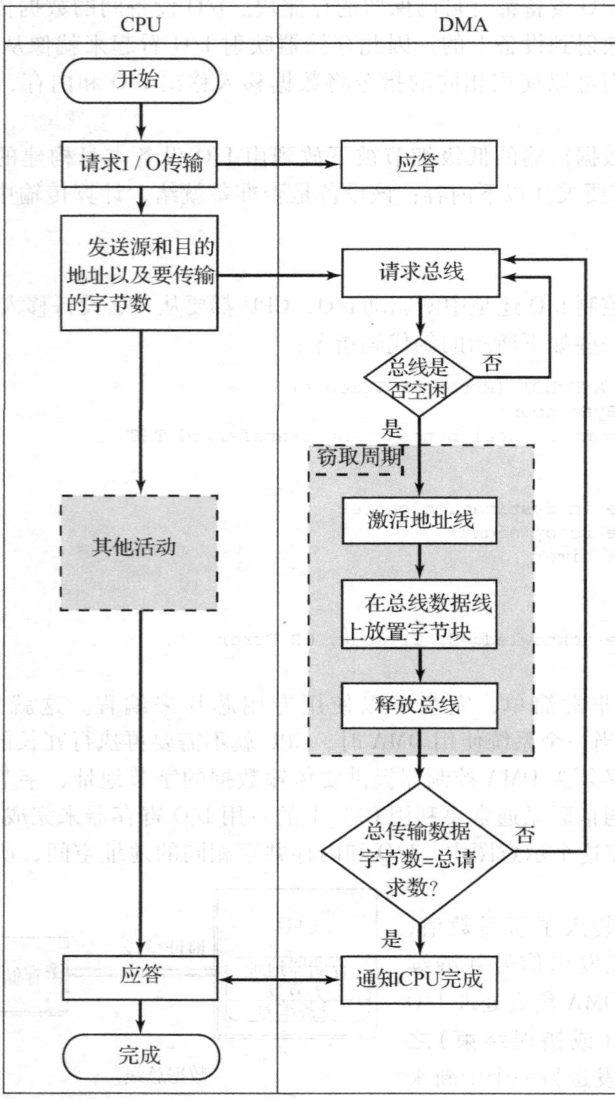

图 7-6　显示 CPU 和 DMA 交互的泳道图

通道控制 I/O

程序控制 I/O 一次传输一个字节。中断驱动 I/O 根据参与 I/O 过程的设备类型一次传输一个字节或一小块处理数据。通常，速度较慢的设备（例如键盘）传输相同字节数要比磁盘驱动器和打印机产生更多的中断过程。DMA 方法是面向数据块的 I/O 处理方式，它仅在一组字节传输完成（或失败）后才会中断 CPU。在 DMA 发出 I/O 完成的信号后，CPU 会给出下一个要读取或写入的内存地址。而在传输失败的事件中，CPU 会负责采取适当的措施。因此，DMA I/O 比起中断驱动 I/O 只需要很少的 CPU 参与。这种开销对于小型单用户系统来说是很好的；然而，它不能很好地扩展到诸如大型计算机的大型多用户系统上。大多数大型计算机系统使用名为 **I/O 通道**的智能型 DMA 接口。通道控制 I/O 在传统的大型机上使用，但它在文件服务器和存储网络上的使用也变得越来越普遍。存储网络和其他高性能的 I/O 实现在第 13 章中进行讨论。

利用**通道控制 I/O**，一个或多个 I/O 处理器可以控制多条不同的 I/O 路径，这些路径称为**通道路径**。对于“慢速”设备(如终端设备和打印机)来说，通道路径可以组合在一起(**复用**)，允许仅通过一个控制器来管理几个这类设备。在 IBM 大型计算机中，一个多路复用的通道路径被称为**多路复用器通道**。而服务于磁盘控制器和其他“快速”设备的通道称为**选择器通道**。

I/O 通道由一些名为 **I/O 处理器(IOP)** 的小 CPU 来控制，这些 CPU 是专门为 I/O 优化设计的。不像 DMA 的控制电路，IOP 具有执行包括算术逻辑指令和分支转移指令的能力。图 7-7 描述了一个简化的通道控制 I/O 的配置。

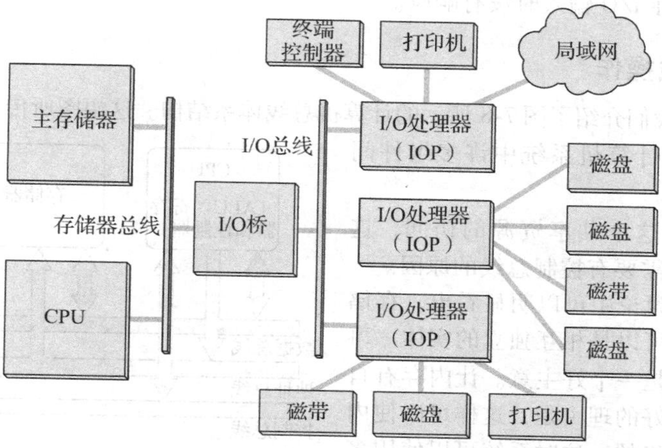

图 7-7 通道控制 I/O 的配置

IOP 执行由主机处理器放置在主系统存储器中的程序。这些程序由一系列**通道命令字(CCW)** 组成，不但包括实际的传输指令，还包括控制 I/O 设备的命令。这些控制命令包含不同类型设备的初始化、打印机纸张输出和磁带倒回等命令。一旦将 I/O 程序放置到内存中，主机处理器将发出一个**启动子通道(SSCH)** 的命令，通知 IOP 在哪里可以找到程序的内存地址。在 IOP 完成任务后，它会在内存中放置任务已经完成的信息，并且向 CPU 发送一个中断信号。然后，CPU 得到该完成信息，并针对相应的返回代码做出动作。

独立 DMA 与通道控制 I/O 的主要区别在于 IOP 的智能特性。IOP 能够对协议进行协商，发出各种设备命令，将存储代码转换为内存代码，并可以独立于主机 CPU 来传输多个完整的文件或文件组。而主机只负责为 I/O 操作创建程序指令，以及通知 IOP 在哪里能找到这些程序指令。

像独立 DMA 一样，IOP 必须能够从 CPU 中窃取存储器周期。但与独立 DMA 所不同的是，通道控制 I/O 系统都配备单独的 I/O 总线，它们用来帮助实现隔离主机和 I/O 的操作，因此通道控制 I/O 是**隔离式 I/O** 的一种。例如，如果从磁盘中拷贝一个文件到磁带，那么 IOP 仅会在从主存储器中提取指令时，才使用系统存储器总线。余下的数据传输只需使用 I/O 总线来完成。由于具有智能性和总线隔离性的优点，因此通道控制 I/O 通常在高吞吐量的事务处理环境中使用。在这种情况下使用通道控制 I/O 的代价和复杂性是合理的。

7.4.2 字符 I/O 与块 I/O

按下计算机键盘上的一个键可以启动一系列把击键作为单个事件处理的活动(无论键入多快)。原因在于键盘的机制。每个键控制一个小开关，这个开关闭合了位于键下方水平和垂直布置的导体矩阵中的一个连接。当键开关闭合时，键盘电路读取不同的**扫描码**。然后将扫描码传送到串行接口电路，这个电路可将扫描码转换为字符码。该接口电路将字符码放置在键盘缓冲区中，并在低地址内存中维护。紧接着，一个 I/O 中断信号被置位为高电平。这些字符在缓冲区中耐心等待，直到它们被程序（或是缓冲区重置位）检索到为止。键盘电路只能在旧的键盘路径到达缓冲区之后才能处理新的按键。虽然可以一次按两个键，但一次只能处理一个。由于字符 I/O 具有随机连续的性质，因此通过中断驱动 I/O 对它进行处理是最好的。

磁盘和磁带在数据块中存储数据。因此，它使得以块为单位管理磁盘和磁带 I/O 变得有意义。块 I/O 将其本身借给 DMA 或者通道控制 I/O 来处理。块可以有不同的大小，这取决于特定的硬件、软件和程序。在调整系统以达到最佳性能的过程中，确定理想的块大小是一项重要活动。高性能系统处理大的块比处理小的块更有效。较慢的系统应该在较小的块上管理字节；否则，系统可能会在 I/O 输入时没有响应。

7.4.3　I/O 总线操作

在第 1 章中，我们介绍了图 7-8 所示的计算机总线体系结构。这幅图所传达的重要思想是：

- 系统总线是计算机系统中许多组件间共享的资源。
- 必须控制对这个共享资源的访问，这就是为什么需要有控制总线的原因。

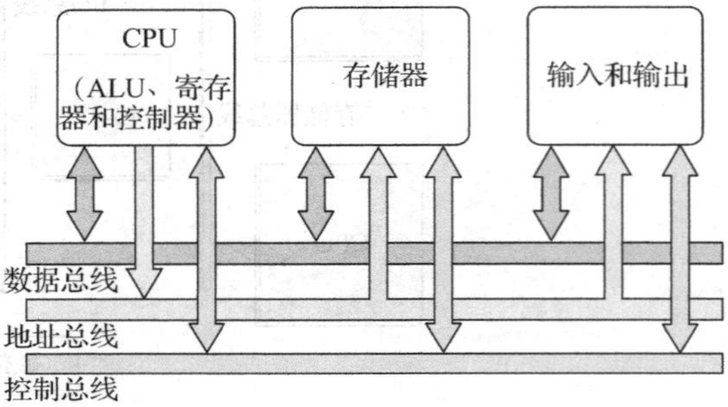

图 7-8　系统总线的高层视图

从我们以前的讨论中可以明显看出，存储器总线和 I/O 总线可以是相互独立的实体。事实上，把它们分开是一个好主意。让内存有自己的总线的一个很好的理由是，这样可以使内存的数据传输是**同步**的，这时系统可以使用多个 CPU 的时钟周期从主存储器中检索数据。在一个功能完善的系统中，永远都不会出现内存脱机，或者由于某些相同类型的错误（比如打印机纸张用完）而困扰外围设备的问题。

从另一方面来说，I/O 总线并不能同步操作。它们必须要考虑这样一个事实，I/O 设备不能总在准备处理 I/O 传输。置于 I/O 总线上和 I/O 设备之间的 I/O 控制电路彼此协商以决定每个设备可能使用总线的时间。因为在每次总线访问时都会发生这些握手事件，所以 I/O 总线也称为**异步**总线。通常，区分同步传输和异步传输的方法是：同步传输要求传输的发送者和接收者共享同一个公共的时序。但是，异步总线协议也同样要求有一个位时序时钟来描绘信号的转变。在我们学习了一个例子之后，这种观点将会变得非常清楚。

再次考虑图 7-5 中所示的配置。DMA 电路和设备接口电路之间的连接在图 7-9 中表示得更加准确，图中显示了单独的组件总线。

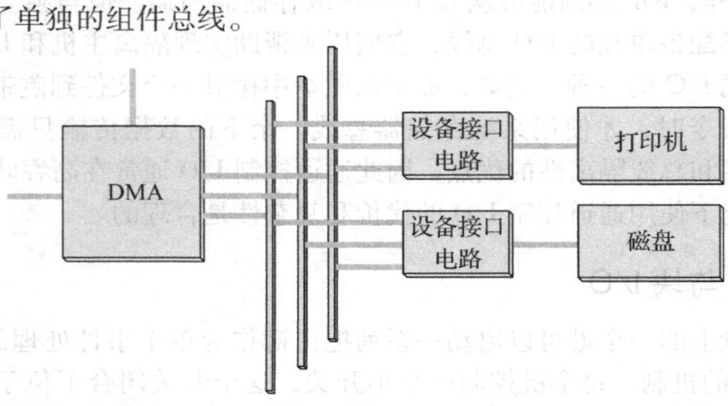

图 7-9　显示地址总线、数据总线和控制总线的 DMA 配置

图 7-10 给出了磁盘接口电路连接 3 种总线的细节。地址总线和数据总线分别由一组单独的导线构成，每一根线都有 1 个信息位。数据线的数量决定了总线的**宽度**。具有 8 根数据线的数据总线可以同时传输一个字节。地址总线需要有足够多的导线来唯一地识别总线上的每一个设备。

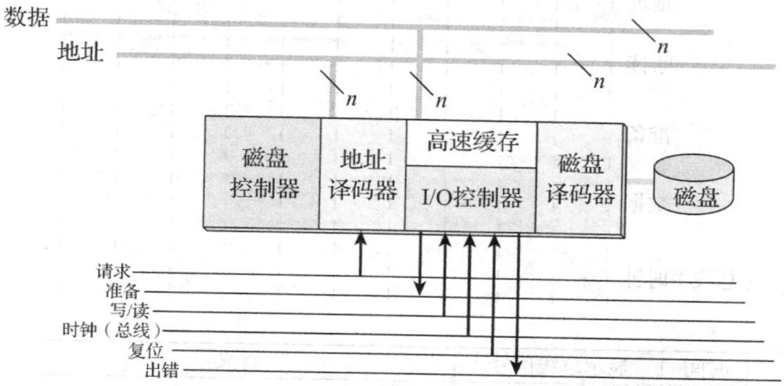

图 7-10 连接到 I/O 总线的磁盘控制器接口

图 7-10 所示的一组控制线只画出了为举例说明所需的最少数目的控制线。实际的 I/O 总线通常多于 12 根控制线。（原 IBM 个人计算机的控制线已经超过 20 条！）控制总线负责协调总线及其附属设备的活动。为了将数据写入磁盘驱动器中，例子中的总线会执行如下的操作顺序：

1. DMA 电路将磁盘控制器的地址放置在地址线上，并激活（断言）`Request` 和 `Write` 信号。

2. 当 `Request` 信号确认有效后，控制器中的译码电路会查询地址线。

3. 按照所查询的地址，译码器启动磁盘控制电路。如果磁盘写入数据有效，则控制器就会在 `Ready` 线上施加一个信号。这时，就完成了 DMA 和控制器的握手。当 `Ready` 信号变为高电平后，其他设备就不可以使用总线了。

4. DMA 电路把数据放到数据线上，并使 `Request` 信号变为低电平。

5. 当磁盘控制器看到 `Request` 信号变为低电平后，磁盘控制器将字节从数据线上传输到磁盘缓冲区中，然后撤销磁盘控制器的 `Ready` 信号。

为了使这一处理过程变得更加清晰和准确，工程师常常会使用**时序图**来描述总线操作。磁盘写操作的时序图如图 7-11 所示。图中标注为 $t_0 \sim t_{10}$ 的垂直线表示不同信号的持续时间。在实际的时序图中，一段精确的持续时间将被划分为相等的时间间隔，通常间隔为 50ns。总线上的信号只在时钟周期发生转换时才会改变。注意，图中所描述的各种信号并不会立即上升和下降。这一点正反映了总线的物理本质。必须要有少量的时间来容许信号电平稳定下来。这个**稳定时间**很小，但是在长时间的 I/O 转换过程中这也会引起较大的延迟。

在时序图中地址和数据线很少单独显示，通常成组出现。在图 7-11 中，我们用一对线表示这个线组。当地址和数据线从活跃状态过渡到非活跃状态时，我们将会使这对线交叉。当这些线处于非活跃状态时，我们在它们之间标注阴影，以明确表示它们的状态是不确定的。

许多实际的 I/O 总线与例中所示的 I/O 总线并不完全相同，它们常常没有单独的地址和数据线。由于 I/O 总线具有异步特征，因此数据线也能用来保存设备的地址。因此，需要添加另外一条控制线，来指示数据线上传输的信号是代表地址还是数据。这种方法与存储器总线形成了鲜明的对比。对于存储器总线的情形，地址信号和数据信号必须同时有效。

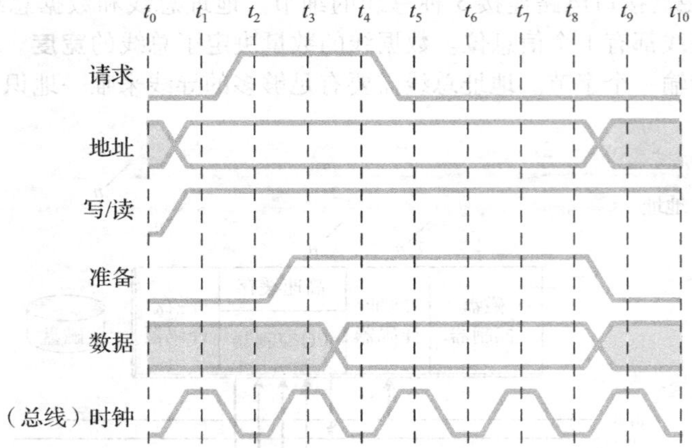

时间	显示总线信号	含义
t_0	置位写信号	写请求总线（不是读）
t_0	置位地址信号	给出写入字节的位置
t_1	置位请求信号	请求地址线写入地址
t_2	置位准备信号	应答写请求信号，字节放到数据线上
t_3~t_7	数据线	写数据（需要多个周期）
t_8	复位准备信号	释放总线

图7-11　总线的时序图

7.5　数据传输模式

可以通过一次发送一位或一次一个字节在主机和外围设备之间传输数据，分别称为**串行**和**并行**传输模式。每种传输模式都要在主机和设备接口之间建立特定的通信协议。

字节、数据和信息的记录

很多人使用信息（information）这个词作为数据的同义词，并且把数据（data）作为字节（byte）的同义词。事实上，为了文本的可读性，希望语境意义明确，我们经常使用数据作为一个字节的同义词。必须指出的是，这些词在意义上的确是有很大区别的。

从字面意义上看，数据这个词是复数。它来源于拉丁词的单数形式datum。后来，由于要涉及一个以上的datum，所以人们就使用了data这个词。事实上我们经常听到有人说：“最近的死亡率数据表明，人们现在比一个世纪以前活的时间更长”（The recent mortality data indicate that people are now living longer than they did a century ago）。听到这样的话语时，我们会觉得很自然，但却无法解释为什么不说“数据从内存交换到磁盘时，有一页出错”（A page fault occurs when data are swapped from memory to disk）。谈论存储在计算机系统中的东西时，我们实际上已经把数据概念化成一个“不可区分的主体”，就像我们对空气和水的感觉一样。空气和水由称为分子的各种分立元素组成。相应地，由大量分立元素组成的大量数据称为数据。很明显，没有一个受过教育的说英语很流利的人会说“She breathes airs”，或者说“She takes a bath in waters”。因此，这样看起来下面的说法也是非常合理的，“数据从存储器中交换到磁盘上”（… data is swapped from memory to disk）。大多数的学术资源（包括《美国传统词典》）现在都认同把数据作为一个单数的集合名词来使用。

严格来说，计算机的存储介质存储数据。计算机存储的是称为字节的位组合模式。例如，如果使用二进制扇区编辑器来检查磁盘的内容，那么就可能看到010000100模式。所以从结果可以得到什么启示呢？大家都知道，这种位模式可能是程序的二进制代码、操作系统结构的部分内容、一张照片，或是某人银行账户的余额。如果你知道这些位代表的是一些数字量(而不是程序代码或图像文件)，并且还知道它是采用二进制补码形式来存储的，那么你就可以非常肯定地说，它代表的是十进制数68。但是，你仍然没有得到datum。在得到datum之前，人们必须要把某些上下文与这个数字联系起来。例如，它是一个人的年龄或身高？是一个开罐器的模型编号？如果你知道01000100是来自某个自动气象站的一个包含温度输出的文件，那么你就有了自己的datum。磁盘上的文件便可以被正确地称为**数据文件**。

现在，你可能猜测气象数据使用华氏度来表示，因为地球上没有任何地方的温度曾经达到68℃。但是你还是没有得到信息。在当前情况下，这个数据是没有意义的：它是荷兰的阿姆斯特丹当前的温度？还是三年前的凌晨2:00在美国的迈阿密记录的温度？只有它对人们有意义时，数据68才变成信息。

最近普遍作为单数使用的另一个复数拉丁名词是媒体(media)。以前，受过良好教育的人只是在提及一个以上的媒介(medium)时才使用media这个词。报纸是一种类型的通信媒介，而电视是另外的一种媒介。整体来说，它们都是媒体。但是现在的一些编辑接受这样的单数用法："此时，新闻媒体正在国会大厦采集新闻"(At this moment, the news media is gathering at the Capitol)。

艺术家可以使用水彩媒介或者油画媒介来画画，计算机的数据记录设备可以将信息写到某个电子媒介中，例如磁带或磁盘。整体来说，它们都是电子媒体。但是我们却很少看到一个计算机从业者会有意识地正确使用这个术语。在更多的情况下，我们遇到的是类似于下面的陈述："Volume 2 ejected. Please place new media into the tape drive"。在这里，大多数人是否能够理解下面这个指令还是值得商榷的："place a new medium into the tape drive"。

当计算机专家力图采用数字形式来表达人类思想时，他们会遇到这样的语义争论(反之亦然)。而且在该类型的转换过程中肯定会丢失信息。

7.5.1 并行数据传输

并行通信系统的工作方式与主机的存储器总线的操作非常类似。它至少要有8根数据线(每一位对应于一根数据线)，而且还需要一根线来进行同步。这根同步线有时也称为**选通线**。

并行连接对于短距离传输非常有效，这个距离通常短于30ft(约9m)。具体长度主要取决于信号的强度、信号的频率和电缆的质量。在进行长距离数据传输时，电缆中的信号会因为导体的内部电阻而不断减弱。这种电信号随着距离和时间的增加而损失的现象称为**衰减**。通过学习一个例子后，与衰减相关的问题就会变得更加清楚。

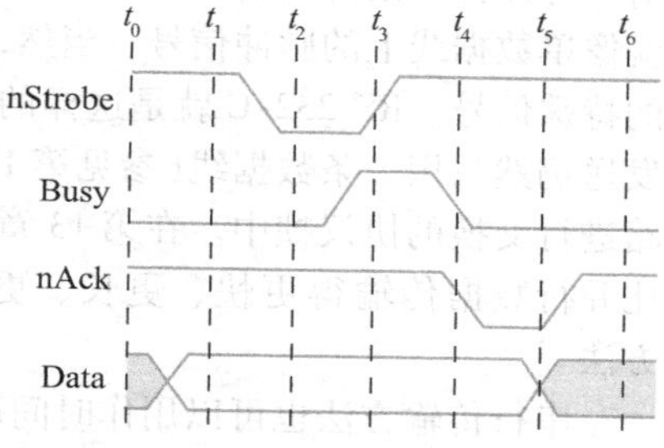

图7-12 并行打印机的简化时序图

图7-12给出了一个并行打印机接口电路的简化时序图。图中标注为`nStrobe`和`nAck`的两条线分别用来发送选通信号和应答信号，低电平有效。当施加高电平时，`Busy`和`Data`信号有效。换言之，`Busy`和`Data`信号属于正逻辑信号，而`nStrobe`和`nACk`信号都是负逻辑信号，数字信号代表8根不同的线。这些线中的每

一根都可以为高或低(1 或 0)。在 nStrobe 信号有效之前和 nAck 信号有效之后，这些线路上的信号都是没有意义的(如图 7-12 中阴影所示)。在时序图的顶部，列出了从 t_0 ~ t_6 之间的任意参考时间。两个连续参考时间之差 Δt 决定总线速度。通常情况下，Δt 的范围在 1 ~ 5ms 之间。

图 7-12 说明了在打印机接口电路(位于主机上)和一台并行打印机的主机接口之间所发生的握手协议。当在 8 根数据线的每根线上放置 1 位数据时，这个握手过程就开始了。接下来，就是检测 Busy 信号线是否处于低电平。一旦检测到 Busy 信号线为低电平，则选通信号有效，这样打印机就知道了数据线上有数据送入。只要打印机检测到选通信号，它就会从数据线上读取数据，同时将 Busy 信号变为高电平，以防止主机向数据线上放置更多的数据。在打印机已经读取数据线上的数据之后，Busy 信号变成低电平，同时发出一个应答信号 nAck，让主机知道已接收到数据。

值得注意的是，尽管已经确认了数据信号，但是这并不能保证这些数据的正确性。主机和打印机都假设接收到和发送的信号是完全一样的。对于短距离传输，这样的假设是相当安全的。但是对于长距离传输来说，情况并非如此。

现在假定总线操作的电平为 +5V 或 -5V。因此，0 ~ +5V 之间的任何电压都被认为是“高”电平，而 0 ~ -5V 之间的任何电压都被认为是“低”电平。主机在不同的数据线上放置 +5V 或 -5V，它们分别对应于数据字节中的 1 和 0。随后，主机会置位选通线为 -5V。

在有“轻度”(mild)衰减的情况下，打印机的速度可能会减慢以检测 nStrobe 信号，或者主机的速度变慢以检测 nAck 信号。如果连接的是打印机，这种速度上的滞阻现象几乎很难被察觉到。但在并行磁盘接口上的速度变慢就会带来影响，因为我们通常希望得到瞬时响应。

如果使用一根很长的传输电缆，在打印机的终端可能会收到完全不同的电压信号。当信号到达打印机时，“高”电平可能是 +1V，而“低”电平可能是 -3V。如果 +1V 电压并不足以高于逻辑 1 的门限电压，那么在打印机的信号处理过程中，我们就会在应该输出一个 1 的地方得到一个 0 的结果。同样，经过了长距离的传输后，选通信号可能会在数据位信号到达之前进入打印机。在这种情形下，打印机就会对检测到 nStrobe 信号有效时放置在数据线上的各种信号进行打印。(这时，可能发生的极端情况是一个文本字符被误认为是一个控制字符。这样就可能引起打印机输出乱码和出现死机的情况。)

7.5.2　串行数据传输

从上面的描述我们可以看到，并行数据传输是沿着数据总线每次移动一个字节。在并行数据传输中，每一位数据都要求有一根数据线，并且这些数据线由一根独立的选通线脉冲来激活。与并行数据传输不同，串行数据传输只用一根导线来发送数据，每次只能传送一位数据，就像单数据线上的脉冲信号。当然，串行数据传输还需要有其他一些导线来传送由协议所定义的特殊信号。RS-232-C 就是这样的一个串行通信协议，它要求有独立的信号线。但是，数据发送仍然只用一条数据线(参见第 12 章)。串行存储接口会将这些特殊的信号加入沿着数据通路进行交换的协议帧中。在第 13 章中将仔细研究一些串行存储协议。一般而言，串行数据流比并行数据传输得更快、更长、更可靠。对于高性能接口，这提供了一种进行串行传输的方法。

串行传输方法也可以用作时间敏感的**同步**数据传输。同步协议主要用于传送实时数据，比如音频和视频信号。因为音频和视频信号主要由人的感官来接收，所以偶尔的一点传输错误并不会造成重大的影响。数据的这种近似特性允许有少量的错误控制。因此，这种从源端发送到目标端的数据流可以具有最小的由于协议造成的延迟时间。

7.6 磁盘技术

在磁盘驱动器技术出现之前，顺序存储介质(如穿孔卡片、磁带和纸带)是唯一可用的且具有持久性的存储介质。如果某个用户所需的数据写在磁带卷轴的尾部，则需要读取整卷磁带才能读取到它，并且每次都只能阅读一个记录。速度迟缓的阅读器和小的系统内存常常使数据的读取过程极其缓慢。磁带和卡片不但处理速度很慢，而且由于它们所处的环境及其物理特性的影响，性能也会很快衰减。纸带使用时总是绷紧，所以容易断裂。开放的卷轴磁带不仅会绷紧，而且容易被操作人员误处理。卡片可能会被撕碎、丢失和折坏。

在存储技术的发展过程中，不难看出，1956 年 IBM 公司发布的第一台商用磁盘计算机已经彻底改变了计算机世界。这台机器被称为使用**随机访问方法的控制计算机**，简称为**RAMAC**。按照今天的标准，早期计算机使用的磁盘体积巨大并且速度缓慢，这是我们所难以理解的。当时，每个磁盘的直径尺寸为 24in(约 61cm)，但是磁盘的每一面却仅能容纳 50 000 个 7 位字符。可以想象一下，50 个双面磁盘安装在一根转轴上，并用一个闪闪发光的玻璃罩包围起来，其大小与一间花园小屋差不多。在每个转轴上磁盘的总存储容量约为 500 万字符，每次访问磁盘上的数据，平均需要 1s 的时间。这种磁盘驱动器的总重量超过 1t，并且制造成本需要几百万美元。(当时，没有人会从 IBM 购买这些设备。)

相比之下，到了 2000 年年初，IBM 公司开始推销一种用于掌上电脑和数码相机的高容量磁盘驱动器。这些磁盘的直径仅为 1in(约 2.54cm)，并且能保存 1GB 的数据，而数据的平均访问时间只有 15ms。这种磁盘驱动器的重量不足 1oz(约 28g)，而零售价格低于 300 美元。此后，其他制造商生产了更便宜同时容纳更多数据的 1in 驱动器。

因为每个磁盘扇区上的存储单元扇区都有一个独特的地址，它可以独立访问周围扇区，所以磁盘驱动器被称为**随机**(有时是**直接**)存储设备。如图 7-13 所示，扇区中的同心圆称为**磁道**。在大多数系统中，每个磁道包含着相同数量的扇区。每个扇区包含相同数量的字节数。因此，在磁盘中心的数据比磁盘外边缘写得更“密集”。一些生产商通过使所有扇区大小大致相同来把更多的字节放在磁盘上，这样在外部磁道上比内部磁道有更多的扇区。这就是所谓的**区位**记录。一般很少使用区位记录，因为比起传统的系统它需要更先进的电子驱动控制。

磁道是从磁盘最外边的磁道 0 开始连续编号的。然而，在一条磁道的圆周上，扇区的分配顺序可能不是连续的。它们有时“跳来跳去”，这样允许驱动器电路在读取下一个扇区之前有时间处理完扇区进程中的内容。这种方法称为**交叉存储技术**。根据磁盘的旋转速度和磁盘电路的速度以及缓冲区的大小不同，这种交叉存储技术会有所变化。当今大多数的硬盘驱动器在读取磁盘时采用一次读取一条磁道的方式，而不是一次读取一个扇区，因此，交叉变得越来越少。

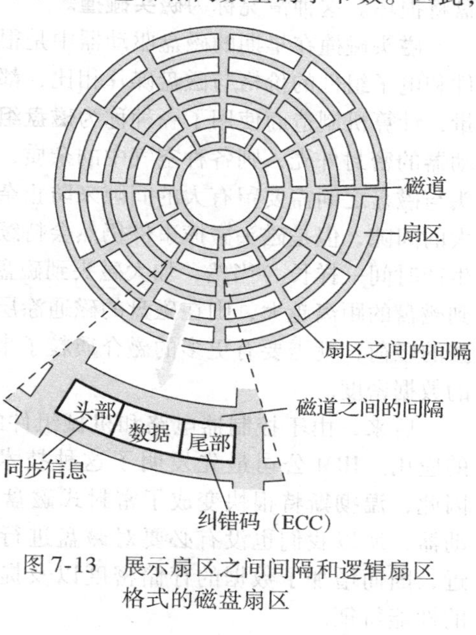

图 7-13　展示扇区之间间隔和逻辑扇区格式的磁盘扇区

7.6.1 硬盘驱动器

硬(硬或固定)盘包括控制电路和一个或多个称为**碟片**的金属或玻璃盘片。这些盘片上镀有一层薄的磁性材料。磁盘碟片堆叠在转轴上，通过传动箱中的一个电动机来带动旋转。磁盘的旋转速度可以达到15 000r/min，典型的磁盘转速为5400r/min和7200r/min。磁盘的读/写头通常安装在一个旋转的磁盘**驱动臂**上，磁盘驱动臂通过其转轴上缠绕的线圈的感应磁场来进行准确的定位(参见图7-14)。如果给驱动臂提供能量，则整个梳状的读/写头就可以向磁盘的中心移动，或者是从磁盘的中心移开。

尽管磁盘技术得到了持续的发展，但是我们现在还不能大批量生产完全无差错的介质。尽管出错的概率非常小，但是出错总是难免的。目前，我们采用两种机制来减少磁盘表面可能出现的错误：对数据本身进行特殊编码和使用纠错算法(这种特殊的编码方式和某些纠错校验编码方法在第2章中已经讨论过)。这些工作将由磁盘控制器硬件中的特殊电路来处理。而磁盘控制器中的其他电路负责磁头定位和磁盘时序。

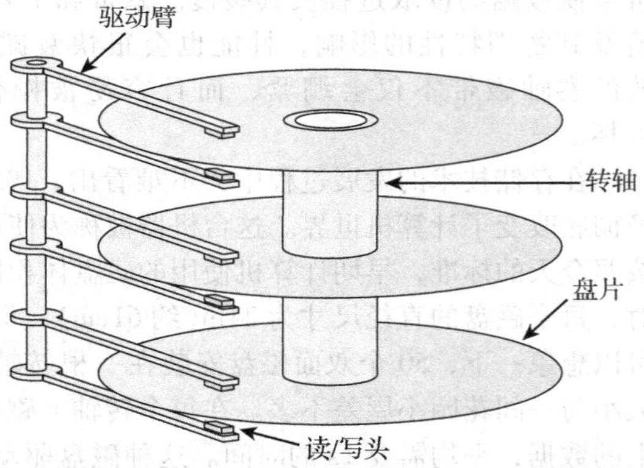

图7-14　硬盘驱动臂(带有读/写头)和磁盘

对于一个堆叠的磁盘盘片，磁盘上的各个磁道应上下一一对应，形成一个**圆柱面**。一组梳状的读/写头每次可以访问一个柱面。柱面描述的是每个磁盘上的环状区域。

通常，磁盘的可用面上都有一个读/写头。(一些老式磁盘系统(特别是某些移动磁盘)最上层碟片的上表面和最下层碟片的下表面常常都是不用的。)硬盘磁头从来都不会触及磁盘的表面，而是悬浮在磁盘表面的上方，它们之间仅仅相隔几个微米厚的空气层。当磁盘系统断电后，磁头退到一个安全的地方。这一过程称为**停靠磁头**。如果读/写头接触到磁盘表面，则磁盘将损坏。这种情况称为**磁头碰撞**。

磁头碰撞在早期的磁盘驱动器中是很常见的现象。在第一代磁盘系统中，驱动器的机械部件和电子组件的价格与磁盘碟片相比，都是非常昂贵的。为了用最少的资金提供最大的存储容量，计算机制造商使用了一种称为**磁盘组**的可移动磁盘来制造磁盘驱动器。然而，如果打开驱动器的密封外壳，则各种空气中的杂质，如灰尘和水汽都会进入到磁盘密封壳中。结果，在磁头与磁盘之间需要留有大的间隙来防止杂质导致磁头碰撞。(尽管在磁头和磁盘之间留有了较大的间隙，但是磁头碰撞事件仍然会持续发生，以至于某些公司由此所经历的停工时间几乎与生产时间一样长。)当然，加大磁头到磁盘之间的空隙，实际上是降低了数据的存储密度。磁头到磁盘的距离越大，则在磁盘的磁通涂层中需要更强的磁荷来感应读取所需的数据。要得到更强的磁荷，就需要有更多的磁介质粒子来参与磁通量的转变过程，这样就会降低磁盘驱动器上的数据密度。

后来，由于控制器电路和机械组件的成本大幅度下降，使得密封式磁盘系统得到了广泛的应用。IBM公司最先发明了这种技术，当时开发这种技术使用的是“温彻斯特”编码。因此，**温彻斯特**很快变成了密封式磁盘的代名词。今天，没有人再生产可移动磁盘组的驱动器，所以我们也没有必要对磁盘进行区分。密封式驱动器允许磁头到磁盘的间隙靠得更近，因而增加了数据的存储密度以及提高了磁盘的旋转速度。这些要素构成了硬盘驱动器的性能特征。

寻道时间是指磁盘驱动臂定位到指定磁道上所需的时间。寻道时间并不包括磁头读取磁盘目录的时间。**磁盘目录**将逻辑文件信息(例如 my_tory.doc)映射到对应的物理扇区地址上(例如柱面 7、表面 3、扇区 72)。一些高性能磁盘驱动器会在磁盘每个可用面的每个磁道上都提供一个读/写头，这样实际上可以消除寻道时间。由于这种系统中没有可移动的驱动臂，所以访问数据时唯一可能的延迟是磁盘的旋转延迟。

旋转延迟是读/写头定位到指定扇区上方所需要的时间。旋转延迟时间与寻道时间的和称为**存取时间**。如果将存取时间与从磁盘上实际读取数据所需要的时间相加，就得到了**传输时间**。当然，传输时间取决于所要读取的数据量。**反应时间**是旋转速度的直接函数。当驱动臂定位到目标磁道后，反应时间用来衡量目标扇区移动到读/写头下方位置所需要的时间总量。通常引用平均数表示，计算公式如下：

$$\left(\frac{60\text{s}}{\text{磁盘旋转速度}} \times \frac{1000\text{ms}}{\text{s}}\right)/2$$

为了对上面这些术语有全面的了解，图 7-15 给出了一个典型的磁盘的说明书。

系统配置:	
格式化容量	1500GB
集成控制器	SATA
编码方式	EPRML
缓冲区大小	32MB
盘片数目	8
数据面	16
每面的磁道数目	16 383
磁道密度	190 000tpi
记录密度	1462Kbpi
每个扇区的字节数	512
每个磁道的扇区数	63
物理性能:	
高	26.1mm
长	147.0mm
宽	101.6mm
重量	720g
温度范围(℃)	
工作时	5～55℃
贮存时	–40～71℃
相对湿度	5%～95%
噪声	33dBA，空闲状态

可靠性和维护:	
MTTF	300 000h
启动/停止循环次数	50 000
设计寿命	5年(最少)
数据差错率 (不可修复)	每读10^{11}位小于1
基本性能:	
寻道时间	
道–道	
读	0.3ms
写	0.5ms
平均反应时间	
读	4.5ms
写	5.0ms
平均反应时间	4.17ms
转速 (+/–0.20%)	7200r/min
数据传输率:	
读出	1.2MB/s
写入	3GB/s
启动时间:	
(0至稳定)	9s

电源要求

工作方式	+5VDC +5%～10%	功率 +5.0VDC
旋转	500mA	16.5W
读/写	1080mA	14.4W
空闲	730mA	9.77W
待命	270mA	1.7W
睡眠	250mA	1.6W

图 7-15 由磁盘驱动器制造商提供的典型的磁盘说明书

因为在每次执行读写操作之前都必须先读取磁盘目录，所以磁盘目录的存放位置对磁盘驱动器的整体性能有重大的影响。由于磁盘的最外层磁道在相同面积内具有最低的位密度，因此与内层磁道相比，这些区域最不容易出现位错误。为了保证最高的可靠性，磁盘目录可以存放在最外层的磁道 0 上。这就意味着，在每次执行存取操作时，驱动臂都必须向外摆动到磁道 0，然后再回到所需的磁道上。因此，驱动臂大跨度的移动在很大程度上可能会影响磁盘系统的性能。

随着记录技术和纠错算法的发展，现在已经允许将磁盘目录放到能够提供最佳性能的位置上：即放在最里面的磁道上。这种方法可以充分减少驱动臂的移动距离，提供最大可能的吞吐量。因此，有一些(但不是全部)现代磁盘系统在中央磁道上存放磁盘目录。

目录存放位置是磁盘逻辑组织的一个要素。磁盘的逻辑组织与磁盘的操作系统密切相关。磁盘逻辑组织的一个主要方面是哪些扇区存在映射关系。由于硬盘包括很多的扇区，所以不可能为每个扇区都保存一个标记。下面，我们考虑在图7-15所示的数据表中描述的磁盘。磁盘系统有8个表面，每个表面有48 000条磁道，而每个磁道包含746个扇区。这就意味着，在磁盘系统中共有2.86亿个扇区。如果用一个分配表来列出每个扇区的状态，并且用1个字节来记录每个状态，那么将会要占用超过200MB的磁盘空间。这种做法不仅要花费大量的磁盘空间开销，而且当需要检查某个扇区的状态时，读取数据结构无疑也会或多或少地消耗一定的时间。(显然，检查扇区状态是一个需要频繁执行的任务。)正是因为这个原因，操作系统以群组的形式为扇区分配地址，称为**块**(或簇)。采用这种地址分配方式可以使文件管理变得更加简单。每个区块中扇区的数目决定了分配表的大小。如果分配的区块越小，则一个文件不能装满整个区块时，浪费的磁盘空间也就越少。但是，如果分配的块太小，分配表就会变得很大，而且查找的速度也会变得很慢。在下一节中我们将讨论在软盘中目录和文件分配结构之间的关系。

图7-15所示的磁盘规格说明书中最后要讨论的一点是：标题“可靠性和维护”下对磁盘可靠性的各种估计。根据制造厂商的说法，这种特殊设计的磁盘驱动器的使用期限为5年，并且允许系统启停50 000次。同样，在这个标题下，系统的**平均失效时间(MTTF)**是300 000h。可以肯定，该数字并不表示这种磁盘驱动器的期望寿命是300 000h。如果磁盘持续运行，这将会超过34年。这个规格说明书很清楚地表明了这种磁盘驱动器的设计寿命为5年。这种明显的差异是由于采用了制造业界内通行的统计质量管理方法所造成的。除非这种磁盘是根据政府的合同制造的，否则用来计算MTTF的确切方法完全是由制造厂商来决定的。通常，这个计算过程包括：从生产线上随机取样，并在一些不太理想的条件下将磁盘系统运行一定的时间，通常大于100小时。然后将失效数描绘成概率曲线，最后得到MTTF。简言之，规格说明书中的“设计寿命”更可信和容易理解。

7.6.2　固态硬盘

磁盘的局限性很多。首先，从磁盘中检索数据比从主存中检索数据需要更长的时间——大约为100万倍。磁盘易碎，即使是“加固型”也能在强烈震动下破裂。它们的许多移动部件易受磨损和破坏。而且对于移动设备来说，磁盘功耗是个十分棘手的问题。

解决这些问题的明确方案是用非易失性RAM替换硬盘。事实上，这种替换已发生在几十年前的超高性能计算机中。最近存储材料价格的降低，使它成为一个在工业、军事和消费产品中有吸引力的选择。

固态硬盘(SSD)由微控制器和闪存组成，这种内存是基于NAND或NOR型存储器阵列的。闪存与标准存储器的区别在于它必须先擦除(“在闪存中”)，然后才能写入。基于NOR的闪存是字节寻址的，这使其比基于NAND的闪存更为昂贵，而基于NAND的闪存则以块(称为页)为单位，这非常像磁盘。

当然，我们都喜欢口袋大小的记忆棒、拇指驱动器和跳转驱动器(Jump Drives)。我们几乎不知道这些小型设备可以在钥匙圈上存储整个图书馆。由于其具有低功耗和耐久性，闪存驱动器现在正在替代便携式设备中的标准磁盘。这些应用程序也受益于性能的提升：SSD

的访问时间和传输速率通常比传统磁盘驱动器快100倍。然而，SSD仍然比RAM慢10万倍。

虽然SSD的数据容量已经接近磁盘的数据容量，但它的成本往往要比磁盘高出2～3倍。人们会期望随着SSD技术的不断进步，它们的价格差距将会逐渐缩小。对于数据中心来说，大型SSD阵列的成本增加可能会被电力和空调费用的减少所抵消。

除了成本之外，与磁盘相比SSD的另一个缺点是闪存的位元在对页面进行30 000～1 000 000次更新之后就会磨损。只要SSD不存储易变性高的数据(如虚拟存储器的页面文件等)，这个次数可能看起来像是一个比较长的工作周期。标准磁盘倾向于重复使用相同的磁盘扇区，逐渐填充磁盘。如果这种方法用于SSD中，那么部分驱动器将会磨损并变得不可用。因此，为了延长磁盘的使用寿命，人们使用了一种称为**磨损均衡**的技术，在整个磁盘上均匀地分布数据和擦除/写入周期。驱动器内置的微控制器管理磁盘上的可用空间，来确保页面以循环型旋转重复使用。这种方法确实提供了轻微的性能优势。由于页面必须在写入之前被擦除，所以如果不重复使用同一页面，擦除和写入可能会同时发生。

专为服务器使用的SSD称为**企业级固态硬盘**。这些SSD包括最佳性能的高速缓存和小型备用电源，以便在电源故障的情况下可将缓存内容提交到闪存。图7-16所示为Intel 910 800GB SSD的照片。微控制器和闪存芯片主宰了卡的状态。驱动器像任何其他总线附加卡一样安装在服务器中。

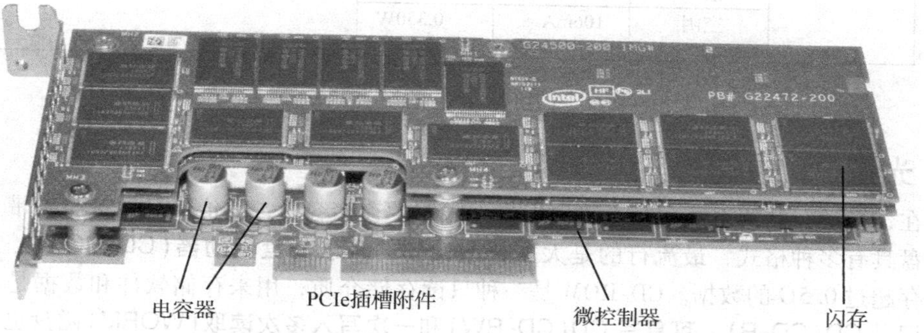

图7-16 Intel 910 800GB固态硬盘

来源：由Intel提供。

SSD与HDD有许多共同的特点。图7-17所示为企业级SSD的说明书。比较图7-17与图7-15中的规格，可以看出没有提到盘片、转速或其他任何与磁盘旋转有关的因素。然而，驱动器的物理特性、访问时间、传输速率和功耗仍然是重要的指标。

联合电子设备工程委员会(JEDEC)制定了SSD性能和可靠性指标的标准。其中最重要的两个是**不可恢复的误码率(UBER)**和**写入的百万兆字节(TBW)**。UBER为数据错误的数量除以在整个使用期内模拟所得的读取的总位数。TBW是在磁盘无法满足说明书中的速度和错误率之前可写入磁盘的百万兆字节数。TBW是磁盘耐久性(或使用寿命)的度量，UBER是磁盘可靠性的度量。

企业级SSD所花费的成本只有在进行快速数据检索时才是有意义的。现在普遍的做法是通过**短行程**将HDD性能推向极限。使用短行程涉及安装许多额外的磁盘驱动器，每个磁盘驱动器仅使用其柱面的小部分，从而将驱动臂运动保持在最小。驱动臂运动减少，访问时间减少，访问每个磁盘可以节省几毫秒。因此，企业级HDD和SSD之间的成本比较必须考虑企业级SDD千兆字节的有用存储容量、一般可靠性和低功耗。

随着驱动器价格的持续下滑，固态硬盘开始出现在不太苛刻的业务环境中。

系统配置：

格式化容量/GB	800
集成控制器	SATA3.0
加密	AES 256位
缓存大小	1GB
每个扇区的字节数	512

物理性能：

高	7mm
长	100mm
宽	70mm
重量	170g
温度范围（℃）	
工作时	0～70℃
不工作/存储时	−55～95℃
相对湿度	5%～95%
噪声	0dB

可靠性和维护：

MTTF	2 000 000h
耐用性	450TBW
数据保留	3个月
数据出错（误码率）	每读10^{17}位小于1

基本性能：

平均延迟（顺序）	
读	50μs
写	65μs
I/O操作（IOPS）	（随机）
8KB读取	47 500 IOPS
8KB写入	5 500 IOPS

数据传输率：

读	500MB/s
写	450MB/s

启动时间：

（0至驱动就绪）	3s

电源要求

工作方式	+3.3VDC +5%～10%	功率 +3.3VDC
活动	1500mA	5W
空闲	106mA	0.350W

图 7-17　SSD 的说明书

7.7　光盘

现在，光学存储器系统实际上可以提供无限制的存储容量，而价格又具备与磁带竞争的能力。光盘具有多种格式，最流行的是大家普遍使用的**只读光盘驱动器(CD-ROM)**。CD-ROM能够保存超过0.5G的数据。CD-ROM是一种只读存储介质，用来存储软件和数据是非常理想的。可记录**CD(CD-R)**、**可复写CD(CD-RW)**和**一次写入多次读取(WORM)**磁盘也都是光学存储设备，通常用作长期数据的存档和大量数据的输出。CD-R和WORM为文档和数据提供了大容量的防篡改存储器。为了数据的长期归档存储，一些计算机系统会直接将数据输出到光学存储器，而不是打印纸或微缩胶片上。这种光盘称为**计算机输出激光盘(COLD)**。带有机械手的自动存储库系统又称为**自动光盘柜**，它可以直接访问大量的光盘。自动光盘柜可以存储的数据达到几百张光盘，总容量可达50～1200GB，或者更多。光盘存储器的支持者声称光学存储器不同于磁介质，光学存储器能够储存100年而不会有明显的性能衰退。（现在，有没有其他存储器来挑战这种说法呢？）

7.7.1　CD-ROM

CD-ROM是一种利用聚碳酸酯材料(塑料)制造的光盘。光盘的直径大小为120mm(4.8in)，并且涂敷一层铝反射膜。铝膜上面有一层丙烯酸材料的保护性密封涂层，以防止铝膜的磨损和腐蚀。光盘上的铝层会反射来自光盘下面的绿色激光二极管所发射的光束。反射光束通过一个棱镜，将光线偏转到一个光电检测器上。光电检测器把光学脉冲转换成电信号，然后发送给驱动器中的电译码装置，如图7-18所示。

将数据写入到光盘使用的是从中心到外部边缘的方式，在聚碳酸酯基片上形成一条凹凸不平的单一螺旋状的轨道(光轨)。凹陷的区域称为**凹坑**，因为从CD的上表面来看它们的确很像凹坑。在凹坑之间的平直空间称为**平台**。凹坑的尺寸为 0.5μm 宽，0.83~3.56μm 长。（凹坑的边缘位置对应于二进制数 1。）从凹坑底部到凸起平台的高度为绿色激光二极管所产生激光波长的四分之一。这意味着由于光的干涉效应会导致从凹坑反射出来的激光束与来自激光器的入射光严格相消。这就导致了光脉冲的亮和暗，它能由驱动器电路解释为二进制数字。

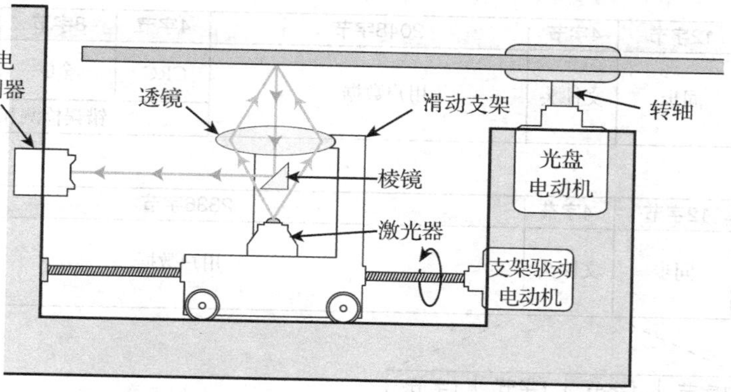

图 7-18　CD-ROM 驱动器的内部结构

螺旋光轨相邻圈的距离称为**轨道间距**。距离必须大于 1.6μm（参见图 7-19）。如果拆开一个 CD-ROM 或者音乐 CD，并把数据光轨平铺在地面上，那么由凹坑和平台组成的数据线几乎可以延伸到 5mile（8km）长。（但是，它们的宽度却只有 0.5μm，还不到人头发丝粗细的一半，这用肉眼几乎看不到。）

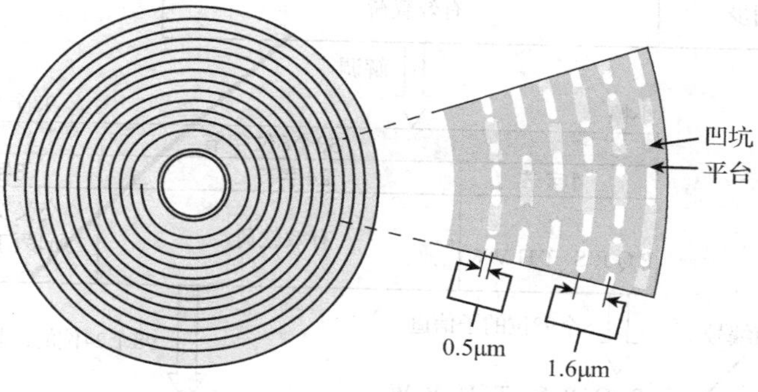

图 7-19　CD 的螺旋光轨和轨道放大图

尽管一个 CD 仅有一条光轨，但是在大多光盘数据文献中都将由凹坑和平台线旋转 360°构成的一个圆圈视为一个光轨。与磁盘存储器不同的是，光盘中心的轨道和光盘外圈的轨道都有着相同的位密度。

最初设计 CD-ROM 用来存储音乐和其他顺序音频信号。它在数据存储方面的应用是人们后来的想法，图 7-20 给出了光盘的数据扇区的格式。可以看到，光盘上的数据存储在名为扇区的 2352 个信息块中，这些扇区沿着轨道长度的方向排列。扇区由 98 个 588 位的基本单元组成，这些基本单元称为**信道帧**。如图 7-21 所示，信道帧由同步信息、文件头和有效载荷的 33 个 17 位符号组成。其中，17 位符号采用的是一个 RLL(2，10）编码方式，称为 **EFM（8 到 14 的调制编码）**。光盘驱动器读取和解释（称为**解调**）信道帧，并创建另外一种称为**小帧**的数据结构。一个小帧有 33 个字节。其中，用户数据占用 32 字节，剩下的一个字节用来作为**子信道**信息。这里，有 8 个子信道，分别命名为 P、Q、R、S、T、U、V 和 W。除了子信道 P（表示开始时间和停止时间）和 Q（包含的是控制信息）外，所有的子信道只对音频应用有意义。

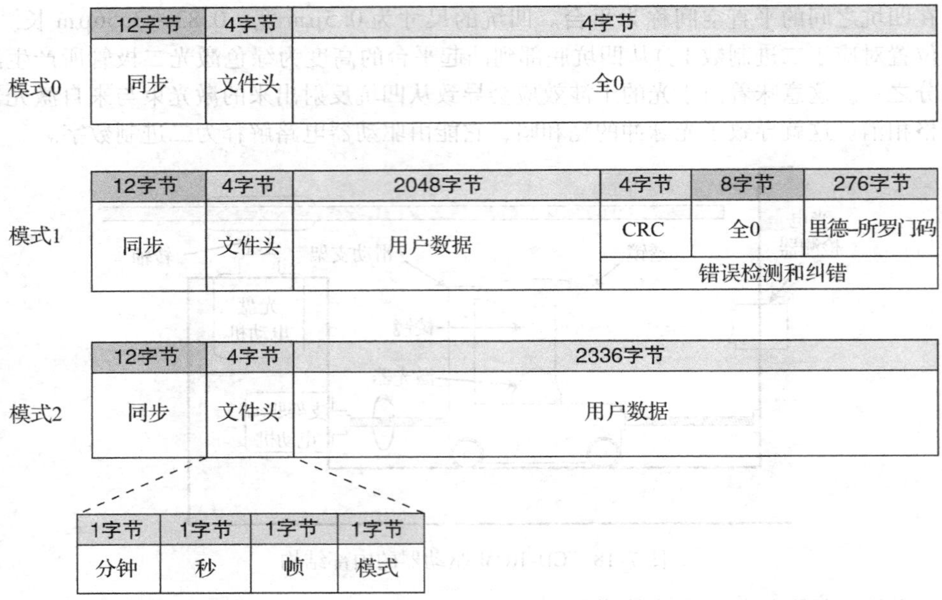

图 7-20　CD 数据扇区的格式

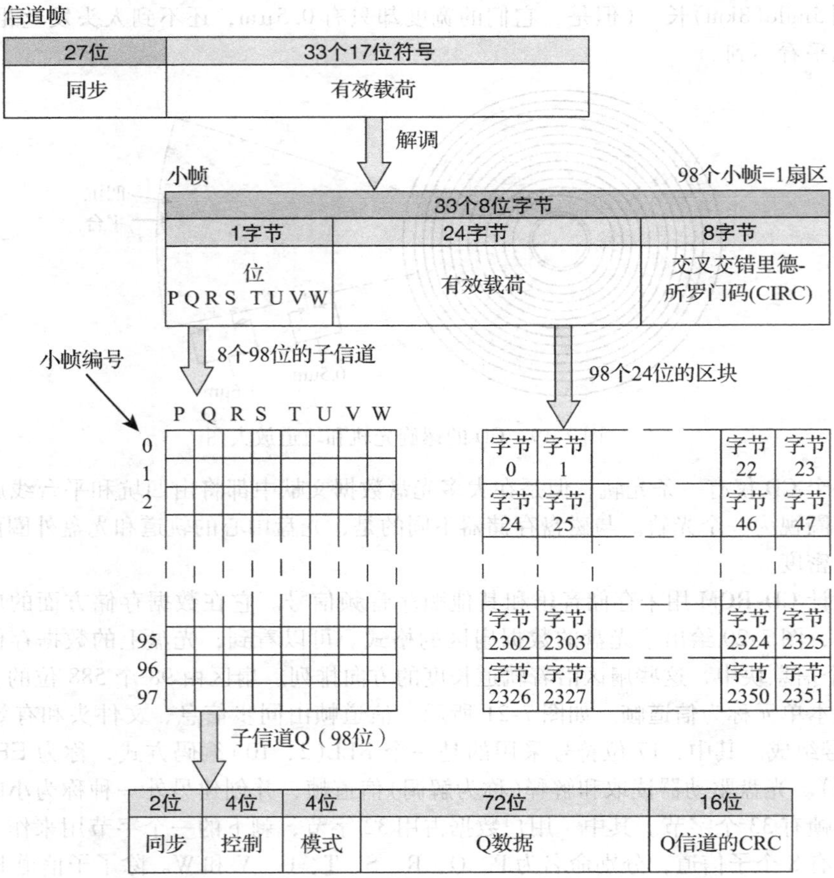

图 7-21　CD 的物理格式和逻辑格式

大多数光盘以恒定的**线速度**(**CLV**)来操作。这就是说，激光经过各个扇区的速率保持恒定，而不管这些扇区是位于光盘的开始部分还是结束部分。因此为了保持恒定的线速度，在访问外层光轨时光盘的旋转速度要比访问内层光轨时慢。一个扇区是按照激光束沿着光轨从光盘开始处(光盘中央)运行到该扇区所需要时间的分秒数来编号的。我们还要对这些“分秒数”进行定标，这里的基本假设是 CD 播放器每秒处理 75 个扇区。计算机 CD-ROM 驱动器的速度已经比音频 CD 速度快 52 倍(52 ×)以上，为 7.8MB/s，今后肯定会更快。为了定位到指定的扇区上，激光头的滑动支架会垂直于光轨的方向移动，它尽可能准确地猜测出指定扇区的位置。在随意读取某个扇区后，激光头沿着光轨到达指定的扇区。

光盘中的扇区有 3 种不同格式，具体是哪种格式要取决于记录数据所用的模式。模式 0 和模式 2 用来记录音乐，没有纠错能力。模式 1 用来记录数据，有两级错误检测和校正功能。这些格式的具体分布如图 7-20 所示。使用模式 1 记录的 CD 的总容量为 650MB。模式 0 和模式 2 的容量则为 742MB，但它们不能用来可靠地记录数据。

如果使用多**时间段**记录方式，CD 中的轨道间距可以大于 1.6μm。音频 CD 在各个时间段中都可以记录不同的歌曲，如果从下面看，这些时间段是一些不断扩大的同中心环。当 CD 用作数据存储时，这种在音乐中“记录时间段”的思想没有进行任何修改，就直接扩展到包括数据记录的时间段。CD 有多达 99 个时间段。对于 CD 的各个时间段的界定为：一个时间段内包含数据内容表的 4500 个扇区(时间为 1min)**引入**和结尾部分的一个 6750 个扇区或者 2250 个扇区**引出**。(光盘上的第一个时间段有 6750 个扇区引出，而后面其他的时间段的引出部分则比较短。)在 CD-ROM 上，引出部分用来存放段内数据的目录信息。

7.7.2 DVD

可以认为**数字通用光盘**或 **DVD**(以前称为**数字视频光盘**)是 CD 密度的 4 倍。DVD 的旋转速度约为 CD 的 3 倍。DVD 的凹坑尺寸大约是 CD 凹坑(0.4 ~ 2.13μm)的一半，而轨道间距为 0.74μm。像 CD 一样，DVD 也分为可刻录和不可刻录两种形式。与 CD 不同的是，DVD 有单面或双面，单层或双层等多种形式。通过重新聚焦激光可以访问每层，如图 7-22 所示。单层单面 DVD 的存储容量为 4.78GB，双层双面 DVD 可以容纳 17GB 的数据。DVD 的扇区大小为 2048 字节，与 CD 一样支持音乐、数据和视频 3 种数据模式。由于具有更高的数据密度和更快的存取速度，因此可以认为 DVD 最终将取代 CD 成为长期数据存储和信息发布的介质。

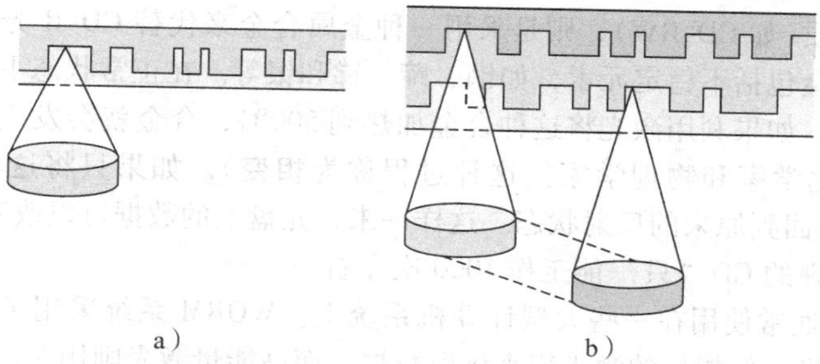

a) b)

图 7-22 激光聚焦在单层 DVD a)和双层 DVD b)上，一次一层

DVD 在许多方面都比 CD 有所改进。最重要的是 DVD 使用 650nm 长的激光，而 CD 采用 780nm 长的激光。这意味着 DVD 的特征尺寸可以小得多，因此每位占用的线性空间更短。CD 上最短凹槽的长度为 0.83μm，而 DVD 上的最短凹槽长度为 0.4μm，因此 DVD 轨道可以放得更近一些。DVD 上的轨道间距为 0.74μm，而 CD 为 1.6μm。这意味着 DVD 上的螺旋轨道更长。之前提到过，CD 的轨道长度如果用螺旋线展开，其长度大约 5mile(8km)。相比之下，

DVD 的轨道展开后长度将超过 7.35mile(11.8km)。

第二个很大的改进是 DVD 的轨道格式比 CD 的轨道格式更加精简。此外，DVD 具有比 CD 更有效的纠错算法。DVD 纠错比 CD 减少了大量的冗余位，并提供了更好的数据保护。

由于具有更高的数据密度和更快的存取速度，因此 DVD 可能是长期数据存储和检索的理想媒介。然而，还有许多其他媒介正在运行。

7.7.3　蓝光光盘

如果 DVD 的 650nm 长的激光提供的记录密度是 CD 的 750nm 长的激光的两倍以上，那么波长为 405nm 的蓝紫色激光就会突破所有的障碍。激光技术的最新发展使我们制造出了廉价的蓝光光盘驱动器，并可以应用到各种消费产品中。**蓝光**和 **HD-DVD** 这两种不兼容的蓝光光盘格式在 20 世纪中期的市场上占主导地位。每种都有自己独特的优势：HD-DVD 向后兼容传统的 DVD，但蓝光的存储容量更大。

蓝光光盘格式由蓝光光盘协会开发，该协会是一个由 9 家电子消费制造商组成的联盟。该组织由麻省理工学院领导，包括索尼、三星和先锋等主要公司。蓝光光盘由 120mm 的聚碳酸酯盘组成，数据写在单个螺旋轨道上。轨道上的最小凹坑长度为 0.13nm，轨道间距为 0.32nm。单层磁盘的总记录容量为 25GB。在磁盘上可以“堆叠”多层(最多可以写入 6 层)，只有双层磁盘可用于家庭使用。由于索尼在电影行业中占据主导地位，最重要的是发布了索尼广受欢迎的 PlayStation 3，它们使用蓝光光盘进行数据存储，因此蓝光光盘最终赢得了蓝紫色光盘格式的战斗。

对于工业级数据存储，索尼和 Plasmon 公司都发布了专门用于数据存档的蓝色激光介质。这两种产品都适用于大型数据中心，因此对传输速度进行了优化(验证的最高速度为 6MB/s)。索尼的**专业数据光盘(PDD)**和 Plasmon 的第二代**超密度光学(UDO-2)**磁盘可以分别存储高达 23GB 和 60GB 的数据。

7.7.4　光盘记录方式

CD 和 DVD 有不同的记录技术。最经济也是最普遍的方法是使用热敏染料。在 CD 中，这种染料夹在聚碳酸醋基片和反射涂层之间。当被激光发出的光照射撞击时，这种染料就会在聚碳酸酯基片上产生一个凹坑，这种凹坑会影响 CD 反射层的光学特性。

可重写光学介质(如 CD-RW)，则是采用一种金属合金来代替 CD-R 光盘上的染料和反射涂层。这种金属合金包括不稳定元素，如铟、蹄、锑和银等。在正常状态下，这种合金涂层可以反射激光。但是，如果利用激光将这种合金加热到 500℃，合金就会发生某种分子变化，并且反射率会降低(化学家和物理学家把这种过程称为**相变**)。如果只将这种合金涂层加热到 200℃，那么合金会回到原来的反射状态。这样一来，光盘上的数据可以改变多次。(专家提醒大家，利用相变原理的 CD“只”能工作 1000 次左右。)

WORM 驱动器通常使用在一些大型计算机系统上。WORM 系统采用了比个人使用的光盘系统更高能量的激光。低能量的激光用来读取数据，而高能量激光则用于不同也是更持久的记录方法。其中的 3 种方法如下：

- **烧录**：利用高能量激光熔化一个凹坑，这个凹坑位于光盘保护层之间的反射金属涂层里。
- **双金属合金**：在光盘表面的保护涂层之间封入两个金属涂层。利用激光将这两种金属熔合在一起，这会引起下面金属层的反射率发生改变。双金属合金的 WORM 光盘的制造商声称这种介质可以完好保存 100 年。

- **成泡**：在两个塑料层之间压入一个热敏材料层。当被高能量的激光照射撞击时，热敏性材料中将产生气泡，从而引起反射率的改变。

尽管 CD-ROM、CD-R 和 CD-RW 光盘可以使用相同的帧格式，但 CD-R 和 CD-RW 磁盘在某些 CD-ROM 驱动器上可能无法读取数据。产生这种不兼容性的原因可能是 CD-ROM 光盘上的信息总是要被记录(或压入)到某个单时间段内。另一方面，如果 CD-R 和 CD-RW 光盘能够像软盘一样按增量方式写入信息，那么它们会变得非常有用。第一个 CD-ROM 规范是 ISO 9660，它规定了单时间段的记录格式，而且光盘的总段数不能多于 99 个。人们很快认识到 ISO 9660 的这些限制阻碍了光盘产品的更广泛应用，于是，一些 CD-R 和 CD-RW 的主要制造厂商成立了一个协会来协商解决这个问题。经过他们的努力，最后开发了一种**通用光盘格式规范(UDF)**，这种光盘记录格式不限制每个光盘上的记录时间段的数量。这种新格式的核心思想是，用一个浮动的内容表来替换原来那个与每个记录时间段相关联的内容表。这个浮动的内容表称为**虚拟分配表(VAT)**，它会写到光盘上紧跟在用户数据的最后一个扇区后面的引出部分。当有数据需要添加到前面某个已有内容的记录时间段上时，我们可以在新数据写入后，对 VAT 进行重写。这样的写入过程可以持续下去，直到 VAT 到达光盘的最后一个可用扇区。

7.8 磁带

磁带是一种最古老和最经济的大容量存储设备。第一代的磁带是使用类似于录音机磁带的相同材料制造而成的。这种磁带是在 0.5in 宽(1.25cm)的醋酸纤维素薄膜带表面涂敷一层磁性氧化物。并将 1200ft 长的这种材料缠绕在一根卷轴上，然后手工连接到磁带驱动器。这种磁带驱动器的大小与一个小冰箱相当。早期磁带的容量一般低于 11MB，而且需要将近半个小时才能读或者写完整个卷轴。

磁带上的数据记录方式是每次写入一个字节，对于数据的每位都要创建一个磁道。另外增加一个磁道来检验数据的奇偶性，这样磁带共有 9 条磁道宽，如图 7-23 所示。这种九磁道的磁带采用的是带有奇偶校验的位调制编码方式。奇偶校验采用的奇校验以保证在传输一长串零(0)的过程中至少发生一次磁通量的“反转”变化，这是数据库的记录方式的特征。

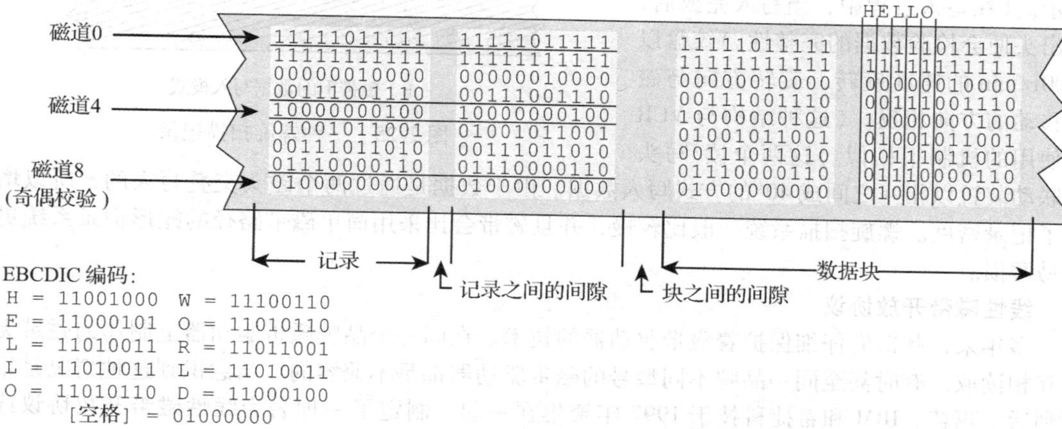

图 7-23　一个九磁道的磁带格式

在过去的一段时间里，磁带技术的更新是非常显著的。许多制造厂商在磁带的每一线性英寸中不断地加入更多的字节数。更高密度的磁带不仅对购买和存储来说更加经济，而且也可以使数据的备份工作更加快捷。也就是说，如果系统在复制文件时必须脱机，则使用高密度磁带所造成的系统停机时间就会相对减少。如果在写入磁带前，对数据进行压缩处理还可以进一步节约成本(参见本章末尾的相关部分。)

磁带的各种革新技术所带来的结果是，产生了太多的磁带标准和出现了知识产权技术。各种尺寸和容量的盒(卡)式磁带已经取代了原来的九磁道开放式的卷轴磁带。类似于数字记录磁带上的涂层已经取代了原来的氧化物涂层。现在的磁带支持各种不同的磁道密度，并且采用蛇形或螺旋扫描记录方法。

蛇形记录方法是将数据位按照串行方式存放在磁带上。与九磁道格式中字节垂直于磁带边缘的存放方式不同，蛇形记录方法将字节沿磁带长度方向“纵向”写入，每个字都平行于磁带的边缘排列。数据流会沿着磁带的长度方向写入直到磁带的末端，然后将磁带反转，在第一个磁道下面的一个磁道写入数据(如图7-24所示)。这种写入过程会一直持续下去，直到写完磁带上的全部磁道。数字线性磁带(DLT)和1/4in盒式(QIC)系统使用蛇形记录方法，每个磁带上有50条或者更多的磁道。

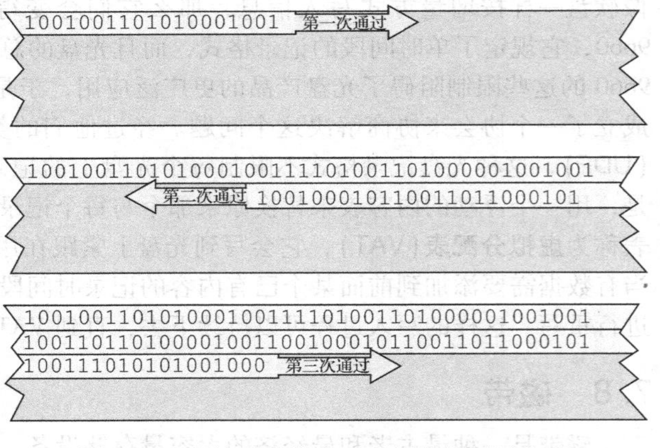

图7-24　在蛇形磁带上三次记录的通过方式

数字音频磁带(DAT)和8mm磁带系统使用**螺旋**扫描记录方法。在其他记录系统中，磁带都是以类似于录音机中磁带的运动方式直接通过一个固定的磁头，DAT系统将磁带通过一个倾斜的旋转鼓轮(或称为**绞盘**)，鼓轮上分别有两个读出头和两个写入头，如图7-25所示。(在写入过程中，当写入完成后，读出头便会检验数据的完整性。)绞盘以2000r/min的速度旋转，旋转方向与磁带移动的方向相反。(这种结构与VCR上使用的机制很相似。)这两个读/写头的联动装置以相互之间成40°的方式写入数据。由于数据是通过两个磁头交叠写入的，所以增加了记录密度。螺旋扫描系统一般比较慢，并且磁带会比采用简单磁带路径的蛇形记录系统更容易磨损。

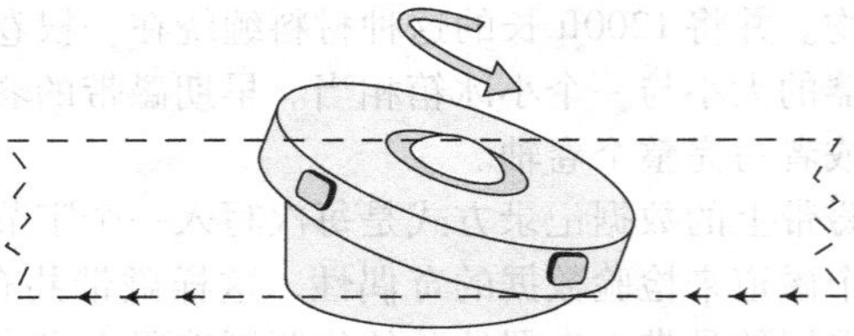

a）绞盘上的读/写头

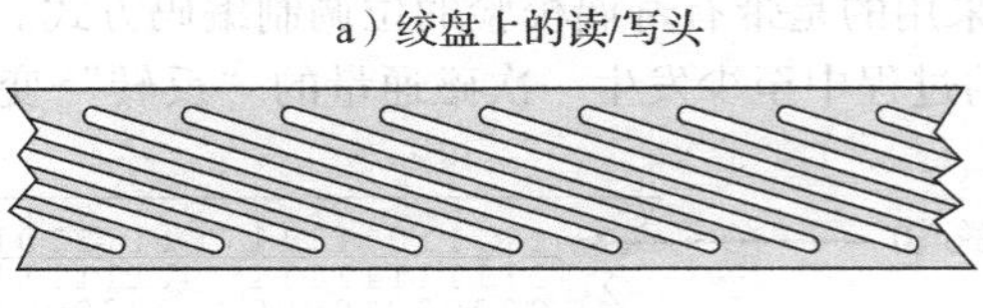

b）磁带上的数据写入模式

图7-25　一种螺旋扫描记录

线性磁带开放协议

多年来，制造商仔细保护着磁带驱动器的技术。在同一个品牌磁带驱动器上制作的磁带无法互相读取。有时甚至同一品牌不同型号的磁带驱动器都是不兼容的。当意识到这种情况是很不利后。惠普、IBM和希捷科技于1997年聚集在一起，制定了一种名为**线性磁带开放协议**或LTO的最佳磁带格式的开放式规范。在LTO的轨道格式、墨盒设计、纠错算法和压缩方法上展示了供应商之间的协作与合作。LTO的设计使其可以通过一系列的“版本”进行细化，每一代都比之前的版本能力倍增。第五代于2010年发布。这些磁带的容量高达1.4TB，在无压缩的情况下，传输速率为280MB/s。高达2:1的压缩率是可行的，从而使容量和传输速率倍增。

LTO的可靠性和可管理性远远超过了它之前的所有格式。深度纠错算法可确保突发错误以及单位错误都可恢复。磁带盒中包含存储历史信息的存储器电路，这些信息包括磁带盒已使用的次数、磁带的位置和错误类型、存储在卷上的数据的内容表。像DAT一样，LTO通过同时读/写操作来确保数据的可读性。若在此过程中发现了错误则记录在磁带存储器中，同时也记录在磁带上。然后将数据重写到磁带的一个好段上。凭借极高的可靠性、高数据密度和传输速率，LTO已经获得了制造商和买家的广泛认可和支持。

磁带存储系统从一开始就是大型计算机使用的主要产品。磁带以便宜的价格提供了“无限”的存储量。在大型计算机系统上磁带会继续成为文件存储和系统备份的主要介质。虽然磁带本身便宜，但对磁盘进行目录编制和处理的成本代价可能很高，特别是当磁带库由数千个磁带卷组成时。考虑到这个问题，一些供应商已经生产出可以在几秒钟内对磁带进行编目、取带和装带的自动机械装置。很多大型数据中心都使用**自动磁带库**也称为**磁带仓**。最大的自动磁带库可以有数百TB的容量，可以在不到半分钟的时间内根据用户的要求加载磁带盒。

磁带的未来

由于磁带被认为是“老技术”，所以有些人认为磁带在当代计算机领域中没有任何地位。而且，由于一些磁带的成本超过了每盒100美元，所以人们越来越容易地认为，磁盘存储器比磁带便宜(每兆字节的美元数)。“明显”的结论是，使用磁盘到磁盘的备份而不是磁盘到磁带的配置可以节省大量的资金。

事实上，以“热”镜像形式的磁盘到磁盘备份是超高可用性配置的唯一解决方案。这样的配置由一组备份磁盘驱动器组成，它们与一组相同的主磁盘集一起更新。镜像磁盘甚至可以放置在距离主数据中心几英里的安全位置。如果数据中心受到了袭击，那么重要数据的副本将会保存下去。

完全依靠磁盘到磁盘备份的最大问题是对数据的归档副本没有规定。磁带备份通常遵循轮换计划。每个月做的两三组备份以及每周和每日做的几组备份将被轮换到异地。每个设备基于许多因素来确定轮换计划，这些因素包括数据的重要性、更新数据的频率(**波动性**，volatility)以及将数据复制到磁带所需的时间。因此，最旧的异地备份可能是几个月前拍摄的图像。

这种“古老”的数据副本可以从人为的和编程的错误中拯救数据库。例如，可能只有在程序不正确运行之后的数天或数周才能发现有害的错误。数据库的镜像副本将包含与主要设备相同的错误数据，并且在修复损坏方面没有任何帮助。如果备份被正确管理，那么至少有一些数据可以从旧的备份磁带中恢复。

有些人抱怨把数据写到磁带需要太长时间，没有足够的时间将事务活动停止以将数据复制到磁带上，即**备份窗口**不足。人们不禁想到，如果备份窗口不足以用于磁盘到磁盘的备份，那么也可能不足以用于磁带备份。然而，磁带驱动器的传输速率与磁盘传输速率是具有竞争力的，若数据在写入磁带时被压缩，则磁带传输速率超过磁盘的速度。如果备份窗口相对于磁盘或磁带备份来说太小，那么应该使用镜像方法，即使用镜像集进行备份。这称为**磁盘到磁盘到磁带(D2D2T)**备份方法。

另一个考虑因素是**信息生命周期管理(ILM)**，其目的是将存储介质的成本与存储在其中的数据价值相匹配。最重要的数据应存储在最容易找到和可靠的介质上。美国的“2002年萨班斯-奥克斯利法案”和“国内税收法”等政府法规要求长期保留大量数据。如果没有引人注目的业务需要即时访问数据，那么为什么要保持在线状态？ILM实践告诉我们，在某些时候，应该加密数据，从主存中移除，并放在保管库中。大多数企业的明智做法是安装磁盘阵列，即不把价值10 000美元磁盘阵列运送到异地进行无限存储。

由于这些原因，在未来许多年磁带将继续成为归档选择使用的介质。当检索早就在磁盘存储器上被覆盖了的数据时，其成本是非常合理的。

7.9 RAID

在IBM公司的RAMAC计算机发明后的30年里，只有一些最大型的计算机具有磁盘存储系统。早期的磁盘驱动器非常昂贵，而且与存储器容量成比例地占用大量的场地面积。磁盘系统需要一个严格受控的工作环境：太热会破坏控制电路；湿度太低可能会引起静电累积而使磁盘表面磁通量的极化方向出现混乱。磁头碰撞或者其他不可修复的磁盘错误在商业、科研和学术领域都有可能造成难以估量的损失。如果在临近下班时发生磁头碰撞，这就意味着必须从上次备份点起(通常是昨天晚上)重新开始输入今天所有的数据。

很显然，这种情形是大家都不能接受的。而且，随着人们对电子数据存储设备的依赖程度越来越高，这种情况会变得越来越严重。长期以来，人们一直在寻找各种可能的解决办法，归根结底，磁盘还不是非常可靠。当然，制造更可靠的磁盘也只是解决方法的一部分。

1988年，美国加州大学伯克利分校的David Patterson、Garth Gibson和Randy Katz共同发表了一篇题为“廉价磁盘冗余阵列的实例”的论文，在论文中首次创造出了**RAID**一词。在论文中他们介绍了如何利用若干数量的“廉价”小磁盘(例如微机使用的磁盘)来替代通常用在大型机上的**大型昂贵的单磁盘**(SLED)来提高大型机磁盘系统的可靠性和性能。因为“廉价”一词的意思是相对的，而且可能会被误导，所以这个缩写词现在大家普遍接受的意思是独立磁盘冗余阵列。

在这篇论文中，Patterson、Gibson和Katz定义了5种类型(称为**级**)的RAID，每一级都具有不同的性能和可靠性特征。原先这些级的编号是从1~5，后来大家又定义了RAID的第0级和第6级。当然，各个厂商还规定了其他一些RAID级，也许这些级在今后也会成为行业标准。这些级一般都是被大家普遍接受的RAID级的组合形式。本节将简单介绍7个RAID级，以及几个混合系统。这些混合系统是为了满足某些特殊性能和可靠性要求，而由几个不同的RAID级构成的。

企业级存储系统的每个供应商至少提供了一种类型的RAID实现。但并非所有存储系统都自动由RAID来保护。这些系统通常被称为**磁盘簇(JBOD)**。

7.9.1 RAID-0

RAID级别0或简称为RAID-0，是将数据块以条带形式存放在几个磁盘表面上，这样一个记录就会占用几个磁盘表面的多个扇区，如图7-26所示。这种方法也称为**磁盘跨区**、块交错数据分带或**磁盘分带**。(分带是简单地将数据按逻辑顺序进行分段，以便把各个分段写到多个物理设备上。这些分段可以小到一位(如在RAID-0中)或者是某个特定大小的块。)

因为RAID-0不提供冗余，所以在各种RAID配置结构中，RAID-0具有最佳性能。特别是，如果每个磁盘都有自己独立的控制器和高速缓存。RAID-0非常便宜。RAID-0存在的问题在于系统的整体可靠性仅为单个磁盘期望性能的一部分(几分之一)。例如，如果阵列由5个磁盘组成，并且每个磁盘的设计寿命为50 000h(大约6年)，那么整个系统的期望设计寿命为50 000/5 = 10 000h(大约14个月)。当磁盘数增加时，失效的概率会随之增加，最后达到某个确定不变的值。因为没有冗余，所以RAID-0没有容错能力。因此，RAID-0所能提供的唯一好处是性能。但RAID缺乏可靠性会引起惊慌。通常，推荐RAID-0用于一些非关键的而又要高速读取和写入的数据(或者是改变不太频繁和经常定期备份的数据)，以及用于如视频、图像编辑之类的应用程序中。

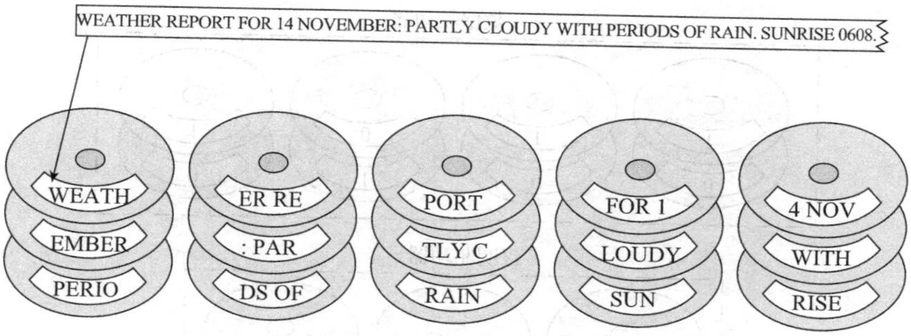

图 7-26　使用没有冗余的块交错数据分带的 RAID-0 来写入一个记录

7.9.2　RAID-1

RAID 级别 1 或者简称为 RAID-1(也称为**磁盘镜像**)，是在所有 RAID 级中具有最佳失效保护的一种方案。在每次写入数据时，RAID-1 都会将数据复制到各为**镜像盘**的第二组磁盘驱动器上(如图 7-27 所示)。这种安排提供了令人满意的性能，特别是在镜像驱动器与主驱动器相差 180°进行同步旋转时。尽管写入性能要比 RAID-0 慢(因为数据必须写两次)，但是 RAID-1 的读取速度更快，因为系统可以从更接近目标扇区的磁盘驱动臂上读取数据。这样在读取数据时，会减少一半的旋转反应时间。RAID-1 最适合面向事务的高可用率的工作环境，还有其他一些需要高容错率的应用中，例如会计或工资表。

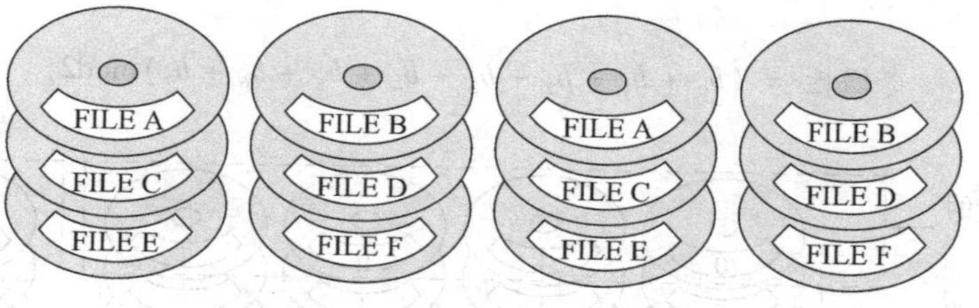

图 7-27　RAID-1 即磁盘镜像

7.9.3　RAID-2

RAID-1 的主要问题是成本高：存储一定数量的数据却需要使用两倍的磁盘容量。显然，更好的方式是只使用磁盘组中的一个或几个磁盘来存储其他磁盘中的数据信息。RAID-2 就定义了这些方法中的一种。

RAID-2 将数据分带的思想运用到了极致。RAID-2 在每个条带中只写入一位数据，而不是在任意大小的块中写入数据，如图 7-28 所示。这样至少需要 8 个磁盘表面才能存放一个数据。另外，还需要一组磁盘驱动器存放纠错信息，此纠错位是采用汉明编码生成的。纠正单位错误的汉明编码所需要的驱动器数目与需要保护的数据驱动器的记录表数目成正比。如果磁盘阵列中的任何一个驱动器发生故障，那么可以使用汉明编码字来重建这个出错的驱动器。(显然，汉明驱动器也可以使用数据驱动器来进行重建。)

因为每个驱动器都只写入一位数据，所以整个 RAID-2 磁盘组就好像是一个大型的数据磁盘。所有可用存储容量是各个数据驱动器存储容量的总和。所有的驱动器(包括汉明驱动器)都必须严格同步。否则，数据会变得混乱，汉明驱动器也就起不到作用了。因为生成汉明码非常耗时，所以 RAID-2 对大多数商业应用来说速度太慢。事实上，今天大多数的硬盘驱动器都有内置的 CRC 纠错功能。RAID-2 方式在 RAID-1 和 RAID-3 之间构建了一条理论桥梁，使这两种方式都应用在现实世界中。

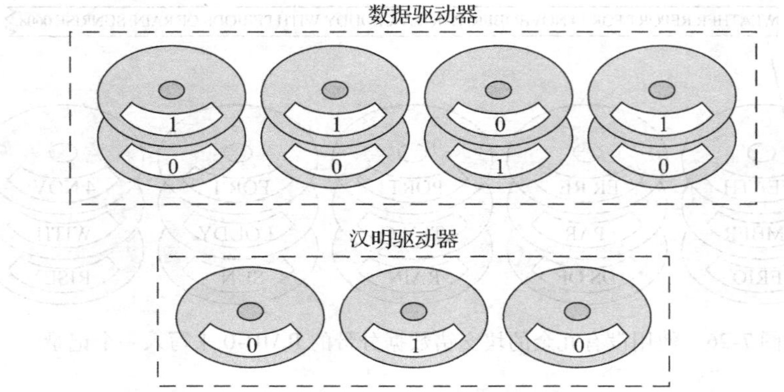

图 7-28　RAID-2，采用汉明编码的位交叉数据分带

7.9.4　RAID-3

像 RAID-2 一样，RAID-3 是按照每次一位的方式将数据交错分配到各个数据驱动器条带中的。但是，与 RAID-2 所不同的是，RAID-3 只使用一个驱动器来保存一个简单的奇偶校验位，如图 7-29 所示。这种奇偶校验位使用专门的硬件很快就能计算出来。具体方法是对每个数据位(用 b_n 表示)执行一个如下所示的异或(XOR)操作(对偶校验)：

$$奇偶性 = b_0 \text{ XOR } b_1 \text{ XOR } b_2 \text{ XOR } b_3 \text{ XOR } b_4 \text{ XOR } b_5 \text{ XOR } b_6 \text{ XOR } b_7$$

等价为：

$$奇偶性 = (b_0 + b_1 + b_2 + b_3 + b_4 + b_5 + b_6 + b_7) \bmod 2$$

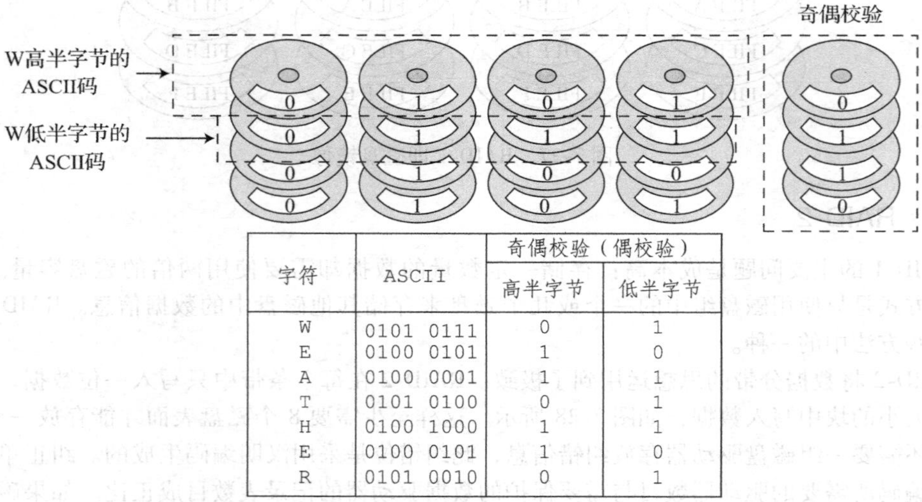

字符	ASCII	奇偶校验（偶校验）	
		高半字节	低半字节
W	0101 0111	0	1
E	0100 0101	1	0
A	0100 0001	1	1
T	0101 0100	0	1
H	0100 1000	1	1
E	0100 0101	1	0
R	0101 0010	0	1

图 7-29　RAID-3：使用奇偶校验磁盘的位交叉数据条带

可以使用相同的计算重构有故障的驱动器。例如，假设驱动器 6 号失效并被替换。其他 7 个数据驱动器和奇偶校验驱动器上的数据使用如下：

$$b_6 = b_0 \text{ XOR } b_1 \text{ XOR } b_2 \text{ XOR } b_3 \text{ XOR } b_4 \text{ XOR } b_5 \text{ XOR Parity XOR } b_7$$

RAID-3 要求使用与 RAID-2 相同的数据复制方法和同步操作，但是 RAID-3 比 RAID-1 和 RAID-2 都经济，因为它只使用一个驱动器进行数据保护。RAID-3 在一些商用计算机系统上已经使用了很多年，但是 RAID-3 不太适合应用于面向事务的应用程序。RAID-3 最适合需要读写大块数据块的情况，例如图像或视频处理的应用。

7.9.5 RAID-4

RAID-4 和 RAID-2 一样，是另外一个“理论上的” RAID 级。如果将 RAID-4 应用于 Patterson 等人所描述的情况中，RAID-4 的性能会很糟糕。像 RDID-3 一样，一个 RAID-4 磁盘阵列，由一组数据磁盘和一个奇偶校验位磁盘组成。RAID-4 不是每次写入数据的一位到各个驱动器上，而是将数据写入到统一大小的条带中。RAID-4 与 RAID-0 所描述的情况一样，会在所有的驱动器上都创建条带。通过对数据条带的位进行 XOR 操作可以创建奇偶校验条带。

我们可以认为 RAID-4 是带有奇偶校验位的 RAID-0。但是，增加奇偶校验会导致系统性能严重下降，原因是数据盘对奇偶校验盘的争用。例如，假设把数据写入到跨越 5 个磁盘(其中，4 个数据盘和一个奇偶校验盘)的条带 3 中，如图 7-30 所示。首先，我们必须读取当前占据条带 3 的数据以及对应的奇偶条带。将原来的数据与新数据执行 XOR 操作，得出新的奇偶校验。然后写入数据带，同时更新奇偶校验条带。

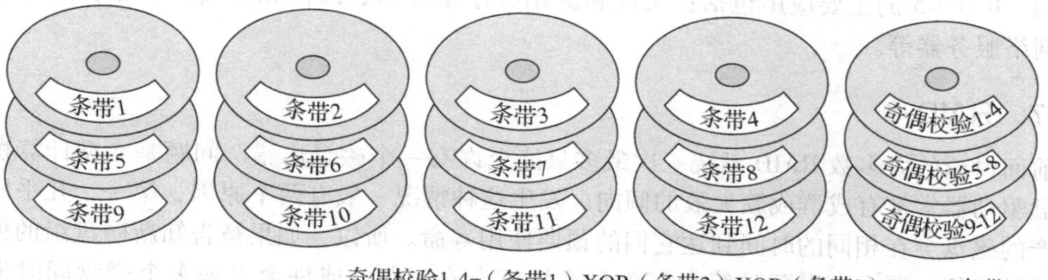

图 7-30　带一个奇偶校验磁盘的块交叉数据条带的 RAID-4

设想一下，如果当我们正在处理奇偶校验块时有写入请求在等待，例如有一个条带 1 的写入请求和一个条带 4 的写入请求，那么磁盘系统将发生什么情况呢？如果正在使用 RAID-0 或 RAID-1 的话，那么这两个等待的请求就可能与写入条带 3 的操作并发地执行。这样，奇偶校验驱动器就变成了一个瓶颈，从而丧失了多磁盘系统所具有的所有性能优势。

有些人建议如果将条带大小和要写入的数据记录大小进行优化处理，那么 RAID-4 的性能可以得到改善。还有，这种方法对数据占用相同大小记录的应用程序(例如声音或视频处理程序)会有好处。然而，大多数的数据库应用都涉及变化范围很大的记录，因此我们不可能对数据库中的大量记录找到一个“最佳”的长度。因为 RAID-4 的性能很差，所以在商业上它并没有得到应用。

7.9.6 RAID-5

大多数人都认为 RAID-4 可以对单一磁盘出错的情况提供足够的保护。但是，由于奇偶校验盘所导致的瓶颈问题，使得 RAID-4 不适合应用在需要高事务吞吐量的环境中。可以肯定地说，如果考虑某种类型的负载平衡，将奇偶校验位写到多个磁盘而不只是一个磁盘上，那么吞吐量问题无疑会得到改善。这也正是 RAID-5 要做的事情。RAID-5 是 RAID-4 将奇偶校验盘分散到整个磁盘阵列中的情形，如图 7-31 所示。

因为一些请求能被并发地服务，所以 RAID-5 在所有的奇偶校验模型中提供了最佳的读操作吞吐量，并且在写操作时也具有令人满意的吞吐量。如图 7-31 所示，磁盘阵列可以同时服务对磁盘 4 第 6 条带和对磁盘 1 第 7 条带的写入请求，因为这些服务请求无论是奇偶校验还是数据操作都分别使用不同的磁盘驱动臂组。然而在所有 RAID 级中，RAID-5 需要的磁盘控制器是最复杂的。

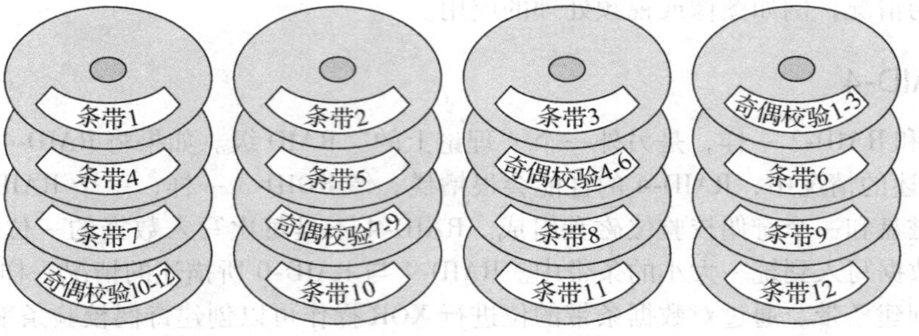

奇偶校验1-3=（条带1）XOR（条带2）XOR（条带3）

图7-31　带分布式奇偶校验的块交叉数据条带的RAID-5

与其他RAID系统相比，RAID-5能够以最小的成本提供最佳的保护。正因为如此，RAID-5已经非常成功地应用在商业上。在所有以RAID为基础的应用系统中，RAID-5安装的数量是最大的。RAID-5的主要应用包括：文件和应用程序服务器、邮件和新闻服务器、数据库服务器和网络服务器等。

7.9.7　RAID-6

前面讨论的大多数RAID系统一次最多只能允许有一个磁盘出错。问题是大型计算机系统的磁盘驱动器常常有成群成簇失效的倾向。发生这种情况一般有两个原因，第一，几乎同一时间生产的磁盘会在相同的时间到达它们的预期使用寿命。所以，如果被告知新磁盘组的使用寿命大约是6年，那么可以预计第六年磁盘系统就会有问题，或许会出现多个磁盘同时失效的情况。

第二，磁盘驱动器的损坏通常是由某些灾难性事件引起的，比如电源波动。电源波动可能会在同一时刻毁坏所有的磁盘驱动器。最不耐用的磁盘最先损坏，接着是第二个不耐用的磁盘，如此持续下去。类似这种连续的磁盘损毁可能会延续几天甚至几周。如果这些持续性损坏碰巧在磁盘的平均修复时间(MTTR)(包括打电话和修复人员到达所需时间)内发生，那么在还没有替换第一个损坏磁盘之前第二个磁盘也可能损毁了，因而整个磁盘阵列会变得无法继续使用和服务。

对于需要高可用性的系统必须能够允许多个磁盘同时失效的情况发生，特别是在MTTR可能会是一个很大数字的情况下。如果将磁盘阵列设计为可以承受两个磁盘驱动器并发失效，那么就可以有效地把MTTR的数字扩大一倍。事实上，RAID-1磁盘系统就具有这种生存能力。只要某个磁盘及其镜像盘不在同一时刻失效，那么RAID-1磁盘阵列就可以在失去一半磁盘后还能够使用。

RAID-6提供了解决这种多个磁盘失效问题的一种经济实用的方案。为此，RAID-6对每排(或者每个水平行)驱动器使用了两组纠错条带。除了采用奇偶校验外，RA1D-6还使用里德-所罗门纠错编码来增加第二层保护。为每个数据条带配置两个检错条带会增加存储器的成本。如果没有保护的数据存储在N个磁盘上，那么RAID-6增加的这种保护就需要使用$N+2$个磁盘。因为需要写入两类奇偶校验，所以RAID 6所提供的写入性能相当差。RAID-6的一种配置结构如图7-32所示。

直到最近，还没有用于商用的RAID-6系统。产生这种情况有两种原因。第一，生成里德-所罗门编码需要相当大的代价。第二，更新磁盘上的纠错编码要求有双倍的读/写操作。IBM公司是第一个利用RAMAC RVA 2 Turbo磁盘阵列将RAID-6带到了市场上的。RVA 2 Turbo磁盘阵列将磁盘条带的运行“日志”存放在磁盘控制器的高速缓存中，以消除RAID-6的写入损失。日志数据允许磁盘阵列每次处理一个数据条带，并且在数据写入磁盘前为整个条带计算全部的奇偶校验位和纠错编码。在这里，系统决不会将数据重新写入到更新前数据所占据的那个条带中。相反，一旦这个更新条带已经在其他位置写入，那么这个先前被占用的条带就会标记为空闲空间。

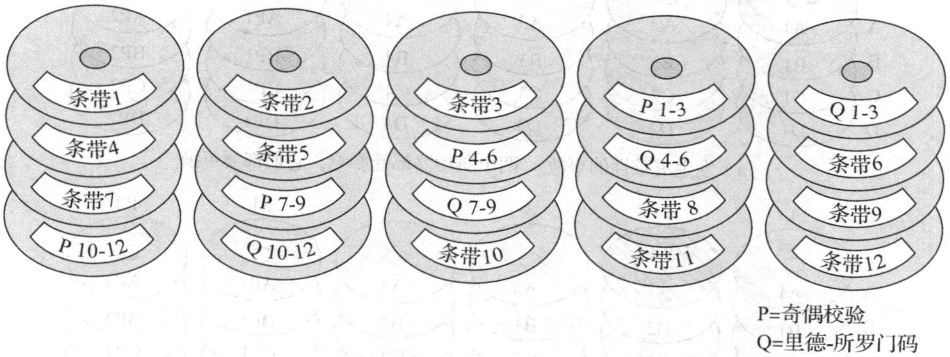

图 7-32　有双重出错保护的块交叉数据条带的 RAID-6

7.9.8 RAID DP

一种相对较新的 RAID 技术采用一对奇偶校验块，这对校验块保护数据块的重叠组。该方法根据驱动器制造商的不同名称（实现之间存在细微差异）来命名。在本文中用得最多的名字是**双重奇偶 RAID（RAID DP）**。在文献中出现的还有 **EVENODD**、**对角线奇偶校验 RAID**（也叫 RAID DP）、**RAID 5DP** 和**高级数据保护 RAID（RAID ADG）**等。

一般的想法是任何单盘数据块都由两个线性独立的奇偶校验功能所保护。像 RAID-6 一样，RAID DP 可以容忍两个磁盘驱动器同时发生故障，而不会丢失数据。在图 7-33 所示的原理图中，观察可知在盘 P1 上每个 RAID 曲面中的内容是其左侧所有水平面的函数。例如，AP1 是 A1、A2、A3 和 A4 的函数。P2 的内容是表面的对角图案功能。例如，BP2 是 A2、B3、C4 和 DP1 的函数。请注意，AP1 和 BP2 在 A2 上重叠。这种重叠可以通过迭代地恢复重叠的表面来重构任何两个驱动器。此过程如图 7-34 所示。

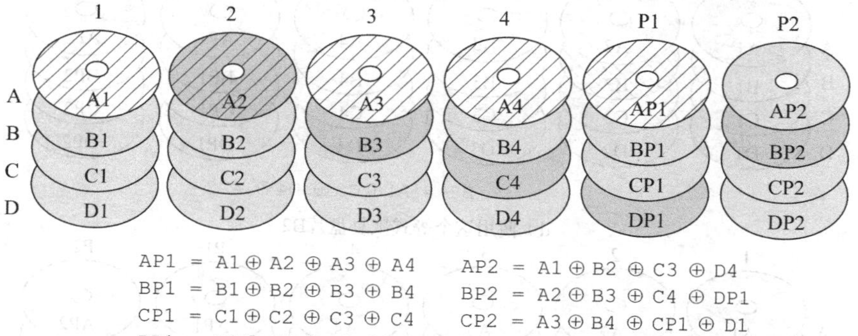

$$AP1 = A1 \oplus A2 \oplus A3 \oplus A4 \qquad AP2 = A1 \oplus B2 \oplus C3 \oplus D4$$
$$BP1 = B1 \oplus B2 \oplus B3 \oplus B4 \qquad BP2 = A2 \oplus B3 \oplus C4 \oplus DP1$$
$$CP1 = C1 \oplus C2 \oplus C3 \oplus C4 \qquad CP2 = A3 \oplus B4 \oplus CP1 \oplus D1$$
$$DP1 = D1 \oplus D2 \oplus D3 \oplus D4 \qquad DP2 = A4 \oplus BP1 \oplus C1 \oplus D2$$

图 7-33　RAID DP 的错误恢复模式

来源：A2 的恢复由方程 AP1 和 BP2 的重叠提供

由于具有双重奇偶校验功能，因此 RAID DP 可以在包含更多物理磁盘的阵列上使用，而不仅是使用 RAID 5 的简单奇偶校验来可靠地保护。根据制造商的选择，数据可以是条带或块的。简单的奇偶校验功能比 RAID-6 的里德 – 所罗门码校正提供了更好的性能。然而，由于需要双重读写，所以 RAID DP 的写入性能从 RAID 5 开始有所降低，但是好处是可靠性却有了很大提升。

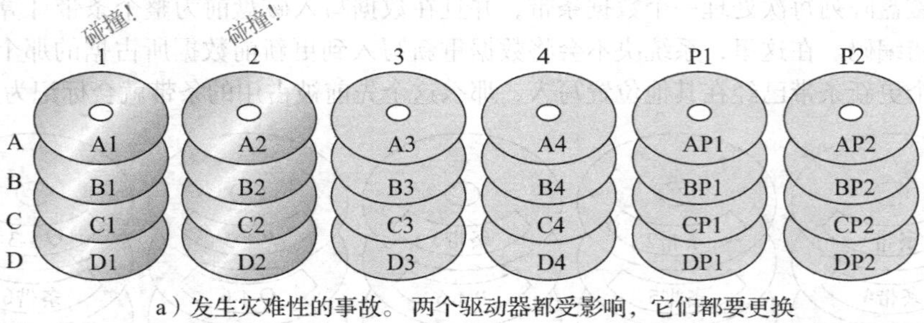

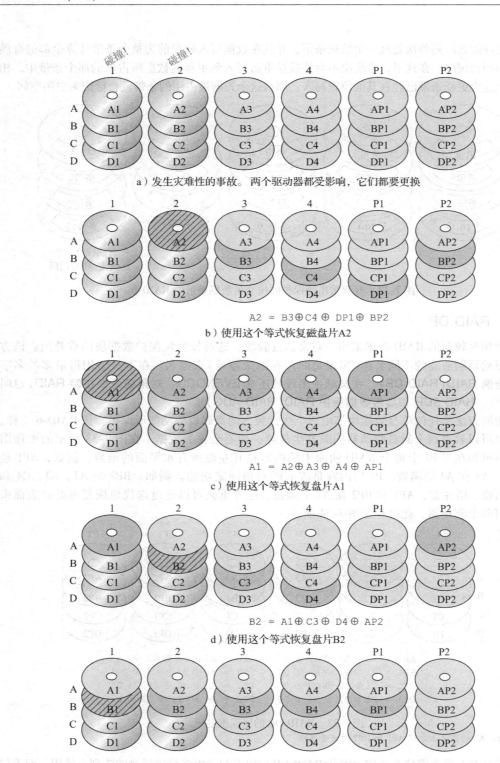

a）发生灾难性的事故。两个驱动器都受影响，它们都要更换

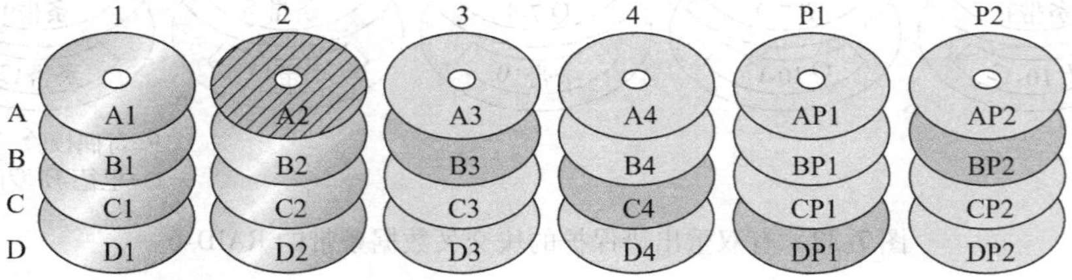

A2 = B3⊕C4 ⊕ DP1⊕ BP2

b）使用这个等式恢复磁盘片A2

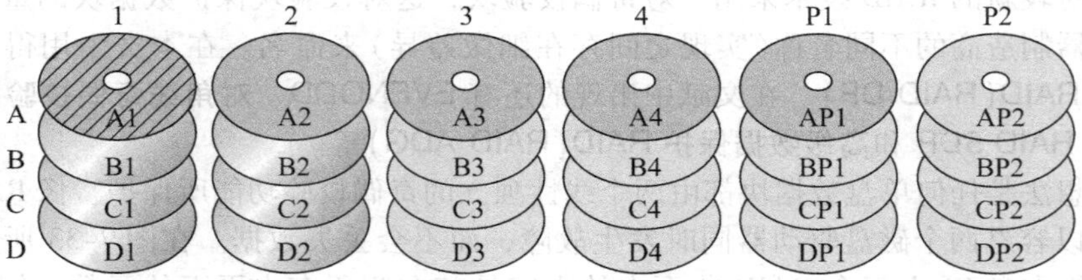

A1 = A2⊕ A3⊕ A4 ⊕ AP1

c）使用这个等式恢复盘片A1

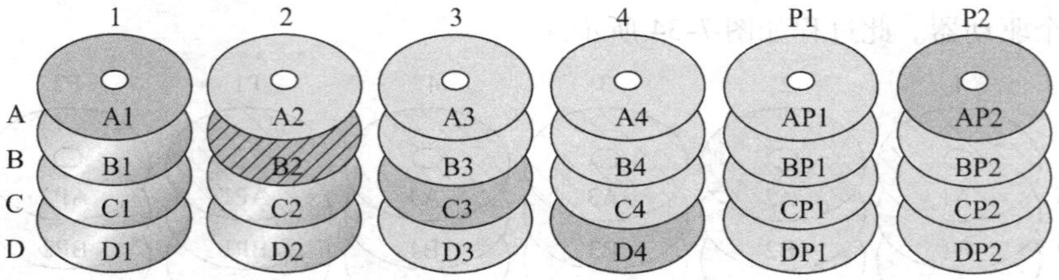

B2 = A1⊕ C3⊕ D4 ⊕ AP2

d）使用这个等式恢复盘片B2

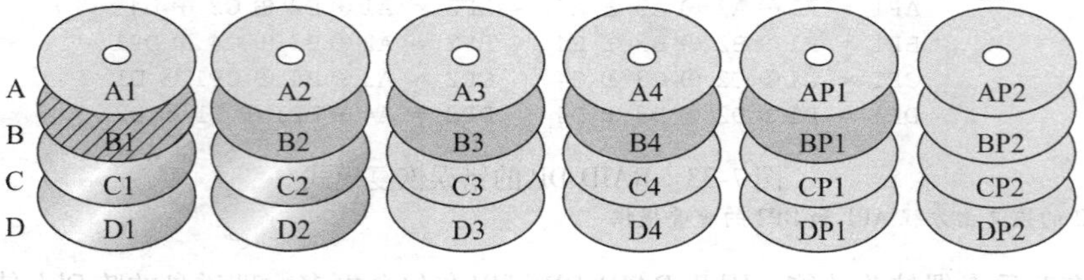

B1 = B2⊕ B3⊕ B4 ⊕ BP1

e）使用这个等式恢复盘片B1

图 7-34　使用 RAID DP 恢复两台撞损的磁盘组

7.9.9 混合 RAID 系统

许多大型的计算机系统并不局限于只使用一种类型的 RAID。在某些情况下，平衡磁盘系统的高可用性和经济性是非常重要的。例如，我们可能希望使用 RAID-1 来保护包含操作系统文件的驱动器，而对于数据文件使用 RAID-5 就足够了。RAID-0 非常适合存放在长时间运行过程中的“临时”文件，并且 RAID-0 较快的磁盘访问速度可以有效地减少程序执行的时间。

有时，可以使用多个 RAID 组合起来构建一种“新型”的 RAID。如图 7-35a 所示，RAID-10 就是这样一种磁盘系统，它组合了 RAID-0 的分带方式和 RAID-1 的镜像功能。虽然代价非常昂贵，但是 RAID-10 可以提供优良的读取性能和最佳的可用性。另一个混合级是用于共享和复制数据的 RAID 0 + 1 或 RAID 01（不要与 RAID 1 混淆）。与 RAID 10 一样，它也结合了镜像和条带化，但配置相反，如图 7-35b 所示。RAID 01 允许磁盘阵列在同一个镜像集中多个驱动器发生故障时继续运行，并显著提高了读写性能。如图 7-36 所示，RAID 50 是条带化和分布式奇偶校验的组合。在需要具有高容量良好容错能力时这种 RAID 配置是很好的。RAID 级几乎可以在任何配置中组合；尽管嵌套通常限于两个级别，但是正在探索三嵌套 RAID 配置以成为可行的候选方案。

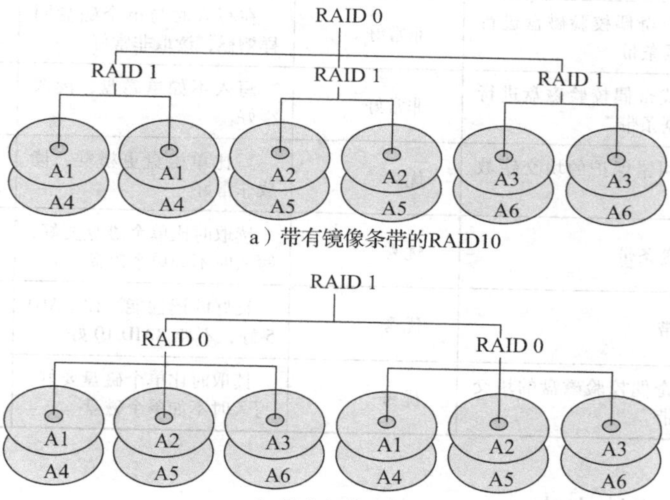

a）带有镜像条带的RAID10

b）带有条带镜像的RAID01

图 7-35　混合 RAID 级别

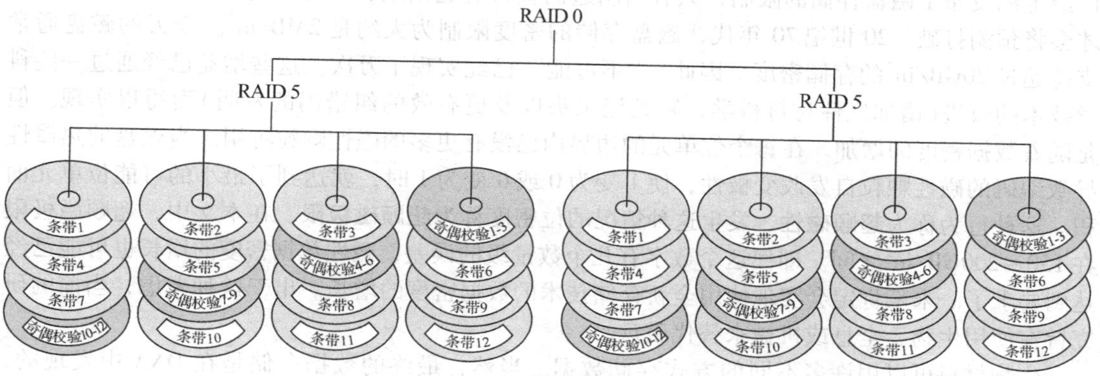

图 7-36　带有条带和奇偶校验的 RAID 50

在阅读了前面几节的内容后，我们应该很清楚，编号较高的RAID级不一定是“更好”的RAID系统。无论如何，还是有许多人会很自然地认为具有更高编号的系统通常表示要比编号低的系统更好一些。由于这个原因，RAID咨询委员会的行业协会最近已经在组织和重新命名上述的RAID系统。本书选择保留了“Berkeley”的命名方法，因为这种命名方法得到了更加广泛的认同。表7-1总结了刚刚描述的RAID级别。

表7-1　RAID性能总结

RAID级	描述	可靠性	吞吐量	优点和缺点
0	块交叉数据条带化	比单磁盘更糟糕	非常好	成本最低，无保护
1	在第二个相同的集合中数据镜像	优秀	读取时比单磁盘好，写入时比它差	保护性优秀，成本高
2	使用汉明码进行位交叉数据条带	好	非常好	性能好，成本高，实际不能使用
3	使用奇偶校验磁盘进行位交错数据条带	好	非常好	性能好，成本合理
4	使用一个奇偶校验磁盘进行块交错数据条带	非常好	在写入时与单个磁盘同样糟糕，读取非常好	成本合理，性能差，实际上不能使用
5	用分布式奇偶校验磁盘进行块交错数据条带	非常好	写入不如单磁盘，读取很好	性能好，成本合理
6	有双重纠错保护的块交错数据条带	优秀	写比单磁盘更糟糕，读取非常好	性能好，成本合理，实现复杂
10	镜像磁盘条带	优秀	读取时比单个磁盘要好，写入时不如单个磁盘	性能好，成本高，保护性优秀
50	奇偶条带	优秀	良好的读性能。比RAID 5好，不如RAID 10好	性能好，成本高，保护性好
DP	使用双奇偶校验磁盘的块交叉数据条带	优秀	读取时比单个磁盘要好，写入时不如单个磁盘	性能好，成本合理，保护性优秀

7.10　数据存储的未来

没有人大胆地预测过类似摩尔定律的磁盘存储的发展趋势。事实恰恰相反：多年来，专家已经定期发布了磁盘存储的限制，只有当制造商宣布有超出最新“理论存储限制”的产品时，才会将预测打破。20世纪70年代，磁盘存储的密度限制为大约是$2MB/in^2$。今天的磁盘通常支持超过$20GB/in^2$的存储密度。因此，“不可能”已经实现了万次。这些增益已经通过一些科学技术的改进(诸如磁性材料科学，磁光记录头以及更有效的纠错码的发明)而得以实现。但是随着数据密度的增加，在每个位单元的边界内已没有更多的磁性颗粒可用。当磁盘的热属性导致编码的磁性颗粒自发改变极性，使1变为0或0变为1时，就达到了最小的可能位单元面积。这种行为称为**超顺磁性**，发生这种情况的位密度称为**超顺磁极限**。在本文中，超顺磁极限在$150\sim200GB/in^2$之间。即使这个数字有几个数量级的误差，磁性数据密度的增长也可能已经达到要求了。未来肯定会实现使用全新存储技术的数据密度的增长。出于这种考虑，当前的研究旨在使用生物、全息或机械来替代磁盘。

生物材料可以用许多不同的方式存储数据。当然，最终的数据存储是在DNA中发现的，其中数万亿个不同的信息可以编码在一小段遗传物质中。但创建一个实用的DNA存储设备需要几十年。比较可行的方法是将无机磁性材料(如铁)与生物材料(如油或蛋白质)结合起来。成功的原型鼓励人们期待生物材料能够支持 1Tb/in^{2}的数据密度。大规模生物储存装置可能在21 世纪的二三十年内投放市场。

全息图是通过操纵激光束呈现的三维图像。信用卡和一些受版权保护的 CD 和 DVD 使用彩虹色全息图印刷，以防假冒。至少最近 50 年来，全息数据存储的概念点燃了小说作家和计算机研究人员的想象力。由于聚合物科技的进步，全息存储终于准备从纸浆杂志页面跳入数据中心了。

在**全息数据存储**中，激光束被分成两个单独的光束，一个是物体光束；另一个是参考光束，如图 7-37 所示。**物体光束**通过调制器产生编码数据模式。调制的物体光束与**参考光束**相交，以在聚合物记录介质中产生干涉图案。当介质参考光束照射时，可从中恢复数据，从而再现原始编码的物体光束。

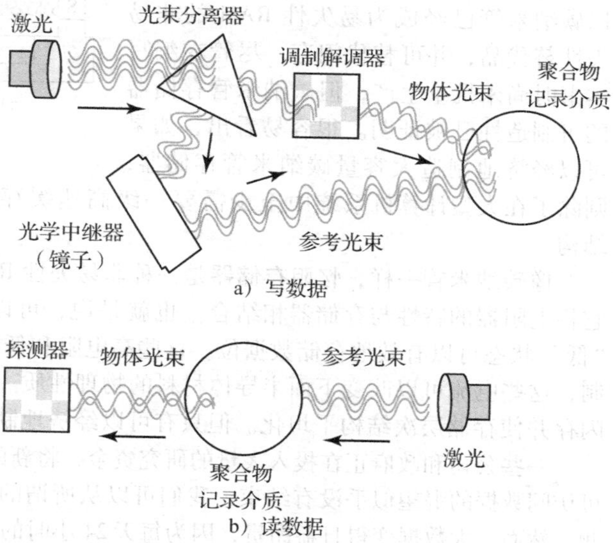

图 7-37 全息存储

全息数据存储有许多原因令人兴奋。最重要的是它通过使用三维介质可以实现巨大的数据密度。初始实验系统提供的数据密度超过 30GB/in^2，传输速率约为 1GB/s。全息数据存储在提供内容可寻址的大容量存储能力方面也是独一无二的。这意味着全息存储就像我们使用磁盘一样，不一定需要目录系统。所有访问都将直接转到文件的放置位置，无须先查询任何文件分配表。

将全息数据存储引入商业化生产的最大挑战就是创建合适的聚合物介质。虽然取得了很大进展，但获得廉价、可重写、稳定的介质似乎还需要几年的时间。

微电子机械系统(MEMS)设备提供了超越磁存储极限的另一种方法。IBM 的 Millipede 就是这样一个设备。Millipede 由数千个微观悬臂组成，这些悬臂通过将加热的微观尖端压入聚合物基底来记录二进制 1。当尖端读到聚合物中的印记时，便认为读取了二进制 1。实验室原型已经实现了大于 100GB/in^{2}的密度，随着技术的改进，预计可达 1Tb/in^2。Millipede 悬臂的电子显微镜照片如图 7-38所示。

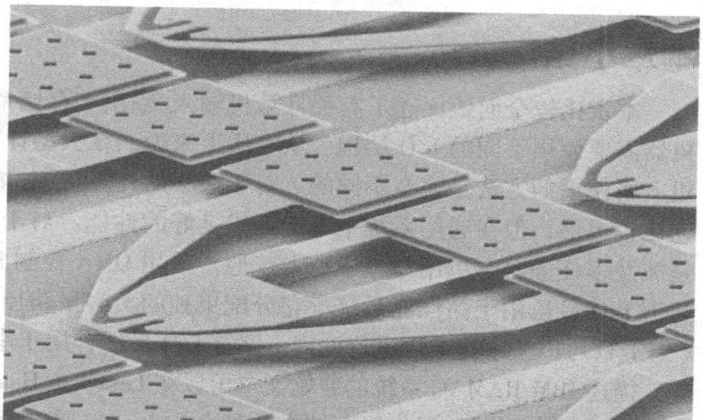

图 7-38 IBM Millipede 存储设备的三端集成扫描电子显微镜图像。悬臂的长为 70μm 和宽为 75μm。悬臂的外臂只有 10μm 宽。

来源：由 IBM 公司提供©2006 国际商业机器公司

即使使用传统的磁盘，企业级存储的规模和复杂性也在不断增长。TB 大小的存储系统现在是很常见的。未来的存储问题越来越有可能不是没有足够的容量，而是在数据存储之后怎样找到有用的信息。这个问题可能会被证明是最棘手的。

碳纳米管(CNT)是纳米技术领域最近的许多发现之一。顾名思义，碳纳米管是圆柱形的碳原子，其中圆柱体的壁是一个原子厚。碳纳米管可以像开关一样打开和关闭以存储二进制的一位。科学家设计了许多不同的纳米管存储器配置。图7-39是Nantero公司在其NRAM产品中使用的配置示意图。纳米管悬挂在一个称为栅极的导体上(见图7-39a)，这表示零状态。为了将栅极置位为1，栅极上应施加足够大的电压以吸引纳米管(见图7-39b)。管保持在适当的位置，直到施加了释放电压。因此，位元在读取或写入之前完全不消耗功率。

因为测量的访问时间在3ns左右，所以碳纳米管已经成为易失性RAM的非易失性替代品，并可替代闪存。尽管在编写本书时尚未批量生产，但碳纳米管存储器的可制造性已被证明。很容易看出，如果可以经济地制造大容量碳纳米管存储器，则除了在大型计算机系统中至少需要一级高速缓存之外，它将可以有效地平坦化存储层次结构。

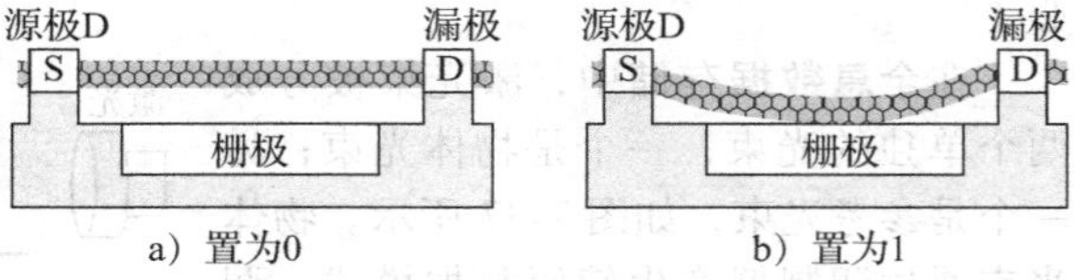

图7-39　碳纳米管的位存储器

像碳纳米管一样，**忆阻存储器**是一种非易失性RAM。忆阻器是一种最近发现的电子组件，它将电阻器的特性与存储器相结合。也就是说，可以控制组件对电流的阻力，使得“高”和“低”状态可以有效地存储数据位。这些高电阻和低电阻的状态通过施加的某些阈值电流来控制，这些电流可以改变下面半导体材料的物理性质。像碳纳米管一样，忆阻存储器也可以取代闪存并使存储层次结构平坦化。但只有可以经济地制造大容量设备，才能实现这一目标。

一些公司和政府正在投入大量的研究资金，将新的存储技术推向市场。我们对数据，尤其是可访问数据的渴望似乎没有结束，我们可以从所谓的**大数据**中推断出人类行为的各种趋势和预测。然而，大数据变得日益昂贵，因为每天24小时的磁盘存储需要很多磁盘，在此过程中消耗了千兆瓦的电能。拥有数十亿美元的投资资金流入这些新技术，预期收益将会增加几个数量级。

本章小结

本章比较全面地评述了有关计算机输入/输出和存储系统的诸多方面内容。你可以了解到不同类型的机器需要使用不同的I/O结构。从本质上来说，在大型计算机系统中存储和访问数据的方式与小型计算机上所使用的方法是完全不同的。对于最小的计算机(如嵌入式处理器)，程序控制I/O最为合适，因为它比较灵活，但在通用系统中不能提供良好的性能。对于单用户系统，中断驱动I/O是最佳选择，特别是涉及多任务时。单用户和中型系统通常采用DMA控制I/O，其中CPU将I/O功能分配给了DMA电路。通道I/O最适用于高性能系统。它分配单独的大容量路径以保证大量数据的传输。

I/O可以按字符或块进行处理。字符I/O最适合用于串行数据传输。块I/O可用于串行或并行数据传输。描述IBM RAMAC系统的原始文章可以在Lesser & Haanstra(2000)和Noyes & Dickinson(2000)中找到。

本章还介绍了数据如何存储在各种介质上，包括磁带、磁盘和光学介质。如果你能够在编程、系统设计或问题诊断的上下文中分析磁盘性能，那么对磁盘操作的理解就变得很有用了。

本章中有关RAID系统的讨论将有助于我们理解RAID是如何改进系统性能和增加系统可用性的。表7-1中给出了最重要的RAID实现。

希望通过这些内容的讨论，你可以在做出任何实际的系统决定前，对系统的性能有一个综合评价。可以看到，我们常常需要考虑如何在“更好”与“更快”之间，以及“更快”与“更便宜”之间做出适当的选择。如果作为系统项目负责人，我们必须确信我们的客户也能够和我们一样理解这种性能之间的权衡关系。通常，我们需要非常有策略地使客户完全相信世界上没有免费的午餐。

扩展阅读

阅读Amdahl(1967)的原始文献可以对阿姆达尔定律有更多的了解。Hennesey和Patterson(2011)提供了更多的有关对阿姆达尔定律的适用范围。Gustavson(1984)的著作关于计算机总线的部分非常值得阅读。

Rosch(1997)的著作中包含大量与本章主题相关的细节内容，但是这本书主要侧重的是小型计算机系统。这本书的内容组织得很好，而且写作风格清楚易读。Anderson(2003)的文章对相关内容的讨论略有不同。

Rosch(1997)的著作还为CD存储技术进行了一个很好的概述。包括CD-ROM的物理基础、数学背景和电子工程方面的支撑等更完整的介绍，可以阅读Stan(1998)和Williams(1994)的著作。

Patterson、Gibson和Katz(1988)的论文是有关RAID结构的基础性文章。Blaum等(1994)和Corbett等(2004)的论文中也很好地介绍了RAID DP。

到目前为止，IBM公司设立的众多网站是提供有关详细技术信息的最好网站。IBM公司独自在网络上提供了大量的优秀文献以方便搜索。IBM公司的主页是：www.ibm.com。除了其服务器产品热线(www.ibm.com/eservers)外，IBM公司还设有许多特殊兴趣领域的专门网站，包括有关存储系统的网站(www.storage.ibm.com)。IBM公司的研发网页(www.research.ibm.com)包含大量与新技术发展相关的最新信息。高质量的学术期刊可以通过www.research.ibm.com/journal查找。Jaquette关于LTO的文章(2003)中有相关介绍。

多年来已经对全息存储进行了不同程度的讨论。最近的两篇文章是Ashley等人(2000)和Orlov(2000)。访问IBM苏黎世研究实验室网站(www.zurich.ibm.com/st)的访问者将获得有关MEMS存储系统的迷人照片和详细描述。Carley、Ganger&Nagle(2000)和Vettiger(2000)的文章是两篇关于同一主题的好文章。

Michael Cornwell(2012)关于固态硬盘的文章为读者提供了一些很好的概括信息。各个制造商的网站都上传了有关这些设备的技术文档。SanDisk(http://www.sandisk.com)、Intel(http://www.intel.com)和Hewlett-Packard(http://www.hp.com/)就是3个这样的网站。

Kryder和Kim(2009)的文章是对本章讨论的以及一些没有讨论的有趣的存储技术的期待。有关忆阻存储器的更多信息可以在Anthes(2011)和Ohta(2011)的论文中找到。您可以在Bichoutskaia等人(2008)、Zhou等人(2007)和Paulson(2004)的论文中探索CNT的惊人世界。可以保持关注忆阻器和碳氢化合物存储领域，这两种技术都能替代旋转的磁盘。

参考文献

Amdahl, G. M. "Validity of the Single Processor Approach to Achieving Large Scale Computing Capabilities." *Proceedings of AFIPS 1967 Spring Joint Computer Conference 30,* April 1967, Atlantic City, NJ, pp. 483–485.

Anderson, D. "You Don't Know Jack about Disks." *ACM Queue,* June 2003, pp. 20–30.

Anthes, G. "Memristors: Pass or Fail?" *Communications of the ACM 54*:3, March 2011, pp. 22–23.

Ashley, J., et al. "Holographic Data Storage." *IBM Journal of Research and Development 44*:3, May 2000, pp. 341–368.

Bichoutskaia, E., Popov, A. M., & Lozovik, Y. E. "Nanotube-Based Data Storage Devices." *Materials Today 11*:6, June 2008, pp. 38–43.

Blaum, M., Brady, J., Bruck, J., & Menon, J. "EVENODD: An Optimal Scheme for Tolerating Double Disk Failures in RAID Architectures." *ACM SIGARCH Computer Architecture News 22*:2, April 1994, pp. 245–254.

Carley, R. L., Ganger, G. R., & Nagle, D. F. "MEMS-Based Integrated-Circuit Mass-Storage Systems." *Communications of the ACM 43*:11, November 2000, pp. 72–80.

Corbett, P., et al. "Row-Diagonal Parity for Double Disk Failure Correction." *Proceedings of the Third USENIX Conference on File and Storage Technologies.* San Francisco, CA, 2004.

Cornwell, M. "Anatomy of a Solid-State Drive." *CACM 55*:12, December 2012, pp. 59–63.

Gustavson, D. B. "Computer Buses—A Tutorial." *IEEE Micro,* August 1984, pp. 7–22.

Hennessy, J. L., & Patterson, D. A. *Computer Architecture: A Quantitative Approach*, 5th ed. San Francisco, CA: Morgan Kaufmann Publishers, 2011.

Jaquette, G. A. "LTO: A Better Format for Midrange Tape." *IBM Journal of Research and Development 47*:4, July 2003, pp. 429–443.

Kryder, M. H. & Kim, C. S. "After Hard Drives—What Comes Next?" *IEEE Transactions on Magnetics 45*:10, October 2009, pp. 3406–3413.

Lesser, M. L., & Haanstra, J. W. "The Random Access Memory Accounting Machine: I. System Organization of the IBM 305." *IBM Journal of Research and Development 1*:1, January 1957. Reprinted in Vol. 44, No. 1/2, January/March 2000, pp. 6–15.

Noyes, T., & Dickinson, W. E. "The Random Access Memory Accounting Machine: II. System Organization of the IBM 305." *IBM Journal of Research and Development 1*:1, January 1957. Reprinted in Vol. 44, No. 1/2, January/March 2000, pp. 16–19.

Ohta, T. "Phase Change Memory and Breakthrough Technologies." *IEEE Transactions on Magnetics 47*:3, March 2011, pp. 613–619.

Orlov, S. S. "Volume Holographic Data Storage." *Communications of the ACM 43*:11, November 2000, pp. 47–54.

Patterson, D. A., Gibson, G., & Katz, R. "A Case for Redundant Arrays of Inexpensive Disks (RAID)." *Proceedings of the ACM SIGMOD Conference on Management of Data,* June 1988, pp. 109–116.

Paulson, L. D. "Companies Develop Nanotech RAM Chips." *IEEE Computer*. August 2004, p. 28.

Rosch, W. L. *The Winn L. Rosch Hardware Bible.* Indianapolis: Sams Publishing, 1997.

Stan, S. G. *The CD-ROM Drive: A Brief System Description.* Boston: Kluwer Academic Publishers, 1998.

Vettiger, P., et al. "The 'Millipede'—More than One Thousand Tips for Future AFM Data Storage." *IBM Journal of Research and Development 44*:3, May 2000, pp. 323–340.

Williams, E. W. *The CD-ROM and Optical Recording Systems.* New York: Oxford University Press, 1994.

Zhou, C., Kumar, A., & Ryu, K. "Small Wonder." *IEEE Nanotechnology Magazine 1*:1, September 2007, pp. 13, 17.

复习题

1. 用文字表述阿姆达尔定律。
2. 什么是加速比？
3. 什么是协议？为什么协议在I/O总线技术中非常重要？
4. 列举3种不同类型的持久性存储器。
5. 解释程序控制I/O与中断驱动I/O之间有什么不同。
6. 什么是轮流检测（或轮询）？
7. 在中断驱动I/O中，如何使用地址向量？
8. 直接存储器存取（DMA）的工作原理是什么？
9. 什么是总线主控设备？
10. 为什么DMA需要周期窃取？
11. 当有人将I/O看作为突发式时，它表示的是什么意思？
12. 通道控制I/O与中断驱动I/O有什么不同？
13. 通道控制I/O与DMA有何相似之处？
14. 什么是多路复用技术？

15. 同步总线和异步总线的区别是什么？
16. 什么是稳定时间，在稳定时间内可以做些什么？
17. 为什么磁盘被称为直接存储设备？
18. 解释磁盘盘片、磁道、扇区和簇之间的关系。
19. 组成硬盘驱动器的主要物理部件有哪些？
20. 什么是分区位记录法？
21. 什么是寻道时间？
22. 旋转延迟和寻道时间的总和叫作什么？
23. 解释 SSD 和磁盘之间的区别。
24. 固态硬盘比磁盘的速度快多少？
25. 什么是短行程，它是如何影响固态硬盘的相对成本的？
26. 企业级 SSD 和笔记本电脑的 SSD 有什么不同？
27. 什么是磨损均衡(wear leveling)技术，为什么固态硬盘需要它？
28. 自动光盘库设备的名称是什么？
29. 将输出直接写到光学介质上而不是纸带或微缩胶片上的计算机设备的缩写词是什么？
30. 磁盘通过改变磁盘介质的磁极性来存储字节，那么光盘是如何存储字节的呢？
31. 存储音乐的 CD 格式与存储数据的 CD 格式有什么不同，格式之间有什么相似之处？
32. 对于长期数据存储来说，为什么 CD 特别有用？
33. 存储数据的 CD 是使用记录时间段吗？
34. DVD 如何存储比 CD 多很多的数据？
35. 解释为什么蓝光光盘比普通 DVD 光盘能容纳更多的数据。
36. 写出记录 WORM 磁盘的 3 种方法。
37. 为什么磁带是一种非常流行的存储介质？
38. 解释蛇形记录和螺旋线扫描记录有什么不同。
39. 使用蛇形记录的两种流行格式是什么？
40. 哪一种 RAID 级别能够提供最好的性能？
41. 哪一种 RAID 级别最经济，而又可以提供足够的冗余量？
42. 哪一种 RAID 级别使用镜像磁盘组？
43. 什么是混合 RAID 系统？
44. 超顺磁极限的重要性是什么？
45. 磁盘驱动的超顺磁限制意味着什么？
46. 请说明全息数据存储如何工作。
47. MEMS 存储的总体思路是什么？
48. CNT 存储如何工作？
49. 忆阻存储器是什么，它如何存储数据？

习题

◆ 1. 一个系统将 65% 的时间花费在 I/O 上，磁盘升级增加了 50% 的吞吐量，求该系统的总加速比。
2. 一个系统将 40% 的时间花费在计算上，处理器升级提高了 100% 的吞吐量，求该系统的总加速比。
3. 假设某公司需要使某些繁忙服务器的速度提高 50%。在工作过程中使用 CPU 花费 60% 的时间，40% 的时间花费在 I/O 上，为了实现 25% 的整体系统加速：
   a）CPU 需要快多少？
   b）磁盘需要快多少？
4. 假设某公司需要使某些繁忙服务器的速度提高 30%。在工作的过程中使用 CPU 花费 70% 的时间，30% 的时间花费在 I/O 上，为实现 30% 的整体系统加速：

a）CPU 需要快多少？

b）磁盘需要快多少？

5. 假设你正设计一个游戏系统，它需要设计拨动操纵杆以响应玩家。原型系统未能及时响应这些输入事件，造成玩家明显的烦恼。你已经计算出需要整体提高系统性能50%，也就是说，整个系统需要比现在快50%。已知这些 I/O 事件占75%的系统负载。你已知一个新的 I/O 接口卡应该足够了。如果系统现有的 I/O 卡运行在 10kHz，那么你需要向供应商订购的 I/O 卡的速度是多少？

6. 假设你正在设计一个电子乐器。原型系统偶尔会产生跑调，导致听众变得迷茫。已经确定问题的原因是系统在处理复杂输入时不堪重负。你认为如果能提高总体系统性能的12%（使它比现在快12%），那么可以消除这一问题。一种选择是使用更快的处理器。如果处理器占工作负载的25%，而你需要将性能提升12%，那么新处理器需要多快？

7. 你的朋友刚刚买了一台新的个人计算机。她告诉你，新系统的运行频率是 1GHz，这使得它比老系统的 300MHz 多了三倍多。你会告诉她什么？（提示：考虑阿姆达尔定律。）

8. 假设日常任务负载由60%的 CPU 活动和40%的磁盘活动组成。你的客户抱怨系统太慢。进行一些研究之后，你知道可以用8000美元的价格升级磁盘，使其达到目前速度的2.5倍。你还了解到，可以用5000美元升级 CPU，使其变为之前速度的1.4倍。

a）选择哪种方案能花最少的钱获得最好的性能？

b）如果不考虑钱，但需要一个更快的系统？应选择哪个方案？

c）升级的盈亏平衡点在哪里？也就是说，我们需要为升级 CPU 或磁盘。（CPU 或磁盘仅更换其中的一个）支付多少钱使得结果与两者每增加1%的成本相同？

◆9. 如果系统活动由55%的 CPU 时间和45%的磁盘活动组成。你会如何回答习题8。

10. 阿姆达尔定律同样适用于软件和硬件。一个被引用的编程实践表明，一个程序花费90%的时间执行代码的10%。因此，调整少量的程序代码通常可能对软件产品的整体性能产生巨大的影响。根据以下条件确定整个系统加速度比：

a）90%的程序运行速度变为原来的10倍（快900%）。

b）80%的程序是比原来运行快20%。

11. 列出4种类型的 I/O 架构。这些 I/O 架构通常在哪里使用？为什么？

◆12. 具有中断驱动 I/O 的 CPU 忙于服务磁盘请求。当 CPU 在执行磁盘服务程序时，会发生另一个 I/O 中断。

a）那么接下来会发生什么？

b）这会出现问题吗？

c）如果不会，为什么？如果会，它可以做什么？

13. 一个普通的 DMA 控制器由下列组件组成：

- 地址发生器
- 地址总线接口电路
- 数据总线接口电路
- 总线请求器
- 中断信号电路
- 本地外设控制器

本地外设控制器是 DMA 用于与其连接的外设中进行选择的电路。总线被请求后立即激活该电路。上面列出的其他组件的目的是什么？它们何时处于活动状态？（参看图7-6。）

14. 对于程序控制的 I/O、中断驱动 I/O、DMA 或通道 I/O，哪个最适合处理 I/O？请解释原因。

a）鼠标

b）游戏控制器

c）CD

d）拇指驱动器或记忆棒

15. 为什么 I/O 总线提供时钟信号？

16. 如果地址总线需要寻址 8 个器件，那么需要多少根导线？如果每个设备还需要与 I/O 控制设备进行通信，该怎么办？

17. 某个数据总线的协议如下表所示。绘制相应的时序图。您可以参考图 7-11。

时间	显示总线信号	含义
t_0	置位 Read	总线需要读取（不写）
t_1	置位 Address	指示写入字节的位置
t_2	置位 REquest	请求读取地址线上的地址
$t_3 \sim t_7$	数据线	读取数据（需要几个周期）
t_4	置位 Ready	确认读取请求，字节放置在数据线上
t_4	降低 Request	不需要请求信号
t_8	Ready 变低	释放总线

18. 关于图 7-11 和习题 17，我们没有提供错误处理的任何类型，例如地址线上的地址无效，或者由于硬件错误而无法读取存储器。可以用我们的总线模型来提供这样的事件吗？

19. 在本章我们曾指出 I/O 总线并不一定有独立的地址总线。画出一个类似于图 7-11 所示的时序图，对于一个写操作，描述在 I/O 控制器和磁盘控制器之间的握手协议过程。（提示：需要增加控制信号。）

***20.** 如果图 7-11 中所显示的时间间隔为 50ns，那么传输 10 字节的数据需要多长时间？请设计一个总线协议，它可以减少传输过程所需要的时间，控制线的数目根据需要而定。如果去掉地址线，而是使用数据线来代替地址线，那又会发生什么样的情况？（提示：需要增加一根控制线。）

21. 写出寻道时间、旋转延迟和传输时间的定义。并解释它们之间的相互关系。

◆**22.** 你认为将磁盘驱动器说成随机访问设备是用词不当吗？为什么？

23. 为什么不同的系统要把磁盘目录放置在磁盘的不同磁道上？说明使用各自的目录位置有什么优点？

◆**24.** 验证图 7-15 所示的磁盘说明书中的平均延迟时间。在这个计算中为什么要除以 2？

25. 通过仔细检查图 7-15 所示的磁盘说明书，你认为这个磁盘驱动器是否使用分区位记录方式？

26. 在图 7-15 所示的磁盘说明书中给出了从磁盘中读取数据时的数据传输率为 60MB/s，而向磁盘写入数据时的数据传输率为 320MB/s。为什么这两个数据会不同？（提示：考虑缓冲。）

27. 你是否相信磁盘驱动器中所给的 MTRR 数字？请解释原因。

◆**28.** 假定磁盘驱动器具有如下特性：
- 有 4 个记录面
- 每个面有 1024 个磁道
- 每个磁道有 128 个扇区
- 512 字节/扇区
- 磁道到磁道的寻道时间为 5ms
- 旋转速率为 5000r/min

a）驱动器的容量是多少？

b）访问时间是多少？

29. 假定磁盘驱动器具有如下特性：
- 5 个记录面
- 每个面有 1024 个磁道
- 每个磁道有 256 个扇区
- 512 字节/扇区
- 磁道到磁道的寻道时间为 8ms
- 旋转速率为 7500r/min

a）磁盘驱动器的容量是多少？

b）访问时间是多少？

c）这个磁盘是否比第28题中描述的磁盘快？请解释原因。

30. 假设磁盘驱动器具有以下特征：

- 6个记录面
- 每个面有16 383个磁道
- 每磁道有63个扇区
- 512字节/扇区
- 磁道到磁道的寻道时间为8.5ms
- 旋转速度为7200r/min

a）磁盘驱动器的容量是多少？

b）访问时间是多少？

31. 假设磁盘驱动器具有以下特征：

- 6个记录面
- 每个面有953个磁道
- 每个磁道有256个扇区
- 512字节/扇区
- 磁道到磁道的寻道时间是6.5ms
- 转速为5 400r/min

a）磁盘驱动器的容量是多少？

b）存取时间是多少？

c）这个磁盘比第30题中描述的磁盘快吗？请说明理由。

◆**32.** 磁盘驱动器的传输速率可能不比磁盘转速的位密度(位/磁道)要快。图7-15给出了112GB/s的数据传输速率。假设磁盘的磁道平均长度为5.5in。磁盘的平均位密度是多少？

33. 每个磁盘块只有少量扇区的优点和缺点分别是什么？（提示：考虑检索时间和存档所需的生命周期。）

34. 光盘的组织结构与磁盘的组织结构有哪些不同？

35. SSD的结构与磁盘有何区别？它与磁盘有哪些相似点？

36. 在7.6.2节中，我们说磁盘与主存相比功耗较大。为什么这样是对的？

37. 解释磨损均衡，以及SSD需要它的原因。我们说，对于连续更新的虚拟存储器页面文件磨损均衡至关重要。页面文件的磨损加剧了什么问题？

38. 分别比较图7-15和图7-17所示的HDD和SSD的磁盘说明书。它们有哪些地方相同？为什么？有哪些不同？为什么？

◆**39.** 如果800GB服务器级的HDD耗资300美元，每千瓦时电力成本为0.10美元，设备成本0.01美元/GB/月，使用图7-15中的磁盘说明书来确定在线存储8TB数据5年需要花费多少钱。假设HDD 25%的时间很活跃。可以采取什么措施来减少这个费用？（提示：使用图7-15中的“读/写”和“空闲”时的电源要求。使用下面的表格作为参考。）

磁盘说明	
小时/年	8 760
每千瓦时的费用	0.1
活跃的百分比	0.25
活跃时所耗功率/W	
闲置比率	
闲置时所耗功率/W	

活跃小时/年	0.25×8 760=2 190	
活跃时所耗功率/W		
空闲小时/年		
闲置时所耗功率/W		
	总功率/kW	
	能源成本/年	
	×5磁盘	
	×5年	
	+磁盘成本300美元×10	

设施	
每月每GB的固定成本	0.01
GB数	×8 000
每月总成本	
月数	
总设施成本	

总计：	

40. 连接到公司服务器群中的服务器的磁盘驱动器即将到达使用寿命。管理层正在考虑用SSD替代容量为8TB的磁盘。有人提出这样的观点：SSD和传统磁盘之间的成本差异将被SSD的节电成本所抵消。800GB SSD售价900美元。800GB服务器级HDD的成本为300美元。使用图7-15和图7-17所示的磁盘说明书来确认或驳回此声明。假设HDD和SSD都在25%的时间内活跃，并且电费为0.10美元/kW·h。提示：使用图7-15中的"读/写"和"空闲"电源要求。

41. 一家从事需要快速响应时间的业务公司刚刚收到了一个新系统的报价，该系统的存储空间比需求文档中规定的大。当该公司质疑供应商为何增加存储量时，供应商表示，他正在投标一组该公司生产的具有最小容量的磁盘驱动器。为什么供应商用较小的磁盘？

42. 讨论DLT和DAT记录数据方式之间的区别。并说明你为什么会认为其中一种方式比另一种更好些？

43. 光学文件存储系统的纠错要求与以文本形式存储的相同信息的纠错要求有何不同？对于光学存储设备来说，使用不同级别的纠错有何优点？

44. 假设需要存档大量的数据，你正在纠结是要使用磁带存储方法还是光学存储方法。这种数据有什么特性？并说明为什么会做出这样的选择？

45. 讨论使用磁盘与磁带进行备份的利弊。

46. 假设你有一个100GB的数据库，它存放在一个支持60MB/s传输率的磁盘阵列上，而磁带驱动器则支持200GB的容量，传输速率为80MB/s。备份数据库需要多长时间？如果可以进行2∶1的压缩，那么传输时间是多少？

***47.** 某网络电子商务服务器使用了一台特殊的高性能计算机系统。这个系统每小时可以完成10 000美元的交易量。估计的纯利润是每小时1200美元。换句话说，如果系统崩溃了，那么该公司每小时将损失1200美元，直到系统修复好为止。而且，损坏磁盘上的任何数据都会丢失。其中有些数据可以在昨晚备份的数据中重新找到，而其余的数据将会永远丢失。可以想象，一个难以控制的磁盘损坏可能直接导致公司几十万美元的损失，以及数千万美元的永久性商业损失。事实上，困扰你的问题是这个系统目前没有使用任何类型的RAID系统。

也许你主要关心的问题是数据完整性和系统可用性，然而小组中的其他成员可能更关注系统性能。他们觉得如果安装了RAID，系统的速度会变慢，从长远的观点来看，可能会造成更多的损失。他们特别指出，如果带有RAID的系统的运行速度只有当前系统的一半，那么将会导致每小时的总收入下降到5000美元。

系统的80%电子商务活动会涉及数据库的事务处理。数据库的事务处理由60%的读操作和40%的写操作组成。平均来说，磁盘的访问时间是20ms。

现在，该系统的磁盘空间已经基本用完，而且所有磁盘的预期寿命也接近结束，所以马上必须预定新的磁盘来代替它们。于是你觉得这是一个安装RAID的好时机，当然还需购买一些额外的磁盘。你找到了一种适合本系统的磁盘，每一个容量10GB的磁盘价格为2000美元。新磁盘的平均访问时间是15ms，MTTF为20 000h而MTTR为4h。预计需要60GB的存储容量来保存现有的数据和预期随后5年内可能增加的数据。(将原来的所有磁盘替换掉。)

a) 对于反对在系统中增加RAID的人来说，他们有关磁盘速度减慢50%将会导致收入下降到每小时5000美元的断言是否正确？并证明你的答案。

b) 如果你决定采用RAID-1，那么在新系统中平均磁盘访问时间是多少？

c) 如果系统使用一个带有两组4磁盘的RAID-5阵列，而且25%的数据库事务处理时间用来等待某个事务处理完毕直到该磁盘空闲，那么平均磁盘访问时间又为多少？

d) 对于RAID-1和RAID-5，哪一种配置的成本费用更加合理一些？并解释理由。

48. a) 在本章所介绍的RAID系统中，哪一种系统不允许有单磁盘失效？

b) 哪一种系统可以允许多个磁盘同时失效？

49. 我们对RAID的讨论偏向于考虑标准旋转磁盘。SSD存储是否需要RAID？如果没有，这是否使得SSD存储对于企业来说更为实惠？如果有必要，冗余磁盘是否也必须是SSD？

特别关注：数据压缩

7A.1 引言

无论存储器多便宜，也不管购买的数量是多少，我们似乎从来都不会认为存储器系统已经足够。新购买的巨大磁盘通常很快就会装满原本希望存放在老磁盘上的内容。不久，我们就又开始在市场上购买另一组新的磁盘系统。很少有人或公司可以拥有无限的资源，因此我们必须对现有的资源进行优化。一个优化方法就是使要存储的数据变得更加紧凑，在写入磁盘之前对数据进行压缩。(实际上，可以使用压缩技术为奇偶校验或镜像磁盘组留出空间，“免费”为系统增加RAID!)

数据压缩除了节省空间外还有很多的好处。它同样也能节省时间和帮助优化资源。例如，如果压缩和解压的操作都在I/O处理器上执行，那么数据移入和移出存储器子系统所需要的时间就会更少，这样系统就会有更多的时间让I/O总线做其他工作。

在通信线路中使用数据压缩技术发送信息所带来的好处是显而易见的：数据传输的时间更短和在主机上存放数据所占用的空间也会更少。尽管这个问题的细节研究已经超出了本书的范围(参阅本章的参考文献可以获取一些资料)，但是要想全面理解I/O和数据存储还应该了解有关数据压缩的一些基本概念。

在评估不同的压缩算法和压缩硬件时，我们通常最关心的是压缩算法执行的速度，使用这种数据压缩算法后一个文件会变得有多小。**压缩系数**，有时称为**压缩比**，是一个可以快速计算的统计量。事实上，人们很容易理解这个问题。计算压缩系数有多种不同的方法。这里。采用如下的计算方法：

压缩系数 = 1 - (压缩后的文件大小 / 压缩前的文件大小) × 100%

例如，假设有一个100KB的文件，然后使用某种压缩算法对文件进行压缩处理。在算法完成后，文件的大小变成了40KB。因此，该特定文件所实现的压缩比为[1 - (40/100)] × 100% = 60%。在推断出这一算法总是可以产生60%的文件压缩的结论之前，我们应该进行大量的统计研究。然而，一旦具备了少许理论背景知识后，我们就能够确定某种压缩算法对于一些特定信息或信息类型的期望压缩比。

数据压缩技术属于**信息理论**这个更大研究领域内的一个分支。信息理论是研究信息存储和编码方式的科学。这种理论由贝尔实验室的一位科学家克劳德·香农在20世纪40年代创建的。香农建立了很多信息度量的方法，其中最基本的内容是**熵**。熵用来测量一个消息中的信息量。具有较高熵的消息比有较低熵的消息载有更多的信息。这种定义意味着一个载有较低信息量的消息会比一个载有较高信息量的消息压缩到更小的容量。

要想确定一个信息的熵，首先需要确定这条消息中每个符号的频率。你很容易按照概率来思考符号频率这个概念。例如，在如下著名的程序输出语句：

HELLO WORLD!

字母L出现的频率是3/12或者1/4。使用符号表示，则为$P(\mathrm{L}) = 0.25$。为了将该概率映射为某个编码字中的二进制位，将概率取以2为底的对数(log)。这里，编码字母L所需要的最小位数为：$-\log_2 P(\mathrm{L}) = 2$。消息的熵是在该消息中编码每个符号所需要的二进制位数的加权平均值。如果某个符号x出现在一个消息中的概率为$P(x)$，那么该字符x的熵H为：

$$H = -P(x) \times \log_2 P(x)$$

整个消息的平均熵则是对消息中所有n个符号出现的概率加权求和：

$$\sum_{i=1}^{n} -P(x_i) \times \log_2 P(x_i)$$

熵为编码一个消息所需的二进制位数设立了一个低的限制。特别是，如果将整个消息的字符数乘以加权熵值，在理论上就得到了编码一个消息而不丢失信息所需要的最少二进制位数。这个低限外的其他位并不会增加信息，因此这些位是**冗余的**。数据压缩的目的是在保留原有信息量的同时除去冗余性。在长度为 l 的原信息可以有一个长度为 n 的编码中，每个字符的平均冗余量可以用下面的公式进行量化处理：

$$\sum_{i=1}^{n} -P(x_i) \times l_i - \sum_{i=1}^{n} -P(x_i) \times \log_2 P(x_i)$$

当对某个给定消息比较各种编码方案的有效性时，这个公式非常有用。按照数据压缩的观点，编码一个消息时，具有最少冗余量的编码方案是比较好的编码方案。（当然，我们还必须考虑完成编码的速度和计算的复杂性，以及应用程序的细节问题，最后才能确定哪种方法更好。）

上面公式的一个直接应用是求一个文本消息的熵和冗余。如果使用定长的编码方式（例如 ASCII 或者 EDCDIC），上式左边的和就是编码长度，通常为 8 位。在 HELLO WORLD！的例子中，通过利用上式右边的求和，我们发现平均符号熵大约是 3.022。这意味着如果达到理论上的最大熵值，只需使用 3.022 位/字符 ×12 个字符 =36.26 或 37 位来对整条消息进行编码。因此，在这条消息的 8 位 ASCII 编码的表示形式中就有 96 - 37 或 59 个冗余位。

7A.2 统计编码

上面所描述的熵的量度方法可以作为设计压缩编码的基础，利用设计编码方法可使压缩消息中的冗余最小化。一般来说，采用统计编码的压缩过程相对较慢，而且与 I/O 过程密切相关。在消息被压缩和写入存储器之前，系统需要两次遍历文件。

要求两次遍历文件原因是，第一次遍历只是用来计算每一个符号出现的次数。计数值用来计算每一个不同符号在源消息中出现的概率。我们会按照所计算的概率对源消息中的每一个符号赋值。随后，最新的赋值会与编码该文件所需的一些信息一起写入到文件中。如果这个编码文件连同编码该文件所需的赋值表，比原来的文件要小，那么我们就说发生了数据压缩。

赫夫曼（Huffman）编码和算术编码是两种基本的统计数据压缩方法。在大量流行的压缩程序中，可以找到这两种方法的某些变化形式。在下面章节中将检查研究这两种方法，首先从赫夫曼编码开始。

7A.2.1 赫夫曼编码

假设在确定了源消息中每个符号的概率后，需创建一个可变长度的编码来将最短的编码字分配给使用频率最高的符号。如果这个编码字短于信息字，那么压缩后的消息显然也会比信息字要短。大卫·A. 赫夫曼在 1952 年发表的论文中描述了这个观点。摩尔斯（Morse）编码是 19 世纪开始出现的编码形式，它是**赫夫曼编码**（Huffman coding）的一种形式。

摩尔斯编码是根据英文著作中各个字母典型的使用频率来设计的。从图 7A-1 中可以看出，较短的编码代表了英语中使用频率较高的字母。这种统计的频率显然不适用于单一的消息。一个值得注意的例外情况是在桑给巴尔度

A •–	J •–––	S •••	1 •––––
B –•••	K –•–	T –	2 ••–––
C –•–•	L •–••	U ••–	3 •••––
D –••	M ––	V •••–	4 ••••–
E •	N –•	W •––	5 •••••
F ••–•	O –––	X –••–	6 –••••
G ––•	P •––•	Y –•––	7 ––•••
H ••••	Q ––•–	Z ––••	8 –––••
I ••	R •–•	0 –––––	9 ––––•

图 7A-1　摩尔斯国际代码

假的卡扎里叔叔发来的一封电报，他想要几块钱以便能喝 1qt(1qt = 0.946L) 的奎宁！因此，对每条消息来说最准确的统计模型都需要单独加以考虑。为了准确分配各个编码字，赫夫曼算法会利用从源消息中求出的符号概率来构建一个二进制树。树的遍历给出了消息中每个符号的位图分配形式。我们用一个简单的童谣来说明这一处理过程。为了清晰起见，我们将童谣写成如下没有标点符号全部为大写字母的组成形式：

HIGGLETY PIGGLETY POP
THE DOG HAS EATEN THE MOP
THE PIGS IN A HURRY THE CATS IN A FLURRY
HIGGLETY PIGGLETY POP

我们把童谣中每个字符出现的次数写成表格形式。并且使用缩写符号 <WS>(空白)来表示单词间的空格字符和换行字符。(参见表 7A-1)

表 7A-1　字母出现的频率

字母	总数	字母	总数
A	5	N	3
C	1	O	4
D	1	P	8
E	10	R	4
F	1	S	3
G	10	T	10
H	8	U	2
I	7	Y	6
L	5	<ws>	21
M	1		

这些字母出现的频率与利用树的两个节点的每个字母关联。这时此树的集合(称为**森林**)按照字母出现的频率大小排列成如下的直线形式：

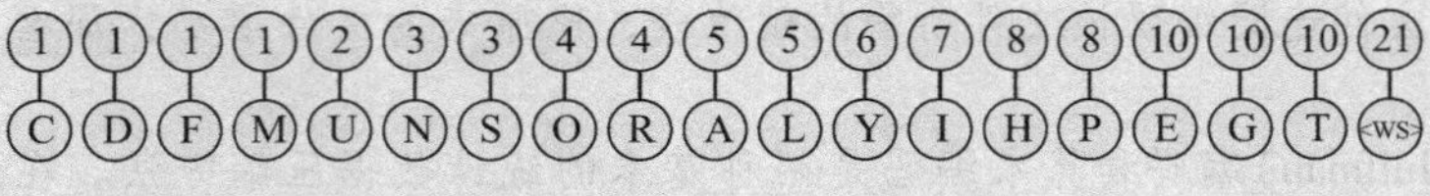

下面通过将两个频率最小的节点连接起来开始构建二进制树。因为频率最小的节点有4个，所以可以任意选择最左端的两个节点。这两个节点的组合频率和为2。接着，创建一个标记该频率和的父节点，并且将它放回到森林中，父节点标记所决定的位置，如下图所示：

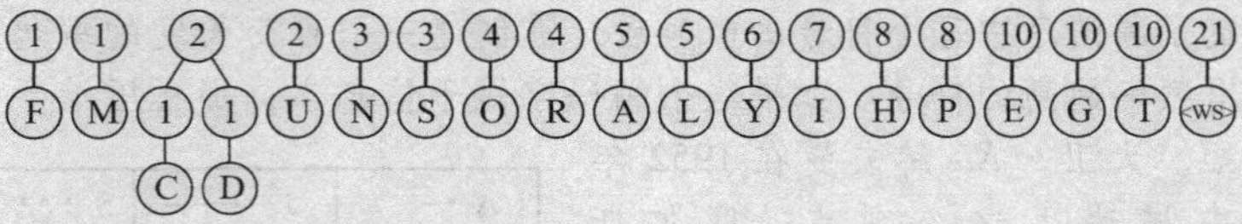

对最小频率节点重复上面的过程：

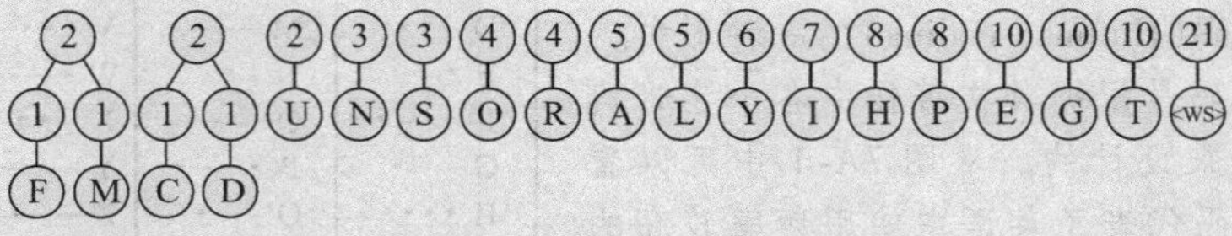

两个最小节点是 F、M、C、D 的父节点。将它们放在一起，相加的频率和为 4，它们位于从左边开始的第四个位置：

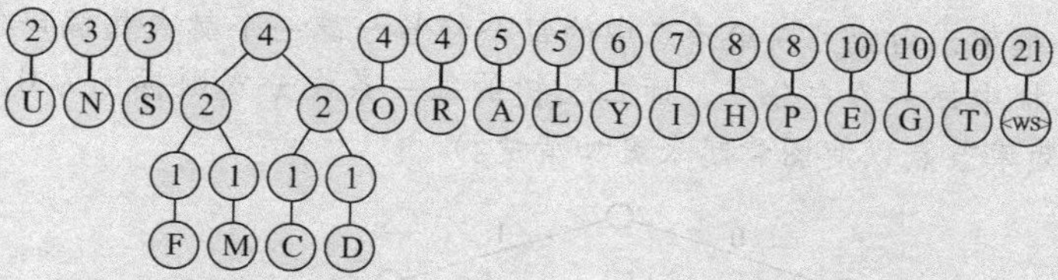

最左端两个节点的频率相加等于5，于是要将它们移到树中的新位置上，如下图所示：

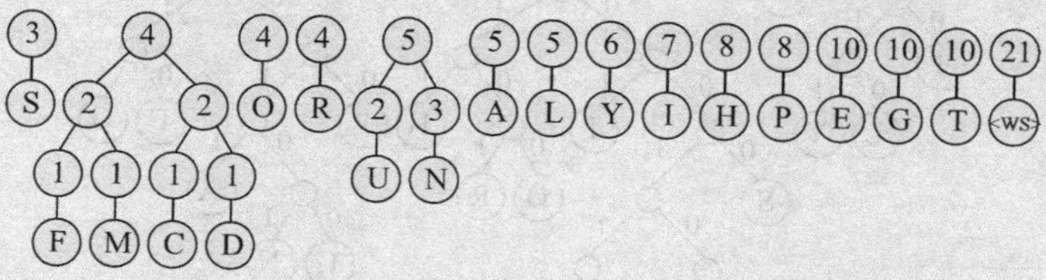

现在两个最小节点的频率相加等于7。于是创建一个新的父节点，并将这个子树移到森林中间与其他频率为7的节点放在一起：

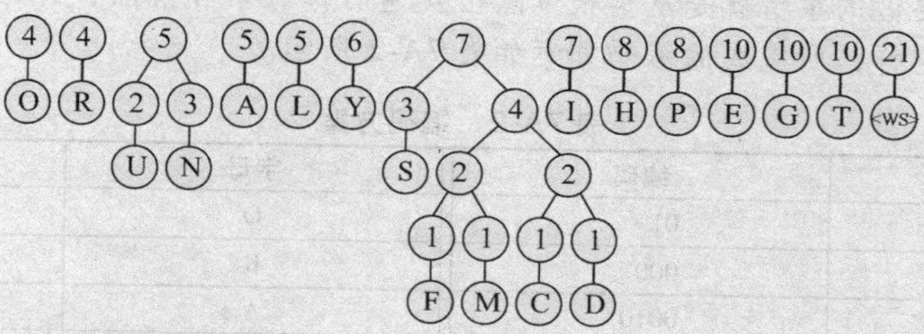

现在将最左端的两个节点组合起来创建一个频率为8的父节点，并将它放回到森林中，如下图所示：

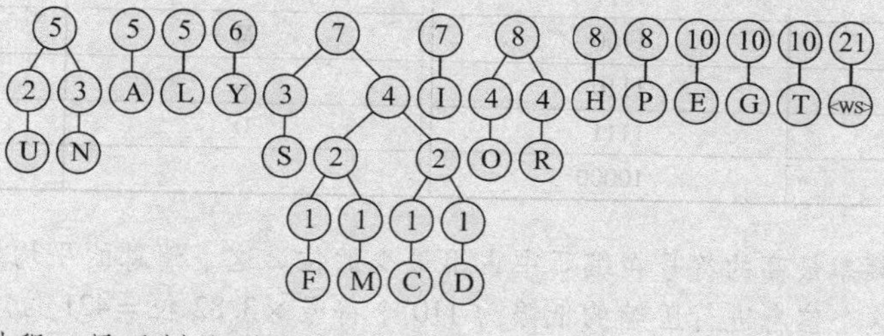

经过多次的迭代过程，最后树的形状如下图所示：

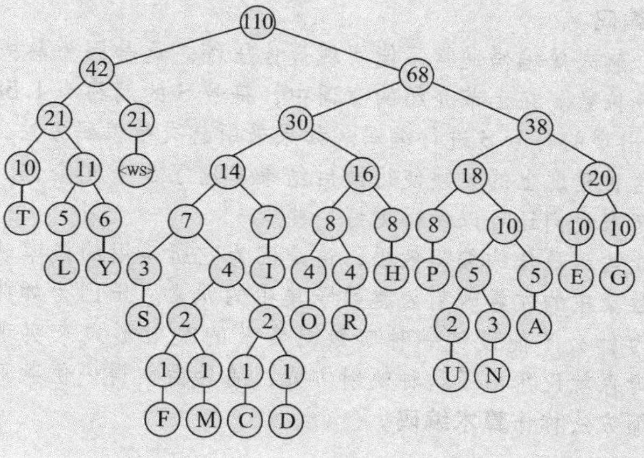

该树构建了一个框架，由此可以给消息中的每个符号分配一个赫夫曼编码值。利用二进制数1来标记二叉树中每一条右分支，而二叉树的每一条左分支则标记为0。其结果如下图所示。(删除了频率节点以使图看起来更加清楚。)

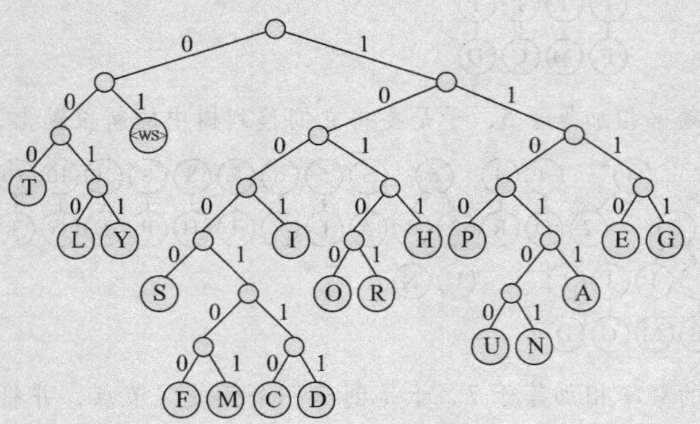

现在我们所要做的事情就是从树根节点出发遍历每一个叶节点，并记录下沿途所遇到的二进制数字。这样，所完成的编码方案如表7A-2所示。

表7A-2　编码方案

字母	编码	字母	编码
< ws >	01	O	10100
T	000	R	10101
L	0010	A	11011
Y	0011	U	110100
I	1001	N	110101
H	1011	F	1000100
P	1100	M	1000101
E	1110	C	1000110
G	1111	D	1000111
S	10000		

可以看出，频率最高的符号在编码中占用最少的位。这个消息的平均熵大约为3.82位/符号。理论上对这个信息进行压缩的低限为110个符号×3.82位=421位。赫夫曼编码对这个消息实际给出的编码位数是426位，或者说比理论上所需要的最少位数大约多出了1%。

7A.2.2　算术编码

从理论上来说，赫夫曼编码通常不能实现最佳压缩。这是因为赫夫曼编码在结果编码中要限制使用的整数位数。在上节介绍的童谣中，符号S的熵约为1.58。一个最佳代码会使用1.58位对每次出现的符号S进行编码。如果采用赫夫曼编码方法，最少要使用2位二进制位进制编码。这种精度上的欠缺使得最后结果多出了5个冗余位。当然，这种情况还不算太坏，但是看起来我们还可以做得更好一些。

赫夫曼编码不能达到最佳的编码效果，这是因为它所采用的概率映射方式。也就是说赫夫曼编码要将实数集中的元素映射为整数子集中的元素。正因为如此，我们肯定会遇到上面的问题！那么为什么不能设计一种实数对实数的映射形式来实现数据压缩呢？1963年，诺曼·艾布拉姆森就设想出了这种映射方式，随后由彼得·伊莱亚斯发表了。这种实数对实数的数据压缩方法称作**算术编码**。

从概念上来说，算术编码是在消息符号集中利用概率在0和1之间分割实数轴。使用越频繁的符号，分割所得到的区间块就越大。

回到大家喜爱的程序输出：HELLO WORLD！不难看出，这个命令式语句中共有12个字符。在这些符号中最低的概率是1/12。而所有其他概率都是1/12的整数倍。因此，可将0到1之间的区间划分为12段。除了L和O外，其他每个符号都得到了1/12的区间。符号L和O则分别获得了3/12和2/12的区间。概率和区间之间的映射关系如表7A-3所示。

表7A-3 HELLO WORLD！概率区间的映射关系

符号	概率	区间	符号	概率	区间
D	$\frac{1}{12}$	[0.0...0.083]	R	$\frac{1}{12}$	[0.667...0.750]
E	$\frac{1}{12}$	[0.083...0.167]	W	$\frac{1}{12}$	[0.750...0.833]
H	$\frac{1}{12}$	[0.167...0.250]	<space>	$\frac{1}{12}$	[0.833...0.917]
L	$\frac{3}{12}$	[0.250...0.500]	!	$\frac{1}{12}$	[0.917...1.0]
O	$\frac{2}{12}$	[0.500...0.667]			

通过连续地划分与符号所分配区间成比例的数值范围（从0.0开始到1.0结束）可以对消息进行编码。例如，假如当前的区间位置是1/8，而字母L获得了当前区间的1/4，如上所示，接下来对符号L进行编码，将1/8乘以1/4得到1/32，它是字符L当前新的区间。如果下一个字符是另外一个字母L，那么将1/32再乘以1/4又可以得到当前的区间值为1/128。这个编码过程一直会持续下去，直到整条消息编码完成。在学习了下面的伪代码后，这个编码过程就会变得非常清楚。有关输出HELLO WORLD！的伪代码的详细描述如图7A-2所示。

```
ALGORITHM Arith_Code (Message)
  HiVal ← 1.0                /* Upper limit of interval. */
  LoVal ← 0.0                /* Lower limit of interval. */
  WHILE (more characters to process)
       Char ← Next message character
       Interval ← HiVal - LoVal
       CharHiVal ← Upper interval limit for Char
       CharLoVal ← Lower interval limit for Char
       HiVal ← LoVal +  Interval * CharHiVal
       LoVal ← LoVal +  Interval * CharLoVal
  ENDWHILE
  OUTPUT (LoVal)
END Arith_Code
```

符号	区间	字符低位值	字符高位值	低位值	高位值
				0.0	1.0
H	1.0	0.167	0.25	0.167	0.25
E	0.083	0.083	0.167	0.173889	0.180861
L	0.006972	0.25	0.5	0.1756320	0.1773750
L	0.001743	0.25	0.5	0.17606775	0.17650350
O	0.00043575	0.5	0.667	0.176285625	0.176358395
<sp>	0.00007277025	0.833	0.917	0.1763462426	0.1763523553
W	0.00000611270	0.75	0.833	0.1763508271	0.1763513345
O	0.00000050735	0.5	0.667	0.1763510808	0.1763511655
R	0.00000008473	0.667	0.75	0.1763511373	0.1763511444
L	0.00000000703	0.25	0.5	0.1763511391	0.1763511409
D	0.00000000176	0	0.083	0.1763511391	0.1763511392
!	0.00000000015	0.917	1	0.176351139227	0.176351139239
				0.176351139227	

图7A-2 利用算术编码方式对HELLO WORLD！进行编码

利用这一编码过程的反过程可以对消息进行译码，下面给出了译码过程的伪代码。而图7A-3给出的是上述伪代码的跟踪过程。

```
ALGORITHM Arith_Decode (CodedMsg)
    Finished ← FALSE
    WHILE NOT Finished
       FoundChar ← FALSE          /* We could do this search much more    */
       WHILE NOT FoundChar        /* efficiently in a real implementation. */
          PossibleChar ← next symbol from the code table
          CharHiVal ← Upper interval limit for PossibleChar
          CharLoVal ← Lower interval limit for PossibleChar
          IF CodedMsg < CharHiVal AND CodedMsg > CharLoVal THEN
             FoundChar ← TRUE
          ENDIF               / * We now have a character whose interval  */
       ENDWHILE               /* surrounds the current message value.     */
       OUTPUT(Matching Char)
       Interval ← CharHiVal - CharLoVal
    CodedMsgInterval ← CodedMsg - CharLoVal
    CodedMsg ← CodedMsgInterval / Interval
    IF CodedMsg = 0.0 THEN
       Finished ← TRUE
    ENDIF
END WHILE
END Arith_Decode
```

符号	低位值	高位值	区间	编码消息区间	编码消息
					0.176351139227
H	0.167	0.25	0.083	0.009351139227	0.112664328032
E	0.083	0.167	0.084	0.029664328032	0.353146762290
L	0.25	0.5	0.250	0.103146762290	0.412587049161
L	0.25	0.5	0.250	0.162587049161	0.650348196643
O	0.5	0.667	0.167	0.15034819664	0.90028860265
<sp>	0.833	0.917	0.084	0.0672886027	0.8010547935
W	0.75	0.833	0.083	0.051054793	0.615117994
O	0.5	0.667	0.167	0.11511799	0.6893293
R	0.667	0.75	0.083	0.0223293	0.2690278
L	0.25	0.5	0.250	0.019028	0.076111
D	0	0.083	0.083	0.0761	0.917
!	0.917	1	0.083	0.000	0.000

图7A-3　解码HELLO WORLD！的跟踪过程

大家可能已经注意到算术编码/解码算法都没有包括任何一种类型的错误检测。之所以这样做，是为了更加清楚地描述问题。真正实现算术编码时，不但要保证在编码结果中有足够的位数来满足信息熵的要求，而且还要防止浮点数下溢的情况发生。

当对消息进行解码时，浮点数表示法的差异也可能引起算术编码算法发生丢失0的情况。事实上，在编码过程中总会在消息的尾部插入一个结束字符以防止在解码时出现丢失0的情况。

7A.3　Ziv-Lempel(LZ)字典系统

尽管算术编码方法几乎可以获得最佳的数据压缩，但是它的速度比赫夫曼编码方法还慢。这是因为在编码和译码过程中，算术编码方法必须要执行浮点操作。如果速度是首要关心的问题，那么我们可能要考虑其他的压缩方法，即使这意味着我们不能获得一种理想的编码。当然，如果能够避免对输入消息进行两次遍历，那么就可以获得可观的速度。这就是下面要介绍的字典方法。

Jacob Ziv 和 Abraham Lempel 率先推出了在读取信息和写入编码字节的过程中构建一部字典的思想。基于字典算法的输出内容既包含文字信息，又包含先前已经存放字典中的信息指针。如果在数据中存在大量的局部冗余，例如一长串的空格或数字 0，那么这种基于字典的压缩技术的效果会特别好。尽管我们称之为 LZ 字典系统，但是如果要使用全名，则“Ziv-Lempel”会比“Lempel-Ziv”更好一些。

Ziv 和 Lempel 在 1977 年发表了他们的第一个算法，这个算法称为 **LZ77 压缩算法**。LZ77 压缩算法采用一个文本窗口和一个前视缓冲器。前视缓冲器包含需要编码的内容，文本窗口则作为字典。如果前视缓冲器中的任意字符都可以在字典中找到的话，那么在窗口中文本内容的位置和长度都会写到算法的输出中。如果在字典中没有找到所需的文本内容，那么在写这个没有编码符号时会设置一个标志，指示这个符号应该作为文字。

现在有许多不同类型的 LZ77 压缩方法，但是所有的 LZ77 压缩方法都是基于同一种思想的。下面通过另外一个童谣来解释这一基本思想。为了清晰起见，我们用下划线来取代童谣中的所有空格：

STAR_LIGHT_STAR_BRIGHT_
FIRST_STAR_I_SEE_TONIGHT_
I_WISH_I_MAY_I_WISH_I_MIGHT_
GET_THE_WISH_I_WISH_TONIGHT

为了说明问题，我们将使用 32 字节的文本窗口和 16 字节的前视缓冲器。（实际上，这两个部分通常相差几千个字节。）首先将上面的文本读入到前视缓冲器中。但是文本窗口中还没有任何内容，现在把符号 S 放进文本窗口，三元组的组成是：

1. 在文本窗口中匹配相对于文本的偏移量
2. 已匹配的字符串长度
3. 前视缓冲器中紧跟匹配短语后面的第一个符号

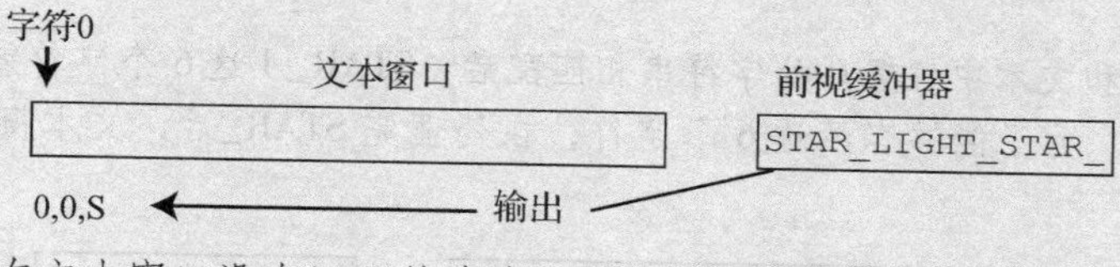

在上例中，因为在文本窗口没有匹配的内容，所以偏移量和字符串的长度都是 0。前视缓冲器中的下一个字符也没有相匹配的内容，因此它也将作为一个索引和长度都是 0 的文字写入。

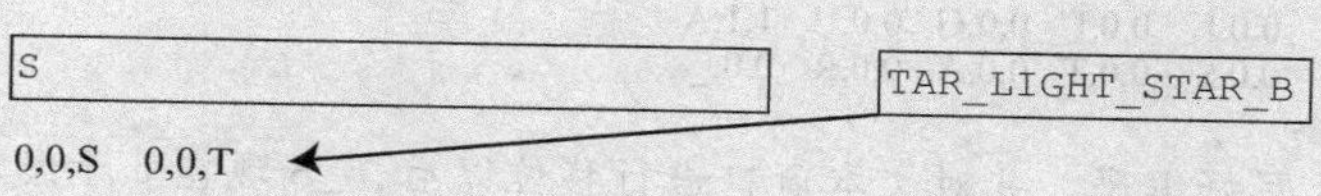

继续写文字，直到 T 作为第一个字符出现在前视缓冲器中。这个 T 与文本窗口中位置 1 上的 T 相匹配。在前视缓冲器中紧跟在字符 T 后面的字符是下划线，它就是要写到输出三元组中的第三项。

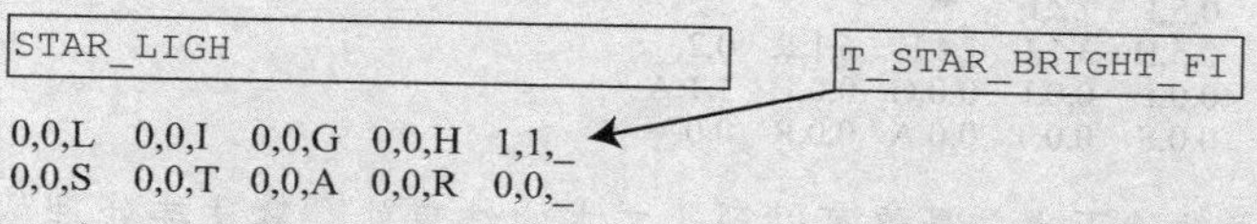

现在，前视缓冲器向前移位了两个字符。STAR_已经成了前视缓冲器的开始部分。它与文本窗口中第一个字符位置（位置 0）相匹配。于是，我们写下 0、5、B，因为 B 是前视缓冲器中紧跟在STAR_后面的第一个字符。

```
STAR_LIGHT_            STAR_BRIGHT_FIRS

0,5,B
0,0,L  0,0,I  0,0,G  0,0,H  1,1,_
0,0,S  0,0,T  0,0,A  0,0,R  0,0,_
```

我们将前视缓冲器中的字符向前移位6次，然后查找字符R的匹配。在文本位置3中找到了一个R，又写下3、1、I。

```
STAR_LIGHT_STAR_B      RIGHT_FIRST_STAR

0,5,B  3,1,I
0,0,L  0,0,I  0,0,G  0,0,H  1,1,A
0,0,S  0,0,T  0,0,A  0,0,R  0,0,_
```

现在，GHT成了前视缓冲器的开始部分。它与文本中第七个位置开始的4个字符相匹配，我们再写入7、4、F。

```
STAR_LIGHT_STAR_BRI    GHT_FIRST_STAR_I

0,5,B  3,1,I  7,4,F
0,0,L  0,0,I  0,0,G  0,0,H  1,1,A
0,0,S  0,0,T  0,0,A  0,0,R  0,0,_
```

再经过几次迭代以后，文本窗口几乎全满了：

```
STAR_LIGHT_STAR_BRIGHT_FIRST_    STAR_I_SEE_TONIG

0,5,B  3,1,I  7,4,F  6,1,R  0,2,_
0,0,L  0,0,I  0,0,G  0,0,H  1,1,A
0,0,S  0,0,T  0,0,A  0,0,R  0,0,_
```

在将STAR_和文本中位置0处字符串相匹配后，STAR_I这6个字符就会移出缓冲器，并进入文本窗口。为了能够容纳这6个字符，在处理完STAR_后，文本窗口必须要右移3个字符。

```
STAR_LIGHT_STAR_BRIGHT_FIRST_    STAR_I_SEE_TONIG

0,5,I
0,5,B  3,1,I  7,4,F  6,1,R  0,2,_
0,0,L  0,0,I  0,0,G  0,0,H  1,1,A
0,0,S  0,0,T  0,0,A  0,0,R  0,0,_
```

在为STAR_I写好编码，并对文本窗口进行移位以后，_S现在处于缓冲器的开始位置。这些字符与文本中位置7处的字符串相匹配。

```
R_LIGHT_STAR_BRIGHT_FIRST_STAR_I    _SEE_TONIGHT_I_W

0,5,I  7,2,E
0,5,B  3,1,I  7,4,F  6,1,R  0,2,_
0,0,L  0,0,I  0,0,G  0,0,H  1,1,A
0,0,S  0,0,T  0,0,A  0,0,R  0,0,_
```

按照这种方式继续下去，最终可以到达文本的结束处。算法要处理的最后一些字符是IGHT。这些字符与位置4处的文本内容相匹配。因为在缓冲器中IGHT后面已经没有了其他字符，所以最后写出的三元组是一个文件字符结束的标记符号<EOF>。

```
_I_MIGHT_GET_THE_WISH_I_WISH_TON     IGHT

4,4,<EOF>
4,1,E  9,8,W 4,4,T  0,0,O  0,0,N
  ⋮      ⋮      ⋮      ⋮      ⋮
0,0,S  0,0,T  0,0,A  0,0,R  0,0,_
```

本例共有36个三元组写到输出中。如果采用32字节的文本窗口，那么只需5位索引就可以指示任何一个文本字符。因为前视缓冲器的宽度是16字节，能够匹配的最长字符串也是16字节，所以最多需要用4位来存储这个字符串的长度。索引需要5位，字符串长度需要4位，每个ASCII字符要用7位，而每个三元组要求有16位或2字节。这个童谣包含了103个字符，这些字符将存储在磁盘上103个未压缩的字节中。而存储压缩消息只要求72字节，这样得到的压缩系数为：$[1-(72/103)]\times 100\%=30\%$。

我们可以合理地认为，如果增大文本窗口，就会增大在文本窗口中查找与前视缓冲器中字符相匹配的可能性。例如，字符串_TONIGHT出现在童谣的第41个位置和第96个位置上。在两次出现字符串_TONIGHT之间间隔为48个字符，如果使用一个有32个字符的文本窗口，那么第一次出现的字符串_TONIGHT就不可能作为第二次出现的字典条目。如果将文本窗口扩大到64字节，那么第一次出现的_TONIGHT就可以对第二次出现的_TONIGHT进行编码，并且对每个编码的三元组中只会增加1位。然而，在本例中，一个扩展为64字节的文本窗口只会在输出中减少两个三元组，即从36个减少到34个。因为这个扩大的文本窗口要求有7位来表示索引，所以每个三元组需要由17位组成。这样，这条压缩信息总共占用了$17\times 34=578$位或73字节。因此，在本例中使用的这个较大的文本窗口，实际上多花费了几位。

在压缩过程中，如果在文本窗口和缓冲器之间没有找到任何匹配，那么就会有退化的情况发生。例如，如果一个字符串有36个字符，它由26个英文字母和0~9的数字组成，即ABC…XYZ012…89，在这里没有可以匹配的字符。因此，压缩算法的输出将会是36个(0，0,?)形式的三元组。最后，以一个3倍原字符串长度的输出结束，或者说压缩长度扩大了200%。

幸运的是，在实际中很少发生像刚才提到的这种情况。在许多流行的压缩工具中，LZ77压缩方法有各种变化形式，包括用途比较广的PKZIP方法。几个品牌的磁带和磁盘驱动器直接在磁盘控制电路中实现了LZ77压缩方法。这种压缩过程以硬件速度进行，而且对用户来说是完全透明的。

自从Ziv和Lempel在1977年发表了他们的算法以来，基于字典的压缩方法一直是非常活跃的一个研究领域。一年以后，当他们发布第二个基于字典的压缩算法时，Ziv和Lempel对原来的工作进行了很大的改进，第二种基于字典的压缩算法称为LZ78。LZ78与LZ77不同，它取消了原来文本窗口大小固定的限制。相反，LZ78创造了一种称为trie的特殊树形数据结构。在从输入处读取数据时，LZ78会采用一些标记符号来填充这种树形结构。(如果有需要，这种树的每个内部节点都有多个子节点)。与LZ77压缩方法不同，LZ78并不是将字符写入磁盘，而是把指针写入到树形结构的各个标记符号中。在完成消息的编码后，LZ78会将整个trie写入磁盘，而且在对该消息进行译码前首先要读取这棵树。(有关trie的更多的信息可以参阅附录。)

7A.4 GIF和PNG压缩

实现LZ78数据压缩所面临的最大问题是如何对trie的标记符号进行有效的管理。如果字典太大，那么所需的指针数目就可能变得比原始数据还要多。现在已经找到了解决这个问题的许多方法，其中一种方法还引起了激烈争论和是否触犯了法律的讨论。

1984年，Sperry计算机公司（现在称为Unisys）的一名雇员Terry Welsh发表了一篇论文，论文描述了一种管理LZ78字典的有效算法。这种解决方案主要涉及对trie中所使用标记符号的大小进行有效控制，这称为**LZW**数据压缩。LZW压缩是支持**图形交换格式**（**GIF**）的一种基本算法，GIF是CompuServe公司的工程师开发出来的，并且由万维网推广普及。因为Welsh发明的算法是属于他在Sperry公司的工作职责的一部分，所以Unisys公司行使其权力为这个算法申请了专利。随后，Unisys公司就要求对每次使用GIF的网络服务提供商或者广大用户都收取少量的专利使用费[⊖]。LZW不是专门为GIF设计的，LZW同样也可以用于TIFF图形格式，其他的一些压缩程序（包括UNIX Compress）以及各种类型的软件应用程序（例如Postscript和PDF）和某些硬件设备（其中最有名的设备就是调制解调器）中。所以，Unisys公司在网络社区内没有很好地收到他们所要求的专利使用费，这一点并不会令人感到意外，因为一些网站公开宣布联合起来永久抵制GIF。Cooler公司率先通过创造一些更好（至少是不同的）的算法，巧妙地避开了GIF。其中一种算法就是**PNG**，即**可移植网络图形格式**。

如果只是对GIF专利使用费的争论并不会导致PNG（发音为"ping"）的出现，但是这种争论无疑加速了PNG的开发进程。在1995年短短几个月时间内，PNG就从草案变成了大家所接受的国际标准。令人感到惊讶的是，到2005年为止，PNG的规范只有两个小修订。

PNG对GIF做出了许多方面的改进，其中包括：

- 用户可选择的压缩模式：在0~3范围内的"更快压缩"或者"更好压缩"。
- 比GIF有更高的压缩比，通常情况下可以改善5%~25%。
- 提供一个32位的CRC（ISO 3309/ITU—142）错误检测功能。
- 在顺序显示模式中具有较快的初始化显示。
- 一个可以免费使用的公开的国际标准并且得到了万维网协会（W3C）和许多其他组织和商业机构的支持。

PNG采用二级压缩方式。首先，使用赫夫曼编码简化信息。然后，在完成赫夫曼编码后再利用一个32KB的文本窗口进行LZ77压缩。

GIF具有一种PNG所没有的功能。GIF能够支持同一个文件中的多个图像，这样可以产生动画效果（虽然比较呆板）。为了克服这种限制，互联网协会提出了**多图像网络图形**（**MNG**，发音为"ming"）算法。MNG是PNG的扩展，它允许把多个图像压缩到一个文件中。这些文件可以是任意类型的文件，比如可以是灰度图像文件、真彩色图像文件、甚至是JPEG文件（参见下一部分的内容）。MNG的1.0版本在2001年1月发布，后来不断地进行了修改和功能增强。PNG和MNG压缩工具在因特网上都可以免费使用（包括源代码）。因此，我们可以合理地认为摒弃GIF压缩方法只是一个时间问题。

7A.5 JPEG压缩

在我们欣赏一个图形图像时（例如打印出来或在计算机屏幕上显示的一张照片），真正看到的是由许多称为**像素**或**图片元素**的圆点组成的集合。这些像素点在图像质量差的介质

⊖ 美国的GIF专利在2003年到期。

(例如报纸或连环画)中，看起来特别明显。当像素点很小，而且紧密聚集在一起时，我们的眼睛就会感觉到一个高品质的图像。作为一种主观的量度标准，“高品质”的定义大约是从300像素/in(或者120像素/cm)开始的。而在高端应用中，大多数人都同意对于一个1600像素/in(或者640像素/cm)的图像，如果不能被认为是一幅最佳的图像，也应该是一幅好图像。

像素包含图像的二进制编码，显示器和打印机的硬件能够对这种形式的编码进行译码。可以采用任意数目的二进制位对图形的像素进行编码。例如，如果我们要画一幅黑白素描画，那么可以采用每个像素占用一位的编码方式。这个像素位要么是黑色的(像素=0)，要么是白色的(像素=1)。如果我们决定要画一幅有灰度的图像，那就需要考虑使用多少种色调的灰度才能满足要求。如果要求为8种色调的灰度，那么每个像素就需要使用3个二进制位。000代表黑色、111代表白色。在000和111之间的任何数都代表某种色调的灰度等级。

彩色像素是由红、绿、蓝3种颜色分量组成的。如果想采用8种不同色调的红色、绿色和蓝色对一个图像着色，那么每种颜色分量都需要使用3位二进制数。因此，每个像素就需用9位，可以产生2^9-1种不同的颜色。黑色仍旧采用全0来表示，即R=000、G=000、B=000；白色也仍旧采用全1来表示，即R=111、G=111、B=111；“纯”绿色为R=000、G=111、B=000。R=011、G=000、B=101则给出了某种色调的紫色；R=111、G=111、B=000就产生了黄色。每种颜色使用的位数越多，就越接近我们周围看到的“真彩色”。大多数的计算机系统对每种颜色都使用8位二进制数，可以表现256种不同的色调，所以构建的色彩都近似于真彩色。24位的像素可以显示大约1600万种不同的颜色。

如果我们希望以某种方式存储一张4in×6in(10cm×15cm)的照片图像，并且希望在以后打印或预览这个图像时，可以获得较好的图像质量。如果按照300像素/in的标准，每个像素占用24位(3个字节)，存储这幅图像就需要300×300×6×4×3=6.48MB存储空间。这张4in×6in的照片可能只是张贴在网络上某个销售广告的一部分内容。可以想象，如果一些使用调制解调器拨号上网的客户用了20多分钟的时间还没有下载完广告页，那么我们将很可能失去这些客户。如果使用每英寸1600像素的图像精度，那么存储空间将需要近1.5GB，这意味着要下载和存储这些图像文件实际上是不可能的。

JPEG就是一个专门设计用来解决这个问题的压缩算法。值得庆幸的是，一般照片图像包含大量的冗余信息。而且，某些理论上具有高熵值的信息常常对图像的完整性并不重要。考虑到这些因素，ISO和ITU联合组成了一个**图像专家联合组(JPEG，读音为”jay_peg”)**来制定一个国际图像压缩标准。第一个JPEG标准10928—1，于1992年发布。从1997年开始对这个标准进行重大修改和扩充。现在，新的标准称为JPEG2000，它于2000年12月定稿完成。

JPEG是一组算法的集合，它能够提供优异的压缩效果，其代价是会损失一些图像信息。直到目前为止，我们所介绍的都是**无损数据压缩**。压缩后存储的数据与压缩前的数据是完全一样的，除非由于计算或介质错误带来的损失。有时，如果可以允许有少量信息损失的话，那么可以实现更好的图像压缩效果。照片图像特别适合于**有损数据压缩**，原因是人类的眼睛具有补偿校正图形图像中出现少许失真的能力。当然，一些图像携带真实的信息，只有在对图像的“质量”进行仔细界定之后，才可以对图像进行有损数据压缩。医学诊断图像(例如X光照片和心电图)就是此类图像。但是，家庭影集和销售宣传册上的照片，都是允许损失一些“信息”的图像。即使这些信息丢失后，人们仍旧可以对其保留视觉“质量”错觉。

JPEG最突出的一个特点就是，用户可以通过在压缩图像之前提供有关参数来控制信息损失的数量。即使是要求有100%的图像保真度，JPEG也能够产生非常明显的压缩效果。在图像保真度为75%时，JEPG压缩过程所损失的信息几乎是难以察觉的，而压缩后的图像文件的尺寸只有原始文件大小的一小部分。图7A-4展示了采用不同的质量参数压缩一个灰度图像后的效果图。（图像压缩前原始文件为一个7.14KB的位图，这个位图用作在不同质量参数条件下的输入文件。）

正如大家所看到的，只有当使用最低的质量因子时，JPEG压缩所造成的信息损失才成为明显的问题。大家同样也会注意到，在最高压缩条件下，图像会呈现出类似于纵横拼字迷的模糊外观。如果理解了JPEG的工作原理，那么造成上面这种情况的原因就会变得非常清楚。

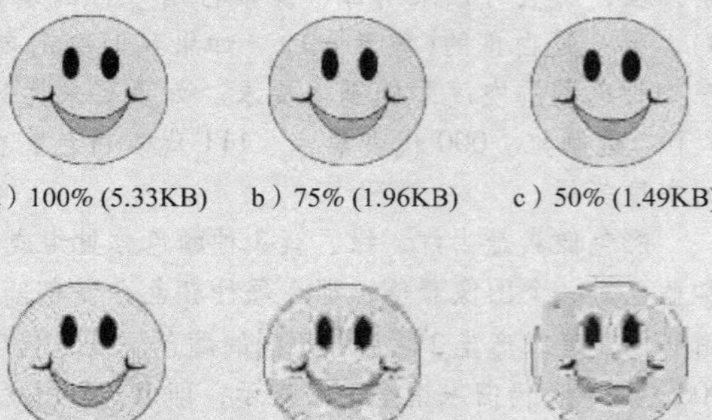

a）100% (5.33KB)　b）75% (1.96KB)　c）50% (1.49KB)

d）25%(1.11KB)　e）5% (639B)　f）1% (556B)

图7A-4　在一个7.14KB的位图文件上使用不同量化等级的JPEG压缩效果

在对彩色图像进行压缩时，JPEG首先要将RGB分量转化成**亮度**和**色度**两个分量。亮度是色彩的明亮程度，而色度是色彩本身的鲜艳程度。人们的眼睛对色度没有对亮度敏感。因此，在构建结果编码时，在随后的压缩步骤中亮度分量应该尽量不要有信息丢失。而灰度分量就不需要这样了。

接下来，将图像划分成每边都有8个像素的许多正方形块。然后，利用一个离散余弦变换(DCT)，将这些64像素方块从时域(x, y)转换到频域(i, j)：

$$\mathrm{DCT}(i,j) = \frac{1}{4}C(i) \times C(j)\sum_{x=0}^{7}\sum_{y=0}^{7}\mathrm{pixel}(x,y) \times \cos\left[\frac{(2x+1)i\pi}{16}\right] \times \cos\left[\frac{(2y+1)j\pi}{16}\right]$$

其中

$$C(a) = \begin{cases} \frac{1}{\sqrt{2}} & \text{如果 } a = 0 \\ 1 & \text{其他} \end{cases}$$

这种转换输出的是一个8×8的整型矩阵，变化范围为-1024~1023。其中，位于$i=0$，$j=0$处的像素称为**DC系数**，而且这个系数包含原始块中64像素的加权平均值。其他的63个值称为**AC系数**。由于余弦函数的特性为$\cos 0=1$，因此变换结果的频域矩阵(i, j)在右下角聚集的是一些值较小的数字和0。而大数集中在矩阵的左上角位置。矩阵的这种模式对于许多不同的压缩方法非常有利，但是目前还不准备介绍这些内容。

在对频域矩阵进行压缩之前，首先将矩阵中的每个值除以一个**量化矩阵**中对应的元素。量化过程的目的是把DCT的11位输出减少到8位。在JPEG中，这个步骤会造成信息损失，这种损失程度可以由用户选择。JPEG规范提供了几个量化矩阵，用户可以根据自己的判断使用其中的任何一个矩阵。所有的这些标准矩阵都可保证频域矩阵中的元素包含最多的信息(指向左上角的元素)，而且保证在量化过程中损失尽可能少的信息。

经过量化后，频域矩阵变成了一个**稀疏**矩阵，该矩阵包含的零元素要多于非零元素，这些零元素都位于矩阵的右下角。因此，使用**游程长度编码**方式可以对具有相同值的大数据块进行压缩。

游程长度编码是一种非常简单的压缩方法。游程长度编码不是采用 XXXXX 的编码方式，而是编码为(5，X)，从而指示出运行的是 5 个 X。如果存储的是(5，X)，而不是 XXXXX，那么将会节省 3 字节，但是并不包括该方法可能要求使用的任何定界符。很明显，要使用这种编码最有效的方法是尽量使每个事件都对齐，以便于可以得到尽可能多的相连的 0。通过对频域矩阵进行 **Z 字形扫描**便完成了 JPFG 功能。这个扫描的结果通常是包含一个长串 0 的一维矩阵(向量)。图 7A-5 说明了 Z 字形扫描的工作原理。

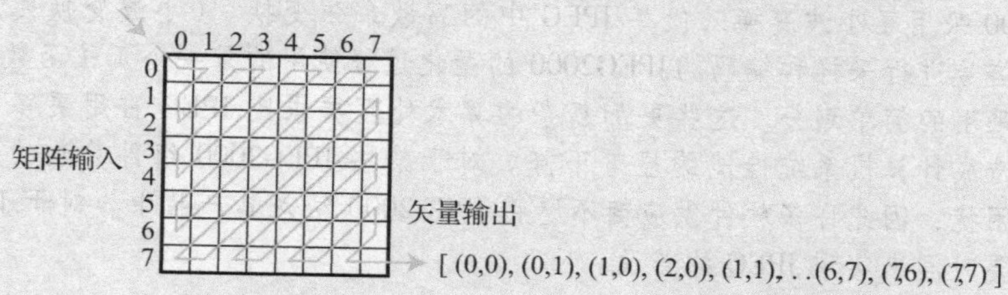

图 7A-5 一个 JPEG 频域矩阵的 Z 形扫描过程

使用游程长度编码方式对这个向量中的每个 AC 系数进行压缩。如果有 DC 系数，那么就要将 DC 系数编码为 DC 系数的原始值和前一块的 DC 系数之间的算术差。

然后，可以使用赫夫曼编码方法或者算术编码方法对游程长度编码后的向量结果进行进一步的压缩。赫夫曼编码是首选的方法，因为算术算法有大量的专利限制。

图 7A-6 总结了上面所描述的 JPEG 算法的各个步骤。显然，要实现解压算法只需将压缩过程的各个步骤反转过来。

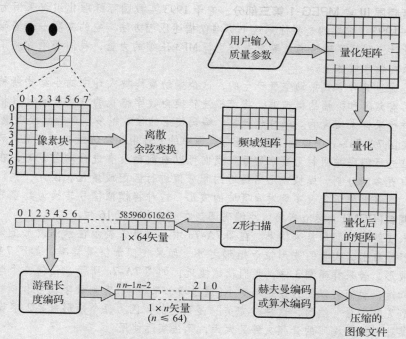

图 7A-6 JPEG 压缩算法

JPEG2000 对 1997 年颁布的 JPEG 标准进行了许多的改进。JPEG2000 的基础算法比以前更加完善和复杂，而且在量化参数和将多个图像合并到同一个 JPEG 文件中的处理方法具有了更大的灵活性。JPEG2000 最显著的特点之一是允许用户定义**兴趣区域**。兴趣区域就是图像中某个用户所关注的重点范围，并且兴趣区域内的图像不会受到和其他部分同等程度的有损压缩。例如，假设我们拍摄一张某个朋友站在湖边的照片。我们可能会告诉 JPEG2000，照片中的这个朋友才是我们的兴趣区域。因此，湖的背景和周围的树木会被大幅度地压缩，从而损失一些清晰度。然而，这个朋友的图像将清晰地保留下来。这样一来，如果不对图像进行增强处理的话，图像的背景质量会比较差。

JPEG2000 采用了小波变换来代替 JPEG 中的离散余弦变换。(小波变换使用不同的方式对图像或信号进行采样和编码。)JPEG2000 的量化过程使用的是一个正弦函数，而不是早期版本中所采用的简单划分。这些更加复杂的算术处理要求比 JPEG 占用更多的处理器资源，这将会造成计算机系统性能的显著下降。对于某些 JPEG2000 组件算法的专利权在法律上出现了困扰，因此许多软件供应商不愿将 JPEG2000 纳入其产品中。对于 JPEG2000 来说，肯定需要时间来实现 JPEG 的普及。

7A.6 MP3 压缩

尽管有许多更强大的音频文件压缩算法(如 AAC、OGG 和 WMA)，但普遍使用和支持的是 MP3。MP3 采用了几种不同的压缩技术以及一些人体生理学。虽然许多其他人帮助改进了 MP3，但德国爱尔兰根-纽伦堡的博士生 Karlheinz Brandenburg 被广泛认为是 MP3 的主要创建者。1987 年，该大学和弗劳恩霍夫集成电路研究所组建了一个联盟，用电子电路实现 Brandenburg 的理念。弗劳恩霍夫协会对 Brandenburg 工作的改进随后被**动态图像专家组(MPEG)**用于压缩电影的音频分量。作为相关音频压缩标准中的一个 MP3 被正式称为 **MPEG-1 音频层 III** 或 **MPEG-1 第三部分**。它于 1993 年被国际标准化组织采用为 **ISO/IEC 11172—3—1993**。重要的是要注意这个标准仅描述压缩方法。它的实现——编码器和译码器的电子设计，留给了制造商。要想充分了解 MP3 压缩的力量，我们必须首先了解音频信号如何记录在数字媒体上。

声音是通过某种方式振动空气产生的，这个振动最终被人耳中的小结构所检测到。这些振动是具有频率和振幅的模拟波。将模拟波转换为数字格式的方法是通过以指定的间隔对模拟波进行采样来实现的。采样越频繁，编码使用的位数越多，声音越接近模拟波。

我们在图 7A-7a ~ c 中说明了这一概念。图中的 y 轴由 8 个值组成，这使得波的幅值可以使用 3 位进行编码并调制为数字信号。我们可以看到轴没有进行均匀分割，在区间的中间值部分有更多的分割。模拟波形用最近的积分值进行匹配或量化。因此，我们得到更好的分辨率，或者更接近于大多数发声区域的波形。这种将模拟信号转换为数字的方式称为**脉冲编码调制(PCM)**。标准音频脉冲编码调制在 y 轴上使用 16 位。

接下来要解决的问题是采样率。在图 7A-7a 中，垂直条表示在示例波形上使用的采样间隔。很容易看出，大量的波形位于矩形之外。如果我们加倍采样率，如图 7A-7b 所示，则更接近波形。若采样率翻 3 倍，我们就越接近，如图 7A-7c 所示。任何一个学过微积分的学生都知道，我们可以使这些矩形变小(通过增加采样率)直到数字信号和模拟信号之间的差异小到无法测量。然而，这种“完美”是昂贵的，因为每个矩形需要 2 字节在 PCM 中编码。在某些时候，编码的音频文件又太大，无法实际使用。

在 20 世纪 70 年代后期，数字记录建立了每秒 44 100 个样本(44.1kHz)的采样率。在 44.1kHz 下，使用实用的电子电路可以传送足够的精度音频信号。使用 44.1kHz 的采样率，并且使用 2 字节对每个脉冲进行编码，对于每个立体声通道，所得位率为 44 100 个样本/s × 16 位/样本 = 705 600bit/s。因此标准 PCM 数字信号总共为 705 600 × 2 = 1.41Mb/s。因此，作为 PCM 信号呈现的 3min 歌曲(立体声)会产生 32MB 的流(不对流进行错误检测或校正)。对于 CD 来说，文件大小可能是可以容忍的，但是通过数据网络传输是完全不可接受的。1988 年，动态图像专家组在 ISO 的主持下组建，以找到压缩音频和视频文件的方法。因此出现了几个压缩标准，MP3 是最强大和广为人知的。MP3 对于每个 PCM 样本使用少于 2 位但可以产生类似于 CD 立体声的质量。我们的 31MB 文件可以减少 1/8，更多可管理的文件大小约 4MB。[⊖]

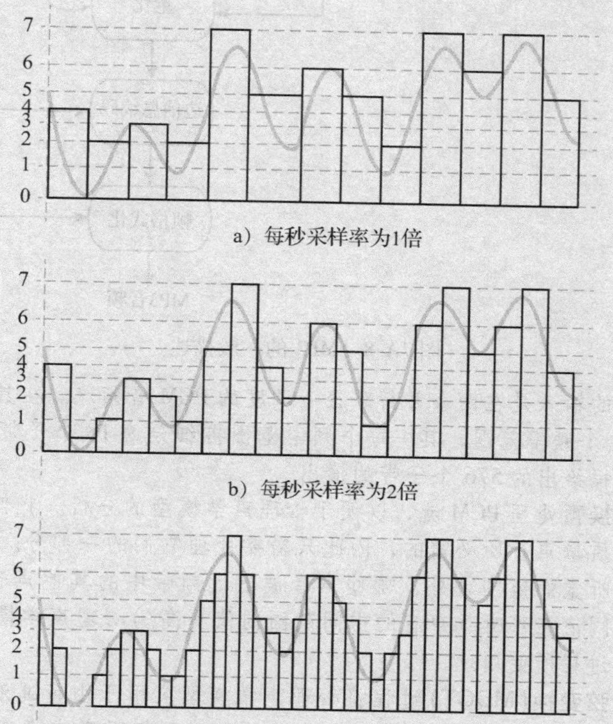

图 7A-7 声波采样

在 Karlheinz Brandenburg 的压缩算法中最精辟的洞察力是他利用了**心理声学编码**，心理声学编码利用了人耳感觉到的不完美方式。编码过程需要识别人耳不会察觉和丢弃的声音。因此，MP3 为有损压缩，但不会对未经培训的听众有任何明显的影响。丢弃的声音包括听觉感知边缘的声音和被其他声音掩盖(主导)的声音。此外，声音的感知阈值根据频率以及音量而有所不同。低频音调必须高于高频声音。低音量的低频声音可以丢弃，因为收听者听不到它们。

心理声学编码只是在高度复杂的 MP3 压缩过程中的一个部分，却是最强大的一部分。图 7A-8 提供了 MP3 编码的高级描述。虽然对这个过程的每个步骤的详细讨论远远超出了本书的范围，但我们可以对它们进行一般地描述。(详见本章末尾提供的各种参考资料。)

⊖ 降低采样率可以使 MP3 文件更小，但音质也会降低。数字音频的采样率包括 8000Hz、11 025Hz、16 000Hz、22 050Hz、44 100Hz、48 000Hz 和 96 000Hz。

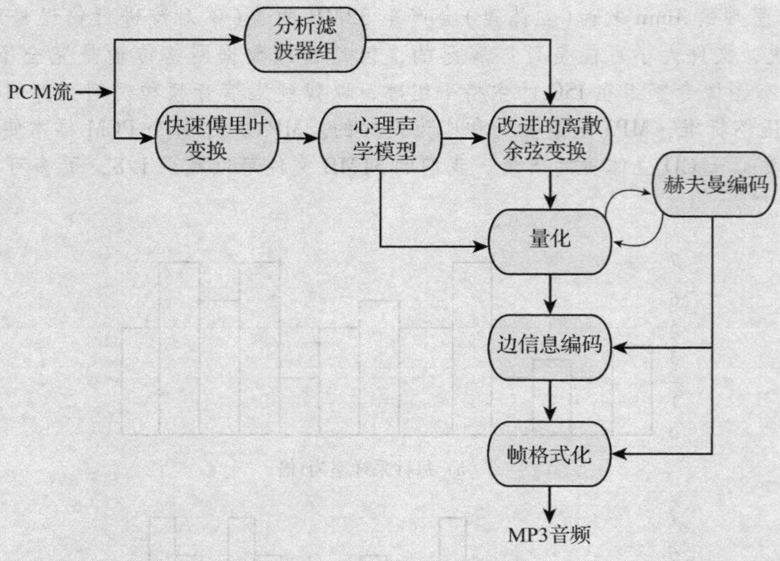

图 7A-8　MP3 的一般描述

MP3 编码过程的输入是在两个并行路径上调度的 PCM 音频流。在其中一个**带通滤波器组**上将流划分为 32 个频率范围，其中每个频率范围再细分为 18 个子带，从而通过由改进的离散余弦变换过程给出的 576 个子带的输出。

快速傅里叶变换预处理 PCM 流，以便于心理声学模型的分析。我们知道并不是这 576 个子带都是产生高质量声音所必需的，因此只需要处理它们的一部分。**心理声学模型**确定哪些声音落在人类听觉的范围之外，哪些声音被附近频带中的其他声音所掩蔽。（屏蔽阈值是频率的函数：阈值在可听见声音的中间范围内值更高。）心理声学模型随后由改进的离散余弦变换和量化过程所使用。

改进的离散余弦变换（MDCT）过程将心理声学模型应用于由带通滤波器组输出的 576 个子带上。一般来说，离散余弦变换（DCT）的目的是以图像强度或声音幅度形式表示的输入映射到以余弦函数表示的频域。MP3 的 DCT 称为改进型 DCT，因为与原始的 DCT 算法不同，它通过一组重叠的窗口处理 576 个子带滤波器组输出。这种重叠防止在编码过程中在窗口边界处发生的噪声。

余弦函数形式的 MDCT 输出传递到量化函数，该量化函数将实数余弦函数映射到整数域。这样的量化总会有数据的丢失，如第 2 章所讨论的那样，实数值不能精确地映射到整数域。MP3 可以在量化中每秒使用 64 位或 128 位，128 位可提供更好的分辨率。心理声学模型有助于量化器在整数域上找到最佳拟合，从而减少重要声音的损失。取代固定量化，如在上面所示的 PCM 代码的创建过程中，MP3 使用可变**比例因子频带**，其根据人耳对声音的灵敏度不同而量化声音的不同部分。较小的灵敏度允许有更宽的比例因子频带。比例因子与量化声音一起使用赫夫曼编码进行压缩，以确保声音使用相同的比例因子进行解压缩。

边信息是描述 MP3 元数据的一种类型，它描述了赫夫曼编码过程、比例因子频带以及对解码过程至关重要的其他信息。该信息被压缩并分别组成 17 或 32 字节的单声道或立体声流。

最后一步是组装 MP3 帧。MP3 帧由 32 位头、可选 CRC 块、边信息、MP3 数据有效载荷和可选的辅助数据组成。MP3 帧的实际长度取决于用于量化数据的 PCM 采样位率和比例因子。

很容易看出，这种复杂过程需要在硬件中实现，以便能够实时对音频进行编码，并足够快地对其进行解码，以便能以44.1kHz的速率在原始PCM流被采样时渲染输出。MP3编码器、译码器(**编解码器**)可从几家供应商处廉价购买。

总之先进的数学、精湛的算法和数字电路的结合，创造了MP3的“奇迹”。通过为所有类型的音乐提供便宜的分销渠道，它改变了整个音乐行业。因此，一些大型音乐公司享受音乐行业的霸权时代已经结束，许多其他公司可以廉价地进入。MP3也带来了无处不在的播客媒体，使全球共享新闻和信息。点击几下即可将大学讲座和研讨会发送给任何便携式播放器。MP3的数学知识、算法和电子电路确实令人惊奇。但更令人惊奇的是它们如何改变了我们的世界。我们无法想象没有它们的世界。

7A.7 小结

这个特别部分向你介绍了信息理论和数据压缩的简要调查。我们已经看到，压缩试图从数据中去除冗余信息，以便只存储其信息内容。这样可以节省存储空间，并提高存档存储的数据传输速度。这里提出了几种流行的数据压缩方法；包括统计赫夫曼编码，Ziv-Lempel字典编码，以及因特网、JPG、GIF和MP3的压缩方法。字典系统在一次遍历时压缩数据；其他方法至少需要两次：一次遍历以收集要压缩数据的信息，第二次执行压缩过程。最重要的是，你现在在每种类型的数据压缩中已拥有足够的基础知识，以便为任何特定的应用程序选择最佳方法。

扩展阅读

数据压缩的理论和应用的来源Salomon(2006)、Lelewer和Hirschberg(1987)，以及Sayood(2012)的工作。Sayood的工作对整套MPEG压缩算法提供了深入的描述。在Nelson和Gailly(1996)著作中可以找到一种更加详细的处理方法，包括源代码。Nelson和Gailly那种清晰明了和随意的写作方式，会使读者学习神秘的数据压缩的艺术过程变成了一种真正愉快的经历。与数据压缩相关的大量信息也可以在网络上找到。当搜索本章中介绍的任何关键的数据压缩术语时，任何好的搜索引擎都将指向成百上千个链接。小波理论在数据压缩和数据通信领域越来越重要。如果想深入了解这个热门的领域，可以从阅读Vetterli和Kovacevic(1995)的著作开始。这本书还包含图像压缩的详细内容，当然包括在JPEG和JPEG 2000中应用的小波理论。

本节我们几乎没有剖析MP3的复杂性。如果你想了解详细信息，Sripada(2006)的硕士论文包含了一个可读性非常强的流程。Pan(1995)和Noll(1997)的文章也对这一主题进行了详细的说明。有关各种MPEG编码的大量信息可以在http://www.mpeg.org/MPEG/audio.html找到。MP3的确定历史发布在http://www.mp3-history.com。看一看这个故事如何发展是非常值得的!

参考文献

Lelewer, D. A. and Hirschberg, D. S. “Data Compression.” *ACM Computing Surveys 19*:3, 1987, pp. 261–297.

Nelson, M., & Gailly, J. *The Data Compression Book,* 2nd ed. New York: M&T Books, 1996.

Noll, P. “MPEG Digital Audio Coding,” *IEEE Signal Processing Magazine 14*:5, September 1997, pp. 59–81.

Pan, D. “A Tutorial on MPEG/Audio Compression.” *IEEE Multimedia 2*:2, Summer 1995, pp. 60–74.

Salomon, D. *Data Compression: The Complete Reference*, 4th ed. New York: Springer, 2006.

Sayood, K. *Introduction to Data Compression*, 4th ed. San Mateo, CA: Morgan Kaufmann, 2012.

Sripada, P. "MP3 Decoder in Theory and Practice." Master's Thesis: MEE06:09, Blekinge Tekniska Högskola, March 2006. Available at http://sea-mist.se/fou/cuppsats.nsf/all/857e49b9bfa2d753c125722700157b97/$file/Thesis%20report-%20MP3%20Decoder.pdf. Retrieved September 1, 2013.

Vetterli, M., & Kovačević, J. *Wavelets and Subband Coding*. Englewood Cliffs, NJ: Prentice Hall PTR, 1995.

Welsh, T. "A Technique for High-Performance Data Compression." *IEEE Computer 17*:6, June 1984, pp. 8–19.

Ziv, J., & Lempel, A. "A Universal Algorithm for Sequential Data Compression." *IEEE Transactions on Information Theory 23*:3, May 1977, pp. 337–343.

Ziv, J., & Lempel, A. "Compression of Individual Sequences via Variable-Rate Coding." *IEEE Transactions on Information Theory 24*:5, September 1978, pp. 530–536.

习题

1. 信息理论科学的创始人是谁？他在那十年中做了哪些工作？

2. 什么是信息熵，它与信息冗余有关吗？

3. a）列出两种类型的统计编码。

b）列出统计编码的优点和劣势。

4. 使用算术编码来压缩你的名字。压缩后还可以还原吗？

5. 计算图7A-4中每个JPEG图像的压缩因子。

6. 创建一个赫夫曼树，并为7A.3节中使用的童谣“Star Bright”分配赫夫曼码。使用 <ws> 作为空格，而不是下划线。

7. 完成7A.3节说明的LZ77数据压缩算法。

8. 对于压缩素描画，JPEG不是一个好的选择，如图7A-4所示。请说明原因。你觉得什么压缩方法更好？请说明理由。

9. a）LZ77压缩算法属于哪种类型的数据压缩算法？

b）说明赫夫曼编码优于LZ77的原因。

c）说明LZ77优于赫夫曼编码的原因。

d）总结哪个方法更好？

10. 说明PNG的一个功能，以此来说服用户PNG是比GIF更好的算法。

系统软件

8.1 引言

在你的职业生涯中，也许遇到过这样的情况，因为老板要求你使用的某个软件只能运行在特定的系统之上，所以你不得不购买一些性能较差但可以支持这类系统运行的计算机硬件。尽管这看起来好像是对你的出色判断力的侮辱，但你不得不承认在一个计算机系统中软件和硬件是同等重要的。软件是用户了解系统的窗口。一旦软件不能提供用户所期待的服务，那么不管硬件的性能多么突出，用户都会认为整个计算机系统是无法满足需求的。

第1章提到计算机系统的组织结构由6个机器层构成，门电路级之上的每个层都对位于其下的层次提供抽象。在第4章中，我们讨论了汇编器，以及汇编语言与体系结构之间的关系。在本章，我们学习位于第三层的软件及其与第四、第五层之间的关系。这三个层所涉及的软件处于应用程序之下、指令集架构之上，是与应用源程序进行交互的软件组件。这三个层次中的程序协同工作以访问硬件资源，从而执行应用程序中的命令。将计算机系统看成是一个从应用源代码到门级电路的单线程会限制我们对于计算机系统的理解。我们将会忽略每个层次所提供的丰富的服务集。

虽然在本书提及的计算机系统模型中，操作系统仅仅位于“系统软件”层，但系统软件通常还包括编译器和其他一些工具，以及称为**中间件**的一系列复杂程序。一般说来，中间件是处于操作系统层之上为应用程序提供服务的一系列软件。回顾第1章可知，我们曾经讨论过位于物理模块和高级语言及应用之间的语义鸿沟。我们知道这种语义鸿沟一定不能被用户所察觉，而中间件正是这类提供必要不可见的软件。操作系统是所有系统软件的基础，因此，实质上所有的系统软件都要在某种程度上与操作系统进行交互。下面我们首先对操作系统的内部工作原理进行简要介绍，然后，再进一步讨论更高的软件层。

8.2 操作系统

早期操作系统的主要功能是协助各类应用程序与计算机硬件资源进行信息交互。操作系统可以提供一组必要的功能以允许软件包控制计算机硬件。如果没有操作系统，则每个应用程序都必须自己有一套视频卡、声卡、硬盘等硬件设备的驱动程序集。

虽然现代操作系统仍然支持上述功能，但用户对于操作系统的期望发生了重大的改变。例如，他们希望操作系统更加易用，以便于管理系统和资源。这便催生了“拖放式”文件管理以及“即插即用式”设备管理等功能。从程序员的角度看，操作系统屏蔽了系统底层的细节，使其更加专注于上层问题的求解(应用开发)。我们已经知道采用机器语言和汇编语言进行程序设计是十分困难的。操作系统与众多软件组件协同工作，构建了一个友好的用户环境，在这个环境中系统资源可以被更加有效和高效地利用，因此用户不再需要使用机器级语言进行程序设计了。操作系统不仅为程序员提供了接口，而且还起到了连接应用软件和机器硬件资源的作用。无论是从使用者的角度看还是从程序员的角度看，操作系统本质上都是一个可以提供软硬件交互接口的虚拟机。操作系统负责管理各种设备和硬件资源，而应用程序和终端用户不需要关心这些底层细节。

操作系统本身几乎与普通软件没有差别。其主要区别在于操作系统在开机时被加载，并直接运行在处理器之上。操作系统必须能够控制处理器(以及其他资源)，因为操作系统的主要任务之一就是调度使用CPU的进程。此外，在应用程序执行期间，操作系统会将对CPU的控制权转交给应用程序。当应用程序不再需要CPU或因为等待其他硬件资源而放弃CPU时，操作系统将重新获得处理器的控制权。

正如我们已经提到的，操作系统是用户和应用程序访问底层硬件的重要接口。除了作为接口之外，操作系统还有3个主要任务。其中，进程管理是三者中最引人关注的。其他两个任务是系统资源管理和保护资源免受恶意进程的攻击。在讨论这些任务之前，我们首先简要回顾一下操作系统的发展史及其如何伴随计算机硬件的发展而同步变化的。

8.2.1　操作系统的历史

当今操作系统的设计一直都在谋求提高易用性，并提供大量图形化工具以辅助新手或有经验的用户进行操作。但操作系统设计的初衷并非如此。在很早之前，各种计算机资源都十分宝贵，以至于在每个机器周期内计算机都必须进行有用的计算。同时，由于计算机硬件十分昂贵，因此计算机的使用时间也必须精心分配。在那个时代，你如果想使用计算机，第一步就是要注册使用机器的时间。当轮到你使用机器时，你需要将一大摞已打好孔的卡片输入计算机，并在单用户交互模式下运行这台机器。然而，在加载打孔程序之前，你首先需要加载一个编译器。初始的几张打孔卡片相当于引导程序，用于加载后续的卡片(用户程序)。然后，你就可以编译程序了。如果你的程序出现了错误，那么你必须迅速定位错误，然后重新打孔令人厌恶的卡片，并再次输入计算机并重新编译。如果你无法快速找到错误，那么你就不得不再申请新的计算机使用时间，晚些时候再次尝试。如果编译成功，下一步就是将你的目标代码和库代码进行链接以生成可执行文件并运行。由此可见，上述过程是对计算机以及使用者时间的极度浪费。为了能够让计算机硬件资源被更多人高效使用，**批处理**的概念被引入了计算机中。

批处理指的是专业操作者可以通过专门指令将几摞打孔卡片打包成一组，使得这些卡片可以在最少的人工干预下处理完成。这一组卡片通常是相似类型的程序。例如，可能有一组Fortran程序和一组COBOL程序，操作者可以首先为Fortran程序设置机器，然后读入它们并运行完毕，再修改机器配置去运行COBOL程序。一个名为**常驻监控程序**的程序允许程序在没有人为干预的情况下处理(用户只需将几摞打孔卡片放入卡片读取器中)。

这个监控程序就是现代操作系统的原型。它的功能十分简单。监控程序启动批处理作业，并将计算机的控制权交给它，当作业运行完成后，监控程序将重新获得计算机的控制权。原来需要由人完成的工作可以由计算机完成，因此，计算机的工作效率和利用率都大幅增加了。然而，批处理程序之间的转换时间是十分漫长的。(回想在数据中心放下一摞摞要处理的汇编语言打孔卡片的美好旧时光。如果可以在24小时之内得到计算结果，我们是何等兴奋!)批处理使得程序调试变得更加困难，更准确地说是更加费时。程序中的一个死循环可能造成系统严重破坏。为了解决这个问题，一些定时器添加进监控程序以避免一个批处理程序独占系统。然而，由于监控程序不能提供保护功能，因此它的使用具有很大的局限性。在没有保护的情况下，一组批处理作业的运行可能会对后续的程序造成影响。(例如，一个不好的批处理作业可以读好多张卡片，从而使下一个程序不能正常运行。)此外，批处理程序甚至还会对监控程序造成影响。为了解决这个问题，一个专门的硬件加入了计算机系统中，通过它可以使计算机运行在监控模式或用户模式。一般程序通常运行在用户模式，当需要进行系统调用时计算机才切换到监控模式。

随着CPU性能的提升，打孔卡片的批处理效率越来越低。读卡器的输入速度已无法跟上

CPU 的处理速度。这时，磁带提供了一种更高速的处理方式。读卡器和打印机连接到一些更小的计算机上，这些计算机将打孔卡片上的信息读入磁带。一条磁带可能包含几个批处理程序。这样，大型计算机上的 CPU 就可以在不读取打孔卡片信息的情况下在多个批处理程序之间进行切换。同样，在输出时也可以采用这样的过程。输出就是写磁带，这一过程也可以从大型计算机转移到连接打印设备的小型计算机上。监控程序则有必要周期性地检测是否出现 I/O 操作请求。为了处理简短的中断可以在批处理程序中加入定时器，使得监控程序能够在磁带上执行 I/O 操作。这样，I/O 操作和 CPU 计算就可以并行执行。这种在 20 世纪 60 年代后期至 70 年代后期流行的技术称为**后台打印**、**假脱机**或 **SPOOLing**，也可以看成多道程序的最简化。后台打印这个词已写入计算机词典，但当前这个词主要是指需要打印的内容在输入打印机之前应先写入硬盘。

多道程序系统（20 世纪 60 年代末提出并延续至今）延伸了假脱机和批处理的思想，使几个程序可以在内存中并发执行。这一技术通过进程间的循环来实现，即允许每个程序依次循环占用 CPU 中一个特定的时间片。监控程序在一定程度上可以处理多道程序。它可以启动批处理作业、进行假脱机操作、执行输入/输出、实现用户间的切换以及提供批处理作业间的保护。然后，应该弄清楚的是监控程序本身正变得越来越复杂，相应的软件程序必须更加精细地设计。此时，包含了监控程序的软件就是我们所熟知的**操作系统**。

虽然操作系统大幅降低了程序员（和操作者）的工作量，但用户仍然希望和计算机进行更加密切的交互。特别是，批处理概念已不再有吸引力。假设用户能够以交互的方式提交自己的程序，并且马上就可以得到结果，这不是很好吗？**分时系统**的出现为这种假设提供了支持。在分时系统中，多台终端机连接到主系统上，这样可以支持多个用户对系统进行并发的访问。由于交互式程序使分时（也称为**时间片**）更为便利，因此批处理技术马上就过时了。在分时系统中，CPU 在用户之间快速地切换，使每个用户都可以在一个极短的时间内获得处理器的使用权。这个在进程间切换的过程称为**上下文切换**。操作系统快速地执行上下文切换，其本质是给每个用户都提供一个个人的虚拟机。

分时技术允许许多用户共享同一个 CPU。进一步扩展这个思想，一个计算机系统也允许多个用户共享同一个应用程序。像机票预订系统这样的大型交互式系统可同时为成千上万个用户提供服务。也正是由于存在分时系统，使得大型交互式系统的用户感觉不到其他用户也在使用这个系统。

多道程序和分时技术的提出使操作系统的设计更加复杂。在上下文切换过程中，所有与当前正在执行的进程相关的信息都必须保存，以便该进程被再次调度使用 CPU 时，中断时的状态能够准确恢复。这就要求操作系统获知所有的硬件细节。在第 6 章中我们提到现代计算机系统采用了虚拟存储器和分页管理技术。因此，在上下文切换过程中，必须保存页表及其他和虚拟存储器相关的信息。同样，CPU 内部寄存器中的值在上下文切换过程中也必须保存，这是因为 CPU 内部寄存器包含了当前进程的执行状态。上下文切换是一个既费时又消耗资源的过程。为了使用上下文切换，操作系统必须快速、高效地处理这一过程。

非常有意思的是操作系统的变革总是与体系结构的发展息息相关。第一代计算机使用电子管，其处理速度十分缓慢。在那个时候确实没有必要使用操作系统，因为那时的计算机不可能处理多个并发任务，人工完成任务管理工作即可。第二代计算机是基于晶体管设计的，CPU 的计算速度和处理能力有了大幅提升。虽然 CPU 的处理能力获得了提高，但它却十分昂贵，因此必须最大程度地加以利用。批处理正是一种使 CPU 满负载工作的方法。监控程序辅助批处理工作，提供一定的保护和中断处理机制。第三代计算机的标志是集成电路技术的使用，其处理速度再次大幅提升。假脱机技术已不能使 CPU 满负载工作，因此提出了分时技术。虚拟存储器和多道任务需要一个更加复杂的监控程序，这就催生了现代操作系统。第四代技术是超大规模集成电路，使个人计算市场繁荣发展。网络操作系统和分布式操作系统是这一技术的产物。电路的小型化节省了芯片面积，使得在芯片上可以有更多的空间去容纳用于管理流水线、阵列处理以及多处理的电路。

早期的操作系统在设计上是多样化的。生产厂商会根据不同的硬件平台设计不同的操作系统。一个厂商针对不同硬件平台设计的操作系统在所提供的操作和服务上会有显著的不同。当一种新型计算机出现后，厂商必须为其设计一个全新的操作系统，在那个时代这种设计思路是非常常见的。当 IBM 公司在 20 世纪 60 年代中期推出了 360 系列机后，这种设计思路终结了。虽然 360 系列中的每种计算机在性能和预期用户上都有很大不同，但所有机器都运行 OS/360 这个操作系统。

UNIX 是另一个经典的操作系统，其证明了一个操作系统可以支持许多硬件平台的设计思路。Ken Thompson 从 1969 年开始在贝尔实验室进行 UNIX 研发工作。Thompson 在最开始的时候采用汇编语言来编写 UNIX。因为汇编语言是与具体硬件相关的，所以为某种硬件平台编写的代码必须经过大幅调整和重新汇编才能运行在另一个硬件平台上。为了避免重复性工作，他创造了一种新的名为 **B 语言**的解释性高级语言。但后来证明 B 语言的执行速度太慢，无法支持操作系统的处理速度。于是 Dennis Ritchie 与 Thompson 合作开发了 **C** 语言，并于 1973 年发布了第一个 C 语言编译器。Thompson 和 Ritchie 采用 C 语言重新编写了 UNIX 操作系统，这打破了操作系统必须使用汇编语言进行编写的传统观念。因为 UNIX 操作系统是使用高级语言编写的并可以被编译以运行在不同硬件平台之上，所以 UNIX 具有高度的可移植性。这个巨大的变革使得 UNIX 变得十分流行，已拥有了几百万的用户。UNIX 操作系统的中立性使得其用户可以为他们的应用选择最好的硬件，而不再受具体平台的限制。当今有上百种基于 UNIX 的操作系统，包括 Sun 公司的 Solaris、IBM 的 AIX、惠普公司的 HP-UX 以及用于 PC 和服务器的 Linux。

实时、多处理器以及分布式/网络系统

也许近年来操作系统设计者所面临的最大挑战是实时、多处理器以及分布式/网络系统的出现。**实时系统**主要用来控制生产车间、组装线、机器人以及复杂的物理系统，比如空间站。实时系统对于时间有着严格的要求。如果不能满足规定的时间，可能对个人甚至社会财产造成严重的破坏或影响。因为这些系统必须对外部事件做出响应，所以正确的进程调度是关键。可以想象如果一个核电站的控制系统不能对核反应堆内部的高温警报信号做出及时反应，那后果将是多么严重！在**硬实时系统**(即响应时间无法满足就可能造成致命结果的系统)中，不允许有任何错误的发生。对于**软实时系统**，在规定时间做出及时响应是设计要求，但如果无法满足，也不会造成灾难性的结果。QNX 是一个优秀的**实时操作系统**(RTOS)范例，其主要用于满足严格的调度需求。QNX 也十分适合于嵌入式系统，因为它功能强大但占用空间小(需要很少的内存)，同时安全可靠。

多处理器系统则表现出特有的设计挑战，因为存在多个需要调度的处理器。操作系统如何将多个进程分配给多个处理器是主要考虑的设计因素。一般说来，在多处理器环境中，CPU 之间彼此协同工作以解决一个问题。处理器间的协同工作要求它们之间必须有一些通信方法。系统的同步需要确定处理器间是采用紧耦合还是松耦合的通信方法。

紧耦合多处理器共享一个中央存储器，这要求操作系统必须谨慎地同步进程以保护信息。这种耦合方式广泛应用于少于 16 个处理器的多处理器系统中。**对称多处理器**(**SMP**)是一种流行的紧耦合体系结构。在这种结构中，多个处理器共享存储器和 I/O 设备。所有的处理器在各自的数据上都执行同样的操作。

松耦合多处理器在物理上拥有分布式存储器，所以可认为是**分布式系统**。分布式系统可以用两种不同的方式来理解。一种是**网络系统**，即在一个局域网内分布着多个工作站，每个工作站运行自己的操作系统。网络系统的出现是由多台计算机共享资源的需求推动的。一个网络操作系统包含的功能有远程命令执行、远程文件访问以及远程登录(将机器加入网络)。用户进程可以通过网络和其他机器上的进程进行通信。网络文件系统是网络系统的另一个重要应用。它允许多台机器共享一个逻辑文件系统，即使这些机器可能分布在不同的地理位置，具有不同的体系结构，以及运行不同的操作系统。这些系统间的同步是一个重要问题，但通信更加重要，因为通信距离可能十分遥远。虽然网络系统可以分布在不同地理区域，但它们不是真正意义上的分布式系统。我们将在第9章更多地介绍分布式系统。

一个真正的分布式系统与一个包含多个工作站的网络的最大不同在于：一个分布式操作系统同时运行在所有的机器上，为每个用户提供一个单机镜像(即每个用户都好像在使用相同的机器)。相反，在网络系统中，用户会意识到系统中有不同机器的存在。因此，在分布式系统中透明性是一个重要问题。不能仅仅因为文件分布在不同的机器上，或者它们为不同的机器提供不同的命令，就为文件分配不同的文件名。

本质上，多处理器操作系统和单处理器操作系统没有明显的不同。然而，为了确保多个CPU满负载工作，调度是一个主要的不同点，因为多CPU必须保持为忙状态。如果调度机制的设计存在问题，则多处理器固有的并行优势将不能得到充分利用。特别是，如果操作系统不能提供合适的工具以利用并行性，则机器性能将遭受损失。

正如我们之前提到的，实时系统需要特别设计的操作系统。实时系统和嵌入式系统要求操作系统具有最小的尺寸和最小的资源利用率。无线网络是嵌入式系统和网络系统的紧密组合，这对操作系统的设计提出了新的需求。

个人计算机操作系统

针对个人计算机的操作系统相比大型系统有不同的设计目标。大型操作系统的作用主要是提供出色的性能和硬件利用率(仍要保证系统方便使用)，而面向个人计算机的操作系统的一个主要目标就是使系统更加友好易用。

当Intel在1974年发布8080微处理器时，公司要求Gray Kildall编写一个操作系统。Kildall设计了一个软驱，可将软盘与8080相连接，然后编写了操作系统的软件来控制它。Kildall把这个基于磁盘的操作系统称为**CP/M(微型计算机的控制程序)**。**BIOS(基本的输入/输出系统)**使得CP/M可运行在不同类型的PC之上，因为BIOS提供了与输入/输出设备交互的必要接口。因为I/O设备在不同系统间最有可能发生变化，所以将这些I/O设备的接口封装到一个模块内，可以使操作系统不会因为机器的不同而不同。针对不同机器仅需要对BIOS进行调整即可。

Intel错误地认为基于磁盘的计算机前景黯淡。在决定不使用这种新型操作系统后，Intel将CP/M的专利权给予了Kildall。1980年，IBM需要为其个人计算机设计操作系统。虽然IBM首先联系了Kildall，但这笔交易最终被微软获得，微软向西雅图计算机设备公司支付15 000美元购买了名为**QDOS**的基于磁盘的操作系统。后来，这个软件被重新命名为**MS-DOS**，剩下的故事已被众人所熟知。

早期面向个人计算机的操作系统通过键盘输入命令的方式进行操作。**GUI(图形用户接口)**的发明者Alan Key和鼠标的发明者Doug Engelbart同属于施乐Palo Alto研究中心，当将他们的理念融入操作系统后，操作系统的面貌焕然一新。通过他们的努力，命令提示符被窗口、图标和下拉菜单所取代。微软通过Windows系列操作系统(包括Windows 1. x、2. x、3. x、95、98、ME、NT、2000、XP、7以及8)，推广并普及了这一理念(但不是微软发明的)。Macintosh的图形化操作系统 MacOS 比 Windows GUI 早出现几年，也有多个版本。UNIX 借助 Linux 和 OpenBSD 也在个人计算机世界中流行开来。此外，还有许多其他基于磁盘的操作系统（像 DR DOS、PC DOS 以及 OS/2），但它们没有 Windows 和 UNIX 的各种版本流行。

8.2.2 操作系统的设计

因为在计算机上运行的最重要的软件就是操作系统，所以对于它的设计必须相当谨慎。操作系统控制计算机的基本功能，包括存储器管理和输入/输出，更不必说那些“看得见摸得着”的接口了。操作系统与其他大多数软件的区别在于它是**由事件驱动**的，意思是操作系统所执行的任务是对命令、应用程序、I/O 设备以及中断的响应。

4 种主要因素影响操作系统的设计：性能、功耗、成本和兼容性。到目前为止，对操作系统是什么已经有了一些简单的认识，但是对于究竟什么是操作系统仍然存在很多不同的观点，从当前存在的多种类型的操作系统就可以证明这一点。大多数操作系统都有相似的接口，但对于如何执行相关任务则有很大的区别。有些操作系统追求简化设计，只实现最基本的功能即可；而另一些操作系统则试图涵盖所有想到的功能。有些操作系统具有出色的用户接口，但在其他方面的设计不尽如人意；而另一些操作系统在存储器管理和 I/O 上拥有出色的设计，但用户接口方面则是其短板。没有一个操作系统在所有方面都做得很出色。

在操作系统设计中有两个组件至关重要：内核和系统程序。**内核**是操作系统的核心。它为进程管理器、调度器、资源管理器和 I/O 管理器提供必要支持。内核负责调度、同步、保护/安全、存储器管理和中断处理。它主要控制系统硬件，包括中断、控制寄存器、状态字、定时器。它加载所有的设备驱动、提供通用的工具以及协调所有 I/O 的行为。内核必须知道所有硬件的具体细节，以便将它们组合为一个完整系统。

当前存在两种截然相反的内核设计方法，即**微内核**结构和**宏内核**（也称单内核）结构。微内核仅封装一些操作系统最常见的功能（如进程调度、存储器管理、进程间通信等），还需要依赖其他模块来执行特定的任务，因此，微内核将很多典型的操作系统服务（如驱动程序）移送到用户空间。这种机制允许很多操作系统服务在不用重启操作系统的前提下动态地加载和配置。因为运行在用户级的服务对系统资源的访问受到限制，所以微内核也是安全的。相比宏内核，微内核更容易定制并移植到其他硬件平台之上。然而，微内核必须与其他模块进行额外的通信，这就导致系统运行速度慢、效率低。微内核设计的主要特征是体积更小，容易移植，很多系统服务运行在微内核之上而不是运行在微内核之中。随着 SMP 和其他多处理器系统的发展，微内核得到了更广泛的关注。常见的基于微内核的操作系统有 MINIX、Mach 和 QNX。

宏内核则在一个进程中提供了所有必需的功能，即所有功能都运行在内核空间内。因此，宏内核要远远大于微内核。因为宏内核一般是针对特定硬件平台设计的，并直接与硬件资源进行交互，所以相比微内核它更容易优化。但也正是因为这个原因，宏内核不容易移植。典型的基于宏内核的操作系统包括 Linux、MacOS 和 DOS。

因为除了管理之外，操作系统本身也是消耗各种资源的，所以设计者必须考虑最终操作系统的大小。例如，一个常见的 Linux 版本——Ubuntu 12.04 需要 5MB 的硬盘空间，Windows 7 和 Windows 8 的大小则是 Ubuntu 12.04 的 3 倍多。这些数据说明了在过去 20 年间操作系统的功能取得了爆炸性的增长。要知道，MS-DOS 1.0 仅需要一张 100KB 的软盘即可装下。

8.2.3 操作系统的服务

在之前关于操作系统体系结构的讨论中，我们提到了一些由操作系统提供的重要服务。操作系统监管所有关键的系统管理任务，包括存储器管理、进程管理、保护机制以及和 I/O 设备的交互。作为一个接口角色时，操作系统决定了用户如何和计算机进行交互，就好像是一个位于用户和硬件之间的缓冲器。上述任何一个功能都是决定整个计算机系统性能和可用性的重要因素。实际上，有些时候如果系统便于使用，即使牺牲一些性能也是可以接受的。在图形用户接口领域，这种折中设计是最明显的。

用户接口

操作系统在用户和计算机硬件之间提供了一个抽象层。因为操作系统提供了一个接口以隐藏计算机的细节，所以用户和应用程序都无法直接看到硬件。操作系统提供了3种基本接口，每种接口都为某个特定使用者提供一个不同的视角。硬件开发者将操作系统看成具体硬件的抽象接口。应用开发者将操作系统视为各种应用程序和系统服务的接口。一般用户则把操作系统视为图形接口，也是我们通常所说的接口。

操作系统的用户接口可分为两种基本类型：**命令行接口**和**图形用户接口**(GUI)。命令行接口提供了一个带提示符的窗口，用户可在其中输入各种命令，如拷贝文件、删除文件、显示目录内容以及对目录结构进行操作。命令行接口往往需要用户熟悉相关系统的语法，这对于一般用户而言过于复杂。然而，对于已经熟悉某种命令行语法的用户来说，直接通过命令行执行任务会比使用图形接口更有效。另一方面，图形接口为普通用户提供了一个更加便捷的接口。现代的图形用户接口由桌面上的各种窗口组成。这些窗口文件通过图标和其他图形化方式来表示，并可通过鼠标对其进行操作。常见的命令行接口有UNIX shell和DOS。常见的图形接口有微软各种版本的Windows以及MacOS。随着硬件成本的降低，特别是处理器和内存成本的降低，图形接口已经添加到很多其他操作系统中了。其中，由很多UNIX操作系统提供的通用X窗口系统最为常见。

用户接口本身是一个或一组构成**显示管理器**的程序。这个模块通常与操作系统内核中的核心功能相分离。大多数现代操作系统都会创建一个完整的操作系统程序包，里面具有与内核紧密关联的模块，这些模块包括接口、文件处理和其他一些应用。这些模块彼此链接在一起的方式是定义现代操作系统的一个主要特征。

进程管理

进程管理是操作系统服务的核心。它包括从进程创建(设置相关数据结构来保存进程信息)，到调度进程的使用资源，再到删除进程以及进程终止后的清理工作等。操作系统跟踪每个进程，包括它的状态(包括变量的取值、CPU寄存器中的内容和当前进程状态——运行、就绪还是等待)、它正在使用的资源以及请求的资源。操作系统时刻关注着每个进程的动作以避免可能出现的**同步问题**，即多个并发进程访问共享资源。这些动作必须小心监控以避免数据的不一致和偶发的资源使用冲突。

在任何给定的时间内，内核都管理着一个进程集合，这个集合由用户进程和系统进程组成。大多数进程是相互独立的。然而，在需要交互以实现一个共同目标时，它们依靠操作系统实现进程间的通信任务。

进程调度是操作系统的一个重要组成部分。首先，操作系统必须决定哪一个进程可以进入系统(通常称为**长期调度**)。然后，操作系统在某一特定时刻还必须决定哪个进程可以获得CPU的使用权(**短期调度**)。为了支持短期调度，操作系统维持一个就绪进程列表，因此，操作系统可以区分哪些进程正在等待资源，而哪些进程已经准备就绪并可以调度执行。如果一个正在运行的进程需要I/O或其他资源，则它将自动放弃CPU的控制权，并将自己置于等待队列，然后另一个进程被调度执行。这一过程就构成了**上下文切换**。

在上下文切换过程中，当前正在执行进程的相关信息被保存，以便其重新被调度执行时，可以准确恢复该进程中断时所处的状态。在上下文切换过程中保存的信息包括所有CPU寄存器中的内容、页表以及其他和虚拟存储器相关的信息。一旦这些信息安全地保存后，一个之前中断的进程（即一个正准备使用 CPU 的进程）就会准确地恢复成中断前的状态。（当然，如果是一个全新的进程，则不用恢复之前的状态。）

进程会在两种情况下放弃对 CPU 的控制权。在**非抢占式调度**中，进程自动放弃 CPU 的控制权可能是因为它正在请求另一个当前不能调度的资源。然而，假如系统是基于时间片设计的，那么进程可能会被操作系统从运行状态置为等待状态。这称为**抢占式调度**，因为当前进程被抢占，CPU 的控制权被操作系统剥夺。抢占也可能发生在基于优先权的进程调度和中断过程中。例如，如果一个低优先权的进程正在执行，此时一个高优先权的进程需要使用 CPU，则低优先权的进程会置于就绪队列（发生一次上下文切换），高优先权进程会立即执行。

在进程调度过程中操作系统的主要任务就是决定应当调度哪个进程来使用 CPU。影响调度决定的因素包括 CPU 的利用率、吞吐量、轮转时间、等待时间以及响应时间。短期调度有多种实现方式，包括先来先服务（FCFS）、最短作业优先（SJF）、循环以及优先权调度。在 **FCFS** 中，进程按照请求的顺序被分配处理器资源。但只有执行的进程终止后，才会放弃 CPU 的控制权。FCFS 是一种非抢占式算法，其优点是容易实现。然而，这种算法对于多用户系统是不适用的，因为进程等待 CPU 的平均时间会有很大的变化。此外，一个进程可能会独占 CPU，造成挂起进程的执行时间的过度延迟。

在**最短作业优先调度**中，系统执行时间最短的进程相比其他进程具有更高的调度优先权。已证明 SJF 是最优的调度算法。但这个算法的最大问题是没有方法提前预知一个进程准确的运行时间。使用 SJF 的操作系统通常采用一些启发式方法来估计进程的运行时间，但这些启发式方法的效果并不好。SJF 可以是抢占式的，也可以是非抢占式的。（抢占式通常称为**最短剩余时间优先**。）

循环调度是一个公平且简单的抢占式调度策略。给每个进程分配一个确定的 CPU 时间片。如果一个进程的时间片用完后该进程仍然在运行，则通过上下文切换将该进程换出，处于等待队列中的下一个进程被分配属于它的 CPU 时间片。循环调度在分时系统中广泛使用。当调度器采用足够短的时间片时，系统中的多个用户意识不到他们正在共享系统资源。然而，时间片不应当过小，以避免上下文切换时间过长。

优先权调度为每个进程分配一个优先权。短期调度器从就绪队列中选择一个具有最高优先权的进程。在 FCFS 中，所有进程都有相同的优先权。SJF 中具有最短执行时间的进程拥有最高优先权。优先权调度最大的问题是可能会造成资源独占或无限阻塞。想象如果你在一个繁忙的系统中试图运行一个大规模的作业，但由于此时还有其他用户频繁提交具有更短运行时间的作业（更高优先权），而导致你的作业一直无法执行，这是多么令人懊恼？在现实中就有这样的例子，当某个大学中的一台大型计算机停机时，在就绪队列中发现了一个已经等待了几年的待调度作业。

一些操作系统会将几种调度方法进行组合。例如，一个系统可能使用抢占式、基于优先级、先来先服务的调度算法。更加复杂的操作系统可能还会允许用户设置时间片的长短、并发的任务数以及为不同的作业分配优先级。

多任务（系统中有多个并发执行的进程）和**多线程**（一个进程划分为多个不同的线程）对于 CPU 调度提出了很多挑战。**线程**是系统中最小的可调度单位。线程和其父进程共享相同的可执行环境，包括 CPU 寄存器和页表。因此，线程间上下文切换的开销远远小于整个进程的切换开销。根据并发的需要程度，可能存在单进程单线程、单进程多线程、多进程单线程以及多进程多线程。一个支持多线程的操作系统必须能够支持上述所有的组合。

资源管理

除了进程管理外，操作系统还需要管理系统的资源。因为系统资源相对昂贵，所以这些资源是共享的。例如，多个进程共享一个处理器，多个程序共享物理内存，多个用户和文件共享一个硬盘。操作系统主要关注3类资源：CPU、存储器和I/O。CPU的访问权由调度器控制。对存储器和I/O的访问则需要不同的控制和功能部件。

回顾第6章可知，大多数现代系统通过虚拟存储器来扩展RAM的容量。这就意味着可能会有几个程序共存于主存中，每个进程会有一个页表。起初，在操作系统能够处理虚拟存储器之前，程序员使用**覆盖**技术实现虚拟存储器。如果一个程序过大以至于无法全部装入内存，程序员则把它分为几部分，仅将某个时刻程序运行时必须使用的指令和数据加载到内存。此时如果需要新的数据或指令，则完全由程序员（还需依靠编译器的帮助）来管理存储器。现在，操作系统接管了这个任务。操作系统将虚拟地址转换为物理地址，与硬盘之间传递页表并维护页表。操作系统还决定主存的分配，并跟踪空闲页帧。当释放主存空间时，操作系统执行**垃圾收集**，即将多个主存碎片合并为一个更大的可用主存块。

除了管理共享的主存之外，操作系统还需要处理共享的I/O设备。大多数的输入/输出请求是由应用程序发出的。操作系统提供必要的服务来辅助完成输入/输出任务。当然，应用程序可以不通过操作系统来处理输入/输出，但这样不但会增加开发难度，还会引起保护和访问权限的问题。如果几个不同的进程试图同时使用同一个I/O设备，这些请求必须协调有序地进行处理，这正是操作系统的任务。操作系统一般通过各种系统调用提供一个通用的I/O接口。这些系统调用允许应用程序通过操作系统去请求一个I/O服务。然后，操作系统再去调用设备驱动程序，这些驱动通过若干软件程序来控制特定I/O设备以完成一系列相关的功能。

操作系统还负责管理磁盘文件，如创建文件、删除文件、创建目录、删除目录等。并且还提供操纵文件或目录的原语及其映射到辅存的支持。虽然I/O设备驱动负责许多特定细节，但仍需操作系统协调这些驱动以支持I/O功能。

安全和保护

作为进程和资源管理者时，操作系统需要确保正确性、公平性以及高效性。然而，共享资源会产生大量的安全隐患，比如未授权的访问或数据篡改。因此，操作系统还需要扮演资源保护者的角色，以确保不会受到恶意软件的破坏。并发进程必须保护彼此之间的安全，并且必须保护操作系统进程以防被用户进程破坏。如果没有这些保护措施，一个用户程序可能会擦除操作系统中用于处理中断的代码。在多用户系统中需要额外的安全措施来保护共享资源（如存储器和I/O设备）和非共享资源（如个人文件）。存储器防护会保护用户程序中的某个缺陷不会对其他程序产生影响或一个恶意程序不会获得系统的控制权。CPU防护可以确保用户程序不会陷入死循环，以避免消耗其他任务所需的CPU时间。

操作系统会以多种方式提供安全服务。首先，活动进程会限制在自己的存储空间内执行。所有对I/O或其他资源的请求必须通过操作系统来完成。操作系统在用户模式下执行大多数命令，其他命令在内核模式下执行。通过这种方式，避免了对资源的非授权访问。操作系统还提供其他措施来控制用户访问，一般是通过登录名和密码。可通过将进程限制到一个独立的子系统中来实现更强的保护。

8.3 保护环境

为了提供保护机制，多用户操作系统应防止进程在系统中无序运行。进程执行必须与操作系统和其他进程相隔离。必须控制和协调对共享资源的访问以避免冲突。目前，有很多方式可以在系统中构建安全屏障。在本节中，我们解释其中的3种方式：虚拟机、子系统以及分区。

8.3.1 虚拟机

20 世纪 50 年代和 60 年代的分时系统一直在试图解决与共享资源相关的问题，这些共享资源包括内存、磁盘存储器、读卡器、打印机以及处理器周期。那个时代的硬件还不能使很多计算机科学家的想法得以实现。其中一个很好的想法是每个用户进程都有一个属于自己的机器——一个在真实机器内部、可以与其他虚拟机器共存的虚拟机器。到了 20 世纪 60 年代后期和 70 年代早期，硬件终于支持将“虚拟机”的概念实现于分时通用的计算机中。

虚拟机在概念上十分简单。真实计算机中的真实硬件是在一个**控制程序**（或内核）的控制之下。控制程序可以创建任意数目的虚拟机，这些虚拟机在内核下运行时就好像是普通的用户进程，和用户空间中运行的任何程序受到同样的限制。控制程序将每个虚拟机都表示成一个真实机器硬件的镜像。每个虚拟机会“看到”一个由 CPU、寄存器、I/O 设备以及（虚拟）存储器构成的虚拟环境，就好像这些资源都是这台虚拟机所独有的。因此，虚拟机就是一台具有全部系统资源的镜像机器。如图 8-1 所示，一个运行在虚拟机上的用户程序可以访问该虚拟机中的任何资源。例如，当一个程序通过调用系统服务将数据写到硬盘时，它会执行在真实机器运行时使用的调用。虚拟机接收 I/O 请求并将这些请求传递给控制程序以便在真实硬件上执行。

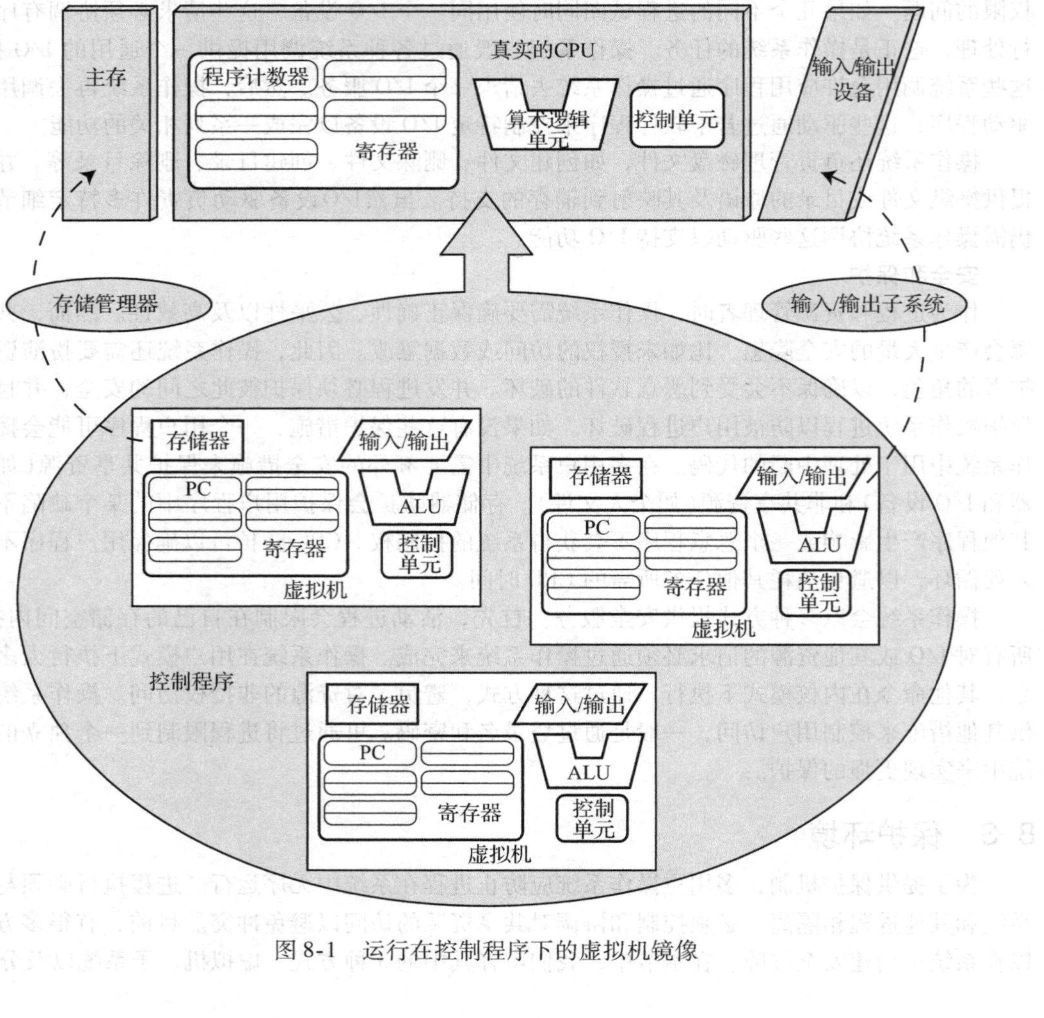

图 8-1　运行在控制程序下的虚拟机镜像

在虚拟机上运行一个和真实操作系统不同的系统是完全有可能的。同样，每台虚拟机都可以运行一个和其他虚拟机不同的操作系统。实际上，这些情况都是很常见的。

如果在微软的 Windows(从 95 到 XP)系统中打开一个“MS-DOS”命令行窗口，那么就已经初始化了一个虚拟机环境。Windows 系统的控制程序称为 Windows **虚拟机管理器(VMM)**。VMM 是一个 32 位的保护模式子系统(有关子系统的介绍请看下一节)，可以创建、运行、监控以及终止虚拟机。VMM 在系统启动时被加载到内存中。当通过命令窗口调用时，VMM 创建一个“MS-DOS”虚拟机，它是运行在 16 位 Intel 8086/8088 处理器上的虚拟镜像。虽然真实的机器有更多的寄存器(它们是 32 位宽)，但在 DOS 环境中执行的任务仅仅能够看到 8086/8688 处理中有限数目的 16 位处理器。VMM 控制程序将 16 位指令转化(在虚拟机术语中，称为**形式转换**)为 32 位指令，以便这些指令可以在真实的处理器上运行。

为了处理硬件中断，每当系统启动时，VMM 都加载一组预先定义的**虚拟设备驱动(VxD)**。每个 VxD 可以模拟一个外部硬件，或模拟一个可通过特权指令访问的可编程接口。VMM 辅助以 32 位保护模式动态地链接库(见 8.4.3 节)，允许虚拟设备获取中断和故障。通过这种方式控制应用对硬件设备和系统软件的访问。

当然，虚拟机也是虚拟存储器，在这里必须和操作系统以及其他运行在这个操作系统下的虚拟机共享存储空间。Windows 95 的存储器地址分配如图 8-2 所示。每个进程位于从 1MB ~ 1GB 的私有地址空间中。其他进程访问是不能这个私有地址空间的。如果一个未授权的进程试图访问受另一个进程或操作系统保护的存储空间，那么会产生一个**保护故障**，这个故障将通过显示器呈现出来。处于共享存储区域的数据和代码可以共享处理器。在图 8-2 中上面的区域保存了除动态链接库之外的系统虚拟机组件。下面的区域是不可寻址的，可以用来检测指针错误。

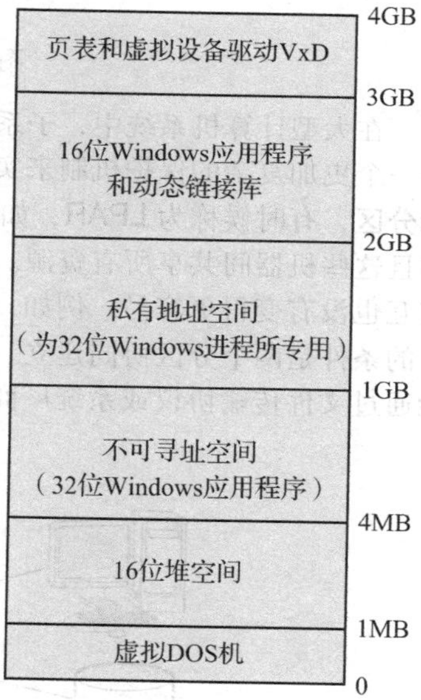

图 8-2 Windows 95 的存储器映像

当现代系统支持虚拟机时，它们就可以对大型企业级计算机提供所需的保护、安全和可管理性。虚拟机也为数不清的硬件平台提供了可兼容性。例如，将在 8.5 节中讲述的 Java 虚拟机。

8.3.2 子系统和分区

Window VMM 是一个在 Windows 启动时启动的子系统。Windows 还会启动其他具有特殊用途的子系统，它们用于文件管理、I/O，以及配置管理。子系统构建了逻辑上隔离的环境，这个环境能够被单独地配置和管理。子系统运行在操作系统内核之上，可借助内核访问基本的系统资源，如在几个子系统间共享的 CPU 调度器。

每个子系统都必须定义在控制系统的上下文中。这些定义包括资源描述，如硬盘文件、输入/输出队列以及各种硬件模块(如终端、打印机等)。在子系统中定义的资源对于内核并不一定直接可见，但在定义它们的子系统中是可见的。在子系统中定义的资源既可以和其他子系统共享，也可以不和其他子系统共享。图 8-3 描述了子系统和其他系统之间的概念性关系。

子系统有助于大型、复杂计算机系统的管理。因为每个子系统都是一个独立的可控个体，所以系统管理员可以独立地启动和关闭子系统，不会受到操作系统或其他正在运行的子系统的干扰。每个子系统也可以独立分配系统资源，如增加或减少硬盘或内存的空间。

此外，如果一个进程脱离了其隶属的子系统的控制，或造成了系统崩溃，那么通常只是运行这个进程的子系统会受到影响。因此，子系统不仅可使计算机系统更便于管理，而且也使它们更加健壮。

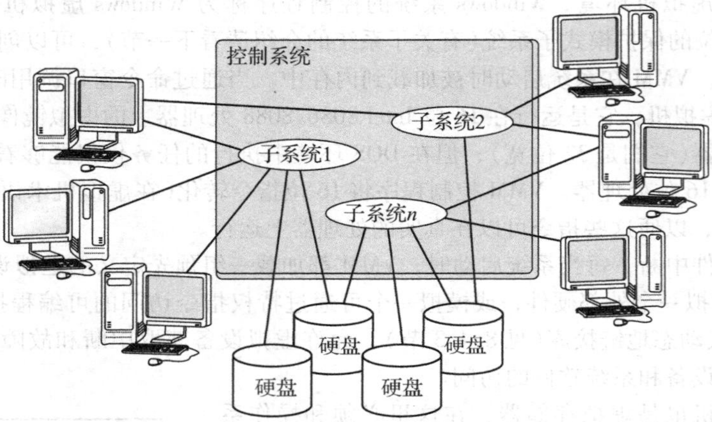

图 8-3　可定义为多子系统的单个资源

在大型计算机系统中，子系统还远远达不到对机器及资源进行划分的目的。有时候，还需要一个更加复杂的保护机制来实施安全防护和资源管理。此时，一个系统可能被划分为几个**逻辑分区**，有时候称为 **LPAR**，如图 8-4 所示。LPAR 在一个物理系统中可创建若干独立的机器，并且这些机器间共享所有资源。相比在物理上分离的系统中运行分区而言，逻辑分区间的信息交互也没有变得更容易。例如，如果系统有两个分区 A 和 B，分区 A 唯一能够读取分区 B 中文件的条件是两个分区协同建立一个可交互的共享资源，比如流水线或消息队列。一般说来，仅能通过文件传输协议或系统厂商定制的工具才能实现在两个分区间的文件传输。

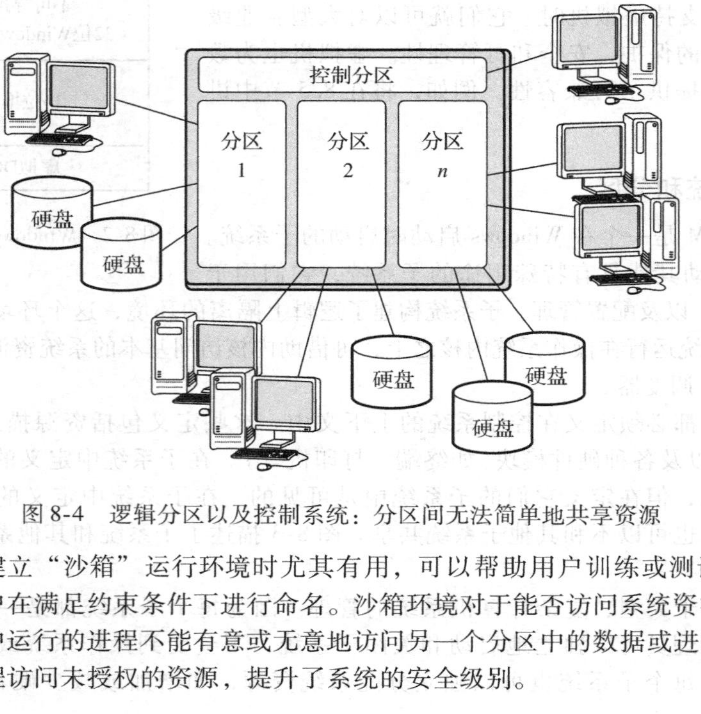

图 8-4　逻辑分区以及控制系统：分区间无法简单地共享资源

逻辑分区在建立“沙箱”运行环境时尤其有用，可以帮助用户训练或测试新程序。沙箱环境可由任何用户在满足约束条件下进行命名。沙箱环境对于能否访问系统资源具有严格的限制。在一个分区中运行的进程不能有意或无意地访问另一个分区中的数据或进程。因此，分区机制通过禁止进程访问未授权的资源，提升了系统的安全级别。

虽然，子系统和分区在如何定义资源方面并不相同，但是你可以把它们都看成是计算机系统中分层系统体系结构的小型模型。在分区环境中，这些层级看起来像是相邻层的生日蛋糕，从硬件级扩展到应用级。另一方面，子系统彼此之间的区别并不明显，大部分的差异发生在系统软件级。

8.3.3 保护环境和系统结构的演变

直到最近，虚拟机、子系统和逻辑分区都被认为是陈旧的大型机系统技术的产物。在整个20世纪90年代，越来越小的机器被广泛使用，相比大型机，人们相信这些机器性价比更高。“客户端–服务器端”模式也被认为对于动态业务环境具有更高的用户友好性和响应性。面向小型系统的应用程序开发很快对编程能力有很强的需求。办公自动化程序(如文本处理和日历管理)更适合基于小型文件服务器的协同网络环境。打印服务器控制的网络激光打印机可以在白纸上输出清晰的文字，而大型行式打印机只能输出带有污渍的文字，并且其打印速度也比不上前者。无论按照哪种标准，相比大型计算机，具有相同计算机能力的台式机和小型服务器具有更低的成本。计算能力仅是企业级计算系统设计时所需考虑的一个方面。

当办公自动化任务转移到台式计算机上之后，办公网络将所有的台式计算机以及文件服务器连接起来，以存储文档和其他重要的商业信息。应用服务器用于执行核心的商务管理任务。当公司接入因特网之后，电子邮件和网络服务器也加入到了网络中。如果任何一个服务器停止工作，则最简单的解决办法就是再将一个服务器加入到网络中来代替它。到了20世纪90年代后期，很多大型企业都拥有巨大的**服务器群**，在环境可控、安全有保障的条件下支持成百上千个独立的服务器。服务器群马上对人力资源产生了巨大的需求，每个服务器都必须给予高度的关注。每个服务器上的内容都必须备份到磁带上，随后这些磁带被卷起保存以保证安全性。随着故障诊断和软件补丁成为日常任务，每个服务器都可能成为一个故障源。因此，小型系统的成本优势很快变得不再像之前那样明显。这种现象对于支持成百上千台小型服务器系统的企业尤为显著。

每个大型计算机生产厂商现在都会提供**服务器整合**产品。不同的厂商采用不同的方法来设计这个产品。最有趣的一个想法就是在一个大型计算机系统中创建多个逻辑分区以支持多个虚拟机。服务器整合有很多优势，包括如下几个方面：

- 相比管理一大批小型计算机，管理一台大型计算机会更加容易。
- 相比具有相同计算能力的多台小型计算机，一台大型计算机系统的耗电量更少。
- 用电量的减少使得计算机系统散发的热量变少，因此节省了致冷的成本。
- 大型计算机系统能够提供更好的故障转移保护。(系统通常都带有热备磁盘和处理器。)
- 单个系统更容易备份和恢复。
- 单个系统占用的空间更小，降低了场地成本。
- 相比大批小型计算机，单个大型系统的软件授权费可能更低。
- 大型系统需要更少的人力，并且用户程序仅需在一个系统上进行更新。

大型系统厂商(如IBM、Unisys以及惠普等)，很快就抓住了服务器整合的商机。很多IBM的大型机和中型机被重新整合为zSeries服务器。其中，System/390大型机因为zSeries服务器而重获新生。zSeries服务器可以支持60个逻辑分区。每个运行IBM虚拟机操作系统的逻辑分区可以定义成千上万个虚拟的Linux系统。图8-5展示了一个zSeries/Linux配置模型。相比独立的Linux，每个虚拟的Linux系统同样具有支持企业级应用和电子商务活动的能力，但它没有额外的管理开销。因此，原来一个足球场大小的服务器群可以用一个仅比家用冰箱占地稍大的zSeries服务器所取代。可以说，服务器整合技术是操作系统变革的一个缩影。

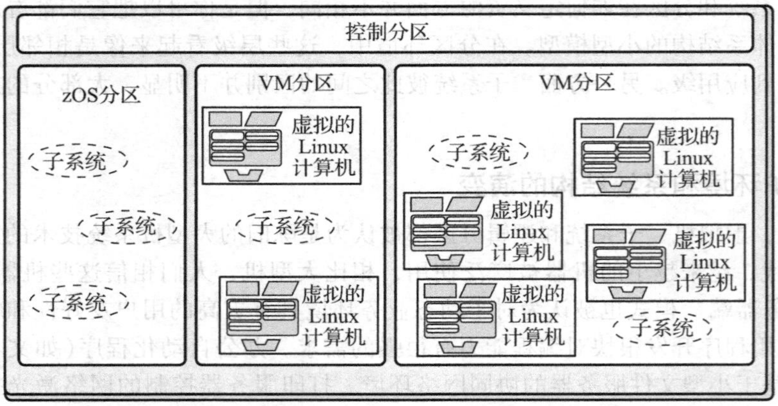

图 8-5 IBM zSeries 服务器逻辑分区内的 Linux 虚拟机

8.4 编程工具

操作系统及其相关的应用程序为编写程序的用户和运行程序的系统提供了接口。而其他实用工具，特别是编程工具，对于软件编写的特性是十分必要的。我们将在以本节中讨论与编程工具相关的内容。

8.4.1 汇编程序和汇编

在计算机系统分层结构中，操作系统层之上的是汇编语言层。在第 4 章中，我们提到的 MARIE 是一个简单的假想机器结构。实际上，这个机器结构太简单了，以至于在现实中没有任何一台计算机曾经使用过这个结构。其中一个原因是，连续地从存储器中获取操作数将使系统运行非常缓慢。真实的计算机通过提供足够数目可寻址的片上寄存器来最小化存储器的访问。此外，任何一台真正计算机的指令集体系结构也比 MARIE 丰富得多。许多微处理器在指令库里都有超过 1000 条的不同指令。

虽然 MARIE 和真实计算机十分不同，但它们汇编过程是类似的。实际上，现在所使用的任何一款汇编程序都将遍历源代码两次。第一次遍历将完成部分源码的汇编，同时建立一张符号表。第二次遍历使用从第一次遍历时建立的符号表中获得的地址生成全部二进制指令。

大多数汇编程序输出的是一个**可重定位**的二进制指令流。操作系统可将程序加载到内存的任意位置，当操作数的地址与加载程序在内存中的位置相关时，二进制代码将会重定位。以表 4-5中的 MARIE 代码为例：

```
   Load x
   Add y
   Store z
   Halt
x, DEC 35
y, DEC -23
z, HEX 0000
```

汇编后的输出代码如下：

```
1+004
3+005
2+006
7000
0023
FFE9
0000
```

在例子中，“+”并不表示执行加法操作。它用于告知程序加载器（操作系统的一个组件）第一条指令中的004是相对于程序起始地址的偏移量。假设如果加载器将程序放到内存地址0x250中，则上述指令在内存中是如何分布的，如表8-1所示。

如果加载器认为应当将程序放在内存地址0x400处，则上述指令在内存中的分布如表8-2所示。

表8-1 当程序加载到地址0x250时内存中的内容

地址	内存中的内容
0x250	1254
0x251	3255
0x252	2256
0x253	7000
0x254	0023
0x255	FFE9
0x256	0000

表8-2 当程序加载到地址0x400时内存中的内容

地址	内存中的内容
0x400	1404
0x401	3405
0x402	2406
0x403	7000
0x404	0023
0x405	FFE9
0x406	0000

相对于可重定位代码，**绝对代码**是可执行的二进制代码，它必须总是放在内存的一个特定地址中。不可重定位代码在一些计算机系统中用在一些具有特定目的的应用中。通常，这些应用涉及对附加设备的显式控制或是对系统软件的操控，其中一些特定的软件例程总是被分配在内存的固定位置中。

当然，二进制指令不能用“+”来区分可重定位代码和不可重定位代码。区分两者的方式取决于运行这些代码的操作系统的设计。一种区分二者的最简单方式是使用不同的文件类型（扩展）。在MS-DOS中，使用.COM（表示一个命令文件）扩展名来表示不可重定位文件，使用.EXE（表示一个可执行文件）扩展名来表示可重定位文件。COM文件总是被加载到地址0x100上，EXE文件可以被加载到内存的任意地址中，甚至不一定占据连续的存储空间。另一种区分的方法是在可执行文件中加入前缀或报文信息，当加载器从硬盘上读取该程序时就可获知相关的信息。

当可重定位代码加载到内存后，通常需要特殊的寄存器提供程序的基地址。这时程序中的所有地址都被认为是相对于寄存器中基地址的偏移量。在表8-1中，加载器将代码放置在内存的0x250处，那么真实的系统只需简单地将0x250保存在程序基地址寄存器中，程序无须进行任何修改即可执行。如表8-3所示，利用存储在基址寄存器中的0x250，每个操作数的地址都变成了一个有效地址。

表8-3 当使用基地址寄存器使程序位于地址0x250时内存中的内容

地址	内存中的内容
0x250	1004
0x251	3005
0x252	2006
0x253	7000
0x254	0023
0x255	FFE9
0x256	0000

无论是可重地位代码还是不可重定位代码，一个程序的指令和数据都必须与实际物理地址**绑定**。指令和数据与存储器地址的绑定可以发生在编译、加载或执行时。绝对代码是一个**编译时绑定**的例子，当程序编译时，将对引用的指令和数据与物理地址进行绑定。仅只有在一个进程镜像相对于内存的加载地址可以提前获知的情况下，编译时绑定才有效。然而，对于编译时绑定，如果进程镜像的起始地址发生了改变，则必须重新编译相关代码。如果一个进程镜像在内存中的位置无法在编译时获知，则产生可重定位代码，并可在加载时或运行时绑定。**加载时绑定**会在二进制文件加载到内存时为每个引用都加上一个该进程的起始地址。但是，对于加载时

绑定，在执行期间不能移动进程镜像，因为进程的起始地址必须保持一致。**运行时绑定**(执行时绑定)将地址绑定一定延迟至实际执行相关进程的时候。这使得进程镜像在执行期间可以从内存的一个地址移动到另一个地址。因此，运行时绑定需要特殊硬件以支持**地址映射**，或将逻辑地址转换成物理地址。一个额外的虚拟存储器用来快速地执行这个转换过程。一个特殊的基址寄存器用来存储程序的起始地址，并将该地址与 CPU 发出的访存地址相加。如果进程镜像发生了移动，则基址寄存器更新为进程新的起始地址。

8.4.2 链接器

在大多数系统中，编译器的输出必须经过**链接编辑器**(也称**链接器**)才能在目标系统上运行。链接是将一个程序的外部符号与所有其他文件的导出符号进行匹配的过程，并产生一个不包含任何未解析外部符号的单一二进制文件。如图 8-6 所示，一个链接器的主要工作就是将相关程序文件组合为一个统一的可加载模块。(图中的例子使用 DOS/Windows 环境下的文件扩展名。)例子中所涉及二进制文件可以是由用户编写的，也可以通过与标准系统库合并得到，这取决于应用的需要。此外，二进制链接器的输入可以由任意编译器产生。这就允许一个程序的不同部分可以使用不同语言来编写，因此为了编码方便，一个程序的某个部分可以使用 C++ 编写，而为了加快程序的执行速度，另一部分运行缓慢的代码可以通过汇编语言编写。

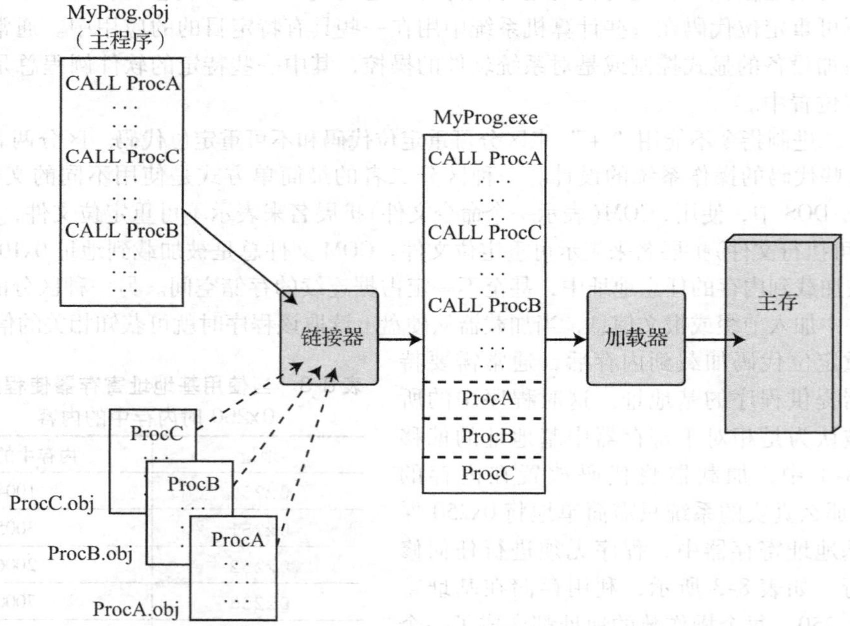

图 8-6　链接和加载二进制模块

与汇编器类似，大多数的链接器也需要两遍遍历才能产生完整的包括所有外部输入模块的可加载模块。在第一遍遍历中，链接器生成一个全局外部符号表，这个表包含每个外部符号的名字以及它们相对于最终模块起始地址的偏移地址。在第二遍遍历中，将把各个外部符号的所有引用替换为符号表中相应的偏移地址。此外，在第二遍遍历中，可将与平台相关的代码也添加进来，生成最终统一可加载的二进制程序文件。

8.4.3 动态链接库

一些操作系统，尤其是微软的 Windows，在创建可执行文件前不需要一次性链接程序所需要的所有模块。通过在源程序中使用相应的语句，某些外部模块可以在运行时被链接。这些外部模块称为**动态链接库**(DLL)，仅当第一次调用时才会对这些模块进行链接。动态链接的过程如图 8-7 所示。当加载每个动态链接程序时，相应的地址就会保存在主程序模块中的交叉引用表中。

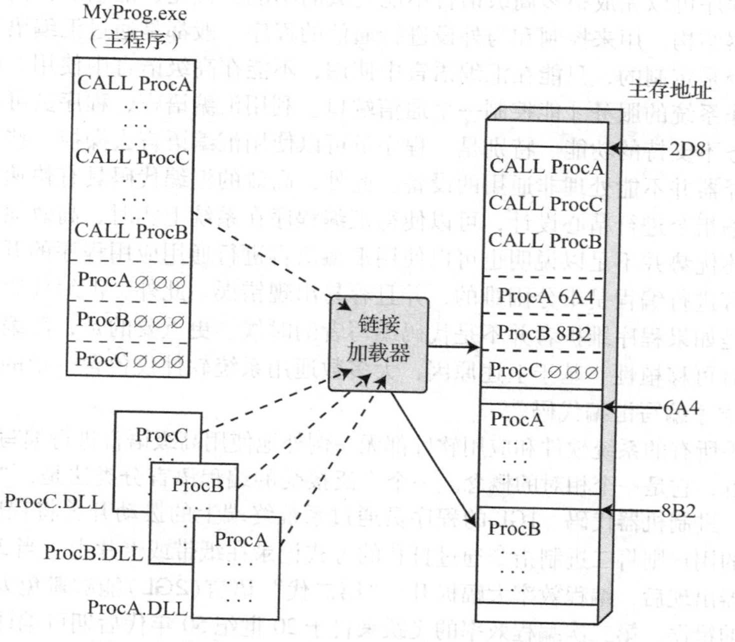

图 8-7 带有加载时地址解析功能的动态链接过程

动态链接的方法有很多优势。首先，如果一个外部模块要在几个程序中重复使用，那么静态链接会使每个程序都包含这个模块的一个副本。很明显，对同样的代码保存多个副本是对磁盘空间的极大浪费，因此，可以通过运行时链接节省磁盘空间。动态链接的第二个优势是，如果某个外部模块的代码发生改变，则和这个模块链接的其他模块不需要通过重新链接来保证程序的完整性。此外，跟踪哪些模块都使用了哪些特定的外部模块是十分困难的，对于大型系统甚至是不可能的。第三个优势是动态链接使得第三方可以构建公共库，并提供给为特定系统编写程序的人来使用。换句话说，如果你正为某个特定操作系统编写程序，则某些特定的动态链接库在运行这种操作系统的每台计算机都是可以使用的。你不需要关心操作系统的版本号、补丁类型或其他任何容易频繁改变的模块。只要不删除该动态链接库，它就能被动态链接所使用。

动态链接可以在程序加载时进行，也可在运行的程序首次调用未链接的模块时进行。在加载时进行动态链接会引发程序的启动延迟。除了简单地从硬盘中读取二进制代码并运行之外，操作系统不仅需要加载主程序，还需要加载主程序所使用的其他模块的二进制代码。加载器在程序执行之前为主程序中的每个模块都提供了加载地址。用户调用程序和程序实际开始运行之间的延迟对于某些应用可能是无法接受的。另一方面，运行时链接不会引发启动延迟，因为一个模块仅在调用时被链接。当调用相对较少的程序模块时，这种方法节省了相当大的工作量。然而，当一个正在运行的程序频繁地暂停以加载库程序时，会造成一些用户对于不稳定响应时间的不满。

动态链接库中一个不易察觉的问题是编写模块的程序员无法直接控制动态链接库中的内容。因此，如果动态链接库代码的设计者决定更改库的功能时，他们可直接修改，无须告知该动态链接库的使用者。此外，任何一个商用程序的开发者都会告诉你，动态链接库哪怕发生细微的更改，都有可能造成整个系统的连锁反应。这些连锁反应可能是破坏性的，并且很难追踪到源头。万幸的是，这种情况发生的概率很低，因此，动态链接库仍然是用于商用库代码发布的主要方法。

8.4.4　编译器

汇编语言程序可以完成很多高级语言不能完成的功能。首先，汇编语言使得程序员可以直接访问底层机器结构。用来控制和与外设进行通信的程序一般都是通过汇编语言编写的，原因是一些特殊指令是定制的，只能在汇编语言中使用，不能在高级语言中使用。例如，程序员不一定要借助操作系统的服务才能控制一个通信端口。利用汇编语言，程序员可以使机器执行一些操作系统服务不支持的功能。特别是，程序员可以使用汇编语言去操控一些专用硬件，因为高级语言的编译器并不能处理非通用的设备。此外，高效的汇编代码具有快速的执行速度。通过对每一条汇编指令进行精心设计，可以使得汇编程序在系统上实时、高效地执行。

然而，上述优势并不足以说明也可以使用汇编语言进行通用应用程序的开发。因为，事实上使用汇编语言进行编程是十分困难的，并且容易出现错误。此外，汇编代码的维护比开发更加困难，特别是如果程序维护者并不是代码编写者的时候。更重要的是，汇编程序在不同的机器结构上不具有可移植性。基于上述原因，大多数通用系统软件仅包含少量的汇编指令。仅当必须使用的时候才编写汇编代码。

当今，几乎所有的系统软件和应用软件都无一例外地使用高级语言进行编写。当然，“高级”很容易产生误解，它是一个相对的概念。一个广泛接受的编程语言分类法是，“第一代”计算机语言（1GL）为二进制机器代码。1GL的程序员通过系统终端上的拨动开关将程序输入到机器中！具有更高特权的用户则将二进制指令通过打孔的方式记录在纸带或卡片上。当20世纪50年代早期第一个汇编器出现后，编程效率大幅提升。“第二代”语言（2GL）能够避免人工将指令翻译为机器码时产生的错误。第二次编程效率的飞跃来自于20世纪50年代后期可编译符号化语言的出现，也称为“第三代”语言（3GL）。Fortran是第一个这类语言，由John Backus和他在IBM的团队在1957年发布的。自从这一年以后，大量的以字母表示的3GL编程语言应运而生。它们的名字有时是首字母缩写，如COBOL、SNOBOL以及COOL；有时是使用人名来命名的，如Pasca和Ada。当然，3GL更多的时候是由他们的设计者来命名的，如C、C++和Java。

每一代编程语言都更贴近人类思考问题的方式，换句话说，也就是更远离机器求解问题的方法。一些第四代和第五代编程语言使用起来十分简单，以至于原先需要由一个经过训练的专业程序员才能完成的任务，现在可简单地由终端用户来完成，只需要告诉机器做什么，至于怎么做则全部由编译器完成。在降低用户编程难度的同时，这些较晚出现的编程语言无疑加重了计算机系统的负担。从根本上来说，所有的指令都必须经过所有的语言层次，因为计算机底层的硬件实际上只能执行二进制指令。

在第4章，我们曾经提到汇编语言和机器实际运行的二进制代码之间是一对一的关系。在可编译的高级语言中，则是一对多的关系。例如，因为允许变量存储定义，所以对于高级语言中的语句 `x = 3*y`，在MARIE汇编语言中至少有12条语句。源代码指令与机器语言指令的比例越小，则说明该源语言越复杂。对于越高级的语言，每行程序将生成更多的机器指令。上述关系中编程语言的层次结构，如图8-8所示。

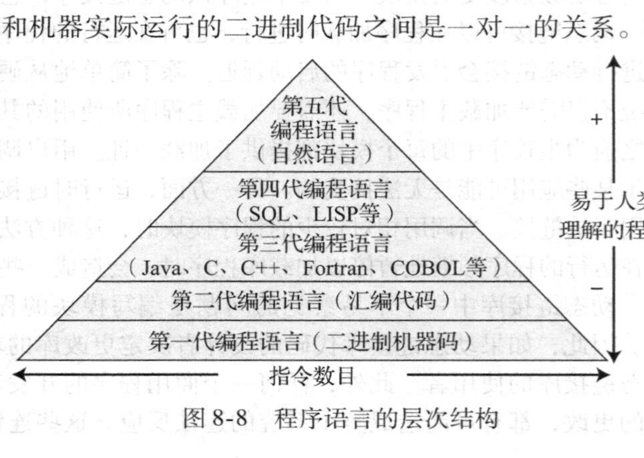

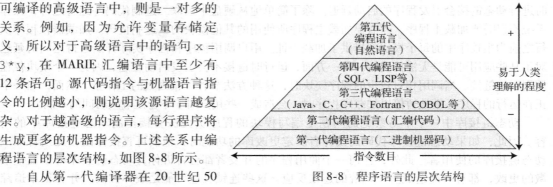

图8-8　程序语言的层次结构

自从第一代编译器在20世纪50

年代后期出现后，编译器科学的编写持续发展。借助在编译器解释中所取得的成就，软件工程证明了其具备将看起来十分棘手的问题转化为程序任务的能力。问题的难点在于如何缩小人类所能理解的语句与机器所能理解的语句之间的语义鸿沟。

大部分编译器通过 6 个步骤完成翻译过程，如图 8-9 所示。第一步称为**词法分析**，其目的是从代码的文本流中抽取出有意义的语言元素，或**单词**。这些单词由一个语言的特定保留字（例如，`if`、`else` 等）、逻辑及数学运算符、数字（例如，12.27）和用户定义的变量组成。词法分析器在构造单词流的同时，还构建了一个符号表框架。这个符号表包含了用户定义的单词（变量名和函数名）、这些单词的位置及数据类型。当在源代码中发现了无法识别的字符时，则产生词法错误。例如，用户定义的变量 `1DaysPay` 在大多数语言中都会产生词法错误，因为典型的变量名不能以数字开头。如果没有发现词法错误，则编译器开始对单词流进行语法分析。

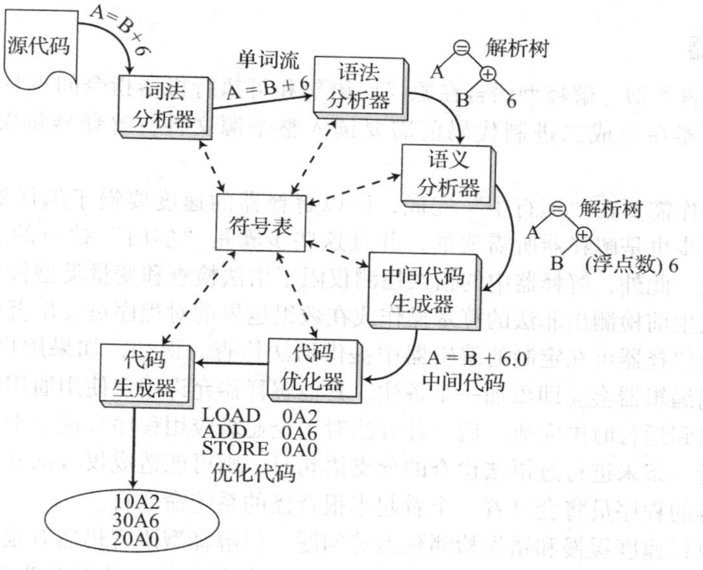

图 8-9 程序编译过程中的 6 个步骤

对单词流进行语法分析或**解析**，将会构建一个名为**解析树**或**语法树**的数据结构。通过对语法树的中序遍历可以解析所给的表达式。例如，考虑如下语句：

```
monthPrincipal = payment - (outstandingBalance * interestRate)
```

这条语句正确的语法树如图 8-10 所示。

解析器根据语法树中涉及的用户定义变量检查符号表。如果解析器遇到一个在符号表中不存在的变量，则发出错误信息。解析器还要检测非法的语法结构，如 A = B + C = D。然而，解析器不能检查“=”或“+”对于变量 A、B、C 和 D 是否是合法的。这一工作由下一阶段的**语义分析器**完成。它将解析树作为输入，利用符号表提供的信息检查是否使用了合适的数据类型。语义分析器还要根据语法规则进行数据类型转换，如将整型变为浮点类型或变量。

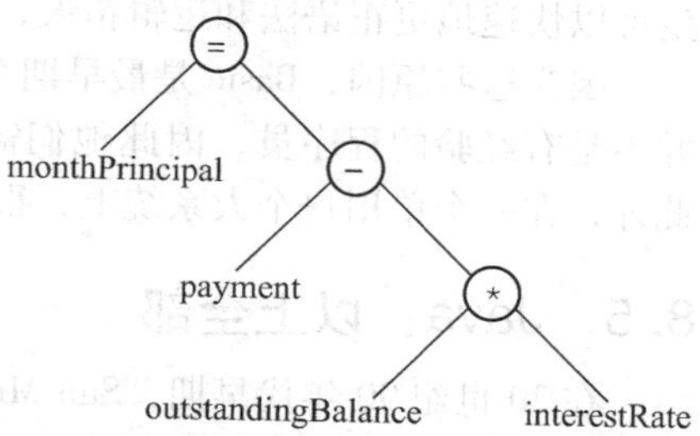

图 8-10 语法树

在编译器完成分析功能后，它开始使用从语义分析阶段获得的语法树进行综合。代码综合的第一步是通过语法树构建伪汇编代码。这个代码通常称为**三地址代码**，因为它支持大多数汇编语言不支持的语句，如 A = B + C。这个中间代码使得编译器可以移植到不同的计算机之上。

一旦分词、建立语法树以及语义分析全部完成，则构建一个三地址代码翻译器以输出指令集将是一个相对简单的任务。大多数系统的指令集体系结构使用的都是双地址代码，因此寻址模式的不同必须在翻译阶段进行解决。(回顾可知，MARIE 指令集是单地址结构。)然而，最终的编译器阶段除了将中间代码翻译为汇编代码之外，通常还需要做很多的工作。高效的编译器会做一些代码优化的工作，如考虑不同的存储器和寄存器组织结构以及应用最强大的指令去执行任务。代码优化工作还涉及去除不必要的临时变量、删除重复表达式以及去除死(无法到达的)代码。

当产生所有指令并且进行了相应的优化后，编译器生成二进制目标代码，通过链接即可在目标系统上运行。

8.4.5　解释器

与编译型语言类似，解释型语言在源代码语句和可执行机器指令间也具有一对多的关系。然而，不像编译器在生成二进制代码前需要读入整个源文件，解释器每次处理 1 条源代码语句。

因为很多工作需要在“运行中”完成，所以解释器的速度要慢于编译器。在编译器所需六步中至少有五步也是解释器所需要的，并且这些步骤是“实时”执行的。因此，解释器无法进行代码优化。此外，解释器中的错误检测仅限于语法检查和变量类型检查。例如，很少有解释器能够在发生前检测出非法的算术操作或在数组越界前对程序员发出警告。

一些早期的解释器可在定制的编辑器中提供语法检查。例如，如果用户将“`else`”输入为“`esle`”，则编辑器会立即添加一个备注。其他解释器允许用户使用通用的文本编辑器，将语法检查工作放到运行时中完成。后一种方法对于企业级应用程序来说是十分危险的。如果应用程序恰好执行一条未进行过语法检查的分支语句时，则可能造成仅有部分文件被更新而导致程序崩溃，倒霉的程序员将会盯着一个看起来很奇怪的系统命令行。

尽管存在执行速度缓慢和错误检测延迟等问题，但解释型语言仍然有很多好处。首先，解释型语言支持源码级调试，这十分适合初级程序员和终端用户。这就是为什么在 1964 年两个达特茅斯的教授 John G. Kemeny 和 Thomas E. Kurtz，发明了 **Basic(面向初学者的通用符号化指令代码)**。在那个时候，学生所编写的第一个程序就是在 80 列的卡片上通过打孔来描述 Fortran 指令。这些卡片需要主机编译器才能运行，这将花费几个小时的时间。有时，彻底的编译和执行要花费几天的时间。与批处理模式中进行语句编译不同，Basic 允许学生在一个交互式终端中输入程序语句。始终在主机中运行的 Basic 解释器将会立即将反馈信息发给学生。这样，学生可以快速地更正语法和逻辑错误，因此获得了更好的学习体验。

因为这些原因，Basic 是最早期个人计算机系统的首选语言。许多第一次购买计算机的人并不是有经验的程序员，因此他们需要一种简单易学的编程语言。Basic 则是最理想的选择。此外，在一个单用户个人系统上，很少有人关心解释型 Basic 会比编译型语言慢。

8.5　Java：以上全部

在 20 世纪 90 年代早期，Sun Microsystems 的 James Gosling 博士和他的团队试图开发一种可运行于任意计算平台的编程语言，即“仅需编写一次，就可在任意机器上运行”的计算机语言。到了 1995 年，Sun 发布了 Java 编程语言的第一版。由于它的可移植性和开放性规范，Jave 已经成为最流行的编程语言。Java 代码本质上可以在所有的计算机平台上运行，从最小的手持设备到大型计算机。Java 的出现正是最佳时机：它是一个跨平台的语言，可以部署在很多基于因特网的商业网站上，可以说是完美的跨平台计算模型。虽然在第 5 章中已经对 Java 及其特征进行了简要介绍，但现在要讨论更多的细节。

学习过 Java 编程语言的人都知道 Java 编译器的输出是一个二进制字节码文件。这个**字节码**文件由 **Java 虚拟机(JVM)**执行，其在很多方面都很像一个真实的计算机。JVM 拥有可由机器中运行的进程寻址的私有存储器空间。它还有自己的指令集体系结构。该指令集结构基于堆栈结构，保证了 JVM 的简洁性，并可移植到任何计算机平台上。

当然，Java 虚拟机并不是真实的计算机。它是位于操作系统和应用程序之间的一个软件层：即二进制字节码文件。字节码文件包含了变量以及处理这些变量的**方法**(程序)。

图 8-11 说明了拥有自己的存储器和方法区的 JVM 是什么样的一台计算机器。值得注意的是存储堆区，方法代码区和“本地方法接口”区由机器中运行的所有进程共享。

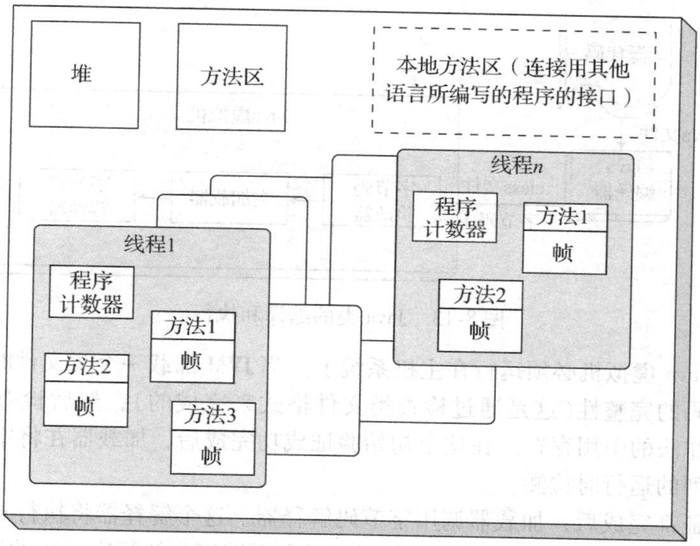

图 8-11 Java 虚拟机

存储**堆**是在线程中当创建和撤销某些数据结构时在主存中分配和释放的存储空间。Java 中存储堆的释放指的是**垃圾回收**，这是由 JVM(替代操作系统)自动执行的。Java 的**本地方法区**为 Java 以外的二进制目标文件(如已编译完成的 C++ 模块或汇编语言模块)，提供了工作区。JVM 的**方法区**包含了在 JVM 中运行每个应用线程所需的二进制代码。这些二进制代码又包含了类变量数据结构和程序声明。Java 可执行程序的语句保存在一个名为**字节码**的中间代码中，我们在第 5 章中介绍过它。

Java 方法的字节码可在各种线程中执行。一些线程由 JVM 自动开启执行，主程序线程就是其中之一。在每个线程中一次只能调用一个方法，并且程序可能会生成很多额外线程来提供并发性。当一个线程调用一个方法时，它就为这个方法创建了一个存储帧。这个存储帧的一部分用来存储方法的局部变量，其他部分是自己的私有栈。当一个线程定义了方法栈之后，它将方法中的参数进行压栈，并将该线程的程序计数器指向该方法的第一条可执行语句。

每个 Java 类都包含一种类型的符号表，这种符号表称为**常量池**，它是一个包含信息的矩阵，这些信息包括每类变量的数据类型、初始值以及访问标记(如这个变量对于类来说是公有的还是私有的)等。此外，常量池还包含了一些非用户定义的数据结构。这就是为什么 Sun Microsystems 称常量池中的条目(矩阵元素)为**属性**。在每个 Java 类的众多属性中，有一个家政项目如 Java 源文件的名字，该类的继承层次以及指向其他 JVM 内部数据结构的指针等信息。

通过图 8-12 所示的一个 Java 程序来说明 JVM 是如何执行方法的字节码的。

```
public class Simple {
  public static void main (String[ ] args) {
    int i = 0;
    double j = 0;
    while (i < 10) {
      i = i + 1;
      j = j + 1.0;
    } // while
  } // main()
} // Simple()
```

图 8-12　一个简单的 Java 程序

Java 将这个类的源代码保存在名为 Simple.java 的文本文件中。Java 编译器读取 Simple.java，并执行和其他编译器一样的工作。编译器的输出是名为 Simple.class 的二进制字节码文件流。Simple.class 文件能在版本号高于编译器版本的任何 JVM 上运行。上述步骤如图 8-13所示。

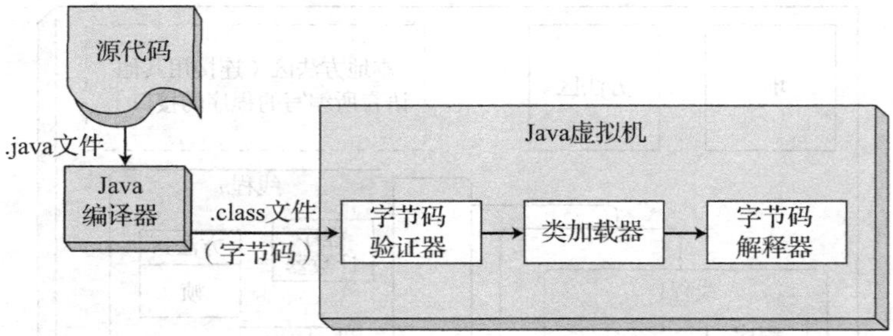

图 8-13　Java 类的编译和执行

在执行时，Java 虚拟机必须运行在主机系统上。当 JVM 加载一个类文件时，所做的第一件事就是验证字节码的完整性(这是通过检查类文件格式来完成的)，然后检查字节码指令的格式，并确认没有非法的引用存在。在这个初始验证成功完成后，加载器在将字节码放入内存的同时，执行一系列的运行时检测。

在所有的验证都完成后，加载器调用字节码解释器。这个解释器将执行 6 步操作：

1. 通过要求加载器提供所有尚未加载的引用类和系统库，执行字节码的链接操作。
2. 创建和初始化主函数的栈帧和局部变量。
3. 创建并执行线程。
4. 当在线程执行时，通过释放未使用的存储资源对堆存储进行管理。
5. 当每个线程都执行结束后，释放它所占用的资源。
6. 当整个程序执行完成后，终止剩余的线程和 JVM。

图 8-14 显示了 Simple.class 字节码的十六进制镜像。每个字节的地址由第 1 列(阴影部分)的值加上第 1 行(阴影部分)的偏移量来获得。为方便起见，如果字节码是有意义的 7 位 ASCII 值时，就将其翻译成字符。可以看到源文件的名字是 Simple.java，它开始于地址 0x06D 处。类的名字开始于地址 0x080。熟悉 Java 的读者还知道 Simple 类是.this 类，它的超类 java.lang.Object 开始于地址 0x089 处。

值得注意的是类文件以十六进制数 CAFEBABE 开头。这个数是一个用于表明类文件开始的**魔数**。紧跟在魔数之后的 8 字节序列表明了类文件的语言版本。如果这个序列数比 JVM 解释器所支持的版本号大，则验证器终止 JVM 的执行。

可执行的字节码从地址 0x0E6 处开始。在地址 0x0E5 处的十六进制数 16 通知解释器可执行方法的字节码长度为 22 字节。在汇编语言中，每个可执行的字节码都对应一个助记符。目前，Java 定义了 204 个不同的字节码指令。因此，操作码仅需要 1 字节即可表示。这些小的操作码有利于控制类的大小，使其可以更加快速地加载，并且更容易转化为主机上的二进制指令。

	+0	+1	+2	+3	+4	+5	+6	+7	+8	+9	+A	+B	+C	+D	+E	+F	字符
000	CA	FE	BA	BE	00	03	00	2D	00	0F	0A	00	03	00	0C	07	-
010	00	0D	07	00	0E	01	00	06	3C	69	6E	69	74	3E	01	00	<init>
020	03	28	29	56	01	00	04	43	6F	64	65	01	00	0F	4C	69	()V Code Li
030	6E	65	4E	75	6D	62	65	72	54	61	62	6C	65	01	00	04	neNumberTable
040	6D	61	69	6E	01	00	16	28	5B	4C	6A	61	76	61	2F	6C	main ([Ljava/l
050	61	6E	67	2F	53	74	72	69	6E	67	3B	29	56	01	00	0A	ang/String;)V
060	53	6F	75	72	63	65	46	69	6C	65	01	00	0B	53	69	6D	SourceFile Sim
070	70	6C	65	2E	6A	61	76	61	0C	00	04	00	05	01	00	06	ple.java
080	53	69	6D	70	6C	65	01	00	10	6A	61	76	61	2F	6C	61	Simple java/la
090	6E	67	2F	4F	62	6A	65	63	74	00	21	00	02	00	03	00	ng/Object !
0A0	00	00	00	00	02	00	01	00	04	00	05	00	01	00	06	00	
0B0	00	00	1D	00	01	00	01	00	00	00	05	2A	B7	00	01	B1	*
0C0	00	00	00	01	00	07	00	00	00	06	00	01	00	00	00	01	
0D0	00	09	00	08	00	09	00	01	00	06	00	00	00	46	00	04	F
0E0	00	04	00	00	00	16	03	3C	0E	49	A7	00	0B	1B	04	60	< I `
0F0	3C	28	0F	63	49	1B	10	0A	A1	FF	F5	B1	00	00	00	01	<(cI
100	00	07	00	00	00	1E	00	07	00	00	00	03	00	02	00	04	
110	00	04	00	05	00	07	00	06	00	0B	00	07	00	0F	00	05	
120	00	15	00	09	00	01	00	0A	00	00	00	02	00	0B	00	3D	=

图 8-14　Simple.class 的二进制镜像

因为在计算机程序中某些常量使用得十分频繁，所以在需要这些常量的地方定义了一些特定的字节码。例如，助记符 iconst_5 表示将整型数 5 压入栈中。为了将更大的常量压入栈，一般需要两个字节码，第一个表示操作，第二个表示操作数。像我们上面提到的，每个类的局部变量保存在一个矩阵中。一般来说，这个矩阵的头几个元素是最活跃的，因此会存在特别指向这些初始局部矩阵元素的字节码。对该矩阵其他元素的访问则需要 2 字节指令：第一个字节表示操作码，第二个字节表示矩阵元素相对矩阵首地址的偏移。

就像所说的那样，让我们来看一下 Simple.class 中 main() 方法对应的字节码。从图 8-14 中抽取出 main() 对应的字节码，并配以助记符和一些注释，如图 8-15 所示。最左面的一列给出了每条指令的相对地址。线程专用的程序计数器使用这个相对地址控制程序流。我们通过跟踪字节码的执行来了解程序是如何工作的。

当解释器开始运行这个代码时，PC 被初始化为 0，指令 iconst_0 被执行。这条指令对应 Simple.java 源代码中的第 3 行语句 int i = 0;。然后，PC 值递增 1，逐条执行随后的初始化指令，直到在第 4 条指令遇到 goto 语句。这条指令将程序计数器的值加上十进制的 11，然后它变为 0x0F，指向 load_1 指令。

这时候，JVM 已经为 i 和 j 赋予了初值，并开始检查 while 循环的初始条件以判断是否应当执行循环体。为了完成上述工作，JVM 将 i 值（位于局部变量矩阵中）压入栈中，然后将比较值 0x0A 也压入栈中。需要注意的是，这时候编译器已经做了一点点的代码优化工作。默认情况下，Java 中的整型数为 32 位，占 4 字节。然后，编译器会发现十进制常数 10 仅需要占用 1 字节，因此它生成的代码仅将 1 字节压入栈中，而不是 4 个字节。

比较操作指令 if_icmplt，从栈中弹出 i 和 0x0A，并对二者进行比较（助记符末尾的 lt 表示该比较操作**小于**条件）。如果 i 小于 10，则 PC 值将减去 0x0B，从而得到循环体的起始地址 7。当循环体中的指令都执行完成后，则进入地址 0x0F 处进行条件判断。一旦条件判断失败，则解释器在完成一些清理工作后，会将控制权返还给操作系统。

偏移（PC值）	字节码	助记符	含义
- - -	- - -	- - -	变量初始化
0	03	iconst_0	将整数0压入数据栈上
1	3C	istore_1	把栈顶的整数移到在地址为1的局部变量数组中
2	0E	dconst_0	将双精度常数0压入堆进栈
3	A7	goto	跳过在随后两个字节中给出的字节数
	00		这意味着我们将跳过11字节
	0B		这意味着加0B到程序计数器中
- - -	- - -	- - -	循环体
7	1B	iload_1	把局部数组的一个整数值压到栈上
8	04	iconst_1	将整数常数1压入堆栈
9	60	iadd	把栈顶的两个整数操作数相加（将总和压进栈）
A	3C	istore_1	把整数从栈顶移到在地址为1的局部变量数组中
B	28	dload_2	从局部数组中取出双精度变量并放到栈上
C	0F	dconst_1	将双精度常数1压入堆栈
D	63	dadd	将栈顶的两个双精度值进行相加
E	49	dstore_2	把栈顶的双精度总和存到局部变量数组的位置2中
- - -	- - -	- - -	循环条件
F	1B	iload_1	从局部变量数组的位置1处取整数
10	10	bipush	压后面的字节值进栈（十进制）
	0A		
12	A1	if_icmplt	对于"小于"的条件，比较栈顶的两个整数
	FF		如果(i<10)为真，将后面的值加到程序计数器
	F5		注意: FFF5 = -11（十进制）
15	B1	return	其他情况，返回

图 8-15　Simple.class 带注释的字节码

想了解解释器是如何获知源代码中的哪行语句引起了程序的崩溃的 Java 程序员会发现答案就在图 8-14 所示的二进制类文件镜像中的地址 0x108 处。它是行数表的起始位置，行数表建立了程序计数值和源程序中特定行之间的对应关系。从地址 0x106 开始的两个字节告知 JVM 在行数表中有 7 个条目。通过填入一些细节信息，我们构建了交叉引用，如图 8-16 所示。

注意，如果当 PC = 9 的时候程序崩溃，则出错的程序行在第 6 行。对源代码第 7 行所产生的字节码进行解释是在 PC 值大于等于 0x0B 且小于 0x0F 的时候。

因为 JVM 在加载和执行字节码时会完成很多的工作，所以它的性能是比不上编译型语言的。即使使用 Java 的 Just-In-Time（JIT）编译器等加速软件，其性能的提升仍然十分有限。然而，性能的损失带来的却是可在一个平台上创建并存储类文件，并在完全不同的平台上运行。例如，我们可以在 Alpha RISC 服务器上编写并编译 Java 程序，然后在 CISC Pentium 系列机上下载类文件的字节码并运行。这种“编写一次，随处可运行”的范例给拥有很多不同且空间上分离的企业带来了巨大的好处。Java 小型应用程序(可在浏览器中运行的字节码)对于基于网络的事务或电子商务是十分必要的。最终，用户所需要的就是合理地运行当前的浏览器。可移植性和相对易用性使得 Java 语言和它的虚拟机环境成为了理想的中间件平台。

程序计数器	源代码的行数	
	1	`public class Simple {`
	2	`public static void main (String[] args) {`
00	3	`int i = 0;`
02	4	`double j = 0;`
04	5	`while (i < 10) {`
07	6	`i = i + 1;`
0B	7	`j = j + 1.0;`
0F	8	`} // while`
15	9	`} // main()`
	A	`} // Simple()`

图 8-16　Simple.class 中程序计数值与代码行数的对应关系

8.6　数据库软件

到目前为止，一个企业最宝贵的资源不是办公室或工厂，而是它所拥有的数据。不论企业的性质是私营企业、教育机构还是政府，它们的历史记录和当前形态都可由它们所拥有的数据来呈现。如果数据与企业形态不一致，或者数据本身就不一致，则这些数据的价值就十分可疑，也就产生了相应的问题。

一个企业的任何计算机系统都是支持众多相关软件的平台。这些程序根据企业形态的变化更新数据。这些相关程序通常称为**应用系统**，因为它们作为一个整体进行工作：很少有程序仅靠自身就可以应用系统组件共享相同的数据集，并且可以共享相同的计算环境，但这不是必需的。当前，应用系统会使用很多平台：台式计算机、文件服务器或大型计算机。随着基于网络的计算的兴起，有时我们并不知道，甚至不关心应用运行在什么平台之上。虽然每种平台会为数据管理带来自己独特的优势和挑战，但数据库管理软件的基本概念在这 30 多年间并没有太多的改变。

早期的应用系统使用磁带或打孔卡记录数据。基于磁带和打孔卡的串行特征，为了获得更高的处理效率，它们通常借助批处理方式成组运行。因为磁盘上的任何数据元素都是可以直接访问的，所以依靠**平面文件**的批处理更新不再是系统结构必须要求的。然而，很难取代传统处理方式，而且重新编写程序的成本也很高。因此，在大多数读卡器已经退出历史舞台后，平面文件处理方式仍然延续了很多年。

在平面文件系统中，每个应用程序都可以随意定义任何它所需要的数据对象。正是由于这个原因，很难保证系统的一致性。例如，有一个收账系统用于跟踪哪些人拖欠了钱以及拖欠了多久。生成月度发票的程序可能在一个名为 CUST_OWE 的 6 位字段中(或数据元素)记录月度事务，而进行月度对账的人可能恰巧调用 CUST_BAL 字段，并且认为该字段是 5 位宽。几乎可以确定的是一些信息会丢失，并产生混乱。到了这个月的某个时候，会出现还有几千美元“还未入账”的问题之后，调试人员最终发现 CUST_OWE 和 CUST_BAL 具有相同的数据元素，这个问题是由于字段中数据的截取或溢出引起的。

数据库管理系统(DBMS)的出现避免了上述问题。它们强制保证基于文件的应用系统的顺序和一致性。数据库系统出现后，程序员不能随意地以他们喜好来描述和访问数据元素。此时，在数据库管理系统中，有且仅有一种数据定义方式。这个定义就是系统的**数据库视图**。在一些系统中，会对程序所看到数据库(即**逻辑视图**)与计算系统所看到的数据库(即**物理视图**)进行区分。数据库管理系统将数据库的物理视图和逻辑视图进行集成。应用程序在数据库管理系统和操作系统的控制下，使用数据库管理系统提供的逻辑视图来读取和更新物理视图中的数据，如图8-17所示。

由数据库视图定义的数据组织为**记录**的逻辑结构，这些记录组织在一起成为**文件**。相关的文件集合构成数据库。

数据库架构师在创建逻辑和物理视图时会留心应用及性能的需求。一般的目标是，在保证性能(通常用应用响应时间来衡量)的同时，最小化访问延迟，并且避免空间浪费。例如，银行系统的数据库不会在已经注销的账户记录中存储客户的名字和地址。这些信息会保存在一个以账户号为**主键**的账户主文件中。然后，每个注销的账户将具有唯一一个账户号以及相关信息。

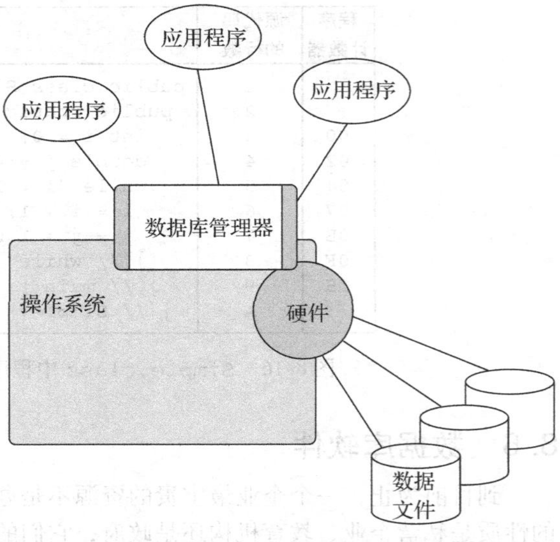

图8-17 数据库管理器和其他系统组件之间的关系

数据库管理系统有多种物理数据的组织形式。实际上，每个数据库厂商都有专有的管理和索引文件的方法。大多数系统使用各种B+树数据结构。(详细细节见附录。)数据库管理系统通常独立于底层操作系统去管理磁盘存储器。通过在处理过程中跳过操作系统层，数据库系统根据数据视图和索引设计来优化读写操作。

在第7章中，我们学习了磁盘文件的组织结构。知道大多数磁盘系统都以块为单位从磁盘中读取数据，最小的可寻址单位为扇区。大多数大型系统一次读取一个完整的磁道。当索引层次比较深时，需要多次读操作才能遍历索引树的可能性会大幅增加。如何组织树才能减少磁盘I/O的访问？创建非常大的内部索引节点以便每个节点可跨越多个记录值，这是否是更好的设计？这样可能使每层的节点数目比较少，从而在一次读操作中就可以访问整个树结构。或者让内部节点变小，从而在一次读操作中能够获得更多层的索引？所有这些问题的答案取决于运行数据库的系统环境，最优的答案甚至取决于数据本身。例如，如果键值是**稀疏**的，也就是如果有很多键值不会使用，则可能会选择一种特定的索引组织策略。但如果索引结构是密集的，则可能选择另一种组织策略。无论采用什么实现方式，数据库调优都是一个不可忽视的任务，这需要一个优秀的数据库管理软件、系统的存储架构，以及系统管理数据的详细说明。

数据库文件通常具有多个索引。例如，客户数据库可以使用客户账户和客户姓名来索引记录。当然，每增加一个索引都会给系统带来额外的负担，不但增加存储空间(用于存储索引)，还会增加处理时间(因为当增加或删除记录时，必须马上更新所有的索引)。数据库系统设计所面临的主要挑战之一就是如何在使用足够多的索引以加快记录检索速度的同时，又不给系统带来过重的负担。

数据库管理系统的目标就是为大规模数据提供实时便利的访问方法，同时确保数据库的完整性。这就意味着数据库管理系统必须允许用户对关键数据元素定义和管理规则，或**约束**。有时候，这些约束只是十分简单的规则，如“客户编号不能为空”。更复杂的规则会指定哪些特定用户可以访问哪些数据元素，以及文件中相互联系的元素如何进行更新。安全约束和数据完整性约束的定义和实施对于任何数据库管理系统的可用性都是至关重要的。

数据库管理系统另一个核心组件就是事务管理器。**事务管理器**以确保数据库一致的方式来控制数据对象的更新。从形式上看，事务管理器控制数据状态的变化，每个事务具有如下属性：

- **原子性**——事务内所有数据的更改操作要么全部执行，要么全部不执行。
- **一致性**——事务内所有数据元素的更新必须遵从同样的约束。
- **隔离性**——事务之间的活动或更新不能彼此干扰。
- **持久性**——成功执行的事务必须尽快写入“持久”存储介质中(例如，磁盘)。

上述4个元素就是事务管理众所周知的**ACID属性**。通过一个例子可以很容易地理解ACID属性的重要性。

假设你已经完成了每月的信用卡还款，不久你会又到附近的商店使用信用卡支付另外一笔费用。在商店售货员划卡的同时，假设银行职员正在将你之前的那笔支付输入到银行的数据库中。图8-18展示了一种中央计算机系统处理上述事务的方式。

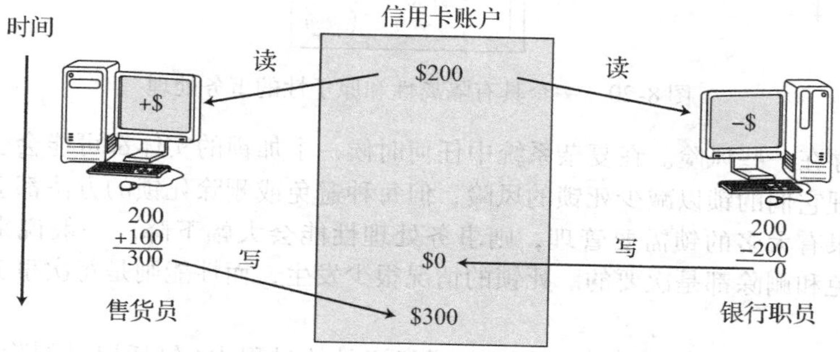

图8-18　一个事务处理的场景

如图8-18所示，银行职员在商店售货员划卡完成之前实现了对数据库的更新，这样你的账户余额将为300美元。如果出现的事务场景如图8-19所示，则商店售货员在银行职员之前完成划卡，则你的银行账户余额为0，就好像你免费买到了东西。

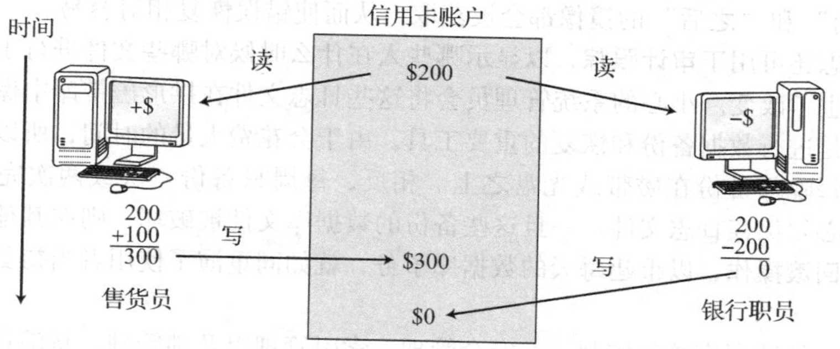

图8-19　另一个事务处理的场景

虽然你可能会很高兴获得了免费的东西，但你同样可能会支付两次账单(或与银行职员发生争论，直到你的银行卡记录被更正)。这种情况称为**竞争状态**因为数据库的最终状态不取决于更新的正确性，而是取决于最后结束的是哪个事务。

事务管理器通过实施原子性和隔离性来避免竞争状态的出现。它是通过将各种锁应用到数据记录上来实现这一点的。在图8-18所示的例子中，银行职员在操作你的银行卡记录时应当被授权一个“专属”锁。仅当更新后的余额写回磁盘后才会释放这个锁。当银行职员的事务还在运行的时候，售货员将会获得系统繁忙的信息。当完成更新后，事务管理器释放银行职员的锁，并立即授权另一个锁给售货员。正确的事务处理如图8-20所示。

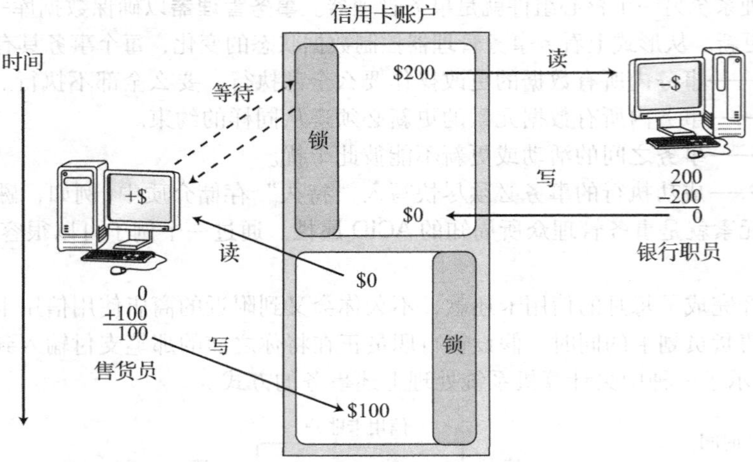

图 8-20 一个具有隔离性和原子性的事务处理

这种方法存在一些风险。在复杂系统中任何时候一个加锁的实体都可能会引起死锁。系统可以巧妙地管理它们的锁以减少死锁的风险，但每种避免或删除死锁的方法都会给系统带来更多的开销。如果有太多的锁需要管理，则事务处理性能会大幅下降。一般说来，相较性能而言，死锁的避免和删除都是次要的。死锁的情况很少发生，而性能则是每次事务处理必须考虑的因素。

另一个影响性能的因素是数据日志。在更新记录的过程中(包括记录删除)，数据库事务管理器将事务的镜像写到一个**日志文件**中。因此，每次更新都至少需要两次写操作，一次是针对主文件，另一次是针对日志文件。日志文件十分重要，如果事务由于发生错误而必须中止时，它可以协助系统维护事务的完整性。例如，如果数据库管理系统在更新完成前获得了正在更新记录的镜像，则这个旧镜像会迅速写回磁盘，从而擦除所有后续对该记录的更新。在一些系统中，“之前” 和 “之后” 的镜像都会被获取，从而使错误恢复相对容易。

数据库日志还可用于**审计跟踪**，以显示哪些人在什么时候对哪些文件进行了更新，以及哪些数据元素发生了改变。小心的系统管理员会将这些日志文件在拱形磁带库中保存很多年。

日志文件是进行数据备份和恢复的重要工具。由于会花费大量的时间，所以一些过大的数据库文件不能每晚都备份在磁带或光盘之上。相反，每周只备份一次或两次完整的数据库文件，但每晚都必须保存日志文件。一旦这些备份的数据库文件被破坏，则在其他时间保存的日志文件将用于**回滚操作**，以重建每天的数据库事务，就如同重演了使用者当初更新数据库镜像时的操作。

刚刚所讨论的数据库访问控制——安全管理、索引管理以及锁管理，将消耗大量的系统资源。实际上，对于早期基于文件的系统来说这种开销是十分巨大的，因为其主机是不能处理数据库管理事务的。即使是当今众多强大的系统，如果数据库没有进行正常调整和维护，也会造成系统吞吐量的大幅下降。大规模的事务环境通常由系统程序员和保证系统运行在最优性能的数据库分析专家来处理。

8.7 事务管理器

一种提高数据库性能的方法是减少数据库的工作量，由其他系统组件完成数据库的部分工作。事务管理器作为数据库的一个组件经常从数据库管理系统核心的数据管理功能中分离出来。独立的事务管理器通常还包含负载平衡和其他优化特征，这些都不适合在核心数据库软件中实现，因此独立的事务管理器可改善整个系统的有效性。但商用事务需使用两个或更多个独立的数据库时，事务管理器是特别有用的。任何一个数据库都不会负责保证数据库间的完整性，这是由一个外部事务管理器来实现多个数据库间同步的。

早期最成功的事务管理器是IBM公司的客户信息和控制系统（CICS）。CICS在1968年投入市场，并运行了40余年。CICS是十分值得关注的，因为它是第一个将事务处理（TP），数据库管理和通信管理纳入同一个应用程序套件的系统。CICS中的组件是松耦合的，每个组件都可以作为一个独立个体进行调整和管理。CICS中的通信管理组件控制终端机与主机之间的交互，这称为**会话**。由于数据库和应用程序从协议管理的负担中解放出来了，所以它们可以更有效地完成自己的工作。

CICS是第一个在客户端-服务器环境中采用远程过程调用的应用系统。相比于其他的同期产品，CICS能够管理成千上万个因特网用户和大型主系统之间的事务处理。即使今天，CICS仍沿用20世纪60年代的体系结构，这一结构实际上已经成为事务处理系统的典范。现代的CICS体系结构如图8-21所示。

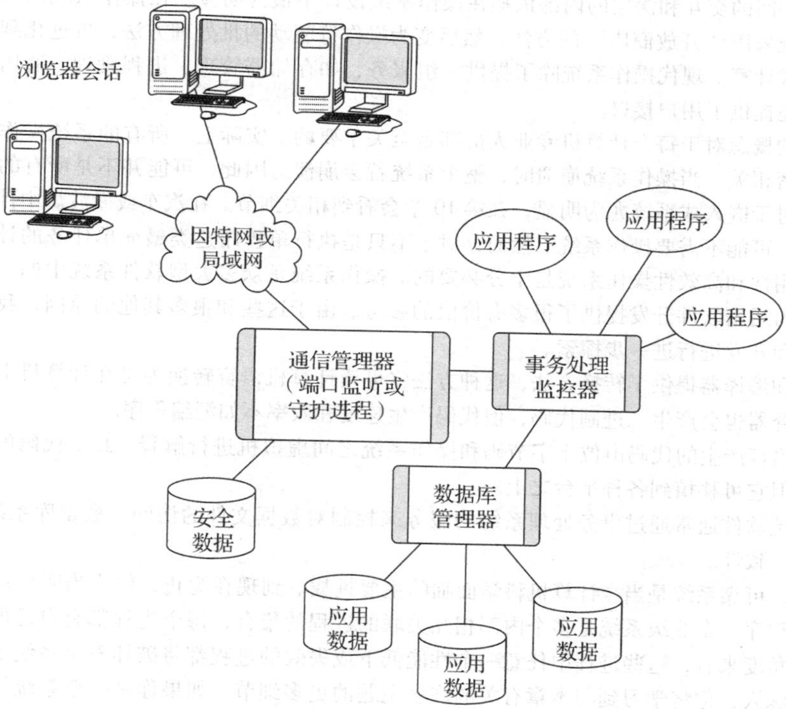

图8-21 CICS体系结构

如图8-21所示，一个名为**事务处理监控器（TP监控器）**的程序是系统的核心组件。它从远程通信管理器接受输入，并对数据文件进行事务授权，这些文件包含用户授权事务的列表。有时候，安全信息中包含一些特殊的信息，如定义了哪些位置可以运行特定的事务（例如，内联网和因特网）。一旦监控器对事务进行了授权，那么它就发起用户请求的应用程序。当应用程序需要数据时，事务处理监控器就向数据库管理软件发送一个请求。事务处理监控器在完成所有工作的同时，还要在众多并发应用进程间维护原子性和隔离性。

你也许正在想没有理由将所有这些事务处理软件组件放到同一个主机中。的确，将它们放在一起是毫无道理的。一些分布式体系结构将一些小型服务器分组以运行事务处理监控器。这些系统与包含数据库管理软件的系统完全不同。确实也没有必要要求运行事务处理监控器的系统与运行数据库软件的系统是同类型系统。例如，使用 Sun UNIX RISC 系统进行通信管理，并采用 Unisys ES/7000 在 Windows 数据中心操作系统上运行数据库软件。事务可通过台式机或移动个人计算机输入系统。这种配置就是众所周知的**3层体系结构**，每个平台代表一层，更通用的例子就是***n*层或多层体系结构**。随着网络计算和电子商务的出现，*n* 层事务处理体系结构越来越流行。许多厂商，包括微软、Netscape、Sybase、SAP AG 以及 IBM 的 CICS 都成功设计了各种 *n* 层事务系统。当然，我们无法确定上述哪种系统对于某个特定企业"更好"，每个系统都有自己的优势和劣势。谨慎的系统架构师在决定哪种体系结构更适合某个特定环境之前，在设计事务处理系统时会考虑所有的成本和可靠性因素。

本章小结

本章描述了相互依存的计算机硬件和软件。系统软件与系统硬件协同工作以创建一个有效的系统。系统软件(包括操作系统和应用软件)，是用户和硬件的接口，是对计算机底层结构的抽象。这使得用户将更加关注问题的求解，而不是系统操作本身。

硬件和软件间的交互和深层的内部依赖在操作系统设计中最为明显。在操作系统的历史发展中，最开始时操作系统采用"开放商店"的方法，然后变为操作符驱动的批处理方法，再进化到支持交互式多道程序和分布式计算。现代操作系统除了提供一组服务，如存储器管理、进程管理、通用资源管理、调度以及保护，还提供了用户接口。

操作系统的概念对于每个计算机专业人员都是至关重要的。实际上，所有的系统操作都与操作系统提供的服务紧密相关。当操作系统崩溃时，整个系统就会崩溃。因此，可能并不是所有的计算机都需要操作系统。这对于嵌入式系统尤为明显，在第 10 章会看到相关细节。在汽车或微波炉中计算机所执行的任务十分简单，可能不需要操作系统。然而，对于不只是执行单程序这类最简单任务的计算机而言，考虑到系统的易用性和高效性操作系统是十分必要的。操作系统是众多大型软件系统中的一个例子。对操作系统的研究为通用软件开发提供了很多有价值的参考。由于这些和很多其他的原因，我们极力鼓励对操作系统设计和开发进行进一步探索。

汇编程序和编译器提供了转换方法，这种方法将可读计算机语言转换为可在计算机上执行的二进制指令格式。解释器也会产生二进制代码，但代码产生速度和效率不如汇编程序。

Java 编程语言产生的代码由位于字节码和操作系统之间虚拟机进行解释。Java 代码的运行速度比二进制程序慢，但它可移植到各种平台之上。

数据库系统软件通常通过事务处理系统的服务来控制对数据文件的访问。数据库系统的 ACID 属性确保了数据的一致性。

构建大型、可靠系统是当今计算机科学面临的主要挑战。到现在为止，你应当明白一个计算机系统远不止硬件和程序。企业级系统是多个内部相互关联的进程的集合，每个进程都有自己的功能。如果仅从系统用户的角度来看，这些进程中任意一个性能低下或失效的进程都将破坏整个系统的有效性。随着工作和学习的深入，你将学习到与本章有关的许多主题的更多细节。如果你是一个系统管理员或系统程序员，当它们应用在一个特定的操作环境中时，你会精通本章中的这些设计思想。

无论如何优化程序，都无法弥补程序所依赖的系统组件的性能损失。请钻研第 11 章，在这一章中将叙述更多关于系统性能的细节。

扩展阅读

在系统软件领域最有意思的是某些产品的文档。实际上，你可以通过文档的质量来判断一个产品的质量，并关注这些已经准备好文档的产品。访问制造商的主页，有时会获得关于其产品最好的介绍。在这方面做得最好的两个制造商是 IBM 和 Sun，其主页为 www. software. ibm. com 和 java. sun. com。当然，如果坚持的话，你还会找到很多其他的主页。

Hall(1994)的书是关于客户端 - 服务器系统的，书中对客户端 - 服务器的理论进行了出色的介绍。这本书研究了一些当时十分流行的产品。

Stallings(2012)的书，Tanenbaum 和 Woodhull(2006)的书，Silberschatz、Galvin 和 Gagne(2009)的书所提出的很多有关操作系统的概念在本章中都有介绍，同时他们还提出了很多更高级的主题。Stallings 介绍了各种操作系统的详细范例以及它们与实际硬件之间的关系。一个有关 OS/360 开发的内容可在 Brooks (1995)的书中找到。

Gorsline (1988)写的汇编书籍对于汇编器是如何工作给出了较好的叙述。他也深入研究了链接和宏汇编的细节。Aho、Sethi 和 Ullman (1986)编著了"著名的"有关编译程序的书籍。因为封面的缘故，通常这本书被称为"龙书"，它已经连续出版了近 20 年，主要因为它对编译理论有清晰而全面的介绍。每个计算机科学家都应当有这本书。

2005 年 5 月出版的《IEEE Computer》专门介绍了虚拟化技术。Smith 和 Nair 的文章特别值得推荐。Rosenblum 和 Garfinkel 则从历史的角度讨论了虚拟机在监控器设计时所面临的挑战。

很少有服务器群不采用某种形式的合并和虚拟化技术。虚拟化服务器操作系统是一个具有广阔前景的生态市场。为了学习更多关于虚拟化的知识，你可以访问领先的 VM 软件供应商的主页，包括 Citrix (Citrix. com)、VMWare (vmware. com)、Microsoft (microsoft. com/hyper-v-server)以及 IBM(ibm. com)。

Sun Microsystem 是任何关心 Java 语言的人都需要关注的资源。Addison-Wesley 出版了一系列关于 Java 的书籍，《Java 虚拟机说明书》是其中之一，作者是 Lindholm 和 Yellin (1999)。它提供了一些关于类文件构造的说明，这通常在入门材料中不会介绍。Lindholm 和 Yellin 的书还包括了 Java 字节码指令的完整列表以及它们的二进制格式。认真研读这些书籍将会给你带来关于编程语言的全新认识。

虽然稍微过时些，但 Gray 和 Reuter (1993)关于事务处理的书是十分全面而且易读的。它为你在该领域内的进一步学习提供了良好的基础。一本评价很高的关于数据库理论和应用的书籍是由 Silberschatz，Korth 和 Sudarshan (2010)撰写的。

参考文献

Aho, A. V., Sethi, R., & Ullman, J. D. *Compilers: Principles, Techniques, and Tools.* Reading, MA: Addison-Wesley, 1986.

Brooks, F. *The Mythical Man-Month.* Reading, MA: Addison-Wesley, 1995.

Gorsline, G. W. *Assembly and Assemblers: The Motorola MC68000 Family.* Englewood Cliffs, NJ: Prentice Hall, 1988.

Gray, J., & Reuter, A. *Transaction Processing: Concepts and Techniques.* San Mateo, CA: Morgan Kaufmann, 1993.

Hall, C. *Technical Foundations of Client/Server Systems.* New York: Wiley, 1994.

Lindholm, T., & Yellin, F. *The Java Virtual Machine Specification*, 2nd ed. Reading, MA: Addison-Wesley, 1999.

Rosenblum, M., & Garfinkel, T. "Virtual Machine Monitors: Current Technology and Future Trends." *IEEE Computer 38*:5, May 2005, pp. 39–47.

Silberschatz, A., Galvin, P., & Gagne, G. *Operating System Concepts*, 8th ed. Reading, MA: Addison-Wesley, 2009.

Silberschatz, A., Korth, H. F., & Sudarshan, S. *Database System Concepts*, 6th ed. Boston, MA: McGraw-Hill, 2010.

Smith, J. E., & Nair, R. "The Architecture of Virtual Machines." *IEEE Computer 38*:5, May 2005, pp. 32–38.

Stallings, W. *Operating Systems*, 7th ed. New York: Macmillan Publishing Company, 2012.

Tanenbaum, A., & Woodhull, A. *Operating Systems, Design and Implementation*, 3rd ed. Englewood Cliffs, NJ: Prentice Hall, 2006.

复习题

1. 相比现代操作系统，早期操作系统的主要设计目标是什么？
2. 常驻监控程序为计算机带来了哪些改善？

3. 对于打印机的输出，“假脱机”这个词是如何产生的？
4. 请描述多道程序系统和分时系统的不同。
5. 对于硬实时系统而言，最关键的设计因素是什么？
6. 多处理器系统可以按照通信方式进行分类。在本章，按照这种分类方法，多处理器系统可以分为几类？
7. 分布式操作系统和网络操作系统有什么不同？
8. 什么是透明性？
9. 请描述两种完全不同的操作系统内核的设计观念。
10. GUI 操作系统接口的优点和缺点各是什么？
11. 长期调度和短期调度的不同点是什么？
12. 什么是抢占式调度？
13. 在分时操作系统中，哪种进程调度方法最有用？
14. 哪种进程调度方法可能是最优的？
15. 请描述上下文切换所涉及的步骤。
16. 除了进程管理，操作系统的另外两个重要功能是什么？
17. 什么是覆盖技术？为什么在大型计算机系统中不再使用覆盖技术了？
18. 操作系统和用户程序对虚拟机的认识是完全不同的。请描述两者的不同点。
19. 子系统和逻辑分区的不同点是什么？
20. 请列举服务器整合的优势。服务器整合对于每个企业是否都是一个较好的解决方案？
21. 请描述程序设计语言的层次结构。为什么三角形符号适于表述这种层次结构？
22. 绝对代码和可重定位代码有什么不同？
23. 链接器的目的什么？它与动态链接库有什么不同？
24. 请描述编译器每个阶段的作用。
25. 解释器与编译器有什么不同？
26. Java 编程语言提供的可移植性可跨越不同硬件环境，那么它的最大特点是什么？
27. 汇编程序生成的机器代码在进行链接编辑后就成为可执行文件。Java 编译器所产生的________是在执行期间解释的。
28. 识别 Java 类文件的魔数是什么？
29. 数据库逻辑视图和物理视图有什么不同？
30. 通常用哪种数据结构进行数据库的索引？
31. 为什么数据库重构是必要的？
32. 解释数据库系统的 ACID 属性。
33. 什么是竞争状态？
34. 数据库日志的两个目的是什么？
35. 事务管理器提供哪些服务？

习题

1. 你觉得对于一个没有操作系统的计算机而言，它的局限性是什么？用户如何加载和执行一个程序？
2. 微内核是一个尽可能提供最基本服务的小内核，它将大部分操作系统服务放到了其他模块上。那么一个内核所能提供的最小服务集合是什么？
3. 如果你想为一个实时操作系统编写代码，那么应该有哪些限制？提示：考虑引起不可预知响应时间的事件类型。（例如，什么情况下存储器访问会延迟？）
4. 多道程序和多进程的区别是什么？多道程序和多线程的区别又是什么？
◆5. 在什么情况下，将进程和程序组合为子系统在大型计算机上运行是可取的？在这个系统上创建逻辑分区的优势是什么？

6. 在同样的机器上既使用子系统又使用逻辑分区的优势是什么？
◆7. 什么时候应当使用不可重定位二进制代码？为什么可重定位二进制代码更受欢迎？
8. 假设没有可重定位程序代码，那么存储器的分页机制将变得如何复杂？
◆9. 请讨论动态链接的优势和劣势。
10. 如果试图通过遍历一次源文件就能产生完整的二进制代码，那么汇编程序必须解决什么问题？针对一次遍历汇编程序编写的代码和针对二次遍历汇编程序编写的代码有什么不同？
11. 为什么在进行一般的应用程序开发时应当避免使用汇编语言？那么在什么情况下需要使用汇编语言？
12. 在什么情况下你会倾向于使用汇编语言开发应用程序？
13. 相比解释型语言，使用编译型语言的优势是什么？在什么情况下，你会选择使用解释型语言？
14. 讨论如下有关编译器的问题：
    a）编译器在哪个阶段会提示语法错误？
    b）在哪个阶段会指出未定义的变量？
    c）如果将一个整数与一个字符串相加，编译器会在哪个阶段提示错误信息？
15. 为什么 Java 类的执行环境被称为虚拟机？相比运行 C 程序的真实机器，虚拟机的特点是什么？
16. 为什么假设 JVM 方法区对于在虚拟机环境中运行的所有线程都是全局的？
17. 本章提到在 JVM 上运行的每个线程中一次仅激活一个方法。你觉得为什么会这样？
18. 访问类的局部变量数组的 Java 字节码最多占两个字节。一个字节为操作码，另一个字节表示数组中的偏移。局部变量数组可保存多少个变量？当保存的变量数目超过上限时，会发生什么情况？
◆19. Java 称为解释型语言，但 Java 也是产生二进制输出流的编译型语言。请解释为什么 Java 既是编译型语言又是解释型语言。
20. 请解释为什么在 JVM 中运行的 Java 程序的性能比不上一般的编译型语言的性能。请解释原因。
◆21. 回答以下关于数据库处理的问题：
    a）什么是竞争状态？请给出一个例子。
    b）如何避免竞争状态？
    c）为了避免竞争状态，可能会出现什么风险？
22. 在哪几个方面 n 层事务处理体系结构要优于单层体系结构？哪种体系结构的成本更高？
23. 为了提高性能，公司决定将产品数据库备份到多个服务器上，这样就不会造成所有的事务都去竞争一个系统。对于这种情况需要考虑哪些问题？
24. 当一个系统资源被占用时，总会存在死锁的风险。请描述一种发生死锁的情况。
*25. 研究不同的命令行接口（如 UNIX、MS-DOS 和 VMS）和不同的窗口接口（如 Windows、MacOS 和 KDE）。
    a）考虑一些主要的命令，如获取目录列表、删除文件或改变路径。请解释每一种命令在各种不同的操作系统上是如何实现的。
    b）请列举和解释一些适合命令行的接口，而不适合 GUI 的接口？请列举和解释一些适合 GUI 的接口，而不适合命令行的接口。
    c）你更喜欢哪种类型的接口，为什么？

第9章

The Essentials of Computer Organization and Architecture, Fourth Edition

可供选择的体系结构

9.1 引言

在之前的章节我们从计算机科学的角度介绍了相关的计算技术背景知识，这些介绍是基于单处理器系统的。你应当已经明白了各种硬件组件的功能以及它们对于系统性能的影响。理解这些内容不仅对于硬件设计十分重要，而且也有助于算法的高效实施。大多数人主要通过个人计算机或工作站来获取有关计算机硬件的知识。这样将无法接触很多可供选择的计算机体系结构。因此，本章我们将介绍一些性能优于冯·诺依曼架构的体系结构。

本章将讨论 RISC 设备，基于指令级并行的体系结构以及多处理器体系结构（对并行处理进行简明介绍）。我们首先介绍 RISC 和 CISC 两种指令集体系结构的不同以及各自的优势和劣势。然后，我们给出一种并行体系结构分类的方法。接着，我们讨论指令级并行体系结构的内容，重点讲述超标量体系结构和 EPIC（显式并行指令计算机）。进而，我们对 RISC 和 CISC 的替代者——VLIW（它利用了指令级并行）进行回顾，并介绍向量处理器。最后，我们将简单介绍一下多处理器系统以及一些可供选择的并行化方法，包括脉动阵列、数据流计算、神经网络以及量子计算。

计算机硬件设计者在 20 世纪 80 年代早期开始重新评估各种体系结构的设计准则。他们的首要目标是指令集体系结构。设计者试图弄清在大多数时间内只有 20% 的指令会使用时，为什么还要使用复杂的扩展指令集。这一问题促进了 RISC 机器的发展，我们之前曾在第 4 和第 5 章中对其进行过介绍，在本章我们会用专门的一节详细讲解。RISC 设计的广泛使用引起了 CISC 和 RISC 技术的融合。目前，很多体系结构都采用 RISC 内核来实现 CISC 架构。

第 4 和第 5 章提到过的一些新型体系结构，如 VLIW、EPCI 和多处理器占据了硬件市场份额的很大一部分。利用体系结构开发的指令级并行的出现推进了分支预测技术的发展。基于这些预测的预取指令显著增加了计算机的性能。此外，为了预测下一条需要读取的指令，高度的指令级并行刺激了一些新技术的产生，比如推测执行，该项技术可以使处理器在实际执行之前猜测运算结果。

在本章中我们还将涉及多处理器系统。对于这些体系结构，我们可以使用牛来进行类比。如果我们利用一头牛拔一棵树，但树太大了，并且我们也无法养一只更大的牛，则我们会使用两头牛来完成这个工作。多处理器体系结构与多头牛同时工作是类似的，如果我们需要解决拔树桩的问题，那么就需要多头牛（多个处理器）。然而，多处理器系统也会引发一些特有的问题，特别是会造成高速缓存一致性和存储一致性的问题。

我们注意到一些体系结构性能的提升取决于其成本的增加。当前，系统性能与成本往往呈非线性关系。在大多数情况下，成本的大幅增加仅仅换来较小的性能提升。这将造成很难在主流应用中使用这些体系结构。但是，这些体系结构仍然在市场中占有一席之地。比如，高精度科学和工程应用对机器性能提出了极高的要求，在这个时候成本通常不再是考虑的因素。

当你阅读本章时，请牢记第 1 章介绍过的有关计算机发展的内容。基于本章所介绍的体系结构，很多人相信我们已经进入了下一个计算机时代，特别是进入了并行处理的时代。

9.2 RISC 设备

在第4章中，我们曾经列举过 RISC 体系结构的例子。RISC 准确地说并不是一种体系结构，而是一种设计方法。RISC(精简指令集计算机)这个名称来源于其可提供比 CISC 指令集规模更小的指令集。随着 RISC 设备的发展，“精简”一词正在逐渐偏离其本意。“精简”一词最初的意思是提供一个可支持所有基本操作的最小指令集，如数据移动、ALU 操作以及分支。仅 load 和 store 两种指令可以访问存储器。

复杂指令集的设计目的主要是为了解决当时存储器成本过高的问题。在一条指令中打包更多的操作将有效减少程序量，因此，消耗更小的存储资源。当存储器容量较小时，减少程序规模是十分重要的，所以 CISC 很自然成为那个时代计算机技术的产物。CISC 指令集体系结构采用变长指令，简单指令具有较短的指令字，复杂指令具有较长的指令字。此外，CISC 体系结构包括了大量的直接访问内存的指令。因此，功能强大的密集的变长指令集将导致执行每条指令需要花费多个时钟周期才能完成。一些复杂的指令，特别是访存指令，需要花费上百个时钟周期。在一些特定环境中，计算机设计者发现必须降低系统的时钟频率(增加两个时钟沿之间的时间间隔)以保证有足够的时间完成指令。这最终导致程序执行时间的延长。

人类语言可以呈现出一些 RISC 和 CISC 的特性，因此使用它可以作为类比来理解两者之间的不同。假设你有一个中国笔友，并且你们都可以流畅地读/写英文和中文。虽然你们希望写长篇幅的信，但更倾向于以一种最经济的方式进行沟通。你们可以选择使用贵的航空信纸(这将节省可观的邮费)，或者使用普通信纸(这将使用更多的邮票)。第三种选择就是在每张信纸中书写更多的信息。

相比中文，英文更简单但是比较冗长。中文字符相比英文字母更复杂，可能需要200个英文字母才能表达20个中文字符的含义。因此，使用中文需要较少的字符，这将节省纸张和邮资。然而，读/写中文很困难，因为每个字符包含了更多的信息。英文字符类似于 RISC 指令，中文字符则类似于 CISC 指令。对于大多数以英文为母语的人，“处理”英文信件需要花费更少的时间，但是需要更多的信纸。

虽然，很多人都鼓吹 RISC 是一种全新的、革命性的设计，但实际上 RISC 的设计思想早在20世纪70年代中期就由 IBM 公司的 John Cocke 提出过。Cocke 在1975年设计了一个 RISC 原型机 Model 801。这个系统在刚开始没有受到任何关注，有关它的细节直到数年后才公布。在1980年，David Patterson 和 David Ditzel 发表了著名的文章《Case for a Reduced Instruction Set Computer》。这篇文章以一种全新的方式思考了计算机体系结构，并首次提出了 CISC 和 RISC 这两种缩写。由 Patterson 和 Ditzel 所提出的新型体系结构倾向简单指令，所有指令具有同样的长度。每个指令所能完成的工作有限，但指令所花费的执行时间是相同的，而且是可预知的。

对 RISC 的支持来自对 CISC 上运行程序的观察。这些研究揭示数据移动指令几乎占到全部指令的45%，ALU 操作(包括算术、比较和逻辑)占到25%，分支(或流程控制)占到30%。虽然存在很多复杂指令，但它们很少用到。这一发现再结合更加便宜、容量更大的存储器的出现以及 VLSI 技术的发展，导致了很多不同类型体系结构的出现。存储器更加便宜意味着程序可以使用更多的存储资源。由简单、可预知指令构成的更大型程序可以替代由复杂的、变长指令构成的短程序。简单指令可以使用更短的时钟周期。此外，指令种类越少意味着芯片使用的晶体管越少。晶体管越少意味着更低的芯片制造成本，并且芯片上可以有更多的面积用于其他用途。指令可预测性再加上 VLSI 的发展，使得很多性能得到了提升，如流水线可以使用硬件实现。CISC 很难提供这些性能提升的机会。

使用如下基本的计算机性能计算公式，我们可以通过量化方式分析 RISC 和 CISC 的不同：

$$\frac{时间}{程序} = \frac{时间}{单个周期} \times \frac{多个周期}{单个指令} \times \frac{多个指令}{程序}$$

计算机性能通常用程序运行时间来表示。程序的运行时间与时钟周期，每条指令的时钟周期数以及程序中的指令数成正比。缩短时钟周期可以使 RISC 和 CISC 的性能都得到提升。另外，通过减少程序中的指令数可以提升 CISC 的性能，而通过最小化每条指令的时钟周期数可以提升 RSIC 的性能。因此，两种体系结构可以在几乎相同的时间内计算出结果。在门级，两种系统完成同样的工作量。那么到底在门级和程序级之间发生了什么？

CISC 设备依靠微代码来执行指令。微代码告知处理器如何执行一条指令。出于性能的原因，微代码一般是紧凑而高效的，并且通常是正确的。然而，微代码的效率受限于变长指令，因为变长指令降低了译码速度，并且导致每条指令所花费的时钟周期数也不同，从而使得很难实现指令流水线。此外，当每条指令从存储器取出后微代码进行翻译。这个额外的翻译过程也消耗了一定的时间。指令集越复杂，花费在翻译指令上的时间就越多，并且要设置合适的硬件资源来处理指令。

RISC 体系结构采用了不同的方法。大多数的 RISC 指令可以在一个时钟周期内完成。为了实现加速，微程序控制器由硬连线逻辑所取代，硬连线将以更快的速度执行指令。这样，可以较容易地实现指令流水线，但在硬件层面上很难对复杂指令进行处理。因此，在 RISC 系统中，对复杂指令的处理由指令集层面转移到编译器之上。

为了说明这一点，让我们来看一条指令。假设我们想计算 5×10，则在 CISC 设备上代码可能如下所示：

```
mov ax, 10
mov bx, 5
mul bx, ax
```

一个最精简的 RISC 指令集体系结构没有乘法指令。因此，在 RISC 设备上，乘法代码将如下所示：

```
        mov ax, 0
        mov bx, 10
        mov cx, 5
Begin: add ax, bx
        loop Begin    ;causes a loop cx times
```

虽然 CISC 代码更短，但需要更多的时钟周期来执行程序。假设对于每种体系结构，寄存器 - 寄存器传输指令、加法指令和循环操作均花费 1 个时钟周期，而乘法指令则需要花费 30 个时钟周期[⊖]。对比两个代码片段，则有：

CISC 指令：

总的时钟周期 = (2 movs × 1 个时钟周期) + (1 mul × 30 个时钟周期)
= 32 个时钟周期

RISC 指令：

总的时钟周期 = (3 movs × 1 个时钟周期) + (5 adds × 1 个时钟周期)
+ (5 loops × 1 个时钟周期) = 13 个时钟周期

另外需要补充的是 RISC 设备的时钟周期通常比 CISC 设备短，因此即使 RISC 设备有更多的指令，其执行时间仍然小于 CISC 设备。这就是提出 RISC 设备的主要灵感。

我们曾经提到过降低指令复杂度也将减少芯片设计的复杂程度。用于执行 CISC 指令的晶体管主要用在了构建流水线、缓存和寄存器上。在这三者中，寄存器堆最有可能改善系统性

⊖ 这不是一个真实的数字，在 Intel 8088 上，执行两个 16 位数相乘运算需要 133 个时钟周期。

能，因此有必要增加寄存器的数目，并应以新颖的方式使用这些寄存器。一种方法就是使用**寄存器窗口集**。虽然不像其他和 RISC 体系结构相关的创新型方法被广泛采用，但寄存器窗口仍然是一个很有意思的想法，在这我们将对其进行简单介绍。

高级语言依靠模块化来提升效率，这会带来过程调用和参数传递两个副作用。过程调用是一个至关重要的任务。它包括了保存返回地址，保存寄存器值，传递参数(将参数压入栈中或使用寄存器)，跳转到子例程，以及执行子例程。一旦子例程执行完，必须保存刚改变的参数值，并且在返回运行调用进程前必须恢复现场。保存现场、传递参数以及恢复现场都将消耗大量资源。随着 RISC 芯片可以容纳成百上千个寄存器，保护和恢复序列的工作将会减少以简化对寄存器环境的改变。

为了充分理解这一概念，试着想象将所有寄存器划分为若干组。当一个程序在某一环境中执行时，仅一组寄存器是可见的。如果发生了程序调用，则可见的寄存器组也将发生改变。例如，当主程序运行时，也许它能使用 0 ~ 9 号寄存器。当一个过程被调用时，该过程则可能使用 10 ~ 19 号寄存器。通常情况下，RICS 体系结构包含 16 个寄存器组(**窗口**)，每组有 32 个寄存器。CPU 在一个周期内只能使用其中一个窗口。因此，从程序员的角度看，仅有 32 个寄存器可用。

寄存器窗口并不一定有助于过程调用或参数传递。然而，如果这些寄存器窗口能够精确地重叠，则从一个模块向另一个模块传递参数的过程就变为了从一个寄存器组转移到另一个寄存器组这样简单的事情了，在这个过程中，两个寄存器组中重叠寄存器是因为共享寄存器可以传递参数。上述过程通常将寄存器组划分为若干个不重叠的寄存器集合，包括**全局寄存器**(所有共有寄存器窗口)、**局部寄存器**(每个寄存器窗口独有)、**输入寄存器**(与之前窗口的输出寄存器重叠)以及**输出寄存器**(与下一个窗口的输入寄存器重叠)。当 CPU 从一个过程切换到另一个过程时，寄存器窗口也要发生切换，但重叠部分通过将调用过程的输出寄存器变换为调用过程的输入寄存器来简化“传递”参数的过程。一个**当前窗口指针**(CWP)指向当前正在使用的寄存器窗口。

考虑如下场景，过程 1 调用过程 2。每个寄存器窗口有 32 个寄存器，假设 8 个是全局寄存器、8 个是局部寄存器、8 个为输入寄存器、8 个为输出寄存器。当过程 1 调用过程 2 时，任何需要传递的参数都放入过程 1 寄存器窗口的输出寄存器中。一旦过程 2 开始执行，这些寄存器变为过程 2 的输入寄存器。这一过程如图 9-1 所示。

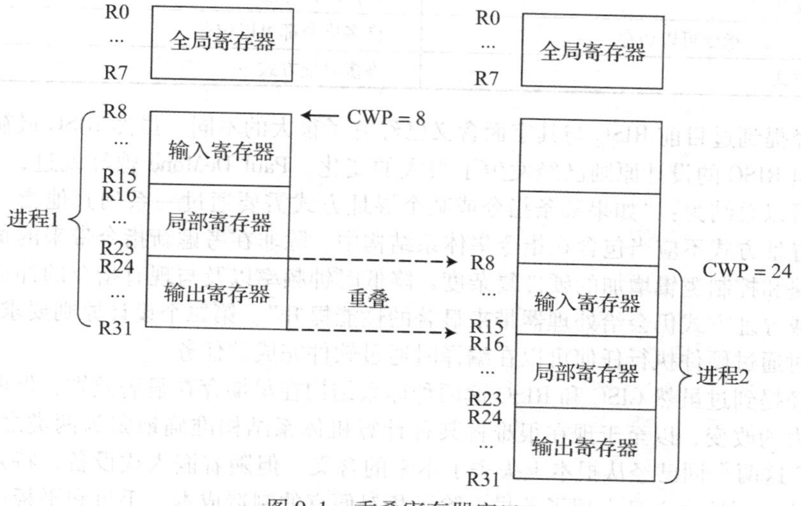

图 9-1 重叠寄存器窗口

需要特别注意的一点是，RISC上的寄存器窗口具有寄存器集的循环特性。对于一个多层嵌套调用的程序来说，寄存器资源可能很快会耗尽。这个时候，主存用来存储最低编号寄存器窗口中的值，这些值都属于最外层过程，然后最高编号的寄存器窗口(当前进程)将使用已保存的最低编号寄存器。当从执行过程中返回时，嵌套层数减少，保存在存储器中的寄存器值按照保存的顺序依次恢复。

除了结构简单，定长指令和流水线技术也显著提高了RISC设备的处理速度。简单指令节省了大量的芯片面积，这不仅可以提供更多有用的芯片空间，而且使得芯片更将易于设计和制造。

你应当已经意识到我们很难将当今的处理器归类为RISC结构还是CISC结构，因为在大多数的CPU体系结构中均采用了这两种结构。这两种结构的分界线已经模糊。目前的一些体系结构会同时使用RISC和CISC技术。如果你阅读一些最新的芯片手册，那么可知当今的RISC设备拥有一些比CISC设备更复杂的指令。例如，RISC POWERPC所拥有的指令集比CISC Pentium的规模更大。大多数当今的RISC处理器已经增加了乘法和除法指令，并利用微代码去执行这些指令。另一方面，最新的CISC处理器在某种程度上是基于RISC技术的；Intel的x86架构就是一个这样的例子。x86的CISC指令在执行前会通过微代码转化为一组简单的RISC指令格式。当VLSI技术将晶体管变得更小、更廉价后，指令集的扩张将不再是CISC和RISC争论的问题，而寄存器的使用以及装载/存储体系结构将变为争论的重点。

这样，我们在表9-1中总结了RISC和CISC的主要不同。

表9-1　RISC和CISC的特征

RISC	CISC
多个寄存器组，通常包含256个以上的寄存器	一个寄存器组，一般共包含6~16个寄存器
每条指令可包含3个寄存器操作数(例如，add R1，R2，R3)	每条指令可包含1个或2个寄存器操作数(例如，add R1，R2)
通过高效的片上寄存器窗口进行参数传递	通过低效的片外存储器进行参数传递
单周期指令(除了load和store指令)	多周期指令
硬连线控制	微程序控制
流水线程度高	流水线程度低
简单指令并且指令数较少	许多复杂指令
固定长度指令	变长指令
编译器设计复杂	微代码设计复杂
仅load和store指令可以访存	许多指令都可以访存
较少的寻址方式	许多寻址方式

我们曾经提到过目前RISC与其字面含义已经有了很大的不同。虽然RISC最初的目标是精简指令集，但RISC的设计原则已经发生了很大的变化。Paul DeMone曾经说过，目前RISC的主要关注点可以总结为：“如果某条指令或某个寻址方式需要通过一系列其他指令来实现，则这条指令或寻址方式不应当包含在指令集体系结构中，除非在考虑新指令带来的负面影响，诸如给数据通路和控制逻辑增加的硬件复杂度，降低时钟频率以及与现有指令的冲突后，发现引入这条指令或寻址方式仍会给处理器带来显著的性能提升”。第二个设计原则要求RISC处理器不应在运行时通过硬件执行任何可以在编译时通过软件完成的任务。

我们已经提到过虽然CISC和RISC这两种体系结构在早期存在显著差别，但两者相互借鉴并发生了很大的改变，以至于现在很难将某种计算机体系结构准确地归为两类之一。实际上，RISC和CISC这两个词已经从根本上失去了本来的含义。但随着嵌入式设备，特别是移动计算出现后，这两个词的含义又出现了差异。除了相对便宜的制造成本，手机和平板电脑需要处理器能够有效地利用存储器、CPU 周期和功耗，由此可见 RISC 设计原则更适合于移动计算环境。

当 RISC 和 CISC 之争首次出现时，其关注点在于芯片面积和处理器设计的复杂程度，但现在能耗和功耗成为了焦点。这里需要提及两个正在试图控制市场的竞争对手：ARM 和 Intel。Intel 通常关注性能，它占据了服务器市场的大量份额，但 ARM 更加关注能效，因此其统治了移动设备和嵌入式系统市场。（实际上，ARM 最新的 64 位处理器又重新引入了 RISC 和 CISC 之争。）Intel 正在试图通过 Atom 处理器来争夺移动终端市场。然而，Atom 的发展受困于它的 CISC 结构（特别是臃肿的指令集），这也是为什么移动终端市场更倾向选择 ARM 和 MIPS 这样的体系结构。即使 Intel 正在采用一些其他的技术来提升处理执行速度，过于臃肿的译码逻辑以及含有很多无用指令的指令集仍然是难以解决的问题。

像我们之前提到的，虽然很多人都极其推崇 RISC 设计的革命性创新，但在 RISC 设备中所使用的很多技术（包括流水线和简单指令）早在 20 世纪 60 年代和 70 年代的原型机中就出现了。很多被称为创新的新设计，其实并不是真正的创新，只是简单的发展循环。革新并不一定意味着发明一个全新的车轮，也可能是找到一种如何使用已有车轮的最好方法。这是在你计算机职业生涯中的重要一课。

9.3 Flynn 分类法

多年以来，一些研究人员试图找到一种更科学的计算机体系结构的分类方法。虽然没有一种分类法是完美无缺的，但今天被广泛接受的是 Michael Flynn 在 1972 年提出的分类法。**Flynn 分类法**考虑两方面因素：进入处理器的指令数和数据流数。一台计算机可以有 1 个或多个数据流，并且可以有 1 个或多个对数据进行操作的处理器。这样，我们就可以得到 4 种可能的组合：**SISD（单指令流单数据流）**、**SIMD（单指令流多数据流）**、**MISD（多指令流单数据流）**和 **MIMD（多指令流多数据流）**。

单核处理器属于 SISD 设备。SIMD 设备器具有单个控制器，可以在多个数据上同时执行相同的指令。SIMD 架构包含阵列处理器、向量处理器和脉动阵列。MISD 设备器在相同的数据上执行不同的指令。MIMD 设备器具有多个控制器，每个具有单独的数据流指令流。多处理器和当前大多数并行系统都属于 MIMD 设备。SIMD 计算机的设计相比 MIMD 更加简单，但它们缺乏灵活性。所有的 SIMD 多处理器必须同时执行相同的指令。因此，当执行条件分支指令时，处理器的性能将受到很大的影响。

Flynn 分类法在一些方面还存在不足。首先，很少有符合 MISD 架构特性的应用。其次，Flynn 假设所有的并行性都是同构的，但多处理器可能是同构的也可能是异构的。一台计算机可能有 4 个独立的浮点加法器、2 个乘法器和 1 个整数运算单元。这台机器可以并行执行 7 个操作，但很难采用 Flynn 分类法对它进行分类。

Flynn 分类法的另一个问题就是 MIMD 分类。在没有考虑多个处理器间是如何互连的或这些处理器是如何看待主存的情况下，一个具有多处理器的体系结构会被归为此类。因此，出现了几种对 MIMD 重新定义的分类方法。根据是否共享存储器，以及是基于总线连接还是交换开关连接的，可将 MIMD 进一步划分为不同的系统。

在共享存储器系统中，所有的处理器访问同一个全局存储器，并通过共享变量进行通信，就好像在一个单处理器上进行数据处理。如果多个处理器没有共享存储器，则每个处理器都必须拥有一个私有存储器。这样，所有的处理器必须通过消息传递这种昂贵而低效的方式进行通信。人们使用存储器作为分类硬件因素的，共享存储器和消息传递实际上属于不同的编程模型，而不是硬件模型。因此，它们其实应该属于系统软件的范畴。

两种主要的并行体系结构范例是**对称多处理器**（SMP）和**大规模并行处理器**（MPP），它们都属于 MIMD 体系结构，但两者的区别在于如何使用主存。SMP 设备[如基于 Intel 双核处理器的 PC 机和 Silicon Graphics Origin 3900(最多可拥有 512 个处理器)]共享存储器，但 MPP 设备[如 nCube、CM5 和 Gray T3E]，则不共享存储器。这些 MPP 系统通常在一个大型机柜中装配了上千个 CPU，以连接几百 GB 的存储器。因此，这些系统的价格将高达到几百万美元。

最开始的时候，MPP 这个词主要是指紧耦合的 SIMD 系统，如 Connection Machine 和 Goodyear MPP。然而，时至今日，MPP 通常用来指拥有多个独立节点，且每个节点都有私有存储器的并行体系结构，这些节点可通过一个网络进行通信。一种区分 SMP 和 MPP 的简单方法如下所示：

MPP = 众核 + 分布式存储 + 基于网络的通信

SPP = 多核 + 共享存储器 + 基于存储器的通信

MPP 计算机编程较困难，因为程序设计者必须确保在每个 CPU 上运行的程序片段都能够彼此通信。而在所有处理器同时访问相同的存储空间时，SMP 系统会出现严重的性能瓶颈。采用 MPP 还是 SMP 的决定因素是应用程序——如果待求解的问题很容易划分，则 MPP 是一个较好的选择。很多大公司都采用 MPP 系统存储客户数据(数据中心)，并在这些数据上进行数据挖掘。

分布式计算是另一种 MIMD 体系结构。**分布式计算**(细节请见 9.4.5 节的介绍)一般是指一组通过网络进行互连的计算机，它们相互协同以求解问题。但协同的方式可能有很多种。

工作站网络(NOW)是一组并行工作的分布式工作站的集合，网络中的每个节点不再作为普通工作站来使用。NOW 通常由异构架构组成，使用不同的处理器和软件，节点间通过因特网进行通信。个人用户在加入到并行计算环境之前必须首先与网络建立连接。NOW 通过局域网部署在各个企业中，在这些网络中所有的工作站都可控。**工作站集群(COW)**与 NOW 很相似，但是它需要一个公司或组织负责管理。节点通常运行相同的软件，并且每个用户可以访问任何节点。**专用集群并行计算机(DCPC)**是一组专门用于某个特定并行计算任务的工作站集合。所有工作站由一个独立的组织机构来管理，运行相同的软件和文件系统，并通过因特网进行通信。**PoPC** 是由专用异构硬件构成的集群，这些硬件构建的并行计算系统不是由大众商用组件或 COT 组成的。DCPC 使用少量昂贵、快速的组件，而 PoPC 则使用大量慢速，但相对低廉的节点。NOW、COW、DCPC 以及 PoPC 均属于**集群计算**，其分布式计算资源将处于同一个管理域，但在不同的组中工作。

1994 年由 Goddard 航空中心的 Thomas Sterling 和 Donald Becker 提出的 BEOWULF 工程是一个 PoPC 体系结构，它成功地通过一个专用软件将各种硬件平台组织在一起，使其看起来就像一台并行计算机。BEOWULF 集群具有 3 个特征：现成的个人计算机、快速数据交换和开源软件。BEOWULF 中的节点通过以太网或光纤网络进行连接。如果你拥有一台旧的 Sun SPARC，两台 486 计算机，一台 DEC Alpha(或若干台积满灰尘的 Intel 计算机)，并且可以将它们接入网络，那么你就可以安装 BEOWULF 软件，以构建属于你个人的强大的并行计算机。

Flynn 分类法最近又新加入了 **SPMD(单程序多数据)**体系结构。一个 SPMD 包含多个处理器，每个处理器有属于自己的数据集和程序存储器。在每个处理器上都运行相同的程序，并可在各个全局控制点进行同步。虽然每个处理器都加载相同的程序，但它们运行的指令可能不同。例如，一个程序如下所示：

```
If myNodeNum = 1 do this, else do that
```

在 SPMD 中，不同的计算节点执行相同程序中的不同指令。SPMD 实际上是采用了 MIMD 编程框架，这与 SIMD 不同，其区别是多个处理器能在同一时刻完成不同的工作。超级计算机通常采用 SPMD 设计。

在 Flynn 分类法之上，我们需要增加新的类别，它们可能是指令驱动的体系结构也可能是数据驱动的体系结构。典型的冯·诺依曼体系结构是指令驱动的。所有处理器执行的操作由一串代码决定。指令在数据上进行操作。数据驱动体系结构，或称为**数据流**体系结构，则正好相反，数据的特征决定了处理器的事件序列。我们将在 9.5 节继续讨论更多有关数据流体系结构的细节。

通过增加数据流计算机和对 MIMD 分类进行细化后，体系结构的分类如图 9-2 所示。你可以参照该图阅读后续部分。我们从分类树的左侧分支开始，先来讨论 SIMD 和 MIMD 体系结构。

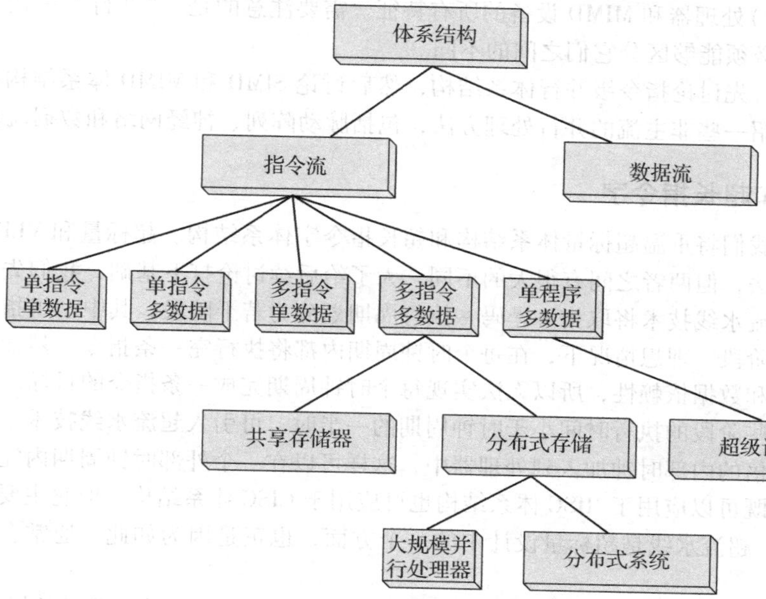

图 9-2　计算机体系结构的一种分类法

9.4　并行和多处理器体系结构

长期以来，科学家一直致力于设计能更快、更好求解问题的机器。小型化技术改善了电子线路，使得芯片内部可以集成更多的晶体管。变得更快的时钟，使得 CPU 的主频达到了千兆赫兹。我们知道一些物理上的局限性限制了单核处理器的性能。发热和电磁干扰限制了晶体管的集成密度。即使解决了这些问题，处理器的速度仍然会低于光速。在这些物理局限性之上，还存在成本上的制约。在某些情况下，设计一个处理器的成本将超过人们愿意购买的价格。最终，除了将计算任务分配到几个处理器上，我们再没有其他可行的办法去改善处理器的性能了。基于这些原因，并行处理便越来越引起人们的关注。

然而，值得注意的是并不是所有的应用都能通过并行获得性能提升。例如，多处理器并行带来了额外的计算开销（如进程间的同步及其他有关进程管理方面的技术）。如果无法对一个应用进行并行化，则该应用不能高效地移植到一个多处理器并行的体系结构上。

通过正确地实现，并行性会导致更高的吞吐量、更好的容错，以及更优的性价比。虽然，并行性可以显著提升加速比，但并不能获得最高加速比。假设有 n 个处理器并行运行，则最高加速比表示一个计算任务仅需花费 $1/n$ 时间就可完成，同时获得了 n 倍的性能提升（或者运行时间缩短了 $1/n$）。

我们仅需回忆一下阿姆达尔定律就可以知道为什么无法达到最高加速比。如果两个处理模块以两种不同的速度运行，则较慢的模块将决定最终的运行速度。这个定律也可以计算出通过并行处理器求解问题时所能获得的加速比。无论你多努力地对应用进行并行化，应用中总是会有一小部分工作必须由一个处理器串行处理。这时，多余的处理器无任何工作可做，必须等待直到串行处理任务完成。阿姆达尔定律的基本前提就是每一个算法的串行部分将最终决定多处理器实现的加速比。串行部分所占比例越多，则采用并行处理器架构的效率就会越低。

多处理器仅是不同的并行体系结构中的一种。在之前的章节中，我们提到过其他一些面向多数据处理的并行体系结构，如流水线、VLIW 以及指令级并行(ILP)，它们针对不同的类型。这样的例子还包括 SIMD 结构，如向量处理器、神经网路处理器和脉动处理器。有许多体系结构允许有多个(并行)处理器和 MIMD 设备的所有特征。需要注意的是，“并行”一词有很多的含义和层次，我们必须能够区分它们之间的不同。

接下来，我们首先讨论指令级并行体系结构，然后讨论 SIMD 和 MIMD 体系结构。在本章最后一节我们将介绍一些非主流的并行处理方法，包括脉动阵列、神经网络和数据流计算。

9.4.1　超标量和超长指令字

在本小节中，我们将重温超标量体系结构和超长指令字体系结构。超标量和 VLIW 都是展现指令级并行的方法，但两者之间有很大的不同。为了给后续讨论打下基础，我们先来看一下超流水线的概念。流水线技术将取指 - 译码 - 执行周期划分为若干阶段，其中一组指令在同一时刻将处于不同的阶段。理想情况下，在每个时钟周期内都将执行完一条指令。然而，因为代码中存在分支指令和数据依赖性，所以无法实现每个时钟周期完成一条指令的目标。

当流水线中某些阶段的执行时间小于时钟周期的一半时，可引入**超流水线**技术。一个频率为外部时钟频率两倍的内部时钟加入到处理器中，这样可以在一个外部时钟周期内完成两个任务。虽然超流水线既可以应用于 RISC 体系结构也可应用于 CISC 体系结构，但它主要还是应用于 RISC 处理器中。超流水线是超标量设计中的一个方面，也正是因为如此，通常会混淆两者的概念。

所以，准确地说究竟什么才是超标量处理器呢？我们知道 Pentium 处理器是超标量处理器，但我们还没有讨论过超标量的真正含义。**超标量**是一种在每个时钟周期内可以使得多条指令同时执行的设计方法。虽然超标量在一些方面不同于流水线，但它们的性能提升效果是相同的。在超标量设计中实现加速的方法与为繁忙的高速公路增加一条车道的思路是类似的。在超标量中，需要增加额外的“硬件”，最终使得在同样的时间内从 A 点到 B 点可以有更多的车辆(指令)通过。

类似于增加的高速公路车道，在超标量中对应的组件称为**执行单元**。执行单元由浮点加法器、乘法器、整数加法器和乘法器，以及其他专用模块组成。虽然这些单元可以独立工作，但很重要的一点是，在超标量体系结构中有足够多的专用单元可以并行处理多条指令。一般执行单元会被复制多份，例如，一个系统可能有一对相同的浮点运算单元。通常，执行单元也采用流水线架构，并提供更高的性能。

在超标量中至关重要的组件是一个专用的**取指单元**，它可以同时从存储器中获取多条指令。然后，取指单元将指令依次送入一个复杂的**译码单元**，以判断指令之间是否相互独立(也就是说是否可以并行执行)或者是否存在某种依赖关系(对于这种情况这些指令将无法在同一时刻并行执行)。

例如，我们来看一下 IBM RS/6000 处理器。这个处理器含有一个取指单元和两个处理器，每个处理器又包含一个 6 级浮点单元和一个 4 级整数单元。取指单元由两级流水线构成，其中第一级每次从存储器中获取 4 条指令，第二级将指令发送到合适的处理单元。

超标量计算机是通过流水线和复制实现并行的体系结构。超标量设计包括超流水线，同时获取多条指令、复杂的译码逻辑以确定指令的独立性并对独立的指令进行组合，以及足够的计算资源以保证多条指令并行执行。我们注意到，虽然这种类型的并行需要专用的硬件，同时超标量体系结构也需要一个复杂的编译器对操作进行调度，以确保更好地利用计算资源。

相比超标量处理器既要依赖硬件(判断独立性)，也要依赖编译器(产生合适的调度)而言，VLIW 处理器将完全依赖编译器。VLIW 将独立指令打包成一个长指令，以此来依次触发执行单元进行相应的操作。因为编译器更能方便地获取代码中指令的全局独立性信息，因此 VLIW 具备更高的性能。然而，编译器无法获得运行时代码的全局信息，因此指令调度将受到局限。

因为 VLIW 编译器会生成超长指令，所以也需要对独立性进行判断。这些在编译时固定长度的长指令一般会包含 4 ~ 8 条常规指令。因为指令是定长的，所以任何调整(比如改变存储器延迟)都有可能影响指令调度的结果，从而需要重新编译代码，潜在地引发软件生产商的诸多问题。VLIW 的拥护者指出这项技术通过将复杂度转移给编译器简化硬件的设计难度。超标量的拥护者则指出，VLIW 会造成代码量的增加。例如，当超常指令字不需要程序控制域的时候，存储空间和带宽都会被浪费。实际上，当一个普通的 Fortran 程序被编译为 VLIW 代码后，其代码量将变为原来的 2 倍，甚至 3 倍。

Intel 的 Itanium IA-64 采用 VLIW 体系结构，它是一种 EPIC 风格的 VLIW 处理器。EPIC 体系结构相比传统的 VLIW 处理器具有一些优势。与 VLIW 类似，EPIC 也将打包指令以发送到各种执行单元。然而，与 VLIW 不同的是，这些打包指令不需要有相同的长度。一个专用的分隔符用于指明一个打包指令的结束和另一个打包指令的开始。指令字通过硬件进行预取，然后进行指令识别，并将打包指令调度到独立的组中进行并行执行。这将在一定程度上克服由于编译器无法获取运行时代码的全局信息而带来的局限性。打包中的指令可并行执行并且无依赖性，因此无须关心其执行顺序。大多数人仍然认为 EPIC 就是 VLIW。虽然 Intel 不认同这一点，并且硬件架构师也列举了二者之间一些微小的差别，但 EPIC 本质上就是加强版的 VLIW。

9.4.2 向量处理器

通常被称为超级计算机的**向量处理器**是专门定制的，它具有的强大流水的 SIMD 处理器可高效实现完整的向量和矩阵操作。这类处理器适合于具有高度并行性的应用，如天气预报、医学诊断和图像处理。

为了弄懂向量处理技术，首先必须了解向量算术。向量是定长的一维矩阵，或是一个有序的标量序列。在向量上可定义的运算包括加法、减法和乘法。

向量计算机是高度流水的，因此各种算术运算可重叠执行。每条指令都指定了一组可在向量上执行的操作。例如，我们执行向量 V1 和 V2 的加法，并将结果放到 V3 中。传统处理器将通过如下循环实现这个操作：

```
for i = 0 to VectorLength
   V3[i] = V1[i] + V2[i];
```

但在向量处理器上，这段代码将变为

```
LDV    V1, R1          ;将向量V1加载到向量寄存器R1上
LDV    V2, R2
ADDV   R3, R1, R2
STV    R3, V3          ;将向量寄存器R3的内容保存到向量V3
```

向量寄存器是一次可以保存几个向量的专用寄存器。每次可将寄存器中一个元素发送到向量流水线，而每次流水线输出一个元素送回向量寄存器。因此，这些寄存器是一些可以保存很多元素的 FIFO 队列。向量处理器通常会有几个这种向量寄存器。向量处理器的指令集包含加载这

些寄存器的指令，对寄存器中的元素进行操作的指令，以及将向量数据存回至存储器的指令。

根据指令如何获取操作数，向量处理器通常被分为两类。在**寄存器－寄存器向量处理器**中源操作数和目的操作数都保存在寄存器中。**存储器－存储器向量处理器**允许将操作数从存储器中取出并直接送到算术单元。运算的结果写回存储器。寄存器－寄存器处理器存在的问题是长向量必须分割成固定长度的短向量以确保可以存放在寄存器中。然而，存储器－存储器处理器由于访存延迟会造成启动时间较长。(启动时间是指从初始化指令到从流水线中获得第一个运算结果的时间间隔。)在流水线满流后，将不再有访存延迟问题。

向量指令展现的高效性主要归功于两方面原因。首先，处理器取指的数量明显变少，这意味着译码、控制单元会有更少的开销，并且需要更少的存储带宽。其次，处理器拥有连续输入的数据源，因此可以提前预取相关数据。如果使用交叉存储器，则每个时钟周期都可以获得一对数据。最流行的向量处理器是 Cray 系列超级计算机向量处理器的基本架构在过去的25 年间变化很少。

9.4.3　互连网络

在共享存储多处理器和分布式计算等 MIMD 系统中，通信对于处理同步和数据共享至关重要。消息在系统中的传递方式决定了整个系统的设计。通常存在两种通信模型，它们是共享存储和互连网络。共享存储系统包含一个大容量存储器，所有的处理器都可以对其进行访问。在互连网络中，每个处理器都有一个私有存储器，但处理器可以通过网络访问其他处理器的存储器。当然，两者都各有优缺点。

互连网络通常可以根据拓扑结构、路由策略以及交换技术进行分类。**网络拓扑结构**(即网络中节点的互连方式)，是消息传递开销中的主要决定因素。信息传递的效率受以下几方面限制：

带宽——网络传递消息的能力。

消息延迟——消息中的第一位到达目的端所用的时间。

传输延迟——消息在网络中的传输时间。

开销——消息在发送方和接收方的处理活动。

因此，网络设计试图最小化所需的消息数量和消息传递的距离。

互连网络可以是**静态的**，也可以是**动态的**。在动态网络中两个实体(可以是两个处理器，也可以是一个处理器和一个存储器)之间的连接路径可以发生改变，但在静态网络中不可以。互连网络可以是**阻塞的**，也可以是**非阻塞的**。当同时出现其他连接时，非阻塞网络允许使用这些连接，而阻塞网络则不允许。

静态互连网络主要用于多种类型的消息传递，其中许多类型可能是你所熟悉的。处理器通常使用静态网络互连，而处理器和存储器之间通常采用动态网络互连。

全连接网络是指网络中的每个组件都与其他组件相连。构建这种网络十分昂贵，并且当有新的组件加入时，很难对其进行管理。在**星形连接网络**中有一个中心交换机，所有的消息都必须通过该交换机。虽然交换机是瓶颈所在，但是它提供了出色的连通性。**线性或环形网络**允许每个组件直接与两个相邻的组件进行通信，但与其他的通信不得不经过多个组件才能到达目的地。(环形网络是线性网络的一个特例，在该网络中两个端组件直接相连。)在**网状网络**中，每个组件与其相邻的 4 个或 6 个组件相连(这取决于是二维结构还是三维结构)。这种网络的变种有环形网状网络，就好像线性网络能够通过首尾相接构成环形网络。

在**树形网络**中，组件构成了非环状结构，因此与根部组件的通信是瓶颈所在。**超立方体网络**是网状网络的多维扩展，在每一维中有两个处理器(超立方体网络通常是对处理器进行连接，而不是对处理器–存储器进行连接）。二维超立方体包含若干个处理器对，当且仅当它们标签的二进制表示仅有一位不同时，它们之间通过一条直接链路进行连接。在 n 维超立方体中，每个处理器直接与其他 4 个处理器相连。需要注意的是，在超立方体的每两个标签中二进制表示不同位数间的距离称为**汉明距离**，它也可用来表明两个处理器间最短路径的通信链路数目。图 9-3 给出了各种类型的静态网络。

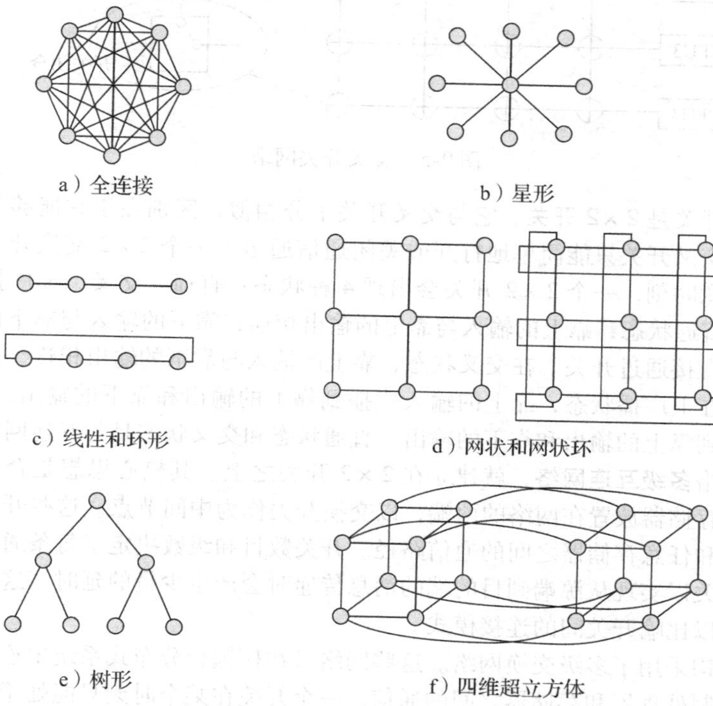

a）全连接　b）星形　c）线性和环形　d）网状和网状环　e）树形　f）四维超立方体

图 9-3　静态网络的拓扑结构

动态网络可以通过两种方式对网络进行动态配置：总线方式或开关方式。当成本是主要考虑因素时，如图 9-4 所示，基于**总线的网络**是最简单最高效的，它能够连接中等规模的组件。很明显，总线的最大问题是当需要连接的组件越来越多时，对总线的竞争将成为瓶颈。并行总线可有效缓解这一问题，但成本也会相应地提高。

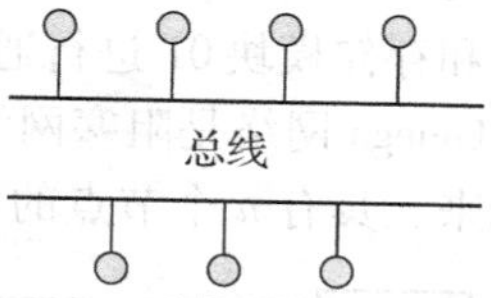

图 9-4　基于总线的网络

开关网络通过开关来动态地改变路由。有两种类型的开关网络：交叉开关和 2 × 2 开关。**交叉开关**是一种简单的开关，它要么打开，要么关闭。通过闭合任何组件间的开关实现连接。由交叉开关组成的网络是全连接的，因为任何组件都可以和其他任意组件进行通信，并且不同处理器/存储器对间可以同时通信。（但一个给定的处理器在任意时刻最多只能选通一个连接）。只要开关保持闭合，那么就不会阻断数据传输。因此，交叉开关网络是非阻塞网络。然而，如果在每个交叉点都设置一个开关，那么 n 个组件需 n^2 个开关。在实际设计中，许多的多处理器架构需要在每个交叉点设置多个开关。因此，管理如此众多的开关会变得十分困难，而且成本也将十分高。实际上，交叉开关仅用于高速的多处理器向量计算机中。一种交叉开关的配置如图 9-5 所示。有阴影的开关表示闭合开关。一个处理器在某个时刻仅能连接一个存储器，因此每列最多有一个闭合的开关。

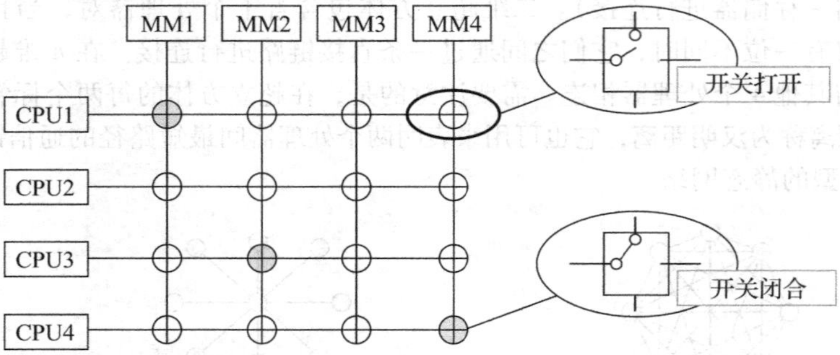

图 9-5 交叉开关网络

第二种类型开关是**2×2 开关**。它与交叉开关十分相似，区别在于它能够将输入路由到不同的目的地，而交叉开关只能简单地打开或关闭通信通道。一个 2×2 交换开关有两个输入和两个输出。在任意时刻，一个 2×2 开关会出现 4 种状态：直通、交叉、上广播和下广播，如图 9-6 所示。在直通状态，靠上的输入与靠上的输出相连，靠下的输入与靠下的输出相连。简言之，就是输入直接通过开关。在交叉状态，靠上的输入与靠下的输出相连，靠下的输入与靠上的输出相连。在上广播状态，靠上的输入广播到靠上的输出和靠下的输出。在下广播状态，靠下的输入广播到靠上的输出和靠下的输出。直通状态和交叉状态是与互连网络相关的。

最先进的网络**多级互连网络**，就建立在 2×2 开关之上。其核心思想是合并每个阶段的开关，将处理器和存储器放置在网络的两端，以交换开关作为中间节点。这些开关可动态配置以构建任意处理器和任意存储器之间的通信路径。开关数目和级数决定了每条通信信道上的路径长度。当配置开关以实现从源端到目的端的消息传递时会产生少量的延时。这些多级网络通常称为**洗牌网络**，以比喻开关间的连接模式。

许多拓扑结构采用了多级交换网络。这些网络可在松耦合分布式系统中连接处理器，或在紧耦合系统中控制处理器和存储器之间的通信。一个开关在某个时刻只能处于一种状态，因此会出现阻塞。例如，如图 9-7 所示，考虑一种简单的多级交换网络拓扑结构——**Omega 网络**。如果开关 1A 和 2A 设置为直通状态，CPU00 将与存储模块 00 进行通信。然而，此时 CPU10 就不可能和存储模块 01 进行通信。为了实现两者间的通信，开关 1A 和 2A 必须设置为交叉状态。因此，Omega 网络是阻塞网络。通过增加更多的开关和更多的级数可以构建非阻塞多级网络。一般说来，具有 n 个节点的 Omega 网有 $\log_2 n$ 级，每级有 $n/2$ 个开关。

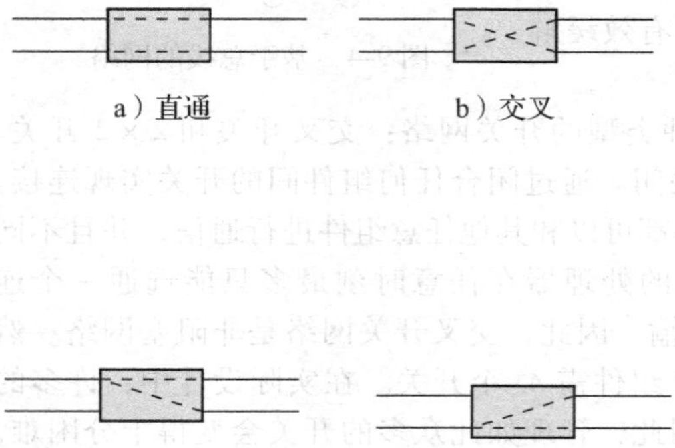

图 9-6 2×2 开关的状态

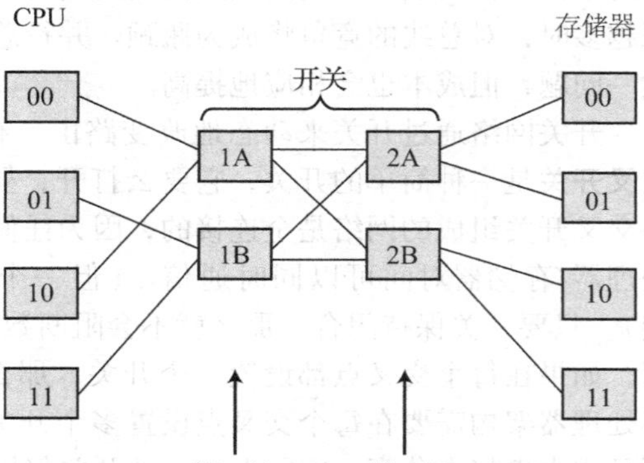

图 9-7 两级 Omega 网络

值得注意的是，配置开关并不像看起来那么困难。目的模块的二进制表示可以在消息传递时对开关进行编程。每个开关可以基于每阶段目标地址中的一位进行编程。如果该位为0，则输入路由到靠上的输出。如果该位为1，则输入路由到靠下的输出。例如，假设CPU00试图与存储模块01进行通信。我们可以使用目的地址的第1位(0)将开关1A设置为直通状态(将输入路由到靠上的输出)，并且使用第2位(1)将开关2A设置为交叉状态(将输入路由到靠下的输出)。如果CPU11试图与存储模块00通信，我们可以将开关1B和2A设置为交叉状态(因为两个输入都需要路由到靠上的输出)。

另一种对开关进行设置的方法是比较源和目的的相关位。如果相关位相同，则开关被设置为直通状态。如果相关位不同，则开关被设置为交叉状态。例如，假设CPU00试图与存储模块01进行通信。我们比较它们的第1位(0到0)，并设置开关1A为直通状态，比较第2位(0到1)，设置开关2A为交叉状态。

每种对多处理器进行互连的方法都有优点和缺点。例如，当处理器数目为中等规模时，基于总线的网络最简单，也最有效。然而，如果多个处理器同时发出访存请求，则总线将成为瓶颈。我们在表9-2中对总线、交叉开关和多级互连网络进行了比较。

表9-2 各种互连网络的属性

属性	总线	交叉开关	多级
速度	低	高	适中
成本	低	高	适中
可靠性	低	高	高
可配置性	高	低	适中
复杂度	低	高	适中

9.4.4 共享存储器的多处理器

我们之前提到过多处理器可以根据存储器的组织形式进行分类。紧耦合系统使用同一个存储器，因此称为**共享存储器的多处理器**。这并不是说所有的处理器必须共享一个大容量存储器。每个处理器可以有本地存储器，但该存储器必须和其他处理器共享。也可以将本地缓存与全局存储器一起使用。图9-8给出了3种共享多处理器的架构。

共享存储器多处理器(SMM)的概念出现在20世纪70年代。第一台SMM计算机由卡耐基梅隆大学设计，使用交叉开关连接16个处理器和16个存储模块。早期最被看好的SMM计算机是cm*系统，配有16个PDP-11处理器和16个存储模块，并通过树形网络进行连接。全局共享存储器被平均分配给每个处理器。如果一个处理器生成一个地址，则它会首先检查本地存储器。如果该地址不在本地存储器中，则它应被传送到控制器。控制器会在以该处理器为根节点的子树的所有处理器中定位该地址。如果所需地址还没有定位，则请求继续沿树传递直到找到数据或超出了系统的寻址范围。

目前还有一些商用的SMM机器，但它们并不是很流行。第一个商用的SMM计算机是BBN(Bolt、Beranek和Newman)的Butterfly，使用了256个摩托罗拉的68 000处理器。KSR-1(来自Kendall Square研究中心)是近期出现的SMM，主要用于科学计算应用。每个KSR-1处理器包含一个缓存，但系统没有主存。通过每个处理器所维护的缓存目录可以访问数据。KSR-1中的处理单元通过一个单向环形拓扑网络进行连接，如图9-9所示。消息和数据在环形网络中只能沿一个方向传播。每个一级环可连接8~32个处理器。一个二级环最多可连接34个一级环，最多支持1088个处理器。当一个处理器访问位于地址x中的数据时，包含地址x的处理器缓存将一个所需的缓存槽放到环形网络上。相应的缓存条目(包含数据)沿着环传输，直到到达发出请求的处理器。这种分布式共享存储系统称为**共享虚拟存储器系统**。

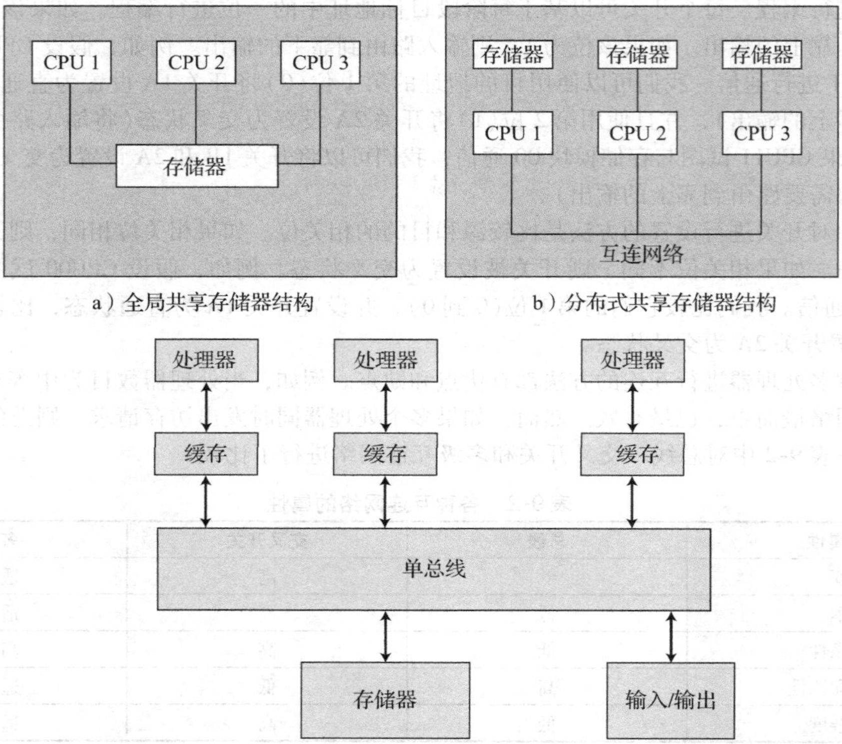

a）全局共享存储器结构　　b）分布式共享存储器结构

c）处理器中带有独立缓存的全局共享存储器结构

图 9-8　共享存储器的配置

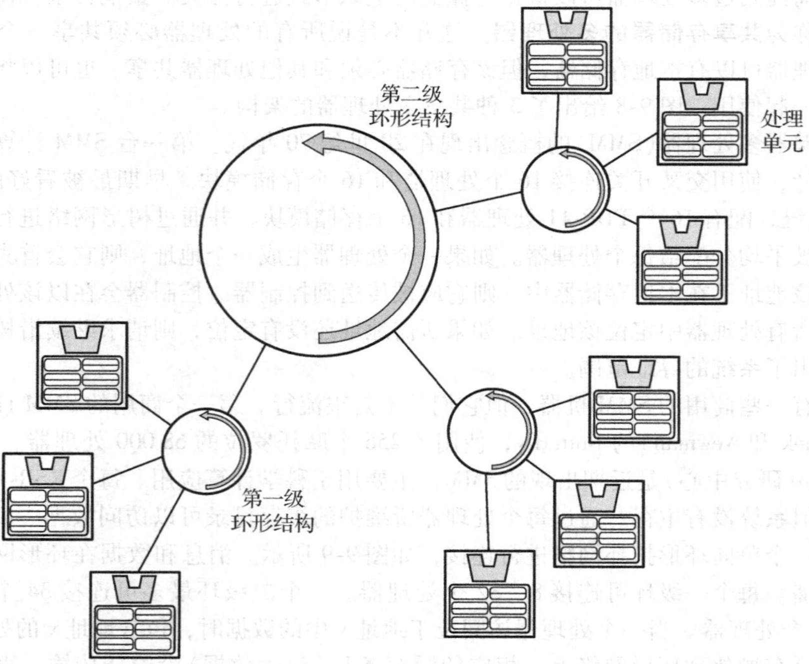

图 9-9　KSR-1 环形拓扑结构

共享存储器的 MIMD 机器根据如何同步访存操作可分为两种类型。在**均匀存储器访问**(**UMA**)系统中，所有的访存操作花费相同的时间。UMA 机器有一个大容量的共享存储器，通过总线或交换网络与一组处理器相连。根据互连网络协议，所有的处理器具有相同的访问时间。在 UMA 机器中，随着处理器数目的增加，交换式互连网络(需要 2^n 个连接)的成本也迅速提升。当总线带宽无法满足系统中处理器数目的需求时，基于总线的 UMA 系统将处于饱和状态。多级网络则将受到线延迟的约束，如果处理器的数目过多，则会产生明显的传输延时。因此，UMA 机器的扩展能力受到了互连网络属性的制约。对称多处理器属于 UMA 架构。现实中 UMA 机器包括 Sun 公司的 Ultra Enterprise、IBM 的 iSeries 和 pSeries 服务器、惠普 900 以及 DEC 公司的 AlphaServer。

非均匀存储器访问(**NUMA**)系统为每个处理器配备一个私有的存储器，从而有效避免了 UMA 体系结构中固有的问题。NUMA 机器中的存储空间分布在各个处理器上，但从处理器的角度来看这是一个连续的存储空间。虽然 NUMA 中的存储器由统一的可寻址空间构成，但其分布式特性不是完全透明的。一个处理器访问距离近的存储器所花费的时间比访问距离远的存储器要短。采用 NUMA 结构的机器包括 Sequent 的 NUMA-Q 和 Silicon Graphics 的 Origin2000。

NUMA 机器容易出现**缓存一致性**问题。为了减少访存时间，NUMA 中的每个处理器都维护一个私有缓存。然而，当某个处理器修改了位于本地缓存中的一个数据，则该数据的拷贝将不再一致。例如，假设处理器 A 和处理器 B 在它们各自的缓存中都拥有一个数据 x 的副本。假设 x 的值为 10。如果处理器 A 将 x 赋值为 20，则处理器 B 的缓存中存储的为 x 的**旧值**(仍然为 10)。这种数据不一致性是不允许的，因此必须提供相应的机制来保证缓存一致性。一个专门设计名为监听(**snoopy**)**缓存控制器**的硬件单元，将监控系统中的所有缓存。它实现了系统的缓存一致性。采用监听(snoopy)缓存，并维护缓存一致性的 NUMA 机器称为**缓存一致性 NUMA**(**CC-NUMA**)体系结构。

最早解决缓存一致性的方法是让含有旧值的处理器将它缓存中的 x 设置为无效或将其更新为新值。若在 x 一发生改变就进行新值更新，则称这样的系统采用了**写直通**缓存更新策略。在这种方法中数据会同时写入缓存和内存中。如果采用了**写直通更新策略**，一个含有 x 新值的消息会广播到其他所有缓存控制器中，以确保对其他 x 副本进行更新。如果采用**写直通无效策略**，则广播中会包含一个消息，这个消息让所有缓存控制器从它们的缓存中将 x 旧值删除。写无效策略仅在 x 第一次更新时使用网络，因此总线负载比较轻。写更新策略维护所有的缓存，降低了延迟，然而，它增加了通信量。

第二种维护缓存一致性的方法是**写回**策略，它在数据发生变化时仅改变缓存中的值。主存中的副本直到其所对应的缓存块被替换并写回主存时才发生改变。对于这种策略，数据已正常方式进行读取，但在写入数据前，执行写操作的处理器必须独占该数据。因此，它必须先取得数据的使用权。在获得使用权后，其他处理器中该数据的副本会被置为无效。如果其他处理器希望读取这个数据，则它必须向拥有该数据的处理器发出请求，然后，拥有这个处理器放弃该数据，并将它存回主存。

9.4.5 分布式计算

分布式计算是另一种形式的多处理器。虽然它已经成为十分流行的计算资源，但对于不同的使用者，分布式计算意味着不同的含义。在某种意义上，所有的多处理器系统也都是分布式系统，因为工作负载划分到一组处理器上，并通过相互协同来完成对问题的求解。当大部分人使用**分布式系统**这个词时，他们主要是指松耦合的多计算机系统。回想一下可知，多处理器可以通过图 9-8c 所示的局部总线进行连接，也可以通过图 9-10 所示的互连网络进行连接。松耦合分布式计算机依靠网络实现多个处理器之间的通信。

这种想法已经通过个人微型计算机和NOW分布式计算系统得到了验证。这些系统允许处于闲置状态的PC处理器负责一个大问题中的一小部分计算。最近的密码问题借助成千上万台个人计算机得到了解决，每台计算机仅针对几个可能的密钥进行穷举式密码分析。

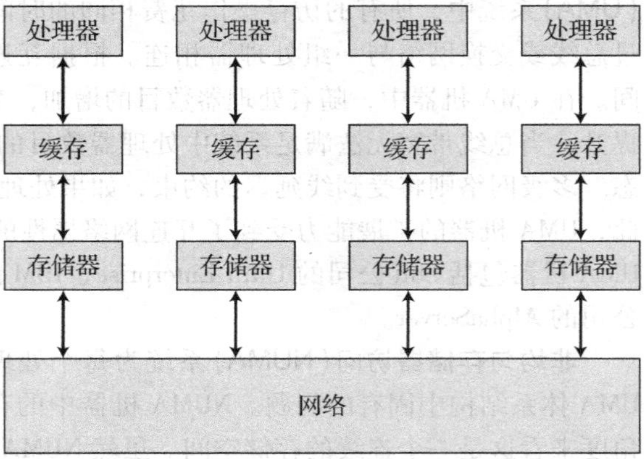

图9-10　通过网络连接的多处理器结构

网格计算是一个很好的分布式计算的例子。网格计算利用连接到网络(通常是因特网)中的众多计算机资源来求解一个复杂的计算问题，而这个问题的计算规模往往是任何一台超级计算机都无法完成的。网格计算利用了分布在不同地点并属于不同管理域的闲置异构资源(一般是CPU或磁盘存储器)。实质上，网格计算对计算资源进行了虚拟化。网格计算和集群计算最主要的不同是，网格中的资源不一定全在同一个管理域中，这意味着网格必须支持跨不同实体控制的管理域的计算。主要的挑战是建立和实施合适的授权技术，以允许远程用户可以控制所在域之外的计算资源。

公共资源计算也称为**全局计算**，是一种特殊的网格计算，其计算能力由很多志愿者提供，并且其中很多人都是匿名的。它充分利用数百万个人计算机、工作站和服务器的空闲时刻来求解复杂问题。加州伯克利大学编写的开源软件使得各类研究机构可以很方便地在世界范围内使用免费提供的处理器和硬盘资源。**伯克利网络计算开源设施(BOINC)**源自伯克利著名的SETI@HOME工程。SETI@HOME分析来自射电望远镜的数据，以识别表征智能通信特征的模式。为了使用该工程，个人计算机用户需要在他们的计算机上安装一个SETI屏幕管理器。屏幕管理器是该程序的一部分，用于在处理器空闲时分析信号数据。当个人计算机空闲时，SETI屏幕管理器从SETI服务器(使用硬盘空间)上下载数据，然后分析数据以搜索特征模式(使用CPU周期)，接着将分析结果上传到服务器，然后请求更多的数据。在这个处理过程中，如果个人计算机重启之前的任务，则会暂停屏幕管理程序，然后在个人计算机下次空闲时，屏幕管理程序从中断处继续执行。按照这种方式，处理过程与用户应用不会发生冲突。这个项目取得了巨大的成功，在6年的运行期内累计使用200万年的CPU时间，分析了50TB的数据。在2005年12月15日，终止了SETI@HOME项目，但现在在BONIC的资助下，SETI再次被完全激活。除了继续SETI的工作之外，BONIC项目还包括天气预报和生物医药研究。

其他的全局和网格计算还关注了很多其他领域，包括蛋白质折叠、癌症研究、天气模型、分子模型、金融模型、地震模拟和数学问题。大多数项目利用屏幕管理器来使用空闲的处理器以分析数据，否则这些工程将需要大量昂贵的计算资源。例如，SETI有数百万小时的射电望远镜数据可供分析，而癌症研究也有数百万种化合物用于癌症治疗方法。如果没有网格计算，即使在最快的超级计算机上，求解这些问题也需要花费很多年。

对于普通用户而言，透明性的概念在分布式计算中是十分重要的。在任何可能的时候，都应当隐藏网络分布式特性的相关细节。使用远程系统资源应和使用本地资源一样便捷。这种透明性在**普适计算**系统中最为明显，这些系统全部都嵌入到环境中，便于使用且全互连，具有移动性和不可见性。Mark Weiser认为是普适计算之父，曾经说过这样的话：

普适计算标志着第三波计算的到来。第一波是主机，每台主机都将由很多用户所共享。现在我们正处于个人计算时代(第二波)，人类和机器通过桌面进行不顺畅的交流。当技术回归生活之后，普适计算(第三波)时代或者是平静的技术时代，到来了。

Weiser 勾勒了个体与成百台计算机在同一时刻进行互动的场景，每台计算机对用户都是不可见的，并采用无线网络进行通信。取代个人计算机，我们可通过电话或家用电器接入因特网，并且不需要用户主动连接因特网，而是由设备完成这项工作。Weiser 将伺服电机和计算机进行了比较：不久之前，这些电机的体积还是很巨大的，而且需要专门的维护。然而，目前这些设备已经变得很小，并且通常我们可以忽略它们的存在。准确地说普适计算的目标是在我们的环境中以透明的方式嵌入许多小型、高度专用的计算机。普适计算的例子包括可穿戴设备、智能教室，以及环保家庭和办公室。尽管和之前讨论的系统不同，但普适计算仍是分布式计算。

分布式计算由大量的分布式计算基础设施所支持。**远程过程调用(RPC)**延伸了分布式计算的概念，并且为资源共享提供了必要的透明性。利用 RPC，一台计算机可以通过过程调用来使用另一台计算机上的可用资源。过程本身位于远程机器上，但调用过程就好像是在系统本地完成一样。微软的分布式组件对象模型(DCOM)、开放组的分布式计算环境(DCE)、公共对象请求代理体系结构(CORBA)，以及 Java 的远程方法调用(RMI)都是用 RPC 的。当今的软件设计者正在学习面向对象的分布式计算，这催生了 DCOM、CORBA、RMI 和 SOAP 的流行。SOAP [最初是简单对象访问协议(Simple Object Access Protocol)的缩写，但最近加入到了新修定的协议中]使用 XML(可扩展标记语言)来封装数据，封装的数据会发送到远程过程，后者从远程过程接收封装的数据。虽然任何传输方式都可以为一个 SOAP 调用所使用，但 HTTP 仍然是最流行的方式。

一种新出现的分布式计算是我们在第 1 章中提到过的云计算。云计算关注的计算服务是一组由松耦合系统提供的，这些系统通过因特网“云”连接到服务使用方。计算服务的使用方(即客户端)，理论上不知道或不关心提供服务的具体硬件设备。因此，客户端所看到的云仅是它所提供的服务。在特定的云(实际上是位于某处的服务器群)中，第一个可用系统在每个服务请求到来的时候处理它们。许多优质云在系统间提供冗余性和可扩展性，因此，它们支持良好的故障恢复和响应时间。

云计算不同于传统的分布式计算，因为云本身定义了它所提供的服务，而不是由部署了应用的某个硬件架构所决定的。云隔离了服务供应方和服务使用方。因此，它便于外包通用的商业服务，如会计和工资单。使用了云的企业就可以这么做，因为这意味着公司不需要为购买和维护使用这个应用的服务器而担心。公司仅需购买它们实际使用的服务。使用云计算的企业十分关心安全和隐私，当因特网成为计算基础设施的一部分时，这些问题将更加凸显。

9.5 其他的并行处理方法

本书旨在讨论特定的高级体系结构。虽然不可能囊括所有的细节，但我们还是要向你介绍一些值得关注的，不同于冯·诺依曼架构的系统。这些系统以新颖的方式实现了计算机和计算。它们包括数据流计算、神经网络和脉动处理。

9.5.1 数据流计算

冯·诺依曼计算机采用顺序控制流。程序计数器决定下一条需要执行的指令。数据和指令相分离。数据可以改变程序执行顺序的唯一方式是程序计数器中的值根据引用该数据值的语句发生了改变。

在**数据流**计算中，程序的控制流直接与数据绑定。这个方法很简单：当一条指令所需要的数据都准备好后，就可以执行该条指令。因此，指令的实际顺序与它们最终的执行顺序无关。执行流完全由数据依赖性决定。在这样的系统中没有共享数据存储的概念，也不用程序计数器来控制程序的执行。数据持续流出，并且在同一时刻可以被多条指令所用。每条指令都认为是一个单独的进程。指令不访问存储器，但它们会访问其他指令。数据从一条指令传输到另一条指令。

我们可以通过**数据流图**来理解数据流计算机的计算序列。在数据流图中，节点表示指令，边表示指令间的数据依赖关系。数据以**数据令牌**的形式流过数据流图。当一条指令得到了所需要的所有数据令牌后，会**激活**图中的对应节点。当一个节点激活后，它就在这些数据令牌上执行相应的操作，然后将含有结果的数据令牌传输到输出边上。上述过程如图 9-11 所示。

图 9-11 所示的数据流图是一个**静态**数据流体系结构的例子，在该例中令牌以分段流水的方式流过该图。在**动态**数据流体系结构中，令牌通过上下文信息进行标记，并存放在存储器中。在每个时钟周期，搜索存储器以获得激活某个节点的令牌集合。当在相同的上下文中找到了一个节点所需要的全部输入令牌时，激活该节点。

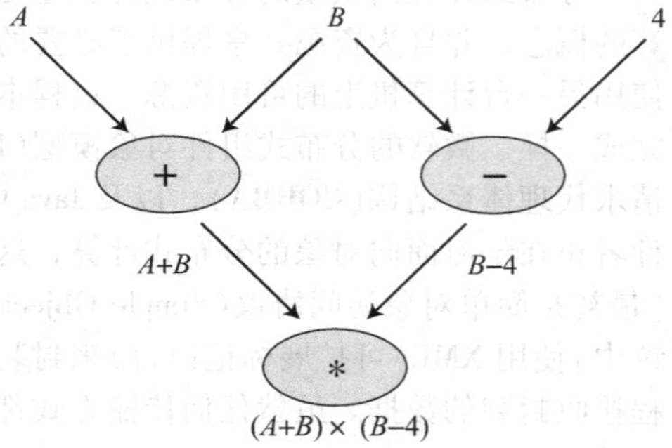

图 9-11　计算 $N=(A+B)\times(B-4)$ 的数据流图

对数据流计算机编写的程序必须使用针对这种架构设计的语言，它们包括 VAL、Id、SISAL，以及 LUCID。数据流程序的编译结果是一个与图 9-11 所示内容类似的数据流图。当程序执行时，令牌沿边进行传播。

考虑下面计算 $N!$ 的代码示例：

```
(initial j <- n; k <- 1
 while j > 1 do
   new k <- k * j;
   new j <- j - 1;
return k)
```

相应的数据流图如图 9-12 所示。N 和 1 被送入图中，N 变为令牌 j。j 与 1 进行比较，如果大于 1，则令牌 j 继续传递，并复制成两份，其中一份传输到“ -1 节点”，另一份传递给乘法节点。如果 j 小于或等于 1，则 k 的值为程序输出。乘法节点仅当一个新的令牌 j 和新的令牌 k 都可用时才激活。N 和 1 送入的“向右”的三角形是“合并”节点，当任意一个输入可用时就会激活它。一旦 N 和 1 送入图中，它们会被“使用”，并且产生新的 j 和 k 以激活合并节点。

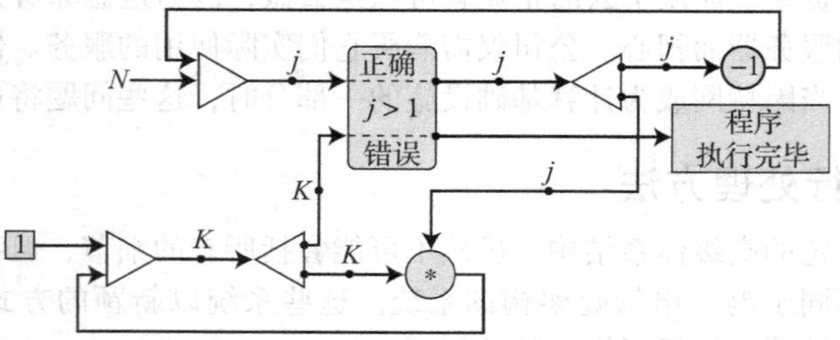

图 9-12　计算 $N!$ 的数据流图

犹他大学的 AL Davis 在 1977 年发明了第一台数据流机。第一个多处理器数据流系统(包含 32 个处理器)于 1979 年在法国 CERT-ONERA 设计成功。曼彻斯特大学于 1981 年设计了第一台令牌数据流计算机。商用的**曼彻斯特标记数据流模型**是一个强大的，基于动态标记的数据流范例。这种特定的体系结构被描述为标记，因为数据值(令牌)通过唯一标识符来标记以指出当前的迭代级别。之所以需要令牌是因为程序可重入，这意味着同样的代码可用于不同的数据。

通过比较标记，系统决定在每次迭代中使用哪些数据。同一指令中与标记匹配的令牌将激活相应的节点。

循环是一个很好解释标记概念的例子。如果循环的每次迭代可以在一个独立的子图上执行，则可以在更高层次上实现并发。这个子图是图的简单副本。然而，如果循环中有很多次迭代，则会产生很多的图副本。除了复制图，更有效的方式是在不同的图例中共享节点。每个实例中的令牌必须是可识别的，这可以通过给每个令牌分配一个标记来实现。每个令牌的标记可以识别出它属于哪个图实例。也就是说，属于第三次迭代的令牌不会激活第四次迭代中的节点。

数据流计算机体系结构包含多个相互通信的处理单元。每个处理单元具有一个**使能单元**，它可以按顺序接收令牌，并将它们保存在存储器中。如果这个令牌所寻址的节点被激活，则从存储器中获取输入令牌，并将它们与节点本身组合为一个可执行包。处理单元中的**功能单元**计算任意必需的输出值，并将它们与目的地址进行组合以构成更多的令牌。这些令牌会被再送回使能单元，这时它们就可以用于激活其他节点了。在标记令牌机器中，使能单元被分割为两个独立阶段：**匹配单元**和**拾取单元**。匹配单元在它的存储器中保存令牌，并决定是否可以激活一个目的节点。在该体系结构中，目标节点的地址和标记必须要匹配。当与一个节点匹配的所有令牌都可用时，它们将被送入拾取单元，拾取单元将这些令牌和该节点的副本组合为一个可执行包，然后将该包发送到功能单元。

因为数据驱动数据流系统进行处理，所以数据流多处理器不会遇到在控制驱动的多处理器中常出现的竞争和缓存一致性问题。值得关注的是，冯·诺依曼的名字在传统计算机体系结构中命名了冯·诺依曼瓶颈，但他研究了数据流驱动体系结构与数据流机器间的相似性。特别是，他研究了神经网络的可能性，神经网络本质上是数据驱动的，我们将在下一小节进行讨论。

9.5.2 神经网络

传统体系结构十分擅长快速的算术运算和执行确定性程序。然而，它们不擅长大规模并行应用、容错或适应变化环境。另一方面，当不能通过构造一个准确的算法进行求解的问题时，神经网络是十分有用的，它的处理方式是基于对之前的行为进行累加。

相比冯·诺依曼计算机基于处理器/存储器结构，**神经网络**基于人脑的并行结构。它试图实现简化版的生物神经网络。神经网络代表了另一种形式的具有高度互连性和简单处理单元的多处理器计算。它们能够处理非精确的和概率性的信息，并且允许处理器单元间进行自适应交互。神经网络(也称为神经网)类似生物网络，可以从经验中学习。

神经网络计算机由大量简单的处理单元组成，每个处理单元负责一个大规模问题中的一小部分。简单地说，一个神经网络包含若干个**处理单元**(PE)，每个 PE 将输入与对应的权重相乘，最后求和输出一个结果。这些计算是十分容易的。神经网络的真实能力来自互连 PE 的并行处理，以及权重的自适应性。构建神经网络的难点在于确定哪些神经元(PE)之间应该连接，确定连接边上的权重值，以及确定权重的各种阈值。此外，当一个神经网络正在学习时，它有可能出错。当发生错误的时候，必须修改权重值和阈值来纠正这个错误。网络的**学习算法**是一组用来管理如何修改权重值和阈值的规则。

神经网络有很多不同的名字，包括**互连系统**、**自适应系统**和**并行分布式处理系统**。当一个大规模的数据库可以被神经网络使用以从中学习以往的经验时，这些系统将表现出十分强大的功能。这已经成功地应用于很多现实世界的应用中，包括质量控制、天气预报、金融和经济预报、语音和模式识别、石油和天然气开采、医疗成本的降低、破产预测、机械诊断、安全交易，以及目标营销。值得注意的是，每种神经网络都需要对特定任务进行专门的设计，因此我们不能将一个用于天气预报的神经网络用于金融预报。

神经网络最简单的模型是**感知器**，它是单个可训练的神经元。一个感知器基于接收到的几个输入生成一个布尔值输出。感知器是可以训练的，因为它的阈值和输入权重都是可以调整的。图9-13给出了一个带有 n 个输入 x_1，x_2，…，x_n 的感知器，其中每个输入可以是布尔值也可以是实数值。Z 是布尔型输出；w_i 表示边上的权重，其值为实数；T 表示实数阈值。在这个例子中，如果 $w_1x_1 + w_2x_2 + \cdots + w_nx_n$ 比阈值 T 大，则输出 Z 为真(1)。否则，Z 为0。

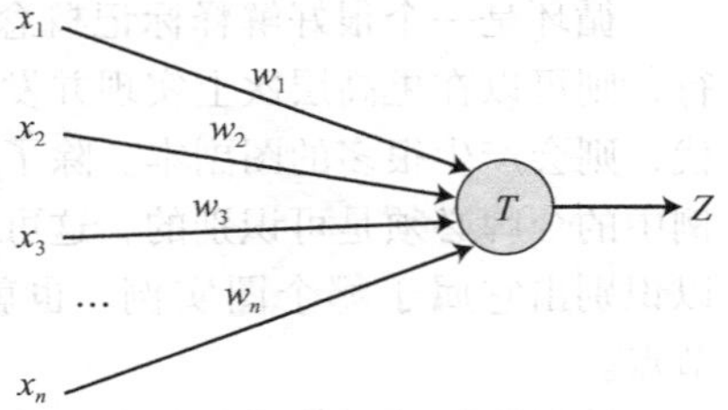

图9-13　一个感知器

一个感知器根据它是如何被训练的，可针对特定输入产生输出。如果训练是正确的，我们应该可以给它任何输入，然后得到一个合理的正确结果。感知器应该能够确定一个合理的结果，即使它之前从没有处理过这些特定的输入。输出的“合理性”取决于感知器被训练的程度。

感知器可以通过监督或非监督学习算法进行训练。**监督学习**假定已经知道了之前输入的正确结果，这些输入-输出对在训练期间被送入神经网络。在它学习时，神经网络会被告知最终的结果是否是正确的。如果输出不正确，那么神经网络会调整输入权重以得到想要的结果。**非监督学习**在训练期间不为网络提供正确的输出结果。网络仅对它的输入做出响应，学习识别输入数据集的模式和结构。我们假设在例子中使用监督学习。

训练神经网络最好的方法就是使用尽可能多的数据，这些数据应尽可能地呈现出你感兴趣的特征。神经网络的优劣取决于训练数据，因此必须选择足够多的正确数据。例如，一个小孩仅仅见过小鸡，那么你不可能要求他认识所有的鸟。通过给感知器施加输入来进行训练，然后检查输出。如果输出不正确，则感知器会改变它的权值和阈值以避免在未来犯同样的错误。此外，即使我们给一个小孩展示了小鸡、麻雀、鸭子、老鹰、鹈鹕以及乌鸦，我们也不能要求小孩在看过一次后就记住它们的相同点和不同点。类似地，神经网络必须对同样的输入数据多次学习后才能推断出输入数据的特征。

一个感知器通过训练后可以很容易地识别逻辑AND操作。假设有 n 个输入，当且仅当输入都为1时，输出才为1。如果感知器的阈值设置为 n，并且所有边上的权重也设置为1，则能够得到正确的结果。另一方面，为了计算一组输入的逻辑OR，阈值将设置为1。这样，只要有一个输入为1，输出就为1。

对于AND和OR操作，我们能够直接知道阈值和权重是什么。对于复杂问题，这些值我们就不得而知了。例如，如果我们不知道AND操作的权重，那么可以先将权重设置为0.5，然后将各种输入传入感知器，当产生不正确的结果时调整权重。这个过程就是神经网络的训练过程。一般说来，网络权重会被初始化为 $-1 \sim 1$ 之间的值。正确的训练需要成千上万步，训练的时间取决于网络规模。随着感知器数目的增加，可能的“状态”数目也会增加。

让我们来考虑一个更加复杂的例子，判断是否在照片中隐藏了一个坦克。神经网络被配置成每个输出都与一个像素相关联。如果像素是坦克图像的一部分，则相应的输出应当是1，否则输出是0。输入信息最有可能包含像素的颜色。通过对神经网络输入多幅含有和不含有坦克的照片进行训练，训练将一直持续到网络可以正确地判断出照片中是否包含坦克。

美国军方开展了一个类似于刚刚描述的项目。100张照片中含有在树林和灌木丛中隐藏的坦克，以及另外100张不包含坦克的普通风景照片。每组中选择50张照片用来测试，剩下的照片用于训练。网络在输入图片前通过设置随机权重进行初始化。如果网络的输出结果不正确，则调整输入权重直到输出正确的结果。在训练完成后，每组剩下的50张测试图片送入网络。神经网络可以正确地识别出每张照片中是否存在坦克。

与训练有联系的真正问题是：神经网络实际上是在学习识别坦克吗？政府工作人员的怀疑引发了更多的测试。更多的照片被送入网络，令研究者失望的是结果十分随机。神经网络不能识别照片中的坦克。经过调查，研究者发现在原始的200张照片中，所有含有坦克的照片都是在多云的情况下拍摄的，而没有坦克的照片是在晴天时拍摄的。神经网络能够区分这两组图片的原因，可能主要是使用了天空的颜色作为判断依据，而不是是否存在隐藏的坦克。政府可以很骄傲地拥有一个昂贵的神经网络，它可区分晴天还是多云！

这是很多人认为神经网络所存在的最大问题的一个很好的例子。如果有超过10~20个神经元，那么我们不可能弄明白网络是如何得到结果的。就像上面的例子，我们不可能知道网络是否是基于正确的信息做出判断的。神经网络具有从复杂数据中抽取有意义的信息和模式的能力，而这些复杂的数据是人类无法分析的。一些人将神经网络当成了一些领域的专家。神经网络在如下领域得到应用，它包括销售预测、风险管理、客户研究、水下矿藏勘探、人脸识别以及数据验证。虽然神经网络是十分有前途的，并且过去几年的进展使得对神经网络研究获得了很多资助，但许多人仍然对神经网络中一些人类无法弄懂的事情缺乏信心。

9.5.3 脉动阵列

脉动阵列计算机的名字源自一个类比，即血液如何有节奏地流过心脏。它们是一个由处理单元构成的网络，这些处理单元有节奏地让数据循环通过系统以进行计算。脉动阵列是SIMD计算机的变种，这些计算机包含了由简单处理器构成的大型阵列，这些处理器针对数据流使用向量流水线，如图9-14b所示。自从脉动阵列于20世纪70年代出现以来，它们就对一些特定任务有很好的效果。一个众所周知的脉动阵列是CMU的iWarp处理器，它于1990年由Intel设计。这个系统包含了一个由双向数据总线连接的线性阵列处理器。

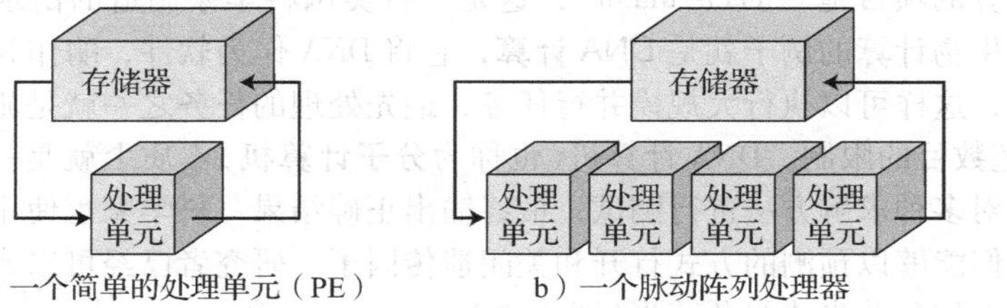

图　9-14

虽然图9-14b所示为一维脉动阵列的例子，但二维脉动阵列也很常见。随着VLSI技术的发展，三维阵列也逐渐流行起来了。

脉动阵列表现出了高度的并行性（通过流水线技术），并且能够维持很高的吞吐量。连接短，并且设计简单，因此具有高度可扩展性。它们具有强鲁棒性、紧凑度高、效率高，以及生产成本低等特点。另一方面，它们是高度定制的，因此，它们不能对求解问题的种类和规模做出灵活适应。

多项式求值一个使用脉动阵列的很好例子。为了求解多项式 $y = a_0 + a_1x + a_2x^2 + \cdots + a_kx^k$，我们能够使用Horner规则：

$$y = (((a_nx + a_{n-1}) \times x + a_{n-2}) \times x + a_{n-3}) \times x \cdots a_1) \times x + a_0$$

线性脉动阵列可以用来通过Horner规则进行多项式求值，在此阵列中处理器会成对出现，如图9-15所示。一个处理器将它的输入与 x 相乘，然后将结果向右传递（至处理器对中的另一个）。下一个处理器将这个结果加上 a_j，然后将求和的结果继续向右传递（至下一个处理器）。

这一过程持续到所有处理器都处于繁忙状态。在最初的 $2n$ 个时钟周期后，每个周期都可以得到一个多项式的结果。

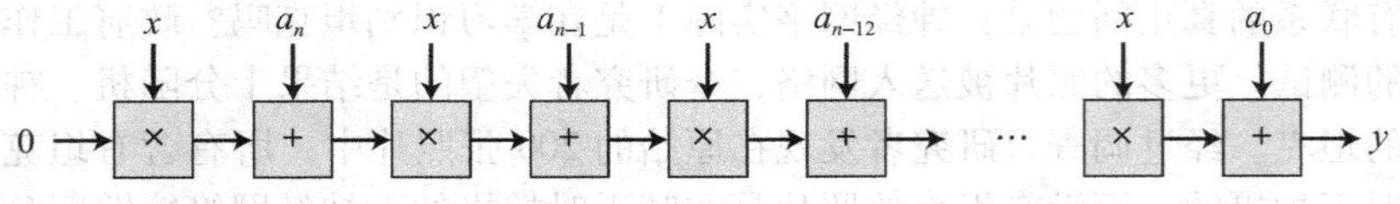

图 9-15 利用脉动阵列求解多项式

脉动阵列一般用来计算重复性任务，包括傅里叶变换、图像处理、数据压缩、最短路径问题、排序、信号处理以及各种矩阵运算（如求逆和乘法）。简言之，脉动阵列计算机特别适合利用大量简单处理单元进行并行的计算问题。

9.6 量子计算

所有传统的计算机体系结构在一点上是相同的：它们都使用布尔逻辑，所处理的位要么是 1，要么是 0。从基本的冯·诺依曼体系结构到最复杂的并行处理器系统，都是基于二进制数学运算的。此外，每种计算机都是基于晶体管技术的。摩尔定律（即芯片上集成的晶体管数目每 18 个月翻一番），不会永远有效。物理定律告诉我们最终晶体管将变得十分微小，以至于它们之间的距离允许电子从一个晶体管跳到另一个晶体管，从而导致致命的短路。这就要求我们寻找其他技术方向来解决这些问题。

一种可能的方法是**光计算**。与当前计算机使用电子执行逻辑运算不同，光计算机则是利用激光中的光子来进行操作。在光回路中光的传播速度将接近光在真空中的传播速度，并且没有散热问题。光束并行传输的特性有利于提升计算速度和性能。光计算机的投入使用还需要很多年，如果它真出现了，很多人仍相信光计算仅能为一些特殊应用所服务。

一个非常有前途的技术是**生物计算**，它将利用有机生物体的组件来替代无机的硅材质。一个有关生物计算的项目是“leech-ulator”，这是一台美国科学家制造的由水蛭神经元构成的计算机。另一个生物计算的例子就是 **DNA 计算**，它将 DNA 作为软件，酶作为硬件。DNA 是可复制、可编程的，这样可以执行大规模并行任务，最先处理的任务之一就是旅行商问题，其并行度受到 DNA 链数目的限制。DNA 计算机（也称为**分子计算机**）本质上就是一组特殊的 DNA 链，它们一次就可对多种求解方法进行测试，最终输出正确结果。科学家也使用某些特定的细菌进行了实验，它们能够以预测的方式打开和关闭遗传因子。研究者已经可以成功地对 E. coli 细菌进行编程以发射红色荧光或绿色荧光（即 0 或 1）。

也许当前最有意思的技术就是**量子计算**。传统计算机使用位表示开、关两种状态，而量子计算机使用的**量子位（qubits）**可以同时表示多种状态。我们回忆一下可知，在电磁场中，一个电子可能处于两种状态：电子的自旋与磁场方向可能相同或相反。当测量这种自旋时，我们可以发现电子处于这两种状态之一。然而，质子可能处在两种状态的**重叠位置**，这时每种状态都会出现。3 个量子位可以同时表示数字 0 ~ 7 中的任何一个，因为每个量子位都有可能处在量子叠加态。（为了得到一个输出值，我们必须对量子位进行测量。）因此，3 个量子位可以同时使用所有的可能值进行计算，这称为**量子并行**。带有 600 个量子位的系统可以表示具有 2^{600} 个状态的量子叠加态，这在传统计算机体系结构上是无法仿真的。除了比传统计算机快 10 亿倍之外，量子计算机在理论上不需要消耗电能。

叠加态并不新颖，它只是简单地表示两种事物的重叠能力。在第 3 章中，当介绍时钟时，我们重叠多个时钟以生成一个具有多级的时钟。重叠正弦波可以构造一种新的组合波形。一个双链接链表可以通过将当前指针和左指针（也可以是右指针，这取决于方向）进行异或操作实现遍历，而下一个需要遍历的节点地址就是叠加位置。时钟信号的叠加，正弦波的叠加以及节点指针的叠加就是量子位如何能够同时保持多个状态的原因。

D-Wave 计算机是世界上第一款制造和出售的量子计算机。（一些人认为这个计算机还没有达到量子状态，由 Jones 所写的文章给出了更多的相关信息。）公司的目的就是挑战科学的极限，利用物理学领域的最新进展构建新型计算机。借助量子机制，D-Wave 正在构建高效的计算机，使其计算速度超出基于晶体管技术的计算机。这些计算机使用量子位（也称为 sqids——超导量子干扰器件）来替代处理器。在这种机器中，一个量子位本质上就是一个冷却到绝对零度的金属超导环，量子电流可以在其中以顺时针或逆时针方向流动。通过允许电流可在两个方向上流动，区分它们的能力，因此可以同时处理两种状态。量子位与其他对象进行交互，最后选择出最终状态。

第一台 D-Wave 计算机卖给了南加州大学的. Lockheed Martin 量子计算中心。这个实验室主要研究量子计算的工作原理。南加州大学使用这台机器进行了一些基础研究，并对如下一些问题进行了解答，如导致量子计算错误的原因有哪些，量子计算机的体系结构如何影响程序员对计算的理解，以及如何增加问题规模与机器求解时间之间的关系。南加州大学的量子计算机最开始时由 128 个量子位组成，现在已经增加到了 512 个量子位。

在 2013 年，谷歌为由 NASA 资助的量子人工智能实验室购置了一台 D-Wave 计算机。不同于南加州大学的实验室，这个实验室用这台机器来运行机器学习算法。这台 D-Wave 计算机包含 512 个超导量子位。这台计算机的编程过程是，用户分配给它一个任务，然后计算机利用算法将运算映射到各个量子位上。并发多状态能力使得 D-Wave 计算机非常适合求解组合优化问题，举几个例子，如风险分析、车辆路线和地图、交通灯同步以及列车调度。

一个有意思的问题是：究竟什么样的算法可以在量子计算机上运行？答案是：任何可以在典型冯·诺依曼计算机（即作为这种体系结构的经典机器在量子计算机界是众所周知的）上运行的程序都可以在量子计算机上运行；毕竟，就像任何物理学家都可以证明的，经典结构是量子计算的子集。另一个问题是量子计算机的计算能力相比经典结构究竟高多少。虽然，这取决于需要求解的具体问题，但研究者仍然无法得到关于这个问题的完整答案，因为大部分量子计算机所能完成的工作已经超出经验测试的范围；对于任何有意义的理论分析而言这些计算机都“过于量子化了”。然而，我们能够了解的是量子计算机的真实计算性能依赖于它们成功运行**量子算法**的能力。这些充分利用了量子并行性的算法无法在传统计算机上运行，但却可以在量子计算机上获得非同一般的性能提升。

这类算法的一个例子是用于计算大数质因子的 Shor 算法，这种算法可用于密码学和编码学。Peter Shor 在贝尔实验室发明了一种利用量子并行性进行大数质因子分解的算法，而大数质因子分解是当今最主流的公钥密码算法 RSA 的基础。对于 RSA 而言这是一个不幸的消息，因为量子计算机可以在几秒内破解 RSA 加密算法，使得当前所有基于 RSA 的加密软件全部失效。为了破译密码，程序员只需简单地让量子计算机模拟问题集中的每种可能状态（即每种可能的密钥），从而最终得到正确结果。除了在量子密码学上的应用，量子计算机还可以进行超密度通信，以及改善错误检测和纠错。

与编程关系更加密切的一个量子计算应用是产生真随机数的能力。传统计算机仅能够生成伪随机数，因为随机数产生过程所依赖的算法总是存在某些类型的重复模式和循环。在量子计算机中，量子位的叠加态由一个确定概率来衡量（即每种状态都有一个表示其概率的数值系数）。在我们的例子中使用 3 个量子位，8 个数字中的每一个都有相同的概率，从而得到一个随机数产生器。

这些量子计算机在我们之前所讨论的复杂问题上表现很好的原因是量子计算机程序员可以使用传统物理学所禁止的一些操作。在这些机器上进行程序设计需要完全不同的思维方式，它

们没有时钟和取指 - 译码 - 执行周期的概念。此外，量子计算机没有真正的门电路；虽然一台量子计算机可以通过门电路模型来构建，似乎这也是通常采用的方法，但这样很难制造出高效的机器。量子计算机的设计可以采用很多种体系结构。很有意思的是，与摩尔定律类似（预测集成电路中晶体管的密度），量子计算存在 **Rose 定律**（以 D-Wave 的创始人和首席技术官 Geordie Rose 命名）。Rose 定律是每 12 个月可以成功地将用于计算的量子位位数将翻一番，在过去的 9 年间 Rose 定律都是正确的。

在量子计算机成为通用的计算机之前还有很多的难题需要解决。一个问题是量子位会衰减为单一不连贯状态的趋势（称为**退相关**），这会导致信息消失和不可避免的错误结果；最近在具有纠错能力的量子编码研究中科学家取得了显著的进展。也许对于量子计算发展最大的限制因素是简单地进行扩展的制造方法还不存在。这个问题类似于很多年前巴贝奇曾经遇到过的问题，我们可以看到：我们只是没有找到构建机器的必要方法。如果解决了这些问题，那么量子计算机将替代硅，就好像曾经晶体管替代电子管一样。

量子计算的实现促使很多人想到了所谓的**技术奇点**，它是一个技术时间点，在这一点上人类技术已经发展到它可以从根本上并且不可逆地改变人类的发展——在这一点上技术已经发展到前人不可理解的程度。冯·诺依曼最先创造了奇点一词，当他提到“科技前所未有的进展以及人类生活模式的变革看起来好像达到了人类历史上的重要奇点，超越这一点的人类事务据我们所知将无法继续”的时候或者说是这样一个时刻“科技进步变得不可理解地快速与复杂”。在 20 世纪 80 年代早期，Vernor Vinge（一个计算机科学教授和作家）介绍了技术奇点一词，并将它定义为时间中的一点，在这一点我们创造的智能优于我们人类本身的智能——本质上，这个点表示机器替代人类成为这个星球统治者的时间点。Ray Kurzwell（一个作家和奇点主义者）将技术奇点定义为“未来技术改变的步伐十分迅速，其所带来的影响十分深远，以至于人类生活发生不可逆改变的时期。”James Martin（一个计算机科学家和作家）将奇点定义为“由惊人的技术变革引起的人类变革时期。”Kevin Kelly（《联线杂志》联合创始人）将奇点定义为当“过去几百万年发生的改变被未来 5 分钟发生的改变所替代的”时刻。不论使用哪种定义，很多人相信我们离奇点还有一个很长的距离，一些人（像 D-Wave 公司的 Geordie Rose）觉得技术变革的时刻已经出现。

量子计算是一个具有巨大挑战和广阔前景的领域。这一领域还处于起步期，但是它比人们期待的发展迅速。很多资助已经投入到量子计算领域的研究中，并且研究人员也提出了许多适合在量子计算机上运行的算法。我们期待这些系统逐渐成熟，并成为真正的产品，以显著改变我们所熟知的计算机和编程方式。如果你有兴趣接触量子计算，你可以联系 USC 实验室或 Google 实验室申请它们量子计算机的机时。

本章小结

本章对多处理器和多计算机系统进行了综述。这些系统提供了一种求解复杂问题的有效方式。

RISC 和 CISC 孰优孰劣的争论更主要表现在芯片的体系结构上，而不是 ISA。最重要的还是程序执行时间，并且 RISC 和 CISC 的设计者都在努力提升处理器性能。

Flynn 分类法根据指令流和数据流的数目对体系结构进行分类。MIMD 计算机被进一步分类为共享存储和非共享存储。

当今计算机的计算能力令人十分震惊。处理器内部的并行性通过超标量和超流水线体系结构得到了提升。早期，处理器每次完成一个操作，但现在的处理器通常执行多个并发操作。向量处理器支持向量操作，而 MIMD 计算机则包含了多个处理器。

SIMD 和 MIMD 处理器通过互连网络进行连接。共享存储器的多处理器将物理存储器看成一个整体，而分布式存储体系结构允许每个处理器访问自己的存储器。任何方法都允许普通用户以一个合理的价格拥有超级计算能力。最流行的多处理器体系结构是 MIMD，共享存储以及基于总线的系统。

一些高复杂度的问题不能通过传统的计算模型来求解。针对特定应用需要一些其他的体系结构。数据流计算机通过数据驱动计算，而不是计算驱动数据。神经网络通过学习可以求解高复杂度的问题。脉动阵列利用处理单元的计算能力，驱动数据在阵列中传输，直到获得问题的求解结果。不同于上述基于硅工艺的计算机，生物、光和量子计算机非常有可能成为新一代的计算技术。

扩展阅读

更多关于当前 RISC 和 CISC 争论的信息，参考 Blem 等人(2013)的文章。

曾经出现过很多改善 Flynn 分类法的工作。Hwang(1987)、Bell(1989)、Karp(1987)以及 Hockney 和 Jesshope(1988)的著作在不同程度上扩展了 Flynn 分类法。

有很多关于高级体系结构的教科书，包括 Hennessy 和 Patterson(2006)、Hwang(1993)以及 Stone(1993)编写的书。Stone 对流水线和存储组织结构进行了非常详细的解释，还对向量计算机和并行处理器进行了叙述。Grohoski 对于现代 RISC 处理器中的超标量执行给出了详细的说明。对于整个 RISC 理论以及指令流水线的解释可参见 Patterson(1985)，Patterson 和 Ditzel(1980)的著作。

Hennessy(1984)所著文章是一篇关于 VLSI 技术和处理器设计间相互关系的优秀文章。Leighton(1982)的文章虽然有些过时，但它从一个非常好的视角审视了体系结构和算法，是一篇有关互连网络的参考文章。Omondi(1999)所著书籍对计算机微体系结构给出了权威的讲解。

对于数据流体系结构方面优秀的论文，以及各种数据流的比较，参见 Dennis(1980)、Hazra(1982)、Srini(1986)、Treleaven 等(1982)和 Vegdahl(1984)所著书籍。

Foster 和 Kesselman(2003)，以及 Anderson(2004，2005)所著书籍提供了关于网格计算的详细信息。有关 BOINC 的更多信息请详见 http://boinc. berkeley. edu。对量子计算有兴趣的读者可以参阅 Brown(2000)所著书籍，它对量子计算、量子物理学和纳米技术给出了非常不错的介绍。Williams 和 Clearwater(1998)以及 Johnson(2003)的文章对于学习量子计算的初学者是个很好的选择。

作为本章主题的补充，参见 Stallings(2009)、Goodman 和 Miller(1993)、Patterson 和 Hennessy(2008)，Tanenbaum(2005)所著书籍。有关互连网络方面的历史展望和性能信息，参见 Byuyan 等(1989)、Reed 和 Grunwald(1987)，Siegel(1985)所著书籍。Circello 等(1995)的文章中有使用摩托罗拉 MC68060 芯片的一个超标量体系结构的概述。

对于 64 位计算机体系结构的决定、挑战以及折中设计的讨论详见 Horel 和 Lauterback(1999)所著书籍；IA-64 体系结构和其指令级并行性的使用，在 Dulong(1998)的书中有很好的解释。Kogge(1981)的书对流水线计算机进行了彻底的讨论，并最先对流水线进行了形式化论述。Trew 和 Wilson(1991)所著书籍对并行计算机进行了很有意思的调查，同时也讨论了各种形式的并行性。Silc 等(1999)的书提供了一份调查，这份调查是有关各种用于开发微处理器并行性的体系结构方法和实现技术的。

参考文献

Amdahl, G. "The Validity of the Single Processor Approach to Achieving Large Scale Computing Capabilities." *AFIPS Conference Proceedings 30*, 1967, pp. 483–485.

Anderson, D. P. "BOINC: A System for Public-Resource Computing and Storage." *5th IEEE/ACM International Workshop on Grid Computing,* November 8, 2004, Pittsburgh, PA, pp. 4–10.

Anderson, D. P., Korpela, E., & Walton, R. "High-Performance Task Distribution for Volunteer Computing." IEEE International Conference on e-Science and Grid Technologies, 5–8 December 2005, Melbourne.

Bell, G. "The Future of High Performance Computers in Science and Engineering." *Communications of the ACM 32,* 1989, pp. 1091–1101.

Bhuyan, L., Yang, Q., & Agrawal, D. "Performance of Multiprocessor Interconnection Networks." *Computer*, *22*:2, 1989, pp. 25–37.

Blem, E., Menon, J., & Sankaralingam, K. "Power Struggles: Revisiting the RISC vs. CISC Debate on Contemporary ARM and x86 Architectures." 19th IEEE International Symposium on High Performance Computer Architecture (HPCA), February 23–27, 2013, pp. 1–12.

Brown, J. *Minds, Machines, and the Multiverse: The Quest for the Quantum Computer*. New York: Simon & Schuster, 2000.

Circello, J., et al. "The Superscalar Architecture of the MC68060." *IEEE Micro*, *15*:2, April 1995, pp. 10–21.

DeMone, P. "RISC vs CISC Still Matters." Real World Technologies, February 13, 2000. Last accessed September 1, 2013, at http://www.realworld tech.com/risc-vs-cisc/

Dennis, J. B. "Dataflow Supercomputers." *Computer 13*:4, November 1980, pp. 48–56.

Dulong, C. "The IA-64 Architecture at Work." *Computer 31*:7, July 1998, pp. 24–32.

Flynn, M. "Some Computer Organizations and Their Effectiveness." *IEEE Transactions on Computers* C-21, 1972, p. 94.

Foster, I., & Kesselman, C. *The Grid 2: Blueprint for a New Computing Infrastructure*. San Francisco: Morgan-Kaufmann Publishers, 2003.

Goodman, J., & Miller, K. *A Programmer's View of Computer Architecture*. Philadelphia: Saunders College Publishing, 1993.

Grohoski, G. F. "Machine Organization of the IBM RISC System/6000 Processor." *IBM J. Res. Develop. 43*:1, January 1990, pp. 37–58.

Hazra, A. "A Description Method and a Classification Scheme for Dataflow Architectures." *Proceedings of the 3rd International Conference on Distributed Computing Systems*, October 1982, pp. 645–651.

Hennessy, J. L. "VLSI Processor Architecture." *IEEE Trans. Comp. C-33*:12, December 1984, pp. 1221–1246.

Hennessy, J. L., & Patterson, D. A. *Computer Architecture: A Quantitative Approach*, 4th ed. San Francisco: Morgan Kaufmann, 2006.

Hockney, R., & Jesshope, C. *Parallel Computers 2*. Bristol, UK: Adam Hilger, Ltd., 1988.

Horel, T., & Lauterbach, G. "UltraSPARC III: Designing Third Generation 64-Bit Performance." *IEEE Micro 19*:3, May/June 1999, pp. 73–85.

Hwang, K. *Advanced Computer Architecture*. New York: McGraw-Hill, 1993.

Hwang, K. "Advanced Parallel Processing with Supercomputer Architectures." *Proc. IEEE 75*, 1987, pp. 1348–1379.

Johnson, G. *A Shortcut Through Time—The Path to a Quantum Computer*. New York: Knopf, 2003.

Jones, N. & Nature Magazine. "D-Wave's Quantum Computer Courts Controversy." *Scientific American*, June 19, 2013.

Karp, A. "Programming for Parallelism." *IEEE Computer 20*:5, 1987, pp. 43–57.

Kogge, P. *The Architecture of Pipelined Computers*. New York: McGraw-Hill, 1981.

Leighton, F. T. *Introduction to Parallel Algorithms and Architectures*. New York: Morgan Kaufmann, 1982.

MIPS home page: *www.mips.com.*

Omondi, A. *The Microarchitecture of Pipelined and Superscalar Computers*. Boston: Kluwer Academic Publishers, 1999.

Patterson, D. A. "Reduced Instruction Set Computers." *Communications of the ACM 28*:1, January 1985, pp. 8–20.

Patterson, D., & Ditzel, D. "The Case for the Reduced Instruction Set Computer." *ACM SIGARCH Computer Architecture News*, October 1980, pp. 25–33.

Patterson, D. A., & Hennessy, J. L. *Computer Organization and Design: The Hardware/Software Interface*, 4th ed. San Mateo, CA: Morgan Kaufmann, 2008.

Reed, D., & Grunwald, D. "The Performance of Multicomputer Interconnection Networks." *IEEE Computer*, June 1987, pp. 63–73.

Siegel, H. *Interconnection Networks for Large Scale Parallel Processing: Theory and Case*

Studies. Lexington, MA: Lexington Books, 1985.

Silc, J., Robic, B., & Ungerer, T. *Processor Architecture: From Dataflow to Superscalar and Beyond.* New York: Springer-Verlag, 1999.

SPIM home page: *www.cs.wisc.edu/~larus/spim.html.*

Srini, V. P. "An Architectural Comparison of Dataflow Systems." *IEEE Computer*, March 1986, pp. 68–88.

Stallings, W. *Computer Organization and Architecture*, 8th ed. Upper Saddle River, NJ: Prentice Hall, 2009.

Stone, H. S. *High Performance Computer Architecture,* 3rd ed. Reading, MA: Addison-Wesley, 1993.

Tanenbaum, A. *Structured Computer Organization*, 5th ed. Upper Saddle River, NJ: Prentice Hall, 2005.

Treleaven, P. C., Brownbridge, D. R., & Hopkins, R. P. "Data-Driven and Demand-Driven Computer Architecture." *Computing Surveys 14*:1, March 1982, pp. 93–143.

Trew, A., & Wilson, A., Eds. *Past, Present, Parallel: A Survey of Available Parallel Computing Systems*. New York: Springer-Verlag, 1991.

Vegdahl, S. R. "A Survey of Proposed Architectures for the Execution of Functional Languages." *IEEE Transactions on Computers C-33*:12, December 1984, pp. 1050–1071.

Williams, C., & Clearwater, S. *Explorations in Quantum Computing*. New York: Springer-Verlag, 1998.

复习题

1. 为什么会提出 RISC 体系结构的概念？
2. 相比 CISC，为什么 RISC 对流水线更简单？
3. 请描述寄存器窗口如何使过程调用更加有效。
4. Flynn 分类法基于两种属性对计算机体系结构进行分类，它们是什么？
5. MPP 和 SMP 处理器的不同点是什么？
6. 我们提出为 Flynn 分类法增加一个层次。在这个更高层次上计算机的显著特征是什么？
7. 是否所有的编程问题都可以并行执行？限制并行的因素是什么？
8. 对超流水线进行定义。
9. 超标量设计和超流水线设计有什么不同？
10. VLIW 设计在哪些方面不同于超流水线设计？
11. EPIC 和 VLIW 的异同点是什么？
12. 请解释寄存器 – 寄存器向量处理体系结构固有的局限性。
13. 给出向量处理器高效率的两个原因。
14. 画出 6 个主要的互连网络拓扑结构。
15. 共享存储器结构有 3 种类型，它们是什么？
16. 描述一种在本章中介绍的缓存一致性协议。
17. 描述网格计算和适用于网格计算的应用。
18. 什么是 SETI，它如何使用分布式计算模型？
19. 什么是普适计算？
20. 数据流体系结构和“传统”体系结构的区别是什么？
21. 什么是重入代码？
22. 什么是神经网络的基本计算单元？
23. 描述神经网络是如何“学习”的。
24. 脉动阵列是通过什么比喻而得名的？为什么这个比喻相对准确？
25. 什么类型的问题适合通过脉动阵列进行求解？
26. 量子计算机和传统计算机的不同点是什么？在量子计算中必须克服的问题是什么？

习题

◆ 1. 为什么 RISC 设备的操作都是在寄存器上完成？

2. RISC 系统中的哪些特征可以直接在 CISC 系统中实现？RISC 系统中的哪些特征不可以直接在 CISC 系统中实现？（参照表 9-1 列举的两种体系结构的特征。）

◆ 3. 在精简指令集计算机中“精简”的真正含义是什么？

4. 假设一个 RISC 设备使用如下的重叠寄存器窗口：
   - 10 个全局寄存器
   - 6 个输入参数寄存器
   - 10 个局部寄存器
   - 6 个输出参数寄存器

   每个重叠寄存器窗口是多大？

◆ 5. 一个 RISC 处理器有 8 个全局寄存器和 10 个寄存器窗口。每个窗口有 4 个输入寄存器、8 个局部寄存器，以及 4 个输出寄存器。在这个处理器内部总共有多少个寄存器？（提示：请记住，由于寄存器窗口具有循环特性，所以最后一个窗口的输出寄存器和第一个窗口的输入寄存器是共享的。）

6. 一个 RISC 处理器总共有 152 个寄存器，其中 12 个被指定为全局寄存器、10 个寄存器窗口，其中每个包含 6 个输入寄存器和 6 个输出寄存器。每个寄存器窗口中有多少个局部寄存器？

7. 一个 RISC 处理器总共有 186 个寄存器，其中 18 个是全局寄存器、12 个寄存器窗口，在每个窗口中有 10 个局部寄存器。每个寄存器窗口有多少输入/输出寄存器？

8. 假设 RISC 处理器使用重叠寄存器窗口在两个过程间传递参数。处理器有 298 个寄存器。每个寄存器窗口有 32 个寄存器，其中有 10 个全局寄存器和 10 个局部寄存器。回答下列问题：
   a）输入参数可以使用多少个寄存器？
   b）输出参数可以使用多少个寄存器？
   c）有多少个可用的寄存器窗口？
   d）在每次过程调用时，当前窗口指针（CWP）会增加多少？

◆ 9. 回忆第 8 章中有关上下文切换的讨论。它发生在一个进程停止使用 CPU，而另一个进程开始使用 CPU 时。从这个意义上说，寄存器窗口可以看成 RISC 潜在的弱点。请解释原因。

10. 假设一个 RISC 设备使用 5 个寄存器窗口。
   a）在寄存器必须保存在存储器之前，过程调用的深度是多少？（也就是说，在我们需要将寄存器保存到存储器之前，“活跃”的过程调用的最大的数目是多少？）
   b）假设到达 a 中的最大值后，有多于两个过程调用。这将有多少个寄存器窗口必须保存在存储器中？
   c）现在假设最近被调用过程已返回。请解释将发生什么？
   d）现在假设有多个过程被调用。这时总共有多少个寄存器窗口需要被保存在存储器中？

11. 在 Flynn 分类法中：
   ◆ a）SIMD 代表什么？请给出简单描述和一个实例。
   b）MIMD 代表什么？请给出简单描述和一个实例。

12. Flynn 分类法包含 4 种主要的计算模型。简要描述每种类别，并给出使用每种模型来求解的一个高层次的实例问题。

◆ 13. 请解释松耦合和紧耦合体系结构的不同。

14. 请描述 MIMD 多处理器相对于多计算机系统或计算机网络的不同特征。

15. SIMD 和 MIMD 的相似点是什么？不同点是什么？注意：你不能对它们进行定义，但可以进行比较。

16. SIMD 和 SPMD 的不同点是什么？

◆ 17. SIMD 最适合用于哪种类型的程序级并行（数据或控制）？MIMD 更适合用于哪种类型的程序级并行？

18. 对 VLIW 和超标量模型在指令级并行性上的特点进行简要描述和比较。

◆ 19. 在 VLIW 和超标量中哪种模型对编译器设计有更大的挑战？为什么？

◆ **20.** 对超标量体系结构和 VLIW 体系结构进行比较。

◆ **21.** 为什么需要分布式系统？

22. UMA 和 NUMA 的不同点是什么？

◆ **23.** 在互联网中使用交叉开关的主要问题是什么？在互联网中总线的问题是什么？

24. 考虑如下 Omega 网络，支持 8 个 CPU（P0 ~ P7）和 8 个存储器模块（M0 ~ M7）：

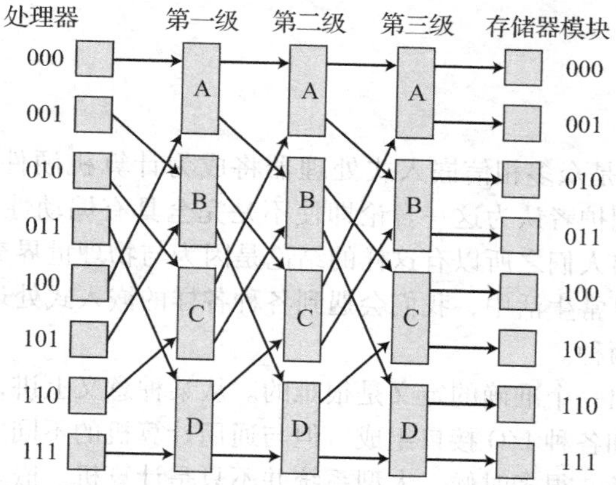

a）说明下列连接是如何通过网络实现的（解释每个开关是如何设置的）。交叉开关命名方式为 1A、2B 等。

i）P0→M2　　ii）P4→M4　　iii）P6→M3

b）这些连接能够同时出现吗，还是会发生冲突？请解释原因。

c）请列举一个在 a 中没出现，并且和 P0→M2 相冲突的处理器对存储器的访问。

d）请列举一个在 a 中没出现，并且和 P0→M2 不冲突的处理器对存储器的访问。

◆ **25.** 请描述当写直通和写回缓存用于共享存储系统后需要做出的调整，以及两种方法的优势和劣势。

26. 数据流系统的存储器是基于地址的还是基于相关性的？请解释原因。

◆ **27.** 神经网络是串行处理信息吗？请解释原因。

28. 请对监督学习和无监督学习的神经网络进行比较。

◆ **29.** 请从数学的视角对神经网络中的监督学习进行描述。

30. 下面两个问题涉及神经网络的单感知器。

a）逻辑 NOT 相对 AND 或 OR 更复杂些，但仍可以完成。在这个例子中，仅有一个布尔型输入。为了识别逻辑 NOT 操作符，这个感知器的权重和阈值应是多少？

b）请说明为什么使用单感知器是不可能实现两个输入 x_1 和 x_2 的 XOR 操作的。

31. 当脉动阵列是一维时，请解释 SIMD 和脉动阵列的不同点。

32. 使用 Flynn 分类法，脉动阵列可归为哪一类？工作站集群可归为哪一类？

33. 请在下面空白处填入 C（CISC）或 R（RISC）来表示相应的技术可用于 CISC 中，还是可应用于 RISC 中。

________1. 简单指令，平均每个时钟周期执行一条指令。

________2. 单一寄存器集。

________3. 复杂的编译器设计。

________4. 高度流水线。

________5. 任何指令都可以访问存储器。

________6. 指令通过微程序进行解释。

________7. 固定长度，译码简单的指令格式。

________8. 高度定制，不频繁使用的指令。

________9. 使用重叠寄存器窗口。

________10. 相对少的寻址方式。

34. 研究量子计算，并根据最近的一篇文章给出结论。

第 10 章

The Essentials of Computer Organization and Architecture, Fourth Edition

嵌入式系统专题

10.1 引言

Greg Papadopoulos 是众多相信嵌入式处理器将成为计算机硬件中下一个重大突破的人之一。通用微处理器的拥护者认为这一言论即使不是完全具有煽动性的，也是具有挑衅意味的。然而，可以很容易看出人们之所以有这样的结论是因为与物理世界交互的每个实际设备都由某种计算机控制的。在日常生活中，我们会遇到各种各样的嵌入式处理器，而对于通用处理系统我们可能只会用到一两种。

为嵌入式系统给出一个准确的定义是很难的。从某种意义上讲，嵌入式系统就是计算机系统，由 CPU、存储器和各种 I/O 接口组成。但与通用计算机的不同之处在于它们仅能执行大型系统中一组有限的任务。很多时候，大型系统并不只是计算机。嵌入式系统既可以出现在十分简单无害的设备中(如咖啡机和网球鞋)，也可以出现十分复杂的设备中(如商用飞机)。当前很多汽车都装备了许多嵌入式处理器，每一个处理器负责管理一个特定的子系统。这些子系统包括汽油喷射系统、排放控制系统、防抱死制动系统、巡航控制系统等。此外，汽车中的各种处理器彼此进行通信，相互配合，从而使汽车处于合适状态。例如，当防抱死制动系统启动时，巡航控制系统将关闭。在其他计算机中也会出现嵌入式系统。磁盘控制器就是一种位于计算机内部的计算机。磁盘控制器操纵磁盘臂，并在读写磁盘面数据时，对其进行解码和编码。

我们需要从一个全新的角度去考虑嵌入式系统的设计与编程。首先，可以看到在嵌入式系统中软硬件的区分是模糊和不确定的。在通用计算中，我们在运行程序之前就已经知道了硬件的计算能力，但在嵌入式系统设计中，这就不一定了。硬件的计算能力会随着系统的开发而产生变化。此时，软硬件等价原则将成为最根本的系统设计准则。软硬件的功能划分将成为最主要的——有时也将是备受争议的——设计问题。

嵌入式系统开发与通用计算的第二个不同点在于对嵌入式系统进行设计时必须对底层硬件有一个更加详尽的理解。采用高级语言(如 Java 或 C ++)进行应用程序开发的人员可能从来都不清楚或不关心系统存储数据的字节序，或在某一个特定的时间是否发生了中断。然而，这些底层硬件的细节对于嵌入式系统的程序员而言是必须要清楚的。

除了上述问题以外，嵌入式系统设计还会受到很多功能的约束。这些约束包括有限的 CPU 处理速度、有限的存储容量、权重限制、有限的功耗、不受控并严苛的操作运行环境、有限的物理空间以及对嵌入式系统硬实时性的高要求。此外，嵌入式系统的设计者在系统设计和实现时还必须时刻对成本进行严格控制！系统升级或修复漏洞都可能引起功耗或存储容量超出设计约束。现代的嵌入式系统程序员与 20 世纪 50 年代时他们的父辈在主机上编程一样，每天都要花费很长的时间来计算机器周期——因为每个机器周期的计算都是有价值的。

在上述设计约束中，有限的功耗通常在整个设计中扮演最重要的角色。低功耗意味着低热量，这意味着使用更少的散热片——进而意味着更少的硬件成本或更小的体积。低功耗同时也意味着可以提供备用电池，从而提供不中断可靠的操作服务。

根据对功耗的需求，大多数嵌入式系统可以分为 3 类：基于电池的系统、固定电源系统以及高密度系统。基于电池的系统(如便携式音频设备)需要最长的电池寿命，最小的设备体积。固定电源系统(如付费电话和来电显示)的电量供应有限(如通过电话线供电)，因此其设计目标就是利用有限的电量提供最大化的性能。考虑到散热的问题，高密度系统(高性能多处理器系统)由于考虑到散热性所以更关注能效。例如，网络电话(VOIP)系统将语音信号和数据集成在一起，需要很多的组件，势必产生大量的热量。这些系统采用非受限电源供电，但必须限制其功耗，以避免系统过热。

第四点，也可能是嵌入式系统设计最困难的一点就是信号的时序。嵌入式系统设计者必须对由外部事件产生的信号和嵌入式系统本身产生的信号之间的关系有一个精确而清晰的认识。任何事件都有可能在任何时间以任意顺序出现。此外，对这些事件的响应往往应在几个毫秒内。在硬实时系统中，不按时响应就等同于系统失败。

嵌入式系统必须是可用和灵活的，同时也必须是小型不昂贵的(这些也是对设计和制造的要求)。功耗也是必须考虑的因素。我们将在后续章节展开讨论这些问题，首先，我们来看一下嵌入式硬件。

10.2 嵌入式硬件概述

控制飞机遥测的嵌入式处理器与咖啡机中用于控制咖啡质量的嵌入式处理器有着本质的不同。这些应用在设计复杂度和时序模型上都有着很大的不同。因此，它们需要完全不同的硬件解决方案。对于最简单的控制应用，标准的成品微控制器通常是很合适的。具有更高复杂度的应用对嵌入式硬件的需要可能超出了现有标准模块的性能、功耗或成本。这时，也许重构一个电路可能更合适。对于高度定制化的应用，或者对于响应有严格要求的应用，必须设计一个专用芯片。因此，我们可以将嵌入式处理器分为3类：标准处理器、可重构处理器和全定制处理器。在阐述每种类型之后，我们将考虑如何选择处理器。

10.2.1 标准的嵌入式系统硬件

台式计算机、笔记本电脑以及PDA系统对于能耗需求的持续增长主要来源于超大规模集成电路技术的发展。现在可以装在衬衣口袋中的计算机具有过去百万美元的水冷主机的计算性能，并且这种计算能力所带来的成本小于一件西装。尽管这些东西我们每天都能接触到，但由VLSI技术带来的引人注目的应用从根本上都被我们忽视了。

微控制器

我们现在经常用到的嵌入式处理器都源自于过去十分先进的通用处理器。虽然这些早期处理器的计算能力还不足以运行现在常见的台式计算机的应用，但对于简单的控制应用是足够的。此外，这些处理器的价格相比之前也大幅降低，这是因为相关的制造商已经在个人计算机得以广泛应用时收回了这些处理器的成本。十分出名的微控制器摩托罗拉68HC12是从第一代苹果计算机的核心芯片摩托罗拉6800改进而来的。摩托罗拉已经售出了数十亿片68HC12及以前的芯片。大批量的生产和销售，使得现在购买MC68HC12时，比第一代苹果用户买一根打印机电缆花的钱还要少。Intel的8051是从8086发展而来的，而8086曾经是第一代IBM PC的核心处理器。

微控制器与通用处理器有很多相似之处。与通用处理器类似，微控制器是可编程的，而且可以访问各种外设。与通用处理器的不同之处在于，微控制器的工作主频更低，寻址空间更小，并且运行在其上的软件不能由用户修改。

一个微控制器的简单示例如图10-1所示。它包括一个CPU核、用于存储程序和数据的存储器、I/O端口、I/O端口控制器、系统总线、时钟和看门狗定时器。在这些组件中，看门狗定时器是唯一一个在之前章节中没有讨论过的模块。

顾名思义，**看门狗定时器**会留意微控制器中的一些事件。当检测到这些事件时，看门狗提供了一种自动防故障机制。通用计算机不需要看门狗定时器，因为它们直接和人进行交互。如果系统被挂起或崩溃，操作人员通常会通过重启来恢复系统。但是，人们不可能对周围无数的嵌入式系统给予同样的关注。此外，嵌入式系统通常安装在我们无法触及的地方。谁可以按下外太空探测器的重启键？如何重启一个心脏起搏器？我们是否花了太长时间才意识到这一举动的必要性呢？

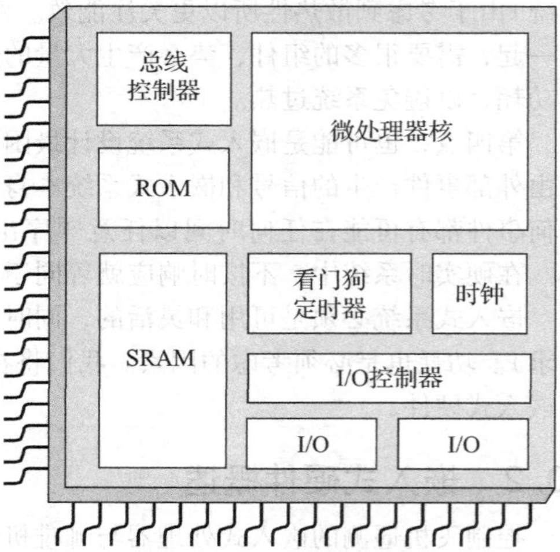

图 10-1　一个简单的微控制器

从概念上讲，看门狗定时器的设计和操作十分简单。定时器通过一个整数值进行初始化，然后每隔几毫秒减去 1。运行在微控制器上的应用程序周期性触发定时器中断程序，使其计数值恢复到初始值。每当定时器计数值减到 0 时，看门狗电路将发出一个系统复位信号。定时器中断程序是对运行在微控制器上的应用程序的响应。这个程序可能具有如下结构：

```
main() {
  boolean error = false;
  do while not (error) {
      resetWatchdog();           // 对看门狗定时器的初始值进行复位
      error = function1();       // 执行第一段用户函数
      if (error)
           exit while;
      endif;
      resetWatchdog();           // 对看门狗定时器进行复位
      error = function2();       // 执行第二段用户函数
      if (error)
           exit while;
      endif;
      resetWatchdog();
      error = function3();       // 执行第三段用户函数
  }
}
```

如果从 function1 ~ function3 中的任何一个函数，在无限循环中被挂起或卡住，则定时器的计数值将减到 0。这样，任何程序(包括任何中断程序)的运行时间都不会长于看门狗定时器的计数值。

目前，有上百种不同类型的微控制器，其中有一些是专为特定的应用而设计的。一些特别出名的有 Intel 的 8051、Microship PIC(可编程智能计算机)系列中的 16F84A，以及摩托罗拉 68000(68K)系列中的 68HC12。微控制器可以拥有模拟接口和 I/O 缓存，前者适用于非离散物理控制应用，后者适用于持续大容量吞吐应用。微控制器的 I/O 控制可以采用第 7 章提到的任何方法。不同于通用系统，编程控制 I/O 对于嵌入式应用来说是可以使用的。

微控制器可以小到 4 位，也可以大到 64 位，存储容量从几千字节到几兆字节。为了使电路尽可能地小和快，微控制器的指令集体系结构通常是基于栈的，并且可针对特定领域进行优化。虽然采用“陈旧技术”，但嵌入式微控制器仍然在很多消费类产品和工业机器中得到了广泛应用。可以确信的是嵌入式微控制器仍然会沿用很多年。

看门狗定时器的工程决策

嵌入式系统设计者一直都在争论的问题是，当看门狗定时器超时后应该马上进行复位还是应该调用一个中断服务程序。如果产生中断，则一些有价值的调试信息可以在复位前捕获到。从这些调试信息中，我们可以发现造成定时器超时的根本原因，并对其进行分析和更正。如果系统只是简单地被复位，则很多调试信息会丢失。

另一方面，一个崩溃的系统很有可能无法可靠地执行任何代码，包括中断处理程序。因此，中断服务程序也可能无法产生复位。这种不可恢复的错误可能仅由简单的错误栈指针或I/O端口上的一个错误信号就能引发。如果简单地产生一个复位信号，我们可以确定地阻拦一个灾难性的硬件错误，也就是说，系统可以在死机后的几个毫秒内恢复到稳定状态。

不同于个人计算机的重启操作，嵌入式控制器的复位可能花费更少的时间。实际上，复位的速度可能快到我们感觉不到复位已经发生了。这从一个方面支持了之前的论断，即中断方法优于复位方法。但我们还有另一种硬件解决方案：谨慎的工程师可以将一个锁存器、一个发光二极管(LED)和处理器的复位端连接在一起。复位后，LED被点亮，这表示系统出现了一个问题。假设LED在人们可以看到的位置，则复位会很容易注意到。

当然，可以将上面两种方法进行组合。我们可以在引发调试中断前将定时器初始化为一个比较小的值。如果定时器超时，则可以确定系统出现了问题，随后看门狗发出复位信号。一个力求制造出满足产品“质量”要求的公司可以考虑使用这项技术。

然而，对于力求制造出“高可靠性”产品的公司则需要再深入地考虑一下。看门狗定时器通常与监控系统共享芯片的空间和资源。如果在一个芯片内部出现了灾难性的硬件错误时，那么将发生什么？如果系统时钟停止了又会怎么样？工程师将通过提供一个带有备份看门口定时器的单独芯片来预防这种情况的发生。所增加的额外电路仅会稍微增加一些系统成本，但可以在需要的时候节省成千上万元，甚至人命。因此，现在问题又转移到对于备份定时器超时的处理是直接复位还是触发中断服务程序。

片上系统

我们可以看出微控制器是小型化的计算机系统。它们包括CPU、存储器、I/O端口。然而，它们不能称为片上系统。片上系统这个名称通常预留给更为复杂的设备。

片上系统(SoC)与微控制器的区别在于复杂度和更多的片上资源。微控制器通常还需要其他支持电路，如信号处理器、译码器和信号转换器等。片上系统是一个包含所有功能的单独的硅片，甚至可以装配多个处理器。这些松耦合的处理器不需要共享同一个时钟或存储空间。独特的处理器功能在一定程度上可以定制，这些功能由专门为了在特定领域中有效编程而设计的ISA提供。例如，因特网路由器内可能有几个用于处理通信业务的RISC处理器，一个用于配置和管理路由器的CISC处理器。微控制器的存储器通常是几千字节，SoC的存储器通常是几兆字节。由于具有更大的存储器，因此SoC可以运行功能完备的实时操作系统(我们将在10.3.2节进行讨论)。SoC的优势在于速度更快、体积更小、更加可靠并且功耗更低。

虽然有很多标准的SoC可用，但有时仍然需要根据特定应用进行定制。与其承受完全定制SoC所带来的成本，还不如通过集成各公司授权的知识产权(IP)电路构成半定制电路。授权的IP模块和定制电路集成构成电路掩模。随后完整的电路掩模送入到电路制造设备中以蚀刻在硅片上。这个过程非常昂贵。当前掩模成本基本为100万美元。因此，必须充分考虑这种方法的成本因素。如果一个标准的SoC可提供相同的功能，但性能略差，则100万美元的成本就不太划算了。我们将在后续章节再讨论这个问题。

10.2.2　可重构硬件

由于一些应用过于特殊和专用，因此很难有一款现成的微控制器能够运行此应用。当设计者遇到这样的问题时，他们通常有两种选择：设计一款专用芯片，或采用**可编程逻辑设备(PLD)**。当速度和尺寸不是主要设计因素时，PLD可能是一个更好的选择。PLD分为3种类型：可编程阵列逻辑、可编程逻辑阵列以及现场可编程逻辑门阵列。任何一种都可以用来作为**黏合逻辑**，或与已有IP电路互连构成定制电路。可编程逻辑设备通常是基于我们在第3章中提到的组合逻辑电路而提出的。我们现在来讨论这个问题有助于理解PLD的主要功能。

可编程阵列逻辑

可编程阵列逻辑(PAL)芯片是第一代可配置的逻辑设备。PAL由一个可编程的与门阵列和一个固定的或门阵列连接的输入和输出而构成，如图10-2所示。PAL的输出是输入的乘积和。电路的可编程性通过熔断连接与门和输入之间的熔丝或拨动两者之间的双掷开关来实现。当一个PAL的熔丝熔断后，和与门相连的输入变成了逻辑0 ㊀。或门则收集来自所有与门的输出以完成最终的计算。

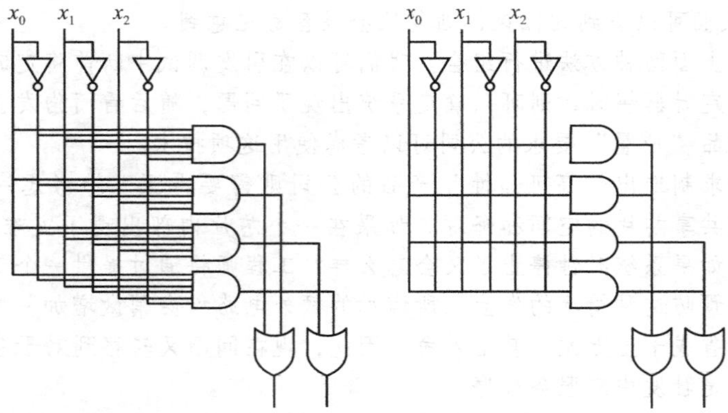

a）PAL的详细逻辑图　　　　b）同样PAL的简化版

图10-2　可编程阵列逻辑(PAL)

图10-3所示为一个3输入、2输出的PAL。标准商用PAL会提供若干个输入和几十个输出。图10-3所示的电路不可能对每一种输入函数提供输出。它也不可能在一个输出的多个或门上使用相同的乘积项，因此只能在多个输出的或门上使用相同乘积项。

图10-3所示的PAL可实现 $x'_0x_1x'_2 + x_1x_2$ 和 $x'_0x_1x'_2 + x'_1x_2$ 两个功能。逻辑设备间通过×表示连接熔断。(有时候，我们也用×表示连接，也就是熔丝没有熔断。)如我们所见，最小项 $x'_0x_1x'_2$ 被重复使用。由此看来，如果在或门之间允许进行任意连接，则PAL逻辑门的使用效率会更高。PAL正是提供这种额外级别可重构性的设备。

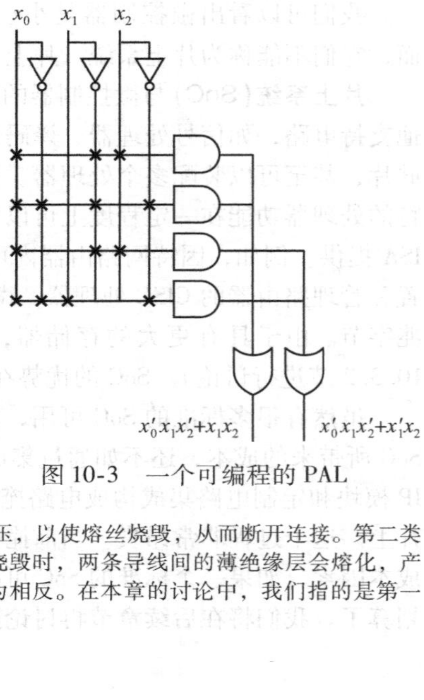

图10-3　一个可编程的PAL

㊀ 有两类PLD熔丝。第一类需要在熔丝上加比正常电压更高的电压，以使熔丝烧毁，从而断开连接。第二类有时被称为反熔丝，因为它的初始状态是断开的。当反熔丝被烧毁时，两条导线间的薄绝缘层会熔化，产生导电路径，因此形成一个电路。这与我们通常认识的熔丝行为相反。在本章的讨论中，我们指的是第一类，所以烧毁熔丝意味着切断连接。

可编程逻辑阵列

可以看出每个 PAL 的输出总是阵列中由与门表示的乘积项的逻辑和。在前面的说明中，每个输出包含两个最小项，无论我们是否需要。PLA 通过为或门和与门都提供熔丝或开关而去除了这种限制，如图 10-4 所示。熔断熔丝或打开开关则表示与门和或门的输入为逻辑 0。

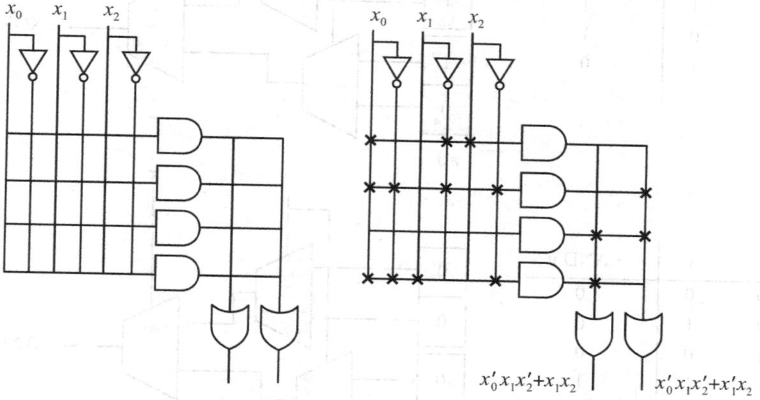

a）一个可编程逻辑阵列　　b）一个复用最小项的PLA

图 10-4

PLA 比 PAL 更加灵活，但它的速度比 PAL 慢，而且成本更高。因此，当速度和成本是重要的因素时，PAL 最小项之间的冗余性是可以忽略的。为了最大化功能性及灵活性，PLA 和 PAL 芯片通常在一个硅片上集成几个阵列。这两种设备也称为**复杂可编程逻辑设备（CPLD）**。

现场可编程逻辑门阵列

第三种 PLD 是**可编程逻辑门阵列（FPGA）**，它用查找表替代改变芯片内的接线来实现可编程逻辑。

图 10-5 给出了一个典型的 FPGA 逻辑组件，它由存储单元和多路复用器构成。多路复用器（MUX）根据逻辑输入 x 和 y 的值选择相应多路复用器的输入。这些输入信号触发多路复用器选择合适的存储单元，在图中用“？”表示。存储单元中的值构成多路复用器的输出。

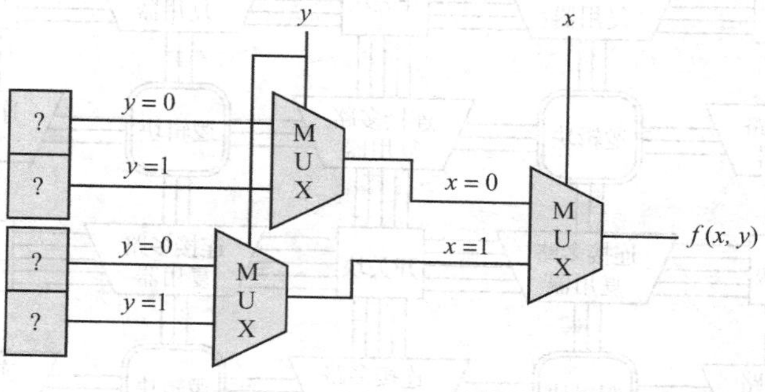

图 10-5　一个现场可编程逻辑门阵列单元的逻辑框图

考虑一个简单的例子，如第 3 章讲过的异或 XOR 功能。两输入 XOR 的真值表如图 10-6a 左边所示。这个真值表被编程进 FPGA 之后如图 10-6a 右边所示。你可以直接看出真值表中的值和存储单元中的值的对应关系。例如，当信号 y 为高（逻辑 1）时，每对存储单元中较低值的那一个被最左侧的多路复用器对选中。当 x 值为高时，选中来自较低 y 值的多路复用器，即逻辑 0 为 x 多路复用器的输出。这与真值表一致：1 XOR 1 =0。图 10-6b 给出了与逻辑的 FPGA 实现。

x	y	x XOR y
0	0	0
0	1	1
1	0	1
1	1	0

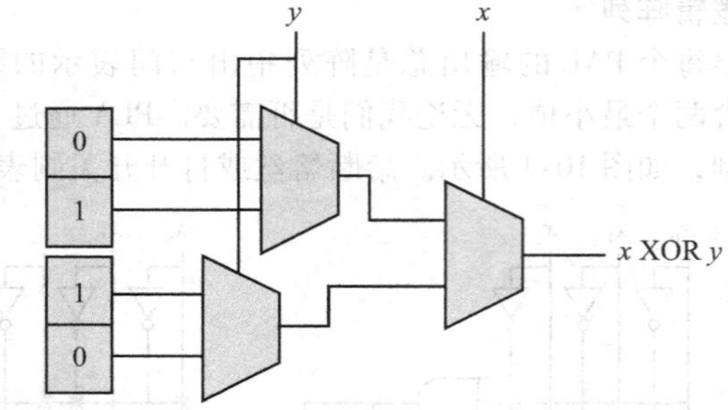

a）

x	y	x AND y
0	0	0
0	1	0
1	0	0
1	1	1

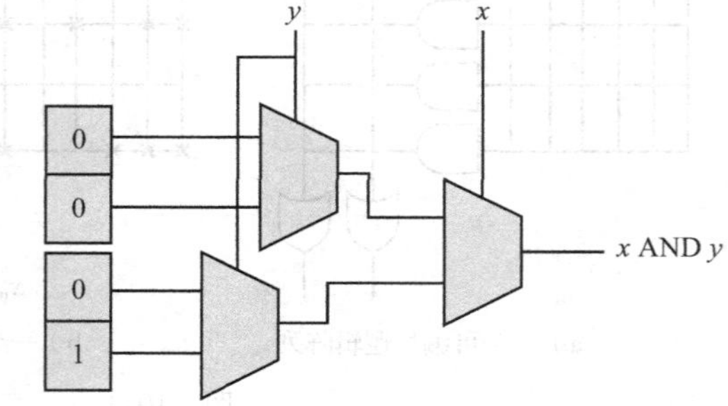

b）

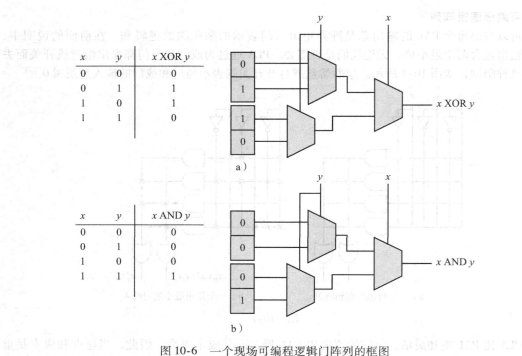

图 10-6　一个现场可编程逻辑门阵列的框图

FPGA 逻辑组件通过一个由交叉开关和多路复用器连接构成的路由结构进行互连。一种典型的配置结构称为**岛屿架构**，如图 10-7 所示。每个多路复用器连接和交叉开关块通过编程可将一个逻辑组件的输出连接到另一个的输入。大约 70% 的芯片面积用于组件间的互连和路内结构。这是造成 FPGA 相对较慢，而且成本较高的原因之一。

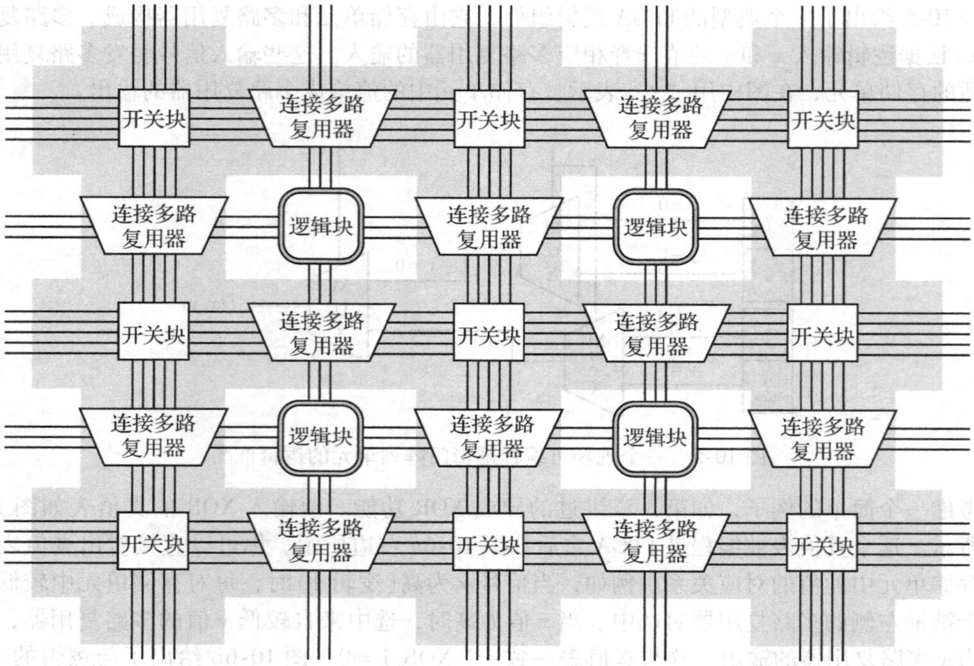

图 10-7　一个“岛式”FPGA 结构

为了降低成本，提高速度及扩展功能，一些FPGA在内部配置了微处理器核。这样，微处理器和FPGA可以各自完成其擅长的工作。此外，编程过程能够被迭代。FPGA电路可以针对性能进行不断的改变和调整。

FPGA可针对很多应用以一个合理的性价比提供大量逻辑功能。因为FPGA可以按需重复编程多次，所以它对于构建定制电路的原型十分有用。实际上，FPGA甚至可以自编程(即在FPGA中实现对FPGA本身进行编程的功能)。因此，很多人认为基于FPGA的系统是计算机的一个新突破，这样的系统可以根据不同的工作负载或在模块出错时进行动态重构。FPGA具有为重要的嵌入式处理器提供高更高可靠性的潜力，这些处理器运行在对安全性有极高要求的环境中。此外，FPGA可以完成自修复。

可重构计算机

任何人都会注意到当前在我们的世界中充斥着各种电子设备。一个装备齐全的大学生通常会配备一台笔记本电脑、一部手机、一个个人数字助理(PDA)、一个CD播放器以及一个电子书阅读器。因此，一个人应该如何处理如此多的随身携带的电子设备?

服装生产厂商可以通过提供带有足够多特制口袋的衣服或背包来解决这一问题。至少已有服装生产商开始研制具有内置个人区域网络的服装了。

对于电子设备过剩这个问题的“工程解决方案”是制造少量的设备，但每个设备具有更多功能。最大的挑战在于如何克服便携式消费电子产品在功耗和成本上的限制。的确，一台笔记本电脑可以做任何我们想做的事情，但它的重量会更重，功耗更高。因此，我们提出了可重构电子设备：单个价格实惠且具有足够电量的电子设备，它可以是手机、PDA、摄像机、甚至是音乐播放器。

不容置疑的是这种想法远远超出了当前的技术能力。当前的可重构设备主要由FPGA组成。目前的FPGA速度太慢，功耗太高，并且价格太昂贵，因此不适合广泛应用于电子设备中。对于这一领域的研究涉及以下几方面。第一是关注FPGA芯片的路由结构。对于特定应用，可以采用不同的拓扑结构以实现高效路由。最显而易见的是线性配置优于移位器，因为位移动本质上就是线性操作。几家公司正在研究一种三维结构，这种拓扑结构将控制单元放置在逻辑单元的下方，这使得整个芯片封装更紧密，路由路径更短。

另一个有关拓扑的问题是芯片内部不一致的信号响应。在路由结构中，传播距离长的信号比距离短的信号将花费更长的时间到达目的节点。这将拖慢整个芯片的速度，因为无法提前获知一个操作将使用距离近的逻辑单元还是距离远的逻辑单元。时钟频率由最坏的情况来决定。针对FPGA优化的电子设计语言编译器将有助于处理这一问题。

逻辑单元存储器功耗是FPGA研究领域的另一个方向。这种存储器通常是SRAM，它是易失的。这意味着FPGA必须在每次上电时重新配置，配置信息存储在ROM或闪存中。当前各种非易失存储器采用普通市场不常用的材料构成。如果这些新兴存储器能够在普通市场上有良好的前景，那么大规模生产势必降低它们的成本。

也可以制造一种混合的FPGA芯片，它包含对于很多功能部件都通用的普通电路模块(如加法器或移位器)。芯片的其余部分用于定制逻辑，这些逻辑可根据需要启动或关闭。

简言之，可重构电路可用于一些特定应用，如手机通信协议模块。带有灵活的可重构模块的手机可以很方便地在采用不同协议的本国(或国际)手机网络中使用。虽然这一想法会让消费者花钱，但这也意味着更少的废弃手机会进入固体废物填埋堆中，改善日益重要的环境问题。

10.2.3 定制设计的嵌入式硬件

为了使产品占据最大的市场份额，嵌入式处理器厂商在他们的芯片上应尽可能地实现更多的功能。购买这些复杂现成处理器的最大问题就是芯片上的一些功能是没有必要的。这些无用的电路不仅会使芯片运行速度变慢，而且它们还将造成额外的功耗。对于一些有严格设计约束的应用，可编程逻辑设备也是不适合的，因为它们通常运行速度缓慢，而且功耗较高。简言之，对于一些设计要求，唯一可行的方法就是构建全定制的**专用集成电路**(ASIC)。

要想构建全定制专用集成电路需要从3个方面考虑：从行为的角度来说，我们需要准确定义芯片能够完成哪些工作。我们如何能够根据输入获得想要的输出？从结构的角度而言，我们需要决定哪些逻辑模块可以提供想要的行为。从物理实现的角度来说，我们要考虑功能模块应该如何放置在硅片上以最优地使用芯片面积，同时使模块之间的连接距离最短。

每个方面都是一个独特的问题，需要一套专门的工具集进行支持。这3个方面的内在关系可通过 Daniel Gajski 提出的逻辑综合 Y 型图进行清晰的描述，如图 10-8 所示。

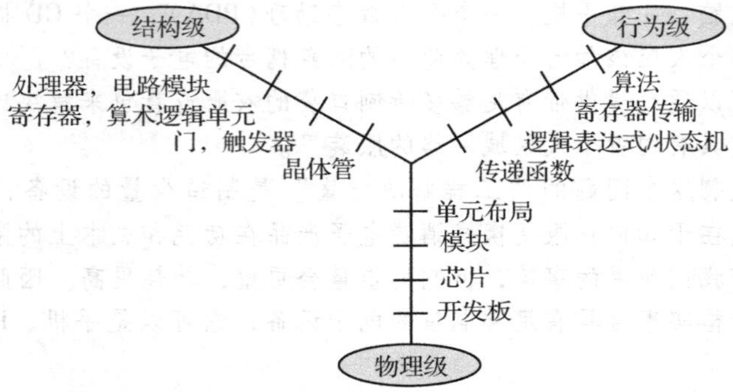

图 10-8 Gajski 的逻辑综合 Y 型图

在 Y 型图中，每个坐标轴都被标记以表示芯片设计中每一维细节的层次。例如，考虑一个二进制计数器。在最高行为级(即算法级)上，我们知道计数器在当前值的基础上递增，产生新值。在下一级，我们知道为了实现这一功能，需要使用某种寄存器来存储计数器中的值。我们可以通过寄存器传输语句(如 AC←AC+1)，来表示这个功能。

在结构方面，我们需要明确应使用多大的寄存器。寄存器由触发器和门电路组成，它们由晶体管构成。为了在硅片上实现计数器，要充分考虑每个存储单元在硅片上的位置以及与其他单元的连接，从而充分利用硅片上的空间。

当电路规模很小时，可以对逻辑器件采用手工综合的方法。现代的 ASCI 由成千上万个逻辑门和几百万个晶体管构成。这些芯片的复杂度已经超出了人们的理解。各种各样的工具和设计语言可以帮助处理这些复杂度，但门电路规模的持续增长促使我们要在一个更高的抽象层次上进行设计。其中一种工具就是**硬件描述语言**(HDL)。硬件描述语言的设计者可以在算法级对电路行为进行描述。相比在门级和连线级考虑电路设计，设计者利用 HDL 可以使用类似于第二、第三代编程语言中的变量和控制结构。此外，对于门电路和连线，HDL 源代码可转化为一种名为网表(netlist)的描述文件，而不再是创建一个二进制代码流。网表最终会输入到生成硅片布局的软件中。

HDL 已经出现几十年了。其最早是由芯片制造商私有的。其中一种语言 **Verilog**，是由 Gateway 设计自动化公司在 1983 年提出的，并在 20 世纪末成为两种最领先的 HDL 之一。在 1989 年，Cadence 设计系统公司收购了 Gatewary，并在下一年将 Verilog 向公众开放。Verilog 在

1995 年成为 IEEE 标准，最新版本是 IEEE 1264—2001。

由于借鉴了 C 语言，因此 Verilog 十分易学。C 语言常用来编写嵌入式软件，所以工程师在软硬件设计之间可以较容易地转变。Verilog 可生成两种抽象级别的网表。最高级寄存器传输级（RTL）使用类似于 C 语言的结构，并将变量替换为寄存器和信号。在需要的时候，Verilog 也可以在门级和晶体管级对电路进行建模。

第二种流行的 HDL 是 VHDL，它是 Very（high-speed integrate circuit）Hardware Design Language 的缩写。VHDL 是美国国防部高级研究计划局（简称 DARPA），联合 Intermetrics、IBM 和德州仪器多家公司在 1983 年推出的。这种语言在 1985 年 8 月开放，在 1987 年成为 IEEE 标准。最新版本是 IEEE 1097—2002。

VHDL 的语法类似于 Ada 编程语言，是唯一授权可在任何国防部项目中使用的语言。相比 Verilog，VHDL 在一个更高的层次上对电路进行建模。类似 Ada，VHDL 是一种强类型语言，允许用户自定义类型。不像 Verilog，VHDL 支持并发过程调用，它是多处理器设计的要素。

随着电路规模的日益增加，VHDL 和 Verilog 已经很难跟上 VLSI 的发展了。采用这些语言对百万门级电路进行建模和测试是一项极其繁重、成本高、易出错的工作。很明显，芯片设计的抽象层次需要再一次提升以使设计者关注系统、功能，而不是电路、信号和连线。为了适应这一需要，相继提出了几种系统级设计语言。其中的两种合并成为：SystemC 和 SpecC。

SystemC 是对 C ++ 的扩展，包含了用于建模嵌入式系统中时序、事件、反应式行为和并发性的类与库。它由几家 EDA 公司和嵌入式软件公司共同推出。其中最重要的几家是 Synopsys、CoWare 以及 Frontier Design。在工业界，它们实际上相互提供支持。一个包含了工业界和学术界专家的组织 Open SystemC Intiative，负责维护这个语言的改进和推广。

发明 SystemC 的主要目的是想设计一种独立于具体体系结构的语言，该语言可在电子设计领域被广泛使用和支持。为了实现这一目标，任何同意 SystemC 协议的开发者都可以下载源代码以及它所需要的类和库。任何兼容 ANSI C ++ 的编译器都可以产生可执行的 SystemC 模块。

SystemC 在两个抽象层次上进行建模。在最高层次上，仅需要描述电路的功能。这种描述对于仿真测试套件和网表而言已经足够了。如果需要更细的建模粒度，为了使用功能性的或 RTN 风格，SystemC 也能够在硬件实现级产生一个系统或模块。

SpecC 是另一个在 EDA 工业界引起关注的系统级设计语言。SpecC 最初是由加州大学欧文分校的 Daniel Gajski、Jianwen Zhu、Rainer Dömer、Andreas Gerstlauer 和 Shuqing Zhao 开发的。它现在由 SpecC 开源联盟负责维护，这个联盟由来自工业界和学术界的领导者组成。SpecC 编译器和相关工具及文档都可以从 SpecC 官网进行下载。

SpecC 相比 SystemC 在两个方面有着本质的不同。首先，SpecC 是在 C 语言的基础上发展起来的，主要是为了适应嵌入式系统设计的需要。SpecC 的设计者发现他们的设计目标并不能简单地像 SystemC 那样通过增加额外的库来实现。

第二点也是最显著的不同在于，SpecC 在它的包中包含了设计方法学。此设计方法学通过系统设计需要考虑的 4 个方面的问题来引导工程师进行设计，这 4 个方面分别是说明文档、体系结构、通信通道和具体实现。

确实，使用任何一种系统级描述语言都与传统的嵌入式系统设计方法学有些许的不同。传统的方法如图 10-9 所示。其流程如下：

- 在嵌入式系统安装的产品中，由设计者清晰描述的详细的说明文档来源于功能描述，基于顾客反馈提高的产品提升可在此阶段由市场部提出。
- 基于这个说明文档和销售评估，工程师来决定是选用一个现成的处理器，还是需要定制一个处理器。

- 下一步就是对系统进行软硬件划分。这个过程需要考虑是否有合适 IP 的可用，以及考虑所提出的处理器对于面积和功耗的要求。
- 系统对软硬件进行划分后，就可以开始软件和硬件设计了。软件的设计过程取决于产品的最终体系结构。在基本的机器结构设计完成后，编程工作才能完成。
- 为了进行软件测试，可能需要设计一个硬件原型系统。如果因为一些原因不能构建一个原型系统，那么就需要对完成的处理器开发一个软件仿真工具。集成测试通常需要构建测试向量，而在处理器执行程序时这些测试向量包含其每个引脚上信号的二进制状态。仿真测试将消耗很长的时间，原因是我们需要使用测试向量作为输入和复杂程序的输出，对新设计的处理器的每个时钟周期的状态进行仿真。
- 每个人都满意的测试完成后，最终的设计发送给设备进行制造，这个设备生产出最终成品微处理器。

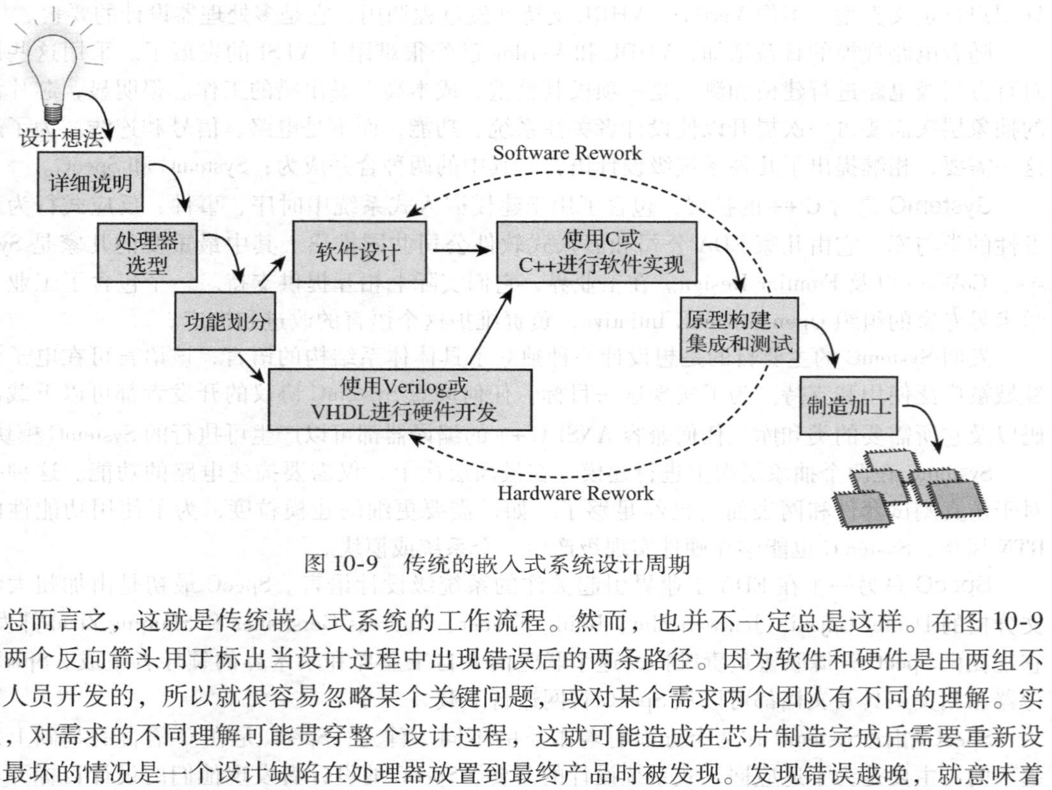

图 10-9　传统的嵌入式系统设计周期

总而言之，这就是传统嵌入式系统的工作流程。然而，也并不一定总是这样。在图 10-9 中的两个反向箭头用于标出当设计过程中出现错误后的两条路径。因为软件和硬件是由两组不同的人员开发的，所以就很容易忽略某个关键问题，或对某个需求两个团队有不同的理解。实际上，对需求的不同理解可能贯穿整个设计过程，这就可能造成在芯片制造完成后需要重新设计。最坏的情况是一个设计缺陷在处理器放置到最终产品时被发现。发现错误越晚，就意味着越高的修复成本，这包括对软件或硬件（甚至两者）的重新设计，以及丧失了推向市场的最佳时机。

现在芯片设计的复杂度远远高于 Verilog 和 VHDL 出现时的设计。传统的嵌入式系统设计模型的出错率持续增加，并且无法满足当前产品上市时间短的需要。由于处理器设计时间的延长造成产品上市时间的延后，所以使产品的竞争力大大下降。为了使带有处理器的产品更具竞争力，很明显必须对嵌入式系统设计方法进行改变。系统级设计语言（SystemC 和 SpecC）很好地适应了这种改变。这些语言不仅提升了设计抽象层次，也消除了很多困扰传统嵌入式系统开发的技术壁垒。

在传统设计流程中遇到的第一个问题就是不同的开发团队使用不同的开发语言。产品构思人员采用英语描述需求。根据需求，完成系统级设计架构。然后根据说明文档，采用 Verilog

或 VHDL 完成硬件设计。接着，将硬件设计移交给软件设计者，他们通过 C、C ++ 或汇编完成相应的工作。在这种非连接过程中多次迭代可能导致至少要采用两种不同的语言进行重新设计。

如果在产品设计的整个过程中采用同样的设计语言和同样的模型将大大简化设计工作。确实，SystemC 或 SpecC 最大的好处就是它们可以在一个统一的高层次中描述系统。这样的一致性允许**协同开发**，就是软硬件同时开始设计。产品的设计周期会显著缩短，同时提升了产品的正确率。

协同设计的流程如图 10-10 所示。正如我们所看到的，相比传统流程，它的步骤更少：

- 根据详细说明文档中提供的输入、输出以及其他对约束的说明，采用 SpecC 或 SystemC 构建一个系统级处理器仿真模型。这是系统的**行为模型**。行为模型可验证设计者对处理器的功能理解是否正确，也可对整个设计的行为进行验证。
- 在系统**协同设计阶段**，接下来就是软件和硬件开发过程的分解以便并行执行，以及对系统说明的进一步细化。软硬件的划分要考虑很多因素，包括空间时间上的权衡等。然而，在这一阶段，硬件设计仅通过仿真进行模拟，因此划分需要进行动态调整，而不像传统流程中根据静态硬件原型平台确定一种软硬件划分方案。
- 通过每一步的细化，系统的行为模型在**协同验证**的过程中检查仿真后的处理器。由于硬件设计仅是最终产品的仿真模型，因此设计的修成过程会明显加速。此外，不同开发团队的联系更加紧密，因此设计迭代的次数也显著降低。
- 一旦开发完成软件和虚拟硬件模型，它们就可以使用一个虚拟处理器模型开始同时测试了。这个过程称为**协同仿真**。
- 在软硬件功能通过最初的行为模型验证后，一个可综合的网表用于布局布线和制造。

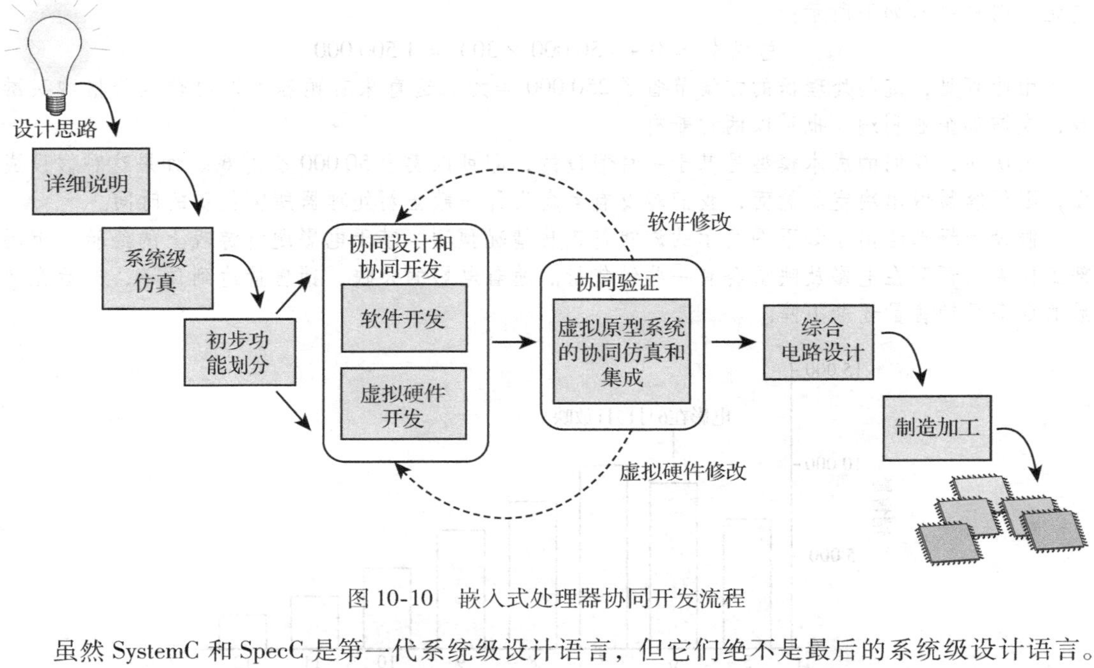

图 10-10　嵌入式处理器协同开发流程

虽然 SystemC 和 SpecC 是第一代系统级设计语言，但它们绝不是最后的系统级设计语言。开发人员正在努力尝试通过 Java 或 UML 实现同样的系统级开发。支持工具的供应商和用户将最终决定那种语言是最终的胜出者。很明显，除了采用 VHDL 或 Verilog 进行电路设计以外，基于系统级设计语言的时代正在到来。此外，如果采用某种标准语言，IP 设计将变得更加便宜。当选择一种单一的设计语言后，设计厂商的设计风险将会降低。我们应当把精力更多地放在设计本身，而不是将设计从一种开发语言翻译成另一种开发语言。

嵌入式系统的折中设计

由于定制处理器芯片的成本是十分高的，因此只有当市面上的处理器无法满足功能、功耗或速度要求时，我们才考虑全定制芯片，否则一定会选用现成的处理器。

因为嵌入式系统往往作为其他产品中容易忽视的部分进行出售，所以在没有进行足够的市场分析时，很难决定是设计一个嵌入式系统还是购买一个嵌入式系统。这个决定受两个因素的影响：市场对产品的需求，以及如果定制一个处理器，需要多长时间才能将产品推向市场？

虽然设计和制造一个处理器的成本是十分昂贵的，但如果产量大的话，定制处理器也是一个经济的解决方案。处理器成本的计算公式如下：

$$\text{整体处理器成本} = \text{固定成本} + (\text{单元成本} \times \text{单元个数})$$

固定成本是指**一次性工程费用（NRE）**，包括处理器的设计和测试费用、掩模费用，以及产品线的构建费用。单元成本是指在生产线建立后每个处理器单元的制造费用。

假设我们目前从事视频游戏产业。我们希望在6月推出一款基于电影版《格列佛游记》的热卖游戏。（人们通过控制小人国居民的滑稽动作进行游戏。）市场部的工作人员相信如果能够及时推出，可以卖出50 000套游戏，每套可以获得12美元的利润。基于之前的经验，我们知道设计这样一款游戏的NRE是750 000美元，每一个处理器的成本是10美元。因此，总成本如下所示：

$$\text{总成本} = 750\,000 + (50\,000 \times 10) = 1\,250\,000$$

另一种方案是购置一款比定制处理器慢，成本高的处理器，如果这种处理器的价值为30美元，则总成本如下所示：

$$\text{总成本} = 0 + (50\,000 \times 30) = 1\,500\,000$$

由此可见，定制处理器的方案节省了250 000美元。这意味着顾客可以用较低价格购买游戏，或增加企业利润，也可以两种兼有。

很明显，我们的成本模型是基于一种假设的，即可以卖出50 000套游戏。如果这种假设成立，则很容易做出决定。然而，我们却没有考虑设计一款全新处理器所需花费的时间。

假设市场部给出了如下图所示的游戏月销售情况预测。基于电影题材游戏上的经验，市场部工作人员预测在电影放映前会有一些销售量。随着电影的公映，销售量达到顶峰，然后在随后的6个月销售量逐渐下降。

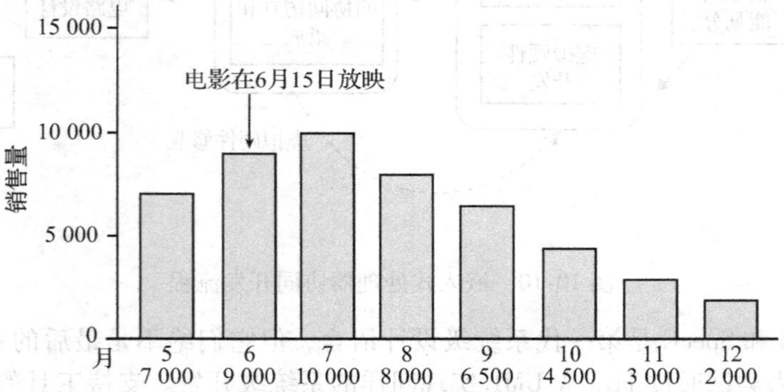

月度游戏销售预测

为了售出50 000套，游戏必须在5月1日前上架。如果设计和生产定制处理器造成我们错过5月这个发行期3个月以上，则最好的选择就是使用一款现成的处理器，即使这款处理器的单位成本更高，性能更差。

上面的例子说明对于产品上市时间的折中考虑对于利润来说至关重要。选择现成处理器或FPGA的另一个原因是销售数据不是很清楚时。换句话说，在市场需求不清楚的时候，选择一个现成的处理器相比引发定制处理器的NRE成本可以最小化初始投资。如果产品热卖，则可以在后续“全新的改进版”产品中使用一个带有NRE成本更快速的定制处理器，这样可能会带来更大的销量。

10.3 嵌入式软件概述

虚拟存储器和千兆赫兹主频的处理器使得通用程序设计人员不需要关心运行程序的硬件。此外，当这些程序员采用C或Java编写应用程序时，性能问题通常在用户提出后才去解决。有时性能问题可通过调整程序代码来解决；有时性能问题可通过为运行速度慢的机器添加新的硬件来解决。嵌入式系统程序员通常采用汇编语言编写程序，并且不能在事后进行性能优化。性能问题必须在用户使用之前就找出来，并且解决掉。算法和运行程序的硬件具有紧密的联系。简言之，编写嵌入式系统程序需要我们对代码进行思考，并且能够深入理解计算机是如何运行程序的。

10.3.1 嵌入式系统的存储器组织

嵌入式系统的存储器组织相比通用计算机在本质上有两点不同。首先，嵌入式系统很少使用虚拟存储器。其原因是大多数嵌入式系统对时间有严格的要求。特定的操作必须在指定的时间内完成。考虑到虚拟存储器的访问时间可能会在几个数量级之间变化，因此嵌入式系统的时序将变得不可确定，这是嵌入式系统设计无法接受的。此外，虚拟存储器页表的维护将花费宝贵的存储资源和机器周期。

第二个原因就是嵌入式系统的存储器组织是多样化的。与通用系统程序员不同，嵌入式系统程序员十分关心存储器的类型和容量。一个嵌入式系统可能包含RAM、ROM和闪存。存储空间不一定总是连续的，因此某些访存地址可能是非法的。图10-11显示了一个执行环境，它包含了若干预定义的地址块。预留的系统存储空间包含的中断向量可指明中断服务程序(ISR)的入口地址。当某些信号在处理器引脚上出现时，中断服务程序被调用以响应这些信号。(程序员不能控制哪些引脚连接到哪个中断向量上。)

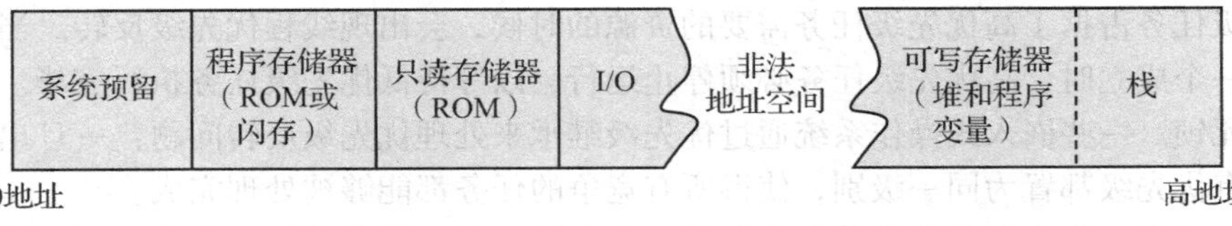

图10-11　一个嵌入式系统的存储空间模型

你可能注意到我们的存储空间划分为程序存储器、可写数据存储器以及只读存储器。只读存储器用于存储嵌入式程序所使用的常量。因为小型嵌入式系统通常只运行一个程序，所以常量保存在ROM中，这样可以防止意外地错误覆盖它们。在许多嵌入式系统中，设计者决定程序代码放置的位置，如放置在RAM、ROM或flash存储器中。栈和堆经常放置在静态RAM中，以避免引入DRAM的刷新周期。一个嵌入式系统可以使用堆，也可以不使用堆。一些程序设计者避免使用动态存储空间分配，其原因与避免使用虚拟存储器一样，即存储器清零将引入不可预知的访问延迟。更为重要的是，应当定期执行存储器清零，以避免堆空间溢出。嵌入式系统存储空间泄漏是十分严重的问题，因为一些系统可能使用了几个月，甚至是几年都不会重启。

如果没有显式的清零或重启，即使最小的存储空间泄漏都有可能消耗掉整个堆空间，最终引起灾难性的系统崩溃。

10.3.2 嵌入式操作系统

简单的微控制器往往只运行一个中低复杂度的应用。这样，除了其运行的程序外，微控制器不需要对任务或资源进行管理。随着嵌入式硬件性能的持续提升，嵌入式应用变得越发多样化，也越来越复杂。现在，高端的嵌入式处理器能够支持多并发程序。正如我们在第 8 章中提到的，如果没有由操作系统(但不是所有操作系统)提供的对多任务和资源管理的支持机制，是很难使用现在的强大的处理器的。嵌入式操作系统和通用操作系统在两个方面有不同点。首先，嵌入式操作系统是允许用户直接对硬件进行访问的，而通用操作系统主要是避免对外设的访问。第二点也是最重要的一点，嵌入式操作系统对事件的响应性需要清晰定义和理解。

嵌入式操作系统不一定是实时操作系统。在第 8 章，我们提到有两种类型的实时操作系统。"硬"实时意味着系统的响应必须在严格定义的时间点内发生。"软"实时对时间的要求没有这么严格，但是软实时系统也要在明确定义的时间范围内对所处环境做出响应。

对于仅依靠人类与其交互来执行某些功能的嵌入式设备，它们对时序的要求与普通台式机相同。虽然反应迟缓的手机或 PDA 是令人厌烦的，但这也不是致命问题。然而在实时系统中，响应性是决定其行为正确性的重要因素。简言之，如果一个实时系统的响应延后了，则系统会表现出错误。

在评价实时操作系统时，有两个重要的指标：上下文切换时间和中断延迟。**中断延迟**是指从产生一个中断到执行中断服务程序的第一条指令之间的时间间隔。

中断处理是实时系统的核心。程序员必须时刻留意，因为在任何时刻都可能会产生中断，即使是其他关键操作正在执行的时候。因此，如果在一个高权限的中断发生时，一个处于最高权限的用户线程正在执行，那么此时操作系统应当做什么？一些操作系统会继续处理用户线程，同时将中断保存在队列中直到用户线程处理完毕。这种方法可能会出现问题，也可能不会，这取决于应用和硬件速度。

在硬实时应用中，系统必须快速地对外部事件做出响应。应此，硬实时调度器必须是抢占式的。最好的实时嵌入式操作系统允许在一个很宽的范围内为任务和中断分配优先级。然而，优先级反转是一个问题。当一个高优先级任务需要一个低优先级任务提供服务的时候，或当一个低优先级任务占据了高优先级任务需要的资源的时候，会出现线程优先级反转。当这些条件中的任何一个成立时，高优先级任务必须停止运行，以等待低优先级任务执行完毕。否则，系统会出现死锁。一些嵌入式操作系统通过优先级继承来处理优先级反转问题：一旦出现优先级反转，所有优先级都置为同一级别，使得所有竞争的任务都能够被处理完成。

第二种类型的优先级反转是关于中断的。在中断处理过程中可以将中断关闭。这会避免出现**中断嵌套**的情况，即中断服务程序的执行被其他终端所打断，在极端情况下这会造成栈溢出。之所以会出现这种情况是因为在低中断服务程序执行时，可能会出现高优先级中断。当关闭中断后，高优先级的中断会在队列中等待，直到处理完成低优先级中断。高端嵌入式系统则允许中断嵌套，并会识别出高优先级中断的出现，高优先级中断将抢占低优先级中断的执行。

除了响应性，下一个选择嵌入式操作系统时需要考虑的因素是其所占用的存储空间。小型、高效的操作系统内核意味着占用更少的设备存储空间。这给出我们一个成本模型，它可以描述操作系统授权费用和存储器芯片价格的关系。如果存储器比较贵，则需要考虑使用一个小型优化的操作系统。如果存储器价格十分昂贵，或者应用程序需要很大的存储空间，则自己设计一个定制的操作系统更加合适。对于便宜的存储器，带有很多工具的大型操作系统可能是一个更好的选择。

嵌入式操作系统提供商可将系统尽可能地模块化，以在功能多样性和存储空间小两方面获得平衡。内核通常包含一个调度器、一个进程间通信的管理器、简单的I/O设备，以及一组保护机制，如信号量。所有其他的操作系统特性，如文件管理、网络支持，以及用户接口都是可选的。如果它们不是必需的，可不安装它们。

操作系统遵循标准的程度也是进行操作系统选择时需要考虑的因素。一个最为重要的标准就是IEEE 1003.1—2001可移植操作系统接口和POSIX(发音是paw-zicks)，这是一个标准化的UNIX技术规范，并且现在已包含在实时性的扩展中。POSIX实时性规范包括描述定时器、信号、共享存储器、调度，以及互斥性的条款。一个兼容POSIX的实时操作系统必须通过标准中提到的接口来实现这些功能。许多主要的嵌入式操作系统制造商已使他们的产品通过IEEE认证，以便使这些系统与POSIX是兼容的。这个认证是美国政府和军方合同中必备的。

目前有许多可用的嵌入式操作系统。其中主流的有QNX、嵌入式Windows 8以及嵌入式Linux。QNX是历史最为悠久的，其大小小于10kb，因此它占用存储空间的最小。QNX是遵循POSIX标准的系统，并且有可选安装的GUI、文件系统以及I/O系统，包括PCI、SCSI、USB、串口、并口和网络通信。过去20多年中，QNX基于PowerPC、MIPS和Intel架构已经用于科学和医药系统。

Linux在最开始就是兼容POSIX的，但如果不进行任何修改，它是不适于硬实时系统的，因为它没有抢占式调度器。2003年9月，Linus Torvalds和Andrew Morton发布了Linux内核的2.6版本。这个版本包括了一个更高效的抢占式调度算法。一些内核进程(如“系统调用”)也能够被抢占。虚拟存储器是一个可选的安装选项。(许多嵌入式系统设计者不会安装它。)在这个版本中，仅包含基本功能的内核所需要占用的存储空间为250KB。一个完整安装需要500KB的空间。几乎除Linux内核外的所有模块都是可安装的——甚至支持键盘，鼠标和显示器。嵌入式Linux支持常见的主流处理器架构，其中也包括几种流行的微控制器。

微软提供了几种嵌入式操作系统，每种分别针对嵌入式系统和移动设备的不同类别。与过去不同的是，现在Windows嵌入式操作系统在支持x86处理器的同时，也提供了对ARM的支持。增加对ARM的支持是保持微软在嵌入式领域具有竞争力的重要一步。微软对嵌入式领域的巨大投资带来了众多的产品，并且都已推向市场。产品包括：

- Windows Embedded 8 Standard，它是Windows 8的模块化版本，设计者可以根据特定应用选择相应的功能。这些可选功能包括网络、多媒体支持和安全。
- Windows Embedded 8 Pro，它是Windows 8的完整版，只是调整了授权模型以适应嵌入式市场的需要。
- Windows Embedded 8 Industry，它是根据零售业、金融服务业和医疗行业的需要进行裁剪的Windows 8版本，并对POS机、品牌和安全提供增强化的支持。
- Windows Phone 8，它是Windows 8的精简版，保留了Wiondws对于移动通信平台的支持功能。
- Windows Embedded 8 Handheld，它是Windows Phone 8的精简版，它是针对工业化手持设备(如扫描仪和生产控制产品)进行裁剪的。
- Windows Embedded Compact 2013，它是Windows 8的模块化版本，甚至比Windows 8 Compact更精简。整个操作系统通常存放在ROM中。
- Windows Embedded Automotive 7，它是针对汽车应用特殊定制的Windows 7 Compact。

当开发应用不太受资源限制时，Windows Embedded 8系列可以使传统软件开发人员容易地转到嵌入式领域。程序开发人员所熟悉的工具(如Visual Studio)不需要任何调整就可以在这个系列中使用。因此，微软将很多传统应用移植到了由 Android 和 iOS 占统治位置的移动环境中。理论上，基于 Windows 的嵌入式产品相比其竞争产品能更快地推向市场，因为 Windows 工具使编程更加容易。更快地推向市场意味着现金流启动得更快。这又意味着有更多的资金可用于购置存储器芯片和支付操作系统的授权费。当然，成本的计算从不会是这么简单的。

另一个在嵌入式系统中广泛采用的操作系统是 MS-DOS。虽然 MS-DOS 从没提供过对硬实时的支持，但它对底层硬件的访问和其响应性对于很多应用来说是足够的了。如果不需要多任务，MS-DOS 的小存储容量(大约为 64KB)和便宜的授权费会使其成为极具吸引力的嵌入式操作系统。此外，因为 MS-DOS 已经出现很长时间，所以工具和对驱动的支持都是现成的。如果即将过时的桌面处理器能够在嵌入式系统中得以应用，那么这也会将操作系统带入嵌入式领域。

10.3.3 嵌入式系统的软件开发

普通应用程序的开发是一个高度交互的过程。一些成功的设计方法学引入了原型概念，在原型中会设计出一部分应用模型的功能，然后交给系统用户进行审核和评价。然后，根据用户输入，调整原型系统并再次提交给用户。这一过程会重复多次。这个方法之所以成功是因为它最终会生成一组清晰的功能需求，同时这些需求以一种适合软件开发的方式呈现出来。

虽然交互式方法非常适合普通应用的开发，但嵌入式系统开发还需要一个更严格和更直接的方式。功能需求在软硬件开发之前必须表述得十分详细。为了做到这一点，形式化语言对于描述系统行为来说是十分有用的，因为这些语言是没有歧义且可测试的。此外，对于普通应用，一点点计划上的“延迟”都是可以容忍的，但必须仔细计划嵌入式软件的开发过程，并且需要监控开发过程以确保和硬件开发计划同步。不幸的是，即使遵循严格的开发计划，需求也可能被忽略，这会最终导致系统开发失败。

为复杂应用开发软件时，通常需要将工作进行划分并分配给不同团队去完成。如果没有这种人员的划分，那么想在最后期限之前完成一个大型工程几乎是不可能的。假设系统和它的模块已被分析，并进行了详实的说明，那么将它们分类到哪些团队是很容易决定的。

相反，嵌入式软件很难以团队为单位进行划分。很多嵌入式程序在系统启动后就马上“跳转到 main() 函数”。然后，程序就“永远”在一个大循环中轮询执行，直到外部事件产生相应的信号。

在嵌入式程序员中长期以来都有争论的一个领域就是全局变量和非结构化代码的使用。正如你所知，全局变量对于整个程序都是可见的。使用全局变量的风险就是它的副作用：在程序执行的过程中，可能会使全局变量的取值没有按照程序员所希望的方式进行更新。实际上，如果想任意时刻都能确定全局变量的取值是不可能的。

全局变量的优势就是性能。若变量的可见性被限制在某个特定函数或过程中，在每次函数调用时，都需要在存储空间内重新创建变量。这一过程在通用系统中会带来额外的执行延迟，也就是局部变量创建带来的开销会造成很大的性能问题。在处理某个例行事件时，若频繁调用函数会使这一问题变得尤为突出。

支持使用全局变量的人通常也是能够容忍在嵌入式系统中使用非结构化(“spaghetti”)代码的人。结构化程序包含一个调用一系列函数的主线，这些函数转而可调用更多的函数。我们在 10.2.1 节中讨论过的微控制器的程序片段就是一个结构化程序主线。在非结构化代码中，即使不是全部，但至少大多数代码都位于程序的主循环中。非结构代码通过分支(goto)语句控制程序执行，而不是通过调用模块来执行。

非结构化代码的最大问题就是它很难进行维护。特别是当程序规模庞大，并且有很多分支时，这个问题就更加明显了。非结构化代码很容易出现错误，特别是在没有好用的方法用于识别任意程序块的执行路径的时候。多个程序入口和退出点对于调试器而言简直是灾难。

非结构化嵌入式程序设计的拥护者指出子函数调用会引入相当大的开销。这些开销涉及返回地址存储在栈中，子程序地址从存储器中获得，局部变量（如果有）被创建，以及从栈中弹出返回地址。此外，如果程序的地址空间很大，那么子程序地址和返回地址可能占用两个或两个以上的字节，这样在函数调用结束时会引发多次栈操作。在听到这些议论时，人们可能禁不住会想是否资源真的如此紧缺，为什么我们不能采用一个更加强大的处理器？软件工程要求我们去发现一些除全局变量和非结构化代码之外的方法以帮助我们优化性能。

嵌入式程序员面临最大的挑战之一就是处理事件。事件会以任意顺序、异步地发生。试图测试所有可能的事件序列是不可能的。即使在成功处理了 n 个事件后，也是有风险的，因为 $n+1$ 个事件的到来也会引发错误。因此，嵌入式系统设计者会仔细地设计形式化测试计划以满足测试的需要。在产品发布之前，应该对其功能进行尽可能的测试。对桌面软件打补丁已经很困难了，要对运行在数百万台设备上的软件打补丁几乎是不可能的，因为设备的行踪可能是无法获知和跟踪的。

对嵌入式系统进行调试通常需要设置多个断点，并进行单步调试。但是，当怀疑事件时序出现问题时，单步调试可能真不是解决问题的最好方式。许多嵌入式处理器在内部集成了调试接口，以揭示一些芯片内部的工作状态。摩托罗拉为它的处理器提供了**后台调试模式（BDM）**。BDM 的输出可以通过一个特别的“n 线”连接器连接到诊断系统上。IEEE 1149.1 **联合测试行动组（JTAG）**接口通过一个串行扫描链来采样信号，这个扫描链连接到芯片内所有感兴趣的信号上。**Nexus**（IEEE 5001）是一个针对汽车系统设计的特殊调试器。嵌入式软件调试人员经常发现他们使用示波器和逻辑分析仪的频率几乎和使用传统调试工具一样高。

在线仿真器（ICE）对于许多嵌入式系统设计者都是一个有用的工具。ICE 是一个测试工具，集成了微处理器执行控制、存储器访问（读/写）和实时跟踪等功能。它由一个微处理器、一个影子寄存器，以及控制仿真器操作的逻辑构成。ICE 开发板因设计和性能而有所不同。购置和建立 ICE 是很昂贵的，而且 ICE 的使用也很难学。然而，从长远来看，它们可以给自己节省很多时间，并降低挫败感。

和普通程序开发一样，编译器、汇编器和调试器等工具支持对于嵌入式系统设计也很重要。实际上，工具支持在处理器选型时是一个十分重要的因素。因为体系结构千差万别，针对某一种处理器的一组工具集一般不能用于其他类型的处理器。此外，简单地将一款处理器的编译器移植到另一款处理器上可能无法产生针对底层体系结构生成优化代码的编译器。例如，将一个 CISC 系统的编译器移植到 RISC 系统上将会导致其无法充分利用 RISC 处理器中更多的寄存器。

对于完全定制的处理器可能没有任何的工具支持。这些处理器往往都是资源受限的，需要相当多的手工优化以充分发挥其性能。如果处理器受到功耗的限制，则其设计者需要尽可能地降低时钟频率，所以优化是至关重要的。因此，构建一个不考虑编译器、汇编器或调试器设计的嵌入式系统对于嵌入式软件开发而言是十分困难的。然而，如果设计合理，这种嵌入式系统可能是十分高效和稳定的。

本章小结

每天我们都会遇到成百上千个嵌入式系统。由于它们的多样性，我们很难准确地对其定义。对于这些系统进行设计和编程需要我们考虑不同的硬件、软件和操作系统。硬件和软件的等价理论使得设计者在工程上可以针对不同的性能和成本要求进行灵活的设计。对嵌入式系统进行编程需要对硬件、时序和事件有深入的理解。嵌入式系统设计者会使用到他们在计算机科学和工程教育中学到的各种知识。计算机组成原理和计算机体系结构对于嵌入式系统设计至关重要。对操作系统概念的深入理解有助于我们进行资源管理和事件处理。软件工程的知识奠定了编写高质量代码的基础。算法课程上的训练使得嵌入式系统设计者可以编写出不需要借助一些不安全方法的高效程序(如使用全局变量)。嵌入式系统在考虑计算的各个方面时需要有和传统设计不一样的思维方式，包括软硬件划分。

许多在桌面系统中被淘汰的处理器和操作系统仍可应用于嵌入式系统。它们容易编程，而且价格便宜。这些最简单的设备是微控制器，它通常包含一个 CPU 核、存储器(ROM 和 RAM)、I/O 端口、I/O 控制器以及系统总线、时钟和看门狗定时器。

更为成熟的嵌入式处理器称为片上系统(SoC)，它由多个 CPU 内核构成。这些处理器不一定使用相同的时钟和指令集。每个处理器在系统中都针对特定的任务。一些 SoC 采用由某些公司授权的知识产权(IP)电路集成得到，这些公司是专门设计和测试专用电路的。

使用可编程逻辑设备可降低嵌入式系统开发和构建原型的成本。可编程逻辑可分为 3 类：可编程阵列逻辑(PAL)、可编程逻辑阵列(PLAs)，以及现场可编程逻辑门阵列(FPGA)。PAL 和 PLA 通过熔断熔丝进行编程。它们的输出是输入的乘积和或者和乘积的函数。FPGA 由存储单元和多路复用器构成，基于存储在存储单元中的值可实现任意逻辑功能。FPGA 甚至可以实现自编程。

对于嵌入式系统而言，购买微控制器比设计一个微控制器更加经济。仅当需要大量芯片或对响应性和功耗有严格约束时，才会设计一款微控制器，因为仅有 ASIC 设计才能满足这些要求。在传统设计方法中，硬件和软件设计是完全隔离的两个流程。软件采用 C、C ++ 和汇编进行编写。硬件采用 Verilog 或 VHDL 进行设计。新出现的系统级描述性语言能够使软硬件设计人员进行协同设计和协同验证。虽然 SystemC 和 SpecC 得到了广泛的支持，但系统级语言的大范围应用还未到来。

嵌入式系统的存储器组织形式和通用系统完全不同。特别是存储空间中的很多部分可能是不可用的。虚拟存储器也很少用到。程序和常量通常存储在只读存储器中。

并不是所有的嵌入式系统都需要操作系统。在选择操作系统时需要考虑的因素包括存储空间的大小、响应性、授权费用以及所遵循的标准。硬实时嵌入式系统对操作系统有严格的实时性限制。也就是说，这样的操作系统采用抢占式调度策略并对优先级进行预选安排，特别是针对中断的处理。目前市场上有几十种嵌入式操作系统。其中最为流行的有 QNX，Windows CE，Windows Embedded 8 以及 Embedded Linux。

嵌入式系统软件开发相比普通应用软件开发需要有更多的控制，它需要对底层硬件有充分的了解。对嵌入式系统应该进行更严格的测试，因为系统失败带来的代价是十分庞大的。

扩展阅读

有很多书都详细介绍了嵌入式系统的设计和开发。Berger(2002)的书是一本出色的嵌入式系统设计的入门书籍。Heath(2003)的书主要关注嵌入式程序设计。Vahid 和 Givargis(2002)所著书籍对嵌入式系统组件给出了十分吸引人的叙述，其中包括用一章的篇幅对嵌入式控制应用(PID 控制器)进行了讲述。

《嵌入式系统编程》杂志发表过三篇很好的有关看门狗定时器的文章。其中两篇是 Jack Ganssle(2003)撰写的，另一篇的作者是 Niall Murphy(2000)。这三篇文章都值得一读。

可重构和自适应系统在嵌入式系统的未来以及通用计算机的未来显得尤为重要。关于这一主题的许多好文章是由 Andrews 等人(2004)、Compton 和 Hauck(2002)、Prophet(2004)、Tredennick 和 Shimato(2003)，Verkest(2003)所写的。

Berger(2002)对传统的嵌入式系统设计流程给出了详细的论述。它描述了很多在开发过程中可以使用的方法。该书后面的章节主要描述了测试与调试，这超出了本章的范围。Goddard(2003)、Neville-Neil(2003)、Shahri(2003)和 Whitney(2003)的书对定制处理器编程中遇到的两个最大挑战(软硬件划分和缺少开发工具支持)进行了详细的说明。同样，Daniel Gajski(1997)的书对电路设计的细节给出了十分详细的介绍。

随着电路复杂度的增加，嵌入式系统的协同设计和协同验证正在引起广泛关注。其中 De Micheli(1997)、Gupta(1997)和 Ernst(1998)的书是这方面很好的介绍性文章。Wolf(2003)的书对近十年的软硬件协同设计情况进行了综述，Benini 等人(2003)的书对在协同设计中使用 SystemC 进行了介绍。有关各种硬件描述语言的信息可从以下网站得到：

SpecC：www. specc. org

SystemC：www. systemc. org

Real-time UML：www. omg. org

Verilog and VHDL：www. accellera. org

Bruce Douglass(1999，2000)写了一本有关实时 UML 的书。该书会让你对实时软件开发有一个全新和深入的认识，以及从新角度重新认识 UML。Stephen J. Mellor(2003)的书讨论了如何在实时系统中描述可执行和可翻译的 UML。Lee(2005)的文章概述了在嵌入式系统开发时计算机科学所面临的挑战。

有关嵌入式系统最新的信息可在很多供应商的主页上找到，包括：

ARM：www. arm. com

Cadence Corporation：www. cadence. com

Ilogix：www. ilogix. com

Mentor Graphics：www. mentor. com

Motorola Corporation：www. motorola. com

Synopsis Corporation：www. synopsis. com

Wind River System：www. windriver. com

Xilinx Incorporated：www. xilinx. com

其他的信息包括：

EDN(Electronic Design News)：www. edn. com

Embedded Systems Journal：www. embedded. com

有关嵌入式操作系统的网站包括：

Linux 嵌入式操作系统：www. embeddedlinux. com

微软的操作系统：www. embeddedwindows. com 和 www. microsoft. com

POSIX：www. opengroup. org

如果你有兴趣今后从事有关嵌入式系统设计的工作，那么在 Jack Ganssle(2002)的文章《Breaking into Embedded》中给出了一些建议。书中强调学习嵌入式程序设计最好的方式就是去动手实践。书中还建议嵌入式系统设计者应访问网站 www. stampsinclass. com 以查询用于教育目的的微控制器和手册的购买信息。最近该网站推出了一个名为 Javlin Stamp 的 PIC 微控制器，可通过 Java 进行编程(其他编程语言也是可以的)。

参考文献

Andrews, D., Niehaus, D., & Ashenden, P. "Programming Models for Hybrid CPU/FPGA Chips." *IEEE Computer,* January 2004, pp. 118–120.

Benini, L., Bertozzi, D., Brunni, D., Drago, N., Fummi, F., & Poncino, M. "SystemC Cosimulation and Emulation of Multiprocessor SoC Designs." *IEEE Computer,* April 2003, pp. 53–59.

Berger, A. *Embedded Systems Design: An Introduction to Processes, Tools, & Techniques*. Lawrence, KS: CMP Books, 2002.

Compton, K., & Hauck, S. "Reconfigurable Computing: A Survey of Systems and Software." *ACM Computing Surveys 34*:2, June 2002, pp. 171–210.

De Micheli, G., & Gupta, R. K. "Hardware/Software Co-Design." *Proceedings of the IEEE 85*:3, March 1997, pp. 349–365.

Douglass, B. P. *Real-Time UML: Developing Efficient Objects for Embedded Systems,* 2nd ed. Upper Saddle River, NJ: Addison-Wesley, 2000.

Douglass, B. P. *Doing Hard Time: Developing Real-Time Systems with UML, Objects, Frameworks, and Patterns.* Upper Saddle River, NJ: Addison-Wesley, 1999.

Ernst, E. "Codesign of Embedded Systems: Status and Trends." *IEEE Design and Test of*

Computers, April–June 1998, pp. 45–54.

Gajski, D. D. *Principles of Logic Design*. Englewood Cliffs, NJ: Prentice-Hall, 1997.

Ganssle, J. "Breaking into Embedded." *Embedded Systems Programming,* August 2002.

Ganssle, J. "L'il Bow Wow." *Embedded Systems Programming*, January 2003.

Ganssle, J. "Watching the Watchdog." *Embedded Systems Programming*, February 2003.

Goddard, I. "Division of Labor in Embedded Systems." *ACM Queue,* April 2003, pp. 32–41.

Heath, S. *Embedded Systems Design,* 2nd ed. Oxford, England: Newnes, 2003.

Lee, E. A. "Absolutely, Positively on Time: What Would It Take?" *IEEE Computer*, July 2005, pp. 85–87.

Mellor, S. J. "Executable and Translatable UML." *Embedded Systems Programming,* January 2003.

Murphy, N. "Watchdog Timers." *Embedded Systems Programming*, November 2000.

Neville-Neil, G. V. "Programming Without a Net." *ACM Queue,* April 2003, pp. 17–22.

Prophet, G. "Reconfigurable Systems Shape Up for Diverse Application Tasks." *EDN Europe,* January 2004, pp. 27–34.

Shahri, H. "Blurring Lines between Hardware and Software." *ACM Queue,* April 2003, pp. 42–48.

Tredennick, N., & Shimato, B. "Go Reconfigure." *IEEE Spectrum,* December 2003, pp. 37–40.

Vahid, F,, & Givargis, T. *Embedded System Design: A Unified Hardware/Software Introduction.* New York: John Wiley & Sons, 2002.

Verkest, D. "Machine Camelion: A Sneak Peek Inside the Handheld of the Future." *IEEE Spectrum,* December 2003, pp. 41–46.

Whitney, T., & Neville-Neil, G. V. "SoC: Software, Hardware, Nightmare, or Bliss." *ACM Queue,* April 2003, pp. 25–31.

Wolf, W. "A Decade of Hardware/Software Codesign." *IEEE Computer,* April 2003, pp. 38–43.

复习题

1. 嵌入式系统和通用计算机有什么不同？
2. 嵌入式系统编程和通用应用开发有什么不同？
3. 为什么在很多嵌入式系统中都必须有看门狗定时器？
4. 微控制器和片上系统有什么不同？
5. PLA 和 PAL 有什么不同？
6. 如何对 FPGA 进行编程？
7. 列举 Gajski 提出的数字综合所包含的 3 个方面。
8. 讨论选择 SystemC 替代 Verilog 的原因。
9. SpecC 和 SystemC 有什么不同？
10. 为什么在嵌入式系统中通常不使用虚拟存储器？
11. 为什么避免存储溢出对于嵌入式系统至关重要？
12. 实时操作系统和非实时操作系统有什么不同？
13. 为嵌入式系统选择操作系统主要需要考虑哪些因素？
14. 嵌入式系统软件开发和普通软件开发有什么不同？

习题

1. 如果在无限循环中包含了看门狗定时器的复位，则会发生什么？列举一个防止该情况出现的方法。
2. 在讲解看门狗定时器时，我们说过重启嵌入式系统比重启个人计算机会花费更少的时间。你认为为什么是这样的？
3. a）请根据下图说明如何采用 PAL 实现一个两输入 XOR 门。

b）请根据下图说明如何采用 PLA 实现一个两输入 NAND 门。

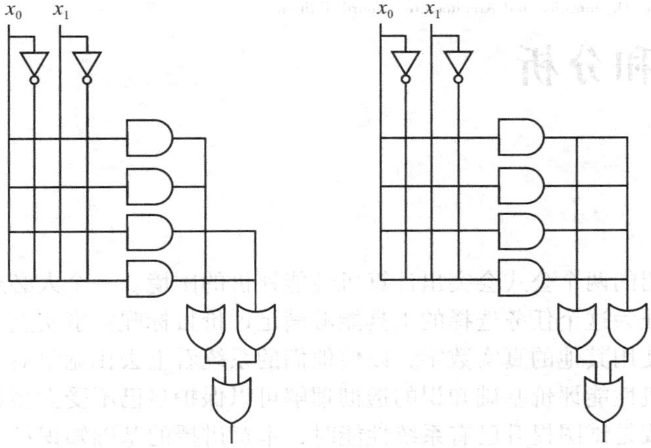

a）　　　　　　　　b）

4. 使用如下所示的 FPGA 实现一个全加器。请清晰地标出输出。要在单元之间进行连线以说明逻辑功能之间的连接。

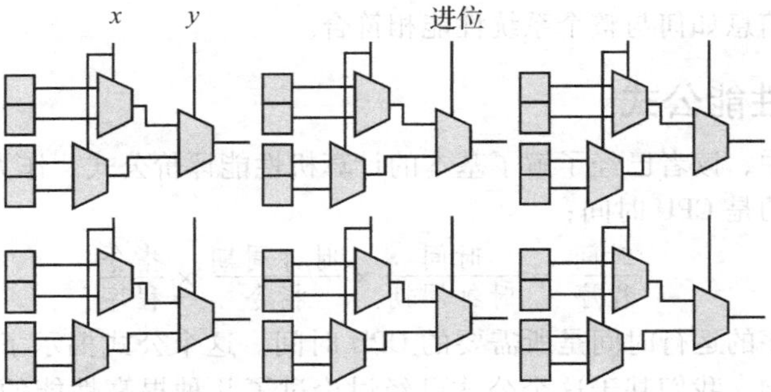

5. 画出一个可在 FPGA 内部使用的多路复用器的详细逻辑框图。

6. 请陈述在嵌入式系统中使用动态存储器的优缺点。是否应该在所有环境中禁止使用动态存储器？为什么？

7. 我们说过在嵌入式操作系统中，当一个高优先级的中断出现的时候，如果最高优先级的用户线程正在执行，那么大多数操作系统会继续处理用户线程，而将中断保持在队列中直到用户线程处理完成。在什么情况下必须这样处理，在什么情况下不需要？请各举一例进行说明。

◆ **8.** 请解释中断延迟。它与上下文切换时间的关系是什么？

9. 在一个理想的嵌入式操作系统中，非内核线程的优先级是否总是低于中断的优先级？

10. 解释嵌入式软件开发所面临的挑战。设计者如何应对这些挑战？

第 11 章

The Essentials of Computer Organization and Architecture, Fourth Edition

性能测量和分析

11.1 引言

本章我们介绍的两个公式会突出计算机性能评价的困境。一个人必须有量化工具才能测量性能，但如何保证为这个任务选择的工具能够满足评价目标呢？事实上，谁也不能保证。系统供应商更倾向于使用其他的真实数字，以使他们的系统看上去比竞争对手的更好。

通过对计算机性能评价基础知识的透彻理解可以保护自己不受大多数统计花招的欺骗。在选择一个新系统或是试图提升已有系统性能时，本章讲授的基础知识都是有用的。

本章也给出了一些影响处理器性能、程序性能以及磁盘存储性能的因素。在章中展示的思想在系统调优中备受关注。好的系统性能评价工具（通常是由制造商提供的）在保持系统最佳性能方面是一个不可或缺的助手。完成本章的学习之后，你会了解在系统调优报告中应该关注什么，以及每一条信息如何与整个系统性能相符合。

11.2 计算机性能公式

在先前的章节中，读者已经了解了基本的计算机性能评价公式。作为测量计算机性能的基础，这个公式测量的是 CPU 时间：

$$\frac{时间}{程序} = \frac{时间}{时钟周期} \times \frac{时钟周期}{指令} \times \frac{指令}{程序}$$

其中，每个程序的运行时间是所需要的 CPU 时间。这个公式揭示了 CPU 优化能够对性能有一个戏剧化的影响。我们基于这个公式已经讨论过了几种提高性能的方法。RISC 设备试图减少每条指令所需的周期数，而 CISC 设备试图减少每个程序所需的指令条数。向量处理器和并行处理器通过减少 CPU 时间也使性能得到了提升。本章后续部分将介绍其他几种提高 CPU 性能的方法。

CPU 优化并不是提升系统性能的唯一方法。存储器和 I/O 也对系统吞吐量有着非常重要的影响。然而，存储器和 I/O 的贡献，用上述公式是无法衡量的。为了提高系统的整体性能，我们有如下几个建议：

- **CPU 优化**——使由 CPU 执行的速度以及操作效率最大化（性能公式指出了这个优化问题）。
- **存储器优化**——最大化一段代码的存储器管理效率。
- **I/O 优化**——最大化输入/输出操作的效率。

一个应用程序的总体性能受限于上述任何一个因素时，就可分别称为 **CPU 密集型**、**存储器密集型**或 **I/O 密集型**。在本章，我们解决这三个层次上的所有最优化问题。

在考察最优化技术之前，我们首先回忆一下阿姆达尔定律（Amdahl's Law），它对利用各种方式可能获得的加速比进行了限制。下面这个公式描述的是，通过使用一些更快速的执行方式获取到的性能提升受限于更快速执行方式使用的时间比例。

$$S = \frac{1}{(1-f) + f/k}$$

其中，S 是指整个系统的加速比；f 是由更快速执行部件（或增强器）实现的任务比例；k 是新部件（或增强器）产生的加速比。

因此，当最常使用的部件的性能得到改善时，系统性能获得了最大的提升。简言之，通过使常规部件的速度加快，我们才能获得系统性能提升的最大回报。了解一个系统或应用程序是CPU密集型、存储器密集型或I/O密集型是提升系统性能的第一步。当阅读提升性能的讨论时，脑子里要始终记着这一点。我们首先讨论测量整体性能的几种不同方式，接着给出与单个系统部件性能相关的几个因素。然而，在开始讨论这些内容之前，我们首先要介绍几个必需的数学概念来理解常规的计算机性能评测标准。

11.3 数学准备工作

计算机性能评价是一个定量的科学。数学和统计学工具给我们提供了几种方法来评价某系统的整体性能以及它的各个组成部分的性能。实际上，有很多方法可以量化系统性能以至于选择合适的统计方法越来越成为性能评估的挑战。本节中，我们描述了最常见的测量“平均”计算机性能的方法，然后提供了每一种方法适用以及不适用的情形。在本节的第二部分，我们提出了通过错误推理发现在定量信息不适用时的其他评价方法。在这之前，我们还得按顺序先给出几个定义。

系统性能的测量取决于个人的观点。计算机用户更关注**响应时间**：这个系统花费多长时间来实现一个任务？系统管理员更关注**吞吐量**：在没有损害响应时间的情况下，这个系统能实现多少个并发任务？这两种观点是相反的。特别地，如果一个系统在 k 秒内可实现一个任务，那么每秒的吞吐量就是 $1/k$。

当比较两个系统的性能时，我们测量每个系统实现相同任务量的时间。如果系统A和系统B运行相同的程序，如果

$$\frac{\text{在系统 B 上的运行时间}}{\text{在系统 A 上的运行时间}} = n$$

系统A比系统B快 n 倍。如果

$$\left(\frac{\text{在系统 B 上的运行时间}}{\text{在系统 A 上的运行时间}} - 1\right) \times 100 = x$$

系统A比系统B快x%倍。

考虑两辆赛车的性能。A车在3min内跑了10mile（1mile = 1609.344m），而B车完成相同的10mile花费了4min。使用我们的性能公式可知，A车的性能就是B车的1.33倍：

$$\frac{\text{汽车 B 行驶 10mile 的用时}}{\text{汽车 A 行驶 10mile 的用时}} = \frac{4}{3} = 1.33$$

而A车比B车快33%：

$$\frac{\text{汽车 B 行驶 10mile 的用时}}{\text{汽车 A 行驶 10mile 的用时}} = \left(\frac{4}{3} - 1\right) \times 100 = 33\%$$

这个公式在比较两个系统的平均性能时是有用的。然而，当比较实际系统的性能时，这个作为结果的数字过分依赖于“平均”的定义了。

11.3.1 均值的含义

统计学家告诉我们如果需要有用的信息，则必须进行适当次数的实验并且根据实验结果证明推论是正确的。若想实验当中的可变性越大，样本的数量就得越多。当我们完成“足够”多数量的实验之后，剩下的任务就是用某种方法对有意义的数据进行组合或者平均，从而建立一个简要的**集中趋势的测度**。集中趋势的测度为我们表明了采样系统（总体）的期望行为。但不是所有的平均数值的方法都是相等的。我们选择的方法取决于数据本身的特性，以及实验结果的统计分布。

算术平均

算术平均是每个人都最熟悉的一种方法。如果我们有5个测量值，将它们相加求和并除以5，则结果就是**算术平均**。当人们倾向于某些测量的平均结果时——比如，计算过去一年中消耗汽油的成本——他们往往取价格的算术平均，这些价格是在某些特定频率上进行取样的。

当样本数据剧烈变化或向较低值或较高值偏斜时不应该使用算术平均值。考虑表11-1所示3台计算机的性能值。给出的值是每个系统运行5个测量程序所需的时间。观察运行时间，我们可以看出这3个系统的性能是有显著不同的。如果我们仅仅报告运行时间的算术平均值，那么这个事实就会完全隐藏了。

表11-1 在3个系统中5个程序运行时间的算术均值 （以秒为单位）

程序	系统A的运行时间	系统B的运行时间	系统C的运行时间
v	50	100	500
w	200	400	600
x	250	500	500
y	400	800	800
z	5 000	4 100	3 500
平均值	1 180	1 180	1 180

当使用正确时，**加权算术平均**可以改善算术平均的缺点，因为加权平均可以对系统的期望行为给一个更清晰的刻画。如果有了这些系统每天分别运行这5个程序的频率，那么我们就能使用执行时间混合计算这些系统各自相关的期望性能。加权平均是通过对所运行的每一个程序的运行时间和执行该程序的频率相乘后求和得到的。将加权的运行时间进行平均就得到了加权算术平均。

表11-2重新列出了表11-1中给出了系统A和系统C的运行时间。我们已经补充了每个程序带有执行频率的运行时间。比如，在系统A中，每个组合执行程序v、w、x、y和z100次，程序y运行5次。在系统A中这5个程序的执行时间的加权平均为：

$$(50\times 0.5)+(200\times 0.3)+(250\times 0.1)+(400\times 0.05)+(5000\times 0.05)=380$$

表11-2 两个系统中5个程序混合运行以及运行时间的加权平均

程序	执行频率	系统A的运行时间	系统C的运行时间
v	50%	50	500
w	30%	200	600
x	10%	250	500
y	5%	400	800
z	5%	5 000	3 500
加权平均值		380s	695s

类似的一个计算指出了在系统C中对这5个程序的执行时间的加权平均为695s。对给定的工作负载使用加权平均，我们可以清楚地看到系统A比系统C快了83%左右。

使用加权平均最容易引起的麻烦是使用不随时间推移的假设。假设某公司的计算机工作负载给出的混合执行时间如表11-2所示。基于这些信息，公司会购买系统A而不是系统C。假设一个聪明的用户(称他为Wally吧)计算出程序z会给出和运行程序v一样的结果，继而将结果作为程序w的输入。因为程序z需要花费好长时间来运行，所以Wally就有足够的理由去喝咖啡了。不久之后，Wally的发现就传遍了办公室，并且组里的每一个人都开始效仿他的做法。短短数日，系统A的工作负载看上去就像表11-3所示的一样。管理层肯定不知道为什么他们引进的系统 A 突然之间性能就如此差了。

表 11-3　系统 A 使用修改后的混合执行时间产生的加权平均运行时间

程序	执行时间	执行频率
v	50	25%
w	200	5%
x	250	10%
y	400	5%
z	5 000	55%
加权平均值		2 817.5s

几何平均

从前面的讨论中可知，如果测量呈现出很大的不确定性就不能使用算术平均。进一步说，除非我们可以清晰地给出静态可描述的工作负载，否则加权算术平均毫无意义。**几何平均**可以给我们一个一致的数字来实现性能的比较，而不用考虑数据分布。

形式上，几何平均定义为 n 次测量乘积的 n 次方根。可以用下述公式来描述：

$$G=(x_1\times x_2\times x_3\times\cdots\times x_n)^{\frac{1}{n}}$$

当需要比较两个系统的相对性能时，几何平均比算术平均对我们更有用。当性能被表述为与一台作为参考的普通机器的性能有关时，性能结果则很容易比较。当我们将参考机中一个程序运行时间的比例用到正在评价系统的相同程序的运行时间上时，我们就说把接受评估的系统**规范化**到了参考机器上。

为了找到规范化比值的几何平均，我们使用 n 个比值乘积的 n 次方根。系统 A 和系统 C 规范化到系统 B 上的几何平均可以利用如下计算方式：

$$\text{系统 A 的几何平均}=(100/50\times 400/200\times 500/250\times 800/400\times 4100/5000)^{\frac{1}{5}}\approx 1.6733$$

$$\text{系统 C 的几何平均}=(100/500\times 400/600\times 500/500\times 800/800\times 4100/3500)^{\frac{1}{5}}\approx 0.6898$$

计算细节见表 11-4。

表 11-4　本例中 5 个程序的几何平均。通过求每一个系统规范化执行时间乘积的 5 次方根得到

程序	系统 A 的运行时间	规范化到系统 B 的执行时间	系统 B 的运行时间	规范化到系统 B 的执行时间	系统 C 的运行时间	规范化到系统 B 的执行时间
v	50	2	100	1	500	0.2
w	200	2	400	1	600	0.666 7
x	250	2	500	1	500	1
y	400	2	800	1	800	1
z	5 000	0.82	4 100	1	3 500	1.171 4
几何平均	1.673 3		1		0.689 8	

几何平均的一个很好的特性是不管我们选择哪个系统作为参考系统，得到的结果都是一样的。表 11-5 给出了当系统 C 为参考机时的结果。注意，几何平均的比例是一致的，而不管我们为参考机选择哪个系统。

$$\frac{\text{系统 A 上的几何平均}}{\text{系统 B 上的几何平均}}\approx 1.67$$

$$\frac{\text{系统 B 上的几何平均}}{\text{系统 C 上的几何平均}} \approx 1.45$$

$$\frac{\text{系统 A 上的几何平均}}{\text{系统 C 上的几何平均}} \approx 2.43$$

表 11-5 当系统 C 作为参考系统时的几何平均

程序	系统 A 的运行时间	规范化到系统 C 的执行时间	系统 B 的运行时间	规范化到系统 C 的执行时间	系统 C 的运行时间	规范化到系统 C 的执行时间
v	50	10	100	5	500	1
w	200	3	400	1.5	600	1
x	250	2	500	1	500	1
y	400	2	800	1	800	1
z	5 000	0.7	4 100	0.853 7	3 500	1
几何平均		2.425 8		1.449 7		1

如果使用系统 A 作为参考系统，我们会发现比例是相同的。

几何平均证实了我们对系统 A 和系统 C 相对性能的直觉。通过使用几何平均的比例值，我们看到系统 A 给出的结果与系统 B 的结果差太多了。然而，几何平均是非线性的。尽管系统 A 相对系统 C 的几何平均比例是 2.43，这也并不意味着系统 C 就比系统 A 快 2.43 倍。通过原始数据可以很明显看出这个事实。因此购买了系统 C 的客户如果想着会得到双倍于系统 A 的性能的话，那么他肯定会失望的。不同于加权算术平均，几何平均在建立系统实际行为的统计期望时毫无帮助。

几何平均的第二个问题是一个很小的值就会对整个结果产生不成比例的影响。比如说，如果系统 C 的制造商将测试中运行最快（可能最简单）的程序性能提高了 20%，那么它的运行时间就会由 500s 降低到 400s，规范化的几何平均将提高 4.5% 以上。如果我们将最快程序的性能提高 40%（即 300s 内运行完毕），则规范化的几何平均值将提高 16% 以上。不管是提高 20% 还是 40% 的性能，我们都能看到相关的几何平均有同样的减少。人们可能会认为从一个大型复杂的程序中减少 700s 比从一个更小的简单的程序中减少 200s 还困难。实际上（根据阿姆达尔定律），这是最大耗时最长的程序，并且这些程序对系统性能影响最大。

调和平均

当数据以一个速率表示时（比如每秒操作的次数），不管是几何平均还是算术平均都是不合适的。对于平均速率或者比例应该使用**调和平均**。调和平均使我们能够建立一个关于吞吐量的数学期望，并比较系统或系统组件的相关吞吐量。为了求得调和平均，需要将每一个数的倒数求和，并除以数据元素的总个数 n。数学描述如下：

$$H = n \div (1/x_1 + 1/x_2 + 1/x_3 + \cdots + 1/x_n)$$

为了弄明白调和平均如何应用到速率上，考虑一个开汽车旅行的简单例子。假设旅途为 30mile，前 10mile 以 30mile/h 的速度前行，中间 10mile 的行驶速度为 40mile/h，最后 10mile 则以 60mile/h 的速度行进。如果对上述速度求算术平均，则整个旅途的速度均值为 43.3mile/h。这是不正确的。因为前 10mile 需要的时间是 h/3。中间 10mile 需要 h/4，而最后 10mile 需要 h/6。整个旅途总共需要的时间为 3h/4，故平均速度等于 30mile ÷ 3h/4 = 40mile/h。调和平均给我们一个如下正确的答案：

$$3 \div (1/30 + 1/40 + 1/60) = 40\text{mile/h}$$

在这个例子中，为了计算出给定距离的平均速度，我们不得不小心地使每一段距离都相等。另一方面，如果汽车以每小时 60mile 的速度行驶了 100mile（代替 10mile），则调和平均值是一样的。调和平均并不告诉它是如何工作的，仅让我们知道了它的平均速率是多少。

调和平均有几何平均所没有的两个优势。首先，它可以预测机器的行为。因此，它除了表示系统性能之外也有其他用途。其次，比起耗时少的程序，更耗时的程序对调和平均的影响更大。这一事实不仅与“快适应”优化有关，而且也反映了现实就是如此。大且慢的任务会比小而快的程序占用更多的机器周期。因此，通过提升它们的性能，我们可以获得的提升也更多。

和几何平均一样，调和平均也可以用于相对性能的比率。然而，调和平均对参考机的选择更为敏感。换句话说，调和平均的比率不像几何平均那么稳定。但是，在几何平均能比较机器性能之前，“工作”的定义必须先建立起来。在稍后的章节中，将会看到这是一个多么聪明的想法。

我们用一个公路旅行的例子说明了算术平均不合适求取平均速率。使用算术平均表示规范化的比率也是不正确的。每一种均值的适用范围总结见表 11-6。

表 11-6　数据特点及适用的均值

均值	均匀分布的数据	倾斜数据	比率形式的数据	在已知工作负载时能反应系统性能指标	速率形式的数据
算术平均	X			X	
加权算术平均		X		X	
几何平均		X	X		
调和平均				X	X

偶尔，会在最不该使用这种统计方法的地方使用它。在公正客观地评价系统性能过程中，均值的误用仅是各种陷阱中的一个。

11.3.2　统计学和语义

人性迫使我们用可能更好方法来修炼更好的自己和我们的信仰。人们试图将他们的产品卖给我们，他们的动机和自我生存一样重要。当一个产品被华而不实的演示和广告所包围时，我们很难看到它真正的光芒——即使这个产品确实很好。具有这种修辞学逻辑概念的读者可能会理解夸张推理是如何用于销售和广告中的。一个经典的例子就是一名演员“在电视上扮演一个医生”并推荐一种治疗某种疾病的特效药。在修辞逻辑中，这称为诉诸权威的争论，即“向无资格权威挑战”的谬论。除非一名演员有医学学位，否则他没有资格对任何疾病的任何治疗的适应性进行断言。尽管我们不经常看到“在电视上扮演计算机科学家”的演员来推荐大型机，但一些计算机销售商的腔调也会成为熟知自己需求的顾客的一个娱乐来源。

计算机购买者常常被计算机销售资料中所引用的数字给吓住了。前面我们已经提到过，平均值是如何误用的。即使是使用正确的统计学，对很多人来说，它也不容易理解。销售商提供的“量化”信息经常会给他们所谓的优越性能增添可信的光环。在 11.4 节，我们讨论几个客观评价计算机性能的方法，声誉好的销售商会不加修饰地引用这些方法，但即使是很优秀的评价方法也会被误用。在接下来的几节中，将会介绍 3 个在购买新硬件或系统软件时可能会遇到的常见的修辞谬论。我们为你的娱乐性和计算机性能的启蒙提供了同样多的资料。

不完整信息

2002 年年初，有一个整版广告刊登在了主要商业和贸易杂志上。广告的要点是：“我们对产品进行了测试并公布了结果。供应商 X 没有为他的产品发布同样的测试结果，因此，我们的产品更快。”啥？你真正知道的就是广告中引用的几个统计数字。它没有提到产品任何的相对性能。

有时，这种不完整信息谬论采取的形式是，供应商只引用良好的测试结果，而绝口不提在同一时刻同样系统上也产生了不太好的测试结果。一个例子就是“单一品质因数”。供应商只聚焦于一个单一的性能指标，这个指标使得他们的系统在竞争中具有市场优势，而实际上，这些单独的度量在系统的实际工作负载中并不具有代表性。不完全信息的另一种表现方式是，一个供应商只引用“峰值”性能数字，而省略了平均或更常见的期望情况。

模糊信息与不适当的度量

在评估系统的相对性能时，不精确的词汇(如“多”“少”“接近”“事实上”“几乎”以及它们的同义词)总会立刻引起人们的警惕。如果这些术语有适当数据的支持，那么它们的使用可能是公正的。然而，细心的读者可能会了解到，“接近”可能意味着产品 A 和产品 B 之间“仅有”50% 的性能差异。

最近一本赞美某品牌系统软件的小册子，恰好说明了不恰当使用测量指标产生的不精确性。宣传单上粗略地说，“软件 A 和软件 B 都运行了测试程序 X。我们有软件 B 运行测试软件 Y 的结果。我们已证明测试程序 X 几乎总是和测试程序 Y 是等价的。因此我们得出软件 A 更快的结论”。到底测试程序 X 和测试程序 Y 不等价到什么程度？有无可能是测试程序 X 使软件 A 看上去更好？

吸引人气

这个谬论是迄今为止最常见的，通常也是在一群人(如计算机采购委员会)中最难防范的。它通常会宣称：“我们的产品被美国财富 500 强大公司中的 *X*% 所使用。”这些无可争辩的事实表明这个公司运转良好，并且可能是值得信赖和稳定的。而这些非量化的因素在系统和软件的选择中确实是非常重要的。但是，不能因为 *X*% 的财富 500 强公司使用这个产品，就表示此产品也适合你的业务。这是一个更加复杂的问题。

11.4 基准测试

性能基准测试是对一个系统相对另一个系统的性能做出客观评价的一门科学。在评价通过升级一台计算机或者其组成部分带来的性能提升时，基准测试也是有用的。好的基准测试使我们能够减少广告宣传和统计伎俩带来的误导。最终，良好的基准测试将可以识别出以最合理的成本提供良好性能的系统。

尽管经过仔细挑选之后，“合理”成本的问题通常是显而易见的，但“好”的性能却是难以捉摸的，它会否定几十年来所有对它的定义。然而，良好的性能是在“看到它时就知道”的一个事情，而糟糕的性能肯定会使你的生活苦不堪言，直到问题得到纠正。简言之，当计算机系统使用最少的执行时间(或**系统时间**)来运行应用程序时，就可以获得最佳性能。同样的计算机系统不一定能在最短的时间内运行其他的应用程序。

如果有某种方法能够将系统按照单一的性能数值或**指标**进行分类，那么计算机购买者的生活就会变得容易多了。这种方法的一个明显的优点是，对计算机不了解或者知之甚少的人会知道他们付出的金钱会在什么时候获得了良好的使用价值。如果我们有一个简单的指标，那么我们可以使用**价格性能比**来确定哪个系统是最值得购买的。

例如，我们定义了一个虚构的包罗万象的系统度量称为“活力”。一个提供 150 个活力的 150 000 美元的系统将会比提供 120 个活力的 125 000 美元的系统更值得购买。第一个系统的价格性能比是：

$$\frac{150\,000\text{ 美元}}{150\text{ 个活力}}=\frac{1000\text{ 美元}}{\text{活力}}$$

而第二个系统的价格性能比是：

$$\frac{125\,000\text{ 美元}}{120\text{ 个活力}} = \frac{1042\text{ 美元}}{\text{活力}}$$

问题就变成了你是否能接受120个活力并节省25 000美元的计算机，或者直接去购买“大的经济机型”更好，在彻底探讨系统性能之前，了解这些需要一点时间。

这个方法的一个问题就是这里没有一个关于计算机性能的统一度量标准，比如“活力”这个标准应该对在所有负载类型下的所有系统都是适用的。因此，如果你正在寻找一个能处理大量(I/O密集型)事务处理的系统(比如航空预订系统)，那么应该更关心I/O性能而不是CPU速度。同样地，如果你的系统将运行计算密集型(CPU密集型)应用程序(比如天气预报或计算机辅助绘图)，那么主要的关注点就应该是CPU能力，而不是I/O。

MIPS... OR... OOPS?

在20世纪70年代和80年代，两大计算机制造商[IBM和数字设备公司(DEC)]之间的竞争非常激烈。尽管DEC并不制造大型计算机，但它的最大型系统也适用于那些由IBM小型系统服务的客户。

为了打开新品牌VAX 11/780的市场，DEC的工程师在IBM 370/158和VAX机上分别运行了一些小的综合基准程序。在IBM传统市场销售的370/158为“1 MIPS”机器。所以当基准程序在VAX 11/780上运行时间也同370/158一样时，DEC开始将其作为竞争“1 MIPS”的系统进行销售。

VAX 11/780是一个商业上的成功。这个系统很受欢迎也因此成为了标准的1 MIPS系统。很多年以来，VAX 11/780都是众多基准测试的参考系统。可以对这些基准测试的结果进行推断，以推导出被测系统的“近似MIPS”评级。

毫无疑问，VAX 11/780的计算能力和IBM 370/158不相上下。但它成为一台“1 MIPS”机器前并没有受到更严密的审查。已经证实为了运行基准测试程序，由于其有特定的ISA，所以VAX 11/780只执行了大约500 000条机器指令。因此，实际上，“1 MIPS标准系统”归根结底只是一个0.5 MIPS的系统。后来DEC通过指定VUP(VAX机组性能)来销售设备，VUP表明一个设备相对VAX 11/780的速度。

11.4.1 时钟频率、MIPS和FLOPS

CPU速度本身就是一种具有误导性的度量标准，(不幸的是，)这是计算机制造商经常吹嘘自己的系统优于其他系统的一个标准。在体系结构相同的系统上，一个CPU如果以双倍于另一个CPU时钟频率在运行，那么它能获取更好的吞吐量。但是当比较不同制造商的产品时，两个系统可能不会有相同的体系结构。(否则，两者都无法声称其性能优势超越另一方。)

和时钟频率相关的一个广泛引用的标准是**每秒百万条指令(MIPS)**。(但是，很多人认为MIPS其实表示“销售员无价值的性能指标”!)这个指标测量的是系统执行一个典型的混合了浮点运算、整数算术运算、逻辑运算指令的速率。反过来，这个标准最大的弱点就是不同的机器结构通常需要不同的机器周期数来实现一个给定的任务。MIPS标准并不统计完成某个特定任务所需要的指令条数。

当我们比较RISC系统和CISC系统的性能时，可以看到最明显的差别。我们让每一个系统都执行整数除法运算。CISC系统在产生最终结果之前需要执行20条二进制机器指令。RISC系统可能需要执行60条。如果这两种系统都是在1s之内输出结果，那么RISC系统的MIPS速率会是CISC系统的3倍。但我们能够说RISC的速度是CISC的3倍吗？当然不能，在两种情况下，我们都是1s之内得到结果了。

FLOPS(每秒浮点运算数)标准也有类似的问题。Megaflops 或 MFLOPS，是早在描述超级计算机功率时使用的一个标准，但现在也用于个人计算机。FLOPS 比 MIPS 更令人困扰，因为对浮点运算的构成没有一个统一的意见。在第 2 章中，我们解释了计算机是如何通过算术移位和加法运算实现乘法和除法的。在每一个原始运算中，都会处理浮点数。因此我们能说计算一个立即数的部分和是一种浮点运算吗？如果是，并且度量标准是 FLOPS 的话，那么我们就能惩罚那些使用高效算法的销售商了。高效算法可以使用更少的步骤得到相同的结果。如果求得结果消耗的总时间和使用低效率算法所用的总时间相同，那么高效系统的 FLOPS 速率是低的。如果我们并不准备执行部分和计算的步骤，那么怎么才能执行其他浮点加法操作？更进一步说，有些计算机根本就不用浮点运算指令。(早期的 Cray 超级计算机和 IBM PC 通过整数程序模拟浮点运算。)因为 FLOPS 标准仅将浮点运算考虑在内，单单基于这个标准，这些系统将是相当差劲的！然而，像 MIPS 一样，MFLOPS 是一个在销售人员中流行的度量标准，因为它听起来像一个"硬"指标，它能代表一种简单和直观的概念。

尽管它们都有缺点，但时钟速度、MIPS 和 FLOPS 在比较由同一供应商提供的一系列类似计算机的相对性能时都是有用的指标。如果一个供应商答应将你的系统从目前的 x MIPS 等级升级到 2x MIPS，那么你会对花钱得到性能改进有一个相当好的想法。实际上，很多制造商对这种单一目标都有自己的度量指标。有道德的销售人员会避免使用他们公司专有的指标来描述竞争对手的系统。当一个制造商的专有指标用来描述竞争对手的系统性能时，潜在客户无法知道专有指标是否已人为设计成聚焦于某一特定系统类型的长处，而忽略了它的弱点。

显然，依赖于特定系统组织或指令集体系结构的任何度量指标都忽略了计算机购买者所期望的目标。他们需要一些客观的方法来了解哪个系统能以最低的成本为他们的工作负载提供最大的吞吐量。

11.4.2　综合测试基准：Whetstone、Linpack 和 Dhrystone

计算机研究人员长期致力于定义一种不依赖于任何系统组织和结构的基准，并且用它能够进行公平和可信赖的性能比较。这种对理想性能测试的正式需求始于 20 世纪 80 年代后期。当时的主流思想是，通过标准的基准测试应用程序可以独立地比较不同系统的性能。继而，可以使用第三代语言(如 C)编写程序，并在各种系统上编译和运行它，然后在不同的系统上测量这个程序每次运行所需的时间。由此产生的执行时间将产生单一性能指标，它适用于所有被测系统。以这种方式导出的性能度量指标称为**综合基准**，因为它们不必代表任何特定的工作负载或应用程序。3 个最广为人知的综合基准是 Whetstone、Linpack 和 Dhrystone 度量指标。

Whetstone 基准测试程序是由哈罗德 · J. 克芬和英国国家物理实验室的布莱恩 · A. 威尔曼在 1976 发布的。Whetstone 是浮点密集型程序，为了计算三角函数和指数函数，它需要调用很多库例程。结果是以每秒百万 KiloWhetstone 指令或每秒 Mega-Whetstone 指令进行表示的。

另一个用于度量浮点运算性能指标的是 Linpack 基准。Linpack 是线性代数软件包的缩写，是一个名为**基本线性代数子程序(BLAS)**的集合，使用双精度运算求解线性方程系统。阿贡国家实验室的 Jack Dongarra、Jim Bunch、Cleve Moler 和 Pete Stewart 于 1984 年开发出了 Linpack 基准程序，用于测量超级计算机的性能。它最初是用 FORTRAN 77 编写的，随后用 C 和 Java 重写了。虽然它有一些严重的缺点，但其优点是在于它为 FLOPS 设置了一个衡量标准。一个根本没有浮点运算电路的系统如果能执行 Linpack 基准程序，那么就能够获得一个 FLOPS 评级。

当然，高速的浮点运算并不是对每一个计算机用户都是很重要的。认识到这一点，西门子 Nixdorf 信息系统的 Reinhold P. Weicker 在 1984 年写了一个基准程序，该程序主要进行字符串处理和整数运算。他将这个程序称为 **Dhrystone** 基准，它作为 Whetstone 基准的一个双关语。这个程序是 CPU 密集型的，没有实现 I/O 或系统调用。不像 WIPS，Dhrystone 的结果以每秒 Dhrystone 数来表示(测试程序每秒内能够执行的次数)，而不是以 DIPS 或 Mega-DIPS 来表示！

关于它们的算法和报告结果，Whetstone、Linpack 和 Dhrystone 基准都有着简单和易于理解的优点。不幸的是，这也是它们的主要局限性。由于这些程序的操作都被如此清晰地定义了，所以对编译器编写者来说，他们很容易用“Whetstone”“Linpack”和“Dhrystone”等编译开关来配置产品。在设置方式时，这些编译选择会唤醒由这种基准优化过的特定代码。而且，由于编译目标很小以至于大部分程序都驻留在当今系统的缓存里。这样基本上就不用对系统存储器管理能力进行任何评估了。

设计编译器和系统以使它们在执行基准程序时实现优化，这是一个和综合基准指标一样古老的实践。只要能报告出好的数字，就会有经济优势，制造商将会尽其所能来使他们的数字看上去更好。当他们的指标值比竞争对手更好一点时，在做广告时就会大肆宣传具有这个指标的“高级”系统。这一广泛传播的实践已经成为众所周知的**基准营销**。当然，不管数字多么好看，基准测试结果告诉我们的唯一一件事就是被测系统运行基准程序有多好，而不是说它运行任何其他程序有多好——尤其是你的特定负载。

11.4.3 SPEC 基准

计算机性能评价科学得益于 Whetstone、Linpack 和 Dhrystone 基准的贡献。首先，这些程序让所有系统都可以用共同标准进行比较。更重要的是，尽管不是故意的，但在他们声称一个专门设计的基准测试程序小而简单时，制造商可以很容易地优化其产品性能。对这个问题，一个显而易见的反应是设计一个更复杂的基准测试程序并使其能产生易于理解的结果。这是 SPEC CPU 基准测试程序的目标。

SPEC(标准性能评价机构)于 1988 年由一些计算机制造商和《电子工程时代》期刊联合成立。SPEC 的主要目标是为计算机性能测量建立可配置的现实方法。现在，这个团体包含了 60 多个成员公司和 3 个组织委员会。这些委员会是：

- 开放系统组(OSG)，涉及工作站、文件服务器和桌面计算环境。
- 高性能组(HPG)，聚焦于企业级的多处理器系统和超级计算机。
- 图形和工作站性能组(GWPG)，主要致力于图形和工作站基准测试的开发。

这些组织与计算机用户一起工作来识别描述典型负载的应用程序，或是那些能够区分一个高级系统与其他系统的应用程序。当把 I/O 例程和其他非 CPU 密集型的代码从这些应用程序中去掉后，这个最终程序称为一个**核**。SPEC 委员会仔细地从众多团体提交的应用程序中挑选出核程序。最终的核程序集合叫作**基准测试集**。

SPEC 基准中最广为人知的是它的 CPU 测试集，它可以测量 CPU 的吞吐量、缓存和存储器的访问速度以及编译器的效率。这个基准最新的版本是 CPU2006。它包括两个部分：测量一个系统执行整数处理好坏的 CINT2006，以及测量浮点运算的性能(见表 11-7)的 CFP2006。(CINT 和 CFP 中的“C”代表“组件”。这个设计强调的事实是基准程序仅测试系统的一个组成部分。)

表 11-7　SPEC CPU2006 基准测试集中的内核组成

SPEC CINT2006 基准核程序				
基准	**参考时间**	**语言**	**应用领域**	**简要描述**
400. perlbench	9 770	C	程序语言	一个缩小版的 Perl v5. 8. 7 脚本语言。工作负载包括一些第三方的模块，如 SpamAssassin、MHonArc(邮件索引程序)和 specdiff(SPEC 用于检查基准输出的工具)，它们都作为测试的一部分头执行

（续）

SPEC CINT2006 基准核程序				
基准	参考时间	语言	应用领域	简要描述
401. bzip2	9 650	C	压缩	Julian Seward 的 bzip2 版本 1.0.3 修改为在内存中进行大部分工作，而不是在 I/O 中
403. gcc	8 050	C	C 编译器	基于 gcc 的 3.2 版，为 AMD Opteron 处理器生成代码
429. mcf	9 120	C	组合优化	车辆调度。使用网络单纯形算法调度公共交通
445. gobmk	10 490	C	人工智能：围棋	玩围棋游戏，一个使用简单规则的复杂游戏
456. hmmer	9 330	C	查找基因序列	基于隐马尔可夫模型(HMM)的蛋白质序列分析
458. sjeng	12 100	C	人工智能：象棋	一种包括几个象棋变体的象棋游戏程序
462. libquantum	20 720	C	物理/量子计算	模拟量子计算机，运行 Shor 的多项式因式分解算法
464. h264ref	22 130	C	视频压缩	H.264/高级视频编码的参考实现，采用 2 参数设置对视频流编码
471. omnetpp	6 250	C ++	离散事件模拟	使用离散事件模拟建模大型以太网
473. astar	7 020	C ++	路径查找算法	使用 A * 算法(包括其他算法)寻找二维地图上的路径
483. xalancbmk	6 900	C ++	XML 处理	将 XML 文档转换为其他文档类型
410. bwaves	13 590	Fortran	流体动力学	在有界立方体中数值模拟三维黏性流动中的冲击波
416. gamess	19 580	Fortran	量子化学	Gamess 实现广泛的量子化学计算
433. milc	9 180	C	物理学/量子色动力学	为带有动态夸克的格点规范理论程序生成规范场程序
434. zeusmp	9 100	Fortran	物理学/CFD	为模拟天体物理现象在计算天体物理实验室开发的计算流体力学程序(NCSA，伊利诺伊大学厄本那－香槟分校的)
435. gromacs	7 140	C，Fortran	生物化学/分子动力学	分子动力学，即模拟牛顿运动方程的数百至数百万的粒子
436. cactusADM	11 950	C，Fortran	物理学/生成现实	用 staggered-leapfrog 数值方法求解爱因斯坦演化方程
437. leslie3d	9 400	Fortran	流体动力学	计算流体动力学(CFD)模型是利用大涡模拟和三维涡模型建立的，它是用来研究诸如混合、燃烧、声学和一般流体力学等一系列湍流现象的主要求解工具
444. namd	8 020	C ++	生物学/分子动力学	模拟大型生物分子系统。测试用例有 92 224 个载脂蛋白 A－I
447. dealII	11 440	C ++	有限元分析	deal. ii 是一个针对自适应有限元和误差估计的 C ++ 程序库
450. soplex	8 340	C ++	线性编程，优化	用单纯形算法和稀疏线性代数求解线性程序。测试用例包括铁路规划和军用空运模型
453. povray	5 320	C ++	图像渲染和光线追踪	渲染一个 1280x1024 抗锯齿的棋盘图像，并且在起始位置有棋子
454. calculix	8 250	C，Fortran	结构力学	线性和非线性有限元代码的三维结构的应用
459. GemsFDTD	10 610	Fortran	计算电磁学	使用时域有限差分方法(FDTD)求解三维麦克斯韦方程

（续）

SPEC CINT2006 基准核程序				
基准	参考时间	语言	应用领域	简要描述
465. tonto	9 840	Fortran	量子化学	测试用例在分子的 Hartree-Fock 波函数计算中设置了一个约束，以匹配实验的 X 射线衍射数据
470. lbm	13 740	C	流体动力学	三维不可压缩流体的模拟
481. wrf	11 170	C，Fortran	气象	从米到几千千米高的天气模拟
482. sphinx3	19 490	C	语音识别	源自卡内基梅隆大学的语音识别系统，使用一个名为 livepretend 的程序来进行批处理模式下的解码，但操作起来就像一个真人声音解码

CINT2006 包含 12 个应用程序，其中 9 个用 C 语言编写，还有 3 个用 C ++ 语言编写。CFP2006 测试集包含 17 个应用程序，其中 6 个用 Fortran 语言编写，3 个用 C 语言编写，4 个用 C ++ 语言编写，还有 4 个用 C 语言和 Fortran 语言共同编写。运行这些程序获取的结果（系统吞吐量）用时间比例来表示，即测试系统运行核程序和参考机运行相同核程序的时间之比。对 CPU2006 来讲，参考机是一个 Sun Ultra Enterprise 2 工作站，它有 296MHz 的 Ultra SPARC 2 处理器。一个测试系统必将比 Sun Ultra 快，因此你能期望看到销售商引用的大的正数，这个数值越大越好。在大多数系统上完整运行整个 SPEC CPU2006 测试集需要 48h。报告的 CINT2006 和 CFP2006 结果是所有组成内核比率的几何平均。（见本章后续可获取更多细节。）

系统销售员如此严重地依赖于良好的基准测试结果，那么人们可能会认为计算机制造商可以尽其所能来找到为运行基准程序规避 SPEC 规则的方法。第一个方法就是使用编译器“基准开关”，它包括传统的 Whetstone、Linpack 和 Dhrystone 程序。然而，找到完美的编译选择集来和 SPEC 测试集一起使用不是像使用早期的综合基准那么简单。优化集合中的每一个核程序通常应有不同的设置，查找这个设置是一项费时费力的工作。

在 CPU95 基准测试集发布之前，SPEC 意识到了使用“基准测试专用”编译器选项的问题。它试图通过要求基准测试集中使用相同语言编写的所有程序必须使用相同的编译器标志集进行编译来解决这个问题。这一要求立即引起了供应商界的批评，他们认为客户有权了解系统所能达到的最佳性能。而且，如果客户的应用程序与其中一个核程序相似，那么客户可通过了解最佳编译器选项来获得更大收益。

允许在一个测试集中为每个程序使用不同的编译器标志的论据对于 SPEC 来说是非常具有说服力的。但是为了所有人的公平，制造商给出了两组对 SPEC CPU2006 结果。一组用于所有编译器的设置对整个测试集（基本度量）均是相同的测试，第二组给出通过优化设置获得的结果（峰值度量）。在基准测试编译中这两个数字都有报告，也会完整公开每次运行编译器的设置。

SPEC 基准测试的用户为安装和编译该测试集的源代码和指令支付管理费。鼓励制造商（但不要求）提交一份报告，其中包括 SPEC 基准结果以供审查。在 SPEC 确信测试是和其指南以一致的方式运行之后，它会在其网站上发布基准测试结果和配置报告。SPEC 的监督可确保制造商正确使用基准软件，并完全公开了系统的配置。

虽然处理器之争占据了很多计算机杂志的版面，但阿姆达尔定律告诉我们，一个有用的系统需要的不仅是一个快速的 CPU。计算机购买者感兴趣的是整个系统在特定工作负载下的运行情况到底如何。为此，SPEC 制定了一系列其他指标，包括针对网络服务器的 SPEC Web，针对电力与性能的 SPEC Power 和针对客户端 Java 性能的 SPEC JVM。SPEC JVM 是由针对 Java 服务器性能的 SPEC JBB（Java 业务基准）来补充的。每一个基准都遵循建立公平和客观系统性能度量的 SPEC 理念。

11.4.4 事务处理性能委员会基准

SPEC 的 CPU 基准对于那些主要关注 CPU 性能的计算机购买者是很有帮助的。但它们对企业事务处理服务器的购买者没有那么大的好处。对于这类系统，购买者最感兴趣的是服务器处理大量并发短时行为的能力，其中每个事务在一定程度上都涉及通信和磁盘 I/O。

反应缓慢的交易处理系统可能会给企业带来巨大的开销，造成深远的问题。当顾客服务系统很慢时，一长串脾气暴躁的顾客对零售店的形象是有害的。站在运行缓慢的结账柜台前的客户并不关心信用授权系统正在陷入困境。无精打采的自动柜员机和反应迟钝的售货点的售货系统会使等待时间过长的顾客直接离开。交易处理系统对客户服务部门不仅仅是重要，那是他们的命脉。明智的企业领导人愿意在交易处理系统上投入一笔小的投资以保持顾客满意。有这么多的利害关系，所以必须找到一些客观评估支持这些关键业务流程系统的总体性能的方法。

计算机制造商总有办法测量自己系统的性能。这些测量方法不是为了大众消费，而是通过工程师找到使系统(或其中的一部分)表现得更好的方法，来供企业内部使用。在 20 世纪 80 年代早期，IBM 公司公布了一个基准以帮助设计其大型机系统。这个基准就是 **TP1**(TP 事务处理)，该基准最终进入公共领域。一些相互竞争的供应商开始使用它并宣布他们(惊人)的结果。事务处理专家对这种做法持批评态度，因为基准测试的设计不是用于模拟一个真实事务处理环境的。一方面，它忽略了网络延迟和用户“思考时间”的变化。换句话说，所有 TP1 能做的就是测量理想条件下的峰值吞吐量。虽然这种测量对系统设计者很有用，但并没有给计算机购买者带来很大的帮助。

1985 年，对 TP1 一直颇有微词的一个批评家 Jim Gray 与和他一起工作的一大群同事提出了一个基准以解决 TP1 的缺点。他们称该基准为**借方信任**，它重点关注商业事务处理性能。除了指定该基准测试如何工作外，Gray 和他的团队还建议，系统测试的结果应该与测试的系统配置总成本一起报告出来。他们提供了基准可以按比例缩放的方法，以使测试在不同规模的系统中保持公平。

计算 SPEC CPU 基准测试

正如我们在文中所述，计算 SPEC 基准测试结果的第一步是将参考机运行基准核所需的时间规范化到测试系统在运行相同核程序时所需的时间。内核运行 3 次，使用中值运行时间作为计算时间。例如，假设一个假想的运行 401. bzip2 核程序的系统分别用了 907s、920s、928s。中间值是 920s。参考机花了 9650s 来运行相同的程序。规范化比值为 9650 ÷ 920 = 10.5(舍入到小数点后一位)。最终的 SPECint 结果是所有的规范化比值在整数程序测试集的几何平均。考虑表 11-8 所示的结果。

表 11-8 假想系统执行 SPECInt2006 的一系列结果

基准	参考时间	运行时间	与参考时间之比
400. perlbench	9 770	739	13.2
401. bzip2	9 650	920	10.5
403. gcc	8 050	814	9.89
429. mcf	9 120	1 161	7.86
445. gobmk	10 490	719	14.6
456. hmmer	9 330	697	13.4

（续）

基准	参考时间	运行时间	与参考时间之比
458. sjeng	12 100	870	13.9
462. libquantum	20 720	1 342	15.4
464. h264ref	22 130	995	22.2
471. omnetpp	6 250	659	9.49
473. astar	7 020	732	9.59
483. xalancbmk	6 900	820	8.42

为了计算几何平均，首先需要求出 12 个规范化基准测试时间：

$$13.2\times 10.5\times 9.89\times 7.86\times 14.6\times 13.4\times 13.9\times 15.4\times 22.2\times 9.49\times 9.59\times 8.42\approx 7.68\times 10^{12}$$

然后，对乘积开 12 次方根：

$$(7.68\times 10^{12})^{1/12}\approx 11.8$$

这样，这个系统的 CINT 度量(令人印象相当深刻的)就是 11.8。如果这个结果是在运行基准使用标准编译器设置编译时得到的，那么它将报告“基础”的度量为 SPECint_base_2006。否则，它是就本系统的 SPECint2006 评级。

当每次只运行每个基准的一个映像时，CINT 2006 和 CFP 2006 测试集测量一个 CPU 性能。这种单线程模型并没有告诉我们系统如何处理并发进程。SPEC 的 CPU “速率” 指标给了我们一些启示。计算 SPECint_rate 度量比计算单线程的 SPECint 度量更复杂一点。

为了计算速率度量，主机中启动了许多相同的基准核进程。为此我们举例说明，开始启动 4 个并发的 401. bzip2 进程。在 401. bzip2 中所有的例程终止之后，利用最后一个例程的结束时间减去第一个例程的开始时间，我们求出执行时间。与基本度量一样，重复这个过程 3 次，并使用这些计算结果中的中值。假设中值是 1049s。然后，我们将此基准的参考时间乘以重复运行次数，并除以运行的中值。401. bzip2 基准参考时间就是 9650s，因此可以得到：

$$4\times 9650\div 1049\approx 36.8$$

这就给出了 401. bzip2 基准测试在单位时间内的工作效率。

本系统所报告的 SPECint_rate2006 指标是所有组成 CINT2006 核的几何平均。在决定 SPECfp_rate 结果时也采用相同的过程。

DebitCredit 受到了供应商的欢迎，原因是它给出了一个清晰而又客观的性能评估结果。不久以后，大多数供应商都开始使用它，并轻率地宣布他们的好结果。不幸的是，没有正式的机制来核实或驳斥他们的主张。本质上，制造商可以引用任何能使他们在竞争中占有优势的结果。显然，迫切需要一些独立的审查和控制手段。为此，在 1988 年，Omri Serlin 说服了 8 个计算机制造商联合起来，形成了独立的**事务处理性能委员会(TPC)**。今天，TPC 由大约 30 个公司成员组成，包括系统软件和硬件制造商。

TPC 的第一个任务是发布一个带有官方认印的基准测试集。这一基准在 1990 年发布，称为 **TPC-A**。紧跟技术创新的步伐以及基准测试科学的进步，TPC-A 现在是第三次修订的第 5 版，即 **TPC-C 第 5 版**。

TPC-C 基准测试集对批发产品经销公司的活动进行建模。测试集是 5 种事务类型的控制组合，其中这些类型是典型的订单履行系统。这些事务包括新订单启动、库存级别查询、订单状态查询、货物交付过账和付款处理。在这些事务中占有资源最多的是订单启动事务，该事务至少占事务组合的 45%。

TPC-C 采用远程终端仿真软件来模拟一个用户与系统的交互。每一次交互都是通过在屏幕上输入格式化数据进行的，这个屏幕由一个数据录入人员使用。仿真程序从菜单中挑选事务，就像一个真人所做的那样。然而，这些选择是统计随机的以便执行正确的事务组合。输入值(比如客户姓名和零件编号)，也是随机的，以避免数据值重复缓存命中，从而强制进行频繁的磁盘 I/O 操作。

TPC-C 的端到端的响应时间是指从“用户”已完成所需条目的时刻到系统在终端上显示所需响应的时刻。在最新的 TPC-C 规则下，除了库存查询，90% 的事务必须在 5s 内准确完成。库存查询不在五秒规则内，因为在单个查询事务中，库存量可以在多个不同的仓库中进行检查。这个任务比其他任务有更强的 I/O 密集。

记住，TPC-C 测试集模拟使用真实系统中的真实业务过程，每一个更新事务必须支持生产数据库中的一个 ACID 属性。(这些性质在第 8 章已描述过。)TPC-C 的 ACID 属性包括记录锁定和解锁，以及由数据库日志文件记录更新提供的回滚能力。

TPC-C 度量是指在同一系统上同时执行其他交易的情况下，每分钟新订单的交易完成数(tpmC)。TPC-C 测试结果的报告还包括性能价格比，它是通过系统成本除以吞吐量指标得到的。因此，如果一个 90 000 美元的系统吞吐量是 15 000tpmC，则它的价格性能比就是 6tpmC 美元。系统的成本包括所有的硬件、软件以及执行 TPC-C 事务处理所需要的网络组件。测试中使用的每个组件在报告结果时必须是可以向公众出售的。此规则旨在防止使用基准特殊组件。所有包含在生成报告基准测试结果的系统组件都必须列在(详细地)提交给 TPC 的完整的公开报告中。公开配置也必须包括实际测试中的所有可调参数[⊖](例如，编译器开关)。完整报告中还包括“总拥有成本”，这个数字要考虑到 3 年的维护成本以及整个系统的支持成本。

TPC 最近通过模拟在线经纪的 **TPC-E** 基准，改进了(但没有取代)TPC-C 基准。这个新的基准测试的目的是尽可能地反映真实情况，它是一个现代 OLTP 系统的配置。该基准使用虚构的在线经纪，它可以管理客户账户，并代表这些客户进行股票交易。数据表预装了来自美国和加拿大的真实的人口普查数据，以及美国纽约证券交易所和纳斯达克证券交易所的人口数据。工作负载可以根据测试系统的“客户”数量而变化。由此产生的指标是**每秒完成交易次数(tpsE)**、**每 tpsE 的性能价格美元($/tpsE)**以及**每 tpsE 的瓦特(电力消耗数(Watts/tpsE)**。与所有其他的 TPC 基准一样，TPC-E 的结果受严格的审计和真实报告的管制。

当一个供应商向 TPC 提交其 TPC-C 和 TPC-E 结果时，报告中的所有信息都应由独立的审计事务所审计以确保其完整性和准确性。(当然，审核员不能重新运行测试，所以如果测试能正确执行，吞吐量数据通常是用报告指标来计算的。)一旦报告被 TPC 所接受，那么它们就公布在网上以供客户和竞争对手检验。有时，竞争对手或 TPC 本身会挑战制造商的结果。在这种情况下，制造商可以撤回或捍卫其报告。有时，报告会悄悄撤回，因为捍卫这个结果的成本是令人望而却步的，即使制造商在其索赔中有充分的理由。由于测试的配置不再可用，或者系统的下一个模型比旧模型有了较大改动时，所以供应商也可以选择撤回其结果。

TPC-C 和 TPC-E 只是由事务处理委员会提出的两个基准。当 TPC 成立时，商业计算界主要包括事务处理系统，这些系统也支持记账和工资等财务过程。这些系统采用了明确定义的输入集，并产生了明确定义的输出。通常以打印报表和表单的形式进行输出。这种确定性模型缺乏在当今业务环境中提供深层数据分析工具时所需的灵活性。很多公司已经用**决策支持**工具代替了他们的静态报表。这些应用程序访问大量的输入数据以产生用于营销指南和商务物流的业

⊖ 完整披露报告中提供的可调信息是系统管理员寻求优化系统性能的一种宝贵资源，它类似于由 TPC-C 测试报告。因为真正的工作负载并不是和 TPC-C 测试集完全相同的，所以报告中的可调信息可能不会提供最佳的结果，但它往往是一个很好的出发点。

务智能信息。从某种意义上说，决策支持应用程序与事务处理应用程序完全相反。它们需要不同种类的计算机系统。事务处理环境处理大量的短时进程，决策支持系统处理少量的长时进程。

谁也不能期望决策支持系统在进行简单的在线订单状态查询时，会瞬时产生结果。然而，一个人愿意等待的时间是有限的，不管最终结果是否有用。事实上，如果一个决策支持系统"太慢"，那么管理人员就不愿意使用这种系统，从而也就不会达到这种系统的目标。因此，即使在我们愿意等待一段时间以得到答案的情况下，性能也依然是个问题。

TPC 基准测试：一个现实的检验

事务处理性能委员会进行了种种尝试，他们利用 TPC-C、TPC-H 和 TPC-R 基准来对真实场景进行建模。为确保基准包含普遍的商业事务和活动的真实组合，它付出了巨大的努力。这些活动是随机生成的以便产生尽可能多的 I/O 活动。具体地说，数据应该经常从磁盘上获取，而不是从缓存或其他快存中获取。

背后的想法是测试不应该偏向于某一特定类型的架构。如果数据不是随机产生的，那么基准将对那些有大型缓冲存储器的系统有利，而在实际环境中不可能完全拥有这样的系统。

多年来，这个想法直到在 IBM 实习的博士生 Windsor W. Hsu 进行了一系列的实证研究后才遇到了挑战。在 IBM 的阿尔马登研究中心的主持下，Hsu 和他的同事们监视了百万计的事务，这些事务所在的系统由数十个 IBM 的大客户所拥有。Hsu 的工作验证了 TPC 基准测试的许多方面，包括它们的工作负载。然而，Hsu 发现现实世界的活动与 TPC 模型有两个方面的不同。

首先，TPC 基准测试表现出持续且恒定的事务速率。他们这样设计的目的就是为了在峰值工作负载率下充分给系统加压。

但是 Hsu 发现真正的工作负载是具有突发性的。一系列活动发生后，在下一个活动爆发之前会有一个平静期。这对设计者意味着，如果将有效的动态资源分配设施纳入到系统软件和硬件中，那么整体性能就可以提高。虽然许多制造商实际上在使用动态资源分配，但他们的努力在 TPC 基准测试中没有得到回报。

Hsu 的第二个主要结果挑战了 TPC 基准测试中的随机数据和工作负载的概念。他发现，真正的系统比 TPC 程序表现出了更明显的"伪顺序性"。这一发现很重要，因为许多系统从磁盘和内存中预取数据。当使用预取时，实际工作负载从中受益很多。而且，数据访问模式本身的伪顺序性非常适用于最近最少使用(LRU)缓存和内存页面替换策略。而 TPC 基准则没有这一特点。

Hsu 的工作并不是反对 TPC 基准。相反，它放大了一个愚蠢的想法，这个想法认为可以将基准结果扩展到特定真实情况中。虽然 TPC 基准并不像某些人所希望的那样模拟真实世界，但在比较不同系统体系结构的性能时，它们仍然是一个诚实且相当公正的标准。

针对这一较新的计算领域，TPC 提出了两个基准(TPC-H 和 TPC-R)来描述决策支持系统的性能。虽然这些标准都是针对决策支持系统的，但当报告系统的参数已知时(对报告来说，数据库可以索引和优化)，用 TPC-R 基准测试性能。TPC-H 基准测试一个系统如何能产生特设的查询结果，这里查询的参数不是已知的。TPC-H 测试结果用**每小时给定的查询(QphH)**来表示，而 TPC-R 用 QphR 来表示。TPC 把这些结果根据查询运行的数据库大小来进行分类，因为对 100GB 数据的查询和对 1TB 数据的查询是完全不同的任务。

在选择满足企业计算需求方面的系统时，TPC 基准是值得信赖的。使用这些度量的主要缺陷是假设基准在任何特定的工作负载下都可准确地预测出系统的性能。这不是 TPC 的主张或意图。研究表明，一组实际工作负载与TPC工作负载不同。若使用正确，计算机基准是不可或缺的工具。若使用不当，它就会把我们带偏。

11.4.5 系统仿真

TPC基准测试与SPEC基准测试的区别在于，它会尽量模拟完整的计算环境。虽然TPC基准测试的目的是测量性能，但它的仿真环境有助于预测和优化各种条件下的性能。一般来说，仿真给了我们工具，我们可以用此工具来建模并预测系统行为的各个方面，而不必使用仿真程序建模的精确的现场环境。

在估计那些还不存在的系统性能和系统配置时，仿真是非常有用的。思考周全的系统设计者总是在构建产品的商业版本之前对新的硬件和软件进行仿真研究。1967年，斯坦福大学的博士生Norman R. Nielson在他的论文《通用计算机分时系统的分析》中引人注目地表现出了这种方法的智慧之处。Nielson的论文记录了他对IBM尚未公布的360/67分时系统(TSS)的仿真研究。使用IBM发布的规范，Nielson的工作揭示了在360/67 TSS中存在严重的缺陷。他的发现促使IBM在广泛发布新产品之前要先提高系统的设计。

仿真是完整系统中特定方面的模型。它们给系统设计者提供了一种在受控环境中进行"what if"测试的优势，而这种控制环境与实用系统是分离的。假设你对系统能承受的最大限度的并发任务数量感兴趣。可调参数包括每个任务的主存分配和它占用的CPU时间片。根据已知的每一个任务的特点，直到找到一个最优平衡时才调整参数。在有真实任务和真正用户存在的真实环境中，这样的调参方式会引起真正的风险，最坏的情况可能就是没有人能完成任何工作。

系统仿真的一个主要挑战就是确定工作负载的特点。工作负载模型应该与建模的系统组件相符。一种方法是通过检查系统日志来获得一个综合的并在统计上是合理的工作负载概要文件。这是TPC在为TPC-W基准产生工作负载模型时使用的方法。

如果仿真程序只关注系统的一个部件，那么捕获整个系统或整个工作负载的行为将不能产生足够多的数据粒度。例如，系统设计人员试图确定一个理想的组相联存储器缓存的配置。这种配置包括一级和二级缓存的大小，以及每个缓存块的组大小。在对这种类型进行仿真时，仿真程序需要详细的内存访问数据。这类信息通常来源于系统跟踪。

系统跟踪通过使用硬件或软件监视感兴趣部件的活动来收集详细的行为信息。调查跟踪部件实际行为的每个细节，可能包括二进制指令和内存引用。因为数据集的输出非常大，所以跟踪程序只能包含几秒钟的系统活动。在产生有统计意义的模型时，需要多次跟踪。

当设计仿真程序时，必须清晰定义仿真程序的用途。需要良好的工程评价来区分重要和不重要的系统特性。过于详细的模型成本高，并需要花费大量的时间来编写。相反，若仿真程序过于简单，则会导致忽视关键因素而产生误导性的结果。系统仿真是一个非常好的工具，但是像任何工具一样，我们必须确保它是适合该项任务的。系统仿真器必须经过验证以确认模型所建立的假设。最简单的模型是最容易验证的。

11.5 CPU性能优化

CPU性能一直是系统优化的主要焦点。因为CPU吞吐量受到多种因素的影响，所以没有单一的方法来提高CPU性能。例如，程序代码影响指令条数；编译器既影响指令数也影响每条指令所需的平均时钟周期；ISA决定指令条数和每条指令所需的平均时钟周期；而实际硬件组织则确定每条指令所需的时钟周期和时钟周期的长度。

潜在的CPU优化技术包括集成浮点单元、并行执行单元、专用指令、指令流水线、分支预测和代码优化。除了最后两项，其余内容都已经在前面的章节中讨论过，所以我们把注意力放在分支预测和优化用户代码上。

11.5.1 分支优化

现在，对取指-译码-执行指令周期应该非常熟悉了。指令流水线对性能有很大的影响，已纳入到大多数当代体系结构中。但是，在流水线中分支带来了惩罚。考虑一个条件分支的运行情况，在当前指令执行完成的时候才能知道下一条指令的地址。这迫使流水线中的指令流延迟，因为处理器在完成分支指令时才能知道下一条指令。事实上，流水线越长(它所拥有的阶段越多)，在它知道接下来要取哪条指令之前，流水线等待的时间就越长。

现代处理器的流水线越来越长。通常，20%～30%的机器指令都包含分支，研究表明大约有65%的分支会发生。此外，在两个分支之间大约平均有五条指令，这会迫使许多流水线阻塞，从而产生了对减少分支所带来惩罚的需求。造成流水线堵塞的因素称为**冒险**。它们包括数据依赖、资源冲突和从内存中取指的访问延迟等。除了在检测到冒险时停止流水线的运行，几乎无计可施。但是，分支优化是在可控范围内的。由于这个原因，分支预测成为了改善 CPU 性能的焦点。

延迟分支是处理分支对流水线影响的一种方法。例如，在执行条件分支时，执行分支之后的一个或多个指令，而不管分支的输出结果如何。这个想法是利用了分支后边浪费的周期。这是通过在分支后面插入一条指令，然后在分支发生之前来完成这一过程的。实际的结果是在分支生效之前执行紧跟分支的指令。

最好用一个例子来解释这个概念。考虑下面的程序：

```
      Add    R1, R2, R3
      Branch Loop
      Div    R4, R5, R6
Loop: Mult   . . .
```

这将导致对取指(F)、译码(D)和执行(E)流水线的跟踪：

时间槽：	1	2	3	4	5	6
Add	F	D	E			
Branch		F	D	E		
Div			F			
Mult				F	D	E

除法指令给出了一个浪费的指令槽，因为这条指令虽然被取出来了，但是由于分支的关系它没有被译码也未执行。通过颠倒分支指令和另一条无论如何都会执行的指令顺序执行，这个时间槽可以由另一条指令填充：

时间槽：	1	2	3	4	5	6
Branch	F	D	E			
Add		F	D	E		
Mult			F	D	E	

应该明确的是，尽管延迟分支使用了浪费的分支延迟槽，但延迟分支实际上重排了指令的执行顺序。因此，编译器必须执行数据依赖性分析，以确定延迟分支是否可能存在。可能出现的问题是没有指令可以移动到分支之后(进入延迟槽)。在这种情况下，一条 NOP(“空操作”指令，不执行任何操作)放置在分支之后。显然，在这种情况下，分支惩罚与不使用延迟分支

是相同的。

编译器可以通过多种方式选择放置在延迟槽中的指令。第一个选择是执行一条不管分支是否发生都会执行的指令。主要候选指令是分支语句之前的指令。其他可能性包括分支发生时要执行的指令，但分支不发生也无害。相反的方法也在考虑之中：假设分支不发生，但分支发生时也不会造成伤害，则执行该语句。候选指令也包括那些不管这个分支是否发生都不会造成伤害的语句。延迟分支具有硬件成本低的优点，并且依赖于编译器来填充延迟槽。

将分支惩罚最小化的另一种方法是**分支预测**。分支预测是试图猜测指令流中下一条指令的进程，以此避免由分支而导致的流水线阻塞。如果预测成功，则流水线中不会引入延迟。如果预测不成功，必须清洗流水线，并且要放弃所有由错误计算带来的计算。分支预测技术取决于分支特性：循环控制分支、if/then/else 分支、子程序分支。

为了充分利用分支预测，流水线必须保持充满。因此，一旦进行了预测，就会开始取指令并执行。这叫作**推测执行**。这些指令在确认是否需要执行之前就被执行了。如果发现预测不正确，则必须取消之前的操作。

分支预测就像一个黑盒，我们向它提供各种输入数据，并得到一个预测的目标指令作为输出。当被测代码简单地输入这个黑盒时，这就是**静态预测**。如果除了代码，我们还输入了状态历史(以前关于分支指令及其结果的信息)，黑盒使用的就是**动态预测**。**固定预测**是不论分支是否会发生，在每次遇到分支时，预测都是一样的。**真正的预测**有两个可能的结果，要么“执行分支”，要么“不执行分支。”

在固定预测中，当没有分支时，其思想是假定分支不会发生，然后继续顺序执行指令。但是，如果分支发生了，则处理是并行执行的。如果预测正确，则删除预处理信息并继续执行指令。如果预测不正确，则删除推测处理的结果，并使用预处理信息继续在正确的路径上执行。

在固定预测中，假设分支总是执行时，对不正确的预测也有了准备。在推测处理开始之前先保存状态信息。如果猜测正确，则删除这些保存的信息。如果预测不正确，则删除推测处理的结果，并使用保存的状态信息恢复执行环境，此时将执行合适的路径。

动态预测通过使用以前分支记录的历史来提高分支预测的准确性。然后这些信息连同代码一起送入分支预测器(黑盒)。用于分支预测的主要部件是**分支预测缓冲器**。这个高速的缓冲器由分支指令地址的低位进行索引，并利用附加位指示该分支最近是否发生过。分支预测缓冲器总是返回一个以几个二进制位表示的预测。**一位动态预测**采用单一个二进制位记录最后一次出现的分支是否发生了。**两位预测**保留给定分支指令前两次的执行历史。附加位有助于减少循环末尾的预测失误(当循环退出时，不再像以前那样执行分支)。两种分支预测位可以有多种方式表示状态信息。例如，四种可能的二进制位组合模式可以指示分支发生的历史概率(11：强发生；10：弱发生；01：弱未发生；00：强未发生)。仅当错误预测发生两次时，概率才会改变。

分支预测的早期实现几乎完全是静态的。大多数最新的处理器(包括 Pentium、PowerPC、UltraSPARC 和摩托罗拉 68060)使用两位动态分支预测，它有更高的精度和更少的预测失误。在一些超标量处理器中就使用了两位动态分支预测，而在另一些中则将其作为一个选项。许多系统将分支预测处理放到专用电路上，它可以产生更及时准确的预测。

程序优化的技巧

- 给编译器尽可能多的你要做什么的信息，尽可能使用常量和局部变量。如果编程语言允许，请定义原型并声明静态函数。需要时尽量使用数组而不是指针。
- 避免不必要的类型转换并减少浮点数到整数的转换。

- 避免溢出和下溢。
- 使用合适的数据类型(比如 float, double, int)。
- 考虑使用乘法而不是除法。
- 删除所有不必要的分支。
- 尽可能使用迭代而不是递归。
- 构建条件语句(比如 if, switch, case)时把最有可能发生的情况放在最前面。
- 按从大到小的顺序声明结构体中的变量。
- 当程序性能有问题时，在开始优化程序之前对程序进行概要剖析。(**剖析**是将代码分解成小模块并记录这些模块执行时间的过程，以此确定哪些代码占用的时间最多。)
- 永远不要抛弃仅基于原有性能创建的算法。只有在所有算法都充分优化后才能进行公平的比较。

11.5.2 使用好的算法和简单代码

世界上最好的处理器硬件和优化编译器只能使程序运行更快，它们永远也不会和掌握了有效算法和编码设计学的人相同。回顾第 6 章的访问数组行优先与列优先的示例可知，它的基本思想是，将数据访问与存储方式匹配得更紧密可以提高性能。如果一个数组是行优先存储的，但却以列优先的顺序访问它，那么会削弱局部性原则，从而导致性能下降。虽然编译器可以在一定程度上提高性能，但它们的范围主要局限于底层代码优化。程序代码可以对性能的各个方面产生巨大影响，从流水线到内存到 I/O。本节专门介绍，程序员可以利用哪些机制使计算机获得最佳性能。

操作计数是提高程序性能的一种方法。使用这种方法可以估计在循环中执行的指令类型的数目，确定每个指令类型所需的机器周期数。然后可以使用这些信息来实现更好的指令平衡。这样做的目的是尝试为给定的体系结构(如取、存、整型操作、浮点操作、系统调用)用最佳的指令组合来写循环。记住，对一个硬件平台来说是好的指令组合，对于另一个不同的平台可能并不是好的组合。

循环广泛应用于程序中，并且是程序优化的极佳选择。特别是，嵌套循环提供了许多有趣的优化机会。通过一些调查可以改善存储器访问模式并提高指令级并行性。**循环展开**是易于任何程序员掌握的一种方法。循环展开是扩大一个循环的过程，这样每个新的迭代都包含几个原来的迭代，从而在每个循环迭代中可以进行更多的计算。通过这种方式，每次循环都处理几个循环迭代。例如：

```
for (i = 1; i <= 30; i+ +)
   a[i] = a[i] + b[i] * c;
```

当展开(两次)就变成了：

```
for (i = 1; i <= 30; i+=3){
     a[i] = a[i] + b[i] * c;
     a[i+1] = a[i+1] + b[i+1] * c;
     a[i+2] = a[i+2] + b[i+2] * c; }
```

初次检查时，这看上去似乎是一种不好的编写代码的方法。但它减少了循环开销(如索引变量的维护)，并有助于控制流水线中的冒险。它通常可使不同循环迭代中的操作并行执行。此外，由于它具有较少的数据依赖和更好的寄存器，因此它允许更好的指令调度。显然，这会使代码量增加了，所以它不是在程序的每个循环中都可采用的技术。它最好用于那些占执行时间很大一部分的代码段。当将其应用到程序中产生最大改进的部分时，优化努力会给予最大回报。这种技术也适用于 while 循环，尽管它的应用并不那么直接。

另一种有用的循环优化技术是循环合并。**循环合并**是把那些使用相同数据项的循环进行合并。这可以提高缓存性能，提高指令级并行性并减少循环开销。下面为循环上的循环合并：

```
for (i=0; i<N; i++)
   C[i] = A[i] + B[i];
for (i=0; i<N; i++)
   D[i] = E[i] + C[i];
```

会得到：

```
for (i=0; i<N; i++)  {
   C[i] = A[i] + B[i];
   D[i] = E[i] + C[i];}
```

有时候，循环合并的可能性并不像上例那么明显。给定代码段：

```
for (i=1; i<100; i++)
   A[i] = B[i] + 8;
for (i=1; i<99; i++)
   C[i] = A[i+1] * 4;
```

现在还不清楚如何合并这些循环，因为第二个循环使用的是A数组中的值，它是循环计数器前面的一个值。不过，我们可以轻松地重写此代码：

```
A[1] = B[1] + 8;
for (i=2; i<100; i++)  {
   A[i] = B[i] + 8;}
for (i=1; i<99; i++)   {
   C[i] = A[i+1] * 4;}
```

现在我们准备好合并这些循环了：

```
i = 1;
A[i] = B[i] + 8;
for (j=0; j<98; j++)  {
   i = j + 2;
   A[i] = B[i] + 8;
   i = j + 1;
   C[i] = A[i+1] * 4; }
```

循环分解，将大循环分割成小循环，在循环优化中也有一席之地，因为它可以消除数据依赖性并减少因冲突带来的缓存延迟。循环分解的一个例子是**循环剥离**，它是从循环中移走开始或结束语句的过程。这些语句通常包含循环的边界条件。如以下代码：

```
for (i=1; i<N+1; i++)  {
   if (i==1)
      A[i] = 0;
   else if (i= =N)
      A[i] = N;
   else
      A[i] = A[i] + 8;}
```

变成：

```
A[1] = 0;
for (i=2; i<N; i++)
   A[i] = A[i] + 8;
A[N] = N;
```

由于从循环中移除了分支语句，所以这个循环剥离的例子带来了更多的指令级并行。

我们已经提到过**循环交换**，这是重新安排循环的过程，以使存储器被访问的方式更接近于数据被存储的方式。在大多数语言中，循环以行优先方式存储。以行优先的顺序访问数据会比以列优先顺序访问减小缓存失效且局部性更好。

循环优化是提高程序性能的重要工具。它演示了如何使用计算机组成和体系结构的知识编写更好的程序。前面给出的相关内容中包含了在优化程序代码时要记住的一系列注意事项。请仔细考虑这些方法，其中每个提示都考虑了各种系统组成部分。你应该能够解释每一个提示背后的原理。

你尝试越多，就会越成功。要记住，急于使性能提高的一种方法不会直接生效。很多时候，这些想法必须结合起来，才能显现出效果。

11.6 磁盘性能

尽管 CPU 和内存的性能是系统性能中的重要组成，但是优化磁盘性能对系统吞吐量也很关键。大多数用户和系统的交互包括某些类型的磁盘输入和输出。而且，缺页会引起磁盘 I/O，它出现的时机和持续时间超出了用户或程序员的控制范围。具有一个功能正常的 I/O 子系统，总的系统吞吐量要比运行一个差劲的 I/O 子系统高一个数量级。由于性能差异如此之高，所以磁盘系统必须从一开始就得好好设计并好好配置。在整个系统的生命周期中，磁盘子系统必须不断地监视和调整。在本节中，介绍了 I/O 系统性能的主要方面。无论是选择新系统还是想使现有系统处于最佳运行状态，这里介绍的一般概念都是有用的。

11.6.1 理解问题

磁盘驱动器性能问题在整个系统性能中显得尤为突出，原因就是相对于磁盘或内存速度，从磁盘中检索一个条目需要很长的时间。当操作数存到寄存器时，CPU 执行一条指令仅需几纳秒的时间。当 CPU 完成任务之前需要从内存中取操作数时，执行指令的时间将增加到数十纳秒。但当操作数必须从磁盘中读取，这时完成任务所需时间就会猛增到几十毫秒——百万倍的增加！而且，由于 CPU 可以比磁盘驱动器更快地发送 I/O 请求，所以磁盘驱动器就有可能成为吞吐量瓶颈。事实上，当一个系统显示出 CPU 利用率“低”时，可能是因为 CPU 在不断地等待 I/O 请求的完成。这样的系统是 I/O 密集型的。

对于 I/O 性能最重要的一个指标是**磁盘利用率**，即磁盘忙于服务 I/O 请求的时间百分比。换句话说，磁盘利用率给出了当另一个 I/O 请求到达磁盘服务队列时磁盘处于繁忙状态的概率。利用率取决于磁盘的速度和请求到达服务队列的速率。用数学公式来表示：

$$\text{利用率} = \frac{\text{请求到达速率}}{\text{磁盘服务速率}}$$

其中，到达速率是以每秒请求数给出的，磁盘服务速率是由每秒 I/O 操作数(IOPS)给定的。

举例说明，假设某磁盘驱动器在 15ms 内完成一次 I/O 操作。这表示其服务速率大约是 67 次 I/O 操作/s(0.015s 完成一次操作 =66.7 次操作/s)。如果这个磁盘每秒到达 33 次 I/O 请求，那么就说它的利用率约为 50%。50% 的利用率对实际应用的任何系统来说性能都算是好的了。但是，如果系统的 I/O 请求速率是 60 次/s，又会发生什么呢？或者每秒 64 次请求呢？可以使用队列理论的结果模拟增加负载的影响。简而言之，一次请求在队列中花费的时间是和服务时间以及磁盘的忙概率直接相关的，和磁盘空闲的概率间接相关。写成公式的形式为：

$$\text{在队列中花费的时间} = \frac{(\text{服务时间} \times \text{利用率})}{(1 - \text{利用率})}$$

通过替换很容易看到，当 I/O 请求到达率是 60 次请求/s 时，服务时间是 15ms，利用率为 90%。因此，一个请求将不得不在队列中等待 135ms。这个请求的总服务时间为 135ms + 15ms = 150ms。在 64 次请求/s 时(仅增长 7%)，完成时间猛增到 370ms(增加 147%)。当 65 次请求/s 时，在 15ms 完成一次 I/O 操作的磁盘驱动器上所获得的服务时间超过了 0.5s!

排队时间和利用率之间的关系(见上面的公式)如图 11-1 所示。从图中可以看到，曲线的“拐点”(斜率变化最剧烈的点)大约是78%。这就是为什么 80% 的利用率是大多数磁盘驱动器的经验上限。

从模型中可以很容易地看出事情是如何失控的。如果持续请求率为每秒有 68 个 I/O 请求，那么这个磁盘就会不堪重负。如果 25% 的请求生成两个磁盘操作，会发生什么情况呢？这些场景会导致更复杂的模型，但这个问题的最终解决方案在于寻找一种方法将服务时间保持在绝对最小值。这就是磁盘性能优化的全部内容。

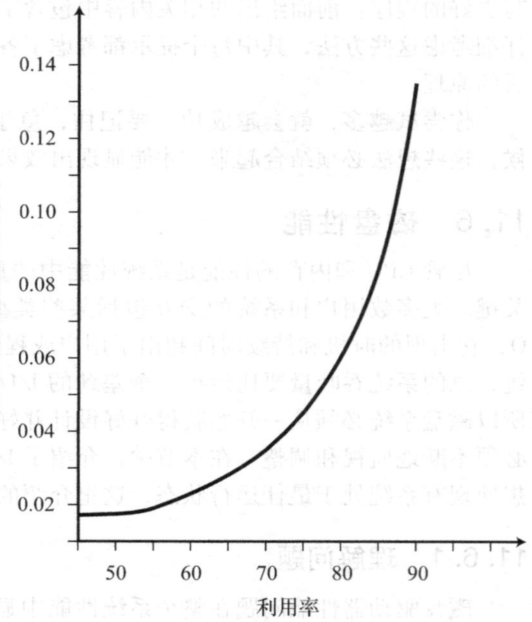

图 11-1　磁盘排队时间相对利用率的示意图

11.6.2　物理因素

在第 7 章中，我们介绍了决定磁盘物理性能的指标。这些指标包括旋转延迟(一个磁盘的额定转速)、寻道时间(磁盘臂从初始位置移动到指定磁道的时间)和传输率(读/写磁头将数据从磁盘表面传送到系统总线的速率)。旋转延迟和寻道时间之和表示磁盘的存取时间。

较低的存取时间和较高的传输率有助于降低总服务时间。也可以通过给磁盘增加盘片，或给系统增加更多的磁盘来减少服务时间。在 I/O 系统中使磁盘数量增加二倍通常会使吞吐量增加 50%。用相同数量的快速磁盘替换现有磁盘也可以显著提高性能。例如，用 10 000r/min 的磁盘更换掉 7200r/min 的磁盘可以带来性能上 10% ~ 50% 的提升。物理磁盘性能指标通常公开在制造商提供的说明书中。因此，品牌之间的比较通常是很直观的。但是实际的性能可能会因使用条件不同而有所不同。性能与磁盘是如何使用的以及固有功能有很大关系。原始速度有它的局限性。

11.6.3　逻辑因素

有时，解决慢速系统的唯一办法就是添加或替换磁盘。但这一步只有在所有其他措施都失败后才能采取。在下面的小节中，我们将讨论逻辑磁盘性能的几个方面。磁盘性能的逻辑因素是那些给我们提供优化和调整的机会和改善系统操作的常规部分的任务。

磁盘调度

在大多数磁盘配置中，磁盘臂运动消耗的服务时间最大。平均旋转延迟(磁盘在读/写头下旋转到目标扇区所花费的时间)对于 7200r/min 的磁盘大约需要移动 4ms，10 000r/min 磁盘大约需要 3ms(这种延迟是旋转半圈所需要的时间)。对同类磁盘，平均寻道时间(将读/写磁头定位到目标磁道所需时间)从 5 ~ 10ms 不等。在许多情况下，这是磁盘旋转延迟时间的两倍。而且，实际寻道时间可能比平均时间慢得多。在一次**全行程寻道**过程中需要多达 15 ~ 20ms 的时间(磁盘臂从最内侧移动到最外侧，或反之)。

显然，提高磁盘性能的途径之一是找到最小化磁盘臂运动的方法。这可以通过优化磁盘扇区的请求顺序来完成。**磁盘调度**可以是磁盘控制器或主机操作系统的功能，但两者不应同时包含这项功能，因为这可能会导致调度冲突，从而使吞吐量降低。

最简单的磁盘调度策略是**先到先服务(FCFS)**。顾名思义，所有I/O请求都按照它们到达磁盘服务队列的顺序进行服务。理解这个问题最简单的方法是通过一个例子。假设一个有100条磁道的磁盘，磁道编号为0~99。在系统中运行的进程发出按以下顺序从磁盘读取磁道的请求：

28,35,52,6,46,62,19,75,21

使用FCFS调度策略，假设目前正在服务磁道40，磁盘臂跟踪模式见图11-2。从图中可以看出，在完成这一系列请求之前，磁盘臂会改变6次方向，遍历了291条磁道。

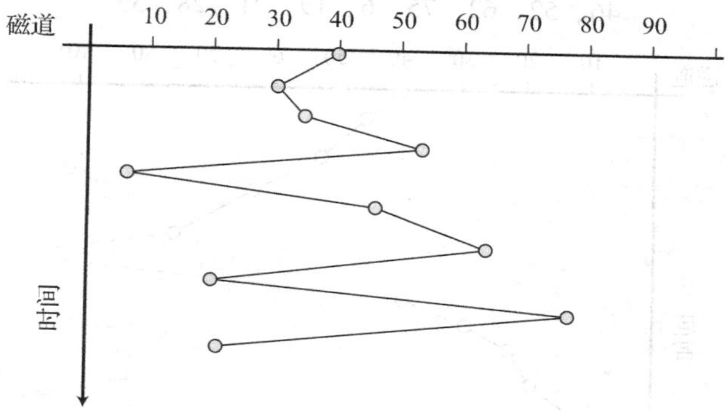

图11-2　使用先到先服务磁盘调度策略的寻道轨迹

当然，如果将请求排序，使磁盘臂仅运动到离它当前位置最近的磁道，则磁盘臂的运动会显著减少。这就是**最短寻道时间(SSTF)**优先调度算法采用的思想。使用和上边一样的磁道请求序列，假设磁盘臂从磁道40开始，使用SSTF磁盘调度策略会产生如下顺序：

35,28,21,19,6,46,52,62,75

这种调度模式如图11-3所示。可以看出，磁盘臂仅改变一次方向并总共遍历了103条磁道。SSTF的一个缺点是有可能会出现**饿死**的情况：理论上，如果一个磁道请求位置远离当前磁盘臂的位置，那么当靠近当前磁盘臂位置的请求到达时，远离当前磁盘臂位置的请求可能会一直在队列的后面。有趣的是，这种调度问题是在最糟糕的下磁盘利用率低。

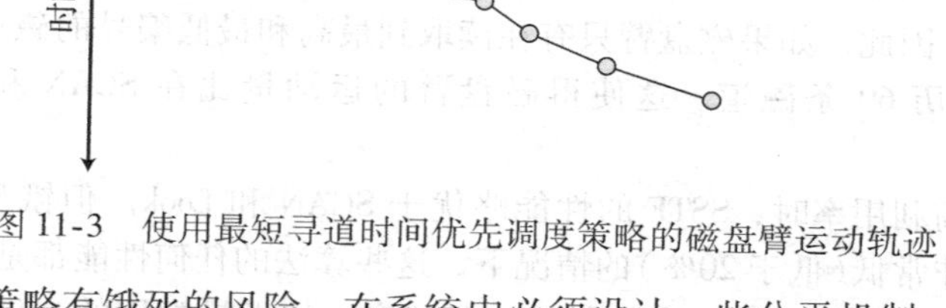

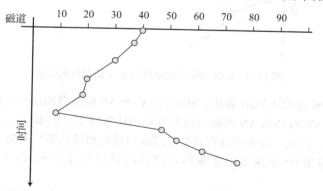

图11-3　使用最短寻道时间优先调度策略的磁盘臂运动轨迹

为了避免SSTF策略有饿死的风险，在系统中必须设计一些公平机制。一个简单的实现方法是让磁盘臂不断地扫过磁盘表面，当它所到达的磁道是队列中所请求的一个磁道时就停下来。这种方法称为**电梯算法**，因为它与摩天大楼中电梯服务乘客的方式相似。在磁盘调度中，电梯算法称为SCAN(不是缩写)。为了说明SCAN策略是如何工作的，假设在我们的示例中，磁盘臂恰好位于磁道40并且正在向内部、编号更大的磁道方向扫描。对同一请求序列，SCAN算法按以下顺序读取磁盘磁道：

46，52，62，75，35，28，21，19，6

磁盘臂在读取磁道75和磁道35之间遍历了99条磁道，然后，在读磁道6之后，回到了磁道0，如图11-4所示。SCAN算法有一个名为C-SCAN的变种在环形扫描中，磁道0被视为与磁道99相邻。换句话说，磁盘臂只沿一个方向运动，如图11-5所示。一旦它通过磁道99，它就移动到磁道0而不停止。因此，在我们的例子中，C-SCAN将按如下顺序读取磁盘磁道：

46，52，62，75，6，19，21，28，35

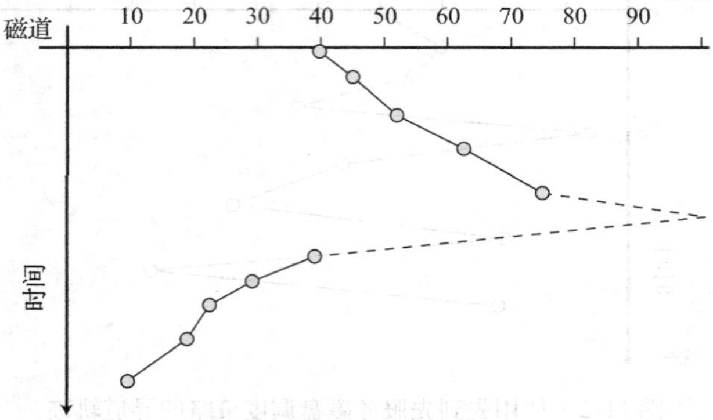

图11-4　SCAN磁盘调度算法中磁盘臂的运动

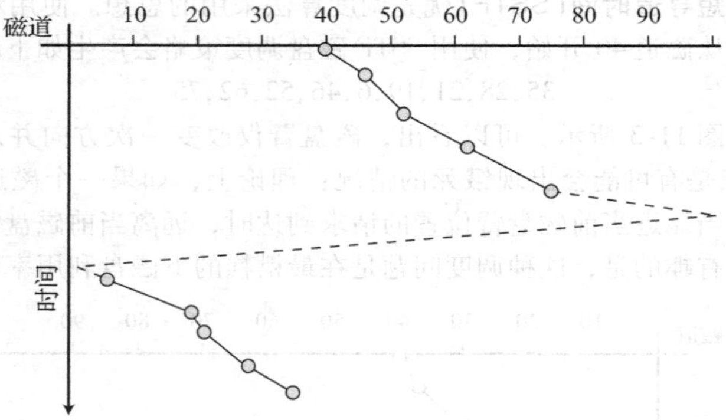

图11-5　C-SCAN磁盘调度算法中磁盘臂的运动

通过使用LOOK和C-LOOK算法，SCAN和C-SCAN磁盘臂的运动可以更进一步减少。在我们的例子中，SCAN和C-SCAN不断扫过所有的100条磁道。但事实上，请求的最小磁道编号是6，最高是75。因此，如果磁盘臂只有在读取到最高和最低编号的磁道时才改变方向，那么磁盘臂就能只遍历69条磁道。这使得磁盘臂的运动量比在SCAN和C-SCAN中节省了约30%。

有趣的是，在高利用率时，SSTF的性能略优于SCAN和Look。但饿死单个请求的风险仍然存在。在利用率非常低(低于20%)的情况下，这些算法的任何性能都是可以接受的。

前面磁盘调度算法的讨论很少涉及文件放置顺序。如果最常用的文件存放在磁盘的中心，那么就可以实现最大性能。尤其重要的是，磁盘目录和内存页(交换)文件。对SSTF和SCAN/LOOK来讲，中央位置提供了最少的磁头运动和最佳的访问时间。最坏的情况出现在文件严重碎片化时，也就是说，文件存放于多个相邻的磁盘位置时。如果磁盘采用SCAN/LOOK调度方法，那么在读取文件结尾之前，可能会出现几次磁头的全行程移动。为此，磁盘应定期进行**碎片整理**，或重组。此外，磁盘不应该占用得太满。另一个经验是当磁盘占用率到80%时，就应该删除一些文件了。如果没有文件可以删除，就该换一个磁盘了。

磁盘缓存和预取

当然，减少磁盘臂运动的最好方法是尽最大可能不使用磁盘。考虑到这个，许多磁盘驱动器或磁盘驱动器控制器都提供了高速缓存存储器。这个存储器可以通过一些专用主存页来补充，这些主存页是专门用于I/O子系统的。磁盘高速缓存通常采用组相联。因为，组相联缓存搜索有点耗时，性能可能比较小的磁盘缓存更高一点，因为它的命中率通常很低。

对应于I/O子系统的主存页作为磁盘的二级缓存来使用。在大型服务器上，为此目的留出的页数是一个可调的系统参数。如果主存想让利用率高，分配给I/O子系统的页面数量就必须减少。否则，会导致大量的缺页，从而破坏了使用主存作为I/O高速缓存的目的。

主存储器I/O缓存可以通过在主机上运行操作系统软件来管理，也可以由生成I/O的应用程序来管理。应用级缓存管理通常提供了优越的性能，因为它可以利用应用程序的专有特性。最好的应用程序会给用户一些对缓存大小的控制权，这样就可以让用户针对主机的主存利用率来对缓存大小进行调整，以防止发生过多的缺页。

很多基于磁盘驱动器的缓存使用**预取**技术来减少磁盘访问时间。预取在概念上类似于CPU到主存的缓存技术：两者都是利用局部性原则以获得更好性能的。当使用预取技术时，一个磁盘会读取请求扇区后面的扇区，并期望一个或多个后续扇区也“很快”会用到。实际研究表明，50%以上的磁盘访问在本质上是连续的，因此预取技术使性能平均增加了40%。

预取的缺点是有**高速缓存污染**现象。当缓存中填充了不需要的数据时，缓存污染就会发生，从而使有用数据的可用空间变小。与主存缓存一样，可采用不同的替换算法来保持缓存清洁。这些策略和CPU到主存缓存中使用的一样(LRU、LFU以及随机替换算法)。此外，由于磁盘缓存充当着写入到磁盘数据的中转区，所以一些磁盘缓存管理方案简单地收回已写入磁盘的所有字节。

读取数据和将数据写入磁盘的根本区别导致了许多棘手的缓存问题。首先也是最重要的，缓存是易失性存储器。如果发生大规模系统故障，则缓存中的数据就都丢失了。假设运行在主机上的应用程序确信数据已经提交到磁盘，而实际上数据却还驻留在缓存中。如果缓存失败，数据就会消失。这会导致严重的数据不一致，如ATM吐出了钱，却没有记在客户账户中。

为了防止缓存掉电，一些基于磁盘控制器的缓存会进行**镜像**并给它提供一个备用电池。当缓存镜像时，控制器包含两个相同的缓存；它们同时运行，每个时刻都包含相同的数据。另一种方法是采用第6章中讨论的写直通缓存。在缓存中保留数据副本，以备“很快地”再次用到，但它同时会写入到磁盘中。操作系统发出的信号表示只有在数据实际存放到磁盘上之后，I/O才算完成。为了提供更好的可靠性，性能在一定程度上会受到损害。

当吞吐量比可靠性更重要时，系统可以使用写回缓存策略。回想一下可知，有两种类型的写回策略。最简单的是磁盘周期性地读取缓存(通常每分钟两次)，并将它找到的所有脏块都写入磁盘。如果关注可靠性，则上述周期可以缩短(以牺牲性能为代价)。一种更复杂的写回算法采用**机会**写入。通过这种方法，脏块在缓存中等待，直到对同一个柱面的读取请求到达为止。写操作由读操作“捎带”着。这种方法会降低读取性能，但可以提高写入的性能。许多系统将周期写回和机会写回策略结合起来使用，力求在效率和可靠性之间取得平衡。

选择优化磁盘性能所涉及的折中方案是很困难的。我们的首要职责是确保数据的可靠性和一致性。但是，当易失性缓存补偿了访问时间延迟时，也就实现了最高吞吐量。带后备电池的缓存很昂贵。增加磁盘以提高吞吐量也是一种昂贵的选择。从磁盘写操作中去掉缓存中介可能会导致性能下降，尤其是在磁盘利用率高的情况下。用户很快就会抱怨响应时间过长，而当你要求他们为磁盘升级付费时，财务人员就会抱怨。请记住，无论价格多贵，升级磁盘子系统总比找回丢失的数据更便宜。

本章小结

本章给出了描述计算机性能的两个方面：性能评价和性能优化。你应该从本章中了解了计算机性能的关键度量以及如何正确地总结它们。具体来说，应该知道算术平均不适用于剧烈变化的数据，不应该与速率或比率一起使用。当数据剧烈变化时，几何平均是有用的，但这个值不能用来预测性能。调和平均适合比较速率，它也可用于性能预测。但是，当使用调和平均来比较相对的系统性能时，对参考机的选择要比几何平均更为敏感。

在本章中，解释了一些比较流行的基准测试程序和测试集。其中最可靠的是由公平的监督机构(如SPEC和TPC)制定和管理的基准。不管使用哪一种，基准都应该根据特定的应用程序来解释。记住，没有一个单一的度量标准可以普遍适用于所有情况。

计算机性能直接依赖于计算机部件的优化。我们研究了计算机主要系统部件性能的影响因素。由于使用各种优化技术和设置了性能提高的上限，阿姆达尔定律给我们提供了一个确定潜在加速比的工具。需要优化的领域包括CPU性能、内存性能和I/O。CPU性能依赖于程序代码、编译技术、ISA和硬件的底层技术。分支指令对流水线性能有巨大的影响，它反过来对CPU性能会有重要的影响。分支预测是消除由分支带来的问题的一种方法。固定和静态的分支预测方法比动态技术的准确度低，但是可以用更低的成本实现。

I/O性能是磁盘驱动器逻辑和物理特性的函数。如果不更换硬件，就无法提高物理磁盘的性能。但是逻辑磁盘性能的许多方面都适合于调优和优化。这些因素包括磁盘利用率、文件存放和存储器缓存的大小。良好的性能报告工具不仅会提供完整的I/O统计数据，而且还会提供调优建议。

系统性能评价和优化是系统管理员的两项最重要的任务。在本章中，只给出了与平台无关的一般信息。一些最有用和最有趣的信息可在供应商提供的手册和培训研讨会上找到。这些资源对于系统调优工作的持续有效性至关重要。

扩展阅读

在计算机总体设计背景下，Hennessy和Patterson(2011)的书提出了最受重视的计算机性能处理方法之一。书中将性能考虑贯穿于计算机体系结构的各个方面。一本专门介绍计算机性能的综合教科书是Lilja(2005)编写的，其可读性强并深入讲解了系统度量的分析和设计。它对数学性能评估的介绍因为清晰性强，所以是尤其值得注意的。Severance和Dowd(1998)的书具有很好的程序和调试软件以及基准，包括高性能计算的详细信息。Musumeci和Loukides(2002)的书也对系统性能提供了很好的介绍。

除了上边引用的这些书，Fleming和Wallace(1996)以及Smith(1998)的论文为选择正确的统计方法提供了坚实的数学依据。他们还对性能指标具有争议的本质进行了讨论。

在讨论统计陷阱和谬误时，不讨论统计学的图形表示也会导致得出不正确的结论和假设。如果想研究通过图形设备显示的统计信息，推荐你详细阅读Tufte(2001)的书。你会感到惊讶、高兴和困惑。我们也推荐Huff(1993)经典的书。这本薄薄的书(原本是1954出版的)用的信息和插图娱乐读者已经近60年了。

Price(1989)的论文对很多早期的综合基准做了很好的描述，这些基准包括Whetstone、Dhrystone以及其他几种本章没有讲到的基准。另一本综合概括早期基准的论文见Serlin(1986)的文章。Weicker(1984)的书中给出了原始的Dhrystone基准。之后他在1990年的研究中也给出了包括LINPACK、Whetstone和一些20世纪80年代就已经出现的基准(比如SPEC组件)。Grace(1996)的书对每一种主要的基准都有着详尽的描述。它覆盖了包括本章和许多其他的内容，包括特定于Windows和UNIX环境的基准。

令人惊讶的是，MFLOPS的数字源自标准的基准测试程序，这与早期的浮点SPEC基准密切相关。你会发现 Giladi(1996)的书中对这种异常进行了详细的论述，书中也深入讨论了 Linpack 浮点基准。对于 SPEC CPU 基准测试的详细解释，见 Henning(2006)。对于所有的 SPEC 基准测试可以在 SPEC 的网站找到，网址为 www. spec. org。

TPC 基准测试的开创性文章是由 Jim Gray(1985)匿名发表的。(他赞扬了许多影响 TPC 最终形式的人，因为他把论文交给了成千上万的人以听取他们的建议。他拒绝单独署名，匿名发表了论文。所以许多人引用此源为“无名氏等人。”)论文给出了事务处理委员会的背景和哲学思想。更多的信息可以在网站上找到：www. tpc. org TPC。

Hsu、Smith 和 Young(2001)的书提供了与 TPC 基准比较时实际工作负载的详细内容。文章还演示了使用跟踪分析进行性能数据收集。

这里不能缺少有关 I/O 系统性能的信息。Hennessy 和 Patterson(2011)的书非常详细地讨论了这个话题。一个优秀的(虽然比较久远)磁盘调度策略的研究可以在 Oney(1975)的著作中找到。Karedla、Love 和 Wherry(1994)的著作对磁盘缓存的性能提供了一个清晰深入的讨论。Reddy(1992)的著作对 I/O 系统结构进行了很好的概述。

参考文献

Fleming, P. J., & Wallace, J. J. “How Not to Lie with Statistics: The Correct Way to Summarize Benchmark Results.” *Communications of the ACM 29*:3, March 1996, pp. 218–221.

Giladi, R. “Evaluating the MFLOPS Measure.” *IEEE Micro,* August 1996, pp. 69–75.

Grace, R. *The Benchmark Book.* Upper Saddle River, NJ: Prentice Hall, 1996.

Gray, J., et al. “A Measure of Transaction Processing Power.” *Datamation 31*:7, 1985, pp. 112–118.

Hennessy, J. L., & Patterson, D. A. *Computer Architecture: A Quantitative Approach*, 5th ed. San Francisco: Morgan Kaufmann Publishers, 2011.

Henning, J. L. “SPEC CPU 2006 Benchmark Descriptions.” ACM SIGARCH News *34*:4, September 2006, pp. 1–17.

Hsu, W. W., Smith, A. J., & Young, H. C. “I/O Reference Behavior of Production Database Workloads and the TPC Benchmarks—An Analysis at the Logical Level.” *ACM Transactions on Database Systems 26*:1, March 2001, pp. 96–143.

Huff, D. *How to Lie with Statistics.* New York: W.W. Norton & Company, 1993.

Karedla, R., Love, J. S., & Wherry, B. G. “Caching Strategies to Improve Disk System Performance.” *IEEE Computer,* March 1994, pp. 38–46.

Lilja, D. J. *Measuring Computer Performance: A Practitioner’s Guide.* New York: Cambridge University Press, 2005.

Musumeci, G.-P., & Loukides, M. *System Performance Tuning*, 2nd ed. Sebastopol, CA: O’Reilly & Associates, Inc., 2002.

Oney, W. C. “Queueing Analysis of the Scan Policy for Moving-Head Disks.” *Journal of the ACM 22,* July 1975, pp. 397–412.

Price, W. J. “A Benchmarking Tutorial.” *IEEE Microcomputer,* October 1989, pp. 28–43.

Reddy, A. L. N. “A Study of I/O System Organization.” *ACM SIGARCH Proceedings of the 19th Annual International Symposium on Computer Architecture 20*:2, April 1992, pp. 308–317.

Serlin, O. “MIPS, Dhrystones, and Other Tales.” *Datamation,* June 1 1986, pp. 112–118.

Severance, C., & Dowd, K. *High Performance Computing*, 2nd ed. Sebastopol, CA: O’Reilly & Associates, Inc., 1998.

Smith, J. E. “Characterizing Computer Performance with a Single Number.” *Communications of the ACM 32*:10, October 1998, pp. 1202–1206.

Tufte, E. R. *The Visual Display of Quantitative Information*, 2nd ed. Cheshire, CT: Graphics Press, 2001.

Weicker, R. P. "Dhrystone: A Synthetic Systems Programming Benchmark." *Communications of the ACM 27*, October 1984, pp. 1013–1029.

Weicker, R. P. "An Overview of Common Benchmarks." *IEEE Computer*, December 1990, pp. 65–75.

复习题

1. 当我们说一个程序或系统是存储器密集型的时候，请解释这意味着什么。我们还讨论了哪些密集类型？
2. 关于性能优化，阿姆达尔定律告诉了我们什么？
3. 哪种均值可以用于比较速率？
4. 算术平均不适用于哪种类型的数据？
5. 给出最佳性能的定义。
6. 什么是性能价格比？什么使得它难以应用？
7. 当用 MIPS 或 FLOPS 衡量系统的吞吐量时，缺点是什么？
8. Dhrystone 基准不同于 Whetstone 基准和 Linpack 基准之处是什么？
9. 由 SPEC CPU 基准解决的 Dhrystone、Whetstone 和 Linpack 基准中不足之处是什么？
10. 解释术语基准营销。
11. TPC 的关注点和 SPEC 的有什么不同？
12. 解释延迟分支。
13. 什么是分支预测？它的用途是什么？
14. 给出流水线冒险的 3 个例子。
15. 定义术语循环合并、循环分解、循环剥离和循环交换。
16. 根据排队论，什么是重要的磁盘利用率百分比？
17. 使用 SSTF 磁盘调度算法的风险是什么？
18. LOOK 和 SCAN 的区别在哪里？
19. 什么是磁盘预取？它的优缺点分别是什么？
20. 缓冲磁盘写入的优缺点是什么？

习题

◆ 1. 表 11-2 给出了系统 A 和系统 B 两台计算机上的混合执行时间和运行时间。在本例中，系统 C 比系统 A 快 83%。表 11-3 给出了系统 A 使用不同执行结构时的运行时间。使用表 11-3 所示的混合执行结构，计算系统 C 会比系统 A 快多少。使用表 11-2 所示的原始统计，系统 A 的性能在新的执行结构中会下降多少？

2. 参考表 11-3 所示的从程序 v、w、x、y 和 z 中引用的性能数据，计算系统 B 和系统 C 使用系统 A 作为参考系统时的程序运行时间的几何平均。验证中值的比率与使用其他两个系统作为参考系统时得到的结果是一致的。

◆ 3. 3 个系统运行 5 个基准的执行时间见下表。比较每一个系统的相对性能（也就是说，A 到 B、B 到 C 以及 A 到 C），要求使用算术平均和几何平均。有什么意料之外的事情吗？请解释之。

程序	系统 A 的执行时间	系统 B 的执行时间	系统 C 的执行时间
v	150	200	75
w	200	250	150
x	250	175	200
y	400	800	500
z	1 000	1 200	1 100

4. 3个系统运行5个基准的执行时间见下表。比较每一个系统的相对性能(也就是说，A到B、B到C以及A到C)，要求使用算术平均和几何平均。有什么意料之外的事情吗？请解释之。

程序	系统A的执行时间	系统B的执行时间	系统C的执行时间
v	45	125	75
w	300	275	350
x	250	100	200
y	400	300	500
z	800	1 200	700

5. 正在销售数据库管理优化软件的公司联系你推销他的产品。其代表性卖点就是存储器管理软件将会降低系统中的缺页率。她给你一个30天的软件免费试用期。但是，在安装此软件之前，你决定首先确定系统的基准。在一天中的特定时刻，你会取样并记录系统中发生的缺页率(使用系统诊断软件)。在安装完软件之后，你也做了同样的事。那么安装了新的存储器管理软件之后，系统的平均性能提高了多少？(提示：使用调和平均。)

缺页率和一天中的测试时刻见下表。

时间	安装新软件之前的缺页率	安装新软件之后的缺页率
02:00 ~ 03:00	35%	45%
10:00 ~ 11:00	42%	38%
13:00 ~ 14:00	12%	10%
18:00 ~ 19:00	20%	22%

6. 综合基准(比如Whetstone和Dhrystone)的局限性是什么？综合基准的概念能够扩展以克服这些局限吗？请解释你的答案。

◆**7.** 如果一个销售商对你说他的系统在运行50%的SPEC基准核程序时速度两倍于主要竞争对手的系统，你会怎么说？这里体现的是什么谬论？

8. 假设你正在考虑购买一台新的计算机系统。除了系统X的模型Q之外，对于所有正在考虑的系统，你都有合适的基准测试结果。系统X的模型S的基准测试结果已经有了，并且它们不如其他几个竞争品牌的结果好。为了完成你的研究，你打电话给销售系统X计算机的人，并且问他们什么时候公布模型Q的测试结果。他们说，不会很快发布结果，但是因为模型Q的磁盘驱动器给出的平均访问时间为12ms，而模型X的平均访问时间为15ms，因此模型Q的性能比模型S要好25%。你怎么计算系统X的模型Q的性能指标？

◆**9.** 比较两个不同的SPEC CPU版本(如SPEC95和SPEC2000)的测试结果有什么价值？

10. 除了零售部门外，还有哪些机构需要交易处理系统具有良好的性能？请对你的答案做出解释。

◆**11.** 如果你正在考虑购买一个在DNA研究中要用到的系统，那么在本章所讨论的基准中，哪一个对你最有用？你为什么选择这个基准？你对其他基准感兴趣吗？请解释为什么感兴趣或为什么不感兴趣。

12. 假设某个朋友请你帮助他做一个决定，到底应该买哪种计算机以供他在家使用。在比较各制造商和模型时，你希望得到什么？在这种情况下，你的思路和你给雇主买可在因特网上接受客户订单的网络服务器有何不同？

◆**13.** 假设你刚刚分配到一个委员会工作，该委员会刚接到购买一个新的企业文件服务器的任务，该服务器应支持客户账户活动以及许多管理功能，例如生成每周的工资报表。(是的，一个委员会经常做出上述决策!)委员会中的一个成员刚刚了解到某特定系统已经在SPEC CPU2000基准测试中淘汰了竞争对手。他现在坚持要求委员会购买这些系统中的一种。对此，你的反应是什么？

***14.** 我们讨论了调和平均应用于计算机系统性能评价中的局限性。很多评论家建议SPEC基准应该使用调

和平均来代替。建议某个“工作”单位重新修订SPEC基准作为速率指标。使用SPEC网站上的结果测试你的理论，其网址为www.spec.org。

*15. SPEC和TPC都发布了关于网络服务器系统的基准。访问这些组织的网址（www.spec.org和www.tpc.org）来找到相同的（或可比较的）系统，它们在两个网站上都会公布测试结果。讨论你的发现。

16. 我们提到，在系统跟踪中会将大量的数据收集到一起。为了使你对所包含的实际数据量有一些了解，假设正计划安装一个硬件探测器，它可以报告系统中程序计数器、指令寄存器、累加器、存储器地址寄存器和存储器缓冲寄存器的内容。系统时钟频率为1GHz。在系统时钟的每一个周期内，这5个寄存器的状态都会写入到与探测器电路连接的非易失存储器中。假设每个寄存器都是64位的，如果探测器需要收集2s的数据，则它需要多大的存储容量？

17. 11.5.2节给出了可以提高程序性能的几种方法。对于补充材料中的每个提示，请说明其是否涉及了计算机组成和体系结构问题。如果是这样的话，请解释所给建议背后的理由。如果你觉得补充材料中缺少任何内容，请在分析中添加你的建议。

18. 在讨论磁盘物理方面的性能时，我们说，将7200r/min的磁盘用10 000r/min的磁盘代替可以带来10%~50%的性能提升。为什么只有10%的提升？难道就不会发生根本就没有任何提升的情况吗？请解释。（提示：旋转延迟不是决定磁盘性能的唯一因素。）

19. 对下面给出的磁道请求序列，计算使用FCFS、SSTF、SCAN和LOOK算法进行磁盘遍历时的磁道数。在第一个请求到达磁盘请求队列时，读/写磁头位于磁道50，正在向外移动（编号小的方向）。（提示：磁盘臂经过的每一条磁道都会计入总数，不管读不读此条磁道。）

54，36，21，74，46，35，26，67

20. 当磁道请求序列变为：82，97，35，75，53，47，17，11，重新计算上一题。

21. 某个品牌的磁盘驱动器的磁盘臂经过某条磁道但不做停留需要花费的时间为500ns。但是，一旦磁头到达了所请求的一条磁道，则在开始读或写之前，需要2ms的时间“驻留”在该磁道上。基于这些时间，比较采用FCFS、SSTF和LOOK算法完成以下给定的磁道调度所需要的相对时间。你需要比较SSTF和FCFS、LOOK和FCFS以及LOOK和SSTF。

与上面的问题一样，当第一个请求到达磁盘请求队列时，读/写头位于磁道50，向外侧（编号小的方向）磁道移动。

所请求的磁道序列是：35，53，90，67，79，37，76，47。

22. 对下述给定的磁道访问序列（假设读/写磁头位于磁道50，向外移动），重复第21题：

48，14，85，35，84，61，30，22

*23. 在对SSTF磁盘调度算法的讨论中，我们陈述了饿死问题“最糟糕的是磁盘利用率低”。请解释为什么这样。

◆24. 某个微处理器需要2、3、4、8或12个机器周期来实现各种操作。总共有25%的指令需要2个机器周期，20%的指令需要3个机器周期，17.5%的指令需要4个机器周期，12.5%的指令需要8个机器周期，最后还有25%的指令需要12个机器周期。

◆a）在这个微处理器中每条指令所需要的平均机器周期数是多少？

◆b）这个微处理器要想成为一个“1 MIPS”处理器，则其时钟频率（每秒的机器周期数）应是多少？

◆c）假设这个系统需要额外20个机器周期从存储器中取出操作数。它必须分给存储器40%的时间。则在这个微处理器中每条指令所需的平均机器周期数是多少（包括存储器取指时间）？

25. 某个微处理器需要2、4、8、12或16个机器周期来实现各种操作。总共17.5%的指令需要2个机器周期，12.5%的指令需要4个机器周期，35%的指令需要8个机器周期，20%的指令需要12个机器周期，最后还有15%的指令需要16个机器周期。

a）在这个微处理器中每条指令所需要的平均机器周期数是多少？

b）这个微处理器要想成为一个1 MIPS处理器，则其时钟频率（每秒的机器周期数）应是多少？

c）假设这个系统需要额外16个机器周期从存储器中取出操作数。它必须分给存储器30%的时间。则在这个微处理器中每条指令所需的平均机器周期数是多少，包括存储器取指的时间？

26. Herbert Grosch 在 20 世纪 40 年代就已经成为著名的计算机科学家。1965 年，他提出把所谓的“humbly”应称为 Grosch 定律。这个定律的解释如下：

> 计算机性能按照成本的平方增加。如果计算机 A 的成本是计算机 B 的两倍，那么你应该期望计算机 A 的速度是计算机 B 的四倍。

请使用任何 TPC 基准来确认或驳斥这种说法。当把你的比较限定在相似的系统时，会发生什么？更具体地，检查仅运行同一类操作系统和数据库软件系统的性价比。当不限定比较相似系统时会发生什么？当你选择一个不同的基准(比如，TPC-W 与 TPC-C 对比)时，这些结果会改变吗？讨论你的发现。

第12章

The Essentials of Computer Organization and Architecture, Fourth Edition

网络的组成和体系结构

12.1 引言

20世纪80年代，Sun微系统公司用朗朗上口的口号发起了一个重要的广告战。几十年前，这种声音肯定是雷声大雨点小，但是它就像是旷野中的声音，它预示着今天的全球商业核心是用万维网连接的世界。不联网的商业计算机现在都已过时和落伍了。

本章将介绍庞大而复杂的数据通信领域，特别侧重于因特网方面。我们将从历史、理论和实践的角度审视架构模型(网络协议)。一旦知道了网络是如何运作的，你就可以了解构成网络结构的许多组成部分。我们的目的是给你一个广阔的技术和术语视野，这些技术和术语是每个计算机专业人员在职业生涯中都会遇到的。懂计算机、也要懂网络。

12.2 早期的商用计算机网络

今天的计算机网络沿着两个不同的路径发展。一条路径是针对实现快速和准确的业务交易的，而另一个的目的是促进学术界和科学界的协作和知识共享。

各种类型的数字网络都渴望以尽可能最简单、最快速和最合算的方式分享计算机资源。计算机越昂贵，在尽可能多的用户之间分享计算机的动机越强。在20世纪50年代，大多数计算机价值数百万美元，只有最富有的公司才能买得起几个系统。当然，在远离公司工作的员工对计算机资源的需求与在公司办公的同事一样多，所以不得不设计一些方法使他们连接到公司。几乎每个厂商都有不同的连接解决方案。在这些厂商中最占优势的是IBM的**系统网络体系结构**(SNA)。这种不断改进的通信体系结构，已经使用了30多年。

IBM的SNA是一种在物理设备(称为**物理单元**或**PU**)之间进行端到端通信的规范。逻辑会话(被称为**逻辑单元**或**LU**)发生在物理设备之上。在原来的体系结构中，系统的物理组成部分包括终端、打印机、通信控制器、多路复用器和前端处理器。前端处理器位于主机(大型机)系统和通信线路之间。它们管理了所有的通信开销，包括轮询每个通信控制器，通信控制器依次轮询每个连接的终端。这种体系结构如图12-1所示。

IBM的SNA用到高速事务项目和客户服务查询中。甚至在网速为9 600bit/s时，当所有网络部件在正常负载下工作时，访问主机上的数据几乎可以瞬间完成。然而，这种速度是以牺牲灵活性和互操作性为代价的。管理和支持这些网络的人力开销是巨大的，连接其他厂商的设备和网络往往是一项复杂的软件和硬件工程。在过去的30年中，SNA已经适应了变化的商业需求和网络环境，但是基础概念基本上仍是几十年以前的。事实上，这种体系结构设计的如此好，以至于它的许多方面最终形成了国际体系结构(OSI)的基础。我们会在12.4节中讨论OSI。虽然SNA对年轻的数据通信科学贡献很多，但是该技术已经完成了它的使命。在绝大多数装置中，它已经被开放的因特网协议所替代。

12.3 早期的学术和科研网络：因特网的根源和体系结构

冷战时期，在偏远的科研机构中美国科学家在政府的资助下努力工作，试图保持美国的军事优势。当美国在技术竞赛中已经落后时，美国政府创建了一个名为**高级研究计划局**(**ARPA**)

的组织。然而，为了完成工作这个组织需要的复杂计算机是罕见和极端昂贵的，甚至用五角大楼的标准衡量仍然很昂贵。不久，有人想到建立通信链路以连接分散在美国各地的几台超级计算机，计算资源可以由无数具有相似目的的研究者共享。此外，这个网络被设计有足够的冗余，即使核战争打掉了大量的节点或通信线路仍可以提供连续的通信。为此，1968 年 12 月位于马萨诸塞州剑桥的一家称为 BBN 的咨询公司(现在的 Genuity Corporation)签下了建造这样一个网络的合同。1969 年 12 月，犹他州大学、加州大学洛杉矶分校、加州大学圣塔芭芭拉分校和斯坦福研究所 4 个节点上网。ARPA 网逐渐扩大到了更多的政府和研究机构中。当里根总统把 ARPA 的名字改为**国防高级研究计划局(DARPA)**后，ARPA 网变成了 **DARPA 网**。(译者注：Defense Advanced Research Projects Network 应为 Defense Advanced Research Projects Agency。)20 世纪 80 年代初，节点以每个月增加一个多一点的速率增长。然而，军方研究人员最终放弃了 DARPA 网，以更安全的网络来替代它。

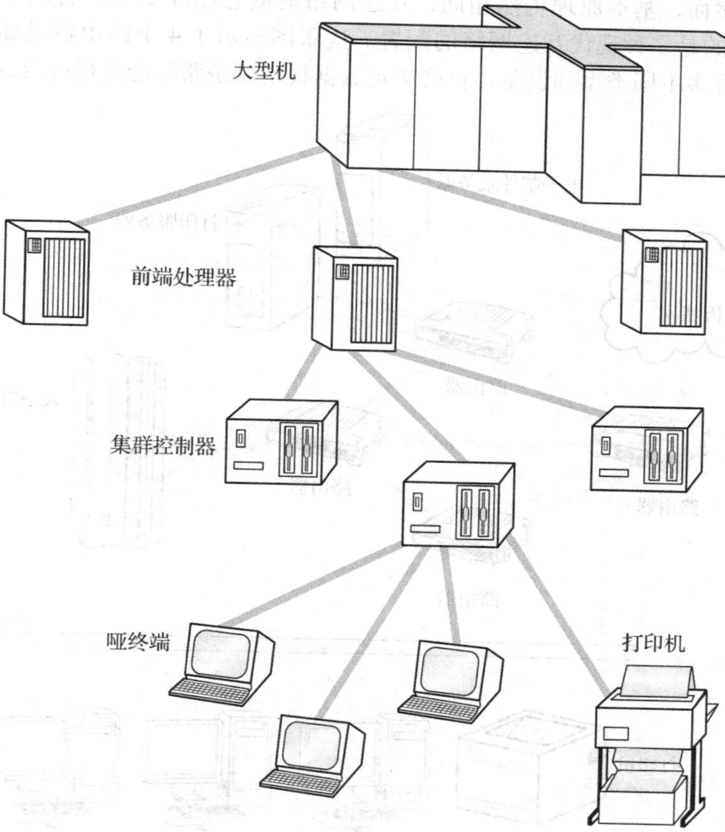

图 12-1　轮询网络的一种层次结构

1985 年，美国国家科学基金会(NSF)建立了自己的网络 **NFS 网**，以支持科学和学术研究。NFS 网和 DARPA 网服务于相似的目标和相似的用户群体，但是 NSF 网的容量超过了 DARPA 网。因此，当军队放弃了 DARPA 网时，NSF 网接收了 DARPA 网，成为了我们现在所了解的因特网。20 世纪 90 年代初，NSF 网已经不能满足 NSF 的使用了，所以开始建造更快、更可靠的 NSF 网。公共因特网的管理交给了私人、国家和地区的企业，如 Sprint、MCI 和 PacBell 等一些企业。这些公司买了 NSF 网的骨干网，并出售骨干网容量给各种**因特网服务提供商(ISP)**赚钱。

原来的 DARPA 网(也就是现在的因特网)将在热核战争中幸存下来。因为，不像 20 世纪 70 年代存在的所有其他网络，DARPA 网在系统之间没有专用的连接。取而代之的是信息沿着所有可以获得的路径传播。同属于一个会话的数据流的各个部分能够从不同的路径到达目的地。健壮性的关键是**数据报**消息包的想法，消息包用数据块的方式携带数据，代替了 SNA 模型使用的数据流方式。每个数据报都有地址信息，因此，每个数据报都可以作为一个独立的单元来传送。

DARPA 网的第二个革命性成果是创立了一种统一的协议，用于网络上不同速度的不同主机之间的通信。因为 DARPA 网连接了很多不同类型的网络，所以 DARPA 网称为**互连网络**。按照原来的说明，主机使用**接口消息处理器(IMP)**连接到 DARPA 网。IMP 负责 DARPA 网的语言到本地主机系统通信语言之间的协议翻译，所以在 IMP 和主机之间能够使用任何通信协议。今天，路由器(将在 12.6.7 节中讨论)已经替代了 IMP，并且与 20 世纪 70 年代相比通信协议的异构性更小了。然而，基本原理仍然相同，互连网络的概念已经变为因特网事实上的同义词了。图 12-2 所示的是一种现代互连网络的配置。这张图显示了 4 个路由器是如何形成网络核心的。它们连接许多不同类型的设备，自己决定数据报走哪条路可能是最有效的。

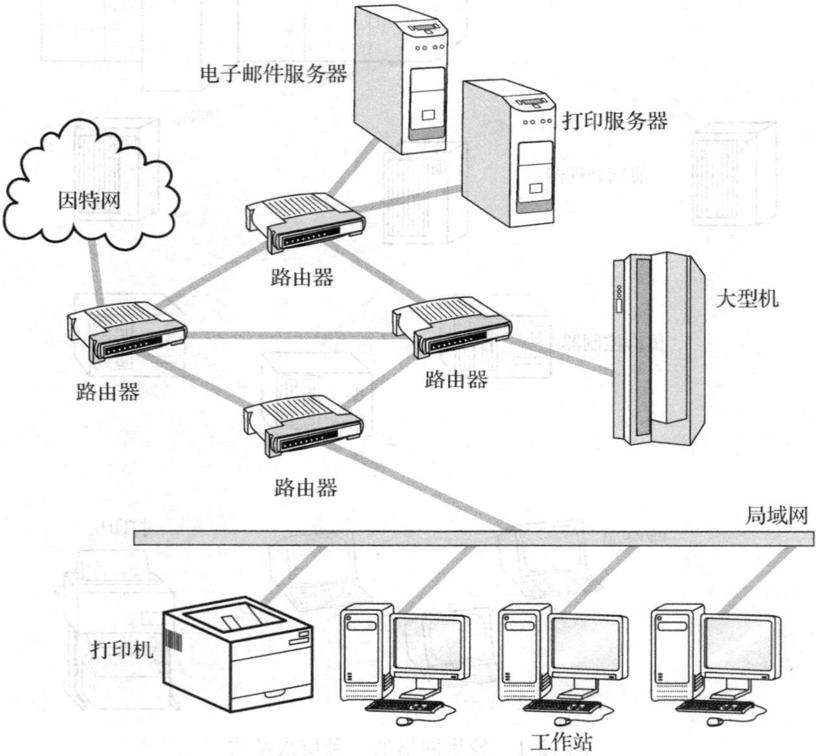

图 12-2　一个互连网络的示例

因特网不仅是一组良好的数据通信规范，它也许是一门哲学。这门哲学最重要的原则是建立一个自由和开放的信息共享世界，这个世界的命运正在由人们和它的理念共同塑造。这种开放性的缩影是创建因特网标准的方式。因特网标准是通过一个民主过程构想出来的，整个过程是在**因特网架构委员会(IAB)**的主持下进行的，而因特网架构委员会本身受非营利组织**因特网协会(ISOC)**的监督。因特网架构委员会下的**因特网工程任务组(IETF)**是一个松散的行业专家联盟，负责开发因特网协议的详细规范。因特网工程任务组以**置评请求(RFC)**的形式发布所有提议的标准，这种发布形式对于任何的审查和评论都是开放的。两个最重要的置评请求 RFC 791(因特网协议第4版)和 RFC 793(传输控制协议)，形成了今天的全球因特网的基础。

在很多委员会的管理下所有的 ISOC 委员会可能已经有了官僚主义，因此产生了不可思议的和令人费解的规格说明。但由于整个过程的开放性，以及天才的评论者，使得 RFC 在整个网络化文献中成为最清晰和最可读的文档。难怪制造商会如此迅速地采用因特网协议。因特网协议现在运行于所有规格的网络上，无论是公有还是私有的网络。以前，网络标准是由一个集中委员会或一个设备供应商正式发布。ISO/OSI 协议模型就是用这种方式产生的，我们下面讨论这个协议。

12.4 网络协议 I：ISO/OSI 统一协议

在第13章中，我们会展示各种数据存储接口如何使用协议栈。SCSI-3 架构模型是其中之一。通常，协议栈使各种接口具有可移植性、可维护性和易描述性。其中最重要和最全面的是 ISO/OSI(国际标准化组织/开放系统互连)协议栈。ISO/OSI 协议栈是许多存储、数据通信接口和协议的理论模型。虽然每个协议在实现细节上不同，但是基本思想是相同的：协议的每一层只与相邻的层有接口，不允许跳层。协议会话发生在两台不同机器上的同一协议层之间。发生在协议会话中的这种通信的具体方式在国际标准中有明确的定义。

在20世纪70年代末，几乎每个计算机制造商都设计了专有的通信协议。有时这些协议的发明者会保密细节，以确保锁定其产品销售的市场。厂家 A 的设备不能与厂家 B 的设备通信，除非在两个系统之间放置协议转换设备(黑盒)。尽管那样，黑盒也不能像预期的那样工作，通常是因为在黑盒做好之后，厂家又更改了一些协议参数。

世界上两个最主要的标准化机构意识到了这座巴别塔正在变得越来越昂贵，这最终会阻碍信息共享的发展。在20世纪70年代末和80年代初，国际标准化组织(ISO)和电话电报国际咨询委员会(CCITT)分别试图创建一个国际标准电信架构。1984年，这两个组织走到一起共同创建一个统一的模型，现在称为 **ISO 开放系统互连参考模型(ISO/IEC RM)**。(在这个情景下*开放系统*，意味着系统连通性将不专属于任何一个厂商。)ISO 的工作成为了一种参考模型，因为几乎没有商业系统精确地使用过模型中说明的所有特性。然而，ISO/OSI 模型确实有助于理解真实协议和网络部件在标准模型中是如何组合在一起的。

OSI 参考模型包含7个协议层，从第一层的物理介质互连开始，到第七层的应用程序。必须强调的是 OSI 模型定义的仅是七层中每一层的功能和层与层之间的接口。模型中没有实现细节。包括 IEEE、欧洲计算机制造商协会(ECMA)、国际电信联盟电信标准化部门(ITU-T)和 ISO 本身(ISO 模型外部)在内的许多不同的标准化组织，已经提供了这样的细节。最高层的实现可以完全由用户定义。

12.4.1 一个小故事

在开始讨论 OSI 参考模型技术之前，让我们用一个小故事说明分层协议如何工作。假如你和你的姐姐打赌输了，你要帮她带一天她的孩子比利。比利是一个宠坏的孩子，当他的要求得不到满足时，他就会大发脾气。今天，他已经决定想吃街边熟食店的烤牛肉三明治。这个烤牛肉三明治一定要加芥末和泡菜，什么也不能多，什么也不能少。

一进熟食店，你让比利坐下来，然后从柜台旁边的自动取号机上取一个号。有一个收银员接受订单，另外一个人在一个食物准备区按照订购准备食物。熟食店午餐时间挤满了饥饿的工人。你自言自语道：“今天的服务好像慢得出奇。”比利开始大声喊他饿了，同时他把小拳头捶在桌子上。

不管你多想要比利的三明治，都要等着叫号，因为你正在遵守一个协议，所以你不能加塞。事实上，如果违反协议，你可能会被赶出熟食店，这样使事情变得更糟。

当终于轮到你到柜台前时（比利现在正在大声喊叫），你把订单给收银员，为自己增加一个金枪鱼三明治和薯条。收银员给你取饮料并告诉厨师准备一份金枪鱼三明治和一份配芥末和泡菜的烤牛肉三明治。虽然厨师能够在嘈杂声中听到比利嚷着要吃午饭的每句话，但是她一直等到收银员告诉她要准备什么时才开始工作。

因此，比利不管怎样大声叫喊，都不能跳过熟食店协议的收银员层。在准备三明治之前，厨师必须知道真正的订单并且顾客愿意为此付账。这些信息只能由收银员告诉她。

一旦三明治准备好了，厨师就会用熟食店的包装纸分别打包，然后在纸上标明每个包内是哪种三明治。收银员取来三明治，把它们连同薯条和两罐可乐放入棕色的袋子。她说账单是 6.25 美元，你递给她一张 10 美元的钞票，她找给你 4.75 美元。由于她找错了钱，所以你一直站在柜台前直到把钱找对，然后你走到桌边。

打开三明治后，比利发现他的烤牛肉三明治实际上是咸牛肉三明治，这又触发了另一轮的抱怨。你除了再去拿一个号，然后等着按顺序叫号外，没有别的选择。

钱找错了，你没有离开柜台，类似于发生在协议层之间的错误检查。在接收层对发送层发来的信息表示满意之前，传输不会进行。当然，当你站在柜台边时，就打开比利的三明治查看，你会感觉不合适（毕竟，那样做会让人讨厌）。

这些三明治连同它们的包装，相当于 OSI **协议数据单元（PDU）**。一旦数据被上层协议封装，低层协议将不能检查其中的内容。不论你或者收银员都不会打开三明治的包装。当收银员把你要食物放到袋子中时，也创建了另一个协议数据单元。因为食物在袋子里，所以你能够很容易地把它带到你的桌子上。可以想象，如果一手拿着两罐可乐，一手拿着两个三明治，还要再拿着一包薯条，然后穿过拥挤的熟食店，确实很有可能会失手弄掉食物。

在这个熟食店里，你知道如果想吃饭，那么你不能直接找厨师，也不能找别的顾客，也不能找维修人员。要吃午饭，你只能在拿完号后去找收银员。你从自动取号机中拿的号，类似于一个 OSI **服务访问点（SAP）**。只有当你拿着证明你是下一个排队者的这个号时，收银员才会接受你的订单。

12.4.2 OSI 参考模型

OSI 参考模型如图 12-3 所示。正如你所看到的，这个协议由 7 层组成。相邻层之间通过 SAP 接口，当协议数据单元通过协议栈时，每个协议层都添加或删除自己的报头。在发送端添加报头，在接收端删除报头。协议数据单元中的内容在对话双方的对等层之间创建了一个会话。这个会话是它们的协议。

前面曾经用一个故事解释了 PDU 和 SAP 的思想，我们再用一个隐喻进一步解释 OSI 参考模型。在这个隐喻中，假设你在经营自己的生意。这个生意名为“超级汤和美味茶”，它生产美味的汤和茶，销往北美洲各地的不同口味的人。为了把你的美味商品运到各地，你使用了一家名为 GL&P 的私人船运公司。商品制造和最终的消费系统之间跨越了一系列过程，类似于 OSI 参考模型的层执行过程，这些我们将在随后章节中看到。

OSI 物理层

许多不同种类的介质都能在通信源（发起者）和目的地（应答者）之间传送二进制信息。不论发起者还是应答者都不需要关心它们的会话是发生在铜线、卫星链路还是光缆上。OSI 模型的物理层承担从这里到那里传送信号的工作。它从上面的数据链路层接收二进制信息流，并对这些二进制信息编码，然后根据约定的协议和信号标准把这些信息放置在通信介质上。

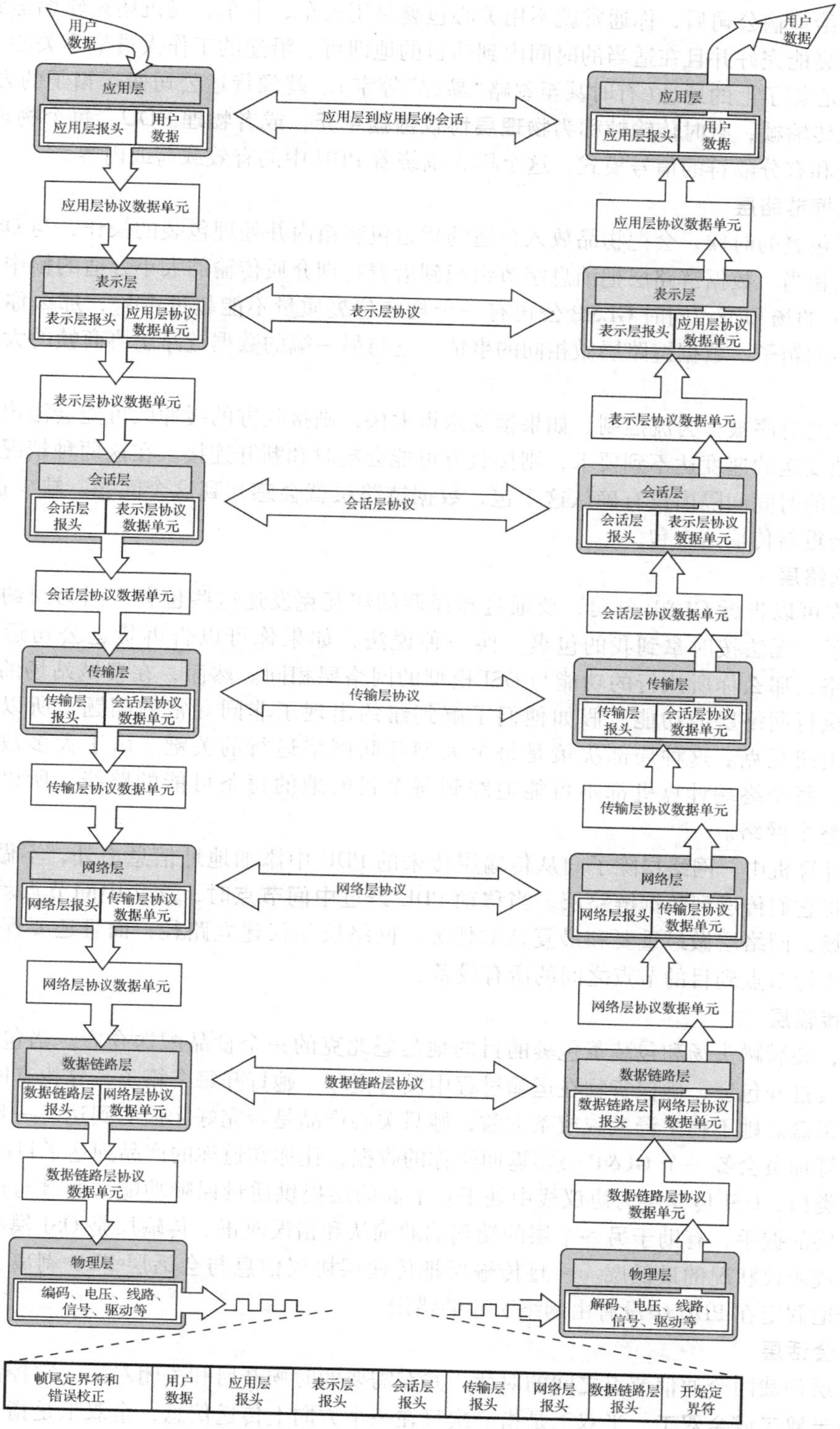

图 12-3 OSI 参考模型(垂直接口操作，水平协议操作)

OSI 物理层的功能可以与 GL&P 船运公司把产品从工厂运到客户那里的车辆相比较。在把你的包裹交给运输公司后，你通常就不用关心包裹是用火车、卡车、飞机还是轮船运到目的地了，只要包裹能完好并且在适当的时间内到达目的地即可。沿途的工作人员毫不关心包裹里的东西，只关心箱子上的地址(有时甚至忽略“易碎”等字)。就像货运公司搬运箱子的方式，OSI 物理层搬运传输帧，有时传输帧称为**物理层协议数据单元**，或者**物理 PDU**。每个物理 PDU 携带一个地址和有分隔符的信号模式，这个模式围绕着 PDU 中的有效载荷或内容。

OSI 数据链路层

当你寄包裹的时候，会把物品放入合适的货运包装箱内并处理包装的操作，与 OSI 数据链路层的功能相当。数据链路层把消息字节组织到沿着物理介质传输的大小合适的帧中。如果你想运输 50kg 的汤和茶，同时 GL&P 公司有一个规定包裹质量不能超过 40kg，那么你至少需要两个运物品的箱子。数据链路层做相同的事情。它与另一端的数据链路层协商帧的大小和发送帧的速度。

帧传输的时序被称为**流控制**。如果帧发送得太快，则接收方的缓冲区可能会溢出，导致丢帧。如果帧发送的速度达不到要求，则接收方可能会超时和断开连接。在这两种情况下，当接收方在规定的时间间隔内没有确认这个包，数据链路层就会感知到这个问题。缺少这个确认，发送方就会重新传输这个包。

OSI 网络层

假设你可以告诉 GL&P 公司，要通过新泽西的纽瓦克发送这些包裹，因为纽约的站场总是太拥挤了，无法按时拿到我的包裹。换一种说法，如果你可以告诉货运公司运送你的包裹走哪条路，那么你所执行的功能与 OSI 模型的网络层相同。然而，在费城站场的包裹操作者也可能执行网络层的功能，假如他们了解到纽约出现了非同寻常的问题，所以决定让这个包裹改走纽瓦克。这种局部决策是每个大型互联网络运行的关键。由于大多数网络都是很复杂的，每个终端计算机都不可能追踪到每个目的地的每条可能的路线，所以网络层的功能遍布整个网络。

在源计算机中，网络层除了向从传输层传来的 PDU 中添加地址信息之外，不做其他的事情，然后将它们传递到数据链路层。当移动 PDU 跨过**中间节点**时，这些中间节点就像网络中的货运站场，网络层做最重要和最复杂的任务。网络层不仅建立路径，而且还要保证 PDU 的大小适合于源节点到目的节点之间的所有设备。

OSI 传输层

比如，装满罐头汤和包装茶包裹的目的地是魁北克的一个食品配送仓库。当包裹到达时，仓库管理员打开包装，确保货物在运输过程中没有损坏。她打开每个箱子，寻找有凹痕的罐头和破损的茶盒。她不在乎汤太咸或茶太酸，她只关心产品是否完好无损的到达。一旦货物通过了检验，管理员会签一个 GL&P 公司返回给你的收据，让你知道你的产品到达了目的地。

与此类似，OSI 传输层为协议栈中处于它上面的层提供质量保障功能。通过与连接另外一端的传输层的握手，有助于另一个层的端到端的确认和错误改正。传输层是 OSI 模型中能够感知到网络或协议状况的最低层。一旦传输层把传输层协议信息与会话层 PDU 剥离，会话层就可以安全地假定在 PDU 中没有由网络引起的错误。

OSI 会话层

会话层仲裁两个通信节点之间的对话，并在需要的时候开启和关闭对话。它控制方向和模式，即为**半双工**或**全双工**。半双工是指一次只在一个方向上传送信息，全双工是指可以同时在两个方向上传送信息。如果模式是半双工的，那么会话层决定哪个节点控制通信线路。它还提供文件传输期间的恢复检查点。每次一个数据包或数据块在收到确认完好后就会发送给**检查**

点。如果一个大文件在传输过程中出现错误，那么会话层从最后一个检查点重发所有的数据。如果不设置检查点，那么就需要重传整个文件。

如果仓库管理员注意到一个箱子在运输途中破损了，那么她会通知你（以及GL&P公司）货物没有完整到达，你必须另外寄一批货物。如果损坏的是50kg货物中的那个10kg的箱子，你只需要替换10kg箱子中的货物；另外40kg的货物可以送给消费者。

OSI表示层

如果你的消费者住在魁北克市场区，罐头上的标签只有英文该怎么办？如果想把汤卖给说法语的人，那么你肯定希望你的汤罐头有双语标签。如果魁北克食品配送仓库的员工为你做了这件事，那么他们所做的工作就是在OSI模型中表示层所要做的工作。

表示层为上面的应用层提供高级数据解释服务。例如，假设一个网络节点是一台IBM zSeries服务器，它是以EBCDIC码存储和传输数据的。这个大型机服务器需要发送一些数据到一台请求数据是基于ASCII码的微型计算机上。两个系统的表示层会决定谁将执行EBCDIC码到ASCII码的转换。任何一方都可以做这项工作，并且效果相同。重要的是要记住，主机发送EBCDIC码到它的应用层，而客户端的应用层从位于协议栈下面的表示层中接收ASCII码。如果在通信会话中使用加密或某些类型的数据压缩，那么也会调用表示层服务。

OSI应用层

应用层在通信的一端向用户提供有意义的信息和服务，并在通信的另一端与系统资源（程序和数据文件）进行接口。应用层提供了一组程序，当用户认为合适时可以调用它们。如果应用层提供的常规应用程序都不能完成某项工作，则还可以编写自己的应用程序。在通信方面，这些应用程序唯一需要做的事情是向表示层服务访问点发送消息，困难的部分由更低层负责处理。

为了享受美味的汤，喜欢喝汤的法裔加拿大人需要做的只是打开罐头、加热和享受。因为GL&P公司和区域食品经销商已经做了所有的工作，所以你的汤在加拿大人餐桌上的味道就像从你厨房里刚端出来的一样可口。（无限精彩！）

12.5 网络协议Ⅱ：TCP/IP网络体系结构

当ISO和CCITT还在完善协议栈的细节上面争论不休时，TCP/IP迅速蔓延全球。由于TCP/IP在学术和科学领域具有的广泛影响力，所以TCP/IP已悄然成为事实上的全球数据通信标准。

虽然开始时并不是这样，但是TCP/IP现在却是一个精简和有效的协议栈。它有三层，每层可以映射到OSI模型七层协议的五层。在图12-4中显示了这些层。因为，IP层与OSI的数据链路层和物理层松耦合，所以TCP/IP可以用于任何类型的网络，甚至是在一个会话中使用不同类型的网络。唯一的要求是所有参与的网络至少必须运行因特网协议第4版（IPv4）。

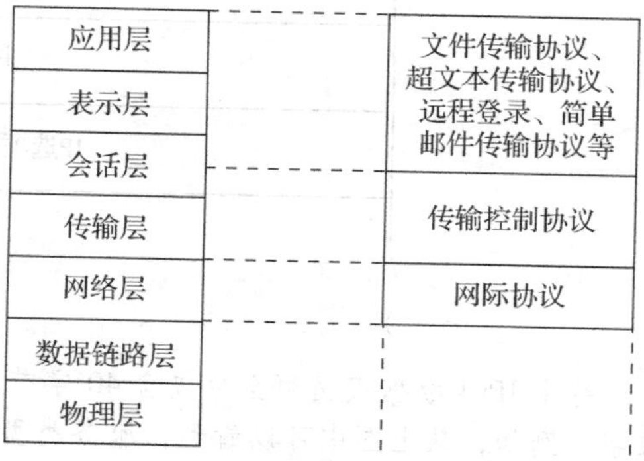

图12-4 TCP/IP协议栈与OSI协议栈的比较

现在，有两个版本的因特网协议在使用：第4版和第6版。IPv6解决了许多IPv4的限制。尽管IPv6有许多优点，但IPv4的庞大安装量确保了它将在未来的许多年里将会得到支持。IPv4和IPv6之间的一些主要不同将在12.5.5节介绍。下面先来详细了解IPv4。

12.5.1 IPv4

TCP/IP 协议栈的 IP 层提供了与 OSI 参考模型的网络层和数据链路层基本相同的服务：它将 TCP 包分成名为数据报的协议数据单元，然后附上使数据报到达目的地所需要的路由信息。数据报的概念是 ARPA 网以及现在因特网健壮性的基础。数据报在没有网络管理人员干预的情况下，可以采取任何可行的路径。以图 12-5 所示的网络为例，如果中间节点 X 拥塞或失效，那么中间节点 Y 可以让数据报通过节点 Z，直到节点 X 恢复到全速为止。路由器是因特网中最关键的组件，研究人员正在不断寻求提高其有效性和性能的方法。在 12.6.7 节中将会看到路由器的详细介绍。

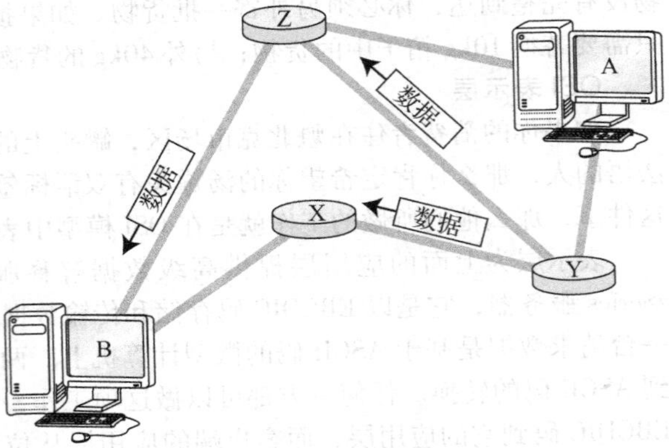

图 12-5　在 IP 中的数据报路由

构成任何 TCP/IP 协议数据单元的字节都称为**八位位组**。这是因为在设计 ARPA 网协议时，字节(byte)这个词被认为是 IBM 大型机表示 8 位二进制数的专用词。大多数 TCP/IP 文献都使用八位位组(octet)这个词，但是为了清楚起见，本书使用字节这个词。

IPv4 数据报头

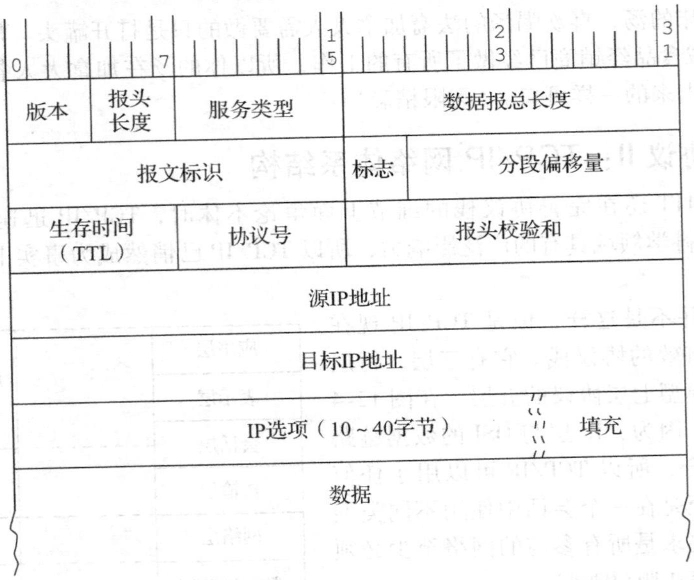

每个 IPv4 数据报必须至少包含 40 字节，包括 24 字节报头，如上图所示。水平行表示 32 位字。例如，从上图中可以看到，服务类型字段使用报头的第 8 位～第 15 位，而报文标识字段使用第 32 位～第 47 位。填充字段是报头的最后一个字段，从而确保跟在报头后面的数据能够从一个 32 位的偶数边界上开始。填充字段填充的都是零。在 IPv4 报头中其他字段是：

- 版本——说明使用的 IP 协议版本。版本号会显示传输路径上所有数据报的长度和报头字段中所要求的内容。对于 IPv4，这个字段总是 0100(因为 $0100_2 = 4_{10}$)。

- 报头长度——在32位字中给出报头的长度。IP报头的长度是可变的，这与IP可选字段的值有关，但是对于一个正确报头来说，其最小值是15。
- 服务类型——控制由中间节点提供的数据报优先级。其取值范围从“常规”(000)到“关键”(101)。网络控制数据报用110和111表示。
- 总长度——以字节形式给出整个IP数据报的长度。从上面的布局图中可以看出，为总长度预留了2字节。因此，允许的最大IP数据报是$2^{16}-1$或者65 535。
- 报文标识——按照放置到网络上的顺序，给每个数据报分配一个序列号。主机标识和报文标识的组合唯一地标识了每一个存在的IP数据报。
- 标志——说明数据报是否可以由中间节点分段(分成更小的数据报)。IP网络必须能够处理至少576字节的数据报。大多数IP网络能够处理大约8KB长的报文。例如，带有“不分段”位组的一个8KB数据报不会选择只能处理2KB报文的网络。
- 分段偏移量——指示在某个数据报中一个分段的位置。也就是说，它说明这个数据报的某个部分来自于哪里。
- 生存时间(TTL)——TTL最初的目的是测量数据报保持有效的时间。如果一个数据报进入到路由环路中，那么在数据报可能导致拥塞之前，TTL(理论上)就会过期。在实践中，数据报每通过一个中间网络节点时，TTL字段就会递减，所以这个字段并不真正测量数据报的秒数，而是测量在它到达目标之前允许的跳数。
- 协议号——说明高层协议正在发送的数据所允许的报头。这个字段中的几个重要值是：
  0 = 保留
  1 = 因特网控制消息协议(ICMP)
  6 = 传输控制协议(TCP)
  17 = 用户数据报协议(UDP)
  TCP将在12.5.3节中描述。
- 报头校验和——这个字段的计算方法是：首先，计算在这个报头中所有16位字的1的补码和；然后，把这个和的1的补码存放到最初的校验和字段中，这个校验和字段最初设置为全零。1的补码和是两个字相加后再把进位位(第17位)加到这个和的最低位得到的结果(详见2.4.2节)。例如，11110011 + 10011010 = 110001101 = 10001110就是1的补码算术。这意味着，如果我们有一个如右边所示的IP数据报形式，则每一个w_i都是IP数据报中的一个16位字。完整的校验和将一次计算两个16位字。$w_1 + w_2 = S_1$，$S_1 + w_3 = S_2$；$\cdots S_k + w_{k+2} = S_{k+1}$。(译者注：原文误为$S_k + w_{k-2} = S_{k+1}$。)

w_1	w_2
w_3	w_4
…	…
…	…
w_{n-1}	w_n

- 源和目标地址——识别数据报要到哪里去。在12.5.2节中会详细介绍源和目标地址。
- IP选项——提供诊断信息和路由控制它是可选的。

12.5.2 IPv4的麻烦

IP报头中给每个字段分配的字节数反映了IP设计的技术背景。在ARPA网年代，没有人能够想象网络将会如何成长，更不可能想到网络会用于民用。

今天最慢的网络也比20世纪60年代最快的网络要快，IP的报文长度限制在65 536字节已经成为一个问题。对于某些网络设备来说，报文的移动非常快，以确保报文在中间节点间没有被损坏。(在千兆速度下，一个65 535字节的IP数据报通过一个节点的时间不到1ms。)

到目前为止，最严重的问题是IPv4报头的寻址问题。每个主机和路由器在整个因特网中都必须有一个唯一的地址。为了保证因特网节点间的地址不会重复，主机的ID由一个名为因

特网名称与数字地址分配机构(ICANN)的中心机构管理。ICANN 跟踪随后由区域机构分配的 IP 地址组。(ICANN 还协调在协议中使用的参数值的分配，这样每个人都知道哪些值可以在因特网上引发哪些行为。)

从补充材料中显示的 IP 报头可以看到，有 2^{32} 个或大约 43 亿个主机 ID。因此认为有大量的可用地址的想法是合理的，但事实并非如此。问题在于，这些地址并不像序列号那样按照顺序分配给下一个请求的人。地址的分配方法比序列号的分配要复杂得多。

IP 允许有 3 种类型的网络，它们称为 A 类、B 类和 C 类。每一类可以直接支持的节点数(称为**主机**)不同，据此可以区分不同的类型。A 类网络能够支持的主机数量最多，C 类最少。

IP 地址的前三位表示网络类型。A 类网络的地址总是以 0 开始的，B 类网络以 10 开始，C 类网络以 110 开始。地址中的剩余位用于网络编号和网络编号中的主机 ID，如图 12-6 所示。

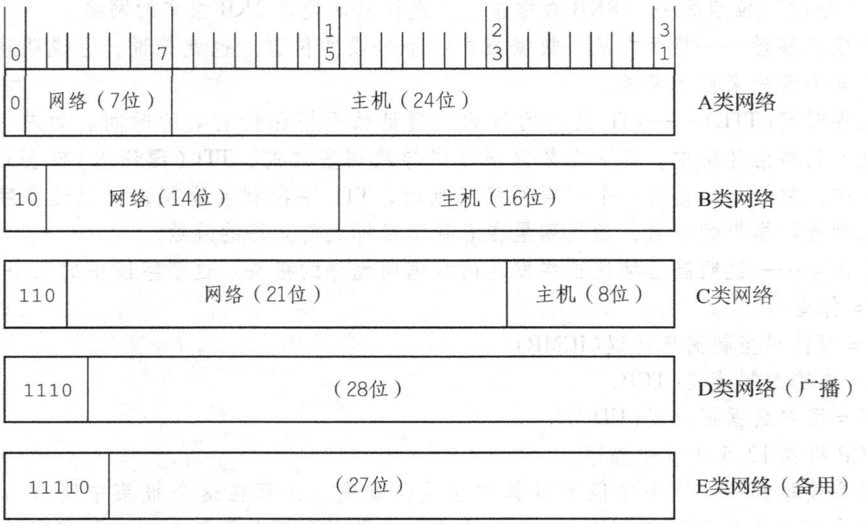

图 12-6　IP 地址类

IP 地址是个 32 位数，它以点分十进制计数法表示，例如，18.7.21.69 或 146.186.157.6。这些十进制数字中的每一位都表示 8 位二进制信息，因此其值在 0 ~ 255 之间。注意，127.x.x.x 是一个为**环路测试**保留的 A 类网络，它检查运行在主机上的 TCP/IP 进程。在环路测试期间，没有数据报进入到网络中。0.0.0 网络通常作为网络中的默认路由被保留。

由于保留了网络 0 和 127，所以使用 7 位网络字段能够定义的 A 类网络只有 126 个。A 类网络是所有网络中最大的网络，每个网络能够支持大约 1670 万个节点。虽然 A 类网络不太可能需要 1600 万种可能的地址，但是从 1.0.0.0 到 126.255.255.255 的 A 类地址，早就分配给了早期的因特网使用者，比如麻省理工学院和施乐公司。此外，所有 16 382 个 B 类网络 ID(从 128.0.0.0 到 191.255.255.255)也已经分配完毕了。每个 B 类网络可以包含 65 534 个唯一的节点地址。因为很少有组织需要用到 100 000 多个地址，所以他们的下一个选择是把自己认定为 C 类网络，从 192.0.0.0 到 233.255.255.255 的 C 类网络空间只有 256 个地址。这个地址数量远远不能满足一个中等规模公司或机构的需要。因此，许多网络无法获得连续的 IP 地址以使这个网络中的每个节点都能够在因特网上有自己的地址。已经想出了一些处理这个问题的聪明的解决方法，但是最终的解决办法是改造整个 IP 地址结构。确实存在 D 类和 E 类网络，但是它们根本不是网络。相反，它们是保留的地址组。D 类地址从 224 ~ 240，它们由共享相同特性的主机组用于多播。E 类地址从 241 ~ 248，被保留以备将来使用。

除了地址空间最终会耗尽之外，IPv4 还有其他问题。最初的设计者没有预料到因特网的增长和由地址分类方案导致的路由问题。在因特网骨干路由器的路由表中通常有 70 000 多条路由。目前的 IPv4 路由基础设施需要进行修改，以减少路由器存储的路由数量。与缓存存储器一样，较大的路由器内存会导致较慢的路由信息检索。在 IP 级别也有明确的安全需求。目前为 IP 级别定义了一个名为 IPSec(网际协议安全)的协议。但是，它是可选的，目前没有标准化或普遍采用。

TCP 报文段格式

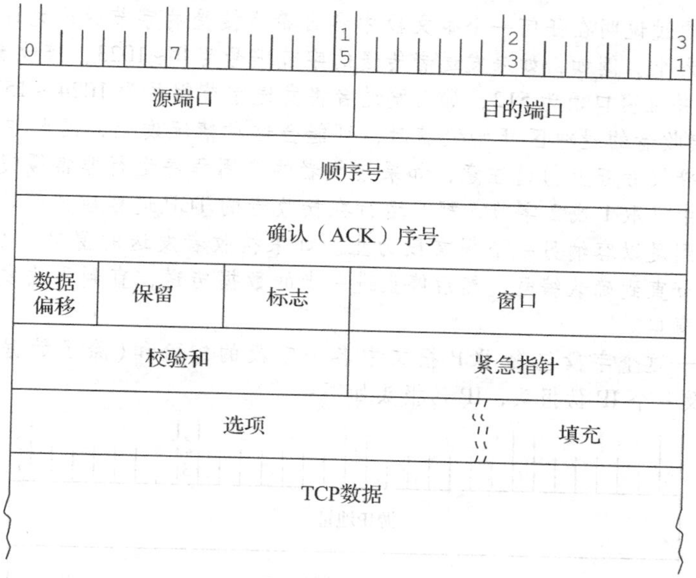

TCP 报文段格式如上所示。图顶部的数字是每个字段所跨越位的位置。水平行代表 32 位字。字段的定义的如下所示：

- 源和目的端口——对运行在 TCP 之上的应用程序指定接口。TCP 通过端口号获知这些应用程序。
- 顺序号——指示在有效载荷中数据的第一个字节的顺序号。TCP 给每个发送字节分配一个顺序号。如果发送 100 个数据字节，每次发送 10 字节，则第一个报文段的顺序号可能是 0，第二个报文段的顺序号可能是 10，第三个报文段的顺序号可能是 20，等等。起始顺序号不一定是 0，只要发送者和接收者之间的数字是唯一的。
- 确认序号——包含接收者正在等待的下一个数据的顺序号。TCP 使用这个值确定是否有数据报在传输过程中丢失了。
- 数据偏移——在报头中包含 32 位字的数量，等价于数据在这个报文段中开始的相对位置。它也称为报头长度。
- 保留——这 6 位必须是零，直到有人对它们有很好的用途。
- 标志——包含 6 位，主要用于协议管理。当它们的值非零时，设置为“真”。TCP 标志和它们的含义是：

  URG：指示此段中存在紧急数据。紧急指针字段(见下文)指向紧急信息的第一个字节位置。

  ACK：指示确认序号字段(见下文)是否包含有意义的信息。

PSH：告诉连接中涉及的所有 TCP 进程以清空它们的缓冲区，也就是说，把数据“推送”给接收者。当在有效负载中存在紧急数据时，可设置此标志。

RST：重置连接。通常，它对接收到的所有报文进行强制验证，并将接收者退回到“监听更多数据”的状态。

SYN：指示这个报文段的目的是同步顺序号。如果发送者发送[SYN，SEQ# = x]，那么随后它应该从接收者那里收到[ACK，SEQ# = x + 1]。在两个节点建立连接时，它们应交换各自的初始序列号。

FIN：这是“完成”标志。它让接收者知道发送者已完成传输，实际上已经开始关闭连接程序。

- 窗口——通过说明在任何一个报文段中各自希望接受的字节数，允许节点定义各自数据窗口的大小。例如，如果发送者传送的字节编号为 0 ~ 1023，接收者在 ACK#字段用 1024 确认并且窗口值为 512，那么发送者将发送字节编号为 1024 ~ 1535 的数据作为回复。(当接收者的缓冲区开始填满时，可能会这种情况发生，因此它请求发送者慢下来，直到接收者赶上。)请注意，如果接收者的应用程序运行非常缓慢，比如说它每次从缓冲区中只取 1 或 2 字节，那么运行在接收者的 TCP 进程应该等待，直到应用程序缓冲区空到足以容纳另一个报文段为止。如果接收者发送的窗口大小为 0，效果是确认所有字节直到确认编号，然后停止进一步的数据传送，直到再次发送相同的确认编号和非零窗口。
- 校验和——这个字段包含 TCP 报文中各个字段的校验和(除了数据填充和校验和本身)，以及一个 IP 伪报头，IP 伪报头如下：

就像前面解释的 IP 校验和，TCP 校验和是对这个报头和 TCP 报文段的文本中的所有 16 位字求 1 的补码和。

- 紧急指针——指向紧急数据的第一个字节。这个字段仅在 URG 标志置位时才有意义。
- 选项——除其他事项外，关注窗口大小的协商以及是否可以使用选择确认(SACK)。如果一个报文段从中间某个地方丢了，则 SACK 允许重发一个窗口内的特定报文段，而不是要求重发整个窗口。在讨论 TCP 流控制之后，这个概念将更加清晰。

12.5.3　传输控制协议

IP 的唯一目的是给数据报确定在网络中的正确路径。你可以认为 IP 是一个快递员，他们不关心包裹的内容或交付的先后顺序。传输控制协议(TCP)是 IP 服务的使用者，它关心包裹的内容和交付的先后顺序以及许多其他事情。

两个 TCP 进程之间的协议连接比 IP 层上的协议复杂得多。IP 仅基于报头信息就会简单地接受或拒绝数据报，TCP 与运行在远程系统上的一个 TCP 进程打开一个名为**连接**的会话。TCP 连接类似于电话交谈，它有自己的协议“礼节”。作为启动会话的一部分，TCP 还将在运行在它上面的应用程序中打开一个服务访问点(SAP)。在TCP中，这个SAP是一个数值，称其为一个**端口**。端口号、主机ID和协议名称的组合成为一个**套接字**，其逻辑相当于运行在TCP之上的应用程序的文件名或**句柄**。使用TCP的应用程序通过套接字读取数据，而不是使用磁盘文件名访问数据。端口号0~1023是“公认”的端口号，因为它们保留用于特定的TCP应用程序。例如，TCP/IP文件传输协议(FTP)应用程序使用端口20和端口21。Telnet终端协议使用端口23。端口号1024~65 535可以用于自定义的实现。

TCP可确保它提供给应用程序的数据流是完整的，顺序是正确的，并且没有重复数据。TCP确保它的**报文段**(带报头的数据包)不要发送得太快，以至于中间节点或接收方无法跟上报文的发送速度，从而补偿底层网络的不平衡。一个TCP报文段的报头至少需要20字节。数据的有效载荷是可选的。一个报文段最多可以有65 515字节，加上报头整个报文段与一个IP有效载荷刚好相等。如果需要，IP可以把一个TCP报文段分段发送，如果一个中间节点请求这样做的话。

TCP提供了一种可靠的、面向连接的服务。**面向连接**意味着在主机交换任何信息之前必须建立连接(就像电话呼叫)。分配给每个报文段的顺序号提供了这种可靠性。已接到报文段由确认信息来验证，而且确认信息必须在特定的时间段内发送和接收。如果没有收到确认信息，那么数据会重新传送。在下一节中将简要介绍该协议的工作原理。

12.5.4 TCP的工作过程

为了在两个(或多个)运行于各自系统的TCP进程间建立一个可靠、有序、无错误的连接，所有这些应如何组合在一起？成功的通信需要三个阶段：一是启动连接，二是交换数据，三是关闭连接。首先，发起者A给运行在远程系统B上的TCP进程传输一个“开放”的原语。假设B正在侦听“打开”请求。这个“开放”原语的形式如下：

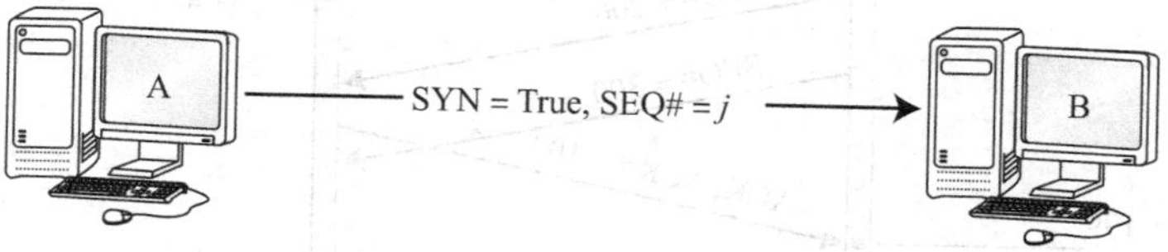

如果B准备接受发送者的一个TCP连接，则它回复如下：

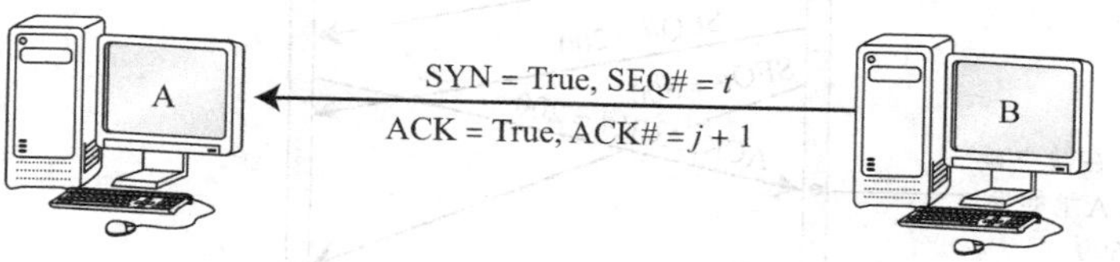

A的响应如下：

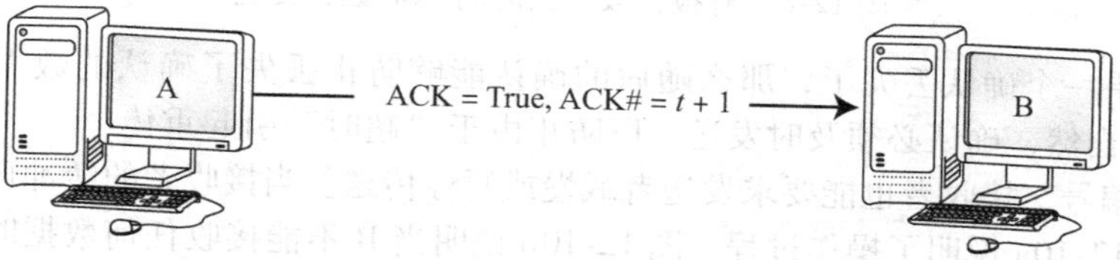

A和B现在已经相互确认并且同步了开始的顺序号。A的下一顺序编号将是$t+2$，B的将是$j+2$。像这样的协议交换过程通常称为**三次握手**。大多数网络文献用示意图的方式展示这些交换过程，如图12-7所示。

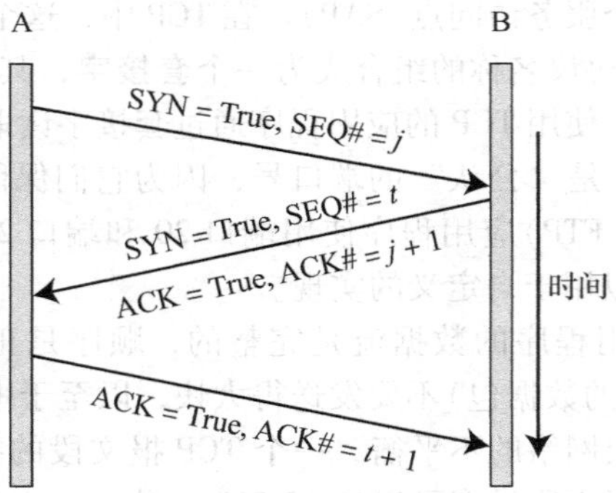

图 12-7　TCP 的三次握手

在 A 和 B 之间建立连接之后，它们可以进行窗口大小的协商，并为其连接设置其他选项。窗口告诉发送者在两次确认之间应该发送多少数据。例如，假设 A 和 B 协商的窗口大小是 500 字节，数据的有效载荷是 100 字节，两者都同意不使用选择性确认(随后讨论)。TCP 在两个主机之间管理的数据流过程如图 12-8 所示。注意，当一个报文段丢失时发生了什么：整个窗口被重新发送，尽管随后的各报文段传递无误。

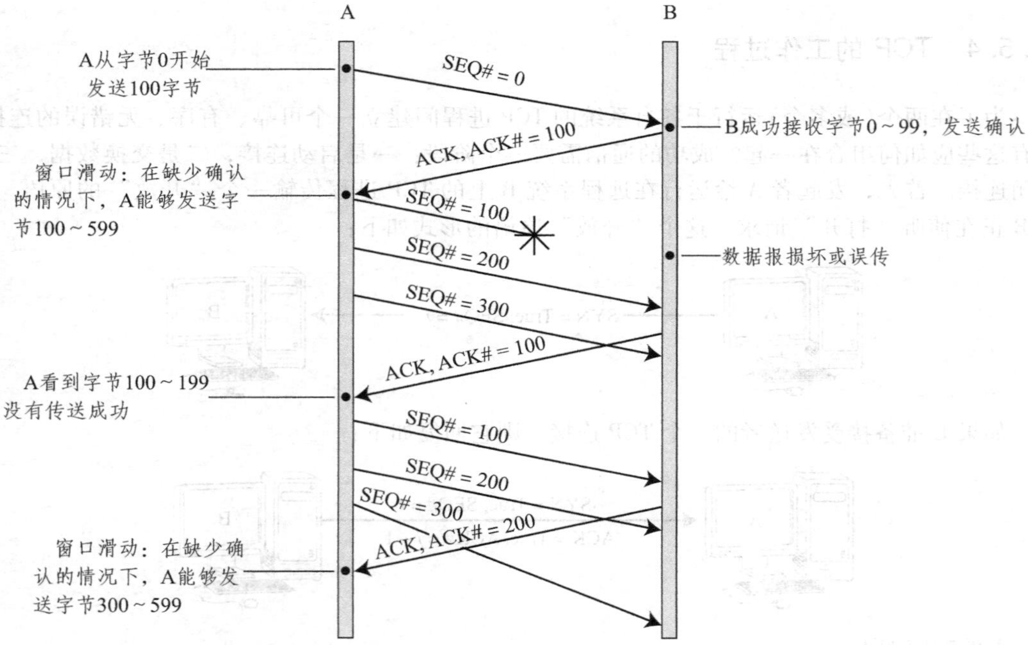

图 12-8　有报文段丢失时的 TCP 数据传送

但是，如果一个确认丢失了，那么随后的确认能够防止丢失了确认的数据重新传送，如图 12-9 所示。当然，确认必须及时发送，以防止由于“超时”引起重传。

使用确认编号，接收者也能要求发送者减慢或暂停传送。当接收者的缓冲区太满时，有必要这样做。图 12-10a 说明了操作过程。图 12-10b 说明当 B 不能接收任何数据时是如何保持连接的。

完成数据交换后，TCP 进程中的一个或两个都可以终止连接。连接的一侧(比如 A)，通过发送带有 FIN 标志为真的报文段告诉另一端 B 完成了终止连接。这实际上是关闭了从 A 到 B

的连接。然而，B 可以继续它的会话，直到它不再发送数据为止。一旦 B 完成，它也传送给一个带有 FIN 标志为真的报文段。如果 A 确认了 B 的 FIN，则这个连接会从两端终止。如果 B 在超时时间段内没有收到确认，则它会自动终止这个连接。

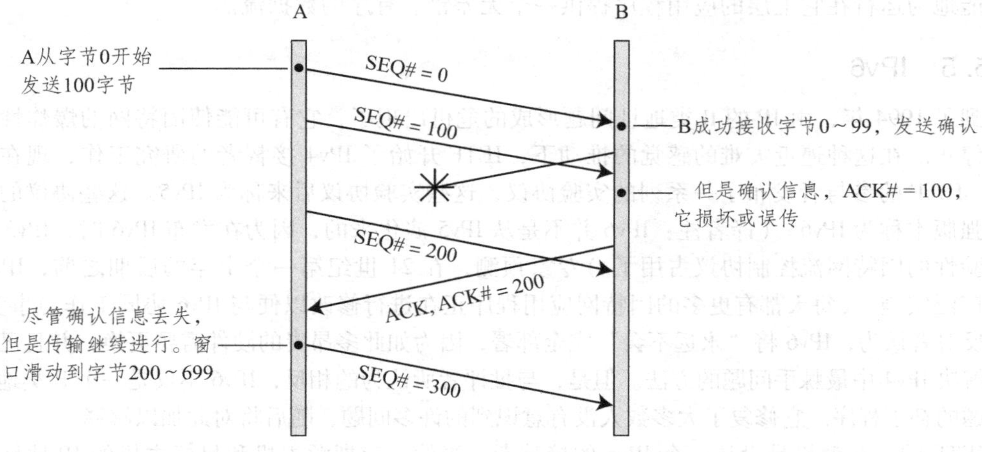

图 12-9　丢失一个确认的情况

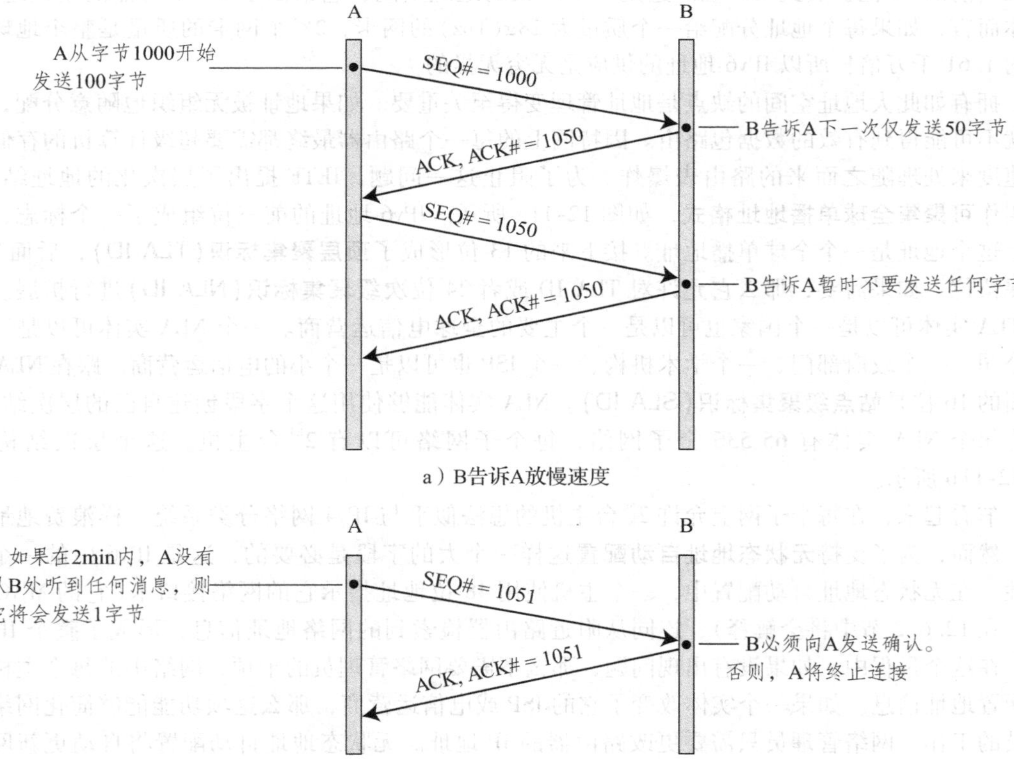

a）B告诉A放慢速度

b）B保持连接却不能接收任何数据

图 12-10　TCP 流控制

与硬性规定相反，TCP 允许发送者和接收者协商超时时间。如果连接速度慢于它比较快的时候，则超时时间应该设置为更大的值。发送者和接收者也可以使用选择确认。当使能**选择确认**（SACK）时，接收者必须确认每个数据报。换句话说，这时不使用滑动窗口。当一个错误发生时 SACK 能够节省一些带宽，因为仅这个没有确认的报文段(不是整个窗口)会重传。但是，如果交换没有错误发生，那么发送确认报文段就会浪费了带宽。因此，只有在接收者上有少量 TCP 缓存时才会选择 SACK。接收者的缓存越大，接收失序报文段的“余地”就越大。TCP 尽其所能地为运行在它上层的应用程序提供一个无差错、有序的数据流。

12.5.5　IPv6

到了 1994 年，由 IP 的 B 类地址问题形成的危机出现了，它有可能使因特网的爆炸性增长突然停止。在这种逼近灾难的感觉的推动下，IETF 开始了 IPv4 接替者的研究工作，现在称为 IPv6。IETF 的参与者发布了一系列的实验协议，这些实验协议后来称为 IPv5。这些协议的修正和增强版本称为 IPv6。(译者注：IPv6 并不是从 IPv5 演化来的，因为在发布 IPv6 时，IPv5 已经被实验性的因特网流控制协议占用了。)专家预测，在 21 世纪第一个十年的后期之前，IPv6 将不会广泛实施。(每天都有更多的因特网应用程序正在进行修改以便与 IPv6 协同工作。)事实上，一些反对者认为，IPv6 将“永远不会”完全部署，因为如此多昂贵的硬件需要更换，并且已经找到了解决 IPv4 中最棘手问题的方法。但是，与批评者所认为的相反，IPv6 不仅是一个 B 类地址短缺问题的补丁程序。它修复了大多数人没有意识到的许多问题，随后将对此加以解释。

IETF 的最初动机是设计一个 IPv4 的接替者，当然，应把源主机和目标主机的 IP 地址空间都从当前的 32 位扩展到 128 位。这是一个巨大的地址空间，它给出了 2^{128} 个可能的主机地址。具体而言，如果每个地址分配给一个质量为 28g(1oz)的网卡，2^{128} 个网卡的质量是整个地球质量的 1.61 千万倍！所以 IPv6 地址的供应是无穷无尽的。

拥有如此大地址空间的缺点是地址管理变得至关重要。如果地址被无组织地随意分配，那么就不可能得到有效的数据包路由。因特网上的每一个路由器最终都需要超级计算机的存储量和速度来处理随之而来的路由表爆炸。为了阻止这一问题，IETF 提出了层次化的地址结构，它叫作**可聚集全球单播地址格式**，如图 12-11a 所示。IPv6 地址的前三位组成了一个标志，它指示这个地址是一个全球单播地址。接下来的 13 位形成了**顶层聚集标识(TLA ID)**，后面是 8 个保留位，如果需要，那么它允许对 TLA ID 或者 24 位**次级聚集标识(NLA ID)**进行扩展。一个 TLA 实体可以是一个国家也可以是一个主要的全球电信运营商。一个 NLA 实体可以是一个大公司、一个政府部门、一个学术机构、一个 ISP 也可以是一个小的电信运营商。跟在 NLA ID 后面的 16 位是**站点级聚集标识(SLA ID)**。NLA 实体能够使用这个字段创建自己的层次结构，允许每个 NLA 实体有 65 536 个子网络，每个子网络可以有 2^{64} 台主机。这个层次结构如图 12-11b 所示。

乍看起来，在每个子网上允许 2^{64} 台主机的想法似乎与 IPv4 网络分类系统一样浪费地址空间。然而，为了支持**无状态地址自动配置**这样一个大的字段是必要的，这是 IPv6 中的一个新特性。在无状态地址自动配置中，一个主机使用 48 位地址指示它的网络接口卡(它的 MAC 地址，在 12.6.2 节中将会解释)，连同从附近路由器检索到的网络地址信息，形成了整个 IP 地址。在这个过程中，如果没有出现问题，那么不需要网络管理员的干预，网络中的每个主机自己配置地址信息。如果一个实体改变了它的 ISP 或电信运营商，那么这项功能能够简化网络管理员的工作，网络管理员只需要更改路由器的 IP 地址。无状态地址自动配置将自动更新网络中每个节点的 TLA 或 SLA 字段。

编写 IPv6 地址的语法也与 IPv4 地址的不同。IPv4 地址用点分十进制表示，例如：146.186.157.6。IPv6 的地址使用十六进制表示，用冒号分隔，地址形式如下：

```
30FA:505A:B210:224C:1114:0327:0904:0225
```

这使得 IP 地址的等效二进制数更容易识别。

3位	13位	8位	24位	16位	64位
前缀001	ID顶层聚集标识	保留	ID次级聚集标识	ID站点级聚集标识	接口ID

a）可聚集全球单播地址格式

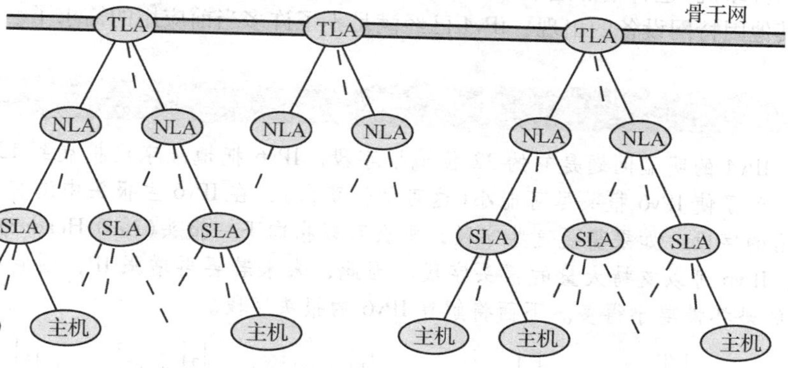

b）可聚集全球单播层次结构

图 12-11

IPv6 地址可以缩写，在可能的情况下零可以省略。如果一个 16 位组是 0000，那么就可以写为 0，或者完全省略。如果这种省略导致超过了两个冒号，那么可以把冒号减少到两个（只有一组连续超过两个冒号的条件下）。例如，IPv6 地址：

```
30FA:0000:0000:0000:0010:0002:0300
```

可以写为

```
30FA:0:0:0:10:2:300
```

甚至可以写为

```
30FA::10:2:300
```

然而，像 30FA::24D6::12CB 这样的地址是无效地址。

IETF 也提出了另外两种路由改进方法：实现**多播**（一个消息放到网络上，由多个节点读取）以及**选播**（一个逻辑节点组的任何一个节点都可以是一个消息的接收者，但是这个数据包没有特别指定接收者）。这一特点，除了无状态地址自动配置外，也便于支持移动设备，移动设备是因特网用户的一个越来越重要的领域，特别是一些大多数通信都发生在无线网络上的国家。

正如前面提到的，安全是另一个主要领域，在这个领域中 IPv6 不同于 IPv4。所有 IPv4 的安全功能（IPSec）都是"可选的"，这意味着没有硬性要求实现任何类型的安全，而且大多数装置都没有选择安全功能。在 IPv6 中，IPSec 是强制性的。在 IPv6 的安全改进中，有一种机制可以防止**地址欺骗**。在发生地址欺骗时，一个主机可能会与另外一个使用伪造 IP 地址的主机通信。（IP 欺骗经常用于破坏过滤路由器和防火墙，过滤路由器和防火墙除了其他功能之外，主要是不让外人访问保密的企业内部网络。）IPSec 还支持加密等措施，使歹徒发现获取未经授权的信息更难。

IPv6 的最大特点也许是它提供了一个过渡方案，这个方案允许网络逐步迁移到新的格式。在 IPv6 中建立了对 IPv4 的支持。使用两种协议的设备称为**双栈**设备，因为它们支持 IPv4 和 IPv6 两种协议栈。当今市场上的大多数路由器都是双栈设备，期待 IPv6 在不久的将来成为现实。

IPv6 优于 IPv4 的地方显而易见：更大的地址空间、更好的内置服务质量和更好、更高效的路由。问题是我们何时会迁移到 IPv6。对 IPv6 的需求和必要的应用程序开发将会驱动这个过渡。虽然硬件更换成本是一个重要的障碍，但是技术人员培训和更换小型的 IP 设备(比如网络传真机和打印机)也将增加过渡的总成本。随着带有 IP 的汽车(IP-ready automobiles)的出现，以及许多其他因特网设备的出现，IPv4 已经满足不了许多当前应用的需求了。

IPv6 报头

当然，IPv4 的明显问题是它的 32 位地址字段。IPv6 把地址字段扩展到 128 位从而避免了这个问题。为了使 IPv6 报头尽可能小(这可加快路由)，在 IPv6 主报头中没有包含在 IPv4 报头中很少使用的字段。如果需要这些字段，那么可以指向下一报头(Next Header)指针。使用下一报头字段，IPv6 可以支持大量的报头字段。因此，未来若要再增强 IP，则它将会比从 IPv4 切换到 IPv6 的破坏性要小得多。下面将解释 IPv6 的报头字段。

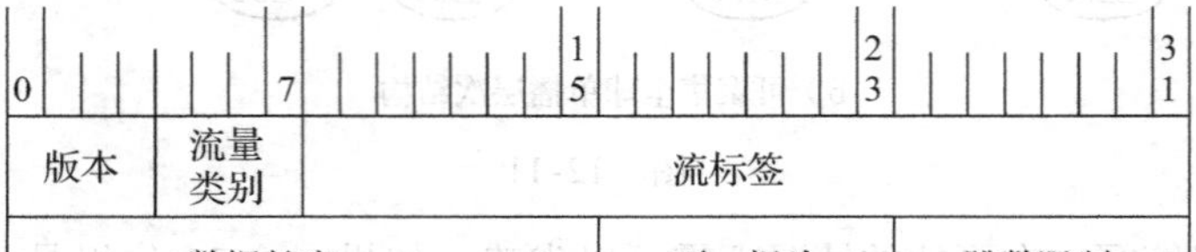

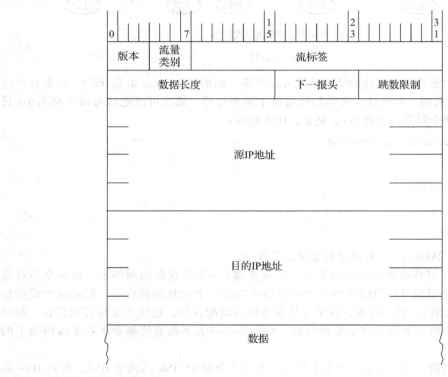

- 版本：总是 0110。
- 流量类别：IPv6 最终能够分辨出实时传输(如语音和视频)和较少时间敏感性的数据传输之间的差别。这个字段将用来区分这两种业务类型。
- 流标签：这个字段的规范仍在制定中。一个“流”是一种会话，要么广播到所有节点，要么在两个特定节点之间进行传输。流标签字段识别一个特定的流，并且中间路由器将以与流字段中代码一致的方式来路由这个数据包。
- 数据长度：标示数据的字节长度，包括附加报头的大小。
- 下一报头：表示主报头后面的报头类型(如果有的话)。如果一个 IPv6 要求在一个报头中能携带更多的协议信息，那么下一报头字段提供了一个扩展报头。这些扩展报头被放在段的载荷中。如果没有 IP 扩展报头，那么这个字段将包含“TCP”值，这意味着在载荷中第一个报头数据属于 TCP，而不是 IP。通常，只有目标节点会检查扩展报头中的内容。中间节点把它们当作普通的数据来传递。

- 跳数限制：这个字段为 16 位，比 IPv4 中要大得多，允许 256 跳。与在 IPv4 中一样，这个字段中的数值被每个中间路由器递减。如果它变成 0，那么这个报文会被丢弃并且通过 IPv6 的一个 ICMP 消息来通知发送方。
- 源和目的地址：比 IPv4 的地址大得多，但是含义相同。对于地址格式的讨论，参见本书。

以太网的过去和现在

以太网是当今**局域网(LANs)**的主流结构。以太网设备可以在桌面上、在数据中心里以及在客厅里找到。在 20 世纪 70 年代初，施乐公司的罗伯特·梅特卡夫和戴维·博格斯开发了以太网，当时他们绝对没有想到以太网的使用会如此普及。在 20 世纪 80 年代初，DEC 公司和 Intel 公司帮助改进了以太网，并且为市场带来了许多创新产品。等到 IEEE 开始 802 项目时，以太网已是一个为大家接受的网络架构。因此，它的操作理论成为 IEEE 802.3 标准中的一部分，但是以太网与这个标准并不完全一致，因为以太网定义了在 IEEE 802.3 中没有的逻辑链路功能。(IEEE 802.2 是数据链路规范。)在以太网 PDU 和 IEEE 802.3 PDU 之间也有一些细微的不同。由于它部署广泛，所以我们的讨论将集中在以太网上。

以太网使用**载波侦听多路访问/碰撞检测(CSMA/CD)**介质访问控制。在将数据放到网络之前，接口电路检查载波(比如网络)是否存在，然后监听是否有其他工作站正在使用该线路。如果线路是安静的(静默)，那么接口把传输帧放到线路上。如果另一个工作站恰好在同一时刻也执行同样操作，那么帧就会发生碰撞。两个工作站都应该会检测到这个碰撞。

传统的以太网运行速率为 10Mbit/s，它们使用总线拓扑，如下图所示。所有工作站直接连接到总线上(多路访问)，因此所有节点都可以接收每个帧。当每个 LAN 工作站接收到一个帧时，它检查帧报头中的(MAC)地址信息。如果一个工作站看到了自己的地址，那么就剥去帧同步位，然后把 PDU 送到它的逻辑链路层。

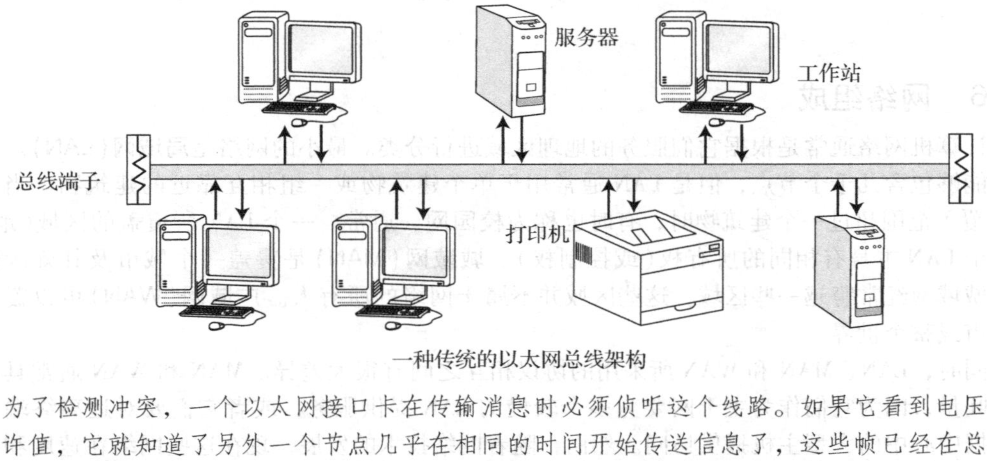

一种传统的以太网总线架构

为了检测冲突，一个以太网接口卡在传输消息时必须侦听这个线路。如果它看到电压值高于允许值，它就知道了另外一个节点几乎在相同的时间开始传送信息了，这些帧已经在总线的某个地方发生了冲突。一旦发现冲突，NIC 会广播一个 32 位干扰信号，以通知所有工作站发生了一次冲突。这次冲突涉及的工作站都将停止发送信息，并且要等待一个(伪)随机时间后才能尝试再次发送信息。当 PDU 的长度足够长时，这种方法的效果很好。因此，在传统的共享总线 CSMA/CD 以太网系统中，最大速度大约是100Mbit/s。如果速度更快的话，传统以太网的 PDU 就太短了。(速率越快，每位的宽度越窄。)为了支持更快的速度，需要求对以太网的架构进行调整。千兆位速度要求将网络的拓扑结构从共享总线更改为交换星形网络拓扑，如下图所示。在星形拓扑中，从用户节点到网络主干，一次交换一个信号。端节点连接到速度为100Mbit/s 的网络上，上游交换机以 1Gbit/s 或 10Gbit/s 互连。介质访问管理是在交换层进行的，所以在端节点上可以关闭冲突检测。交换机可以连接到其他网络组件上，如集线器和进一步扩展网络的中继器，并且向较慢的网段提供向下兼容性。千兆位以太网与更为激进和昂贵的网络解决方案(如光纤通道)直接竞争。我们在第 13 章中讨论光纤通道。

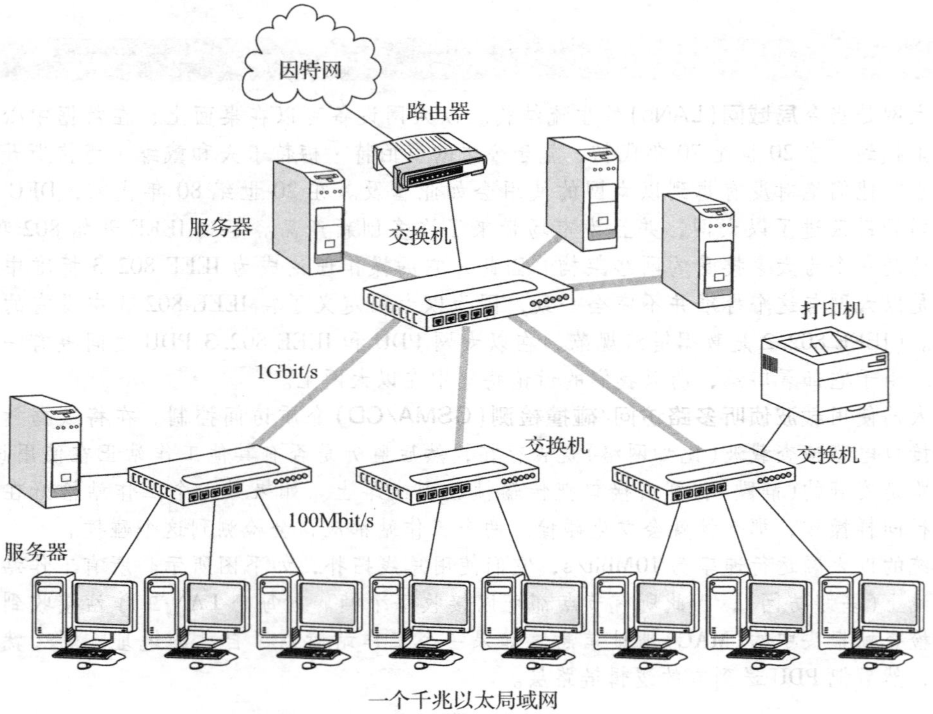

一个千兆以太局域网

12.6 网络组成

计算机网络通常是根据它们服务的地理区域进行分类。最小的网络是**局域网(LAN)**。虽然它们能够包含几千个节点，但是 LAN 通常用于单个建筑物或一组相互靠近的建筑物。当一个 LAN 覆盖范围超过一个建筑物时，有时也称为**校园网**。通常，一个 LAN 所覆盖的区域(地产)与这个 LAN 本身有相同的所有权(或控制权)。**城域网(MAN)**是覆盖一个城市及其郊区的网络。城域网经常跨越一些区域，这些区域并不属于网络的所有人。**广域网(WAN)**可以覆盖多个城市或整个世界。

同时，LAN、MAN 和 WAN 所采用的协议相互之间有很大差异。MAN 和 WAN 通常具有高速吞吐量，因为它们作为主干网要为多个较慢的 LAN 提供服务，或者它们要对远离终端用户的数据中心中的大型主机提供访问。然而，随着网络技术的发展，现在这些网络在速度和协议方面没有太多的不同，除了所有权外。一个人的校园局域网可能是另一个人的城域网。事实上，随着局域网越来越快，它更容易与广域网技术进行集成，可以想象城域网的概念最终可能会完全消失。

本节讨论对于局域网、城域网和广域网都相同的物理网络部件。我们从网络组织的最低层第一层(物理介质层)开始讨论。

12.6.1 物理传输介质

几乎任何具有携带信号能力的介质都支持数据通信。通信介质大致有两种类型：**有线传输介质**和**无线传输介质**。无线介质采用红外、微波、卫星或广播电台的载波信号广播数据到广播频道。有线介质是诸如铜线或光缆等能直接连接到每个网络节点的物理连接器。

有线介质的物理和电特性决定了它们在不同距离上准确传递给定频率信号的能力。在第7章中，我们提到信号长距离传输会衰减(变弱)。距离越长，信号频率越高，衰减越大。铜线中信号的衰减由多种电现象相互作用导致，其中最主要的是铜导体的内部电阻和当信号线彼此接近时发生的电干扰(电感和电容)。那些荧光灯和电机的周围外部电场也能减弱甚至改变铜线内的传输信号。总的来说，影响信号准确传输的电现象称为**噪声**。信号和噪声强度均以分贝(dB)表示。电缆在有噪声的情况下是以不同频率传送信号的好坏程度来评定的。其结果是通信信道的**信噪比**，而且信噪比也是用分贝表示的：

$$\text{信噪比(dB)} = 10\lg(\text{信号}/\text{噪声})$$

其中，信号/噪声的单位为dB。

在技术上一种介质的**带宽**是它能承载信息的频率范围，用赫兹表示。介质的带宽越宽，介质能承载的信息越多。在数字通信中，带宽是介质承载信息能力的术语，用bit/s米表示。另外一个重要的参数是**误码率(BER)**，它是接收到的错误位数与接收到的总位数之比。如果信号频率超过了线路的信号承载能力，那么误码率可能会变得非常高，以至于连接的设备会花费更多的时间进行错误恢复，而不是做有用的工作。

同轴电缆

同轴电缆曾经是数据通信的首选介质。它能够承载每秒多达万亿个周期的信号，且信号衰减小。今天，它主要用于广播和闭路电视。同轴电缆在有线电视线路上还承载着住宅因特网服务的信号。

同轴电缆的中心是粗导线(12～16号)，外面包了一层名叫**绝缘体**的绝缘层。绝缘层由铝箔屏蔽层包裹，以保护它不受瞬变电磁场的影响。铝箔屏蔽层本身包裹在钢网或铜网中为电缆提供电气接地。然后，整个电缆由耐用的塑料封套包裹(见图12-12)。

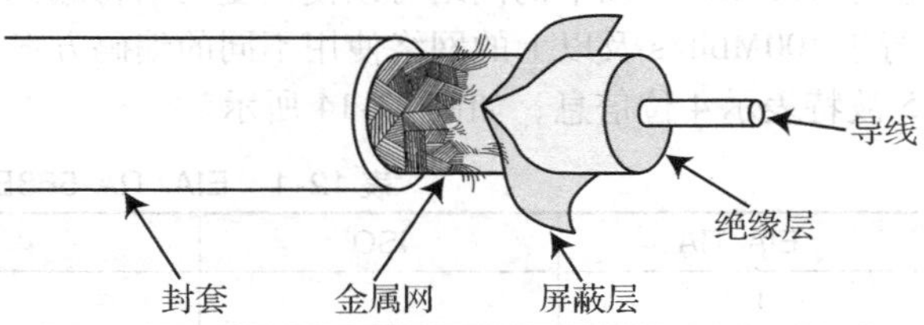

图12-12 一段同轴电缆

用于有线电视的同轴电缆称为**宽带电缆**，因为它至少有2Mbit/s的传输能力。宽带通信使用多路复用的形式为数据提供通路。计算机网络现在很少使用**窄带电缆**，窄带电缆通道的典型带宽是64kbit/s。

双绞线

连接两台计算机的最容易方式就是在它们之间简单地连一对铜线。其中一根导线用于发送数据，另一根用于接收数据。当然，两个系统若相距越远，则信号就要越强，以防止信号在远距离传输中由于衰减而导致信号湮没。两个系统之间的距离也影响数据传输的速度。距离越远，速度越慢，这样可以避免过多的错误。使用较粗的导线(较小的线号)可以减少衰减。当然，粗线比细线贵。

除了衰减以外，电缆制造商也受到了**电感**现象的挑战。当两条导线处于完全平行且彼此相邻的状态时，导线中的强高频信号在铜导线周围会产生磁(感应)场，这个磁场会干扰这两个线路中的信号。

减小导体间电感的最简单方法是把它们拧在一起。单位长度上双绞线扭转的次数越多，由导线相互干扰所造成的衰减就越小。双绞线比非双绞线贵，因为单位长度上消耗的导线更多，而且双绞线必须要仔细控制。有两对双绞线的**双绞线**电缆，现在用于绝大多数局域网中(见图12-13)。双绞线电缆有屏蔽和非屏蔽两种形式。非屏蔽的双绞线是最常使用的。

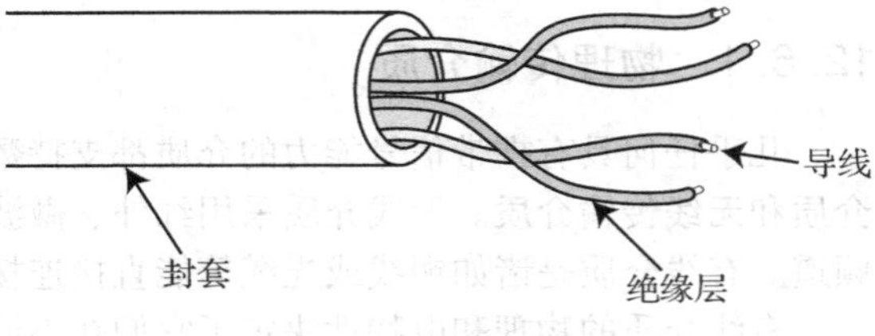

图12-13 双绞线电缆

屏蔽双绞线电缆适用于有大量电干扰的环境。今天的商业环境中充斥着电磁辐射源，这些电磁辐射会干扰网络信号。这些电磁辐射源可以像荧光灯那样看似无害，也可以像大型嗡嗡作响的电力变压器那样明显有害。产生磁场的任何设备都有可能干扰网络通信链路。干扰会限制网络的速度，因为信号频率越高对信号的失真越敏感。为了防止环境干扰[称为**电磁干扰(EMI)**或**射频干扰(RFI)**]，可以安装屏蔽双绞线以帮助在恶劣环境中维护网络通信的完整性。

对于是否值得花费更多的材料成本和安装成本来获得这种屏蔽，专家们的意见并不一致。他们指出，如果屏蔽没有正确接地，那么实际上与它所解决的问题相比，它可能会引起更多的问题。具体来说，它就像一根把无线电信号吸引到导线上的天线！

不管是否使用屏蔽，网络导线都必须具有与所使用的网络技术相适应的信号承载能力。1991年，电子工业联盟(EIA)和电信工业协会(TIA)建立了一个网络布线分级系统。该分级系统的最新版本是EIA/TIA-568B。EIA/TIA **类别**分级详细说明了在没有过度衰减的情况下电缆可以支持的最大频率。ISO的分级系统将这些线材的等级称为**级**。这些分级见表12-1。目前大多数局域网都使用类别5或更好的电缆。许多电缆正在用光纤代替铜(见下一节)。

注意，表12-1给出的各种等级电缆的信号承载能力以兆赫兹为单位。兆赫兹不同于兆比特。正如在2.A节所看到的，在任何给定频率上携带的位数是网络中使用编码方法的函数。运行于100Mbit/s以下的网络可以使用曼彻斯特编码，即每传输1位信息需要翻转两次信号。运行于100Mbit/s及以上的网络使用不同的编码方案，其中最流行的是4B/5B，使用NRZI编码用5波特表示4位信息，如图12-14所示。

表12-1 EIA/TIA-568B和ISO电缆规格

EIA/TIA	ISO	最大频率
1类		声音和“低速”数据(4～9.6kHz)
2类	A级	小于等于1Mbit/s
3类	B级	10MHz
4类	C级	20MHz
5类	D级	100MHz
6类	E级	250MHz
7类	F级	600MHz

波特是传输介质或传输方法在介质上支持信号跃迁数的度量单位。除了语音电话网以外的网络，线路速度用赫兹表示，但赫兹和波特在数字信号上是等价的。正如在图12-14中所看到的，如果网络使用4B/5B编码，那么125MHz的信号承载能力要求线路有100Mbit/s的位率。

光缆

光纤网络介质传输的信号比双绞线或同轴电缆更快、更远。理论上光缆可以支持的频率为太赫兹范围，但传输速度通常在2GHz范围内，传输距离为10～100km(无中继器)。光缆由保护塑料套包裹的一束细(1.5～125μm)玻璃或塑料丝组成。虽然，光缆中的物理成分与电缆完全不同，但是可以把光纤看作光的导体，就像铜是电的导体一样。光缆是一种“光导”，它把光线从光缆的一端引导到另一端。在发送端，发光二极管或激光二极管就像水通过管道一样通过玻璃丝发送光脉冲。在接收端，光检测器将光脉冲转换成电信号以供电子设备处理。

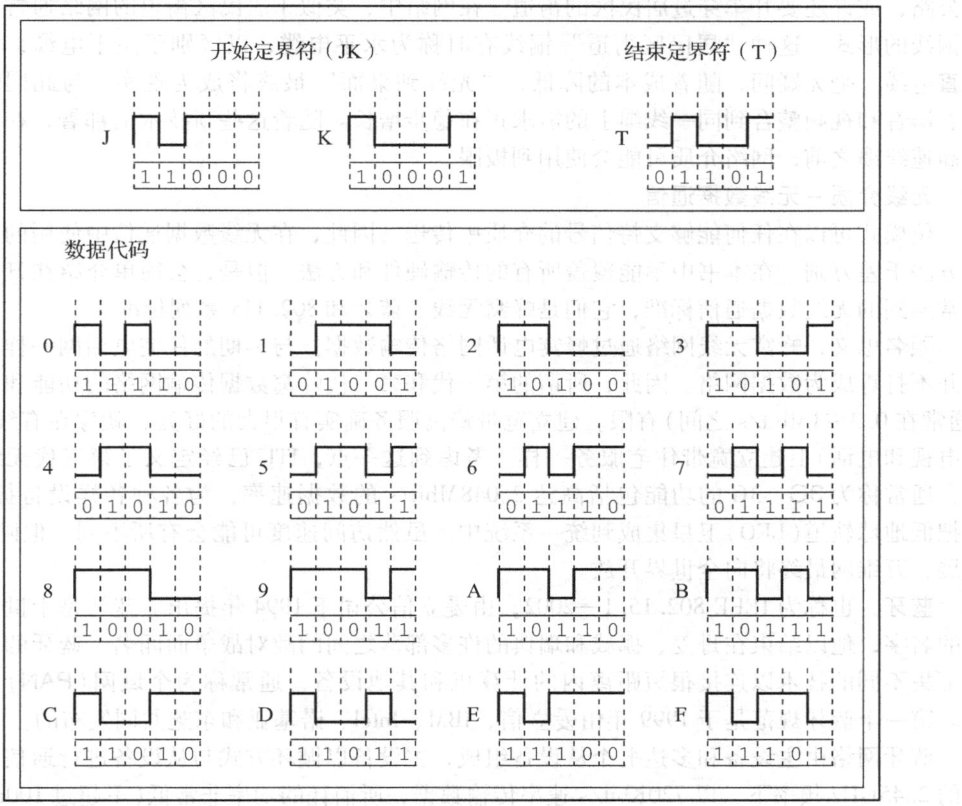

图12-14　4B/5B编码

光纤支持3种不同的传输模式，这取决于所使用的光纤类型。光纤类型如图12-15所示。最窄的**单模**光纤，只在一个波长上传送光，通常波长是850nm、1300nm或1500nm。单模光纤允许的传输距离最长，传输数据速率最快。

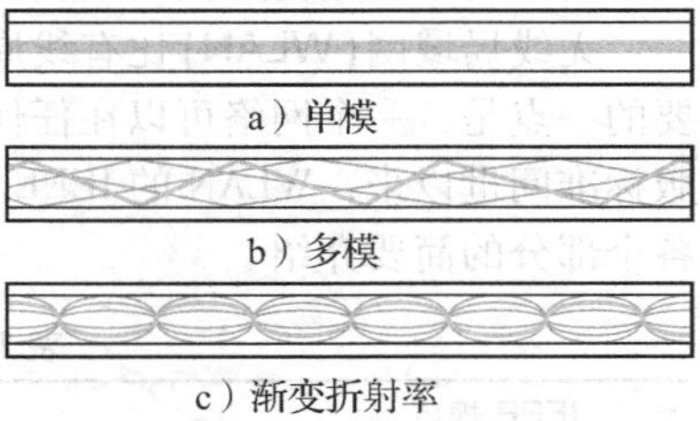

图12-15　光纤

多模光纤通过较大的光纤芯可以同时携带多个不同波长的光。在多模光纤中，光纤芯的侧面反射激光波，这会造成比单模光纤更大的衰减。光波不仅发生散射，而且在一定程度上还会相互碰撞，造成进一步的衰减。

多模渐变折射率光纤也同时支持多个波长，但是它比常规多模光纤更可控。多模渐变折射率光纤由同心的塑料或玻璃层组成，每一层都具有折射特性，用于优化特定波长的光。与常规多模光纤一样，光以波的方式通过多模渐变折射率光纤。但是，与多模光纤不同，波会被限制在适合传播特定波长的区域。因此，通过光纤同时传输的不同波长不会互相干扰。

光纤介质相比铜介质具有许多优点，最明显的是它具有巨大的信号承载能力。它也不受

EMI和RFI的影响，所以非常适合在工业设施中进行部署。光缆体积小、重量轻，一根光纤可以替代几百对铜线。

但是光缆容易损坏，购买和安装成本高。因此，光纤最常用于网络**主干线缆**，这种线缆承载着成百上千的用户。主干线缆就像是一条州际高速公路，仅限于特定的入口和出口点才能进出高速公路，但是大量的运输车辆可以高速通行。车辆要想达到最终目的地，它不得不离开高速公路，或许还要开车穿过居民区的街道。在网络中，类似于居民区街道的网络通常采用双绞线铜线的形式。这种“居民区街道”铜线有时称为**水平电缆**，以区别于主干电缆，它也称为**垂直**电缆。毫无疑问，随着成本的降低，“光纤到桌面”最终将成为现实。与此同时，把数据、语音和视频整合到同一线缆上的需求正在稳步增长。随着这些新技术的部署，在引入下一代高速线缆之前，网络介质可能会使用到极限。

无线介质－无线数据通信

位模式可以在任何能够支持信号的介质中传送，因此，在无线数据通信中使用的传输硬件和方法千差万别。在本书中不能覆盖所有的传输硬件和方法。但是，会简单介绍在日常活动中最常遇到的无线数据通信标准，它们是蜂窝无线、蓝牙和802.11x系列标准。

顾名思义，蜂窝无线网络通过蜂窝电话网络传输数据。与早期的住宅电话网一样，蜂窝系统并不打算成为数据网络。因此，所谓的第一代和第二代蜂窝数据传输网络的功能和传输速度(通常在0.3～1Mbit/s之间)有限。建立宽带蜂窝服务确实有很大的好处，就像在有线介质(有线电视和电话)上建立宽带住宅服务一样。考虑到这一点，ITU已经定义了第三代无线通信结构，通常称为**3G**。3G的功能包括高达2.048Mbit/s的数据速率，为各种各样设备提供支持，并把低地球轨道(LEO)卫星集成到统一系统中。虽然访问速度可能会有所不同，但随着3G的发展，万维网最终将向全世界开放。

蓝牙，也称为IEEE 802.15.1—2002，由爱立信公司于1994年提出。蓝牙是十世纪一个国王的名字，他以结束在丹麦、挪威和瑞典的许多部落之间的敌对战争而闻名。蓝牙的类似目的是汇集不同的技术以连接很短距离内的计算机和其他设备，通常称为**个域网(PAN)**，或**微微网**。第一个蓝牙规范是于1999年由爱立信、IBM、Intel、诺基亚和东芝共同发布的。

蓝牙网络由主设备和多达七个从设备组成，主设备以循环方式与从设备进行通信。在非常规的2.45GHz频率下，以720Kbit/s速率传输数据，所消耗的功率非常低(不超过100mW)。蓝牙技术非常流行，它可以将便携式计算设备(如平板电脑、PDA和手机)连接到各种外围设备上，而不需要使用占用便携式设备宝贵空间的电缆或电缆插座。

无线局域网(**WLAN**)比有线局域网慢得多，但它们提供了许多用途广泛的好处。其中最重要的一点是，一个网络可以在任何地方建立，并且可以相当方便地重新配置。自从1997年第1版标准问世以来，WLAN的IEEE 802.11系列标准一直稳步增长。在表12-2中提供了这个标准各个部分的简要介绍。

表12-2 IEEE 802.11无线网络标准

IEEE规范	说明
802.11-2007	基本的无线标准包括修改版a～j和802.11.RevMA
802.11k-2007	无线资源管理以允许诸如漫游等服务的远程管理
802.11n-2009	在室内250ft(1ft＝0.3048m)范围内，在2.4GHz和5GHz频段上，改善吞吐量可以高达600Mbit/s
802.11p-2010	专为汽车和其他车辆在5.9GHz频带上所进行的扩展
802.11r-2008	快速漫游：允许在基站之间可靠地切换以适应运动中的无线设备(比如在汽车中)
802.11s-2010	无线网状网络

（续）

IEEE 规范	说明
802.11u-2010	与非 802 网络（如 3G 蜂窝网）互通
802.11v-2010	无线网络管理
802.11.w-2009	无线局域网管理帧保护
802.11.y-2008	无线局域网在 3650MHz 频段上的 MAC 层增强

一个典型的无线局域网由一个或多个相互连接的（硬件）**无线接入点（WAP）**组成，无线接入点把数据广播到网络的节点上。节点通过分配给它的频率在会话持续期间保持连接或者直到连接断开为止。WAP 的覆盖范围受到环境中的电磁干扰和诸如墙壁和家具等障碍物的影响。一般来说，无线网络的数据传输速度越快，它越容易受到障碍物的影响，传输距离也就越短。离 WAP 最远的节点吞吐量最低，因为传输速度被降低以适应更远的距离。

安全是无线网络中一个持续存在的问题。采取一定的措施可以使未经授权的访问变得困难，例如使用 128 位的**有线等效保密（WEP）**加密模式。然而，安全专家警告说，要阻止一个坚定和富有经验的黑客是不可能的。如果安全是一个令人担心的问题，那么任何形式的无线网络都应该极其小心地部署。即使是微微网也可以为恶意访问整个企业网络打开大门。

12.6.2 接口卡

传输介质通过网络接口与客户端、主机和其他网络设备相连。因为这些接口通常是实现在可拆卸的电路板上的，所以它们通常称为**网络接口卡**，或简称 **NIC**。（请不要说“NIC 卡”！）NIC 通常包括 OSI 协议栈的最低三层。它是网络物理部件与计算机系统之间的桥梁。NIC 直接连接到系统的主总线或专用 I/O 总线上。它们将在系统总线上传递的并行数据转换为在通信介质上广播的串行信号。NIC 把数据的编码从二进制转变为到曼彻斯特编码或 4B/5B 编码（反之亦然）。它也提供物理连接和信号匹配，以便把信号放置到网络介质上。

每个网卡都有一个唯一烧录到电路中的物理地址。这个地址称为**介质访问控制（MAC）**地址，长度为 6 字节。前 3 字节是制造商的标识号，它由 IEEE 指定。后 3 字节是由制造商分配给 NIC 的唯一标识符。世界上任何地方的两个网卡都不应该有相同的 MAC 地址。网络协议层将这个物理 MAC 地址至少映射为一个逻辑地址。逻辑地址是这个节点被网络上其他节点看到的名字或地址。一个计算机（逻辑地址）可以有两个或两个以上的网卡，但每个网卡只有一个不同的 MAC 地址。

12.6.3 中继器

在小型办公室局域网中，NIC 之间的距离只有几英尺。然而，在复杂的办公室，NIC 之间可能有几百英尺的电缆。电缆越长，信号衰减越大。降低传输速度（通常这是不可接受的选择）或在网络中增加中继器可以减少衰减的影响。**中继器**用放大信号来抵消通过网络线路时的衰减。网络所需的中继器数量取决于所传输信号的距离、所使用的介质和线路的信令速度。例如，使用高频铜线每公里需要的中继器比使用光缆需要得多。

中继器是网络介质的一部分。从理论上讲，它们是完全不需要人工干预的设备。因此，它们不包含网络可寻址部件。然而，有些中继器现在提供高层服务以辅助网络管理和排除故障。图 12-16 所示为中继器是如何再生衰减的数字信号的。

12.6.4 集线器

中继器是有一个输入端口和一个输出端口的物理层设备。**集线器**也是物理层设备，但它们可以有许多端口用于输入和输出。它们从一个或多个位置接收数据包，并将这些数据包广播到网络上的一个或多个设备。集线器允许计算机连接成**网段**。最简单的集线器无非是连接网络各个分支的中继器。由集线器连在一起的物理网络分支不以任何方式对网络进行分区，它们是纯粹的第一层设备，不知道数据包的源或目的地。网络上的每个工作站不断地与网络上的其他工作站竞争带宽，而不管存在或不存在中间集线器。由于集线器是第一层设备，所以在集线器的所有端口上物理介质必须相同。可以把简单的集线器视为对物理网络提供多站访问的中继器。图 12-17 展示了一个有 3 个集线器的网络。

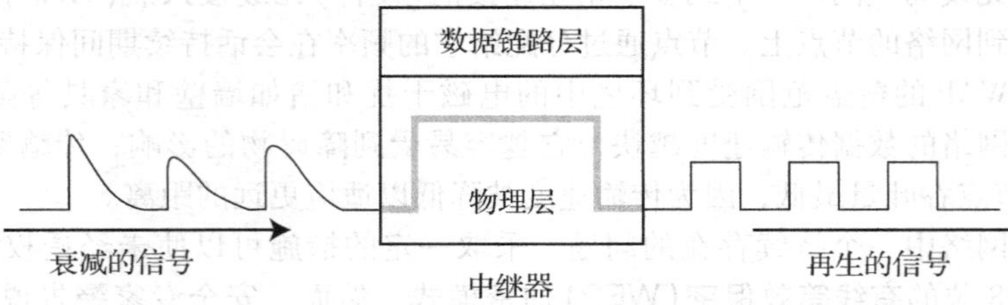

图 12-16　在 OSI 参考模型中一个中继器的功能

随着集线器体系结构的发展，许多集线器现在可以连接不同的物理介质。虽然这样的介质互连属于第二层功能，但是制造商仍然称这些设备为"集线器"。**交换集线器**和**智能集线器**与属于"第一层设备"的集线器在概念上有比较大的差别。这些复杂的组件不仅连接不同的介质，而且也执行基本的路由和协议转换，这些都是第三层的功能。

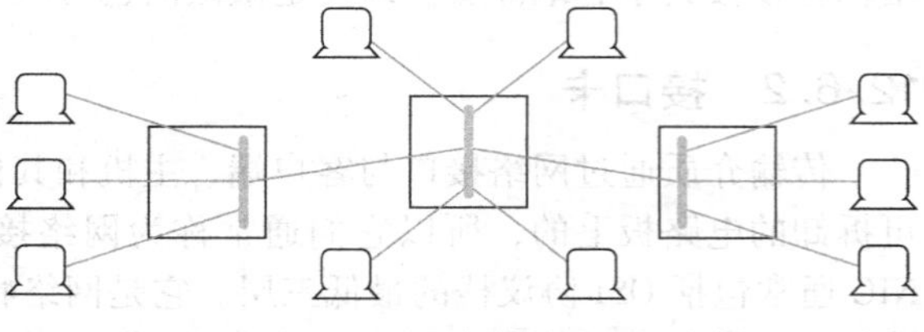

图 12-17　用集线器连接的网络

12.6.5　交换机

交换机是第二层设备，在交换机的一个输入端口和一个输出端口之间可以建立点到点的连接。虽然集线器和交换机执行相同的功能，但它们的内部数据的处理方式不同。集线器将数据包广播到网络的所有计算机上，每次只处理一个数据包。另一方面，交换机可以处理连接到计算机和它们之间的多个通信。如果网络上只有两台计算机，那么集线器和交换机的运行方式完全相同。如果有两台以上的计算机试图在网络上进行通信，那么交换机可以提供更好的性能，因为交换机的两端都可以获得全部带宽。因此，在大多数网络设备中，相对于集线器而言更倾向于选择交换机。在第 9 章中，我们介绍了连接处理器到存储器或处理器到处理器的交换机。那些交换机与我们在这里讨论的交换机属于同一类型。交换机包含一些缓冲输入端口、相同数量的输出端口、一个**交换结构**(交换单元的组合、所包含的集成电路以及允许交换路径控制的程序)和数字硬件(当网络帧到达输入缓冲区时用于解释网络帧上的地址信息编码)。

与大多数我们已经讨论的网络部件相同，交换机已经通过增加可寻址能力和管理功能得到了改善。现在大多数交换机都可以报告它们正在处理的业务流量和类型，甚至可以根据用户提供的参数过滤某些网络包。由于所有的交换功能都是由硬件完成的，所以交换机是连接高性能网络部件的首选设备。

12.6.6　网桥和网关

网桥和网关的目的都是在两个不同的网段之间提供一个链路。它们都能够支持不同的介质(和网速)，而且它们都是"存储和转发"设备，在发送帧之前要先把一个完整的帧保存起来。

但是，它们只有这些相似之处。

网桥连接两种类型相似的网络，所以它们看上去像一个网络。有了网桥，网络上的所有计算机都属于同一个**子网**(由具有相同 IP 地址前缀的所有设备组成的网络)。网桥是相对简单的设备，其功能主要在第二层。这意味着它们对协议一无所知，只不过是根据目的地地址转发数据。网桥可以连接不同的介质，它们有不同介质访问控制协议，但是在两个段中 OSI 栈的这个协议从 MAC 层到所有更高层都必须一样。这种关系如图 12-18 所示。

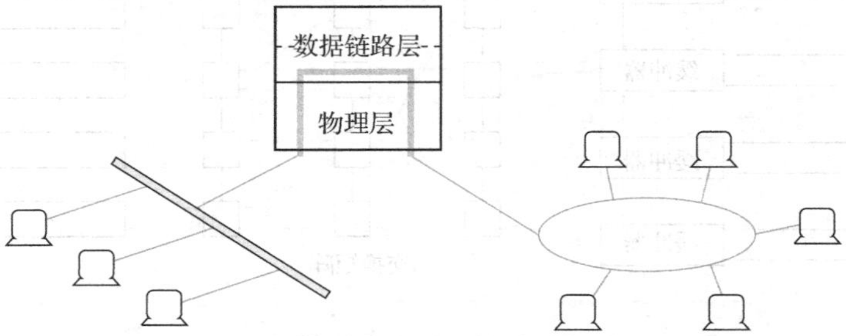

图 12-18　用一个网桥连接两个网络

连接到任何特定网桥上的节点必须有一致的地址。(最常用的就是 MAC 地址。)网络管理员必须用网络中每个有效节点的地址和网段编号给简单网桥编程。只有允许跨越网桥的数据才是发送到网桥另一端有效地址的数据。对于频繁变化的大型网络(绝大多数网络)，这种不断的重新编程既繁琐耗时，又容易出错。**透明网桥**的发明缓解了这一问题。它们是能够记住每个网段上每个设备地址的复杂设备。透明网桥还可以提供诸如吞吐量报告等管理信息。这样的功能意味着网桥并不完全是第二层设备。然而，网桥仍然需要相同的网络层协议和在两个互接段上相同的接口。

图 12-18 所示为两个不同类型的局域网通过一个网桥相互连接的情况。这是典型的使用网桥的方式。然而，如果这些局域网上的用户需要连接到使用完全不同协议的系统上(例如公用交换电话网络或使用非标准专用协议的主机)，则需要**网关**。网关是进入到另一个网络的一个点。网关是功能齐全的计算机，能提供跨越 OSI 七层协议的通信服务。网关系统软件可转换协议和字符编码，并能提供加密和解密服务。因为网关用软件做了很多工作，所以网关不能提供基于硬件网桥的吞吐量，但是可以通过提供大量的功能来弥补。网关通常直接连接到交换机和路由器上。

12.6.7　路由器和路由

除了网关，路由器是网络中另一个很复杂的部件。实际上路由器是小型专用计算机。**路由器**是一种至少连接两个网络的设备(或软件)，它决定一个数据包应该转发到的目的地址。路由器一般位于网关的位置。如果管理得好，那么路由器可以提升网络速度。如果管理得不好，那么一个有问题的路由器可以使整个网络运行异常。在本节中，将揭示路由器的内部工作原理，并讨论对于路由器需要解决的棘手问题。

尽管路由器很复杂，但它们通常称为第三层设备，因为它们的大部分工作都是在 OSI 参考模型的网络层上完成的。然而，大多数路由器也提供了一些网络监控、管理和故障排除服务。由于路由器是第三层设备，所以它们可以桥接不同的网络介质类型(如光纤到铜线)，并连接运行在第三层及以下各层的不同网络协议。基于路由器所能完成的功能，有时在因特网标准文献中称其为“中间系统”或“网关”。(在写第一个因特网标准时，还没有路由器这个词。)

路由器是专门设计连接两个网络的，通常是从局域网到广域网。路由器是复杂的设备，因为它们不仅包含缓冲区和交换逻辑，它们还有足够的内存和处理能力来计算将数据包发送到目的地的最佳路径。一个路由器的内部概念模型如图 12-19 所示。

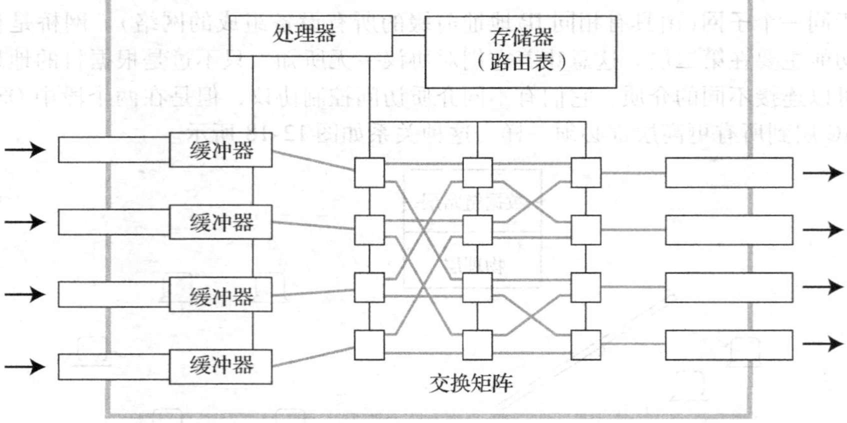

图 12-19　路由器的剖析

在大型网络中，路由器为一个基本 NP 完全问题找出了一个近似解。一个 NP 完全问题是指在理论上不能在足够短的时间内得出最优解的问题。

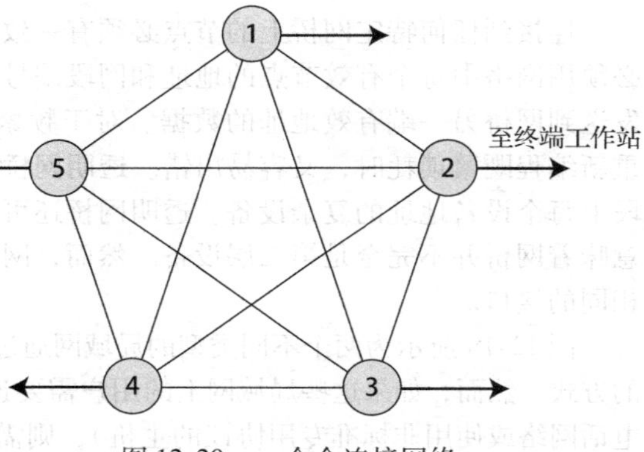

图 12-20　一个全连接网络

考虑图 12-20 所示的网络。你可能认识这个图，这是一个完全图(K_5)。在一个包含 n 个节点的完全图中有 $n(n-1)/2$ 条边。在这个例子中，有 5 个节点和 10 条边。这些边表示节点之间的路径或**跳**。

如果节点 1(路由器 1)需要发送一个数据包到节点 2，那么节点 1 有下列路径选择：

一跳的一条路径：

1→2

两跳的三条路径：

1→3→2	1→4→2	1→5→2

三跳的六条路径：

1→3→4→2	1→3→5→2	1→5→4→2
1→4→3→2	1→5→3→2	1→4→5→2

四跳的六条路径：

1→3→4→5→2	1→4→3→5→2	1→5→4→3→2
1→3→5→4→2	1→4→5→3→2	1→5→3→4→2

当节点 1 和节点 2 没有直接连接时，它们之间的通信必须至少经过一个中间节点。如果考虑所有的选择，那么可能的路径数量会非常大。当给路径增加成本或权重因素时，这个问题会进一步复杂化。更糟糕的是，这个权重会随着业务流量而变化。例如，如果节点 1 和节点 2 之间的连接是一个**高延迟**(慢)链路，那么使用 1→4→5→3→2 这条路径可能会更好。显然，在一个有数百个路由器的真实网络中，这个问题会变得更加棘手。如果每个路由器都要为每个传入的数据包在所有可能的路径中找到完美的传出路由，那么这个数据包将永远不会到达本来可以

很快就能到达的地方。

当然，在只有几个节点的非常稳定的网络中，可以对每个路由器进行编程，使其始终使用相同的最优路由。这称为**静态路由**，它对于网络中一个位置有大量用户而另一个位置使用一台中央主机或网关的情况是可行的。在短期内，这是一种有效连接系统的方法，但是如果互连链路中的一个链路出现问题或一个路由器出现问题，那么用户就会与主机断开连接。人们必须快速响应以便恢复服务。对于变化频繁的网络，静态路由并不是一种合理的选择。这就是说，大多数网络不会选择静态路由。相反，静态网络是可预测的，因为数据包的路径（因此跳数）总是已知的并且可控。静态路由也是非常稳定的，并且它创建了无路由协议交换流量。

动态路由器自动设置路由和应对网络中的变化。路由器也可以选择一条最佳路由以及一条备用路由，这样当所选路由发生某些情况时可以使用它。它们不改变路由指令，而是允许动态地改变路由表。

动态路由器通过与网络上的其他路由器交换信息自动地探测网络。路由器交换的信息包包含了它们的地址，以及从一个点到另一个点的网络状况。路由器使用这些信息在主存中建立一个路由表。实际上，这个路由表是网络上每个节点的一个可达性列表，加上一些缺省值。通常，路由表中列出的每个目标节点都与相邻的或**下一跳**路由器相连接。

当创建路由表时，动态路由器考虑了两个度量指标中的一个。它们可以使用两个节点之间的传输距离，也可以使用由延迟表示的网络状况。使用第一种度量指标的算法是**距离向量路由**算法。使用第二种度量指标的算法是**链路状态路由**算法。

距离向量路由算法来源于 1957 年和 1962 年提出的**贝尔曼 - 福特**（Bellman-Ford）和**福特 - 富尔克森**（Ford-Fulkerson）两个相似算法。距离向量路由算法中的*距离*通常是一个数据包到达目的地之前必须经过的节点数（跳数）的度量指标，但是可以使用任何度量指标。例如，假设有图 12-21a 所示的网络。图中有 4 个路由器和 10 个相连的节点。如果节点 B 向发送一个数据包到节点 L，那么有两种选择：一种选择是 B→路由器 4→路由器 1→L，其中路由器 4 和路由器 1 之间有一跳；另一种选择是 B→路由器 4→路由器 3→路由器 2→路由器 1→L；在路由器之间有三跳。距离向量路由算法的目标是始终使用最短路径，所以 B→路由器 4→路由器 1→L 路径是显而易见的选择。

在距离向量路由中，每个路由器都需要知道连接到路由器的每个节点的身份以及它们之间的跳数。为了有效地做到这一点，路由器与相邻的路由器交换节点和跳数信息。例如，使用图 12-21a 所示的网络，路由器 1 和路由器 3 的路由表如图 12-21b 所示。然后这些路由表发送给路由器 2。如图中所示，路由器 2 根据路由表给出的所有路由，选择到每个节点的最短路径。最终的路由表包含直接连接到路由器 2 的节点地址，以及通过其他路由器可到达的目的节点列表和到这些节点的跳数。注意，在路由器 2 的最终路由表中，跳数比原来路由表增加了 1，因为要考虑路由器 2 和路由器 1 之间以及路由器 2 和路由器 3 之间的 1 跳距离。实际的路由表也将包含一个默认的路由器地址，该地址用于未直接连接到网络的节点，比如像连接在远程 LAN 或因特网目的地的工作站等。

距离向量路由算法容易实现，但它确实存在一些问题。一方面，在一个大型网络中路由表的稳定（或**收敛**）可能需要很长时间。此外，在更新路由表时，有相当多的流量会放置到网络上。第三，过时的路由可能依然在路由表中，这会导致数据包误转或丢包。最后一个问题是**无限计数**问题。

通过研究图 12-22a 所示的网络，可以理解无限计数问题。注意，有冗路径通过这个网络。还要注意，通过内联网的路径需要 3 跳。例如，如果路由器 3 处于离线状态，那么客户端仍然可以访问主机和因特网，但在路由器 3 再次运行之前，客户端将无法打印任何内容。

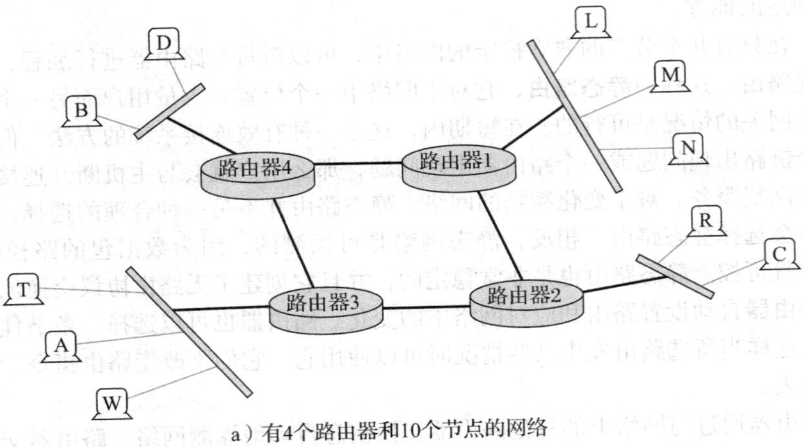

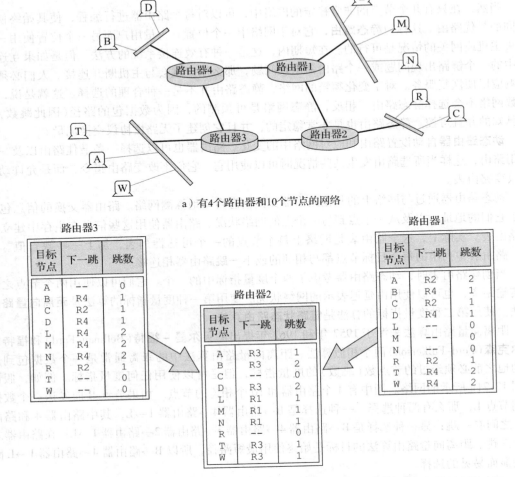

a）有4个路由器和10个节点的网络

路由器3

目标节点	下一跳	跳数
A	--	0
B	R4	1
C	R2	1
D	R4	1
L	R4	2
M	R4	2
N	R4	2
R	R2	1
T	--	0
W	--	0

路由器2

目标节点	下一跳	跳数
A	R3	1
B	R3	2
C	--	0
D	R3	2
L	R1	1
M	R1	1
N	R1	1
R	--	0
T	R3	1
W	R3	1

路由器1

目标节点	下一跳	跳数
A	R2	2
B	R4	1
C	R2	1
D	R4	1
L	--	0
M	--	0
N	--	0
R	R2	1
T	R4	2
W	R4	2

b）使用路由器1和路由器3的路由表为路由器2构建路由表

图　12-21

在图 12-22b 中列出了从所有路由器到因特网的路径。我们称这个快照的时间是 $t=0$。正如你所看到的，路由器 1 和路由器 2 使用路由器 3 到达因特网。有时在 $t=0$ 和 $t=1$ 之间，路由器 3 和路由器 4 之间的链路坏了(比如说，有人拔掉了连接这些路由器的电缆)。在 $t=1$ 时，路由器 3 发现这个问题，但是它刚刚接收到来自邻居节点的路由更新，这两个节点的信息都显示它们可以通过 2 跳达到因特网。路由器 3 然后假设它可以使用这两个路由器中的一个达到因特网，并相应地更新它的路由表。它选择路由器 1 作为到因特网的下一跳。(从路由器 1 到路由器 3 是 1 跳，所以从路由器 3 到因特网的跳数是 $1+2=3$。)在 $t=2$ 时，路由器 3 发送它的路由表给路由器 1 和路由器 2。在 $t=3$ 时，路由器 1 和路由器 2 收到路由器 3 到达因特网的更新的跳数，所以它们对路由器 3 的值加 1(因为它们知道与路由器 3 的距离是 1 跳)。并且接着广播它们的路由表。这个循环继续进行，直到所有的路由器以无穷大的跳数结束，这意味着寄存器中的跳数最终会溢出，并破坏整个网络。

通常使用两种方法防止发生这种情况。一种方法是使用一个非常小的值，以便在早期检测出问题(在寄存器溢出之前)；另一种方法是以某种方法防止出现例子中出现的短循环情况。

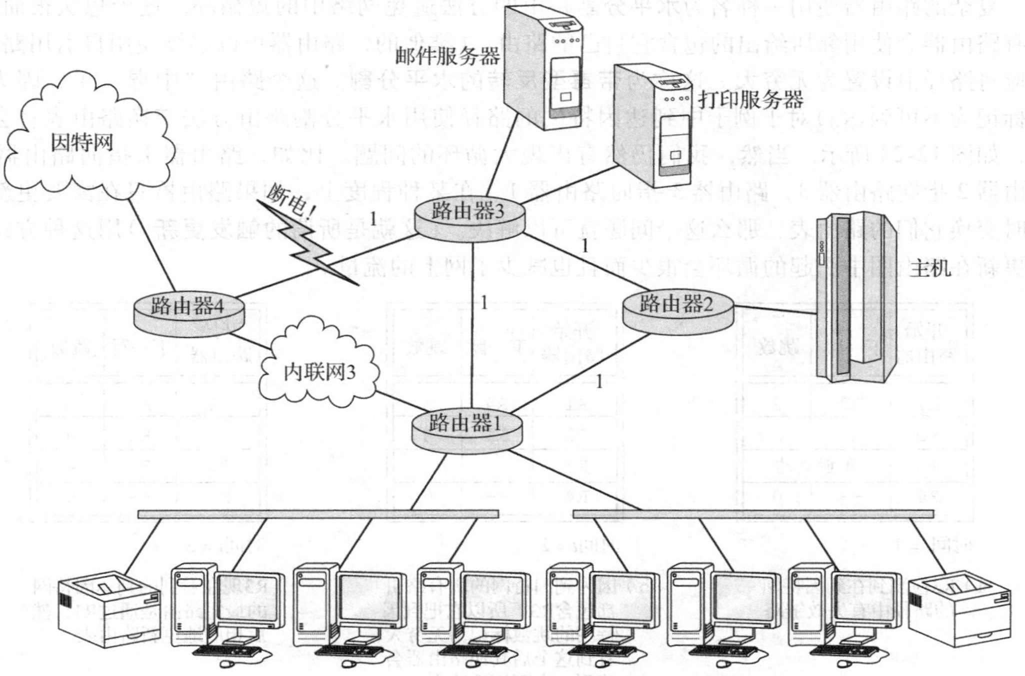

a)

开始路由器	下一跳	跳数
R1	R3	2
R2	R3	2
R3	R4	1
R4	--	0

时间$t = 0$

b）4个路由器看到的到达因特网的路由

开始路由器	下一跳	跳数
R1	R3	2
R2	R3	2
R3	不能到达	
R4	--	0

时间$t = 1$

c）路由器3（R3）检测到断开链路

开始路由器	下一跳	跳数
R1	R3	2
R2	R3	2
R3	R1	3
R4	--	0

时间$t = 2$

d）R3通过R1找到路由，然后发布到达因特网的3跳路由

开始路由器	下一跳	跳数
R1	R3	4
R2	R3	4
R3	R1	3
R4	--	0

时间$t = 3$

e）其他路由器知道它们需要R3以到达因特网，根据R3的报告更新路由表以反映到达因特网的新距离

开始路由器	下一跳	跳数
R1	R3	5
R2	R3	5
R3	R1	4
R4	--	0

时间$t = 4$

f）R3现在看到R1和因特网之间的距离是5，所以对R1的跳数加1，以更新自己到达因特网的路由

开始路由器	下一跳	跳数
R1	R3	6
R2	R3	6
R3	R1	5
R4	--	0

时间$t = 5$

g）当R1和R2收到R3的路由通知时，就用R3到因特网的跳数来更新它们的路由表。这个过程持续进行，直到计数器溢出

图 12-22　a）一个有冗余路径的网络；b）路由器 1、路由器 2 和路由器 3 到达因特网的路由；c-g）路由表对达到因特网路径的更新

复杂的路由器使用一种名为**水平分割**路由的方法避免网络中的短循环。这个想法很简单：没有路由器会使用邻居给出的包含它自己的路由。(类似的，路由器可以继续使用自引用路由，但应将路径值设置为无穷大。这称为**带毒型反转的水平分割**。这个路由“中毒”了，因为它被标记为不可到达。)对于例子中到达因特网的路径使用水平分割路由方法交换路由表将会收敛，如图12-23所示。当然，我们仍然有出现大循环的问题。比如，路由器1指向路由器2，路由器2指向路由器3，路由器3指向路由器1。在某种程度上，如果路由器只在需要更新链路时交换它们的路由表，那么这个问题就可以解决。(这就是所谓的**触发更新**。)用这种方式进行更新在路由图中引起的循环会很少而且也减少了网上的流量。

开始路由器	下一跳	跳数
R1	R3	2
R2	R3	2
R3	不能到达	
R4	--	0

时间$t=1$

a）R3检测到在到因特网的路径中有失效链路

开始路由器	下一跳	跳数
R1	R4	3
R2	R1	4
R3		∞
R4	--	0

时间$t=2$

b）因为到因特网的所有路由都包含R3，所以它把到因特网的跳数标记为无穷大，看到这个后其他路由器会找到一个更短的路由

开始路由器	下一跳	跳数
R1	R4	3
R2	R1	4
R3	R1	4
R4	--	0

时间$t=3$

c）R3现在看到的到达因特网的最短路由是通过R1，然后相应地更新路由表

图12-23　带毒型反转的水平分割路由

在大型网络中，跳数可能是一个误导性的指标，特别是当网络中包含了多种设备和线路速度时。例如，假设一个数据包到某处有两条路可供选择。一条路在100Mbit/s局域网中经过6个路由器，而另一条路在64Kbit/s租用线路中经过两个路由器。虽然100Mbit/s局域网可以提供超过10倍的吞吐量，但是跳数指标将迫使其选择较慢的租用线路。如果不是计算跳数，而是测量实际的线路延迟时间，那么就可以避免这样的异常情况。这就是后面将要介绍的**链路状态路由**的想法。

与距离向量路由一样，链路状态路由也是一种自管理的路由系统。每个路由器通过周期性地发送hello包发现自身和相邻路由器之间的线路速度。在发送数据包后，路由器启动一个定时器。随后接收到数据包的每个路由器会立即发送一个答复。发送数据包的路由器一旦得到了答复，它就停止定时器，并将结果除以2，得到连接到这个数据包的路由器的单程时间估计。一旦接收到所有的回复，路由器就用这些时间形成一个链路状态值表。然后广播这个表到除了邻居外的所有其他路由器。然后不相邻的路由器使用这些信息来更新所有路由，包括发送路由器。最终，路由域内的所有路由器都会有相同的路由表。简单地说，在收敛发生之后，在每个路由器的路由表中都存在一个网络快照。然后，路由器使用这个快照计算路由表中到达每个目的地的最佳路径。

在计算最优路由时，每个路由器都将自己看作树的根节点，每个目的地都是树的内部叶子节点。使用这个概念，路由器对每个目的地使用Dijkstra算法[⊖]来计算一条最优路径。一旦找到，路由器只存储沿着路径的下一跳，它不存储整个路径。下一个(下游)路由器应该也已经计算出了相同的最佳路径，或者当一个数据包到达时找到的一条更好的路径，所以它将使用最佳路径中的下一条线路，这条最佳路径是由它的上游路由器计算得到的。在图12-22a中，当

⊖　对于Dijkstra算法的解释，参见附录。

路由器 1 采用了 Dijkstra 算法后，它看到的网络如图 12-24 所示。

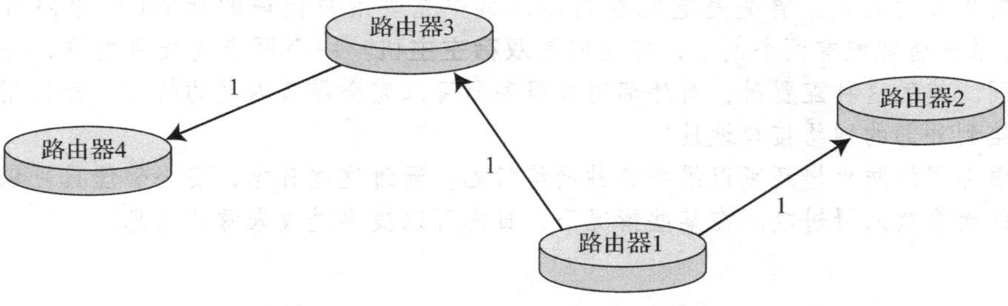

图 12-24　路由器 1 使用链路状态路由和 Dijkstra 算法看到的图 12-22a 中的网络

显然，路由器只能保留有限的信息。一旦网络性能开始下降(通常这种情况的发生是有原因的，除了路由表饱和外)，必须将这个网络分成子网或**网段**。在非常大的网络中，采用交换和路由技术相结合的层次结构拓扑可帮助保持系统的可管理性。最好的网络设计者知道在系统设计中何时使用何种技术。最终目标是最大限度地提高吞吐量，同时保持网络的可管理性和健壮性。

什么是防火墙?

几乎在政府、工业界和学术界工作的每个人在日常工作中都会使用因特网。然而，在因特网上有形形色色的人，包括抢劫或破坏公司计算资源的人。那么，如何让一个网络足够开放，让人们做好自己的工作，但又足够安全，以保护企业的资产呢？解决这个问题的首选方案是在内部网络和因特网之间设置防火墙。

防火墙是通过对相邻建筑物之间的高砖墙进行类比而得名的。如果其中一栋建筑物发生火灾，那么相邻的建筑物就要有防止卷入火灾的保护。所以它是一个网络防火墙：内部用户与可能会损害内部网络结构的外部用户分隔开。

防火墙有很多种。最流行的两种类型是基于路由器的防火墙和基于主机的防火墙或代理服务器防火墙。两种类型的防火墙都使用名为**策略**的规则库编程。防火墙策略定义了哪些网络地址可以访问哪些服务。文件传输策略是一个很好的例子。可以设置防火墙允许内部用户(在网络的保护侧)从因特网上下载文件。保护网络之外的用户将禁止从内部网络上下载文件。假设网络内部的数据可能包含敏感私人的信息。任何防火墙都可以设置禁用地址列表。(这有时称为**黑名单**。)列入黑名单的地址通常包括传播不良素材的团体网站。

这两种类型的防火墙也会区分流入流量和流出流量。这可以防止试图欺骗防火墙的地址欺骗，让防火墙以为用户在网络内，但实际上用户在网络之外。如果防火墙被伪造地址所欺骗，那么外部用户就可以在内部网络上自由运行。

基于路由器的防火墙和代理服务器都具有加密网络流量的能力。**加密**是使用一个算法和一个键值来对消息进行加密的过程，这样唯一能读取消息的设备就是具有相应密钥的设备。键值周期性地变化，通常每天改变。当防火墙被设置为密钥交换例程时，键值周期变化的过程是自动进行的。路由器倾向于使用比较简单的加密算法，通常使用简单移位算法和逻辑“与”算法，即消息与键值进行逻辑与运算。(一个这样的算法是美国联邦**数据加密标准(DES)**。为了更安全，消息有时加密三次，这叫作**三重 DES**。)

如你所料，代理服务器比基于路由器的防火墙慢、也容易失败，但它们也比基于路由器的防火墙具有更多的功能。首先是它们在内部网络中充当用户代理的功能(因此得名**代理服务器**)。这些系统通常配有两个网卡，即它们是**双宿主主机**。一个网卡连接到内网，另一个网卡连接到外网。使用这种配置时，对外部用户服务器可以完全屏蔽内网的特征。外部用户可以看到的是连接到外部的网络接口地址。

基于服务器的防火墙还可以维护各种网络日志。通过这些日志，安全管理员可以检测外部恶意用户的大多数入侵进攻。在某些情况下，日志可以提供进攻来源的信息。

12.7 因特网的脆弱性

在短短的35年中，冷战的秘密DARPA网已经变成民用和工业的关键资源。虽然因特网是我们进行信息和金融交易的主要渠道，但是**监测控制和数据采集(SCADA)**网络的结构却不那么明显。SCADA系统在物理基础设施中起着至关重要的作用，包括发电设备、运输网、污水处理系统和石油与天然气管道，等等。

由于内在的通信需求，SCADA系统是通过因特网进行连接的第一批控制系统。目前该系统中很少涉及关键设备，但是有大量控制集合和名为**物联网(IoT)**或**机器对机器通信(M2M)**的传感节点。物联网的跨度涵盖了从最小的RFID芯片到家用电器再到安全系统的一切。人们可以很容易地预见这样的世界，将来每个对象都会被标记，并能够通过网络报告它的位置。智能节点甚至可以与其他节点协作进行决策。思科系统公司估计，在2020年使用的M2M设备可能多达500亿台。如果没有因特网，那么这些设备(包括大部分重要的SCADA基础设施)可能都会变得毫无用处。

正如本章前面所述，因特网是以生存性为目的设计的。如果一个路由器失效，那么可以很容易地使用另一个路由器。事实上，这种健壮性在2012年10月飓风桑迪袭击美国中部大西洋地区时表现得非常明显。因特网监控公司Renesys估计，在2012年10月29日至10月30日间，尽管数量可观的电缆和其他设备被水淹没或断电，但是在曼哈顿地区仅有5%的网络中断。此外，这个问题的大部分都限制在曼哈顿，这个严重的事件并没有扩大到整个地区。

实际上，如果美国东北部的因特网基础设施能够在超级风暴桑迪的袭击下免遭破坏，那么可能会让人相信因特网可以在任何情况下生存。然而，一些因特网观察家变得越来越担心，**网络战争**的可能性是人们听到的最强的警报声，特别是针对SCADA系统的网络战。一次有效的SCADA攻击可以导致国家电力系统和交通网络的大面积瘫痪。即使是少量的针对少数战略骨干网络路由器的攻击，也会造成灾难性的连锁实效。在这种情况下，失效的路由器压垮了主干网上的其他路由器，也造成了它们的故障。

第二个问题是物联网带来的带宽需求越来越大。这些设备将会把什么类型的流量放到网上，这种问题是不可能描述出来的。会不会是包含数十亿个短UDP类型的突发信息？会不会是时间敏感的数据流？到目前为止，简单地给网络增加更多的电缆和路由器已经满足了网络容量的需求。但是随着更多的设备添加到网络中，路由表会变得越来越大，选择路由和转发包的时间就会越来越长。当不能及时做出决策时，就会引起丢包和需要重传，这会导致网络出现更多的流量。在最糟糕的情况下，这种情况可能会导致**拥塞崩溃**出现，这时大量的路由器离线，因为它们不能再处理它们的传入流量，甚至拒绝我们在拥塞控制方面做的最大努力。

意识到物联网可能会发送超过网络限度的数据包，科学家已经提出了更加智能或具有认知的数据包路由方法。这个想法利用了网络中终端节点的智能。也就是说，终端节点可以直接进行点对点交换，而不需要主机。举个简单的例子，考虑一下通过WiFi将数码照片从智能手机传送到平板电脑的过程。在许多情况下，数码照片从手机到中心路由器，然后反向通过因特网到达平板电脑。尽管这些设备彼此之间相距几英寸，但是数据包却可能旅行了数百英里。事实上，一天中会有500亿次这样的传输，毫无疑问拥塞崩溃是个真实的问题。因特网不断地努力工作，在许多威胁面前保持领先。但这种努力的工作，最终导致筋疲力尽。让因特网更聪明地工作的时候到了。否则，我们可能会被迫回忆如何度过没有因特网的生活。

本章小结

本章概述了用于构建数据通信系统的网络组件和协议。每个网络组件及每个网络进程，执行在分层协议栈中处于某个层次的一项任务。网络工程师使用OSI参考模型的层次描述所有网络组件的角色和职责。当一台计算机与另一台计算机进行通信时，协议栈的每一层与运行在远程系统上的相应层进行对话。协议层与它们相邻层的接口使用服务访问点。

大多数因特网应用程序依赖于TCP/IP，而迄今为止应用最广泛的数据通信协议。虽然通常称为TCP/IP，但是实际上这是两个协议。TCP提供了一种在不可靠IP上建立可靠通信流的方法。第4版IP组件受到32位地址字段的限制。第6版IP将解决这个问题，因为它的地址字段是128位宽。对于较大的地址段，计算路由可能是一项艰巨的任务。为此，IETF已经设计了一个分层地址解决方案，可聚合全局单播地址格式使得数据包路由计算更容易并且更快。

我们描述了对于绝大多数数据通信网络常见的一些组件。在这些组件中最重要的是物理介质和路由器。选择物理介质必须考虑预期负载和所覆盖的距离。必要时，可以使用中继器扩展物理介质。路由器是监视网络状态的复杂设备。通过配置可以允许路由器为网络流量选择接近最优的路径。

随着因特网作为商用工具的不断增长，路由问题也将随之增长。若要解决这些问题，可能最终要重新思考形成因特网基础的架构和一些假设。

扩展阅读

并不缺乏计算机网络主题的文献。现在面临的挑战是如何找到好的计算机网络的文献。Tanenbaum(2010)、Stallings(2013)、Kurose和Ross(2012)等人编写的教材是最好的几本数据通信教材。Tanenbaum的书按照OSI协议栈层次组织，对大多数数据通信和网络的重要概念的介绍都容易读懂。Kurose和Ross的书以非常详细并且使用了读者可以理解的方式讨论了本章中介绍的大部分主题。Stallings的书和Tanenbaum的书有很多相同的材料，但是Stallings的书更严谨更详细。Sherman(1990)的书也是一本写得很好的(但是内容有些陈旧)数据通信入门书籍。Sherman提供的历史视角妙极了。

有关因特网标准(FRC)信息的权威来源是因特网工程任务组网站(www.ietf.org)。在本章中出现的与RFC相关的材料是：

- RFC 791“Internet Protocol Version 4(IPv4)”
- RFC 793“Transmission Control Protocol(TCP)”
- RFC 1180“A TCP/IP Tutorial”
- RFC 1887“An Architecture for IPv6 Unicast Address Allocation”
- RFC 2460“Internet Protocol, Version 6(IPv6)Specification”
- RFC 2026“The Internet Standards Process”
- RFC 1925“The Fundamental Truths of Networking”

由Rodriguez、Getrell、Karas、Peschke(2001)编写的IBM TCP/IP教程红皮书是IETF中最廉价可读的外部资源之一。与IETF网站不同，它还讨论了使用特定供应商的产品实现TCP/IP的方法(没有天花乱坠的广告宣传)。Minoli和Schmidt(1999)的书在讨论因特网基础设施时特别关注服务质量问题。

Clark(1997)对英国的电话通信进行了详细而全面的叙述。它涉及公共电话网络的重要方面，包括可以承载的数据流量能力。Burd(1997)ISDN和de Prycker(1996)ATM的书都对各自主题做了明确的叙述。IBM(1995)ATM红皮书，虽然不如de Prycker的书严谨，但是它对ATM的显著特点进行了非常好和客观详细的介绍。

更多的与因特网骨干路由器不稳定问题有关的信息，参见Labovitz、Malan和Jahanian(1998，1999)

撰写的论文。密西根大学维护着一个致力于因特网性能问题的网站，网址是 www. merit. edu/ipma/。

跟上最新数据网络技术发展的唯一途径是不断阅读专业和商业期刊。最新的信息可以在 ACM 和 IEEE 的出版物中找到。其中最突出的是 IEEE/ACM 网络期刊和 IEEE 网络杂志。商贸期刊是另一个不错的信息来源，特别是可以了解各种供应商如何实施最新的网络技术。由 CMP 出版的两本这样的杂志是《网络计算》(www. networkcomputing. com)和《网络杂志》(www. networkmagazine. com)。《网络世界》是由 CW 通信(CW Communications)出版的一本周刊杂志，不仅有精良的纸质版，而且还有相关的网站(www. nwfusion. com)提供大量资料和资源。

许多设备供应商会在他们的网站上发布优秀的、低宣传性的教程信息。这些供应商包括 IBM 和思科系统等。当然，当你探索与本章主题相关的具体技术时，你会发现其他非常好的商业网站。当涉及数据通信时，似乎永远也学不够(无论多么努力)。

参考文献

Burd, N. *The ISDN Subscriber Loop.* London: Chapman & Hall, 1997.

Clark, M. P. *Networks and Telecommunications: Design and Operation,* 2nd ed. Chichester, England: John Wiley & Sons, 1997.

Kurose, J. F., & Ross, K. W. *Computer Networking: A Top-Down Approach Featuring the Internet.* Boston, MA: Addison Wesley Longman, 2001.

Labovitz, C., Malan, G. R., & Jahanian, F. "Internet Routing Instability." *IEEE/ACM Transactions on Networking 6*:5, October 1998, pp. 515–528.

Labovitz, C., Malan, G. R., & Jahanian, F. "Origins of Internet Routing Instability." *INFOCOM '99. Eighteenth Annual Joint Conference of the IEEE Computer and Communications Societies. Proceedings. IEEE 1,* 1999, pp. 218–226.

Liotta, A., "The Cognitive NET is Coming," *IEEE Spectrum 50*:8, August 2013, pp. 26–31.

Liu, W., Matthews, C., Parziale L., et al. *TCP/IP Tutorial and Technical Overview*, 8th ed. Armonk, NY: IBM Corporation, 2006.

Minoli, D., & Schmidt, A. *Internet Architectures.* New York: John Wiley & Sons, 1999.

Sherman, K. *Data Communications: A User's Guide*, 3rd ed. Englewood Cliffs, NJ: Prentice Hall, 1990.

Stallings, W. *Data and Computer Communications*, 10th ed. Upper Saddle River, NJ: Prentice Hall, 2013.

Tanenbaum, A. S. *Computer Networks*, 5th ed. Upper Saddle River, NJ: Prentice Hall, 2010.

复习题

1. 轮询网络的组织结构与互联网的组织结构有什么不同?

2. 什么协议设备是 DARPA 网鲁棒性的关键?

3. 谁为因特网制定了标准?

4. 因特网标准的正式名称是什么?

5. ISO/OSI 参考模型的哪一层负责协商帧的大小和传输速度?

6. 如果通信会话要使用加密或压缩，那么 ISO/OSI 参考模型的哪一层将会执行这个服务?

7. 根据 12.5.1 节描述的 IPv4 格式，IP 协议号占用的是哪几位？这个字段的作用是什么?

8. 为什么某些类型的 IP 地址会变得稀缺?

9. 解释 TCP 的一般用途。

10. IPv6 如何对 IPv4 进行了改进?

11. 有线传输介质和无线传输介质之间的不同是什么？举一些各自的例子。

12. 什么决定了传输介质的质量？使用什么度量标准?

13. 衰减的主要原因是什么？什么有助于减少衰减?

14. 一条线路的波特率和位率之间有什么不同？

15. 光缆的 3 种类型分别是什么？能够传输信号最快的是哪一种？

16. 哪里可以找到 MAC 地址？MAC 地址中有多少字节？

17. 简要描述中继器、集线器、交换机和路由器之间的区别。

18. 网桥和网关之间的不同是什么？哪一个更快？为什么？

19. 什么时候使用静态路由不是一个非常好的想法？

20. 给出两种重要的方法，使在这两种方法中链路状态路由不同于距离向量路由。

21. 距离向量路由带来的 3 个主要问题是什么？

22. 防火墙以什么方式提供了安全性？

23. 什么是 SCADA 系统？

24. 因特网受到了什么方式的威胁？

习题

1. 早期商用计算机网络的流量与早期科学学术网络的流量有什么不同？这两种系统今天有区别吗？

2. 为什么 ISO/OSI 协议栈被称为参考模型？你认为情况会总是这样吗？

3. 网络层协议与传输层协议有什么不同？

4. 因特网协议标准是通过世界各地成千上万人的努力而设计出来的，不管他们在数据通信方面有什么特殊的背景。另一方面，专有协议是由一小部分人创建的，他们都是直接或间接为同一个雇主工作。

a）你认为每种方法都有哪些优点和缺点？哪种方法能生产出更好的产品？哪种方法能更快地生产出产品？

b）你为什么认为 IETF 方法与专有方法相比已经获得了支配地位？

◆ **5.** 在对 TCP 报头窗口字段的描述中，我们说：

请注意，如果接收器的应用程序运行得非常慢，比如说它每次从缓冲区取 1 或 2 个字节数据，则在接收器上运行的 TCP 进程应该等到应用程序缓冲区空到足以可以发送另一个报文段为止。

发送另一个报文段的“理由”是什么？

6. OSI 协议栈除了应用层之外还包含会话层和表示层。TCP/IP 应用程序（如 Telnet 和 FTP），没有定义这些单独的层。你认为应该这样分开这些层吗？给出将 OSI 方法并入 TCP/IP 中的一些优点和缺点。

7. 为什么 TCP 报文段的长度限制在 65 515 字节？（提示：查看 TCP 报文段格式的数据偏移字段的定义。）

8. 为什么 IETF 使用单词 octet 代替 byte？你认为这种做法应该继续下去吗？

◆ **9.** 下列 IP 地址属于哪类网络？

◆ a）180. 265. 14. 3

◆ b）218. 193. 149. 222

◆ c）92. 146. 292. 7

10. 下列 IP 地址属于哪类网络？

a）223. 52. 176. 62

b）127. 255. 255. 2

c）191. 57. 229. 163

◆ **11.** 运行 TCP/IP 的工作站需要将文件传输到主机。该文件包含 1024 个字节。如果有效载荷大小为 128 字节，并且这两个系统都运行 IPv4，那么将发送多少字节（包括所有的 TCP/IP 开销）？（同时假设三次握手和窗口大小协商已经完成，在传输过程中不会出现错误。）

◆ a）协议开销是多少（以百分比表示）？

◆ b）执行相同的计算，假设两个客户端都使用 IPv6。

12. 运行 TCP/IP 的工作站需要将文件传输到主机。该文件包含 2048 个字节。如果有效载荷大小为 512 字节，并且这两个系统都运行 IPv4，那么将发送多少字节（包括所有的 TCP/IP 开销）？（同时假设三次握手和窗口大小协商已经完成，在传输过程中不会出现错误。）

a）协议开销是多少（以百分比表示）？

b）执行相同的计算，假设两个客户端都使用IPv6。

◆ **13.** 两个运行TCP/IP的工作站要传送一个文件。这个文件的长度是100KB，有效负载大小是100字节，协商窗口大小是300字节。发送方接收到一个来自接收方的ACK 1500。

◆ a）下一次应该发送哪些字节？

◆ b）如果接收方没有发送ACK，那么可以发送的最后一个字节号是什么？

14. 两个运行TCP/IP的工作站要传送一个文件。这个文件的长度是10KB，负载大小是100字节，协商窗口大小是2000字节。发送方接收到一个来自接收方的ACK 900。

a）下一次应该发送多少字节？

b）如果接收方没有发送ACK，那么可以发送的最后一个字节号是什么？

15. 如果TCP不允许发送方和接收方协商超时窗口那么它们自己会出现什么问题？

16. IP是一种无连接协议，而TCP是面向连接的。这两个协议如何在同一协议栈中共存？

17. 在12.6.1节指出当采用4B/5B编码时，一种有100Mbit/s位率的传输介质需要125MHz的信号承载能力。

a）如果使用曼彻斯特编码，那么将需要什么样的信号承载能力？

b）如果使用修改频率调制（MFM）编码，假设一个发生0和1的概率是同等的，那么将需要什么样的信号承载能力？

（在2.A节有曼彻斯特编码和MFM编码的解释。）

18. a）一类特定网线的信号功率是8733.16dB，在特定信号强度为100MHz时噪声等级是41.8dB。求这种导体的信噪比。

b）假设网线部分的噪声等级是9.5dB并且当传输200MHz的信号时噪声等级是36.9dB。求信号强度是多少？

◆ **19.** a）一类特定网线的信号功率是2898dB，在特定信号强度为100MHz时噪声等级是40dB。求这种导体的信噪比。

◆ b）假设网线部分的噪声等级是0.32dB并且当传输200MHz的信号时噪声等级是35dB。求信号强度是多少？

20. 一个物理层协议数据单元是多大？这个问题的答案决定了许多网络体系结构同时传输的数量。如果信号以2×10^8m/s的速度通过铜线来传播，那么在载波为10Mbit/s时，每位脉冲长度由下式给定：

$$传播速度/总线速度 = (2\times10^8\text{m/s})/(10\times10^6\text{bit/s}) = 20\text{m/bit}$$

如果一个数据帧是512位长，那么整个帧占用：

$$一位长度\times帧大小 = 20\times512 = 10\,240(\text{m})$$

a）如果网络速度为100Mbit/s，那么一个1024位的数据包是多大？

b）如果网络速度提高到155Mbit/s，那么一个1024位的数据包是多大？

c）在100Mbit/s下，一个这样的帧通过网络中的一个特定节点需要花费多长时间？

21. 它看起来就像图12-14中4B/5B的位单元那么小。这样的位单元在125MHz的线路上需要多长的传输时间？（使用前面问题中的常量和公式。）

22. 参考图12-21，假设路由器4可从路由器1和路由器3的路由表中导出其路由表。使用与其他3个路由器的路由表相同的格式，完成路由器4的路由表。

选择存储系统和接口

13.1 引言

世界对数据的渴望和对信息的热情似乎没有上限。如果有可能的话应该以某种方式捕捉活动的数字本质，但似乎我们完全无法这样做。就好像我们无法在档案中锁定一个十年后会是唯一重要的字节一样。

可以考虑把去商场买东西作为一个例子。如果你开车到那里，那么你的汽车可能会利用内部计算机系统记录状态信息，而它的全球定位系统会不断地把你的位置发送给卫星。一旦进入商场，你可能会被拍摄好几次，并且将其记录在一个数字安全系统中。你放在购物筐中的商品可能包含嵌入式射频识别(RFID)标签。当你从一个通道走到另一个通道时，整个商场的传感器会不断地记录包含标签包装袋的位置。当你结账时，购买的每件商品都会记录在计算机中，从而更新财务记录和库存记录。当你使用“会员卡”之类的卡时，你的购买就与个人信息联系在一起了。用信用卡或借记卡支付你的购物费用时，在金融处理链的各种计算机中就会产生更多的事务。几天后，一些数据可以通过数据仓库、数据挖掘或决策支持系统进行提取，从而在数据库表中创建更多的行。因此，在21世纪，购物这种不起眼的事情可能会产生几兆字节的可能要保存数年的数据。人类是否能够理解这一切——如果他们这样做了会怎么样——是我们不想在这里讨论的问题。我们将描述帮助计算机系统处理这种所谓的信息爆炸的硬件结构。

从历史上看，企业中的电子记录存储在完全相同的并且集中的磁盘和磁带存储系统中，这些系统直接连接到大型主机系统上。所有磁盘驱动器、磁带驱动器和主CPU等都在一个操作系统(或者是相同操作系统的多个镜像)的控制下。在过去的20年中，集中式配置已经由各种各样的小型服务器所替代或补充，这些服务器提供专门服务，包括电子邮件、电子商务、终端用户报告和一般应用程序。系统管理的挑战与服务器平台和应用程序的数量及多样性成比例增长。这些挑战中最大的是企业存储管理。

最近提出的许多存储架构使存储管理更容易。本章的主要目的是概述各种重要的I/O和存储实现，并特别关注企业存储实现。你将看到这些实现如何成为有自主能力的系统，它们具有与所依附的主机系统不同的体系结构模型。我们首先讨论SCSI，它是最重要和最持久的I/O接口之一。

13.2 SCSI架构

小型计算机系统接口(SCSI)是由当时的顶级磁盘驱动器制造商、舒加特协会(Shugart Associates)和NCR公司(以前也是小型计算机市场上的大企业)在1981年初发明的。这个接口最初称为舒加特协会的标准接口(SASI)。由于这个接口设计得很好，因此这个接口在1986年成为ANSI标准。ANSI委员会认为最好用更一般的术语来表示这个新的接口，所以称这个新接口为SCSI。

最初标准的SCSI接口(现在称为SCSI-1)定义了一组命令、传输协议和以5MB/s史无前例的速度把7个磁盘驱动器连接到一个CPU所要求的物理连接。开创性的想法是给接口增加智能性，使其或多或少地实现了自我管理。这样就能够让CPU专注于处理计算任务，而不是I/O

任务。在20世纪80年代早期，大多数小型计算机系统运行的时钟频率处于2 ~8.44MHz之间，这使得SCSI总线的吞吐量似乎并不耀眼。

今天，SCSI已经发展到了第三代，称为SCSI-3。SCSI-3是多个接口标准，它是一个架构，正式的叫法是**SCSI架构模型3(SAM-3)**。这种架构包括“经典的”并行SCSI接口，以及三个串行接口和一个混合接口。在13.2.2节中对SAM有更详细的介绍。

具有讽刺意味的是，SCSI不再是小型系统的主要接口。在个人系统中，它已经被简单、便宜的磁盘所取代。然而，正如本文所述，SCSI用于80%的企业级存储系统中。由于它在这方面的优势，所以很有必要去了解它是如何工作的。

13.2.1　“经典”并行SCSI

假如有人对你说，“我们刚刚用三个巨大的SCSI驱动器安装了一个新的后台服务器，”或者“自从我升级到SCSI之后，我的系统运行得非常快。”说话的人所指的可能是一个SCSI-2或传统的并行磁盘系统。在20世纪80年代，说这些话很可能是吹牛，因为连接和配置第一代SCSI设备非常困难。今天，SCSI设备的传输率不仅高出两个数量级，而且它已经具有了智能，因此几乎消除了早期SCSI配置者的烦恼。

并行SCSI磁盘驱动器支持各种速度，范围从与早期SCSI-2一起向下兼容的10MB/s到最新最快SCSI设备的Ultra实现的320MB/s。SCSI的众多优点之一是单一SCSI总线不需要重新接线或更换驱动器就能够支持这个范围内的设备速度。(但是，没有人会给你任何性能保证。)一些有代表性的SCSI功能如表13-1所示。

表13-1　各种SCSI功能的摘要

SCSI名称	线缆针数	理论最大传输率MB/s	最大设备数
SCSI-1	50	5	8
Fast SCSI	50	10	8
Fast和Wide	2×68	40	32
Ultra SCSI	2×68或者50与68	320	16

SCSI并行体系结构的大部分灵活性和健壮性应该归功于SCSI设备之间可以相互通信的事实。SCSI设备沿着一个总线以**菊花链**(一个驱动器的输入连接到另一个驱动器的输出)方式进行连接。CPU只与它的SCSI主机适配器通信，在需要时发出I/O命令。CPU接着处理自己的业务，而由适配器负责管理输入或输出操作。一个SCSI-2系统的这种组织。如图13-1所示。

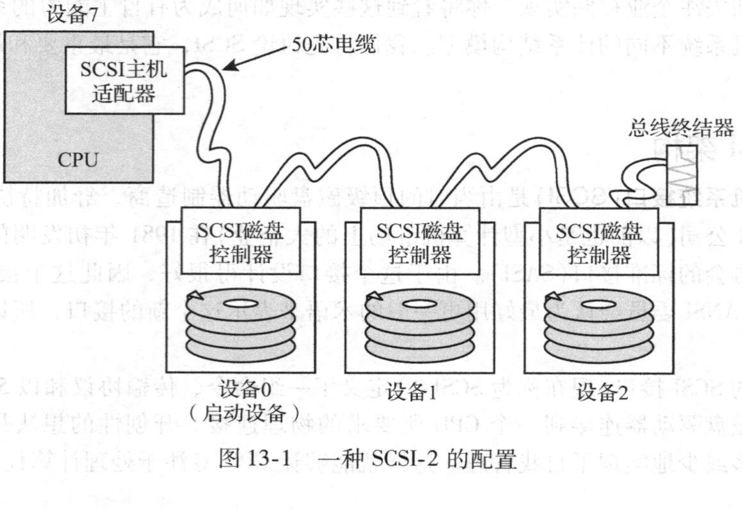

图13-1　一种SCSI-2的配置

Fast 并行 SCSI 电缆有 50 根导线，其中有 8 根用于数据，11 根用于各种类型的控制。其余导线用于电气接口。在一个传输或命令开始时，设备选择(SEL)信号放置在数据总线上。因为只有 8 根数据线，所以最多可以支持 7 台设备(除了主机适配器)。Fast SCSI 和 Wide SCSI 电缆有 16 位数据总线，允许其为设备数的两倍以支持大约两倍的传输率。一些 Fast SCSI 和 Wide SCSI 系统使用两根 68 芯电缆，它们可以支持两倍的传输速率，可以使设备数量比仅使用一根 68 芯电缆的系统增加一倍。表 13-2 给出了一个 50 芯 SCSI 电缆的引脚分配。

表 13-2　SCSI D 型连接器引脚

信号	D 型引脚号	信号	D 型引脚号	信号	D 型引脚号
地	1→12	地	35	nACKnowledge	44
终端电源	13	电机电源	36	n reset	45
12V 或 5V 电源	14	12V 或 5V 电源	37	nMeSsaGe	46
12V 或 5V(逻辑)	15	地	39，40	n SELect	47
地	17→25	nAttention	41	n C/D	48
数据位 0→数据位 7	26→33	同步	42	nREQuest	49
校验位	34	nBuSY	43	nI/O	50
负逻辑信号由一个小写字母 n 开头。当取消这个信号时，它反而是有效的					

并行 SCSI 设备相互通信，主机适配器使用一个分为 8 个阶段运行的异步协议。每个阶段都定义了严格的时序。也就是说，如果一个阶段没有在一定时间(毫秒数)内完成(取决于总线速度)，那么认为它是一个错误，并且从当前阶段的开始位置重新启动协议。正在发送数据的设备称为**发起者**，目的设备称为**目标**。下面描述了 SCSI 协议的 8 个阶段。图 13-2 用状态图解释了这些阶段。

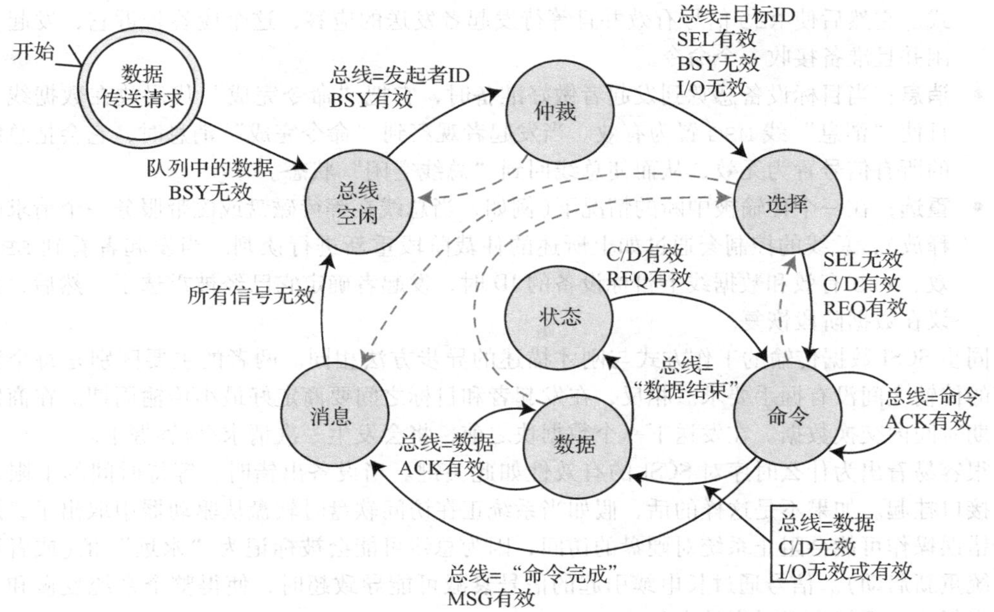

图 13-2　并行 SCSI 阶段的状态图(虚线表示错误条件)

- **总线空闲**：询问"总线忙"(BSY)信号线看看总线是处于进入下一阶段之前的使用状态，还是数据传输完成后的 BSY 信号无效状态。

- **仲裁**：发起者控制总线的方式是在总线上放置它的设备ID并把忙信号置为有效。如果两个设备同时这么操作，则具有最高设备ID的设备赢得控制总线权。主机必须始终拥有最高的设备ID。没有赢得控制权的设备等待另一个“总线空闲”状态。
- **选择**：目标设备的地址被放置在数据总线上，“选择”(SEL)信号置为有效，并将BSY信号置为无效。当目标设备在总线上看到自己的设备ID以及处于有效的SEL、无效的BSY和无效的I/O信号时，它把BSY信号置为有效并且保存发起者的ID供以后使用。当发起者看到BSY线有效时，就知道目标设备准备就绪了，会把SEL信号置为无效并以此作为响应。
- **命令**：一旦目标设备检测到发起者已经把SEL信号置为无效，那么通过在“命令/数据”(C/D)线上设置“准备命令”信号，表明已经准备好执行一个命令了，并通过把REQ信号置为有效来请求这个命令本身。在发起者感觉到C/D和REQ信号置为有效后，它在数据总线上放置第一个命令并且使ACK信号有效。目标设备将响应由此发送的这个命令，并把ACK信号置为有效以便确认已经接收到这个命令。如果命令还有后续字节，那么使用ACK信号交换，直到所有命令字节传输完为止。

此时，发起者和目标设备可以释放总线，以便其他需要使用总线的设备能够使用。这种方式允许有更高的并发性，但是带来了更高的开销，作为总线的控制在数据能够传输给发起者之前将不得不重新谈判。

- **数据**：当目标设备接收到完整命令之后，它通过设置C/D信号为无效使总线成为“数据”模式。根据传输数据是从源到目标的输出(比如，磁盘写)还是从源到目标的输入(比如，磁盘读)，“输入/输出”线分别被置为无效或有效。然后一些字节放置在总线上并且进行传送，而且使用与命令阶段相同的“请求/应答”握手信号。
- **状态**：一旦传送完所有数据，目标设备通过把C/D信号置为有效使总线回到命令模式。它然后使REQ信号有效并且等待发起者发送的应答，这个应答告诉它，发起者空闲并且准备接收一个命令。
- **消息**：当目标设备感觉到发起者做好准备时，它把“命令完成”代码放在数据线上并且使“消息”线MSG置为有效。当发起者观察到“命令完成”消息时，它会把总线上的所有信号置为无效，从而使总线回到“总线空闲”状态。
- **重选**：在一个传输被中断的情况下(例如，当总线在等待磁盘或磁带服务一个请求时被释放)，总线的控制会通过如上所述的仲裁阶段重新进行谈判。当发起者看到SEL有效、I/O有效和数据线上目标设备的ID时，发起者确定它已经被重选了。然后，该协议在数据阶段恢复。

同步SCSI数据传输的工作方式与刚才描述的异步方法相同。两者的主要区别是每个数据字节的传输之间没有握手要求。相反，在发起者和目标之间要商定好最小传输周期。在商定好的周期时间内交换数据。在发送下一个数据块之前，将会发生一次请求/应答握手。

很容易看出为什么时序对SCSI的有效性如此关键。当设备出错时，等待时间的上限可以防止接口挂起。如果不是这样的话，假如当系统正在访问软盘时软盘从驱动器中取出了，那么这个错误操作可能会阻止系统对硬盘的访问，因为总线可能会被标记为“永远”忙(或者至少到系统重新启动)。信号通过长电缆引起的信号衰减可能导致超时，使得整个系统变慢和不可靠。串行接口更能容忍时序的变化。

13.2.2　SCSI架构模型3

SCSI已经从一个由协议、信号和连接器组成的庞大系统发展成为一个分层接口规范，将物理连接与传输协议和接口命令分离开来。名为**SCSI 架构模型 3(SAM-3)**的新规范定义这些层以及它们如何与名为**SCSI 基本命令(SPC)**的命令层主机架构之间相互作用，为可连接到计算机系统的几乎任何类型的设备执行串行和并行 I/O 操作。每个层与相邻层的通信使用协议服务请求、指示、响应和确认。这些松散耦合的协议栈允许在接口硬件、软件和介质选择方面具有最大的灵活性。对某一层的技术改进对其他层的操作没有影响。SAM 的灵活性为磁盘存储系统打开了速度和适应性的新天地。

图 13-3 显示了 SAM 组件是如何组合在一起的。虽然这个架构保留了与 SCSI 并行协议和接口的向下兼容性，但是最大和最快的计算机系统现在正在使用的是串行方法。SAM-3 串行协议是**串行存储结构(SSA)**、**串行总线**(也称为 **IEEE 1394** 或**火线**)、**串行连接 SCSI**、**iSCSI** 和**光纤通道(FC)**。由于 SCSI 总线的速度和 SCSI 可以连接系统的多样性，所以在"小型计算机系统接口"中的"小型"已经变成一个使用不当的名称，SCSI 的变种正在用于从最小的个人计算机到最大的计算机主机系统中。

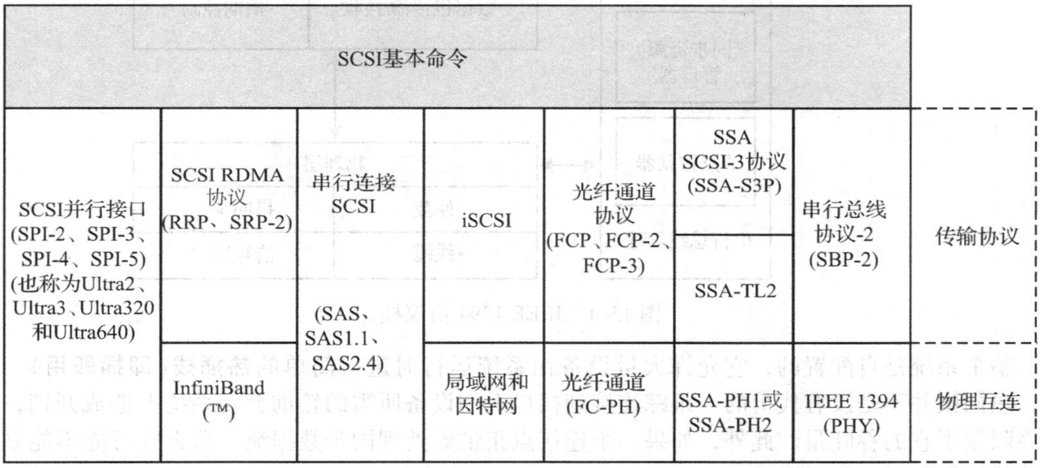

图 13-3　SCSI 架构模型 3

每一个 SCSI 串行协议都有自己的协议栈，这个栈的顶部符合它定义的 SCSI 基本命令并且在底部明确定义了传输协议和物理接口系统。串行协议以数据包(或帧)的形式发送数据。这些数据包由一组含有识别信息的字节(数据包头部)，一组数据字节(称为数据包有效载荷)和某种界定数据包结尾的字段组成。在许多 SAM 协议中，纠错代码也包含在数据包的尾部。

我们将在下面的部分中讨论一些更令人感兴趣的 SAM 串行协议。

IEEE 1394

现在称为 **IEEE 1394** 的接口系统起源于苹果电脑公司，当时它看到了需要创建一个比 20 世纪 80 年代后期占主导地位的并行 SCSI 系统更快、更可靠的总线需求。这个苹果公司称为**火线**的接口今天提供的总线速度 480MB/s，预计在不久的将来它会有更高的速度。

IEEE 1394 不仅是一个存储接口，它还是一个点对点存储网络。具备智能性的设备，使得其除了可以与主机控制器通信之外，设备之间也可以相互通信。这种通信包括传输速度和总线控制的协商。这些功能遍布于 IEEE 1394 协议层，如图 13-4 所示。

IEEE 1394 不仅提供了比早期并行 SCSI 更快的数据传输速度，而且它还使用了更细的线缆，仅有 6 根导线，其中 4 根用于数据和控制，2 根用于电源。较细的线缆更便宜，而且比有 50 根导线的 SCSI-2 线缆更容易管理。此外，设备之间的 IEEE 1394 线缆长度能够扩展到 15ft (4.5m)。它可以在一个总线上以菊花链方式连接多达 63 台设备。IEEE 1394 连接器是模块化的，这与游戏机连接器在风格上很相似。

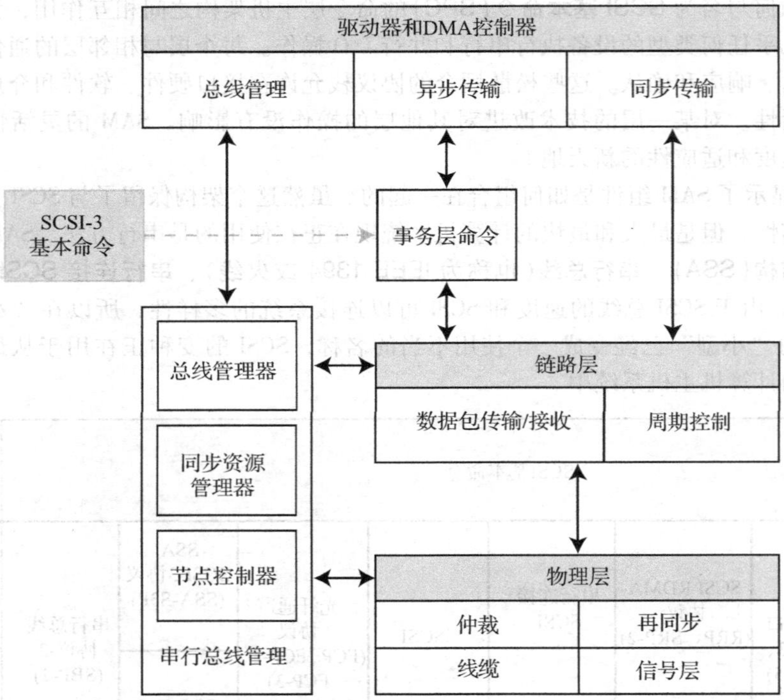

图 13-4　IEEE 1394 协议栈

整个系统是自配置的，它允许大量设备在系统运行时进行简单的**热插拔**（**即插即用**）。然而，热插拔并不是没有代价的。跟踪连接到接口上的设备所需的轮询会在系统上造成开销，这最终限制了它的吞吐量。此外，如果一个连接点正忙着处理同步数据流，那么它可能不能立即确认传输期间插入的设备。

设备可以插入到其他设备的扩展口中，构成了一个树结构，如图 13-5 所示。对于数据 I/O 来说，这种树结构的用途有限。由于它支持同步数据传输，所以 IEEE 1394 在消费电子领域得到了广泛认可。它也准备超越 **IEEE 488 通用接口总线**，用于实验室数据采集应用。由于它专注于实时数据处理，所以 IEEE 1394 不太可能取代 SCSI 作为大容量数据存储接口。

串行存储架构

串行存储架构（**SSA**）是第一个脱离并行连接的存储接口。虽然 SSA 已经被其他技术所取代，但它是业界对于存储接口思考的转折点。在 20 世纪 90 年代初，众多计算机制造商都在寻找一种快速可靠的用于大型机磁盘存储系统的替代并行 SCSI 的方法，IBM 是这些计算机制造商之一。IBM 的工程师决定在串行总线上对长时间运行的电缆提供紧凑性和低衰减。它需要提供更高的吞吐量和对 SCSI-2 协议的向下兼容性。到 1992 年底，SSA 已经充分细化，IBM 将其作为一个标准提交给 AVSI。该标准于 1996 年底获得批准。

SSA 的设计在一个环形配置中支持多磁盘驱动器和多主机，如图 13-6 所示。四芯电缆由两对铜双绞线组成（或者由四股光纤组成），允许信号在环路中以相反的方向传输。由于具有这种冗余，所以如果一个驱动器或主机适配器失效，那么其余磁盘仍保持可访问性。

SSA 架构的双环拓扑也允许基本吞吐量成倍增加，即从 40MB/s 增加到 80MB/s。如果所有节点都正常工作，那么设备可以以**全双工**方式彼此通信（数据同时在两个方向上循环）。

SSA 设备可以管理一些自己的 I/O。例如，在图 13-6 中，当主机适配器 B 正在写磁盘 3、磁盘 1 正在向磁带单元发送数据并且磁盘 2 正在向打印机发送数据时，主机适配器 A 可以读磁盘 0，这并不会造成总线本身的吞吐量下降。IBM 称这种想法为**空间重用**，因为如果源和目标之间有明确的路径，那么系统的任何部分都不用等待总线。

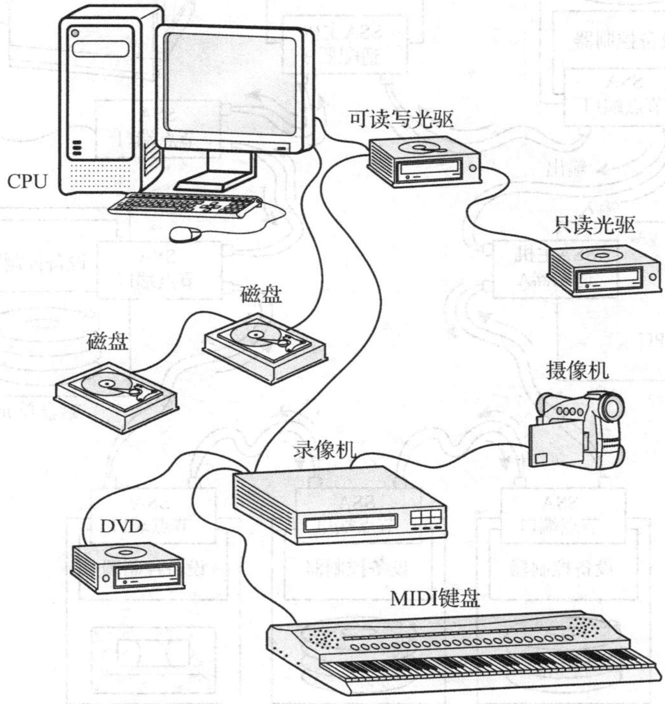

图 13-5　一种挂满消费电子产品的 IEEE 1394 树配置

由于它的简洁、速度和可靠性，SSA 有望成为大型计算机系统的主要互连方法……直到光纤通道出现之前。

光纤通道

1991 年，位于瑞士日内瓦的**欧洲核研究组织(CERN)**实验室的工程师们着手设计一种通过光纤介质进行因特网通信的系统。他们称这种系统为**光纤通道**，他们使用的是在欧洲“纤维”(fiber)单词的拼写方法。第二年，惠普公司、IBM 公司和 Sun 微系统公司组成了一个联盟，使光纤通道适用于磁盘接口系统。这个组织后来成为**光纤通道协会(FCA)**，这个组织正在与 ANSI 合作，为高速存储设备接口建立一个完善和健壮的模型。虽然，最初是使用光纤进行接口，但是光纤通道协议也可以用于双绞线和同轴铜线介质。光纤通道存储系统可以有 3 种拓扑结构：交换机、点到点和环。环的拓扑结构称为**光纤通道仲裁环路(FC-AL)**，它是 3 种光纤通道拓扑结构中使用最广泛也是最昂贵的一种。光纤通道拓扑结构如图 13-7 所示。

FC-AL 在一个方向上提供速度为 100MB/s 的数据包传输。理论上在环路上最多有 127 台设备，但 60 台是实际的限制。

注意，图 13-7 显示了 FC-AL 的两个版本，图 13-7b 中没有而图 13-7c 中有一个名为**集线器**的简单交换设备。FC-AL 集线器配备了旁路开关端口，当一个 FC-AL 磁盘失效时它可以确保环路连通。如果没有某种类型的旁路能力，那么只要有一个磁盘不能使用时，整个环路将都失效。(把这种方式与 SSA 进行比较。)因此，把一个集线器加到配置中引入了失效后援保护。因为集线器本身可能会变成一个故障点(虽然不经常失效)，所以要给系统可用性要求高的设施提供冗余集线器。

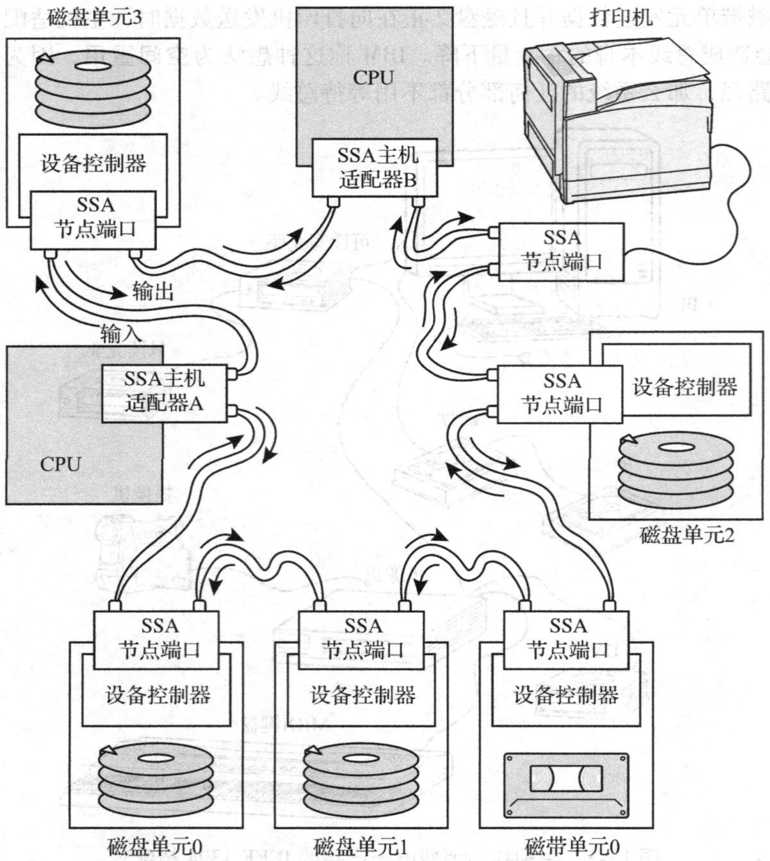

图 13-6　一种串行存储架构（SSA）的配置

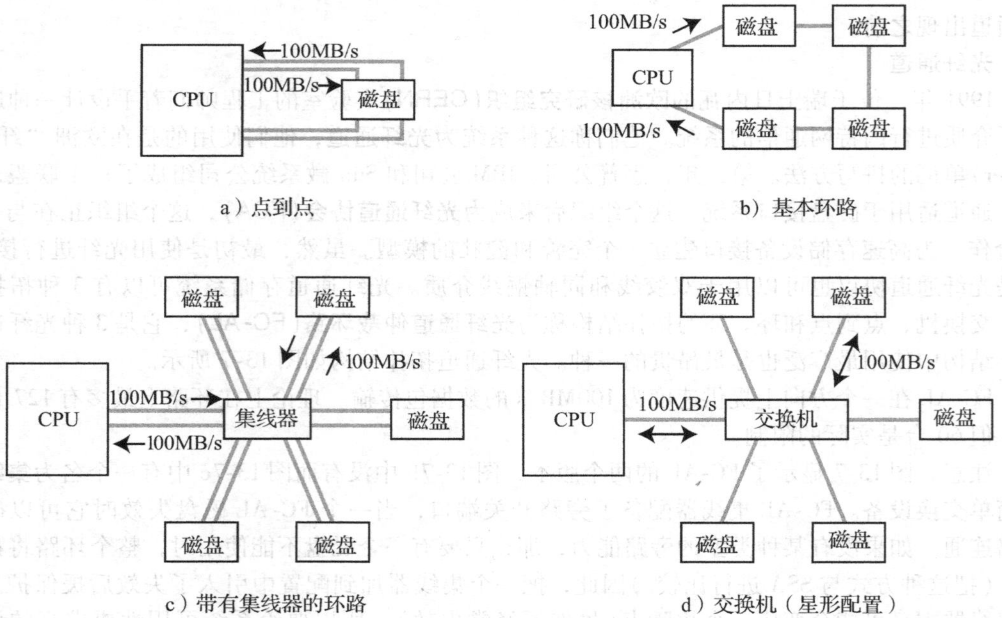

图 13-7　光纤通道的拓扑结构

交换式光纤通道存储系统比 FC-AL 提供了大得多的带宽，它对连接到接口上的设备数量（上限是 2^{24}）没有特别的限制。在交换机和节点之间可以支持速度 100MB/s 的连接。因此，当 CPU 正在与一个磁盘以 100MB/s 的速度传送数据期间，另外两个磁盘之间能够同时以 100MB/s 的速度传送数据，等等。交换式光纤通道配置比环路配置更昂贵，因为为了确保连续运行，更复杂的交换组件必须是冗余的。

光纤通道是数据网络和存储接口的融合。它有一个符合 SAM 和国际公认的网络协议栈。这个协议栈如图 13-8 所示。由于具有更高层的协议映射，所以光纤通道存储配置不一定要求和 CPU 直接连接：光纤通道协议栈可以封装在一个网络传输包中，也可以直接作为 SCSI 命令传送。FC-4 层处理这些细节。

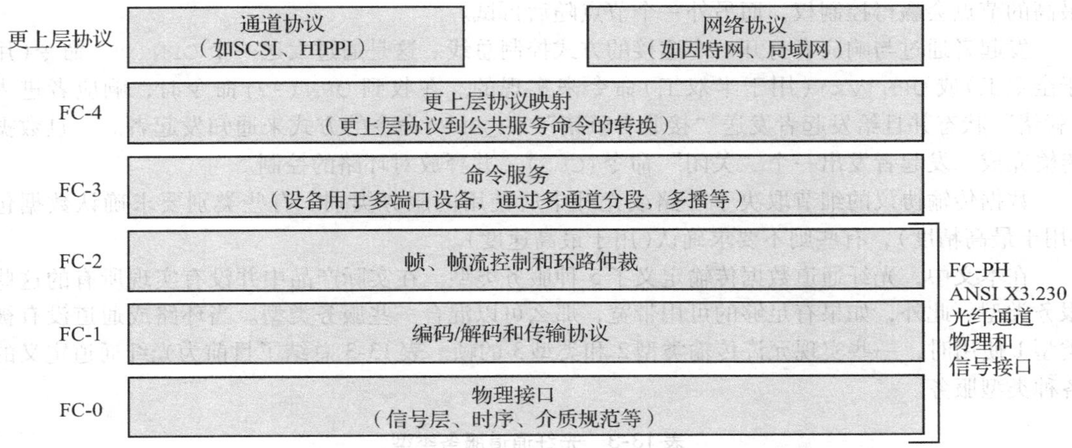

图 13-8 光纤通道协议栈

在 FC-2 层产生协议包（或帧），它们包含来自更上层更上层的数据或命令以及来自更下层的数据或响应。如图 13-9 所示，这个包的大小固定为 2148 字节，其中 36 字节用于定界、路由和错误控制。

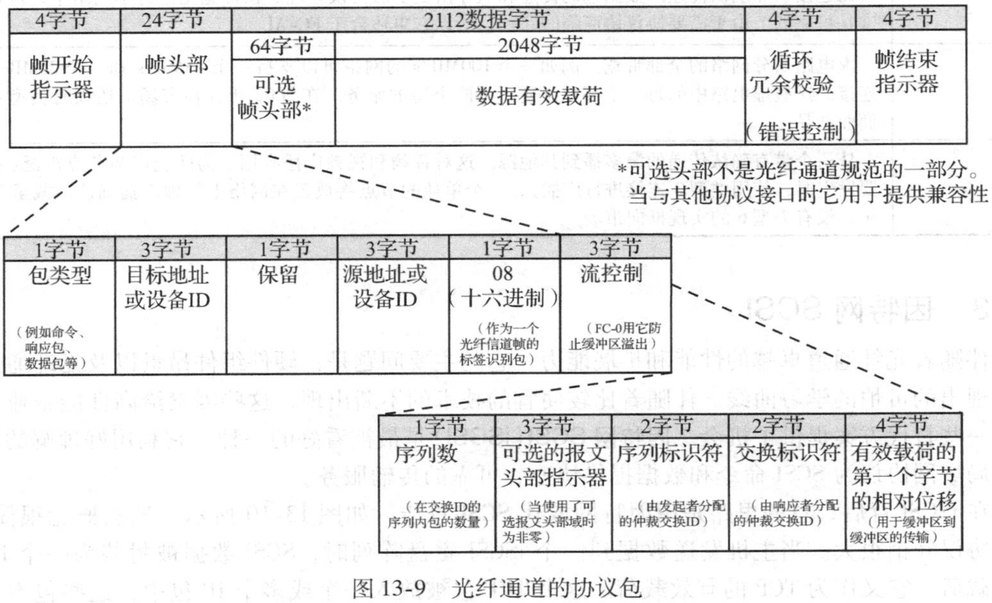

图 13-9 光纤通道的协议包

当给 FC-AL 环路供电时，它自己开始初始化。在初始化时，参与的设备要说明自己、协商设备(或端口)号并选一个主设备。数据传输通过分组交换进行。

FC-AL 是一种点对点协议，这在某些方面类似于 SCSI。每次仅有两个节点(**发起者和响应者**)能够使用总线。当一个发起者想要使用总线时，它在总线上放一个名为 `ARB(x)` 的特殊信号。这意味着设备 x 希望仲裁控制总线。如果没有其他设备控制总线，那么环路中的每个节点都把 `ARB(x)` 信号传给它的上游邻居，直到这个信息包回到发起者那里。当发起者看到 `ARB(x)` 在总线上没有改变时，它就知道已经赢得了对总线的控制。

如果另外一个设备已经控制了环路，那么 `ARB(x)` 信息包在回到发起者之前将改变为 `ARB(F0)`。发起者然后再次尝试。如果两个设备在同一时刻都试图得到总线控制权，那么节点号最高的节点会赢得控制权，而另外一个节点随后再试。

发起者通过与响应者打开一个连接的方式控制总线。这是通过发送一个 `OPN(yy)` 命令(用于全双工)或 `OPN(yx)`(用于半双工)命令来实现的。在收到 `OPN(??)` 命令时，响应者进入"就绪"状态并且给发起者发送"接收者就绪"(`R_RDY`)命令的方式来通知发起者。一旦数据传输完成，发起者发出一个"关闭"命令(`CLS`)，并释放对环路的控制。

数据传输协议的细节取决于环路或光纤中所使用的服务类别。有些类别要求确认数据包(用于最高精度)，有些则不要求确认(用于最高速度)。

在本文中，光纤通道数据传输定义了 5 种服务类型。在实际产品中并没有实现所有的这些服务类型。此外，如果有足够的可用带宽，那么可以混合一些服务类型。当环路或通道没有被类型 1 使用时，一些实现允许传输类型 2 和类型 3 的帧。表 13-3 总结了目前为光纤通道定义的各种类型服务。

表 13-3　光纤通道服务类型

类型	描述
1	带数据包确认的专用连接。由于连接管理的复杂性，所以许多供应商不支持它
2	类似于类型 1，但是不需要专用连接。当数据包需要通过网络中不同路径传送时，数据包可以不按顺序发送。类型 2 适用于低流量、不经常出现突发流量的场合
3	无连接、非确认传递。数据包的传递和顺序由更上层协议管理。在带宽充裕的小网络中，传输通常是可靠的。由于需要协议协商临时路径，所以它更适合于 FC-AL
4	虚电路切分网络的全部带宽。例如一个 100MB/s 的网络可以支持一个 75MB/s 和一个 25MB/s 的连接。这些虚电路中的每一个都允许使用不同类型的服务。在 2002 年，在市场上还没有类型 4 的商业产品
6	从一个带有确认传递的源多播到其他源。这对音频和视频广播有用。为防止广播节点洪泛(在将要发生时，使用类型 3 连接进行广播)，一个单独的节点将放置在网络上管理广播确认。截至 2002 年，没有类型 6 的实现推向市场

13.3　因特网 SCSI

伴随着光纤通道卓越的性能和扩展能力，它的主要问题是：硬件组件昂贵以及光纤通道协议呈现出的可怕的学习曲线。伴随着比较便宜的技术的不断出现，这些因素给高性能企业存储使用一些替代方案提供了机会。**因特网 SCSI(iSCSI)**是最被看好的一种，它利用好理解的因特网和局域网协议为 SCSI 命令和数据提供快速、可靠的传输服务。

在 iSCSI 背后，总的思路是用因特网取代 SCSI 总线，如图 13-10 所示。虽然概念很简单，但是协议开销很大。当主机发送数据到一个 iSCSI 磁盘阵列时，SCSI 数据被封装为一个 iSCSI 有效载荷，它又作为 TCP 的有效载荷。这个 TCP 包被放入一个或多个 IP 包中，这些包本身在一个或多个千兆位以太网帧中也是一个有效载荷，如图 13-11 所示。以太网帧通过网络(传输距离可以从米到千米)传送到磁盘阵列的以太网接口。协议栈上层数据包的有效载荷会被提取出来，直到它最后写入磁盘。重要的是要记住：由于 TCP、IP 以及传输路径上各种硬件组件的限制，数据传输可能跨越多个以太网帧。

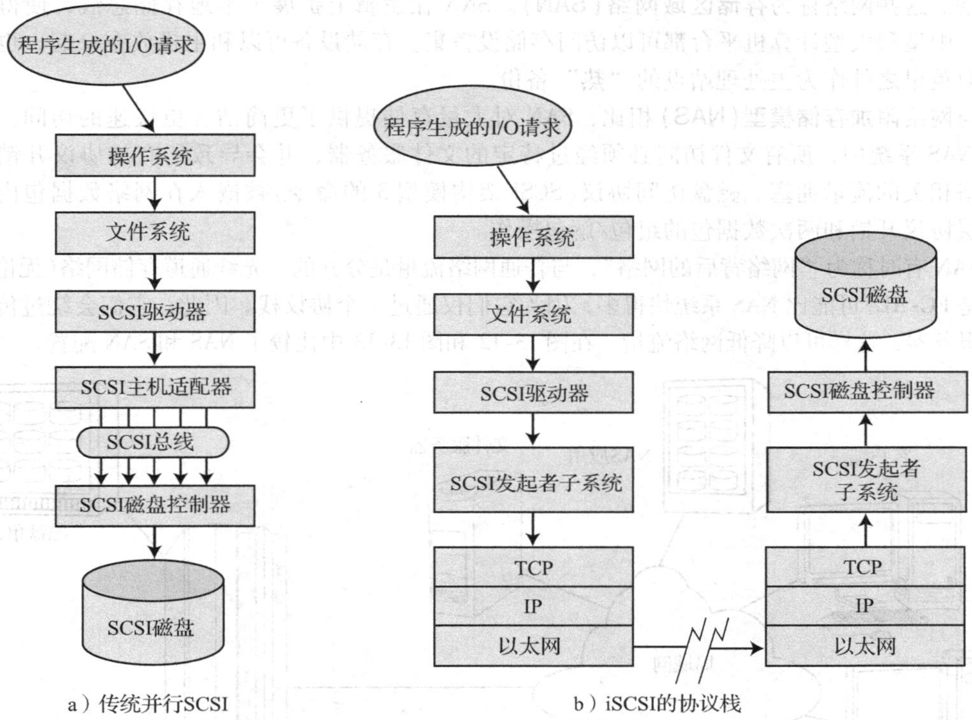

图 13-10 用因特网替代 SCSI 总线

不像光纤通道，iSCSI 没有距离限制。理论上，使用 iSCSI 可以保存一个文件到看似是本地的磁盘驱动器，但是实际上它最终可能被保存到数千公里之外。这种想法忽略了长距离文件传输的延迟特性——用户肯定会注意到出现的延迟。为了提供可以接受的性能，iSCSI 需要尽可能快的网络连接(在写本书时，推荐的是万兆位以太网)和基于硬件的 TCP 处理器，它称为 **TCP 减负引擎**(**TOEs**)。

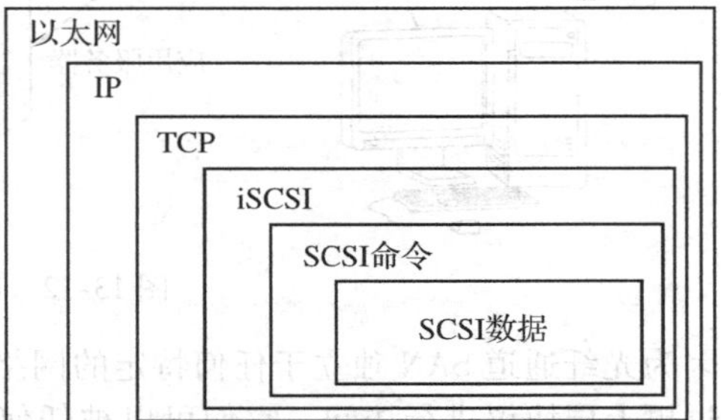

图 13-11 因特网 SCSI 协议数据单元(PDU)封装

对因特网的安全性和传输完整性问题提出了额外的挑战，这些对于一个单独的光纤通道装置来说，在很大程度上可能会被忽略。然而，这些问题在 iSCSI 中成了突出的问题。iSCSI 的安全措施包括加密和防火墙。传输完整性是由外部协议层和使用 32 位 CRC 来保护 iSCSI 有效载荷本身来提供的。错误的数据包会重新传送，除非 TCP 或 IP 会话失效，在这种情况下结束该连接并重新建立连接。

一个组织并不是非要在使用 iSCSI 还是使用光纤通道之间做出选择。这两种技术可以结合使用，从而互补。光纤通道最适合于高吞吐量的应用，iSCSI 为不经常使用的数据提供更大的存储池。对 iSCSI 而言，为高可用性光纤通道装置提供一个划算的远程镜像站点是一种标准用法。

13.4　存储区域网络

光纤通道和万兆以太网等提供的快速网络连接已经能够建立专门用于存储访问和管理的专用网络。这些网络称为**存储区域网络(SAN)**。SNA 在逻辑上扩展了本地存储总线，使得所有小型、中型和大型计算机平台都可以访问存储设备集。存储设备可以和主机放在一起，也可以放在数英里之外作为主处理站点的“热”备份。

与**网络附加存储模型(NAS)**相比，SAN 对大量存储提供了更简洁和更快速的访问。在典型的 NAS 系统中，所有文件访问必须经过特定的文件服务器，并会导致所有的协议开销和与该网络相关的流量拥塞。磁盘访问协议(SCSI 架构模型 3 的命令)被嵌入在网络数据包内，需要两层协议开销和两次数据包的组包/解包操作。

SAN 有时称为“网络背后的网络”，与普通网络流量是分开的。光纤通道存储网络(无论交换机还是 FC-AL)可能比 NAS 系统快得多，因为它们仅通过一个协议栈。因此，它们会绕过传统的文件服务器，这样可以降低网络流量。在图 13-12 和图 13-13 中比较了 NAS 和 SAN 配置。

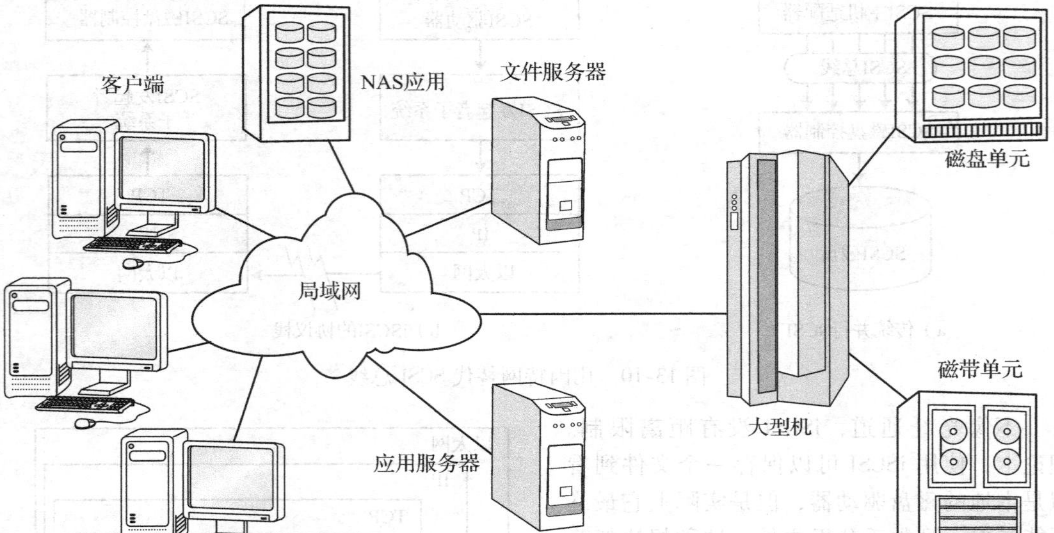

图 13-12　网络附加存储

因为光纤通道 SAN 独立于任何特定的网络协议(如以太网)或专用主机附件，所以它们可以通过更上层协议进行访问，它们可以被任何平台配置以识别 SAN 存储设备。甚至在最复杂的 SAN 中，存储管理也会大大简化，因为所有存储器都在单一的 SAN 上(相对于各种各样的文件服务器和磁盘阵列)。数据可以通过电子传输保存在远程站点或者备份到磁带上，而不干扰网络或主机操作。因为它们具有的速度、灵活性和健壮性，所以 SAN 正在变成为庞大用户群体提供高可用性和 TB 量级存储的首选。

13.5　其他 I/O 连接

一些 I/O 架构处于 SCSI-3 架构模型范围之外，但是在某种程度上可以与它接口。其中最流行的是用于绝大多数低端计算机中的 **AT 嵌入式接口(ATA)**。除了 Intel 的 I/O 连接模式之外，为计算机架构设计的其他 I/O 连接已经在各种类型的平台上得到了广泛应用。下面将介绍一些更受欢迎的 I/O 连接。

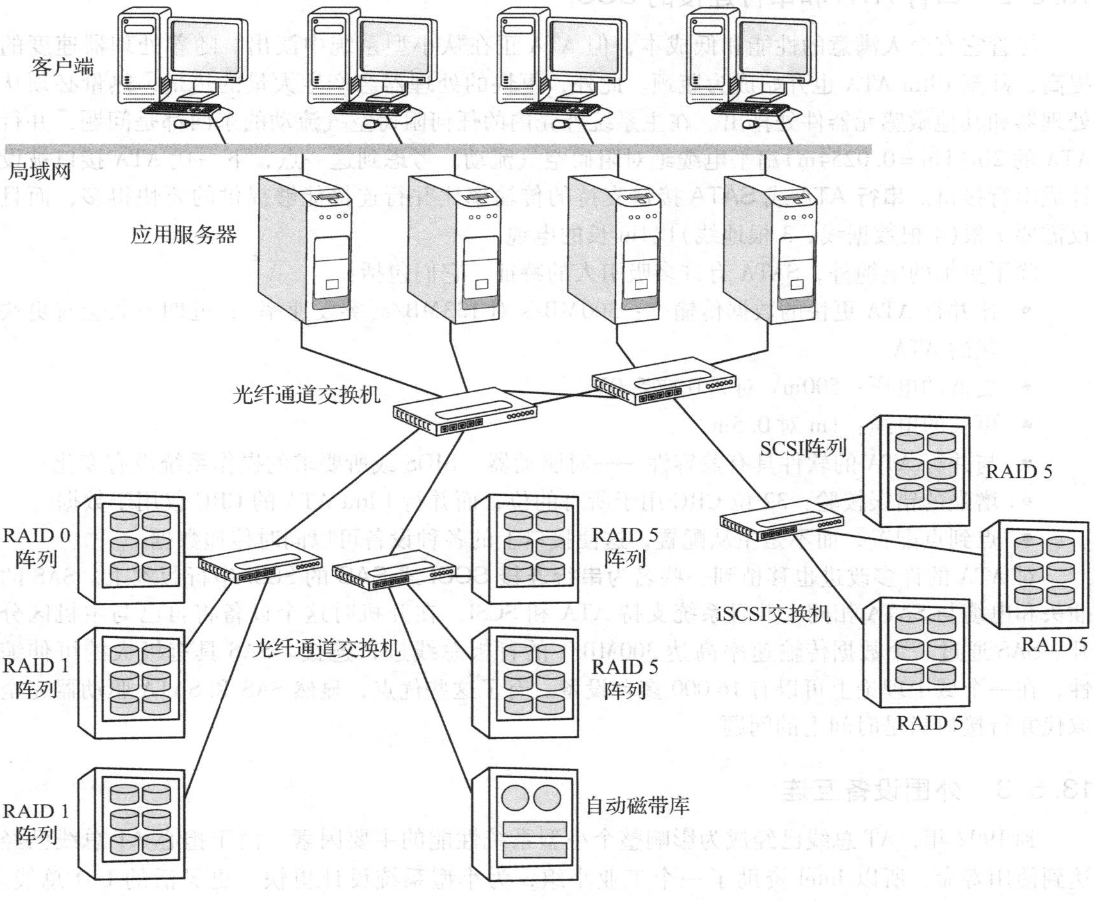

图 13-13　存储区域网络(SAN)

13.5.1　并行总线：XT 到 ATA

第一台 IBM PC 使用的是一种名为 PC/XT 的 8 位总线。IEEE 接受并重新命名它为**工业标准架构(ISA)总线**。它最初运行的速度是 2.38MB/s，并且访问一个 16 位存储器地址需要两个周期，因为它的宽度很窄。由于 XT 运行的速度是 4.77MHz，所以 XT 总线提供了充足的性能。随着带有 80286 处理器的 PC/AT(“AT” 为先进技术)的引入，显然 8 位总线不再有用。直接的解决办法是把总线加宽到 16 位，把时钟频率提升到 8MHz，并称之为“AT 总线”。然而，没过多久，当微处理器速度开始超过 25MHz 时，新的 AT 成为了严重的瓶颈。

对于这个问题，这些年来已经有了不同的解决方案。在这些解决方案中最持久的是具有不同变化的 AT 总线的前身，称其为 **AT 嵌入式接口(ATA)**、**ATAPI**、**快速 ATA** 和 **EDID**。EIDE 是**增强型集成驱动电子**的缩写，之所以有这样的名字是因为通常放在磁盘驱动器接口卡中的许多控制功能被转移到了磁盘驱动器本身的控制电路中。ATA 在为磁盘驱动器和其他设备提供 32 位接口的同时，也提供与 16 位 AT 接口卡的向下兼容性。没有外围设备能够直接连到 ATA 总线上。内部设备的数量不能超过 4 个。根据使用的是编程控制 I/O 还者 DMA I/O，ATA 总线可以支持 22MB/s 或 16.7MB/s 传输率以及 100MB/s 的理论最大值。Ultra ATA 提供 133MB/s 的突发速率传输。在这样的速度下，ATA 为今天市场上的小型系统总线提供了最有利的性价比。

13.5.2　串行 ATA 和串行连接的 SCSI

尽管它有令人满意的性能和低成本，但 ATA 正在从小型系统中淡出。随着处理器速度的提高，甚至 Ultra ATA 也开始成为瓶颈。此外，更快的处理器会产生大量的热量，热量必须从处理器和其他敏感元器件处排出。在主系统外壳内的任何阻碍空气流动的东西都是问题，并行 ATA 的 2in(1in = 0.0254m) 扁平电缆绝对阻碍空气流动。考虑到这一点，下一代 ATA 接口被设计成串行接口。**串行 ATA 或 SATA** 接口支持的传输率比并行连接能够提供的要快得多，而且仅需要 7 根(4 根数据线、3 根地线)1/4in 长的电缆。

除了更细的电缆外，SATA 有许多吸引人的特征，它们包括：

- 比并行 ATA 更快的数据传输率：300MB/s 对 133MB/s(突发速率)；近期不久会有更快速的 ATA
- 更低的电压：500mV 对 3.0 或 5.0V
- 更长的电缆：1m 对 0.5m
- 与并行 ATA 的软件具有兼容性——对驱动器、BIOS 或所要求的操作系统没有变化
- 增强的错误校验：32 位 CRC 用于所有的位，而并行 Ultra ATA 的 CRC 仅用于数据
- 点到点配置，而不是主从配置，这使接口上的各种设备可以同时传递数据

对 ATA 的许多改进也移植到一些名为**串行连接 SCSI 或 SAS** 的 SCSI 串行版本上。SAS 的插头和电缆与 SATA 相同，并且系统支持 ATA 和 SCSI，在开机时这个设备将自己与主机区分开。SAS 通过一个数据传输速率高达 300MB/s 的背板总线进行连接。SAS 具有极大的可伸缩性，在一个域中理论上可以有 16 000 多台设备。有了这些优点，显然 SAS 和 SATA 驱动器完全取代并行接口只是时间上的问题。

13.5.3　外围设备互连

到 1992 年，AT 总线已经成为影响整个小型系统性能的主要因素。由于担心 AT 总线已经达到使用寿命，所以 Intel 资助了一个工业小组，为小型系统设计更快、更灵活的 I/O 总线。**外围设备互连(PCI)**就是他们努力的结果。

PCI 总线是对系统数据总线的一种扩展，正在取代系统上的任何其他 I/O 总线。PCI 的宽度是一个 CPU 字，运行速度是 66MHz。因此，对于一个 32 位 CPU 来说，理论上的数据吞吐量是 264MB/s[66MHz × (32 位 ÷ 8 位/字节) = 264MB/s]。对于运行于 66MHz 的 64 位总线来说，其最大传输率是 528MB/s。虽然 PCI 连接到系统总线，但它可以自主协商总线速度和数据传输，而不需要 CPU 干预。PCI 是快速和灵活的。PCI 的各种版本可用于小型家用计算机以及支持数据采集和科学研究的大型、高性能系统中。

13.5.4　串行接口 USB

通用串行总线(USB)不是一种真正的总线，但它是通用的。USB 是一种串行外围设备接口，被几乎所有可充电或存储数据的电子消费产品所使用。**USB 规范受名为 USB 开发者论坛(USB-IF)**的设备制造商联盟所控制。到目前为止已经有 3 个主要版本的 USB，从 1996 年的 USB 1.0 开始，到 2013 年的最流行的 USB 3.1。速度已经从 USB 1.0 提供的 12Mbit/s 增加到 USB 3.1 超速模式的 10Gbit/s。由无处不在的 USB 2.0 提供的 280Mbit/s 的速度足以满足大多数日常文件的传输要求。USB 3.1 更适合批量传输，如磁盘备份和视频流的同步传输。USB 3.1 向后兼容到 USB 2.0 所有版本。

USB 需要主机中有一个名为**根集线器**的适配器卡。根集线器连接到一个或多个外部多端口

集线器上，多端口集线器能够直接连接到各种各样的外围设备上，包括摄像机和电话。多端口集线器可以级联五级，通过一个根集线器可以支持多达127台设备。主机通过设备各自唯一的ID可以以菊花链方式连接和编址。

USB的目标是使附加外围设备像“把电话插进墙上的插座”那样简单，尽管在过去10年设备类型不断增加，但它已经实现了这一目标。USB的即插即用功能使得从来不知道冲突中断请求向量和需要交换并重新焊接插头上一些线的苦恼的人们失去成就感。USB通过发布设备驱动软件和主机设备协议实现即插即用功能，这个协议将设备与各自的驱动程序相关联。

当一个设备插入主机系统时，必须执行以下几个步骤：

1. 当一个设备插入USB端口时，这个端口的电气状态会发生改变。主机系统检测到这个变化并将这个数据包重置并发送回该设备。

2. 主机请求设备的设备描述符信息。这些信息包括设备类型、设备制造商的代码（由USBIF分配）、制造商的产品ID和USB规格编号（例如，1.0、2.0等）。

3. 一旦主机能够得到这些信息，那么就加载与产品ID相对应的设备驱动程序。

4. 主机可以向设备请求一个或多个配置描述符。只要设备有多种配置，这一步是必要的。

5. 一旦了解了设备的特性并加载了适当的驱动程序后，主机就向设备发送分配地址。主机和设备现在已经准备好协商数据传输了。

USB支持4种不同的数据传输模式，每一种都有自己的底层协议：

控制传输——在主机和设备之间交换协议（如即插即用）和设置其他传输类型。

同步传输——时间敏感的数据传输，如音乐和视频。

中断传输——突发数据传输，如由鼠标和键盘产生的数据传输。

成块传输——在主机和成块数据设备之间（如闪存驱动器、照相机和扫描仪）的数据传输。

USB电缆仅需要4根导线：2根用于数据传输，1根用于电源（+5V），1根用于地。USB 3.0把4根导线增加到6根：4根专用于信号，1根信号地线，1根用于管理USB OTG。USB OTG，自从USB1.1之后便开始使用，允许一个设备在同一个连接中既充当主机也充当从设备。平板电脑通常会使用USB OTG，因为它们连接到外围设备（比如键盘）时可以是主机，连接到台式计算机传输文件时可以是从设备。

便携设备制造商快速开发了在USB 2.0端口上可以很容易获得5V电压/500mA电流的电源，而且很快就可以成为各种便携设备的充电站。（USB 3.0提供900mA的电流）。为此，USB-IF于2009年发布了《电池充电规范》。USB-IF观察到，“USB已经从一个能提供有限电量的数据接口发展成一个有数据接口的电源的主要提供者。”这个规范包括一个即插即用功能以确定对附加设备进行充电的最佳方式。

对于USB 1.0的主要反对意见是数据传输率慢，所以计算机制造商对于键盘和鼠标之外的其他任何设备都迟迟不采用它。后来，数据传输率已经稳步提升到USB 3.1的10Gbit/s。这些数据传输率的演化如表13-4所示。

表13-4 各种USB版本的数据传输率

USB版本	年	最大速度
1.0	1996	12Mbit/s
2.0	2000	480Mbit/s
3.0	2008	5Gbit/s
3.1	2013	10Gbit/s

USB无疑是最重要和最成功的计算机接口。没有其他类型的连接能够接入如此多的设备类型，从最小的MP3播放器，到智能手机，再到文件服务器。它通过其性能和易用性实现了这种渗透。这也是设备制造业通过标准化和合作实现的一个光辉范例。

13.6 云存储

云存储建立在第1章和第9章提到的云计算思想上。云存储提供了通过因特网访问的可伸缩的数据存储平台。与云计算类似，云存储背后的理念是：按所使用的存储容量付费。能力是有弹性的：它可以按需求分配和释放。服务器在冗余集群中配置，以提供故障后援保护和可伸缩的体系结构。

云存储能力根据用户的使用方式有很大的不同。消费级存储提供了一个方便的平台，消费者可以从全世界任何地方访问这个平台。在这个领域中几个著名的提供商包括亚马逊云驱动器、苹果 iCloud、Dropbox、微软 SkyDrive 和 CX 等，这里仅举几个例子。到2013 年底，根据存储器的特征，每 GB 每月的价格在 0.04 ~0.12 美元之间。绝大部分提供商免费提供少量的存储空间，只有在达到一定的用量后才收费。

企业级云存储是一个适合于存储一个组织最宝贵资产(数据)的平台。当需要的时候，这些数据必须是可以访问的，而且必须防止未经授权的访问。企业必须能够控制在给定时间内谁可以访问数据。不同于消费级云服务，企业级云存储必须满足一定程度的性能要求。提供商基于服务参数和数据存储量收取费用。例如，一个主要的提供商用最低级和最高级性能之间的10 倍差价来宣传它的产品。由于这些性能参数会导致价格的大幅变化，所以服务水平协议(SLA)能够确保购买者得到物有所值的产品。SLA 说明当性能参数得不到满足时，对云存储提供商的具体罚款。这些参数通常包括如下内容：

- **可用性**——通常基于在服务月中每天 24 小时内正常运行时间的百分比来表示。这一类还包括灾后恢复的考虑因素，比如一年中灾难发生的次数和恢复全性能服务所需的时间。
- **可靠性**——关注在一个服务月中读写错误的次数。
- **响应性**——通常以每个业务的平均秒数来衡量。这个指标也可以作为高峰和非高峰时段的响应时间。
- **可管理性**——决定这个服务的消费者可以在多大程度上控制存储元素的配置和分配。了解扩展或收缩存储器使用量有多困难。
- **安全**——说明云提供商和消费者实现的控制类型。SLA 可以包括破坏数据的处罚；然而，他们很少支付违约的实际成本。

在比较云存储提供商时，必须确定总的拥有成本。供应商的费用可能不限于简单的每 GB的存储成本。可以对每个月的 I/O 操作数量、消耗的带宽、技术支持服务以及将数据迁移到提供商的云中所产生的“转换费”进行单独的费用评估。

几乎每一个主要的技术公司都有某种形式的企业云存储服务。到 2013 年底，云存储领域的领导者是亚马逊的简单存储服务(S3)、谷歌、惠普和微软。即使是最高水平的存储服务，这些公司的收费价格也只是数据存储设施总成本的一小部分。因此，对于那些需要不断减少成本持续压力的 CIO 来说，这个价格非常诱人。

与任何事物一样，数据迁移到云存储也缺点。最大的问题是，在云中存储企业的关键数据充满了风险。首先，存在可用性风险。把数据基础设施的控制移交给外部公司意味着要签订包括必须监控和强制执行的 SLA 合同。然后，就是外部公司破产的风险。所有涉及安全的最大障碍是：云根本不可能提供与一个设置了安全防护的、由企业控制的数据中心所具有的相同的安全性。各种政府和金融法规的障碍(如 HIPAA 和 Sarbanes-Oxley)，也是难以对付的。当然，公司将会使用云存储，但在可预见的未来可能会在小的方面使用云存储。

本章小结

本章概述了一些适用于大型和小型系统的流行的 I/O 体系结构。SCSI-2、ATA、SATA、EIDE、PCI、USB 和 IEEE 1394 都适用于小型系统。光纤通道和一些 SAM-3 协议是为大型、高容量系统设计的。SCSI 架构模型 3 定义了许多高速接口。SCSI 架构模型 3 的某些方面覆盖到数据通信的某些领域，因为计算机和存储系统之间的联系变得更加紧密了。为了便于参考，在本章中给出了所讨论的存储互连的总结，见表 13-5。

表 13-5 各种 I/O 接口的总结

接口	设备之间最大的线缆长度	最大数据传输率	每个控制器控制的最大设备数
ATA	0.9m	133MB/s	4
FC-AL	铜：50m(165ft) 光纤：10km(6mile)	25MB/s 100MB/s	127
IEEE 1394	4.5m(15ft)	480MB/s	63
SCSI	12m	320MB/s	16
串行 ATA	1m(3ft)	300MB/s	15
串行 SCSI	6m(18ft)	300MB/s	16 256(带扩展器)
SSA	铜：20m(66ft) 光纤：680m(0.4mile)	40MB/s	129
USB 3.1	5m(16.5ft)	10GB/s	127

光纤通道是最快的接口协议之一，而且是部署服务器群组的首选。然而，包括 iSCSI 和 SATA 在内的其他一些协议正在显露出优势。可以肯定的是，工业界正在用串行接口取代并行接口。对速度的需求、对于带有许多物理互连方法的串行协议的通用兼容性以及(就 SATA 而言)需要控制 CPU 机箱内部的温度等驱动着这种变化。

围绕“管理存储”和“存储服务”的概念，一个新的行业正在出现，即第三方负责为客户公司提供短期和长期的磁盘存储管理。人们可以预期，外包服务的这个领域将会继续增长，它会带来许多新的想法、协议和包括可信云存储的架构。

扩展阅读

由于 SCSI 已经存在了很长的时间，所以它是众多书籍的主题，包括 Schmidt(1999)，Field 和 Ridge(1999)编写的一些书籍。Field 与 Ridge 编写的关于 SCSI 的书可读性很强。Spalding(2003)写的关于 SAN 和 NAS 系统的介绍非常好。在 Tate 等人(2005)的书中有关于特定产品的很好的介绍和详细信息，这将提高你对该技术的理解。由 Clark(1999)和 Thornburgh(1999)写的书对光纤通道 SAN 进行了非常好的介绍。在 Abadi(2009)和 Buyya(2009)的文章中可以找到对云存储没有炒作的介绍。Goldner(2003)的书提供了 iSCSI 的简明讨论。iSCSI 的技术细节可以在因特网 RFC 3720(www.ietf.org)中找到。Reidel 和 Goldner(2003)的书很好地说明了 SCSI 架构模型 3。大量存储器和接口信息可以在信息技术标准国际委员会(INCITS)网站上找到：INCITS T10 工作组(www.t10.org)是 SCSI 监督组，T11(www.t11.org)涉及光纤通道和 HiPPI，T13(www.t13.org)与 ATA 有关。技术信息的其他来源包括 SCSI 行业协会(www.scsita.org)、USB 开发者论坛(www.usb.org)、存储网络行业协会(www.snia.org)和串行 ATA 国际组织(www.serialata.org)。存储新闻的好网站包括 www.byteandswitch.com、www.wwpi.com(计算机技术综述)和 www.storagemagazine.techtarget.com。

Axelson 出版了关于 USB 接口主题的一系列详细的书。在这套系列书中，她的《USB Complete》(2009)是理想的起点。这本书对 USB 架构和协议进行了清晰透彻的描述。为了帮助读者理解，它提供了与各种类型 USB 设备接口的代码示例。在 USB 官方网站 www.usb.org 上也可以找到丰富的信息。

作为研究生教材，Hill 等人(2013)在他们的《云计算指南》一书中简洁地描述了云架构，包括主要供应商的许多例子。其讨论的云数据架构不同于传统架构的方式，这是非常好的。作者介绍了与云存储有关的各种权衡，这些尤其值得注意。从业者可能会发现 Erl 等人(2013)的书很有用，它专注于商业问题，包括交付模型、治理和云经济学。在类似的工作中，Schultz(2011)的书在存储层次结构以及计算服务层次结构的背景中描述了云存储。IEEE 有一个教育云计算门户网站：www.cloudcomputing.ieee.org。

参考文献

Abadi, D. "Data Management in the Cloud: Limitations and Opportunities." *IEEE Data Engineering Bulletin, 32*:1, 2009, pp. 3–12.

Axelson, J. *USB Complete: The Developer's Guide*. Madison, WI: Lakeview Research, 2009.

Buyya, R. "Market-Oriented Cloud Computing: Vision, Hype, and Reality of Delivering Computing as the 5th Utility." *Proceedings of the 2009 9th IEEE/ACM International Symposium on Cluster Computing and the Grid* (May 18–21, 2009). CCGRID.IEEE Computer Society, Washington, DC.

Clark, T. *Designing Storage Area Networks: A Practical Guide for Implementing Fibre Channel SANs*. Reading, MA: Addison-Wesley-Longman, 1999.

Erl, T., Ricardo, P., & Zaigham, M. *Cloud Computing: Concepts, Technology & Architecture*. Vancouver, BC: Arcitura, 2013.

Field, G., Ridge, P., et al. *The Book of SCSI: I/O for the New Millennium,* 2nd ed. San Francisco, CA: No Starch Press, 1999.

Goldner, J. S. "The Emergence of iSCSI." *ACM Queue,* June 2003, pp. 44–53.

Hill, R., Hirsch, L., Lake, P., & Moshiri, S. *Guide to Cloud Computing: Principles and Practice*. London: Springer-Verlag, 2013.

Reidel, E., & Goldner, J. S. "Storage Systems: Not Just a Bunch of Disks Anymore." *ACM Queue,* June 2003, pp. 32–41.

Schmidt, F., *The SCSI Bus and IDE Interface,* 2nd ed. Reading, MA: Addison-Wesley, 1999.

Schultz, G. *Cloud and Virtual Data Storage Networking*. Boca Raton, FL: Auerbach Publications, 2011.

Spalding, R. *Storage Networks: The Complete Reference.* Boston, MA: McGraw-Hill, 2003.

Tate, J., Kanth, R., & Telles, A. *Introduction to Storage Area Networks,* 3rd ed. IBM Redbook SG24-5470-02. San Jose, CA: IBM Corporation, International Technical Support, 2005.

Thornburgh, R. H. *Fibre Channel for Mass Storage.* Hewlett-Packard Professional Books series. Upper Saddle River, NJ: Prentice Hall, 1999.

复习题

1. 缩写 SCSI 代表什么含义？这个名字现在还有意义吗？

2. SAM-3 与经典并行 SCSI 有何不同？

3. IEEE 1394 的另一个名称是什么？

4. IEEE 1394 改进了 SCSI-2 的什么不足？

5. 定义 NAS。

6. 定义 SAN。请说出 SAN 与 NAS 有何不同。

7. 在什么情况下你会考虑安装光纤通道 SAN？

8. iSCSI 的优点和缺点是什么？

9. ATA 是什么？SATA 在哪些方面有了改进？

10. USB 的哪两个特性使它更适合于便携设备？

习题

1. 在大型数据中心或服务器群组中会找到本章中讨论的哪种存储架构类型？在数据中心环境中使用其他架构的问题是什么？

2. 仲裁阶段完成后有多少台 SCSI 设备可以被激活？

3. 假设在一个异步并行 SCSI 数据传输过程中，有人从传输指定的目标驱动器中取出了软盘。在以下阶段中发起者如何知道已经发生了错误？

- 总线空闲
- 选择
- 命令
- 数据
- 状态
- 消息
- 重选

a）如果数据传输是“写”操作，那么在哪一个阶段中可能会把好的数据写到软盘中呢？

b）如果传输的是读操作，那么这个系统缓冲区中在哪个点会有好的数据？系统会确认这些数据吗？

4. 经理已经决定你的文件服务器的吞吐量可以用 Fast-Wide SCSI-3 适配器替换旧的 SCSI-2 主机适配器来改善性能。她也决定用比旧的 SCSI-2 驱动器大得多的 Fast-Wide SCSI-3 驱动器替换旧的 SCSI-2 驱动器。当把所有文件从旧的 SCSI-2 磁盘移到 SCSI-3 驱动器之后，你重新格式化旧驱动器，以便能够重新用于其他地方。当经理听到你这样做时，告诉你把旧的 SCSI-2 驱动器留在服务器中，因为她知道 SCSI-2 与 SCSI-3 向下兼容。作为一个好员工，你默认了这个要求。

但是，几天以后，当经理对 SCSI-3 进行升级时，对似乎没有达到预期的性能改善而表示失望，你并不感到惊讶。发生了什么事情？你怎么能修好它？

◆ **5.** 你已经把你的系统升级到 Fast-Wide SCSI 接口。这个系统有 1 个软盘驱动器、1 个 CD-ROM 和 5 个 8GB 固定磁盘。主机适配器的设备编号是什么？为什么？

6. SCSI-2 与 SCSI 架构模型 3 背后的原则有什么不同？

7. SCSI 架构模型 3 给计算机和外围设备制造商提供了什么好处？

8. 假设你希望通过把一些计算机和摄像机连接在一起以设计一个视频会议系统。你将选择哪种接口模式？用于传输视频的协议包与用于传输数据的协议包相同吗？什么协议信息将在一个包内，而不在其他包内？

9. SSA 总线配置如何恢复单个磁盘故障？假设在第一个故障节点修复好之前另一个节点又有故障了。系统将如何恢复？

10. 假设你被分配到一个工作组，这个工作组已经接受了在化工厂安置自动控制的任务。几百个传感器将放置在厂区内的罐、桶和加料斗中。传感器检测到的所有数据将送到一组性能足够高的计算机中，以便工厂经理和主管能够控制和监视发生的各种过程。

在传感器和计算机之间你将使用什么类型的接口？如果所有计算机都能访问所有的传感器输入，那么你会使用相同类型的连接方式进行计算机之间的互连吗？你将使用哪种 I/O 控制模式？

11. 为你工作的一个工程师建议改变公司生产系统的总线架构。她说如果总线修改为直接支持网络协议，那么系统就不需要网卡了。她还说你也可以淘汰 SAN，把客户端计算机直接连接到磁盘阵列。你反对这种做法吗？请说明理由。提示：主总线除了支持存储设备读写外，还要考虑主总线的其他用途。

12. 存储系统越来越依赖于作为传输介质的因特网基础设施。这种方法的优点是什么？在安全性和可靠性方面存在哪些问题？

附录 A

The Essentials of Computer Organization and Architecture, Fourth Edition

数据结构和计算机

A.1 引言

在本书中，我们理所当然地认为读者已经了解了计算机数据结构的基本知识。若想全面理解本书并不一定需要了解数据结构的基本知识，但是了解数据结构的基本知识有助于掌握计算机组织与体系结构中的一些更细微之处。本附录的目的是给那些还没有正式学习过数据结构的读者提供扩展词汇。本附录也可以作为那些很久以前学过数据结构的读者的一次复习。为了这个目标，在这里我们只能简短地介绍，而且(当然!)倾向于硬件考虑。希望深入研究的读者，请阅读本附录后面列出的参考文献。本附录中所有例子的存储器地址都是以十六进制给出的。如果你还不了解十六进制，应该先去阅读第2章。

A.2 基本结构

A.2.1 数组

术语**数据结构**指的是相关信息片段的组织方式，以便在执行过程中根据需要能够很容易地访问数据。数据结构通常独立于它们的实现，因为这种组织方式是逻辑上的，而不一定是物理上的。

最简单的数据结构是线性数组。从编程经验中你可能已经了解到，一个线性数组是计算机存储器的一个连续区域，并且程序已经给这个区域分配了一个名字。在这个连续区域中存储的实体组必须是同构的(它们必须有相同的大小和类型)并且能够单独寻址，通常使用下标寻址。例如，假设你有如下的 Java 声明：

```
char[] charArray[10];
```

操作系统给变量 charArray 分配一个存储值以表示这个数组的**基地址**(或开始地址)。通过这个基地址位置开始的偏移提供对后续字符的访问。偏移量的增加值由这个数组的原始数据类型的大小决定，在这个例子中，原始数据类型是 char。在 Java 中，字符是16位宽，所以一个字符数组的偏移量应该是每个数组元素 2 字节。例如，比方说，charArray 结构存储在地址 80A2 中。程序的语句：

```
char aChar = charArray[3];
```

在存储器位置 80A8 可找到要检索的 2 字节。因为 Java 索引数组是从 0 开始的，所以我们在字符变量 aChar 中存储的是这个数组的第四个元素：

$$80A2+\frac{2\text{ 字节}}{\text{字符}}\times 3\text{ 从基地址开始的字符偏移量}=80A2+6=80A8$$

因为二维数组是由一维数组组成的线性数组，所以存储器偏移值必须考虑行的大小，以及数据中原始数据类型的大小。例如，考虑下面的 Java 声明：

```
char[] charArray[4][10];
```

这里我们正在定义 4 个线性数组，每个线性数组有 10 个存储位置。然而，作为一个有 4 行 10 列的二维数组来考虑这个结构会容易得多。如果 charArray 的基地址仍然是 80A2，那么应该在地址 80BE 中可找到元素 charArray[1][4]。这是因为数组的 0 行使用地址 80A2 ~ 80B5，

1 行从 80B6 开始，并且我们访问第 2 行的第 5 个元素：

$$80B6 + \frac{2\text{ 字节}}{\text{字符}} \times 4\text{ 从基地址开始的字符偏移量} = 80B6 + 8 = 80BE$$

当程序解决的问题可以导向数组存储位置的一个小子集时，数组存储便是一种好的选择。当我们在一个写西洋双陆棋游戏时，情况就是这样。例如，每个“点”将是“棋盘”数组中的一个位置。这个程序只检查那些合法移动的棋盘点，它们在移动前由骰子的一次特定滚动来确定移动步数。

数组另一个好的应用是基于每天的时间或每月的天数进行数据收集任务。例如，我们可以计算某天不同时间高速公路上通过一个特定点的车辆数量。如果有人问在 9：00 ~ 9：59 之间的平均车流量，我们所要做的是，在已经收集到数据的中，计算每个 24 小时数组中第 10 个元素的平均值。（半夜 1 点是第 0 个元素。）

A.2.2 队列和链表

当我们所处理事项是响应服务请求时，数组不是非常有帮助的。服务请求通常按照所请求的时间来处理。换句话说，就是先到先服务。

考虑一个网络服务，它处理通过因特网连接的用户的超文本传输协议（HTTP）请求。进来的请求顺序可能与表 A-2 所示的类似。

我们可以把这些请求中的每一个放入一个数组，当我们准备为下一个请求服务时查找这个数组中最小的时间戳值。然而，这种实现的效率极其低下，因为数组中每个元素每次都需要被查询。再者，如果我们经历流量异常大的一天，我们将会冒数组空间耗尽的风险。由于这些原因，对于先到先服务应用，**队列**是合适的数据结构。队列数据结构要求以元素进入时的顺序删除元素。在银行和超市排队等候是队列的很好的例子。

有不同的方法可以实现队列，但是所有队列的实现都分为 4 个部分：一个指向队列第一项（队列**头**）的存储器变量、一个指向队列结尾（队列**尾**）的存储器变量、存储队列项的存储器位置和一组对队列数据结构的具体操作。指向队列头的指针指示了下一个服务的项目。对于把项加到队尾时尾指针是有用的。当头指针是空（零）时，队列是空的。在队列上的操作通常包括添加一个记录到列表的尾部（入队）、从表的开始删除一个记录（离队）和检查队列是否为空。

表 A-1　一个网络服务的 HTTP 请求

时间	源地址	命令
07：22：03	10.122.224.5	http://www.spiffywebsite.com/sitemap.html
07：22：04	10.167.14.190	http://www.spiffywebsite.com/shoppingcart.html
07：22：12	10.148.105.67	http://www.spiffywebsite.com/spiffypix.jpg
07：23：09	10.72.99.56	http://www.spiffywebsite.com/userguide.html

一种流行的实现队列的方法是使用**链表**。在一个链表中，队列中的每个项目都包含一个指向队列下一项的指针。当项目离队时，头指针可以从刚刚删掉的节点中找到的信息以定位到下一个节点。所以，在上面的网络服务例子中，项目 1 服务之后（并且从队列中删除了），队列的头指针被设置为指向项目 2。

在表 A-1 的例子中，假设队列头的地址是 7049，它包含第一个 HTTP 请求，即 www.spiffywebsite.com/sitemap.html。队列的头指针设置为 7049。在存储器地址 7049 中，我们将有记录：

07：22：03，10.122.224.5，www.spiffywebsite.com/sitemap.html，70E6，

其中 70E6 是随后项目的地址：

07：22：04，10.167.14.190，www.spiffywebsite.com/shoppingcart.html，712A。

这个队列的全部内容如表 A-2 所示。

表 A-2　在存储器中一个 HTTP 请求队列的实现

存储器地址	队列数据元素			指向下一元素的指针
7049	07：22：03	10.122.224.5	http://www.spiffywebsite.com/sitemap.html	70E6
…	…	…	…	…
70E6	07：22：04	10.167.14.190	http://www.spiffywebsite.com/shoppingcart.html	712A
…	…	…	…	…
712A	07：22：12	10.148.105.67	http://www.spiffywebsite.com/spiffypix.jpg	81B3
…	…	…	…	…
81B3	07：23：09	10.72.99.56	http://www.spiffywebsite.com/userguide.html	null

队列头的指针被设置为 7049，并且尾指针被设置为 81B3。如果另一个用户请求到达，那么系统在存储器中会找到一个位置，并更新最后的队列项(指向新的记录)以及尾指针。应该注意，当使用这类指针结构时，不像数组，它不要求数据元素在存储器中是连续的。这就是为什么这种结构在需要时能够增长。此外，也不要求地址是升序的，正如我们已经展示的。队列元素能够定位到存储器中的任何位置。指针维持了队列的顺序。

我们已经描述的队列体系结构能够进行修改以创建一个固定大小的队列(通常称为环形队列)，或者一个**优先级队列**，其中某些类型的记录将跳过其他前面的记录。即使添加了这些特征，队列还是很容易实现数据结构。

A.2.3　堆栈

由于明显的原因，队列有时称为 **FIFO(先进先出)** 列表。一些应用要求相反的顺序，即**后进先出(LIFO)**。**堆栈**是适合 LIFO 顺序的数据结构。从自助餐厅给顾客提供盘子的相似之处得到它们的名字。自助餐厅服务人员把热的、湿的、干净的盘子加到弹簧管子的顶部，将冷的、干的盘子压向管子的下面。下一位顾客从顶部取一个盘子。这个顺序如图 A-1 所示。图 A-1a 展示了一个盘子堆栈。1 号盘子是放到堆栈上的第一个盘子。7 号盘子是放到堆栈上的最后一个盘子。7 号盘子是第一个被拿走的，如图 A-1b 所示。当 8 号盘子到达时，它将放到堆栈顶部，如图 A-1c 所示。加一个项目到堆栈的动作称为**压栈**。删除一个项目是**弹出**。询问堆栈顶部的项而不删除它，是**查看**它。

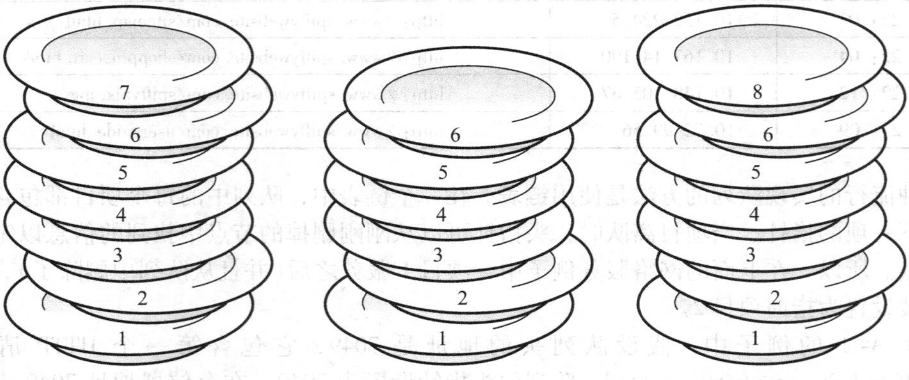

a）初始堆栈　　b）拿走7号盘子（弹出）　　c）添加8号盘子（压栈）

图 A-1　盘子堆栈

当你在一个程序中使用一系列带有嵌套的子程序调用时，堆栈是一种有用的数据结构。如果在转移到下一个地址之前把当前地址压入堆栈的顶部，那么你知道能够沿着相同的路径返回。你所要做的就是当需要时弹出每个地址。就像日常生活中的一个例子，比如我们按照这个顺序访问了一系列城市：

1. 纽约(New York)，NY
2. 奥尔巴尼(Albany)，NY
3. 布法罗(Buffalo)，NY
4. 伊利(Erie)，PA
5. 匹兹堡(Pittsburgh)，PA
6. 克利夫兰(Cleveland)，OH
7. 圣路易斯(St. Louis)，MO
8. 芝加哥(Chicago)，IL

从芝加哥我们怎么回到纽约？一个人会简单地拿出地图(找到一条更直接的路线)，或者只是“知道”找 80 号州际公路和公路的东头。计算机肯定不如我们聪明，所以计算机要做的最简单的是折回原来的路线。一个堆栈(如表 A-3 中所示)对于这项工作是完全正确的数据结构。计算机需要做的是把所走过路径的当前位置压入堆栈顶部。从堆栈顶部弹出以前的城市，这样返回的路就很容易找到。

表 A-3　访问城市的堆栈

堆栈位置	城市
7(栈顶)	圣路易斯
6	克利夫兰
5	匹兹堡
4	伊利
3	布法罗
2	奥尔巴尼
1	纽约

实现堆栈可能有很多种方法。最流行的软件实现是通过线性数组和链表。系统堆栈(硬件版本)是使用固定存储器分配来实现的，这是一个为堆栈单独使用留出的存储器块。管理堆栈需要两个存储器变量，一个变量指向堆栈顶部(放入堆栈的最后一项)，而第二个变量保存堆栈中项目的数量。最大堆栈的大小(或最高允许内存地址)作为常量存储。当一个项目压入堆栈时，堆栈指针(堆栈顶部的存储器地址)会增加，增加量是存储在堆栈中的数据类型的大小。

考虑一个例子，我们想保存字母表中的最后三个字母，并按照相反的顺序检索它们。这些字符的用十六进制表示的 Java 代码(Unicode)是：

$$X = 0058, Y = 0059, Z = 005A$$

为堆栈预留的存储器地址是 808A ~ 80CA。常量 MAXSTACK 设置为 20(十六进制)。因为堆栈初始时是空的，所以堆栈指针被设置为一个空值，而且堆栈计数器也是 0。表 A-4 展示了要存储 3 个 Unicode 字符时，堆栈和管理变量的踪迹。

表 A-4　向堆栈添加字母 X、Y 和 Z(虚线表示不相关的存储器值)

存储器地址	堆栈内容
8091	– – –
8090	– – –
808F	– – –
808E	– – –
808D	– – –
808C	– – –
808B	00
808A	58

栈顶 = 808A

a) 添加 X(0058)且堆栈指针增加数据元素的大小(2 字节)

存储器地址	堆栈内容
8091	– – –
8090	– – –
808F	– – –
808E	– – –
808D	00
808C	59
808B	00
808A	58

栈顶 = 808C

b) 添加 Y(0059)且堆栈指针再次增加 2 字节

存储器地址	堆栈内容
8091	– – –
8090	– – –
808F	00
808E	5A
808D	00
808C	59
808B	00
808A	58

栈顶 = 808E

c) 添加 Z(005A)

要检索这些数据，会有三次堆栈弹出。每一次弹出，堆栈指针会减少 2。当然，每次添加和检索时，必须检查堆栈状态。我们必须保证不能向已满的堆栈中添加项目，或者试图从空堆栈中移除项目。堆栈已广泛应用于计算机系统固件和软件中。

A.3 树

队列、堆栈和数组对于处理列表中的项是很有用的，这些项在表中的位置没有变化(相对于彼此)，并且不管列表中有多少项。当然，这不是我们日常生活中遇到的许多数据集的类型。考虑一个管理地址簿的程序。一种对这些数据排序有用的方法是按照姓氏顺序。**折半查找**能快速定位表中的任何姓氏，可以将搜索限制在列表的一半。在著名数学家列表中用折半查找搜索名字 Kleene 的过程如图 A-2 所示。我们从确定列表的中间项(Hilbert)开始，并且与键值进行比较。如果相等，则找到了期望的项。如果键值(Kleene)大于列表的中间项，那么我们就到列表的下半部分寻找，如图 A-2b 所示。(这样有效地减少了一半的搜索空间。)现在我们确定列表下半部分的新的中间项(Markov)。如果键值(Kleene)小于这个新的中间项，那么我们扔掉这个表的下半部分，保留上半部分，如图 A-2c 所示。如果键值仍然没有找到，那么我们再把表分为两半。这样，依次将列表划分成两半，直到找到键值(或者确定键值不在列表中)。这个例子人为地展示了最坏的情况。在有 16 个项目的表中，它用了 4 次操作定位一个键值。如果查找 Hilbert，则我们在第一次尝试时就已经找到了。无论这个表多大，定位任何名字所用时间与以 2 为底的列表项目数的对数成比例。

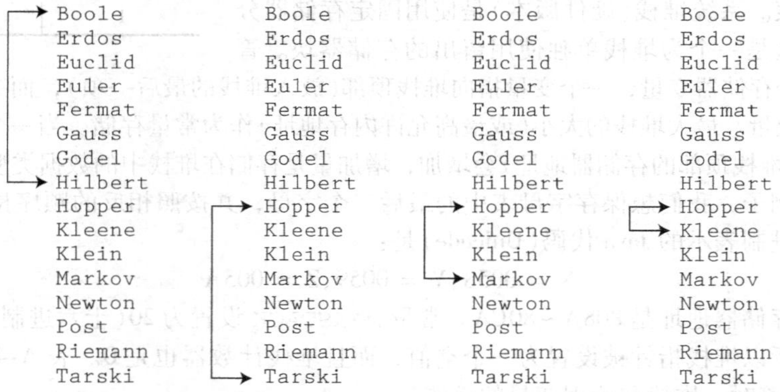

a) b) c) d)

图 A-2 对 Kleene 的折半查找

显然，折半查找要求数据按照它的键值排序。所以，当我们想向地址簿中添加一个名字时会发生什么呢？我们必须把它放到合适的地方，以便能够可靠地使用折半查找。如果这个地址簿存储在一个线性数组中，那么我们能够相当容易地计算出新元素的位置，比如位置 k。但是，为了插入这个元素，我们必须在这个数组中为它腾出空间。这意味着必须首先把位置 k 到 n(这个地址簿中的最后一项)的所有元素依次移动到位置 $k+1$ 到 $n+1$。如果这个地址簿很大，那么这种转换过程将可能比我们希望得要慢。此外，如果数组只能容纳 n 个项目，那么我们就有大麻烦了。不得不定义一个新的数组，然后从旧的数组中加载数据项，这样会耗费更多的时间。

链表实现也不能很好地工作，因为寻找链表的中间点也是困难的。查找链表的唯一方法是跟着链表项的链直到找到新项所在的地方为止。如果你有一长串的列表，那么线性搜索在操作上是不可行的，不会发生令人高兴的足够快速的情况。

因此，有序可维护的列表是一个很好的数据结构，它使我们能够快速地找到所需项，添加和删除项目也没有过多的开销。有几种数据结构符合这些要求。这些数据结构中最简单的是**二叉树**。与链表一样，二叉树使用指向内存位置的指针来跟踪相邻的数据项。而且，像链表一样，二叉树能够增长到任意大。并且这种增长方式能够保证从树上检索任何键值都很容易。二叉树称为“二叉”的原因是在它们的图形表示中，每个节点(或顶点)最多有两个后代(**子**)节点。(超过两个后代节点的树称为 **n 叉树**。)在图 A-3 中展示了一些二叉树的例子。不要为这些看起来像倒置的树的图烦恼，它们是数学意义上的树。每个节点都连接到这个图(这意味着从第一个节点开始每个节点都是可达的)，并且这个图不包含**环**(这意味着我们不会在寻找东西的过程中兜圈子)。

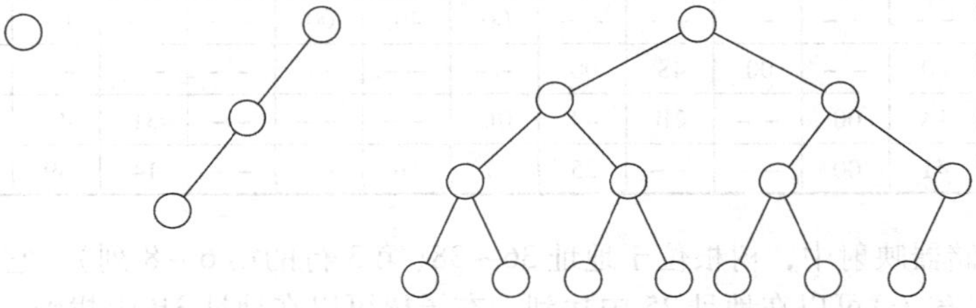

图 A-3 一些二叉树

树的最顶端节点是它的**根**，这个根是树中唯一不得不独立跟踪的部分。所有其他节点的引用都是通过根节点使用存储在每个节点中的两个指针值实现的。每个指针指示在哪儿可以找到节点的**左子**节点或**右子**节点。一个树的**叶子**是结构中最底部的节点，指向它们子节点的指针为空值。从叶子到树根的距离(*层数*)称为它的**高**。不是叶子的节点称为树的**内部节点**。内部节点至少有一个子树(哪怕它是一个叶子)。

除了指针外，二叉树的节点还包括数据(或数据键值)，树围绕着这些数据来构造。二叉树通常组织为所有键值小于存储在左子树中特定节点的键值，且所有键值大于或等于存储在右子树中的键值。图 A-4 是这种思想的一个例子。

图 A-4 所示的二叉树也是**平衡**二叉树。在形式上，当二叉树平衡时，每个节点的左子树和右子树的深度最多相差 1。重要的是，定位树所引用的任何数据项的时间与树中节点数以 2 为底的对数成比例。所以一个包含 65 535 个数据键的树，找到任何特定元素(或确定该元素不在树中)最多需要 15 次存储器操作。不像保存在线性数组中的有序表(每一次搜索都有相同的运行时间)，二叉树中的键值更容易维护。要插入一个元素，我们所要做的就是重新安排几个存储器指针，而不是重新组织整个表。从平衡二叉树中插入和删除一个节点的运行时间也与树项目数的以 2 为底的对数成比例。因此，这种数据结构在维护一组有序数据元素方面比数组或简单链表更好。

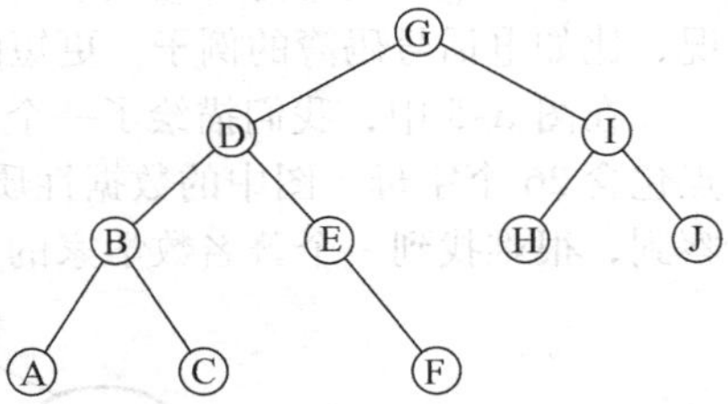

图 A-4 一个具有非递减键值的有序二叉树

虽然我们的图容易使树的逻辑结构概念化，但是应该记住计算机存储器是线性的，所以我们的图片仅是一种抽象。在表 A-5 中，我们已经提供了图 A-4 所示树的一个 64 字节存储器的映射。为了便于阅读，我们以表格的形式展示它们。例如，第 1 行第 5 列的字节位置的十六进制地址是 15。第 0 行第 0 列作为地址 0。节点键值被编码为十六进制 ASCII 码，存储映射上面的表所示。

表 A-5 图 A-4 所示二叉树的存储器映射

字符(键值)	ASCII 码(十六进制)	字符(键值)	ASCII 码(十六进制)
A	41	F	46
B	42	G	47
C	43	H	48
D	44	I	49
E	45	J	4A

	0	1	2	3	4	5	6	7	8	9	A	B	C	D	E	F
0	--	--	--	--	--	--	--	00	46	00	--	--	00	45	07	--
1	00	43	00	--	00	48	00	--	--	--	--	--	--	--	--	--
2	--	00	4A	00	--	2B	44	0C	--	--	--	31	42	10	--	--
3	--	00	41	00	--	--	25	47	3B	--	--	14	49	21	--	--

在我们的存储器映射中，树根位于地址 36 ~ 38(第 3 行的第 6 ~ 8 列)。它的键值位于地址 37。根的左子树(孩子)可以在地址 25 中找到，右子树可以在地址 3B 中找到。如果我们查看地址 3B，则可以找到键值 I，它的左子节点位于地址 14，它的右子节点位于地址 21。在地址 21 处，我们发现左节点 J 的两个子指针为 0。

二叉树在许多应用中都是有用的，比如编译器和汇编器(参见第 8 章)。然而，当它涉及从非常大的数据集中存储和检索键值时，多种数据结构优于二叉树。作为一个例子，考虑为纽约市设计一个在线电话号码簿的任务，纽约市有超过 800 万人口。假设大约有 800 万电话号码要放到我们的电话簿中，我们最终将会得到至少有 23 层的二叉树。此外，一半以上的节点将在叶子上，这意味着在找到所需要的数字之前，我们必须花费大部分时间读取 22 个指针。

对于这种应用虽然二叉树设计并不是完全糟糕的，但是我们可以改进它。一种更好的方法是名为**单词查找树**的一种 n 叉树结构。单词查找树不是在每个节点中保存整个键值，而是使用键的一部分。在沿着单词查找树向下的搜索过程中组装键值。内部节点包含足够多的指针；这样可以直接搜索到所需的键或单词查找树的下一层。单词查找树特别适合数据有可变长键的情况，比如电话号码簿的例子。更短的键靠近顶部，而更长的键在数据结构的底部。

在图 A-5 中，我们描绘了一个包含著名数学家名字的单词查找树。这个图说明每个内部节点包含 26 个字母。图中的数据性质暗示了有比图 A-5 所示更有效的单词查找树结构。(我们观察到，很难找到一个著名数学家的名字是以 ZQX 开头的。)事实上，设计一个内部节点结构是

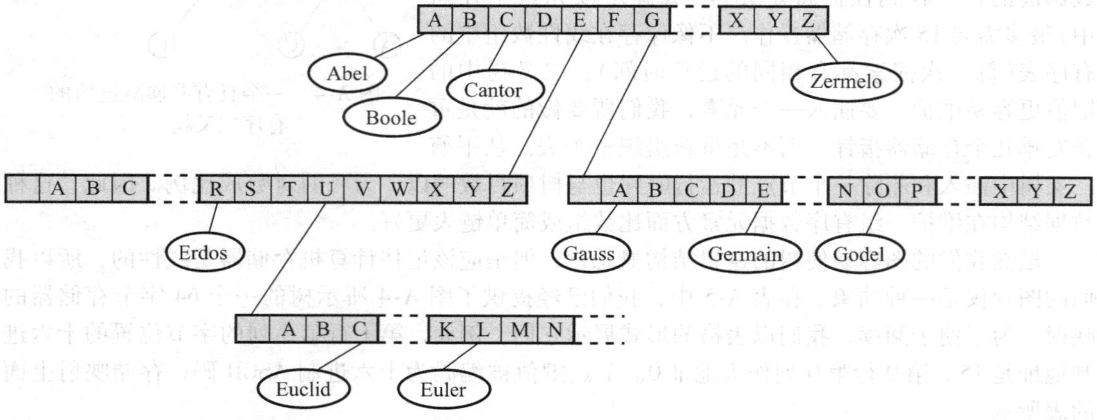

图 A-5 一个著名数学家名字的单词查找树

构造单词查找树最困难的部分。根据键值，可以使用一个以上的字符作为索引。例如，假设一个单位中并不是包含字母表的每个字母，那么我们可以使用字母组。通过改变图 A-5 中单词查找树的根节点中键的多样性，单词查找树可以设计得更平。这种修改如图 A-6 所示。如果仔细地进行了扁平化，那么扁平化单词查找树的结果可以使搜索更快地完成。在图 A-6 中，我们选择只出现 ER 和 EU 两个键，以消除一层。如果我们已经双倍了每个键，那么根将包含 676 个键(从 AA ~ ZZ)，这样数据结构与所要保存的数据量相比变得非常大且笨拙。

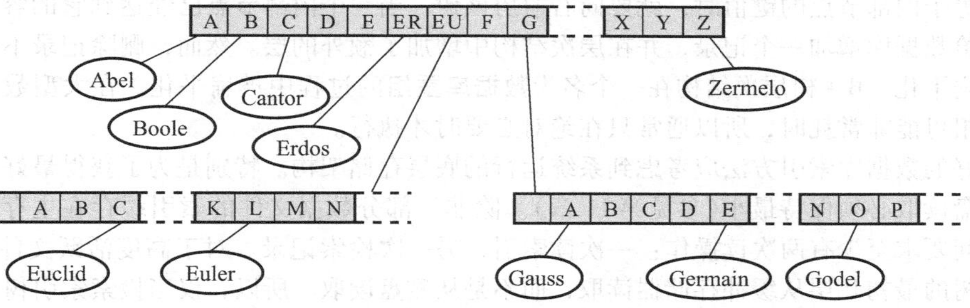

图 A-6 一个更平的著名数学家名字的单词查找树

实际上，为了存储和检索大量数据，数据结构的设计会更多地考虑它们将存储的介质而不是数据本身的性质。通常，会设计索引节点以便在树的一层上内部节点中的一些整数可以通过存储索引的磁盘驱动器的一次读操作就可以访问。这样的数据结构是一种 B + 树，它用于大型数据库系统中。

B + 树是由指向索引结构或实际数据记录的指针组成的一种层次结构。当向数据库中增加记录和从数据库中删除记录时，B + 树中的叶子节点会更新。当不可能对存在的叶子节点进行更新时，产生额外的分支(内部节点)。B + 树的内部节点统称为**索引部分**，而叶子节点称为**序列部分**，因为它们总是按顺序排列的。图 A-7 是一个 B + 树的一部分的示意图。

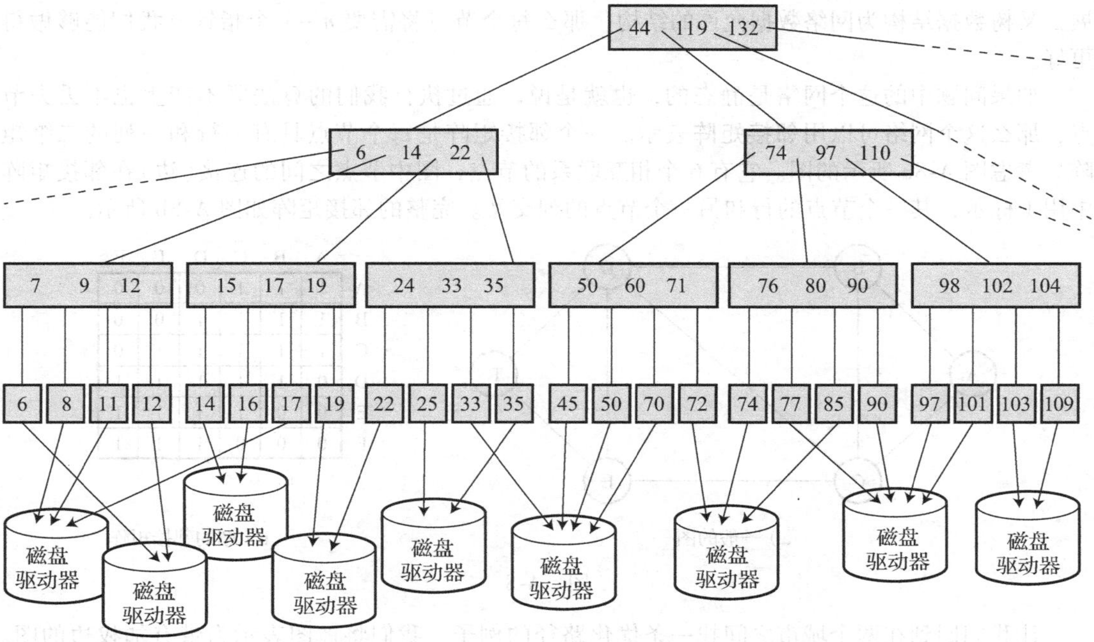

图 A-7 B + 树的一部分

图 A-7 所示的数字是记录的键值。沿着 B + 树叶子节点中的每一个键值，数据库管理系统(参见第 8 章)维护一个指向物理记录位置的指针。操作系统用这个指针值从磁盘中检索记录。所以，物理记录几乎能够放在任何位置，但是数据结构的顺序部分总是按顺序保存的。对 B + 树的遍历保证了我们可以根据键值快速定位任何记录。

使用如图 A-7 所示的 B + 树定位一个键值，我们所需要做的是用所期望的值与存储在内部节点中的值进行比较。当一个键值小于内部节点中的键值时，向左遍历该树。相应地，当键值大于或等于内部节点的键值时，就要向右遍历该树。当一个内部节点已经达到它的容量时，我们需要给数据库增加一个记录，并在层次结构中增加了额外的层。然而，删除记录不会引起树的立即扁平化。B + 树层次结构在一个名为**数据库重组**的过程中被扁平化。在大型数据库中数据库重组可能非常耗时，所以通常只在绝对必要时才执行。

最好的数据库索引方法应考虑到系统运行的底层存储架构。特别是为了获得最好的系统性能，磁盘读取必须保持最小(参见第 11 章)。除非一部分数据文件的索引缓存在主存中，否则记录访问要求至少有两次读操作：一次读索引，另一次检索记录。对于高度活跃文件的 B + 树索引，树的最初几层从缓冲存储器读取，而不是从磁盘读取。所以，仅当检索索引树的较低层和数据记录本身时才会读磁盘。

A.4 网络图

根据定义，树结构不包含环。这使得树可以用于数据存储和检索，就计算复杂度而言，这是一项简单的任务。问题越复杂所需的结构越复杂。例如，考虑在 A.2 节介绍的路径问题时，我们需要找到从芝加哥到纽约的返回路径。我们从来没有说过要找到最短路径，简单地回溯我们的步骤是最简单的。找到最短路径或优化路径，需要一种不同类型的数据结构，它是一种允许有环的数据结构。

一个 n 叉树通过允许叶子节点之间相互指向，能够转换成更一般的网络图。但是现在我们不得不允许这样一个事实，任意节点都有可能指向图中其余 $n-1$ 个节点。如果我们简单地扩展二叉树数据结构为网络数据允许的结构，那么每个节点将需要 $n-1$ 个指针。我们能够做得更好。

如果问题中的这个网络是静态的，也就是说，通过执行我们的算法既不产生也不丢失节点，那么这个网络可以用**邻接矩阵**表示。一个邻接矩阵是每个节点具有一行和一列的二维矩阵。考虑图 A-8a 所示的图。它有 6 个相互联系的节点，图中节点之间的连接(**边**)在邻接矩阵中用 1 标示，其一个节点的行和另一个节点的列交叉。完整的邻接矩阵如图 A-8b 所示。

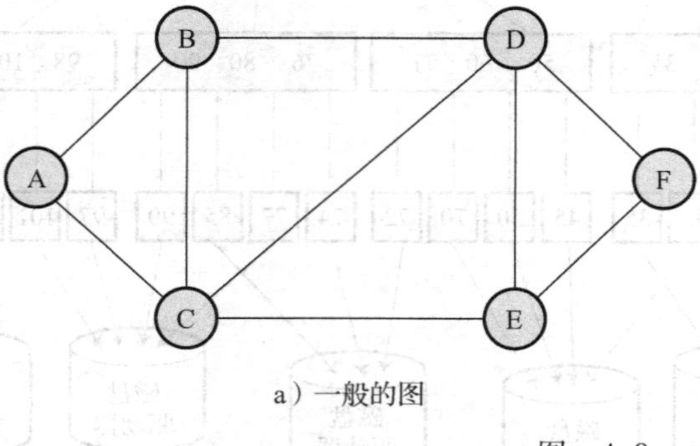

a）一般的图

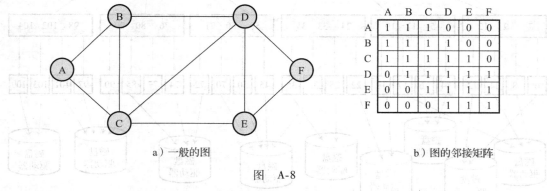

	A	B	C	D	E	F
A	1	1	1	0	0	0
B	1	1	1	1	0	0
C	1	1	1	1	1	0
D	0	1	1	1	1	1
E	0	0	1	1	1	1
F	0	0	0	1	1	1

b）图的邻接矩阵

图 A-8

让我们回到在两个城市之间找一条优化路径的例子。我们将地图表示为带有**加权**边的图。边上的权重与距离相对应，或者表示从一个城市到另一个城市的“成本”。替代邻接矩阵中输入的 1，这些旅行成本被输入到两个城市之间的存在路径上。

也可以将连接图表示为链接**邻接表**。邻接表结构的实现通常涉及保存在线性阵列中的图的节点，它是指向相邻节点的列表。这种安排的好处是我们可以容易地定位图中的任何节点，并且一个节点和另一个节点之间的移动成本可以保存在脱离阵列的列表元素中。图 A-9 展示了加权图以及它的临界列表数据结构。

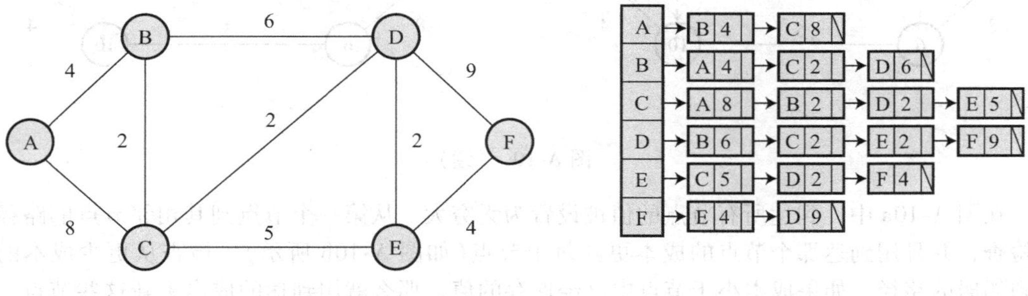

a）加权图　　b）图的邻接表

图 A-9

一般的图(如我们已经描述的这种图)，已经广泛用于解决通信路由问题。**迪杰斯特拉算法**(Dijkstra's algorithm)是这些算法中最重要的算法之一，这种算法的思想是通过包括所有节点之间最短连接集合的图找到最小成本路径。这个算法由检查与图的开始节点相邻的所有路径开始。它用开始节点到达每个节点的成本更新每个节点。它然后检查到相邻节点的每条路径，用到达那个节点的成本更新每个节点。如果节点已经包含一个成本，那么仅当到那个节点的旅行成本小于已经记录在那个节点中值时，它才选择成为下一个目标。在图 A-10 中解释了这个过程。

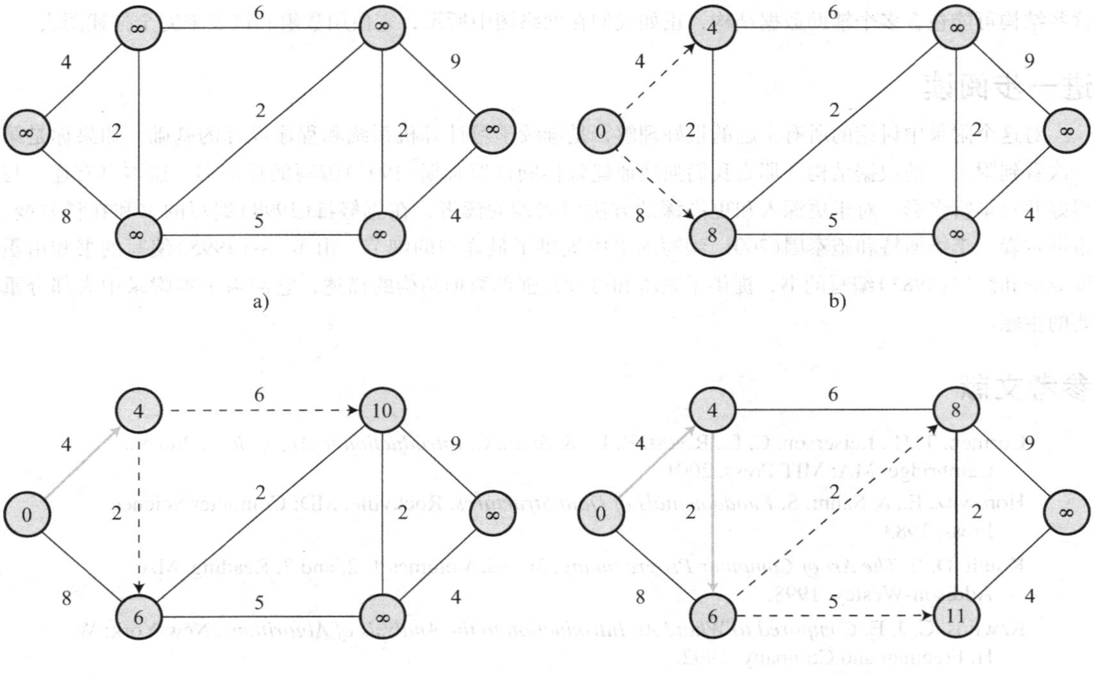

a)　　b)　　c)　　d)

图 A-10　迪杰斯特拉算法

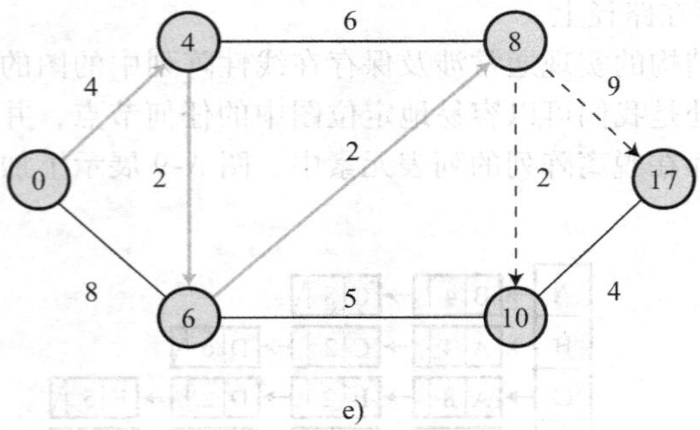

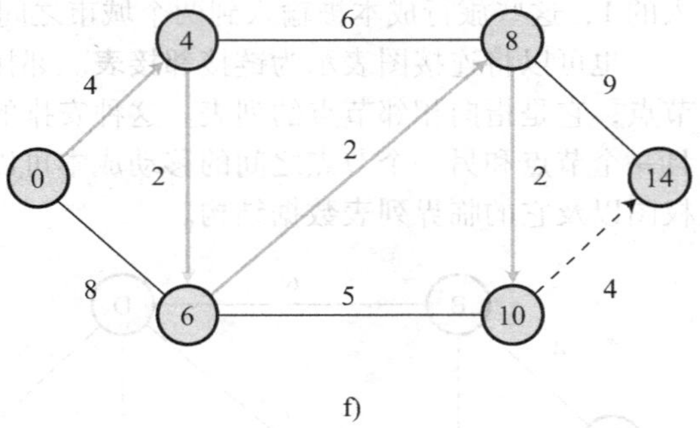

图 A-10　（续）

在图 A-10a 中，到达所有节点的值被设置为无穷大。从第一个节点到其相邻节点的路径开始检查，并且用到达那个节点的成本更新每个节点(如图 A-10b 所示)。检查从更少成本的节点到邻居的路径，如果成本小于节点中已经保存的值，那么就用到达的成本更新这些节点。这就是图 A-10c 中左下角节点发生的情况。重复这个过程直到发现最短路径，如图 A-10f 所示。

迪杰斯特拉算法的一个复杂的地方是涉及许多数据结构。不仅必须提供图本身，而且还必须以某种方式记录到达每个节点的路径，以便在需要时可以检索它们。作为一个练习，表示所需数据结构及构造在这些数据结构上运行的迪杰斯特拉算法伪代码。

本章小结

本附录描述了一些重要计算机系统经常采用的数据结构。在系统最低层中，堆栈和队列是最重要的，因为这些数据结构的简单性与发生在这些层次上的操作简单性相匹配。在系统软件层，为了快速地进行信息存储和检索，编译器和数据库系统在很大程度上依赖于树结构。在高级语言层有最复杂的数据结构。这些结构可能包含多个辅助数据结构，正如我们在网络图中所示，它使用数组和链表来完全描述图表。

进一步阅读

对这个附录中讨论的所有主题的很好理解，是继续学习计算机系统和程序设计的基础。如果你是第一次看到附录中的数据结构，那么我们强烈地建议你阅读罗林斯(1992)编写的算法书。这本书有趣、写得好并且丰富多彩。对于更深入和更高深的方法感兴趣的读者，在克努特(1998)编写的书和在科尔曼、雷斯尔森、李维斯特和施泰因(2001)编写的书中提供了最详细的细节。由 Weiss(1995)编写的书和由霍罗威茨和萨尼(1983)编写的书，提供了紧凑和可读性强的数据结构的描述，它涵盖了本附录中大部分重要的主题。

参考文献

Cormen, T. H., Leiserson, C. E., Rivest, R. L., & Stein, C. *Introduction to Algorithms*, 2nd ed. Cambridge, MA: MIT Press, 2001.

Horowitz, E., & Sahni, S. *Fundamentals of Data Structures*. Rockville, MD: Computer Science Press, 1983.

Knuth, D. E. *The Art of Computer Programming*, 3rd ed. Volumes 1, 2, and 3. Reading, MA: Addison-Wesley, 1998.

Rawlins, G. J. E. *Compared to What? An Introduction to the Analysis of Algorithms*. New York: W. H. Freeman and Company, 1992.

Weiss, M. A. *Data Structures and Algorithm Analysis*, 2nd ed. Redwood City, CA: Benjamin/Cummings Publishing Company, 1995.

习题

1. 就下列数据结构中的每一个给出至少一个最适合的应用例子：
a）数组 b）队列 c）链表 d）堆栈 e）树

2. 正如本书所述，在一个优先级队列中，如果它们满足一定条件，那么某些项可以跳过队列的头。请设计出实现优先级队列的一种数据结构和合适的算法。

◆ **3.** 假设你不想维护像树一样的一组排序的数据元素，可以选择一个链表来代替，尽管它的效率不高。该表按键值升序排序，因此，最小的键值在表的头部。为了定位一个数据元素，你线性地查找这个表，直到找到一个键值大于要查找的键值。如果查找的目的是要在表中插入另一个项目，那么你将如何获得这个插入位置呢？换句话说，请给出一个列出每个步骤的伪代码算法。通过改变表的数据结构你能够使这个算法更有效。

4. 如下所示的存储器图描述的是二叉树，请画出这个二叉树。

	0	1	2	3	4	5	6	7	8	9	A	B	C	D	E	F
0	--	--	--	--	--	00	45	00	--	--	--	--	--	--	--	--
1	00	41	00	--	--	--	--	--	--	05	46	37	--	--	--	00
2	43	00	--	--	--	--	--	--	--	--	--	--	10	42	1F	--
3	--	--	2C	44	19	--	--	00	47	00	--	--	--	--	--	--

◆ **5.** 如下所示的存储器图描述的是二叉树，请画出这个二叉树。

	0	1	2	3	4	5	6	7	8	9	A	B	C	D	E	F
0	--	--	--	--	--	--	--	--	24	46	12	--	--	--	00	42
1	30	--	00	45	00	--	--	--	--	--	--	--	--	--	--	--
2	--	--	--	--	0E	47	00	--	--	--	00	43	00	--	--	--
3	00	44	00	--	--	--	--	--	--	--	--	--	08	41	2A	--

6. 如下所示的存储器图描述的是二叉树，叶子包含键值 H(48)、I(49)、J(4A)、K(4B)、L(4C)、M(4D)、N(4E)和 O(4F)，请画出这个二叉树。

	0	1	2	3	4	5	6	7	8	9	A	B	C	D	E	F
0	00	2E	46	39	00	4B	00	48	35	44	04	14	11	41	08	35
1	FF	19	42	22	3F	FF	01	43	3C	00	48	00	48	20	41	00
2	4A	15	00	49	00	42	00	4E	00	47	0C	45	16	08	00	4C
3	00	00	4F	00	43	00	4A	00	45	00	4D	00	26	47	31	41

7. 设计一个最大节点数公式，使这些节点能够放置在 n 层二叉树中。

8. 一个图的遍历是查询（或访问）图中每个节点的行为。当节点以一定顺序（可能是随机的）添加到树上并以其他给定的顺序检索进行时，遍历是有用的。下图展示了三种常用的遍历，先序（preorder）、中序（inorder）和后序（postorder）。图 a 解释先序遍历，图 b 解释中序遍历，图 c 解释后序遍历。

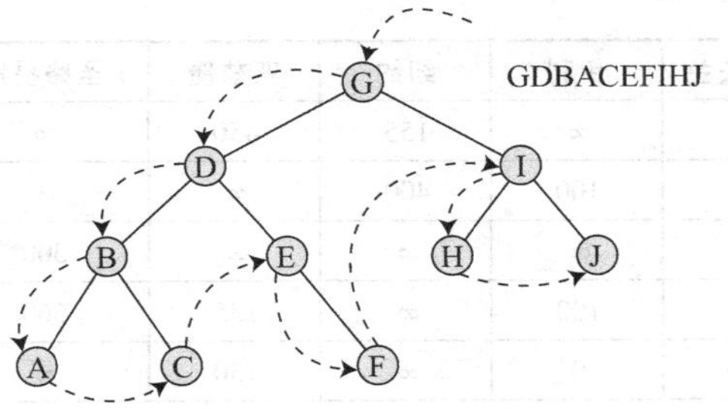

a）先序

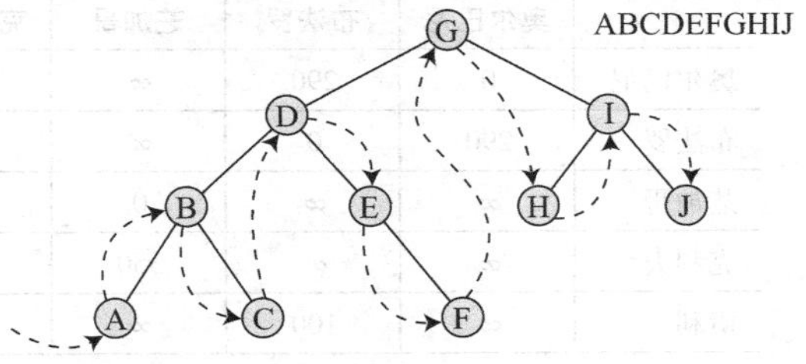

b）中序

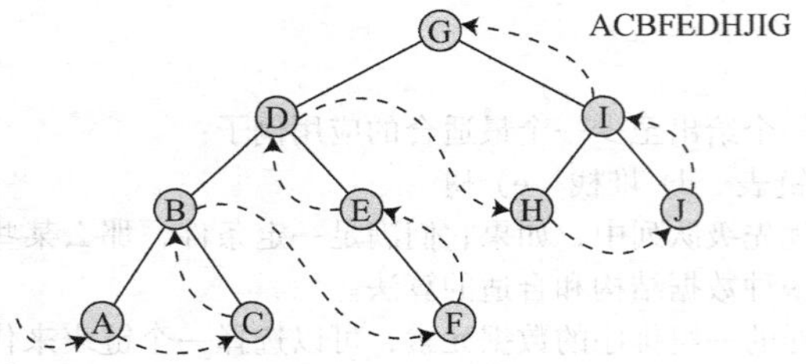

c）后序

9. 大多数关于算法和数据结构的书把遍历算法作为递归过程。（递归过程是调用自己的子程序或函数。）然而，计算机使用迭代实现递归！下面这个算法使用堆栈来执行树的先序遍历迭代（参考习题8）。当遍历每个节点后，会打印它的键值，如上图所示。

```
ALGORITHM Preorder
  TreeNode : node
  Boolean : done
  Stack: stack
  Node ← root
  Done ← FALSE
  WHILE NOT done
    WHILE node NOT NULL
      PRINT node
      PUSH node onto stack
      node ← left child node pointer of node
    ENDWHILE
    IF stack is empty
      done ← TRUE
    ELSE
      node ← POP node from stack
      node ← right child node pointer of node
    ENDIF
  ENDWHILE
END Preorder
```

a）修改这个算法以便它能执行中序遍历。

b）修改这个算法以便它能执行后序遍历。（提示：当你跟随节点的左子树离开一个节点时，在这个节点中会更新一个值，表明这个节点已经访问过了。）

10. 就图A-6中所示的单词查找树根节点而言，如果我们要寻找一个叫Ethel的著名数学家，那么会出现什么难题？我们怎样才能防止这个问题？

11. 使用迪杰斯特拉算法找一条从纽约到芝加哥更短的路径，使用如下邻接矩阵中给出的里程数。值"无穷大"（∞）表示在两个给定的城市之间没有直接的连接。

	奥尔巴尼	布法罗	芝加哥	克利夫兰	伊利	纽约	匹兹堡	圣路易斯
奥尔巴尼	0	290	∞	∞	∞	155	450	∞
布法罗	290	0	∞	∞	100	400	∞	∞
芝加哥	∞	∞	0	350	∞	∞	∞	300
克利夫兰	∞	∞	350	0	100	∞	135	560
伊利	∞	100	∞	100	0	∞	130	∞

（续）

	奥尔巴尼	布法罗	芝加哥	克利夫兰	伊利	纽约	匹兹堡	圣路易斯
纽约	155	400	∞	∞	∞	0	∞	∞
匹兹堡	450	∞	∞	135	130	∞	0	∞
圣路易斯	∞	∞	300	560	∞	∞	∞	0

12. 建议找出一种可以存储邻接矩阵的方法，以便占用更少的内存空间。

13. 设计一种使用适当数据结构的算法来实现迪杰斯特拉算法。

14. 要想创建一个字处理器中拼写检查器所使用的字典，使用本附录中讨论的哪种数据结构最好？

精选习题答案与提示

第1章

1. 在硬件和软件之间，一个提供更高的速度，另一个提供更高的灵活性。(哪个是硬件，哪个是软件?)硬件和软件之间通过硬件和软件等效原理联系在一起。一种方法能解决另一种方法不能解决的问题吗?
3. 100 万或 10^6
10. 0.75μm

第2章

1. a) 121222_3
   b) 10202_5
   c) 4266_7
   d) 6030_9
7. a) 11010.11001
   b) 11000010.00001
   c) 100101010.110011
   d) 10000.000111
16. a) 原码：01001101
   1 的补码(反码)：01001101
   2 的补码(反码)：01001101 偏移为 127 的移码：11001100
   b) 原码：10101010
   1 的补码(反码)：11010101
   2 的补码(反码)：11010110 偏移为 127 的移码：1010101
28. a) 最小负数：100000(−31)　最大正数：011111(31)
32. a) 10110000
   b) 00110000
   c) 10000000
34. a) 00111010
   b) 00101010
   c) 01011110
36. a) 111100
38. a) 1001
40. 104
42. 提示：开始跟踪，如下所示：

j	(二进制)	k	(二进制)
0	0000	−3	1100
1	0001	−4	1011(1100 + 1110)(最后进位加到补码加法的和上)
2	0010	−5	1010(1011 + 1110)
3	0011	−6	1001(1010 + 1110)
4	0100	−7	1000(1001 + 1110)
5	0101	7	0111(1000 + 1110)(这是溢出——但是你可以忽略它)

46. | 0 1 1 1 1 0 1 0 | 误差 = 2.4%

57. a) 二进制值　00000000　00000001　00100111

b) ASCII　10110010　00111001　00110101

c) 压缩 BCD　00000000　00101001　01011100

68. 误差在第 5 位。

73. a) 1101 余数 110

b) 111 余数 1100

c) 100111 余数 110

d) 11001 余数 1000

77. 码字：1011001011

第3章

1. a)

x	y	z	yz	$(xy)'$	$z(xy)'$	$yz+z(xy)'$
0	0	0	0	1	0	0
0	0	1	0	1	1	1
0	1	0	0	1	0	0
0	1	1	1	1	1	1
1	0	0	0	1	0	0
1	0	1	0	1	1	1
1	1	0	0	0	0	0
1	1	1	1	0	0	1

b)

x	y	z	$(y'+z)$	$x(y'+z)$	xyz	$x(y'+z)+xyz$
0	0	0	1	0	0	0
0	0	1	1	0	0	0
0	1	0	0	0	0	0
0	1	1	1	0	0	0
1	0	0	1	1	0	1
1	0	1	1	1	0	1
1	1	0	0	0	0	0
1	1	1	1	1	1	1

3. $F(x, y, z) = xy'(x+z)$

$F'(x, y, z) = (xy'(x+z))' = (xy')' + (x+z)' = (x'+y) + (x'z')$

5. $F(w, x, y, z) = xz'(x'yz+x) + y(w'z+x')$

$$
\begin{aligned}
F'(w, x, y, z) &= (xz'(x'yz+x) + y(w'z+x'))' \\
&= (xz'(x'yz+x))'(y(w'z+x'))' \\
&= ((xz')' + (x'yz+x)')(y' + (w'z+x')') \\
&= ((x'+z'') + (x''+y'+z')(x'))(y' + ((w''+z')(x'))) \\
&= ((x'+z) + (x+y'+z')(x'))(y' + (w+z')(x'))
\end{aligned}
$$

8. 无效。一种证明方法使用真值表。一种更具挑战性的方法使用关系恒等式

$$a \text{ XOR } b = ab' + a'b$$

15. a) $x(yz+y'z)+xy+x'y+xz = x(yz+y'z)+y(x+x')+xz$ 分配律

$= x(yz+y'z)+y(1)+xz$ 逆等律

$= x(yz+y'z)+y+xz$ 同一律

$= xz(y+y')+y+xz$ 分配和交换律

$= xz(1)+y+xz$ 逆等律

$= xz+xz+y$ 同一和交换律

$= xz+y$ 幂等律

b) $xyz''+(y+z)'+x'yz = xyz+(y+z)'+x'yz$ 双重否定

$= xyz+y'z'+x'yz$ 德摩根定律

$= xyz+x'yz+y'z'$ 交换律

$= xz(y'+y)+y'z'$ 分配律

$= xz(1)+y'z'$ 逆等律

$= xz+y'z'$ 同一律

c) $z(xy'+z)(x+y') = z(xxy'+xy'y'+xz+y'z)$ 分配/交换律

$= z(xy'+xy'+xz+y'z)$ 幂等律

$= xy'z+xy'z+xzz+y'zz$ 分配/交换律

$= xy'z+xz+y'z$ 幂等律

$= xy'z+y'z+xz$ 交换律

$= y'z(x+1)+xz$ 零

$= y'z(1)+xz$ 零

$= y'z+xz$ 同一律

17. a) $x(y+z)(x'+z') = x(x'y+yz'+x'z+zz')$ 分配/交换律

$= xx'y+xyz'+xx'z+xzz'$ 分配律

$= 0+xyz'+0+0$ 逆等律/零

$= xyz'$ 同一律

19. $x(x'+y) = xx'+xy$ 分配律

$= 0+xy$ 逆等律

$= xy$ 同一律

22. $F(x, y, z) = x'y'z'+x'yz'+xy'z+xyz'+xyz$

25.

x	y	z	xy'	$x'y$	xz	$y'z$	$xy'+x'y+xz+y'z$
0	0	0	0	0	0	0	0
0	0	1	0	0	0	1	1
0	1	0	0	1	0	0	1
0	1	1	0	1	0	0	1
1	0	0	1	0	0	0	0
1	0	1	1	0	1	1	1
1	1	0	0	0	0	0	0
1	1	1	0	0	1	0	1

对两个乘积的和取反是$(x'y'z'+x'y'z)'$。

33.

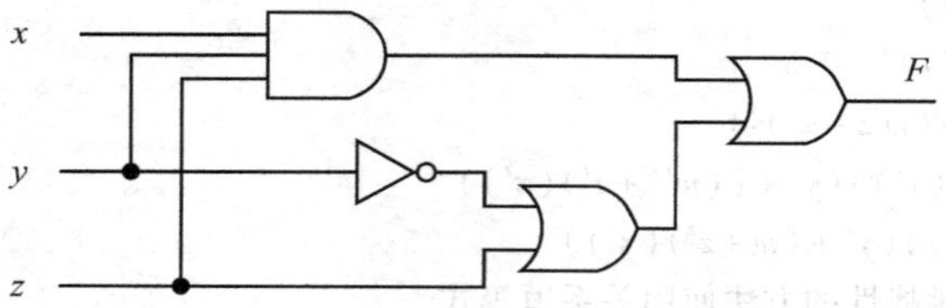

36.

x	y	z	F
0	0	0	1
0	0	1	1
0	1	0	1
0	1	1	1
1	0	0	0
1	0	1	1
1	1	0	0
1	1	1	1

49. 分配输入(卡片编码)值，确定每个读取器的精确设计。一种编码显示在下表中。

编码	员工类别	有权进入				
		储物柜	服务器机房	员工休息室	行政休息室	行政洗手间
00	IT 工人		X	X		
01	秘书	X		X	X	
10	大老板				X	X
11	看门人	X	X	X	X	X

基于这个编码，服务器机房的读卡器可以按如下方式来实现。

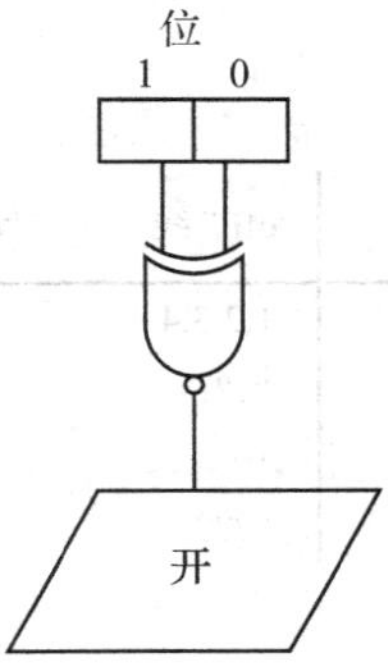

其余的设计是什么？

50.

X	Y	A	下一状态 A	下一状态 B
0	0	0	0	1
0	0	1	1	0
0	1	0	0	1
0	1	1	0	1
1	0	0	1	1
1	0	1	1	0
1	1	0	1	0
1	1	1	0	1

54.

			下一状态	
X	Y	$Z(Q)$	S	Q
0	0	0	0	0
0	0	1	1	0
0	1	0	1	0
0	1	1	0	1
1	0	0	1	0
1	0	1	0	1
1	1	0	0	1
1	1	1	1	1

57. 按照如图所示的触发器开始编号：

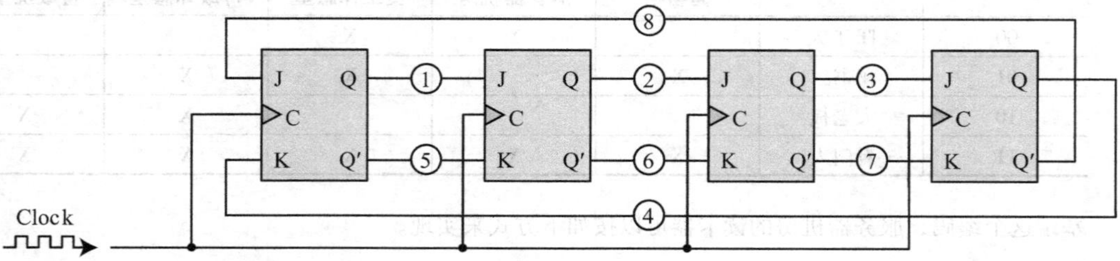

当 $t=0$ 到 8 时完成下图：

t	"off"线	"on"线
0	1,2,3,4	5,6,7,8
1	????	????
…	…	…
8	????	????

3A. 1. a) $x'z+xz'$ b) $x'z+x'y+xy'z'$

3A. 4. a) $w'z'+w'y'z'+wyz$ b) $w'x'+wx+w'y+yz'+x'z'$ or $w'x'+wx+xy+x'z'$

3A. 6. a) $x'z'+w'xz+w'xy$

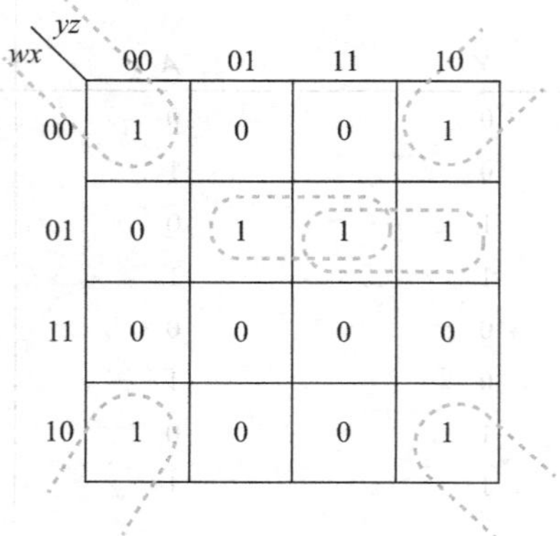

yz
wx
00
01
11
10
00
01
11
10
1 0 0 1
0 1 1 1
0 0 0 0
1 0 0 1

3A. 6. b) $x'y' + wx'z'$

wx \ yz	00	01	11	10
00	1	1	0	0
01	0	0	0	0
11	0	0	0	0
10	1	1	0	1

3A. 8. $x'y'z + x'yz + xy'z + xyz = x'z(y' + y) + xz(y' + y)$

$$= x'z + xz$$

$$= z(x' + x)$$

$$= z$$

3A. 9. a) $x + y'z$(不想包括“无关条件”，因为它对我们没有帮助)

b) $x'z' + w'z$

第4章

4. a) 有 2M×4 字节，总字节等于 $2 \times 2^{20} \times 2^2 = 2^{23}$，所以地址需要 23 位。

b) 有 2M 字，等于 $2 \times 2^{20} = 2^{21}$，所以地址需要 21 位。

10. a) 16(8 行 2 列)

b) 2

c) $256K = 2^{18}$，所以为 18 位

d) 8

e) $2M = 2^{21}$，所以为 21 位

f) 存储体 0(000)

g) 存储体 6(110)

15. a) 有 2^{20}字节，使用 $0 \sim 2^{20} - 1$ 的 20 位地址能够进行全部寻址。

b) 仅有 2^{19}字，每个地址要求使用 $0 \sim 2^{19} - 1$ 的地址。

23.

A	108
One	109
S1	106
S2	103

26. a) Store 007

第5章

1.

	地址→	00	01	10	11
a)	大端	00	00	12	34
b)	小端	34	12	00	00

6. a) $0xFE01 = 1111\ 1110\ 0000\ 0001_2 = -511_{10}$

b) $0x01FE = 0000\ 0001\ 1111\ 1110_2 = 510_{10}$

10. 6×2^{12}

12. a) X Y × W Z × V U × + +

21.

模式	值
立即	0x1000
直接	0x1400
间接	0x1300
索引	0x1000

27. a) 8

b) 16

c) 2^{16}

d) $2^{24} - 1$

第6章

1. a) $2^{20}/2^4 = 2^{16}$

b) 20 位地址，其中标志域 11 位、块域 5 位、偏移域 4 位。

c) 块 22(或块 0x16)

4. a) $2^{16}/2^5 = 2^{11}$

b) 16 位地址，其中标志域 11 位、偏移域 5 位。

c) 因为是相联高速缓存，所以能够映射到任意地方。

7. 每个地址有 27 位，其中标志域 7 位、组域 14 位、偏移域 6 位。

19.

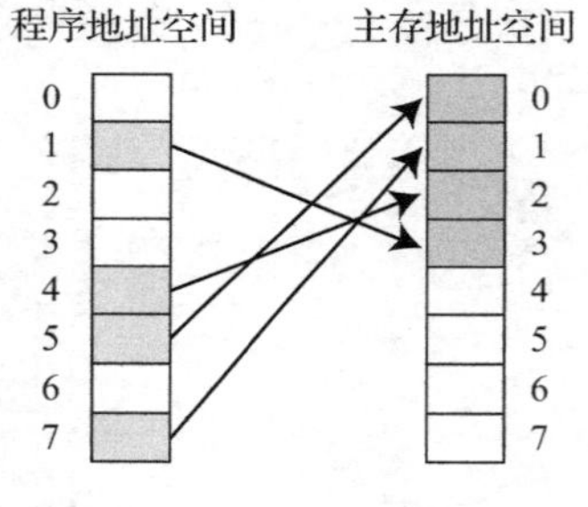

第7章

1. 1，28 或 28%（$S = 1.2766$；$f = 0.65$；$k = 1.5$）

9. a) 选择磁盘升级。这种方式每改进 1% 将花费 216.20 美元，而 CPU 是 268.24 美元。

b) 磁盘升级的改进是 36.99%，而处理器是 18.64%。

c) 收支平衡点是磁盘升级成本为 9922 美元或 CPU 升级成本为 4031 美元。

12. a) CPU 在进入中断服务程序之前应该禁用所有中断，因此中断不应该先发生。

b) 这不是问题。

c) 如果禁用中断，那么第二个中断将不会发生，所以这不是问题。

22. 一些人认为从一个特定磁盘中检索特定数据不是一种“随机”行为。

24. 旋转延迟（平均等待时间）= 7200r/m = 120r/s = 0.008 333s/r = 8.333ms/r，或者（60 000ms/m）/（7200r/m）= 8.333ms/r。）平均值是这个值的一半，或 4.17ms。

28. a) 256MB（$1MB = 2^{20}B$）

b) 11ms

32. 28.93MB/磁道

39.

规格	
小时/年	8760
每千瓦时的成本	0.1
有效百分比	0.25
有效瓦特	14.4
空闲百分比	0.75
空闲瓦特	9.77

有效小时/年	0.25 × 8760 = 2190	
有效千瓦特消耗	2190×14.4 ÷ 1000	= 31.536
空闲小时/年	0.75×8760 = 6570	
空闲千瓦特消耗	6570×9.77÷1000	= 64.1889
	总计千瓦	95.7249
	能耗成本/年	$9.57
	× 5个磁盘	$47.85
	× 5年	$239.25
	+ 磁盘成本$300×10	$3,239.25
	总计:	$8039.25

设备	
固定成本/GB*月	0.01
GB数量	×8000
总成本/月	=80
月数	×60
总设备成本	$4800.00

第8章

5. 如果处理器共享一组特定的资源，那么将它们作为一个子系统可能是合理的。如果用一组给定的处理器测试这个系统，那么将它们作为子系统分组是明智之举，因为如果它们崩溃或做出一些“奇怪”的事情，那么只有这个正在运行的子系统会受到影响。如果你正在用有限的时间或有限的资源来访问一组特定的人，那么你可能希望这些用户进程也被分组为子系统。

7. 当代码需要更紧凑时，经常使用不可重定位的代码。因此，它常用在有空间约束的嵌入式系统（如微波炉或车载计算机）中。不可重定位的代码更快，因此它用于对小的时延敏感的系统，例如实时系统。可重定位代码需要硬件支持，所以不可重新定位的代码将用于那些可能没有这种支持的情况（例如在任天堂中）。

9. 动态链接节省磁盘空间（为什么），导致更少的系统错误（为什么），并允许代码共享。

19. Java 首先被编译成字节码，然后该中间字节码由 JVM 来解释。

21. a）当计算结果（例如，输出、数据变量的值）依赖于特定时间以及随着跨越不同线程、进程或事务的语句执行顺序时，出现竞争条件。假设我们用以下两个事务访问一个初始余额为 500 的账户：

事务 A	事务 B
取账户余额	取账户余额
余额加 100	余额减 100
保存新余额	保存新余额

新余额的值取决于事务运行的顺序。新余额的可能值是什么？

b）孤立地运行事务并提供原子性可以防止竞争条件。在数据库中原子事务是通过加锁来保证的。

c）使用锁可能导致死锁。假设事务 T1 在数据项 X 上获得独占锁（这意味着没有其他事务可以共享锁），事务 T2 获得数据项 Y 上的独占锁。现在假设 T1 需要保持数据项 X 的锁，但它还需要数据项 Y，而 T2 必须保持数据项 Y 的锁，但它还需要数据项 X。这样就出现了一个死锁，因为每个事务都在等待另一个，并且不会释放它所拥有的锁。

第9章

1. RISC 计算机限制可以访问存储器的指令，仅有取数据指令（load）和存数据指令（store）可以访问存储器。这意味着所有其他指令都要使用寄存器。这样的指令需要较少的周期并可加快代码的执行速度，从而加速硬件的性能。RISC 体系结构的目标是实现单周期指令，如果指令必须访问存储器而不是寄存器，那么这是不可能的。

3. “精简”(Reduced)的原意是提供一组最小指令，这些指令可以执行所有基本操作：数据移动、ALU 操作和分支。然而，当今 RISC 计算机的主要目标是简化指令，以便它们能够更快地执行。每个指令只执行一个操作，每个指令的长度都相同，指令只有几种不同的格式，并且所有的算术运算必须在寄存器之间执行(内存中的数据不能用作操作数)。
5. 128
9. 在执行上下文切换过程中，必须保存当前正在执行的进程的所有信息，包括寄存器窗口中的值。当进程恢复时，也必须恢复寄存器窗口中的值。这取决于窗口的大小，这可能是一个非常耗时的过程。
11. a) SIMD：单指令多数据。一种特定的指令在多个数据块上执行。例如，一个向量处理器使用一条指令执行矩阵加法运算(C[i] = A[i] + B[i])，能够在多个数据块上执行这个指令(C[1] = A[1] + B[1]，C[2] = A[2] + B[2]，C[3] = A[3] + B[3]等)，具体数量取决于这个处理器中包含有多少个 ALU。
13. 松耦合和紧耦合是描述多处理器如何处理内存的术语。如果有一个较大的、集中的、共享的存储器，那么我们说这个系统是紧耦合的。如果有多个、物理上分散的存储器，我们说这个系统是松耦合的。
17. SIMD：数据并行；MIMD：控制或任务并行。为什么？
19. 虽然超标量处理器依赖于硬件(确定相关性)和编译器(生成大概的调度)，但是 VLIW 处理器完全依赖于编译器，因此，VLIW 将复杂性完全移到编译器。
20. 两种体系结构都有少量并行流水线用于处理指令。然而，VLIW 体系结构依赖于编译器的正确和有效的方式以预先打包和调度指令。在超标量体系结构中，指令调度是由硬件完成的。
21. 分布式系统允许共享和冗余。
23. 当向交叉开关(crossbar)互连网络中增加处理器时，交叉开关的数量会迅速增长到不可管理的规模。总线网络受到潜在瓶颈和争用问题的影响。
25. 用写直达(write-through)方式，新值立刻被刷新到服务器。这使得服务器不断更新，但写入需要更长时间(损失了高速缓存通常提供的增速)。用写回(write-back)方式，新值在给定延迟后刷新到服务器。这种方式保持了增速，但是这意味着如果服务器在新数据被刷新之前崩溃，那么一些数据可能会丢失。这是一个说明性能改进往往是有代价的好例子。
27. 是的，单个神经元接收输入、处理并提供输出。然后这个输出被另一个“下线”神经元使用，然而，神经元本身是并行工作的。
29. 当网络正在学习时，不正确输出的指示用于调整网络中的权重。这些调整基于各种优化算法。当加权平均收敛到给定值时，学习就完成了。

第 10 章

2. 小型嵌入式系统不需要执行个人系统必须执行的复杂通电自测试(POST)序列。首先，嵌入式系统内存比较小，因此通电检查需要较少的时间。其次，大多数嵌入式系统的外围设备比连接到大多数个人计算机的设备要更少也更简单。这意味着需要更少的硬件检查和更少的驱动程序加载。
8. 中断延迟是指从一个中断发生到开始执行中断服务例程(ISR)的第一条指令所经历的(挂钟的)时间。为了执行 ISR 的第一条指令，必须暂停 CPU 中当前正在执行的线程：发生上下文切换。因此，中断延迟必须大于上下文切换时间。

第 11 章

1. 系统 C 的加权平均执行时间是 2170/5 = 434。因此，我们有(563.5/434 = 1.298 387 − 1) × 100 = 30%。系统 A 的性能已经下降了(9563.5/79 − 1) × 100 = 641.4%。
3. 系统 A：算术平均值 = 400；几何平均值 = 1，0.7712 和 1.1364
   系统 B：算术平均值 = 525；几何平均值 = 1.1596，1 和 1.3663

系统 C：算术平均值 =405；几何平均值 =0.7946，0.6330 和 1

7. 这是不完整信息的谬论。为什么？
9. 这样做没有价值。每个版本由不同的程序集组成，因此无法对结果进行比较。
11. 首先，这是一个不确定的问题。建议调查 TPC-C 基准是否可用于该系统。无论 TPC-C 的数字是否可用，都应该理解阿姆达尔定律(Amdahl's Law)的含义，以及为什么一个快速 CPU 未必能确定整个系统是否能够处理你的工作负载。
24. a) 5.8 时钟/指令(确信可以展示你的工作以获得这个答案。)
    b) 5.8MHz(为什么？)
    c) 13.25

第 12 章

5. TCP 段的有效载荷(数据)应尽可能大，以便发送段所需的网络开销最小。如果有效载荷仅仅包含 1 或 2 字节，则网络开销将比传输的数据大至少一个数量级。
9. a) B 类
   b) C 类
   c) A 类
11. a) 我们假设在 TCP 或 IP 报头中没有设置任何选项，并且忽略任何会话。在 TCP 报头中有 20 字节并且在 IP 报头中有 20 字节。对于一个 1024 字节的文件，使用 128 字节的有效载荷，将不得不发送 8 个有效载荷。因此，就有 8 个 TCP 报头和 IP 报头。每个传输单元有 40 字节的开销，因此有 8×40 字节的开销加到 1024 字节的有效载荷中，总的传输量是 1344 字节。开销的百分比是 $320 \div 1344 \times 100\% = 23.8\%$。
    b) 最小的 IPv6 报头长度是 40 字节，加上 TCP 报头中的 20 字节，每次传输包含 60 字节的开销，发送 8 个有效载荷就是 480 字节。开销百分比是：$480 \div 1504 \times 100\%$ 或者 31.9%。
13. a) 字节为 1500 ~ 1599
    b) 字节 1799
19. a) 信噪比(dB) $= 10\log_{10}(2898\text{dB}/40\text{dB}) = 18.6\text{dB}$
    b) $0.32\text{dB} = 10\log10(\text{信号 dB}/35\text{dB}) \rightarrow \text{信号 dB} = 37.68\text{dB}$

第 13 章

5. 主机适配器总是具有最高的设备编号，以便在总线上总能赢得仲裁。被称为"Fast and wide"的 SCSI-3 接口可以支持多达 32 个设备；因此，主机适配器的设备号总是 31。

附录 A

3. 一种更有效的链表实现方法是在表的每个节点上放置 3 个指针。额外的指针指向什么？
5.

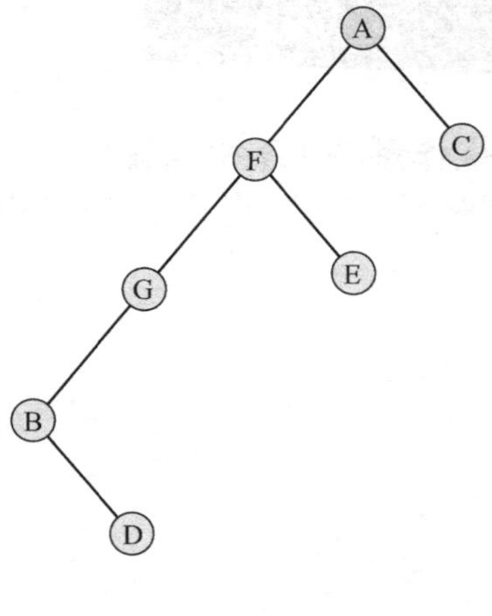

推荐阅读

2020年图灵奖揭晓！
经典著作"龙书"两位作者Aho和Ullman共获大奖

编译原理（第2版）

作者：Alfred V. Aho Monica S.Lam Ravi Sethi Jeffrey D. Ullman 译者：赵建华 郑滔 戴新宇

ISBN：7-111-25121-7 定价：89.00元

编译原理（第2版 本科教学版）

作者：Alfred V. Aho Monica S. Lam Ravi Sethi Jeffrey D. Ullman 译者：赵建华 郑滔 戴新宇

ISBN：7-111-26929-8 定价：55.00元

编译领域无可替代的经典著作，被广大计算机专业人士誉为"龙书"。本书已被世界各地的著名高等院校和研究机构（包括美国哥伦比亚大学、斯坦福大学、哈佛大学、普林斯顿大学、贝尔实验室）作为本科生和研究生的编译原理课程的教材。该书对我国高等计算机教育领域也产生了重大影响。

本书全面介绍了编译器的设计，并强调编译技术在软件设计和开发中的广泛应用。每章中都包含大量的习题和丰富的参考文献。

推荐阅读

计算机网络：自顶向下方法（原书第8版）

作者：[美] 詹姆斯·F. 库罗斯（James F. Kurose）基思·W. 罗斯（Keith W. Ross）

译者:陈鸣 ISBN：978-7-111-71236-7 定价：129.00元

自从本书第1版出版以来，已经被全世界数百所大学和学院采用，被译为14种语言，并被世界上几十万的学生和从业人员使用。本书采用作者独创的自顶向下方法讲授计算机网络的原理及其协议，即从应用层协议开始沿协议栈向下逐层讲解，让读者从实现、应用的角度明白各层的意义，进而理解计算机网络的工作原理和机制。本书强调应用层范例和应用编程接口，使读者尽快进入每天使用的应用程序环境之中进行学习和“创造”。

计算机网络：系统方法（原书第6版）

作者：[美] 拉里 L. 彼得森（Larry L. Peterson）布鲁斯 S. 戴维（Bruce S. Davie）

译者:王勇 薛静锋 王李乐等 ISBN：978-7-111-70567-3 定价：169.00元

本书是计算机网络方面的经典教科书，凝聚了两位顶尖网络专家几十年的理论研究、实践经验和大量第一手资料，自出版以来已经被哈佛大学、斯坦福大学、卡内基-梅隆大学、康奈尔大学、普林斯顿大学等众多名校采用。

本书采用“系统方法”来探讨计算机网络，把网络看作一个由相互关联的构造模块组成的系统，通过实际应用中的网络和协议设计实例，特别是因特网实例，讲解计算机网络的基本概念、协议和关键技术，为学生和专业人士理解现行的网络技术以及即将出现的新技术奠定了良好的理论基础。无论站在什么视角，无论是应用开发者、网络管理员还是网络设备或协议设计者，你都会对如何构建现代网络及其应用有“全景式”的理解。